■材料科学经典著作选译

WILEY

Gamma钛铝合金

科学与技术

Gamma Titanium Aluminide Alloys

Science and Technology

Fritz Appel, Jonathan D.H. Paul, Michael Oehring 著

宋霖 译

高等教育出版社·北京

图字：01-2020-6940 号
Gamma Titanium Aluminide Alloys：Science and Technology /by Fritz Appel，Jonathan David Heaton Paul，Michael Oehring /ISBN 9783527315253

图书在版编目(CIP)数据

Gamma 钛铝合金 ：科学与技术 / （德）弗里茨·阿佩尔（Fritz Appel），（德）乔纳森·保罗（Jonathan D. H. Paul），（德）迈克尔·奥林（Michael Oehring）著 ；宋霖译． -- 北京 ：高等教育出版社， 2022.7

书名原文：Gamma Titanium Aluminide Alloys：Science and Technology

ISBN 978-7-04-057637-5

Ⅰ.①G… Ⅱ.①弗… ②乔… ③迈… ④宋… Ⅲ.①钛合金-铝合金 Ⅳ.①TG146.2

中国版本图书馆 CIP 数据核字(2022)第 014158 号

Gamma Tailü Hejin：Kexue yu Jishu

策划编辑 刘占伟	责任编辑 任辛欣	封面设计 杨立新	版式设计 马 云
插图绘制 于 博	责任校对 刘丽娴	责任印制 赵义民	

出版发行	高等教育出版社	网 址	http：//www.hep.edu.cn
社 址	北京市西城区德外大街 4 号		http：//www.hep.com.cn
邮政编码	100120	网上订购	http：//www.hepmall.com.cn
印 刷	北京中科印刷有限公司		http：//www.hepmall.com
开 本	787mm×1092mm 1/16		http：//www.hepmall.cn
印 张	56.25		
字 数	1050 千字	版 次	2022 年 7 月第 1 版
购书热线	010-58581118	印 次	2022 年 7 月第 1 次印刷
咨询电话	400-810-0598	定 价	179.00 元

本书如有缺页、 倒页、 脱页等质量问题， 请到所购图书销售部门联系调换

物 料 号 57637-00

译者简介

宋霖，山东泰安人，西北工业大学凝固技术国家重点实验室副教授。2010 年于山东大学材料科学与工程学院获学士学位，2015 年于北京科技大学新金属材料国家重点实验室获博士学位，2015 年 7 月被西北工业大学特评为副教授，并工作至今。获批日本学术振兴会(JSPS)博士后项目。2017 年 12 月至 2019 年 12 月在德国亥姆霍兹吉斯达赫特研究中心(原 GKSS)从事博士后研究。多年来一直从事钛合金、钛铝金属间化合物的相变机理、变形机制以及组织稳定性的先进电子显微分析表征研究。主持国家自然科学基金青年基金/面上项目、陕西省自然科学基础研究计划、国家重点实验室课题等，参与国家及省部级课题多项，在 *Acta Materialia* 等期刊上发表 SCI 论文 50 余篇，与本书作者一直保持着科研合作和良好沟通，共同发表了多篇研究论文。

作者简介

本书的主要作者 Fritz Appel 博士将毕生精力倾注在对钛铝合金的基础和应用研究上，是钛铝合金领域的权威科学家。他 2006 年在亥姆霍兹吉斯达赫特研究中心(Helmholtz-Zentrum Geesthacht，HZG，原 GKSS)作为物理冶金研究组长退休，之后仍一直活跃于钛铝合金研究领域。Appel 博士于 1973 年在位于德国哈勒的马丁·路德大学获得博士学位，并于 1987 年获得该校教职；于 1987 年在日本学术振兴会(JSPS)的资助下在日本从事了为期 6 个月的研究；1990 年加入德国 GKSS。Appel 博士于 1999 年获德国材料学会塔曼(Tammann)奖，于 2002 年获英国材料、矿物和矿业学会查理斯·哈契特(Charles Hatchett)奖。Appel 博士已发表 160 余篇论文，作邀请报告 80 余次，并持有本领域的 6 项专利。

Jonathan Paul 博士于 1990 年获曼彻斯特大学博士学位，1993 年前往位于萨克雷的法国原子能委员会从事研究工作。他于 1995—1997 年在原 GKSS 任研究员，随后供职于位于法恩伯勒的英国防卫评估研究署结构材料中心。1999 年至今任 GKSS 研究员。Paul 博士主要从事钛铝合金力学性能相关研究，他分别于 1995 年和 2002 年获得由英国材料、矿物和矿业学会颁发的 Vanadium 奖和查理斯·哈契特(Charles Hatchett)奖。Paul 博士发表了多篇论文，并持有 4 项专利。

Michael Oehring 博士于 1988 年获德国哥廷根大学博士学位。1989 年加入原 GKSS 的应用物理冶金研究组任研究员，1993 年加入由 Fritz Appel 领导的钛铝合金研究团队。Oehring 博士主要从事钛铝合金的定向凝固、同步辐射表征等相关研究，于 2002 年获英国材料、矿物和矿业学会颁发的查理斯·哈契特(Charles Hatchett)奖。他撰写或合作撰写了 100 余篇研究论文，并持有 5 项专利。

译者的话

人们对钛铝合金的研究已持续了数十年，其间发表的文献浩如烟海。对钛铝合金领域的每一位工程技术和科研人员来说，学习和掌握对目前研究成果和认知水平的相关综述是十分必要的。由 Fritz Appel 博士领衔所著的 *Gamma Titanium Aluminide Alloys: Science and Technology* 以权威的视角回顾了钛铝合金领域的基础研究成果及应用进展，是钛铝合金从业人员公认的案头必备书籍，也是本领域学生和学者需要参考的重要资料。

本书从钛铝合金的物相结构、相变、变形机理、强韧化等微观层面出发，扩展至合金的蠕变、断裂、疲劳及氧化等服役性能，继而又阐述了合金在热加工和部件应用等工程领域中的相关知识，内容宽广丰富，行文深入浅出。三位作者——Fritz Appel 博士、Jonathan D. H. Paul 博士和 Michael Oehring 博士均是钛铝合金领域备受尊崇的科学家，特别是主要作者 Appel 博士，年逾八旬仍坚持在科研一线，笔耕不辍，将全部的精力奉献在了钛铝合金的研究上。可以认为，本书是他们毕生智慧的结晶。

译者在三位作者的工作单位从事了两年的博士后研究。有幸经常与三位科学家进行学术讨论及科研合作，深感受教，获益良多。临别之际，三位作者为译者所购的英文原版书亲笔留言勉励，令人感动。三位作者年事已高，在与他们的朝夕相处中，译者作为青年学者，愈发感觉到将书中的知识传承下去的责任。现今，我国的钛铝合金研究正处于热潮阶段，国家对轻质高温结构材料也有迫切的需求，将本书译成中文，对我国的学生、学者以及工程技术人员必有助力。同时，从日常教学与科研的角度看，译者认为本书也适宜作为研究生教材。因此，译者对三位作者作出了高质量独立完成翻译的郑重承诺。

本书体量庞大，作出承诺着实是需要下一番决心的。为力求科学名词翻译的准确性和中文阅读的通俗性，译者不计时间成本，查阅了大量资料。令人鼓舞的是，翻译期间，译者一直承蒙三位作者的鼎力支持，随时与他们保持着沟通。Paul 博士和 Oehring 博士提供了原版书的勘误表(绝大部分是拼写错误)，因此中文版对原版书中的部分表述进行了校正。本书作者还欣然为中文版作序。需要特别指出的是，在本书英文原版出版至今的 10 年中，钛铝合金又迎来了许多新的突破和发展。为此，三位作者决定为中文版加续一些内容，以附录的形式对钛铝合金领域近 10 年来的新进展进行综述，这无疑使中文版得到了升华。可能是因为年龄原因，Appel 博士曾来信说自己的工作效率已大不如前，想必在续写过程中，三位作者也付出了大量的时间和精力，在此向他们表示感谢。

在中文版翻译及出版过程中，译者得到了伯明翰大学 David Hu 教授在部分中英文词汇方面的许多建议和高等教育出版社刘占伟、任辛欣编辑一直以来的耐心协助，本书还获得了西北工业大学精品学术著作培育项目和研究生培养质量提升项目的资助，在此一并表示感谢。

本书涉及的知识面非常宽广，由于译者水平有限，译文难免有欠妥或错误之处，恳望广大读者批评指正。

宋霖

2021 年 10 月于西北工业大学

中文版序

在本书写就之时，人们对钛铝合金的兴趣正与日俱增，这主要是因为当时合金在高温领域中的各种应用已经领先于对合金的探索了。

本书的译者，宋霖教授，以其大量的研究论文和会议报告在钛铝合金领域内广为所知。他的研究领域涵盖了钛铝合金的相变、相组成及显微组织的演化，以及变形机制等。他近期的一个主要的代表性工作即为对 α_2-Ti_3Al 相的孪晶行为的研究。因此，宋霖教授对本书中所涉及的内容是非常熟悉的。我们对他能够承担起翻译本书的重任表示衷心的感谢。

我们也要感谢英国伯明翰大学冶金与材料学院的胡大为教授，他不辞劳苦地对本书的中文版进行了校订。

在过去的十年中，钛铝合金研究在中国得到了飞速发展，这些进展涵盖了物理冶金学的各个方面。从中国学者在大量著名期刊上发表了数量可观的研究论文中可见一斑。因此我们相信，本书的中文版将收获广泛的读者群。

本书在 2011 年出版后，又出现了许多阐述钛铝合金新研究进展的论文。宋霖教授邀请我们为中文版补写内容，对这些新的进展作出综述。我们对此欣然应允。对于补写内容，我们将尽可能地按照原书的顺序安排加以叙述，并列于书后的附录。

Fritz Appel

Jonathan David Heaton Paul

Michael Oehring

2022 年 3 月

序　一

钛铝合金作为一种轻质高强的高温结构材料，已经在航空发动机中实际应用多年，并表现出巨大的市场前景和应用拓展的潜力。学界对钛铝合金的研究重点已从20世纪末的相变、变形等基本原理延伸至热加工、增材制造及探索其新应用的方向上。本书英文版自2011年出版以来，一直是相关从业人员的重要参考书籍。书中对合金基本原理的阐述有助于科研人员快速进入专业知识领域，对合金制造及应用的总结和展望又为工程技术人员提供了重要参考和设计思路。

英文版的主要作者 Fritz Appel 博士是钛铝合金基础研究的先驱，尤其在合金的微观结构领域有很高的建树，其性格温文尔雅且极具钻研精神。多年前，我国钛铝合金研究的奠基人、高铌钛铝系列合金的开创者陈国良院士曾与其有深入的合作。在两位老一辈科学家的推动下，北京科技大学陆续将多名优秀的青年学者派遣至 GKSS(现称亥姆霍兹吉斯达赫特研究中心，简称 HZG)深造，为我国钛铝合金的早期研发作出了重要贡献。书中 GKSS 有关高铌钛铝合金的许多工作都有中国学者的参与和贡献。虽然陈国良院士已仙逝，但其打造的过硬研发团队和培养的众多弟子如今已成为我国钛铝合金研究和应用领域的中流砥柱。

自钛铝合金实现应用以来，合金的研发迎来了大发展。世界各航空大国对这种材料的重视以及科研人员的不懈努力，使其一直是轻质高温材料领域的研究热点。我国在钛铝合金的基础研究和应用研究方面也呈现出百花齐放的态势，这是非常令人高兴的。这就要求我国大量的、新的从业人员能够尽快掌握合金的相关基础知识，在科研和实验中少走弯路。本书英文原版涵盖的内容极其丰富，但对非母语的读者来说理解起来也颇有些难度。因此，需要有人将其翻译成通俗易懂的中文，当然，这就要求译者有扎实的知识功底并付出极大的精力。

本书的译者宋霖是我的学生，他曾在 HZG 从事了两年的博士后研究，在钛铝合金的基础研究方面工作出色。在对英文原版的理解和中英文词汇的把握方面，他是能完全胜任的。翻译工作同时也得到了原作者的无私帮助。因此，我认为本书的翻译质量是值得信赖的。中文版《Gamma 钛铝合金：科学与技术》对钛铝合金研究方向的学生、学者和工程技术人员来说一定开卷有益，对从事其他金属材料的科技工作者而言也具有重要参考价值。书中阐述的理论不仅是对知识的总结和传承，也是研究人员科研灵感的源泉。

柯俊品

2021 年 10 月于北京科技大学

序　二

TiAl金属间化合物及合金的研究至今已有半个世纪的历程，在科学文献方面以专著形式成书的只有 *Gamma Titanium Aluminide Alloys: Science and Technology* 这一本。本书比较全面地总结了出版前近40年的研究成果，基本上涉及本领域的各个方面，第一次把TiAl领域的知识系统地呈现给读者。由于TiAl研究只是材料研究里的一个小领域，加上大规模的、世界范围的TiAl研究活动已经成为过去，因此，在这个领域内已经没有可能再产生一本与本书有同等地位的专著，本书必定是TiAl领域内的唯一专著。

本书自2011年出版便受到TiAl研究者的欢迎，特别是对于初入此行的研究人员，借助本书可以很快地对TiAl研究有个全面的了解。即使像本人这样在TiAl领域工作多年的资深研究者，也会经常从本书中得到新的启发。读过本书后会有个感觉，就是这本书在“科学”和“技术”方面，“科学”的比重更大一些。这有可能是因为本书的第一作者，Fritz Appel博士，本身就是一位优秀的科学家，同时也是一位优秀的电子显微镜专家。书中的很多透射电镜照片都出自他手。因此，比起只有工程研究背景的研究者，他对“科学”方面更加专注。本书的三位作者都是长年工作在一线的研究者，他们对TiAl有着第一手的认知，这又增加了本书的权威性。

本书的译者，宋霖博士，是中国TiAl研究领域年轻一代中的佼佼者。自博士生开始至今，一直在这个领域中踏踏实实地耕耘着。即便如此，翻译这样一本大部头的专著对他来说还是有相当难度的。书中涉及的知识范围远超出了他本人的研究范围。在很多方面，翻译书稿也是他重新学习的过程。可慰的是，宋霖知难而上，利用近两年的时间，认真、仔细地完成了全书的翻译工作。这个译本基本上做到了“信”和“达”，虽然在“雅”的方面仍有改进余地，但也相当难能可贵。

在本书原著出版以后，特别是2016年锻造TiAl合金(TNM)叶片投入商业运营后，世界范围的TiAl科学研究进入了收尾阶段，仍在继续的研究活动基本上是工业应用推动的小规模的项目。与之相反，中国国内对TiAl的需求日渐旺盛，以应用为目的的研究活动日渐活跃。在这样一种背景下，本书中译本的出现可以说是恰逢其时，将会更好地为TiAl在国内的应用服务。

最后想说的是，无论是本书的原著还是中译本，对TiAl研究者来说，都只是一本参考书。在深入研究一个问题时，仔细阅读本书附录的原始文献是不能跳过去的。只有在原始文献中，才能看到从假设、实验、逻辑推论到结论的全过程，以及每个研究的实验条件限制范围。这对于研究生和刚进入 TiAl 领域的年轻研究人员而言是非常重要的。

D. Hu（胡大为）

2022 年 1 月于英国伯明翰

作 者 序

为进一步提高热力学效率和生态相容性，人们对能量转换系统研发的要求在不断提高。先进的材料设计理念源自不断提高材料的服役温度，更轻质和更高的运转速度。例如，涡轮的进气温度每提高 10 ℃，燃气轮机的运行效率可提升 1%。采用更耐高温或更轻质的材料，可大幅降低飞行器和发电设施的燃料消耗。经过近 50 年的研发，目前正在应用的传统金属材料体系已经接近其能力极限。为取得进一步的发展，新的材料体系亟待建立。

目前普遍认为，以金属间化合物 γ 相为基的钛铝合金具备达到上述设计要求的潜力。毫无疑问，这种材料的研发对其他相关的高温科技领域以及总体经济效益均有重要意义。例如，通用电气公司最近宣布，作为发动机叶片材料，钛铝合金已经应用于其最新型号的发动机 GEnx 中。这对钛铝合金这样一种相对较新的先进工程材料具有重大里程碑式的意义。

尽管在过去的 20 年内发表了大量关于 TiAl 合金的文献，但在最近 10 年内，综述性的文献并不多。然而，自 10 年前开始，对 TiAl 合金基础物理冶金学的理解以及合金的加工技术等方面均取得了长足进展。我们希望，通过本书的出版，可首次对相关的浩如烟海的文献进行覆盖面宽广的阐释和讨论。在纳米尺度下深入理解 TiAl 合金复杂的显微组织，以及如界面相关现象的原子机制等内因如何决定其结构-性能的关系，对 TiAl 合金这种结构材料未来的成功应用是十分必要的。

本书对相关研究课题的概述旨在建立科学发现与合金设计、材料性能、工业加工技术和工程应用之间的联系。TiAl 合金的冶金学必然与其他金属间化合物系统有一些共同点。本书将主要为因研究需要而需掌握更加具体的知识的科研工作者和高年级学生等提供物理冶金教科书上所没有涉及的细节，因此我们着重强调相关问题的科学性。我们希望书中对目前钛铝合金科学与技术发展的总结不仅可以引导 TiAl 合金研究者们从大量的文献中理清思路，也可以引起从事低密度及耐热材料工作的其他材料科学家、工程师和技术管理人员的兴趣。书中关于界面及与之相关现象的描述一定可以引发更广泛的学界兴趣。

没有大量人员和多个组织的帮助，本书是无法完成的。首先，我们感谢亥姆霍兹吉斯达赫特研究中心(Helmholtz-Zentrum Geesthacht，HZG，原 GKSS)提供了无私的帮助和绝佳的研究条件。我们对该研究中心的科学总负责人

Wolfgang Kaysser 教授、材料研究所负责人 Andreas Schreyer 教授和研究组组长 Florian Pyczak 教授表示感谢。

我们感谢德国联邦教育与研究部(BMBF)、德国科学基金会(DFG)、亥姆霍兹联合会、罗尔斯-罗伊斯德国公司和巴西矿冶公司(CBMM)对我们许多科研项目的资助。

我们要特别感谢 Richard Wagner 教授(现为法国格勒诺布尔劳厄-朗之万研究所负责人),是他在 20 世纪 80 年代担任本研究所负责人期间率先开展了 TiAl 合金的研究工作。另外,还要感谢我们的同事和已毕业的学生,他们是 Ulrich Brossmann、Stefan Eggert、Dirk Herrmann、Roland Hoppe、Ulrich Fröbel、Viola Küstner、Uwe Lorenz,以及已故的 Johann Müllauer、Thorsten Pfullmann 和 Ulf Sparka。感谢他们的关注、支持和对研究小组美好氛围的贡献。对于 HZG 图书馆工作人员的热心帮助也在此一并表示感谢。

必须特别提到的是,我们要感谢 Young-Won Kim 博士(通用能源系统公司,美国代顿市),因为他在紧密联合 TiAl 合金研究人员方面作了多年的贡献,也感谢他和我们的友谊。Fritz Appel 还要感谢妻子 Bärbel 对他工作的支持。最后,所有作者致谢 Wiley-VCH 出版社给予的这次写作本书的机会,特别是 Waltraud Wüst 和 Ulrike Werner 的耐心支持,以及 Bernadette Cabo 在文稿校正方面的细心帮助。

Fritz Appel
Jonathan David Heaton Paul
Michael Oehring
吉斯达赫特,2011 年 1 月

图表致谢清单

为了涵盖尽可能多的已发表文献，本书作者采用了已发表作品中的图片和图表，并对其中的一部分进行了简单的改动。当使用图片时，其文章来源、作者以及所发表的期刊都已注明。下表列出了持有这些图片版权的出版商、公司或个人，感谢他们对我们在使用这些图片时的无私许可。

出版源	图/表
ACCESS e.V Reprinted with permission, Copyright ACCESS	图：14.21
American Physical Society（APS） Reprinted from "*Phys. Rev. B*" with permission, Copyright（1998）APS	图：3.1，3.2
ASM International® Reprinted from "*Castings*, *Metals Handbook*" with permission, Copyright ASM www. asminternational. org	图：14.25
Cambridge University Press Reprinted with permission, Copyright Cambridge University Press	图：5.7，12.1，15.15，16.47
Deutsche Gesellschaft für Materialkunde（DGM） Reprinted with permission, Copyright DGM	图：15.12
General Electric Company（Aviation） Reprinted with permission, Copyright GE	图：1.2 和封面

（转下页）

出版源	图/表
Elsevier Publishing Reprinted with permission, Copyright Elsevier	图：1.1a，2.5～2.10，3.2，4.1，4.13～4.15，6.6，6.26，6.30，6.31，6.60，6.65，6.69，6.70，6.72～6.74，6.77，6.78，7.6，7.12，7.13，7.20，7.21，7.23，7.25，8.1～8.3，8.9，8.10，9.3，9.27，9.31～9.33，10.14，10.17，10.25，10.26，11.5，11.6，11.8，11.9，11.11～11.13，11.16，11.17，12.6，12.8，12.9，12.11，12.12，12.16，13.4，13.5，13.16，14.12～14.15，14.26，15.7，15.16，16.57，18.2～18.4，18.5，18.14，18.15，19.3，19.4 表：6.3，7.4，11.1，11.2
IOP Publishing Reprinted with permission, Copyright IOP Publishing	图：7.2
The Japanese Institute of Metals (JTM) Reprinted with permission, Copyright JIM	图：9.2
Metal Powder Industries Federation (MPIF), 105 College Road East, Princeton, New Jersey, USA Reprinted with permission, Copyright MPIF	图：7.1，15.2，15.6，15.8，15.9
Springer Publishing Reprinted with permission, Copyright Springer	图：2.2～2.4，2.11，6.67，7.15，7.16，10.16，15.19～15.21，16.3～16.5，16.8～16.10，16.12，16.14～16.17，16.29，16.44～16.46，16.48～16.50，16.52，16.58，17.4～17.16 表：7.6
Taylor & Francis Publishing Reprinted with permission, Copyright Taylor & Francis	图：5.11，5.12，5.16，5.20～5.22，6.11，6.49，6.50，6.53，6.59，7.27，10.8，16.21，16.22

（转下页）

出版源	图/表
The Minerals, Metals and Materials Society, Warrendale, PA, (TMS) Reprinted with permission, Copyright TMS	图：4.2~4.4, 4.6, 6.29, 6.49, 7.17, 9.1, 9.22, 9.24, 10.13, 10.15, 10.18, 10.21, 10.30, 10.31, 11.2~11.4, 11.7, 12.15, 13.2, 13.3, 14.2, 14.3, 14.5, 14.6, 14.8, 14.9, 14.16~14.20, 15.3, 15.11, 15.17, 15.18, 16.11, 16.18, 16.55, 19.1, 19.2
Wiley Publishing Reprinted with permission, Copyright Wiley	图：6.40, 6.42, 10.2, 12.2~12.5, 12.7, 12.10, 12.14, 14.1, 15.10, 15.13, 15.14, 16.33, 16.35~16.37, 16.39, 16.53 表：14.1
G. Hug, PhD Thesis, Université de Paris - Sud, France, 1988	图：5.9

目　录

第 1 章 引言

γ-TiAl 合金之所以受到众多的研究者，包括大学、公费资助组织、工业制造商以及终端用户的持续青睐，是因为当考虑到密度因素时，其集合了优异的力学性能。特别是，某些钛铝合金的高温力学性能甚至比高温合金还要突出。

Dimiduk[1]在对 TiAl 合金和其他航空航天结构材料进行评估后发现，从性能方面看，TiAl 合金具有新的优势。其中最重要的表现为：

- 高熔点；
- 低密度；
- 高比强度和比模量；
- 低扩散速率；
- 良好的结构稳定性；
- 良好的抗氧化和抗腐蚀性能；
- 高阻燃性(相比于传统钛合金)。

图 1.1 给出了 TiAl 合金相对于其他材料的比模量和比强度。基于这些性能，TiAl 合金终将在包括汽车、航空发动机以及发电厂汽

轮机等工业领域的诸多部件中得到应用。

对于一种将要投入使用的材料，其整个生产线和供应商基础，即从材料制造、加工到热处理等环节必须是完备的。这就需要对材料的化学成分、显微组织和加工工艺等因素如何影响构件的性能进行深入的了解。另外，还需要发展特定于 TiAl 合金构件的设计和升级方法，并能够给出可靠预测[2]。在实施阶段，不能出现不可预见的有关加工路径和构件性能的技术问题，因为这将增加成本且是难以挽回的。在 1999 年，当燃料成本相对于今天还较低的时候，Austin[3]曾讨论过：如何引入 γ-TiAl 合金将取决于经济上的可行性。这一点被认为是 γ-TiAl 能否应用的主要障碍，同时，项目的实施决策也以市场因素为主导。

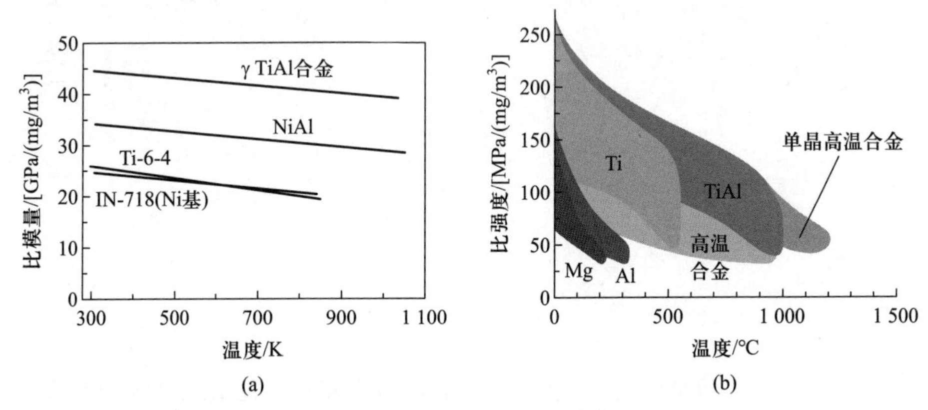

图 1.1　不同温度下 TiAl 合金的比模量(a)和比强度(b)[1]。这些数据表明 TiAl 合金较其他材料具有优势。图片在原图基础上进行了修改

由于 TiAl 合金的金属间化合物特性、复杂的相组成和显微组织以及本征脆性，其物理冶金学是非常难掌握的。尽管如此，我们将尝试对过去 20 年间发表的有关合成、加工和表征等科学问题的大量文献进行分析。在我们看来，TiAl 合金已经取得了长足的发展，特别是通用电气公司宣布将在其最新型的发动机 GEnx-1B(图 1.2)上应用 γ-TiAl 合金[4,5]，这是 TiAl 合金现阶段成功应用的有力证明。γ-TiAl 合金也已经在至少一个汽车系列，即 F1 方程式赛车中获得成功应用，同时，多组部件也已制造完毕并成功进行了测试。在以下的章节中，我们将对促成 TiAl 合金成功应用的相关的科学和工程技术问题进行全面的分析和评价。

图 1.2 应用于波音 787 梦想客机的通用电气 GEnx-1B 型发动机。其中最后两级的低压涡轮叶片是由铸造 TiAl 合金制造，实现了 TiAl 合金在航空发动机中的首次实际应用。图片由通用电气公司提供

参考文献

[1] Dimiduk, D. M. (1999) *Mater. Sci. Eng.*, **A263**, 281.

[2] Prihar, R. I. (2001) *Structural Intermetallics 2001* (eds K. J. Hemker, D. M. Dimiduk, H. Clemens. R. Darolia, H. Inui, J. M. Larsen. V. K. Sikka, M. Thomas, and J. D. Whittenberger), TMS, Warrendale, PA, p. 819.

[3] Austin, C. M. (1999) *Curr. Opin. Solid State Mater. Sci.*, **4**, 239.

[4] Weimer, M., and Kelly, T. J. Presented at the 3rd international workshop on γ-TiAl technologies, 29th to 31st May 2006, Bamberg, Germany.

[5] Norris, G. (2006) Flight International Magazine.

第2章 物相组成

2.1 二元 Ti-Al 相图

在二元 Ti-Al 合金相图中包含有若干金属间化合物相，即形成了超点阵结构的极限固溶体，这是其多年以来被认为是具有吸引力的轻质高温结构材料的基础[1]。然而，在过去 20 年的研究中，只有基于六方 $D0_{19}$ 结构的 α_2-Ti_3Al 相或者四方 $L1_0$ 结构的 γ-TiAl 相（图 2.1）的合金逐渐发展为结构材料。在这些合金中，研究人员的兴趣主要集中在 γ 钛铝合金上；在工程应用中，此类合金一般还含有少量的 α_2-Ti_3Al 相。进一步讲，具有体心立方（bcc）A2 结构的高温 β 相及其有序 B2 变体（图 2.1）也对部分工程合金起到了关键作用。尽管已经进行了大量的研究，二元 Ti-Al 相图仍然存在一些争议，因此其一直是近年来实验测定和细致考量的内容[2-5]。在没有完全理解一种合金的显微组织演变和与之相关的相平衡的情况下，我们仍不能过度地信赖这些工作。不同版本相图的差异可能主要来自相平衡对非金属杂质，特别是氧元素的高度敏感性[6-8]；但是，实验上的困难，如在判定超点阵结构相和缓慢相变[9]时出现的问题也可能导致相图的不同。根据 Mishurda 和 Perepezko[6]，以及 Schuster 和 Palm[2] 的报道，对相图研究的最早历史可以追溯至 20 世纪 20 年代。首个涵盖了所有成分区间的 Ti-Al 二元相图发表于 20 世纪 50 年代[10,11]，关于相图研究历史的更多资料，读者可以查阅 Mishurda 和 Perepezko 所引用的早期文献[6]。首个严谨深入的二元相图评价是由 Murray[12] 完成的，这一工作被认为可以作为参考标准[12]。尽管 Murray 的评估不完全符合现今对二元相图中相平衡的认识，它仍是对相图和物理数据的一次具有实用意义的汇编。最近，Schuster 和 Palm[2] 将目前已发表的实验数据进行了系统的重新评定。这篇论文与热力学的再评价[3,7-9,13-15]一起构成了人们目前对 Ti-Al 二元相图的认知。图 2.2 给出了 Schuster 和 Palm 在严谨评定了所有可用数据之后建立的相图[2]。图 2.3 和图 2.4 给出了这一相图中与 γ-TiAl 基钛铝合金相关的 Al 含量区间部分。相关的实验数据也在图中标出，以表示相界确定的可靠性。图 2.5 是最新发表的通过相图计算(CALPHAD)进行热力学计算[16,17]获得的 Ti-Al 二元相图结果[3]。虽然有许多相似之处，但是计算相图和 Schuster 和 Palm 的实验相图还是有所不同，特别是在 Al 含量高于 60at.%的部分中。这些不一致主要来自 Witusiewicz 等[3]的计算相图中出现的 Ti_3Al_5 和 $Ti_{2+x}Al_{5-x}$ 相，下面将进行简单的讨论。Schuster 和 Palm 的实验相图[2]和 Witusiewicz 等的计算[3]相图所采用的 Ti-Al 二元体系中的稳定相和亚稳相的晶体学数据在表 2.1 中列出。热力学和相平衡数据可以在上述两篇文献中或者在其引文中查到。

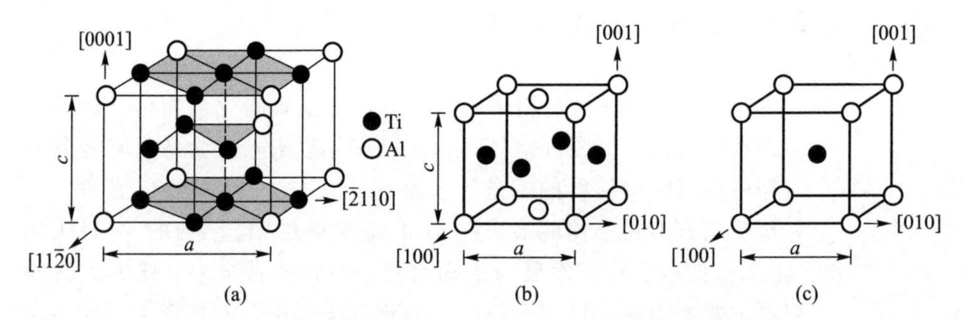

图 2.1　二元钛铝合金物相的晶体结构。(a) 六方 α_2-Ti_3Al 相(结构符号 $D0_{19}$，结构类型 Ni_3Sn，皮尔逊符号 hP8，空间群 $P6_3/mmc$)；(b) 四方 γ-TiAl 相(结构符号 $L1_0$，结构类型 AuCu，皮尔逊符号 tP4，空间群 P4/mmm)；(c) 立方高温 B2 相(结构符号 B2，结构类型 CsCl，皮尔逊符号 cP2，空间群 $Pm\bar{3}m$)。如文中所述并将图 2.2～图 2.4 与图 2.5 对比，B2 相区域在二元合金系的存在与否还没有澄清

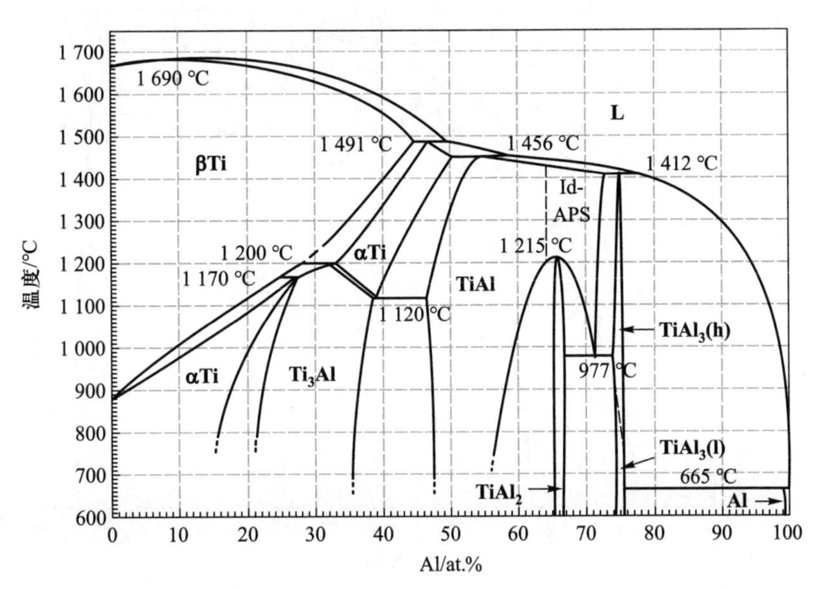

图 2.2　Schuster 和 Palm[2] 测定的 Ti-Al 二元相图

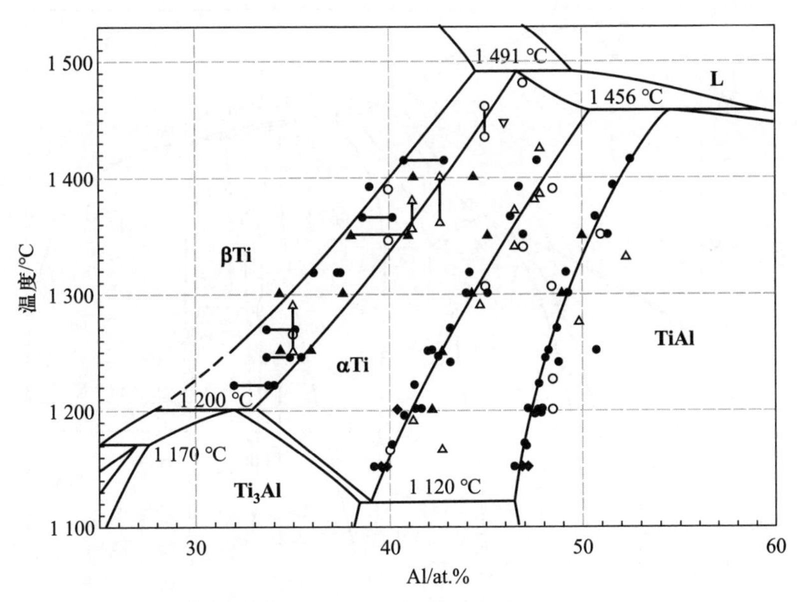

图 2.3　Schuster 和 Palm[2] 测定的 Ti-Al 二元相图(部分)

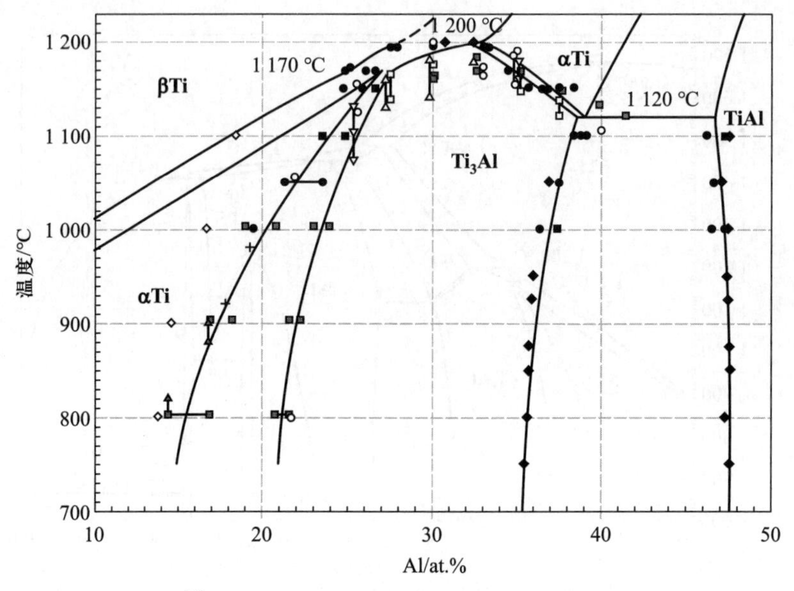

图 2.4　Schuster 和 Palm[2] 测定的 Ti-Al 二元相图(部分)

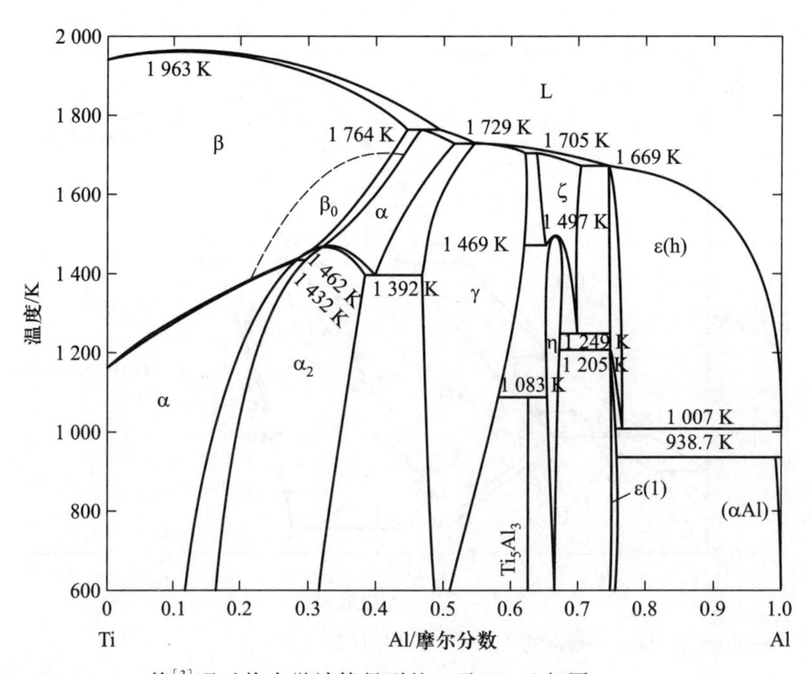

图 2.5　Witusiewicz 等[3] 通过热力学计算得到的二元 Ti-Al 相图

表 2.1 二元 Ti-Al 合金相图中各物相的晶体学数据。数据主要来自 Schuster 和 Palm[2] 以及 Witusiewicz 等[3] 发表的文献，并做了部分补充。(1d-APS：一维反向畴结构)

物相	皮尔逊符号	空间群	结构符号	结构类型	点阵常数	参考文献
Schuster and Palm[2] 发表的相图中存在的相(图 2.2~图 2.4)						
L.(liquid)						
Al	cF4	$Fm\bar{3}m$	A1	Cu	$a=4.049\ 6$ nm	[18]
β, β-Ti	cI2	$Im\bar{3}m$	A2	W	$a=0.330\ 65$ nm	900 ℃ [19]
α, α-Ti	hP2	$P6_3/mmc$	A3	Mg	$a=0.295\ 04$ nm	[19]
					$c=0.468\ 33$ nm	
α_2, Ti_3Al	hP8	$P6_3/mmc$	$D0_{19}$	Ni_3Sn	$a=0.576\ 5$ nm	25at.% Al[20]
					$c=0.462\ 5$ nm	
γ, TiAl, γ(TiAl)	tP4	$P4/mmm$	$L1_0$	AuCu	$a=0.399\ 7$ nm	50at.% Al[21]
					$c=0.406\ 2$ nm	
					$a=0.400\ 0$ nm	50at.% Al[22]
					$c=0.407\ 5$ nm	
					$a=0.401\ 6$ nm	50at.% Al[23]
					$c=0.406\ 8$ nm	
η, $TiAl_2$	tI24	$I4_1/amd$		$HfGa_2$	$a=0.397\ 1$ nm	[24]
					$c/6=0.405\ 2$ nm	

续表

物相	皮尔逊符号	空间群	结构符号	结构类型	点阵常数	参考文献
ε(h), $TiAl_3$(h), $TiAl_3$(HT)	tI8	I4/mmm	$D0_{22}$	$TiAl_3$(h)	$a=0.384\ 9$ nm $c/2=0.430\ 5$ nm	[25]
ε(l), $TiAl_3$(l), $TiAl_3$(LT)	tI32	I4/mmm		$TiAl_3$(l)	$a=0.387\ 7$ nm $c/2=0.422\ 9$ nm	[25]
Witusiewicz 等[3]发表的相图中额外出现的相(图 2.5)						
$β_o$, β′, B2	cP2	$Pm\bar{3}m$	B2	CsCl		
Ti_3Al_5	tP32	P4/mbm		Ti_3Ga_5	$a=1.129\ 3$ nm $c=0.403\ 8$ nm	[26]
ζ, Ti_{2+x}, Al_{5-x}	tP28	P4/mmm		Ti_2Al_5		
Schuster 和 Palm[2]以及 Witusiewicz 等[3]发表的相图中均不存在的相						
1d-APS	$L1_0$ 的有序四方超结构					
Ti_5Al_{11}	tI16	I4/mmm	$D0_{23}$	$ZrAl_3$	$a=0.392\ 3$ nm $c/4=0.413\ 77$ nm	[27]
Ti_2Al_5	tP28	P4/mmm		Ti_2Al_5	$a=0.390\ 53$ nm $c/7=0.417\ 03$ nm	[27]

续表

物相	皮尔逊符号	空间群	结构符号	结构类型	点阵常数	参考文献
$Ti_{1-x}Al_{1+x}$	tP4	P4/mmm	$L1_0$	AuCu	$a=0.403\ 0$ nm	[28]
	oP4	Pmmm		$Ti_{1-x}Al_{1+x}$	$c=0.395\ 5$ nm	
					$a=0.402\ 62$ nm	[27]
					$b=0.396\ 17$	
					$c=0.402\ 62$ nm	
$TiAl_2$，亚稳	oC12	Cmmm		$ZrGa_2$	$a/3=0.403\ 15$ nm	[27]
					$b=0.395\ 91$	
					$c=0.403\ 15$ nm	
$TiAl_3$，亚稳	cP4	$Pm\bar{3}m$	$L1_2$	$AuCu_3$	$a=0.396\ 7$ nm	机械合金化[29]
					$a=0.397\ 2$ nm	急冷[30]
					$a=0.400\ 1$ nm	机械合金化[31]

前文已经提到，关于 Ti-Al 二元相图中的许多细节的争论持续了很长时间。一个很明显的例子即 L+β→α 包晶反应，它对于理解 γ-TiAl 合金的凝固非常重要，但是在 Murray[12] 测定的相图中却不被认可。相反地，McCullough 等[32]、Mishurda[33] 和 Perepezko[6]、Kattner 等[7]，以及 Jung 等[34] 都明确证明了此反应的存在。进一步引起人们注意的问题是，α_2 相是从无序的 α 相直接转变而来还是通过如图 2.2、图 2.4 和图 2.5 中所示的 α+β 包析反应转变而来。Schuster 和 Palm[2] 引述的 Kainuma 等[35] 和其他人的工作表明，这个包析反应是存在的，而且它的存在还导致了第二个包析反应 $\beta+\alpha_2\rightarrow\alpha$ 的出现。然而，Veeraghavan 等[36] 和 Suzuki 等[37] 却提出了质疑。文献中另一个颇具争议的话题是：在二元相图中 β 相是否是以一种有序 B2 相变体的形式出现。B2 相有序化是由 Kainuma 等[35] 提出的，这与实验所表明的关于 β 相区边界的结论吻合得很好。这两种可能的相图版本见图 2.2 和图 2.5。通过将 DSC 结果和在三元相图中有序化温度的理论外推联系起来，Ohnuma 等[8] 证明了 β 相有一个向 B2 相转变的二级相变。与之相反，Suzuki 等[37] 在实验上并未发现 B2 有序化的现象。Schuster 和 Palm[2] 认为 B2 有序化在二元相图中不太可能存在，但是也无法完全排除。这一课题可以作为未来的研究方向。

在 1 215 ℃左右淬火的 Al 含量为 65at.%～72at.%的富 Al 合金中，可观察到所谓的一维反相畴结构(1d-APS)，表示为 Ti_5Al_{11}、γ_2、Ti_2Al_5 或者长周期超结构[2]。然而，这些结构是否是二级相变的产物，或者是否存在非常狭窄的两相区，抑或 1d-APS 是否是过渡亚稳结构，相关作者也认为尚未可知。这一未知问题和 Ti_3Al_5 相存在与否的不确定性一起[3] 导致了图 2.2 和图 2.5 中所示相图的差异。即便如此，上述相图也已经很好地反映了目前人们所掌握的关于二元 Ti-Al 合金相组成的信息和仍存在的不确定因素。

最后，需要指出 Ti-Al 相图中的一些特殊现象。γ-TiAl 基工程合金的 Al 含量一般在 44at.%到 48at.%之间，因此根据相图来看，它们应该通过 β 相或者包晶反应凝固。根据加工条件和合金成分的不同，也可能产生两个包晶反应。Al 含量的微小变化可以切实导致完全不同的凝固组织和织构。进一步讲，一个(α)或两个(α 和 β)高温单相区的存在是 γ-TiAl 合金的典型特征。和钢在奥氏体区域热处理之后类似，大量不同的相变可以在由高温冷却或随后的热处理过程中出现。原则上说，这可以使人们在很宽的区域内调整显微组织[38,39]。在多元合金中，可能的相变的复杂性进一步增加，关于这些问题的系统研究才刚刚开始。因此，通过传统的冶金加工方法可以在较大范围内调控合金的力学性能，这也使得 γ-TiAl 合金本来就较低的损伤容限在一定程度上可调。需要进一步指出的是，冷却过程中的 $\alpha\rightarrow\alpha_2+\gamma$ 共析反应存在于所有工程 γ-TiAl 合金中。这个反应的机制看起来与 $\alpha\rightarrow\alpha+\gamma$ 是一致的，即通过单个 γ 板条的形核长大方式进行。当合金成分偏离共析成分且温度下降至共析温度线以下时，为了保持热力学平衡，γ 相的体积分数会急剧增高。然而，实际冷却过程中的冷却速度通常较快，以致不可能达到热力学平衡，因此所得的显微组织在合金的期望服役温度 700 ℃附近可能是不稳定的。另外，由于 γ-TiAl 合金最终的显微组织是在高温热处理之后的冷却过程中形成的，故 γ 相和其他相的体积分数随温度变化导致的非平衡相组成是一个普遍问题。基于此原因，必须要考虑进行合金组织的稳定化处理或者采用适宜的冷却速度。

2.2　三元和多组元合金系

过去 20 年间，在各种合金研发项目的支持下，研发人员基于不同的加工路径和应用目标开发出了一大批工程合金，这些合金的成分范围非常宽泛，大致可以写为

$$\text{Ti-(42\sim49)Al-(0.1\sim10)X(at.\%)} \tag{2.1}$$

X 表示合金元素 Cr、Nb、V、Mn、Ta、Mo、Zr、W、Si、C、Y 和 B[40-43]。对于式(2.1)中的合金成分，除 γ 相和有时出现的其他相之外，经常出现的是 α_2 相。根据合金元素对相组成的影响，可将合金化方法分为两类。在 γ-TiAl 中可固溶的元素为一类，当添加这类元素时，γ 相的性能如层错能或扩散系数会发生变化。除此之外，其他合金元素的添加旨在形成第三(或者更多)相，以获得例如析出强化、细化铸造晶粒、抑制晶粒粗化以稳定组织，或者获得能够分解并形成精细结构的过渡相。表 2.2 中给出了三元系统或者多组元系统中出现的一些稳定相和亚稳相的晶体学参数。当添加的合金元素对合金的本征性能产生影响时，合金元素在 γ 相中的溶解度、在 γ 和 α_2 相的分配系数及其在 γ 相的两个超点阵位中的占位情况是研究关注的焦点。关于合金元素在 γ 相中原子占位，Mohandas 和 Beaven[58]、Rossouw 等[59]和 Hao 等[60]进行了研究。有趣的是，Hao 等[61]的研究发现，合金元素在 γ 相中的原子占位和相关(Ti-Al-X)合金相图中 α_2+γ 相区的边界有关。关于原子占位及其对力学性能的影响将在第 7 章中详细讨论。关于不同合金元素在 γ 相中的溶解度，大多数在 2at.%到 3at.%时就已达到极限，如相应的三元相图所示[62-68]。当合金元素的浓度更高时，其可固溶于 bcc 的 β 相中或者一般是形成 β 相的有序变体 B2 相作为第三相。Kainuma 等[68]在其研究中给出了式(2.1)中合金成分范围内的三元合金系统中的相组成。他们系统研究了大多数三元合金系中 α、β 和 γ 相的相平衡关系，其发表的 1 200 ℃三相平衡相图如图 2.6 所示。从此图中可以明显地看出合金元素 Zr、Nb 和 Ta 较为特殊，它们在 γ 相中的溶解度较高，其中 Nb 在 1 200 ℃时的溶解度可达 9at.%左右[68]。Kainuma 等[68]的研究也

表 2.2　三元或多组元工程 TiAl 合金中一些物相的晶体学数据

物相	皮尔逊符号	空间群	结构符号	结构类型	点阵常数	参考文献
Ti_2AlNb，O 相	oC16	Cmcm		NaHg, Cd_3Er	$a=0.609$ nm	[44]
					$b=0.957$ nm	
					$c=0.467$ nm	
B19	oP4	Pmma	B19	AuCd	$a=0.45$ nm	[45，46]
					$b=0.28$ nm	
					$c=0.49$ nm	
$Ti_4Al_3Nb(\omega_0，\tau)$	hP6	$P6_3/mmc$	$B8_2$	Ni_2In	$a=0.458$ nm	[47]
					$c=0.552$ nm	
ω-Ti	hP3	P6/mmm		ω-Ti	$a=0.463$ nm	[48]
					$c=0.281$ nm	
ω″		$P\bar{3}ml$			$a=0.456$ nm	[47]
					$c=0.554$ nm	
Ti_2AlC（H 相）	hP8	$P6_3/mmc$		Cr_2AlC	$a=0.306$ nm	[49]
					$c=1.362$ nm	
Ti_3AlC（钙钛矿型）	cP5	$Pm\bar{3}m$	$E2_1$	$CaTiO_3$	$a=0.416$ nm	[50]
Ti_2AlN	hP8	$P6_3/mmc$		Cr_2AlC		[51]
Ti_3AlN	cP5	$Pm\bar{3}m$	$E2_1$	$CaTiO_3$		[51]
TiO_2（金红石）	tP6	$P4_2/mnm$	C4	TiO_2	$a=0.459$ nm	[52，53]
					$c=0.296$ nm	
β-Ti_2O_3	hR10	$R\bar{3}c$	$D5_1$	α-Al_2O_3	$a=0.516$ nm	[52]
					$c=1.361$ nm	
β-TiO	cF180				$a=1.254$ nm	[52]

续表

物相	皮尔逊符号	空间群	结构符号	结构类型	点阵常数	参考文献
α-Al_2O_3	hR10	$R\bar{3}c$	$D5_1$	α-Al_2O_3	$a=0.475$ nm	[52]
					$c=1.299$ nm	
Ti_5Si_3	hP16	$P6_3/mcm$	$D8_8$	Mn_5Si_3	$a=0.747$ nm	[54]
					$c=0.516$ nm	
TiB	oP8	Pnma	B27	FeB	$a=0.611$ nm	[55-57]
					$b=0.305$ nm	
					$c=0.456$ nm	
TiB	oC8	Cmcm	B_f	CrB	$a=0.323$nm	[56, 57]
					$b=0.856$ nm	
					$c=0.305$ nm	
Ti_3B_4	oI14	Immm	$D7_b$	Ta_3B_4	$a=0.326$ nm	[56, 57]
					$b=1.373$ nm	
					$c=0.304$ nm	
TiB_2	hP3	P6/mmm	C32	AlB_2	$a=0.303$ nm	[56, 57]
					$c=0.323$ nm	

关注了不同相之间的合金元素分配系数，这一点非常有趣。对于合金元素在 α_2 和 γ 相中的分配系数，V、Cr、Mo、Ta 和 W 都在 α_2 相中富集，但是 Zr 却在 γ 相中富集，而 Nb 和 Mn 则表现为在 α_2 和 γ 中的固溶量相同。相较于 α_2 和 γ 相，Fe、Cr、Mo 和 W 明显更倾向于富集在 β 相中。图 2.7 和 2.8 给出了 Kainuma 等[68]的研究中一些比较重要的三元体系的等温截面图。这些图可以给人留下一些直观的三元相图相组成的印象。近几年来，一些研发项目开始转向高 β 相含量合金系统[69-76]。然而，缺乏对这些多组元合金体系中相组成的了解成了合金研发过程中的最大障碍，因此，为了得到关于相关系的可靠数据，人们开展了大量工作。这正源于多组元合金系统中的相组成可能既错综复杂又充满细节的现实情况。类似于在二元 Ti-Al 系统中所遇到的情形，关于某

些三元系统(如 Ti-Al-Nb 相图)的争论已经持续了很长时间[61,66,67,77-88]。对于其他三元合金系统，从文献中可以找到大量有用的信息，如 Ti - Al - Cr[62,63,67,68,89,90]、Ti - Al - Mo[64,65,68,71,91]、Ti - Al - V[61,68,71,92,93]、Ti - Al - Mn[61,68,94]、Ti-Al - Ta[61,68,95]、Ti - Al - W[68]、Ti - Al - Fe[61,68,96,97]、Ti - Al - Si[98,99]、Ti-Al-O[67,100,101]、Ti-Al-N[102]、Ti-Al-C[103]和 Ti-Al-B[104-106]等。

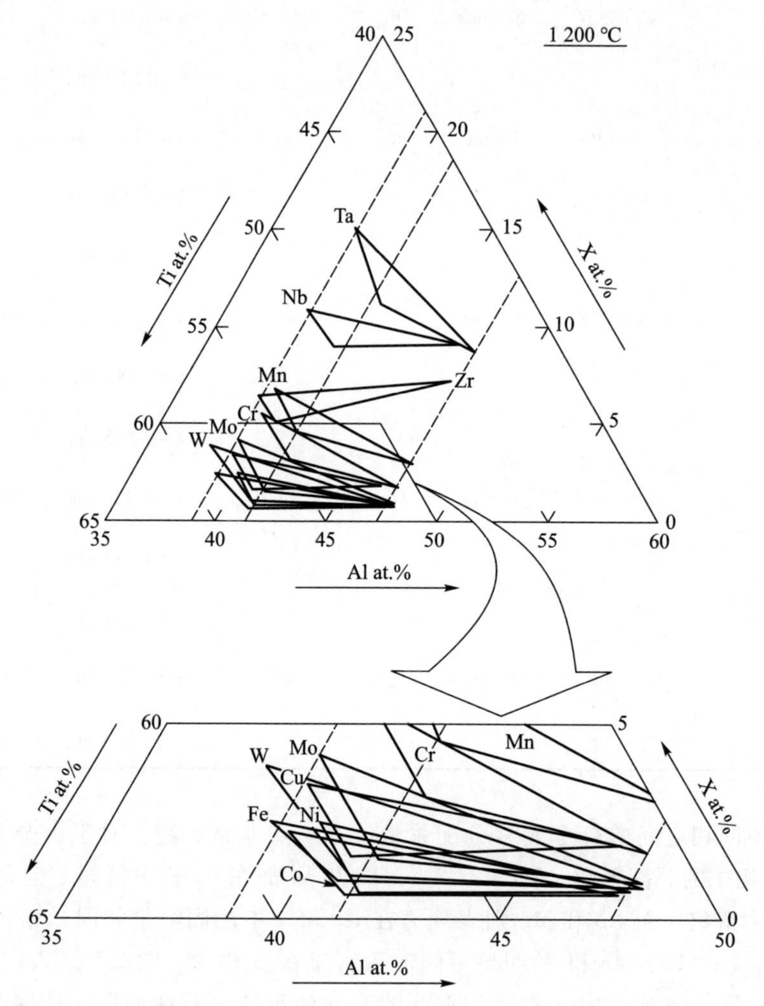

图 2.6　1 200 ℃下 α+β+γ 三相区在不同 Ti-Al-X 三元系统中的位置

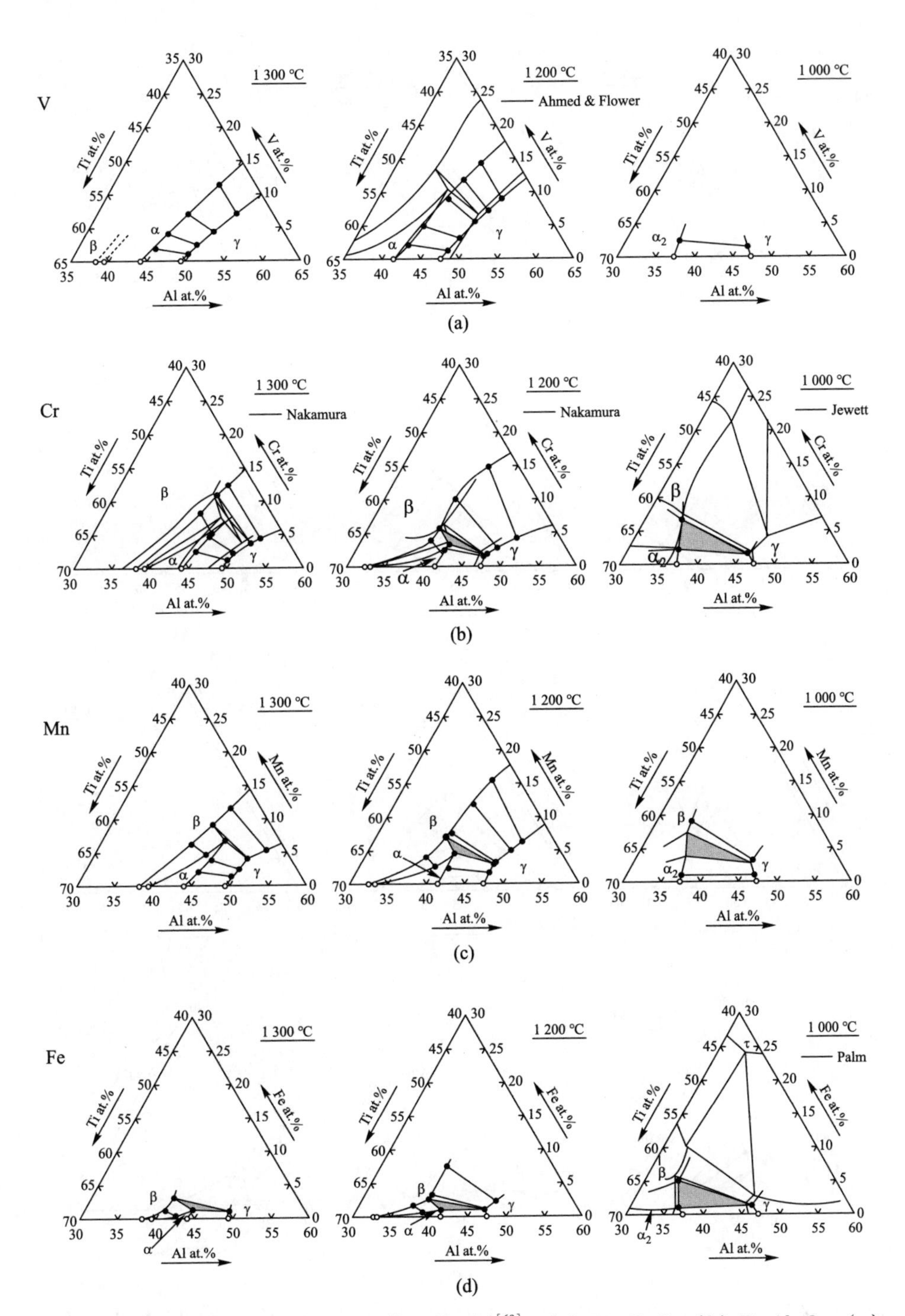

图 2.7　不同三元 Ti-Al-X 合金系的等温截面图[68]。(a) Ti-Al-V；(b) Ti-Al-Cr；(c) Ti-Al-Mn；(d) Ti-Al-Fe

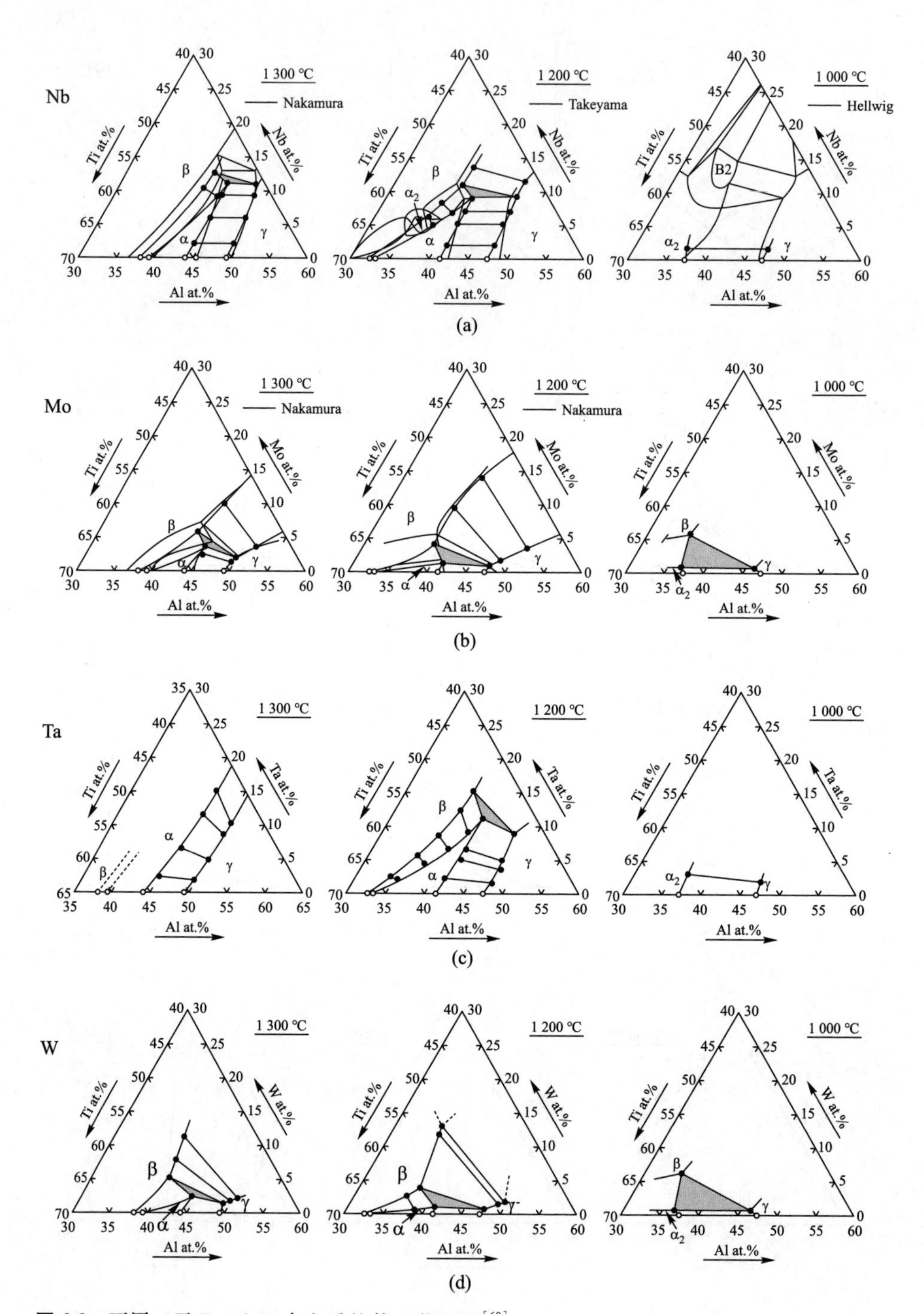

图 2.8　不同三元 Ti-Al-X 合金系的等温截面图[68]：(a) Ti-Al-Nb；(b) Ti-Al-Mo；(c) Ti-Al-Ta；(d) Ti-Al-W

如上文所述，Nb 在 α_2 和 γ 相中的溶解度相对较高，同时 Nb 被认为是对工程 γ-TiAl 合金非常有益的合金元素[107-111]。这种高 Nb 含量合金的性能将在第 7 章和第 13 章阐述。这里需要指出的是，Ti-Al-Nb 三元相图是非常复杂的，因为在其相图中的 $\alpha+\gamma+\beta$(B2)或 $\alpha_2+\gamma+$B2 三相区成分范围附近出现了若干三元化合物。前文已经提到，它们的出现正是上述不同的相组成研究之间存在差异的原因之一。同时值得注意的是，多相共存时，其中的一些物相在当时的三元相图中并未发现，比如在高 Nb 含量合金中观察到的正交相[73]。关于此类合金的更多细节请参阅第 8 章。图 2.9 和 2.10 给出了 Ti-Al-Nb 三元系中有关工程应用温度和成分范围的相组成。其中的等温和垂直截面图取自最近发表的 Ti-Al-Nb 三元系及其各二元系组合的热力学计算结果[86]，因此它代表了目前我们对 Ti-Al-Nb 三元系的认识程度。

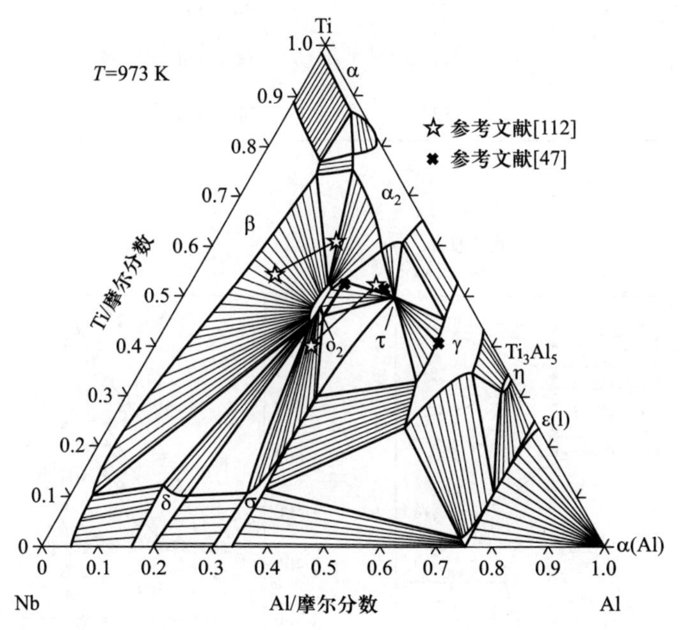

图 2.9 根据最近的热力学再评估得到的 Ti-Al-Nb 系合金的 700 ℃等温截面图[86]。图中的物相在表 2.3 中列出

表 2.3 图 2.9 中的物相的晶体学数据

物相	皮尔逊符号	空间群	结构符号
Al	cF4	$Fm\bar{3}m$	A1
α，α-Ti	hP2	$P6_3/mmc$	A3

续表

物相	皮尔逊符号	空间群	结构符号
β，β-Ti	cI2	$Im\bar{3}m$	A2
$\alpha_2(Ti_3Al)$	hP8	$P6_3/mmc$	$D0_{19}$
γ(TiAl)	tP4	P4/mmm	$L1_0$
$O_2(Ti_2AlNb)$	oC16	Cmcm	
$\tau(Ti_4Al_3Nb,\ \omega_o)$	hP6	$P6_3/mmc$	$B8_2$
$\delta(Nb_3Al)$	cP8	$Pm\bar{3}n$	A15
$\sigma(Nb_2Al)$	tP30	$P4_2/mmm$	$D8_b$
Ti_3Al_5	tP32	P4/mbm	
$\eta(TiAl_2)$	tI24	$I4_1/amd$	
$\varepsilon(l)(TiAl_3(l))$	tI32	I4/mmm	

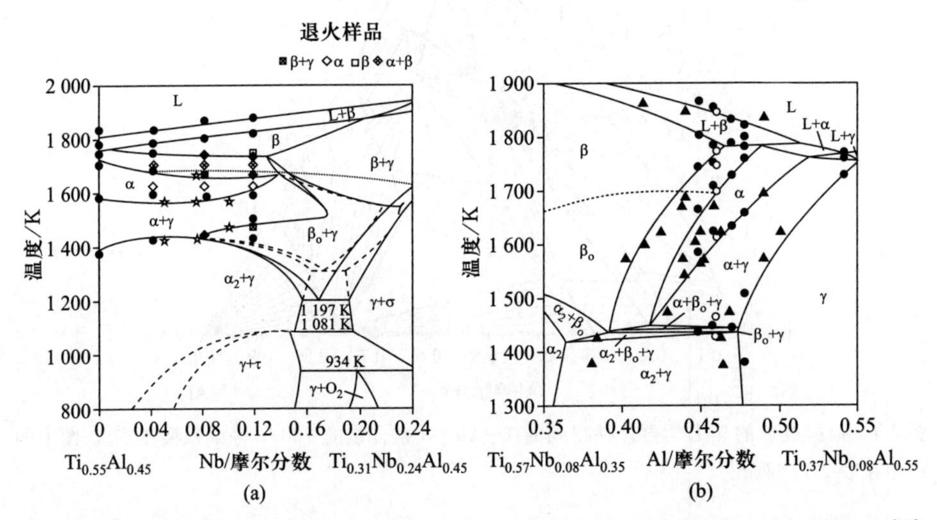

图 2.10　最近的热力学再评估获得的接近 Ti-Al 一侧的 Ti-Al-Nb 系合金的垂直截面图[86]：(a) 45at.% Al 等成分垂直截面图；(b) 8at.% Nb 等成分垂直截面图。图中的物相在表 2.4 中列出

表 2.4 图 2.10 中的物相的晶体学数据

物相	皮尔逊符号	空间群	结构符号
α，α-Ti	hP2	$P6_3/mmc$	A3
β，β-Ti	cI2	$Im\bar{3}m$	A2
β_o	cP2	$Pm\bar{3}m$	B2
$\alpha_2(Ti_3Al)$	hP8	$P6_3/mmc$	$D0_{19}$
γ(TiAl)	tP4	P4/mmm	$L1_0$
$O_2(Ti_2AlNb)$	oC16	Cmcm	
$\tau(Ti_4Al_3Nb，\omega_o)$	hP6	$P6_3/mmc$	$B8_2$
$\sigma(Nb_2Al)$	tP30	$P4_2/mmm$	$D8_b$

除了 Nb 和 Cr 以外，B 是 γ-TiAl 合金中应用最广泛的合金元素。这是因为添加 0.1at.%～2at.%的 B 可以细化合金的铸态组织[113,114]。另外，人们还发现 B 对合金的热变形行为和变形合金产品的显微组织具有有益作用(参见第 16 章)。B 几乎不溶于任何 Ti-Al 二元系中的物相[106,115]。有趣的是，Hyman 等[104]发现，根据 Al 含量的不同，当 B 的添加量在 0.7at.%～1.5at.%之间时，合金的初生凝固相或是 β 相抑或是 α 相(图 2.11)。这一发现与最近 Witusiewicz 等[106]的工作相吻合。这些结果共同证明，在 B 含量低于 0.7at.%的

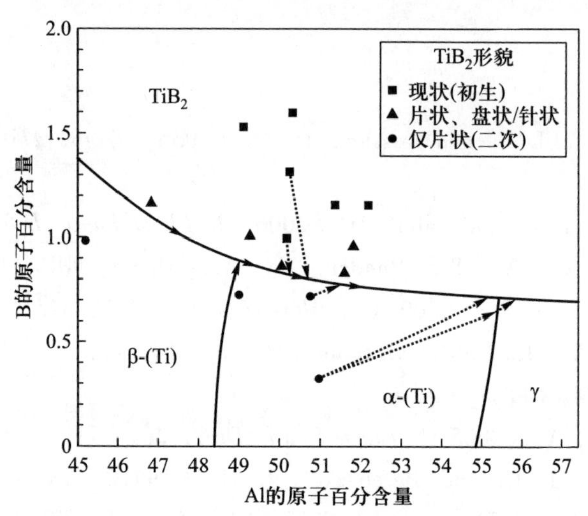

图 2.11 Ti-Al-B 合金系中等原子比 TiAl 成分区域附近的参考液相投影线[104]。虚线示意性地标记了一些合金的凝固路径

合金中，将二元 Ti-Al 合金的晶粒细化机制简单地解释为硼化物可作为异质形核质点是不正确的。因此，欲全面了解二元 TiAl 合金以及多组元合金系统的晶粒细化机制，首先需要对合金的相组成有深入的理解。更多关于此问题的阐述请参见第 4 章。

作为本章的结束，简单考虑一下 O 对 TiAl 合金相组成的影响。根据可参考的 Ti-Al-O 三元相图[67,100]，O 在 α_2 相中的溶解度远远高于在 γ 相中的溶解度。这一点已经在原子探针(AP)分析中得到了证明(原子探针是一种具有高空间分辨率、可定量分析细小 α_2 和 γ 片层中 O 含量的方法)。利用这一技术，Nérac-Partaix 等[116]的研究表明 O 在 Ti-Al 二元双相合金 γ 相内的溶解度约为 300 at. ppm①；而根据 Al 含量的不同，O 在 α_2 相中的溶解度可达 8 000~22 000 at. ppm[116,117]。在 Al 含量为 52at.%且不含 α_2 相的合金中，尽管样品中已经含有 1at.%或 2at.%的 O，然而 O 在 γ 相中的溶解度与双相合金中的结果一致[116]。作者认为 O 在 α_2 和 γ 相中的溶解度不同的原因可能是 α_2 相结构中存在由 6 个钛原子构成的八面体间隙[117]。O 在 α_2 中的极高溶解度明显抑制了氧化物的生成，这是因为在高 Al 含量且不含 α_2 相的合金组织中有氧化物出现，在早期 Vasudevan 等[118]的研究中就已得出此结论。O 在 α_2 和 γ 相中溶解度的显著差异导致了不同材料中 α_2 和 γ 相区的边界随 O 含量的不同而变化。类似的结果也在含有 Cr、Mn 和 Nb 的合金中有所发现[117,119]。综合考虑，这些发现足以证明二元 Ti-Al 系和三元 Ti-Al-X 系对 O 含量均高度敏感。其他研究也间接地给出了这一结论[6-8]。

参考文献

[1] McAndrew, J. B. and Kessler, H. D. (1956) *Trans. AIME/J. Met.*, **8**, 1348.

[2] Schuster, J. C. and Palm, M. (2006) *J. Phase Equil. Diff.*, **27**, 255.

[3] Witusiewicz, V. T., Bondar, A. A., Hecht, U., Rex, S., and Velikanova, T. Ya. (2008) *J. Alloys Compd.*, **465**, 64.

[4] Grytsiv, A., Rogl, P., Schmidt, H., and Giester, G. (2003) *J. Phase Equil.*, 24, 511.

[5] Raghavan, V. (2005) *J. Phase Equil. Diff.*, **26**, 171.

[6] Mishurda, J. C. and Perepezko, J. H. (1991) *Microstructure/Property Relationships in Titanium Aluminide Alloys* (eds Y. W. Kim and R. R.

① 1 ppm = 10^{-6}，全书同。

Boyer), TMS, Warrendale, PA, p. 3.
[7] Kattner, U. R., Lin, J. C., and Chang, Y. A. (1992) *Metall. Trans.*, **23A**, 2081.
[8] Ohnuma, I., Fujita, Y., Mitsui, H., Ishikawa, K., Kainuma, R., and Ishida, K. (2000) *Acta Mater.*, **48**, 3113.
[9] Jones, S. A. and Kaufman, M. J. (1993) *Acta Metall. Mater.*, **41**, 387.
[10] Ogden, H. R., Maykuth, D. J., Finlay, W. L., and Jaffee, R. I. (1951) *Trans. AIME/J. Met.*, **3**, 1150.
[11] Bumps, E. S., Kessler, H. D., and Hansen, M. (1952) *Trans. AIME/J. Met.*, **4**, 609.
[12] Murray, J. L. (1987) *Phase Diagrams of Binary Titanium Alloys* (ed. J. L. Murray), ASM, Metals Park, OH, p. 12.
[13] Okamoto, H. (1993) *J. Phase Equil.*, **14**, 120.
[14] Zhang, F., Chen, S. L., Chang, Y. A., and Kattner, U. R. (1997) *Intermetallics*, **5**, 471.
[15] Okamoto, H. (2000) *J. Phase Equil.*, **21**, 311.
[16] Kaufman, L. (1969) *Prog. Mater. Sci.*, **14**, 57.
[17] Kaufman, L. and Bernstein, H. (1970) *Computer Calculation of Phase Diagrams*, Academic Press, New York, NY.
[18] Massalski, T. B. (1990) *Binary Alloy Phase Diagrams*, ASM International, Metals Park, OH, p. 2179 (data collected by H. W. King).
[19] Murray, J. L. and Wriedt, H. A. (1987) *Phase Diagrams of Binary Titanium Alloys* (ed. J. L. Murray), ASM, Metals Park, OH, p. 1.
[20] Blackburn, M. J. (1967) *Trans. Metall. Soc. AIME*, **239**, 1200.
[21] Duwez, P. and Taylor, J. L. (1952) *Trans. AIME/J. Met.*, **4**, 70.
[22] Braun, J., Ellner, M., and Predel, B. (in German), (1995) *Z. Metallkd.*, **86**, 870.
[23] Pfullmann, T. and Beaven, P. A. (1993) *Scr. Metall. Mater.*, **28**, 275.
[24] Mabuchi, H., Asai, T., and Nakayama, Y. (1989) *Scr. Metall.*, **23**, 685.
[25] van Loo, F. J. J. and Rieck, G. D. (1973) *Acta Metall.*, **21**, 61.
[26] Braun, J. and Ellner, M. (2001) *Metall. Trans.*, **32A**, 1037.
[27] Schuster, J. C. and Ipser, H. (1990) *Z. Metallkd.*, **81**, 389.
[28] Braun, J., Ellner, M., and Predel, B. (in German) (1994) *J. Alloys*

Compd., **203**, 189.

[29] Srinivasan, S., Desh, P. B., and Schwarz, R. B. (1991) *Scr. Metall. Mater.*, **25**, 2513.

[30] Braun, J., Ellner, M., and Predel, B. (in German) (1994) *Z. Metallkd.*, **85**, 855.

[31] Klassen, T., Oehring, M., and Bormann, R. (1994) *J. Mater. Res.*, **9**, 47.

[32] McCullough, C., Valencia, J. J., Levi, C. G., and Mehrabian, R. (1989) *Acta Metall.*, **37**, 1321.

[33] Mishurda, J. C., Lin, J. C., Chang, Y. A., and Perepezko, J. H. (1989) *High-Temperature Ordered Intermetallic Alloys III*, vol. 133 (eds C. T. Liu, A. J. Taub, N. S. Stoloff, and C. C. Koch), *Mater. Res. Soc. Symp. Proc.*, Mater. Res. Soc., Pittsburgh, PA, p. 57.

[34] Jung, I. S., Kim, M. C., Lee, J. H., Oh, M. H., and Wee, D. M. (1999) *Intermetallics*, **7**, 1247.

[35] Kainuma, R., Palm, M., and Inden, G. (1994) *Intermetallics*, **2**, 321.

[36] Veeraghavan, D., Pilchowski, U., Natarajan, B., and Vasudevan, V. K. (1998) *Acta Mater.*, **46**, 405.

[37] Suzuki, A., Takeyama, M., and Matsuo, T. (2002) *Intermetallics*, **10**, 915.

[38] Kim, Y. W. (1992) *Acta Metall. Mater.*, **40**, 1121.

[39] Yamabe, Y., Takeyama, M., and Kikuchi, M. (1995) *Gamma Titanium Aluminides* (eds Y. W. Kim, R. Wagner, and M. Yamaguchi), TMS, Warrendale, PA, p. 111.

[40] Kim, Y. W. (1991) *JOM* (*J. Metals*), **43**(August), 40.

[41] Yamaguchi, M. and Inui, H. (1993) *Structural Intermetallics* (eds R. Darolia, J. J. Lewandowski, C. T. Liu, P. L. Martin, D. B. Miracle, and M. V. Nathal), TMS, Warrendale, PA, p. 127.

[42] Kim, Y. W. (1994) *JOM* (*J. Metals*), **46** (July), 30.

[43] Kim, Y. W. and Dimiduk, D. M. (1997) *Structural Intermetallics 1997* (eds M. V. Nathal, R. Darolia, C. T. Liu, P. L. Martin, D. B. Miracle, R. Wagner, and M. Yamaguchi), TMS, Warrendale, PA, p. 531.

[44] Mozer, B., Bendersky, L., Boettinger, W. J., and Grant Rowe, R.

(1990) *Scr. Met. all.*, **24**, 2363.

[45] Ohba, T., Emura, Y., Miyazaki, S., and Otsuka, K. (1990) *Mater. Trans.* (*Japanese Inst. Metals*), **31**, 12.

[46] Abe, E., Kumagai, T., and Nakamura, M. (1996) *Intermetallics*, **4**, 327.

[47] Bendersky, L. A., Boettinger, W. J., Burton, B. P., Biancaniello, F. S., and Shoemaker, C. B. (1990) *Acta Metall. Mater.*, **38**, 931.

[48] Banerjee, S. and Mukhopadhyay, P. (2007) *Phase Transformations-Examples from Titanium and Zirconium Alloys*, *Pergamon Materials Series*, vol. 12, Elsevier, Amsterdam.

[49] Schuster, J. C. and Nowotny, H. (1980) *Z. Metallkd.*, **71**, 341.

[50] Schuster, J. C., Nowotny, H., and Vaccaro, C. (1980) *J. Solid State Chem.*, **32**, 213.

[51] Schuster, J. C. and Bauer, J. (1984) *J. Solid State Chem.*, **53**, 260.

[52] Hoch, N. and Lin, R. Y. (1993) *Ternary Alloys: A Comprehensive Compendium of Evaluated Constitutional Data and Phase Diagrams*, vol. 8 (eds G. Petzow and G. Effenberg), VCH, Weinheim, Germany, p. 79.

[53] Murray, J. L. and Wriedt, H. A. (1987) *Phase Diagrams of Binary Titanium Alloys* (ed. J. L. Murray), ASM, Metals Park, OH, p. 211.

[54] Pietrowsky, P. and Duwez, P. (1951) *J. Metals*, **3**, 772.

[55] Decker, B. (1954) *Acta Crystallogr.*, **7**, 77.

[56] De Graef, M., Löfvander, J. P. A., McCullough, C., and Levi, C. G. (1992) *Acta Metall. Mater.*, **40**, 3395.

[57] Kitkamthorn, U., Zhang, L. C., and Aindow, M. (2006) *Intermetallics*, **14**, 759.

[58] Mohandas, E. and Beaven, P. A. (1991) *Scr. Metall. Mater.*, **25**, 2023.

[59] Rossouw, C. T., Forwood, M. A., Gibson, M. A., and Miller, P. R. (1996) *Philos. Mag. A*, **74**, 77.

[60] Hao, Y. L., Xu, D. S., Cui, Y. Y., Yang, R., and Li, D. (1999) *Acta Mater.*, **47**, 1129.

[61] Hao, Y. L., Yang, R., Cui, Y. Y., and Li, D. (2000) *Acta Mater.*, **48**, 1313.

[62] Jewett, T. J., Ahrens, B., and Dahms, M. (1996) *Intermetallics*, **4**, 543.

[63] Palm, M. and Inden, G. (1997) *Structural Intermetallics 1997* (eds M. V. Nathal, R. Darolia, C. T. Liu, P. L. Martin, D. B. Miracle, R. Wagner, and M. Yamaguchi), TMS, Warrendale, PA, p. 73.

[64] Singh, A. K. and Banerjee, D. (1997) *Metall. Mater. Trans.*, **28A**, 1735.

[65] Singh, A. K. and Banerjee, D. (1997) *Metall. Mater. Trans.*, **28A**, 1745.

[66] Hellwig, A., Palm, M., and Inden, G. (1998) *Intermetallics*, 6, 79.

[67] Saunders, N. (1999) *Gamma Titanium Aluminides* 1999 (eds Y. W. Kim, D. M. Dimiduk, and M. H. Loretto), TMS, Warrendale, PA, p. 183.

[68] Kainuma, R., Fujita, Y., Mitsui, H., Ohnuma, I., and Ishida, K. (2000) *Intermetallics*, **8**, 855.

[69] Naka, S., Thomas, M., Sanchez, C., and Khan, T. (1997) *Structural Intermetallics 1997* (eds M. V. Nathal, R. Darolia, C. T. Liu, P. L. Martin, D. B. Miracle, R. Wagner, and M. Yamaguchi), TMS, Warrendale, PA, p. 313.

[70] Tetsui, T., Shindo, K., Kobayashi, S., and Takeyama, M. (2002) *Scr. Mater.*, **47**, 399.

[71] Kobayashi, S., Takeyama, M., Motegi, T., Hirota, N., and Matsuo, T. (2003) *Gamma Titanium Aluminides 2003* (eds Y. W. Kim, H. Clemens, and A. H. Rosenberger), TMS, Warrendale, PA, p. 165.

[72] Takeyama, M. and Kobayashi, S. (2005) *Intermetallics*, 13, 993.

[73] Appel, F., Oehring, M., and Paul, J. D. H. (2006) *Adv. Eng. Mater.*, **8**, 371.

[74] Imayev, R. M., Imayev, V. M., Oehring, M., and Appel, F. (2007) *Intermetallics*, **15**, 451.

[75] Kremmer, S., Chladil, H. F., Clemens, H., Otto, A., and Güther, V. (2007) *Ti-2007, Science and Technology, Proc. of the 11th World Conference on Titanium* (eds M. Ninomi, S. Akiyama, M. Ikeda, M. Hagiwara, and K. Maruyama), The Japan Institute of Metals, Tokyo, Japan, p. 989.

[76] Kim, Y. W., Kim, S. L., Dimiduk, D. M., and Woodward, C. (2008) *Structural Intermetallics for Elevated Temperatures* (eds Y. W. Kim, D. Morris, R. Yang, and C. Leyens), TMS, Warrendale, PA, p. 215.

[77] Perepezko, J. H., Chang, Y. A., Seitzman, L. E., Lin, J. C.,

Bonda, N. R., and Jewett, T. J. (1990) *High Temperature Aluminides and Intermetallics* (eds S. H. Whang, C. T. Liu, D. P. Pope, and J. O. Stiegler), TMS, Warrendale, PA, p. 19.

[78] Kattner, U. R. and Boettinger, W. J. (1992) *Mater. Sci. Eng.*, 152, 9.

[79] Das, S., Jewett, T. J., and Perepezko, J. H. (1993) *Structural Intermetallics* (eds R. Darolia, J. J. Lewandowski, C. T. Liu, P. L. Martin, D. B. Miracle, and M. V. Nathal), TMS, Warrendale, PA, p. 35.

[80] Nakamura, H., Takeyama, M., Yamabe, Y., and Kikuchi, M. (1993) *Scr. Metall. Mater.*, **28**, 997.

[81] Zdziobek, A., Durand-Charre, M., Driole, J., and Durand, F. (1995) *Z. Metallkd.*, **86**, 334.

[82] Chen, G. L., Wang, X. T., Ni, K. Q., Hao, S. M., Cao, J. X., Ding, J. J., and Zhang, X. (1996) *Intermetallics*, **6**, 13.

[83] Chen, G. L., Zhang, W. J., Liu, Z. C., Li, S. J., and Kim, Y. W. (1999) *Gamma Titanium Aluminides 1999* (eds Y. W. Kim, D. M. Dimiduk, and M. H. Loretto), TMS, Warrendale, PA, p. 371.

[84] Servant, I. and Ansara, I. (2001) *CALPHAD*, **25**, 509.

[85] Chladil, H. F., Clemens, H., Zickler, G. A., Takeyama, M., Kozeschnik, E., Bartels, A., Buslaps, T., Gerling, R., Kremmer, S., Yeoh, L., and Liss, K. D. (2007) *Int. J. Mater. Res.* (*formerly Z. Metallkd.*), **98**, 1131.

[86] Witusiewicz, V. T., Bondar, A. A., Hecht, U., and Velikanova, T. Ya. (2009) *J. Alloys Compd.*, **472**, 133.

[87] Bystranowski, S., Bartels, A., Stark, A., Gerling, R., Schimansky, F. P., and Clemens, H. (2010) *Intermetallics*, 18, 1046.

[88] Shuleshova, O., Holland-Moritz, D., Löser, W., Voss, A., Hartmann, H., Hecht, U., Witusiewicz, V. T., Herlach, D. M., and Büchner, B. (2010) *Acta Mater.*, **58**, 2408.

[89] Nakamura, H., Takeyama, M., Yamabe, Y., and Kikuchi, M. (1993) *Proc. 3rd Japan International SAMPE Symposium and Exhibition* (eds M. Yamaguchi and H. Hukutomi), Society for the advancement of material and process engineering, Chiba, Japan, p. 1353.

[90] Shao, G. and Tsakiropoulos, P. (1999) *Intermetallics*, 7, 579.

[91] Budberg, A. and Schmid-Fetzer, R. (1993) *Ternary Alloys: A Comprehensive Compendium of Evaluated Constitutional Data and Phase Diagrams*, vol. 7 (eds G. Petzow and G. Effenberg), VCH, Weinheim, Germany, p. 229.

[92] Ahmed, T. and Flower, H. M. (1992) *Mater. Sci. Eng.*, **A152**, 31.

[93] Ahmed, T. and Flower, H. M. (1994) *Mater. Sci. Technol.*, **10**, 272.

[94] Butler, C. J., McCartney, D. G., Small, C. J., Horrocks, F. J., and Saunders, N. (1997) *Acta Mater.*, **45**, 2931.

[95] Weaver, M. L. and Kaufman, M. J. (1995) *Acta Metall. Mater.*, **43**, 2625.

[96] Palm, M., Inden, G., and Thomas, N. (1995) *J. Phase Equil.*, **16**, 209.

[97] Palm, M., Gorzel, A., Letzig, D., and Sauthoff, G. (1997) *Structural Intermetallics 1997* (eds M. V. Nathal, R. Darolia, C. T. Liu, P. L. Martin, D. B. Miracle, R. Wagner, and M. Yamaguchi), TMS, Warrendale, PA, p. 885.

[98] Perrot, P. (1993) *Ternary Alloys: A Comprehensive Compendium of Evaluated Constitutional Data and Phase Diagrams*, vol. 8 (eds G. Petzow and G. Effenberg), VCH, Weinheim, Germany, p. 283.

[99] Manesh, S. H. and Flower, H. M. (1994) *Mater. Sci. Technol.*, **10**, 674.

[100] Li, X. L., Hillel, R., Teyssandier, F., Choi, S. K., and van Loo, F. J. J. (1992) *Acta Metall. Mater.*, **40**, 3149.

[101] Lee, B. J. and Saunders, N. (1997) *Z. Metallkd.*, **88**, 152.

[102] Jehn, H. A. (1993) *Ternary Alloys: A Comprehensive Compendium of Evaluated Constitutional Data and Phase Diagrams*, vol. 7 (eds G. Petzow and G. Effenberg), VCH, Weinheim, Germany, p. 305.

[103] Hayes, F. H. (1990) *Ternary Alloys: A Comprehensive Compendium of Evaluated Constitutional Data and Phase Diagrams*, vol. 3 (eds G. Petzow and G. Effenberg), VCH, Weinheim, Germany, p. 557.

[104] Hyman, M. E., McCullough, C., Levi, C. G., and Mehrabian, R. (1991) *Metall. Trans.*, **22A**, 1647.

[105] Gröbner, J., Mirkovic, D., and Schmid-Fetzer, R. (2005) *Mater. Sci. Eng.*, **395**, 10.

[106] Witusiewicz, V. T., Bondar, A. A., Hecht, U., Zollinger, J.,

Artyukh, L. V., Rex, S., and Velikanova, T. Ya. (2009) *J. Alloys Compd.*, **474**, 86.

[107] Huang, S. C. (1993) *Structural Intermetallics* (eds R. Darolia, J. J. Lewandowski, C. T. Liu, P. L. Martin, D. B. Miracle, and M. V. Nathal), TMS, Warrendale, PA, p. 299.

[108] Chen, G. L., Zhang, W. J., Wang, Y. D. G., Sun, Z. Q., Wu, Y. Q., and Zhou, L. (1993) *Structural Intermetallics* (eds R. Darolia, J. J. Lewandowski, C. T. Liu, P. L. Martin, D. B. Miracle, and M. V. Nathal), TMS, Warrendale, PA, p. 319.

[109] Paul, J. D. H., Appel, F., and Wagner, R. (1998) *Acta Mater.*, **46**, 1075.

[110] Kim, Y. W. (2003) *Niobium High Temperature Applications* (eds Y. W. Kim and T. Carneiro), TMS, Warrendale, PA, p. 125.

[111] Wu, X. (2006) *Intermetallics*, **14**, 1114.

[112] Sadi, F. A. (1997) *Etude du système Al-Nb-Ti au voisinage des compositions* $AlNbTi_2$ *et* Al_3NbTi_4. Ph. D. Thesis, Univ. de Paris-Sud.

[113] Larsen, D. E., Kampe, S., and Christodoulou, L. (1990) *Intermetallic Matrix Composites*, vol. 194 (eds D. L. Anton, R. McMeeking, D. Miracle, and P. Martin), *Mater. Res. Soc. Symp. Proc.*. Mater. Res. Soc., Pittsburgh, PA, p. 285.

[114] Cheng, T. T. (1999) *Gamma Titanium Aluminides 1999* (eds Y. W. Kim, D. M. Dimiduk, and M. H. Loretto), TMS, Warrendale, PA, p. 389.

[115] Kim, Y. W. and Dimiduk, D. M. (2001) *Structural Intermetallics 2001* (eds K. J. Hemker, D. M. Dimiduk, H. Clemens, R. Darolia, H. Inui, J. M. Larsen, V. K. Sikka, M. Thomas, and J. D. Whittenberger), TMS, Warrendale, PA, p. 625.

[116] Nérac-Partaix, A., Huguet, A., and Menand, A. (1995) *Gamma Titanium Aluminides* (eds Y. W. Kim, R. Wagner, and M. Yamaguchi), TMS, Warrendale, PA, p. 197.

[117] Menand, A., Huguet, A., and Nérac-Partaix, A. (1996) *Acta Mater.*, **44**, 4729.

[118] Vasudevan, V. K., Stucke, M. A., Court, S. A., and Fraser, H. L. (1989) *Philos. Mag. Lett.*, **59**, 299-307.

[119] Nérac-Partaix, A. and Menand, A. (1996) *Scr. Mater.*, **35**, 199.

第3章 热物理常数

具有重要工程意义的 TiAl 合金的成分①范围为

$$Ti-(42\sim49)Al-(0.1\sim10)X \tag{3.1}$$

X 表示 Cr、Nb、W、V、Ta、Si、B 和 C 等合金元素。合金的相组成可能包括多种稳定相和亚稳相，这取决于具体的合金成分和加工条件[1-6]，第 2 章已经阐明了这一点。其中最重要的物相的晶体学参数见表 2.1 和表 2.2。应该指出，除 γ-TiAl 合金体系外，α_2-Ti_3Al 和 Ti_2AlNb 合金体系也得到了长足的发展，相关的综述文章参见文献[7]。

3.1 弹性和热性能

表 3.1 列出了一些可能具有重要工程应用意义的热物理性能。由图 1.1 可见，将密度考虑在内后，相比于其他金属材料，γ-TiAl 合金的弹性模量优异[14,15]。在 750 ℃的目标应用温度下，γ-TiAl 合

① 注：如无特殊说明，全文合金成分均以原子百分比(at.%)表示.

表 3.1　Ti-Al 合金系统的热物理常数：E（杨氏模量）、μ（剪切模量）、ν（泊松比）、ρ（密度）、α（热膨胀系数）、c_p（比热容）、λ（热导率）、ρ_e（电导率）、D_0 和 Q[参见式(3.4)]

性能		参考文献
弹性模量		[8]
γ(TiAl)	$E(\text{GPa}) = 182.94-0.034\,2T$，$\mu(\text{GPa}) = 74.24-0.014\,1T$，	
(Ti-50Al)	$\nu = 0.234+6.7\times10^{-6}T$，$T = 25\sim847$ ℃	
$\alpha_2(Ti_3Al)$	$E(\text{GPa}) = 147.05-0.052\,5\,T$，$\mu(\text{GPa}) = 57.09-0.018\,7\,T$，	
(Ti-26.7Al)	$\nu = 0.295-5.9\times10^{-5}T$，$T = 25\sim954$ ℃	
密度：	$\rho = 3.9\sim4.3\ \text{g}\cdot\text{cm}^{-3}$	
热膨胀系数：	[100] 方向：$\alpha(\text{K}^{-1}) = 9.77\times10^{-6}+4.46\times10^{-9}T$	[9]
(Ti-56Al)	[001]方向：$\alpha(\text{K}^{-1}) = 9.26\times10^{-6}+3.36\times10^{-9}T$， $T = 293\sim750$ K	
热膨胀系数：	点阵常数 a：$\alpha(\text{K}^{-1}) = 3.2\times10^{-6}$；$T = 273\sim1\,873$ K	
(Ti-46Al-1.9Cr-3Nb 中的 α_2 相)	点阵常数 c：$\alpha(\text{K}^{-1}) = 2.1\times10^{-6}$；$T = 273\sim1\,873$ K	[10]
热导率：	$\lambda(\text{W}\cdot\text{m}^{-1}\cdot\text{K}^{-1}) = 21.795\,9+8.163\,3\times10^{-3}T$，	[11]
(Ti-48Al-1V-0.2C)	$T = 25\sim760$ ℃	
电导率：	$\rho_e(\text{n}\Omega\cdot\text{m}) = 665.88+0.79T-8.16\times10^{-4}T^2+5.72\times10^{-3}T^3$，	[12]
(Ti-46.5Al-8Nb)	$T = 400\sim1\,430$ ℃	
比热容：	$c_p(\text{J}\cdot\text{K}^{-1}\cdot\text{g}^{-1}) =$	[12]
(Ti-46.5Al-8Nb)	$= 0.632\,4+7.44\times10^{-5}T-2.07\times10^{-7}T^2+2.97\times10^{-10}T^3$， T = 400～1 430 ℃	
扩散系数：		[13]
TiAl	Ti：$D_0 = 1.43\times10^{-6}\ \text{m}^2/\text{s}$，$Q = 2.59$ eV	
[Ti-(53-56)Al]	Al：$D_0 = 2.11\times10^{-2}\ \text{m}^2/\text{s}$，$Q = 3.71$ eV	
Ti_3Al	Ti：$D_0 = 2.24\times10^{-5}\ \text{m}^2/\text{s}$，$Q = 2.99$ eV	
[Ti-(25-35)Al]	Al：$D_0 = 2.32\times10^{-1}\ \text{m}^2/\text{s}$，$Q = 4.08$ eV	

金的弹性模量已接近高温合金的，而密度仅为其一半。这一点对航空发动机领域承载部件的设计是非常有益的，因为通常要求这些部件的外形在加载条件下保持不变。高弹性刚度的一个突出优点是更高的部件振动频率。这有利于发动机的设计，因为可以更容易地避免引发高频率下的振动。根据 Schafrik 等[8]确定的数据，γ-TiAl 和 α_2-Ti_3Al 合金弹性模量随温度的变化在表 3.1 中给出。Tanaka 等[16]和 He 等[9]用超声共振技术测定了 Ti-56Al 合金的 6 个独立的弹性参数 C_{ij}。文献[16]确定了对应于〈110]和〈011]方向的剪切各向异性系数 $A_{\langle 110]}$ 和 $A_{\langle 011]}$：

$$A_{\langle 110]} = 2C_{66}/(C_{11}-C_{12}) = 1.44 \tag{3.2}$$

$$A_{\langle 011]} = 4C_{44}/(C_{11}+C_{12}-2C_{13}) = 1.98 \tag{3.3}$$

Tanaka 等[17]确定了 α_2-Ti_3Al 的弹性刚度常数 C_{ij}。关于这一问题，文献[18]给出了更多的信息。基于这些数据，Yoo 和 Foo[19]评估了片层组织下 α_2-Ti_3Al 和 γ-TiAl 加载过程中的弹性不相容性。当垂直于片层界面施加应力时，α_2-Ti_3Al 中的实际应力约降低 9%，而当平行于片层界面施加应力时，α_2-Ti_3Al 中的实际应力约增加 4%。

表 3.1 中也给出了 γ-TiAl 和 α_2-Ti_3Al 的热膨胀系数。可以看出，热膨胀的各向异性非常明显，因而导致了热处理过程中的弹性热应力。合金的热膨胀与其成分有关[10-12]。TiAl 合金的热导率和高温合金相近，但是比传统钛合金要高出许多。因此，当高温合金被 TiAl 合金替代时，部件中将会出现相似的热梯度现象[11]。TiAl 合金的电阻率低于高温合金和传统钛合金。TiAl 合金的比热高于高温合金，这可降低热梯度并提高抗冲击能力[11]。

3.2 点缺陷

为了合理地解释热物理性能，人们尝试从点缺陷特征和合金元素原子占位的角度来考虑问题。有明显的证据表明，TiAl 合金中没有形成结构空位[20,21]。偏离化学计量比的成分变化可由 Ti 点位和 Al 点位均可产生的反位原子占位缺陷协调，即 Ti 原子占据 Al 原子点位（Ti_{Al}），或 Al 原子占据 Ti 原子点位（Al_{Ti}）。偏离化学计量比成分的幅度越大，反位原子缺陷的浓度就越高[18,22,23]。图 3.1 为 Woodward 等[22]采用第一性原理预测反位原子缺陷密度的计算结果。空位的密度也受第三组元合金元素添加的影响，然而，相对于空位密度随偏离化学计量比程度的变化，Si、Cr、Nb、Mo、W 和 Ta 对空位密度的作用效果被认为是较小的（图 3.1）。

原子占位通道增强显微分析（ALCHEMI）表明，Nb、Hf、Zr 和 Ta 完全或倾向于占据 Ti 点位（图 3.2）。优先占据 Al 点位的合金元素为 Ga、Mn、W、Mo

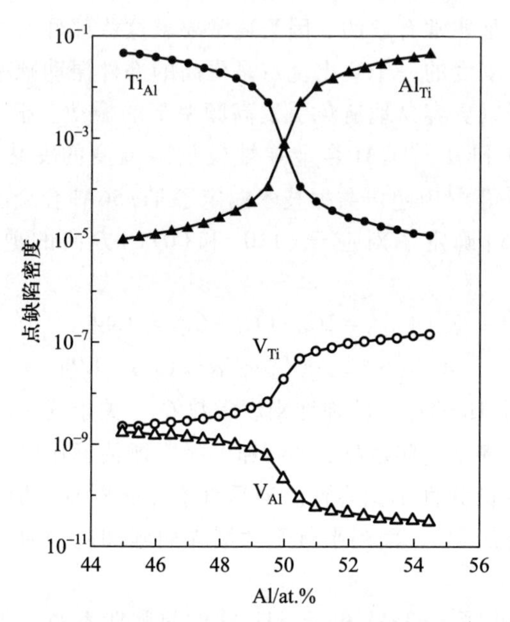

图 3.1　计算得到的 1 073 K 下二元 γ-TiAl 合金点缺陷密度随 Al 含量的变化。图中，Ti_{Al} 为 Ti 原子占据 Al 点位；Al_{Ti} 为 Al 原子占据 Ti 点位；V_{Ti} 为 Ti 原子空位；V_{Al} 为 Al 原子空位。数据来自 Woodward 等[22]，重新绘制

和 Cr 等[24]。这些实验结果与第一性原理计算结果吻合得很好；但是，计算同时指出 Mo 和 W 的优先占位取决于母合金中的 Al 含量[23]。

利用原子探针场离子显微镜，Menand 等[25]确定了氧元素和碳元素在 γ-TiAl 中的固溶极限，数据见表 3.2。在 α_2 相中，这些间隙原子的固溶极限要高得多，例如氧的固溶极限至少是 2.1at.%。TiAl 合金中的氧含量显著高于 γ 相的固溶极限(表 3.2)。γ 相中固溶氧含量的饱和浓度一直被测定为 250 at. ppm。在单相 γ-TiAl 合金中，过剩的氧以氧化物或 H 相的形式析出；而在两相合金中，过剩的氧则被 α_2 相吸收[25]。大致上讲，γ 和 α_2 相固溶能力的不同可以从晶体学的角度进行合理的解释。虽然两相中八面体间隙的大小是相同的，但是其化学环境是不同的。在 TiAl 合金中，存在两种八面体间隙：或者被两个 Al 原子和 4 个 Ti 原子包围，或者被 4 个 Al 原子和两个 Ti 原子包围。在 Ti_3Al 合金中同样存在两种八面体间隙，然而它们或者被两个 Al 原子和 4 个 Ti 原子包围，或者被 6 个 Ti 原子包围。

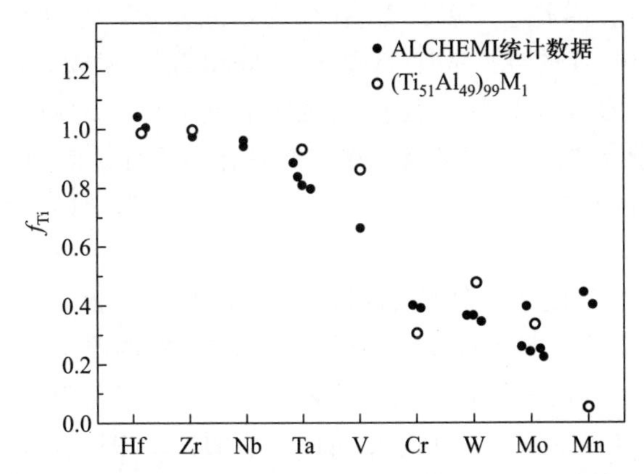

图 3.2 过渡金属在 γ-TiAl 中的配分，合金成为 Ti-49Al-1M，温度为 1 473 K。M 代表固溶量为 1at.%的合金元素，f_{Ti}表示固溶原子占据 Ti 亚点阵的百分含量。结果来自第一性原理计算[22]和系统的 ALCHEMI 分析[24]。图片来自 Woodward 等[22]，重新绘制

表 3.2 单相 γ-TiAl 合金中氧元素和碳元素的固溶极限随时效温度的变化。数据来自 Menand 等[25]

元素	时效温度		
	800 ℃	1 000 ℃	1 300 ℃
氧(at. ppm)	120±60	210±80	250±90
碳(at. ppm)	90±50	220±80	250±90

3.3 扩散

与其他金属相同，钛铝合金的扩散系数 D 可以表示为[13,26-29]

$$D=D_0\exp(-Q/kT)，其中 Q=H_V^F+H_V^M \tag{3.4}$$

式中，D_0 为指前因子；k 为玻尔兹曼常数；T 为热力学温度。对于热空位，激活能 Q 为形成能 H_V^F 和迁移能 H_V^M 之和。Ti_3Al 中 Ti 原子空位的形成能为 $H_V^F=(1.55\pm0.2)$ eV，TiAl 中 Ti 原子空位的形成能为(1.41 ± 0.06) eV[21,30]。Wang 等[31]的分子动力学模拟研究表明，所有稳定间隙结构的形成能是其空位形成能的 2~3 倍。利用^{44}Ti 同位素示踪法获得的 Ti 的自扩散数据见表 3.1。Al 的自扩散数据[32]是由 Darken-Manning 公式[33,34]计算得到的，因为它无法用示踪法测定；在这一计算中用到了 Ga 在 TiAl 中的扩散数据。如前文所述，已知 Ga

完全占据 Al 点位，因此它可以代替 Al 作为示踪元素。综合起来，数据表明，在 TiAl 和 Ti_3Al 中 Al 的自扩散比 Ti 缓慢。Ikeda 等[35]发现，在 TiAl 单晶中扩散系数存在明显的各向异性。他们发现垂直于[001]方向的扩散比平行于[001]方向的扩散要快一个数量级。这一结果并不意外，因为前一种情形中的扩散是通过亚点阵自扩散机制实现的，而在后一种情形中则需要亚点阵内的原子跳跃。

有证据表明，反位原子缺陷的出现可以促进 TiAl 和 Ti_3Al 中的扩散[13]。反位原子可以和空位一起形成反结构桥接。这些特殊的原子组态可以使空位在亚点阵之间和亚点阵内部跳跃，而不破坏长程有序状态。Herzig 等[36]与 Mishin 和 Herzig[13]提出了符合 $L1_0$ 和 $D0_{19}$ 结构的可能的反结构桥接(ASB)机制。在富 Ti 的 γ-TiAl 合金中，一种被称为 ASB-2 的过程可以达成扩散。相关的反结构桥接单元由一个 Ti 原子空位(V_{Ti})和一个 Ti_{Al} 反位原子构成，如图 3.3 所示[(ⅰ)阶段]。反结构桥接单元的反应过程为

$$V_{Ti}+Ti_{Al}\rightarrow V_{Al}\rightarrow Ti_{Al}+V_{Ti} \tag{3.5}$$

在反结构桥接反应中，其初始阶段(ⅰ)和最终阶段(ⅲ)所包括的缺陷是相同的，且在晶体学上是等价的。Mishin 和 Herzig[13]计算了 γ-TiAl 中不同扩散机制的迁移能 H_V^M[式(3.4)]，包括亚点阵自扩散、亚点阵反位原子扩散、3 次跳动循环换位、6 次跳动循环换位和几种不同的反结构桥接机制等。目前看来，在这些机制中，图 3.3 所示的 ASB-2 过程所需的迁移能最低，为 H_V^M = 0.72 eV。非常有趣的是，对于 Al 的扩散，类似的 ASB-2 机制则需要更高的迁移能 H_V^M = 1.323 eV[13]。这一发现表明 TiAl 合金的扩散与其成分偏离名义成分的大小有关。然而，通过反结构桥接的长程扩散只在反位原子缺陷浓度达到某一临界值以上时才可能发生，即所谓的渗流阈值。在此临界值以下，ASB 的亚结构是不连续的，扩散仅局限于局部的小团簇中。遗憾的是，TiAl 合金反位原子缺陷的渗流阈值是未知的。Belova 和 Merch[37]对 B2 有序金属间化合物的理论研究表明，ASB 机制所需要的渗流阈值可能相对较高，这取决于材料的长程有序参数。当有序度较高时，ASB 机制不会对长程扩散产生可观的贡献。但是局部的 ASB 机制仍然可能在反位原子缺陷浓度低于渗流阈值时发生。例如，一种潜在的机制就是在位错应力场的作用下，由扩散协助使缺陷团簇的取向发生转变。

关于 TiAl 和 Ti_3Al 中固溶元素的扩散特点已有了一些研究[13,35,38,39]。在 γ-TiAl 和 α_2-Ti_3Al 中，Nb 均为缓慢扩散元素。Fe 在 γ-TiAl 中的扩散速度高于 Ti，但是扩散系数比率仅为 2~3。Fe 和 Ni 在 Ti_3Al 中扩散较快，其扩散系数比 Ti 的自扩散系数高出了 2~3 个数量级[13]。

更多关于热物理性能的信息，包括键合特点、缺陷结构和层错能等，读者

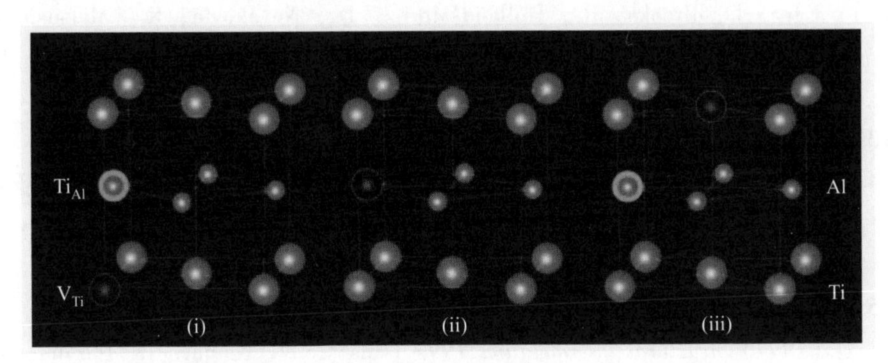

图 3.3 γ-TiAl 中被称为 ASB-2 的反结构桥接扩散机制[13]。(见文中叙述)

可以参考文献[18]。

参考文献

[1] McCullough, C., Valencia, J. J., Levi, C. G., and Mehrabian, R. (1989) *Acta Metall.*, **37**, 1321.

[2] Okamoto, H. (1993) *J. Phase Equil.*, **14**, 120.

[3] Hellwig, A., Palm, M., and Inden, G. (1998) *Intermetallics*, **6**, 79.

[4] Nguyen-Manh, D. and Pettifor, D. G. (1999) *Gamma Titanium Aluminides 1999* (eds Y. W. Kim, D. M. Dimiduk, and M. H. Loretto), TMS, Warrendale, PA, p. 175.

[5] Ohnuma, I., Fujita, Y., Mitsui, H., Ishikawa, K., Kainuma, R., and Ishida, K. (2000) *Acta Mater.*, **48**, 3113.

[6] Kattner, U. R., Lin, J. C., and Chang, Y. A. (1992) *Metall. Trans. A*, **23A**, 2081.

[7] Banerjee, S. and Mukhopadhyay, P. (2007) *Phase Transformations-Examples from Titanium and Zirconium Alloys*, Elsevier, Amsterdam.

[8] Schafrik, R. E. (1977) *Metall. Trans. A*, **8A**, 1003.

[9] He, Y., Schwarz, R. B., Darling, T., Hundley, M., Whang, S. H., and Wang, Z. M. (1997) *Mater. Sci. Eng. A*, **239-240**, 157.

[10] Novoselova, T., Malinov, S., Sha, W., and Zhecheva, A. (2004) *Mater. Sci. Eng. A*, **371**, 103.

[11] Zhang, W. J., Reddy, B. V., and Deevi, S. C. (2001) *Scr. Mater.*, **45**, 645.

[12] Egry, I., Brooks, R., Holland-Moritz, D., Novakovic, R., Matsushita, T., Ricci, E., Seetharaman, S., Wunderlich, R., and Jarvis, D. (2007) *Int. J. Thermophys.*, **28**, 1026.

[13] Mishin, Y. and Herzig, Chr. (2000) *Acta Mater.*, **48**, 589.

[14] Huang, S. C. and Chesnutt, J. C. (1995) *Intermetallic Compounds. Vol. 2, Practice* (eds J. H. Westbrook and R. L. Fleischer), John Wiley & Sons, Ltd, Chichester, p. 73.

[15] Austin, C. M., Kelly, T. J., McAllister, K. G., and Chesnutt, J. C. (1997) *Structural Intermetallics 1997* (eds M. V. Nathal, R. Darolia, C. T. Liu, P. L. Martin, D. B. Miracle, R. Wagner, and M. Yamaguchi), TMS, Warrendale, PA, p. 413.

[16] Tanaka, K., Ichitsubo, T., Inui, H., Yamaguchi, M., and Koiwa, M. (1996) *Philos. Mag. Lett.*, **73**, 71.

[17] Tanaka, K., Okamoto, K., Inui, H., Minonishi, Y., Yamaguchi, M., and Koiwa, M. (1996) *Philos. Mag. A*, **73**, 1475.

[18] Yoo, M. H. and Fu, C. L. (1998) *Metall. Mater. Trans. A*, **29A**, 49.

[19] Yoo, M. H. and Fu, C. L. (1995) *Mater. Sci. Eng. A*, **192-193**, 14.

[20] Shirai, Y. and Yamaguchi, M. (1992) *Mater. Sci. Eng. A*, **152**, 173.

[21] Brossmann, U., Würschum, R., Badura, K., and Schäfer, H. E. (1994) *Phys. Rev. B*, **49**, 6457.

[22] Woodward, C., Kajihara, S., and Lang, L. H. (1998) *Phys. Rev. B*, **57**, 13459.

[23] Woodward, C., Kajihara, S. A., Rao, S. I., and Dimiduk, D. M. (1999) *Gamma Titanium Aluminides 1999* (eds Y. W. Kim, D. M. Dimiduk, and M. H. Loretto), TMS, Warrendale, PA, p. 49.

[24] Rossouw, C. J., Forwood, C. T., Gibson, M. A., and Miller, A. R. (1996) *Philos. Mag. A*, **74**, 77.

[25] Menand, A., Huguet, A., and Nérac- Partaix, A. (1996) *Acta Mater.*, **44**, 4729.

[26] Kroll, S., Mehrer, H., Stolwijk, N., Herzig, Chr., Rosenkranz, R., and Frommeyer, G. (1992) *Z. Metallkd.*, **83**, 591.

[27] Nakajima, H., Sprengel, W., and Nonaka, K. (1996) *Intermetallics*, **4** (Suppl. 1), S17.

[28] Sprengel, W., Nakajima, H., and Oikawa, H. (1996) *Mater. Sci. Eng. A*, **213**, 45.

[29] Sprengel, W., Oikawa, N., and Nakajima, H. (1996) *Intermetallics*, **4**, 185.

[30] Würschum, R., Kümmerle, E. A., Gergen, K. B., Seeger, A., Herzig, Chr., and Schaefer, H. E. (1996) *J. Appl. Phys.*, **80**, 724.

[31] Wang, B. Y., Wang, Y. X., Gu, Q., and Wang, T. M. (1997) *Computational Mat. Sci.*, **8**, 267.

[32] Herzig, Chr., Friesel, M., Derdau, D., and Divinski, S. V. (1999) *Intermetallics*, **7**, 1141.

[33] Darken, L. S. (1948) *Trans. Am. Inst. Min. Metall. Engrs.*, **175**, 184.

[34] Manning, J. R. (1968) *Diffusion Kinetics for Atoms in Crystals*, Van Nostrand, Princeton.

[35] Ikeda, T., Kadowaki, H., and Nakajima, H. (2001) *Acta Mater.*, **49**, 3475.

[36] Herzig, Chr., Przeorski, T., and Mishin, Y. (1999) *Intermetallics*, **7**, 389.

[37] Belova, I. V. and Murch, G. E. (1998) *Intermetallics*, **6**, 115.

[38] Breuer, J., Wilger, T., Friesel, M., and Herzig, Chr. (1999) *Intermetallics*, **3-4**, 381.

[39] Herzig, Chr., Przeorski, T., Friesel, M., Hisher, F., and Divinski, S. (2001) *Intermetallics*, **9**, 461.

第4章
相变和显微组织

4.1 凝固组织的形成

几乎所有金属材料的加工路径都要包括熔炼和随后的凝固过程。因此，凝固不仅决定了显微组织、织构和合金元素在铸态组织中的分布，也在变形或粉末加工中起到了重要作用。凝固过程中的相变通常远远偏离平衡状态，并同时受到相变驱动力和取决于凝固条件的复杂热传递及扩散过程的影响。在二元双相 γ-TiAl 合金中，在非常狭窄的 Al 成分范围内出现了两个包晶反应，这意味着合金的凝固路径对合金成分的变化极其敏感(图 4.1)。更需要说明的是，在双相 TiAl 合金中，凝固过程中形成的物相以及它们的形貌往往难以通过显微组织分析来判断，这是因为固态相变改变了，或者完全掩盖了最初的显微组织。基于这一原因，对显微组织的分析通常要辅以其他表征方法，如测定织构、微区化学成分分析或观察缩孔中的枝晶形貌等。对定向凝固过程中的淬火样品进行金相观察也有益于理解凝固过程中显微组织的形成过程[2]。

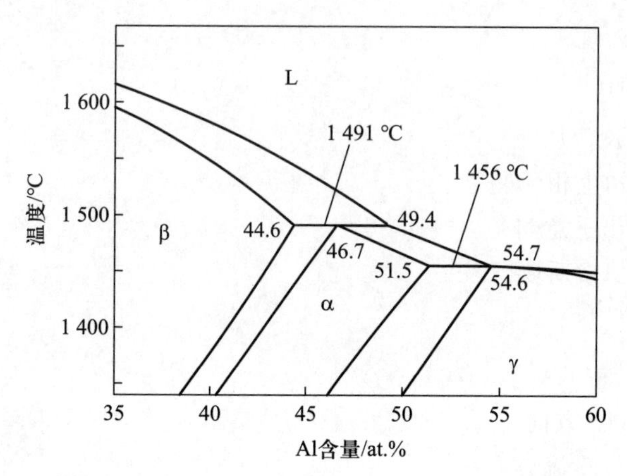

图 4.1　Witusiewicz 等[1]通过热力学计算得到的二元 Ti-Al 相图(部分)

在早期研究中，McCullough 等[3]探讨了成分范围为 40at.%～55at.% Al 的二元合金的相平衡和凝固行为。他们通过直接观察枝晶的对称性来判定合金的初生凝固相，同时采用原位高温 X 射线衍射进行物相分析。研究结果清晰地证明，Al 含量低于 45at.%的合金的初生凝固相为 β 相。这些合金中的微观偏析程度明显低于 Gulliver-Scheil 公式中所预测的水平[4,5]。这表明 β 相中存在反向扩散，且凝固接近平衡状态。在 Al 含量为 45at.%～49at.%的合金中，首先形成的是初生 β 相枝晶，随后生成包晶反应 α 相。当 Al 含量高于49at. %时，初生凝固相为六方 α 相，随后通过包晶反应转变为 γ 相。β 相枝晶沿⟨100⟩方向生长，与热流方向一致；α 相的枝晶干沿[0001]方向生长，而枝晶臂沿⟨$10\bar{1}0$⟩方向生长。尽管人们已经完善地建立了包括液相在内的二元合金相平衡，然而根据 McCullough 等[3]和其他人的研究[6-8]，凝固相的形成范围也要由动力学因素决定。他们的观点对于理解合金的凝固组织具有重要意义。在这一方面，织构分析就可以给出有用的信息。

在对铸态组织织构的研究中，Muraleedharan 等[9]发现 Ti-48Al-2Nb-2Cr 合金在快冷凝固条件下表现为片层组织，其中 γ 片层的⟨111⟩方向平行于柱状晶的生长方向。这一点很容易理解，因为 α 相[0001]枝晶干的生长方向平行于热流方向，而接下来 γ 相的形成要符合 Blackburn 取向关系[10]：

$$(0001)_{\alpha_2} /\!/ \{111\}_{\gamma};\ \langle 11\bar{2}0\rangle_{\alpha_2} /\!/ \langle 1\bar{1}0]_{\gamma} \tag{4.1}$$

这一取向关系描述了单一 α 晶粒内的 γ 片层相对于 α_2 片层的晶体学取向。De Graef 等[11]在 Ti-46.5Al 和 Ti-48.5Al 合金中、Küstner 等[12]在 Ti-48Al 合金中(图 4.2)以及 Dey 等[13]在 Ti-46.8Al-1.7Cr-1.8Nb 合金中均观察到类似的 α 晶粒沿[0001]方向生长的织构。这种片层界面垂直于热流方向的织构在显微组织分析中经常出现[14-18]。然而，通过织构分析，De Graef 等[11]发现[0001]取向下的 α 相只在相对较高的冷却速度下长大，而低冷却速度下 α 相则沿 $\langle 11\bar{2}0 \rangle$ 方向生长，从而导致 γ 片层平行于热流方向。有趣的是，对于所有上述的合金，其初生相无疑是 β 相，但是在织构中却没有反映出这一点。因此，应该认为 α 相出乎意料地并未在初生 β 相上形核。当 α 相在 β 相中形核时，应该会观察到伯格斯取向关系[19]：

$$\{110\}_{\beta} // (0001)_{\alpha};\ \langle 111 \rangle_{\beta} // \langle 11\bar{2}0 \rangle_{\alpha} \tag{4.2}$$

即 Ti 合金[20,21]和 TiAl 合金[3,18,22,23]中 β/α 固态相变的情形。在文献中，β 相被报道仅沿〈100〉方向生长，在这种情况下，伯格斯取向关系将导致 12 种 α 变体，其基面与热流方向呈 0°或 45°夹角[3,17,18,24-26]。Johnson 等[27]和 Küstner 等[28]认为，包晶 α 相是在熔体中而并非在初生 β 相中形核，因此其取向会选择其优先生长方向而不受 β 相的影响。据此可以认为，在包晶合金凝固过程中的某一阶段，α 相与 β 相同时沿热流方向长大。这里应该指出的是，包晶凝固通常分为 3 个阶段[29]：① 初生相和液相直接导致的包晶反应；② 包晶相通过固态扩散方式生长的包晶转变；③ 包晶相的直接凝固。与之对应，织构分析表明包晶 α 相是直接凝固形成的。凝固完成后，α 相向初生 β 相内生长，抑制了 β 相中具有伯格斯取向的 α 相的再次形核。通过这种方式，最终的凝固织构和显微组织由二次 α 相决定。确实的，在对 Ti-45Al 铸态组织的观察中，Küstner 等[12]没有发现明显的择优取向(图 4.2)，而择优取向正是完全 β 凝固和随后 β 到 α 固态相变产生多种变体的特征。

二元或多组元合金的凝固路径对 Al 含量的高度敏感性同样体现在微观和宏观铸造组织上。根据 Küstner 等[12]的研究，Al 含量低于 45at.%的二元合金的铸态显微组织由较大的等轴晶粒组成，而更高 Al 含量的合金则表现为逆吸热方向生长的柱状晶(图 4.3)。在三元或多组元合金中也有类似的发现(图 4.3)。这种由 β 凝固或包晶 α 凝固造成的差异在不同的合金中，以及从电弧熔炼钮扣锭到大尺寸铸锭的不同铸态样品中都有报道[3,12,18,30-33]。只有在含 B 的低 Al 含量合金中才可出现细晶等轴组织(图 4.3)。

在更高倍下，β 凝固二元合金的显微组织则与片层近 α 钛合金类似，如图 4.4[12]。组织中的盘状结构完全由 α_2 和 γ 片层构成。这样的形貌可以通过 L→L+β→β→β+α→α→α+γ 凝固路径来解释。在 β→β+α 相变中，符合伯格斯取向关系[式(4.2)]的盘状 α 晶粒自 β 相中析出。这导致了 Ti 由于微观偏析富集于残余 β 相内部。接下来，γ 片层自盘状 α 中析出。特别是，当合金中含有重元素时，由微观偏析导致的条状残余 β 相形貌非常明显(图 4.5)。这种形貌在铸态组织中很常见[2,6,12,18,27,32-34]，与传统 Ti 合金中的网篮组织极其相似。在

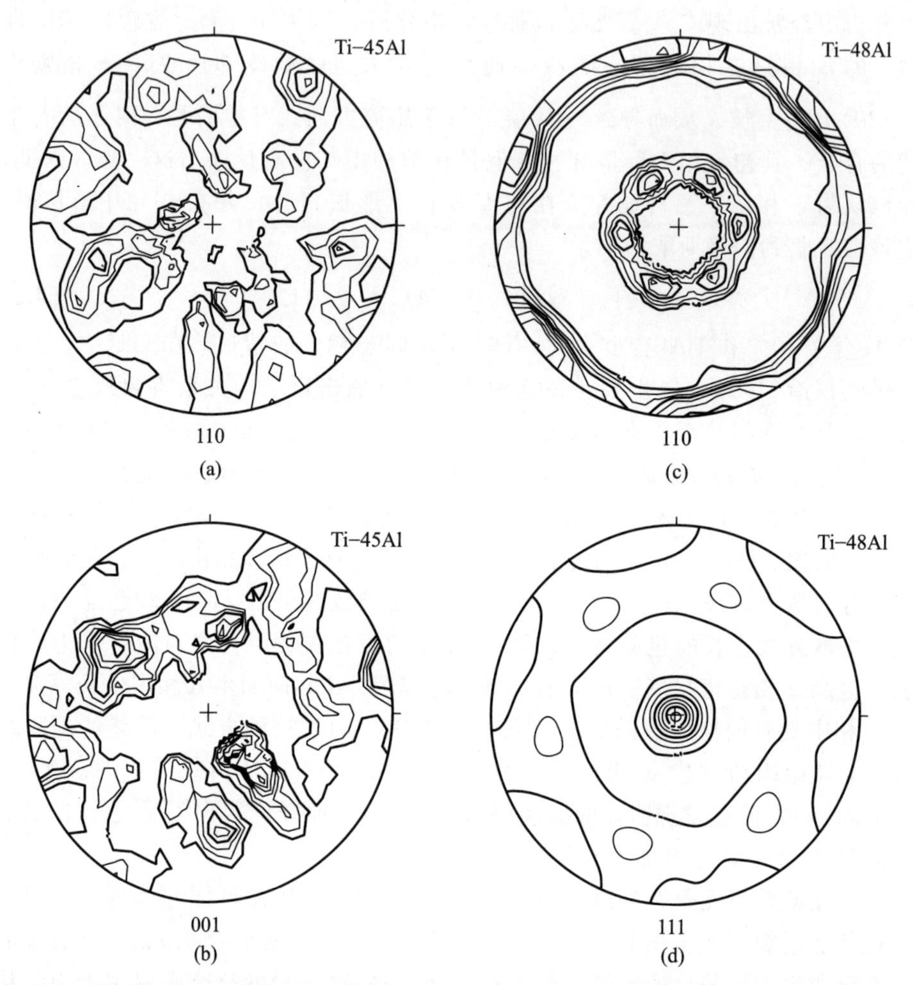

图 4.2　利用中子衍射得到的电弧熔炼二元 TiAl 合金钮扣锭的极图[12]。(a)~(c) 测得的极图；(d) 通过取向分布函数计算得到的极图(参见第 16 章)。(a) Ti-45Al{110)极图，最大极密度 1.66 随机分布；(b) Ti-45Al{001)极图，最大极密度 1.44 随机分布；(c) Ti-48Al{110)极图，最大极密度 2.67 随机分布；(d) Ti-45Al{111}极图，最大极密度 4.67 随机分布。投影面垂直于钮扣锭的轴向

β 凝固合金中，片层团的尺寸明显受到 β/α 相变动力学制约，这就为通过热处理或合金化进行晶粒细化提供了可能[2,18,32,33,35-38]。应该指出，部分其他研究重点强调了 β 相在多组元合金中以及许多包含此相的相变中的作用[23,39-45]。总之，β 相凝固合金凝固后直接形成的是单相 β 相，但是最终的合金组织和织构则是由其后的固态相变演化而来的。

作为包晶反应的举例，基于 Küstner 等[12]的研究，这里进一步讨论 Ti-

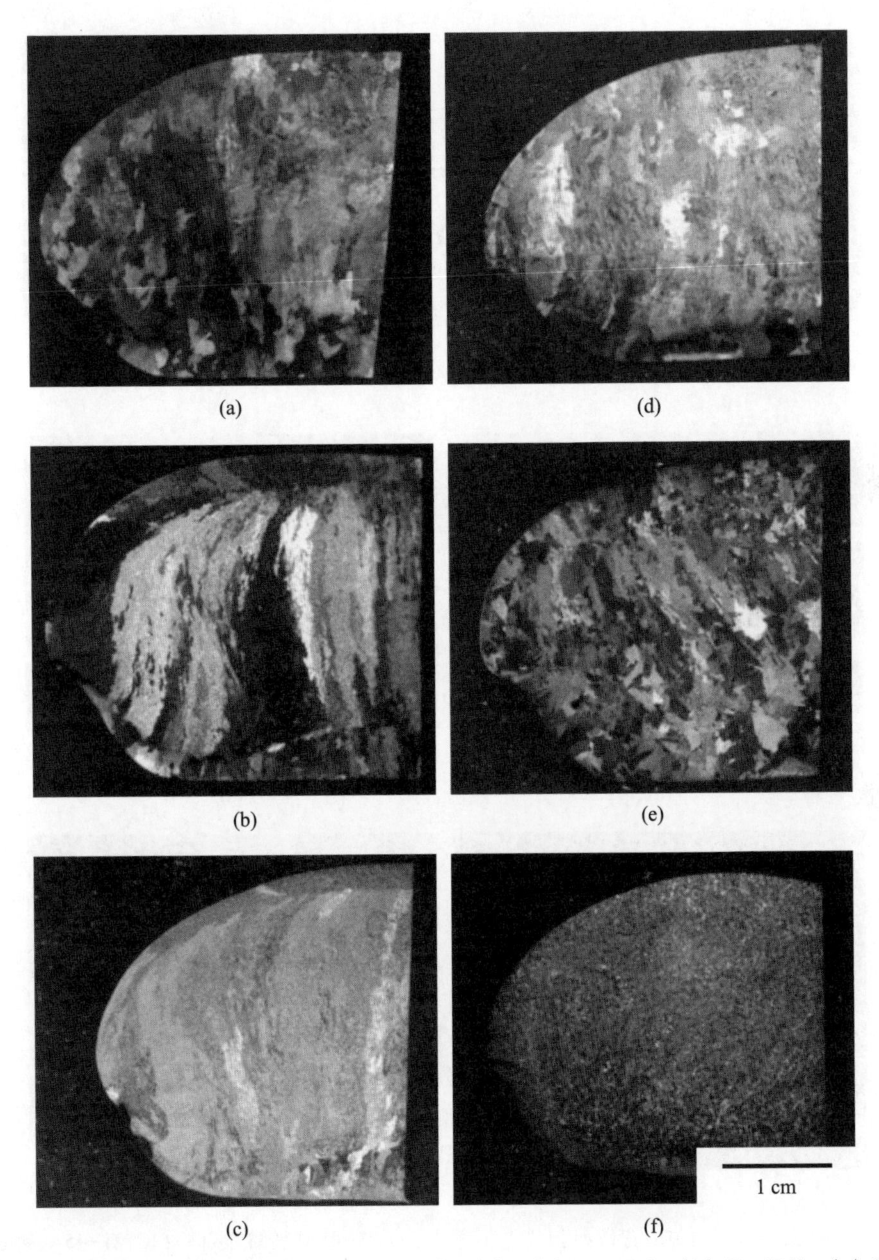

图 4.3 电弧熔炼钮扣锭表面腐蚀后的宏观组织照片。(a) Ti-45Al；(b) Ti-47Al；(c) Ti-48Al；(d) Ti-45Al-5Nb；(e) Ti-45Al-2Mo；(f) Ti-45Al-5Nb-1.0B。铸锭沿轴向切开，凝固自图中样品底部至顶部进行

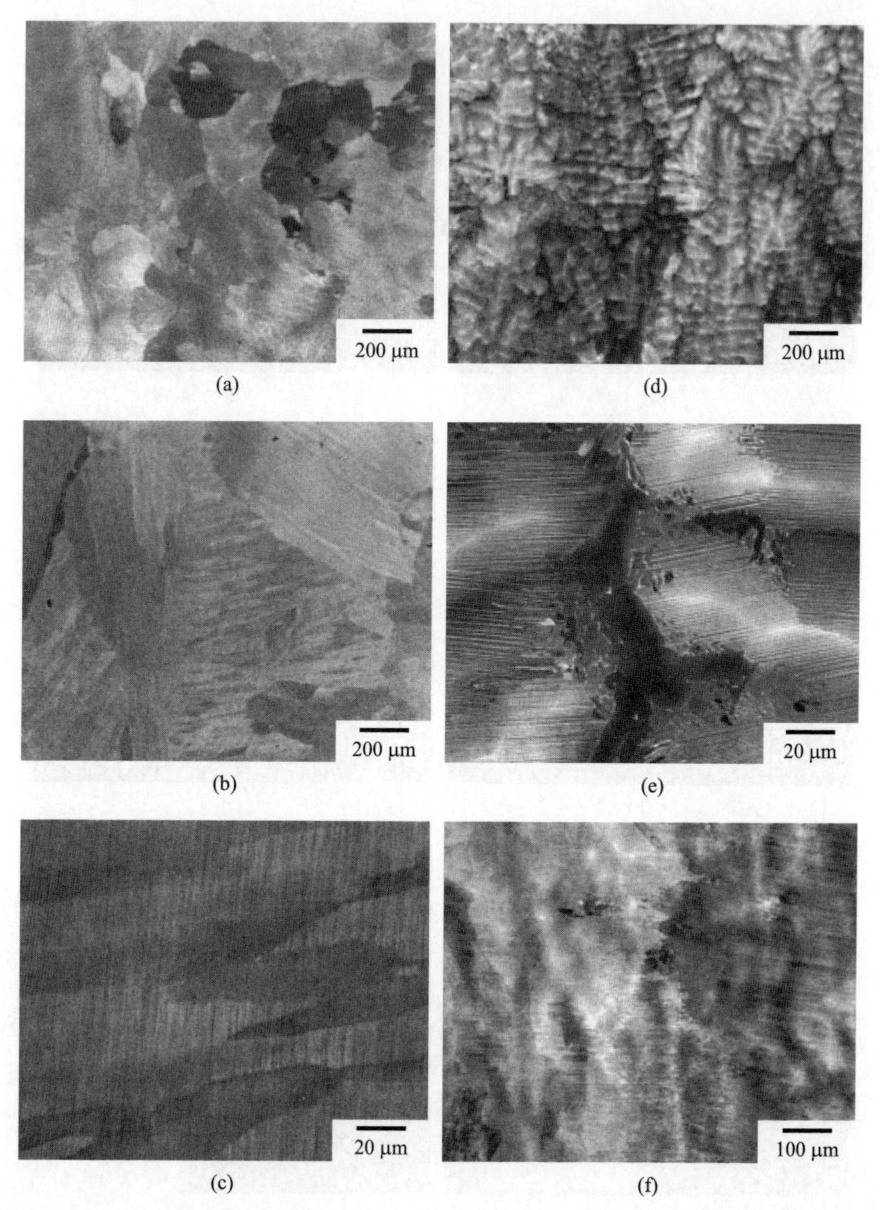

(a) (d) (b) (e) (c) (f)

图 4.4　电弧熔炼钮扣锭的背散射扫描电镜图。(a) Ti-45Al 铸锭上部；(b) Ti-45Al 铸锭下部；(c)图(b)中区域的局部放大图；(d) Ti-48Al 铸锭上部；(e)图(d)中区域的局部放大图；(f) Ti-48Al 铸锭下部。凝固自图中样品底部至顶部进行，注意图(d)中出现了垂直的枝晶臂

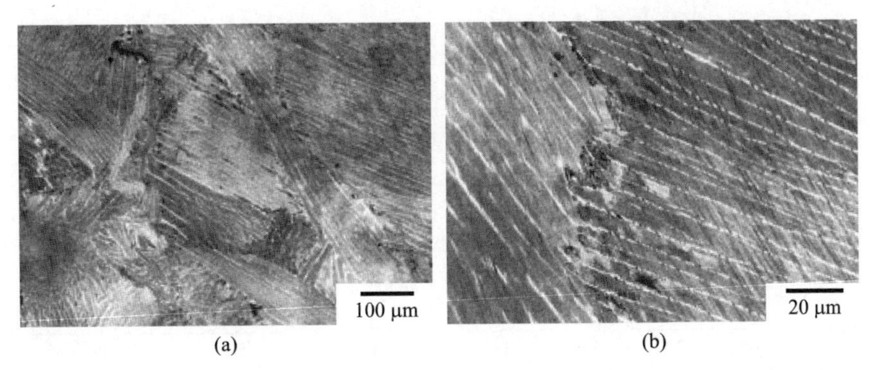

图 4.5 电弧熔炼 Ti-45Al-7Nb-1Mo 合金钮扣锭背散射扫描电镜图，图(b)是图(a)中区域的局部放大图

48Al 合金的凝固组织。在电弧熔炼小钮扣锭的下部，他们观察到了近片层组织(图 4.4)。片层团沿着热流方向扩展，同时，在大多数情况下，片层沿着垂直于温度梯度的方向排列。铸锭上部的枝晶同样表现为片层组织(图 4.4)，枝晶干区域在背散射成像模式下的颜色更明亮，表明这里富集了 Ti 元素；枝晶间区域由颜色更暗的单相 γ 晶粒构成。在铸锭的上部，跨越 3 个枝晶臂的成分线扫描结果表明枝晶干区域具有典型的初生 β 相成分特征。在相邻枝晶以及枝晶间区域高达 54at.%的 Al 元素富集对应了包晶 α 相(图 4.6)。有趣的是，随着与枝晶干区域距离的增加，Al 含量逐渐上升至 49at.%，这一数值应该对应稳态凝固 β 相。然后，Al 含量又下降至 47at.%，这一数值对应了包晶点 α 相的成分。继而，Al 含量又上升至 54at.%。因此，α 相和 β 相同时长大且二者均产生了偏析区。这导致短距离内 Al 含量的变化高达 9at.%，原因在于合金穿过了两个 Ti-Al 二元系中的包晶转变区。凝固完成后，Ti-48Al 合金随即穿过单相 α 相区，因而预先存在的 α 相可在低过冷条件下长大，这阻碍了残余 β 相中新 α 晶粒的形核。自枝晶间长大的 α 晶粒在初生 β 相的枝晶中心相遇，这一位置即 Ti 和其他 β 相稳定元素的富集之处。相关的组织举例请见图 4.4 和图 4.7。

在 Ti-51Al 合金中，测定枝晶干区域的 Al 含量为 47at.%～48at.%，因此 α 相为初生凝固相，这与相图一致(图 4.6)。类似于 Ti-48Al 合金，Al 偏析可达 55at.%。Hecht 等[46]指出，微观偏析行为非常有助于分析合金的凝固路径，同时也可能用以判断凝固过程中在什么样的过冷条件下不同的物相可以长大。相应地，他们进行了 EDX 分析，并利用正方网格法测定了各个点位的成分。而后，将所得的成分结果进行排序，绘制出某一合金元素相对于固相体积分数的曲线。这种曲线可以与 Scheil 的凝固模型进行对比。关于这种技术的更多细节

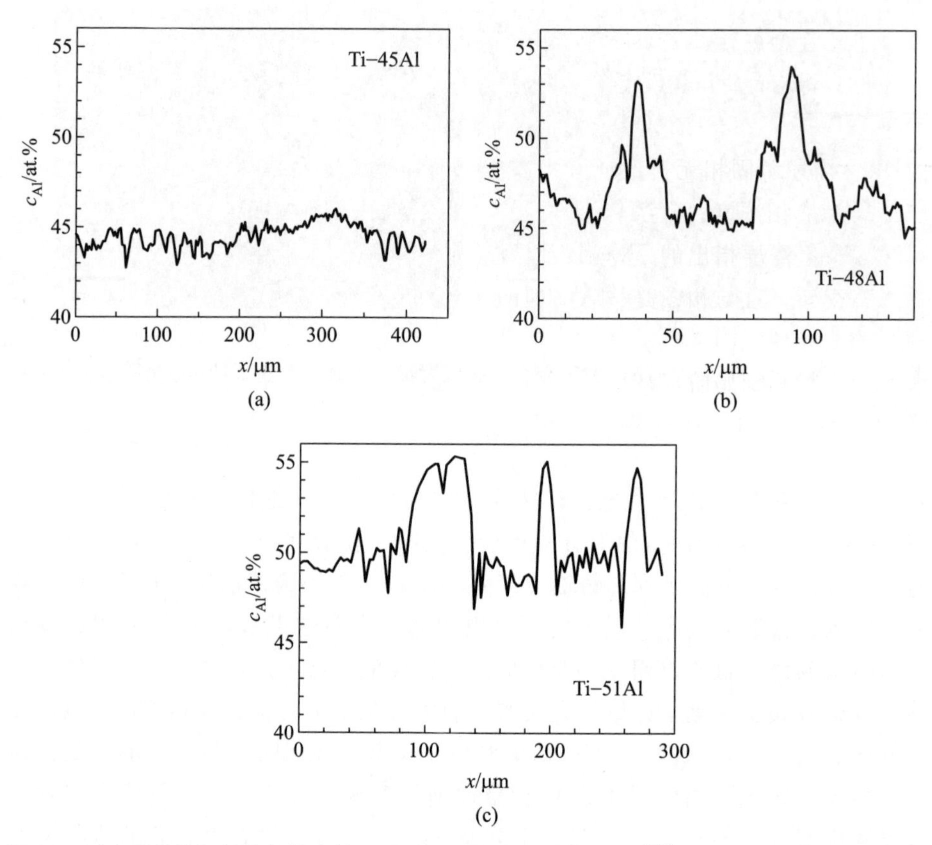

图 4.6　对电弧熔炼钮扣锭扫描电镜 EDX 定量分析的线扫描结果[12]。(a) Ti-45Al; (b) Ti-48Al; (c) Ti-51Al

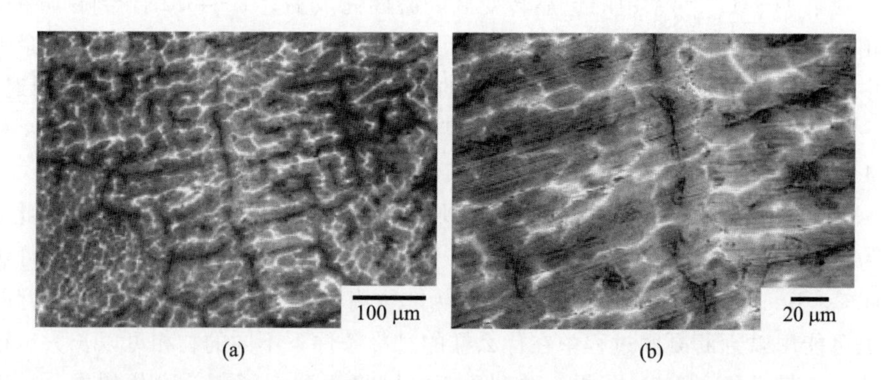

图 4.7　电弧熔炼 Ti-46Al-5Nb-1Mo-0.2B-0.2C 合金钮扣锭的背散射扫描电镜照片

参见 Hecht 等[46]的论文及其引用的参考文献[47-49]。图 4.8 给出了采用此网格法对二元合金进行测定的实验结果。对于 Ti-51Al 合金[图 4.8(a)]，测得的数据与 Gulliver-Scheil 模型非常吻合[4,5]：

$$c_s = kc_L = kc_0(1-f_s)^{k-1} \tag{4.3}$$

式(4.3)描述了固相无扩散、液相完全混合时的偏析曲线。式中，c_s 为固相浓度；c_L 为液相浓度；c_0 为合金成分；f_s 为固相体积分数；$k=c_s/c_L$ 为溶质分配系数。这里需要指出的是，偏析曲线的开始阶段出现了快速上升，这源自随后的固态相变，且与相图是一致的(图 4.1)。除根据 Scheil 模型对实验结果进行拟合的曲线外，图 4.8(a)中拟合曲线的下方也给出了根据相图绘制的 Scheil 曲线。根据凝固开始阶段成分的不同，可在凝固起始点处估计过冷度，此时过冷度为 4.6 K。与 Ti-51Al 合金不同的是，在 Ti-45Al 合金中并未发现 Scheil 模型中产生的现象[图 4.8(b)]，表明在此 β 凝固合金中，固相在凝固时发生了显著的扩散，这与 McCullough 等[3]的研究一致。若考虑到 β 相的扩散系数比 α 相高出两个数量级以上，这一点就看起来合理了[50]。这与之前的研究结论也是一致的，即在 β 凝固合金中出现了较强的反向扩散[51]，而 α 凝固合金中反向扩散的程度非常有限；后者正符合 Scheil 模型的特征[51,52]。由于固相 β 相中出现了反向扩散，因此不能由 Ti-45Al 的偏析曲线[图 4.8(b)]作出任何关于过冷的结论。在此合金中，由于相对接近热力学平衡凝固，因此 β 凝固合金

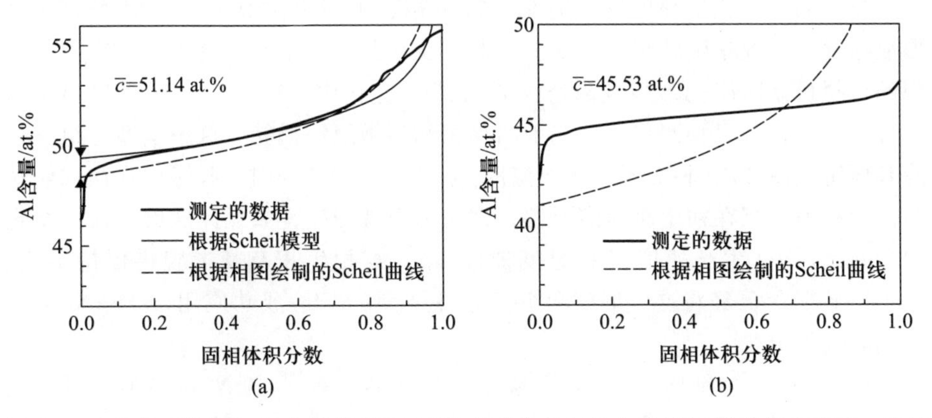

图 4.8 二元合金铸锭中 Al 含量相对于固相体积分数的扫描电镜 EDX 网格测定结果。通过测定 10 mm^2 方形区域内均匀分布的位点得出成分数据，而后根据 Al 含量排序，并依照固相体积分数作图。关于这种方法的详细信息参见 Hecht 等[46]的论文及其引用的参考文献[47-49]。除测得的成分数据之外，基于二元相图和 Scheil 公式确定的 Al 含量[式(4.3)]，以及根据 Scheil 公式拟合的实验数据曲线也在图中给出。这两种曲线之间的差异可以用来估计凝固开始时刻的过冷度。(a) Ti-51Al；(b) Ti-45Al

在减少微观偏析方面的表现比包晶合金更佳。然而，Hecht 等[46]利用网格测量的方法观察到 Ti-45Al-8Nb 合金的凝固行为符合 Scheil 公式的现象，这应该归因于 Nb 元素有限的反向扩散。根据偏析曲线，作者估计 α 相的形核过冷度高于 25 K。这一高过冷度与上述二元合金中的结果并不一致，这就解释了为什么含 Nb 合金中的 α 相通常表现为大尺寸且拉长的形貌。总之，对于 TiAl 合金中的实际凝固路径，特别是在凝固过程中显微组织的形成及凝固条件和合金成分对其的影响，人们目前的了解还是十分有限的。

总体来说，由于包晶合金组织的形成受形核动力学和初生相与包晶相的竞争长大控制，因此在这种合金中可以制备出多种复杂的组织。当 G/V 值较低时（G 为温度梯度，V 为凝固前沿迁移速度），初生凝固相将发展为胞状或枝晶状形貌，其前提是要满足组分过冷准则[53,54]：

$$G/V \leqslant m_{\mathrm{L}} c_0 (k-1)/(kD_{\mathrm{L}}) \tag{4.4}$$

式中，m_{L} 为液相线斜率；D_{L} 为液相扩散系数。在初生相已经组分过冷的情况下，包晶相不一定会组分过冷，可能表现为平界面状、胞状或者是枝晶状生长。当 G/V 值较高，即超过两相的组分过冷极限时，可能会形成由不同形式的条带状组织构成的复杂组织形貌[55]。已有证据表明，当接近组分过冷极限时，初生相或组织形貌的选择已经不能用基于最高界面温度的晶体生长理论来解释[55,56]。这是因为在初生相最初瞬态的平界面前沿生长中，第二相可能同时形核，而第二相形核的这一时刻，初生相也可能再次形核[56]。这种方式可形成循环，导致条带状组织出现。因此，在包晶系统中研究物相和组织生长形貌的选择机制时应把形核及瞬态生长方式考虑在内。Hunziker 等[56]提出了一种分析模型，可以预测包晶系统中的物相和显微组织形貌。这一模型将组分过冷和恒定过冷 ΔT_{N}（相对于液相线温度）条件下物相的同时生长考虑在内。它认为，如有另一相在初生相前沿形核，则认为出现相变；如无此现象，则在给定的凝固条件下（生长速度 V 和温度梯度 G），物相生长及其形貌将保持不变。Hunziker 等[56]已经将这一形核和组分过冷模型（NCU）成功应用于 Fe-Ni 合金的包晶凝固中。

Johnson 等[57]和 Oehring 等[58]参考了 Hunziker 等[56]的 NCU 模型，对二元 TiAl 合金的凝固过程作出了描述。在此模型中，液相线和固相线的斜率是基于相图确定的，因此在特定成分范围内需要线性化，并假定液、固相线在纯 Ti 处相交。熔体的扩散系数为 $D_{\mathrm{L}} = 2.8\times10^{-9}\ \mathrm{m^2 \cdot s^{-1}}$，这取自 Liu 等[59]的结果。此外，还需要不同物相的形核过冷度，而这些数据目前还不能完全确定。根据无坩埚定向凝固的实验结果，Johnson 等[57]认为 β 相的形核过冷度 $\Delta T_{\mathrm{N},\beta}$ 约为 12 K。当采用 CaO 坩埚凝固时，他们认为其过冷度为 6.3 K。在使用氧化铝坩埚的定向凝固实验中，Luo 等[60]测定其过冷度为 $\Delta T_{\mathrm{N},\beta} \leqslant 5.7$ K。根据上文讨论，α 相的形核过冷度位于 4.6 K 到高于 25 K 的范围内。图 4.9 给出了根据 Hunziker 等[56]的 NCU 模型计算得出的显微组织形成图，其中 α 相和 β 相的形核过冷度被有意设定为 2 K。同时，此图还展示出不同物相和组织形貌的界线随形核过冷度上升的变化趋势。图 4.9 中还给出了定向凝固的实验结果，可以看出该图能够定性地描述二元 TiAl 合金凝固组织的形成过程。有意思的是，图中存在一个过渡区，在此区域内，由 β 相的胞状或枝晶组织生长区过渡到其与 α 相平界面或胞状/枝晶同时出现的区域。这一区域的 Al 含量在 46.1at.% ~ 48.6at.%之间，且受 G/V 值影响。更高的形核过冷度使此过渡区下降到更低的 Al 含量范围内，同时扩大了图 4.9 中的阴影区域。总之可以认为，NCU 模型可定性地解释所观察到的凝固组织。

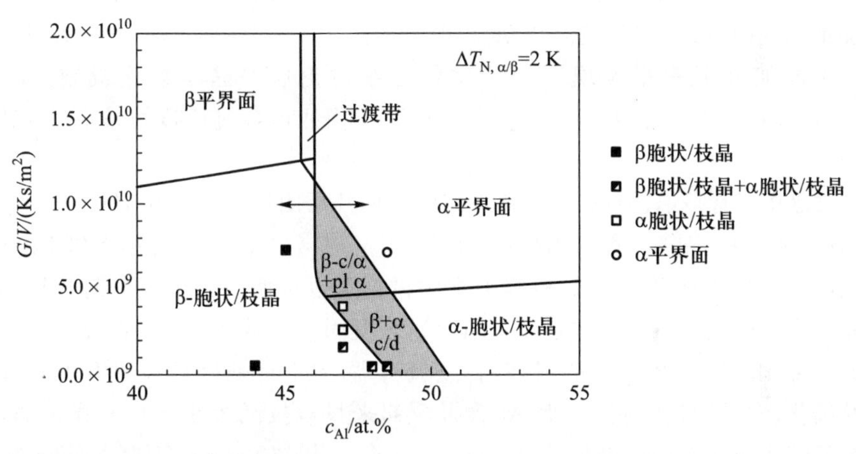

图 4.9 根据 Hunziker 等[56]的形核及组分过冷 NCU 模型构建的二元 TiAl 合金显微组织形成图。此模型采用了 Ohnuma 等[61]计算的二元相图以及 Liu 等[59]的扩散系数 $D_{\mathrm{L}}=2.8\times10^{-9}\ \mathrm{m^2\cdot s^{-1}}$ 数据。α 相和 β 相的形核过冷度 ΔT_{N} 均设定为 2 K。图中的箭头表示不同物相和组织形貌的界线随形核过冷度上升的变化趋势。定性凝固实验所得到的数据也在图中给出[27,60,62,63]

如上文所述，已经发现，在接近组分过冷极限时，最高界面温度选择标准已经不足以描述包晶合金的凝固行为[56]。然而，根据这一法则来考虑显微组织的形成仍然是十分有趣的。利用所谓的界面响应函数——即迁移中的相界面温度为界面迁移速度的函数——Su 等[63]模拟了二元 TiAl 合金中的物相及组织形貌。除没有 β 相和 α 相共同生长的区域以外，他们得到的物相/显微组织形成图与图 4.9 有些类似。在这种情况下，无法解释的是某些合金中现了 β 枝晶，但在织构中却观察到了 α 相的生长。因此，TiAl 合金的凝固行为不能以最大生长温度法则来理解；对于这种合金体系凝固行为的定量描述目前仅处于雏形阶段。

最近，Eiken 等[64]对二元 TiAl 合金凝固行为进行了相场模拟[65,66]并发现了一些有趣的现象。在模拟中，作者设定 Al 含量为的变化范围为 43at.%～47at. %，并将二次 α 相的形核过冷度 ΔT_N 设定为 2～10 K。他们发现，即使在 Al 含量达到 47at.%时，在最高过冷度 ΔT_N 下 α 相也只在凝固早期阶段形核。此后又沿着初生相的枝晶表面与其共同包晶长大。在此后的凝固阶段，临界过冷度也不再增加。由于随后将进行 β 相向 α 相转变，这一现象导致了大尺寸拉长 α 晶粒的出现，这可以解释经常观察到的近包晶成分铸造 TiAl 合金组织。当作者将形核过冷度设定为 2 K 时，α 相在初生 β 相中大量形核，使得晶粒得到明显细化。据此，作者认为包晶合金中是能够实现晶粒细化的，前提是要么通过采用高的生长速度以超过形核过冷度，从而降低晶体生长温度；要么通过添加细化剂的方式降低形核过冷度。正如一直以来人们所了解的，后者可由向合金中添加 B 元素来实现[30]。后文将详细讨论这一晶粒细化机制。Eiken 等[64]的研究也非常有趣，因为它表明通常 α 相的形核过冷度可能在 5～10 K 之间。

文献中经常报道，TiAl 合金铸态组织中的片层团尺寸范围在 100～1 000 μm 之间(如图 4.4、图 4.5 和图 4.7 所示)[30,67-74]。事实上，更大的达 6 000 μm 的片层团尺寸也曾有报道[30]。根据上文的讨论可以证明，合金成分对显微组织的晶粒度有巨大影响。若添加了 B 元素，β 凝固合金是具备得到细晶组织的潜力的。细化效果由 β/α 相的固态相变实现，后文中特别针对添加 B 元素导致晶粒细化进行了具体讨论。而 Al 含量看起来只对枝晶大小产生轻微的影响，如电弧熔炼钮扣锭的枝晶尺寸自 35at.% Al 合金中的 350 μm 下降至 47at.% Al 合金中的 100 μm[6,7]。当 Al 含量大于 47at.%时，枝晶尺寸则有所上升[6,7]。这一结果很有意思，因为这表明 Al 含量为 46at.%～48at.%的包晶合金是最佳选择(如不考虑固态相变)。除 Al 含量外，凝固组织还受凝固条件的影响，即温度梯度 G 和固相前沿迁移速度 V。在通常的铸造条件下，G 和 V 由冷却速度决定，这也是唯一可以改变的参数。Eylon 等[70]比较了 Ti-47Al-2Nb-1.75Cr 合金在钢模壳和陶瓷模壳铸造条件下的片层团尺寸差异。后者的片层团尺寸介于 100～1 000 μm 之间，相较于前者的 100～250 μm，该片层团明显更为粗大。他们同时观察到模壳预热可导致轻微的组织粗化。这些发现说明了冷却速度对显微组织的影响。Rishel 等[75]和 Raban 等[76]系统研究了 3 种合金熔模铸造条件下的冷却速度，发现采用不同的模壳预热温度或者改变模壳包覆程度均会影响冷却速度，使凝固时间在 10～235 s 内变化。在全部冷却速度范围内，作者在 Ti-48Al-2Cr-2Nb 和 Ti-47Al-2Cr-2Nb-0.5B 合金中均观察到了柱状结构，而在 Ti-45Al-2Cr-2Nb-0.9B 合金中则观察到了等轴组织。最为粗大的显微组织出现于缓冷的 Ti-48Al-2Cr-2Nb 合金中。所有的合金均呈现出片层团尺寸随冷却时间延长而增大的现象。对于 Ti-45Al-2Cr-2Nb-0.9B 合金，其片层团尺寸在 50~86 μm 范围内变化。这些研究结果明确证明了 Eiken 等[64]的结论，也指出了铸造过程中加入有效晶粒细化剂的必要性。

晶粒细化剂在凝固过程中可提供非均匀形核质点，常用于 Al 和 Mg 等工程合金中[77,78]。对于 TiAl 合金来说，B 元素[30]和 N 元素都可以用作晶粒细化元素[31,79-81]。但是，添加 N 元素会大幅降低合金的塑性[31,79-81]，因此人们没有对这一方法进行跟进研究。相反的，添加 B 元素的方法被广泛应用于晶粒细化；文献中所研发合金中的绝大部分都采用了 B 元素作为合金元素。尽管已经有很多研究致力于解释 B 元素的晶粒细化效果[2,30,32,64,67,71,82-88]，但是 B 元素的晶粒细化机理目前仍处于争论中[2,32,71,84-86,88]。这是因为当 B 元素含量位于 0.7at.%~1.5at.%之间时，β 相和 α 相都可以作为凝固初生相，这时主要取决于 Al 含量的变化(图 2.11，参见第 2 章)[89,90]；但是在 B 元素含量极低(0.2at.%~0.3at.%)的合金中同样观察到了晶粒细化现象[2,32,71,84,85]。由于 B 元素经常以如 TiB_2 等硼化物[30]的形式添加，可以怀疑硼化物颗粒并未熔解于熔体中，尽管它们在热力学上并不稳定。然而，即使以纯元素[81]或 AlB_2[83]的形式加入 B 元素也会产生晶粒细化的效果，因此，依托未熔的钛硼化物在熔体中形核的说法是站不住脚的。但是，在 Ti-45Al-2B 合金中已经观察到了 β 相依托 TiB_2 颗粒进行非均匀形核的现象[87]，然而这种情形是建立在 B 元素含量已经可以令 TiB_2 作为凝固初生相的前提下发生的。

根据最新发表的 Ti-Al-B 三元相图计算结果[90]，在 B 元素含量高于某一值时，凝固初生相会在 43at.% Al 含量附近由 TiB 转变为 Ti_3B_4；当 Al 含量再稍高一点，则转变为 TiB_2。大量实验结果表明，在 β 凝固合金中形成了结构为 B27 和 B_f 的单硼化物[91]。在 α 凝固合金中则发现了 C32 结构的 TiB_2 相[83,89]。表 2.2 给出了不同种类硼化物相的晶体学参数。利用“晶面对晶面”匹配模型后，Gosslar 等[87]发现，相较于 α 相在 β 相上以伯格斯取向关系形核而言，α 相在 TiB(B27 结构)、TiB(B_f 结构)、Ti_3B_4($D7_b$ 结构)和 TiB_2(C32 结构)上形核时的错配应变量要小得多。因此，这些硼化物相可以同时作为 α 相和 β 相的孕育剂。然而，由于目前仍无法理解 B 元素的晶粒细化机理，当 B 元素的含量较低且硼化物不作为凝固初生相存在时，情形将更加复杂。

Cheng 等[84,85]认为在极端组分过冷条件下，形核可以在固相前沿的前端发生。二元合金 β 相和 α 相的 Al 分配系数($k^{Al}=c_S^{Al}/c_L^{Al}$)约为 0.9，而 B 元素的分配系数($k^B=c_S^B/c_L^B$)则由于其在熔化温度下在 β 相和 α 相中较低的溶解度(<0.2at.%)被估计为低于 0.1。这导致了强烈的固相前沿溶质排出，同时提高了组分过冷区的过冷度并扩大了其宽度。因此，多相组织的形核可在更高的形

核过冷度下发生。Cheng 等[84,85]认为当 B 元素的含量超过一个临界值时，β 相或 α 相将在组分过冷区域形核，这会使偏析区域 B 元素的富集量更高。Plaskett 和 Winegard[92]的工作表明，在 $G/V^{1/2}$ 比率低于某一数值时会出现这种情形，且这一数值与合金中的 B 元素的含量正相关。Cheng 等[84,85]提出的机制解释了为什么只有当 B 元素含量超过一定值时才可起到晶粒细化的作用，而这一含量值却低于可使硼化物作为凝固初生相的临界 B 元素含量。他们提出的机制进一步解释了为什么 B 元素在超过临界值以后晶粒细化效果却没有增强；也说明了 B 元素导致的晶粒细化可以被冷却速度的降低所抑制，这正是在大尺寸铸锭中所观察到的情形。文献[93-95]对 Cheng 等[84,85]提出的机制在所谓的生长限制因子 Q 的范畴内进行了处理，其为凝固体积分数 f_S 对溶质过冷 ΔT_S 的逆导数：

$$Q=\left[\frac{\partial(\Delta T_{S})}{\partial f_{S}}\right]_{f_{S}\to 0}=m_{L}c_{0}(k-1) \tag{4.5}$$

对于二元合金，Q 可以用作晶粒尺寸大小的反相关度量[94,95]。比较式(4.4)和式(4.5)可以发现，Q 和组分过冷直接相关，即大幅的组分过冷将导致大的生长限制因子 Q 和小的晶粒尺寸，这和 Cheng 等[84,85]的分析一致。但是对于三元或多组元合金，这一理论就需要进一步延伸了。Quested 等[93]发现在某些假设下多组元合金的 Q 值可以由各个固溶元素的效应加和来计算，因此，生长限制因子的思路也可应用于含硼 TiAl 合金中。

虽然 Cheng 等[84,85]对 B 元素含量低于 1at.%合金中晶粒细化的解释取得了明显的进展，但是他们提出的机理仍无法完全解释所有低 B 元素含量合金中所观察到的实验现象。Hu 等[71]发现，当合金中的 B 元素的含量为 1at.%时，片层团尺寸随 Al 含量的降低而单调下降，他们从 B 元素在 α 相中的溶解度高于 β 相的角度解释了观察到的现象。然而，最新的 Ti-Al-B 三元相图结果表明[90]，B 元素在 β 相中的溶解度更高。Imayev 等[32]研究了 β 凝固合金中合金元素对显微组织形成规律的影响，他们发现可以用迟滞 β/α 固态相变动力学的方法使晶粒细化。已经观察到，在通过控制 β/α 固态相变以达成细化晶粒的方法中，硼化物颗粒起到了关键作用[32,42]。这一点具有重要意义，因为这表明晶粒细化可以由另一种机制，即不通过凝固的方式进行。的确，Hecht 等[2]最近发现，在含硼的 β 凝固合金组织中，β 相内形成了细小的 α 晶粒。相反的，作者观察到在不含 B 元素的合金中同样的凝固条件却导致了粗大的组织。在不含 B 元素的合金中，伯格斯 α 相出现，这明确地意味着晶粒细化来自 α 相在硼化物上的非均匀形核。为了再次验证这一假设，Oehring 等[88]对铸态组织细小的含 B 元素的 β 凝固合金 Ti-44.5Al-(5~7)Nb-(0.5~1.5)Mo-0.1B 进行了研究，样品在 α 单相区热处理后油淬。经此热处理后，合金组织由

0.5～1 mm 大小的 α 晶粒构成。然后对样品进行 β 相区内的第二次热处理，热处理后空冷或以 1 K/s 的初始冷却速度炉冷。在空冷样品中，片层团内部出现了相对细小的 β 相层状结构，但是片层团尺寸仍为 0.5～1 mm。相反的，炉冷样品的片层团尺寸为 50～100 μm 且组织均匀，片层表现为随机取向。这些结果明确表明 β 凝固合金中由 B 元素导致的晶粒细化归因于 β/α 固态相变过程中 α 相的非均匀形核，而非来源于凝固，这与 Hecht 等[2]的观点一致。值得注意的是，只有当冷却速度不算太快的情况下才可实现晶粒细化，这说明在 β 晶界上魏氏组织 α 的形核速度要快于依托 β 相晶粒内部硼化物的 α 相的形核速度，尽管前者的形成明显需要更高的过冷度。在包晶合金中，在 β/α 相变发生之前就已经存在的 α 晶粒使 α 相难以达到进一步形核所需的过冷度（前文已述），因此上述的细化机制是不能在包晶合金中实现的。有意思的是，在 Ti-6Al-4V（wt.%）合金中也观察到了同样的效果[96]。在这一传统钛合金中，等轴 α 晶粒在 β/α 相变过程中依托 TiB 颗粒形核时同样也需要自 β 转变温度以上缓慢冷却。在快冷条件下，依照伯格斯取向关系形成的 α 相将呈现条状魏氏组织形貌，通常被称为网篮组织[96]。更广义上说，需要特别指出的是，Kim 和 Dimduk[97]发现硼化物不仅可以作为凝固过程中 α 相和 β 相的形核质点以及 β/α固态相变中 α 的形核质点，也可以作为 γ 相的形核质点。因此对于 B 元素的添加需要考虑多种方面的影响。对于 β 凝固合金来说，晶粒细化的关键因素是 β/α 相变动力学。除凝固以外，通过迟滞扩散动力学从而抑制晶粒长大，或者通过降低相变温度同样可以使晶粒细化[32]。图 4.10 给出了一个例证，表明在含 B 元素的 β 凝固合金中可以得到细小且非常均匀的铸态组织。然而，这种铸态组织的室温塑性非常低，断裂延伸率仅为 0.45%[38]，这是因为部分相邻片层团的片层取向几乎平行[38]。显然，除了片层团的细化之外，片层团取向的分布对塑性也同样重要，其他因素如脆性相的出现也会产生影响。这些问题都值得进一步研究。

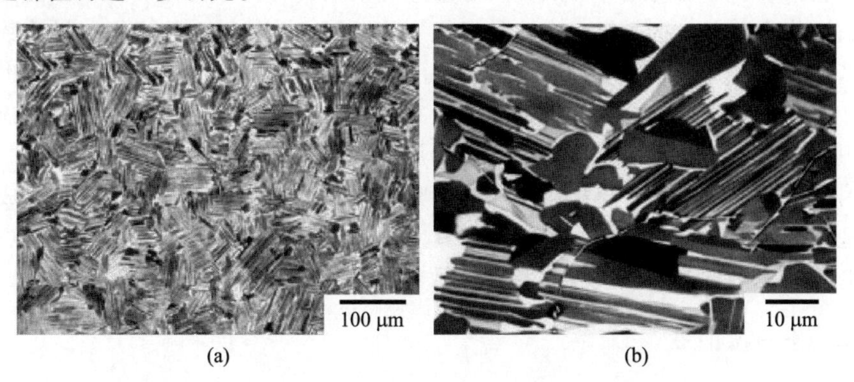

图 4.10 Ti-45Al-7Nb-1Mo-0.2B 合金热等静压后的铸态组织背散射扫描电镜图片（a），图（b）是图（a）的区域放大图。箭头标识出了一个条状硼化物颗粒

综上所述，在得到细小均匀的铸态组织方面，β 凝固合金具有最大的潜力。另一方面，包晶凝固通常会产生对铸态工件有益的显微织构，因此对包晶合金的研究也非常有意义。尽管细化机制非常复杂且与合金成分有关，对 TiAl 合金来说添加 B 元素仍是最有效的晶粒细化方法。硼化物在凝固过程中或在 β/α 固态相变中可作为形核质点，同时又有限制晶粒过度长大的作用，这些都已被认为是 B 元素的细化机制。然而，目前人们对这些机制和合金体系的凝固行为仍缺乏深入的理解。

4.2 固态相变

如前一部分内容所述，工程 γ-TiAl 合金凝固之后要经过单相 α 固溶区；或者对于低 Al 含量合金来说，甚至有可能经过两个单相区，即先经过 β 单相区再经过 α 单相区。在高温冷却或随后的热处理过程中，可能产生多种不同的相变行为。根据所添加的合金元素的特性和添加量的不同，在低 Al 含量合金中，β 相会转变为 α 相，或按照其他相变路径分解。在温度降至 α 单相区以下时，根据冷却速度的不同将发生不同的相变。在冷却速度最快的条件下，α 相无法分解但是会有序化为 α_2 相[98,99]。随着冷却速度的下降，多种不同的相变出现：① 与成分无关的 α→γ 块状转变；② 具有特定晶体学取向关系的 γ 相自 α 相中析出形成片层组织；③ 在相当缓慢的冷却条件下形成 γ 晶粒[10,13,39,42,98,100-106]。

在可令片层组织形成的最高冷却速度条件下，片层组织表现为两种形式：一是在片层团内部形成魏氏组织区域[42,98,101,103,106-110]；二是形成由偏离 Blackburn 取向关系(取向差 2°~15°)的 γ 片层集束组成的所谓“羽毛状结构”[见式(4.1)][42,102,104,109,111,112]。另外，在片层组织形成后可能会发生不连续粗化，这将大幅改变组织形貌[113]。在 Al 含量较高(50at.%附近)的合金中，可能出现在 4 组 γ 相密排面上的二次析出的 α_2 相条状魏氏组织[98]。根据目前的认识，兼具细小片层间距和片层团尺寸的片层组织具有较好的综合力学性能。这也是目前研发方向主要集中在这种组织上的原因。其他类型的组织，尽管数量众多，但是研究的却很少，因此人们对它们的性能也知之甚少。需要指出的是，一些相变可能对局部的条件非常敏感，如局部冷却速度和部件局部的横截面积差异有很大的关系。在合金研发和加工过程中应该考虑到这种组织控制上的困难性。在这一方面同样需要注意的是，不同相变的相变动力学对合金成分也是非常敏感的。例如，在最有利于其发生的冷却速度条件下，即使添加少量的 B 元素也可抑制块状转变，从而导致形成细小的片层组织[97,114]。

4.2.1 β→α 相变

在 β 凝固二元 γ-TiAl 合金中，凝固后或 β 相区热处理后的冷却过程中

(图 4.1)，高温 β 相将转变为 α 相。和许多 Ti 合金类似，这一相变可以通过无扩散的马氏体相变机制发生，也可以通过与成分无关的短程扩散块状转变机制发生，或是通过 α 相自 β 相的析出反应发生[98]。具体发生哪一种相变要基于合金的成分和冷却速度条件。当冷却速度非常快时，如粉末雾化过程，可以在 Ti-48Al 合金粉末中发现 β 相到 α 相的马氏体相变[115,116]。这种无扩散固态相变即使是在冰盐水淬火这样的快冷条件下也无法达成[98]。这要归因于 β/α 相变的高 T_0 温度[98]，在此 Al 含量范围内这一温度达 1 330 ℃以上，这使得块状转变较易发生[98]。与此相应地，在 Ti-40Al 合金的水淬过程中，β 相会通过块状转变的方式完全转变为 α 相[98]。在这种于 Ti 合金中也同样发现的转变中[21]，析出相在形核阶段与母相的成分相同，并通过界面迁移长大。块状转变的生长动力学通常要比析出反应高几个数量级。这是因为其仅需要在迁移界面处的短程扩散而不存在两相之间的成分分配。Yamabe 等[98]在 Ti-40Al 合金的 α_2 相中观察到了细小的反相畴区域，这表明块状转变的发生要早于有序化转变。除了 β 相到 α 相的块状转变以外，α 相同样可以以块状转变的形式转变为 γ 相，后文将对此进行详细阐述。

在较低的冷却速度下，魏氏组织 α 相条带会在自 β 相区冷却的过程中出现，这一现象在不同的研究中均已发现[2,6,12,18,27,32-34,117]。这一析出反应导致组织呈现出与近 α 或(α+β)钛合金类似的网篮组织，其形成机理显然也是相似的。图 4.5 给出了这种组织的一个例子。根据 Banerjee 和 Mukhopadyay[21]的研究，在钛合金中这一反应起始于 α 条带在 β 晶界处的形核，即所谓的仿晶界，它与一侧相邻的 β 晶粒保持伯格斯取向关系[式(4.2)]。集束的平行魏氏组织条带在晶界一侧沿同样的取向向 β 晶粒内部生长。魏氏组织 α 条带之间被残余 β 相分离，Ti 和其他偏向固溶于 β 相中的元素聚集在残余 β 相中。在 α 条带的宽侧面上存在许多仅几个原子面厚度的台阶，条带的拉长方向大致与 $\langle 335\rangle_\beta$ 方向平行。图 4.11 是这种生长中的魏氏组织条带状区域的形貌和晶体学取向示意图，其生长动力学与胞状转变相似。而 β 相则不会出现与胞状转变类似的晶界随条带状组织端部迁移的现象。除了在一侧形成条带状 α 外，魏氏组织条带也可以在 β 晶粒内部形核，同时保持伯格斯取向关系。这种在晶粒内部形成的条带导致了典型"网篮"形貌的形成。魏氏组织在 Ti 合金中的一些形成特点，如与 β 母相保持伯格斯取向关系[2,3,18,22,39]、晶界形核以及显微组织形貌等，也体现在 TiAl 合金中。然而，目前对 TiAl 合金中魏氏组织区域形核和长大机制的了解仍然不足。前文已述，β/α 相变动力学决定了 α 晶粒的大小，也即最终(α_2+γ)片层团区域的大小。同样应该指出的是，如 4.1 节所讨论的那样，在 β/α 相变过程中，硼化物可以作为 α 相的形核质点并抑制魏氏组织 α 条带的形成。与之对应，Cheng 和 Loretto[39]证明，在(α+β)相区热处理后缓冷的条件下，β/α 相变会通过已有的 α 相长大而进行，但魏氏组织区域的形成则需要高冷却速度。如果魏氏组织区域的形成动力学快于现有 α 单个晶粒长大动力学的假设成立，那么即可解释他们的实验结果，也可以解释后文将讨论的含硼 β 凝固合金中所观察到的现象。

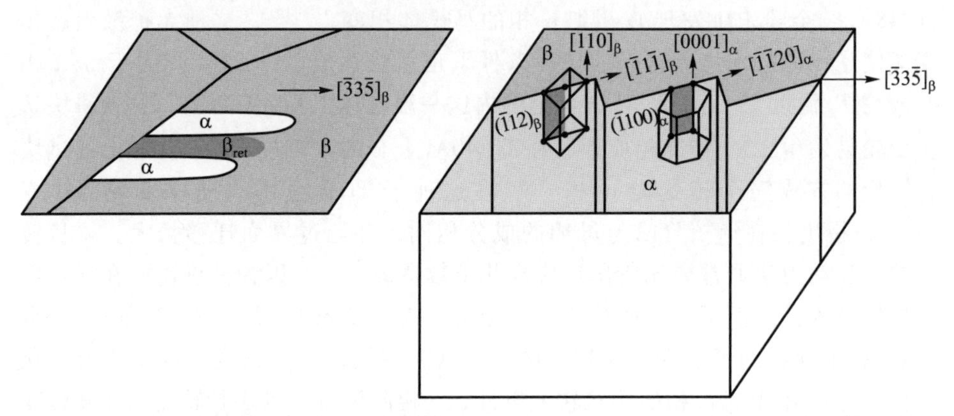

图 4.11　β→α 相变过程中 α 条带在 β 晶界处长大形成魏氏组织区域的形貌和晶体学取向示意图[21]。β 母相和 α 条带保持伯格斯取向关系，即 $\{110\}_\beta // (0001)_\alpha$，$\langle 111\rangle_\beta // \langle 11\bar{2}0\rangle_\alpha$ [式(4.2)]。界面包含 $\{112\}_\beta$ 和 $\{1\bar{1}00\}_\alpha$ 晶面和若干原子间距高度的台阶。α 条带的宽侧面取向为 $\{11\ 11\ 13\}_\beta$，条带大致沿 $\langle 335\rangle_\beta$ 方向生长。在 α 条带之间的 β 条带中富集 Ti 和其他偏析于 β 相中的元素，且随着 α 条带扩展。由于动力学原因，这些 β 条带在随后冷却穿过 α 单相区的过程中也不会溶解。在冷却的后期，每个 α 条带转变为 $(\alpha_2+\gamma)$ 片层团。由于同一个区域中所有的魏氏组织 α 条带具有相同的取向，在后期的魏氏组织区域中只出现了一种片层取向。这种相变路径所导致的显微组织形貌如图 4.5

4.2.2　$(\alpha_2+\gamma)$ 片层组织的形成

片层团是由堆叠的层片结构，或者更严格地说，是由层板状的 α_2 和 γ 相在中等冷却速度条件下由 α→α+γ→α_2+γ 相变形成的[3,10,105,118]。γ 片层的形成一般开始于(α+γ)两相区。在共析温度下，发生 α→α_2 有序化转变，同时 γ 相的平衡体积分数急剧上升，(原则上)这将导致 γ 片层的不断析出。在 Al 含量较低的合金中，相变沿 α→α_2→α_2+γ 路径进行，但是最终形成的组织是相同的[98,102,119,120]。两种相变路径的差异由位于 44at.% Al 含量(二元 TiAl 合金)位置的 T_0 线来区分[105,119,121]。即使对于 Al 含量接近共析成分 40at.%的合金来说[98,102,122]，α→α_2+γ 共析反应也从未以类似珠光体形成[123]的不连续转变(两相同时长大且界面向母相推进)发生。相反地，在这些共析合金中 γ 相是以前文提到的机制析出的[98]。片层组织中的界面不仅包括 α_2 和 γ 相界面，而且还

包括不同取向 γ 片层之间的界面。这些界面一般是共格或者半共格的，并且在长距离上保持平直；但它们也包含界面台阶，高度为多个{111}晶面间距[124-132]。在图 4.12 中可以看到片层组织，图 6.12 给出了这种组织的示意图。这种结构的 TEM 照片可参见图 6.3 和图 6.9。第 6 章将以片层界面为重点详细介绍片层组织，因此本章后文将专注于相变过程及动力学问题的介绍。

图 4.12 背散射扫描电镜图片。(a) 全片层组织，Ti-47Al-1.5Nb-1Cr-1Mn-0.2Si-0.5B 合金挤压态和 α 转变温度线之上热处理后炉冷；(b) 近片层组织，Ti-45Al-8Nb-0.2C 合金挤压态和 α 转变温度线以下 20 K 热处理后空冷；(c) 双态组织，Ti-45Al-8Nb-0.2C 合金挤压态和 α 转变温度线以下 40 K 空冷；(d) 魏氏体 α_2 板条，Ti-50Al 合金 γ 单相区热处理(2 h/1 240 ℃/炉冷)和(α+γ)两相区热处理(0.5 h/1 340 ℃/空冷，相图参考图 2.3)

从广义上讲，α 相中 γ 片层的生成过程可以被划分为 hcp→fcc 晶格转变、扩散导致的成分变化和 fcc 有序化转变 3 部分。在早期 Blackburn[10] 的观察中，这一相变由 α 相内部形成一个层错开始，即 $1/3\langle 11\bar{2}0\rangle$ 位错分解为两个肖克莱不全位错 $1/3\langle 10\bar{1}0\rangle$ 和 $1/3\langle 01\bar{1}0\rangle$。层错的出现作为相变的预形核阶段这一点已经被 Xu 等[133] 与 Denquin 和 Naka[134,135] 的 TEM 观察所证实。在他们的研究中，样品或者在 α 相区淬火而后退火，或者自 α 相区缓冷后又自 1 250 ℃淬

火，目的都是为了保留相变的初始状态。如果层错是在 α 相中每两层密排面上形成，那么就产生了 fcc 结构。这其中有两种可能性：如果不全位错在每个奇数面上滑移(A | BA | BA | B)，那么堆垛顺序将由 ABABAB 转变为 ACBACB；如果在每个偶数面上滑移(AB | AB | AB)，那么堆垛顺序将变为 ABCABC[105,134-136]。预形核阶段出现的层错表明相变的确是由这种机制进行的。在随后的 fcc 相的有序化转变中，由于对于上面两种堆垛中的每一种 fcc 堆垛，$L1_0$ 结构的 c 轴方向均有 3 种可能的选择方向，因此可形成 6 种不同取向的 γ 相变体。α_2 和 γ 相的取向关系符合 Blackburn 取向关系：$(0001)_{\alpha_2} // \{111\}_{\gamma}$，$\langle 11\bar{2}0\rangle_{\alpha_2} // \langle 1\bar{1}0]_{\gamma}$[式(4.1)]，即沿$\langle 111\rangle_{\gamma}$ 或$[0001]_{\alpha,\alpha_2}$方向旋转 60°的整数倍，如图 6.2 和图 6.6。图 6.7 给出了这些不同取向变体的堆垛顺序。在 Blackburn[10] 的工作之后，大量的 TEM 研究确认了不同取向变体的存在[13,118,135-142]。由于 α 或 α_2 相只有一个基面，在一个高温 α 相晶粒中只能形成一个(α_2+γ)片层团。

Blackburn 取向关系导致了相邻 γ 片层之间 3 种不同的界面。对于一种(111)面的堆垛顺序，ABC 或 ACB，可产生 3 种分别相对旋转 0°、120°和 240°取向的变体[111]。这些变体间的界面被称为 120°旋转有序错配界面[118]。3 种变体的 c 轴方向是互相垂直的。如果相邻片层之间具有不同的堆垛次序，那么它们之间将形成真孪晶(180°旋转)或伪孪晶(60°或 300°旋转)界面[118]。关于这一点，请再次参见第 6 章和图 6.6 和图 6.7 来进行更细致的了解。除相邻 γ 片层之间的界面之外，单个 γ 片层也被所谓的畴界分开为取向不同的区域[136,138,139,143]。这些畴界并没有特定的晶体学惯习面[136,138,139,144]且只在 120°取向差变体之间(在垂直于片层界面方向上具有相同{111}面堆垛顺序的变体)出现[136,138,139,144]。

关于上文中提到的作为 γ 相预形核位置的 α 相内的层错，报道认为其源于 α 晶界或仿晶界 γ 相[133,134,145]。它们并不代表 γ 的形核核心，因为其在成分和原子有序排列方式上均与 γ 相不同。Denquin 和 Naka[134,135] 认为 γ 相的形核是通过首先在每两个 α 基面上出现连续的肖克莱不全位错滑移形成一个亚稳的 fcc 相片状晶胚，然后发生 γ 相的有序化堆垛来实现的。的确，利用甩带快速凝固法可以得到等原子比的亚稳 fcc 相，这说明至少在非常大的过冷度条件下无序 fcc 相的析出驱动力是存在的[146]。片状 fcc 相的形成可以降低 γ 相的形核能垒，这同时也说明 γ 相的形核能垒非常高，即需要很大的过冷度才可使 γ 相形成。根据文献的报道，即使在较为缓慢的冷却速度下，这一过冷度也至少为 50 K[97,114,141,147]。在无序 fcc 片状晶胚形成后，其内部不同部位开始有序化，导致形成了反相畴界(APB)和 120°旋转有序错配界面，这也解释了为什么人们经常观察到 120°旋转变体被界面分开。而实际情况下，γ 片层组织中并没有观察到 APB 这是由于它们的扩展速度大幅高于 120°旋转界面的扩展速度，因此在片层内部，形成了一种包含 APB 和 120°有序畴界的“混合型界面”；同样的情况也发生在片层界面处，即 APB 在片层界面处出现，形成混合型片层界面(图 4.13)[134,135]。然而，Zhang 等[145]的工作对片状 fcc 作为 γ 相晶胚的说法提出了一些质疑。他们将一种 TiAl 合金在 α 相区淬火后进行 TEM 观察，的确发现了一种类似于前文所述的层错的面缺陷。但是经 HREM 观察发现，这些层错实际上是 6~8 个原子层厚度的片状 γ 相，为 $L1_0$ 结构。他们通过 HREM 的研究也观察到非常细小的 γ 晶胚(图 6.17)，这明确表明片状 fcc 的有序化在非常初始的阶段就已经发生了。因此，晶胚 fcc 片在不同部位各自有序化从而形成不同有序区域的机制并不完美。Denquin 和 Naka[134,135]则认为 γ 片层不可能通过这种方式相接，因为 γ 片层具有极高的长宽/厚度比。基于此，如果认为没有 fcc 先导相形成，那么不同有序区域界面的形成原因就很难解释了。特别是还要同时解释一个片层中包含多个不同有序区域界面的现象。尽管这一问题悬而未决，关于 γ 板条一般是通过非均匀形核形成这一点却已达成一致，尤其是在晶界或仿晶界 γ 位置[133,134,141,142,145,148]。另一方面，硼化物也可以作为 γ 相的形核位置[97]。Zghal 等[141]的研究表明，γ 片层很可能在低于 $\alpha\rightarrow\alpha_2$ 有序无序转变温度下于 α 晶粒内部非均匀形核。由于片层组织中两种不同堆垛的细小 γ 片层的体积分数是相等的，因此他们认为细小 γ 片层析出导致的应力在一定程度上可以由其附近析出的另一个 γ 片层所释放，这一相邻 γ 片层的原子堆垛顺序则与前一个 γ 片层相反。另外作者还观察到其中一部分非常细小的 γ 片层不包含畴界，却表现出与相邻的较厚的片层成孪晶关系的现象。这一现象可以通过片层界面处的形核来解释，因为孪晶界的界面能在所有的片层界面中是最低的(表 6.1)。这种 γ 片层在迁移中的界面上形核的现象也被称为感生形核[13,149,150]，在其他工作中也有所发现[151]。Dey 等[13]认为 γ-TiAl 合金更倾向于感生形核这种方式，因为 α 相具有各向异性的弹性性质且两相之间具备形成低能量界面的条件。

形核完成后，γ 片层的生长需要同时满足点阵结构转变和扩散以平衡 α/α_2 和 γ 相的成分。这一过程通过不全位错滑移和同时进行的扩散来完成[126,127,133,152]。Denquin 等[134,135]将这一过程明确为一种转变，即从不全位错的迁移转变为扩散控制的界面台阶移动，这就同时满足了原子堆垛次序和成分的变化。台阶机制是由 Aaronson[153,154]提出的，目的是为了解释在扩散型相变中不同晶体结构物相之间共格和半共格界面的迁移机理，尽管界面处的原子依附在能量上是不太可行的。Shang 等[155]和 Pond 等[132]通过 HREM 研究了界面台阶处的伯格斯矢量，发现其与基于 Pond 的理论[156,157]对界面台阶作出预测的结果是一致的。作者认为 γ 相的生长是一种切变-扩散机制，是由扩散控制

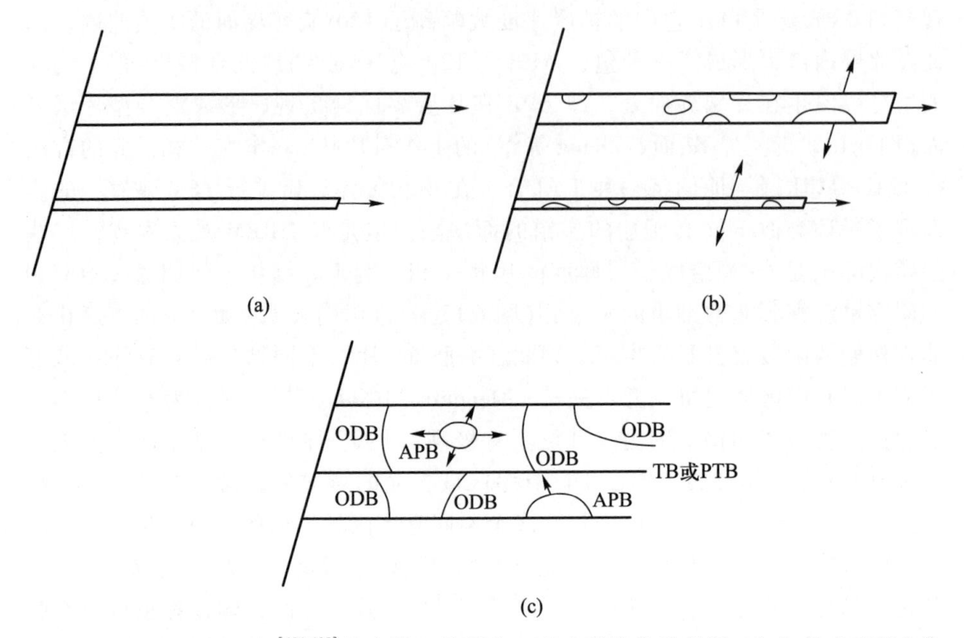

图 4.13　Denquin 和 Naka[134,135] 给出的 γ 片层在 α 相中形核的示意图。(a) 肖克莱不全位错的滑动导致形成了局部的 fcc 结构；(b) 不同取向的 $L1_0$ 结构变体在 fcc 相上形核；(c) 片层内部各取向变体长大后形成了有序畴界(ODB)和反相畴界(APB)。片层的长大导致形成了 γ/γ 片层界面，如果相邻片层中密排面的堆垛次序不同，则会形成孪晶界(TB)和伪孪晶界(PTB)。由于片层生长速度较快，另一侧的 APB 参与到界面中即可形成文献中已观察到的混合型界面[135]

的台阶沿界面移动而非由伴有扩散的不全位错迁移进行的。有趣的是，Shang 等[155]的确发现 γ 片层的厚度与作者根据扩散机理分析得到的结果一致。关于台阶的概念在第 6 章以及相关参考文献中有更详细的描述。图 6.17 为 α_2 相中 γ 片层的 HREM 图像，其中包含了许多界面台阶的细节。可以推断，在 γ 片层还没有贯穿 α/α_2 晶粒的情况下，γ 片层的生长前沿应该是成分扩散的优先位置。需要指出的是，相界面之间的台阶不仅可以在两相之间传递物质，也可以传递变形。正如 Valencia 等[158] 和 McCullough 等[159] 早先观察到的那样，Sun 等[99]确实证明了片层组织的形成将导致样品表面出现浮凸。这表明了相变的位移型特点，与钢铁材料中的切变-扩散型贝氏体相变类似[99]。

为了对片层组织的形成有更深入的理解，相场模拟[65,66]是一种非常有效的手段。Wen 等[160]开发了一个三维相场模型来模拟片层组织的演化。该模型包含了体化学自由能、界面能和弹性能，可以预测片层结构的根本特征。作者认为片层组织的形成由弹性共格应力主导。相邻片层之间孪晶界面的数量高于伪孪晶界面这一点可由应变诱导共同形核和弹性能最小化原则来解释。有趣的是，通过这一模型可以观察到部分片层在长大过程中萎缩，而其他片层不断长大。这一模型并未包含 fcc 预形核阶段和 γ 相的非均匀形核阶段。Katzarov 等[161]在后来的二维相场模拟中将这些条件考虑进去，他们的模型主要描述了 fcc 预形核相的非均匀形成和 $L1_0$ 结构不同取向变体在 fcc 先导相中的形核长大。作者认为 Denquin 和 Naka[134,135]所言的片层组织形成机制和上述的模型共同反映了相变的主要特征。和 Wen 等[160]的结论一致，片层组织间的弹性交互作用不可忽视。总的来说，从这些相场模拟研究来看片层组织形成的本质特征已经构建得十分完备了。

片层组织可通过如下组织参数描述：片层团大小、α_2 相体积分数、γ 和 α_2 片层宽度、α_2 片层之间的间距和畴界间的距离等。这些结构参数主要由合金成分和加工历史决定，特别是热处理温度和冷却速度。在片层组织合金中，这些参数可以在很大的范围内变化。例如，片层宽度可以从几个纳米到若干微米[3,102,119,136,141,142,147,148,162-165]。关于片层组织参数的统计数据参见 Zghal 等[136,141,142]、Dimiduk 等[162]、Parthasaraty 等[163]、Maruyama 等[164,165]和 Charpentier 等[147]的工作。片层组织的形成动力学可以用 TTT 曲线(时间-温度-转变)描述。这种曲线可以给出特定转变的冷速范围以及转变开始时的过冷度。通过测定电阻率和热膨胀等实验方法，已经确定了部分合金的 TTT 曲线[42,103-105,107,109,147,166-169]。图 4.14 给出了 Ti-47.5Al 和 Ti-48Al-2Cr-2Nb 合金的 TTT 曲线。从图中可以很明显地看出，形成片层组织需要很大的过冷度，且快速冷却条件下的转变开始温度下降了很多。Charpentier 等[147]不仅测定了片层组织体积分数随冷却速度的变化，如转变开始和终了温度等，而且还利用不同热处理时间和冷却速度实验对 Ti-48Al-2Cr-2Nb 合金的组织参数进行了定量分析，相关的结果如图 4.15 所示。从图中可以看出，只有在低于 10 K/min 的极其缓慢的冷却速度下才可得到 α_2 相的平衡态体积分数。另外，图 4.15 还表明 α_2 片层的平均宽度和它们之间的平均距离均随冷却速度的下降而连续减小，且随冷却速度平方根的倒数线性变化。这一点与 Kim 和 Dimiduk[170]、Perdrix 等[171]的结论一致并且被 Rostamian 和 Jacot[169]所证实。在后者的工作中还建立了二元合金的唯象模型来描述合金自 α 相区冷却时片层组织形成和块状转变的竞争机制。根据这些模型可以计算合金成分、冷却速度和 α 晶粒尺寸对显微组织和 TTT 曲线的影响。关于片层组织的形成，γ 片层的形核速率可描述为

$$J_{\gamma L} = J_{\gamma L}^{0} s_{\alpha} \exp\left[- \frac{\Delta G_{\gamma L}^{\mathrm{nucl}}(x,\ T)}{kT} \right] \exp\left(- \frac{Q_{\mathrm{at}}}{kT} \right) \tag{4.6}$$

根据经典形核理论[172-177]：

$$\Delta G_{\gamma L}^{\mathrm{nucl}}(x, T)=f_{\theta}\frac{16\pi\sigma_{\alpha\gamma}^{3}}{3[\Delta G_{V}^{\alpha\gamma}(x, T)]^{2}} \tag{4.7}$$

式中，$J_{\gamma L}^{0}$为关于形核点密度的前置因子；s_{α} 为仍可供形核的晶界分数；Q_{at}为原子可动性激活能；f_{θ} 为非均匀形核润湿角；$\sigma_{\alpha\gamma}$为界面能；$\Delta G_{V}^{\alpha\gamma}(x, T)$为驱动力；$x$ 为 Al 含量[169]。本模型还包括了片层边沿的纵向生长速率，即[178,179]：

$$v_{\gamma L}=\frac{\widetilde{D}_{\alpha}(x_{0}-x_{\alpha}^{*})}{b(x_{\gamma}^{*}-x_{\alpha}^{*})}\frac{1}{r} \tag{4.8}$$

式中，r 为尖端半径；b 为几何因子；x_0 为名义 Al 含量；x_{α}^{*} 和 x_{γ}^{*} 为 α 和 γ 相的平衡 Al 含量，$\widetilde{D}_{\alpha}$ 为 α 相的互扩散系数。根据 Zener 模型[180]，片层的厚度增长被设定为一维扩散问题，即考虑为台阶机制。作者仅需调整 4 个关于形核的参数，即可根据此模型描述实验中测定的片层组织转变和块状转变的 TTT 曲线(图 4.14)，同时可合理地解释冷却速度对片层间距的影响。可以认为这一模型是首次对片层组织转变和块状转变的定量描述，根据此模型作者可得出许多有趣的结论。例如，随着 Al 含量的上升，合金更倾向于发生块状转变。从这一模型中也可看出块状转变的临界冷却速度几乎与 Al 含量无关。再者，片层间距随 Al 含量的上升而增加，且更小的 α 初始晶粒尺寸可以加速片层和块状组织的形成，但是对两种转变的冷却速度分界线几乎没有影响。

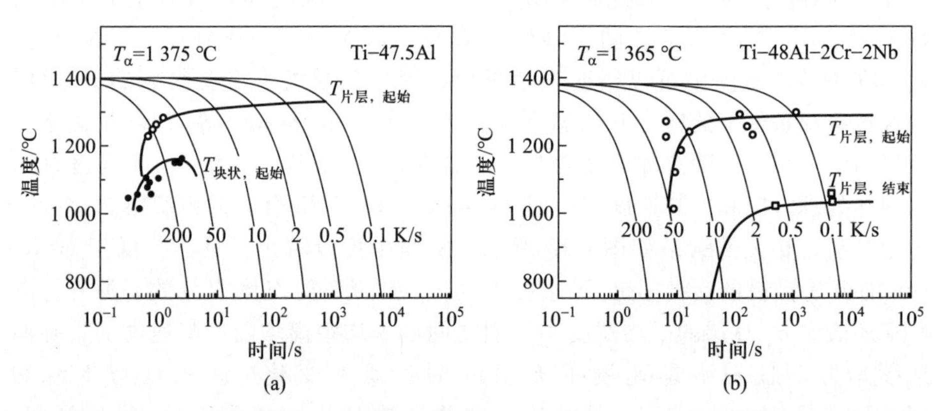

图 4.14　两种 TiAl 合金中不同相变的 TTT 曲线。(a) Rostamian 和 Jacot[169] 根据文中模型计算得出的 Ti-47.5Al 合金片层组织转变和块状转变起始温度，Veeraraghavan 等[104] 得出的实验结果也一并在图中给出(样品在 1 400 ℃、即 α 转变温度 25 K 以上热处理)；(b) 实验测定的 Ti-48Al-2Cr-2Nb 合金形成片层组织的起始温度和终了温度(样品在 1 380 ℃ 热处理)[147]

除了热处理过程中发生的相变之外，显微组织还受到热加工过程中再结晶的影响。铸锭中的片层组织经热变形后可完全转变为晶粒尺寸为若干微米的等

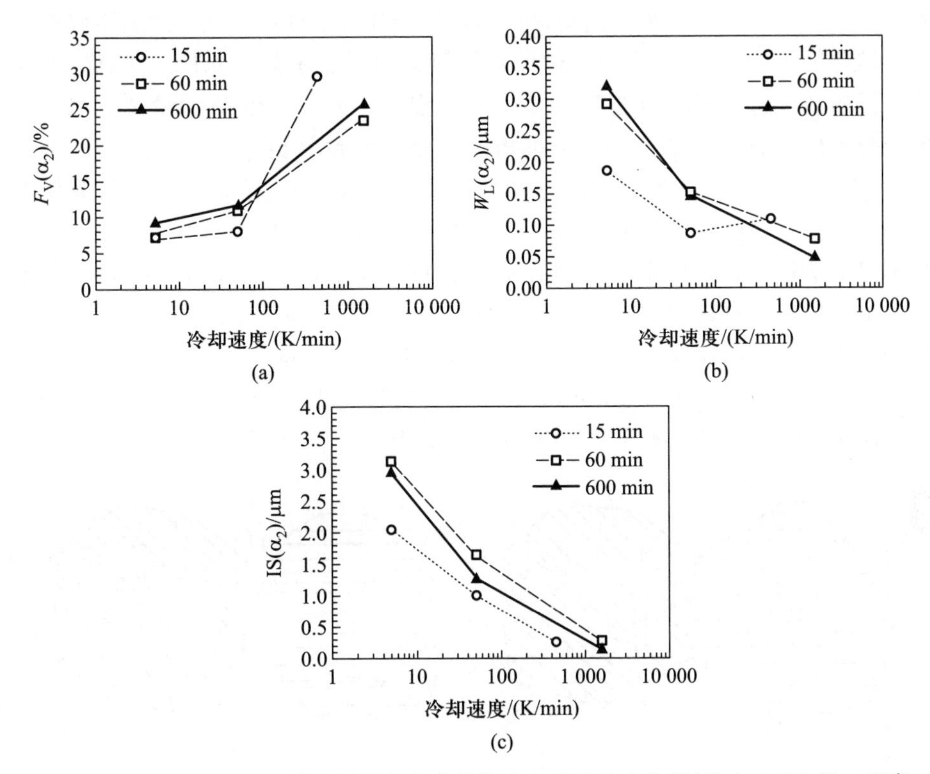

图 4.15 Ti-48Al-2Cr-2Nb 合金显微组织参数随冷却速度的变化(样品在 1 380 ℃、即高于 α 转变温度 15 K 热处理)[147]：(a) α_2 相体积分数；(b) α_2 片层的平均宽度；(c) α_2 片层之间的平均距离。热处理的时间有所不同，如图中所示

轴组织(见第 16 章)。后续的热处理温度如果低于 α 转变温度，则可得到由不同体积分数的片层团和等轴 γ 相构成的显微组织[119]。Kim[119]将 TiAl 合金中可出现的不同形态的显微组织分为 4 类：近 γ、双态、近片层和全片层，如图 4.12 所示。近 γ 组织可通过在共析温度线附近退火得到，由较为粗大的 γ 晶粒条带组成。双态组织由 γ 晶粒和细小的片层团构成，可通过在 α 相和 γ 相平衡体积分数相近的温度进行热处理得到。在更高的温度下，只有一小部分 γ 晶粒存在，但其可以阻止 α 相晶粒的过度长大，在随后的冷却过程中即形成了具有中等片层团尺寸大小的近片层组织。全片层组织可通过在 α 单相区热处理得到，片层团尺寸很大，可达数百微米。

4.2.3 羽毛状结构和魏氏组织区域

当 γ-TiAl 合金自 α 相区以中等速度冷却时，片层组织的特征将发生变化。这导致形成了所谓的魏氏组织板条区域[42,98,103,106-110,181]和羽毛状结构[42,102,104,109,111,112,182]。魏氏组织区域是指位于片层团内部，且与片层团取向不同的堆叠平行的($\alpha_2+\gamma$)片层。这种组织形貌的示意图如图 4.16。注意，不要将这样的魏氏组织区域与魏氏组织 α_2 板片混淆，后者是在 Al 含量高于 50at.% 的合金中形成的。上述合金在 γ 单相区热处理得到单相 γ 后，又在($\alpha+\gamma$)或($\alpha_2+\gamma$)相区处理时，将沿 4 组 γ 相的密排面析出魏氏组织 α_2 片[示例如图 4.12(d)]。与魏氏组织区域不同的是，羽毛状结构是在片层团内部，由一组互相不完全平行、且与周围片层团有微小取向差异的片层构成(图 4.16)。产生魏氏组织板条的冷却速度略低于产生羽毛状结构的冷却速度，前者在介于空冷和砂冷之间的冷却速度下形成，而后者在油冷或水冷的条件下形成[13]。下文将对这些不同片层组织形态的形成机理进行概述，更多的细节可参阅 Dimiduk 和 Vasudevan[109]、Zhang 等[42]、Hu 等[106]和 Dey 等[13]的论文。

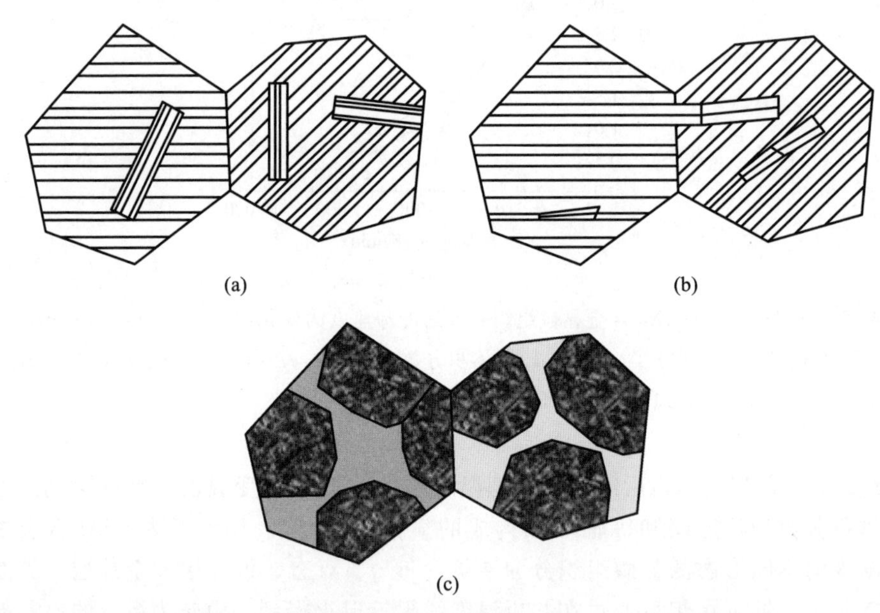

图 4.16　魏氏组织区域(a)、羽毛状结构(b)和块状转变组织(c)的形貌示意图

魏氏组织区域中的片层与通常的片层团有些类似，特别是 α_2 和 γ 相仍保持 Blackburn 取向关系[式(4.1)]。细致的 TEM 研究发现魏氏组织区域中的 α_2 板条相对于基体中的 α_2 板条存在一个以 $\langle 1\bar{1}00\rangle_{\alpha_2}$ 为轴的 64°旋转角[13,106,110]。这一取向与原始 α 相中产生 $\{11\bar{2}2\}\langle\bar{1}\bar{1}23\rangle$ 孪晶系统所造成的相对旋转是一致的。此孪晶系统常见于 Ti 和 Ti 合金中。因此，关于魏氏组织区域的形成机制，Yamabe 等[98]认为它是由 α 相在冷却过程中出现孪晶，而后孪晶晶粒转变为片层结构形成的[106]。Dey 等[13]则提出了一种不同的机制，他们认为，在保持

Blackburn 取向关系的情况下，α_2 相沿$\langle 1\bar{1}00\rangle_{\alpha_2}$方向相对旋转 64°实际上是由 γ 相沿$\langle 110\rangle_{\gamma}$ 方向相对旋转 50°造成的。通过这种旋转可在 γ 片层之间形成$\sum 11$型 CSL 晶界。因此魏氏组织板条可能是直接在已有的 γ 片层表面形核，从而形成低能量界面。这种感生形核机制[149,150]同样在上述的普通片层组织的形成规律中出现。基于 α 相的弹性各向异性性质和低能量界面形成的可行性，这种机制是可能的[13]。然而目前看来，魏氏组织板条区域的形成机理还没有完全阐明，上述的两种形成机制都是可能的。

羽毛状结构也和片层组织比较相似，在片层之间同样有常规的晶体学取向关系，但是却与基体片层团形成了低于 15°的取向差[109]。然而，羽毛状结构中显示出不规则的 α_2 片层厚度和惯习面[109]。Dimiduk 和 Vasudevan[109]指出这种片层组织的变化可能来自 α 相的变形或者 α 自 γ 中析出后又发生了 γ 相的块状转变。最近，Zhang 等[42]发现羽毛状结构中堆叠的片层组织有连续的取向变化，这无法由上述两种机制解释。相反，这一现象表明预先形成的片层组织在生长过程中，新的 γ 片层由边-边或面-面感生机制形核。这一结论得到了 Dey 等[13]的支持，他们认为取向差的出现源自感生形核过程中的弹性应力。他们进一步指出感生形核机制可能是羽毛状结构和魏氏组织区域形成的共同特点，即可以同时解释二者出现了特殊形貌的现象[13]。

4.2.4 块状转变

块状转变是一种成分不变、在迁移的反应前沿的后方不连续发生的相变。这种相变仅需要短程扩散，因此没有长程成分变化。许多合金系统中都有块状转变出现，如 Cu 或 Ti 基合金[21]、Fe-Ni 合金和 Ag-Al 合金[104]等。相变中通常包含母相和新相间的可动非共格界面[104]。然而也可能出现通过台阶机制[104]迁移的半共格界面。对于 TiAl 合金来说，许多研究发现，在足够高的冷却速度下 γ 相可通过块状转变自 α 相中析出[13,98,101-105,111,181,183-192]。Dey 等[13]认为，这种冷却速度要接近甚至高于油冷冷却速度。合金成分不同，块状转变发生的临界冷却速度不同；即使在空冷条件下能够产生块状转变的合金中，其临界冷却速度也各不相同[188]（见第 13 章）。由于转变后出现杂乱不规则的 γ 晶粒，块状转变组织通常很容易辨别（图 4.16）。

观察发现，块状转变 γ 相的非均匀形核不仅在晶界处出现[184,186,189,190]，也在三叉晶界[191]、α 相晶内孪晶[190]以及预先存在的 γ 晶粒或片层中[13,184]出现。Zhang 等[184]通过 TEM 实验确定了块状组织 γ 相晶粒于 α 相晶界处形核，并与母相 α 相保持 Blackburn 取向关系（式 4.1）。这些形核核心随即向相邻的 α 晶粒中生长。这解释了为什么在 α 相与生长于其内部的块状组织 γ 相之间没有发现特定的取向关系。一些其他工作中也已充分证明了 γ 相与母相保持

Blackburn 取向关系且向相邻 α 相生长的这一特点[186,189,191]。Zhang 等[184]还报道，在以初始 $L1_0$ 结构长大的阶段之后，γ 相以无序 fcc 相的形式生长。这是基于块状 γ 相中出现了类似于 APB 的缺陷而推测的。另外，人们还发现了 γ 相的微孪晶，以及细小的 α_2 片于块状 γ 相长大过程中形成的现象。一些更近的研究表明，块状 γ 相长大的过程中出现了连续孪晶行为[13,186,189,191]，且孪晶在相变机制中起到了很重要的作用。Dey 等[186]认为，在依照 Blackburn 取向关系形核之后，块状 γ 晶粒不仅可以很容易地向相邻 α 晶粒中生长，而且也可以在其形核的晶粒中长大。在孪晶的作用下，尤其是连续孪晶出现时，块状 γ 相与母相 α 晶粒失去了简单的取向关系，且二者间形成了一个可动的非共格相界面。总之，目前已基本上可以完全理解块状转变的机理，尽管有些细节还有待进一步确认。由于块状转变形成的 γ 相在热力学上是不稳定的，因此其在随后的时效中会分解析出 α_2 相和平衡的 γ 相组织，这一点引起了人们的兴趣。这是因为利用析出反应，通过时效热处理有可能使显微组织细化，如在铸态组织上的应用。在时效过程中，魏氏组织 α_2 相板条平行于 γ 相的 4 组{111}面析出，可形成类似图 4.12 中所展示的组织，即所谓的编织组织。相关问题将与合金设计部分一并在第 13 章中描述。

参考文献

[1] Witusiewicz, V. T., Bondar, A. A., Hecht, U., Rex, S., and Velikanova, T. Ya. (2008) *J. Alloys Compd.*, **465**, 64.

[2] Hecht, U., Witusiewicz, V., Drevermann, A., and Zollinger, J. (2008) *Intermetallics*, **16**, 969.

[3] McCullough, C., Valencia, J. J., Levi, C. G., and Mehrabian, R. (1989) *Acta Metall.*, **37**, 1321.

[4] Gulliver, G. H. (1922) *Metallic Alloys*, Griffin, London.

[5] Scheil, E. (1942) *Z. Metallkd.*, **34**, 70.

[6] Jung, J. Y., Park, J. K., and Chun, C. H. (1995) *Gamma Titanium Aluminides* (eds Y. W. Kim, R. Wagner, and M. Yamaguchi), TMS, Warrendale, PA, p. 459.

[7] Jung, J. Y., Park, J. K., and Chun, C. H. (1999) *Intermetallics*, **7**, 1033.

[8] Jung, I. S., Kim, M. C., Lee, J. H., Oh, M. H., and Wee, D. M. (1999) *Intermetallics*, **7**, 1247.

[9] Muraleedharan, K., Rishel, L., De Graef, M., Cramb, A., Pollock,

T., and Gray, T. I. (1997) *Structural Intermetallics 1997* (eds M. V. Nathal, R. Darolia, C. T. Liu, P. L. Martin, D. B. Miracle, R. Wagner, and M. Yamaguchi), TMS, Warrendale, PA, p. 215.

[10] Blackburn, M. J. (1970) *The Science, Technology and Application of Titanium* (eds R. I. Jaffee and N. E. Promisel), Pergamon Press, Oxford, p. 633.

[11] De Graef, M., Biery, N., Rishel, L., Pollock, T. M., and Cramb, A. (1999) *Gamma Titanium Aluminides 1999* (eds Y. W. Kim, D. M. Dimiduk, and M. H. Loretto), TMS, Warrendale, PA, p. 247.

[12] Küstner, V., Oehring, M., Chatterjee, A., Güther, V., Brokmeier, H. G., Clemens, H., and Appel, F. (2003) *Gamma Titanium Aluminides 2003* (eds Y. W. Kim, H. Clemens, and A. H. Rosenberger), TMS, Warrendale, PA, p. 89.

[13] Dey, S. R., Hazotte, A., and Bouzy, E. (2009) *Intermetallics*, **17**, 1052.

[14] Kishida, K., Johnson, D. R., Shimida, Y., Inui, H., Shirai, Y., and Yamaguchi, M. (1995) *Gamma Titanium Aluminides* (eds Y. W. Kim, R. Wagner, and M. Yamaguchi), TMS, Warrendale, PA, p. 219.

[15] Johnson, D. R., Inui, H., and Yamaguchi, M. (1996) *Acta Mater.*, **44**, 2523.

[16] Johnson, D. R., Inui, H., and Yamaguchi, M. (1997) *Acta Mater.*, **45**, 2523.

[17] Johnson, D. R., Masuda, Y., Shimada, Y., Inui, H., and Yamaguchi, M. (1997) *Structural Intermetallics 1997* (eds M. V. Nathal, R. Darolia, C. T. Liu, P. L. Martin, D. B. Miracle, R. Wagner, and M. Yamaguchi), TMS, Warrendale, PA, p. 287.

[18] Naka, S., Thomas, M., Sanchez, C., and Khan, T. (1997) *Structural Intermetallics 1997* (eds M. V. Nathal, R. Darolia, C. T. Liu, P. L. Martin, D. B. Miracle, R. Wagner, and M. Yamaguchi), TMS, Warrendale, PA, p. 313.

[19] Burgers, W. G. (1934) *Physica*, **1**, 561.

[20] Lütjering, G. and Williams, J. C. (2003) *Titanium*, Springer-Verlag, Berlin.

[21] Banerjee, S. and Mukhopadhyay, P. (2007) *Phase Transformations*—

Examples from Titanium and Zirconium Alloys, Pergamon Materials Series, vol. 12, Elsevier, Amsterdam.

[22] Das, S., Howe, J. M., and Perepezko, J. H. (1996) *Metall. Mater. Trans. A*, **27A**, 1623.

[23] Cheng, T. T. and Loretto, M. H. (1997) *Structural Intermetallics 1997* (eds M. V. Nathal, R. Darolia, C. T. Liu, P. L. Martin, D. B. Miracle, R. Wagner, and M. Yamaguchi), TMS, Warrendale, PA, p. 253.

[24] Johnson, D. R., Masuda, Y., Inui, H., and Yamaguchi, M. (1997) *Mater. Sci. Eng.*, **A239-240**, 577.

[25] Johnson, D. R., Chihara, K., Inui, H., and Yamaguchi, M. (1998) *Acta Mater.*, **46**, 6529.

[26] Jung, I. S., Yang, H. S., Oh, M. H., Lee, J. H., and Wee, D. M. (2002) *Mater. Sci. Eng.*, **A329-331**, 13.

[27] Johnson, D. R., Inui, H., and Yamaguchi, M. (1998) *Intermetallics*, **6**, 647.

[28] Küstner, V., Oehring, M., Chatterjee, A., Clemens, H., and Appel, F. (2004) *Solidification and Crystallization* (ed. D. Herlach), Wiley-VCH Verlag GmbH, Weinheim, Germany, p. 250.

[29] Kerr, H. W. and Kurz, W. (1996) *Int. Mater. Rev.*, **41**, 129.

[30] Larsen, D. E., Kampe, S., and Christodoulou, L. (1990) *Intermetallic Matrix Composites*, vol. 194 (eds D. L. Anton, R. McMeeking, D. Miracle, and P. Martin), Mater. Res. Soc. Symp. Proc., Materials Research Society, Pittsburgh, PA, p. 285.

[31] Huang, S. C. (1993) *Structural Intermetallics* (eds R. Darolia, J. J. Lewandowski, C. T. Liu, P. L. Martin, D. B. Miracle, and M. V. Nathal), TMS, Warrendale, PA, p. 299.

[32] Imayev, R. M., Imayev, V. M., Oehring, M., and Appel, F. (2007) *Intermetallics*, **15**, 451.

[33] Thomas, M. (2008) *Structural Aluminides for Elevated Temperatures* (eds Y. W. Kim, D. Morris, R. Yang, and C. Leyens), TMS, Warrendale, PA, p. 229.

[34] Singh, A. K. and Banerjee, D. (1997) *Metall. Mater. Trans. A*, **28A**, 1735.

[35] Jin, Y., Wang, J. N., Yang, J., and Wang, Y. (2004) *Scr. Mater.*,

51, 113.

[36] Wang, Y., Wang, J. N., Yang, J., and Zhang, B. (2005) *Mater. Sci. Eng. A*, **392**, 235.

[37] Clemens, H., Chladil, H. F., Wallgram, W., Zickler, G. A., Gerling, R., Liss, K. D., Kremmer, S., Güther, V., and Smarsly, W. (2008) *Intermetallics*, **16**, 827.

[38] Hu, D., Jiang, H., and Wu, X. (2009) *Intermetallics*, **17**, 744.

[39] Cheng, T. T. and Loretto, M. H. (1998) *Acta Mater.*, **46**, 4801.

[40] Krishnan, M., Natarajan, B., Vasudevan, V. K., and Dimiduk, D. M. (1997) *Structural Intermetallics 1997* (eds M. V. Nathal, R. Darolia, C. T. Liu, P. L. Martin, D. B. Miracle, R. Wagner, and M. Yamaguchi), TMS, Warrendale, PA, p. 235.

[41] Takeyama, M., Ohmura, Y., Kikuchi, M., and Matsuo, T. (1998) *Intermetallics*, **6**, 643.

[42] Zhang, Z., Leonard, K. J., Dimiduk, D. M., and Vasudevan, V. K. (2001) *Structural Intermetallics 2001* (eds K. J. Hemker, D. M. Dimiduk, H. Clemens, R. Darolia, H. Inui, J. M. Larsen, V. K. Sikka, M. Thomas, and J. D. Whittenberger), TMS, Warrendale, PA, p. 515.

[43] Kobayashi, S., Takeyama, M., Motegi, T., Hirota, N., and Matsuo, T. (2003) *Gamma Titanium Aluminides 2003* (eds Y. W. Kim, H. Clemens, and A. H. Rosenberger), TMS, Warrendale, PA, p. 165.

[44] Takeyama, M. and Kobayashi, S. (2005) *Intermetallics*, **13**, 993.

[45] Appel, F., Oehring, M., and Paul, J. D. H. (2006) *Adv. Eng. Mater.*, **8**, 371.

[46] Hecht, U., Daloz, D., Lapin, J., Drevermann, A., Witusiewicz, V. T., and Zollinger, J. (2009) *Advanced Intermetallic-Based Alloys for Extreme Environment and Energy Applications*, vol. 1128 (eds M. Palm, B. P. Bewlay, Y. H. He, M. Takeyama, and J. M. K. Wiezorek), Mater. Res. Soc. Symp. Proc., MRS, Warrendale, PA, p. 79.

[47] Gungor, M. N. (1989) *Metall. Trans. A*, **20A**, 2529.

[48] Ganesan, M., Dye, D., and Lee, P. (2005) *Metall. Mater. Trans. A*, **36A**, 2191.

[49] Hazotte, A., Lecomte, J., and Lacaze, J. (2005) *Mater. Sci. Eng.*, **A413-414**, 267.

[50] Hirano, K. and Iijima, Y. (1984) *Diffusion in Solids: Recent Developments* (eds M. A. Dayananda and G. E. Murch), The Metallurgical Society of AIME, New York, NY, p. 141.

[51] Zollinger, J., Lapin, J., Daloz, D., and Combeau, H. (2007) *Intermetallics*, **15**, 1343.

[52] Charpentier, M., Daloz, D., Hazotte, A., Gauthier, E., Lesoult, G., and Grange, M. (2003) *Metall. Mater. Trans. A*, **34A**, 2139.

[53] Tiller, W. A., Jackson, K. A., Rutter, J. W., and Chalmers, B. (1953) *Acta Metall.*, **1**, 42.

[54] Chalmers, B. (1964) *Principles of Solidification*, John Wiley & Sons, Inc., New York, NY.

[55] Boettinger, W. J., Coriell, S. R., Greer, A. L., Karma, A., Kurz, W., Rappaz, M., and Trivedi, R. (2000) *Acta Mater.*, **48**, 43.

[56] Hunziker, O., Vandyoussefi, M., and Kurz, W. (1998) *Acta Mater.*, **46**, 6325.

[57] Johnson, D. R., Inui, H., Muto, S., Omiya, Y., and Yamanaka, T. (2006) *Acta Mater.*, **54**, 1077.

[58] Oehring, M., Küstner, V., Appel, F., and Lorenz, U. (2007) *Mater. Sci. Forum*, **539-543**, 1475.

[59] Liu, Y., Yang, G., and Zhou, Y. (2002) *J. Cryst. Growth*, **240**, 603.

[60] Luo, W., Shen, J., Min, Z., and Fu, H. (2008) *J. Cryst. Growth*, **310**, 5441.

[61] Ohnuma, I., Fujita, Y., Mitsui, H., Ishikawa, K., Kainuma, R., and Ishida, K. (2000) *Acta Mater.*, **48**, 3113.

[62] Kim, M. C., Oh, M. H., Lee, J. H., Inui, H., Yamaguchi, M., and Wee, D. M. (1997) *Mater. Sci. Eng.*, **A239-240**, 570.

[63] Su, Y., Liu, C., Li, X., Guo, J., Li, B., Jia, J., and Fu, H. (2005) *Intermetallics*, **13**, 267.

[64] Eiken, J., Apel, M., Witsuiewicz, V. T., Zollinger, J., and Hecht, U. (2009) *J. Phys. Condens. Matter*, **21**, 464104 (7pp).

[65] Chen, L. Q. (2002) *Ann. Rev. Mater. Res.*, **32**, 113.

[66] Boettinger, W. J., Warren, J. A., Beckermann, C., and Karma, A. (2002) *Ann. Rev. Mater. Res.*, **32**, 163.

[67] Larsen, D. E., Christodoulou, L., Kampe, S. L., and Sadler, P.

(1991) *Mater. Sci. Eng.*, **A144**, 45.

[68] Kampe, L., Sadler, P., Christodoulou, L., and Larsen, D. E. (1994) *Metall. Mater. Trans. A*, **25A**, 2181.

[69] Wagner, R., Appel, F., Dogan, B., Ennis, P. J., Lorenz, U., Müllauer, J., Nicolai, H. P., Quadakkers, W., Singheiser, L., Smarsly, W., Vaidya, W., and Wurzwallner, K. (1995) *Gamma Titanium Aluminides* (eds Y. W. Kim, R. Wagner, and M. Yamaguchi), TMS, Warrendale, PA, p. 387.

[70] Eylon, D., Keller, M. M., and Jones, P. E. (1998) *Intermetallics*, **6**, 703.

[71] Hu, D. (2001) *Intermetallics*, **9**, 1037.

[72] Hu, D. (2002) *Intermetallics*, **10**, 851.

[73] Grange, M., Raviart, J. L., and Thomas, M. (2004) *Metall. Mater. Trans. A*, **35A**, 2087.

[74] Wu, X., Hu, D., and Loretto, M. H. (2004) *Niobium High Temperature Applications* (eds Y. W. Kim and T. Carneiro), TMS, Warrendale, PA, p. 183.

[75] Rishel, L. L., Biery, N. E., Raban, R., Gandelsman, V. Z., Pollock, T. M., and Cramb, A. W. (1998) *Intermetallics*, **6**, 6129.

[76] Raban, R., Rishel, L. L., and Pollock, T. M. (1999) *High-Temperature Ordered Intermetallic Alloys VIII*, vol. 552 (eds E. P. George, M. J. Mills, and M. Yamaguchi), Mater. Res. Soc. Symp. Proc., Materials Research Society, Pittsburgh, PA, p. K. K2. 1. 1.

[77] Quested, T. E. and Greer, A. L. (2005) *Acta Mater.*, **53**, 4643.

[78] StJohn, D., Qian, M., Easton, M. A., Cao, P., and Hildebrand, Z. (2005) *Metall. Mater. Trans. A*, **36A**, 1669.

[79] Huang, S. C. and Hall, E. L. (1991) *High-Temperature Ordered Intermetallic Alloys IV*, vol. 213 (eds L. A. Johnson, D. P. Pope, and J. O. Stiegler), Mater. Res. Soc. Symp. Proc., Materials Research Society, Pittsburgh, PA, p. 827.

[80] Yamaguchi, M. and Inui, H. (1993) *Structural Intermetallics* (eds R. Darolia, J. J. Lewandowski, C. T. Liu, P. L. Martin, D. B. Miracle, and M. V. Nathal), TMS, Warrendale, PA, p. 127.

[81] Huang, S. C. and Chesnutt, J. C. (1994) *Intermetallics Compounds*, *Vol.* 2, *Practise* (eds J. H. Westbrook and L. Fleischer), Chapter 4

(John Wiley & Sons, Ltd, Chichester, UK, p. 617.
[82] Inkson, B. J., Boothroyd, C. B., and Humphreys, C. J. (1995) *Acta Metall. Mater.*, **43**, 1429.
[83] Godfrey, A. B. and Loretto, M. H. (1996) *Intermetallics*, **4**, 47-53.
[84] Cheng, T. T. (1999) *Gamma Titanium Aluminides* 1999 (eds Y. W. Kim, D. M. Dimiduk, and M. H. Loretto), TMS, Warrendale, PA, p. 389.
[85] Cheng, T. T. (2000) *Intermetallics*, **8**, 29.
[86] Kitkamthorn, U., Zhang, L. C., and Aindow, M. (2006) *Intermetallics*, **14**, 759.
[87] Gosslar, D., Hartig, C., Günther, R., Hecht, U., and Bormann, R. (2009) *J. Phys. Condens. Matter*, **21**, 464111 (7pp).
[88] Oehring, M., Appel, F., Paul, J. D. H., Imayev, R. M., Imayev, V. M., and Lorenz, U. (2010) *Mater. Sci. Forum*, **638-642**, 1394.
[89] Hyman, M. E., McCullough, C., Levi, C. G., and Mehrabian, R. (1991) *Metall. Trans. A*, **22A**, 1647.
[90] Witusiewicz, V. T., Bondar, A. A., Hecht, U., Zollinger, J., Artyukh, L. V., Rex, S., and Velikanova, T. Ya. (2009) *J. Alloys Compd.*, **474**, 86.
[91] De Graef, M., Löfvander, J. P. A., McCullough, C., and Levi, C. G. (1992) *Acta Metall. Mater.*, **40**, 3395.
[92] Plaskett, T. S. and Winegard, W. C. (1959) *Trans. ASM*, **51**, 222.
[93] Quested, T. E., Dinsdale, A. T., and Greer, A. L. (2005) *Acta Mater.*, **53**, 1323.
[94] Maxwell, I. and Hellawell, A. (1975) *Acta Metall.*, **23**, 229.
[95] Easton, M. A. and StJohn, D. H. (2001) *Acta Mater.*, **49**, 1867.
[96] Hill, D., Banerjee, R., Huber, D., Tiley, J., and Fraser, H. L. (2005) *Scr. Mater.*, **52**, 387.
[97] Kim, Y. W. and Dimiduk, D. M. (2001) *Structural Intermetallics 2001* (eds K. J. Hemker, D. M. Dimiduk, H. Clemens, R. Darolia, H. Inui, J. M. Larsen, V. K. Sikka, M. Thomas, and J. D. Whittenberger), TMS, Warrendale, PA, p. 625.
[98] Yamabe, Y., Takeyama, M., and Kikuchi, M. (1995) *Gamma Titanium Aluminides* (eds Y. W. Kim, R. Wagner, and M. Yamaguchi), TMS, Warrendale, PA, p. 111.

[99] Sun, Y. Q. (1998) *Philos. Mag. Lett.*, **78**, 305.

[100] Sastry, S. M. L. and Lipsitt, H. A. (1977) *Metall. Trans. A*, **8A**, 299.

[101] Wang, P., Viswanathan, G. B., and Vasudevan, V. K. (1992) *Metall. Mater. Trans. A*, **23A**, 690.

[102] Jones, S. A. and Kaufman, M. J. (1993) *Acta Metall. Mater.*, **41**, 387.

[103] Takeyama, M., Kuamagai, T., Nakamura, M., and Kikuchi, M. (1993) *Structural Intermetallics* (eds R. Darolia, J. J. Lewandowski, C. T. Liu, P. L. Martin, D. B. Miracle, and M. V. Nathal), TMS, Warrendale, PA, p. 167.

[104] Veeraraghavan, D., Wang, P., and Vasudevan, V. K. (1999) *Acta Mater.*, **47**, 3313.

[105] Ramanujan, R. V. (2000) *Intern. Mater. Rev.*, **45**, 217.

[106] Hu, D., Huang, A. J., and Wu, X. (2005) *Intermetallics*, **13**, 211.

[107] McQuay, P. A., Dimiduk, D. M., Lipsitt, H., and Semiatin, S. L. (1993) *Titanium '92, Science and Technology* (eds F. H. Froes and I. L. Caplan), TMS, Warrendale, PA, p. 1041.

[108] Veeraraghavan, D. and Vasudevan, V. K. (1995) *Mater. Sci. Eng.*, **A192-193**, 950.

[109] Dimiduk, D. M. and Vasudevan, V. K. (1999) *Gamma Titanium Aluminides 1999* (eds Y. W. Kim, D. M. Dimiduk, and M. H. Loretto), TMS, Warrendale, PA, p. 239.

[110] Dey, S. R., Hazotte, A., Bouzy, E., and Naka, S. (2005) *Acta Mater.*, **53**, 3783.

[111] Veeraraghavan, D. and Vasudevan, V. K. (1995) *Gamma Titanium Aluminides* (eds Y. W. Kim, R. Wagner, and M. Yamaguchi), TMS, Warrendale, PA, p. 157.

[112] Hu, D. and Botten, R. R. (2002) *Intermetallics*, **10**, 701.

[113] Mitao, S. and Bendersky, L. A. (1997) *Acta Mater.*, **45**, 4475.

[114] Oehring, M., Lorenz, U., Appel, F., and Roth-Fagaraseanu, D. (2001) *Structural Intermetallics* 2001 (eds K. J. Hemker, D. M. Dimiduk, H. Clemens, R. Darolia, H. Inui, J. M. Larsen, V. K. Sikka, M. Thomas, and J. D. Whittenberger), TMS, Warrendale, PA, p. 157.

[115] McCullough, C., Valencia, J. J., Levi, C. G., and Mehrabian, R. (1990) *Mater. Sci. Eng.*, **A124**, 83.

[116] Nishida, M., Tateyama, T., Tomoshige, R., Morita, K., and Chiba, A. (1992) *Scr. Metall. Mater.*, **27**, 335.

[117] Shong, D. S. (1989) *Scr. Metall.*, **23**, 1181.

[118] Yamaguchi, M. and Umakoshi, Y. (1990) *Prog. Mater. Sci.*, **34**, 1.

[119] Kim, Y. W. (1992) *Acta Metall. Mater.*, **40**, 1121.

[120] Denquin, A., Naka, S., and Khan, T. (1993) *Titanium '92, Science and Technology* (eds F. H. Froes and I. L. Caplan), TMS, Warrendale, PA, p. 1017.

[121] Yamabe, Y., Takeyama, M., and Kikuchi, M. (1994) *Scr. Metall. Mater.*, **30**, 533.

[122] Takeyama, M. and Kikuchi, M. (1998) *Intermetallics*, **6**, 573.

[123] Doherty, R. D. (1983) Diffusive Phase Transformations in the Solid State, in *Physical Metallurgy*, vol. 2 (eds R. W. Cahn and P. Haasen), North-Holland Physics Publishing, Amsterdam, The Netherlands, p. 933.

[124] Zhao, L. and Tangri, K. (1991) *Acta Metall. Mater.*, **39**, 2209.

[125] Zhao, L. and Tangri, K. (1991) *Philos. Mag. A*, **64**, 361.

[126] Inui, H., Nakamura, A., Oh, M. H., and Yamaguchi, M. (1991) *Ultramicroscopy*, **39**, 268.

[127] Singh, S. R. and Howe, J. M. (1992) *Philos. Mag. A*, **66**, 739.

[128] Appel, F., Beaven, P. A., and Wagner, R. (1993) *Acta Metall. Mater.*, **41**, 1721.

[129] Yang, Y. S., Wu, S. K., and Wang, J. Y. (1993) *Philos. Mag. A*, **67**, 463.

[130] Rao, S., Woodward, C., and Hazzledine, P. (1994) *Defect Interface Interactions*, vol. 319 (eds E. P. Kvam, A. H. King, M. J. Mills, T. D. Sands, and V. Vitek), Mater. Res. Soc. Symp. Proc., Materials Research Society, Pittsburgh, PA, p. 285.

[131] Zhang, L. C., Chen, G. L., Wang, J. G., and Ye, H. Q. (1997) *Intermetallics*, **5**, 289.

[132] Pond, R. C., Shang, P., Cheng, T. T., and Aindow, M. (2000) *Acta Mater.*, **48**, 1047.

[133] Xu, Q., Lei, C. H., and Zhang, Y. G. (1995) *Gamma Titanium Aluminides* (eds Y. W. Kim, R. Wagner, and M. Yamaguchi), TMS,

Warrendale, PA, p. 189.

[134] Denquin, A. and Naka, S. (1995) *Gamma Titanium Aluminides* (eds Y. W. Kim, R. Wagner, and M. Yamaguchi), TMS, Warrendale, PA, p. 141.

[135] Denquin, A. and Naka, S. (1996) *Acta Mater.*, **44**, 343.

[136] Zghal, S., Naka, S., and Couret, A. (1997) *Acta Mater.*, **45**, 3005.

[137] Schwartz, D. S. and Sastry, S. M. L. (1989) *Scr. Metall.*, **23**, 1621.

[138] Yang, Y. S. and Wu, S. K. (1991) *Scr. Metall. Mater.*, **25**, 255.

[139] Inui, H., Oh, M. H., Nakamura, A., and Yamaguchi, M. (1992) *Philos. Mag. A*, **66**, 539.

[140] Inui, H., Oh, M. H., Nakamura, A., and Yamaguchi, M. (1992) *Philos. Mag. A*, **66**, 557.

[141] Zghal, S., Thomas, M., and Couret, A. (2005) *Intermetallics*, **13**, 1008.

[142] Zghal, S., Thomas, M., Naka, S., Finel, A., and Couret, A. (2005) *Acta Mater.*, **53**, 2653.

[143] Feng, C. R., Michel, D. J., and Crowe, C. R. (1989) *Scr. Metall.*, **23**, 1135.

[144] Yamaguchi, M., Inui, H., and Ito, K. (2000) *Acta Mater.*, **48**, 307.

[145] Zhang, L. C., Cheng, T. T., and Aindow, M. (2004) *Acta Mater.*, **52**, 191.

[146] Shao, G., Grosdidier, T., and Tsakiropoulos, P. (1994) *Scr. Metall. Mater.*, **30**, 809.

[147] Charpentier, M., Hazotte, A., and Daloz, D. (2008) *Mater. Sci. Eng. A*, **491**, 321.

[148] Sun, Y. Q. (1998) *Metall. Mater. Trans. A*, **29A**, 2679.

[149] Menon, E. S. K. and Aaronson, H. I. (1987) *Acta Metall.*, **35**, 549.

[150] Aaronson, H. I., Spanos, G., Masamura, R. A., Vardiman, R. G., Moon, D. W., Menon, E. S. K., and Hall, M. G. (1995) *Mater. Sci. Eng. B*, **32**, 107.

[151] Lefebvre, W., Loiseau, A., Thomas, M., and Menand, A. (2002) *Philos. Mag. A*, **82**, 2341.

[152] Mahon, G. J. and Howe, J. M. (1990) *Metall. Trans. A*, **21A**, 1655.

[153] Aaronson, H. I. (1962) *The Decomposition of Austenite by Diffusional Processes*, Interscience, New York, NY.

[154] Aaronson, H. I. (1993) *Metall. Trans. A*, **24A**, 241.

[155] Shang, P., Cheng, T. T., and Aindow, M. (1999) *Philos. Mag. A*, **79**, 2553.

[156] Pond, R. C. (1989) *Dislocations in Solids*, vol. 8 (ed. F. R. N. Nabarro), North- Holland, Amsterdam, The Netherlands, p. 1.

[157] Howe, J. M., Pond, R. C., and Hirth, J. P. (2009) *Prog. Mater. Sci.*, **54**, 792.

[158] Valencia, J. J., McCullough, C., Levi, C. G., and Mehrabian, R. (1987) *Scr. Metall.*, **21**, 1341.

[159] McCullough, C., Valencia, J. J., Mateos, H., Levi, C. G., Mehrabian, R., and Rhyne, K. A. (1988) *Scr. Metall.*, **22**, 1131.

[160] Wen, Y. H., Chen, L. Q., Hazzledine, P. M., and Wang, Y. (2001) *Acta Mater.*, **49**, 2341.

[161] Katzarov, I., Malinov, S., and Sha, W. (2006) *Acta Mater.*, **54**, 453.

[162] Dimiduk, D. M., Hazzledine, P. M., Parthasararty, T. A., Seshagiri, S., and Mendiratta, M. G. (1998) *Metall. Mater. Trans. A*, **29A**, 37.

[163] Parthasaraty, T. A., Mendiratta, M. G., and Dimiduk, D. M. (1998) *Acta Mater.*, **46**, 4005.

[164] Maruyama, K., Suzuki, G., Kim, H. Y., Suzuki, M., and Sato, H. (2002) *Mater. Sci. Eng.*, **A329-331**, 190.

[165] Maruyama, K., Yamaguchi, M., Suzuki, G., Zhu, H., Kim, H. Y., and Yoo, M. H. (2004) *Acta Mater.*, **52**, 5185.

[166] Ramanath, G. and Vasudevan, V. K. (1993) *High-Temperature Ordered Intermetallic Alloys V*, vol. 288 (eds I. Baker, R. Darolia, J. D. Whittenberger, and M. H. Yoo), Mater. Res. Soc. Symp. Proc., Materials Research Society, Pittsburgh, PA, p. 223.

[167] Pouly, P., Hua, M. J., Garcia, C., and Deardo, A. J. (1993) *Scr. Metall. Mater.*, **29**, 1529.

[168] Dimiduk, D. M., Martin, P., and Kim, Y. W. (1997) *Mater. Sci. Eng.*, **A226**, 127.

[169] Rostamian, A. and Jacot, A. (2008) *Intermetallics*, **16**, 1227.

[170] Kim, Y. W. and Dimiduk, D. M. (1997) *Structural Intermetallics* 1997 (eds M. V. Nathal, R. Darolia, C. T. Liu, P. L. Martin, D. B. Miracle, R. Wagner, and M. Yamaguchi), TMS, Warrendale, PA,

p. 531.
[171] Perdrix, F., Trichet, M. F., Bonnetien, J. L., Cornet, M., and Bigot, J. (1999) *Intermetallics*, **7**, 1323.
[172] Farkas, L. (1927) *Z. Phys. Chem.*, **125**, 239.
[173] Becker, R. and Döring, W. (1935) *Ann. Phys.*, **24**, 719.
[174] Zeldovich, J. B. (1943) *Acta Physicochim. URSS*, **18**, 1.
[175] Becker, R. (1938) *Ann. Phys.*, **32**, 128.
[176] Turnbull, D. and Fisher, J. C. (1949) *J. Chem. Phys.*, **17**, 71.
[177] Russell, K. C. (1970) *Phase Transformations* (ed. H. I. Aaronson), ASM, Metals Park, OH, p. 219.
[178] Zener, C. (1946) *Trans. AIME*, **167**, 550.
[179] Hillert, M. (1961) *Jernkontorets Ann.*, **141**, 757.
[180] Zener, C. (1949) *J. Appl. Phys.*, **20**, 950.
[181] Wang, P. and Vasudevan, V. K. (1992) *Scr. Metall. Mater.*, **27**, 89.
[182] Dey, S. R., Bouzy, E., and Hazotte, A. (2008) *Acta Mater.*, **56**, 2051.
[183] Ramanujan, R. V. (1995) *Acta Metall. Mater.*, **43**, 4439.
[184] Zhang, X. D., Godfrey, S., Weaver, M., Strangwood, M., Threadgill, P., Kaufman, M. J., and Loretto, M. H. (1996) *Acta Mater.*, **44**, 3723.
[185] Veeraraghavan, D., Wang, P., and Vasudevan, V. K. (2003) *Acta Mater.*, **51**, 1721.
[186] Dey, S. R., Bouzy, E., and Hazotte, A. (2006) *Intermetallics*, **14**, 444.
[187] Hu, D., Huang, A. J., and Wu, X. (2007) *Intermetallics*, **15**, 327.
[188] Hu, D., Huang, A., Loretto, M. H., and Wu, X. (2007) *Ti-2007 Science and Technology*, *Proc. of the 11th World Conference on Titanium* (eds M. Nimomi, S. Akiyama, M. Ikeda, M. Hagiwara, and K. Maruyama), The Japan Institute of Metals, Tokyo, Japan, p. 1317.
[189] Huang, A., Hu, D., Wu, X., and Loretto, M. H. (2007) *Intermetallics*, **15**, 1147.
[190] Dey, S. R., Bouzy, E., and Hazotte, A. (2007) *Scr. Mater.*, **57**, 365.
[191] Sankaran, A., Bouzy, E., Humbert, M., and Hazotte, A. (2009) *Acta Mater.*, **57**, 1230.

[192] Jiang, H., Zhang, K., Hao, X. J., Saage, H., Wain, N., Hu, D., Loretto, M. H., and Wu, X. (2010) *Intermetallics*, **18**, 938.

第 5 章 单相合金的变形行为

钛铝合金是一种相对较脆的材料，在室温下的塑性非常低。合金的变形特点包括塑性各向异性强烈、屈服强度随温度反常上升、不适用于施密特定律以及欠缺独立的滑移系等。上述行为通常由位错芯的精细结构和位错扩展动力学所决定。本章将探讨工程合金中最重要的物相，即 γ-TiAl、α_2-Ti_3Al 和 β/B2 相中与上述因素有关的问题。

5.1 单相 γ-TiAl 合金

5.1.1 滑移系和变形动力学

γ-TiAl 相的滑移元素是由其四方 $L1_0$ 结构决定的[1,2]，这种结构和面心立方点阵相关。由于 γ-TiAl 相单胞的 c/a 轴比接近 1，Hug 等[3,4]规定了一种由立方结构的位错称谓改动而来的位错矢量习惯命名法。在此法则中用混合型的括号如 $\langle uvw]$ 和 $\{hkl)$ 来区分前两位(二者等价)和第 3 位米勒指数，即前两位可以互换位置，而第 3 位不可与前两位互换。

根据对晶体塑性的经典解释，最优先的滑移系应该由密排面和该密排面上具有最短平移矢量的伯格斯矢量构成。γ-TiAl 相中的位错滑移优先出现于{111}面，并沿密排或相对密排的方向，这一点与面心立方 fcc 金属类似。然而，由于 $L1_0$ 结构对称性的降低，且伯格斯矢量必须为点阵平移矢量，这就意味着 γ-TiAl 相在位错机制上受到若干限制。图 5.1 以硬球模型给出了 $L1_0$ 结构中可能的伯格斯矢量方向。硬球表示原子，其半径仅表示它们之间最近的接触距离，即将原子视为刚性球体，其半径由两个原子半径之和等于两原子间的化学键长度这一条件决定。需要指出的是，为了更好地展示其在三维空间中的堆垛次序，在此模型中 Ti 和 Al 原子的半径差被夸大了。

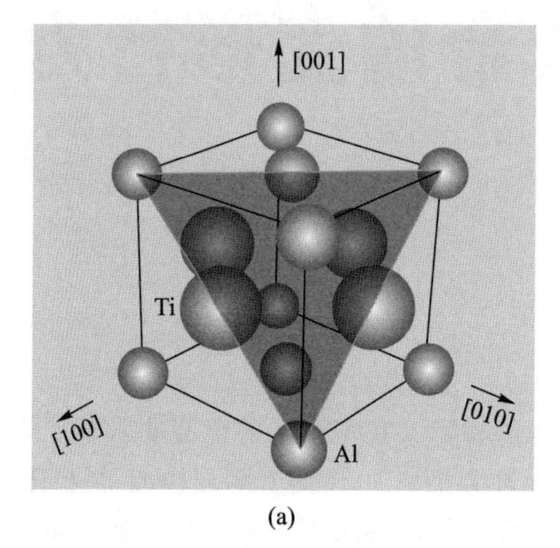

(a)

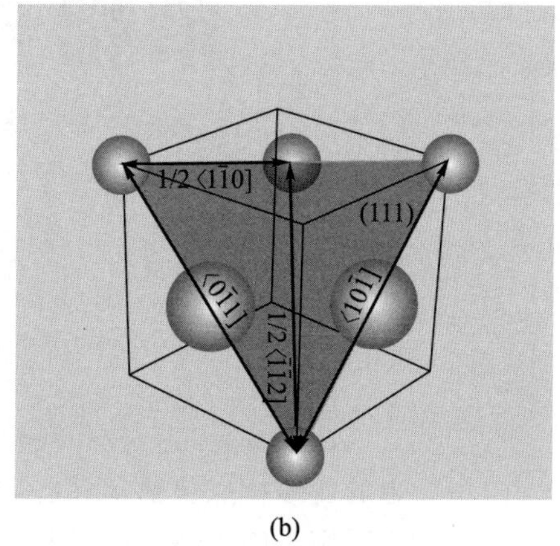

(b)

图 5.1　γ-TiAl 相中潜在的滑移系。(a) γ-TiAl 相 $L1_0$ 结构的原子排列情况和其中一组八面体平面{111}(共 4 组)；(b) (111)面上的 $\boldsymbol{b}_{\langle 110]}=1/2\langle\bar{1}10]$、$\boldsymbol{b}_{\langle 112]}=1/2\langle\bar{1}\bar{1}2]$、$\boldsymbol{b}_{\langle 011]}=\langle 0\bar{1}1]$和 $\boldsymbol{b}_{\langle 101]}=\langle 10\bar{1}]$伯格斯矢量示意图。点阵常数 $a=0.399\ 9$ nm，$c=0.407\ 7$ nm

由于其长程有序结构，不同密排方向⟨110⟩在晶体学意义上是不等价的。在这些方向中，最短的点阵平移矢量为 $\boldsymbol{b}_{\langle 110]}=1/2\langle 1\bar{1}0]$，位于低指数{111}、{110)和(001)面上。这一平移矢量与无序 fcc 晶体结构中的伯格斯矢量相同。因此，在 γ-TiAl 中伯格斯矢量为 $\boldsymbol{b}_{\langle 110]}=1/2\langle 1\bar{1}0]$的位错通常被称为普通位错或单位位错。位移 $1/2\langle 0\bar{1}1]$包含了 c 方向的部分，它在 $L1_0$ 结构中并非点阵平移矢量。这一伯格斯矢量的位错在滑移后将在其后方产生一个无序的表面，被称为反相畴界(APB)。当同样矢量的滑移再次扫过时，原子将恢复有序排列。因此，$L1_0$ 结构中包含 c 方向剪切的全位错伯格斯矢量为 $\boldsymbol{b}_{\langle 011]}=\langle 0\bar{1}1]$，其由

两个相同的 $1/2\langle 0\bar{1}1]$ 构成，中间由 APB 连接。其构成部分 $1/2\langle 0\bar{1}1]$ 不全位错（在 fcc 点阵中为全位错）一般被称为超不全位错。超位错在某种意义上和 fcc 结构中两个肖克莱不全位错中间夹一片层错类似；不全位错的平衡间距由两位错之间的弹性斥力和 APB 能造成的反向力互相平衡决定。关于 $L1_0$ 结构中 APB 和其他平面缺陷的能量学将在 5.1.2 节中讨论。

$L1_0$ 结构中另一种可能的超位错的伯格斯矢量为 $\boldsymbol{b}_{\langle 112]}=1/2\langle 11\bar{2}]$，由 APB 连接的超不全位错 $1/2\langle 10\bar{1}]$ 和 $1/2\langle 01\bar{1}]$ 构成。因此，γ-TiAl 相中 {111} 面上的滑移可由 $\boldsymbol{b}_{\langle 110]}=1/2\langle 1\bar{1}0]$ 普通位错、$\boldsymbol{b}_{\langle 011]}=\langle 0\bar{1}1]$ 超位错和 $\boldsymbol{b}_{\langle 112]}=1/2\langle 11\bar{2}]$ 超位错完成[1-8]。另外的两组平移矢量 $1/2\langle 1\bar{2}1]$ 与 $\boldsymbol{b}_{\langle 112]}=1/2\langle 11\bar{2}]$ 有几乎相同的切变量，但其将导致 APB 形成。

螺位错的伯格斯矢量和位错线平行，理论上可在任意穿过其位错线的平面上滑动。这种位错滑移面的改变称为交滑移，是一个滑移方向有两个或更多个滑移面时造成的。交滑移对包括 TiAl 合金在内的多种材料的变形、加工硬化和回复均有重要影响。潜在的交滑移面应该是密排或者相对密排的平面，且应与(111)面相交，而交线则平行于位错伯格斯矢量。因此，$1/2\langle 1\bar{1}0]$ 普通位错可分别在$(\bar{1}\bar{1}1)$、(110)和(001)面上交滑移，如图 5.2(a)所示。类似地，$[01\bar{1}]$ 超位错可由主滑移面(111)分别交滑移到$(1\bar{1}\bar{1})$、(110)和(011)面上[图 5.2(b)]。与 $1/2\langle 1\bar{1}0]$ 和 $\langle 0\bar{1}1]$ 位错不同的是，$\langle 11\bar{2}]$ 位错仅有一个可滑移的

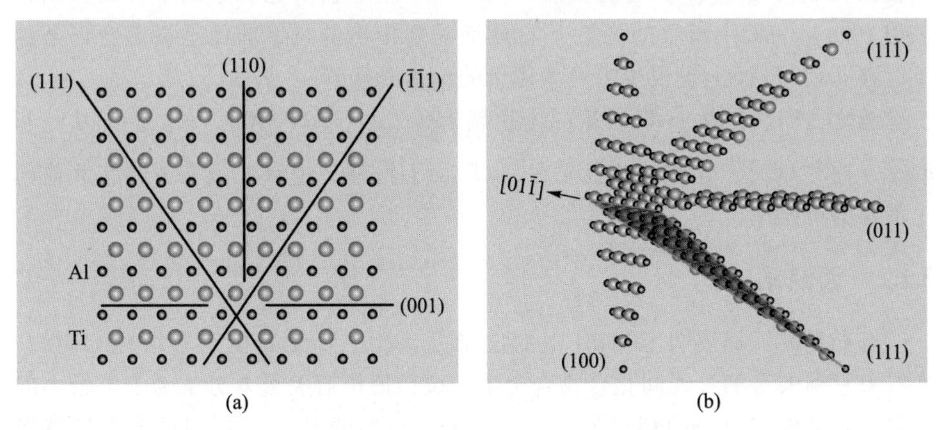

图 5.2 γ-TiAl 相中位于(111)主滑移面上螺位错的潜在交滑移系统。(a) 普通螺位错 $\boldsymbol{b}_{\langle 110]}=1/2\langle 1\bar{1}0]$ 可交滑移至$(1\bar{1}\bar{1})$、(110)和(001)面，图中标出了它们的迹线。图为 γ-TiAl 相点阵在 $\langle 1\bar{1}0]$ 方向的投影，即伯格斯矢量 $\boldsymbol{b}_{\langle 110]}=1/2\langle 1\bar{1}0]$ 垂直于纸面。(b) $\langle 01\bar{1}]$ 超位错的潜在交滑移面

八面体平面；它的一个可能的低指数交滑移面为{1$\bar{1}$0)。

交滑移在能量上的驱动力可通过比较螺位错在相应平面上的线张力来估计。线张力可以定义为每增加单位位错长度所导致的能量上升，因此它可用来评价位错的弯曲抗力[9]。在弹性各向异性材料中，螺位错的线张力由其实际所处的滑移面决定。滑移面上高的正线张力可以抵消甚至平衡驱动交滑移的外部作用力。如果滑移面上的线张力为负，位错将在滑移面上处于弹性不稳定态，即交滑移可能自发进行而不需要外部作用力。Sun[10] 和 Jiao 等[11] 对 γ-TiAl 中的 1/2⟨110] 螺位错在{110)、{111}和(001)交滑移面上的弹性稳定性进行了研究。结果表明，在{110)面上的位错线张力最低，{111}面上适中，而(001)面上最大；因此交滑移应在{110)面上进行。这一发现与 Feng 和 Whang[12] 的 TEM 观察相吻合：他们发现普通位错优先交滑移到{110)面上，在极少数情况下也可交滑移至其他八面体面或(001)面。对于⟨0$\bar{1}$1]超位错来说，交滑移面的选择与温度有关[3,13]。在中温下它将选择{111}面，而高温下则为{010)面。下文将指出，这一行为源自 APB 能的各向异性，以及弹性各向异性材料中领先超不全位错与尾部超不全位错之间的弹性交互作用力[14]。

理论上，剪切也可在⟨100⟩方向上发生，它同样是 $L1_0$ 结构中的平移矢量，但其并不在密排八面体平面上。Whang 和 Hahn[15] 在多晶 Ti-55Al-5Nb 合金 1 000 ℃压缩变形后观察到相对较高密度的伯格斯矢量为⟨100]的位错。在[001]{110)变形取向下，Ti-54.5Al 单晶合金在 950 ℃变形后观察到了[001]伯格斯矢量位错[16]。在高温变形 Ti-56Al 单晶合金中也观察到了普通位错在(001)和{110)面上滑移的现象[17]。然而需要指出的是，即使是高温变形条件下，在非{111}面上也很少出现大体量的位错滑移。

总之，$L1_0$ 结构 γ-TiAl 相的全位错有 $\boldsymbol{b}_{\langle 110]}=1/2\langle 110]$、$\boldsymbol{b}_{\langle 011]}=\langle 011]$ 和 $\boldsymbol{b}_{\langle 112]}=1/2\langle 11\bar{2}]$。这些位错优先在{111}面上滑移，也有通过交滑移在其他面上滑移的可能性。

5.1.2　面缺陷

有充足的证据表明 γ-TiAl 中的位错可动性主要受其位错芯结构的制约。在有大平移矢量的金属间化合物合金中，位错伯格斯矢量 $\boldsymbol{b}$ 分解为若干较小的分量来降低滑移阻力的特点是非常重要的。经典的 Peierls 模型可合理地解释这一点[18]。在这一模型中，开动位错所需的临界切应力 τ_p(Peierls 应力)可表达为

$$\tau_p=\frac{2\mu}{1-\nu}\exp\left(-\frac{2\pi w}{b}\right) \tag{5.1}$$

其中，对于刃位错 $w=a(1-\nu)$，对于螺位错 $w=a$；μ 为剪切模量；ν 为泊松比；w 为位错芯宽度；a 为点阵常数。影响 w 的两个相反的因素为：① 晶体的弹性能，其可通过弹性应变的散布而缓解；② 失配能，其随着跨越滑移面的原子键合失配的数量而增加。一般认为位错芯宽（平面的）的位错其摩擦应力 τ_p 较低。另外，模型认为位错在密排面，即晶面间距较宽的晶面上的摩擦应力较低，即式(5.1)中的 b/a 值较小。在具有上述两种特点的金属材料中，位错的可动性极高，材料在本质上是软的。相对于无序 fcc 结构而言，γ-TiAl 中位错的分解包含了 $L1_0$ 结构所独有的平面缺陷特点。这些缺陷将在后文中详述。

图 5.3 给出了 γ-TiAl 的 $L1_0$ 结构在 ABC 排列下 3 层(111)面的堆垛情况。需要说明的是，采用硬球晶体模型来描述位错运动有一定的局限性。严格来说，硬球模型是不允许出现位错的，因为它不允许出现弹性畸变。在此，硬球模型是用来表示位错滑移所造成的原子位置改变，同时来表示位错分解所产生的层错结构。正如所见，位错结构的细节和由此导出的滑移机制有一定的任意性。在这一几何模型的框架内，位错滑移可被认为是使这些晶面分别以 $\boldsymbol{b}_{\langle 110]}=$

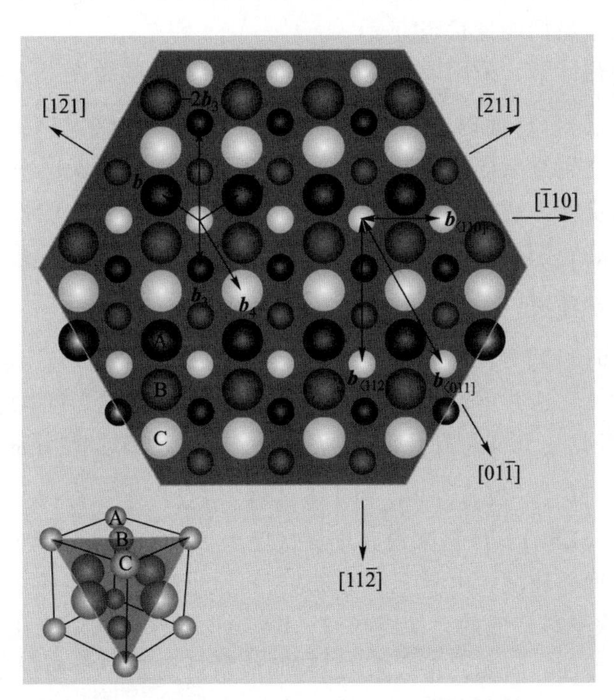

图 5.3 根据图 5.1 所示的硬球模型所绘制的位错在(111)面上滑移的示意图。图中展示了以 ***ABC*** 顺序堆垛的 3 层原子面。***B*** 和 ***C*** 层之间的滑移面用阴影表示，因此阴影面之下的原子看起来更暗一些。剪切矢量 $\boldsymbol{b}_1$、$\boldsymbol{b}_2$、$\boldsymbol{b}_3$ 和 $\boldsymbol{b}_4$ 表示不全位错，在 $L1_0$ 结构中它们与不同的层错相关，详情参阅正文

$1/2\langle 1\bar{1}0]$、$\boldsymbol{b}_{\langle 011]}=\langle 0\bar{1}1]$和$\boldsymbol{b}_{\langle 112]}=1/2\langle 11\bar{2}]$伯格斯矢量进行相对滑动。这些剪切位移可以被分解为一些较小的分量$\boldsymbol{b}_1$、$\boldsymbol{b}_2$和$\boldsymbol{b}_3$，使得位于上部的C平面可沿之字形路径在B平面原子间的"谷"中移动，这样更利于滑移。剪切矢量$\boldsymbol{b}_1$、$\boldsymbol{b}_2$和$\boldsymbol{b}_3$代表不全位错，在$L1_0$结构中与不同的平面缺陷相关联[19]。大致上讲，这些层错可被认为是原子的正常堆垛被破坏之处的界面。因此，当一半晶体相对于另一半以滑移面上的平移矢量作相对位移时，层错即形成。由于两侧的原子都相对于另一侧处于与完好点阵不同的非正常位置，层错即具有了表面能。这一能量定义为有层错的系统和没有层错系统之间的基态能量差异。只有当如下条件满足时，才可认为具有不同位移矢量的层错是稳定的：即晶体的能量小于当相同晶体内部存在稍小或稍大位移矢量时的能量。基于这一原则，可做出一个能量-位移曲面，即通常所说的γ曲面。在此面上的最小值即定义了稳定层错的位移矢量。γ曲面的概念是Vitek[20]在研究bcc金属中的位错芯扩展时引入的，后来也被应用于金属间化合物合金中(相关综述见文献[9])。很容易理解，所谓的"稳定层错"严格来说也是亚稳的，因为实际上只有无缺陷的晶体才处于最低能量状态。

在粗略的估计下，采用硬球模型，可以从对称性的角度来估计层错稳定性的大小。当上层{111}面以及其上的所有晶面沿$\boldsymbol{b}_1=1/6\langle\bar{2}11]$或$\boldsymbol{b}_2=\langle 1\bar{2}1]$方向平移时，将产生复杂堆垛层错(CSF)，如图5.4(a)所示。这一切变形成了局部的六方结构堆垛，使上层$\boldsymbol{C}$原子面上的Al原子位于下层$\boldsymbol{A}$原子面中Ti原子的正上方。$1/6\langle 14\bar{5}]$或$1/6\langle 4\bar{5}1]$平移也会产生CSF。CSF破坏了层错中原子的第一近邻化学环境，因此可以推测其能量较高。

沿$\boldsymbol{b}_3=1/6\langle 11\bar{2}]$方向平移将导致超点阵内禀层错(SISF)，其{111}面堆垛次序为ABCBCA，这并不改变原子的第一近邻环境[图5.4(b)]。在连续的(111)面上重复这一切变将导致出现真孪晶[21-23]，5.1.3节将阐述此机理。SISF同样可以通过$-2\boldsymbol{b}_1$、$-2\boldsymbol{b}_2$、$-2\boldsymbol{b}_3$和$1/6\langle 1\bar{5}4]$切变产生。沿$-\boldsymbol{b}_3$方向的切变将导致外禀层错(SESF)，严格来说其堆垛次序为ABBCAB。SISF和SESF均不改变原子的第一近邻环境。电子显微分析[24]和原子模拟[25]表明SESF是由相邻{111}面的两次平移形成的，最终导致ABACAB堆垛，从而避免了BB堆垛在能量上的不可行性。因此，正式来说SESF应被认为是一个两层原子面的孪晶结构[26,27]。这一高层错能量的释放机制是由Hirth和Lothe[9]根据fcc晶体结构提出来的。

如图5.3所示，$\boldsymbol{b}_4=1/2\boldsymbol{b}_{\langle 011]}$位移形成了反相畴界(APB)，具体的原子机制示意图如图5.4(c)。$3\boldsymbol{b}_1$或$3\boldsymbol{b}_2$同样可产生APB，即切变方向为$1/2\langle 1\bar{2}1]$。

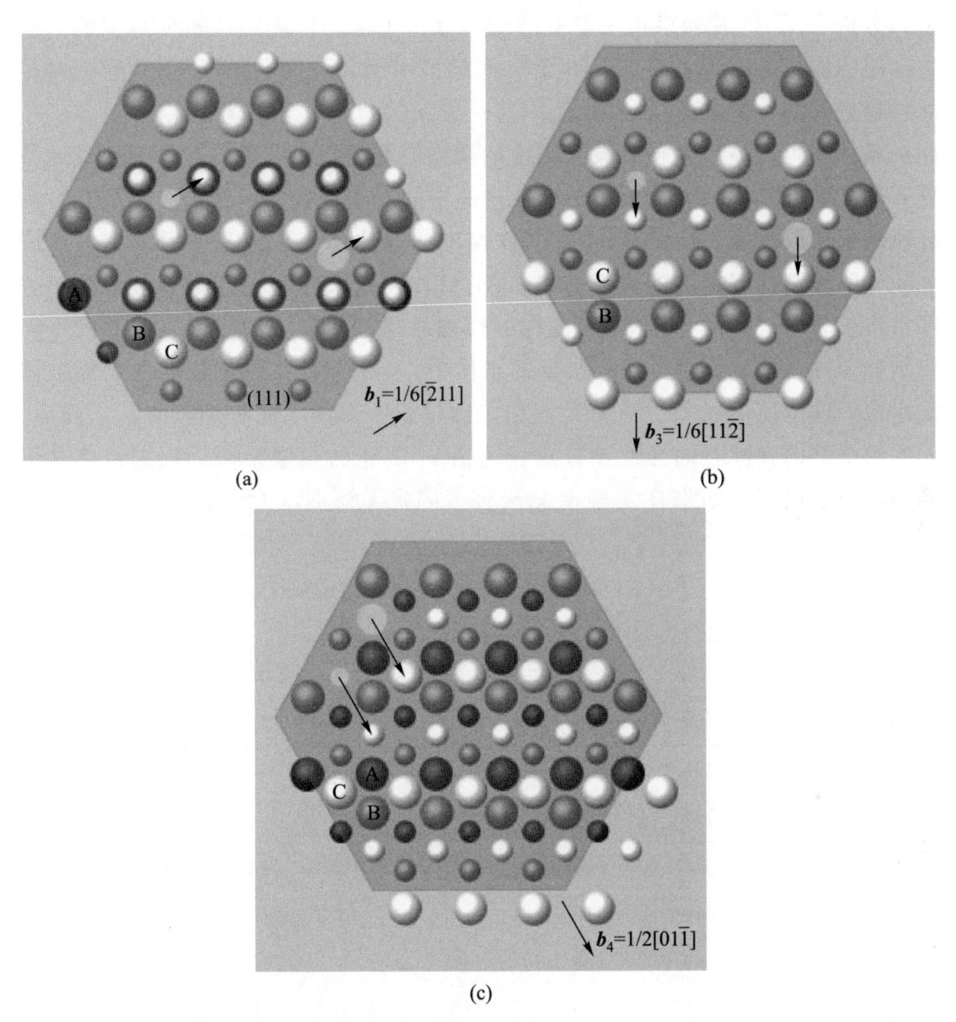

图 5.4 $L1_0$ 结构 γ-TiAl 相的中 ***C*** 层原子面沿图 5.3 中所示方向 $\boldsymbol{b}_1$、$\boldsymbol{b}_2$ 和 $\boldsymbol{b}_3$ 切变所导致的相应的平面缺陷：(a) 复杂堆垛层错(CSF)；(b) 超点阵内禀层错(SISF)；(c) 反相畴界(APB)

APB 破坏了 $L1_0$ 超点阵的原子第一近邻环境，且影响了 Ti 和 Al 原子键的方向性，这就表明其形成能较高。相比于 SISF 和 CSF 是仅针对{111}晶面而言，APB 则可能在任意晶体学平面上产生[28]。在 γ-TiAl 中最重要的 APB 面为{111}和{010)[19]。

层错对 γ-TiAl 合金的塑性有重要影响，因为它直接影响了位错的滑移和攀移。层错自身也可强烈阻碍位错的迁移。更重要的是，位错的多种分解行为与层错密切相关，这通常会导致位错钉扎。考虑到这一重要性，人们做了很多模拟分析[8,25,29-38]和弱束透射电镜(TEM)分析工作，以测定位错分解宽度从而估计层错能 Γ 的值[3,5,7,39-42]。例如，实验上可通过测定与 APB 相关的一对扩展位错之间的宽度来测定 APB 能。这一方法的优势在于，在位错特征各不相同的条件下可以通过直接观察来测定面缺陷的宽度。但其缺陷在于不同成像条件下的图像有差别，且需要对位错在样品中的真实位置加以校正，因而其数据分析起来比较复杂。Cockayne 等[43]曾提出图像位移校正方法，但是这种方法会使人明显高估层错能的数值，如在 Ni_3Al 中可达 20%以上。最有效的校正方法是将实验上得到的 WB-TEM 图像与模拟结果相比较。同时，层错能的计算要结合弹性各向异性理论。在早期的工作中，6 个弹性常数中仅有 3 个能被测定出来。这迫使 Hug 等[3]在确定层错能的过程中采用了立方结构算法。随后，人们用全部的弹性各向异性参数重新评估了 TEM 的观察结果。根据经典几何和热动力学模型，如果在实验上无法直接测定 CSF 能，CSF 能 Γ_{CSF} 一般可近似为[44,45]

$$\Gamma(\mathrm{CSF}) \approx \Gamma[APB_{(111)}] + \Gamma(\mathrm{SISF}) \tag{5.2}$$

表 5.1 给出了通过这些方法得到的层错能数值。

表 5.1　γ-TiAl 中的层错能(mJ/m^2)

成分/at.%	Γ(APB)/(mJ/m^2)		Γ(CSF)/(mJ/m^2)	Γ(SISF)/(mJ/m^2)	Γ(SESF)/(mJ/m^2)	测定方法	参考文献
	{010}	{111}					
Ti-50Al	430	510	600	90	80	LDF/FLAPW	[29-31]
Ti-50Al	430	560	410	90	80	LDF/FLAPW(a)	[38]
Ti-50Al	438	667	363	172		LDF/FLAPW	[37]
Ti-50Al	350	670	280	110	110	LDF/LKKR	[32,33]
Ti-50Al	330	672	294	123		LDF/LKKR	[36]
Ti-50Al	91	550	320	220		EAM	[34]
Ti-50Al	268	322	308	60		EAM	[35]
Ti-50Al	51	275	275	3		F-S	[25]
Ti-54Al		145		77		WB(b),25 ℃	[3,39]
	100	120		60		WB(b),600 ℃	
Ti-54Al	210	253		143		WB(c),25 ℃	[3,34,39]
Ti-54Al	>250			140		WB(d),25 ℃	[3,41]
Ti-56Al				116(185(d))		WB,25 ℃	[40]

续表

成分/at.%	Γ(APB)/(mJ/m²) {010)	{111}	Γ(CSF)/(mJ/m²)	Γ(SISF)/(mJ/m²)	Γ(SESF)/(mJ/m²)	测定方法	参考文献
	198 (386[(d)])					WB,600 ℃	
Ti-52Al			470~620			HREM,25 ℃;EAM	[42]

(a) 原子弛豫后得到的结果。

(b) 利用立方结构弹性常数分析计算 WB-TEM 数据的结果。

(c) 利用四方结构弹性常数对 WB-TEM 结果的重新评估。

(d) 图像位移校正后的结果。

APB：反向畴界；CSF：复杂堆垛层错；SISF：超点阵内禀层错；SESF：超点阵外禀层错；LDF：局域密度泛函理论；FLAPW：全势能线性缀加平面波法；LKKR：分层 KKR 相干势；EAM：嵌入原子势法；F-S：Finnis-Sinclair 势法；WB：弱束透射电子显微术，操作于所示温度下的变形样品中；HREM：高分辨电子显微术。

一般来说计算得到的层错能要高于 WB-TEM 法测定的层错能。具体的层错能相对大小目前还不能完全确定。根据计算机模拟结果[30-33]，层错能大小为

$$\Gamma(\mathrm{APB})>\Gamma(\mathrm{CSF})>>\Gamma(\mathrm{SISF}) \tag{5.3}$$

然而最近的实验分析表明[41]：

$$\Gamma(\mathrm{CSF})>\Gamma(\mathrm{APB})>>\Gamma(\mathrm{SISF}) \tag{5.4}$$

尽管有些差别，但是大部分数据表明 CSF 能和 APB 能要显著高于 SISF 能。原子计算中一般认为{010)面上的 APB 能要低于{111}面。因此，反相畴界自{111}面上交滑移至{010)面在热力学上是允许的。Ehmann 和 Fähnle[37] 的第一性原理计算表明相对于沿⟨112⟩方向切变形成的 CSF，{111}面上的 APB 在力学上是不稳定的，也就是说，在 APB 和 CSF 之间不存在能垒。

为了预测合金成分对层错能的影响，研究人员采用了分层 Korringa-Kohn-Rostoker (LKKR)计算法[36]。结果表明，在 Al 含量为 48at.%~51at.%之间的二元合金中，APB 和 SISF 能随着 Al 含量的上升而略微升高。例如，Ti-51Al 合金中的 APB 能相较于等原子比合金提高了 1%。在给定的 Al 含量条件下，添加 Nb 元素可降低 APB 能和 SISF 能。在富 Ti 合金中，Cr 对层错能几乎没有影响，但可略微降低富 Al 合金{111}面上的 APB 能。在 fcc 结构的金属材料中，杂质原子可在层错上偏聚，形成众所周知的“铃木气团”[46,47]。这样的偏聚在 γ-TiAl 中的各类层错上也同样可能发生。当溶质原子被层错面所吸引而偏聚时，面缺陷附近的溶质原子浓度较基体显著上升，这种小规模的溶质原子富集

即可导致 APB 能或 SISF 能明显下降。类似地，因偏离等原子比名义成分 Ti-50Al 而形成的反位原子也可能聚集在层错周围。本书 6.4.3 节将指出，已经有充足的证据表明 Ti_{Al}反位原子可在位错周围形成缺陷气团。杂质原子和反位原子缺陷导致的层错能的显著变化或许是文献中不同层错能数值巨大差异的原因。

当一种晶体由高对称性结构转变为相似的低对称性晶体结构时，某些对称元素转变的缺失也可能导致反相畴界的形成。这种结构转变是通过有序畴在无序晶体中的形核长大来进行的。这种“生长”的 APB 并非由切变形成，因此它们不会终止于不全位错处。这些界面同样可作为位错滑移的障碍。最近，Paidar 和 Vitek[19]与 Yoo 和 Fu[38]等对金属间化合物合金中的层错进行了细致的综述。

总之，γ-TiAl 中出现多种不同层错是其 $L1_0$ 结构导致的特殊现象。具体包括超点阵内禀和外禀层错（SISF 和 SESF）、复杂堆垛层错（CSF）和反相畴界（APB）。实验和理论分析均表明 APB 能和 CSF 能显著高于 SISF 能。除 SISF、SESF 和 CSF 仅在{111}面上产生外，APB 可在任意晶体学平面上产生。{111}面上的 APB 能要高于{010)面，这使得 APB 可自八面体平面交滑移到立方平面。

5.1.3　γ-TiAl 中位错的平面分解

位错分解或扩展的根本原因在于，当位错芯分解为更小的伯格斯矢量时，位错的能量得以降低。分解出的不全位错由于其弹性力而相互排斥。不全位错之间形成的层错又造成能量升高，使不全位错之间存在吸引力。因此，位错分解宽度实际上是位错的排斥能和层错界面能之间达到平衡的体现。对于无序合金，位错的分解倾向可以由 Frank 法则来判定，即位错线能量与伯格斯矢量的平方成正比[9]。在 γ-TiAl 中，位错的分解更加复杂，这取决于形成什么样的层错，以及何种不全位错作为领先位错。

根据 TiAl 合金文献中的 TEM 研究和对位错芯的模拟结果，研究人员提出了全位错的多种不同的平面和非平面分解方式[3-7,24,38,48-53]，文献[54]已作了简要综述。一些可能的平面分解方式在图 5.5 中给出。普通位错可以直接分解为肖克莱不全位错以降低能量：

$$\frac{1}{2}[\bar{1}10]\rightarrow\frac{1}{6}[\bar{2}11]+\mathrm{CSF}+\frac{1}{6}[\bar{1}2\bar{1}]\qquad(5.5)$$

图 5.6 的硬球模型展示了刃位错分解形成 CSF 后的原子构型。位错造成的多余原子面终止于灰色球 B 表示的(111)密排面，白色球表示位于下一层(111)面上的原子。对变形 Ti-54Al 合金的 TEM 弱束研究发现，1/2⟨$\bar{1}$10]普通位错的

位错芯是封闭的，即式(5.5)中所造成的 $1/6[\bar{2}11]$ 和 $1/6[\bar{1}2\bar{1}]$ 不全位错的任何分解间距均超过了弱束法的分辨率极限[5]。这一发现与 Ti-48.5Al-5Ga 合金[55]和 Ti-52Al[42]二元合金中对普通位错的高分辨 TEM 研究结果一致。上述研究将实验获得的 60°混合位错的图像和模拟所得的位错芯的不同扩展组态相比较，认为普通位错的位错芯并未发生分解，相关分析如图 5.7 所示。从多余

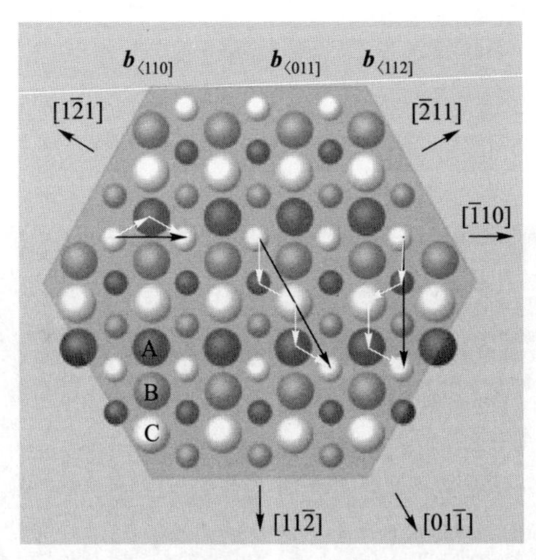

图 5.5 式(5.5)、式(5.6b)和式(5.7b)所示的 γ-TiAl 中全位错的平面分解。图中展示了(111)面的 ABC 3 层原子堆垛，如图 5.3 所示

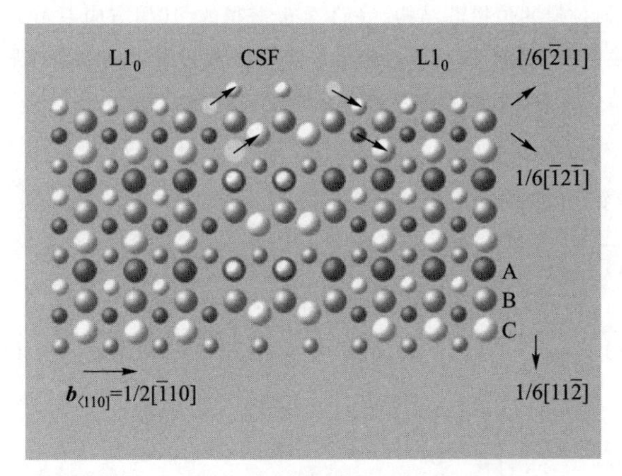

图 5.6 垂直于滑移面观察时，γ-TiAl 中普通刃位错分解的原子构型。图中展示了(111)面的 ABC 3 层原子堆垛，如图 5.3 所示。位错造成的多余原子面终止于灰色球 B 所示的(111)密排面，白色球表示位于下一层(111)面上的原子。亮色的 C 层原子沿图中的矢量方向发生了平移。$b_{\langle 110]}=1/2\langle\bar{1}10]$ 普通位错根据式(5.5)发生分解。为更清晰地展示不全位错之间的 CSF，图中对分解进行了夸张展示

的$(11\bar{1})$面可以明显看出 1/2⟨110]位错的存在。位错的伯格斯矢量投影为 $\boldsymbol{b}_{pr}=1/4\langle 12\bar{1}]$，与 60°普通位错相对应。图中的$(\bar{1}11)$面是连续的，因此即为位错的滑移面。普通位错的封闭位错芯是由高 CSF 能导致的。根据 Simmons 等[42]的研究，其能量可高达 470～620 mJ/m^2。这一封闭的位错芯有力地证明了普通位错可进行交滑移或攀移，这将在后面的小节中讨论。

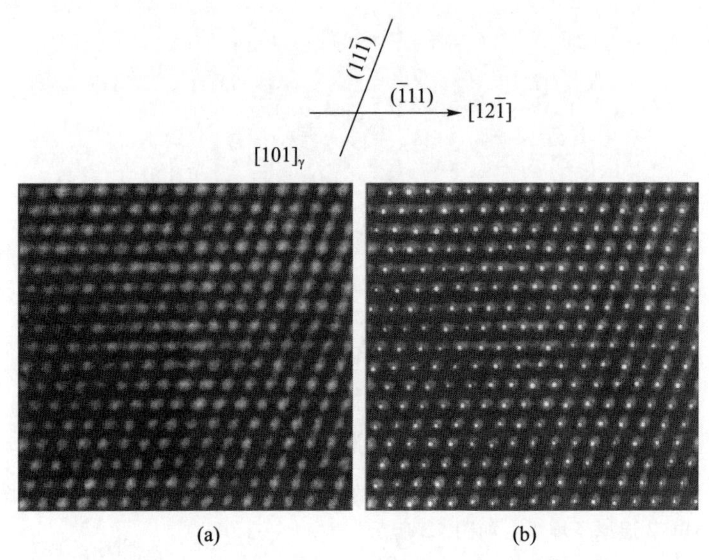

图 5.7　γ-TiAl 普通位错的位错芯结构。(a) 实验获得的[101]方向下 1/2[110]位错的高分辨像；(b) 将实验得到的原子像与嵌入原子势法计算得到原子点阵叠加后的高分辨像。室温变形条件下多晶 Ti-52Al 合金，实验和模拟图像均来自 Simmons 等[42]

$\langle 01\bar{1}]$超位错可能的重要分解方式如下：

$$[01\bar{1}] \rightarrow \frac{1}{2}[01\bar{1}] + \mathrm{APB} + \frac{1}{2}[01\bar{1}] \tag{5.6a}$$

$$[01\bar{1}] \rightarrow \frac{1}{6}[11\bar{2}] + \mathrm{SISF} + \frac{1}{6}[\bar{1}2\bar{1}] + \mathrm{APB} + \frac{1}{6}[11\bar{2}] + \mathrm{CSF} + \frac{1}{6}[\bar{1}2\bar{1}] \tag{5.6b}$$

$$[01\bar{1}] \rightarrow \frac{1}{6}[11\bar{2}] + \mathrm{SISF} + \frac{1}{6}[\bar{1}2\bar{1}] + \mathrm{APB} + \frac{1}{2}[01\bar{1}] \tag{5.6c}$$

$$[01\bar{1}] \rightarrow \frac{1}{6}[11\bar{2}] + \mathrm{SISF} + \frac{1}{6}[\bar{1}5\bar{4}] \tag{5.6d}$$

在为了降低能量的第一步分解中，$[01\bar{1}]$超位错可能据式(5.6a)分解成由 APB

连接的一对超不全位错。超不全位错的间距由它们之间的弹性斥力与 APB 能导致的反向力的平衡决定。这种分解反应的证据在文献[40, 56]中已有报道。

$[01\bar{1}]$超位错的完全分解状态由式(5.6b)给出并如图 5.5 所示。完全分解后的原子构型包含了 SISF、APB 和 CSF，如图 5.8 所示。SISF、APB 和 CSF 的平衡宽度是以 $\Gamma(\text{SISF})<\Gamma(\text{APB})<\Gamma(\text{CSF})$ 的层错能顺序而确定的[41]。由于 APB 和 CSF 的层错能很高，使得肖克莱位错之间的间距很小，因此通常很难完全辨清位错芯的细节。许多研究者观察到符合式(5.6c)的三重位错分解[3,5,17,57,58]。图 5.9 为[011]位错以此方式分解的弱束透射电镜图像[4-6]。在某些情形下，以 APB 连接的 $1/6[\bar{1}2\bar{1}]$ 和 $1/2[01\bar{1}]$ 的位错间距即使采用弱束 TEM 也无法分辨。因此，Greenberg[49,50]认为$[01\bar{1}]$位错的位错芯结构应该正式表达为式(5.6d)，即一个 $1/6[11\bar{2}]$ 肖克莱不全位错通过 SISF 与剩余的位错部分 $1/6[\bar{1}5\bar{4}]$ 相连。Sriram 等[59]在室温变形的 Ti-50Al 合金中已观察到这种二重分解方式。$\langle 01\bar{1}]$超位错的这种非对称位错芯扩展结构(图 5.8)使部分研究者认为位错的滑移阻力取决于其滑移方向，即是 SISF 领先还是 CSF 领先的问题[54,55]。

几种可能的 $1/2[11\bar{2}]$ 超位错分解方式如下：

$$\frac{1}{2}[11\bar{2}] \rightarrow \frac{1}{2}[10\bar{1}] + \text{APB} + \frac{1}{2}[01\bar{1}] \tag{5.7a}$$

$$\frac{1}{2}[11\bar{2}] \rightarrow \frac{1}{6}[11\bar{2}] + \text{SISF} + \frac{1}{6}[2\bar{1}\bar{1}] + \text{APB} + \frac{1}{6}[11\bar{2}] + \text{CSF} + \frac{1}{6}[\bar{1}2\bar{1}] \tag{5.7b}$$

$$\frac{1}{2}[11\bar{2}] \rightarrow \frac{1}{6}[11\bar{2}] + \text{SISF} + \frac{1}{6}[2\bar{1}\bar{1}] + \text{APB} + \frac{1}{2}[01\bar{1}] \tag{5.7c}$$

$$\frac{1}{2}[11\bar{2}] \rightarrow \frac{1}{6}[11\bar{2}] + \text{SISF} + \frac{1}{3}[11\bar{2}] \tag{5.7d}$$

$$\frac{1}{2}[11\bar{2}] \rightarrow \frac{1}{6}[11\bar{2}] + \text{SISF} + \frac{1}{6}[11\bar{2}] + \text{SESF} + \frac{1}{6}[11\bar{2}] \tag{5.7e}$$

$1/2[11\bar{2}]$超位错完全分解的情形如式(5.7b)和图 5.5 所示。由于层错能的差异很大，位错芯的情形可能与上述$\langle 01\bar{1}]$超位错的情形相似，即以 SISF 分隔的肖克莱不全位错在{111}面上的扩展宽度较大，而位错的剩余部分则相对封闭。这和弱束 TEM 的分析结果完全一致。Hug 等[3,5]在变形 Ti-54Al 合金中观察到三重分解，即式(5.7c)和式(5.7e)中的情形。后文将对此问题进行更细致的讨论。

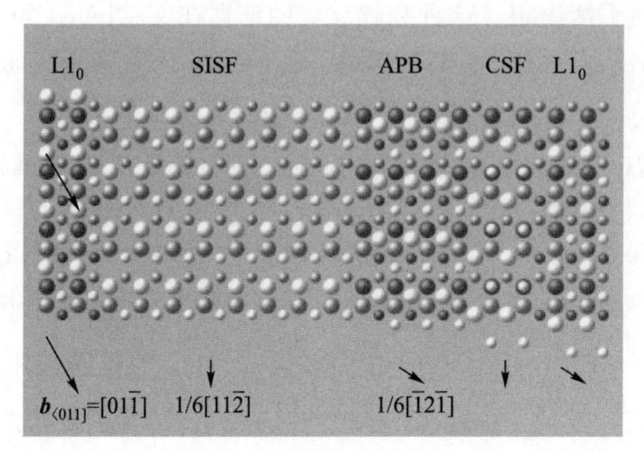

图 5.8　⟨01$\bar{1}$]超位错按式(5.6b)分解后的原子构型。图中展示了(111)面的 ABC 3 层原子堆垛，如图 5.3 所示。亮色的 C 层原子沿图中的矢量方向发生了平移。层错的宽度依 Γ(CSF)>Γ(APB)>Γ(SISF)顺序定性地示意出来

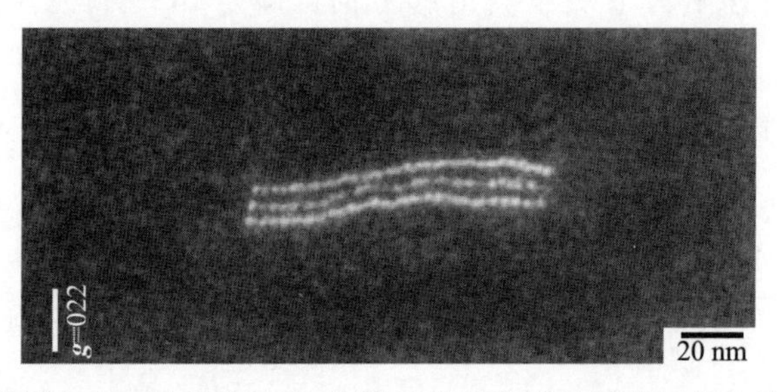

图 5.9　Ti-54Al 单晶合金室温变形后近刃型[011]超位错的弱束透射电镜像。位错表现出式(5.6c)中所示的三重分解。图片来自 Hug[4]

单相 γ-TiAl 合金中低温(400 ℃到 500 ℃)变形结构的一个明显特点为出现拉长的层错偶极子环[1,5]。层错偶极子的形成源自⟨001]位错或 1/2⟨112]超位错分解后的局部钉扎，位错绕过钉扎点后即形成一个偶极子。随后的不全位错滑过和形成的外禀层错(SESF)使偶极子的能量下降。根据包夹 SESF 的不全位错特点的差异，可形成两种偶极子类型；不全位错的伯格斯矢量可为 $\boldsymbol{b}$ = 1/6⟨112]或 $\boldsymbol{b}$ = 1/3⟨211][5,60-62]。更多关于偶极子形成机制的细节参见文献[63，64]。

总之，γ-TiAl 的位错分解是十分复杂的，这是因为其中包含了多种面缺陷。预测位错芯的分解方式应建立在高层错能会导致低分解宽度这一规律的基础上。APB 和 CSF 的能量高，意味着包含这种层错的位错分解宽度通常超过

了弱束 TEM 的极限分辨率，特别是 1/2〈110]普通位错表现为封闭的位错芯结构。不同层错之间层错能的显著差异导致了超位错芯的非对称扩展，也使这些位错在迁移时对应力分量上的切应力更加敏感，而非在整个伯格斯矢量的方向上。

5.1.4 位错的非平面分解和位错钉扎

上文中所述的位错平面分解产生的位错芯结构在本质上是可动的。Lipsitt 等[2]和 Hug 等[3,6]的早期工作表明，γ-TiAl 中的超位错可被钉扎，表现为位错出现了长直的部分且其特点各不相同。这一发现与 γ′-Ni_3Al 相似，说明 $L1_0$ 和 $L1_2$ 结构中的位错钉扎机制可能在本质上是相同的。基于这一判断，Greenberg 等[65]针对 γ-TiAl 中的超位错提出了几种非平面不可动位错芯组态。所有组态的共同特点即为其中的领先螺位错部分收缩，且自原(111)面交滑移到共轭八面体平面或立方平面，而后最终在平行或斜交的{111}面上再分解。当 APB 完全在立方平面上时，所形成的分解组态即所谓的 Kear-Wilsdorf 钉扎结构[66]。由于相关的不全位错没有共同的滑移面，非平面位错芯被认为是不可滑动的。这种螺位错的钉扎导致了材料的强化。由于交滑移需要热激活，位错的交滑移部分将随着温度的上升而增加。这一机制可以解释为什么 γ′-Ni_3Al 表现出屈服强度随温度反常升高的现象，这一现象也在 TiAl 合金中出现，后文将详细讨论。

Woodward 和 MacLaren[36]从能量的角度对 γ-TiAl 中不同〈011]超位错的钉扎机制进行了重新研究。他们认为，〈011]位错的非平面分解是由热力学驱动的，这是因为立方平面上的 APB 能量要低于八面体平面。由于弹性各向异性，在领先和尾部的超不全位错之间存在一个力矩，它将超不全位错推出于主滑移面(111)之外，从而对交滑移有促进作用[14,38]。与力矩相关的应力明显大于外部施加的剪切应力[67]。这一发现表明对全位错不产生净分切应力的应力张量部分对位错精细结构有极大的影响，从而对流变行为有重要作用[54]。基于这一交滑移模型，人们对可导致〈011]超位错钉扎的非平面位错芯组态做出了若干种修正。例如，与 Kear-Wilsdorf 机制相类似[66]，来自式(5.6a)中所示分解的领先 $1/2[01\bar{1}]$ 超不全位错可能发生交滑移，自八面体平面(111)滑移到 APB 能更低的(100)立方平面上[3,49,50]。而后，这一超不全位错可在斜交的$(1\bar{1}\bar{1})$面上再次分解，继而导致了图 5.10(a)所示的 Kear-Wilsdorf 钉扎。Hemker 等[55]在 Ti-54Al 合金中确定了一种$\langle 01\bar{1}]$超位错的非平面不可动位错芯组态，其与 Kear-Wilsdorf 障碍相似。这一结构由一个位于{111}主滑移面上的 SISF、(010)面上的 APB 和一个交截的八面体平面上的 SESF 构成。Jiao 等[16]在 Ti-

54.5Al 单晶 973 K 变形条件下同样观察到了$\langle 01\bar{1}]$超位错的 Kear-Wilsdorf 钉扎机制。

另外，也可能形成所谓的“面角位错”，即 APB 被限制于(111)主滑移面上[图 5.10(b)]。相关证据已在 Ti-56Al 单晶 573 K 变形样品中发现[68]。Woodward 和 MacLaren[36]的研究表明交滑移的驱动力通常更倾向于形成面角位错而非 Kear-Wilsdorf 钉扎。利用原子模拟，Mahapatra 等[69]提出了$\langle 01\bar{1}]$超位错在相交{111}面上的非平面分解机制，可同时在两组晶面上形成 SISF 条带。

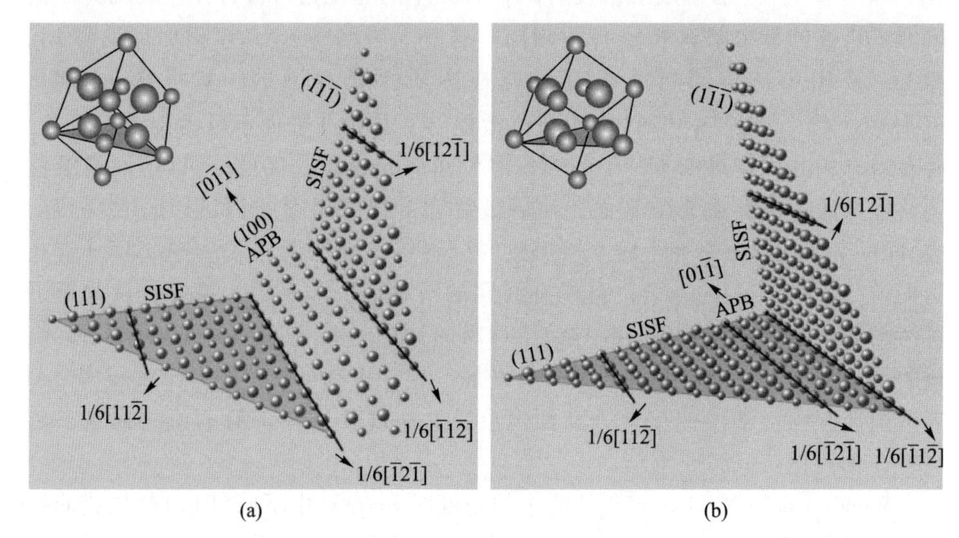

图 5.10　沿[0$\bar{1}$1]方向透视下，由于 1/2$\langle 01\bar{1}]$超不全位错交滑移形成的$\langle 01\bar{1}]$超位错的非平面位错芯结构：(a) 领先 1/2[01$\bar{1}$]超不全位错在(010)面上产生 APB 而后在斜交的(1$\bar{1}\bar{1}$)面上再次分解为 1/6[$\bar{1}1\bar{2}$]和 1/6[12$\bar{1}$]肖克莱不全位错；尾部的 1/2⟨011]超不全位错在主滑移面上分解为 1/6[11$\bar{2}$]和 1/6[$\bar{1}2\bar{1}$]肖克莱不全位错，从而形成了 Kear-Wilsdorf 钉扎；(b) 尾部的 1/2$\langle 0\bar{1}1]$超不全位错在主滑移面上形成 APB；领先 1/2$\langle 0\bar{1}1]$超不全位错交滑移至斜交的(1$\bar{1}\bar{1}$)面上，而后再次分解为 1/6[$\bar{1}1\bar{2}$]和 1/6[12$\bar{1}$]肖克莱不全位错，从而形成了面角位错

在 1/2$\langle 11\bar{2}]$位错中，也提出了一些位错芯的非局域性非平面分解方式，人们观察到这些位错沿它们的刃型方向排列，这再次表明它们处于被钉扎的组态[17,52,53]。许多研究者[5,24,27,50,53,59,70-72]认为 1/2[11$\bar{2}$]位错可分解为 1/6[11$\bar{2}$]和 1/3[11$\bar{2}$]不全位错，如式(5.7d)和图 5.11(a)。这一分解反应可通过 ±1/6[11$\bar{2}$]不全位错偶极子在相邻(111)面上形核从而形成 SESF-SISF 层错对而继续进行[图 5.11(b)][19,41]。两个 SISF 的重叠区域即为 SESF[24,52]。

图 5.11(b)中，左侧的重叠肖克莱不全位错的净伯格斯矢量为 1/6[11$\bar{2}$]。最终的分解反应可通过式(5.7e)表示，即包含 3 个相同的 1/6[11$\bar{2}$]肖克莱不全位错，但它们分布于两个{111}面上。这一模型已被高分辨电镜[24]和弱束电镜实验[71]证实，也通过原子模拟进行了合理的解释[25]。进一步想，这 3 个肖克莱不全位错形成的层错结构亦可以作为孪晶的形核点[25,38]。

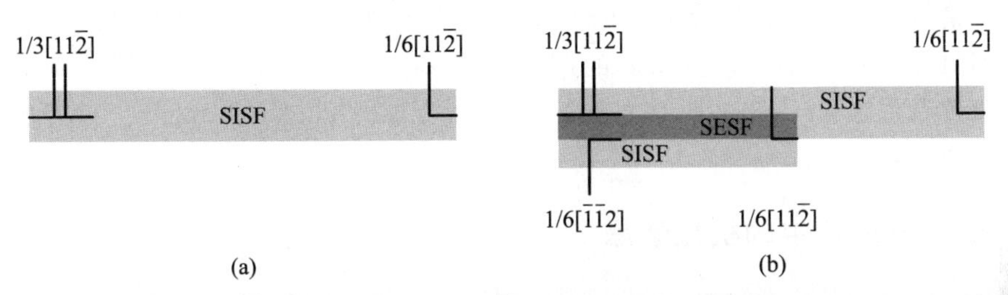

图 5.11 据文献[72]中图重新绘制的 1/2[11$\bar{2}$]超位错的非平面分解示意图：(a) 平面分解为 1/6[11$\bar{2}$]和 1/3[11$\bar{2}$]不全位错夹一个 SISF，如式(5.7d)；(b) 由于形成了两个肖克莱不全位错偶极子，其伯格斯矢量为 $\boldsymbol{b}=\pm 1/6[11\bar{2}]$，位错芯在两个相邻的(111)面上扩展。两个 SISF 的重叠产生了 SESF，最终三重分解为 3 个相同的肖克莱不全位错，中间形成了一个 SISF 和 SESF，如式(5.7e)

根据电子显微分析结果，Lang 等[72]将 1/2〈11$\bar{2}$]位错钉扎与其分解形成的压杆位错 1/3[00$\bar{1}$]和 1/3[11$\bar{1}$]联系起来，如图 5.12 所示。其中 1/3[11$\bar{1}$]弗兰克不全位错发生攀移而后在平行的(111)面上分解，这就形成了带有一个

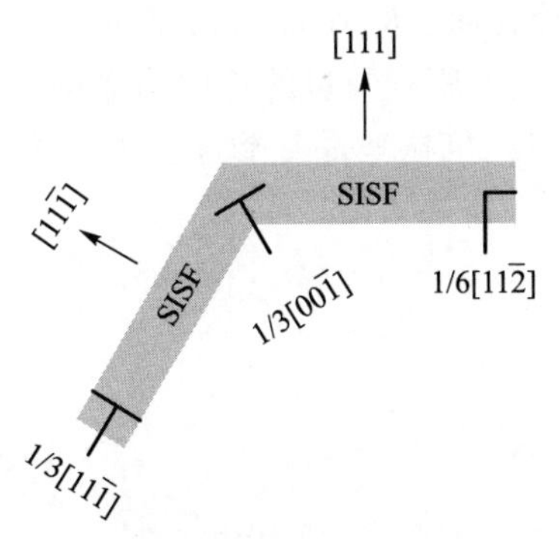

图 5.12 据文献[72]中图重新绘制的超位错芯由于非平面分解而导致钉扎的示意图。1/2[11$\bar{2}$]位错分解产生一个位于{11$\bar{1}$}面上的攀移分量 1/3[11$\bar{1}$]弗兰克不全位错，一个在(111)面上滑移的可动肖克莱不全位错 1/6[11$\bar{2}$]，和一个不可动的压杆位错 1/3[00$\bar{1}$]，3 个不全位错由超点阵内禀层错 SISF 连接

SISF 的压杆位错组态。由于此过程包含位错攀移，因此这种机制仅限于刃位错，这就解释了为什么只有刃位错才会出现明显的钉扎现象。

总之，γ-TiAl 中的超位错可能会产生不可动非平面位错芯结构。这些位错钉扎可能导致屈服强度随温度的反常升高以及显著的加工硬化行为，继而使材料的强度随变形路径而不同。应该指出的是，超位错的分解发生在小于弱束 TEM 能够直接分辨的尺度上。而由于不全位错的间距很小，从而产生了层错衬度的重叠，使充分的图像模拟也比较困难。因此，目前仍不能确定 γ-TiAl 中的一些不可动位错芯的细节。更多关于 γ-TiAl 位错分解的细节问题请读者参考 Veyssière 和 Douin[48]、Vitek[54]以及 Paidar 和 Vitek[19]最近的综述文章。

5.1.5　γ-TiAl 中的机械孪晶

正如 Shechtman 等[1] 和 Lipsitt 等[2] 早期的工作和一些更近的研究中[3,7,73-86]发现的那样，γ-TiAl 也可产生孪晶变形。这种变形方式具有与位错滑移不同的特点，并对多晶材料的塑性有重要影响。孪晶的几何要素一般由 K_1、K_2、S、$\boldsymbol{\eta}_1$ 和 $\boldsymbol{\eta}_2$ 构成[82,87,88]，如图 5.13 所示。若所有 4 个要素的指数均为有理数，即它们能否穿越布拉维点阵中成组的位点，则孪晶被称为复合孪晶。包含 $\boldsymbol{\eta}_1$ 和 K_1 平面的法线的晶面被称为切变面 S，其法向为 $\boldsymbol{n}_S$。孪晶过程中，K_1 平面以上所有的点位均沿 $\boldsymbol{\eta}_1$ 方向平移，平移量为 $e\boldsymbol{\eta}_1$，即正比于它们与 K_1 平面之间的距离。比例系数 g 为单一切变的值，表示为 $g = 2\cot\psi$。ψ 为 $\boldsymbol{\eta}_1$ 和 $\boldsymbol{\eta}_2$ 或 K_1 和 K_2 之间的锐角；K_2 面上的 $\boldsymbol{\eta}_2$ 绕 $\boldsymbol{n}_S$ 方向旋转(180°−2ψ)即可得到 $\boldsymbol{\eta}_2'$。由于变形是纯剪切，K_1 平面既不旋转也不畸变，因此 K_1 平面被称为第一不变面、孪晶面或接合面。K_2 平面与切变面 S 垂直，且与 K_1 面的夹角在切变前后不变。由于 K_2 面上所有矢量的长度均保持不变，K_2 面被称为第二不变面。因此，与滑移类似，机械孪晶导致了体积变化可忽略的晶体的永久形

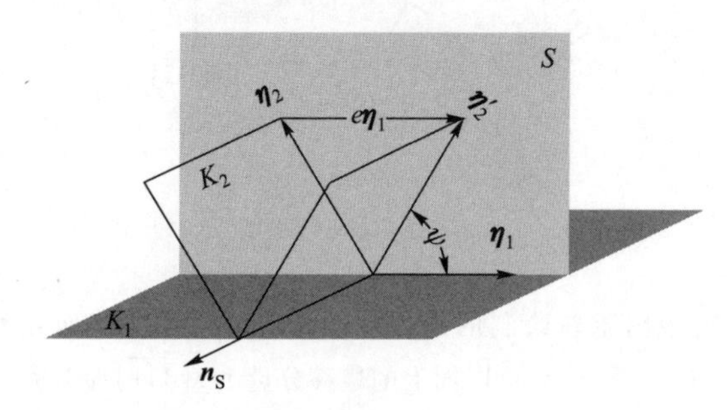

图 5.13　机械孪晶的晶体学要素，见文中所述

变。而与滑移不同的是，机械孪晶将使晶体结构转向特定的取向，且对于特定晶体结构来说其切变量也是特定的。

若两组孪晶具有相同切变面和 g 值，但 $\boldsymbol{\eta}_1$ 和 $\boldsymbol{\eta}_2$ 或 K_1 和 K_2 发生互换，则称这两组孪晶为共轭孪晶。金属材料中的孪晶系统通常具有晶体学等效的 K_1、K_2 面和 $\boldsymbol{\eta}_1$、$\boldsymbol{\eta}_2$ 切变方向。相对于由 K_1 和 $\boldsymbol{\eta}_1$ 定义的主孪晶，所谓的互补孪晶则由 K_1 和 $-\boldsymbol{\eta}_1$ 定义，即其切变方向相反[87,88]。需要指出的是，在更加复杂的孪晶方式下(通常出现于超点阵结构中)，简单的均匀切变仅能使一部分基体原子迁移到对应的孪晶点位上，剩余的部分原子必须通过一定的扰动才能到达对应位置。因此完整的原子迁移是由切变和扰动共同完成的。

Pashley 等[89]、Christian 和 Laughlin[21] 以及 Yoo 及其研究组[22,23,90,91] 早期的工作对 $L1_0$ 结构的形变孪晶晶体学进行了研究。主孪晶和互补孪晶系统的孪晶元素见表 5.2，并在图 5.14 中进行了说明。这两种孪晶模式并不需要原子的扰动[22,23,92]。主孪晶通常也被称为有序孪晶或真孪晶，以表示这种孪晶方式可以保持点阵的对应性和原子排列的有序性。与 SISF 和 SESF 类似，孪晶界并不改变第一原子近邻环境[38]。孪晶界的界面能来自与第二近邻原子间键合角度的改变[29,91]。因此，SISF、SESF 和孪晶界的能量非常接近。假定 $\lambda_T = c/a = 1$，此孪晶模式的切变量为 $g = 0.07$，即等于将孪晶中的每层(111)面相对于相邻的下层(111)面平移 $1/6[11\bar{2}]$。根据图 5.3 和图 5.4(b)所示，这一切变可由 $\boldsymbol{b}_3 = 1/6\langle 11\bar{2}]$ 不全位错在孪晶面之上的每一层(111)面上的滑移得到。利用高分辨电子显微术(HREM)可直接观察到这样的结构特征，如图 5.15 所示[86]。图中显示了一个产生于室温下的狭窄孪晶的原子堆垛结构。除有一个单层原子面的台阶外，K_1 孪晶面是完全共格的。这一台阶即表示一个肖克莱不全位错，它使孪晶得以生长宽化。图 5.15 下方的放大图表明肖克莱不全位错的位错芯结构是相对封闭的。

表 5.2 $L1_0$ 结构的 γ-TiAl 中机械孪晶的晶体学要素。$\lambda_T = c/a$，数据来自 Yoo[22,91] 和 Yoo 等[90]

孪晶模式	K_1	K_2	$\boldsymbol{\eta}_1$	$\boldsymbol{\eta}_2$	g
主孪晶	(111)	$(11\bar{1})$	$1/2[11\bar{2}]$	1/2[112]	$(2\lambda_T^2-1)/\lambda_T\sqrt{2}$
互补孪晶或反孪晶	(111)	(001)	$1/2[\bar{1}\bar{1}2]$	1/2[110]	$\sqrt{2}/\lambda_T$

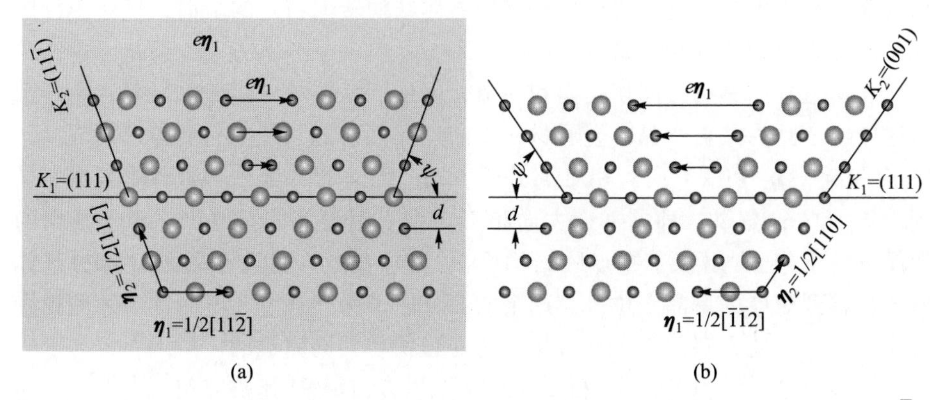

图 5.14　根据图 5.13 得出的 γ-TiAl 机械孪晶的结构模型。(a) 由 $K_1=(111)$、$K_2=(11\bar{1})$、$\eta_1=1/2[11\bar{2}]$、$\eta_2=1/2[112]$ 以及切变 $g=0.707$ 定义的主孪晶；(b) 由 $K_1=(111)$、$K_2=(001)$、$\eta_1=1/2[\bar{1}\bar{1}2]$、$\eta_2=1/2[110]$ 以及切变 $g=1.414$ 定义的互补(反)孪晶

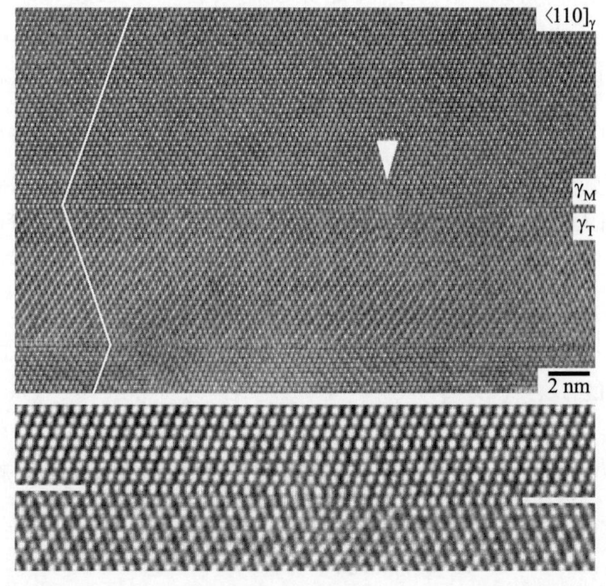

图 5.15　Ti-48.5Al-0.37C (at.%) 合金室温压缩变形 $\varepsilon=3\%$ 后观察到的形变孪晶的原子结构。高分辨图像的拍摄方向为 $\langle\bar{1}10]$ 共有方向。γ_M 表示基体，γ_T 表示孪晶。$(\bar{1}\bar{1}1)$ 面的迹线由白线标出。注意(111)界面上存在的一层原子面台阶，如箭头所示，其与一个肖克莱不全位错相关。下方图片为这一位错芯结构的放大图(图片来自 Appel[86])

共轭孪晶系统由 $K_1=(11\bar{1})$、$K_2=(111)$、$\boldsymbol{\eta}_1=1/2[112]$、$\boldsymbol{\eta}_2=1/2[11\bar{2}]$定义，且切变量与主孪晶相同。因此主孪晶和它的共轭孪晶在晶体学上是等价的，只是相对于母相的取向不同。互补孪晶的孪晶要素为 $K_1=(111)$、$K_2=(001)$、$\boldsymbol{\eta}_1=1/2[\bar{1}\bar{1}2]$、$\boldsymbol{\eta}_2=1/2[110]$，切变量 $g=1.414$，即切变量是主孪晶模式的两倍。在 TiAl 合金的文献中，互补孪晶也被称为反孪晶[22,23]。反孪晶的平移矢量为 $-2\boldsymbol{b}_3=1/3[\bar{1}\bar{1}2]$，如图 5.3 所示；由于需要克服高能量的 BB 堆垛，故其产生非常困难。因此，从这个角度出发，孪晶的切变应是单向的，即某个方向的切变与其反方向的切变是不等价的；这是与双向等价的位错滑移的又一个不同点。Yoo[22,91]指出，共轭孪晶$\{K_2=(001)$、$\boldsymbol{\eta}_2=1/2[110]\}$的反孪晶与 1/2〈110](001)滑移系相关，在高温下显然非常活跃[17]，见 5.1.1 节内容。这一滑移/孪晶的关系在滑移或孪晶系统被阻碍的情况下，可能对缓解应力集中有重要作用。

至此可以认为，关于 γ-TiAl 中机械孪晶的描述与 fcc 金属材料大致相似，但不同的是在 $L1_0$ 结构中的每个{111}面上，仅有一组特定的 $\boldsymbol{b}_3=1/6\langle11\bar{2}]$切变才可以保持 γ-TiAl 的有序 $L1_0$ 结构，这在 5.1.2 节中已阐述过了。另外两种 $1/6\langle1\bar{2}1]$类型的切变将破坏原子的第一近邻化学环境。当二者的其中之一在连续的(111)面上进行时，将产生所谓的“伪孪晶”[23]。因此，γ-TiAl 中仅存在 4 组真孪晶系统，而不像 fcc 金属中存在 12 种。$L1_0$ 结构的这种晶体学特征与孪晶的单向性极大地限制了 γ-TiAl 中孪晶变形的选择模式。样品在单轴加载时，孪晶系统的开动与否取决于载荷情况和方向。特别是在给定单晶取向的情况下，某些特殊的孪晶系统只能在压缩条件下才可开动，同时也有部分只能在拉伸的情况下开动。

Sun 等[92]在单轴压缩和拉伸条件下确定了 $1/6\langle11\bar{2}]\{111\}$孪晶系统的施密特因子。图 5.16 中的极射赤面投影表示出了[001]-[$\bar{1}$10]-[010]扩展三角形中使孪晶系统具有最高施密特因子的取向分布。从图中可以看出，在压缩情况下，根据加载方向的不同，应主要产生两种孪晶系统；在对压缩 Ti-50Al 合金的透射电镜分析中已对这一预测作出了很好的证明[92]。相反，在所有的拉伸方向下仅可开动一种主要的孪晶系统。在一些轴向下的分切应力则对 4 种孪晶系统的反孪晶有利，因而真孪晶被抑制，这样的取向分布在图 5.16 中以阴影部分表示。然而，施密特因子较小的二次孪晶系统则可能开动。这种情况可能在加工硬化过程中，即样品中已经积聚了相当大的内应力时出现。多组孪晶系统导致了孪晶交截现象，这一问题将在 6.3.4 节中讨论。

预测孪晶系统的晶体学理论[38,82,87,88,91]是基于孪晶切变较小的假设建立

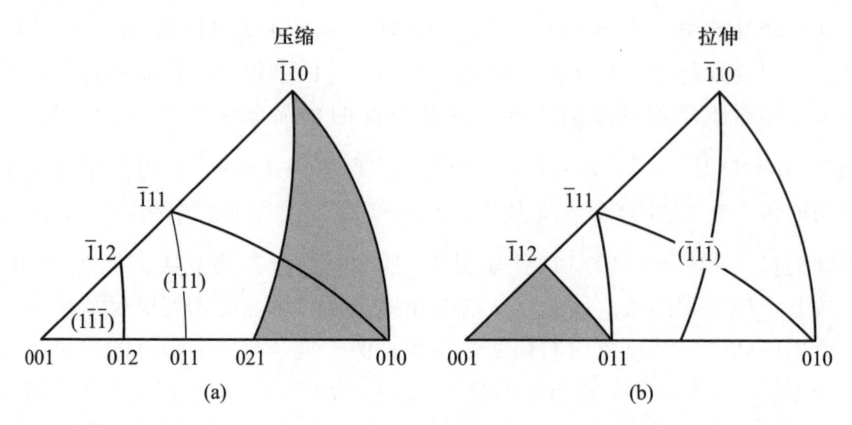

图 5.16　单轴压缩和拉伸时 γ-TiAl 中可被激发的孪晶系统。极射赤面投影表示使主孪晶达到最大施密特因子的载荷方向。三角图内部的线条表示激发不同孪晶系统的边界线。因为孪晶方向始终为 $1/6\langle 11\bar{2}]$ 类型，图中仅标出了孪晶面。阴影部分区域表示孪晶禁止区。图片来自 Sun 等[92]，重新绘制且略有修改

的，这就意味着孪晶仅能对应变作出较小的贡献且肖克莱不全位错的点阵阻力(Peierls 应力)较小。这一理论再次表明 γ-TiAl 中极难形成反孪晶，除非在内应力条件非常合适的条件下，它才能被外力激发。理论同样表明原子扰动机制应均以简单的方式进行，并且扰动方向需要平行于孪晶切变方向。虽然这种情况在上述的机械孪晶模式中并不明显，但是它对一种 Ti 和 Al 原子相互交换位置以保持原始结构[90]的所谓“相变孪晶”$\{\lambda=1.016$、$K_1=(011)$、$\boldsymbol{\eta}_1=[01\bar{1}]$、$g=0.03\}$可能比较重要。由于其具有非常小的切变量，在高温下这一机制是可能开动的，此时的原子扰动则通过热激活进行。

广义上说，当外部剪切应力跨越 K_1 平面，其 $\boldsymbol{\eta}_1$ 方向上的切应力分量达到临界值时，孪晶即可能出现。除去要使孪晶形核外，这一外力还需要克服孪晶不全位错的滑移阻力以形成孪晶界。因此，一般认为孪晶所需要的切应力要高于滑移。γ-TiAl 中孪晶界的表面能和 SISF 能非常接近，因为二者均是基于 $\boldsymbol{b}_3=1/6\langle 11\bar{2}]$ 单位切变以形成内禀层错[图 5.4(b)]。Fu 和 Yoo[29] 指出，孪晶界的形成仅改变原子与第二近邻的键合角度，而第一近邻不受影响。这可能是等成分比 TiAl[29,36] 第一性原理计算中发现孪晶界的能量仅约为 SISF 的一半(表 5.1)的原因。这样的低界面能与相对较低的切应变一起，共同解释了 $1/6\langle 11\bar{2}]\{111\}$ 孪晶系统可成为 γ-TiAl 中主要孪晶系统的原因。既然孪晶与 SISF 有一定的联系，就说明孪晶的激发条件可能与温度和合金成分密切相关。然而，将某一孪晶机制与分切应力联系起来又比较困难，这是因为形变孪晶是

单向的，且其经常与位错滑移共同产生从而难以区分。

γ-TiAl 中由于具有 4 组 $1/6\langle 11\bar{2}]\{111\}$ 孪晶系统和 12 组 $\langle 110\rangle\{111\}$ 位错滑移系统，因此具备了 von Mises 准则[93]所要求的多晶体任意形变所需的 5 个独立滑移系的条件，但前提是这些变形机制必须在相近的应力下同时出现；很明显，这在 γ-TiAl 中无法达到。位错滑移和孪晶的相对难易程度和倾向性将在 5.1.6 节中讨论。

简言之，在 γ-TiAl 中，$1/6\langle 11\bar{2}]\{111\}$ 方向的机械孪晶是一种潜在的变形机制，这是因为孪晶的切变相对较小，且不需要原子扰动的参与。这种变形机制提供了 TiAl 单胞中包含 **c** 方向剪切的辅助变形方式。由于孪晶变形的切变是单向的，具体哪种孪晶系统开动与载荷和加载方向相关。另外，在某些取向下，孪晶是无法激发的。

5.1.6　取向和温度对 γ 相变形的影响

某种滑移系开动的难易程度和倾向性可以由在滑移面和滑移方向上的分切应力 τ 精确描述。在给定的正应力 $\sigma=F/A$ 条件下，样品中任意截面 A 上的切应力 τ 可定义为[94]

$$\tau=\sigma\cos\varphi\cos\psi \tag{5.8}$$

式中，F 为样品轴向受到的力；ψ 为 F 与滑移面之间的角度；φ 为 F 与滑移面法向之间的角度。$S_G=\cos\varphi\cos\psi$ 为施密特因子，τ_c 被称为滑移开动的临界分切应力(CRSS)。施密特定律(式 5.8)表明，τ_c 为某一平面上某一滑移方向开动的唯一指征应力张量。因此，在只有单系滑移的晶体中，使塑性流变开动的临界分切应力 τ_c 与晶体的取向无关。

在传统无序材料中，τ_c 随着温度的升高而下降，即 $d\tau_c/dT$ 为负。τ_c 的负温度相关性大致上是由热激活过程导致的；热激活以不同的形式支持变形，并使 τ_c 与应变速率 $\dot{\varepsilon}$ 相关。高温和低应变速率一般使低 τ_c 值较低。图 5.17(a)示意性地说明了传统无序材料中 τ_c 与 T 和 $\dot{\varepsilon}$ 的相关性。与此一般经验相反的是，多数金属间化合物合金表现出了反常变形行为，如图 5.17(b)所示，即在有限的温度范围内 $d\tau_c/dT$ 为正。这种反常屈服行为是由 Westbrook[95]在对 Ni_3Al 的硬度实验中首次发现的，随后对此种材料流变曲线的测定则证实了这一现象[28,96,97]。自此，在许多其他金属间化合物合金中均发现了反常变形行为，关于这一点的综述性信息请读者参考文献[48，98-102]。

评价 γ-TiAl 的变形动力学非常困难，因为通常在富 Al 合金中其并非单相组织。另外，间隙元素导致的碳化物、氮化物和氧化物的析出也会导致不可避免的第二相掺杂。碳化物和氮化物或以钙钛矿相 Ti_3AlX(X=C、N)的形式出现，或以六方 H 相 Ti_2AlX 的形式出现[103-106]。Wiezorek 和 Fraser 对位错处的氧化物析出进行了观察[107]。Hug 等[3]指出了间隙元素对 γ-TiAl 力学性能的重要影响，他们也建议通过进行一定的热处理来降低其对力学性能的负面影响。热处理可以在 1 300 ℃均匀化后淬火，而后在 1 000 ℃时效。这一工艺旨在形成大尺寸且间隔较远的析出相，以弱化其对力学性能的影响。一些研究者已采用了这种热处理工艺。在富 Al 合金中，可能出现 Ti_3Al_5 相，它同样对力学性能有重大影响[4,108-111]。Grégori 和 Veyssière[112]在他们的详细综述中，认为这些外部因素是导致不同研究组之间的 TiAl 合金屈服强度数据存在巨大差异的原因。

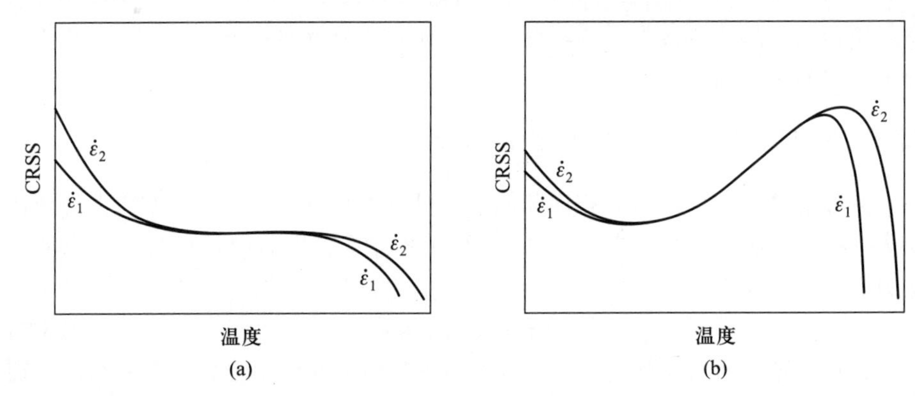

图 5.17　临界分切应力随温度和应变速率 $\dot{\varepsilon}$ 变化的示意图，其中 $\dot{\varepsilon}_1<\dot{\varepsilon}_2$。(a) 传统无序结构材料；(b) 金属间化合物合金

通过对富 Al 的 TiAl 单晶的测试实验，研究人员已在不同取向和温度条件下确定了 γ-TiAl 中滑移系的开动行为[12,16,17,40,53,57,67,68,109,112-123]。这些实验多数情况下是在 10^{-5} ~ 10^{-4} s^{-1} 的低应变速率压缩状态下进行的。样品取向的影响一般根据扩展的标准极射赤面投影来归纳，如图 5.18 所示[17,113]。区域Ⅰ、Ⅱ和Ⅲ表示可能有利于〈101]超位错和 1/2〈110]普通位错在{111}面上滑移的晶体取向范围。此图表明这两种变形机制的 CRSS 是相同的，基本上说明了在某一晶体取向范围下二者中哪一种的施密特因子较高。当晶体取向位于区域Ⅰ和Ⅲ范围内时，〈101]超位错优先开动；而取向在区域Ⅱ范围内时，1/2〈110]普通位错占主导。表 5.3 给出了在[001]-[010]-[$\bar{1}$10]标准三角形的不同顶点取向下各种位错滑移机制的施密特因子。可以看出，在上述取向下不同的滑移系的切应力一般是相同的，因此，在高对称性取向下，如[010]，可能同时开动多种滑移系。可能激发孪晶的晶体取向范围已在 5.1.5 节讨论过了(图 5.16)。这里主要讨论的是压缩变形条件下，图 5.18 中[021]、[$\bar{1}$10]和[010]所围成的

取向区域内无法激发机械孪晶。

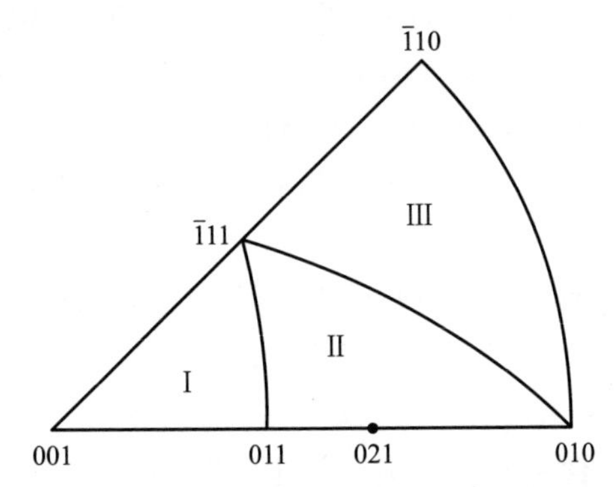

图 5.18 轴向取向下 TiAl 合金单晶变形滑移系的选择。根据施密特因子相关性，区域Ⅰ和Ⅲ内主要发生〈101]超位错滑移，区域Ⅱ主要发生 1/2〈110]普通位错滑移

表 5.3 在给定取向下 γ-TiAl 不同滑移系的施密特因子 S_G

滑移系		加载轴向			
		施密特因子 S_G			
		[001]	[021]	[010]	$[\bar{1}10]$
〈110]{111}	$[1\bar{1}0]\{111\}$	0	0.490	0.408	0
	$[110]\{\bar{1}11\}$	0	0.490	0.408	0
	$[110]\{1\bar{1}1\}$	0	0.163	0.408	0
	$[\bar{1}10]\{11\bar{1}\}$	0	0.163	0.408	0
〈101]{111}	$[\bar{1}01]\{111\}$	0.408	0.245	0	0
	$[101]\{\bar{1}11\}$	0.408	0.245	0	0.408
	$[\bar{1}01]\{1\bar{1}1\}$	0.408	0.082	0	0.408
	$[101]\{11\bar{1}\}$	0.408	0.082	0	0
〈011]{111}	$[0\bar{1}1]\{111\}$	0.408	0.245	0.408	0
	$[0\bar{1}1]\{\bar{1}11\}$	0.408	0.245	0.408	0.408
	$[011]\{1\bar{1}1\}$	0.408	0.245	0.408	0.408
	$[011]\{11\bar{1}\}$	0.408	0.245	0.408	0
〈112]{111}	$[\bar{1}\bar{1}2]\{111\}$	0.471	0	0.236	0
	$[1\bar{1}2]\{\bar{1}11\}$	0.471	0	0.236	0.471
	$[\bar{1}12]\{1\bar{1}1\}$	0.471	0.189	0.236	0.471
	$[\bar{1}\bar{1}\bar{2}]\{11\bar{1}\}$	0.471	0.189	0.236	0

Inui 等[17]研究了 7 种取向下 TiAl 合金单晶体压缩变形的位错结构和表面滑移带，对滑移几何学做了细致的梳理。对于室温和低温变形，他们的结果完全证实了图 5.18 中所示的不同取向下的滑移几何学。当变形温度高于 1 100 K 时，多数取向下材料的变形由{111}、{110)或{001}面上的普通位错滑移完成。当样品的取向不利于普通位错滑移时，则观察到了机械孪晶和 1/2〈112] 超位错。

图 5.19 集合了一些已发表的通过压缩实验得出的富 Al TiAl 合金的临界分切应力[12,17,40,67,113,114,122]。在其中大部分的研究中，实验之前样品均经过了 Hug 等[3]提出的时效热处理。CRSS 在 4.2～300 K 区间内随温度的升高而下降；在 300～600 K 区间内变化不大；在 700～1 000 K 区间内达到峰值(随合金成分和晶体取向变化)。在所有的取向下均出现了 CRSS 反常升高的现象，因此这

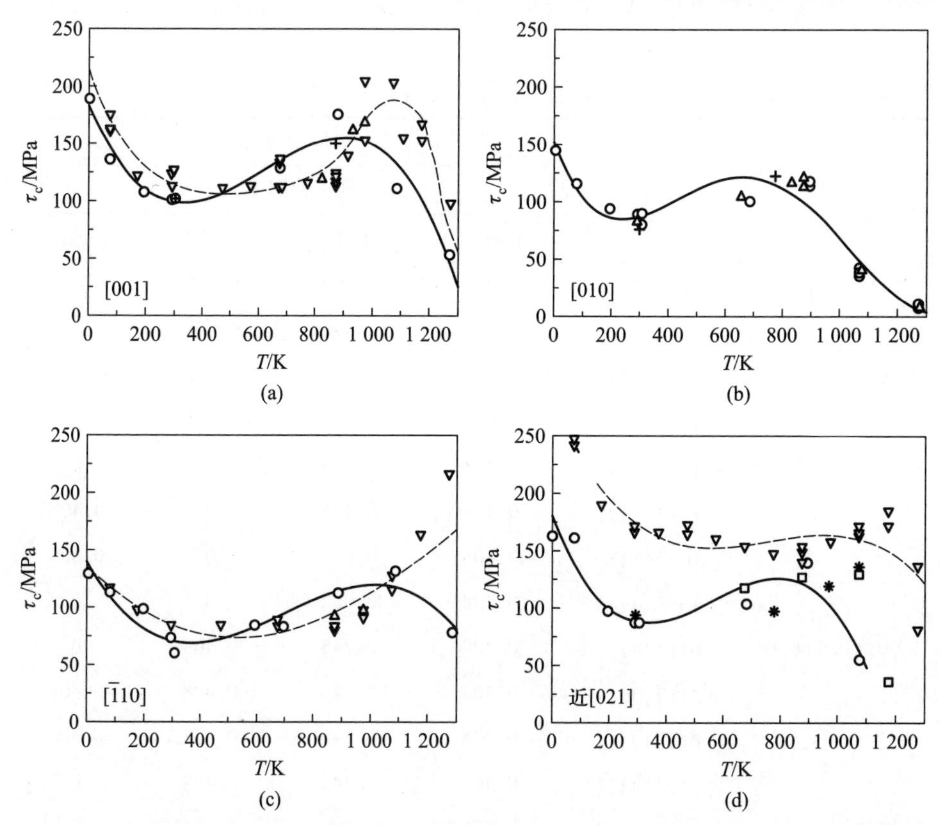

图 5.19　不同取向下临界分切应力 τ_c 随绝对温度的变化规律：(a) [001]；(b) [010]；(c) [$\bar{1}$10]；(d) [021]附近。图中，○：Ti-56Al(at.%)[113,114]；▽：Ti-56Al[17]；△：Ti-55.5Al[67]；+：Ti-56Al[40]；□：Ti-56Al[12]；✱：Ti-54.5Al[122]

一现象在普通位错和超位错中均可发生。这与 $L1_2$ 结构 Ni_3Al 单晶的情形不同，在 Ni_3Al 中仅有一种滑移机制出现反常屈服强度现象[48,99,123]。从图 5. 19(a)中可以看出，τ_c 在越过峰值后迅速下降到非常低的数值。在屈服强度随温度升高的同时，其对应变速率的变化不敏感。在 τ_c 反常上升的温度范围内，应变速率敏感指数 $S_R=(\mathrm{dln}\ \tau/\mathrm{dln}\ \dot{\varepsilon})/T$ 随温度的升高而下降，并且在 τ_c 的极值附近接近于 0。在更高的温度下，S_R 再次上升。需要指出的是，这一现象在 1/2〈110]和〈101]滑移中均可发生[17,113,114,122]。因此，γ-TiAl 的 CRSS 随温度的变化规律曲线和许多其他金属间化合物中观察到的现象非常吻合[图 5.17(b)]。图 5.19(a)~(c)中所示的[001]、[010]和[$\bar{1}$10]方向下的 τ_c 值是在最高施密特因子条件下以〈101]{111}滑移计算得出的，因为 TEM 观察发现在这些取向下均出现了上述滑移。这些结果本质上与其他学者的观察结果是一致的[16,40,57,68,116,118]，他们在其他晶体取向下均观察到了〈101]{111}滑移。

〈101]{111}滑移所确定的 τ_c 值与一般的曲线有所不同，即在给定的温度下，CRSS 仍与晶体的取向相关。例如，Inui 等[17]的数据[图 5.19(a)~(c)]表明，在中温 300~800 K 区间内〈101]{111}滑移的 CRSS 随压缩轴向偏离[$\bar{1}$10]而上升。峰值切应力随晶体取向的变化也非常明显，最高值出现在[001]取向的样品中[17,67,113,114]，这背离了〈101]超位错的施密特定律。5.1.4 节已经指出，这一发现表明在滑移面上、垂直于伯格斯矢量的方向上存在某种非滑移应力，通过影响不全位错的分解方式对屈服应力产生作用。

〈101]滑移除具有与取向相关的 CRSS 之外，其在压缩和拉伸屈服应力上也是非对称的[67]。当晶体的变形轴向接近[010]或[$\bar{1}$10]时，其拉伸强度要高于压缩强度；而在[001]方向下这一趋势则相反。Hazzledine 和 Sun[124]对 TiAl 单晶与取向相关的拉/压不对称性进行了预测。他们的理论本质上源自〈101]超位错的非对称位错芯结构，如图 5.8 和 5.1.3 节中所述。由 SISF-APB-CSF 相连的成对的肖克莱不全位错表明，〈101]超位错的滑移和交滑移行为与其运动方向有关。因此 CRSS 将受到应力方向和符号的双重影响。基于这一模型，Zupan 和 Hemker[67,125]成功对不同晶体取向下的拉/压不对称性进行了解释。当超位错的扩展由复杂堆垛层错(CSF)领先时，CRSS 最低；而 CSF 拖尾时，CRSS 最高。综合来看，这些发现强有力地证明了 5.1.4 节中所描述的位错钉扎机制，即 Kear-Wilsdorf 和面角位错钉扎可对〈101]{111}滑移系的反常屈服强度做出合理解释。Grégori 和 Veyssière 最近在他们的一系列文章中[62,126,127]利用 TEM 观察对 γ-TiAl 中〈101]超位错的分解钉扎机制进行了细致分析。

Jiao 等[53]在近[$\bar{1}$10]取向下的 Ti-54.5Al 单晶合金中发现了 1/2〈112]{111}滑移的反常屈服现象。他们将这种反常硬化归因于刃位错在相交{111}

面上的攀移分解，继而形成了不可动的压杆位错（见 5.1.4 节和图 5.12）。Grégori 和 Veyssière[126]认为 Ti-54.3Al 合金中的 1/2⟨112]位错一般是⟨101]位错在分解为 1/2⟨$1\bar{1}0$]和 1/2⟨112]位错时形成的不可动分量。

1/2⟨110]{111}滑移系的 CRSS 同样出现了明显的反常屈服强度现象，如图 5.19(d)所示。一些研究者通过对不同取向样品的变形激发了普通位错滑移[109,113,114,119,121,122]，从而证实了这一现象。位错迹线分析和 TEM 观察表明，[021]取向下样品的变形主要是由受到相同应力的 1/2⟨110]{111}滑移系进行的[17]，如表 5.3 中所列的施密特因子。然而需要说明的是，只有在与[021]取向偏差几度的狭窄的晶体取向范围内才可单独激发 1/2⟨110]{111}滑移系，在这种情况下其他滑移系的施密特因子均非常小(见表 5.3)[17,121,122]。在 Ti-56Al 单晶中，Feng 和 Whang[12]在应激发普通位错的变形方向下发现滑移系出现了明显的变化，这些方向包括[$\bar{3}$ 12 7]、[$\bar{1}$63]和[$\bar{1}$ 12 5]，均与[021]非常接近。他们发现，低温(196~463 K)下的变形由一组⟨101]{111}超位错滑移系主导；而在 673~1 073 K 的中温区则由普通位错主导滑移。低温下难以激发 1/2⟨110]{111}滑移系的原因可能是富 Al γ-TiAl 相中普通位错的滑移阻力较高。Inui 等[17]对 Ti-56Al 单晶合金的研究数据表明，873 K 以下普通位错滑移的 CRSS 要高于⟨101]超位错，这可以在图 5.19(a)~(c)和 5.19(d)的对比中看出。关于这一发现，后文将有详细讨论。

目前，人们对 1/2⟨110]{111}滑移系的反常屈服强度行为还没有达成一致的认识。难点在于，尽管其位错芯结构明显不同于⟨101]{111}超位错，但是其应力-温度曲线则表现得与超位错非常相似。5.1.3 节已经表明，超位错可以分解得很宽，而普通位错的位错芯结构是封闭的，并不能导致形成反相畴界。因此，1/2⟨110]{111}普通位错滑移系的反常屈服强度现象不能通过热力学驱动的交滑移形成的 Kear-Wilsdorf 或面角位错钉扎来解释。反常屈服强度现象同样与 Greenberg 等[128]的结论不符，他们认为 1/2⟨110]位错的迁移受 TiAl 中原子的定向键合导致的点阵阻力(Peierls 应力)控制。由于热激活作用，点阵阻力应该随温度的升高而下降，因而位错可在较低应力下滑动。因此，他们的理论自身也不足以解释反常屈服强度现象。

下列因素可能与反常硬化现象有关。在峰值温度以下，{111}面上的滑移出现了显著的螺位错倾向性[17,80,129-136]。螺位错在钉扎点之间弓出，位错线仅大致上与其伯格斯矢量平行。这些发现意味着螺位错的滑移阻力主导屈服强度。关于钉扎点源头的解释，目前有不同甚至相反的理论。一些学者认为局部的外来质点可能成为钉扎点[129,130]，从多数合金中都大量聚集氧和氮这一角度看，这种现象是可能存在的。然而，在钉扎点周围出现了很多偶极子和小的柱面位错环，且它们大多与位错相连[131-133]。这些特征表明出现了早年由 Gilman 和 Johnston[137]提出的经典的割阶拖曳机制。同时，人们也发现了一些钉扎点随温度上升而增多的结构上的证据。

Jiao 等[122]将反常屈服强度与位错的螺型部分自{111}主滑移面到{110)面的双交滑移机制联系起来，观察发现，这种趋势随温度和{110}面上滑移的施密特因子的上升而增强[12,109,120,122]。当{110)交滑移面上的应力分量较大时，{111}面的流变应力上升；基于这一事实，可以认为这种交滑移机制是导致反常流变应力的原因。这一过程的驱动力源自{110)面上相较于{111}面更低的位错线张力，如 5.1.1 节所述[10,11]。当超过峰值温度后，扩散使落后的刃型位错部分攀移至{110)面，从而解除了位错钉扎。

Viguier 等[138]以及 Louchet 和 Viguier[139]提出，由于受到 Peierls 应力，普通螺位错可在两个与〈110]方向相交的{111}面上凸出扭折。扭折可沿位错线方向移动而交汇，从而形成钉扎中心。

上文的 3 种模型有一个共同点，即它们将反常屈服强度与材料自身形成的由割阶或扭折导致的钉扎过程联系起来。这也是合理的，因为普通位错具有封闭的位错芯，从而更易交滑移和扭折凸起。然而，上面提出的几种机制并没有完全解释应变速率随温度变化的敏感性。热激活的交滑移和扭折凸起意味着在反常屈服强度的温度范围内，材料的应变速率敏感性应是随温度上升的；但是实验却显示出相反的结果[17,113,114,122]。另外，在室温变形后也出现了大量普通位错由于割阶而导致钉扎的现象[131,133]，说明这并非是反常屈服强度温度范围内所特有的现象。因此，割阶导致的钉扎机制自身也不足以解释反常屈服强度现象。

Nakano 等[109]提出了一种由于析出 Al_5Ti_3 相而导致的 1/2〈110]{111}滑移系反常硬化机制。在 Al 含量高于 54at.%的合金中，这种析出相可由 $L1_0$ 结构的 γ-TiAl 进一步短程或长程有序化形成[4,108-111]。Al_5Ti_3 相在反常屈服强度温度范围内可稳定存在，但是在超过峰值温度后则变得不稳定[4,109,140]。在 Ti-54.7Al 单晶合金中曾发现这种相的一种短程有序结构[109]。此时的 Al 原子比 $L1_0$ 结构 γ-TiAl 中的 Al 原子有更多的 Ti 原子近邻。作者还发现，在 Ti-58Al 单晶中，Al_5Ti_3 相以 40~60 nm 析出相的形式存在。当一个 1/2〈110]{111}普通位错与此析出相在{111}、{110)或{001)面上交互作用时，将在析出相内部产生反相畴界。随后则需要另外 3 个 1/2〈110]位错与析出相在同一个平面上交互作用才可完全恢复 Al_5Ti_3 相的超点阵结构[109]。在对富 Al TiAl 位错结构的 TEM 观察中已发现了这一机制的证据[4,17,141-143]，表明普通位错倾向于以 4 个一组的形式共同滑移。这种普通位错协同滑移的方式降低了其跨越 Al_5Ti_3 析出相的难度。图 5.20 展示了 TEM 中观察到的这种位错行为。

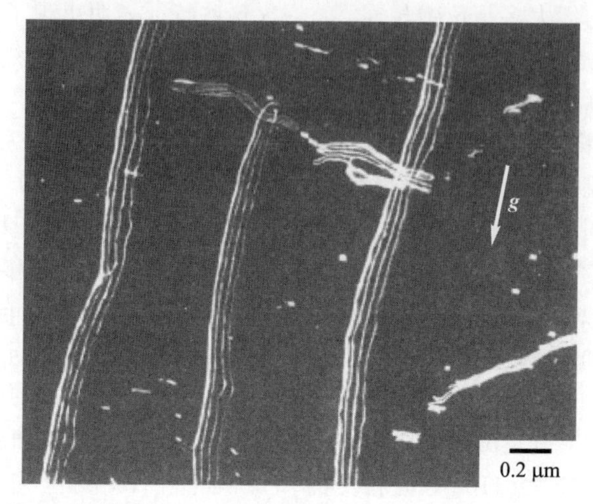

图 5.20　Ti-58Al(at.%)单晶合金中位错结构的弱束像。变形在室温下进行，沿[201]方向以激发 1/2⟨110]位错滑移。注意图中的位错是以 4 个一组的形式迁移(图片来自 Nakano 等[143])

考虑到原子键合和晶体对称性，Nakano 等[109]认为{110)和{001)面的 APB 能量要显著低于{111}面的，这意味着 1/2⟨110]螺位错自{111}面交滑移至{110)或{001)面是由热力学驱动的。随着温度的上升，交滑移逐渐使仍在{111}面上滑移的普通位错环的螺型部分被钉扎。同样，存在短程有序的合金的局部结构差异可能阻碍位错滑移，从而使流变应力高于 $L1_0$-γ-TiAl。当温度高于 1 100 K 时，Al_5Ti_3 相溶解，钉扎效应消失。图 5.21 展示了不同 Al 含量 TiAl 单晶在激发普通位错滑移的取向下变形时的屈服应力随温度的变化[109]。图中包含了等原子比成分下 TiAl-PST 单晶沿片层界面切变时的 CRSS 值。与上述机制相对应，反常屈服行为仅在含有 Al_5Ti_3 相的 Ti-54.7Al 和 Ti-58Al 中观察到。作者认为 Ti-58Al 中的高应力值是由于位错与析出相中产生的大量 APB 的相互作用导致的，这掩盖了真实的反常屈服强度现象。在 PST-Ti-50.8Al 合金中，由于其 γ-TiAl 相的 Al 含量相对较低，故应不会存在 Al_5Ti_3 相，但是却没有观察到反常屈服强度现象。Nakano 等[141]的另一组重要分析结果是，由普通位错在 Al_5Ti_3 超点阵结构中造成的 APB 的能量要显著高于⟨101]超位错所拖曳的 APB 的能量。因此，当存在 Al_5Ti_3 析出相时，⟨101]超位错的滑移阻力应小于普通位错。这种理解可以解释为什么富 Al 合金普通位错的 CRSS 在很大的温度范围内要显著高于超位错(图 5.19)的。因而可以认为在这种情况下，γ-TiAl 的变形主要由⟨101]超位错完成。在 300 K 下，Nakano 等[143]测定的 1/2⟨110]和⟨101]位错的 CRSS 随 Al 含量的变化如图 5.22。从图中可以看出，1/2⟨110]{111}滑移系的 CRSS 一直大于⟨101]{111}滑移系。根据上述的分析可以推断，这种差异是由 Al_5Ti_3 相在 Al 含量高于 54at.%时出现造成的。图 5.22 还包含了由 Ti-62.5Al 合金长时间时效形成的 Al_5Ti_3 单相单晶合金的 CRSS。在长时间时效后，此合金的屈服应力相较于初始状态大幅降低，无法表现出 1/2⟨110]{111}和⟨101]{111}滑移系的差别。这表明 $L1_0$ 基体中包含 Al_5Ti_3 相，从而导致变形的过程中产生了反相畴是 Ti-62.5Al 合金出现明显硬化效应的原因。前文已述，这些 APB 是析出相被位错切割后在其内部形成的，它成为后续滑移的额外阻力。

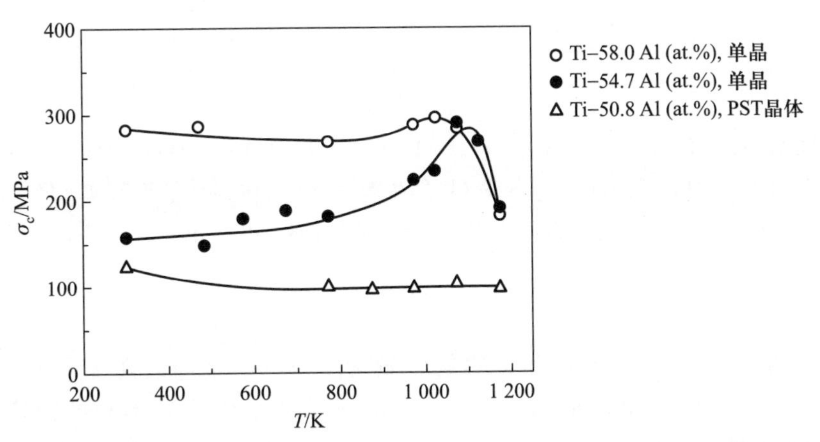

图 5.21 TiAl 晶体屈服应力随温度的变化。Ti-54.7Al 和 Ti-58Al 沿[201]方向变形从而激发普通位错滑移。PST 则沿可使片层界面发生剪切的方向变形。数据来自 Nakano 等[109]，重新绘制

在多晶二元和三元合金中也发现了流变应力峰值现象[59,61,138,144-148]，乍看起来这并不奇怪，因为 γ-TiAl 中的所有单个滑移系统均表现出反常屈服强度现象。早些时候，Vasudevan 等[148]推测应力-温度曲线可能与晶粒尺寸有关，随后的研究也证实了这一假设[144-146,149]。如图 5.23 所示，明显的反常屈服强度现象仅在粗晶合金中发现，而细晶合金在同样的温度范围内仅表现出较弱的应力峰值。这一发现可以合理地解释如下：晶粒细化是 TiAl 合金中最重要的强化机制(7.1 节将详述)；当晶粒尺寸下降时，屈服应力上升；由于低温和中温下的屈服强度一般较高，任何额外的强化或钉扎机制都无法明显地表现出来。这一点和多晶 Ni_3Al 合金类似，其在粗晶状态下也表现出反常屈服强度现象，而在细晶状态下则不明显[150]。反常屈服强度也可能被沉淀强化掩盖，这一点可以通过比较两种 Ti-54Al 合金的应力-温度曲线来说明。这两种合金的晶粒尺寸相同，但是氧和氮含量明显不同：1 号合金的氧含量为 730 at. ppm，

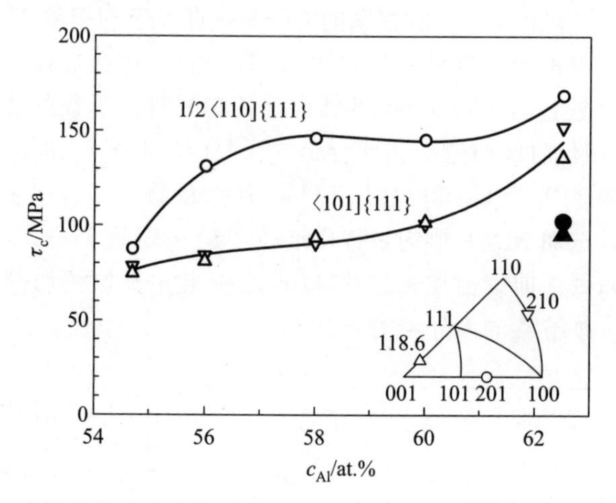

图 5.22　二元合金室温压缩变形条件下，1/2〈110]{111}和〈101]{111}滑移的临界分切应力随 Al 含量的变化。压缩轴向以基于 $L1_0$ 结构的[001]-[100]-[110]单位三角形表示。●和▲为 750 ℃长时间时效形成的 Al_5Ti_3 单相单晶合金的 CRSS。图片来自 Nakano 等[143]，重新绘制

氮含量为 30 at. ppm；2 号合金的氧含量为 2 600 at. ppm，氮含量为 2 600 at. ppm。2 号合金中较高的杂质元素含量必然已经超过了 γ-TiAl 的固溶极限（氧的固溶极限约为 250 at. ppm[151]）。因此氧化物和氮化物的形成导致了显著的沉淀强化现象，从而在很宽的温度范围内提升了屈服应力。因此，相比纯度更高的 1 号合金，尽管 2 号合金也是粗晶组织，但它却表现出较弱的反常屈服强度现象。

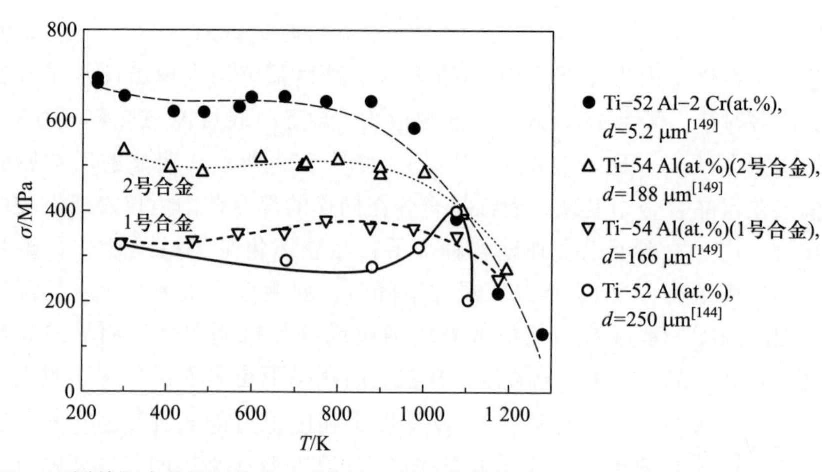

图 5.23　不同单相多晶钛铝合金的屈服应力随温度的关系

Cottrell 等[152]指出，钉扎机制导致的反常屈服应力的热稳定性可以通过反向实验来测定。在这种实验中，样品首先在峰值温度附近变形，然后淬火；而后在室温下再次变形。通过这种实验测定的 TiAl 单晶样品通常在低温下也保持了高温下的屈服强度，即此时测定的室温屈服强度要高于未经历高温预变形的样品的屈服强度[40,116,153,154]。这表明 TiAl 中的位错在高温变形过程中被永久的钉扎了。这一点和 Ni_3Al 合金不同，在 Ni_3Al 合金中，当温度变化时材料表现出完全可逆的反常屈服强度现象[96]。粗略地说，这说明 TiAl 合金中的位错钉扎组态比 Ni_3Al 合金更难以破除。Stucke 等[116]将这种现象合理地解释为 TiAl 在高温下可能在位错上析出杂质相，从而将位错钉扎至室温。然而，在某些情况下也确实可以观察到屈服应力随温度的可逆变化[17,155]，但是目前仍无法完全理解这一点。为此，Mahapatra 等[154]指出，当高温变形温度低于峰值温度时，反常屈服应力在室温下是不可逆的；但当高温变形温度超过峰值温度时，其则转为在室温下是可逆的。

总之，富 Al γ-TiAl 合金中的滑移系表现出明显的屈服应力随温度变化的反常现象，一般不符合施密特定律。对$\langle 101]\{111\}$超位错滑移系来说，反常屈服强度的原因可归结为形成了热稳定的位错钉扎结构；对 $1/2\langle 110]\{111\}$普通位错滑移系来说则归结为有序 Al_5Ti_3 相的析出。综合来看，这些结果很好地证明了富 Al 合金的反常屈服强度极易被少量的析出相所影响；同时，也表明对富 Al 单相合金中位错行为的认识不能直接转移到(α_2+γ)两相合金中。这是因为当 γ 相与 α_2-Ti_3Al 共存时，其 Al 含量明显降低，且其内部杂质元素的含量也明显不同。

5.2 α_2-Ti_3Al 单相合金的变形行为

5.2.1 滑移系和变形运动学

众所周知，多晶 Ti_3Al 合金是脆性材料，这是由其有序六方 $D0_{19}$结构的滑移几何学所导致的。基于最密排面和最短位移矢量原则，α_2-Ti_3Al 中可能存在若干滑移系；然而，实际情况下仅有一少部分可开动。可开动的滑移系包括柱面、基面和锥面滑移，如图 5.24 所示。材料的变形基本上由两类超位错完成，即所谓的$\langle \boldsymbol{a} \rangle$型位错（伯格斯矢量 $\boldsymbol{b}=1/3\langle 11\bar{2}0\rangle$）和$\langle 2\boldsymbol{c}+\boldsymbol{a}\rangle$型位错（伯格斯矢量 $\boldsymbol{b}=1/3\langle \bar{1}\bar{1}26\rangle$）。

早年的研究表明，多数情况下，材料的变形大部分由在$\{10\bar{1}0\}$柱面上滑移的 $1/3\langle 11\bar{2}0\rangle$超位错完成[156,157]。$1/3\langle 11\bar{2}0\rangle\{10\bar{1}0\}$滑移系和相关的伯格斯

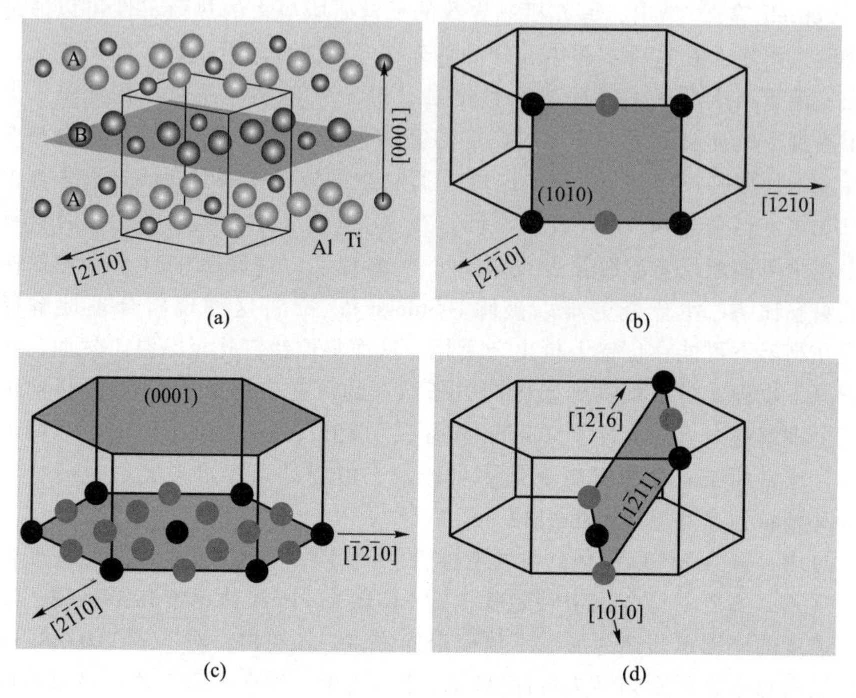

图 5.24　α_2-Ti_3Al 的滑移几何学。(a) $D0_{19}$结构的 Ti_3Al 单胞；(b) 柱面滑移系[1$\bar{2}$10](10$\bar{1}$0)；(c) 基面滑移系[$\bar{1}$2$\bar{1}$0](0001)；(d) 锥面滑移系[$\bar{1}$2$\bar{1}$6](1$\bar{2}$11)

矢量分别如图 5.25 和图 5.26 所示。1/3⟨11$\bar{2}$0⟩位错迁移实际上是由一对 1/6⟨11$\bar{2}$0⟩超不全位错来完成的，超不全位错由{10$\bar{1}$0}柱面上的反向畴带间隔[158-163]，其反应式为

$$\frac{1}{3}\langle 11\bar{2}0\rangle \rightarrow \frac{1}{6}\langle 11\bar{2}0\rangle + \text{APB} + \frac{1}{6}\langle 11\bar{2}0\rangle \tag{5.9}$$

弱束成像下，分解的 1/3⟨11$\bar{2}$0⟩位错通常表现出对称的四重衬度，似乎表明超不全位错再次分解为肖克莱不全位错[164,165]。通过更细致的图像分析发现，实际上上述的衬度现象是由一对 1/3⟨11$\bar{2}$0⟩位错分解造成的偶极子组态导致的[161,166]。

Umakoshi 和 Yamaguchi[167]在早前就已指出，对于柱面滑移来说，要考虑两种不平整的原子面。这是因为与滑移面相邻的{10$\bar{1}$0}原子面的原子占位方式不同(图 5.25)。在第一种情况下，两个相邻的平面完全由 Ti 原子占据；而在第二种情况下，相邻的两个面则由 Ti 和 Al 原子共同构成。这就导致了两种

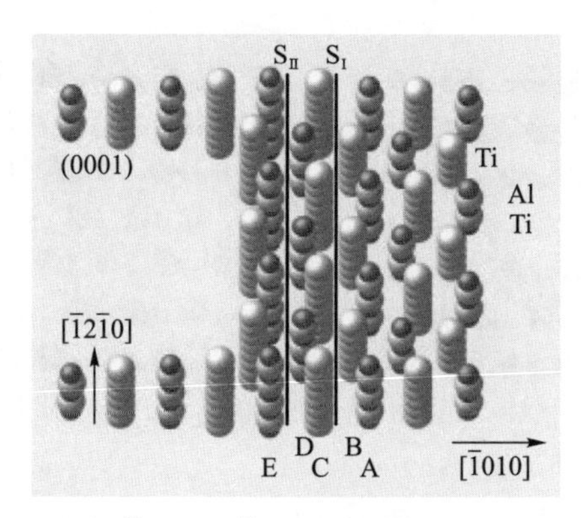

图 5.25 α_2-Ti_3Al 的柱面滑移⟨$1\bar{2}10$⟩{$10\bar{1}0$}，由硬球模型表示。图为沿[$1\bar{2}1\bar{6}$]方向观察($10\bar{1}0$)面的透视图，注意($10\bar{1}0$)面本身是不平整的，在跨越晶面间距时的原子排列不一致，出现了只有 Ti 原子排列和 Ti 和 Al 原子混合排列的面结构，这就导致了两种不同的滑移面形貌，分别由 $S_Ⅰ$ 和 $S_Ⅱ$ 表示

不同的滑移面形貌，在图 5.25 中分别以 $S_Ⅰ$ 和 $S_Ⅱ$ 表示。滑移具体选择哪种{$10\bar{1}0$}面，与两种不同的 APB 和 SISF 类型相关。图 5.26 给出了{$10\bar{1}0$}面上形成的不同层错类型及其相关位移切变的示意图[19,167,168]。虽然两种 APB 是等价的，且有相同的位移矢量 1/6[$\bar{1}2\bar{1}0$]，但是其相邻{$10\bar{1}0$}面的原子占位却有差异。当 APB-Ⅰ型形成时，第一和第二原子近邻间距及原子种类与完好点阵是一致的，但 APB-Ⅱ型则不同[19,38,167,168]。因此，在 Γ(APB)能量方面 $APB_Ⅰ$ 要低于 $APB_Ⅱ$。根据在 Mg_3Gd 中的实验结果[169]，Umakoshi 和 Yamaguchi[167]认为 Ti_3Al 中两种 APB 能量的比值为

$$\Gamma(\text{APB-Ⅱ})/\Gamma(\text{APB-Ⅰ})=5 \tag{5.10}$$

这一假设与原子模拟[170,171]和 TEM 观察[162,163]的结果一致。同样地，在两种可能的{$10\bar{1}0$}滑移面上可形成两种类型的 SISF，它们的层错位移矢量相同。Cserti 等[170]的原子模拟表明，层错的位移矢量与图 5.26(a)和 5.26(c)中描述的 SISF-Ⅰ和 SISF-Ⅱ转变非常接近。大致上，可将位移矢量描述为 α/6[$\bar{1}2\bar{1}X$]，其中 X 和 α 根据原子间的交互作用而不同。因此，他们认为这些层错并非完全由 $D0_{19}$ 结构的对称性决定，在不同 $D0_{19}$ 结构的材料中可能存在差异。表 5.4 列出了由 TEM 表征位错分解[162,163]和原子模拟[170-173]确定的层错能。从中可看出 APB 能的大小为

$$\Gamma(\text{APB-Ⅰ})<\Gamma[\text{APB}_{(0001)}]<\Gamma(\text{APB-Ⅱ}) \tag{5.11}$$

显然，根据位错扩展方式的不同，1/3⟨$11\bar{2}0$⟩{$10\bar{1}0$}位错芯结构的变化可影响

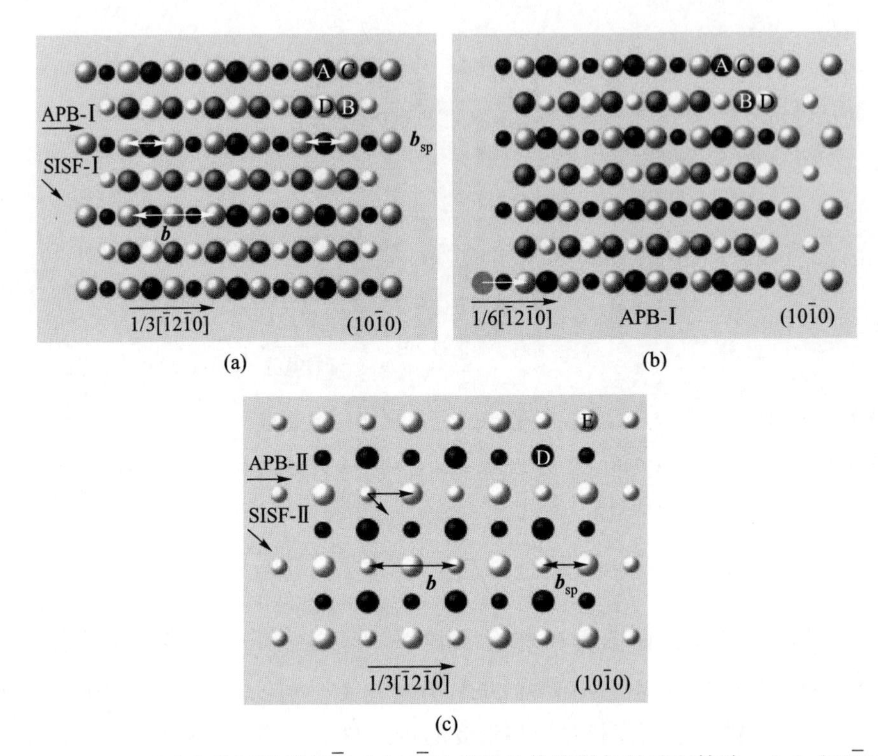

图 5.26　α_2-Ti_3Al 中与柱面滑移〈$1\bar{2}10$〉{$10\bar{1}0$}相关的伯格斯矢量及面缺陷。(a)($10\bar{1}0$)滑移面的原子组态，即图 5.25 中的 S_I 面。图中随亮度的增加表示出 ABCD 4 层相邻的($10\bar{1}0$)面，A 层为最下层，滑移面和层错面位于 B 面和 C 面之间，图中标出了可形成 APB-Ⅰ型反相畴和 SISF-Ⅰ型超点阵内禀层错的切变，超位错伯格斯矢量为 1/3[$1\bar{2}10$]，相关超不全位错的伯格斯矢量为 1/6[$1\bar{2}10$]；(b) 上层原子面 C 和 D 沿 1/6[$\bar{1}2\bar{1}0$]方向位移形成的 APB-Ⅰ型结构；(c) D 层和 E 层之间($10\bar{1}0$)滑移面的结构，这两层原子面均由 Ti 和 Al 原子共同组成(图 5.25 中的 S_{II} 面)

位错的滑移行为。在电镜中进行的多晶 Ti-24Al 合金原位变形实验表明此滑移系中存在两种位错[162,163]。当 1/3〈$11\bar{2}0$〉{$10\bar{1}0$}分解为低能量的 APB-Ⅰ时，超不全位错的间距很宽，沿螺型方向排列，位错倾向于以扩展位错组的形式迁移。位错通过扭折凸出的方式跳跃滑移，表明其受到了高点阵阻力的钉扎。相反的，当分解出现 APB-Ⅱ时，1/3〈$11\bar{2}0$〉的分解宽度明显减小。具有这种位错芯结构的位错在遇到较弱的阻碍时可平滑地凸出，并平稳地向前推进，这表明其点阵阻力较小。可以推断，包含 APB-Ⅱ的 1/3〈$11\bar{2}0$〉超位错可能发生交滑移从而产生在能量上更合适的 APB-Ⅰ型组态，然而却很少观察到这样的现象[162,163]。

$1/3\langle 11\bar{2}0\rangle$ 超位错也可能在基面滑移，但是相较于柱面滑移，这种情况则少得多[159,160,162,163,174-176]。仅在基面滑移的施密特因子至少为柱面滑移的两倍时，才可出现大量基面滑移；但是基面滑移出现时，一般也伴有柱面滑移[163]。图 5.27(a)和图 5.27(b)展示了 $1/3\langle 11\bar{2}0\rangle(0001)$ 滑移系的原子结构及相关全位错和不全位错的伯格斯矢量。在基面可能出现附带 APB、SISF 和 CSF 的位移切变，如图 5.27(c)所示[15]。由上层 B 原子沿 $1/6[\bar{1}\bar{1}20]$ 方向位移导致的 APB 如图 5.27(d)中所示；基面上的 APB 能量见表 5.4。原位变形实验表明，$1/3\langle 11\bar{2}0\rangle$ 超位错以超不全位错对的形式跳跃滑移，其间夹着 APB。在低温和中温条件下，基面滑移表现得非常平面化，即大量位错是在同一滑移面滑移。这种应变集中显然可导致出现剪切裂纹[159,162]。

表 5.4　α_2-Ti_3Al 的层错能(mJ/m^2)

Γ(CSF) (0001)	Γ(APB) (0001)	Γ(APB) $\{11\bar{2}1\}$	Γ(APB-Ⅰ) $\{10\bar{1}0\}$	Γ(APB-Ⅱ) $\{10\bar{1}0\}$	Γ(SISF) (0001) $\{10\bar{1}0\}$	测定方法	参考文献
	63		42	84	69	WB	[162, 163]
	63		11	101	44.7	F-S	[170]
320	300	293	133	506		LDF/FLAPW	[171]
	299		129.4	484.4	69	LDF	[172]
	270		108.4	446.6		LDF	[172]
			6	318		EAM	[173]

CSF：复杂堆垛层错；APB：反向畴界；SISF：超点阵内禀层错；WB：弱束透射电子显微术；EAM：嵌入原子势法；F-S：Finnis-Sinclair 势法；LDF：局域密度泛函理论；FLAPW：全势能线性缀加平面波法。

第 3 组潜在的滑移系为 $1/3\langle\bar{1}2\bar{1}6\rangle\{1\bar{2}11\}$，如图 5.28 所示。$\{1\bar{2}11\}$ 面也被称为Ⅱ型二阶锥面或 $\boldsymbol{\pi}_2$ 平面。$\langle 2\boldsymbol{c}+\boldsymbol{a}\rangle$ 型位错，即 $1/3\langle\bar{1}2\bar{1}6\rangle$，以 $1/6\langle\bar{1}2\bar{1}6\rangle$ 超不全位错的形式迁移，其间在 $\{1\bar{2}11\}$ 面上夹一个反向畴条带[158-160,177,178]。Legros 等[179,180]在 TEM 原位变形中的观察发现，在某些情况下，$1/3\langle\bar{1}2\bar{1}6\rangle$ 位错也可以在 $\{2\bar{2}01\}$ 面上滑移。$\{2\bar{2}01\}$ 面也被称为一阶锥面或 $\boldsymbol{\pi}_1$ 平面。Legros 等[179]将位错对不同锥面的选择归因于位错滑移相对剪切方向的本征各向异

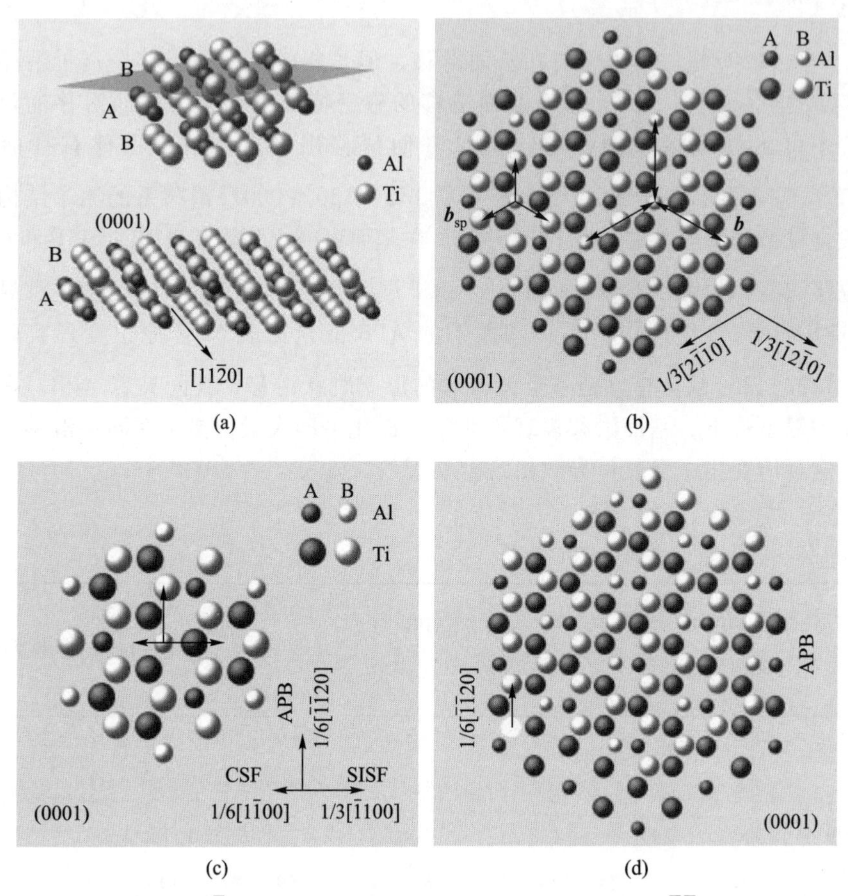

图 5.27　Ti_3Al 的 1/3⟨11$\bar{2}$0⟩(0001)基面滑移：(a) 两个(0001)面沿[$\bar{1}\bar{1}$20]方向的透视图；(b) 自[0001]方向观察的(0001)滑移面原子结构，图为两个相邻的原子面 A 和 B，滑移面位于其间，超位错伯格斯矢量为 $\boldsymbol{b}$ = 1/3[1$\bar{2}$10]，相关的超不全位错伯格斯矢量为 $\boldsymbol{b}_{sp}$ = 1/6[1$\bar{2}$10]；(c) 与 1/3⟨11$\bar{2}$0⟩(0001)相关的 α_2-Ti_3Al 的层错，图为两个相邻的(0001)面，颜色较深的 A 面位于下层，与反相畴(APB)、超点阵内禀层错(SISF)和复杂堆垛层错(CSF)相关的位移矢量在图中标出；(d) 由上层 B 原子沿 1/6[$\bar{1}\bar{1}$20]方向位移形成的 APB 结构

性，即在压缩条件下的滑移面为 $\boldsymbol{\pi}_2$ 面而在拉伸条件下为 $\boldsymbol{\pi}_1$ 面。为表述完整，应该指出，在极少情况下，在二阶柱面{2$\bar{1}\bar{1}$0}上也观察到⟨$\boldsymbol{c}$⟩滑移[181,182]。由于这种[0001]位错滑移总是沿特定的晶体学取向排列，因此被高 Perierls 应力钉扎。

至今，尽管已经对名义成分 Ti_3Al 单晶合金进行了宽温度范围和冲击加载

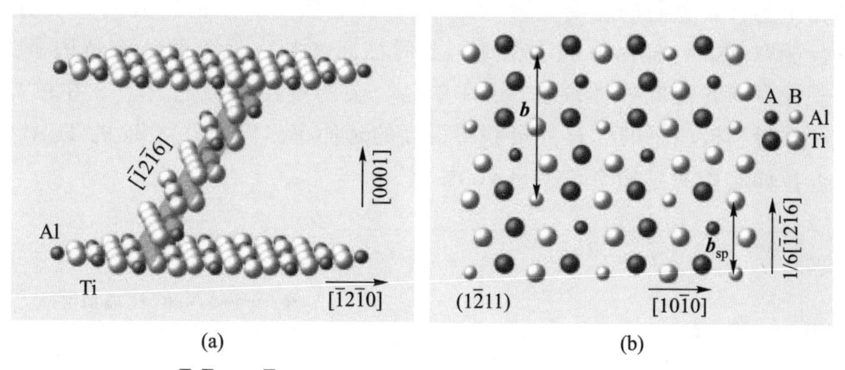

图 5.28 α_2-Ti_3Al 的$\langle\bar{1}2\bar{1}6\rangle\{1\bar{2}11\}$锥面滑移。(a) 两个相邻($1\bar{2}11$)面沿近[$10\bar{1}0$]方向的透视图；(b) ($1\bar{2}11$)面的原子结构，图为两个原子面 ***A*** 和 ***B***，滑移面位于其间，超位错伯格斯矢量为 $\boldsymbol{b}=1/3[\bar{1}2\bar{1}6]$，相关的超不全位错伯格斯矢量为 $\boldsymbol{b}_{sp}=1/6[\bar{1}2\bar{1}6]$

等高应变速率的实验[183]，但在 Ti_3Al 单晶合金中还没有观察到机械孪晶现象。这一结果与 α-Ti 中的情形不同，后者则在低温和高温下均出现了大量孪晶变形[82,184]。名义成分 Ti_3Al 难以孪晶变形的原因为其原子扰动机制非常复杂[185]；除需要为达成六方结构孪晶所需的必要原子扰动之外，还需要为保持 DO_{19}有序结构的额外的 Ti 和 Al 原子的占位互换机制。然而，Lee 等[186]对多晶 Ti-34Al 的研究发现，偏离名义成分的 Ti_3Al 合金显然更容易触发孪晶变形。他们认为孪晶在晶界的形核可能对激活孪晶变形机制非常重要。

综上，α_2-Ti_3Al 的塑性变形可在柱面、基面和锥面滑移系中产生，这一点和与之密切相关的无序 α-Ti 金属的行为类似。但是，α_2-Ti_3Al 的变形由位错芯结构复杂的超位错完成。位错的分解反应包含了多种层错，这显然使某些滑移系的激活较为困难。

5.2.2 取向和温度对 α_2 相变形的影响

为研究开动上述滑移系的相对难易程度，人们已在 Ti_3Al 单晶合金中进行了宽温度范围和不同样品取向的多组测试。图 5.29 展示了不同研究人员测定的柱面、基面和锥面滑移开动的临界分切应力 τ_c(CRSS)[160,175,177,187,188]。这些数据清楚地表明，最容易激活的是柱面滑移，而后是基面和锥面滑移；它们之间 τ_c 值的比率约为

$$\tau_{c柱面}:\tau_{c基面}:\tau_{c锥面}\approx 1:3:9 \tag{5.12}$$

柱面和基面滑移仅包含了$\langle \boldsymbol{a}\rangle$型位错，无法满足 von Mises 准则所要求的整体塑性所需的 5 个独立滑移系[93]。为满足这一要求，必须产生锥面滑移来协调六

方结构中包含 c 方向的应变分量[189]。然而，屈服应力上的较大差异表明锥面滑移仅能在[0001]样品取向下激活，此时柱面和基面滑移的施密特因子为 0。这种塑性各向异性同样体现在 Ti_3Al 单晶合金的塑性变形能力上。在单晶中，当纯柱面滑移被激活时，样品可获得极高的延伸率。例如，富 Ti 的 Ti_3Al 单晶的室温拉伸实验的延伸率可超过 200%[159]。

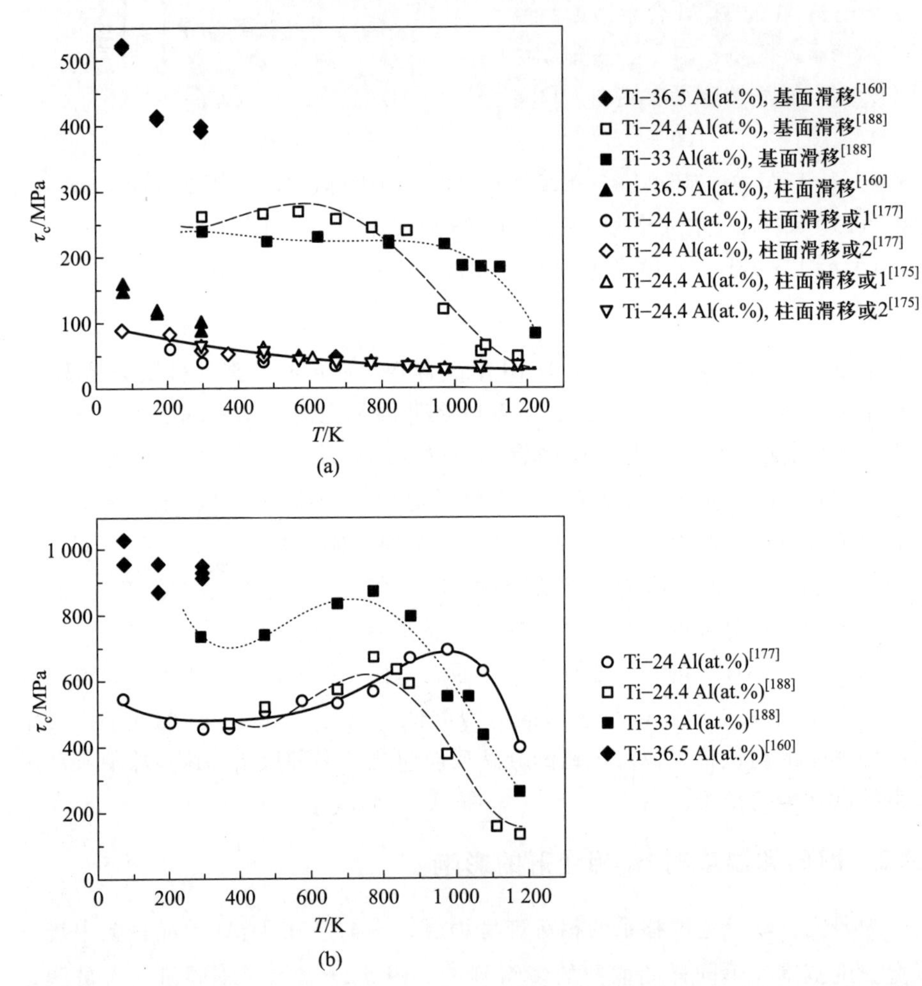

图 5.29　Ti_3Al 单晶合金的变形行为，临界分切应力随温度的变化：(a) 基面滑移 $1/3\langle 11\bar{2}0\rangle(0001)$ 和柱面滑移 $1/3\langle 11\bar{2}0\rangle\{10\bar{1}0\}$（两种样品取向）；(b) $1/3\langle \bar{1}\bar{2}1\bar{6}\rangle\{1\bar{2}11\}$ 锥面滑移

基面滑移的 CRSS 与样品取向无关，表明其遵守施密特定律。柱面滑移和基面滑移表现出正常的流变应力随温度升高而降低的趋势。这与锥面滑移的

CRSS 不同，后者则表现出随温度的反常屈服强度现象，峰值强度出现在 500~600 ℃[图 5.29(b)]。锥面滑移的这种反常应力-温度曲线大幅增强了 Ti_3Al 合金在中温区的塑性各向异性。因此，与一般的经验不同，脆性裂纹出现的倾向性可能随着温度的升高而上升。偏离名义成分的合金也表现出了类似的现象，而它们的屈服强度通常更高[159,160,188]。目前还不清楚这种硬化现象的机理，但它可能与富 Ti 的 Ti_3Al 合金中的特殊点缺陷情形相关[190,191]，这将在 6.4.3 节中讨论。

目前人们显然还没有完全理解 Ti_3Al 合金的滑移几何学。Ti_3Al 合金中柱面滑移的强烈倾向性与经典的点阵阻力理论不符，即面间距最大的晶面应该为最优先滑移面[9]。在 Ti_3Al 中，(0001)面的面间距要显著大于$\{10\bar{1}0\}$面的。因此，$1/3\langle 11\bar{2}0\rangle$超位错在(0001)面上的可动性应该更强，而这与实验观察不符。基于 Greenberg 等[128]的观点，Court 等[158]认为 Ti_3Al 的变形行为源自其原子的键合特点。在仅由 Ti 原子构成的晶体学平面之间应存在强力的共价键，这就钉扎了一些特定的位错结构。在$\{10\bar{1}0\}$、$\{11\bar{2}0\}$和$\{0\bar{1}\bar{1}1\}$面上均存在这样的 Ti 原子层。因此，位错中取向接近$\langle 10\bar{1}0\rangle$、$\langle 11\bar{2}0\rangle$和$\langle 0\bar{1}12\rangle$的部分将被高 Peierls 应力阻碍。Legros 等[162]认为共价键并非点阵阻力产生的唯一原因，因为这种机制同样可导致柱面上两种 $1/3\langle 11\bar{2}0\rangle$位错也受到点阵阻力，但显然并非如此。

基于原子模拟，Cserti 等[170]提出 $1/3\langle 11\bar{2}0\rangle$超位错的可动性是由其非平面扩展位错芯决定的，即 $1/3\langle 11\bar{2}0\rangle$超位错更容易在柱面而非基面上分解为超不全位错，因为柱面上的 APB 能量更低。计算表明，$1/6\langle 11\bar{2}0\rangle$超不全位错可以同时扫过柱面和基面，这就形成了不可动的非平面位错芯组态。Legros 等[162]指出，重复性的钉扎和解除钉扎机制自然解释了实验上观察到的位错的跳跃式迁移现象。在锥面滑移系中也可提出类似的机制。观察发现，在$\{11\bar{2}1\}$面上滑移的 $1/3\langle\bar{1}\bar{1}26\rangle\{1\bar{2}11\}$位错的分解宽度明显大于 $1/3\langle 11\bar{2}0\rangle$[192,193]，Loretto[194]认为其中一个 $1/6\langle\overline{11}26\rangle$超不全位错可能进一步分解为 $1/6\langle 11\bar{2}0\rangle$和[0001]位错，从而导致钉扎。

总之，Ti_3Al 合金中存在一些潜在的滑移系，原则上可对多晶组织提供足够的剪切分量。但是，其具有强烈的柱面滑移倾向性，这就使其实际上几乎无法进行六方结构中 $\boldsymbol{c}$ 方向的塑性切变。中温区间锥面滑移 CRSS 随温度的反常上升行为进一步加强了这种塑性各向异性。因此，多晶 Ti_3Al 合金的脆性问题可归结为缺少应力强度相近的独立滑移系，从而无法满足 von Mises 准则[93]。

5.3　β/B2 相合金

如第 2 章中所述，体心立方结构(bcc)的 β 相及其有序结构 B2 相在含难熔金属(如 Cr、W、Mo、Nb、Ta 和 V 等)低 Al 含量的 TiAl 合金的相组成中占据了很大一部分。在多相组成的 TiAl 合金中，目前几乎没有关于这两相变形行为的有价值的信息。因此本节主要讨论 bcc 和 B2 结构的变形运动学方面的内容。

图 5.30 以硬球模型展示了 bcc 结构，硬球在〈111〉方向，即体心对角线方向上互相接触。这种结构可以通过相同{112}原子层以 ABCDEFABCDEF 的顺序，在垂直于这 6 层原子面的方向上以相同的间距连续重复堆垛形成。此结构也可以被认为是{110}原子面以 ABAB 的顺序堆垛形成，即每两层原子面互相重复。在几乎所有的情况下，bcc 金属的剪切变形均沿密排方向〈111〉进行，即最短点阵位移或伯格斯矢量为 $\boldsymbol{b}=1/2\langle 111\rangle$[图 5.30(b)]。与 fcc 金属不同，bcc 金属中没有倾向性较强的滑移面，这是因为其本身不存在完全密排的晶面。一般观察到的滑移面为{110}面，即晶体结构中的最密排面。滑移也可以在{112}和{123}面上进行。这 3 组滑移面共有一个$\langle\bar{1}\bar{1}1\rangle$晶带轴，即 3 组{110}、3 组{112}和 6 组{123}共同相交于一个〈111〉方向，此方向为位错的伯格斯矢量方向[图 5.30(c)]。因此，从 von Mises 准则[93]的角度看，多晶 bcc 金属中有充足的可用于变形的独立滑移系[9]。如果易于发生交滑移，螺位错可以在不同{110}面或{110}、{112}和{123}面的各种组合情形中滑移，这使得确定位错的滑移面极其困难。一般认为，{123}或{112}面上的滑移实际上是由{110}面上的“复合滑移台阶”构成。主滑移面随合金成分、晶体取向、温度和应变速率而变化。在高温下，也可观察到非晶体学平面的滑移。

Vitek[195]的原子计算表明，bcc 结构中除{112}面外不存在亚稳的层错。“亚稳”一词表示层错的能量足够低以使得位错可以分解或层错可生长。然而，Hirsch[196]指出，1/2〈111〉伯格斯矢量位于 bcc 点阵结构中的三重对称轴上，这使螺位错可以进行三重分解至 3 个以〈111〉为晶带轴的{110}面上。原子模拟也已证明了这种非平面扩展位错芯的存在[197-200]。这种机制解释了滑移面难以确定、bcc 金属的高 Peierls 应力以及变形后的位错结构倾向于形成直螺型位错组态等问题产生的原因。非平面位错芯导致的一个重要结果是位错行为易形成不可动的应力张量分量[198]。这种螺位错的自陷及其双扭折的热形核致松动机制，是解释 bcc 金属在低温下流变应力迅速上升现象时的一般思路[200]。更多的信息请读者参阅一些综述文章[201-206]。

在所有的 bcc 过渡金属中，低温或高应变速率下的形变孪晶是一种主要的

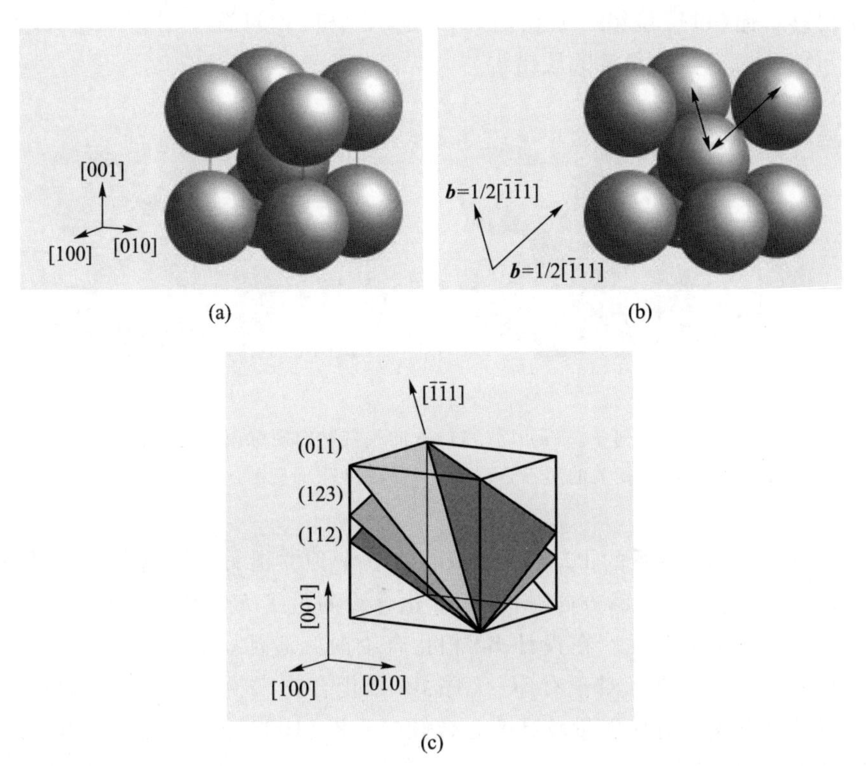

图 5.30 体心立方(bcc)结构的滑移几何学。(a) 以在⟨111⟩方向上相接触的硬球模型表示的单胞；(b) 1/2⟨111⟩伯格斯矢量示意图，其中一个顶点处的原子被去掉了；(c) bcc 结构中的潜在滑移系

变形机制。最重要的孪晶系统的孪晶元素为 $K_1=\{112\}$，$K_2=\{\overline{1}\overline{1}2\}$，$\boldsymbol{\eta}_1=\langle\overline{1}\overline{1}1\rangle$，$\boldsymbol{\eta}_2=\langle 111\rangle$，相关综述见文献[82，91]。连续的孪晶切变可由 1/6⟨111⟩不全位错完成。在 K_1 面上，孪晶和反孪晶的切变是非对称的。在孪晶和滑移之间有一种有趣的相似，这可能与上文所描绘的 1/2⟨111⟩位错芯结构有关。当施加外应力使位错以孪晶模式在{112}面移动而非反孪晶模式时，位错滑移看起来更容易一些，即使位错真正的滑移面并非{112}。

有序化之后，bcc 结构的对称性就降低为 B2 结构了，如图 5.31。A 和 B 原子分别占据互相交叉的两个简单立方单胞，相对位移为(1/2，1/2，1/2)。在三元合金 Ti_2AlCr[207] 和 Ti_2AlMo[208] 中可找到 B2 相的范例。按从小到大的顺序，最短位移矢量分别为⟨100⟩、⟨110⟩和⟨111⟩。一般来讲，低温下的变形只能观察到⟨100⟩和⟨111⟩伯格斯矢量。bcc 结构中的全位错 1/2⟨111⟩在 B2 结构中转变为拖曳 APB 的超不全位错。Baker 和 Munroe[206] 与 Sauthoff[209] 对 B2 化合物的力学性能进行了系统调研。观察发现，⟨100⟩位错一般在{011}和{001}

面上滑移，而〈111〉位错一般在{110}、{112}和{123}面上滑移。在 B2 结构中，目前认为不存在稳定的层错[19,210]。

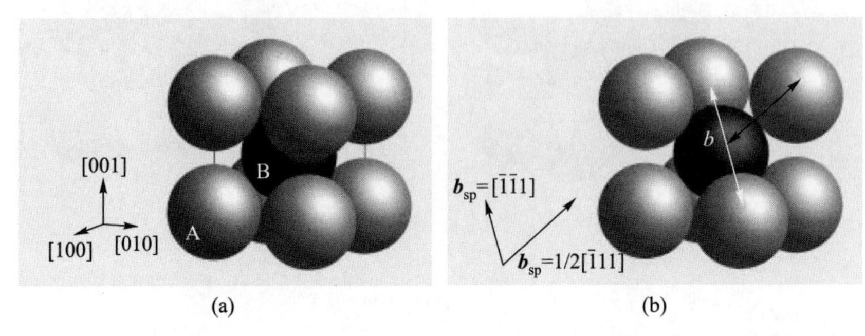

图 5.31　B2 结构的滑移几何学。(a) 以〈111〉方向相接触的硬球模型表示的单胞；(b) 超位错伯格斯矢量 $\boldsymbol{b}$ =〈111〉和相关的超不全位错 $\boldsymbol{b}$ = 1/2〈111〉示意图

仅有〈100〉滑移系的 B2 相合金只存在 3 个独立滑移系，这对于多晶组织来说是不够的。在〈111〉方向滑移的 B2 化合物满足了 5 个独立滑移系的条件，因此应该具有本征塑性。在设计 B2 相化合物时，激活〈111〉滑移系就成了一个很重要的考虑因素。对于有序-无序 B2 相化合物来说，滑移方向的选择显然与有序度有关。有序能量较高的合金倾向于沿〈100〉方向滑移，而有序度较低的合金则倾向于沿〈111〉方向滑移[206,211]。Baker[212] 指出，选择〈111〉或〈100〉滑移系的基本原则目前还没有完全解释清楚。

完全有序化的 B2 相化合物显然不能以 bcc 的孪晶系统进行孪晶变形。因此无法通过孪晶来缓解由于缺少独立滑移系而导致的应力集中。Nguyen-Man 和 Pettifor 通过第一性原理计算[213]表明 B2 相易分解为结构相关的其他稳定或亚稳相。在这种情况下可以讨论 B2 相化合物的伪孪晶，其实际上应该被描述为自简单立方 $Pm\bar{3}m$ 结构向正交结构 Cmmm 的马氏体转变。但这一机制能否在一般应力水平下出现目前还有争议。更多的细节请参考最近的综述文章[21,82,91]。

目前关于 γ-TiAl 基合金中 β/B2 相变形行为的报道很少，可归纳为以下几点。β-Ti 的 1/2〈111〉滑移可在{110}、{112}和{123}面上进行[214]。Banerjee 等[215]研究了 Ti_3Al-Nb 合金的变形结构，其中的 B2 相由 Ti_2AlNb 来表示。他们发现 B2 相沿〈111〉方向在{110}、{112}和{123}面上滑移，滑移非常倾向于局域化并形成滑移带。Morris 和 Li[216] 认为 Ti-44Al-2Mo 合金中的 B2 相被 ω 相强化，对室温压缩变形样品的 TEM 观察发现 γ 相为主要的变形相。B2 相的变形由局部应力集中激发，B2 相中的位错滑移为〈100〉和在{110}面上发生分解的〈111〉超位错。因此，相对于 γ 相来说，B2 相的变形更加困难。

Fu-Sheng Sun 等[217]通过添加 Fe、Cr、V 和 Nb 等第 3 或第 4 组元元素在双相($\alpha_2+\gamma$)合金中稳定了大量的 B2 相。室温变形后，他们发现 B2 相内部几乎没有位错运动，但是 B2 相晶粒发生开裂。这一发现说明 B2 相在低温下是相对较脆的。

Naka 和 Khan[218]比较了单相 β 和 B2 相合金的变形行为。无序 β 相合金 Ti-10Al-60Nb-10Mo 在 25 ℃和 800 ℃下表现为〈111〉{110}滑移。室温变形后发现的 1/2〈111〉位错沿其螺型方向排列，表明它们受到高 Peierls 应力的钉扎。有序 B2 相合金 Ti-17Al-32Nb-17Mo 的变形行为取决于变形温度。室温下其变形由〈111〉$\{1\bar{2}1\}$和〈001〉$\{1\bar{1}0\}$滑移系控制；800 ℃变形时，则由〈111〉$\{1\bar{1}0\}$和〈001〉$\{1\bar{1}0\}$控制。〈111〉位错没有发生分解，表明 APB 的能量较高。〈111〉滑移的开动有益于多晶材料的变形能力。

总之，bcc 结构的无序 β 相具备了足够的滑移和孪晶系统，满足了 von Mises 准则，这使多晶材料的塑性变形具备了很好的前提条件。在其有序化结构 B2 中，这种情形仅在〈111〉切变能够被激活的条件下存在。在 β 相和 B2 相中，具体哪种滑移系开动强烈地依赖于合金成分、有序度、点缺陷状态和变形条件。因此，这两相对钛铝合金变形能力的影响仍不是很清楚。

参考文献

[1] Shechtman, D., Blackburn, M. J., and Lipsitt, H. A. (1974) *Metall. Trans. A*, **5A**, 1373.

[2] Lipsitt, H. A., Shechtman, D., and Schafrik, R. E. (1975) *Metall. Trans. A*, **6A**, 1991.

[3] Hug, G., Loiseau, A., and Veyssière, P. (1988) *Philos. Mag.*, **57**, 499.

[4] Hug, G. (1988) *Etude par microscopie électronique en faisceau faible de la dissociation des dislocations dans TiAl: relation avec le comportement plastique.* PhD Thesis, Université de Paris-Sud, France.

[5] Hug, G., Loiseau, A., and Lasalmonie, A. (1986) *Philos. Mag.*, **54**, 47.

[6] Veyssière, P. (1988) *Rev. Phys. Appl.*, **23**, 431.

[7] Court, S. A., Vasudevan, V. K., and Fraser, H. L. (1990) *Philos. Mag. A*, **1**, 141.

[8] Yamaguchi, M. and Umakoshi, Y. (1990) *Prog. Mater. Sci.*, **34**, 1.

[9] Hirth, J. P. and Lothe, J. (1992) *Theory of Dislocations*, Krieger, Melbourne.

[10] Sun, Y. Q. (1999) *Philos. Mag. Lett.*, **79**, 539.

[11] Jiao, Z., Whang, S. H., Yoo, M. H., and Feng, Q. (2002) *Mater. Sci. Eng. A*, **329-331**, 171.

[12] Feng, Q. and Whang, S. H. (2000) *Acta Mater.*, **48**, 4307.

[13] Jiao, Z., Whang, S. H., and Wang, Z. (2001) *Intermetallics*, **9**, 891.

[14] Yoo, M. H. (1998) *Scr. Mater.*, **39**, 569.

[15] Whang, S. H. and Hahn, Y. D. (1990) *Scr. Metall. Mater.*, **24**, 1679.

[16] Jiao, S., Bird, N., Hirsch, P. B., and Taylor, G. (1998) *Philos. Mag. A*, **78**, 777.

[17] Inui, H., Matsumoro, M., Wu, D. H., and Yamaguchi, M. (1997) *Philos. Mag. A*, **75**, 395.

[18] Peierls, R. E. (1940) *Proc. Phys. Soc.*, **52**, 34.

[19] Paidar, V. and Vitek, V. (2002) *Intermetallic Compounds. Vol.* 3, *Principles and Practice* (eds J. H. Westbrook and R. L. Fleischer), John Wiley & Sons, Ltd, Chichester, p. 437.

[20] Vitek, V. (1974) *Crystal Lattice Defects*, **5**, 1.

[21] Christian, J. W. and Laughlin, D. E. (1988) *Acta Metall.*, **36**, 1617.

[22] Yoo, M. H. (1989) *J. Mater. Res.*, **4**, 50.

[23] Yoo, M. H., Fu, C. L., and Lee, J. K. (1994) *Twinning in Advanced Materials* (eds M. H. Yoo and M. Wuttig), TMS, Warrendale, PA, p. 97.

[24] Inkson, B. and Humphreys, C. J. (1995) *Philos. Mag. Lett.*, **71**, 307.

[25] Girshick, A. and Vitek, V. (1995) *High-Temperature Ordered Intermetallic Alloys VI*, *Materials Research Society Symposia Proceedings*, vol. 364 (eds J. A. Horton, I. Baker, S. Hanada, R. D. Noebe, and D. S. Schwartz), MRS, Pittsburgh, PA, p. 145.

[26] Greenberg, B. A. (1970) *Phys. Status Solidi*, **42**, 459.

[27] Hug, G. and Veyssière, P. (1989) *Electron Microscopy in Plasticity and Fracture Research of Materials* (eds U. Messerschmidt, F. Appel, and V. Schmidt), Akademie Verlag, Berlin, p. 451.

[28] Flinn, P. A. (1960) *Trans. Metall. Soc. AIME*, **218**, 145.

[29] Fu, C. L. and Yoo, M. H. (1990) *Philos. Mag. Lett.*, **62**, 159.

[30] Fu, C. L. and Yoo, M. H. (1993) *Intermetallics*, **1**, 59.

[31] Yoo, M. H. and Fu, C. L. (1993) *Structural Intermetallics* (eds R. Darolia, J. J. Lewandowski, C. T. Liu, P. L. Martin, D. B. Miracle, and M. V. Nathal), TMS, Warrendale, PA, p. 283.

[32] Woodward, C., MacLaren, J. M., and Rao, S. I. (1991) *High-Temperature Ordered Intermetallic Alloys IV*, *Materials Research Society Symposia Proceedings*, vol. 213 (eds L. A. Johnson, D. P. Pope, and J. O. Stiegler), MRS, Pittsburgh, PA, p. 715.

[33] Woodward, C., MacLaren, J. M., and Rao, S. I. (1992) *J. Mater. Res.*, **7**, 1735.

[34] Simmons, J. P., Rao, S. I., and Dimiduk, D. M. (1993) *High-Temperature Ordered Intermetallic Alloys V*, *Materials Research Society Symposia Proceedings*, vol. 288 (eds I. Baker, R. Darolia, J. D. Whittenberger, and M. H. Yoo), MRS, Pittsburgh, PA, p. 335.

[35] Panova, J. and Farkas, D. (1995) *Gamma Titanium Aluminides* (eds Y. W. Kim, R. Wagner, and M. Yamaguchi), TMS, Warrendale, PA, p. 331.

[36] Woodward, C. and MacLaren, J. M. (1996) *Philos. Mag. A*, **74**, 337.

[37] Ehmann, J. and Fähnle, M. (1998) *Philos. Mag. A*, **77**, 701.

[38] Yoo, M. H. and Fu, C. L. (1998) *Metall. Mater. Trans. A*, **29A**, 49.

[39] Hug, G., Douin, J., and Veyssière, P. (1989) *High-Temperature Ordered Intermetallic Alloys III*, *Materials Research Society Symposia Proceedings*, vol. 133 (eds C. T. Liu, A. I. Taub, N. S. Stoloff, and C. C. Koch), MRS, Pittsburgh, PA, p. 125.

[40] Stucke, M. A., Vasudevan, V. K., and Dimiduk, D. M. (1995) *Mater. Sci. Eng. A*, **192–193**, 111.

[41] Wiezorek, J. M. K. and Humphreys, C. J. (1995) *Scr. Metall. Mater.*, **33**, 451.

[42] Simmons, J. P., Mills, M. J., and Rao, S. I. (1995) *High-Temperature Ordered Intermetallic Alloys VI*, *Materials Research Society Symposia Proceedings*, vol. 364 (eds J. A. Horton, I. Baker, S. Hanada, R. D. Noebe, and D. S. Schwartz), MRS, Pittsburgh, PA, p. 137.

[43] Cockayne, D. J. H., Ray, I. L. F., and Whelan, M. J. (1969) *Philos. Mag.*, **20**, 1265.

[44] Marcinkowski, M. J. (1963) *Electron Microscopy and Strength of Crystals*

(eds G. Thomas and J. Washburn), Interscience, New York, p. 431.

[45] Suzuki, K., Ichihara, M., and Takeuchi, M. (1979) *Acta Metall.*, **27**, 193.

[46] Suzuki, H. (1952) *Sci. Rep. Tohoku Univ.*, **A4**, 455.

[47] Suzuki, H. (1962) *J. Phys. Soc.* (*Japan*), **17**, 322.

[48] Veyssière, P. and Douin, J. (1995) *Intermetallic Compounds. Vol. 1, Principles* (eds J. H. Westbrook and R. L. Fleischer), John Wiley & Sons, Ltd, Chichester, p. 519.

[49] Greenberg, B. A. (1973) *Phys. Status Solidi*, **55**, 59.

[50] Greenberg, B. A. and Gornostirev, Y. N. (1982) *Scr. Metall.*, **16**, 15.

[51] Hahn, Y. D. and Whang, S. H. (1990) *Scr. Metall. Mater.*, **24**, 139.

[52] Inkson, B. (1998) *Philos. Mag. A*, **77**, 715.

[53] Jiao, S., Bird, N., Hirsch, P. B., and Taylor, G. (1999) *Philos. Mag. A*, **79**, 609.

[54] Vitek, V. (1998) *Intermetallics*, **6**, 579.

[55] Hemker, K. J., Viguier, B., and Mills, M. J. (1993) *Mater. Sci. Eng. A*, **164**, 391.

[56] Farenc, S. V. and Couret, A. (1993) *High-Temperature Ordered Intermetallic Alloys V, Materials Research Society Symposia Proceedings*, vol. 288 (eds I. Baker, R. Darolia, J. D. Whittenberger, and M. H. Yoo), MRS, Pittsburgh, PA, p. 465.

[57] Li, Z. X. and Whang, S. H. (1992) *Mater. Sci. Eng. A*, **152**, 182.

[58] Morris, D. G., Günter, S., and Leboeuf, M. (1994) *Philos. Mag. A*, **69**, 527.

[59] Sriram, S., Vasudevan, V. K., and Dimiduk, D. M. (1995) *Mater. Sci. Eng. A*, **192–193**, 217.

[60] Zhang, Y. G., Xu, Q., Chen, C. Q., and Li, H. X. (1992) *Scr. Metall. Mater.*, **26**, 865.

[61] Viguier, B. and Hemker, K. (1996) *Philos. Mag. A*, **73**, 575.

[62] Grégori, F. and Veyssière, P. (2000) *Philos. Mag. A*, **80**, 2933.

[63] Zhang, Y. G., Lei, C. H., Chen, C. Q., and Chaturvedi, M. C. (1998) *Philos. Mag. Lett.*, **77**, 33.

[64] Chiu, Y. L., Grégori, F., Nakano, T., Umakoshi, Y., and Veyssière, P. (2003) *Philos. Mag.*, **83**, 1347.

[65] Greenberg, B. A., Antonova, O. V., Indenbaum, V. N., Karkina, L.

E., Notkin, A. B., Pomarev, M. V., and Smirnov, L. V. (1991) *Acta Metall. Mater.*, **39**, 233.

[66] Kear, B. H. and Wilsdorf, H. G. (1962) *Trans. Metall. Soc. AIME*, **224**, 382.

[67] Zupan, M. and Hemker, K. J. (2003) *Acta Mater.*, **51**, 6277.

[68] Wang, Z. M., Wei, C., Feng, Q., Whang, S. H., and Allard, L. F. (1998) *Intermetallics*, **6**, 131.

[69] Mahapatra, R., Girschick, A., Pope, D. P., and Vitek, V. (1995) *Scr. Metall. Mater.*, **33**, 1921.

[70] Rao, S., Woodward, C., Simmons, J., and Dimiduk, D. M. (1995) *High-Temperature Ordered Intermetallic Alloys VI*, *Materials Research Society Symposia Proceedings*, vol. 364 (eds J. A. Horton, I. Baker, S. Hanada, R. D. Noebe, and D. S. Schwartz), MRS, Pittsburgh, PA, p. 129.

[71] Kumar, M., Sriram, S., Schwartz, A. J., and Vasudevan, V. K. (1999) *Philos. Mag. Lett.*, **79**, 315.

[72] Lang, C., Hirsch, P. B., and Cockhayne, D. J. H. (2004) *Philos. Mag. Lett.*, **84**, 139.

[73] Feng, C. R., Michel, D. J., and Crowe, C. R. (1988) *Scr. Metall.*, **22**, 1481.

[74] Vasudevan, V. K., Stucke, M. A., Court, S. A., and Fraser, H. L. (1989) *Philos. Mag. Lett.*, **59**, 299.

[75] Huang, S. C. and Hall, E. L. (1991) *Metall. Trans. A*, **22A**, 427.

[76] Inui, H., Nakamura, A., Oh, M. H., and Yamaguchi, M. (1992) *Philos. Mag. A*, **66**, 557.

[77] Farenc, S., Coujou, A., and Couret, A. (1993) *Philos. Mag. A*, **67**, 127.

[78] Appel, F., Beaven, P. A., and Wagner, R. (1993) *Acta Metall. Mater.*, **6**, 1721.

[79] Wardle, S., Phan, I., and Hug, G. (1993) *Philos. Mag. A*, **67**, 497.

[80] Morris, M. A. (1993) *Philos. Mag. A*, **68**, 259.

[81] Appel, F. and Wagner, R. (1994) *Twinning in Advanced Materials* (eds M. H. Yoo and M. Wuttig), TMS, Warrendale, PA, p. 317.

[82] Christian, J. W. and Mahajan, S. (1995) *Prog. Mater. Sci.*, **39**, 1.

[83] Jin, Z. and Bieler, T. R. (1995) *Philos. Mag. A*, **71**, 925.

[84] Morris, M. A. and Leboeuf, M. (1997) *Intermetallics*, **5**, 339.
[85] Cerreta, E. and Mahajan, S. (2001) *Acta Mater.*, **49**, 3803.
[86] Appel, F. (2005) *Philos. Mag.*, **85**, 205.
[87] Christian, J. W. (1975) *The Theory of Transformations in Metals and Alloys*, *Part I*, Pergamon Press, Oxford.
[88] Bilby, B. A. and Crocker, A. G. (1965) *Proc. R. Soc. A*, **288**, 240.
[89] Pashley, D. W., Robertson, T. L., and Stowell, M. J. (1969) *Philos. Mag.*, **19**, 83.
[90] Yoo, M. H., Fu, C. L., and Lee, J. K. (1989) *High-Temperature Ordered Intermetallic Alloys III*, *Materials Research Society Symposia Proceedings*, vol. 133 (eds C. T. Liu, A. I. Taub, N. S. Stoloff, and C. C. Koch), MRS, Pittsburgh, PA, p. 189.
[91] Yoo, M. H. (2002) *Intermetallic Compounds. Vol.* 3, *Principles and Practice* (eds J. H. Westbrook and R. L. Fleischer), John Wiley & Sons, Ltd, Chichester, p. 403.
[92] Sun, Y. Q., Hazzledine, P. M., and Christian, J. W. (1993) *Philos. Mag. A*, **68**, 471.
[93] von Mises, R. (1928) *Z. Angew. Meth. Mech.*, **8**, 161.
[94] Schmid, E. and Boas, W. (1950) *Plasticity of Crystals*, Hughes, London.
[95] Westbrook, J. H. (1957) *Trans. Metall. Soc. AIME*, **209**, 898.
[96] Davies, R. G. and Stoloff, N. S. (1965) *Trans. Metall. Soc. AIME*, **233**, 714.
[97] Copley, S. M. and Kear, B. H. (1967) *Trans. Metall. Soc. AIME*, **239**, 977.
[98] Sauthoff, G. (1995) *Intermetallic Compounds. Vol. 1*, *Principles* (eds J. H. Westbrook and R. L. Fleischer), John Wiley & Sons, Ltd, Chichester, p. 911.
[99] Liu, C. T. and Pope, D. P. (1995) *Intermetallic Compounds. Vol. 2*, *Practice* (eds J. H. Westbrook and R. L. Fleischer), John Wiley & Sons, Ltd, Chichester, p. 17.
[100] Miracle, D. B. and Darolia, R. (1995) *Intermetallic Compounds. Vol. 2*, *Practice* (eds J. H. Westbrook and R. L. Fleischer), John Wiley & Sons, Ltd, Chichester, p. 53.
[101] Huang, S. C. and Chestnutt, J. C. (1995) *Intermetallic Compounds.*

Vol. 2, *Practice* (eds J. H. Westbrook and R. L. Fleischer), John Wiley & Sons, Ltd, Chichester, p. 73.

[102] Banerjee, D. (1995) *Intermetallic Compounds. Vol. 2*, *Practice* (eds J. H. Westbrook and R. L. Fleischer), John Wiley & Sons, Ltd, Chichester, p. 91.

[103] Tian, W. H., Sano, T., and Nemoto, M. (1993) *Philos. Mag. A*, **68**, 965.

[104] Tian, W. H. and Nemoto, M. (1995) *Gamma Titanium Aluminides* (eds Y. W. Kim, R. Wagner, and M. Yamaguchi), TMS, Warrendale, PA, p. 689.

[105] Kaufmann, M. J., Konitzer, D. G., Shull, R. D., and Fraser, H. (1986) *Scr. Metall.*, **20**, 103.

[106] Hug, G. and Fries, E. (1999) *Gamma Titanium Aluminides 1999* (eds Y. W. Kim, D. M. Dimiduk, and M. H. Loretto), TMS, Warrendale, PA, p. 125.

[107] Wiezorek, J. M. and Fraser, H. L. (1998) *Philos. Mag. A*, **77**, 661.

[108] Miida, R., Hashimoto, S., and Watanabe, D. (1982) *Jpn. J. Appl. Phys.*, **21**, L59.

[109] Nakano, T., Hagihara, S. K., Seno, T., Sumida, N., Yamamoto, M., and Umakoshi, Y. (1998) *Philos. Mag. Lett.*, **78**, 385.

[110] Inui, H., Chikugo, K., Nomura, K., and Yamaguchi, M. (2002) *Mater. Sci. Eng. A*, **329-331**, 377.

[111] Doi, M., Koyama, T., Taniguchi, T., and Naito, S. (2002) *Mater. Sci. Eng. A*, **329-331**, 891.

[112] Grégory, F. and Veyssière, P. (2001) *Philos. Mag. A*, **81**, 529.

[113] Kawabata, T., Kanai, T., and Izumi, O. (1985) *Acta Metall.*, **33**, 1355.

[114] Kawabata, T., Abumiya, T., Kanai, T., and Izumi, O. (1990) *Acta Metall. Mater.*, **38**, 1381.

[115] Kawabata, T., Kanai, T., and Izumi, O. (1991) *Philos. Mag. A*, **63**, 1291.

[116] Stucke, M. A., Dimiduk, D. M., and Hazzledine, P. M. (1993) *High-Temperature Ordered Intermetallic Alloys V*, *Materials Research Society Symposium Proceedings*, vol. 288 (eds I. Baker, R. Darolia, J. D. Whittenberger, and M. H. Yoo), Materials Research Society,

Pittsburgh, PA, p. 471.

[117] Kawabata, T., Kanai, T., and Izumi, O. (1994) *Philos. Mag. A*, **70**, 43.

[118] Wang, Z. M., Li, Z. X., and Whang, S. H. (1995) *Mater. Sci. Eng. A*, **192–193**, 211.

[119] Bird, N., Taylor, G., and Sun, Y. Q. (1995) *High-Temperature Ordered Intermetallic Alloys VI*, *Materials Research Society Symposium Proceedings*, vol. 364 (eds J. A. Horton, I. Baker, S. Hanada, R. D. Noebe, and D. S. Schwartz), Materials Research Society, Pittsburgh, PA, p. 635.

[120] Feng, Q. and Whang, S. H. (1999) *High-Temperature Ordered Intermetallic Alloys VIII*, *Materials Research Society Symposium Proceedings*, vol. 552 (eds E. P. George, M. J. Mills, and M. Yamaguchi), Materials Research Society, Warrendale, PA, p. KK1. 10. 1.

[121] Grégory, F. and Veyssière, P. (1999) *Gamma Titanium Aluminides 1999* (eds Y. W. Kim, D. M. Dimiduk, and M. H. Loretto), TMS, Warrendale, PA, p. 75.

[122] Jiao, S., Bird, N., Hirsch, P. B., and Taylor, G. (2001) *Philos. Mag. A*, **81**, 213.

[123] Pope, D. and Ezz, S. S. (1984) *Int. Met. Rev.*, **29**, 136.

[124] Hazzledine, P. M. and Sun, Y. Q. (1991) *High-Temperature Ordered Intermetallic Alloys IV*, *Materials Research Society Symposium Proceedings*, vol. 213 (eds L. A. Johnson, D. Pope, and J. O. Stiegler), Materials Research Society, Pittsburgh, PA, p. 209.

[125] Zupan, M. and Hemker, K. J. (1999) *Gamma Titanium Aluminides 1999* (eds Y. W. Kim, D. M. Dimiduk, and M. H. Loretto), TMS, Warrendale, PA, p. 89.

[126] Grégori, F. and Veyssière, P. (2000) *Philos. Mag. A*, **80**, 2913.

[127] Grégori, F. and Veyssière, P. (2001) *Mater. Sci. Eng. A*, **309–310**, 87.

[128] Greenberg, B. A., Anisimov, V. I., Gornostirev, Yu. N., and Taluts, G. G. (1988) *Scr. Metall.*, **22**, 859.

[129] Kad, B. K. and Fraser, H. L. (1994) *Philos. Mag. A*, **69**, 689.

[130] Messerschmidt, U., Bartsch, M., Häussler, D., Aindow, M., Hattenhauer, R., and Jones, I. P. (1995) *High-Temperature Ordered*

Intermetallic Alloys VI, *Materials Research Society Symposia Proceedings*, vol. 364 (eds J. A. Horton, I. Baker, S. Hanada, R. D. Noebe, and D. S. Schwartz), MRS, Pittsburgh, PA, p. 47.

[131] Appel, F. and Wagner, R. (1995) *High-Temperature Ordered Intermetallic Alloys VI*, *Materials Research Society Symposia Proceedings*, vol. 364 (eds J. A. Horton, I. Baker, S. Hanada, R. D. Noebe, and D. S. Schwartz), MRS, Pittsburgh, PA, p. 623.

[132] Sriram, S., Dimiduk, D. M., Hazzledine, P. M., and Vasudevan, V. K. (1997) *Philos. Mag. A*, **76**, 965.

[133] Appel, F. and Wagner, R. (1998) *Mater. Sci. Eng.*, **R22**, 187.

[134] Veyssière, P. and Grégori, F. (2002) *Philos. Mag. A*, **82**, 553.

[135] Veyssière, P. and Grégori, F. (2002) *Philos. Mag. A*, **82**, 567.

[136] Veyssière, P. and Grégori, F. (2002) *Philos. Mag. A*, **82**, 579.

[137] Gilman, J. J. and Johnston, W. G. (1962) *Solid State Phys.*, **13**, 147.

[138] Viguier, B., Hemker, K. J., Boneville, J., Louchet, F., and Martin, J. L. (1995) *Philos. Mag. A*, **71**, 1295.

[139] Louchet, F. and Viguier, B. (1995) *Philos. Mag. A*, **71**, 1313.

[140] Grégori, F. and Veyssière, P. (1999) *Philos. Mag.*, **A79**, 403.

[141] Nakano, T., Matsumoto, K., Seno, T., Oma, K., and Umakoshi, Y. (1996) *Philos. Mag. A*, **74**, 251.

[142] Whang, S. H., Hahn, Y. D., and Li, Z. C. (1991) *Proceedings International Symposium on Intermetallics Compounds* (*JIMIS*-6)—*Structure and Mechanical Properties* (ed. O. Izumi), Japan Institute of Metals, Sendai, p. 763.

[143] Nakano, T., Hayashi, K., Umakoshi, Y., Chiu, Y. L., and Veyssière, P. (2005) *Philos. Mag.*, **85**, 2527.

[144] Rao, P. P. and Tangri, K. (1991) *Mater. Sci. Eng. A*, **132**, 49.

[145] Sriram, S., Vasudevan, V. K., and Dimiduk, D. M. (1993) *High-Temperature Ordered Intermetallic Alloys V*, *Materials Research Society Symposia Proceedings*, vol. 288 (eds I. Baker, R. Darolia, J. D. Whittenberger, and M. H. Yoo), MRS, Pittsburgh, PA, p. 737.

[146] Sriram, S., Vasudevan, V. K., and Dimiduk, D. M. (1995) *High-Temperature Ordered Intermetallic Alloys VI*, *Materials Research Society Symposia Proceedings*, vol. 364 (eds J. A. Horton, I. Baker, S. Hanada, R. D. Noebe, and D. S. Schwartz), MRS, Pittsburgh, PA,

p. 647.
[147] Viguier, B., Boneville, J., and Martin, J. L. (1996) *Acta Mater.*, **44**, 4403.
[148] Vasudevan, V. K., Court, S. A., Kurath, P., and Fraser, H. L. (1989) *Scr. Metall.*, **23**, 467.
[149] Sparka, U. (1998) *Verformungs- und Verfestigungsverhalten in ein- und zweiphasigen Titanaluminid-Legierungen*. PhD Thesis, University Hamburg, Germany.
[150] Weihs, T. P., Zinoview, V., Viens, D. V., and Schulson, E. M. (1987) *Acta Metall.*, **5**, 1109.
[151] Menand, A., Huguet, A., and Nèrac-Partaix, A. (1996) *Acta Mater.*, **44**, 4729.
[152] Cottrell, A. H., Stokes, F. R. S., and Stokes, J. R. (1955) *Proc. R. Soc. A*, **233**, 17.
[153] Jiao, S., Bird, N., Hirsch, P. B., and Taylor, G. (1999) *High-Temperature Ordered Intermetallic Alloys VIII*, *Materials Research Society Symposium Proceedings*, vol. 552 (eds E. P. George, M. J. Mills, and M. Yamaguchi), MRS, Pittsburgh, PA, p. KK8. 11. 1.
[154] Mahpatra, R., Chou, Y. T., Girschick, A., Pope, D., and Vitek, V. (1996) *Deformation and Fracture of Ordered Intermetallic Materials III* (eds W. O. Soboyejo, T. S. Srivatsan, and H. L. Fraser), TMS, Warrendale, PA, p. 623.
[155] Lu, M. and Hemker, K. J. (1998) *Philos. Ma. A*, **77**, 325.
[156] Williams, C. J. and Blackburn, M. J. (1970) *Ordered Alloys* (eds H. Kear, T. Sims, N. S. Stoloff, and J. H. Westbrook), Claitor ' s Publishing Division, Baton Rouge, Louisiana, p. 425.
[157] Lipsitt, H. A., Shechtman, D., and Schafrik, R. E. (1980) *Metall. Trans. A*, **11A**, 1369.
[158] Court, S. A., Löfvander, J. P. A., Loretto, M. H., and Fraser, H. L. (1990) *Philos. Mag. A*, **61**, 109.
[159] Inui, H., Toda, Y., and Yamaguchi, M. (1993) *Philos. Mag. A*, **67**, 1315.
[160] Inui, H., Toda, Y., Shirai, Y., and Yamaguchi, M. (1994) *Philos. Mag. A*, **69**, 1161.
[161] Wiezorek, J. M. K., Court, S. A., and Humphreys, C. J. (1995)

Philos. Mag. Lett., **72**, 393.

[162] Legros, M., Couret, A., and Caillard, D. (1996) *Philos. Mag. A*, **73**, 61.

[163] Legros, M., Couret, A., and Caillard, D. (1996) *Philos. Mag. A*, **73**, 81.

[164] Minonishi, Y. (1990) *Philos. Mag. Lett.*, **62**, 153.

[165] Minonishi, Y. (1991) *Philos. Mag. A*, **63**, 1085.

[166] Wiezorek, J. M. K., Court, S. A., and Humphreys, C. J. (1995) *High-Temperature Ordered Intermetallic Alloys VI*, *Materials Research Society Symposia Proceedings*, vol. 364 (eds J. A. Horton, I. Baker, S. Hanada, R. D. Noebe, and D. S. Schwartz), MRS, Pittsburgh, PA, p. 659.

[167] Umakoshi, Y. and Yamaguchi, M. (1981) *Phys. Status Solidi A*, **68**, 45.

[168] Yamaguchi, M., Pope, D. P., Vitek, V., and Umakoshi, Y. (1981) *Philos. Mag. A*, **43**, 1265.

[169] Blackburn, M. J. (1967) *Trans. Metall. Soc. AIME*, **239**, 660.

[170] Cserti, J., Khanta, M., Vitek, V., and Pope, D. (1992) *Mater. Sci. Eng. A*, **152**, 95.

[171] Fu, C. L., Zou, J., and Yoo, M. H. (1995) *Scr. Metall. Mater.*, **33**, 885.

[172] Koizumi, Y., Ogata, S., Minamino, Y., and Tsuji, N. (2006) *Philos. Mag.*, **86**, 1243.

[173] Yakovenkova, L. I., Karkina, L. E., and Rabobovskaya, M. Y. (2003) *Tech. Phys.*, **48**, 56.

[174] Löfvander, J. P., Court, S. A., Kurath, P., and Fraser, H. L. (1989) *Philos. Mag. Lett.*, **59**, 289.

[175] Umakoshi, Y., Nakano, T., Takenaka, T., Sumimoto, K., and Yamane, T. (1993) *Acta Metall. Mater.*, **41**, 1149.

[176] Nakano, T., Yanagisawa, E., and Umakoshi, Y. (1995) *ISIJ Int.*, **35**, 900.

[177] Minonishi, Y. (1995) *Mater. Sci. Eng. A*, **192–193**, 830.

[178] Wiezorek, J. M. K., Humphreys, C. J., and Fraser, H. L. (1997) *Philos. Mag. Lett.*, **75**, 281.

[179] Legros, M., Minonishi, Y., and Caillard, D. (1997) *Philos. Mag. A*,

76, 995.

[180] Legros, M., Minonishi, Y., and Caillard, D. (1997) *Philos. Mag. A*, **76**, 1013.

[181] Thomas, M., Vassel, A., and Veyssière, P. (1987) *Scr. Metall.*, **21**, 501.

[182] Thomas, M., Vassel, A., and Veyssière, P. (1989) *Philos. Mag. A*, **59**, 1013.

[183] Gray, G. T., III (1992) *Shock-Wave and High-Strain Rate Phenomena in Materials* (eds M. A. Meyers, L. E. Murr, and K. P. Staudhammer), Marcel Dekker, Inc., New York, p. 899.

[184] Yoo, M. H. (1981) *Metall. Trans. A*, **12A**, 409.

[185] Yoo, M. H., Fu, C. L., and Lee, J. K. (1991) *J. Phys.*, **III**, 1065.

[186] Lee, J. W., Hanada, S., and Yoo, M. H. (1995) *Scr. Metall. Mater.*, **33**, 509.

[187] Minonishi, Y. (1993) *Intermetallic Compounds for High-Temperature Structural Applications*, *SAMPE Symp. Proc.* (eds M. Yamaguchi and H. Fukutomi), SAMPE, Chiba, Japan, p. 1542.

[188] Umakoshi, Y., Nakano, T., Sumimoto, K., and Maeda, Y. (1993) *High Temperature Ordered Intermetallic Alloys V*, *Materials Research Society Symposia Proceedings*, vol. 288 (eds I. Baker, R. Darolia, J. D. Whittenberger, and M. H. Yoo), MRS, Pittsburgh, PA, p. 441.

[189] Minonishi, Y., Ishioka, S., Koiwa, M., Morozumi, S., and Yamaguchi, M. (1981) *Philos. Mag. A*, **4**, 1017.

[190] Fröbel, U. and Appel, F. (2002) *Acta Mater.*, **50**, 3693.

[191] Fröbel, U. and Appel, F. (2006) *Intermetallics*, **14**, 1187.

[192] Court, S. A., Loretto, M. H., and Fraser, H. L. (1989) *Philos. Mag. A*, **61**, 379.

[193] Minonishi, Y., Otsuka, M., and Tanaka, K. (1991) *Proceedings International Symposium on Intermetallics Compounds (JIMIS-6)—Structure and Mechanical Properties* (ed. O. Izumi), Japan Institute of Metals, Sendai, p. 534.

[194] Loretto, M. H. (1992) *Philos. Mag. A*, **65**, 1095.

[195] Vitek, V. (1992) *Prog. Mater. Sci.*, **36**, 1.

[196] Hirsch, P. B. (1960) *Fifth Inter. Congress on Crystallography*,

University Press, Cambridge, p. 139.
[197] Vitek, V., Perrin, R. C., and Bowen, D. K. (1970) *Philos. Mag.*, **21**, 1049.
[198] Vitek, V. (1985) *Dislocations and Properties of Real Crystals* (ed. M. H. Loretto), Institute of Metals, London, p. 30.
[199] Bassinski, Z. S., Dusbery, M. S., and Taylor, R. (1970) *Philos. Mag.*, **21**, 1201.
[200] Seeger, A. and Wüthrich, C. (1976) *Nuovo Cim.*, **33B**, 38.
[201] Ohr, S. M. and Beshers, D. N. (1963) *Philos. Mag.*, **8**, 1343.
[202] Hull, D. (1963) *Electron Microscopy and Strength of Crystals* (eds G. Thomas and J. Washburn), Interscience, New York, p. 291.
[203] Keh, A. S. and Weissmann, S. (1963) *Electron Microscopy and Strength of Crystals* (eds G. Thomas and J. Washburn), Interscience, New York, p. 231.
[204] Priestner, R. and Leslie, W. C. (1965) *Philos. Mag.*, **11**, 859.
[205] Keh, A. S. (1965) *Philos. Mag.*, **12**, 9.
[206] Baker, I. and Munroe, P. R. (1990) *High-Temperature Aluminides and Intermetallics* (eds S. H. Whang, C. T. Liu, D. P. Pope, and J. O. Stiegler), TMS Publication, New York, p. 425.
[207] Huang, S. C. and Hall, E. L. (1991) *Metall. Trans. A*, **22A**, 2619.
[208] Li, Y. G. and Loretto, M. H. (1994) *Acta Metall. Mater.*, **42**, 2913.
[209] Sauthoff, G. (1995) *Intermetallics*, Wiley-VCH Verlag GmbH, Weinheim, p. 51.
[210] Yamaguchi, M., Pope, D. P., Vitek, V., and Umakoshi, Y. (1981) *Philos. Mag. A*, **3**, 867.
[211] Yoo, M. H., Takasuki, T., Hananda, S., and Izumi, O. (1990) *Mater. Trans. Jpn. Inst. Metals*, **31**, 435.
[212] Baker, I. (1995) *Mater. Sci. Eng. A*, **192–193**, 1.
[213] Nguyen-Man, D. and Pettifor, D. G. (1999) *Gamma Titanium Aluminides 1999* (eds Y. W. Kim, D. M. Dimiduk, and M. H. Loretto), TMS, Warrendale, PA, p. 175.
[214] Paton, N. E. and Williams, J. C. (1970) *Second International Conference on the Strength of Metals and Alloys*, ASM, Metals Park, OH, p. 108.
[215] Banerjee, D., Gogia, A. K., and Nandy, T. K. (1990) *Metall.*

Trans. A, **21A**, 627.

[216] Morris, M. A. and Li, Y. G. (1995) *Mater. Sci. Eng. A*, **197**, 133.

[217] Sun, F. S., Cao, C. X., Yan, M. G., Lee, Y. T., and Kim, S. E. (1999) *Gamma Titanium Aluminides 1999* (eds Y. W. Kim, D. M. Dimiduk, and M. H. Loretto), TMS, Warrendale, PA, p. 415.

[218] Naka, S. and Khan, T. (2002) *Intermetallic Compounds. Vol. 3, Principles and Practice* (eds J. H. Westbrook and R. L. Fleischer), John Wiley & Sons, Ltd, Chichester, p. 842.

第 6 章 双相 α_2-Ti_3Al+γ-TiAl 合金的变形行为

双相钛铝合金的力学性能要比其组成相 γ-TiAl 和 α_2-Ti_3Al 的单相好得多，但前提是要恰当地调控相分布和晶粒尺寸。两相对力学性能的协同提升作用无疑与显微组织对位错迁移的诸多热力学和动力学的影响相关。由于这些合金具有良好的工程应用前景，人们对材料中的界面及相关的变形机制进行了深入表征，本章即对这些问题进行讨论。

6.1 片层组织

6.1.1 片层 TiAl 合金中的界面结构

在与工程背景最相关的 α_2-Ti_3Al+γ-TiAl 合金中，片层晶粒占据了很大的体积[1]。这些晶粒的形貌表现为由两相组成的多层系统。文献报道[2-6]已经明确表明，当片层厚度足够细小时，这种组织可表现出卓越的力学性能。其中，界面结构及其化学环境均扮演了重要角色，因此有必要对 α_2-Ti_3Al+γ-TiAl 片层组织中的这些因素特别加以关注。

两相之间界面的特性是由它们之间的结构关系决定的。在跨越界面时，界面两侧具有最密排原子密度的晶面和方向倾向于保持一致。这样可以减少界面处原子键合的空隙，从而降低界面能。当相邻片层中相对旋转的点阵互相交叉时，点阵中的某些点位重合，即形成了重合点阵(CSL)。重合点阵由参数 Σ 定义，即两组点阵共享点位百分比的倒数。然而，界面处原子重合位点的出现并不意味着界面的原子组态处于低能量状态。Chalmers 和 Gleiter[7] 指出，当一个晶粒相对于另一个晶粒以固定的矢量进行刚体平移，从而将原子从重合位点移除时，界面处即可达到较好的原子匹配。因此，密排面的匹配程度可由刚体旋转角 φ 和两个点阵的相对平移转换 $\boldsymbol{f}_T$ 来表示[6]。图 6.1 为这些操作的示意图。刚体平移转换已在许多界面系统中进行了理论和实验上的研究。下文将指出，这种转换也是钛铝合金片层界面的一般特征。

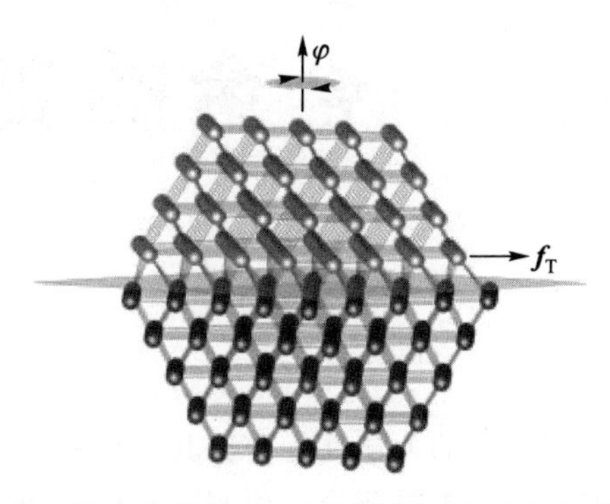

图 6.1　两种晶体形成的界面结构示意图，φ 表示沿界面法线方向的相对旋转角，$\boldsymbol{f}_T$ 表示两种晶体的刚体平移量

片层组织的形貌是 $\alpha \to \gamma$ 相变和凝固及冷却过程中的有序转变造成的[8]（见第 4 章）。显然，根据温度和过冷度的不同，γ 片层可由不同的过程形成。Zghal 等[9,10]研究了这几种不同过程对 Ti-47Al-2Cr-2Nb 合金中片层组织结构细节的影响。在冷速较低时，$\alpha \to \gamma$ 初始相变在约 α 转变线以下约 50 ℃的温度开始。因而，此时的相变过冷度和化学成分驱动力相对较低，这使人们推测 γ 片层是在晶界由非均匀形核生成。在这一高温初始转变过程中，形成了相对独立且较宽的 γ 片层。当冷速较快时，低温下将发生以形成极其细小的 γ 片层为标志的 $\alpha_2 \to \gamma$ 二次相变。这些片层或者在 α_2 片层内部均匀形核，或者在已有的 α_2/γ 界面处非均匀形核。

图 6.2 给出了 γ 和 α_2 相板条的晶体学排列示意图。其中，密排面 $\{111\}_\gamma$ $/\!/ (0001)_{\alpha_2}$，密排方向 $\langle 1\bar{1}0]_\gamma /\!/ \langle 11\bar{2}0\rangle_{\alpha_2}$。图 6.3 为片层组织的高分辨电子显

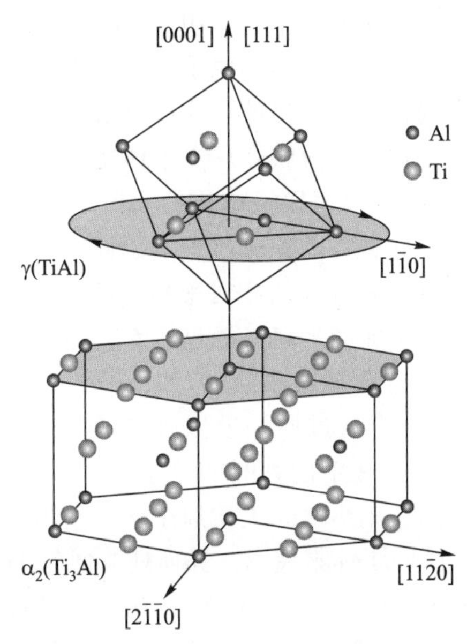

图 6.2 片层组织中 α_2-Ti_3Al 和 γ-TiAl 板条的晶体学排列示意图，密排面和密排方向的匹配为：$\{111\}_\gamma // (0001)_{\alpha_2}$，$\langle 1\bar{1}0]_\gamma // \langle 11\bar{2}0\rangle_{\alpha_2}$。根据 γ 相的对称性，这种取向关系存在 6 种变体，一般可表述为两相沿$[0001]_{\alpha_2}$或$\langle 111\rangle_\gamma$相对旋转了 60°的倍数。$(111)_\gamma$ 和 $(0001)_{\alpha_2}$平行于片层界面排列

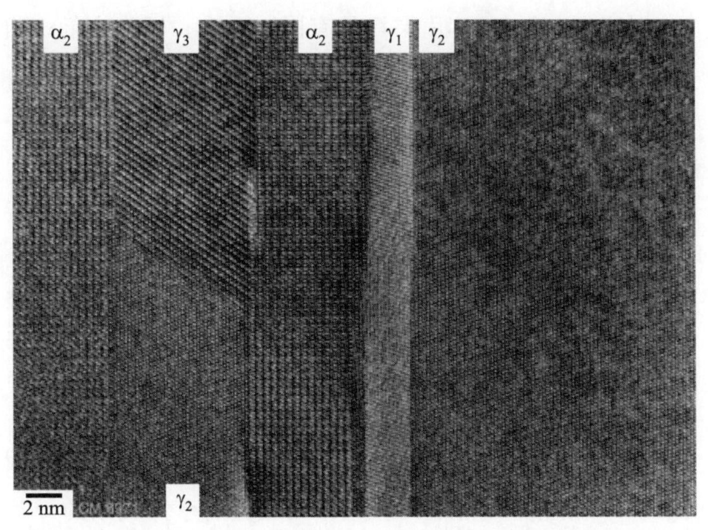

图 6.3 沿$\langle 10\bar{1}\rangle_\gamma$和$\langle 11\bar{2}0\rangle_{\alpha_2}$入射方向获得的片层组织界面的高分辨电镜图像。注意，其中一个 γ 片层中出现了畴界。Ti-45Al-10Nb，1 300 ℃挤压+1 050 ℃退火 2 h 后炉冷

微图像。图中电子束的入射方向平行于$\langle 10\bar{1}\rangle_{\gamma}$和$\langle 11\bar{2}0\rangle_{\alpha_2}$方向，即与片层界面平行。从图中可以看出，片层界面的原子排列总体上是平直的，基本上没有缺陷，因此这些界面在局部上是共格的。片层界面处存在高度不同的台阶，将界面间隔为平直的片段，这些台阶将在后文中详述。

在此详细描述一下 α_2/γ 界面原子结构的几何细节。两种晶体界面上的一些共有点阵位置可能被不同种类的原子占据。因此，图 6.1 表明，两种晶体结构的点阵匹配可通过二者之间额外的相对平移来改变[6]。能够使跨越 α_2/γ 界面的密排结构得以保持的可能的平移矢量包括$\boldsymbol{f}_{APB}$、$\boldsymbol{f}_{SISF}$和$\boldsymbol{f}_{CSF}$。这些平移分别对应着反相畴界(APB)、超点阵内禀层错(SISF)和复杂堆垛层错(CSF)的形成。基于这一理论，Lu 等[11]通过原子模拟研究了不同 α_2/γ 界面的结构和能量。图 6.4 示意性地给出了其中的两种组态。图中的 α_2 板条由向上堆垛的 BABA(0002)面来表示。α_2 相终端的 A 层原子面与 γ 相的 b 层原子面相连，后者以连续堆垛的(111)面 bcabca 来表示。界面处 b 层的 Ti 原子要么在 B 层 Ti/Al 原子混合列中的 Al 点位上方[图 6.4(a)]，此时形成的界面包括了一个相邻片层之间沿 APB 矢量的刚体平移；要么 b 层的 Ti 原子在 B 层纯 Ti 原子列的上方[图 6.4(b)]。图 6.4(c)为$(0002)_{\alpha_2}$和$\{111\}_{\gamma}$面在这种界面状态下匹配的透视图。图 6.4(b)和 6.4(c)中所示的界面模型是由 Mahon 和 Howe[12]基于高分辨电镜分析提出的，并被 Inui 等[13]所证明。由于 α_2 相具有六方对称性，所有的 α_2/γ 界面被认为在结构上是等价的。

在同一片层团中的所有 α_2 片层均具有同一取向，因为它们来自同一个 α 或 α_2 晶粒，但对 γ 相来说则有所不同。在 $L1_0$ 结构中，$\langle 1\bar{1}0]$方向和$\langle 01\bar{1}]$方向是不等价的，但是 α_2 相中的 3 个$\langle 11\bar{2}0\rangle$方向则是等价的。因此，$\gamma$ 相形核时可产生 6 种取向的变体，示意图如图 6.2。其中的 3 种变体来自 $L1_0$ 单胞中的 3 个立方轴，它们中每一个又由于在平行于(111)界面的方向上有两种可能的原子面堆垛顺序而被分解为两种亚变体[14-24]。如果 $L1_0$ 结构中的第一个$\{111\}_{\gamma}$层以 a 表示，第二层可能占据所有的 b 位置或 c 位置，即堆垛顺序可能为 abca 或 acba。当进行第二层堆垛时，对 b 或 c 的选择即相当于晶体旋转 180°的效果。因此相应的 γ 变体处于孪晶关系。Kad 等[20]将两种堆垛次序的形成与 $\alpha/\alpha_2\rightarrow\gamma$ 过程中发生的切变联系起来。他们认为不同方向的点阵堆垛可以引入符号相反的应力场，最终降低了相变的畸变能。图 6.5 证明了这一结论，图中展示了 α_2 相内部或邻近的极其细小且具有孪晶关系的 γ 片层。如上所述，这些 γ 片层极有可能是在 $\alpha\rightarrow\gamma$ 相变后期温度较低和冷速较快的条件下形核的。

单个 γ 畴的取向可通过 α_2 和 γ 之间沿 $[0001]_{\alpha_2}$或$[111]_{\gamma}$ 方向相对旋转

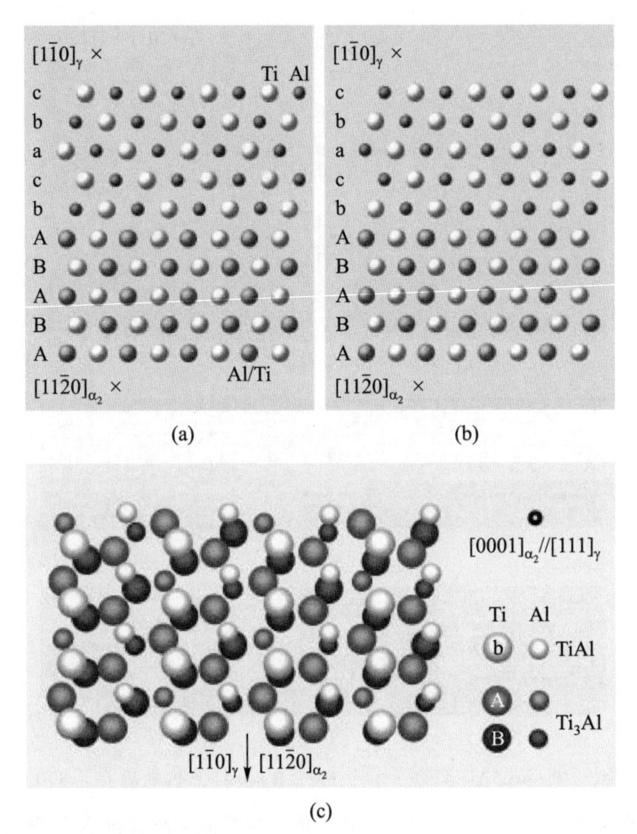

图 6.4 几何构建的 α_2/γ 界面的两种变体。图为沿 $\langle 1\bar{1}0]_\gamma // \langle 11\bar{2}0\rangle_{\alpha_2}$ 方向的界面原子投影。α_2-Ti_3Al 的堆垛次序以 BABA 表示，γ-TiAl 的堆垛次序以 bcabc 表示。α_2 相终端的 A 原子层与 γ 相的 b 原子层相接：(a) 变体 1：界面处 b 层原子的 Ti 原子列位于 B 层 Ti/Al 原子列之上；(b) 变体 2：b 层原子面中的 Ti 原子位于 B 层纯 Ti 原子列之上，b 层原子面中的 Al 原子位于 B 层 Ti/Al 原子列之上；(c) 图(b)中界面组态的 $(0002)_{\alpha_2}$ 面 B、A 和 $\{111\}_\gamma$ 面 b 原子位置的透视图，沿 $[111]_\gamma // [0001]_{\alpha_2}$ 略有倾转

60°的若干整数倍来表示，如图 6.6[23]。这些取向变体的堆垛顺序在图 6.7 中给出。这些取向关系导致了 3 种不同类型的 γ/γ 界面，它们的特征如下：

(1) 60°取向差异下的伪孪晶界面，基体的$\langle 1\bar{1}0]$方向与孪晶的$\langle 10\bar{1}]$方向平行。在伪孪晶界面处，基体的 fcc 点阵堆垛被倒置并且原子的有序排列出现旋转。参考图 6.6，伪孪晶界在变体①/⑥、②/①、③/②、④/③、⑤/④和⑥/⑤中出现。

(2) 连接 120°旋转变体的界面，一般称为 120°旋转层错，基体的$[1\bar{1}0]$方

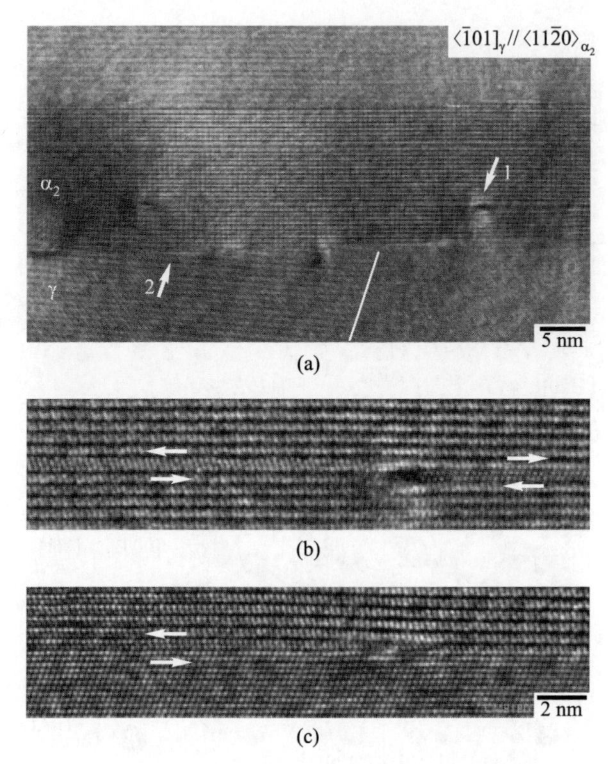

图 6.5　$\alpha_2 \to \gamma$ 相变。Ti-46.5Al-4(Cr，Ta，Mn，B)板料，热轧后在 1 370 ℃保温 20 min 而后在 1 000 ℃保温 60 min，空冷。(a) α_2 片层内部或相邻处成孪晶关系的 γ 变体形核，白色线标示出了$(\bar{1}\bar{1}\bar{1})_\gamma$面的迹线。(b)和(c)分别为箭头 1 和 2 所示位置的放大图，成对的箭头表示了相变中包含的切变过程

向与相邻 γ 变体的$[01\bar{1}]$方向平行。界面处保持了 fcc 点阵的 ABC 堆垛(不考虑 γ 相的正方度)，并且相邻片层之间的 c 轴互相垂直。参考图 6.6，120°旋转层错在变体①/⑤、②/⑥、③/①、④/②、⑤/③和⑥/④中出现。

(3) 具有 180°旋转关系的真孪晶界，基体的$[1\bar{1}0]$方向与孪晶的$[\bar{1}10]$方向平行。在界面处仅改变了母相 $L1_0$ 结构的堆垛次序。图 6.6 中的真孪晶界为①/④、②/⑤、③/⑥。

图 6.8(a)~(c)为 γ/γ 片层界面的几何构建模型。在上文 α_2/γ 界面中已述，通过相邻片层之间的相对刚体平移可以得出这些界面的其他变体。例如，图 6.8(d)展示了一个 180°孪晶界，是通过将片层的上部分沿 APB 矢量 $\boldsymbol{f}_{APB}=1/2\langle\bar{1}01]$平移得到的。这种界面由 Denquin 和 Naka[25] 以及 Ricolleau 等[26] 提出，由 Siegl 等[27] 观察到。需要指出的是，同样的 APB 平移并不改变伪孪晶或

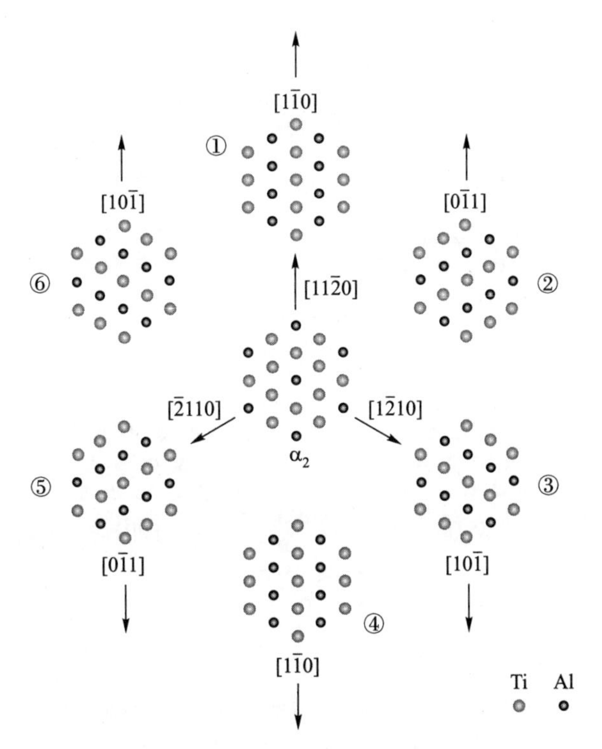

图 6.6 6 种 γ 片层变体取向关系相对于母相 α_2 相(如图 6.2)的示意图。图片来自文献[23]，有改动

120°界面的结构[6]。除了这些 γ/γ 界面之外也存在有序畴界，将单个 γ 片层再次分隔为不同的区域。在 PST 晶体中，这些区域的大小在 10~100 μm 的范围内不等[14,28,23]。畴界往往是 120°旋转层错，但与片层界面不同的是，这些畴界的惯习面一般不是$\{111\}_\gamma$。

需要指出的是，在高分辨 TEM 图像中，只有当电子束方向同时为$(111)_\gamma$界面和$(002)_\gamma$有序晶面的晶带轴时才可观察到 γ 相的有序排列，即电子束方向必须为$\langle 1\bar{1}0]_\gamma$。因此，当电子束方向为$\langle 10\bar{1}]_\gamma$时是无法区分相邻片层界面之间的真孪晶或伪孪晶关系的。为了避免这一不确定性并扩大观察范围，在大多数情况下应使用 TEM 衍衬分析来观察片层组织[10,18,23,28]。图 6.9 为片层组织在$\langle 10\bar{1}\rangle_\gamma /\!/ \langle 11\bar{2}0\rangle_{\alpha_2}$方向下的 TEM 明场像，图 6.10 为在这一方向下片层组织衍射斑点的模拟图像。衍射花样中包含了 α_2 相的$[11\bar{2}0]_{\alpha_2}$和 3 种 γ 相变体的衍射斑点，电子束方向分别为$[1\bar{1}0]_{\gamma 1}$、$[\bar{1}01]_{\gamma 2}$和$[0\bar{1}1]_{\gamma 3}$。单个 γ 片层的方向可以通过$\langle 10\bar{1}\rangle$和$\langle 11\bar{2}\rangle$等包含$(111)_\gamma$界面的晶带轴下的选区电子衍射加以确

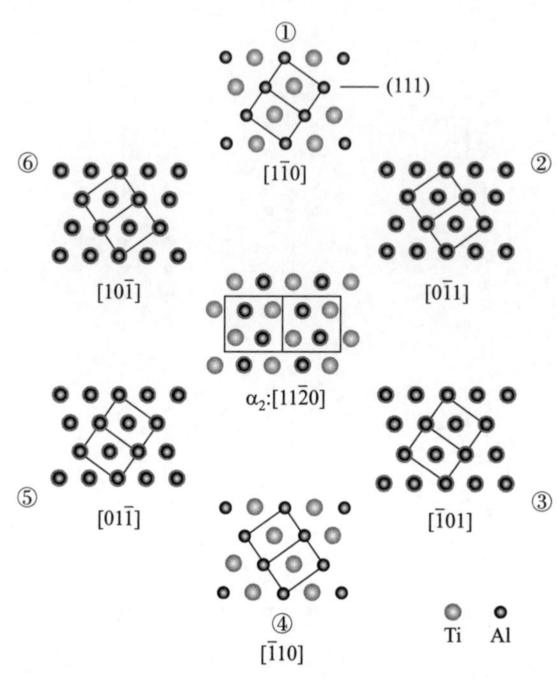

图 6.7　图 6.6 中 6 种旋转 γ 变体和母相 α_2 的堆垛顺序：伪孪晶界在变体①/⑥、②/①、③/②、④/③、⑤/④和⑥/⑤中出现；120°旋转层错在变体①/⑤、②/⑥、③/①、④/②、⑤/③和⑥/④中出现；真孪晶界在①/④、②/⑤、③/⑥中出现

定。为了区分孪晶和基体，从〈112〉电子束方向出发，样品可以沿[111]方向旋转±30°。根据得到的〈110〉晶带轴的特征即可判断不同的 γ 变体，如图 6.11。更多的细节参见文献[23，28]。仅根据衍射花样，仍无法判断 180°真孪晶片层的界面是来自不同的 γ 变体还是基体中形成的形变孪晶。但是，形变孪晶通常与内部变形结构如位错滑移带或裂纹等特征相关。另外，形变孪晶还有特殊的形貌，如它们通常呈透镜状，并逐渐变窄，或以不同的厚度呈集束状出现。

图 6.12 示意性地展示了片层结构的特征。片层组织形貌的最重要的结构参数为片层团尺寸、片层间距、畴界间距以及 α_2 片层的间距。其中，聚片孪晶(PST)是一种特殊的结构形式，它是由一组片层形成的合金，因此在 PST 晶体中不存在片层团边界的概念。

α_2 和 γ 片层的相对体积分数和片层的宽度对合金成分和凝固冷却速度非常敏感。因此，并没有简单有效的规律能够预测这两种结构参数。对铸态多晶 Ti-46Al 合金的分析表明，约 34%的片层为 α_2 相，其体积分数为 17%[23]。α_2 片层的平均厚度为 32 nm，而 γ 相的平均厚度为 73 nm，且绝大部分 γ 相为细

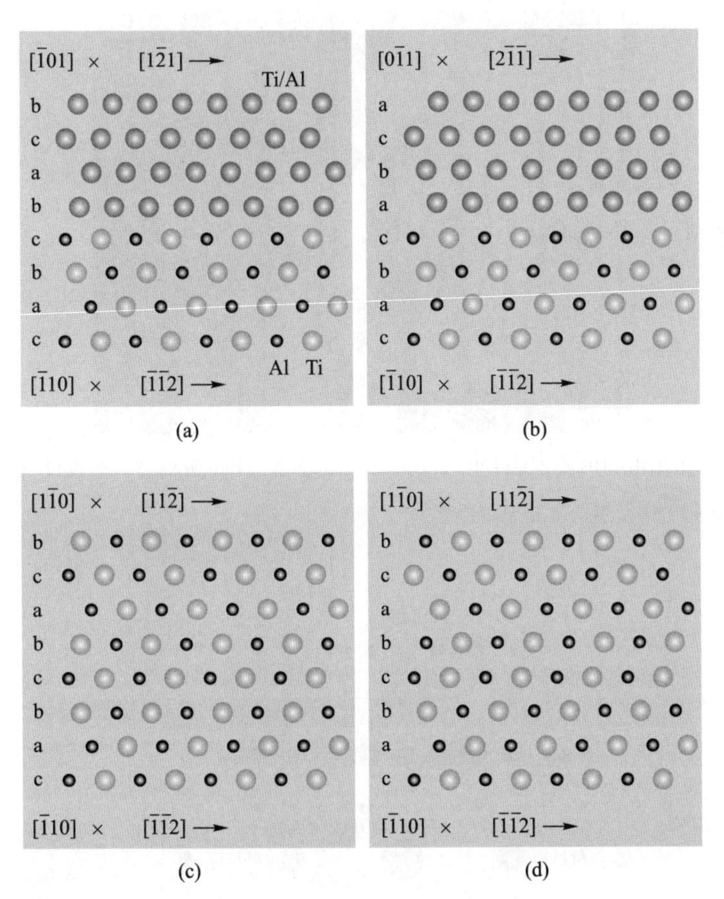

图 6.8 片层组织中 γ/γ 界面的几何构建模型。(a) 具有 60°取向差的伪孪晶界面；(b) 具有 120°取向差的旋转变体；(c) 具有 180°取向差的相邻 γ 真孪晶界；(d) 包含刚体平移 $\boldsymbol{f}_{\mathrm{T}}=\boldsymbol{f}_{\mathrm{APB}}$ 反相畴界的 180°孪晶界

片层组织。对 Ti-49.3Al 合金 PST 晶体进行相同的分析表明，α_2 相片层数量明显减少，而 γ 片层则相对较宽，约为 2.5 μm。文献[23, 29-32]一致认为，大部分 γ/γ 界面是由真孪晶界构成，然后是 120°和伪孪晶界面。乍看起来，这一点非常奇怪，因为在 α→γ 相变过程中并不存在某种 γ 变体优先形成的问题，因此 3 种 γ 变体组合的体积分数应该是相同的。关于优先形成的孪晶界面，至少可能有两种影响因素。第一，如上文所述，γ 相通常以两种变体成真孪晶关系的形式形核，这自然增加了真孪晶界的出现频率；第二，根据界面能的关系，真孪晶界面更容易形成，即有降低体系能量的趋势(见 6.1.2 节)。上文已经指出，根据成分和冷却速度的不同，γ 片层的形成将经历几个过程。这当然使得 γ 片层的厚度分布复杂，也影响了片层界面类型的相对频率。在一些

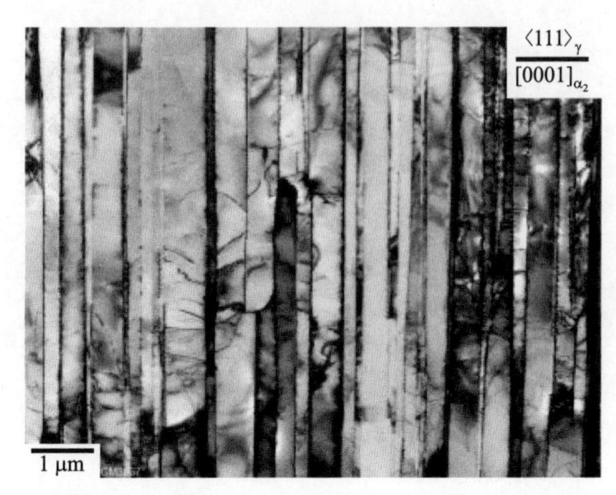

图 6.9 片层组织沿 $\langle 10\bar{1}\rangle_\gamma // \langle 11\bar{2}0\rangle_{\alpha_2}$ 方向得到的多束 TEM 明场像。多晶 Ti-47Al-2Cr-0.2Si，铸态+1220 ℃退火 4 h 后炉冷

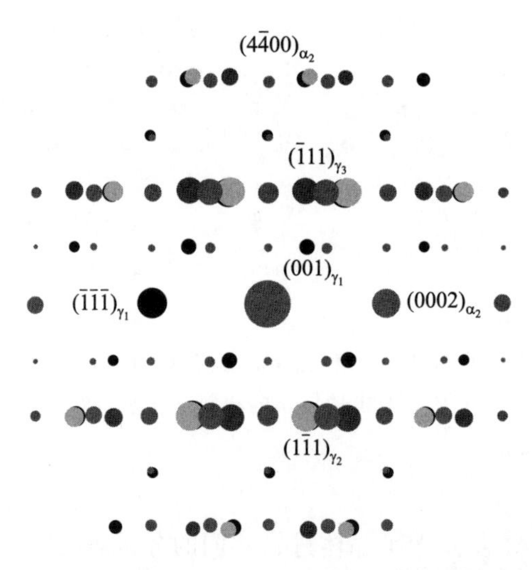

图 6.10 运动学条件下片层组织沿 $\langle 10\bar{1}\rangle_\gamma // \langle 11\bar{2}0\rangle_{\alpha_2}$ 方向衍射花样的模拟图。图中包含了 α_2 相的 $[11\bar{2}0]_{\alpha_2}$ 和 3 种 γ 相变体的衍射斑点，分别为 $[1\bar{1}0]_{\gamma 1}$、$[\bar{1}01]_{\gamma 2}$ 和 $[0\bar{1}1]_{\gamma 3}$ 方向

情况下可观察到高密度的半共格 γ/γ 界面，其数量与真孪晶界面相仿[33-36]。这种与其他观察不相符的现象极有可能是由不同的加工路径造成的。更多关于片层组织的结构参数和相关相变路径的信息可参阅文献[9，10，20，23，30，32]。Umakoshi 和 Nakano[37,38]已细致研究了 Al 含量和生长条件对 PST 晶体中

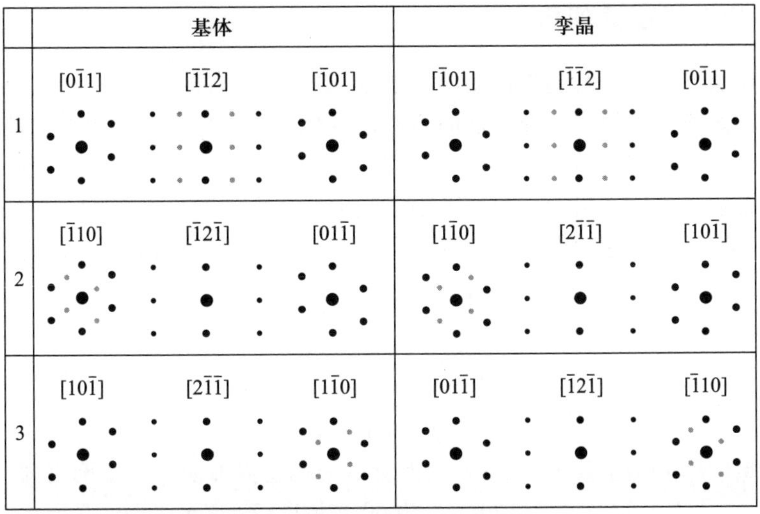

	基体			孪晶		
1	$[0\bar{1}1]$	$[\bar{1}\bar{1}2]$	$[\bar{1}01]$	$[\bar{1}01]$	$[\bar{1}\bar{1}2]$	$[0\bar{1}1]$
2	$[\bar{1}10]$	$[\bar{1}2\bar{1}]$	$[01\bar{1}]$	$[1\bar{1}0]$	$[2\bar{1}\bar{1}]$	$[10\bar{1}]$
3	$[10\bar{1}]$	$[2\bar{1}\bar{1}]$	$[1\bar{1}0]$	$[01\bar{1}]$	$[\bar{1}2\bar{1}]$	$[\bar{1}10]$

图 6.11 不同 γ 相旋转变体的衍射特征分析。模拟花样的电子束入射方向在图中标出。黑色点表示基础衍射斑点，灰色点表示超点阵衍射斑点。图片来自 Kishida 等[28]

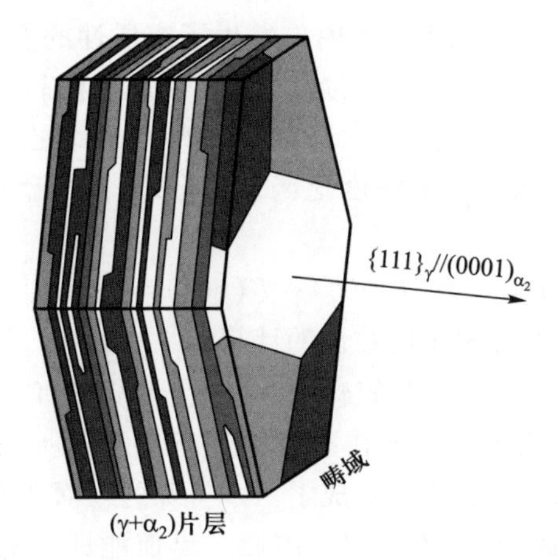

图 6.12 片层团的示意图。对力学性能最重要的结构参数为片层团尺寸、片层间距、畴界间距以及 α_2 片层的间距

片层结构参数影响。

总之，片层晶粒包含了若干 γ 片层，它们自身被分割成不同的畴界，它们之间又穿插有 α_2 片层。这两相的体积分数受到基于合金相图的合金成分和合金加工条件的影响。片层界面有 4 种类型：α_2/γ 界面以及 3 种不同的 γ/γ 界面，即由相邻片层的相对旋转角度定义的 60°、120°和 180°界面。

6.1.2　片层界面的能量

在片层边界处，跨越界面时的原子排列与晶体内部是不同的，这就导致了特定的界面能，其根据界面特性的不同而变化。为了确定片层界面的能量，研究人员进行了多种尝试。Inui 等[18]利用键合数模型估计了 γ/γ 界面能。其中，界面能表示为块体材料中{111}面上的超点阵内禀层错能 Γ(SISF)和反相畴界能 $\Gamma(APB_{111})$。在这种方式中，真孪晶界、旋转层错界和伪孪晶界的界面能为

$$\Gamma(180°)=\frac{1}{2}\Gamma(\mathrm{SISF}) \tag{6.1}$$

$$\Gamma(120°)=\frac{1}{2}\Gamma(\mathrm{APB}_{111}) \tag{6.2}$$

$$\Gamma(60°)=\Gamma(180°)+\Gamma(120°) \tag{6.3}$$

根据表 5.1 中所列的 SISF 和 APB 的能量，他们将界面能的比率确定为

$$\Gamma(180°):\Gamma(120°):\Gamma(60°)=1:2:3 \text{ 至 } 1:6:7 \tag{6.4}$$

在这一模型下，180°真孪晶界的能量较低是可信的，因为它仅改变了原子面的堆垛次序，在跨越界面处并没有发生键合缺失。

Rao 等[39]利用嵌入原子势法(EAM)研究了伪孪晶和旋转层错界面，他们发现这些界面的 γ 曲面相比于块体内部发生了实质性的变化。5.1.2 节中已述，γ 曲面表示体系的总能量作为广义位移矢量(表征两种晶体在界面上下的相对位移)的函数。Yoo 及其研究组[6,40,41]对所有类型的片层界面进行了类似的研究，他们采用第一性原理局域密度泛函理论(LDF)进行计算，得到的能量比率为

$$\Gamma(180°):\Gamma(120°):\Gamma(60°)=1:4.2:4.5 \tag{6.5}$$

所有的界面能以及块体材料中的数值的计算结果在表 6.1 中给出，$f_T=0$。

Lei Lu 等[11]通过热表面刻槽技术在实验上测定了 Ti-48Al 合金 PST 晶体的界面能。在这种方法中，合金在真空中进行高温退火使表面相界面达到平衡。在与表面的交叉点处，界面形成了一个特殊的二面角槽，二面角由三叉交点处的界面能和表面能的平衡决定。因此，界面能即可通过测定表面能而得出。Lei Lu 等[11]通过原子力显微镜测定了二面角的大小，并将实验结果与界面能的有心力计算相结合。这一分析方法得到的界面能比率为

$$\Gamma(180°):\Gamma(120°):\Gamma(60°)=1:5.8:6.7 \tag{6.6}$$

总体上说，该数据表明片层真孪晶界面的能量最低，然后是 120°和 60°界面。这一发现可作为实验上观察到不同类型界面出现频率的热力学证明。根据键合数模型，Lei Lu 等[11]认为，α_2/γ 界面的能量为

$$\Gamma(\alpha_2/\gamma)=\Gamma(180°)+\frac{\sqrt{3}}{4}\Gamma(\mathrm{APB}_{100}) \tag{6.7}$$

表 6.1 原子模拟方法计算得到的 α_2-Ti_3Al+γ-TiAl 合金中的片层界面能。$\boldsymbol{f}_T$ 为相邻 γ 片层之间的相对刚体平移矢量：$\boldsymbol{f}_{APB}=1/2\langle 10\bar{1}]_{\gamma}$，$\boldsymbol{f}_{SISF}=1/6\langle 11\bar{2}]_{\gamma}$，$\boldsymbol{f}_{CSF}=1/6\langle \bar{2}11]_{\gamma}$，分别对应在 $(111)_{\gamma}$ 界面形成 APB、SISF 和 CSF 的情形。α_2 片层相对于 γ 片层的刚体平移矢量：$\boldsymbol{f}_{APB}=1/6\langle \bar{1}2\bar{1}0]_{\alpha_2}$，$\boldsymbol{f}_{SISF}=1/3\langle \bar{1}100]_{\alpha_2}$，$\boldsymbol{f}_{CSF}=1/6\langle 01\bar{1}0]_{\alpha_2}$，分别对应在 $(0001)\alpha_2 /\!/ (111)_{\gamma}$ 界面形成 APB、SISF 和 CSF 的情形。

界面类型	$\Gamma/(mJ/m^2)$						
	$\varphi/(°)$	$f_T=0$	$f_T=f_{APB}=1/2\langle 10\bar{1}]$	$f_T=f_{SISR}=1/6[11\bar{2}]$	$f_T=f_{CSF}=1/6\langle \bar{2}11]$	测定方法	参考文献
块体 γ(TiAl)	0		436	125	205	EAM	[39]
伪孪晶界	60	193	193	193	193		
旋转层错界	120	218	218	165	165		
块体 γ(TiAl)	0		560	90	410	LDF/FLAPW	[6,40,41]
伪孪晶界	60	270	270	270	270		
旋转层错界	120	250	250	280	280		
真孪晶界	180	60	550	60	550		
		$f_T=0$	$f_T=f_{APB}=1/6[\bar{1}2\bar{1}0]$	$f_T=f_{SISF}=1/3[\bar{1}100]$	$f_T=f_{CSF}=1/6[01\bar{1}0]$		
块体 α_2(Ti_3Al)	0		300		320	LDF/FLAPW	[40]
α_2/γ	n×60	100	280	20	220		

EAM：嵌入原子势法；LDF：局域密度泛函理论；FLAPW：全势线性缀加平面波法。

其中 $\Gamma(APB_{100})$ 为块体材料中{010)晶面的 APB 能量。同样，他们的原子模拟结果表明，$\Gamma(\alpha_2/\gamma)$ 取决于界面处具体的原子组态。相比于其他组态来说，图 6.4(b)和图 6.4(c)中的结构被认为是能量最低的。如 6.1.1 节所述，这一发现与 TEM 的观察结果吻合得很好。通过对有心力计算得到的层错能进行细致的讨论，作者认为 α_2/γ 界面能要高于 γ/γ 界面能。

6.1.1 节和 6.1.2 节中已经指出，界面能可以由两种晶体点阵相对彼此进行刚体平移而最小化(图 6.1)。关于这一点，研究人员已通过原子模拟对 $\boldsymbol{f}_{APB}=1/2\langle 10\bar{1}]_{\gamma}$，$\boldsymbol{f}_{SISF}=1/6\langle 11\bar{2}]_{\gamma}$ 和 $\boldsymbol{f}_{CSF}=1/6\langle \bar{2}11]_{\gamma}$ 的平移效果进行了研究[6,36-38]。这些平移分别对应于在界面处形成 APB、SISF 和 CSF。因此，通过这种方式确定的界面能与在界面处形成相应层错的能量是相等的，计算结果见表 6.1。综合来看，原子模拟表明，当 APB 和 CSF 缺陷处于 60°的 γ/γ 界面、120°的 γ/γ 界面和 α_2/γ 界面时，其能量将大幅下降。

片层界面处 APB 和 CSF 能量的下降可能会显著影响位错的滑移行为。根据经典的 Peierls 模型[42]，Rao 等[39]认为这些界面层错能的下降可能会导致位错的可动性上升。如 5.1.2 节和式 5.1 所述，阻止位错开动的 Peierls 应力在位错芯的宽度上升时下降。特别地，CSF 能量的下降可使 $1/2\langle 1\bar{1}0]$ 普通位错的位错芯宽度扩展，这在块体内部是无法达成的。换句话说，TiAl 合金块体材料内部无法出现的位错分解在界面处却成为可能。Zhao 和 Tangri[43] 研究了 Ti-42Al 片层合金中 α_2/γ 界面的缺陷结构，在界面处发现了 $1/2\langle 110]$ 和 $1/6\langle 112]$ 位错伯格斯矢量。$1/2\langle 110]$ 位错在界面处表现出明显的平面分解特征，分解宽度约为 4.4 nm，且包含一个复杂堆垛层错(CSF)。这种分解并未在块体 TiAl 中发现，因此这可能与上述讨论的界面处层错能的改变有关。这一发现表明普通位错的可动性在其滑移面位于 60°的 γ/γ 界面、120°的 γ/γ 界面或 α_2/γ 界面时得到增强。一些研究人员[39,40]提出这些高度可动的位错可能有助于沿片层界面的塑性切变。这对晶粒取向一致的 PST 晶体的变形来说是非常重要的。然而，虽然这种所谓的极软滑移模式是可能存在的，但是在多晶材料中却并没有达成期望的效果。另一方面，当与界面相交时，由于位错芯的能量降低，共轭{111}面的位错滑移可能会受阻[39]。例如，$1/2\langle 110]$ 位错可能交滑移到界面上而不是进入相邻的片层中。超位错的行为则更加复杂，因为其分解方式包含了所有类型的层错而非只有 CSF。Kad 等[44]报道了超位错攀移到与滑移面相交的 120°界面上而分解的现象。

总结：对界面能的理论估计表明 180°真孪晶片层界面能最低，然后是 120°的 γ/γ 界面、60°的 γ/γ 界面和 α_2/γ 界面。这一发现与实验上观察到的不同 γ/γ 界面类型的出现频率吻合得很好。部分界面的原子键合方式可使层错转变降低界面能量。因而相对于块体 TiAl 内部，在这些界面附近的位错滑移的分解宽度可能上升。

6.1.3 共格和半共格界面

基于其原子结构，固相之间的界面可以被分为 3 种类型：共格、半共格和非共格。根据 Christian[45] 的理论，在两种晶体结构之间共格界面处的点阵晶面和晶向在跨越界面时是连续的，即界面处的晶格点阵应是匹配的。相邻晶体之间，任何原子间距的不同将导致弹性畸变，也被称为共格应变。只有 180° 片层真孪晶界面是完全共格的，因为相邻点阵是对称排列的。其他的所有界面，其匹配都是不完美的，因此它们是半共格界面。如果在跨越界面处没有晶面和晶向的连续性，即使在局部区域也没有上述的匹配出现，则这样的界面为非共格界面，这类界面不是本文要考虑的范畴。

α_2/γ 界面的失配来自不同晶体结构和点阵常数的差异。对于$\langle 11\bar{2}0\rangle_{\alpha_2}$和$\langle 10\bar{1}\rangle_{\gamma}$密排方向，根据合金成分、热膨胀系数和温度的不同，$\alpha_2$ 和 γ 之间的失配为 $\varepsilon_m = 1\% \sim 2\%$。Hazzledine[46] 建模并分析了由 α_2 片层和相同体积分数的 3 种 γ 变体片层组成的片层结构在约束条件下的应力状态。他们发现 γ 相中存在双向拉伸而 α_2 相中出现双向压缩，这是由于 α_2 相的原子间距高于 γ 相。另外，γ 相的$\langle 111\rangle$方向并非 3 次轴，而 α_2 相沿[0001]方向则具有 6 次对称性。因此，γ 相则需要通过切变来满足三重对称性从而与 6 次对称的 α_2 相相匹配。这一协调机制导致了相邻 α_2 和 γ 片层之间符号相反的切变。由于二者弹性常数的差异，失配应变在两相中的分配是不相等的。

60°和 120°的 γ/γ 界面处的失配仅由 γ 相的四方度产生。根据 Kad 和 Hazzledine[47] 的分析，可对这种情形做以下描述。图 6.13 展示了两个$(111)_{\gamma}$晶面相对彼此旋转 120°后的 AB 堆垛，即 120°片层界面的情形。上部晶面的$[\bar{1}10]$方向被拉伸，这是因为它与下部晶面的$[10\bar{1}]$方向平行。与之类似，上部晶面的$[0\bar{1}1]$方向则要被压缩。这两个应变等价于两个切变，对于下部晶面 γ_1 来说，一个沿$[0\bar{1}1]$方向，另一个沿$[\bar{2}11]$方向。因此，在上部晶面和下部晶面上就出现了符号相反的弹性畸变。Saada 和 Couret[48] 通过系统的理论分析证明了这种几何上的解释。在 60°界面中也有类似的现象。于是在 60°和 120°的 γ/γ 界面处即出现了纯剪切应变。根据 γ 相的正方度，可得出其失配度为 $\varepsilon_m = 1\% \sim 2\%$。$\varepsilon_m$ 也可能和温度相关，因为 γ 相中 $\boldsymbol{a}$ 和 $\boldsymbol{c}$ 方向热膨胀系数的差异非常大。

在文献中已讨论了不同的可能适用于片层合金的失配协调方式。包夹于两个厚板之间的薄板可被认为是对失配片层状态的一种简单的类比。对于此类系

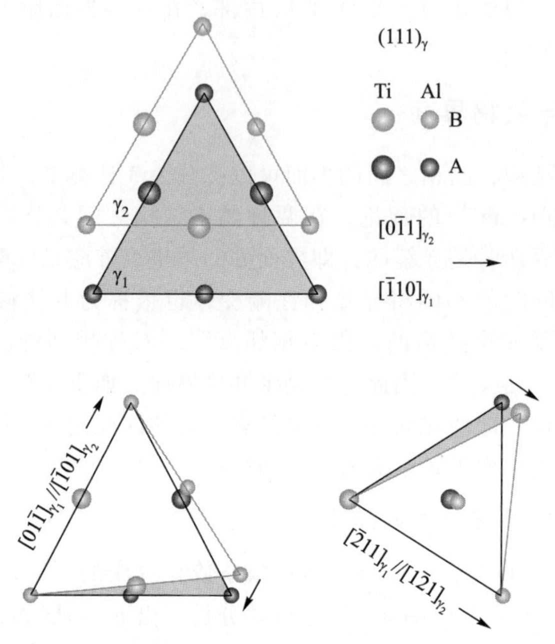

图 6.13　120°的 γ/γ 界面的失配情形。γ_1 和 γ_2 变体的两个$(111)_\gamma$ 晶面相对彼此旋转 120°后的 AB 堆垛。由于 γ 相四方度导致失配，对于下部晶面 γ_1 来说等同于沿[$0\bar{1}1$]方向或[$\bar{2}11$]方向剪切。这些应变可以通过沿上述方向的螺位错交叉网络来体现

统，一般认为失配应变和旋转倾向于分配在薄板中。与之类似，两相化合物中的应变和旋转则倾向于分配在较软的弹性相内部[49]。在达到一定程度之前，应变可仅由弹性畸变承担，即片层产生均匀应变使原子间的距离发生均匀变化。这种均匀的应变协调可形成共格界面，但是却引入了被熟知为共格应变的点阵畸变。Hazzledine[46]证明，仅在片层非常薄时，片层(α_2+γ)合金中失配的弹性协调才是可行的。根据他们的预测，当失配界面为 γ/γ 界面时，临界片层厚度 $d_c \leqslant 8$ nm；当失配界面为 α_2/γ 界面时；临界片层厚度 $d_c \leqslant 0.8 \sim 3.9$ nm，这取决于 α_2 相的体积分数。根据对 Ti-39.4Al 合金的 TEM 观察，Maruyama 等[50]确定临界片层厚度为 $d_c \leqslant 50$ nm。图 6.14 展示了一个嵌入 γ 相中的细小 Ti_3Al 板条，其厚度为 4.5 nm，刚好超过了 Hazzledine[46]预测的共格界面极限尺寸。虽然图中仍可观察到均匀的应变协调现象，但已经出现界面缺陷来缓解部分的失配了。

共格应变使体系的总能量上升。因此，当失配足够大或片层间距足够大时，在能量上更倾向于形成半共格界面以取代共格界面，即共格的丧失。在半共格界面上，失配可由不同的机制协调，Aaronson[51]对此进行了综述。在

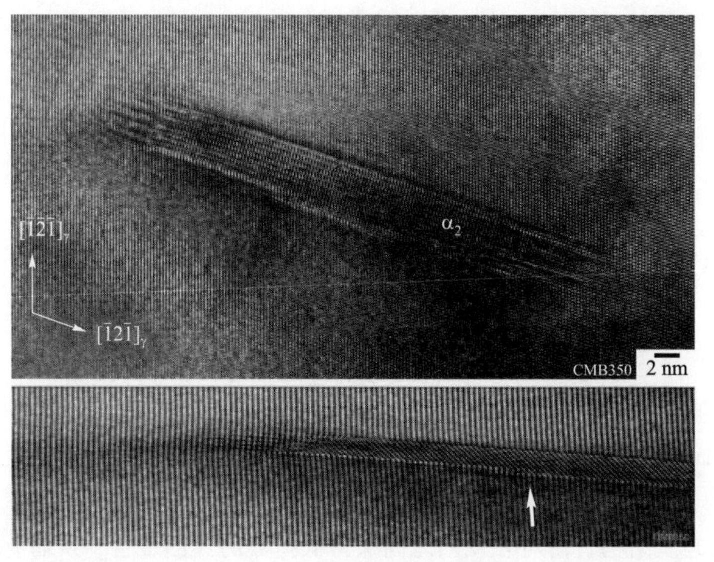

图 6.14 嵌入 γ 相中的一个细小 Ti_3Al 板条的高分辨电镜图像。由界面台阶、位错和均匀弹性应变来协调颗粒与基体的失配。在下方的压缩图像中，通过($\bar{1}1\bar{1}$)晶面的畸变能很容易地观察到颗粒端部的弹性应变。箭头指出了一个为补偿($\bar{1}1\bar{1}$)γ 和{$2\bar{2}01$}$_{\alpha_2}$之间的失配而出现的位错。Ti-46.5Al-4(Cr，Ta，Mo，B)合金，板材

Frank 和 van der Merve[52]的早期模型中，半共格界面的结构通过"失配位错"来描述，自此这一名词被广泛应用于扩散型和马氏体型相变中[53]。失配位错承担了部分失配，即界面处的原子调整其位置从而产生了匹配良好和不好的区域。换言之，即失配集中于位错处。沿某一晶体学取向的失配参数 ε_m 可定义为

$$\varepsilon_m = \frac{a_2 - a_1}{a_1} \tag{6.8}$$

式中，a_1 和 a_2 为两种晶体结构平行于界面处的点阵常数。ε_m 可被认为是为达成晶体共格所需要的应变。不同于块体材料中的独立位错，失配位错降低而不是提升了体系的能量。

图 6.15 展示了一个 γ 片层内部的畴界。$(020)_\gamma$ 和 $(002)_\gamma$ 晶面的失配由间距规则的位错协调，位错的具体表现为多余的 $(020)_\gamma$ 原子面。根据式(6.8)，位错之间的距离与 γ 相的正方度相关。

界面处的失配应变也可以由界面处的台阶来缓解。Hall 等[54]引入了这一概念，用来解释 Fe-C 合金中$\{111\}_{fcc}//\{110\}_{bcc}$的相界面结构。他们的研究表明，单层原子面台阶的出现大幅提升了原子间的匹配，从而避免了其余各处失

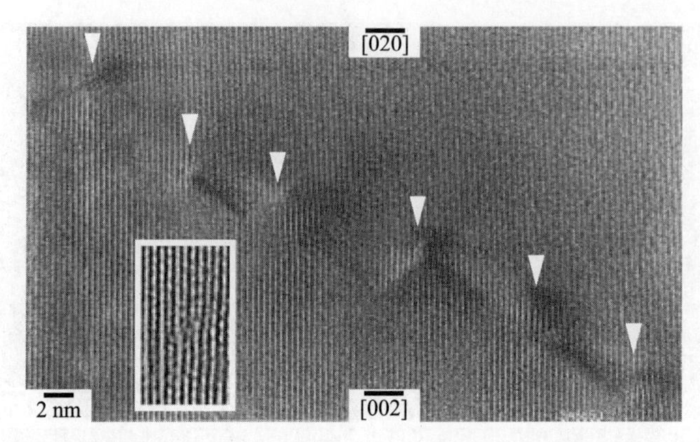

图 6.15　γ 片层内部畴界的高分辨电镜图像。注意间距规则的界面位错，其协调了$(020)_\gamma$和$(002)_\gamma$晶面之间的失配。铸态 Ti-48.5Al-1.5Mn 合金，850 ℃退火 24 h

配度的上升。结构台阶可在缺陷之间保持低指数的界面平台，从而有可能取代失配位错。仅基于为达成良好匹配这一定性的几何原则，这一模型在随后的基态能量计算中被验证为可行[55,56]。其总体观点为，在界面失配位错伯格斯矢量小而失配大的前提下，界面倾向于呈平面状；而在失配位错伯格斯矢量大但失配小的情形下，界面则倾向于呈台阶状[57]。台阶的尺度自单原子面到多原子面不等，取决于能量和动力学因素。

然而在多数情况下，界面缺陷却表现为位错和台阶的共存，即构成了一种更广义的被称为“错阶”的缺陷[58-60]。图 6.16 给出了错阶形成的示意图，包含有界面台阶的两种晶体结构 λ 和 μ 发生刚性接触，$\boldsymbol{t}(\lambda)$和$\boldsymbol{t}(\mu)$为台阶上升的矢量。图 6.16(a)展示了由不相容的$\boldsymbol{t}(\lambda)$和$\boldsymbol{t}(\mu)$台阶形成错阶的一般形式。错阶高度 h 由垂直于界面方向上材料的重叠高度确定。为使台阶左侧的部分闭合，就产生了错阶的位错部分。这一位错伯格斯矢量由两个 $\boldsymbol{t}$ 矢量的差异决定：

$$\boldsymbol{b} = \boldsymbol{t}(\lambda) - \boldsymbol{P}\boldsymbol{t}(\mu) \tag{6.9}$$

$\boldsymbol{P}$ 描述了两种晶体结构坐标系的关系。在图 6.16(a)中，$\boldsymbol{b}_n$ 为垂直于界面的伯格斯矢量分量。由于其具有台阶特征，错阶在界面处的移动会将一相中的物质转移到另一相中，转移量的大小本质上是由台阶的高度 h 决定的。同时，错阶的位错部分使材料变形。即错阶的移动同时包含了界面迁移和材料变形。根据界面处晶体对称性被破坏情形的不同，可形成多种不同性质的错阶[58]。具体表现为台阶高度和位错大小的不同组合，这些因素最终决定了错阶在相变过程中所起到的作用。

有两种有限的错阶情形，可能对片层$(\alpha_2+\gamma)$合金的界面起到非常重要的作用。图 6.16(b)中所描绘的错阶为一个纯台阶 $\boldsymbol{t}(\lambda)=\boldsymbol{Pt}(\mu)$，$h=h(\lambda)=h(\mu)$，$\boldsymbol{b}=0$。台阶在界面上的迁移即可达成由 λ 向 μ(或 μ 向 λ)的晶体结构转变。与台阶移动相关的物质流量的变化正比于台阶高度 h。另一种错阶的有限形式[图 6.16(c)]由两个符号相反的界面台阶形成，因此，材料并未发生重叠，即 $h=0$。为使界面闭合，就产生了纯界面位错，其伯格斯矢量由式(6.9)确定。点阵位错在界面处的合并也可能导致产生伯格斯矢量为 $\boldsymbol{b}=\boldsymbol{t}(\lambda)$ 或 $\boldsymbol{b}=\boldsymbol{Pt}(\mu)$ 的界面位错。根据 Frank 和 van der Merwe 的理论[52]，这些位错可被称为失配位错。当 $\boldsymbol{b}$ 与界面平行时，失配的协调最为有效；当 $\boldsymbol{b}$ 与界面垂直时，则对失配没有任何协调作用。在 $h=0$ 条件下的错阶移动仅可导致两相同时生长(或溶解)的物质迁移，其流量和与界面垂直的伯格斯矢量分量的大小成正比。然而，两相之间不存在物质交换。在不同扩散和非扩散型的多晶固态相变中，错阶模型均有发展，相关的文献报道也非常多。更多的细节请参阅 Howe 等[61]的综述文章。此文章中涉及的范畴比本文中要宽广许多，同时此文还涵盖了可读性很高的关于错阶晶体学方面以及多种界面缺陷在相变中所扮演的角色的诸多知识。

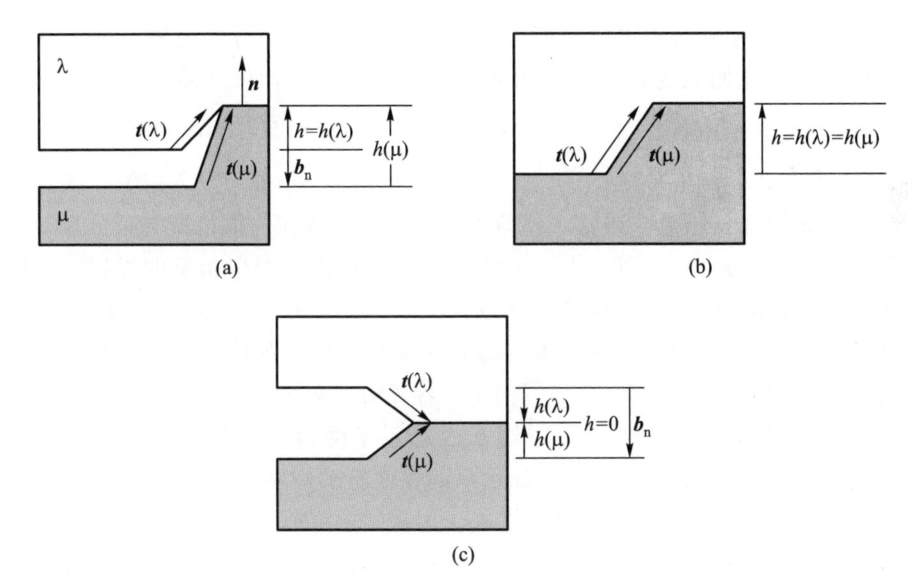

图 6.16 λ 和 μ 晶体界面台阶形成的错阶示意图。(a) 不相容的界面台阶 $\boldsymbol{t}(\lambda)$ 和 $\boldsymbol{t}(\mu)$ 形成的错阶，台阶高度 $h=h(\lambda)$ 定义了垂直于界面方向上材料的重叠程度，$\boldsymbol{b}_n$ 为平行于界面法向的伯格斯矢量分量；(b) 一个纯台阶 $\boldsymbol{t}(\lambda)=\boldsymbol{Pt}(\mu)$，$h=h(\lambda)=h(\mu)$，$\boldsymbol{b}=0$；(c) 纯界面位错，其伯格斯矢量 $\boldsymbol{b}=\boldsymbol{t}(\lambda)-\boldsymbol{Pt}(\mu)$。图片来自文献[58]

根据上述的讨论，可将片层 TiAl 合金描述为以下情形[12,13,33,46,62]。180°的真孪晶界面是完全共格的，而其他的界面，如 α_2/γ 界面、60°的 γ/γ 界面、120°的 γ/γ 界面和畴界等均为半共格界面。α_2/γ 界面情况非常复杂，这是因为除剪切外，失配还包含了膨胀部分。膨胀部分的失配需要由包含刃型特征的位错来缓解[21]。这与 Mahon 和 Howe[12] 的早期 TEM 观察相一致，他们在 Ti-50Al 合金中的 α_2/γ 界面处观察到了具有刃型和混合型特征的肖克莱不全位错。这些位错以高密度平行组列或以六边形和四方形网状结构的形式出现。Zhao 和 Tangri[43] 在 Ti-42Al 合金 α_2/γ 界面处观察到了两组间距很近的(h_i<50 nm)界面刃位错，伯格斯矢量为 1/2⟨110] 和 1/6⟨112]。如上一部分所述，1/2⟨110]位错的位错芯表现出了明显的扩展现象，这在块体 TiAl 组织中是不存在的。Wunderlich 等[63,64]研究了几种两相合金中的 α_2/γ 界面特征。在界面附近，α_2 和 γ 相中均出现了独立的位错组合。在 α_2 相中，出现了由 3 组伯格斯矢量平行于$\langle 11\bar{2}0\rangle$的位错构成的位错网络。$\gamma$ 相中观察到的失配结构则更加复杂，根据第 3 组元合金元素添加种类的不同，其可能包括一种，两种甚至 3 种⟨110]和⟨101]位错。

一些研究者[9,33,39,43,65-69]对 α_2/γ 界面处的台阶进行了观察，这些台阶一般具有多个{111}γ 晶面间距的厚度。Shang 等[70-73]利用高分辨电镜分析了这些台阶的特点。他们认为，这些台阶可被称为错阶(本节开头部分已经描述)。最多观察到的两层原子面厚度的台阶的典型参数为 $\boldsymbol{b}=1/6\langle 11\bar{2}]$，$\boldsymbol{t}(\gamma)=1/2\langle\bar{1}\bar{1}\bar{2}]_{\gamma}$,$\boldsymbol{t}(\alpha_2)=[0001]_{\alpha_2}$[61]。由于台阶高度 $h(\gamma)$和 $h(\alpha_2)$相等，因此它们的差异 $\boldsymbol{b}_n$ 为 0，这意味着这一错阶不含有垂直于界面的伯格斯矢量分量。错阶的移动使 α_2 相生长，同时使 γ 相转变为 α_2 相(或者产生相反的过程，这取决于错阶的移动方向)。在这些相变过程中发生了等量但是相反的 Ti 和 Al 原子流动[61]。从这种意义上说，可以将 $\alpha_2\rightarrow\gamma$ 相变描述为扩散控制的台阶迁移过程[70-73]。然而，Howe 等[61]最近指出，在没有长程扩散的情况下，堆垛次序的改变和内扩散可以按顺序进行。图 6.17 展示了两相合金中的一个 γ-TiAl 片层终止于 α_2 相内部的图像。图中标示出的界面轮廓勾勒出完全按照 ABC 次序堆垛的 $L1_0$ 结构的范围。在此区域之外，出现了两层或 3 层原子面厚的既非完全 ABC 的 γ 型又非完全 ABAB 的 α_2 型堆垛的区域。这一点在 γ 相的尖端处尤为明显，表明此处存在明显的均匀点阵畸变。这一应变看起来可通过形成位错来局部缓解，如对此图的压缩图像所示。另一个突出特征是出现台阶以缓解失配。对 γ 相尖端的区域进行伯格斯回路标定，可得出一个伯格斯矢量投影 $\boldsymbol{b}_p=1/6[11\bar{2}]$。这表明$(111)_{\gamma}$ 和$(0002)_{\alpha_2}$之间的细小失配是由弹性畸变协调的。所观察到的上述失配协调现象与 $\alpha_2\rightarrow\gamma$ 相变过程中物质交换的多少有关。有充足的证据表明[74]，自扩散可沿位错芯方向显著增强。相应地，界面台阶可被认为是偏离理想结构的、有利于局部扩散的通道。这就可以认为在相变过程中两相之间原子成分的调整主要发生在新形成的 γ 相的尖端区域。

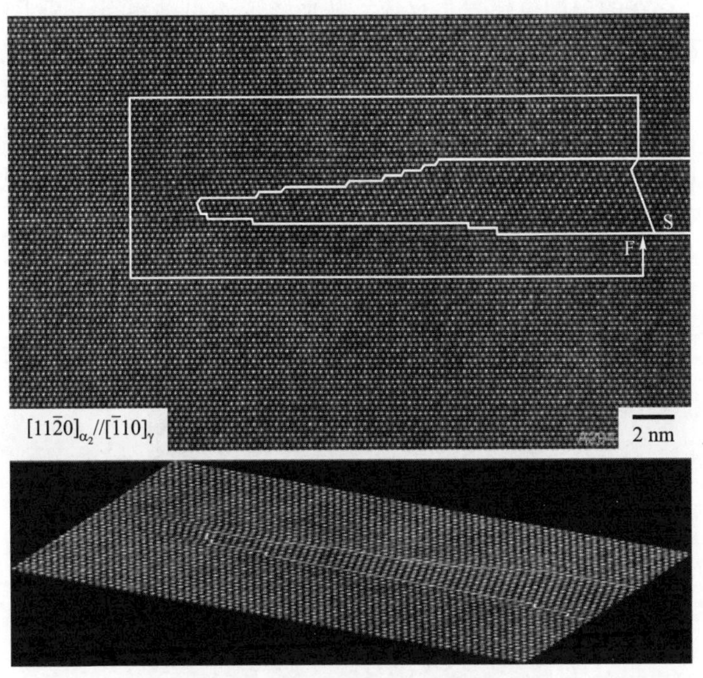

图 6.17 一个终止于 α_2 相内部的 γ-TiAl 片层的高分辨图像，电子束入射方向为 $\langle 10\bar{1}\rangle_{\gamma}$ 和 $\langle 11\bar{2}0\rangle_{\alpha_2}$。较粗的白色线条勾勒出了界面的位置。一个明显的特征是界面处出现台阶来协调失配。S 和 F 分别表示包围 γ 片层端部的伯格斯回路的起始和终止位置。在初始回路中将所有的可消项去除，并将 α_2 相中的操作顺序转换为 γ 相的坐标系后，得到的伯格斯矢量投影为 $\boldsymbol{b}_{\mathrm{p}}=1/6[11\bar{2}]$。注意在 γ 端部前方的位错，这可在下图沿 $(2\bar{2}01)_{\alpha_2}$ 方向的压缩图像中看出。TiAl-Nb 合金，铸态

工程用合金的加工路径通常包括快速淬火或强烈的热加工，显然这将导致形成更加复杂的片层界面。其中的一个典型特征即为界面一般包含大量的倾转部分，这是由伯格斯矢量位于界面之外的位错来实现的[33,68,75,76]。如图 6.18 的 α_2/γ 界面所示，失配位错表现为平行于界面的多余 $(111)_{\gamma}$ 原子面，对应的伯格斯矢量投影部分为 $\boldsymbol{b}_{\mathrm{p}}=1/4[121]$。这与混合型普通位错 $1/2\langle 110]$ 和 $1/2\langle 112]$ 超位错均可对应。由于高分辨图像不够清晰，无法分辨出其具体为哪一种。因此，这些界面位错的伯格斯矢量被归为 $\boldsymbol{b}=1/3[111]$。界面平面上由这些位错协调的失配量正比于它们投影在界面上的刃型分量的大小。因此，在协调旋转失配上，1/3[111]位错被认为是不太有效的，并可能导致高界面

能。这些不太相关的界面位错是相变和片层界面迁移的产物，它们可在加工过程中产生并可改变界面失配的特征。另外，基体中的位错可能与界面交互作用，与已经存在的失配位错发生反应，从而形成不可动组态。基于这些原因，应该认为界面的结构与材料的加工路径和热历史有关，对两相合金热加工后的组织的 TEM 观察支持了这一观点[33,68,76]。例如，图 6.19 展示了连接两个相对旋转的 α_2 片层的倾转晶界。二者之间的约 10°的倾转失配由晶界位错来协调。可以认为，这些亚晶界是在材料轧制变形时 α_2 相的动态回复过程中形成的。

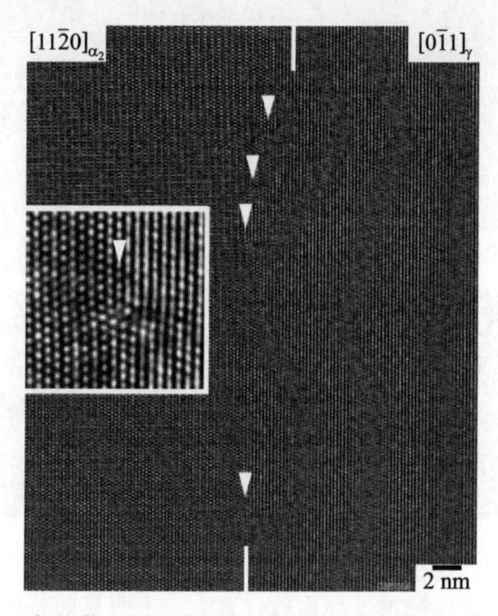

图 6.18　失配 α_2/γ 界面的高分辨 TEM 图像。Ti-47Al-3.7(Nb，Cr，Mn，Si)-0.5B 近片层合金，板料。注意界面是弯曲的，并且存在界面位错，表现为平行于界面的多余$\{111\}_\gamma$晶面。插图展示了一个界面位错的放大图像

由于相邻片层实际上是以晶面法向为轴发生了相对旋转，失配的 γ/γ 片层界面可以被看作一个扭转晶界。原则上，这些界面的角度偏离如较小，可以通过一组简单的螺型位错来达成[77]。在这种位错列中，单个位错的应力场是互相叠加的，这就导致形成了长程应力场和相对较高的界面能。因此，除非有第二组相对成 90°的螺位错与之应力场互补，否则单列螺位错是不稳定的[78]。如果 h_i 为位错网络的位错间距，$\boldsymbol{b}$ 为位错网络的伯格斯矢量，那么扭转角 Θ 可以近似为[78]

$$\Theta \approx \frac{\boldsymbol{b}}{h_i} \tag{6.10}$$

这两种位错可能互相反应从而形成第 3 种伯格斯矢量。与此模型对应，人们已在失配 γ/γ 界面处发现了两种或是 3 种位错形成的网络。可以认为这些位错的

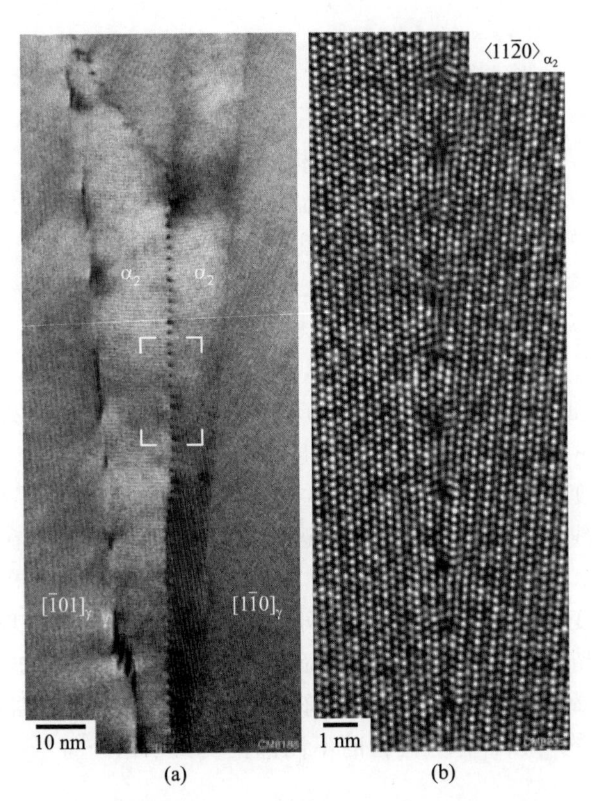

图 6.19　工程($\alpha_2+\gamma$)合金的结构特征。(a) 连接两个 α_2 片层的倾转晶界，倾转失配约为10°，由均匀间距的位错来协调。Ti-46.5Al-(Cr，Nb，Ta，B)合金，板料，轧制后在1 400 ℃退火1 h，空冷。(b) 图(a)中标记区域的放大图

伯格斯矢量完全位于界面内部。γ 相中所有类型的位错均可缓解片层的失配[46,67,75,79-82]。

研究人员已对120°的 γ/γ 片层界面的失配协调细节进行了深入研究。在 Ti-50Al 合金中，Kad 和 Hazzledine[47]确定了作为这种界面上最普遍的失配结构的单列平行螺位错。这些位错的伯格斯矢量平行于〈211]，这大概是因为1/6〈211]为{111}面上最短的伯格斯矢量。偶尔也可观察到 $\boldsymbol{b}=1/2\langle 1\bar{1}0]$ 和 $\boldsymbol{b}=1/2\langle 11\bar{2}]$ 螺位错交叉网络。根据式(6.10)，失配位错的间距与其伯格斯矢量正相关。他们指出，应变协调统一可以由位于45°螺位错网络方向的刃位错交叉网络实现，这种类型的界面最早是由 Matthews 提出的[77]。然而，这种协调机制是不太可能出现的，这是由于刃位错的线能量要高于螺位错。Couret 等[82]在 Ti-47Al-2Cr-2Nb 合金的120°界面处也观察到了 $1/2\langle 1\bar{1}0]$ 和

1/2〈11$\bar{2}$]的位错网络。

总结：在多种形式的片层界面形貌中，只有 180°孪晶界面是完全共格的，因为其相邻的点阵的取向是对称的。其他所有界面的匹配都是不完美的，因此其均为半共格界面。失配来自晶体结构和点阵常数的差异，一般为 1%～2%，这取决于合金成分和加工条件。界面位错和台阶可协调失配。仅当片层非常细小时，失配才可能通过片层的均匀弹性畸变来缓解，然而这种情况将导致极高的共格应变。

6.1.4　共格应力

尽管位错和台阶可以缓解失配，但一个普遍的现象是界面处残余了显著的共格应变。Shoykhet 等[83]通过测定多层系统中的应变分布细致地研究了这个问题，其中应变分布为点阵失配和片层之间弹性常数差异的函数。研究发现，单个片层中的残余共格应变与片层间距 λ_L 反相关。然而，当在相当大的体积范围内取样时，平均共格应变就为 0。因此，共格应变的符号在片层之间交替变换。共格应变这种交替变换的特征可在位错结构上明显地表现出来。图 6.20 展示了一个驻留在两个相邻半共格界面处的 1/3[111]位错。这种位错呈现出凹凸变化的组态，因此位错曲率的符号是交替变化的。根据位错线张力模型[74]，这种组态可以解释为位错的不同部位受到了两个符号相反的剪切应力的作用。

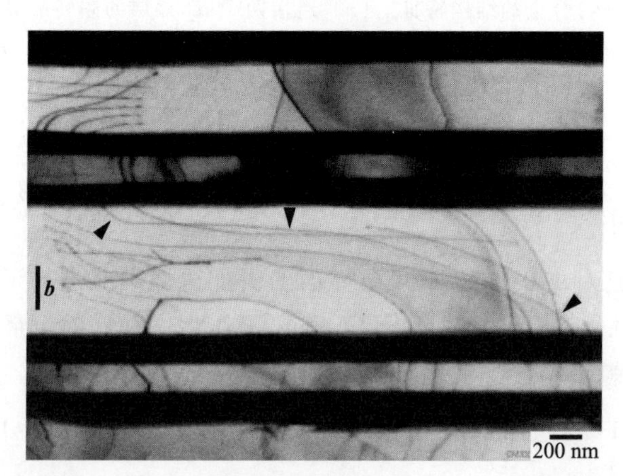

图 6.20　片层结构中存在交替变化共格应变特征的位错组态。位错伯格斯矢量为 1/3[111]（箭头位置），驻留在两个半共格界面处，曲率的符号交替变化。这表明相邻片层界面之间的共格应力相反。熔模铸造 Ti-48Al-2Cr，1 100 ℃退火后空冷

共格应变导致的共格应力 τ_i 与 $1/\lambda_L$ 成正比。由界面位错协调的失配应变

量随 λ_L 的上升而增加，即这种行为与残余共格应变的表现相反。在设计片层合金的过程中，通常要保持片层的厚度较小以使屈服应力最大化。上述的考量表明，片层厚度降低的同时，共格应力对屈服强度的相对值和绝对值均将上升[46]。因此，高强度合金中的共格应力可能是相当大的，从而可能以多种形式影响合金的变形、相变、回复和再结晶。考虑到它的这一重要性，可用两种方式来确定共格应力。Hazzledine 等[84]采用会聚束电子衍射(CBED)方法研究了片层 Ti-50Al 合金。这一方法的优势在于它可以精确地测定点阵常数。因此，通过记录相邻片层的 CBED 花样就可以获得点阵常数的变化。根据点阵常数的变化就可以利用胡克定律计算界面处的共格应力。他们发现共格应力的大小为 100 MPa 左右[20,84]

共格应力同样表现为界面处出现的位错环[85,86]，如图 6.21 所示。应该指出，这些位错环可在所有类型的半共格界面处出现，其由于受到共格应力的影响而弓出。迹线分析表明，这些位错环大部分位于 $\{111\}_\gamma$ 面上，且与界面斜交。可采用位错消光原理来确定这些位错环的伯格斯矢量；部分衍称分析的结果在图 6.21 中给出。位错环的伯格斯矢量可确定为 $\boldsymbol{b}=1/2\langle 110]$，它们通常并不在界面平面上。界面附近位错环的几何排列示意图如图 6.22。目前还不完全清楚位错环的形成机制。图 6.23 展示了部分稍微弓出的界面位错网络，这使

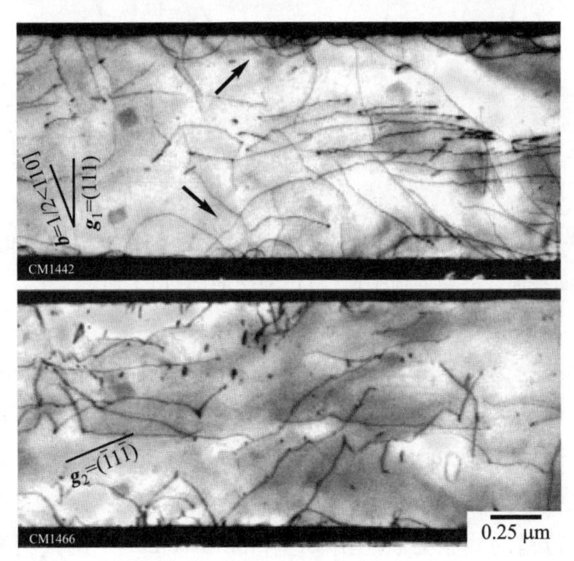

图 6.21 片层界面附近的位错结构、衍衬条件在图中标出。注意驻留在界面处的位错环(箭头所示位置)，其伯格斯矢量为 $\boldsymbol{b}=1/2\langle 110]$，位于界面平面之外。样品方向接近 $\langle 10\bar{1}]_\gamma$ 方向，熔模铸造 Ti-48Al-2Cr，1 200 ℃/1.7 kbar 热等静压 4 h

人感觉位错环可以直接自协调半共格界面失配的普通位错网络中发射出来。这些位错环也可能是通过伯格斯矢量为 1/3[111]的失配位错的反应生成的。一种可能的机制为

$$\frac{1}{3}[111]+\frac{1}{6}[11\bar{2}]\rightarrow\frac{1}{2}[110] \tag{6.11}$$

根据 Frank 法则[74]判断，反应式(6.11)在能量上是不可行的，然而，共格应变却可能激发这一反应并使反应产生的位错发射出来。也可以怀疑，界面处位错环是通过热弹性应力形成的。当双相组织材料中两个相的各向异性热膨胀系数不同时，温度变化将导致界面附近出现内应力。已有充足的证据表明，当这些热应力足够高时，界面处将产生位错并发射到基体内部[87]。因此可以认为失配结构和共格应力对材料的加工条件非常敏感。

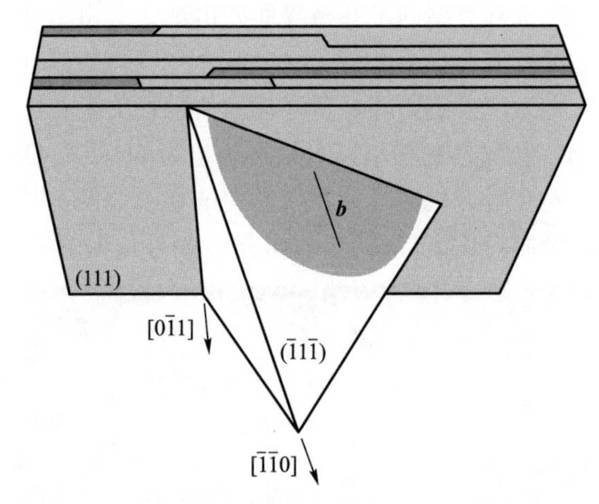

图 6.22　自半共格界面弓出位错环的几何组态示意图。图中位错的伯格斯矢量为 $\boldsymbol{b}$ = 1/2⟨110],位于界面平面之外与界面平面(111)斜交的($\bar{1}1\bar{1}$)平面上

界面处的共格应力可通过分析位错环的组态来确定[86]。在获取位错弹性性质的过程中，为使结果准确需要进行不同程度的近似，这类似于对弹性各向同性、弹性各向异性或自应力计算等的连续近似[74]。在研究 MgO 单晶材料高压电镜原位变形过程中应力作用下的位错环时，已经充分考虑到了这些问题[88]。在这里的分析中，位错的线张力状态由 DeWitt 和 Koehler[89]的模型来描述，即位错的弹性能根据位错线方向的不同而变化。简便起见，假定位错是弹性各向同性的。根据 Yoo 等[90]计算的弹性常数，[110]剪切方向的各向异性指数为

$$A_1=\frac{2C_{66}}{C_{11}-C_{12}}=1.18 \tag{6.12}$$

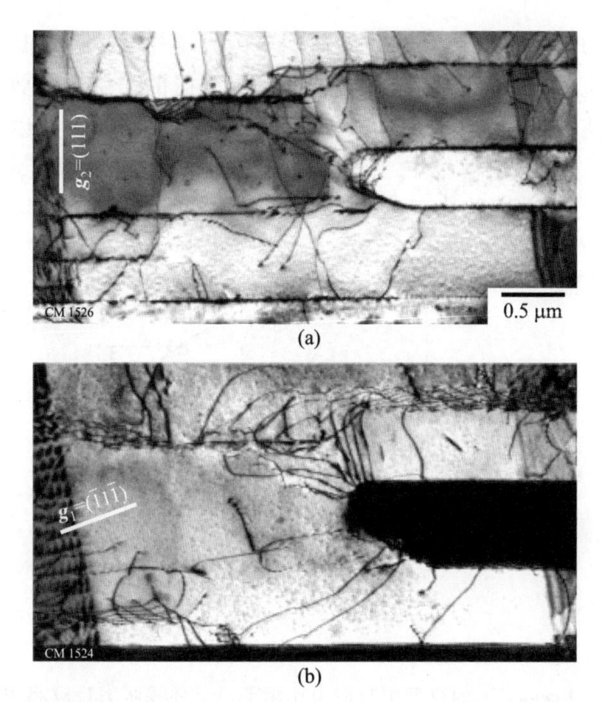

图 6.23 片层界面在共格应力下产生的位错环。(a) 侧立(edge-on)成像的片层结构，可见一个终止的片层端部和台阶状的界面；(b) 同一位置在不同衍衬条件下的图像，相对于图(a)，样品沿[$1\bar{2}1$]方向倾转了约 15°。台阶界面处的界面位错网络有部分略微弓出，可能会导致位错环的形成。熔模铸造 Ti-48Al-2Cr，1 200 ℃/1.7 kbar 热等静压 4 h

这表明其接近各向同性。因此，对 TiAl 中的 1/2〈110]剪切位错环的近似是相对较好的。在这一模型中，位错环显然是椭圆形的，其长轴 q(单位为 μm)平行于位错的伯格斯矢量。这种组态的位错环与剪切应力 τ_i(单位为 MPa)相关：

$$\tau_i = (2.65/q)(\ln l_s + 8.64) \tag{6.13}$$

式(6.13)采用的剪切模量为 $\mu = 70.1$ GPa，泊松比为 $\nu = 0.238$，均来自 Schafrik 的数据[91]。对位错环的几何组态以及式(6.13)中定量分析的解释见图 6.24。l_s(单位为 μm)为驻留在界面处的位错长度。对不同应力下的位错环进行计算并将其投影到样品平面上。作用于单个位错环上的剪切应力 τ_i 可通过比较图 6.25 中线张力的状态来确定。这种估计方法同样给出了相关的 q 和 l_s 值。图 6.26 展示了这 3 组参数的频率分布。由于衍衬分析比较复杂，图中只绘出了 190 个位错环的数据。从统计意义上看，这样小的样本数量可能会导致结果不太准确，但是它能表明界面处存在较高的共格应力。共格应力的平均值为 $\bar{\tau}_i =$ 130 MPa。室温下材料的流变应力值为 $\sigma_a = 430$ MPa，从中可以计算出剪切应力为 $\sigma_a / M_T = 143$ MPa。其中 M_T 为将正应力转换为平均剪切应力的泰勒因子。因此，共格应力的大小与变形开始时的剪切应力大小相似。由于其具有交替变化的特点，共格应力可能对位错迁移起到促进或阻碍的作用。高剪切应力下，位错环的出现将使界面相关的变形行为发生变化，后文将对此加以详述。

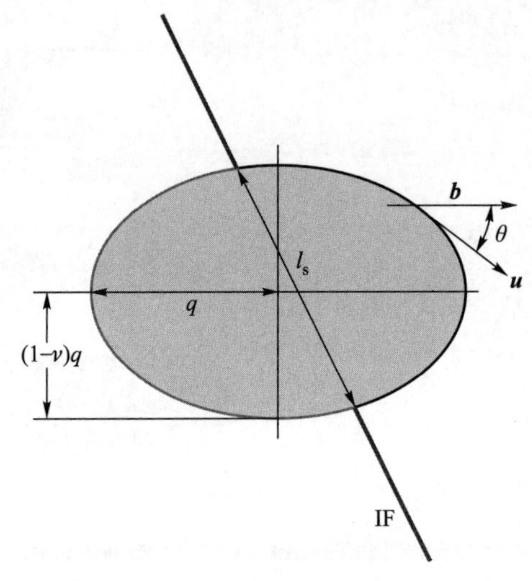

图 6.24　DeWitt 和 Koehler[89] 的模型中与应力作用下位错环线张力计算相关的几何参数。l_s 为位错弓出的长度，q 为位错环的长轴，θ 为单位长度位错线方向与伯格斯矢量 $\boldsymbol{b}$ 的夹角，IF 为界面迹线

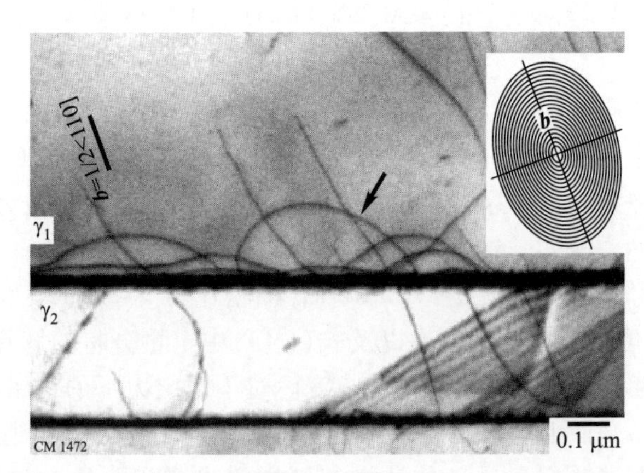

图 6.25　伯格斯矢量 $\boldsymbol{b}=1/2\langle 110]$ 的位错环在共格应力下自半共格 γ_1/γ_2 界面处弓出。插图展示了不同剪切应力下计算的线张力状态，并投影到 $\{10\bar{1}\}$ 样品平面。通过比较可见，图中箭头所示的位错环受到的剪切应力为 $\tau_i=30$ MPa。铸态 Ti-48Al-2Cr 合金，1 200 ℃/1.7 kbar 热等静压 4 h，近片层组织

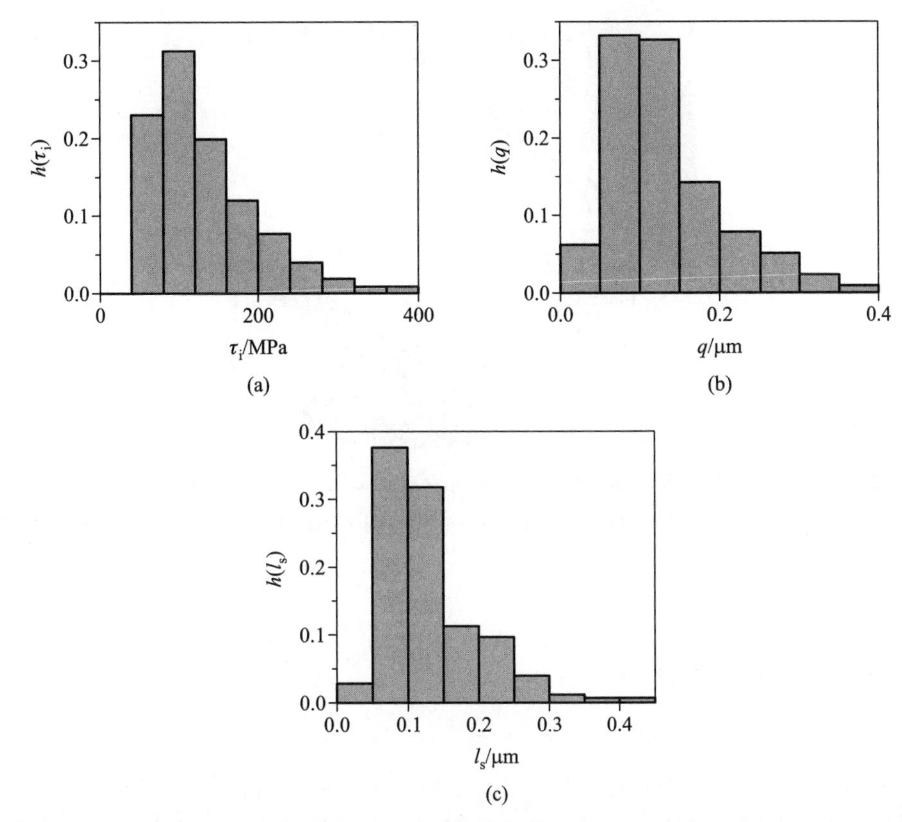

图 6.26　片层界面附近位错环线张力分析的频率分布图。(a) 共格应力 τ_i 的 $h(\tau_i)$；(b) 长轴 q 的 $h(q)$；(c) 驻留长度 l_s 的 $h(l_s)$。h 由 $h=\Delta N/N$ 确定，其中 N 为某一 τ_i、q 和 l_s 区间内的频数。$n=190$ 为分析位错环的样本总数，平均值为 $\overline{\tau_i}=130$ MPa、$\bar{q}=0.128$ μm、$\overline{l_s}=0.132$ μm[86]

片层组织形貌的一个经常出现的结构特征为 γ 片层内部出现单独的位错环（图 6.27）。可以推断，这些位错环是分布于 γ 片层中的细小 α_2 片层在随后 $\alpha_2\to\gamma$ 相变消失后的残余物。位错环的位置对应原来 α_2/γ 界面处的位置。由位错环的大幅弯曲可以看出，在相变后很可能遗留了极高的内应力。

总结：尽管失配可由界面位错和台阶来协调，但界面处仍保留了极大的弹性应变。由此导致的共格应力与材料的屈服应力相当，从而可能对材料的变形行为产生重要的影响。

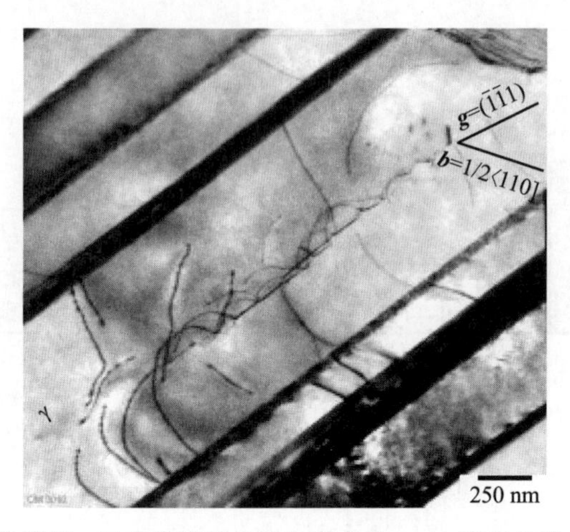

图 6.27 γ 片层中的位错环。这些位错环是原先存在的 α_2/γ 界面的残余物，位错环的位置即为原先的界面位置。α_2 片层在相变后消失。铸态 Ti-47Al-2Cr-2Si，1220℃ 退火 4 h 炉冷，近片层组织

6.1.5 塑性各向异性

片层组织表现出了很强的塑性各向异性，Fujiwara 等[92]很早以前就利用二元 Ti-49.3Al 合金的 PST 晶体对此进行了研究。自那以后，在多种其他(三元) PST 晶体中也发现了这一效应，且片层间距范围的跨度非常大[38,93-98]。变形行为的主要特征有：当变形在片层平面发生时(软取向)，屈服和断裂强度均较低；当变形跨越片层(硬取向)时，屈服和断裂强度均较高；当拉伸轴接近于片层平面时，拉伸塑性较高；当拉伸轴与片层平面接近垂直时，拉伸塑性较低；屈服强度没有明显的拉-压不对称性。图 6.28 展示了压缩条件下测定的屈服强度随片层与压缩轴夹角 Φ 变化的函数。硬取向($\Phi=90°$)和软取向(接近 $\Phi=45°$)下屈服强度的比率为 4~5。需要指出的是，屈服强度在 Φ 高于 45°或低于 45°时的变化并不是对称的。对于一个给定的取向角 Φ，屈服强度对滑移面沿其法向的旋转方向不敏感，也就是说，在固定角度 Φ 下的屈服强度是几乎不变的，不论样品的 x-平面是平行于$(11\bar{2})$还是$(1\bar{1}0)$。不同研究组测得的数据的差异应该来自不同合金的 Al 含量以及 PST 晶体的长大速率——众所周知这两点对片层间距均有重大影响。

广义上说，屈服强度的各向异性可基于限制位错滑移路径的因素来解释，即经典的霍尔-佩奇(Hall-Petch)理论。在软取向下变形时($\Phi\approx45°$)，位错滑移相对容易，这是因为其仅受到间距较宽的畴界的阻碍。当 Φ 接近 0°或 90°

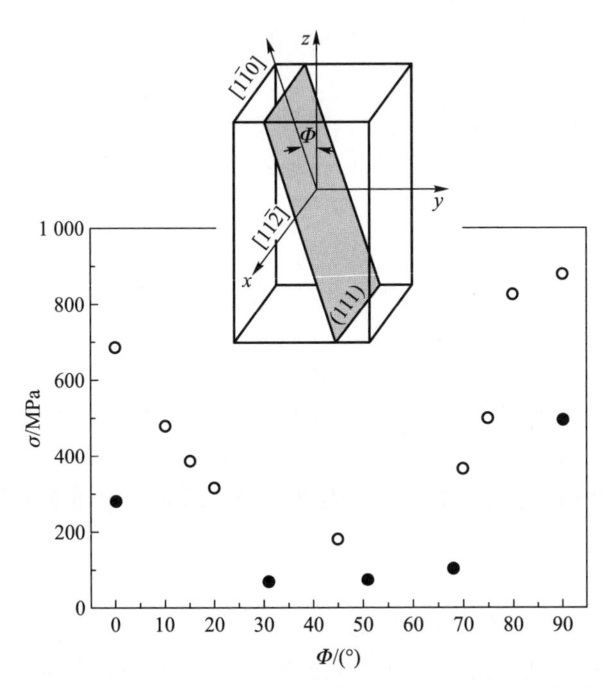

图 6.28　PST 晶体的塑性各向异性。室温压缩条件下，屈服强度随 Φ 角的变化，其中 Φ 为(111)片层界面与压缩轴向的夹角。如插图所示，所有样品的坐标系均以[$11\bar{2}$]方向为 x 轴(●：Ti-49.3Al，数据来自 Fujiwara 等[92]；○：Ti-48Al，数据来自 Nomura 等[97]，两组数据的差异应该是由不同的 Al 含量导致的)

时，变形沿最大切应力方向发生，即此时滑移面和滑移方向与变形轴向的夹角接近 45°。因此，剪切必须要跨越间距较小的片层界面。片层界面对位错滑移的阻碍强度可能取决于不同的因素。Hazzledine 及其研究组[39,84,99]对可能的位错-界面反应进行了深入研究。根据其结论，对于片层 α_2-Ti_3Al+γ-TiAl 合金，下列过程可能非常重要。

(1) 在跨越片层界面时，多数情况下滑移的方向将发生改变，这是因为晶体学上的可滑移晶面及晶向在跨越界面后是不连续的。这可能导致施密特因子的急剧降低，从而阻碍了位错的传递。在 γ/γ 界面处，滑移面的取向可能出现高达 39°的变化。在 α_2/γ 片层界面处，一定会有滑移的再取向；相对应的 $\{111\}\gamma$ 和 $\{10\bar{1}0\}\alpha_2$ 滑移面之间最小的角度差为 19°[44]。

(2) 当位错与界面交互作用时，位错芯一般会发生转变。例如，在 γ 片层中滑移的一个普通位错 $1/2\langle 110]$ 在进入另一个相邻的 γ 片层中滑移时需要转变为一个 $\langle 101]$ 超位错，其伯格斯矢量要增加一倍。在 α_2/γ 片层界面处，$D0_{19}$

结构中存在的位错需要转变为适合在 $L1_0$ 结构中滑移的位错。这种位错芯结构发生转变的同时也要产生位错线能量的变化，这是因为不同种类位错的伯格斯矢量的长度和剪切模量是不同的。

（3）当位错跨越半共格界面时，将与失配位错发生反应，这一过程包含了弹性反应、割阶的形成以及滑移的位错与界面失配结构的合并。

（4）当滑移要跨越 α_2 片层时，α_2 相中需要激发锥面滑移，这需要极高的剪切应力。

尽管这些论述对理解 PST 晶体中的塑性各向异性给出了很好的框架，但具体的细节可能更加微妙。Kishida 等[28]、Nomura 等[97]和 Min-Chul Kim 等[98]即表明了这一点，他们观察了 PST 晶体在室温压缩变形至 2%~3%这一过程中发生的形状变化。如图 6.29 所示，他们记录了片层与变形轴向角度 Φ 不同时样品沿 x、y 和 z 轴下的应变分量，其结论可以总结为以下几点。

（1）$\Phi=0°\sim10°$：y 方向的应变接近于 0；因而，净切变矢量与片层界面平行。

（2）$\Phi=15°\sim75°$：样品沿平行于片层界面的$(111)_\gamma$晶面发生纯切变，这是因为 x 方向没有观察到任何应变。

（3）$\Phi\geqslant80°$：变形由沿 x 和 y 方向的应变来完成，这与滑移穿越片层界面的情况相符。Nomura 等[97]认为这一过程的难度在于屈服强度对 Φ 变化的非对称性，这意味着屈服强度在 Φ 接近 90°时的上升速度比 Φ 接近 0°时的上升速度更快。尽管在观察 $\Phi=15°\sim75°$和 $\Phi\geqslant80°$时的形状变化时，其在很大程度上与总剪切方向相对于片层取向的预期是一致的，但在 $\Phi=0°\sim10°$时的应变分布则需要特别考虑。在这个取向范围内，所有区域的变形显然均发生在与界面平行的晶面上。这种所谓的片层界面之间塑性变形的通道效应是非常明显的，这是由于此时滑移局限于施密特因子接近于 0 的晶面内，即使是此时其他可动滑移系的施密特因子仍然相对较高。Kishida 等[28]发现了这一问题，并细致分析了 PST 晶体在不同压缩轴向下的滑移机制。$\Phi=0°$且应力轴 z 平行于$\langle110\rangle$方向时所观察到的变形结构表明 PST 晶体中所有 6 种 γ 区域均在斜交于(111)界面的$\{111\}$面上发生了剪切。在其中两个区域内，加载轴与$\langle1\bar{1}0]$平行，意味着无法激发普通位错滑移和形变孪晶。这两个区域通过对称的$[0\bar{1}1](1\bar{1}\bar{1})$和$[\bar{1}01](\bar{1}1\bar{1})$超位错滑移来变形。由于这些超位错的伯格斯矢量平行于片层界面，因此相应的区域仅发生了沿片层的剪切，这与观察到的宏观应变分布是一致的。

其余 4 组区域的$\langle10\bar{1}]$方向与加载轴向平行，其变形通过 $1/2\langle1\bar{1}0]$普通位错在$(11\bar{1})$面上的滑移进行。这些位错的伯格斯矢量与片层界面平行，因此，

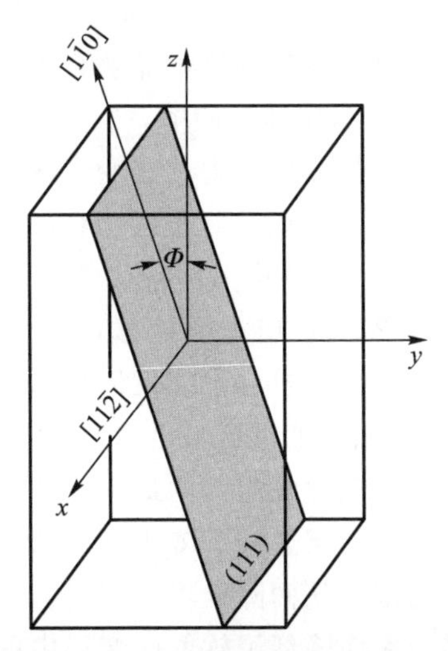

图 6.29 PST 晶体的变形几何学，用以查看压缩变形过程中穿越片层界面的应变量。图片来自 Nomura 等[97]

其滑移机制同样与宏观上观察到的应变情形一致。然而，普通位错滑移通常伴有另一个斜交{$\bar{1}$11)滑移面上的形变孪晶。因而观察到的变形系统或者由1/2⟨110]($\bar{1}$11)滑移和1/6⟨$\bar{1}$1$\bar{2}$]($\bar{1}$11)孪晶构成，或者由1/2⟨110](1$\bar{1}$1)滑移和1/6⟨1 $\bar{1}$$\bar{2}$](1$\bar{1}$1)孪晶构成。初看起来，这 4 种区域的滑移几何与上述的宏观测量并不相符，因为它们将导致出现沿垂直于片层界面的 y 方向的剪切分量，而实际上却未观察到。通过对切变方向的细致思考可理解这一明显的矛盾[28,97,98]。从滑移几何看，普通位错和孪晶在同一滑移面出现，然而，其垂直于片层界面的剪切分量的符号却是相反的。通过对这些机制进行合适的组合，在垂直于片层界面方向上的切变分量是可以完全抵消的，从而只产生平行于片层界面的滑移效果。例如，3 个 1/6⟨$\bar{1}$1$\bar{2}$]孪晶不全位错在连续的($\bar{1}$11)面上的滑移必须由每 3 个($\bar{1}$11)面上的 1/2⟨110]普通位错滑移相伴。这种位错和孪晶的组合与上述的两个⟨101]超位错滑移是等价的。这种滑移几何学允许跨越区域边界时的连续剪切变换，同时又符合宏观上观察到的形变结果[28]。这种紧密结合的变形过程也在原子模拟中被证实了，表现为普通位错和形变孪晶具有几乎相同的迁移速度[98]。

当样品的取向 $\Phi = 0°$ 且加载轴向平行于$\langle 110 \rangle_{\gamma}$ 时，PST 晶体中的 α_2 片层也可发生变形。根据 α_2 与 γ 相之间的取向关系，$\langle 110 \rangle_{\gamma}$ 加载轴和 α_2 相中的⟨11$\bar{2}$0⟩一致；因此 α_2 片层可通过双柱面滑移变形。这种变形方式是相对简单

的(见 5.2.2 节)，仅产生了一个平行于片层的剪切。因此，α_2 和 γ 片层之间没有明显的应变不协调性。这种特殊的性质可能解释了为什么当样品取向 $\Phi=0°$ 时 PST 晶体可表现出惊人的室温拉伸延伸率。

需要指出的是，在上述的样品取向中，在变形区域中并没有被激发出一些开动阻力较高的滑移系。例如，上述的普通位错和形变孪晶的组合变形可以由伯格斯矢量平行于界面的〈101]超位错滑移来代替。而事实上并未出现这一现象，这表明超位错滑移的临界分切应力要明显高于普通位错和形变孪晶[98]。因此，某一区域内具体开动的变形机制不能仅依靠施密特因子准则来判定。根据这些结果，Kishida 等[28]指出，变形区域和片层边界之间的应变连续性保持是决定单个区域内滑移系或孪晶激发与否的最重要的因素。

也有其他因素可能有利于片层之间的变形通道效应。6.1.2 节中已讨论过，层错可改变部分片层界面的键合从而降低界面能。这意味着位错在界面处可分解为间距很宽的不全位错，因而降低了软取向变形中的滑移阻力。CSF 能的降低可使界面处普通位错的滑移阻力比块体材料中降低一个数量级[39]。另一方面，原本在与片层界面斜交的硬取向{111}面上滑移的螺位错可交滑移到界面上，从而降低其能量。这些位错变得不可动，从而使硬取向变形得到强化。Paidar 等[100,101]指出，即使在相邻片层内部有充足滑移系统支持的条件下，形变孪晶和超位错仍可能无法跨越界面。这是因为超位错和孪晶的迁移是极化的，如 5.1.4 节和 5.1.5 节中所述。这些变形机制仅在外加载荷的剪切方向与其易变形的方向重合时才可出现。

作为本节讨论的最后一点，需要特别强调的是，PST 晶体很强的各向异性以及相关变形运动学即使是在相对较小的压缩变形量下(2%～3%)也会出现。在应变量更大时这一状况当然会更加复杂，因为应变强化可能导致高的内应力，从而激活其他变形机制。Paidar[102]模拟了当沿片层和垂直于加载方向的变形被禁止时，加载方向平行于片层的变形情形($\Phi=0°$)。在这种条件下出现了极强的应力集中现象，使得外加载荷重新分布。其趋势是具有最高施密特因子的滑移系的切应力降低，而其他滑移系的切应力上升。因此在受限的片层区域内可能激发其他滑移和孪晶来补充变形[102]。

总之，数据表明滑移是难以穿越片层界面的，这一点可以确信。塑性应变导致了多种变形机制的协调开动，这可能仅局限于片层界面之内。这些事实和片层的平面板状几何形状一起共同导致了片层组织明显的各向异性。当变形在片层平面内发生时(软取向)，屈服和断裂强度较低；当变形跨越界面发生时(硬取向)，屈服和断裂强度均较高。当拉伸轴向接近于片层平面时，拉伸塑性较高；当拉伸轴向接近垂直于片层界面时，拉伸塑性较低。当片层晶粒于多晶体中受限时，塑性各向异性将导致内应力，其值可轻易地超过材料的断裂强度。

6.1.6 微观力学模型

随着快速计算技术的出现，人们通过微观力学模拟和有限元分析对($\alpha_2+\gamma$)合金的流变行为进行了大量研究。虽然目前可以对γ和α_2相建立精确的晶体学塑性模型，但将这些模型直接扩展应用到模拟片层合金的屈服行为中仍是比较困难的。这主要是因为多晶片层合金的流变行为是受许多参数控制的，如片层团尺寸、γ畴域尺寸、α_2片层之间的距离以及片层厚度等。这些参数的尺度范围从mm级至nm级不等，即使在二维层面上也会由于计算机计算能力的不足而无法同时模拟出来。另外，这些结构参数对屈服强度的相对重要性也没有明确地建立起来。因此，在模拟这些片层合金的塑性时，不可避免地要进行一定的简化。自然的，人们提出的微观力学模型也根据他们的计算方法和模型的复杂程度而不同。

Lebensohn等[103,104]发展了一种晶体学塑性模型，其中的片层组织被简化为一对互成孪晶关系的片层。为了模拟多晶变形，这一模型被嵌入到一个有效的介质中，其具有多晶组织的平均性能。尽管进行了简化，这一模型仍表现出最重要的变形机制，并被扩展到了对PST晶体屈服面的预测中。

Schlögl和Fischer[105-107]以及Werwer和Cornec[108,109]在局部连续晶体塑性理论的框架下，采用包含所有相关滑移系的三维模型描述了PST晶体的流变各向异性行为。这一计算精确地描述了实验上观察到的单一片层团屈服的取向敏感性，并强调了形变孪晶和超位错滑移对应变连续性的重要作用。

Ked等[110,111]和Dao等[112]利用二维有限元计算，模拟了多晶片层和近片层组织材料的变形行为。多晶组织采用二维的理想六方片层晶粒阵列表示，其间的γ晶粒用插入的小三角或四方形来表示。他们采用三维滑移几何的平面投影来研究局部变形应力场的特征。分析表明，多晶片层组织的变形非常不均匀，形成剪切带、扭折带、晶格旋转以及片层内弯曲的倾向性非常强。这使得作者们相信由相邻晶粒施加的限制是决定屈服强度的主要因素。即使是在压缩条件下，片层团边界的三叉交界处也可产生很高的拉伸静载荷。很明显，这些因素将对像钛铝合金这样的脆性材料的变形行为产生不利影响。

最近，Brockman及其合作者[113,114]对多晶近片层组织进行了三维有限元模拟。其模型是一个由512个随机取向的片层团组成的阵列。片层团的体积分数为0.96，并假定α_2与γ片层的比例为1∶5。片层团的宽度约为145 μm。剩余的体积分数由片层团之间的γ晶粒所占据。结果表明，多晶组织中产生了局部应力集中，这是在加载过程中由于晶粒尺寸、形状和取向的差异导致的。计算反映出局部的塑性流变导致了片层材料的微区屈服，从而产生了平滑的载荷-

伸长响应，这常见于拉伸或压缩实验中。在宏观尺度下，这一效应与显著的变形状态不均匀性相关，如图 6.30 和 6.31 所示。例如，在名义(宏观下)应变 ε = 0.2%时，约 5%的多晶组织仍保持弹性，而 80%片层团区域的塑性应变 ε_p 仍小

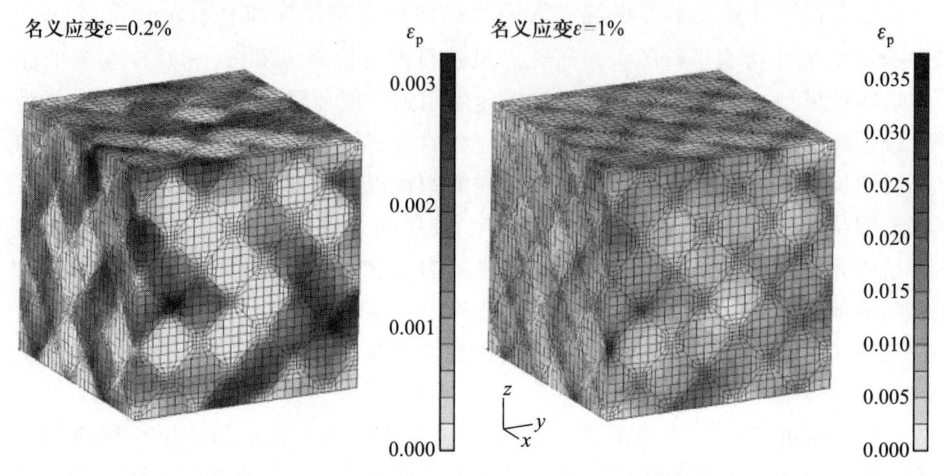

图 6.30　对近片层 TiAl 多晶组织变形条件下的弹/塑性模拟。材料的结构细节见文中所述。图中展示了名义应变条件下(用名义应变均一化之后的)有效的弹性应变分布。数据来自 Brockman[113]

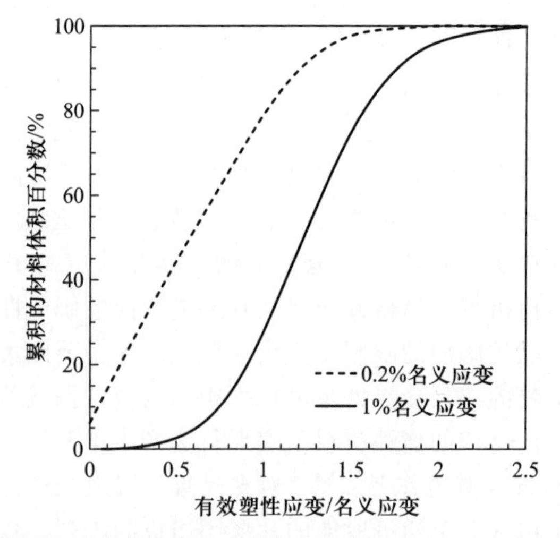

图 6.31　图 6.30 中模拟结果的定量表示。当名义应变 ε = 0.2%时，约 5%的体积分数的材料仍保持弹性，而 80%的晶粒的有效塑性应变 ε_p 仍小于名义应变 ε。当 ε = 1%时，约 72%晶粒中的应变 ε_p 高于名义应变 ε。数据来自 Brockman[113]

于名义应变 ε。当宏观应变 ε=1%时，几乎所有的片层团均达到屈服状态。然而，变形仍然是不均匀的，因为28%的晶粒的塑性应变仍表现为低于1%。在未变形区域的片层团中，其界面一般近似垂直于加载方向。应变的不均匀性也伴有较大的局部应力差异。Dimiduk 等[115]对目前片层 TiAl 合金的模拟工作进行了综述。

总之，对片层合金建立的塑性模型通过包罗所有可能的滑移系和孪晶系，已令人满意地描述了塑性各向异性现象。更重要的是，这些模型提供了对多晶片层组织变形不均匀性状态的定量描述，而这在实验上是难以做到的。模拟研究团队的主要困难在于：① 尺度相关的局限性，这妨碍了同时在片层和片层团尺度上的模拟；② 对界面相关的滑移考虑不够充分；③ 缺少片层间距、片层团尺寸、畴界尺寸以及 α_2 片层间距的信息。

6.2 单相与多相合金变形机制的差异

为了攻克其低塑性和损伤容限性，人们对 TiAl 合金中的变形现象进行了广泛的研究。文献中的数据包含的参数范围非常宽泛，包括合金成分、显微组织和变形温度等。这其中的许多工作是在单相 γ 合金和 PST 晶体中进行的，这已在5.1节和6.1.5节中进行了说明。为避免重复，后文的讨论将集中在 γ 和 α_2 相协同弹塑性变形的现象，以及两相合金中出现的典型点缺陷的情形上。典型点缺陷的出现使(α_2+γ)合金表现出了一些明显不同于其单相组分的性能。

6.2.1 TEM 表征方法的层面

TiAl 合金的变形是由非常小的尺度上的复杂缺陷结构主导的。对它的表征主要集中在 TEM 分析上，它可以提供足够的分辨率，但是又引入了样品薄片效应、电子束破坏和小取样体积所带来的固有局限性。由于这些局限可能对结果分析产生极大的影响，因此首先要从分析方法的层面进行几点讨论。

大量与加工有关的缺陷结构带来了一个明显的、也是工程合金中经常遇到的问题，即合金通常会经历冶金工业应用所需的剧烈热加工过程，如挤压、锻造或轧制等。尽管这些热机械处理会伴有动态回复和再结晶现象，但材料中一般仍会残余高密度的缺陷结构，这些结构可能掩盖了由于变形而产生的缺陷特征。例如，变形前材料中的位错密度一般要高于 $10^7\ cm^{-2}$。因此看来由于变形所导致的缺陷结构只能在至少高于2%的明显应变下才能显现出来。

位错结构通常是不稳定的，且受内应力的影响。因此，在卸载和样品制备的过程中，可能发生位错的重排和消失。一般地，随着加速电压和材料屈服强度的提升，对样品制备的要求也变得不那么严格了[116,117]。这是因为可以研究更厚的薄片样品，从而使位错能更好地承受映像力。由于 TiAl 合金的屈服强度高，在 200~400 kV 之间的中等加速电压电镜中，位错结构的重排几乎可以忽略不计。此时则要平衡加速电压提升带来的优点和辐照带来的破坏。

近年来，聚焦离子束(FIB)设备已用于对样品中感兴趣区域的取样，如滑移带或裂纹尖端等。应用这种技术通常会由于离子轰击而导致样品损坏，如电子束加热效应、形成缺陷团簇甚至非晶化等[118]。当研究位错精细结构时，这些将成为重要制约因素，因为在离子轰击下位错是非常容易发生重组的。

总结：与扫描电镜提供的对表面的观察高度互补，透射电镜具有在纳米尺度和许多情形下甚至是原子尺度下表征缺陷结构的能力。

6.2.2　(α_2+γ)合金的室温变形

对(α_2+γ)合金室温变形后 TEM 表征的主要发现可总结如下。不论合金是片层还是等轴组织，一致认为变形主要由占主导的组成相 γ(TiAl)相完成[32,33,75,119-122]。如 5.1 节中所述，γ(TiAl)相的变形由伯格斯矢量为 $\boldsymbol{b}$ = 1/2⟨110]的普通位错的八面体滑移，和伯格斯矢量为 $\boldsymbol{b}$ = ⟨101]、$\boldsymbol{b}$ = 1/2⟨$11\bar{2}$]的超位错滑移进行。其他潜在的变形方式为沿 1/6⟨$11\bar{2}$]{111}方向的形变孪晶。具体哪一种变形对总体应变做出多少贡献看起来与合金成分有关，这也是后文要讨论的内容。大多数研究表明，在两相合金中，主要变形机制为 γ 相中的普通位错滑移，而后是形变孪晶[32,33,75,119-125]。这时的孪晶行为与单相 γ 合金中的变形有显著的不同，后者则一般表现出难以产生孪晶的倾向。例如，图 6.32 展示了室温压缩应变 ε = 3.2%时所观察到的变形结构，其包含了普通位错和形变孪晶。尽管不是所有，但大多数的普通位错沿其近螺型方向排列，而超位错则大多表现为混合型特征。这一观察表明普通位错的可动性取决于它们的特征，这将在后文中讨论。利用截线法[126]对这些样品中位错密度进行估计，一般可得出其位错密度为 10^8 ~ 10^9 cm^{-2}。迹线分析和极射赤面投影图表明，普通位错主要在斜交的{111}晶面上滑移[33,75]；因此除在某些特定方向下之外，应该开动的是多组普通位错滑移而不是其他机制。正如后文中所指出，多组滑移是加工硬化的重要贡献机制。大量已发表的图片中均展示出了均匀分布的普通螺位错，但在某些情况下也会出现位错的塞积现象(如图 6.32 所示)。

Couret 等[82]报道了片层 Ti-47Al-2Cr-2Nb 合金室温变形后一种有趣的位错结构的自组织情形。这一结构表现为平行于片层界面的平面位错网络。位错网出现在 γ 片层中，这些 γ 片层处于沿片层界面易滑移的取向，即主要滑移面与位错网络所在的平面平行。作者认为位错网是由(沿{$\bar{1}\bar{1}1$}网络面滑移的)⟨011]超位错和(沿斜交{111}平面滑移的)1/2⟨110]位错的交叉导致的。产生

图 6.32 室温压缩应变 $\varepsilon = 3.2\%$ 时观察到的变形结构，展示了普通位错和 $1/6\langle 11\bar{2}]\{111\}$ 有序孪晶。Ti-48Al-2Cr 铸态全片层组织，压缩轴向平行于片层界面。薄片样品轴向接近 $\langle 101]$

的 $1/2\langle 112]$ 连接点和 $1/2\langle 110]$ 位错形成了矩形的交叉网络，它可以协调残余的界面失配。因此，位错网的形成可能是由失配应变主导的。

仅在少数室温变形条件下才可观察到大量的超位错滑移[127]。因此，在两相合金中的 γ 相中，很明显是难以激发超位错滑移的，这一事实同样也在 PST 晶体的变形行为中出现(6.1.5 节)。然而，由于相邻晶粒的变形，在取向不利于 $1/2\langle 110]$ 滑移或形变孪晶的晶粒或片层中显著积聚了内应力。这种应力集中可能高到足以激发超位错滑移。例如，图 6.33 展示了 $1/2\langle 112]$ 超位错在 γ 片层中的局部滑移，此时的片层取向并不利于开动普通位错滑移或形变孪晶。超位错滑移的困难严重影响了 γ 相的变形能力，这是由于在四方单胞中包含 ***c*** 方向的滑移被抑制了。在这种情况下，大量开动 γ 相的孪晶必然是非常重要的，因为它可以提供这一方向的剪切变形并降低对位错滑移系数量的需求。关于这一方面更多的信息见 6.2.3 节。

如上文所述，在$(\alpha_2+\gamma)$合金的相组成中，α_2 相的变形更为困难。在严重变形的 γ 相之间经常可见几乎没有缺陷的 α_2 晶粒或片层被包夹其中[122]。这一发现使人们认为有必要对其加以特别考虑，因为两相必须同时变形才可以保证应变的连续性。对于所观察到的应变配分现象，主要有两个因素与之相关。首先，TiAl 合金包含大量的间隙强化元素，如氧、氮和碳，它们均优先固溶于 α_2 相中[128]。因此，在$(\alpha_2+\gamma)$合金中，相较于其各自的单相组织，γ 相应该更软，而 α_2 相应该更硬[119]。Menand[129,130] 及其研究组的原子探针场离子显微镜分析表明，所谓的 α_2 相可清除间隙元素的作用是不明显的。在他们的研究中，不论合金是单相 γ 相，还是两相$(\alpha_2+\gamma)$，在 γ 相中均检测到了约为

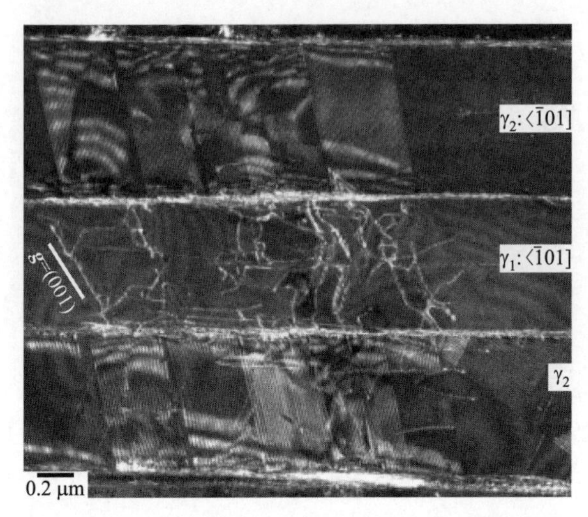

图 6.33　Ti-48Al-2Cr 合金中的超位错滑移，全片层组织，片层界面具有平行于压缩轴向的择优取向，薄片样品方向和变形轴向均接近⟨101⟩。由于 γ_1 片层的⟨$\bar{1}$10]取向不利于 1/2⟨110]普通位错滑移和形变孪晶。γ_1 片层中超位错的开动(大部分为 1/2⟨112]型)很可能是被相邻 γ_2 片层中的变形孪晶施加的高应力集中所激发。室温压缩变形，应变 $\varepsilon=2.7\%$

300 at. ppm的相同的氧含量。这一氧含量水平与 γ 相中氧含量的固溶极限相当。在 TiAl 合金中，氧的富集往往显著高于其固溶极限，典型的数值为 600 at. ppm。作者提出多余的氧含量可被不同的方式吸收，这取决于合金的相组成：在单相 γ 合金中氧以氧化物的形式析出，而在(α_2+γ)合金中多余的氧则被 α_2 相吸收。因此，两相合金中的 γ 相中几乎没有氧化物析出，这对合金的变形能力是有益的。类似的结论当然也适用于其他间隙元素如氮和碳等。

α_2 和 γ 相中应变配分不均匀的另一个原因当然与 α_2 相强烈的塑性各向异性有关(见 5.2.2 节)。通过对片层合金拉伸变形后的 TEM 分析表明，α_2 相有限的塑性主要由局部的⟨$\boldsymbol{a}$⟩型位错滑移实现，其伯格斯矢量为 $\boldsymbol{b}=1/3\langle 11\bar{2}0\rangle$，滑移面为{1$\bar{1}$00}柱面[131-134]，它也是目前为止 α_2 单晶合金中最容易开动的滑移系。在少数情况下，可观察到 1/3⟨11$\bar{2}$0⟩位错在{2$\bar{2}$01}锥面上的滑移，即一阶 π_1 锥面[135]。⟨$\boldsymbol{a}$⟩型位错的另一个次级滑移系统为 1/3⟨11$\bar{2}$0⟩{3$\bar{3}$01}，见于高水平局部应力条件下[136]。锥面滑移系统看起来是由相邻 γ 片层中开动的变形孪晶交截至 γ/α_2 界面后导致的应力集中激发的。需要重点指出的是，拉伸应变后没有观察到明显的⟨$\boldsymbol{c}$⟩型位错在锥面上滑移的现象[133,135]。综上，这些发现再一次表明锥面滑移需要极高的屈服应力。这就使某些晶粒取向下的 α_2 相难以变形。例如，平行于[0001]方向加载的 α_2 晶粒或片层就无法进行⟨$\boldsymbol{c}$⟩

型位错在锥面上滑移，因而不能变形。这些 α_2 晶粒显然也受到周围已变形晶粒的限制。由此产生的应力可轻易超过断裂应力，这应该是早期断裂产生的原因之一。

室温下，仅在压缩条件下才可激发 $\langle \boldsymbol{c} \rangle$ 型位错滑移，此时由于叠加的静压力，裂纹扩展在很大程度上受限了。这种条件下出现的强烈加工硬化可导致高内应力，可在局部激发锥面滑移。在强烈压缩变形的样品中已观察到的锥面滑移系统为 $1/3\langle \bar{1}2\bar{1}6 \rangle\{2\bar{2}01\}$ 和 $1/3\langle \bar{1}2\bar{1}6 \rangle\{1\bar{2}11\}$[121,134]。同样地，滑移行为是被扩展而来的孪晶导致的应力集中激发的。对单相 Ti_3Al 而言，$1/3\langle \bar{1}2\bar{1}6 \rangle$ 位错以松散成对的平行超不全位错的形式扩展，其伯格斯矢量为 $\boldsymbol{b}=1/6\langle \bar{1}2\bar{1}6 \rangle$（见 5.2.1 节）。

总结：$(\alpha_2+\gamma)$ 合金的室温变形主要是由 γ 相通过普通位错和形变孪晶进行的。α_2 相的局部滑移由 $1/3\langle 11\bar{2}0 \rangle$ 超位错的柱面滑移提供。α_2 相中没有发现实质上的 $\langle \boldsymbol{c} \rangle$ 型位错滑移。这一滑移几何使得各相在塑性上均是各向异性的，该问题在 α_2 相中表现得尤为突出。

6.2.3　独立的滑移系

在变形过程中，对于一个处于多晶组织中的晶粒，由于其必须保持与其他相邻晶粒的接触且协调它们的形变，从而要进行总体的塑性变形。理论上，变形可被认为是由 6 个分量组成的塑性应变张量。在体积保持不变的情况下，正如剪切塑性变形中那样，总体形状的改变需要 5 个独立的应变自由度才可完全实现。因此，对于多晶材料的塑性变形，必须要保证可开动 5 个独立的滑移系，这即为人们熟知的 von Mises 准则[137]。任何滑移或孪晶系统对应给定的五维空间中的一个矢量。如其中的任何一个可表示为其余部分的线性组合，则 5 个滑移系统就不能称为相互独立。如果不能满足 von Mises 准则，则可能出现高应力集中，这通常将导致出现晶界滑移、相变或断裂。

对于多晶 $\gamma+\alpha_2$ 合金的变形，von Mises 准则的应用则更加微妙，这是因为 γ 相极易出现孪晶变形。更进一步讲，在片层组织合金中，两相根据 Blackburn 取向关系排列，将其各自的变形联系了起来。Goo[138] 考虑到了这一特殊情形。对于 von Mises 准则来说，滑移和孪晶最重要的区别在于其过程的可逆性[139]。在滑移的情形下，逆向的滑移方向可提供等价的滑移系，即每个滑移系可产生两个符号相反的应变矢量。而在孪晶变形中则不是这样的：孪晶元素为 $K_1=(111)_\gamma$，$K_2=(11\bar{1})_\gamma$ 和 $\boldsymbol{\eta}_1=1/2\langle 11\bar{2}]$ 的主孪晶可产生一个孪晶元素为 $K_1=(111)_\gamma$，$K_2=(001)_\gamma$ 和 $\boldsymbol{\eta}_1=1/2\langle \bar{1}\bar{1}2]$ 的互补孪晶。由于互补孪晶的切变量约为主孪晶的两倍，因此认为它是不会发生的(见 5.1.5 节)。

Goo[138]的发现可被总结如下。在独立的 γ 相中，普通位错滑移提供了 4 组滑移系，其中只有 3 组是独立的。类似地，4 个有序孪晶系统 $1/6\langle 11\bar{2}]\{111\}$本身无法满足 von Mises 准则。同样，普通位错和有序孪晶的组合也不能提供 5 个独立的滑移系。因此，在独立的 γ 相中就需要超位错滑移来满足 von Mises 准则。然而，形变孪晶的出现必然降低了所要求的超位错滑移的密度。在独立的 α_2 相中，位错在柱面、基面和锥面上的滑移不能提供 5 个独立的滑移系。仅有当位错滑移伴有$\langle 10\bar{1}\bar{2}\rangle\{10\bar{1}1\}$形变孪晶时，von Mises 准则才可能实现，而上述孪晶仅在高温蠕变条件下铝含量高于名义成分的 Ti-34Al 中出现过[140]。因此，考虑到基面和锥面滑移的困难，在 Ti_3Al 中是几乎不可能满足 von Mises 准则的。

在对片层组织合金的分析中，Goo[138,139]指出，von Mises 理论没有对滑移系的局部分布做出假设，即并不是要求在整个晶粒中都要达成这一准则。因为从总体上看，滑移的分布是不均匀的；与滑移带间距相比，只要考虑尺寸足够大的体积单元就够了。在这种情况下，片层组织可以将源自 α_2 相中的剪切分散到不同取向的 γ 变体中。对于总体应变张量的考察的确表明在片层(α_2+γ)合金中仅通过 γ 相的普通位错滑移是可以满足 von Mises 准则的，前提是所有取向的 γ 相变体都可以变形。这时需要指出可能改变上述条件的两点：第一，在 γ 相的变形中起主要贡献作用的普通螺位错因其具有封闭的位错芯从而可以发生交滑移(见 5.1.3 节)。螺位错交滑移到任意数量的平面上可产生最多两个额外的独立滑移系[74]。第二，孪晶可增强滑移开动的概率，即通过对晶体结构的旋转使之达到一个更利于滑移的方向。尽管上述两种过程的确只局限在很窄的区域内，但它们对应力集中的协调作用是非常重要的。综合起来，相较于单相多晶 γ 或 α_2 合金，这些因素使两相合金力学性能的明显提升。由于变形与断裂密切相关，其同时也大幅提升了两相合金的韧性。

对于晶粒随机取向的多晶组织，施密特定律可以归纳为

$$\sigma = M_T \tau \tag{6.14}$$

式中，M_T 被称为泰勒因子[141]，它将多晶组织的屈服应力 σ 与单晶组分的临界分切应力 τ 联系起来，M_T 可以通过对施加到晶粒上的应力平均化并参考最有利的滑移系的方法确定。对晶粒随机取向的 fcc 金属，其泰勒因子 M_T = 3.06[142,143]；然而，显著的织构可能使泰勒因子上升至 M_T = 3.67[144]，因为它进一步影响了晶粒之间的排列角度，从而影响了滑移的扩展。Mecking 等[145]通过考察普通位错滑移、超位错滑移和形变孪晶计算了 γ(TiAl)合金的泰勒因子。M_T 取决于这些变形机制的相对强度。当这些变形机制的强度

差异很大时，将导致泰勒因子升高。例如，当普通位错和超位错的屈服应力比率为 0.6，形变孪晶和普通位错的比率为 0.2 时，泰勒因子 $M_T = 3.21$。泰勒因子可通过比较多晶材料的加工硬化率 $\partial\sigma/\partial\varepsilon$ 和单晶材料的加工硬化率 $\partial\tau/\partial a_s$ 而很容易得到[146]：

$$M_T^2 = \frac{\partial\sigma/\partial\varepsilon}{\partial\tau/\partial a_s} \tag{6.15}$$

式中，物理量 a_s 为剪切应变。利用 PST 晶体和 T-48Al 多晶片层组织的数据，Parthasarathy 等[147]确定出 $M_T = 3.2 \sim 3.8$，这与 Mecking 等[145]的计算一致。Mecking 等[148]也计算了在变形机制相对强度不同的条件下的 γ(TiAl) 单晶屈服平面的形貌。

总结：在片层(α_2+γ)合金中，γ 相中的普通位错滑移可满足多晶材料总体塑性变形的 von Mises 准则，前提是所有取向的 γ 相变体均可参与变形。这与单相 γ(TiAl) 和 α_2(Ti_3Al) 不同，它们表现出在相近应力条件下欠缺独立滑移系的现象。

6.2.4 (α_2+γ) 合金的高温变形

两相合金在高温 700~800 ℃ 下的变形主要由 γ 相完成，这与室温下观察到的现象类似，然而仍有一些定性和定量上的不同。尽管 γ 相的滑移模式与室温下的情形是一样的，但由于普通位错出现攀移，也可实现额外的应变协调机制[149,150]。攀移过程无疑缓解了对独立滑移系的要求。与室温变形相比，高温下另一个显著的不同点在于 γ 相中形变孪晶的增强。这是一个引人注目的现象，因为孪晶一般属于低温变形机制[151]。例如，图 6.34(a) 展示了 Ti-48Al-2Cr 合金在 800 ℃拉伸变形条件下的变形结构[152]。

一般来说，孪晶非常细小，这可通过其宽度分布的频率看出 [图 6.34(b)]。另外，如 5.1.5 节中所述，γ(TiAl) 中孪晶的切变量是相对较小的。因此，尽管在组织中大量生成了孪晶，但却不能过多估计它们对总体变形的贡献。对适度变形材料($\varepsilon = 3\%$)中孪晶密度和宽度的定量分析表明，局部的孪晶切变量最高可达 5%[153]。非常有趣的是，高温下超位错对 γ 相变形的贡献并没有显著增强。一个可能的解释是超位错由于产生了 5.1.4 节中所述的非平面分解从而被钉扎了。

与室温变形相比，α_2 相同样表现出更高的塑性。这表现在均匀激发的柱面滑移和一定数量密度的 $1/3\langle 11\bar{2}6\rangle$ 锥面位错滑移上[131]。所有这些位错的攀移同样对变形有所贡献。这些因素降低了 α_2 和 γ 相之间的塑性不协调性，当然对材料的总体塑性有益。观察到的变形机制的改变与韧脆断裂模式的变化相符，在(γ+α_2)合金中这一现象出现在 700~800 ℃之间。这一观察结果使得部

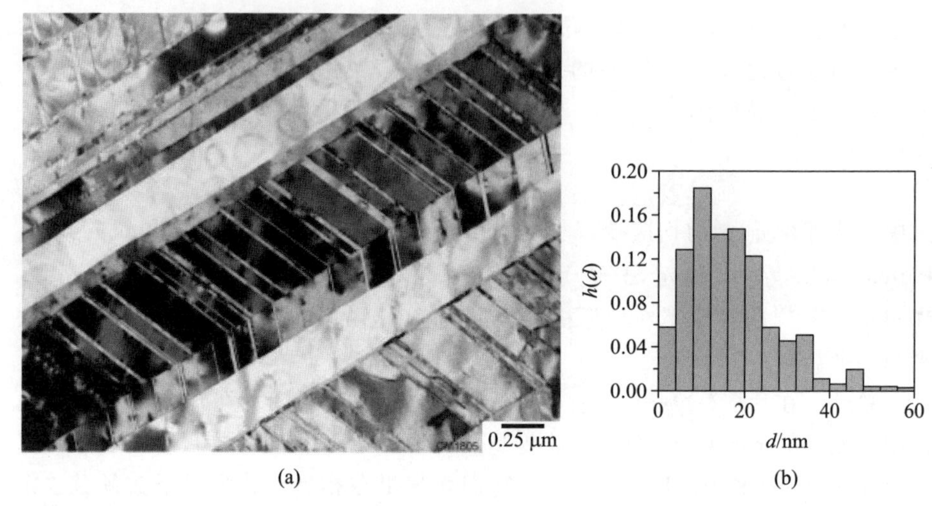

图 6.34　Ti-48Al-2Cr 合金在 800 ℃拉伸变形至 ε = 8.9% 后的形变孪晶。(a) 孪晶结构的 TEM 图像，孪晶/基体界面侧立成像；(b) 此实验条件下变形孪晶宽度 h 的频率分布 $h(d)$ = $\Delta N/N_0$，ΔN 为某个宽度范围内观察到的孪晶数量，N_0 = 884 为所研究的孪晶总数

分作者认为占少数的 α_2 相的塑性对片层 TiAl 合金的变形和断裂行为具有非常重要的影响[134]。

总结：在高温下，(α_2+γ)合金的两个组成相更容易变形。γ 相的变形得到了普通位错攀移和大量形变孪晶的参与。α_2 相的塑性则由显著的柱面和基面滑移增强，同时伴有位错的非保守运动。综合起来，这些因素使得两相更易协同变形，从而确保了应变的连续性。

6.2.5　片层间的滑移传递

除了高的内部滑移阻力和塑性各向异性，片层组织中的各种界面也制约了两相合金的变形。全位错或孪晶不全位错在跨越这些界面时可能产生 6.1.5 节中描述的广义上的所有现象。因此，某一界面阻碍作用的强度取决于它的特点，即它是 60° γ/γ，120° γ/γ，180° γ/γ 还是 α_2/γ 界面。可能同样重要的是进入界面的位错类型和特点及其滑移面与界面的相对取向。总体上说，当滑移穿越片层界面时，可能发生如下情形：

(1) 克服界面处的长程共格应力；

(2) 到达位错与界面失配位错的弹性交互作用和交叉；

(3) 到达位错与界面位错的反应及反应生成的位错与界面位错网络的合并；

（4）到达位错在新滑移面上的分解和扩展，以协调总剪切方向；

（5）在离开界面的另一侧激发新的位错源；

（6）穿越片层的弹性剪切。

虽然上述这些过程中的大部分已经在变形片层合金中得到了证实，但是仍难以对上述这些因素的相对重要性做出评价，尤其是它们之间还存在相互作用。然而可以认为，在特定界面上这些机制中的某一种必然开动的程度决定了界面对滑移的阻碍强度。例如，穿过 180°真孪晶界面的滑移可通过激活共轭变形系统来实现，此时到达滑移系和发射滑移系处于镜面对称关系。伯格斯矢量平行于界面的普通螺位错可以由交滑移轻易地跨越界面[154]，因此可认为真孪晶界的阻碍强度是相对较小的。但在多数情况下，到达和发射位错通过位错反应相互关联，其细节非常复杂，取决于到达位错的属性和特征。反应节点的形成应该是整个传递过程中最重要的部分，因此许多作者重点考虑了这一点[136,154-159]。几何上可能的反应在能量上并非总是最优的，且有时违反 Frank 法则。同时，有些反应的伯格斯矢量并不是守恒的，到达位错的伯格斯矢量与反应生成的发射位错的伯格斯矢量并不相同。在这种情况下残余的位错被滞留在界面处，这需要额外的能量，从而使反应难以进行。由于所有类型的失配位错均可能参与反应，这又令情况更加复杂。另外，在相邻片层受限最为严重的界面区域，相比于不受界面影响的片层内部可能激发更多的位错反应和滑移系。部分作者认为位错滑移和孪晶面的连续性决定了其所激发的变形系统，这意味着反应生成的发射位错的伯格斯矢量要与到达位错平行且大小相等[28,160]。这一观点得到 Singh 等[32]的支持，他们认为一个片层团内的滑移机制是相互关联的。所有属于同种取向的 γ 片层变体可以产生滑移系相同的变形，不论它们之间是否包夹了其他片层。根据施密特因子，变形在某个"先导系统"片层中开始，其可以是普通位错滑移或形变孪晶。滑移对称地传递至相邻的成真孪晶关系的片层中。如果"先导系统"是普通位错，那么真孪晶片层中的"被驱动系统"也通过普通位错来变形。相应地，形变孪晶也可由类似的情况传递。作者指出这种对称的滑移传递即使在新片层的施密特因子不利于变形的情况下也可发生。因此，普通位错滑移或孪晶的连续性应该是决定真孪晶片层界面之间滑移传递的主要因素。

这一情况的复杂特性如图 6.35 所示，其为剪切跨越 60°伪孪晶界面传递的初始阶段。到达孪晶 T_1 的变形通过在$(1\bar{1}\bar{1})$面上扩展的一组孪晶不全位错和一组 $1/2\langle 1\bar{1}0]$ 普通位错以及另一组在$(\bar{1}\bar{1}1)$面上扩展的 $1/2\langle 110]$ 普通位错传递至 γ_2 中。由于 γ_2 片层中的一些位错仍然被固定在界面上，图片中的形貌给人一种位错是由于到达孪晶导致的局部应力而在界面处发射出来的感觉。因此，新位错源的激发无疑是滑移跨越界面传递的一个重要因素。自然地，可以认为这些位错源是由界面位错网络提供的，正如 6.1.4 节中所述的那样。

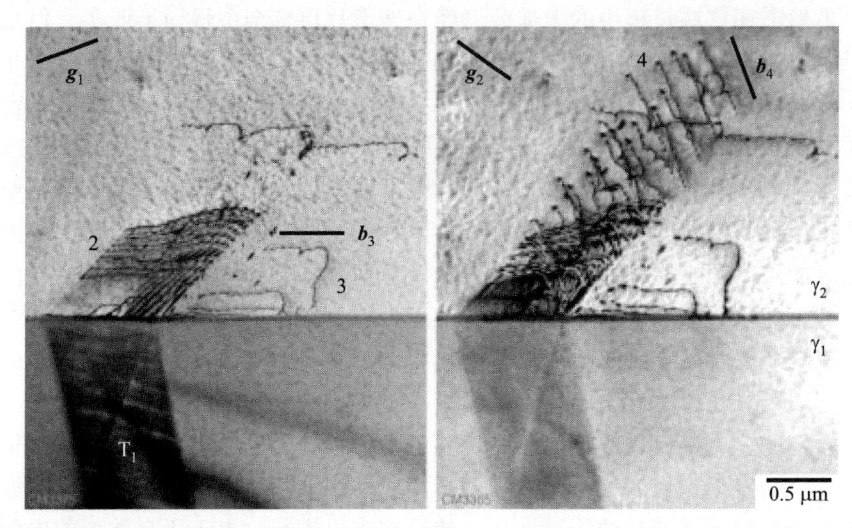

图 6.35　60° γ_1/γ_2 片层界面处的滑移/孪晶反应。γ_1 片层中的孪晶 T_1 受阻于界面。在 γ_2 片层中激发出位于斜交的{111}晶面上的孪晶不全位错(2)和两组 1/2⟨110]普通位错(3)和(4)。通过这种方式缓解了孪晶头部的高应力集中。薄片样品取向接近⟨$10\bar{1}$]。图中标注了伯格斯矢量 $\boldsymbol{b}_3=1/2\langle1\bar{1}0]$、$\boldsymbol{b}_4=1/2\langle110]$；衍射操作矢量 $\boldsymbol{g}_1=[\bar{1}1\bar{1}]$、$\boldsymbol{g}_2=[020]$。熔模铸造 Ti-48Al-2Cr 合金，1 100 ℃退火 1 h 后空冷。室温拉伸变形量 $\varepsilon=0.5\%$

实验上已经有很好的证据表明，相比于不同 γ/γ 界面，α_2/γ 界面对到达位错的阻碍强度最高[33,75]。这是合理的，因为变形跨越 α_2/γ 界面时可包括上述提到的所有的能量耗散过程。因此，考虑到 α_2 相自身内部滑移的困难，α_2 片层通常是无法发生塑性剪切的。Singh 等[122]指出，在这种情况下应变可能以弹性的形式传递。目前的 TEM 证据表明，这一机制一般在到达孪晶的前方出现。孪晶端部的弹性应力场被认为传递到了 α_2 片层中，并且可能高到足以在离开界面的另一侧激发新的位错源。由于应力场随着距孪晶端部距离的增大而降低，这种“弹性控制的”应变传递只能跨越相对较薄的 α_2 片层。图 6.36 对这种机制进行了说明。两个孪晶 1 和 2 在 α_2 片层处受阻，且 α_2 片层的宽度逐渐下降。孪晶 1 接触到了一片相对较薄的 α_2 片层区域，因此应变可以以弹性的形式转移。这表现为相邻片层 γ_2 中激发出的位错环。孪晶 2 受阻于一处较厚的 α_2 片层区域，因此被完全阻挡且 γ_2 片层中未出现滑移的迹象。类似地，Forwood 和 Gibson[136]提出孪晶可以避免与较短 α_2 片层发生交截，这种情况下

孪晶可绕过 α_2 片层并于其前方终止。

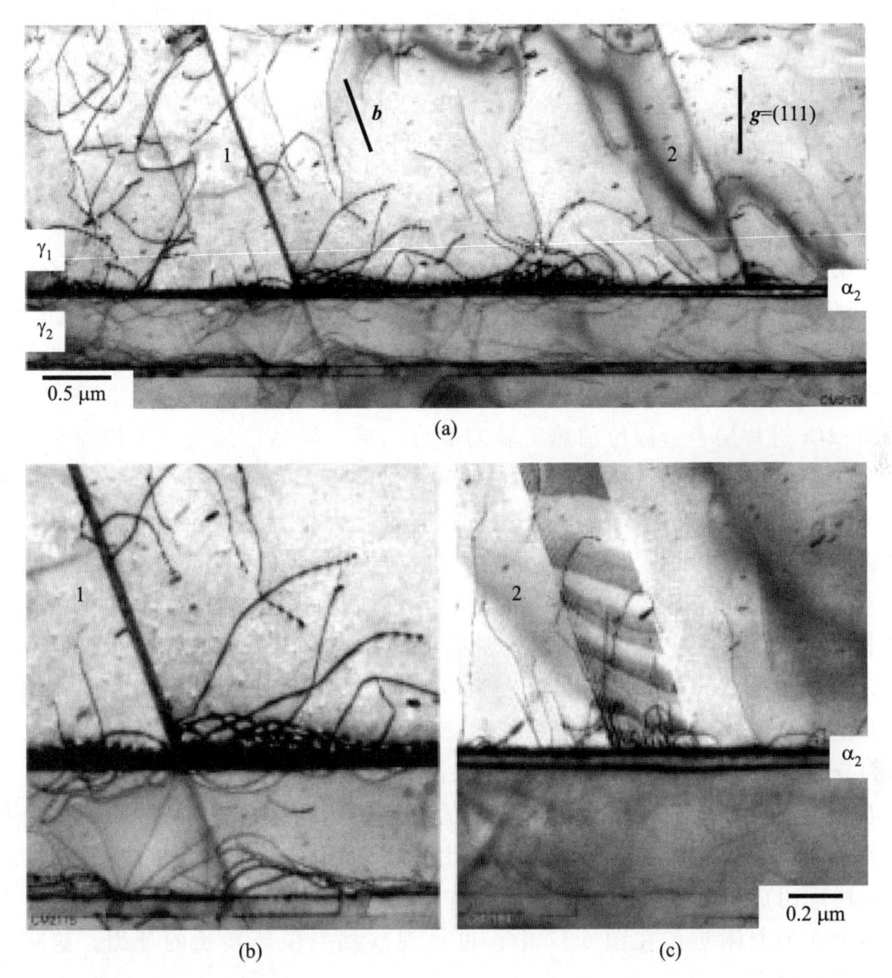

图 6.36 弹性控制的应变跨越包夹在两个 γ 片层之间且厚度逐渐下降的 α_2 片层而传递的。近片层 Ti-48Al-2Cr 合金，室温拉伸变形屈服后的样品。(a)、(b) 孪晶 1 接触到相对较薄的 α_2 片层区域，应变以弹性的方式传递至相邻片层 γ_2 内，这可通过 γ_2 内形核的位错来证明；(c) 孪晶 2 完全受阻于较厚的 α_2 片层区域且 γ_2 中没有出现位错滑移。相对于图 6.36 (a)，样品薄片已沿界面法向相对旋转了 30°

人们试图对不同界面的相对阻碍强度进行力学实验测定，但结果却令人失望，这是因为片层组织的结构参数是相互依赖的。在多晶材料中，片层团大小、畴界尺寸和片层厚度的关联非常紧密。Dimiduk 等[161]对 Ti-45.3Al-2.1Cr-2Nb 全片层组织的细致分析表明，片层间距与片层团尺寸的平方根正相关。在这一方面，Umakoshi 和 Nakano[37,38]对 PST 晶体的分析是最可靠的，因其避免了片层团尺寸对屈服强度的不确定影响。不同畴界尺寸、片层厚度和 α_2 片层间距建立在不同 Al 含量以及 PST 晶体生长速度的基础上。通过采用不同的样品取向，迫使样品进行平行或垂直于片层的塑性剪切，如 6.1.5 节所述。从霍尔-佩奇关系角度分析表明，α_2/γ 片层界面的强化效应显著大于 γ/γ 界面以及畴界面。这是根据片层取向 $\Phi=0°$时样品的屈服强度随着 α 片层的体积分数强烈地上升这一事实而得出的。

不论细节如何，研究表明片层边界是位错扩展和孪晶行进的强力障碍。通过片层界面传递滑移必然需要一些包含较大晶体体积的机制。典型的例子为克服共格应力或迫使一个界面位错在位错塞积造成应力集中的条件下开始滑动。这些过程被认为是不能通过热激活来协助的。因此，克服与片层界面有关的应力部分几乎不受温度和应变速率影响。图 6.37 支持了这一观点。图中为 Ti-48Al-2Cr 近片层合金原位加热实验的部分结果。样品已经被室温压缩至应变 $\varepsilon=3\%$，使其有适当的位错密度和过饱和点缺陷(很可能是空位)。在透射电镜原位加热过程中，普通位错自 α_2/γ 片层界面处发射并塞积于下一处界面。这些移动的位错留下了滑移线的痕迹，表明位错一定是螺型的。滑移线的出现是因为位错在行进过程中扰乱了薄片样品的上下表面。位错在它们行进的方向上弓出，它们的尾端有些拖后，这表明拖动滑移线需要一定的能量。在下一处界面附近，滑移线是弯曲的，这表明位错离开了它们的$\{111\}$滑移面，很可能发生了交滑移。可以推断观察到的交滑移和位错受阻是由阻挡界面的共格应力导致的。对于 TEM 原位实验有一个一开始就需要注意的特点，即非常接近的上下自由表面可能使所观察到的位错行为与块体材料中的现象不同。因此，原位实验中的交滑移有可能是由自由表面诱发的。但与之相对的是，若上述理由成立，则位错在薄片样品中的任意位置均可发生交滑移，而并非只出现在界面附近。在图 6.37 中，也可观察到空位环增长的证据，这将在 7.2.4 节中说明。

总结：全位错和孪晶不全位错跨越片层界面时存在若干能量消耗过程，具体取决于界面类型和到达位错的特点。片层真孪晶界应该相对容易穿过，但是 α_2/γ 界面明显具有最高的阻碍作用。片层阻碍的强度产生了应力的非热部分，其与变形温度和应变速率几乎没有关系。因此，总的来说，细化片层间距是强化材料的一种非常有效的手段。

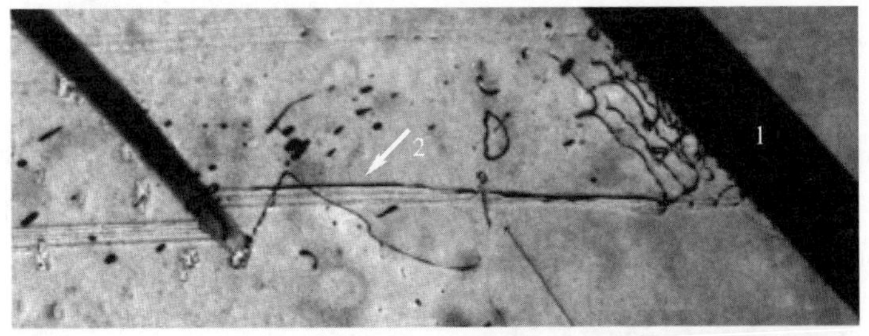

(a) 820 K, 150 min

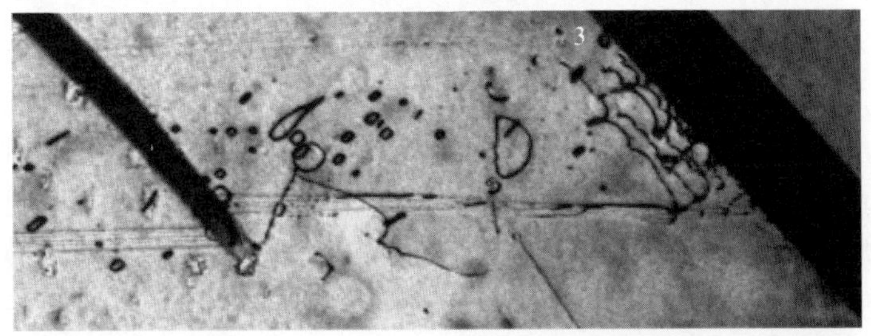

(b) 210 min

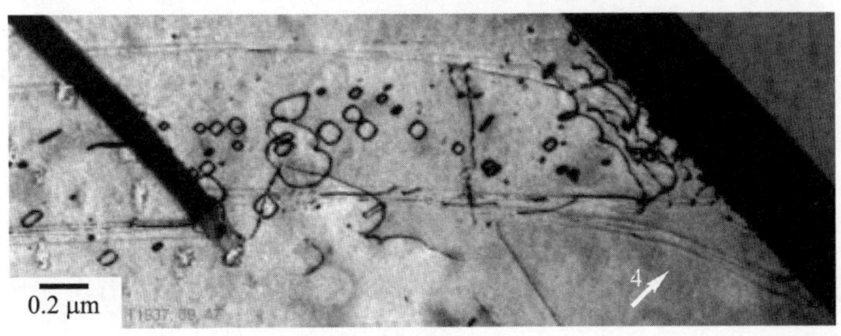

(c) 488 min

图 6.37 滑动中的位错与界面的反应。图为原位加热实验的部分结果，展示出了一个被中断的 α_2 片层分隔开的 γ 片层，另外在图片的右侧还有一个未能确定类型的片层(1)。样品在 TEM 中原位加热至 820 K 的过程中，普通螺位错自 α_2/γ 界面处发射，很可能是受到界面处的共格应力，自左向右移动[(a)、(b)]。螺位错产生了滑移线尾迹，以近似水平的线(箭头 2)表现出来。位错在下一个界面(3)处塞积，表明界面的高阻碍作用。在图(c)中可观察到另一组滑移线(箭头 4，事实上有两组滑移线是属于一组位错的，但是它们在薄片样品的上下表面都显露出来了)。在片层(1)附近，滑移线非常弯曲，这表明位错已交滑移至{111}滑移面之外。交滑移在片层界面前部的几百纳米之外开始，表明此反应具有长程特征。注意空位位错环的增长。Ti-48Al-2Cr 铸态组织，实验前在室温进行了 $\varepsilon = 3\%$ 的压缩变形

6.3　位错和形变孪晶的产生

文献中已对传统金属中位错和形变孪晶的触发机制作出了系统的解释。在 TiAl 合金中，由于有序 $L1_0$ 结构和高密度界面结构的出现，使这些机制更加多样化，这就需要进行专门的考虑。

6.3.1　γ-TiAl 中位错源的开动

一般认为纯金属和有序合金中的位错增殖主要是通过 Frank-Read 型位错源进行[162]。首先要的是考虑 $\boldsymbol{b}=1/2\langle 110]$ 普通位错的增殖，因为普通位错是 γ-TiAl 中最常观察到的位错。普通位错的位错芯是封闭的，使之相对容易发生交滑移或攀移。因此，正如在传统金属中观察到的那样，这类位错的增殖可通过位错源与应力驱动的交滑移或攀移的相互作用来进行[74]。交滑移或攀移在位错增殖过程中参与程度的不同使这一机制与温度相关。

在室温下，γ-TiAl 中普通位错的增殖与螺位错内的割阶紧密相关[32,75,150]。图 6.38 展示了包含高密度割阶的普通螺位错。这些割阶应该是在交滑移中生成的；关于这一机制的细节已在 5.1 节中讨论过。这些割阶对位错增殖可能起到的作用取决于割阶的高度，这在图 6.39 中进行了说明。由于割阶在螺位错运动的方向上是不可动的，偶极子即在割阶后方形成[图 6.39(b)]。受阻的部分在加载应力下弓出，其形式类似于 Frank-Read 源。相邻的偶极子臂可以克服其弹性交互作用并相互滑过，前提是所加载的有效剪切应力大于[163]：

$$\tau_d=\frac{\mu b}{8\pi(1-\nu)h} \tag{6.16}$$

式中，μ 为剪切模量，ν 为泊松比，h 为割阶高度。如果弓出过程持续进行，扩展的位错环线在其一部分长度上相消，这就形成了完全闭合的位错环并保留了其原始组态[图 6.39(c)]。图 6.40 展示了一个位错环在一个高割阶处的拖尾现象，很明显其将要发生增殖。

式(6.16)中包含的有效应力 τ_d 为由加载应力和内应力的差异定义的净应力或有效应力。6.5 节中将说明，τ_d 仅仅是加载(名义)应力 σ 的一小部分，在室温下一般为 $\tau_d=(0.1\sim0.2)\sigma$。如果其最低值为 $\tau_d=30$ MPa，那么可计算得知偶极子的高度 $h=130\boldsymbol{b}$。这一估计表明即使是非常狭窄的偶极子也可作为位错源。高度更小的偶极子，虽然在给定的应力下无法增殖，但是可以弓出[图 6.39(d)]。这一过程可以由线张力的非平衡侧向分量导致割阶沿位错滑移得到证明。在之后的变形阶段中，当流变应力由于加工硬化而上升时，终止的偶极子也可能作为位错源。这时偶极子臂可以彼此滑过并作为位错源开动。这一机

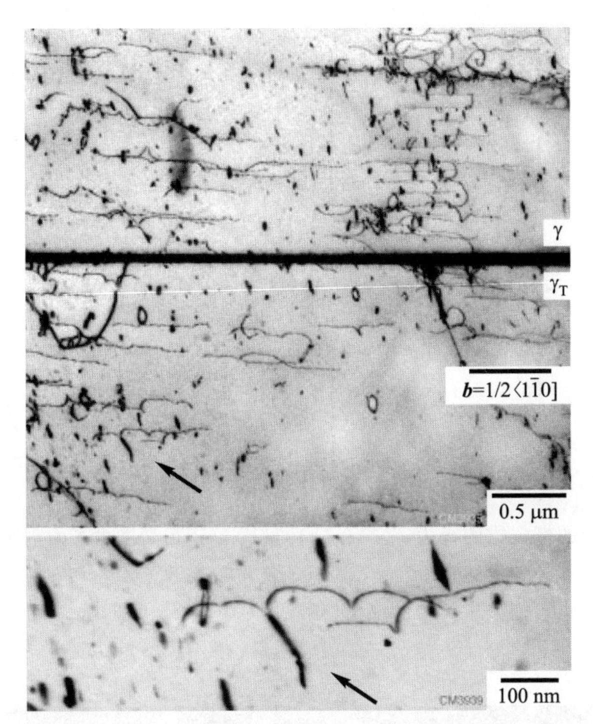

图 6.38 室温压缩变形量至 $\varepsilon = 3.2\%$时产生的 1/2⟨110]位错的结构。普通螺位错的伯格斯矢量为 $\boldsymbol{b} = 1/2\langle 1\bar{1}0]$，位于相邻的 γ 片层中。螺位错在钉扎点之间弓出。出现密集的团聚型障碍和卸载后的位错仍保持弓出为平滑的弧形，可以表明普通位错的滑移阻力较高。下方的图片为箭头区域的放大图。注意位错偶极子和位错碎片缺陷，它们拖尾或终止于割阶处。这一特征表明了钉扎中心的内生性特征。箭头所标示的偶极子很可能将破碎成更小的柱形位错环。Ti-48Al-2Cr 合金，片层沿压缩轴向择优取向

制的实验证据见图 6.41，它展示了在新反应过程中不同阶段弓出偶极子的形貌。如图 6.41 所示，由此产生的位错环沿螺型部分的方向被拉长。这表明虽然均为普通位错滑移，但是位错之间却明显存在滑动速度上的不一致性。位错环的形状表明其比率为

$$r = \frac{v_{\text{screw}}}{v_{\text{edge}}} = 1:(3 \sim 5) \tag{6.17}$$

式中，v_{screw}为螺位错的滑移速度；v_{edge}为刃位错的滑移速度。位错滑移阻力的主导因素将在后文中讨论。这一观察与早期的偶极子和位错增殖模型一致[164-166]。相比于经典的 Frank-Read 机制，多重交滑移的明显特征在于其位错片段是被内在因素钉扎的。任何在第一轮生成的位错环，可能依次发生交滑移并成为新的位错源。因此，位错可以以这样的形式扩展和增殖：即滑移从一

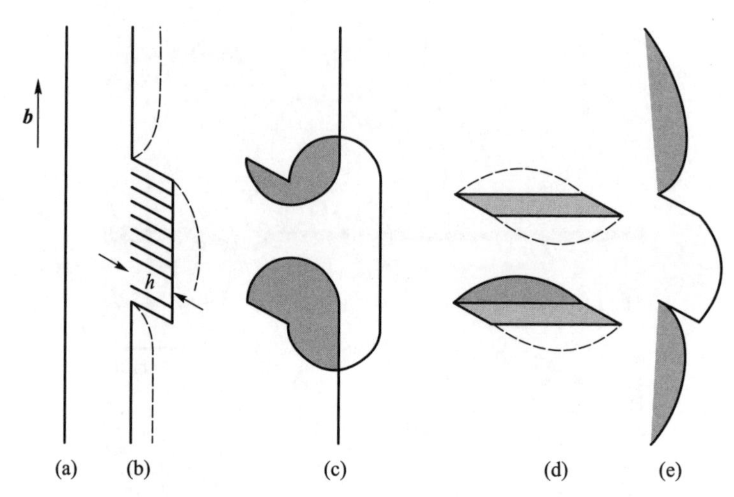

图 6.39　带有割阶的螺位错的行为[74,163]：(a)、(b)位错在高度为 h 的割阶处受阻；(c) 偶极子臂作为单或双点位错源；(d)、(e) 偶极子拖尾或终止于小割阶处。在更高的应力下，自身弓出的偶极子也可能发生类似的增殖(虚线所示)

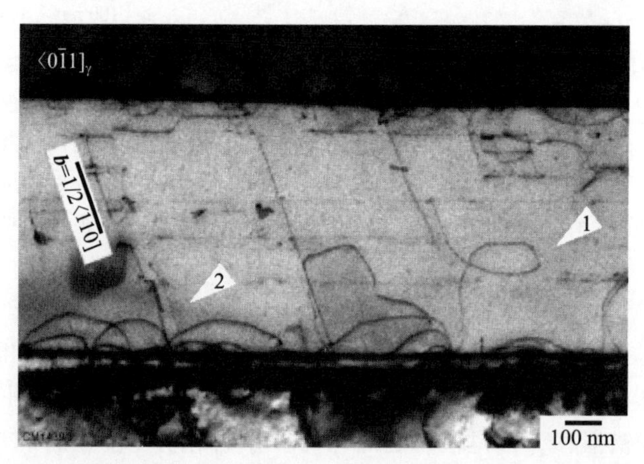

图 6.40　一个 1/2⟨110]位错增殖的初始阶段，对应于图 6.39(c)。螺位错中拖尾于割阶的偶极子臂(箭头 1)可以互相滑过并明显成为单点位错源。注意位错环在界面处的发射(箭头 2)。图为采用 $\boldsymbol{g}=(111)_\gamma$ 操作矢量在远离⟨0$\bar{1}$1]带轴处获得的高阶明场像。近片层 Ti-48Al-2Cr 合金

个滑移面扩展到下一个滑移面，产生了很宽的滑移带。这种特殊的多重交滑移机制可能解释了为什么 TiAl 合金中极少观察到发展完备的位错塞积现象的原因。

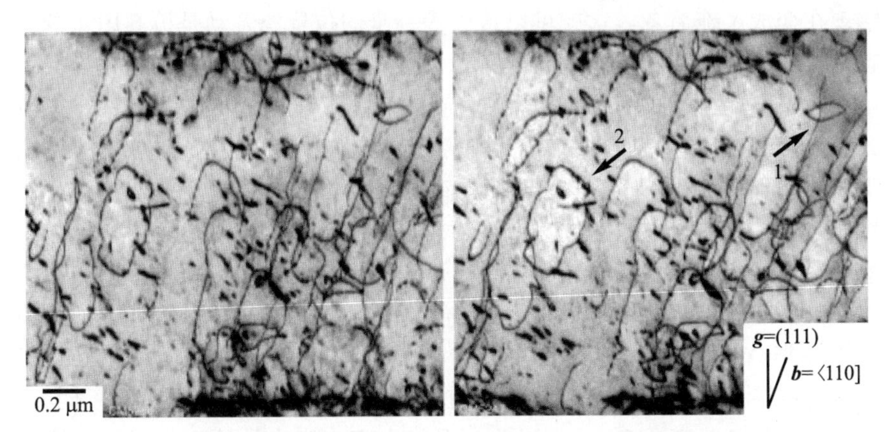

图 6.41 展示了位错增殖开始于弓出偶极子的立体观察图，对应图 6.39(d)：箭头 1 表示此机制的早期阶段；箭头 2 表示此机制的最终阶段，两个螺位错被偶极子臂拖尾。片层 Ti-48Al-2Cr 合金，室温变形 $\varepsilon=3\%$

对于多层系统，一般认为位错源的长度是由其内部界面构成的滑移阻隔决定的。因此位错源强化被认为是屈服强度随层片厚度的降低而上升的原因，即位错源的激发变得越来越困难。这一论点可能不能完全适用于片层($\alpha_2+\gamma$)合金，因为其位错片段被内生钉扎住了，钉扎来自交滑移和 30 nm 尺度范围内的新位错环演化。因此，TiAl 合金位错增殖的优点在于其有一个平均位错滑移路径，在此之后就产生了足够高的割阶。从增殖只需要一个小的临界割阶高度这一观点来看，可认为在大多数情况下产生普通位错的位错源是足够的。有时也认为，多重交滑移可得到热激活的支持。但事实上是，增殖速度是随位错滑动速度的上升而提高的[165]；如果交滑移是由热激活导致的话，应该观察到的是相反的现象。

这样的机制对超位错的增殖来说是比较困难的，这主要是因为两点。第一，超位错的扩展宽度很宽。因此，在交滑移之前，超位错需要先束集起来[167,168]，这就需要额外的能量，但这却不能通过热激活完成。第二点可能更为重要，即几何上的限制阻碍了 Frank-Read 机制。这一论点是基于早期建立的超位错在金属和半导体材料中扩展的模型确定的[169,170]。在这一论点中，考虑一段受钉扎并分解为超不全位错的超位错。在分切应力的作用下，每个超不全位错扩展为一个位错环且在环内形成了一段层错区域。在不同情况下，如当领先超不全位错的可动性远大于拖尾的超不全位错时，位错扩展的程度可能完全不同。最终，领先超不全位错环在快速缠绕钉扎点后达到其临界组态。在这一阶段，形成了一个充满层错的位错环，它将最初分解形成的片段围绕起来。然而，与初始阶段不同的是，两个超不全位错的排列是相反的；即领先超不全位错现在变成了拖后者。这就可以认为进一步的位错源开动是极其困难的。这一超位错源开动的问题可能是超位错很少被观察到的原因之一。

在高温下，位错的扩展可得到过饱和点缺陷和扩散的协助。如 3.2 节所述，在 γ-TiAl 中，空位的作用比间隙原子更显著，因为它们的形成能要明显低于间隙原子[171,172]。对 TiAl 合金的加工往往包含了热处理后的快冷过程，这必然产生了大量的过饱和空位。在材料的热加工或冷加工中也可形成点缺陷的非平衡聚集。相对于名义成分的偏差可由置换反位原子协调，这种反位原子在两种原子点阵中均可出现。在(α_2+γ)合金中，γ 相中相关的反位原子缺陷为 Ti 原子占据 Al 点阵，被称为 Ti_{Al}。这些反位原子缺陷与空位的作用导致形成了反结构桥接，可提供快速扩散的通道。根据合金成分和热处理的不同，Ti_{Al} 反位原子缺陷可能高达 3at.%。因此，看起来高密度点缺陷富集区的位错运动在 TiAl 合金中是非常普遍的。

由此导致的位错攀移过程可使位错增殖，这是由 Bardeen 和 Herring[173] 早期提出的。由于攀移机制的复杂性，这一机制的细节难以通过加载实验之后的电子显微学来分析。TEM 原位加热实验中证实了普通位错攀移诱发增殖的机制。实验样品首先在室温下被压缩至如 6.2.5 节中所述的应变量 $\varepsilon=3\%$。在原位实验中，位错在热机械应力和由额外空位的化学势导致的渗透攀移力的共同作用下开始运动。图 6.42 展示了 820 K 下经过 350 min 后 Bardeen-Herring 攀移位错源的动态运行过程。箭头 1 所指出的扩展位错环与一个割阶连接，从而发生了在不同原子面上的攀移。在位错源的第一轮扩展后出现了一个新的偶极子，因此这一机制是可重复的。攀移过程往往产生螺旋型的位错源和互相连接的多重位错环[75]。箭头 2 标示的位错环通过移除一层原子面而扩展，因此这一位错源在扩展一次后就消解了。开动 Bardeen-Herring 攀移位错源的空位临界过饱和度 c^{V}/c_0^{V} 可由此而确定。文献[174]对原位实验过程中发生的几何情形进行了说明。对于一个从长度为 L 的位错源中扩展出来的位错环，其临界值为

$$\ln\frac{c^{V}}{c_0^{V}}=\frac{\mu b\Omega}{L2\pi(1-\nu)\ kT}\ln\frac{L\alpha}{1.8b} \tag{6.18}$$

式中，c^{V} 为空位的非平衡浓度，c_0^{V} 为空位的平衡浓度，它与温度 T 相关；Ω 为原子体积，$\alpha=4$；ν 为泊松比。根据上述的实验条件，可分别确定 $T=820$ K，$L=150b\sim350b$，$c^{V}/c_0^{V}=3\sim1.7$[75]。这样的过饱和度相比于那些由快冷而引入的过饱和度的数值要小一些，后者可轻易达到 $10^3\sim10^4$ 的数量级[74,163]。因此，Bardeen-Herring 位错源极有可能贯穿于整个去空位退火的过程中。这种过程对缓慢应变速率下的蠕变变形来说特别重要。一个明显的结论即为，高温下的快速淬火对材料的抗蠕变性是不利的。应该指出的是，目前从未观察到过超位错的攀移现象，这必然是其相对较宽的分解宽度导致的，从而明显抑制了攀移

过程。

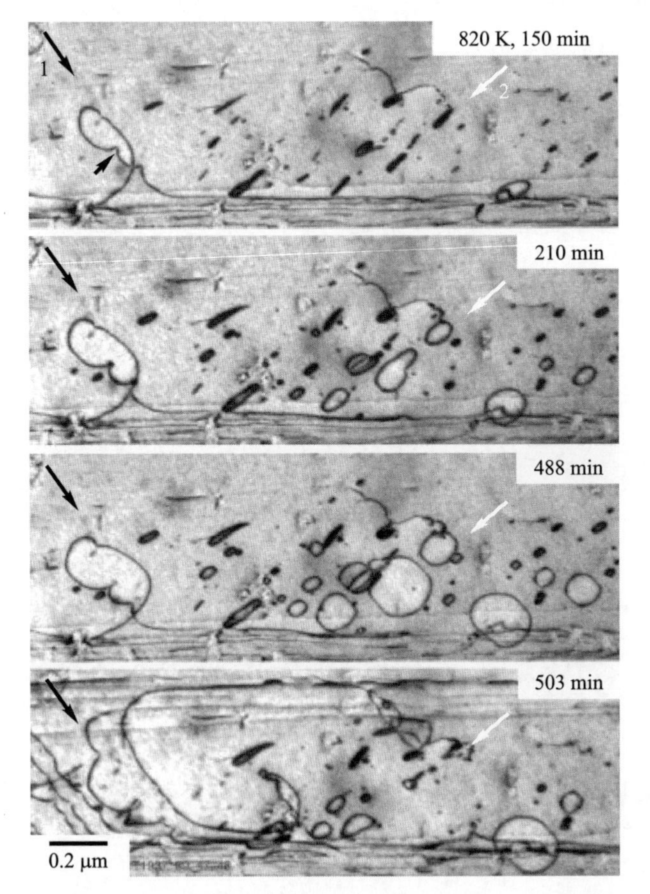

图 6.42　高温下产生的 1/2⟨110] 普通位错。图为一组原位 TEM 加热实验在不同时间段中观察到的图像，展示了 Bardeen-Herring 攀移位错源的开动。(1) 包含两个割阶(其中一个被箭头指出)的位错环的扩展。在一次扩展完毕后产生了一个新的偶极子，因此这一过程可再次进行。(2) 柱状位错环的形成和生长。铸态 Ti-48Al-2Cr 合金，首先于 300 K 下变形至 $\varepsilon=3\%$；加速电压 120 kV

总结：在(α_2+γ)合金中对变形做出主要贡献的普通位错可通过多重交滑移而增殖。在通常变形条件下，非常狭窄的位错偶极子可以作为位错源。这一机制解释了相对较宽的滑移带的形成原因。在高温下，普通位错通过 Bardeen-Herring 攀移位错源机制增殖。可持续的超位错增殖位错源一般是难以出现的，这是因为位错源增殖在运动学上被超位错的分解限制住了。

6.3.2　界面相关位错的产生

位错在片层处的发射是一种普适于低温和高温下的机制。研究发现，这一过程与位错环结构和半共格界面处的共格应力紧密相关，如 6.1.4 节所述。在低温下，作用在位错环上的共格应力当然与位错运动所受的点阵阻力保持平衡。然而，当叠加一个小的外部应力时，位错环就有可能自界面处释放出来。室温变形后片层界面处位错的发射是一个非常普遍的现象[86,175]，图 6.43 即给出了一个举例。

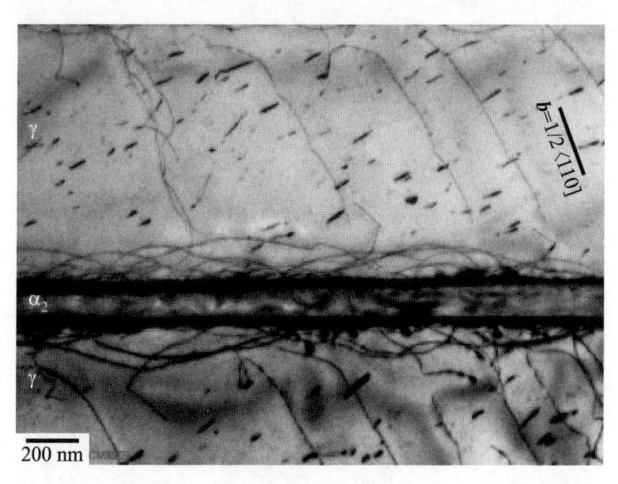

图 6.43　1/2〈110]普通位错在 α_2/γ 界面处滑移的启动。注意界面处发射出的大量位错环。Ti-47Al-2Cr-0.2Si 合金，1 185 ℃等温锻造后，室温压缩至 $\varepsilon=3\%$

由于片层结构受到几何和晶体学上的限制，界面位错的一部分是无法绕钉扎点旋转的。如果界面相邻片层为 α_2 相，这一点就非常明显，但这也同样适用于 γ 相作为相邻片层的情况。因此，完整的位错环是难以再次形成的。然而，这些位错形核中心的活动可以协调由到达孪晶(图 6.35 和图 6.36)或裂纹尖端导致的局部应力；这显然对低温下合金的塑性和损伤容限性有益。

高温下，由于热激活的作用，位错的滑移阻力降低。在这些条件下可能仅凭共格应力就可以发射出位错。图 6.44 展示了这一机制的直接证据，其为原位 TEM 加热实验的一部分。可以认为，在施加外部应力的情况下，如蠕变，位错的发射即可被增强。在 9.5 节中将会看到，界面位错的发射对片层合金的高温性能是不利的，因为这增强了初始蠕变。

上文描述的位错发射并不局限于普通位错。高的应力集中可以克服高的 Peierls 应力，也可使超位错滑移出现。在这些条件下，超位错可直接由界面位错网络发射出来，如图 6.45 所示。在这种情况下，超位错（大多是 $1/2\langle 11\bar{2}]$ 类型）很可能是由到达孪晶导致的高应力集中引发的。插图中展示了箭头指出的 $1/2\langle 11\bar{2}]$ 位错环在界面处发射出来的高倍图像，请注意它发生了分解。

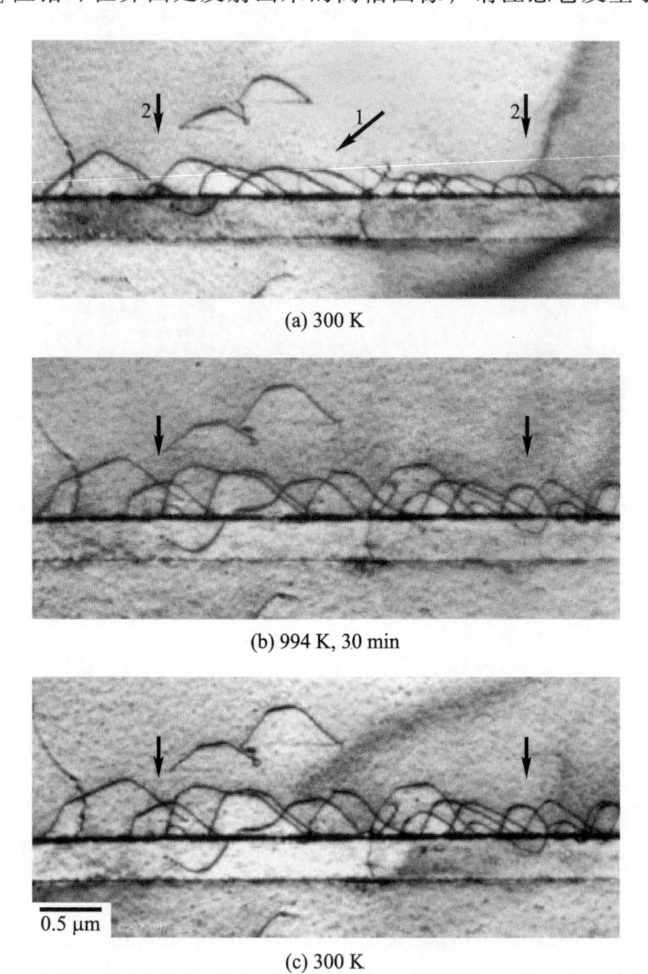

(a) 300 K

(b) 994 K, 30 min

(c) 300 K

图 6.44 原位 TEM 加热实验中，在半共格 γ/γ 界面处产生了位错环。箭头 1 所示的位错环很可能是在第一轮实验中产生的，即薄片样品被加热到 994 K 并保持 30 min，而后冷却至 300 K。注意在第二次实验中形成的新位错环（箭头 2），即样品再次被加热至 994 K。铸态 Ti-48Al-2Cr 合金，薄片样品取向接近 $\langle 11\bar{2}]$，加速电压 200 kV

总结：片层界面处出现的失配结构和共格应力协助了位错形核。这一机制有利于合金低温和室温下的塑性和损伤容限性，但却对其高温性能不利。

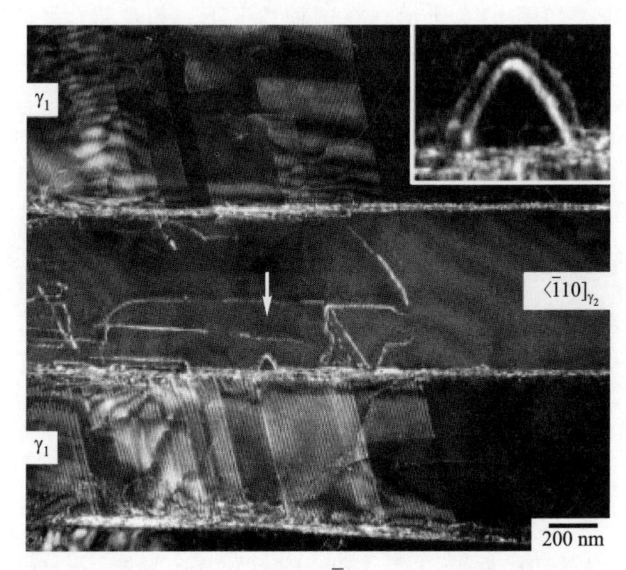

图 6.45　片层界面处发射的超位错。由于其$\langle\bar{1}10]$取向平行于压缩轴向，γ_2 片层不利于 $1/2\langle110]$位错和形变孪晶变形。超位错(大多是 $1/2\langle11\bar{2}]$类型)很可能是由到达孪晶导致的高应力集中引发。插图中显示了箭头所指的 $1/2\langle11\bar{2}]$位错环自界面处发射的高倍图像，注意其发生了分解。Ti-48Al-2Cr 合金，近片层组织，片层择优取向平行于压缩轴向。室温压缩至应变 $\varepsilon=3\%$

6.3.3　孪晶形核和生长

在描述孪晶形核机制的细节之前，首先阐述一下 TiAl 合金中产生形变孪晶倾向性的总体信息。跟随着 Yoo 研究组[90,176-180]的先驱研究工作，许多研究者研究了合金成分、相组成和显微组织对形变孪晶的影响规律[151,181-187]。相关的实验数据和对其机制理解的进展已经在系统的综述中进行了总结[151,185]。宽泛地说，γ-TiAl 中孪晶的倾向性与其超点阵内禀堆垛层错(SISF)能比 APB 和 CSF 的能量更低是一致的(见 5.1.2 节和表 5.1)。一些作者[188,189]证明产生孪晶的剪切层错能约为 SISF 能的一半。人们还试图将孪晶产生的倾向性与合金成分、显微组织和变形温度对 SISF 的影响联系起来。相关的主要发现总结如下。

孪晶产生的倾向性随着 Al 含量的降低而升高。尽管高 Al 含量的 γ-TiAl 相同样可产生孪晶变形，但相比双相合金中的 γ 相，其产生非常困难。对高 Al 含量 γ-TiAl 单晶合金的研究表明在任何温度下位错滑移都是其主要的变形机制[190-193]。Mahapatra 等[194]对比了单相 γ 和(α_2+γ)合金室温下的孪晶行为。Ti-54Al 单相合金主要通过位错滑移变形，而双相 Ti-51Al 合金则主要通过孪晶变形。看起来 Al 含量对孪晶倾向性的影响与合金成分对 SISF 能(Γ_{SISF})的影响相关。根据第一性原理电子计算[194-196]预测，Γ_{SISF}随着 Al 含量的升高而急剧上升。Morri 等[197]则利用 TEM 分析给出了这一效应的实验证据。

显微组织对孪晶倾向性的影响效果显著：全片层合金比双态或等轴组织更容易发生孪晶变形[198]。因此，看起来($\alpha_2+\gamma$)合金中的大量界面对孪晶的形核是有益的，下文将对这一事实进行更加详细的讨论。

双相合金中的孪晶倾向性随着温度的升高而上升[198,199]。这一观察结果非常重要，因为在无序金属材料中孪晶通常出现在低温或高应变速率的条件下，此时激发滑移的应力相对较高。后文将指出，TiAl 的反常行为可能与位错的攀移协助孪晶形核有关。

在 fcc 金属材料中，通常的情形是层错能随置换元素固溶量的升高而降低，因此固溶度越高，孪晶就变得越来越重要。根据这些经典的理论，人们研究了第 3 组元合金元素对 γ-TiAl 合金中孪晶倾向性的影响。实际的情形并非总是很明确，因为微合金化一般将使相组成和显微组织发生变化，并且这将反过来影响孪晶的倾向性。在已进行原子模拟的元素 Cr、Nb 和 Mn 之中[196]，Mn 降低 Γ_{SISF} 的效应最强。不同作者均提出了 Mn 对加强孪晶变形的有益作用[181,200,201]，其中主要考虑的影响因素有：

(1) Mn 在界面处的偏析[200]；

(2) 对 SISF 能的降低作用[181,200]；

(3) 通过替换 Al 点阵中的 Al 原子弱化了 Ti-Al 共价键[201]。

在低 Al 和高 Nb 含量合金中，人们发现了大量的孪晶变形行为。这一效应的最有力的证据来自一项对扩散结的研究[202](见第 17 章)，其综合地反映了变形和扩散的特点。图 6.46 展示了 Ti-45Al 和一种高 Nb 含量 TiAl 合金 Ti-45Al-10Nb 的扩散偶连接区的结构细节[202]。扩散偶两端的扩散区由等轴 γ 晶粒组成，间或分布着 α_2 晶粒。在含 Nb 合金中，扩散区的 γ 晶粒中出现了许多退火孪晶，而在二元合金中则几乎观察不到此现象。退火孪晶和形变孪晶在晶体学上是等价的，这表明在低 Al、高 Nb 含量的合金中，变形孪晶是一种非常重要的变形机制。在 7.3.3 节中将详细指出，Nb 只占据 TiAl 结构中的 Ti 亚点阵，且造成的失配度很小。因此，一个合理的解释是 Nb 的加入降低了 SISF 能量。图 6.47 展示了 Ti-45Al-5Nb 合金室温变形后的高密度孪晶结构。在含 Nb 合金中，超位错的分解宽度很大，即使在室温变形下也是如此[203]。这些位错与平面缺陷和孪晶同时出现，这使人们认为孪晶可能源自层错在相邻{111}面上的叠加。在对含 Ta 的两相合金的早期研究中，Singh 和 Howe[204]就提出了这种孪晶形核机制。

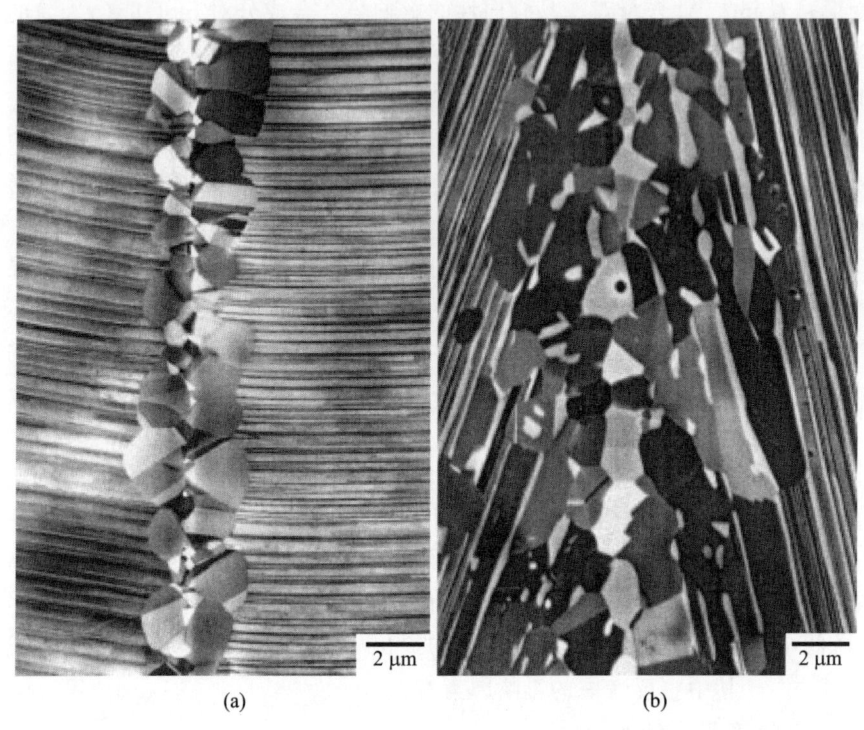

图 6.46　二元合金和含 Nb 合金在 950 ℃和 σ = 60 MPa 正应力下保持 2 h 扩散偶的再结晶和扩散特征。扩散偶的连接层位于图像中部。(a) Ti-45Al-10Nb；(b) Ti-45Al。背散射电子模式下的扫描电镜图像。注意含 Nb 合金的扩散偶中的扩散区域明显更小，且在再结晶 γ 晶粒中出现了高密度的退火孪晶

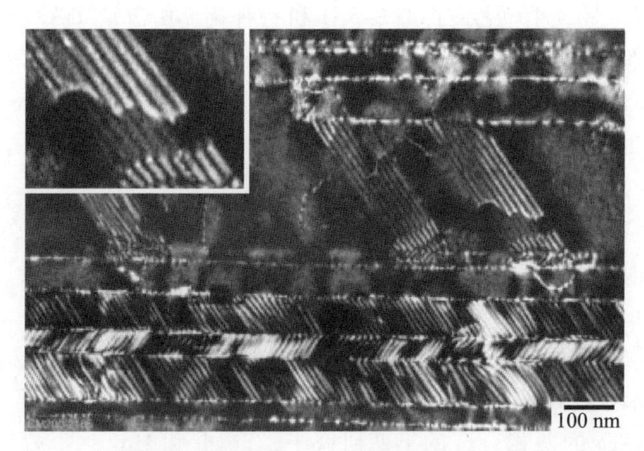

图 6.47　Ti-45Al-5Nb 合金室温压缩变形 ε = 3% 后出现的形变孪晶。注意肖克莱不全位错受到钉扎(左上角插图)[202]

孪晶形核的最初机制为首个 $1/6\langle 11\bar{2}]$ 不全位错环在 $\{111\}_\gamma$ 面上扫过。位错环包含了一个内禀堆垛层错，使界面能上升；因此，孪晶形成功的很大一部分在于产生其界面[178,185]。然而，一旦首个位错环形成，后续位错环的形成就更加容易了，因为这些位错环仅在共格的孪晶/基体界面上滑移而并不产生新的界面区域。根据这一原因，人们分别考虑了微小孪晶体积的形核即孪晶晶胚和其随后长大为大孪晶晶粒这两个过程[185]。最小的可能的孪晶为一个 3 层的层错，它使 $L1_0$ 结构得以重现。

产生均匀切变的块体透镜状孪晶需要不同寻常的高应力，即 5%~10% 的剪切模量值[74]；因此，孪晶更有可能在缺陷处非均匀形核。与这一论点相一致，γ-TiAl 中孪晶的形核与能量上更加可行的位错分解及反应相关[185,187]，其可作为形核点和高应力位置。已经讨论过的形核机制包括：

（1）$1/2\langle 112]$ 超位错分解为两层孪晶[181,187,195,205]；

（2）超点阵内禀堆垛层错(SISF)环的扩展[188]；

（3）宽层错条带的重合堆叠[204]；

（4）片层界面处的失配位错分解或析出相[75,152,153]；

（5）弗兰克内禀位错环重新组合为孪晶晶胚[206]；

（6）位于 $1/2\langle 110]$ 普通位错上的一个割阶分解为肖克莱不全位错和弗兰克不全位错[180]，这一机制与 Venables 提出的 fcc 结构中孪晶形核模型[169,207]类似。

如上所述，本节内容将指出上述机制的典型细节。文献[75，153]提出了一种依靠伯格斯矢量位于界面之外的界面位错分解机制，这已在 6.1.4 节中讨论过。如图 6.48 所示，这些 $1/3[111]$ 界面位错通常有明显的位错芯弛豫现象，即表现为沿 $(\bar{1}1\bar{1})$ 面扩展的条纹衬度发生了畸变。弛豫的程度变化非常大，在某些情况下可形成相对较宽的层错[图 6.48(b)]。当层错的取向适宜于孪晶剪切方向时，这些层错可以为形变孪晶提供形核位置。图 6.49 中展示了这一过程的后期阶段。图中的界面 γ_1/γ_2 连接两个 γ 片层，二者成真孪晶关系。γ 片层之间的倾转失配由一组密集的伯格斯矢量为 $1/3[111]$ 的界面位错协调。在界面位错处形成了两个分别为 6 个和 9 个 $(\bar{1}\bar{1}1)$ 平面厚度的狭窄孪晶 T_1 和 T_2。由于在每个八面体平面上只有一个真孪晶系统，这两个孪晶系统都可确定为 $1/6\langle\bar{1}\bar{1}\bar{2}](\bar{1}\bar{1}1)$，形成孪晶不全位错的反应为

$$\frac{1}{3}[\bar{1}\bar{1}\bar{1}]\rightarrow\frac{1}{6}\langle\bar{1}\bar{1}\bar{2}]+\frac{1}{6}[\bar{1}\bar{1}0] \tag{6.19}$$

残余的 $1/6[\bar{1}\bar{1}0]$ 位错可能停留在了界面处，但更可能的是若干残余位错重组以形成伯格斯矢量为 $1/2[110]$ 的全位错。3 个界面位错反应的总和可形成 3 个

孪晶不全位错和一个普通位错。可以推断，重组后的 1/2[110]位错在发生[110]剪切的$(\bar{1}1\bar{1})$面上滑动。当图像沿$(\bar{1}\bar{1}1)$面观察时(箭头所示)，可以看出这些位错的多余半原子面。

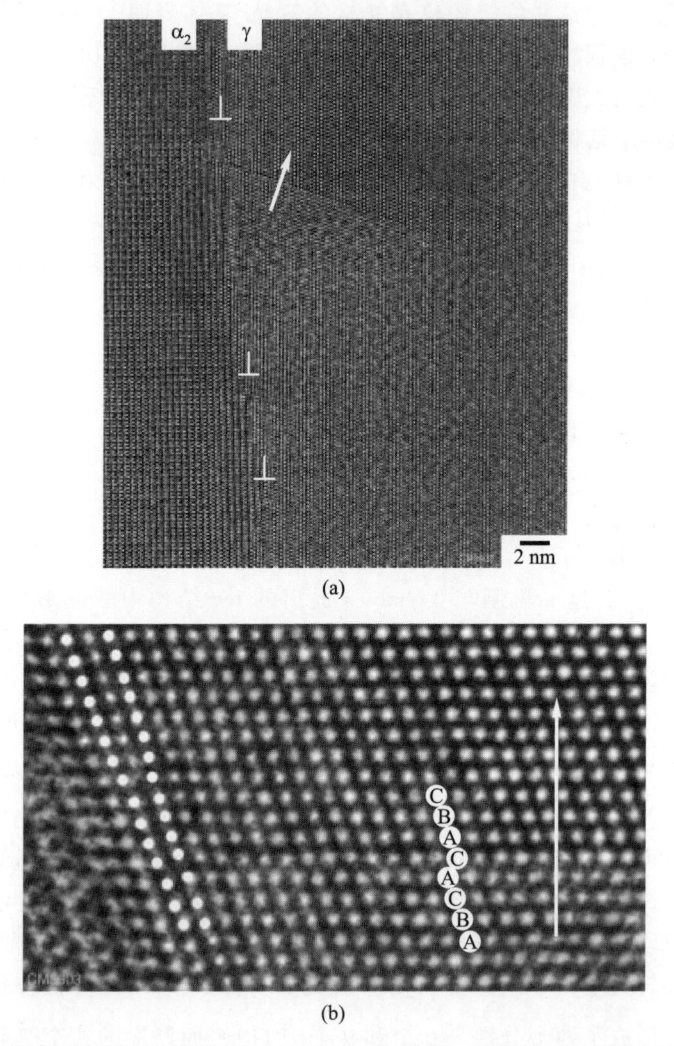

图 6.48　片层界面处层错结构的形核。Ti-47Al-1Cr 板材，添加了 Nb、Mn、Si 和 B。室温拉伸变形至断裂，应变量 $\varepsilon_f=2.8\%$。(a) α_2/γ 界面处失配的原子结构，高分辨像沿平行的 $\langle 11\bar{2}0\rangle_{\alpha_2}$ 和 $[\bar{1}01]_\gamma$ 方向。注意界面的台阶特征和界面位错(位错符号标记处)的伯格斯矢量位于界面之外；这些位错表现为平行于界面的多余的$(111)_\gamma$ 原子面。在其中一个界面位错处，$(\bar{1}1\bar{1})_\gamma$ 晶面上形成了一个内禀层错。(b) 沿图(a)中箭头方向跨越层错处的原子堆垛次序。注意紧密相邻的界面位错，由白色圆点标出

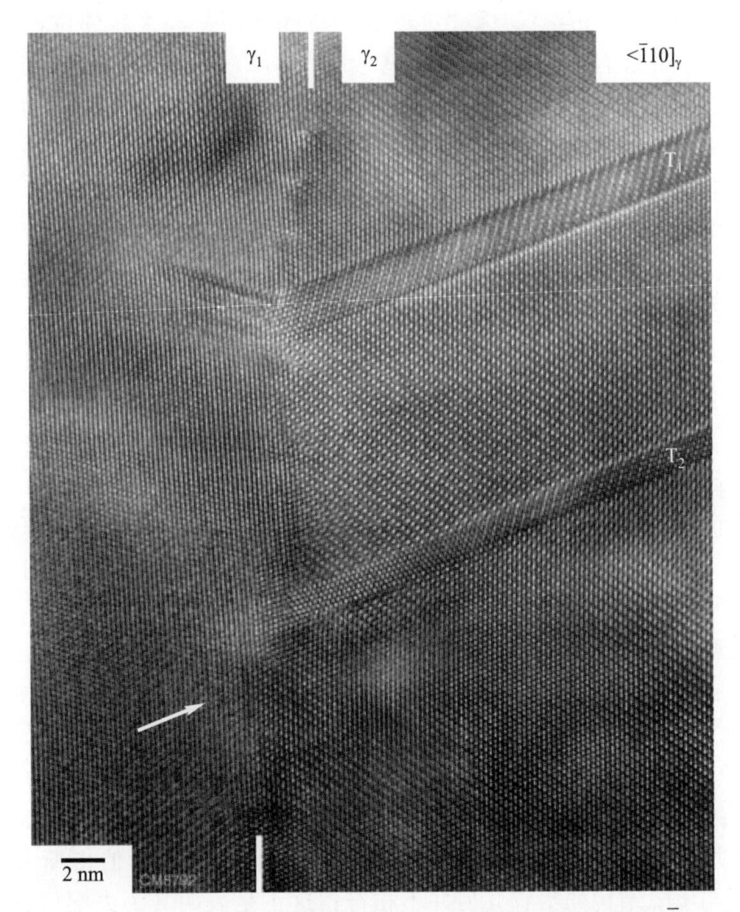

图 6.49 片层 TiAl 合金中形变孪晶的形核。图为沿两相邻片层所共有的〈$\bar{1}$10]方向拍摄的高分辨像。Ti-48.5Al-0.37C 合金，室温压缩至应变 $\varepsilon=3\%$。γ_1/γ_2 界面处孪晶晶胚非均匀形核，相邻 γ 片层为真孪晶关系。γ_1 和 γ_2 的倾转失配由一列界面位错协调。界面位错处形成了狭窄的 T_1 和 T_2 孪晶。在 γ_2 片层中，沿箭头方向观察可看到两个多余($\bar{1}\bar{1}1$)面；这些晶面表明两个 1/2[110]位错在倾斜的($\bar{1}1\bar{1}$)晶面上滑动[153]

根据 Frank 法则，式(6.19)中所描述的位错分解在能量上是可行的，它可能另外还受到了界面处高应力的协助。因此，形成细小的孪晶区域是合理的。这样的小孪晶晶核可很容易在 K_1 孪晶面内所有方向上通过肖克莱不全位错环的扩展，将形成的以共格 K_1 界面为界的扁柱状孪晶板片拖尾在其后。由连续的 K_1 面进行的孪晶的粗化通常被称为极轴机制[151,180,181,185,187]。然而，进一步的粗化也可以通过位于扩展失配位错组态处连续 K_1 界面的非均匀形核进行。在高倾转角失配处，失配位错的间隔距离仅为 2~3 nm，且这些区域通常可扩展至数十个纳米(图 6.48)。因此可以认为孪晶增厚是许多相邻位错分解过程的累积结果。片层合金中孪晶的平均厚度在 15~20 nm 之间(图 6.34)，随着包含高密度排列界面位错的界面的扩展，孪晶堆叠相对整齐起来。在高温下可能发生弗兰克不全位错沿界面的攀移。因此，界面位错可以排列成一种利于产生更完美孪晶的位错组态。

通过微观力学模型，Fischer 及其研究组[208-210]将系统应变能和孪晶界面能考虑在内，证明了上述孪晶在片层界面处的形核机制。计算表明，若孪晶在界面位错处产生，界面处存储的应变能将下降。这一模型可以解释为什么不同厚度的狭窄孪晶都可以出现。Hsiung 和 Nieh[211]观察到由沿 α_2/γ 界面滑动的塞积失配位错重组导致了界面处的孪晶形核。

作为第二种机制，下文将描述孪晶在析出相处的形核。在新发展的 TiAl 合金中，通常要抑制析出相反应，这是为了提高合金的高温性能；可能的析出相机制将在 7.4.1 节中阐述。研究人员对 Ti-48.5Al-0.36C 合金中的孪晶形核进行了观察。此合金在均匀化和时效后形成了 Ti_3AlC 钙钛矿型析出相[75,212,213]，析出相和 γ 基体的各向异性失配使其具有杆状形貌以及高共格应力。析出强化的材料表现出不同寻常地生成大量孪晶的倾向。在这些合金中可经常观察到层错结构，层错面平行于孪晶/基体界面(图 6.50)[153]。层错在析出相处形成，如图 6.51(a)所示。析出相与位错相关联，后者可通过多余{111}原子面显示出来[图 6.51(b)中箭头 1 和 3]。这些位错有可能来源于基体，因为它们的投影伯格斯矢量与 1/2⟨110]位错是一致的。然而，在析出相中同样也可能存在位错，这些位错可以表现为多余的(002)面(箭头 2)。其伯格斯矢量 $\boldsymbol{b}_{res}$ = 1/2[001]与 $L1_0$ 结构的滑移几何并不相符；这正是表明其为失配位错的证据。这一发现与文献[212]中的报道相反，后者认为 TiAl 合金中的钙钛矿型析出相是完全共格的。这种不一致可能是因为这里所描述的材料中的析出相的尺寸更大。围绕析出相的 TiAl 基体受到 3 个互相垂直的正应力，这与三向应力状态一致。最大剪应力在与 $L1_0$ 结构中的 $\boldsymbol{a}$ 和 $\boldsymbol{c}$ 轴成 45°夹角的方向上出现。随着析出相尺寸的增大，需要发射位错以缓解应变能和界面能的增加；因此，析出相与基体之间的完全共格界面消失。根据这一机制，位错可能处于与原始界面有相当距离的位置处，正如观察到的那样。当界面两侧材料的弹性常数存在巨大差异时，失配位错与原始界面存在距离应是一个普遍的现象[214]。可以认为，失配位错位于弹性上较软的相内，在当前的情形下应该是在 γ-TiAl 相中[91,215,216]。在高约束应力下，界面位错可能发生重组从而释放出全位错和孪晶不全位错。在多种可能发生的机制中，包含两个 1/2[001]位错的反应：

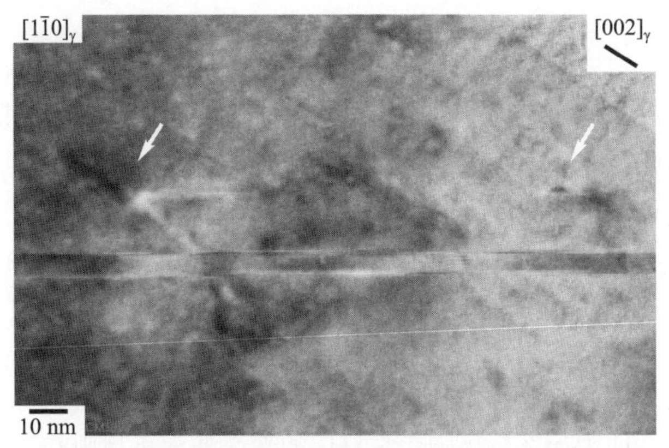

图 6.50 杆状钙钛矿型析出相处平面缺陷(箭头处)的形核，层错面与形变孪晶平行。Ti-48.5Al-0.37C 合金室温压缩变形至应变 $\varepsilon=3\%$后的低倍高分辨像[153]

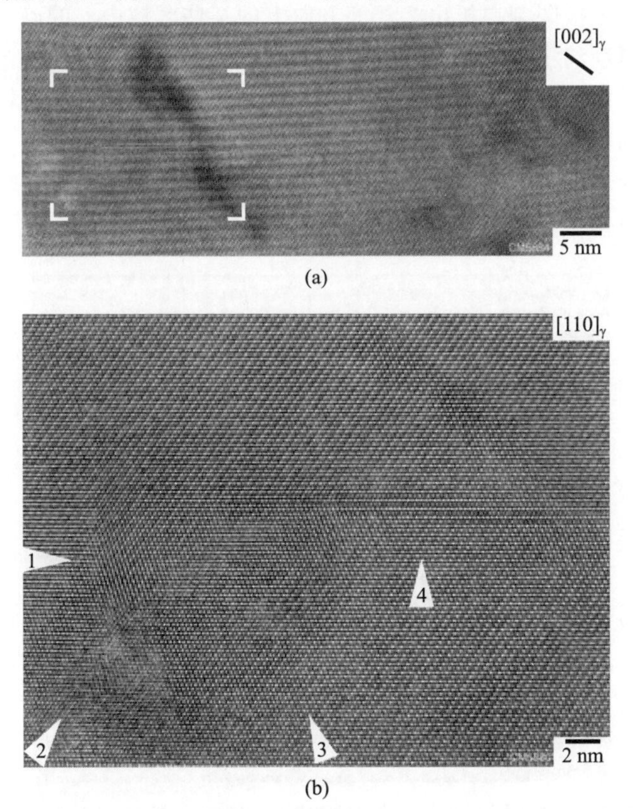

图 6.51 孪晶晶胚在钙钛矿型析出相处的非均匀形核，Ti-48.5Al-0.37C 合金室温压缩变形至应变 $\varepsilon=3\%$：(a) 低倍高分辨像，展示了层错缺陷与钙钛矿型析出相相邻，析出相表现为分散的应变场衬度；(b) 图(a)中方框区域的放大图。箭头 1 和 3 标示出两个位错，可通过多余的{111}晶面看出来，注意析出相处失配位错的伯格斯矢量为 $\boldsymbol{b}_{res}=1/2[001]$，表现为一个多余(002)原子面，可通过沿箭头 2 的方向观察到

$$[00\bar{1}]\rightarrow\frac{1}{3}[\overline{111}]+2\times\frac{1}{6}[11\bar{2}] \tag{6.20}$$

可导致图 6.51(b)中观察到的结构。这其中的一个 1/2[001]位错和 1/3[111]位错可分别沿箭头 2 和 1 观察发现。1/6[11$\bar{2}$]不全位错的发射形成了层错结构并且协调了三向应力状态。

图 6.52 展示了图 6.51(b)中箭头 4 所指出的跨越层错结构的堆垛次序。在局部范围内，层错为六方堆垛，因此可被认为是内禀层错的叠加。人们怀疑这些缺陷可以轻易重构成为孪晶晶胚，从而结合成不完整的更厚的孪晶。因此，看起来孪晶在生长过程的早期阶段是以片段分布的。这一机制对一个问题做出了自然的解释，即为什么析出强化材料中的孪晶非常不规则并且存在未发生孪晶的区域(见 7.4.1 节)。由于杆状析出相与孪晶惯习面{111}斜交，这种孪晶增厚机制基本上被限制在析出相长度方向上的某些区域内。的确，观察到的大多数孪晶的厚度均小于 10 nm，这比析出相的平均长度要小得多。这一结构数据已被用在对此过程的模拟研究中[217]。计算中包含了由于析出相导致的弹性应变能、孪晶界面能和孪晶弹性能。这一模型可以预测孪晶的长宽比。有趣的是，它还揭示了一个不稳定因素，即短小的孪晶可自发扩展为长孪晶。这一预测与在析出强化材料中观察到的长短孪晶共存的现象一致。

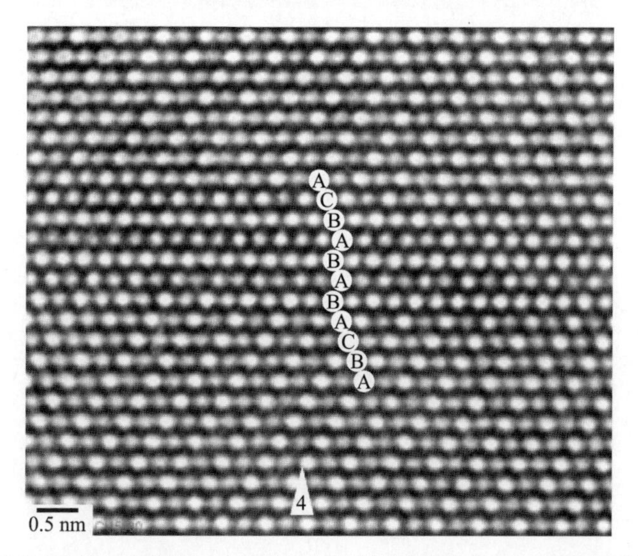

图 6.52　图 6.51(b)中箭头 4 所指出的跨越层错结构的堆垛次序。注意层错结构的六方型堆垛[153]

另一种与前文描述紧密相关的孪晶形核机制与位错滑移有关[153]。在析出强化材料中，界面处的[011]超位错可以分解得很宽，这可能是上文所述的高约束应力导致的结果。通常发现，孪晶形核与这些位错同时出现，使人们推测孪晶同样可以来自超位错导致的层错重叠。

根据分子动力学模拟，Xu 等[218]提出 γ-TiAl 中的孪晶可由一种同步剪切的方式，即相邻(111)晶面上 5 个 1/6⟨112⟩剪切的相互协调而形成[219]。5 个剪切台阶等价于一个复合型位错，包括孪晶/基体界面上的一个 $1/6[\bar{5}14]$超位错和下一个(111)晶面上的一个 $1/2[\bar{1}10]$普通位错。需要指出的是，观察发现，在⟨101]超位错的分解中，1/6⟨514]超不全位错可作为一个分解分量(见 5.1.3 节)。同步剪切过程的总伯格斯矢量为 $\boldsymbol{b}=2/3[\bar{2}11]$。相关的孪晶剪切量 $g=2\sqrt{2}$为传统真孪晶剪切量的 4 倍(见 5.1.5 节)。这一机制的优点在于其并不需要孪晶位错由极轴机制增殖。作者指出形成这种类型的孪晶可有效协调应力集中或高应变速率变形。然而，目前在实验上还没有发现这种机制的证据。

如上文所述，两相合金中的孪晶倾向性随温度的升高而上升。在这一方面，Yoo[180]研究了弗兰克不全位错的攀移扩展部分作为形核阶段的极轴机制。分析表明，仅在化学驱动力下，产生这种机制所需的热空位过饱和度高达 $c/c_0\geqslant 13$。根据现有的 TiAl 合金扩散数据[41](见 3.2 节和 3.3 节)，这看来是不现实的。c_0 为空位的平衡浓度，在 1 500 K 下应该为 $c_0=10^{-7}\sim10^{-6}$[151]。这一困难可通过考虑两相合金中特殊的扩散机制(参见文献[153])来解决。这些合金中的扩散极有可能受到显著的化学无序性的支持。有充足的证据表明，$(\alpha_2+\gamma)$合金中，部分相对于名义成分的偏差可由 Ti_{Al}反位原子缺陷来协调，即 Ti 原子占据 Al 亚点阵[41]。这一论断的本质在于冷却过程中发生的相分解，其可被描述为在加工路径的限制条件下，由于 $\alpha/\alpha_2\rightarrow\gamma$ 相变进行缓慢而难以达到平衡相图中的相组成[153]。对基础成分为 Ti-47Al 的两相合金的显微分析表明，γ 相中的 Ti_{Al}反位原子缺陷的数量级为 10^{-2}[153,220]。在如此高的浓度下，反位原子缺陷可形成反结构桥接这一可渗透型亚结构，从而产生扩散(见 3.3 节)。需要指出的是，Ti_{Al}反位原子缺陷的迁移能被认为明显低于同等高温下测定的 Ti 的自扩散能[221]。因此，在中温条件下，当传统的空位机制还不活跃时，反结构桥接可实现高扩散速率。相同条件下，高 Al 含量 TiAl 合金中的扩散是非常缓慢的，因为 Al_{Ti}反位原子缺陷的迁移能要高得多。因此，在高 Al 含量的 TiAl 合金中，攀移诱发的孪晶形核的效率要低一些。在 PST 晶体中，直到 800 ℃也没有观察到明显的变形机制的改变，即位错滑移和形变孪晶对变形的相对贡献程度保持一致[222]。这可能是 PST 晶体的慢速生长过程导致的，这使合金相组成接近平衡，从而降低了 Ti_{Al}反位原子缺陷的密度。因此，对于高 Al 含量的 TiAl 合金来说，孪晶的形核无法得到位错攀移的协助。综合起来，这些因素可能是在高 Al 含量和高 Ti 含量的 TiAl 合金中观察到不同现象的原因。

孪晶晶胚的横向生长是通过肖克莱不全位错协调滑过连续的{111}面进行的，这与立方和六方金属中提出的机制一致[74,151,185,207,223,224]。大多数对这种协调性运动的解释均援引了所谓的极轴位错机制，其在部分或整体上表现为螺位错特征。极轴位错的螺型部分垂直于孪晶面且与{111}面的晶面间距相等。一个孪晶不全位错以一种类似楼梯环绕的方式绕极轴位错扫过。通过这种方式，这一不全位错不仅产生了层错，而且爬升过极轴位错至下一层原子面。孪晶的厚度即通过这种机制的重复进行而形成。在对 Ti-54Al 合金的原位 TEM 变形实验中，Couret 等[225]观察到一种被钉扎于 1/2⟨110]螺位错的极轴机制。在块体材料中观察到的孪晶一般非常细小，这表明极轴机制孪晶源的作用范围只局限在有限次的环绕中。因此，至少在低温下，孪晶的最终厚度看起来与其非均匀形核核心的几何扩展有关[217]。在 Farenc 等[124]和 Couret 等[225]的原位观察中，孪晶不全位错在室温下以一个相对恒定的速度(约为 10^{-2} μm/s)迁移。作者认为这些位错的运动由点阵阻力控制。其他已被确定的障碍还包括基体位错和不可动的弗兰克不全位错。

总结：形变孪晶是两相钛铝合金中 γ 相的重要变形机制。支持孪晶变形的因素有较低的 Al 含量、存在置换型元素如 Mn 或 Nb、片层状显微组织以及高的变形温度。孪晶的形核由与结构不均匀性相关的应力集中触发，包括基体位错、界面位错和析出相。孪晶的横向生长很明显是由极轴机制实现的。

6.3.4 孪晶交截

在变形的初始阶段，孪晶扩展的长度本质上与晶粒尺寸和片层间距是一致的。当激发多组剪切矢量不平行的孪晶时，就出现了孪晶条带之间大量的孪晶交截现象。一个运动中的孪晶与阻碍孪晶发生交截，一般认为它是难以继续运动的，因为运动孪晶系统和阻碍孪晶的组合可能不再与晶体学上允许的孪晶系统相一致。例如，一个 1/6[$\bar{1}\bar{1}\bar{2}$]($\bar{1}\bar{1}1$)孪晶不全位错与[$11\bar{2}$](111)阻碍孪晶结合将形成 1/18[552]($\bar{1}\bar{1}5$)。类似的，一个 1/2[110]($1\bar{1}\bar{1}$)普通位错与同样的阻碍孪晶结合时，将转变为 1/6⟨114]($\bar{5}11$)。由于这些滑移系一般不会在 TiAl 中出现，转变后的位错即被认为是不可动的。因此，一个形变孪晶可对其他位错或形变孪晶提供有效的运动障碍。基于这一重要特点，一些作者[33,75,153,182-185,226]分析了入射孪晶与阻碍孪晶的交截机制，并提出了它们之间的晶体学关系。在 γ-TiAl 中，根据交截线方向的不同可出现两种不同的交截情形，分别被称为 I 型交截和 II 型交截，交截线的方向即为孪晶惯习面的共有方向。I 型交截沿⟨$\bar{1}10$]方向出现，入射孪晶和阻碍孪晶的剪切方向均与这一交截线方向垂直。II 型孪晶沿$\langle 0\bar{1}1]$方向出现，入射孪晶和阻碍孪晶的剪切方向与交截线的夹角为 30°。根据 Sun 等[182]对 γ-TiAl 中可能的孪晶系统的施密特因子分析（见 5.1.5 节），压缩变形下样品的取向对孪晶交截类型的影响如下。当$\langle\bar{1}10]$交截线与压缩轴向处于 0°～55°之间时，易产生 I 型交截；当$\langle 0\bar{1}\bar{1}]$交截线与压缩轴向处于 45°～90°之间时，易产生 II 型交截。

图 6.53 说明了文献中已报道的两种 I 型交截的几何构型。入射孪晶的肖克莱不全位错位于纯刃型方向，因此，它们不包含平行于$\langle\bar{1}10]$交截线的剪切分量。图 6.53(a)中的几何构型表现出阻碍孪晶 T_b 和入射孪晶 T_i 均被偏转的特点。一些作者[184,226]指出，在这种情况下，入射孪晶的应变可能由一个位于阻碍孪晶$(001)_{T_b}$基面上的 $1/2\langle 110]$全位错协调。包含入射孪晶不全位错和全位错的一个可行的反应为[184]

$$6\times\frac{1}{6}[\bar{1}\bar{1}\bar{2}]_{T_i}(\bar{1}\bar{1}1)_{T_i}\rightarrow 3\times\frac{1}{2}[110]_{T_b}(001)_{T_b}+\frac{1}{2}[110]_M(001)_M \qquad (6.21)$$

$1/2[110]_{T_b}(001)_{T_b}$剪切使阻碍孪晶偏转，但是并不改变交截区内阻碍孪晶的晶体结构和取向。$1/2[110](001)_M$ 位错发射到基体内。阻碍孪晶中台阶的高度与其宽度的一半相等。这一机制看起来是可行的，因为 $1/2[110]_{T_b}$伯格斯矢量的方向与入射不全位错伯格斯矢量 $1/6[\bar{1}\bar{1}\bar{2}]_{T_i}$的方向是最相近的。此外，阻碍孪晶和基体中仅有(001)基面作为滑移面。这一模型的一个问题在于，$1/2\langle 110]$位错在(001)面上滑移的 Peierls 应力很高。这是因为 Ti 原子层需要在 Al 原子层之上位移而不改变其近邻原子的键合。另外，$1/2[110]_{T_b}$和 $1/2[110]_M$位错具有纯刃型特征，因此可能进一步分解形成不可动的 Lomer-Cottrell 钉扎[184]。孪晶交截区内 $1/2\langle 110]$位错在(001)基面上发射的现象已经被 Morris[227]观察到了，因此可以认为这是支持这一机制的实验证据。

图 6.53(b)中展示的机制即为所谓的非偏转型 I 型交截。孪晶交截后，入射孪晶保持了直线行进的特征，阻碍孪晶的偏转可在几何上描述为沿$(11\bar{1})_{T_i}$晶面进行。在垂直于其惯习面的方向上，偏转孪晶的位移量约为入射孪晶厚度的 2/3。Sun 等[182,183]提出入射肖克莱不全位错的$[\bar{1}\bar{1}\bar{2}]_{T_i}(\bar{1}\bar{1}1)_{T_i}$剪切被转变为每 3 个$(\bar{1}\bar{1}5)_{T_b}$晶面上发生的 $1/18[552]_{T_b}$带状位移。这一机制的问题在于在交截区产生了一个不利的 AAA 堆垛，这就需要原子的扰动协调。根据这一困难性，作者指出剪切的转变是由每 27 层$(\bar{1}\bar{1}5)_{T_b}$晶面上出现的 $1/2[552]$滑移台阶协调完成的。这一方式的优点在于避免形成高能量的 AAA 堆垛，并且不会出现反相畴界。上述这些机制如果进行得不完全，将导致交截区出现 7°～9°的

取向偏离，在一些实验中的确已经观察到了上述的偏离现象。图 6.53 中阐释的 I 型交截的两种几何构型本质上与文献中报道的 TEM 观察相一致[182-185,226]。在文献讨论中，作者指出，虽然上述的机制可作为总体的解释方向，但孪晶交截时实际发生的过程可能更加复杂。入射孪晶引发的高应力集中以及若干相互接近的界面可能导致产生多种通常不会出现的反应和滑移系统。另外，这些过程均发生在原子尺度上，对于观察来说就需要有足够的分辨率。I 型孪晶交截的高分辨图像如图 6.54，可以说明这些状况。这一孪晶交截发现于室温压缩变形的铸态 Ti-48.5Al-0.37C 合金中。图中的结构是沿两组孪晶共有的$\langle\bar{1}10]$方向成像得到的，这可通过由 Ti 和 Al 原子分别完全占据的(002)晶面的不同衬度辨识出来。在图像的上部，垂直的孪晶比其下部的部分要厚一些，因此这一孪晶可被定义为入射孪晶 T_i；T_b 为阻碍孪晶。孪晶交截使两个孪晶发生了明显的偏转，然而对于阻碍孪晶来说，这一偏转则更加明显。入射孪晶和基体界面处的结构细节表明形成孪晶交截是比较困难的，如箭头 1 所示。图 6.55 展示了这一区域的放大图像，表明(002)晶面在跨越孪晶/基体界面后不再连续，意味着二者之间发生了刚性位移。位移量为一个 APB 矢量 $\boldsymbol{f}_{APB}=1/2\langle\bar{1}01]$。6.1 节已经讨论过，在真孪晶界处，这样的转变在晶体学上是允许的，但是，

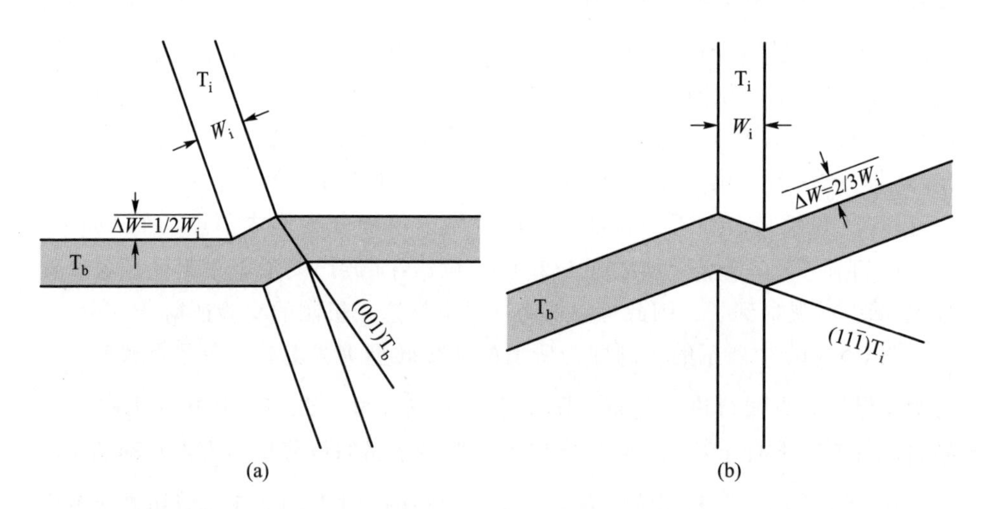

图 6.53　$L1_0$ 结构 γ-TiAl 中的 I 型孪晶交截的几何构型。孪晶沿共有的$\langle\bar{1}10]$方向交截，入射孪晶和阻碍孪晶的剪切均与交截线垂直。(a) 入射孪晶 T_i 和阻碍孪晶 T_b 均发生偏转的偏转型交截；(b) 非偏转型交截，入射孪晶 T_i 在交截后保持直线行进，而阻碍孪晶的偏转可在几何上描述为沿$(11\bar{1})_{T_i}$晶面进行。图片来自 Sun 等[182,183]。

根据本书作者所知，此前还没有在形变孪晶的共格界面处发现过这一现象。可以认为与此相关的 $1/2\langle\bar{1}01]$ 超不全位错形成于 $1/6[\bar{1}\bar{1}\bar{2}]_{T_i}(\bar{1}\bar{1}1)_{T_i}$ 孪晶不全位错塞积后的重组过程中。目前还不清楚这一机制的细节，可以推测为 3 个相同的不全位错重组为不受位置限制的 $1/2\langle 11\bar{2}]$ 位错的非平面位错芯，从而进一步分解为 $1/2\langle 10\bar{1}]$ 和 $1/2\langle 01\bar{1}]$ 超不全位错（见 5.1.3 和 5.1.4 节）。在图 6.55 中，可观察到一个位于界面附近的 γ 基体中的位错，表现为一个多余 $(\bar{1}\bar{1}1)$ 原子面，这可能对应了 $1/2\langle 10\bar{1}]$ 超不全位错。下方的图像为沿 $(\bar{1}\bar{1}1)$ 晶面的压缩图，可更详细地展示上述细节。可以认为，这些反应过程是由入射孪晶不全位错塞积引发的应力集中驱动的。

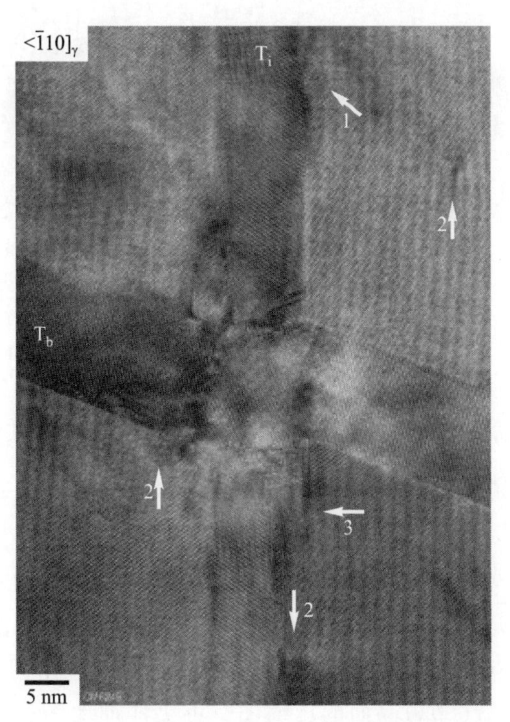

图 6.54 室温压缩 Ti-48.5Al-0.37C 合金中观察到的两个变形孪晶的 I 型交截。铸造后的热处理工艺为 1 250 ℃退火后水冷，随后在 750 ℃时效 24 h。室温变形量为 $\varepsilon=3\%$。图中的电子束入射方向为孪晶共有的 $\langle\bar{1}10]$ 交截线方向。定义垂直的孪晶 T_i 为入射孪晶，因为其上部的厚度要高于下部；T_b 为阻碍孪晶。图 6.55～图 6.58 展示了本图的高倍细节

图 6.56 展示了交截区域的细节。交截区域仍保持了 $L1_0$ 结构，且看起来相对没有太多的缺陷，但是其范围可以由高度偏转的区域标示出来。中心区域的

图 6.55　图 6.54 中箭头 1 所示位置的结构细节：在孪晶界面处入射孪晶 T_i 和基体 M 之间的刚性位移，表现为(002)晶面的位移。下方的图片展示了上图沿$(\bar{1}\bar{1}1)$晶面(箭头处)压缩后的图像。注意孪晶/基体界面附近的位错

$(002)_{T_b}$晶面不再与阻碍孪晶保持连续。这一偏转与 $1/2\langle 10\bar{1}]$和 $1/2\langle 01\bar{1}]$超不全位错在$(\bar{1}\bar{1}1)_{T_b}$晶面上的滑移相一致。这些位错表现为多余的$(002)_{T_b}$晶面，它们中的一部分与多余的晶面由位错符号标示出来。有理由怀疑，这些位错产自于交截区域中心处的高应力集中。值得补充的是，沿$(\bar{1}\bar{1}1)_{T_b}$晶面的孪晶是无法协调剪切变形的，因为这将导致反孪晶行为。这些位错的间距之小解释了为什么交截区域的点阵排列与阻碍孪晶不同，且相对于阻碍孪晶旋转了 10°左右。下方的图片为沿(002)晶面的压缩图，可更详细地展示上述细节。这一发现在很大程度上反映了入射孪晶带来的旋转效应。孪晶交截过程中可能包含的各种形式的位错反应形成了发射位错(如图 6.54 箭头 2 所示)。图 6.57 展示了其中一个这种区域在阻碍孪晶发射端的高倍图像。看起来应变协调得不够彻底，且在界面处残余了很高的内应力，这可以由图中很强的应变场衬度表明。因此，在阻碍孪晶发射端的高密度缺陷处可非常容易形成新的 1/6 $[\bar{1}\bar{1}\bar{2}]$ $(\bar{1}\bar{1}1)$ 孪晶不全位错，这里确实出现了很多位错。图 6.54 中的箭头 3 指出，在阻碍孪晶发射端形成了一个与主入射孪晶相邻的附属孪晶，图 6.58 展

示了这一细节。

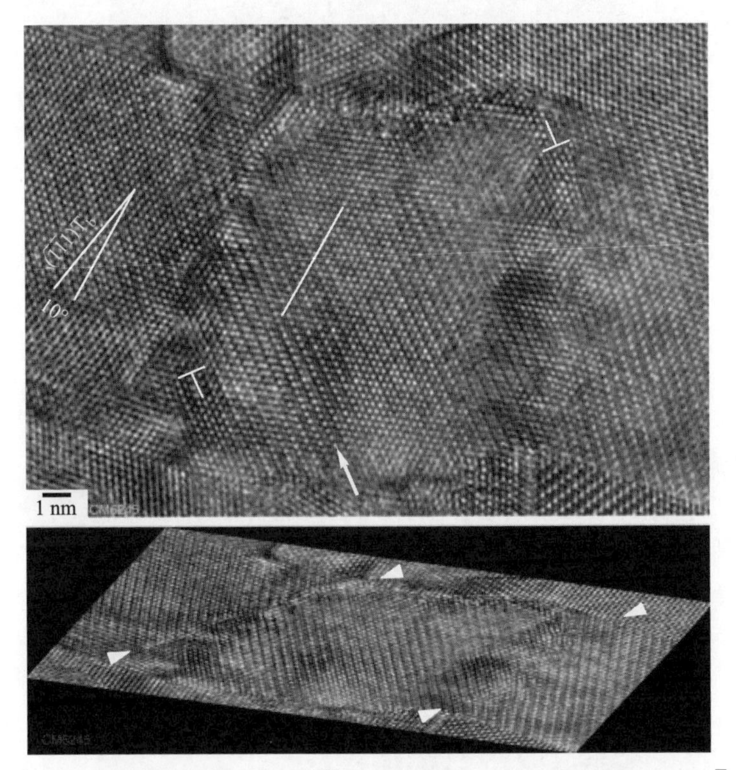

图 6.56 孪晶交截区域的结构细节：沿$(\bar{1}\bar{1}1)_{T_b}$晶面的孪晶剪切转变通过 $1/2\langle 10\bar{1}]$ 超不全位错进行，可由多余的$(002)_{T_b}$原子面看出。位错符号标示出了其中的两个位错及其半原子面。注意交截区域相对于阻碍孪晶逆时针旋转了 10°，这可通过它们各自$(\bar{1}\bar{1}1)_{T_b}$晶面的迹线看出来。下方的压缩图展示了更多细节。箭头标示出了交截区域两侧的位错墙

综合来看，这些观察表明Ⅰ型孪晶交截可能显著不同于图 6.53 中所描绘的机制。可以认为，除了在晶体学上的限制之外，孪晶交截的细节还取决于交截孪晶的厚度以及交截区域的实际应力分布，即相邻晶粒或片层中的剪切是否对其施加了约束。

图 6.59 示意性地展示了Ⅱ型交截的特点。其几何构型呈现出阻碍孪晶 T_b 和入射孪晶 T_i 均出现了偏转的特点。可以认为入射孪晶的偏转是沿阻碍孪晶的$(\bar{1}11)_{T_b}$晶面进行的。交截区域的特点为出现了附属孪晶片层，与阻碍孪晶层片层交替变化。文献中对这种交截机制进行了大量研究，提出了许多种位错反应方式，关于这些细节请参阅 Sun 等[182,183]的论文。

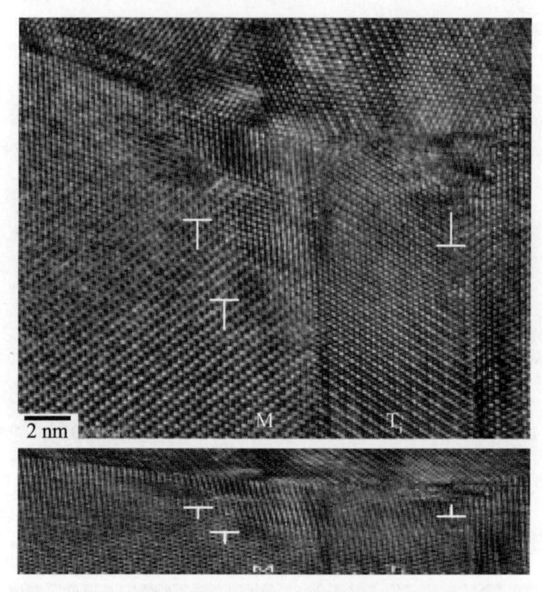

图 6.57　图 6.54 中箭头 2 所示位置的结构细节：阻碍孪晶 T_b 发射端的位错结构。下方为沿平行于孪晶和基体界面的$(\bar{1}\bar{1}1)$晶面的压缩图，可更清晰地展示出细节

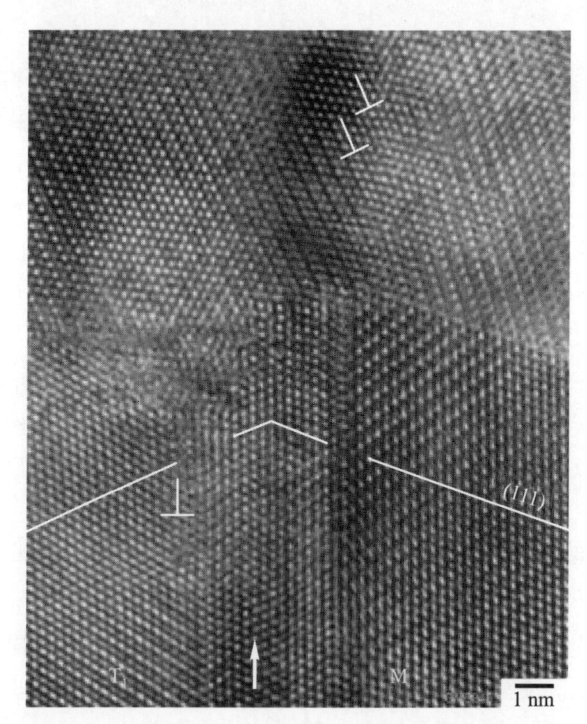

图 6.58　图 6.54 中箭头 3 所示位置的结构细节：在阻碍孪晶 T_b 发射端平行于主入射孪晶(箭头处)形成的附属孪晶。注意位错之间的间距非常小

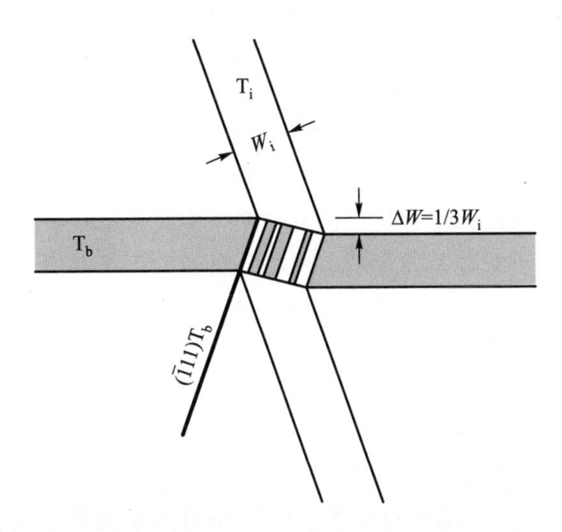

图 6.59 γ-TiAl 合金中Ⅱ型孪晶交截的示意图。入射孪晶的偏转可被认为是沿阻碍孪晶的$(\bar{1}11)_{T_b}$晶面进行。阻碍孪晶 T_b 中的附属孪晶片层协调了入射孪晶 T_i 的切变。阻碍孪晶 T_b 的偏转量约为入射孪晶 T_i 厚度的 1/3。图片来自 Sun 等[182,183]

不论细节如何，毫无疑问，孪晶交截造成了极高的内应力以及沿交截区域的高密度排列的缺陷，在低温下这将引发裂纹[228]。在热变形条件下，孪晶交截导致了变形状态的不均匀性，其可被认为是广泛的再结晶形核位置。在高温下围绕取向偏离区域的位错墙可能通过攀移而发生重排，从而使其相对于基体的取向偏差增大。交截区域将转变为一个低内应力的新晶粒，向变形的部位生长，从而与原始部位之间形成一个大角晶界。这一过程当然是由储存能驱动的。因此，可以认为孪晶交截造成的结构不均匀性可作为再结晶的先导。这一过程当然对热变形条件下的显微组织转变是有益的。

总结：两相钛铝合金中的形变孪晶在多个 $1/6\langle 11\bar{2}]\{111\}$ 系统上出现，这产生了大量的孪晶交截现象。有充足的证据表明，孪晶交截难以进行完全并将导致加工硬化。

6.3.5 声发射

为对形变孪晶对 TiAl 合金变形的贡献提供新的见解，人们进行了声发射研究[229-232]。声发射本质上为频率在 30 kHz～5 MHz 之间的弹性应力波，由材料中的裂纹扩展、塑性变形或相变产生。由于其高速能量释放的特点，孪晶一般会产生可被明显识别的声信号[233,234]。通过分析电子传感器和多种其他传感器的数据，可测定产生形变诱导缺陷的位置及相对严重程度。若要将形变孪晶和其他接触导致的塑性变形或裂纹等现象区分开来，就需要对数据进行精确分析。在对 TiAl 合金的所有声发射观察中，总体的结果都是类似的：随着加载的增加，信号的数量逐渐上升，直至达到一个峰值即为屈服开始；随后声发射信号迅速下降至一个持平阶段。很明显在片层 TiAl 合金中可出现更多的声发射事件。Zhu 等[229]记录了 4 种二元 Ti-(48~52)Al 合金室温拉伸实验中的声发射信号。作者将这些声信号与位错滑移和微裂纹萌生联系起来，并指出，显微组织对声发射信号有显著的影响；片层合金中的声发射信号最为强烈。这一发现归因于剪切波在不同组织中衰减的差异。Kauffmann 等[230]观察了 Ti-46.5Al(Cr，Nb，Ta，B)合金近 γ 组织室温压缩变形的声发射现象。初始屈服阶段强声发射信号的一致性使作者认为形变孪晶的形核是声信号的主要来源。高变形量条件下声信号事件的下降被认为是由变形机制的改变造成的，即孪晶的形核被孪晶生长和位错滑移取代。一般认为后两种机制的声信号很低且连续[235]。Kauffmann 等[230]通过对变形结构的 TEM 分析支持了他们的理论。

Botten 等[231]研究了全片层 Ti-44Al-8Nb-1B 和 Ti-44Al-4Nb-4Hf-0.2Si 合金室温拉伸变形过程中的声发射。他们认为声信号来自片层间形成的裂纹。这一结论得到了金相分析的支持。分析表明，在发出声信号最多的位置处，样品发生了断裂。需要指出的一点是声发射和裂纹在达到 0.2% 弹性极限应力的 70%时就已出现。作者认为这一早期的裂纹与片层组织的塑性各向异性有关。如 6.1.5 节和 6.1.6 节所述，片层合金的各向异性流变行为可能导致显著的应力集中和早期断裂。作者在其另一篇相关论文中阐述了早期裂纹对材料疲劳寿命的影响[232]。综合起来，目前从 TiAl 合金的文献来看，声发射的起源并没有明确的位置。前文已述，声信号可由除孪晶以外的其他一系列过程产生。相比于那些塑性变形完全由位错滑移实现的材料来说，TiAl 合金中的情形要复杂得多，因为滑移、孪晶以及裂纹扩展可能同时出现。由于上述研究是在不同的合金以及不同的组织中进行的，因而还不能明确显微组织对滑移、孪晶和微裂纹的影响是否是造成观察结果不一致的原因。从上一部分所述的实验数据来看，可以认为孪晶交截同样也可产生声发射信号。

总结：TiAl 合金的低温变形伴有声发射现象，这可归因于位错滑移、形变孪晶和裂纹扩展等因素。

6.3.6　孪晶结构的热稳定性

对高温变形后样品的 TEM 观察表明孪晶结构表现出了显著的不稳定性[75]。如图 6.60 所示，孪晶一般呈片段状且界面粗糙。一个可能的解释为孪晶不全位错与交互到孪晶/基体界面的基体位错发生了反应。以这种方式，肖克莱不全位错可转变为全位错。这些位错的攀移很可能导致形成了所观察到的复杂界面位错网络结构。如图中所示，转化后的孪晶/基体界面可作为位错源。

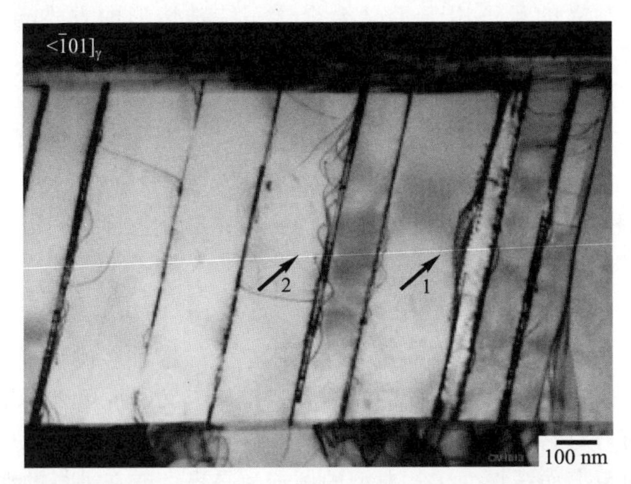

图 6.60　形变孪晶的热稳定性。片层 Ti-48Al-2Cr 合金 800 ℃拉伸变形至 $\varepsilon_f = 10.2\%$ 断裂后观察到的孪晶结构。贯穿片层的孪晶/基体界面接近侧立成像。注意孪晶/基体界面处形成的位错网络(箭头 1)和发射的位错环(箭头 2)[75]

界面位错的攀移程度当然与温度和应变速率有关，因此孪晶的形成和重构之间的平衡很明显受到变形条件的制约。特别地，长时间低应变速率下的蠕变变形看来更有助于孪晶结构的重构。在 TiAl 的研究文献中，围绕孪晶是否能对蠕变作出重要贡献这一点有一些争论。从后文要讨论的内容出发，不同观察结果的差异是可以通过不同孪晶结构的重构来解释的，这也取决于实际的蠕变条件[236]。

总结：在高温变形过程中，孪晶结构很容易发生回复，这是由基体位错的交互作用和反应产物位错的攀移导致的。

6.4　滑移阻力和位错可动性

位错的运动是根据时间、温度和应变速率的热激活过程建立的。控制位错可动性的因素是人们非常感兴趣的研究内容，因为它们决定的不仅是材料的性能，而且还有各种不同的加工过程。目前关于应变速率决定 TiAl 合金变形的热力学和动力学方面已有一系列有价值的数据，本部分将对这些内容进行简要综述。

6.4.1　热激活变形

自 Conrad 和 Wiedersich[237] 的先驱性工作以来，大量文献对位错的热激活运动进行了分析[238-242]。本文并非要进行大量的表述，而是试图以一种有选择的、合理的、独立的且可用于 TiAl 合金这一特殊情形的方式涵盖这一主题。但是由于要首先阐释必要的背景知识，因此不可避免地要对上述综述文献进行一些重复性的表述。

位错滑移产生的塑性剪切一般可表达为

$$a = b\rho_m \bar{x} \tag{6.22}$$

式中，b 为伯格斯矢量；ρ_m 为可动位错的密度；$\bar{x}$ 为它们的平均滑移距离。因此，剪切应变率 $\dot{a}$ 为

$$\dot{a} = b\rho_m v_d \tag{6.23}$$

式中，v_d 为平均位错运动速度。这与应变速率受位错攀移控制的情形有一些类似。位错运动速度由一系列不同的障碍决定，从广义上说可以根据其与位错之间的交互作用力对它们进行分类。有一类障碍对位错施加长程作用力 f_μ，它们随着与位错的距离而缓慢变化；典型的例子为晶界，或在平行的滑移面上滑动的其他位错。另一类障碍的特点是对位错施加短程作用力 f^*，仅在若干原子间距的范围内产生作用，如固溶的原子或螺位错中的割阶。为克服障碍，位错滑移需要一定的能量，在 0 K 下，必须以机械力的形式施加，所需的切应力 τ 为[243]

$$\tau = \frac{f_\mu + f^*}{lb} = \tau_\mu + \tau^* \tag{6.24}$$

式中，l 为障碍之间位错片段的平均长度。在原子尺度下，位错运动与原子键合的破坏和重建有关，原则上，点阵的热振动可以协助这一过程。通过热激活剪切来克服滑移障碍需要由形成障碍的若干原子和与之接触的位错片段之间的协调运动来进行。随着原子数量的增加，借助随机结构起伏来使这些原子同时运动的可能性变得非常小。因此，若要使热激活有显著的作用，激活复合体的尺寸只能限制在原子尺度上。同样，自热起伏获得的能量也是非常小的，近似为 kT(k 为玻尔兹曼常数)。因此，为使热激活起作用，滑移障碍所造成的能垒应该特别小(小于 50 kT)[238]。根据上述的分类，在热激活的协助下，仅可跨越短程障碍。“热障碍”一词即与短程障碍同义。τ^* 为相关的热或有效应力。克服长程障碍的应力分量 τ_μ 占据了所需应力的一部分。τ_μ 一般被称为非热应力，除了温度变化导致剪切模量的微小变化外，它几乎不受温度的影响[244]。

跨越短程障碍所需的能量决定了 τ^* 会随温度和应变速率发生变化。这一思路所包含的几何原则在图 6.61 中进行了说明，即为热激活情况下位错穿过这些局部障碍的情况。这些障碍产生了一个局部滑移阻力 f^*，其与位错的线张力 T_S 平衡。Gibbs[239] 和 Schoeck[238] 确定了位错跨越这些障碍所需的热能量。图 6.62(a)展示了当受钉扎位错的中心部分长度为 $2l$，位错沿 x 方向跨越障碍

时，亥姆霍兹自由能 F^* 和外界做功 τlbx 的变化。当长程应力 τ_μ 与位错运动方向相反时，自由能曲线将发生改变；$\tau_\mu lbx$ 即为相关的外界做功[图 6.62(b)]。吉布斯自由能 G 可定义为

$$G = F - \tau lbx \tag{6.25}$$

在任意应力水平下，应力与在 x_E 点和 x_S 点的变形阻力平衡，其分别为 $G(x)$ 曲线上的最低点和最高点。x_E 为稳态平衡位置，x_S 为亚稳的顶点位置。为跨越障碍，位错必须要从 x_E 点移动至 x_S 点。这一过程的总体能量变化为 ΔF。激活距离可定义为

$$\Delta d^*(f^*) = x_S - x_E \tag{6.26}$$

激活面积为

$$\Delta a^* = l\Delta d^* \tag{6.27}$$

物理量：

$$V = lb\Delta d^* \tag{6.28}$$

为作用体积。尽管“体积”一词在二维系统中并没有几何意义，但为了与目前已基本达成统一的术语相一致，V 被称为激活体积。在本文中 V 的定义为当位错自 x_E 点移动至 x_S 点时，$V\tau^*$ 是热应力所做的机械功：

$$\Delta W = \tau^* V = (\tau - \tau_\mu) V \tag{6.29}$$

若滑移阻力仅来自局部障碍，则激活自由能 ΔF^* 可由式(6.30)给出：

$$\Delta F^* = \Delta G + V\tau^* \tag{6.30}$$

式中，ΔG 为由热起伏提供的吉布斯自由能，从而允许位错自稳态的平衡点移动至亚稳的顶点。在分析热激活剪切时，通常在滑移阻力 $f^* = \partial F^*/\partial x = \tau^* lb$ 随反应坐标 x 变化的曲线中描述能量 ΔF^*、ΔW 和 ΔG。如果将要跨越的障碍施加排斥力，曲线即为图 6.63 中的形式。此时障碍物可承受的最大应力 $f^*_{max} = \tau^*_{max} lb$。当任意外加应力小于 τ^*_{max} 时，位错将停留在其稳态平衡位置 x_E 以继续等待被成功激活。如果有效应力增加，那么图 6.63 中灰色区域所标示的吉布斯自由能必然降低；同时 ΔF^*、ΔW 和 V 也发生相应的变化。

应该指出的是，位错的灵活性可能使障碍间距与应力相关，Friedel[163] 对这一情形进行了统计性研究。在低应力下，当位错迁移通过一列较弱的局部障碍时，l 的变化非常大。然而对于其他类型的障碍，例如位错被割阶拖曳，这种所谓的 Friedel 统计分析就不再适用了。因此，这里就不再赘述这种复杂的分析了。

热效应可提供的热起伏 ΔG 由玻尔兹曼因子 $\exp(-\Delta G/kT)$ 确定。因此，如果一个位错可有效地发生频率为 ν 的振动，它就可以在 1 s 内成功跨越数量为 $\nu\exp(-\Delta G/kT)$ 的障碍。相应的位错运动速度 v_d 由 Arrhenius 型方程确定：

$$v_d = \kappa\nu\exp(-\Delta G/kT) \tag{6.31}$$

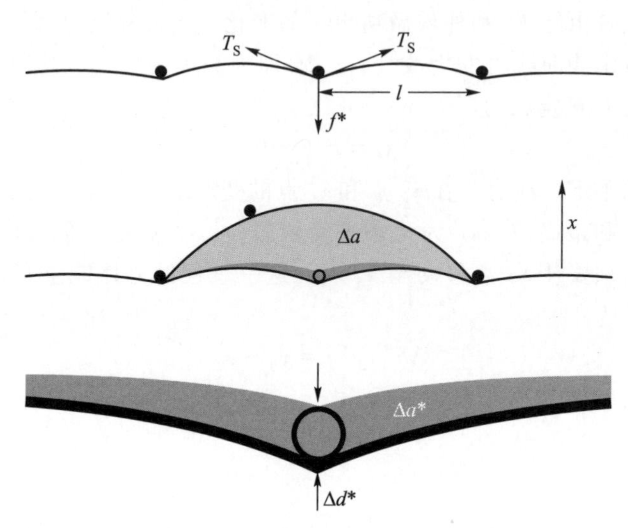

图 6.61　具有一定间隔的点状障碍阻碍位错形成弓出。每个障碍施加的滑移阻力 f^* 与位错的线张力 T_S 平衡。Δa^* 为位错穿过中心障碍过程中所扫过的面积，Δd^* 为激活距离，与位错运动的 x 坐标方向平行。当位错摆脱中央障碍钉扎时，其向前运动并接触到另一个滑移障碍，此时位错扫过的面积为 Δa

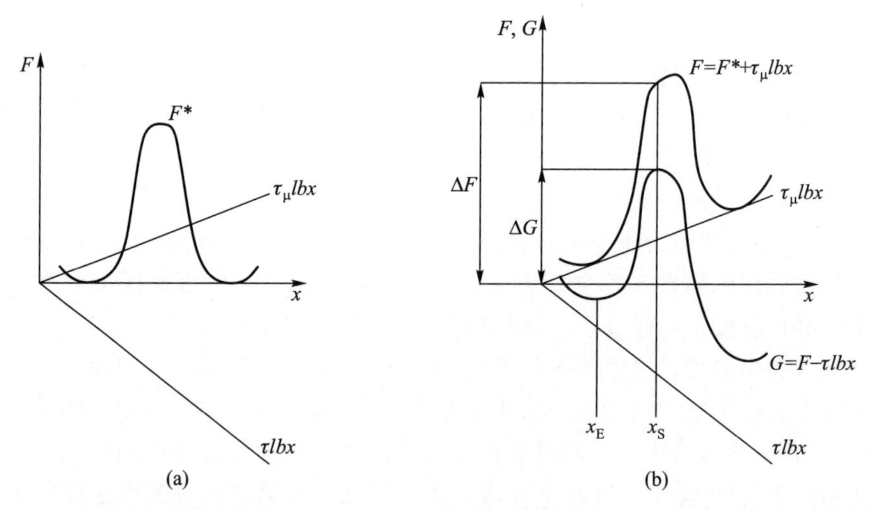

图 6.62　跨越局部障碍的热激活过程。(a) 当受钉扎位错的中心部分长度为 $2l$，并要跨越图 6.61 中的中心位置障碍时，亥姆霍兹自由能 F^* 和外界做功 τlbx 的变化；(b) 自由能随长程内应力 τ_μ 所做的功 $\tau_\mu lbx$ 和外加应力 τ 所做的功 τlbx 的变化，图中，ΔF 为跨越位错运动障碍所需的全部能量，ΔG 为吉布斯激活自由能，由热激活提供。图片来自文献[239]

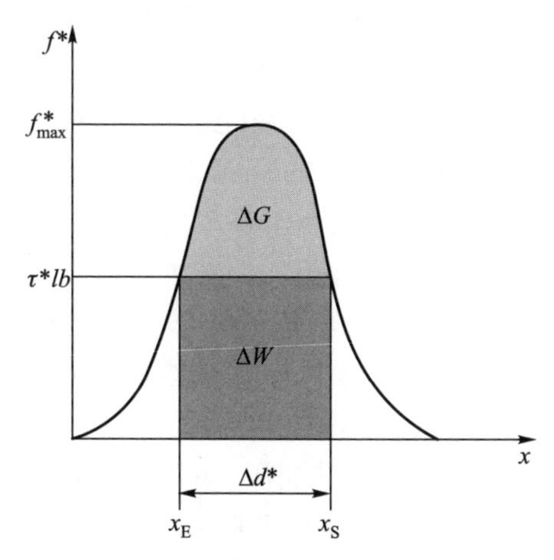

图 6.63 描述滑移阻力 $f^*=\tau^*lb$ 随反应坐标 x 变化的力-距离曲线。ΔG 为吉布斯激活自由能，ΔW 为 τ^* 的机械功部分，Δd^* 为激活距离，l 为障碍间距，x_E 为稳态平衡位置，x_S 为位错在障碍处的能量顶点位置

式中，κ 为一次成功的振动后位错的平均滑移距离；ν 与德拜频率的相关系数，为 $10^{-2}\sim10^{-1}$，取决于障碍团簇的细节[240]。值得补充的是，这一方程仅可用于不存在与有效应力相对的反向起伏的情形。根据式(6.23)和式(6.31)，宏观切变速率 $\dot{a}$ 为

$$\dot{a}=\rho_m b\kappa\nu\exp(-\Delta G/kT)=\dot{a}_0\exp(-\Delta G/kT) \tag{6.32}$$

τ 可以表达为

$$\tau=\tau_\mu+(1/V)(\Delta F^*+kT\ln\dot{a}/\dot{a}_0) \tag{6.33}$$

在式(6.33)中，热激活过程表现为 ΔF^*、ΔW 和 V。这些参数的大小以及它们与应力、温度和应变的关系即为某个应变速率控制变形机制的特点，可有助于确定控制位错运动速度的滑移障碍。例如，可以认为 V 为位错热激活跨越滑移障碍所需的同步运动的原子数量。因此可认为当控制位错滑移阻力的机制改变时，V 将发生极大的变化。当 τ_μ、$\dot{a}_0$ 和 l 与 τ 和 T 无关时，可将激活参数与流变应力对应变速率和温度的敏感性联系起来[241]：

$$V=\frac{M_T kT}{(\Delta\sigma/\Delta\ln\dot{\varepsilon})_T} \tag{6.34}$$

$$\Delta G=\frac{Q_e+V\sigma(T/\mu M_T)(\partial\mu/\partial T)}{1-(T/\mu)(\partial\mu/\partial T)} \tag{6.35}$$

$$Q_e\equiv\Delta H=-\frac{kT^2(\Delta\sigma/\Delta T)_{\dot{\varepsilon}}}{(\Delta\sigma/\Delta\ln\dot{\varepsilon})_T} \tag{6.36}$$

式中，σ 为正应力；$\dot{\varepsilon}$为应变速率；μ 为剪切模量。泰勒因子 $M_T=3.06$ 用以将 σ 和 $\dot{\varepsilon}$转化为平均剪切量。Q_e 为实验激活能，对于与应力无关的障碍距离来说，它与激活熵 ΔH 是一致的。应力增量$(\Delta\sigma/\Delta T)_{\dot{\varepsilon}}$和$(\Delta\sigma/\Delta\ln\dot{\varepsilon})_T$可由温度和应变速率循环实验测定，如文献[126]中所述。图 6.64 展示了不同温度下应变速率循环实验的载荷-伸长量曲线，解释了确定应力增量 $\Delta\sigma$ 的过程。可以发现，应力随应变速率改变的瞬时变化取决于变形温度。在室温下的实验中产生了台阶状的应力瞬变。相反地，当温度在 450~750 K 范围内时，应力的反馈表现出了屈服-下降效应，其总体趋势随应变量的增加而增大。在温度高于 750 K 的应变速率循环实验中出现了平滑的应力瞬变，以 0.5%应变量为步幅延伸。在这些状态下没有观察到叠加的屈服-下降效应。观察到的屈服-下降效应和平滑的应力瞬变表明，在应力增量实验中，样品在上述各自的变形阶段中发生了明显的结构变化。可以认为这一效应随着应变速率或温度的增加而上升。应力反馈下结构的改变可通过测量应力增量$[\Delta\sigma/\ln(\dot{\varepsilon}_2/\dot{\varepsilon}_1)]_T$作为应变速率比率 $n=\dot{\varepsilon}_2/\dot{\varepsilon}_1$的对数的函数关系来评估。在这一函数关系中，若 τ_μ 和 $\dot{a}_0$ 在应变速率变化时保持常数，则$(\Delta\sigma/\ln n)_T$应与 n 无关。图 6.65 为两组应变 $\varepsilon_1=1.25\%$和 $\varepsilon_2=6\%$条件下应变速率敏感性对 $\ln n$ 的曲线。尽管与 295 K 台阶状瞬变下所估计的速率敏感度几乎一致，但在 973 K 下，这一数值随着 n 的上升而急剧下降。有意思的是，这一趋势几乎与应变量无关。应变速率敏感指数随 n 变化的原因总体上还不清楚。随着$\dot{\varepsilon}$和 T 的改变，最有可能导致 $\dot{a}_0$ 发生变化的是可动位错密度 ρ_m，因为位错的增殖速率可能对有效应力十分敏感。升高的变形温度可能加速了这些过程。与应变速率不同，温度是不能发生瞬时变化的，因此，滑移障碍的结构和可动位错的密度更容易适应新的变形温度。采用与温度循环实验类似的实验参数进行 6.2.5 节和 6.3.1 节中所述的原位加热实验，可以立即证明样品的结构改变。在这些条件下，位错环从界面处发射，表明 ρ_m 可以在温度改变后发生明显的变化。看来观察到的结构改变很可能同样对滑移位错和片层界面之间的非热交互作用产生影响。因此，τ_μ 的改变可能随温度的变化更加显著，而不是一般认为的仅受到剪切模量变化的影响。面对这些问题，说明目前对温度循环实验的分析还不能令人满意。

为使结构改变带来的效应最小化，实验采用了如下步骤[126]。当应力瞬变表现为屈服下降时，应力增量由应力瞬变的上屈服点确定(图 6.64)，它被认为是体现材料对应变速率变化的最初反应，且受 ρ_m 变化的影响非常小。在高温阶段(T>973 K)，应变速率循环实验在一个小的应变速率比率 $n=3$ 下进行。在这种情况下，可认为由应变速率跳跃导致的结构变化是相对较小的，但是仍可以确保 $\Delta\sigma$ 测定的精确性。应变速率循环实验中的一个特殊问题是应变速率

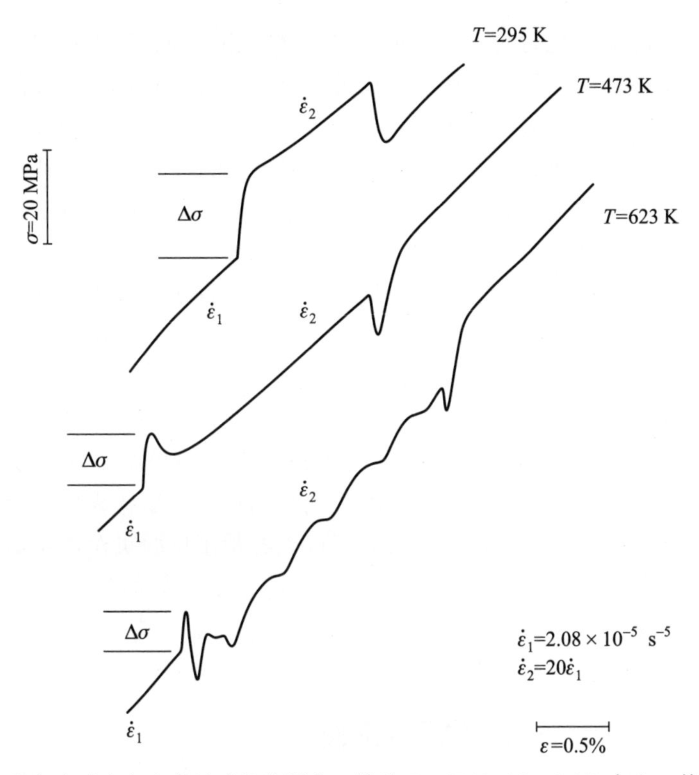

图 6.64 流变应力对应变速率敏感性的测定。锻造 Ti-47Al-2Cr-0.2Si 合金，等轴组织。不同温度下应变速率循环实验测定的载荷-伸长量曲线，对应变增量 $\Delta\sigma$ 进行评估

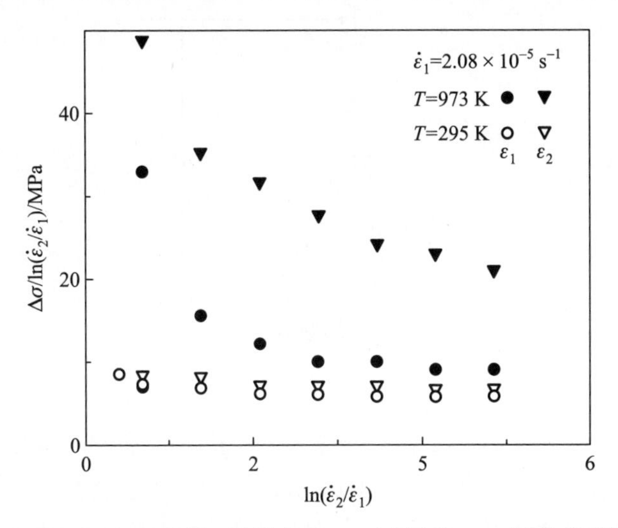

图 6.65 在 $T_1=295$ K 和 $T_2=973$ K，以及应变 $\varepsilon_1=1.25\%$ 和 $\varepsilon_2=6\%$ 条件下测定的应变速率敏感性$[\Delta\sigma/\ln(\dot{\varepsilon}_2/\dot{\varepsilon}_1)]_T$与比率 $n=\dot{\varepsilon}_2/\dot{\varepsilon}_1$的对数的关系。锻造 Ti-47Al-2Cr-0.2Si 合金，等轴组织，数据来自文献[126]

出现上升或下降的变化时应力的反馈是可逆的。由于弹性刚度有限，变形试验机也会随着加载的变化伸长或压缩，因此在新应变速率达成时，样品已经发生了一部分塑性变形。当应变速率下降，特别是叠加了屈服-下降效应时，样品发生塑性松弛，使得应力反馈难以解释。在这种情况下，仅应该评估在应变速率$\dot{\varepsilon}$发生上述变化时的应力增量。这一问题在很大程度上可以用闭环试验机解决，因为其应变速率控制的方式有效地增加了试验机的弹性刚度。

应变速率和温度敏感性统一可用应力松弛实验确定。应力松弛是指当恒定应变速率实验停止时，应力随时间下降的现象。样品在热激活的作用下持续变形，从而使加载应变增加。换句话说，样品和试验机的塑性变形逐渐取代了弹性变形。因此，除去决定样品塑性的热力学因素，应力松弛的动力学也受样品和试验机的弹性反馈控制。图 6.66 展示了包含于应力松弛中的应变部分。使用闭环试验机进行松弛实验是有优势的，它采用样品应变作为反馈参数。在应变控制方式下，十字夹头的反运动很大程度上补偿了试验机对样品塑性变形的弹性响应。因此，应力松弛的总应变速率仅包含了样品的弹性和塑性变形速率。在这种情况下，应力变化速率动力学可被表达为[245,246]

$$\dot{\sigma} = -M_E\,\dot{\varepsilon}_0 \exp -(\Delta F^* - V\sigma^*)/kT \tag{6.37}$$

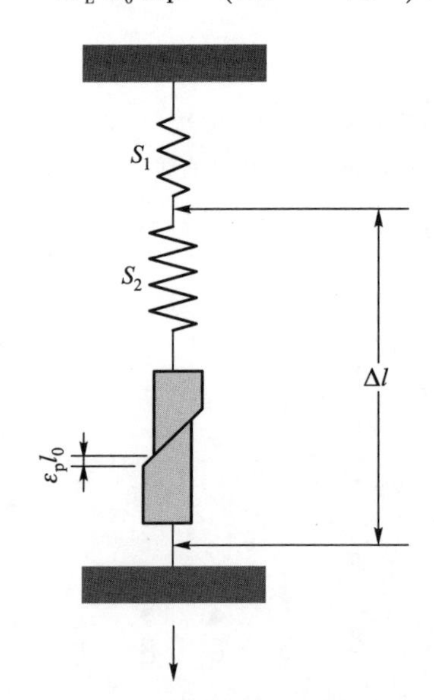

图 6.66 恒定应变速率拉伸实验中的部件示意图。弹簧 1 表示试验机(包括其加载元件)的弹性变形部分。弹簧 2 表示样品的弹性变形。样品塑性变形的位移为 $\varepsilon_p l_0$。在应变控制的闭环模式中，变形量 Δl 作为反馈参数，其包括了塑性伸长部分 $\varepsilon_p l_0$ 和样品的弹性变形部分

M_E 与样品的杨氏模量相同。根据式(6.37)，应变速率敏感性可由 $\ln(-\dot{\sigma})$ 对 σ 曲线的负斜率确定。图 6.67[245] 展示了两个松弛实验的动力学及其根据式(6.37)的计算过程。实验测定的激活能可定义为[245,246]

$$Q_e = \frac{kT_1T_2}{T_1 - T_2}(\ln \dot{\sigma}_1 - \ln \dot{\sigma}_2) \tag{6.38}$$

$\dot{\sigma}_1$和 $\dot{\sigma}_2$分别为 T_1 和 T_2 温度下测定的应力速率，可以理解，这些应力速率必须是在相同的应力下测得的。相对于应变速率或变温实验，应力松弛实验最重要的优势在于它可以对大范围的应力速率进行检测，而样品中的应变却始终保持在较低水平。对于像 TiAl 这样的脆性材料来说就需要认真考虑这一点，因为这种实验可以在一个小的应变步长下测定激活参数。应力松弛实验的这一特点对于高温实验来说非常重要，因为它可将动态回复和再结晶导致的结构改变造成的影响最小化。需要强调的是，对应力松弛实验的成功分析需要建立在与上文中所讨论的应变速率和温度循环实验相同的假设上，即指前因子$\dot{\varepsilon}_0$和应力的非热分量 τ_μ 要在松弛过程中保持不变。Spätig[247] 等意识到松弛过程中样品的结构可能会发生本质的变化，从而导致高估了激活体积。为减轻这一点的影响，作者提出对松弛进行重复分析，这已经成功应用于 TiAl 合金中[248]。遗憾的是，目前还没有能够直接测定有效应力的简易实验。然而，对于 TiAl 合金来说，看起来利用应力降低实验来区分 τ^* 和 τ_μ 是可能的。关于这些应力的相对值的信息也可由结构数据确定。这一问题将在 6.5 节中进行进一步的细致讨论。蠕变实验也可以测定激活参数；这将在 9.3 节中讨论。

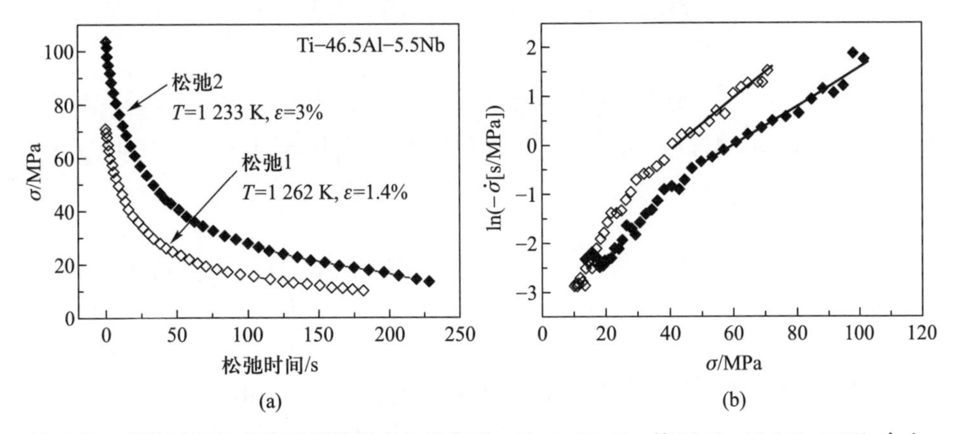

图 6.67 高温恒定应变速率压缩应力松弛实验，$T = 1\ 262$ K。挤压 Ti−46.5Al−5.5Nb 合金，近球化组织：(a) 实验机停止后应力的降低，实验在两个温度下进行了两组。(b) 根据式(6.37)所做的动力学分析。数据来自文献[245]。

总结：Arrhenius 方程可将温度和应变速率对流变应力的影响联系起来，以表征热激活滑移过程。这一方程中最重要的参数为激活能和激活体积。这些热力学滑移参数可由宏观的变形实验测定，它们在确定控制位错滑移速度的因素方面提供了支持。

6.4.2　变形初始阶段的滑移阻力

在不同成分和显微组织的 TiAl 合金中，人们已经在很宽的温度范围内测定了激活参数[126,203,245,249,250]。对于一个给定的合金，其应变速率和温度敏感度取决于应变量。图 6.68 给出了一个例子，展示了在不同温度下进行的应变速率循环实验[126]。

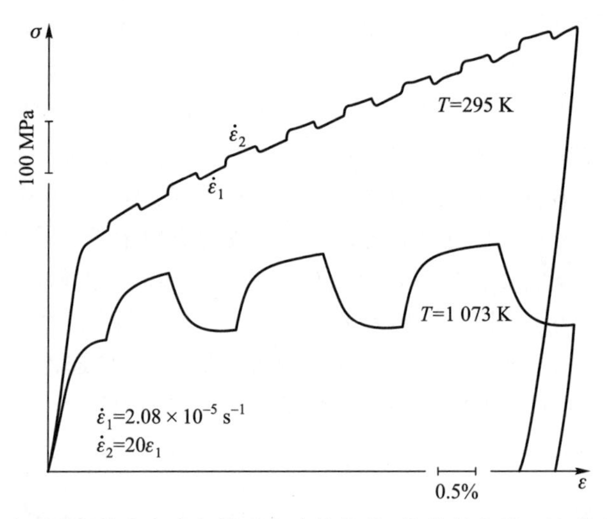

图 6.68　给定温度下进行的应变速率循环实验的载荷-伸长量曲线。注意在 $\dot{\varepsilon}_2/\dot{\varepsilon}_1=20$ 条件下，应变速率变化时温度和应变量对应力增量的影响。锻造 Ti-47Al-2Cr-0.2Si 合金，等轴组织

首先讨论在变形初始阶段 $\varepsilon=1.25\%$ 时测定的激活参数。根据式(6.33)，在恒定的温度和应变速率下，流变应力和激活体积的倒数呈线性关系。图 6.69 给出了这两个参量对温度的响应。数据是在 Ti-47Al-2Cr-0.2Si 合金的等轴和近片层组织中获得的[126]。等轴组织的晶粒尺寸约为 11 μm，由 1 220 ℃下两步等温锻造获得；随后的 1 370 ℃退火产生了近片层组织，片层团尺寸为 326 μm，片层间距为 5 ~ 100 nm。图中曲线呈现出典型的（$\alpha_2+\gamma$）合金的特征[75,126,150,203,245,249,250]。在 1 000 K 以下，流变应力几乎与温度无关，在达到 1 000 K 后则出现下降；换言之，不存在应力随温度反常上升的现象。这一结果非常重要，因为 α_2 和 γ 两相均表现出与温度相关的反常屈服强度行为（见

5.1.6 节和 5.2.2 节)。激活体积的倒数在 $T=600$ K 时达到最低值，表明控制位错运动速度的微观机制发生了显著变化。因此，要区别分析图 6.69 中划分的Ⅰ、Ⅱ、Ⅲ和Ⅳ区域。

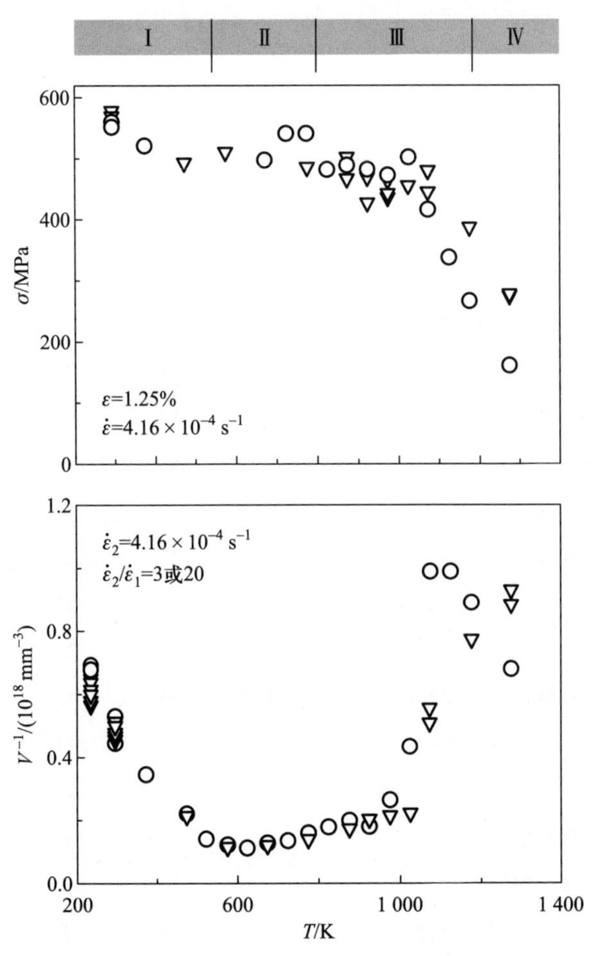

图 6.69　不同温度 T 下塑性应变为 1.25%时流变应力 σ 和激活体积的倒数 $1/V$ 的关系，Ti-47Al-2Cr-0.2Si 合金。○：等轴组织，晶粒尺寸为 11 μm；▽：近片层组织，片层团尺寸为 326 μm，片层间距为 5~100 nm。数据来自文献[126]。

在区域Ⅰ($T=295$ K)，两相合金中确定的典型激活参数为[75,126,150]

$$V=(70\sim130)\,b^3,\qquad \Delta G=0.7\sim0.85\ \text{eV},\qquad \Delta F^*=1.3\ \text{eV}\qquad(6.39)$$

V 由普通位错的伯格斯矢量来计量，其为两相合金中 γ 相内的主要变形机制。尽管 V 和 ΔG 可以被直接测量且精确度较好，但在 ΔF^* 中仍存在一定的不确定性，因为确定 τ^* 和与之相关的部分 $V\tau^*$ 是有难度的。根据测定的晶粒尺寸和位错密度，对于等轴 Ti-47Al-2Cr-0.2Si 合金可估计一个相对较高的非热应力 τ_μ=430 MPa。从而可推出 τ^*=30 MPa 和与之相关的功 $V\tau^*$=0.5 eV。非热应力对 TiAl 合金总体屈服应力的贡献已在应力降低的实验中证明(见 6.5 节)。不同两相合金变形初始阶段测定的激活参数列于表 6.2 中。

表 6.2　由温度和应变速率循环实验测定的不同微合金化两相合金变形初始阶段 ε=1.25%时的热力学滑移参数

合金	σ/MPa	V/b^3	ΔH/eV	ΔG/eV
T=295 K				
Ti-48Al-2Cr，近片层组织	404	133	0.84	0.65
Ti-47Al-2Cr-0.2Si，等轴组织	538	91	0.98	0.81
Ti-47Al-2Cr-0.2Si，近片层组织	517	103	0.96	0.77
Ti-47Al-1.5Nb-1Mn-1Cr-0.2Si-0.5B，双态组织	626	93	1.06	0.86
Ti-49Al-1V-0.3C，近 γ 组织	570	116	1.09	0.86
T=910 K				
Ti-48Al-2Cr，近片层组织	338	523		
Ti-47Al-2Cr-0.2Si，等轴组织	469	237	4.31	2.78
Ti-47Al-2Cr-0.2Si，近片层组织	460	320	4.38	2.56
Ti-47Al-1.5Nb-1Mn-1Cr-0.2Si-0.5B，双态组织	549	245	3.60	3.0
Ti-49Al-1V-0.3C，近 γ 组织	532	249	1.85	1.54
T=1100K				
Ti-48Al-2Cr，近片层组织	360	61	2.04	1.37
Ti-47Al-2Cr-0.2Si，等轴组织	368	47	3.16	2.40
Ti-47Al-2Cr-0.2Si，近片层组织	435	73	3.13	2.25
Ti-47Al-1.5Nb-1Mn-1Cr-0.2Si-0.5B，双态组织	458	51	2.90	2.35
Ti-49Al-1V-0.3C，近 γ 组织	476	70	3.07	2.46

注：σ 为流变应力；ΔH 为激活熵；V/b^3 为以普通位错伯格斯矢量计量的激活体积；ΔG 为吉布斯激活自由能[126]

较小的 V 值和相对较高的激活能表明位错滑移的阻力来自高密度分布的相对较强的障碍。在室温变形后观察到的位错结构中，显然这一位错动力学状态更加明确[75,120,126,127,150,249-257]，如图 6.38。一个突出的特点是大量的普通螺位错被钉扎。如 6.3.1 节所述，这一发现表明普通位错的滑移阻力具有显著各向异性。

关于 TiAl 合金中滑移障碍的性质存在一些争论。下面的讨论包含了内部和外部的钉扎机制。在变形 Ti-51Al-2Mn 合金中，Viguier 等[254-256]观察到了与产生扭折相符的位错亚结构。作者提出，一个普通螺位错会受到 Peierls 应力和两个位于(相交于共有〈110]方向上的){111}面上的扭折凸起所造成的阻碍。扭折被认为将沿位错横向运动，相遇后整合形成钉扎中心。这一机制的特征为位错同时在主滑移面$(1\bar{1}\bar{1})$和交滑移面$(\bar{1}\bar{1}1)$上弓出。室温下，钉扎的平均线性密度约为 5 μm^{-1}，在 500 ℃时可增长为最大值 13 μm^{-1}，而后下降。基于这一数据，Louchet 和 Viguier[256]在他们的材料中模拟了屈服应力的反常行为。

Sriam 等[257]对 Ti-50Al 和 Ti-52Al 进行了细致的 TEM 研究，变形温度为 573 K 和 873 K。合金的氧含量较低，为 250 wt. ppm(约为 575 at. ppm)，他们对合金进行了一种特殊的热处理以使内生的析出相粗化。作者证明，这些合金中受钉扎螺位错的形貌与经典的交滑移机制一致，这意味着存在相邻的弓出于平行{111}面的位错段。这种双交滑移机制的示意图如图 6.39。交滑移的驱动力可能来自位错交割，因为变形主要是在多重 1/2〈110]{111}滑移系中产生的。另外，片层组织中观察到的共格应力可能提供了局部剪切，使位错段出现了交滑移。在位错前进方向上的割阶拖曳来自点缺陷和由割阶拖尾的偶极子。573 K 变形条件下观察到的割阶间隔距离接近 100 nm(350b)，所测定的割阶高度可自原子尺度增长至约 40 nm。研究发现，割阶高度的分布及其导致的钉扎力与温度相关。这些观察结果使作者认为他们的合金中出现的反常屈服行为是由螺位错逐步受到钉扎导致的。遗憾的是，他们并未提供室温下可以支持这一假设的证据。综合起来，研究表明在很宽的温度范围内均可出现割阶拖曳现象。可以认为，在小割阶可相遇结合或空位产生的割阶可以与内部自生割阶相互结合的温度下，合金的变形结构可以发生部分回复。变形结构的稳定性将在 7.2.4 节中讨论。问题在于，Viguier 等[253-255]和 Sriram 等[257]所观察到的不同现象是否来自观察时局部晶粒取向差异。当倾斜的$(\bar{1}\bar{1}1)$和$(1\bar{1}\bar{1})$面相对于加载轴对称时，有利于螺位错段在这两个滑移面上同时弓出。相反地，与此对称取向的任何偏离将有利于在平行的{111}面上产生双交滑移，这正是 Sriram 等[257]观察到的现象。然而，这两种内在机理对反常屈服强度的一个共有问题是，在 Ti-48Al 两相合金中的 γ 相内也已观察到了相同的钉扎特征，但是后者却没有表现出明显的反常屈服强度现象(图 6.69)。因此，仍需要进一步研究反常屈服强度背后的机制。

部分作者指出普通位错的滑移阻力来自局部的外部障碍。在 TiAl 合金中，氧、氮和碳均为不可避免的杂质元素，它们在 γ 相中的溶解度仅为 300 at. ppm 左右[129,130]。因此，这些元素可形成氧化物、氮化物和碳化物，这些析出相可能成为位错滑移的局部障碍。Kad 和 Fraser[149]研究了 Ti-52Al 合金中的位错结构，合金的氧含量水平为 750 wt. ppm(约 1 730 at. ppm)或 1 250 wt. ppm(约 2 880 at. ppm)。作者研究了室温变形后的样品，发现普通螺位错被阻碍于细小析出相的位置处，其可能是氧化物颗粒。作者指出这种钉扎阻碍了普通位错的滑移和增殖，明显限制了较高氧含量合金中的位错滑移。

Messerschmidt 等[258]在高压电子显微镜(1 000 kV)中对氧含量为 650 wt. ppm(约 1 500 at. ppm)的 Ti-52Al 合金进行了原位变形实验。室温下观察到的位错运动学暗示其跨越了局部的钉扎障碍(可能是 Al_2O_3)，障碍的间距约为 100 nm。关于钉扎机制是由外部引入的观点也得到了 Zghal 等[259]的支持，他们在 200 kV 的 TEM 中进行了室温原位变形实验，并观察到了与上述相同的位错运动学现象。其局部障碍的间距为 140 nm，对 Ti-54Al 单相合金和 Ti-49.3Al PST 晶体中的螺位错运动产生钉扎。作者还观察到了孪晶不全位错被钉扎的现象，这应该也归因于外部钉扎，因为交滑移导致的内部钉扎机制对不全位错来说是不可行的。

但是，局部钉扎假设存在一个普遍问题。与杂质相关的球状缺陷只能对刃型位错的静水应力场产生作用。对螺型位错，球状缺陷的作用非常微弱，因为位错的应力场几乎是纯剪切的。那么问题仍然存在：为什么仅有螺型位错被钉扎而不是刃型？因此，总而言之，给人的感觉是析出相杂质导致的外部钉扎只能在单相 γ 合金，或者可能是接近名义成分并含有少量 α_2 的合金中才可起到显著的作用。在高 Ti 含量两相合金中，γ 相不含有析出相，因为超过 γ 相溶解度的杂质元素含量已经被 α_2 相吸收了。并且，还需要额外考虑一个因素，即 TiAl 合金中协调了合金成分相对于名义成分偏离的反位原子缺陷，它们可能以不同的方式与位错产生交互作用，这一部分将在后文中讨论。上述提到的研究中的一个显著特征是观察到的障碍间距通常要明显大于根据其体积分数所估计的间距值。这使人们怀疑，正如文献[260]中所指出，I 区域的滑移阻力可能来自 TiAl 键合的方向性导致的点阵阻力。Simmons 等[261]的原子模拟表明 Peierls 机制可产生高点阵阻力，特别在是沿螺型或 60°混合型位错方向上。在 TEM 分析中，点阵阻力的存在可表现为位错在卸载的 TEM 样品中仍在障碍物之间弓出为平滑的弧形(图 6.38)。这一发现表明在所有位错特征中都可出现点阵阻力，这阻碍了位错弓出部分完全松弛至障碍之间几何上最短的组态。Peierls 应力的产生是点阵周期性的直接结果；相关的结构单元，即扭折，也有其原子结构范围。因此，Peierls 过程的激活体积是非常小的，典型值为 $V=b^3 \sim 20b^3$[241]。点阵阻力与上述任何机制的叠加可以解释为什么实验上测定到激活体积较小。由内部钉扎障碍导致的滑移阻力以及点阵阻力在 600 K 时即消失，这可由较低的 $1/V$ 值看出。然而，流变应力 σ 实际上并未发生变化，这表明在 $\sigma(T)$ 曲线上的Ⅱ区域(图 6.69)中产生了新的阻碍机制，取代了Ⅰ区域中的阻碍方式。

总结：在 γ-TiAl 中，普通位错的迁移速度由若干机制控制，在某些温度下它们可以相互叠加。然而存在 3 个不同的温度区间，每一个均由某个机制起主导作用。室温下，不同八面体平面上的割阶拖曳或扭折凸起导致的内在滑移阻力决定了位错的滑移。其他滑移阻力源为点阵阻力，抑或是局部的析出相障碍。

6.4.3 TiAl 合金的静态和动态应变时效

$\sigma(T)$ 曲线上Ⅱ区域(550～800 K)的变形特点为不连续的屈服和负应变速率敏感性(图 6.64)。这些现象通常与位错周围形成缺陷气团而导致的钉扎有关[163]。图 6.64 中 623 K 的载荷-伸长量曲线上的锯齿状屈服非常明显，将属于$\dot{\varepsilon}_1$的载荷-伸长量曲线平稳部分反推到$\dot{\varepsilon}_2$时，可以很明显地看出负的应变速率敏感性。在无序金属中，气团的形成与内在杂质元素相关；这些元素与基体有明显的尺寸差异。由于它们的应力场可以起到降低体系应变能的效果，因此固溶的原子被拖曳向位错。气团只存在于不同的温度区间[74]。气团形成的条件是，温度要达到足够高以使缺陷可迁移。然而，进一步提升温度却倾向于将固溶原子从位错处驱离，因为这可以导致晶体中的熵增。因此，在更高的温度下，气团会再次消失。

这一机制通常可由应变时效实验来表征。静态应变时效出现在这样的情形下：即变形后的样品在有应力或无应力的状态下卸载一段时间，这段时间内形成了气团和位错钉扎。在某些温度和应变速率下，点缺陷的运动可能促使溶质原子在运动过程中重复性的钉扎位错。此时，屈服和时效交替出现，应力-应变曲线被打断为锯齿形(图 6.64)。这种塑性不稳定性被称为动态应变时效或 Portevin-LeChatelier 效应[163]。可以认为，动态应变时效造成了位错的点阵拖曳，对应变速率敏感性产生了负面效果。根据这一理论，形成气团的缺陷扩散速率必须与位错运动速度或应变速率相近。在给定的温度下，可以想见，在一定应变速率范围下会出现锯齿状曲线，图 6.64 就清晰地展示了这一点。623 K 下的载荷-伸长量曲线只在高应变速率$\dot{\varepsilon}_2$下表现为锯齿形，而在$\dot{\varepsilon}_1$下则没有出现。高的应变速率明显产生了适宜于位错钉扎和解除钉扎循环模式的位错迁移速度。在足够高的温度下，溶质原子的扩散速率也足够大，使得溶质原子可以与位错共同运动而不再脱离位错。

一些早期的报道关注了缺陷气团和 TiAl 合金的屈服现象[150,262-267]；然而只是在最近才得以确定相关缺陷的细节信息[220,268-270]。在这些研究中，人们采用了经典的屈服点回归技术研究了缺陷气团钉扎位错的现象[271,272]。样品首先预变形至不同的应变量，而后在受载的情况下原位时效了一段时间 t_a，随后卸载。这一方法确保了样品的加载轴向恒定且使应力水平在时效过程中保持不变。时效在不同应力 σ_a 下进行。屈服后，样品在不同的应力水平下完全卸载，这花费了几秒钟的时间。然而，在多数情况下，样品是在一个卸载应力下进行时效的，这一应力开始于 ε 应变条件下的 σ_ε。再次加载后，样品出现了不同的屈服点 $\Delta\sigma_a$，此后重复了原始的应力-应变曲线的路径，即不存在永久的硬化效果。这与时效过程中位错受到由于形成气团而导致的钉扎的情形是一致的。再次加载需要一个额外应力 $\Delta\sigma_a$，以使位错远离气团；因而，这一应力增量反映了位错被钉扎的程度。图 6.70 展示了一个应变时效实验的载荷-伸长量曲线，时效参数 $\Delta\sigma_a$、t_a 和 σ_ε 的定义也在图中给出。

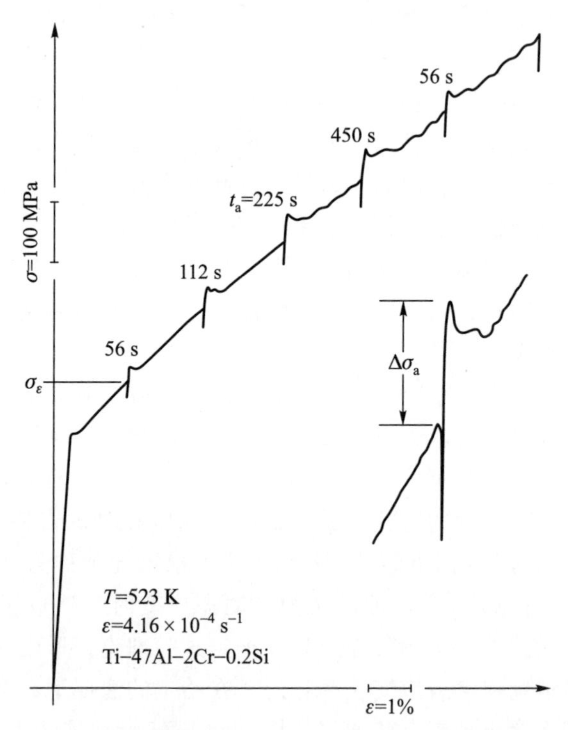

图 6.70　Ti-47Al-2Cr-0.2Si 合金应变时效实验的加载步骤，样品被卸载至一个应力水平下。应力增量为 $\Delta\sigma_a$ 时效前和再次加载后上屈服点的应力差。图中标注了多次卸载和再加载之间不同的时效时间 t_a。注意应力增量与应变量 ε 的关系

图 6.71 根据合金中 Al 含量和最终热处理温度的不同将已研究过的合金在 Ti-Al 二元相图[273]中标记出来，这可以作为对合金相组成的粗略标示。部分

合金还含有三元或四元金属元素，通过选择这些合金用来研究元素配分效应对气团形成的影响。类似地，人们对含氧、氮、硅和碳元素较高的合金也进行了研究，涵盖了温度、时效时间、应变和应力对这些合金应变时效程度的影响。

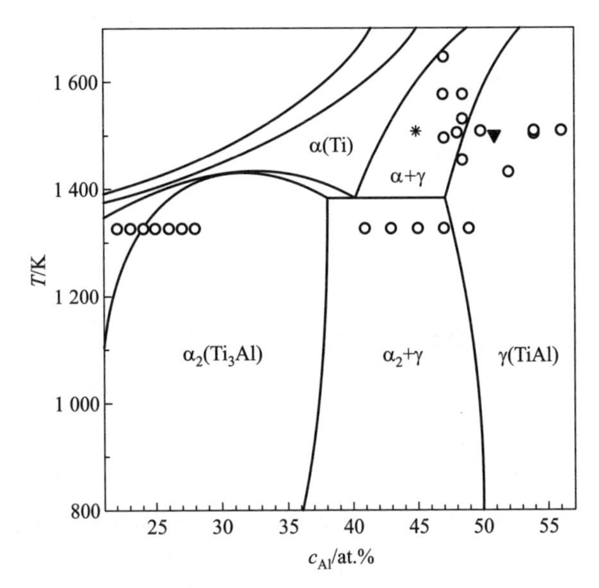

图 6.71 TiAl 合金的应变时效研究成分点。根据二元 Ti-Al 相图中的位置可标示出合金的相组成[273]。为方便讨论，图中特别标出了两组合金 Ti-45Al-10Nb(*)和 Ti-47Al-4Ga(▼)

图 6.72 展示了不同温度下两组合金的时效时间 t_a 对应力增量 $\Delta\sigma_a$的影响。这些曲线中只标出了在变形初始阶段即 $\varepsilon=1.25\%$时所测定的数值，以避免任何由应变量对 $\Delta\sigma_a$造成的影响。如图 6.72(c)和 6.72(d)所示，随着实验时间的变化，应变时效屈服点 $\Delta\sigma_a$的数值出现了不同的饱和最大值，从而产生了不同的饱和 $\Delta\sigma_s$值。高时效温度很明显加剧了这一过程的动力学，这表明气团的形成受相关缺陷扩散穿越点阵的速度控制。应力的反馈与应力和应变有关。在给定的 ε 下，当样品卸载至某个应力水平后进行时效可得 $\Delta\sigma_a$的最高值。将样品卸载至更低的时效应力 σ_a后再时效，可得到较低的 $\Delta\sigma_a$值[图 6.73(a)]。$\Delta\sigma_a$随着应变 ε 的增加几乎是线性增加的，如图 6.73(b)所示。

从实验数据上看，如果时效时间足够(可建立完全的位错钉扎)，并将相关的温度与 Arrhenius 曲线结合，是可以测得激活能的。这种数据处理如图 6.74，采用的时间参数为应力增量达到饱和的时间 $t_s(T)$ 和一个较短的时间 $t_r(T)$,后者对应应力增量 $\Delta\sigma_r=0.8\times\Delta\sigma_s$。根据曲线的斜率测得的激活能的平均值在表 6.3 中列出。为方便比较，需要说明 Ti 在 γ-TiAl 中的自扩散能为

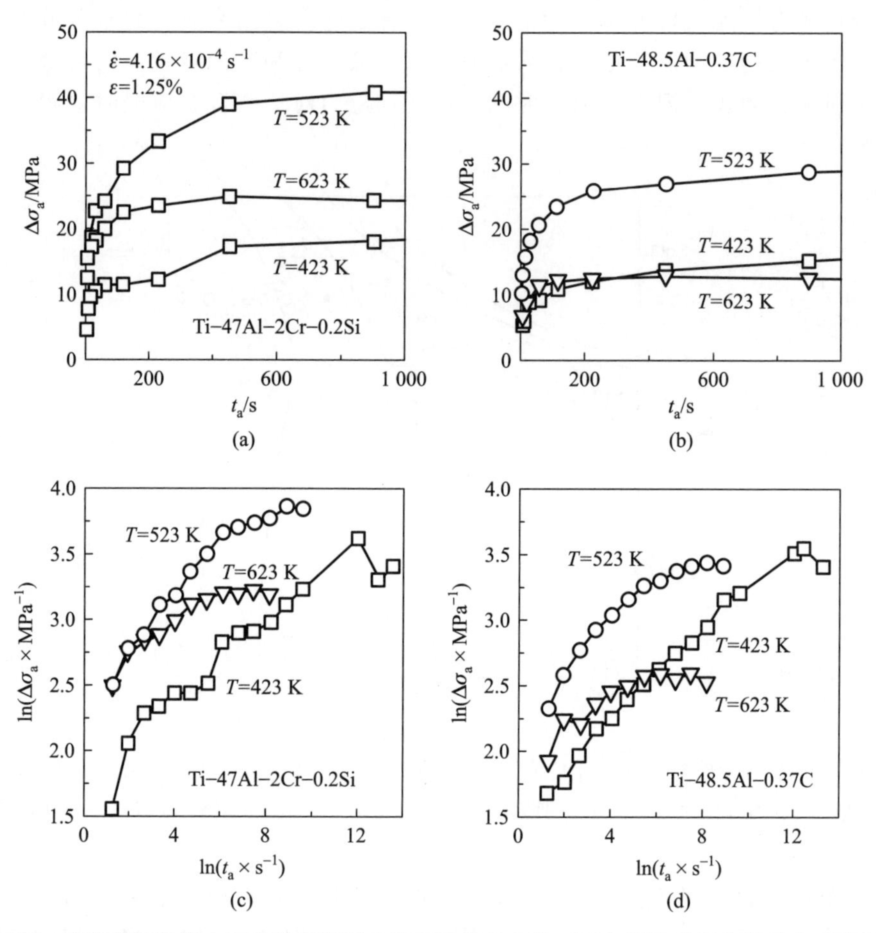

图 6.72　在某些卸载应力和变形参数下的应变时效动力学。图中展示了应力增量 $\Delta\sigma_a$ 随合金时效时间 t_a 的变化。下方的双对数图表明应力增量达到饱和；达到饱和的时间 t_s 随温度和合金成分而不同。数据来自 Fröbel 和 Appel[220]。

Q(Ti) = 2.59 eV[221]，见 3.3 节。遗憾的是，由于缺乏合适的 Al 示踪方法，目前还没有关于 Al 扩散的实验数据。根据 Darken-Manning 公式(利用 Ti 自扩散和互扩散数据)计算的数据为 Q(Al) = 3.71 eV。这一相对较高的能量在部分上可由较高的指前因子补偿，然而已经有很好的证据表明 Al 在 γ-TiAl 中属于扩散较慢的元素。这些能量显著高于 Q_a，意味着缺陷向位错的转移不能以传统的空位交换机制解释，可以认为沿位错芯的扩散通道效应发生了作用。然而，这一过程的能量约为体扩散能量的一半[74]，即至少为 1.3 eV。因此，通道效应也不能与应变时效实验中测得的激活能相符。

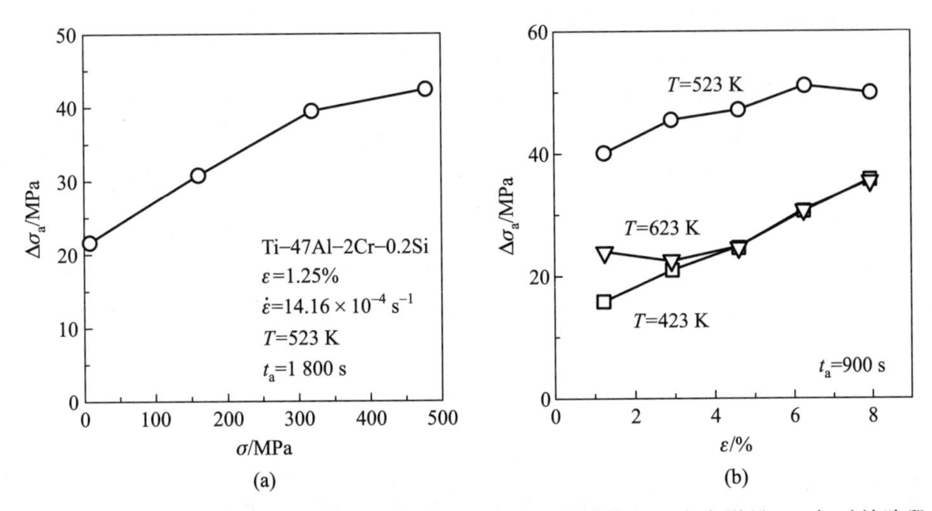

图 6.73 Ti-47Al-2Cr-0.2Si 两相合金等轴组织的应变时效特征。应力增量 $\Delta\sigma_a$ 与时效阶段保持的应力 σ(a)和应变 ε(b)的关系。数据来自 Fröbel 和 Appel[220]

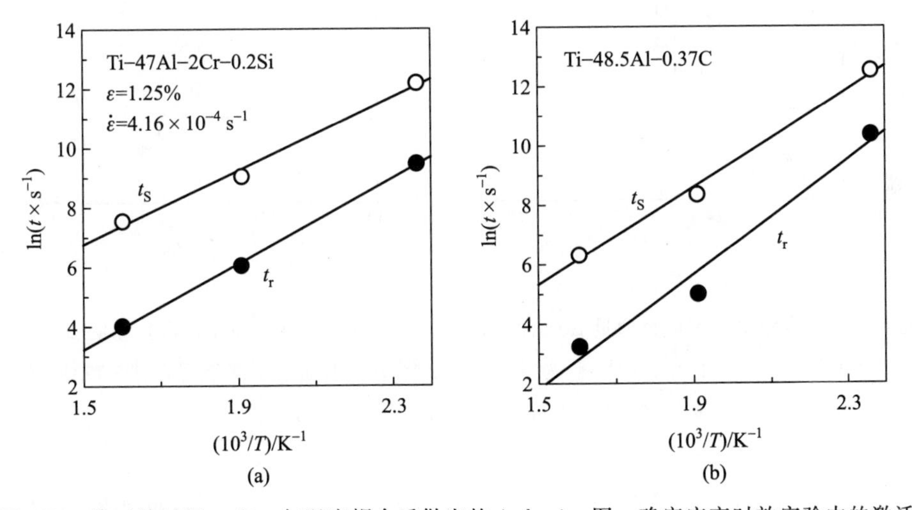

图 6.74 将时效时间 t_s 和 t_r 与温度耦合后做出的 Arrhenius 图，确定应变时效实验中的激活能。数据来自 Fröbel 和 Appel[220]

表 6.3 TiAl 合金中静态应变时效中测定的激活能 Q_a[220]。

合金成分/at. %	Q_a/eV
Ti-47Al-2Cr-0. 2Si	0. 58
Ti-48. 5Al-0. 37C	0. 77

通过比较 t_a=7 200 s 下测得饱和应力增量 $\Delta\sigma_s$值，人们评估了合金元素对应变时效的影响。$\Delta\sigma_s$代表了在不同时效条件下可达的最大位错钉扎强度，因此它可以用来表征样品内部的缺陷机制。如果以 Al 含量作图，数据则表现出复杂但可被系统排序的变动[图 6.75(a)]。在 Al 含量约为 45%时，$\Delta\sigma_s$出现明显的极大值；但在名义成分 TiAl 的情况下，$\Delta\sigma_s$的数值却非常小[图 6.75(b)]。对于 α_2 合金，$\Delta\sigma_s$在偏离名义成分的两侧均出现上升。这些结果很明显地表明，偏离名义成分对 TiAl 合金的时效行为可能是最重要的。从这一点出发，通过将微合金化合金与 Al 含量相同的二元合金相比较，人们研究了三元或更多组元对应变时效影响。发现 Cr、Mn、Nb、Ga、C 和 Si 元素没有明显的作用，同样的结论也适用于间隙杂质 O_2 和 N_2。

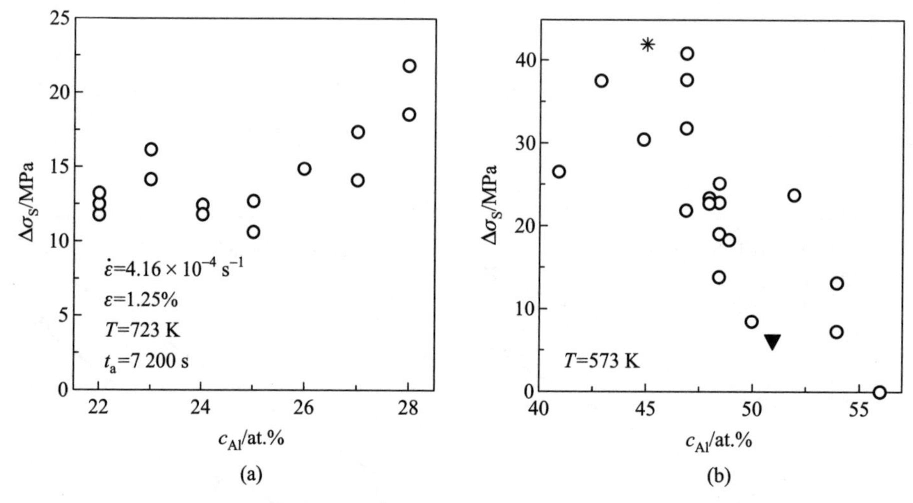

图 6.75　Al 含量对饱和应力增量 $\Delta\sigma_s$值的影响：(a) α_2-Ti_3Al 基合金(各自独立的 $\Delta\sigma_s$值)；(b) γ-TiAl 基合金(平均 $\Delta\sigma_s$值)。为方便讨论，图中特别标出了两组合金 Ti-45Al-10Nb (*)和 Ti-47Al-4Ga(▼)。数据来自 Fröbel 和 Appel[220]

首先讨论应变时效效应最强的高 Ti 含量 γ-TiAl 合金。根据相图可以看出，这些合金对名义成分的偏离在很大程度上是由形成 α_2 相来协调的。然而，尽管出现了相分解，一部分多余的 Ti 原子仍然被 γ 相吸收。这一论断的本质在于，由于 $\alpha/\alpha_2\rightarrow\gamma$ 相变的迟滞性及加工路径的限制，冷却过程中难以完全建立相图中所描述的相分解情形[220]。可以认为，γ 相中的 Ti 含量随合金中 Ti 含量的增加而增加，直至达到其最高固溶度。在二元系统的共析点处，Ti 的额外固溶度约为 3%[220]。有充足的证据表明，对名义成分的偏离可由 Ti_{Al}反位原子缺陷来协调；即 Ti 原子占据 Al 点阵位置[41]。根据上述考量，可认为 Ti_{Al}

反位原子缺陷含量的量级为 10^{-2}。第一性原理计算表明[274]，反位原子缺陷相对于 γ-TiAl 基体的对称性更低，因此其与非中心对称畸变有关。对于 TiAl 单胞来说，可以预测一个 Ti_{Al}反位原子缺陷的尺寸失配为[274]

$$\text{沿 } \boldsymbol{a} \text{ 方向：} \frac{1}{a}\frac{\mathrm{d}a}{\mathrm{d}c_{AS}} = 2 \times 10^{-3} \tag{6.40}$$

和

$$\text{沿 } \boldsymbol{a} \text{ 方向：} \frac{1}{c}\frac{\mathrm{d}a}{\mathrm{d}c_{AS}} = 5 \times 10^{-3} \tag{6.41}$$

式中，c_{AS}为反位原子缺陷的浓度。由于这一非对称畸变，可认为反位原子缺陷对静水和切变应力场均可产生作用。这对前文所讨论的位错滑移阻力来说非常重要，因为 Ti_{Al}反位原子缺陷将与所有类型的位错发生作用，包括螺位错。Ti_{Al}反位原子缺陷与空位的关联导致形成了反结构桥接，其可成为易扩散通道，这已经在 B2 型化合物中提出过[275,276]。可以推断，反位原子和空位构成的缺陷聚集起来将产生更加强烈的非对称畸变。在反位原子缺陷附近有多种空位位置组合，当晶体学上各向等价的空位聚集在其附近时将产生多种组态，从而导致这种复合型缺陷具有不同的应变场取向。如果这样的缺陷与位错应力场交互，可能出现空位的跳跃从而使空位-反位原子复合缺陷重新取向。Herzig 等[277]和 Mishin 与 Herzig 等[221]提出了适用于 $L1_0$ 结构的反结构桥接(ASB)机制(见 3.3 节)。空位最优先选择的位置很可能是在整个缺陷的体量上可降低位错应变能的位置，由此就形成了位错与缺陷的键合。图 6.76 说明了位于一个普通位错附近的空位-反位原子缺陷通过所谓的 ASB-2 机制进行再取向的过程。需要着重指出的是，仅需要几个原子跳跃即可完成复合缺陷体的再取向，特别是，这并不需要长程扩散。因此位错的钉扎可通过一种被称为史氏气团的方式实现[278]。

ASB 扩散机制的激活能 Q_{ASB}由相关点缺陷的形成能 E_f(反位原子核空位形成能)与有效的迁移能 E_m 之和来确定：

$$Q_{ASB} = E_f + E_m \tag{6.42}$$

特别的，ASB-2 机制对 Ti 和 Al 扩散的能量贡献为

$$Q_{ASB2}(\mathrm{Ti}) = E_f(\mathrm{Ti}_{Al}) + E_f(V_{Ti}) + E_m \tag{6.43}$$

和

$$Q_{ASB2}(\mathrm{Al}) = E_f(\mathrm{Al}_{Ti}) + E_f(\mathrm{V}_{Al}) + E_m \tag{6.44}$$

式中，E_m 为与此处所考虑的位错钉扎机制相关的能量。利用分子动力学模拟，Mishin 和 Herzig[221]确定了 γ-TiAl 中不同扩散机制的迁移能，包括亚点阵自扩散、亚点阵反位原子扩散、3 次跳动循环换位、6 次跳动循环换位以及这里考虑的反结构桥接机制等(见 3.3 节)。对于 Ti 原子的扩散，在目前所有的这些

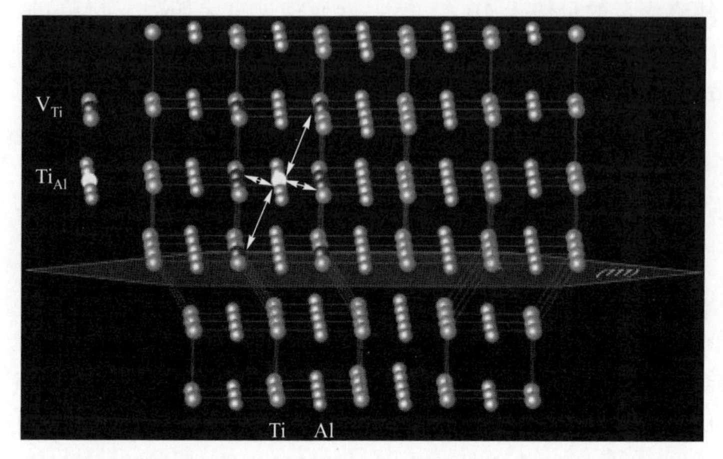

图 6.76　空位-反位原子复合缺陷可能的取向。图中展示了一个普通刃位错沿近⟨11$\bar{2}$]方向的投影。在位错应力场下，复合缺陷可能通过文中所述的反结构桥接 ASB-2 机制进行再取向。Ti_{Al}为 Ti 原子占据 Al 点位，V_{Ti}为空位占据 Ti 点位

机制中，ASB-2 过程[式(6.43)]具有最低的迁移能：

$$E_m = 0.712\ \text{eV} \tag{6.45}$$

这一迁移能与应变时效所估计的激活能可合理吻合。需要着重指出的是，通过相同的 ABS-2 机制计算得到的 Al 扩散则需要明显更高的激活能：

$$E_m = 1.323\ \text{eV} \tag{6.46}$$

显然，在 TiAl 中没有其他机制可以为 Al 提供极其容易的扩散通道[221]。Ti 和 Al 的 ASB 迁移能的不同合理解释了高 Al 含量合金中实际出现的时效硬化现象。Ti-47Al-4Ga 合金的数据进一步证明了形成 Ti_{Al}反位原子缺陷气团的假设[图 6.75(b)]。一般认为，Ga 只占据 Al 点位[279]，因而在扩散研究中经常用其作为 Al 元素的替代物使用。根据 Ga 的原子占位，在 Ti-47Al-4Ga 合金中应该会形成 Al_{Ti}(或 Ga_{Ti})反位原子缺陷。因此，尽管 Al 含量较低，Ti-47Al-4Ga 合金应表现出与 Ti-51Al 二元合金类似的缺陷特征。能够证明这一假设的是：与高 Al 含量二元合金一致，Ti-47Al-4Ga 合金的应力增量很低[图 6.75(b)]。类似地，高 Nb 含量合金(Ti-45Al-10Nb)与图 6.75(b)中的趋势也相符。Nb 仅占据 Ti 亚点阵[279]且具有很小尺寸失配度[274]。因此，这一合金应该与 Ti-45Al 合金类似，而这一点的确已被观察证实了。综上，这些发现证明高 Ti 含量 TiAl 合金的应变时效现象与包含反结构桥接的扩散机制密切相关。气团对移动的位错的拖曳作用产生了额外的点阵阻力，在 500 K 时可达其最大值，而后消失。这一额外的应力部分可以替代低温下由内部或外部障碍导致的滑移阻力(如前所述，它们在 600 K 下消失)。因此，Ti_{Al}反位原子缺陷可能解释了为

什么在高 Ti 含量 TiAl 合金中未观察到反常屈服强度的现象。

对于 Ti_3Al 基合金的观察，即偏离名义成分时应力增量 $\Delta\sigma_s$升高的现象[图 6.75(a)]，看起来支持了由反位原子缺陷导致的时效强化这一猜测。这些合金相对于名义成分的偏离同样由反位原子缺陷来协调[41]，除传统的空位交换机制外，人们提出了一些通过反结构桥接扩散的方式[221]。在 Ti_3Al 基合金的富 Al 一侧，人们提出了一种类似于式(6.44)的 ASB-2 机制，其所需的激活能为 $E_m = 0.761$ eV。在富 Ti 的一侧，似乎不存在 ASB 机制，但是其他具有低迁移能的扩散机制可提供解释。这就解释了为什么应力增量 $\Delta\sigma_s$在富 Al 侧的上升趋势比富 Ti 一侧更加明显。

在经典的缺陷富集于位错的理论中，其所产生的应力增量 $\Delta\sigma_a$应与 t_a^n 成正比上升，其中，对于体扩散其时间指数为 $n = 2/3$，管道扩散 $n = 1/3$[74]。本研究中所确定的动力学很明显与这些法则不同，这可从图 6.72 所示的双对数图中看出。对于上述提到的位错钉扎机制，气团的形成由位错应力场中空位的跳跃控制，可导致空位-反位原子复合缺陷的再取向。为描述这一过程的动力学，假定缺陷再取向的速率 dN/dt_a 与还未出现再取向的缺陷数量 N 成正比。同样，假定应力增量 $\Delta\sigma_a(t_a)$ 与已发生再取向的空位-反位原子缺陷的数量成正比。此时，$\Delta\sigma_a$随 t_a 的变化可表达为[280]

$$\Delta\sigma_a = \Delta\sigma_s[1 - \exp(-t_a/t_0)] \tag{6.47}$$

t_0 为达到应力增量 $\Delta\sigma_a(t_a) = (1-e^{-1})\Delta\sigma_s$所需的时间。此模型主要有两个缺点：第一，空位-反位原子缺陷的再取向当然与其距位错的距离有关；第二，复合缺陷再取向后，位错应力场就无效了。这两个效应很可能使其动力学变得迟缓。与实验数据对比后，表明式(6.48)：

$$\Delta\sigma_a = \Delta\sigma_s[1 - \exp(-t_a/t_0)]^{1/4} \tag{6.48}$$

可能为对有序气团形成动力学的一种灵活描述。

如上文所述，反位原子缺陷产生了 TiAl 基体中的非中心对称畸变，其可与所有类型的位错产生弹性交互作用。在低温下不可能形成气团，此时反位原子可能作为局部障碍。式(6.40)和式(6.41)中描述的结构参数以及高浓度的反位原子缺陷表明具有较弱阻碍作用的密集障碍已经形成。如果是这样，那么时效后的现象应该与低温变形后的特征一致。时效应力增量与反位原子缺陷的浓度 c_{AS}成正比。若在更低的温度下，同样的缺陷也可作为局部障碍，那么在热激活的作用下是可以跨越这些障碍的，这可由激活体积来说明。对于这种短程交互作用，只需要考虑那些位于与滑移面紧密相邻的平面上的缺陷，因此，和相应的障碍间距一样，V 与 $c_{AS}^{-1/2}$成正比。即式(6.49)成立：

$$\Delta\sigma_s = A/V^2 \tag{6.49}$$

A 为常数。图 6.77 中所示的数据可与这一表达合理吻合。如箭头所示，数据偏离了总体趋势的合金为 Ti-48.5Al-0.37C，其在 1 250 ℃退火后水冷。这一热处理使碳原子高度固溶于基体中，从而导致了不影响 $\Delta\sigma_s$的小激活体积。

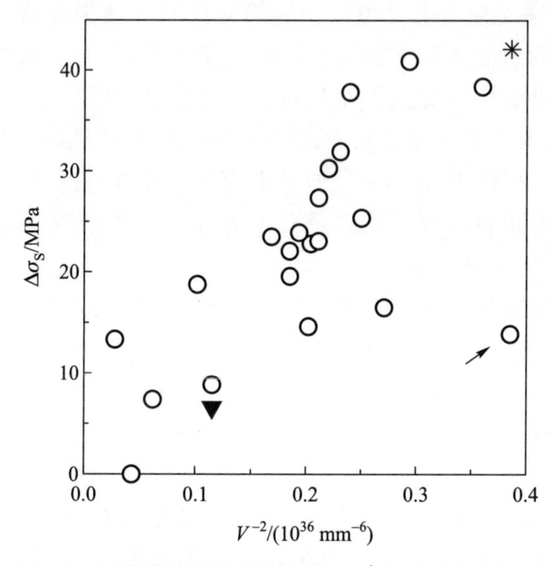

图 6.77　饱和时效应力 $\Delta\sigma_s$与激活体积平方的倒数 $1/V^2$ 的关系[式(6.49)]。图中数据的标注符号同图 6.71。箭头标示出的数据来自淬火 Ti-48.5Al-0.37C 合金，它包含了高密度的热空位缺陷，见文中所述。数据来自 Fröbel 和 Appel[220]

在前文 6.4.2 节中已讨论了控制滑移阻力的因素，这些包括点阵阻力、割阶拖曳和扭折整合，以及还可能存在与杂质有关的外部缺陷钉扎。本节中展示的结果提供了令人信服的证据，即大部分低温下的滑移阻力来自反位原子缺陷。Ti_{Al}和 Al_{Ti}均可起到局部位错钉扎作用，因此在所有偏离名义成分的合金中都要考虑到这一点。

从工程的角度说，缺陷气团的形成是非常重要的，因为它快速且有效地钉扎了位错，这可能对材料的性能有害。例如，众所周知的钢的蓝脆现象就与这些缺陷有关。在 TiAl 合金中人们认识到，当样品在形成缺陷气团的温度范围内测试时，其拉伸塑性为最低[270]。缺陷气团的形成看来同样对 TiAl 合金的断裂和疲劳起作用，这一问题将在第 10 章和第 11 章中讨论。

总结：高 Ti 含量合金在 450 K 到 750 K 中温区间内的变形[$\sigma(T)$ 曲线中的Ⅱ区域，如图 6.69]特点为不连续屈服，负的应变速率敏感性以及应变时效现象。上述现象源自一种由取向缺陷气团导致的快速且有效的位错钉扎机制。相关的缺陷为 Ti_{Al}反位原子与 Ti 空位结合的复合缺陷，其取向可通过空位的跳跃在位错应力场中很容易的变换。

6.4.4 扩散协助的位错攀移、回复和再结晶

$\sigma(T)$ 曲线中的Ⅱ区域(图 6.69)包括了材料的脆韧转变(BDT)行为温度区间。这一区域变形的特征是应力的下降和激活体积倒数的上升。表 6.2 中列出了 910 K 和 1 100 K 下确定的激活参数。910 K 下测定的数据出现了明显的离散，这很可能反映出 BDT 转变温度取决于合金成分和显微组织。由相对均匀的激活参数可以看出，新的热激活过程建立于 1 100 K。对于大多数合金来说，激活焓接近于 $\Delta H = 3$ eV，作为对比，Ti 的自扩散能为 $Q_{sd}(\text{Ti}) = 2.59$ eV，Al 的自扩散能为 $Q_{sd}(\text{Al}) = 3.71$ eV[221]。这表明出现了扩散协助的攀移机制，因为一个刃位错的攀移取决于空位向靠近或远离刃位错的方向扩散。若要进行攀移变形，就要求合金中的元素组元是可动的，否则会出现高的化学势梯度。因此，测定的 ΔH 值很可能代表了 Ti 和 Al 自扩散能的平均值。Kad 和 Fraser[149] 在单相 Ti-52Al 合金的高温变形中观察到了 1/2〈110] 普通位错的攀移。对高强度 Ti-45Al-5Nb 合金在 973 K 下变形的多角度立体观察表明，普通位错发生弓出且不局限于单一的滑移面上，这与攀移有关[203]。在 TEM 内进行的原位加热实验也提供了攀移的证据[126]。样品在 300 K 下进行了 $\varepsilon = 3\%$ 的变形，这引入了足够多的可观察位错，当然还有一小部分过饱和内部点缺陷。仅在 1/2〈110] 位错中观察到了攀移，这也是合理的，因为这些位错的位错芯是封闭的。如图 6.78 所示，在原位实验过程中，位错形成了螺旋形结构，这是攀移的特征。攀移结构包含了具有〈110] 取向的平直片段，这表明在高温下这些位错可能在相交的{111}面上出现了一种小范围的非平面分解。由此产生的额外能垒可能阻碍了分解位错的进一步攀移[74]。

关于攀移的猜想存在一个主要的难点，即对于攀移来说激活体积 $V = 47b^3 \sim 73b^3$ 太大了。根据位错攀移理论[238,239,241,242]，其应该是 $V = 1b^3 \sim 10b^3$。关于这一矛盾，主要有 3 个可能的原因。第一，激活体积是根据式(6.34)计算的，假定了泰勒因子 $M_T = 3.06$。然而，在高温下，不同取向晶粒之间的应变协调可能在部分上通过位错攀移跃出其{111}滑移面进行，这可以降低泰勒因子，从而降低了 V 值[281]。第二，上文中曾提到的位错非平面分解可能导致了更大的激活体积。第三，可能是变形主要由位错滑移提供，但是控制位错滑移量的因素却是位错越过强阻碍的攀移。这 3 个过程的相对贡献量当然与变形的条件 $\dot{\varepsilon}$ 和 T 有关。在高应变速率下，位错滑移必然对变形的贡献更加明显。因此，总的激活体积可能反映的是滑移和攀移的共同贡献。考虑到了这一复杂性，很难对 TiAl 中位错的攀移能量作出概括。除了变形条件 T、$\dot{\varepsilon}$ 和 ε，还需要针对每一种情况仔细考虑控制攀移的因素，这可能包括合金成分、相组成、显微组织以及杂质含量。然而，可以合理地认为，$(\alpha_2+\gamma)$ 两相合金中，γ 相

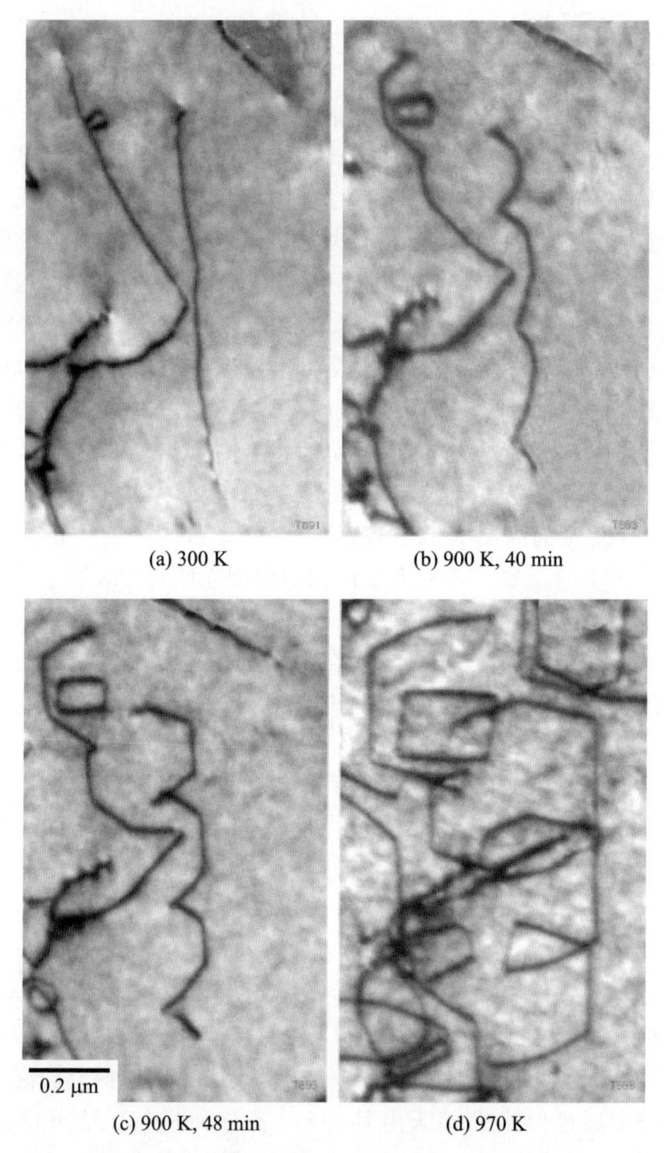

(a) 300 K　(b) 900 K, 40 min

(c) 900 K, 48 min　(d) 970 K

图 6.78　$\sigma(T)$ 曲线中Ⅲ区域(图 6.69)的变形行为。TEM 内进行的原位加热实验中的位错攀移，加速电压为 120 kV。注意螺旋形位错结构的形成，位错具有〈110]择优线方向的片段。铸态 Ti－48Al－2Cr 合金，在室温下预先压缩变形至 ε = 3%。图片来自 Appel 和 Wagner[75]

在 1 200 K 和$\dot{\varepsilon} \leqslant 10^{-4}\ s^{-1}$条件下是可以完全开动位错攀移的。更高温度下的变形看起来要逐步受到动态回复和再结晶的控制(图 6.69 中区域Ⅳ)。这些过程将在第 16 章中讨论。

总结：自材料韧脆转变行为温度开始，普通位错的攀移即成为 TiAl 合金的重要变形机制。

6.5 热和非热应力

6.4.1 节已经讨论过，产生滑移的净应力 τ^* 为总剪切应力 τ 与长程内应力 τ_μ 的差值。理解这两种应力相对贡献量不仅对确定控制位错机制的因素非常重要，而且对获取稳定的显微组织从而调整材料的性能也有重要作用。为确定材料中的内应力，人们提出了若干种方法，Kruml 等[282]对此进行了综述。这些方法中的大多数均难以应用到 TiAl 合金中，因为合金的应力-温度曲线比较复杂，仅在最近才有关于内应力的可用信息[246]，本节即对此进行阐述。

此研究中采用的方法被称为应力降低实验。其内在的思想是，材料内部的背应力 τ_μ 是在变形中产生的，因为移动的位错塞积在强障碍处(如晶界或析出相等)。在外部沿滑移方向的剪切应力作用下，第一个位错将在滑移面上沿优先滑移方向迁移。如果这一位错被一个障碍阻止，那么第二个沿同样路径行进的位错将与第一个被钉扎的位错相遇，从而被弹性应力场排斥。这就产生了一个背应力 τ_μ，其随着塞积位错数量的增加而增大。在图 6.79 所示的部分原位研究的一组图片中，展示了普通位错逐渐塞积于片层界面处。

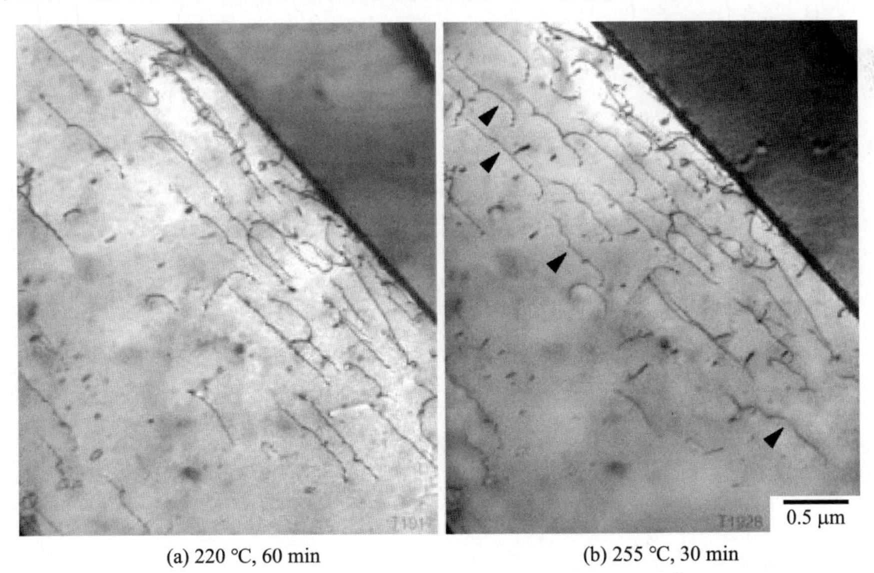

(a) 220 ℃, 60 min　　(b) 255 ℃, 30 min

图 6.79　片层界面处的普通位错塞积。图(b)箭头处标出了一些新到达界面的位错。位错很可能是在原位加热实验中释放的热应力的驱动下迁移。Ti-48Al-2Cr 合金，室温下预变形至 $\varepsilon=3\%$，TEM 原位加热自 220 ℃升至 255 ℃

背应力与外加剪切应力的方向相反，为使滑移继续就必须加以克服。另一方面，由于一个滑移面上的净应力为切应力与内在背应力的差值，当外加应力降低或消除时，就可能出现反方向的位错滑移。这种预期的位错行为可被用来确定内应力水平。研究在应变控制的闭环试验机上进行。在恒定应变速率实验中，变形在某一时刻终止，样品随即卸载至某个应力水平 τ_x。与之相应的样品卸载后的流变行为显示其在试验机的应变控制松弛段，这意味着样品的总伸长量在松弛阶段保持恒定。应用这一方法需要精确地测量微小的应力变化，这就对实验系统的热稳定性和应变控制提出了高要求。为提高信噪比，拉伸实验在一个相对较大的 20 mm 标距长度内进行。图 6.80 展示了应力降低实验中样品与试验机的复杂交互作用。样品卸载时有较大的应力降幅，这导致了位错的反向运动以及与之相应的样品的非弹性压缩[图 6.80(a)]。如图 6.80(c)所示，试验机夹头对此非弹性压缩进行了足够的反向运动补偿。可以理解，在应变控制区，在样品标距段测得的总应变要保持恒定[图 6.80(b)]。因此，作为实验质量的衡量，作用于样品上的力的松弛动力学与样品伸长量和试验机夹头的位移要保持同步。

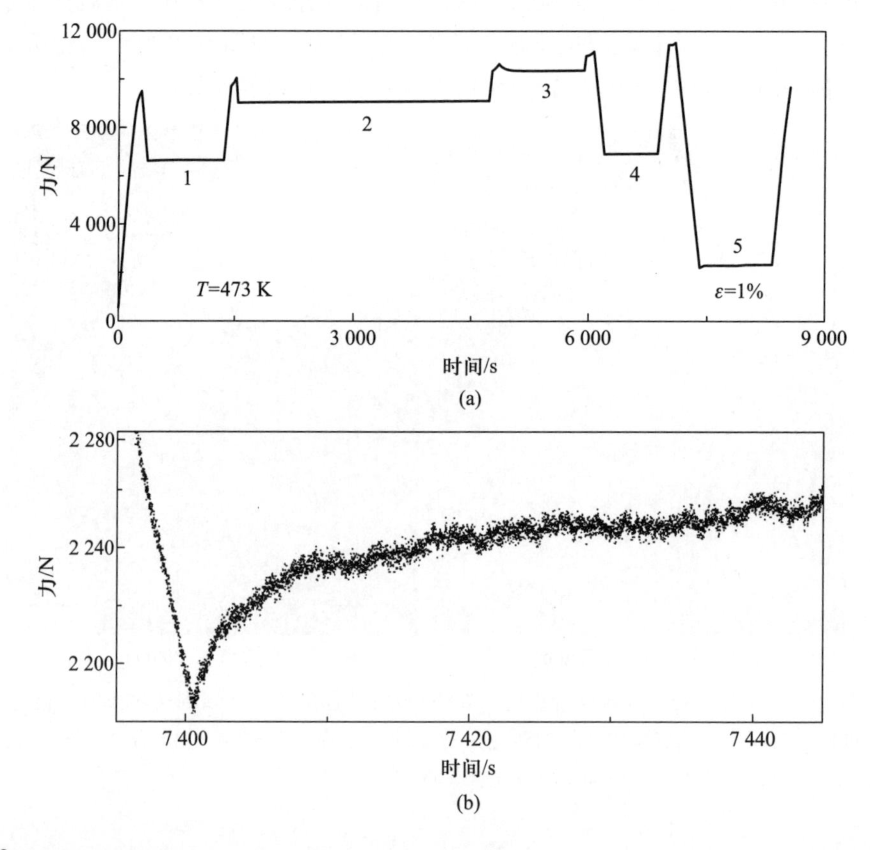

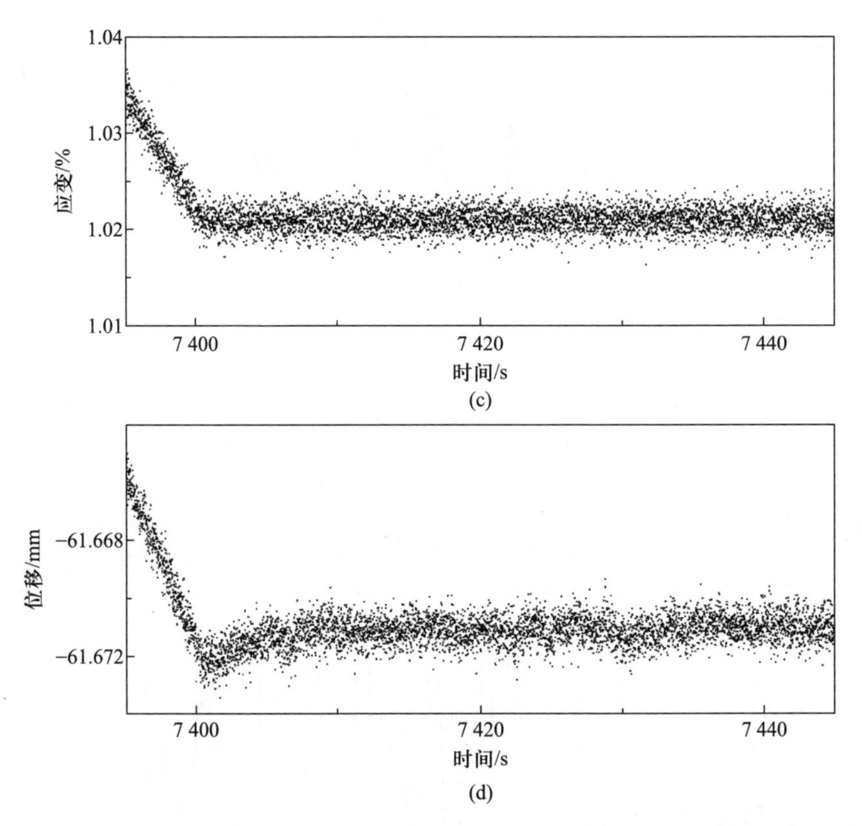

图 6.80 应变控制的应力降低实验过程中的变形运动学。近片层 Ti-45Al-8Nb-0.2C 合金，变形温度为 473 K。整个实验的加载-时间进程(a)。当拉伸塑性变形量达 $\varepsilon=1\%$后，将样品大幅卸载至约 20%屈服应力水平。随后的样品和试验机的松弛运动学[图(a)中标记为 5]在图(b)、(c)和(d)中展示。样品的卸载导致了图(b)中应力的反常上升以及样品的微小非弹性压缩。图(d)中展示的试验机夹头的充足反向运动替代了这一非弹性压缩。通过这种方式，样品的总应变(弹性+塑性)保持恒定(c)。数据来自 Hoppe 和 Appel[246]

图 6.81 展示了完整的实验进程。不同应力水平下的松弛行为如图 6.82。在高应力水平下，正应力松弛出现，应力随时间下降。卸载至一个较低应力水平后观察到了反常松弛现象，表现为应力随时间的上升。在此之间，在达到某一临界卸载应力幅度之后，出现了零应力变化率。因此可以认为当达到临界应力降低幅度之后，材料中的外加切应力 τ 与内部背应力 τ_μ 恰好持平。图 6.83 展示了在挤压 Ti-45Al-8Nb-0.2C 合金中测定的总(工程)应力 $\sigma_{0.2}$以及内应力 σ_μ随温度的变化曲线。为测量 σ_μ而重复的松弛自然地消耗了应变，因此图 6.83 中给出的 σ_μ值对应约 1%的应变量。在室温下内应力可计算为

$$\sigma_\mu(\varepsilon = 1\%) = 0.8\sigma_{0.2} \tag{6.50}$$

这对应了一个相对较小的有效剪切应力 $\tau^* =(\sigma_{0.2}-\sigma_\mu)/M_T=80$ MPa。其中，M_T

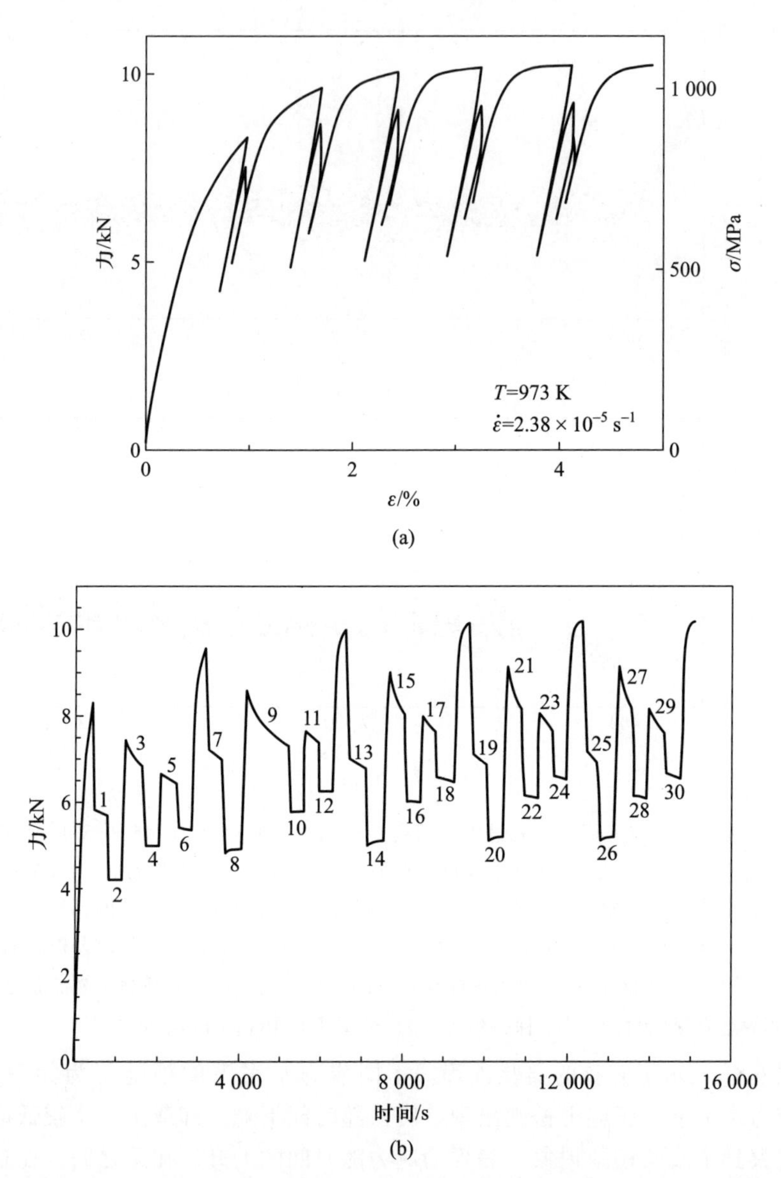

图 6.81　确定内应力的应力松弛拉伸实验，近片层 Ti-45Al-8Nb-0.2C 合金，温度为973 K：(a) 整个实验过程，以载荷-伸长量曲线展示；(b) 实验的载荷-时间曲线，样品屈服后，变形停止，样品随即被卸载至不同的应力水平，随后的应力松弛(由数字标示)在应变控制区记录下来。常规以及反常松弛根据卸载应力的幅度出现。其间，当达到一个临界卸载幅度时，出现了 0 应力变化率区间。加载和卸载的迭代有助于确定临界卸载幅度的大小。图 6.82 展示了 3、4、6 和 8 号松弛动力学的更多细节。数据来自 Hoppe 和 Appel[246]

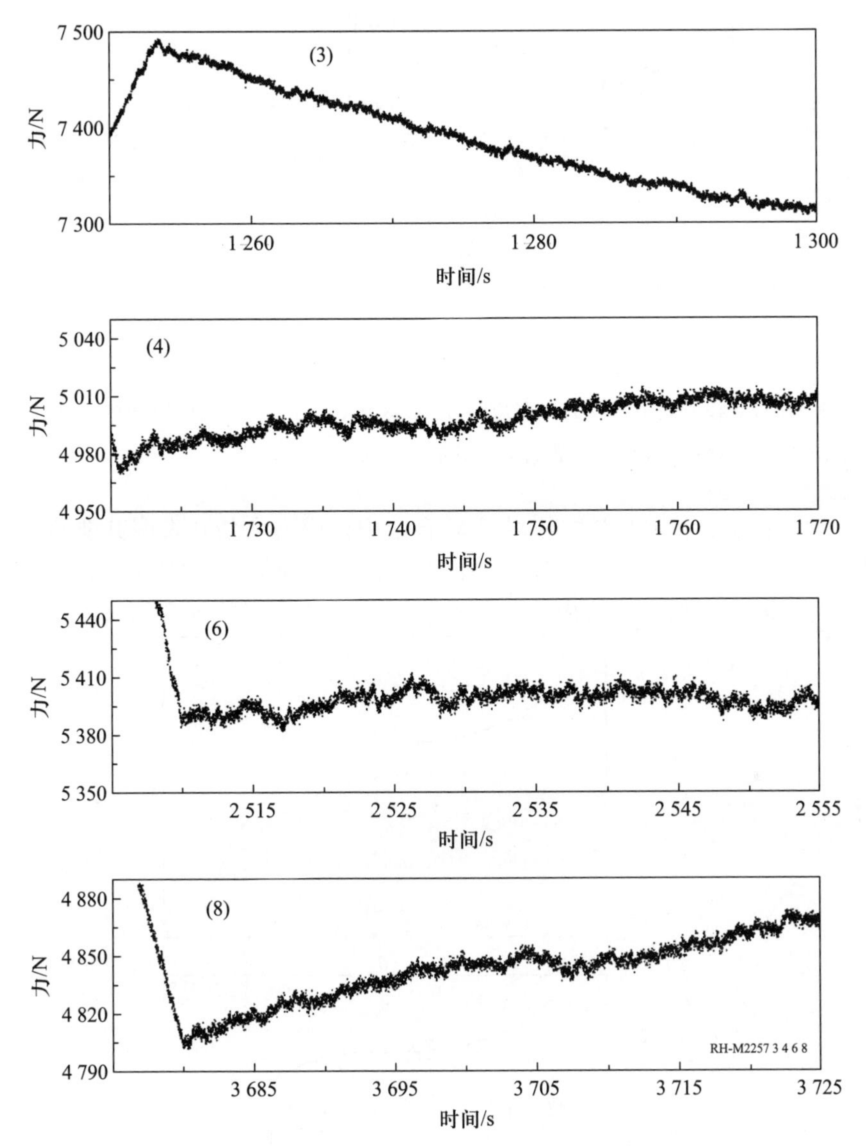

图 6.82 不同卸载幅度下观察到的载荷-时间曲线。数字号码标明了图 6.81 中的松弛阶段。注意"正应力"在一个小的卸载幅度下的下降(松弛 3)以及应力在大卸载幅度下的反常上升(松弛 4 和 8)。其间，应力变化率几乎为 0(松弛 6)，相关的应力即被认为是内应力的大小。近片层 Ti-45Al-8Nb-0.2C 合金，数据来自 Hoppe 和 Appel[246]

=3.06 为泰勒因子。值得补充的是，在其他合金中也已观察到式(6.50)中描述的 σ_{μ} 和 $\sigma_{0.2}$ 的关系。从图 6.83 中可以看出，σ_{μ} 的相对贡献随温度而降低。更多关于内应力的讨论见文献[246]以及本书的 7.1 节和 7.2 节。

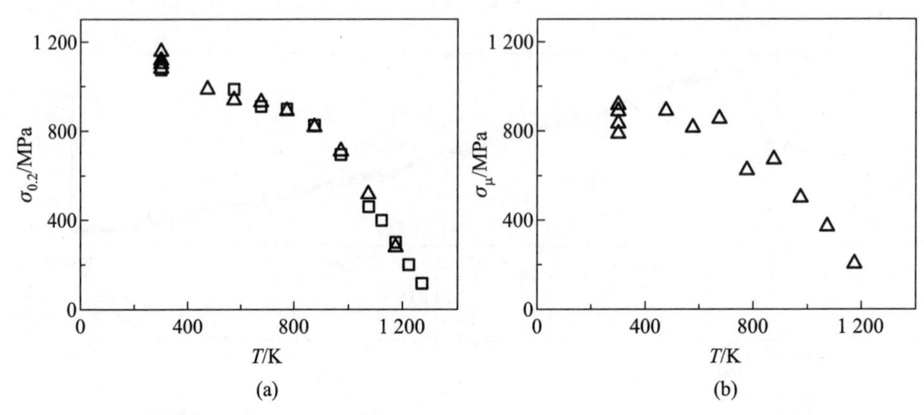

图 6.83　递进卸载实验中测定的屈服应力 $\sigma_{0.2}$ 以及内(工程)应力 σ_μ 随时间的变化曲线。近片层 Ti-45Al-8Nb-0.2C 合金，数据来自 Hoppe 和 Appel[246]

总结：通过递进卸载方法对 TiAl 合金中内应力的估计表明其非热应力贡献值相对较高，在室温下占据了总屈服应力的约 80%。屈服应力和内应力随温度变化的曲线相似，然而内应力的相对贡献量随温度的升高而降低。图 6.84

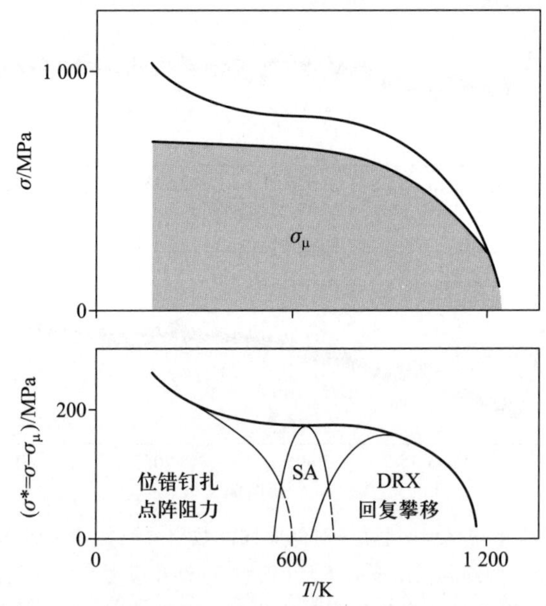

图 6.84　两相钛铝合金中屈服应力的可能贡献机制。图中展示的情形对应于高 Nb 含量合金，其基础成分为 Ti-45Al-(5~10)Nb。注意高的非热应力 σ_μ 对总屈服应力 σ 的贡献。σ_μ 主要来自位错和孪晶与内部界面的交互作用，其基本上反映出了合金具有细小的显微组织。$\sigma^*=\sigma-\sigma_\mu$ 为有效(正)应力。SA(应变时效)代表由 Ti_{Al} 反位原子和空位构成的缺陷气团作出的应力贡献。DRX 表示动态再结晶

以曲线形式展示了两相 γ-TiAl 合金中决定屈服应力的机制，这已于 6.4 节和 6.5 节中讨论过。此图意在表现屈服应力的相当一部分是由位错与组织中各种内部界面的长程交互作用产生的。控制位错速度的机制互相接续从而其总的应力贡献(约占屈服应力的 20%)可在相对较宽的温度范围内保持恒定

参考文献

[1] Kim, Y. W. and Dimiduk, D. M. (1991) *J. Met.*, **43**, 40.

[2] Lehoczky, S. L. (1978) *J. Appl. Phys.*, **49**, 5479.

[3] Bunshah, R. F., Nimmagadda, R., Doerr, H. J., Movchan, B. A., Grechanuk, N. I., and Dabizha, E. V. (1980) *Thin Solid Films*, **72**, 261.

[4] Kelly, A. (1987) *Philos. Trans. R. Soc. A*, **322**, 409.

[5] Was, G. S. and Foecke, T. (1996) *Thin Solid Films*, **286**, 1.

[6] Fu, C. L. and Yoo, M. H. (1997) *Scr. Mater.*, **37**, 1453.

[7] Chalmers, B. and Gleiter, H. (1971) *Philos. Mag.*, **23**, 1541.

[8] Yamaguchi, M., Inui, H., and Ito, K. (2000) *Acta Mater.*, **47**, 307.

[9] Zghal, S., Thomas, M., Naka, S., Finel, A., and Couret, A. (2005) *Acta Mater.*, **53**, 2653.

[10] Zghal, S., Thomas, M., and Couret, A. (2005) *Intermetallics*, **13**, 1008.

[11] Lu, L., Siegl, R., Girshick, A., Pope, D. P., and Vitek, V. (1996) *Scr. Mater.*, **34**, 971.

[12] Mahon, G. J. and Howe, J. M. (1990) *Metall. Trans. A*, **21A**, 1655.

[13] Inui, H., Nakamura, A., Oh, M. H., and Yamaguchi, M. (1991) *Ultramicroscopy*, **39**, 268.

[14] Yamaguchi, M. and Umakoshi, Y. (1990) *Prog. Mater. Sci.*, **34**, 1.

[15] Yang, Y. S. and Wu, S. K. (1990) *Scr. Metall. Mater.*, **24**, 1801.

[16] Yang, Y. S. and Wu, S. K. (1991) *Scr. Metall. Mater.*, **25**, 255.

[17] Yang, Y. S. and Wu, S. K. (1992) *Philos. Mag. A*, **65**, 15.

[18] Inui, H., Oh, M. H., Nakamura, A., and Yamaguchi, M. (1992) *Philos. Mag. A*, **66**, 539.

[19] Inui, H., Nakamura, A., Oh, M. H., and Yamaguchi, M. (1992) *Philos. Mag. A*, **66**, 557.

[20] Kad, B. K., Hazzledine, P. M., and Fraser, H. L. (1994) *Defect*

Interface Interactions, *Materials Research Society Symposium Proceedings*, vol. 319 (eds E. P. Kvam, A. H. King, M. J. Mills, T. D. Sands, and V. Vitek), MRS, Pittsburgh, PA, p. 311.

[21] Hazzledine, P. M. and Kad, B. K. (1995) *Mater. Sci. Eng. A*, **192–193**, 340.

[22] Denquin, A. and Naka, S. (1996) *Acta Mater.*, **44**, 343.

[23] Zghal, S., Naka, S., and Couret, A. (1997) *Acta Mater.*, **45**, 3005.

[24] Dey, S. R., Hazotte, A., and Bouzy, E. (2009) *Intermetallics*, **17**, 1052.

[25] Denquin, A. and Naka, S. (1993) *Philos. Mag. Lett.*, **68**, 13.

[26] Ricolleau, C., Denquin, A., and Naka, S. (1994) *Philos. Mag. Lett.*, **69**, 197.

[27] Siegl, R., Vitek, V., Inui, H., Kishida, K., and Yamaguchi, M. (1997) *Philos. Mag. A*, **75**, 1447.

[28] Kishida, K., Inui, H., and Yamaguchi, M. (1998) *Philos. Mag. A*, **78**, 1.

[29] Dimiduk, D. M. and Hazzledine, P. M. (1995) *High-Temperature Ordered Intermetallic Alloys VI*, *Materials Research Society Symposia Proceedings*, vol. 364 (eds J. A. Horton, I. Baker, S. Hanada, R. D. Noebe, and D. S. Schwartz), MRS, Pittsburgh, PA, p. 145.

[30] Zghal, S., Thomas, M., Naka, S., and Couret, A. (2001) *Philos. Mag. Lett.*, **81**, 537.

[31] Chen, S. H., Schumacher, G., Mukherji, D., Frohberg, G., and Wahi, R. P. (2002) *Scr. Mater.*, **47**, 757.

[32] Singh, J. B., Molénat, G., Sundararaman, M., Banerjee, S., Saada, G., Veyssière, P., and Couret, A. (2006) *Philos. Mag.*, **86**, 2429.

[33] Appel, F., Beaven, P. A. B., and Wagner, R. (1993) *Acta Metall. Mater.*, **41**, 1721.

[34] Jin, Z. and Gray, G. T., III (1997) *Mater. Sci. Eng. A*, **231**, 62.

[35] Liang, W. (1999) *Scr. Mater.*, **40**, 1047.

[36] Dey, S., Hazotte, A., and Bouzy, E. (2006) *Philos. Mag.*, **86**, 3089.

[37] Umakoshi, Y. and Nakano, T. (1992) *ISIJ Int.*, **32**, 1339.

[38] Umakoshi, Y. and Nakano, T. (1993) *Acta Metall. Mater.*, **41**, 1155.

[39] Rao, S., Woodward, C., and Hazzledine, P. (1994) *Defect Interface Interactions*, *Materials Research Society Symposium Proceedings*, vol. 319

(eds E. P. Kvam, A. H. King, M. J. Mills, T. D. Sands, and V. Vitek), MRS, Pittsburgh, PA, p. 285.

[40] Fu, C. L., Zou, J., and Yoo, M. H. (1995) *Scr. Metall. Mater.*, **33**, 885.

[41] Yoo, M. H. and Fu, C. L. (1998) *Metall. Mater. Trans. A*, **29A**, 49.

[42] Peierls, R. E. (1940) *Proc. Phys. Soc.*, **52**, 34.

[43] Zhao, L. and Tangri, K. (1991) *Acta Metall. Mater.*, **39**, 2209.

[44] Kad, B. K., Hazzledine, P. M., and Fraser, H. L. (1993) *High-Temperature Ordered Intermetallic Alloys V*, *Materials Research Society Symposia Proceedings*, vol. 288 (eds I. Baker, R. Darolia, J. D. Whittenberger, and M. H. Yoo), MRS, Pittsburgh, PA, p. 495.

[45] Christian, W. (1975) *Transformations in Metals and Alloys-Part I*, *Equilibrium and General Kinetic Theory*, Pergamon Press, Oxford.

[46] Hazzledine, P. M. (1998) *Intermetallics*, **6**, 673.

[47] Kad, B. K. and Hazzledine, P. M. (1992) *Philos. Mag. Lett.*, **66**, 133.

[48] Saada, G. and Couret, A. (2001) *Philos. Mag. A*, **81**, 2109.

[49] Dregia, S. A. and Hirth, J. P. (1991) *J. Appl. Phys.*, **69**, 2169.

[50] Maruyama, K., Yamaguchi, M., Suzuki, G., Zhu, H., Kim, H. Y., and Yoo, M. H. (2004) *Acta Mater.*, **52**, 5185.

[51] Aaronson, H. I. (1993) *Metall. Trans. A*, **24A**, 241.

[52] Frank, F. C. and van der Merwe, J. H. (1949) *Proc. R.. Soc. A*, **198**, 205.

[53] Frank, F. C. (1953) *Acta Metall.*, **1**, 15.

[54] Hall, M. G., Aaronson, H. I., and Kinsman, K. R. (1972) *Surf. Sci.*, **31**, 257.

[55] van der Merwe, J. H. (1985) *S. Afr. J. Phys.*, **9**, 55.

[56] Shiflet, G. J., Braun, M. W. H., and van der Merwe, J. H. (1988) *S. Afr. J. Sci.*, **84**, 653.

[57] van der Merwe, J. H., Shiflet, G. J., and Stoop, P. M. (1991) *Metall. Trans. A*, **22A**, 1165.

[58] Pond, R. C. (1989) *Dislocations in Solids*, vol. 8 (ed. F. R. N. Nabarro), North-Holland, Amsterdam, p. 1.

[59] Hirth, J. P. (1994) *J. Phys. Chem. Solids*, **55**, 985.

[60] Hirth, J. P. and Pond, R. C. (1996) *Acta Metall. Mater.*, **44**, 4749.

[61] Howe, J. M., Pond, R. C., and Hirth, J. P. (2009) *Prog. Mater. Sci.*, **54**, 792.

[62] He, L. L., Ye, H. Q., Ning, X. G., Cao, M. Z., and Han, D. (1993) *Philos. Mag. A*, **67**, 1161.

[63] Wunderlich, W., Frommeyer, G., and Czarnowski, P. (1993) *Mater. Sci. Eng. A*, **164**, 421.

[64] Wunderlich, W., Kremser, T., and Frommeyer, G. (1993) *Acta Metall. Mater.*, **41**, 1791.

[65] Zhao, L. and Tangri, K. (1991) *Philos. Mag. A*, **64**, 361.

[66] Singh, S. R. and Howe, J. M. (1992) *Philos. Mag. A*, **66**, 739.

[67] Yang, Y. S., Wu, S. K., and Wang, J. Y. (1993) *Philos. Mag A*, **67**, 463.

[68] Zhang, L. C., Chen, G. L., Wang, J. G., and Ye, H. Q. (1997) *Intermetallics*, **5**, 289.

[69] Pond, R. C., Shang, P., Cheng, T. T., and Aindow, M. (2000) *Acta Mater.*, **48**, 1047.

[70] Shang, P., Cheng, T. T., and Aindow, M. (1998) *Mater. Sci. Forum*, **294**, 239.

[71] Shang, P., Cheng, T. T., and Aindow, M. (1999) *Philos. Mag. A*, **79**, 2553.

[72] Shang, P., Cheng, T. T., and Aindow, M. (1999) *Gamma Titanium Aluminides* 1999 (eds Y. W. Kim, D. M. Dimiduk, and M. H. Loretto), TMS, Warrendale, PA, p. 59.

[73] Shang, P., Cheng, T. T., and Aindow, M. (2000) *Philos. Mag. Lett.*, **80**, 1.

[74] Hirth, J. P. and Lothe, J. (1992) *Theory of Dislocations*, Krieger, Melbourne.

[75] Appel, F. and Wagner, R. (1998) *Mater. Sci. Eng. R*, **22**, 187.

[76] Zhang, L. C., Chen, G. L., Wang, J. G., and Ye, H. Q. (1998) *Mater. Sci. Eng. A*, **247**, 1.

[77] Matthews, J. W. (1974) *Philos. Mag.*, **29**, 797.

[78] Read, W. T. (1953) *Dislocations in Crystals*, McGraw-Hill Book Company.

[79] Paidar, V., Zghal, S., and Couret, A. (1999) *Mater. Sci. Forum*, **294**, 335.

[80] Inkson, B. J. and Humphreys, C. J. (1996) *Philos. Mag. A*, **73**, 1333.

[81] Paidar, V. (2002) *Interface Sci.*, **10**, 43.

[82] Couret, A., Calderon, H. A., and Veyssière, P. (2003) *Philos. Mag.*, **83**, 1699.

[83] Shoykhet, B., Grinfeld, M. A., and Hazzledine, P. M. (1998) *Acta Mater.*, **46**, 3761.

[84] Hazzledine, P. M., Kad, B. K., Fraser, H. L., and Dimiduk, D. M. (1992) *Intermetallic Matrix Composites II*, *Mater. Res. Soc. Symp. Proc.*, vol. 273 (eds D. B. Miracle, D. L. Anton, and J. A. Graves), MRS, Pittsburgh, PA, p. 81.

[85] Appel, F. and Wagner, R. (1994) *Interface Control of Electrical, Chemical and Mechanical Properties Materials Research Society Symposia Proceedings*, vol. 318 (eds S. P. Murarka, K. Rose, T. Ohmi, and T. Seidel),, MRS, Pittsburgh, PA, p. 691.

[86] Appel, F. and Christoph, U. (1999) *Intermetallics*, **7**, 1173.

[87] Matthews, J. W. (1979) *Dislocations in Solids*, vol. 2 (ed. F. R. N. Nabarro), North-Holland, Amsterdam, p. 461.

[88] Messerschmidt, U., Appel, F., and Schmid, H. (1985) *Philos. Mag. A*, **51**, 781.

[89] DeWitt, G. and Koehler, J. S. (1959) *Phys. Rev.*, **116**, 1113.

[90] Yoo, M. H., Fu, C. L., and Lee, J. K. (1990) *High-Temperature Ordered Intermetallic Alloys IV*, *Materials Research Society Symposia Proceedings*, vol. 213 (eds L. A. Johnson, D. P. Pope, and J. O. Stiegler), MRS, Pittsburgh, PA, p. 545.

[91] Schafrik, R. E. (1977) *Metall. Trans. A*, **A8**, 1003.

[92] Fujiwara, T., Nakamura, A., Hosomi, M., Nishitani, S. R., Shirai, Y., and Yamaguchi, M. (1990) *Philos. Mag. A*, **61**, 591.

[93] Inui, H., Oh, M. H., Nakamura, A., and Yamaguchi, M. (1992) *Acta Metall. Mater.*, **40**, 3095.

[94] Inui, H., Kishida, K., Misaki, M., Kobayashi, M., Shirai, M., and Yamaguchi, M. (1995) *Philos. Mag. A*, **72**, 1609.

[95] Umakoshi, Y., Nakano, T., and Yamane, T. (1992) *Mater. Sci. Eng. A*, **152**, 81.

[96] Yao, K. F., Inui, H., Kishida, K., and Yamaguchi, M. (1995) *Acta*

Metall. Mater., **43**, 1075.

[97] Nomura, M., Kim, M. C., Vitek, V., and Pope, D. (1999) *Gamma Titanium Aluminides* 1999 (eds Y. W. Kim, D. M. Dimiduk, and M. H. Loretto), TMS, Warrendale, PA, p. 67.

[98] Kim, M. C., Nomura, M., Vitek, V., and Pope, D. P. (1999) *High-Temperature Ordered Intermetallic Alloys VIII*, *Materials Research Society Symposia Proceedings*, vol. 552 (eds E. P. George, M. J. Mills, and M. Yamaguchi), MRS, Pittsburgh, PA, p. KK3. 1. 1.

[99] Rao, S. I. and Hazzledine, P. M. (2000) *Philos. Mag. A*, **80**, 2011.

[100] Paidar, V. (2004) *J. Alloys. Compd.*, **378**, 89.

[101] Paidar, V., Imamura, D., Inui, H., and Yamaguchi, M. (2001) *Acta Mater.*, **49**, 1009.

[102] Paidar, V. (2007) *Advanced Intermetallic-Based Alloys*, *Materials Research Society Symposia Proceedings*, vol. 980 (eds J. Wiezorek, C. L. Fu, M. Takeyama, D. Morris, and H. Clemens), MRS, Warrendale, PA, p. 95.

[103] Lebensohn, R. A., Uhlenhut, H., Hartig, C., and Mecking, H. (1998) *Acta Mater.*, **46**, 4701.

[104] Lebensohn, R. A., Turner, P. A., and Canova, G. R. (1997) *Comp. Mater. Sci.*, **9**, 229.

[105] Schlögl, S. M. and Fischer, F. D. (1996) *Compos. Mater. Sci.*, **7**, 34.

[106] Schlögl, S. M. and Fischer, F. D. (1997) *Philos. Mag. A*, **75**, 621.

[107] Schlögl, S. M. and Fischer, F. D. (1997) *Mater. Sci. Eng. A*, **239**, 790.

[108] Werwer, M. and Cornec, A. (2000) *Comput. Mater. Sci.*, **19**, 97.

[109] Werwer, M. and Cornec, A. (2006) *Int. J. Plast.*, **22**, 1683.

[110] Kad, B. K., Dao, M., and Asaro, R. J. (1995) *Philos. Mag. A*, **71**, 567.

[111] Kad, B. K., Dao, M., and Asaro, R. J. (1995) *High-Temperature Ordered Intermetallic Alloys VI*, *Materials Research Society Symposia Proceedings*, vol. 364 (eds J. A. Horton, I. Baker, S. Hanada, R. D. Noebe, and D. S. Schwartz), MRS, Pittsburgh, PA, p. 169.

[112] Dao, M., Kad, B. K., and Asaro, R. J. (1996) *Philos. Mag. A*, **74**, 569.

[113] Brockman, R. A. (2003) *Int. J. Plast.*, **19**, 1749.

[114] Frank, G. J., Olson, S. E., and Brockman, R. A. (2003) *Intermetallics*, **11**, 331.

[115] Dimiduk, D. M., Parthasarathy, T. A., and Hazzledine, P. M. (2001) *Intermetallics*, **9**, 875.

[116] Martin, J. L. and Kubin, L. P. (1978) *Ultramicroscopy*, **3**, 215.

[117] Martin, J. L. and Kubin, L. P. (1979) *Phys. Status Solidi*, **56**, 487.

[118] Mayer, J., Giannuzzi, L. A., Kamino, T., and Michael, J. (2007) *MRS Bull.*, **32**, 400.

[119] Vasudevan, V. K., Stucke, M. A., Court, S. A., and Fraser, H. L. (1989) *Philos. Mag. Lett.*, **59**, 299.

[120] Sriram, S., Dimiduk, D. M., and Hazzledine, P. M. (1997) *Structural Intermetallics 1997* (eds M. V. Nathal, R. Darolia, C. T. Liu, P. L. Martin, D. B. Miracle, R. Wagner, and M. Yamaguchi), TMS, Warrendale, PA, p. 157.

[121] Wiezorek, J. M. K., Zhang, X. D., Godfrey, A., Hu, D., Loretto, M. H., and Fraser, H. L. (1998) *Scr. Mater.*, **38**, 811.

[122] Singh, J. B., Molénat, G., Sundararaman, M., Banerjee, S., Saada, G., Veyssière, P., and Couret, A. (2006) *Philos. Mag. Lett.*, **86**, 47.

[123] Hall, E. L. and Huang, S. C. (1989) *High-Temperature Ordered Intermetallic Alloys III, Materials Research Society Symposia Proceedings*, vol. 133 (eds C. T. Liu, A. I. Taub, N. S. Stoloff, and C. C. Koch), MRS, Pittsburgh, PA, p. 373.

[124] Farenc, S., Coujou, A., and Couret, A. (1993) *Philos. Mag. A*, **67**, 127.

[125] Li, Y. G. and Loretto, M. H. (1995) *Phys. Status Solidi*, **150**, 271.

[126] Appel, F., Lorenz, U., Oehring, M., Sparka, U., and Wagner, R. (1997) *Mater. Sci. Eng. A*, 233, 1.

[127] Morris, M. A. (1994) *Philos. Mag. A*, **69**, 129.

[128] Kaufman, M. J., Konitzer, D. G., Shull, R. D., and Fraser, H. L. (1986) *Scr. Metall.*, **20**, 103.

[129] Menand, A., Huguet, A., and Nérac-Partaix, A. (1996) *Acta Mater.*, **44**, 4729.

[130] Nérac-Partaix, A. and Menand, A. (1996) *Scr. Mater.*, **35**, 199.

[131] Wiezorek, J. M. K., DeLuca, P. M., Mills, M. J., and Fraser, H. L. (1997) *Philos. Mag. Lett.*, **75**, 271.

[132] Wiezorek, J. M. K., Mills, M. J., and Fraser, H. L. (1997) *Mater. Sci. Eng. A*, **234–236**, 1106.

[133] Wiezorek, J. M. K., Zhang, X. D., Clark, W. A. T., and Fraser, H. L. (1998) *Philos. Mag. A*, **78**, 217.

[134] Godfrey, A., Hu, D., and Loretto, M. H. (1998) *Philos. Mag. A*, **77**, 287.

[135] Wiezorek, J. M. K., DeLuca, P. M., and Fraser, H. L. (2000) *Intermetallics*, **8**, 99.

[136] Forwood, C. T. and Gibson, M. A. (2000) *Philos. Mag. A*, **80**, 2785.

[137] von Mises, R. (1928) *Z. Angew. Math.*, **8**, 161.

[138] Goo, E. (1998) *Scr. Mater.*, **38**, 1711.

[139] Goo, E. and Park, K. T. (1989) *Scr. Metall.*, **23**, 1053.

[140] Lee, J. W., Hanada, S., and Yoo, M. H. (1995) *Scr. Metall. Mater.*, **33**, 509.

[141] Taylor, G. I. (1938) *Timoshenkow Anniversary Volume*, MacMillan, New York, p. 218.

[142] Taylor, G. I. (1970) *J. Inst. Met.*, **62**, 1121.

[143] Kocks, U. F. (1970) *Metall. Trans.*, 1, 1121.

[144] Kobrinski, M. and Thompson, C. (2000) *Acta Mater.*, **48**, 625.

[145] Mecking, H., Kocks, U. F., and Hartig, Ch. (1996) *Scr. Mater.*, **35**, 465.

[146] Dieter, G. E. (1986) *Mechanical Metallurgy*, 3rd edn, McGraw-Hill, New York.

[147] Parthasarathy, T. A., Mendiratta, M. G., and Dimiduk, D. M. (1998) *Acta Mater.*, **46**, 4005.

[148] Mecking, H., Hartig, Ch., and Kocks, U. F. (1996) *Acta Mater.*, **44**, 1309.

[149] Kad, B. K. and Fraser, H. L. (1994) *Philos. Mag. A*, **69**, 689.

[150] Appel, F. and Wagner, R. (1995) *Gamma Titanium Aluminides* (eds Y. W. Kim, R. Wagner, and M. Yamaguchi), TMS, Warrendale, PA, p. 231.

[151] Yoo, M. H. (2002) *Intermetallic Compounds. Vol. 3, Principles and*

Practice (eds J. H. Westbrook and R. L. Fleischer), John Wiley & Sons, Ltd, Chichester, p. 403.

[152] Appel, F. and Wagner, R. (1994) *Twinning in Advanced Materials* (eds M. H. Yoo and M. Wuttig), TMS, Warrendale PA, p. 317.

[153] Appel, F. (2005) *Philos. Mag.*, **85**, 205.

[154] Zghal, S. and Couret, A. (2001) *Philos. Mag. A*, **81**, 365.

[155] Zghal, S. and Couret, A. (1997) *Mater. Sci. Eng. A*, **234-236**, 668.

[156] Hu, D. and Loretto, M. H. (1999) *Intermetallics*, **7**, 1299.

[157] Gibson, M. A. and Forwood, C. T. (2000) *Philos. Mag. A*, **80**, 2747.

[158] Wiezorek, J. M. K., Zhang, X. D., Mills, M. J., and Fraser, H. L. (1999) *High-Temperature Ordered Intermetallic Alloys VIII*, *Materials Research Society Symposium Proceedings*, vol. 552 (eds E. P. George, M. J. Mills, and M. Yamaguchi), MRS, Warrendale, PA, p. KK3. 5. 1.

[159] Zghal, S., Coujou, S., and Couret, A. (2001) *Philos. Mag. A*, **81**, 345.

[160] Nakano, T., Biermann, H., Riemer, M., Mughrabi, H., Nakai, Y., and Umakoshi, Y. (2001) *Philos. Mag. A*, **81**, 1447.

[161] Dimiduk, D. M., Hazzledine, P. M., Parthasarathy, T. A., Seshagiri, S., and Mendiratta, M. G. (1998) *Metall. Mater. Trans. A*, **29A**, 37.

[162] Frank, F. C. and Read, W. T. (1950) *Phys. Rev.*, **79**, 722.

[163] Friedel, J. (1964) *Dislocations*, Pergamon, Oxford.

[164] Koehler, J. S. (1952) *Phys. Rev.*, **86**, 52.

[165] Johnston, W. G. and Gilman, J. J. (1960) *J. Appl. Phys.*, **31**, 632.

[166] Gilman, J. J. and Johnston, W. G. (1962) *Solid State Phys.*, **13**, 147.

[167] Schoeck, G. and Seeger, A. (1955) *Rep. Conf. Defects in Crystalline Solids*, Phys. Soc., London, p. 340.

[168] Escaig, B. (1968) *J. Phys. Paris*, **29**, 225.

[169] Venables, J. A. (1961) *Philos. Mag.*, **6**, 379.

[170] Pirouz, P. and Hazzledine, P. M. (1991) *Scr. Metall. Mater.*, **25**, 1167.

[171] Shirai, Y. and Yamaguchi, M. (1992) *Mater. Sci. Eng. A*, **152**, 173.

[172] Brossmann, U., Würschum, R., Badura, K., and Schaefer, H. E. (1994) *Phys. Rev. B*, **49**, 6457.

[173] Bardeen, J. and Herring, C. (1952) *Imperfections in Nearly Perfect Crystals*, John Wiley & Sons, Inc., New York, p. 261.

[174] Balluffi, R. W. and Granato, A. V. (1979) *Dislocations in Solids*, vol. 4 (ed. F. R. N. Nabarro), North-Holland, Amsterdam, p. 1.

[175] Appel, F., Christoph, U., and Wagner, R. (1994) *Interface Control of Electrical, Chemical and Mechanical Properties Materials Research Society Symposia Proceedings*, vol. 318 (eds S. P. Murarka, K. Rose, T. Ohmi, and T. Seidel),, MRS, Pittsburgh, PA, p. 691.

[176] Yoo, M. H. (1989) *J. Mater. Res.*, **4**, 50.

[177] Yoo, M. H., Fu, C. L., and Lee, J. K. (1989) *High-Temperature Ordered Intermetallic Alloys III, Materials Research Society Symposia Proceedings*, vol. 133 (eds C. T. Liu, A. I. Taub, N. S. Stoloff, and C. C. Koch), MRS, Pittsburgh, PA, p. 189.

[178] Lee, J. K. and Yoo, M. H. (1994) *Twinning in Advanced Materials* (eds M. H. Yoo and M. Wuttig), TMS, Warrendale, PA, p. 51.

[179] Yoo, M. H., Fu, C. L., and Lee, J. K. (1994) *Twinning in Advanced Materials* (eds M. H. Yoo and M. Wuttig), TMS, Warrendale, PA, p. 97.

[180] Yoo, M. H. (1997) *Philos. Mag. Lett.*, **76**, 259.

[181] Hug, G. and Veyssière, P. (1989) *Electron Microscopy in Plasticity and Fracture* (eds U. Messerschmidt, F. Appel, J. Heidenreich, and V. Schmidt), Akademie Verlag, Berlin, p. 451.

[182] Sun, Y. Q., Hazzledine, P. M., and Christian, J. W. (1993) *Philos. Mag. A*, **68**, 471.

[183] Sun, Y. Q., Hazzledine, P. M., and Christian, J. W. (1993) *Philos. Mag. A*, **68**, 495.

[184] Wardle, S., Phan, I., and Hug, G. (1993) *Philos. Mag. A*, **67**, 497.

[185] Christian, J. W. and Mahajan, S. (1995) *Prog. Mater. Sci.*, **39**, 1.

[186] Jin, Z. and Bieler, T. R. (1995) *Philos. Mag.*, **A71**, 925.

[187] Cerreta, E. and Mahajan, S. (2001) *Acta Mater.*, **49**, 3803.

[188] Fu, C. L. and Yoo, M. H. (1990) *Philos. Mag. Lett.*, **62**, 159.

[189] Woodward, C., MacLaren, J., and Rao, S. I. (1992) *J. Mater. Res.*, **7**, 1735.

[190] Kawabata, T., Kanai, T., and Izumi, O. (1985) *Acta Metall.*,

33, 1355.

[191] Kawabata, T., Abumya, T., Kanai, T., and Izumi, O. (1990) *Acta Metall.*, **38**, 1381.

[192] Stucke, M. A., Vasudevan, V. K., and Dimiduk, D. M. (1995) *Mater. Sci. Eng. A*, **192–193**, 111.

[193] Whang, S. H., Wang, Z. M., and Li, Z. X. (1995) *Gamma Titanium Aluminides* (eds Y. W. Kim, R. Wagner, and M. Yamaguchi), TMS, Warrendale, PA, p. 245.

[194] Mahapatra, R., Girshick, A., Pope, D. P., and Vitek, V. (1995) *Scr. Metall. Mater.*, **33**, 1921.

[195] Girshick, A. and Vitek, V. (1995) *High-Temperature Ordered Intermetallic Alloys VI, Materials Research Society Symposia Proceedings*, vol. 364 (eds J. A. Horton, I. Baker, S. Hanada, R. D. Noebe, and D. S. Schwartz), MRS, Pittsburgh, PA, p. 145.

[196] Woodward, C., MacLaren, J. M., and Dimiduk, D. M. (1993) *High-Temperature Ordered Intermetallic Alloys V, Materials Research Society Symposia Proceedings*, vol. 288 (eds I. Baker, R. Darolia, J. D. Whittenberger, and M. H. Yoo). MRS, Pittsburgh, PA, p. 171.

[197] Morris, D. G., Günther, S., and Leboeuf, M. (1994) *Philos. Mag. A*, **69**, 527.

[198] Sriram, S., Viswanathan, G. B., and Vasudevan, V. K. (1994) *Twinning in Advanced Materials* (eds M. H. Yoo and M. Wuttig), TMS, Warrendale, PA, p. 383.

[199] Shechtman, D., Blackburn, M. J., and Lipsitt, H. A. (1975) *Metall. Trans. A*, **6A**, 1325.

[200] Hanamura, T., Uemori, R., and Tanino, M. (1988) *J. Mater. Res.*, **3**, 656.

[201] Tsujimoto, T. and Hashimoto, K. (1989) *High-Temperature Ordered Intermetallic Alloys III, Materials Research Society Symposia Proceedings*, vol. 133 (eds C. T. Liu, A. I. Taub, N. S. Stoloff, and C. C. Koch), MRS, Pittsburgh, PA, p. 391.

[202] Appel, F., Paul, J. D. H., Oehring, M., and Buque, C. (2003) *Gamma Titanium Aluminides* 2003 (eds Y. W. Kim, H. Clemens, and A. Rosenberger), TMS, Warrendale, PA, p. 139.

[203] Paul, J. D. H., Appel, F., and Wagner, R. (1998) *Acta Mater.*,

46, 1075.

[204] Singh, S. R. and Howe, J. M. (1991) *Scr. Metall. Mater.*, **25**, 485.

[205] Greenberg, B. A. (1970) *Phys. Status Solidi*, **42**, 495.

[206] Yoo, M. H. and Hishinuma, A. (1999) *Advances in Twinning* (eds S. Ankem and C. S. Pande), TMS, Warrendale, PA, p. 225.

[207] Venables, J. A. (1963) *Acta Metall.*, **11**, 1368.

[208] Fischer, F. D., Appel, F., and Clemens, H. (2003) *Acta Mater.*, **51**, 1249.

[209] Fischer, F. D., Schaden, T., Appel, F., and Clemens, H. (2003) *Eur. J. Mech. A/Solids*, **22**, 709.

[210] Petryk, H., Fischer, F. D., Marketz, W., Clemens, H., and Appel, F. (2003) *Metall. Mater. Trans. A*, **34A**, 2827.

[211] Hsiung, L. and Nieh, T. G. (1997) *Mater. Sci. Eng. A*, **240**, 438.

[212] Tian, W. H., Sano, T., and Nemoto, M. (1993) *Philos. Mag.*, **A68**, 965.

[213] Christoph, U., Appel, F., and Wagner, R. (1997) *Mater. Sci. Eng. A*, **239-240**, 39.

[214] Kamat, S. V., Hirth, J. P., and Carnahan, B. (1987) *Scr. Metall.*, **21**, 1587.

[215] He, Y., Schwarz, R. B., Migliori, A., and Whang, S. H. (1995) *J. Mater. Res.*, **10**, 1187.

[216] Wilhelmsson, O., Palmquist, J. P., Lewin, E., Emmerlich, J., Eklund, P., Persson, P. O. Å., Högberg, H., Li, S., Ahuja, R., Eriksson, O., Hultman, L., and Jansson, U. (2006) *J. Cryst. Growth*, **291**, 290.

[217] Appel, F., Fischer, F. D., and Clemens, H. (2007) *Acta Mater.*, **55**, 4915.

[218] Xu, D., Wang, H., Yang, R., and Veyssière, P. (2008) *Acta Mater.*, **56**, 1065.

[219] Kronberg, M. L. (1957) *Acta Metall.*, **5**, 507.

[220] Fröbel, U. and Appel, F. (2002) *Acta Mater.*, **50**, 3693.

[221] Mishin, Y. and Herzig, Chr. (2000) *Acta Mater.*, **48**, 589.

[222] Kishida, K., Inui, H., and Yamaguchi, M. (1999) *Intermetallics*, **7**, 1131.

[223] Cottrell, A. H. and Bilby, B. A. (1951) *Philos. Mag.*, **42**, 573.

[224] Sleeswyk, A. W. (1974) *Philos. Mag.*, **29**, 407.

[225] Couret, A., Farenc, S., and Caillard, D. (1994) *Twinning in Advanced Materials* (eds M. H. Yoo and M. Wuttig), TMS, Warrendale, PA, p. 361.

[226] Zhang, Y. G. and Chaturvedi, M. C. (1993) *Philos. Mag. A*, **68**, 915.

[227] Morris, M. A. (1996) *Intermetallics*, **4**, 417.

[228] Hull, D. (1961) *Acta Metall.*, **9**, 909.

[229] Zhu, A., Yoshida, K., Tagaki, H., and Sakamaki, K. (1996) *Intermetallics*, **4**, 483.

[230] Kauffmann, F., Bidlingmaier, T., Dehm, G., Wanner, A., and Clemens, H. (2000) *Intermetallics*, **8**, 823.

[231] Botten, R., Wu, X., Hu, D., and Loretto, M. (2001) *Acta Mater.*, **49**, 1687.

[232] Wu, X., Hu, D., Botten, R., and Loretto, M. (2001) *Acta Mater.*, **49**, 1693.

[233] Heiple, C. R. and Carpenter, S. H. (1987) *J. Acoust. Emission*, **6**, 177.

[234] Heiple, C. R. and Carpenter, S. H. (1987) *J. Acoust. Emission*, **6**, 215.

[235] Lou, X. Y., Li, M., Boger, R. K., Agnew, S. R., and Wagoner, R. H. (2007) *Int. J. Plast.*, **23**, 44.

[236] Appel, F., Paul, J. D. H., Oehring, M., Fröbel, U., and Lorenz, U. (2003) *Metall. Mater. Trans. A*, **34A**, 2149.

[237] Conrad, H. and Wiedersich, H. (1960) *Acta Metall.*, **8**, 128.

[238] Schoeck, G. (1965) *Phys. Status Solidi*, **8**, 499.

[239] Gibbs, G. B. (1965) *Phys. Status Solidi*, **10**, 507.

[240] Gibbs, G. B. (1967) *Philos. Mag.*, **16**, 97.

[241] Evans, A. G. and Rawlings, R. D. (1969) *Phys. Status Solidi*, **34**, 9.

[242] Kocks, U. F., Argon, A. S., and Ashby, M. F. (1975) *Prog. Mater. Sci.*, **19**, 1.

[243] Seeger, A. (1957) *Dislocations and Mechanical Properties of Crystals* (eds J. C. Fisher, W. G. Johnston, R. Thomson, and T. Vreeland, Jr.), John Wiley & Sons, Inc., New York, p. 243.

[244] Seeger, A. (1958) *Handbuch Der Physik*, *Band VII/2*, Springer, Berlin.

[245] Herrmann, D. and Appel, F. (2009) *Metall. Mater. Trans. A*, **40A**, 1881.

[246] Hoppe, R. and Appel, F. (2011) Determination of internal streses in TiAl alloys by stress reduction tests. *Acta Mater*. To be published.

[247] Spätig, P., Bonneville, J., and Martin, J. L. (1993) *Mater. Sci. Eng. A*, **167**, 73.

[248] Bonneville, J., Viguier, B., and Spätig, P. (1997) *Scr. Mater.*, **36**, 275.

[249] Appel, F., Sparka, U., and Wagner, R. (1995) *High-Temperature Ordered Intermetallic Alloys VI*, *Materials Research Society Symposia Proceedings*, vol. 364 (eds J. A. Horton, I. Baker, S. Hanada, R. D. Noebe, and D. S. Schwartz), MRS, Pittsburgh, PA, p. 623.

[250] Appel, F., Oehring, M., and Wagner, R. (2000) *Intermetallics*, **8**, 1283.

[251] Morris, M. A. (1993) *Philos. Mag. A*, **68**, 259.

[252] Morris, M. A. and Li, Y. G. (1995) *Gamma Titanium Aluminides* (eds Y. W. Kim, R. Wagner, and M. Yamaguchi), TMS, Warrendale, PA, p. 353.

[253] Viguier, B., Bonneville, J., Hemker, K. J., and Martin, J. L. (1995) *High- Temperature Ordered Intermetallic Alloys VI*, *Materials Research Society Symposium Proceedings*, vol. 364 (eds J. A. Horton, I. Baker, S. Hanada, R. D. Noebe, and D. S. Schwartz), MRS, Pittsburgh, PA, p. 629.

[254] Viguier, B., Cieslar, M., Hemker, K. J., and Martin, J. L. (1995) *High-Temperature Ordered Intermetallic Alloys VI*, *Materials Research Society Symposium Proceedings*, vol. 364 (eds J. A. Horton, I. Baker, S. Hanada, R. D. Noebe, and D. S. Schwartz), MRS, Pittsburgh, PA, p. 653.

[255] Viguier, B., Hemker, K. J., Bonneville, J., Louchet, F., and Martin, J. L. (1995) *Philos. Mag. A*, **71**, 1295.

[256] Louchet, F. and Viguier, B. (1995) *Philos. Mag. A*, **71**, 1313.

[257] Sriram, S., Dimiduk, D., Hazzledine, P. M., and Vasudevan, V. K. (1997) *Philos. Mag. A*, **76**, 965.

[258] Messerschmidt, U., Bartsch, M., Häussler, D., Aindow, M., Hattenhauer, R., and Jones, I. P. (1995) *High-Temperature Ordered*

Intermetallic Alloys VI, *Materials Research Society Symposium Proceedings*, vol. 364 (eds J. A. Horton, I. Baker, S. Hanada, R. D. Noebe, and D. S. Schwartz), MRS, Pittsburgh, PA, p. 47.

[259] Zghal, S., Menand, A., and Couret, A. (1998) *Acta Metall.*, **46**, 5899.

[260] Greenberg, B. A., Anisimov, V. J., Gornostirev, Yu. N., and Taluts, G. G. (1988) *Scr. Metall.*, **22**, 859.

[261] Simmons, J. P., Rao, S. I., and Dimiduk, D. M. (1993) *High-Temperature Ordered Intermetallic Alloys V*, *Materials Research Society Symposia Proceedings*, vol. 288 (eds I. Baker, R. Darolia, J. D. Whittenberger, and M. H. Yoo), MRS, Pittsburgh, PA, p. 335.

[262] Bartels, A., Koeppe, C., Zhang, T., and Mecking, H. (1995) *Gamma Titanium Aluminides* (eds Y. W. Kim, R. Wagner, and M. Yamaguchi), TMS, Warrendale, PA, p. 655.

[263] Morris, M. A., Lipe, T., and Morris, D. G. (1996) *Scr. Mater.*, **34**, 1337.

[264] Christoph, U., Appel, F., and Wagner, R. (1997) *High-Temperature Ordered Intermetallic Alloys VII*, *Materials Research Society Symposium Proceedings*, vol. 460 (eds C. C. Koch, C. T. Liu, N. S. Stoloff, and A. Wanner), MRS, Warrendale, PA, p. 207.

[265] Morris, D. G., Dadras, M. M., and Morris-Munoz, M. A. (1999) *Intermetallics*, **7**, 589.

[266] Häussler, D., Bartsch, M., Aindow, M., Jones, I. P., and Messerschmidt, U. (1999) *Philos. Mag. A*, **79**, 1045.

[267] Couret, A. (2001) *Intermetallics*, **9**, 899.

[268] Christoph, U., Appel, F., and Wagner, R. (2001) *High-Temperature Ordered Intermetallic Alloys IX*, *Materials Research Society Symposia Proceedings*, vol. 646 (eds J. H. Schneibel, K. J. Hemker, R. D. Noebe, S. Hanada, and G. Sauthoff), MRS, Warrendale, PA, p. N7. 1. 1.

[269] Fröbel, U. and Appel, F. (2003) *Gamma Titanium Aluminides 2003* (eds Y. W. Kim, H. Clemens, and A. H. Rosenberger), TMS, Warendale, PA, p. 467.

[270] Fröbel, U. and Appel, F. (2006) *Intermetallics*, **14**, 1187.

[271] McCormick, P. G. (1972) *Acta Metall.*, **20**, 351.

[272] Kalk, A. and Schwink, C. (1995) *Philos. Mag. A*, **72**, 315.

[273] Kattner, U. R., Lin, J. C., and Chang, Y. A. (1992) *Metall. Trans. A*, **23A**, 2081.

[274] Woodward, C., Kajihara, S. A., Rao, S. I., and Dimiduk, D. M. (1999) *Gamma Titanium Aluminides* 1999 (eds Y. W. Kim, D. M. Dimiduk, and M. H. Loretto), TMS, Warrendale, PA, p. 49.

[275] Kao, C. R. and Chang, Y. A. (1993) *Intermetallics*, **1**, 237.

[276] Belova, I. V. and Murch, G. E. (1998) *Intermetallics*, **6**, 115.

[277] Herzig, C., Przeorski, T., and Mishin, Y. (1999) *Intermetallics*, **7**, 389.

[278] Schoeck, G. and Seeger, A. (1959) *Acta Metall.*, **7**, 469.

[279] Rossouw, C. J., Forwood, C. T., Gibson, M. A., and Miller, P. R. (1996) *Philos. Mag. A*, **74**, 77.

[280] Appel, F. (1981) *Mater. Sci. Eng. A*, **50**, 199.

[281] Appel, F. and Oehring, M. (2003) *Titanium and Titanium Alloys* (eds C. Leyens and M. Peters), Wiley-VCH Verlag GmbH, Weinheim, p. 89.

[282] Kruml, T., Coddet, O., and Martin, J. L. (2008) *Acta Mater.*, **56**, 333.

第 7 章 强化机制

在一定的温度范围和应力下，钛铝合金被认为可以替代目前正在服役的密度更高的镍基高温合金。因而要以高温合金的高标准来评定其力学性能。即使在对比时已将其低密度考虑在内，大多数钛铝合金的强度和抗蠕变性仍低于高温合金。因此，在目前钛铝合金的发展中，额外强化机制的应用是一个主要课题。本章对目前已采用的提高屈服和断裂强度的最重要的方法进行了综述。其中的主要落脚点在于细晶强化、加工硬化以及由固溶元素和析出相导致的强化。

7.1 细晶强化

基于其相变或热加工路径，两相钛铝合金包含高密度排列的内部界面。6.2.5 节中已指出，这些界面对所有类型的全位错和孪生不全位错都是非常有效的障碍。由内部界面导致的强化效果通常可用霍尔-佩奇(Hall-Petch)关系来描述[1,2]，这已经应用于 TiAl 合金中。在这一模型的框架下，多晶组织的屈服强度为

$$\sigma=\sigma_0+\frac{k_y}{D^n} \tag{7.1}$$

对式(7.1)的一个合理的理解为位错在晶界处塞积，产生了足够高的应力，从而在相邻晶粒中激发了位错源。在式(7.1)中，这一应力由 k_yD^{-n} 表示。D 为晶粒尺寸，或是决定了位错滑移路径长度的另一种结构参数。参数 k_y 为材料的常数，基本上反映了滑移穿越一个晶粒进入到另一个晶粒的难易程度，在许多金属材料中指数 n 约为 0.5。可以认为 D 是唯一可变的结构参数，它决定了屈服强度且晶界滑移不影响变形。位错跨越晶界必然包含了对长程交互作用力的跨越，这是不能靠热激活支持的。因此，根据 6.4.1 节中的分类，k_yD^{-n} 描述了非热应力。σ_0 为不受晶粒尺寸影响的应力部分。与 σ_0 机制相关的一个主要例子为在热激活帮助下跨越局部滑移障碍(6.4.1 节和 6.4.2 节)。然而，在多相材料中，如 TiAl 合金，可能产生与 k_yD^{-n} 无关的恒定应力，也会对 σ 产生贡献。两相钛铝合金的显微组织非常复杂且有很多细节，包含多个长度参量。在双态合金中，相关的结构参量为等轴 α_2 和 γ 相的晶粒尺寸、片层团尺寸、片层间距、畴界尺寸以及 α_2 片层的间距。这些参数的相对重要性是难以评估的，因为它们很可能综合性地影响了位错的行为。同样，已经证明，在保持其他参数基本不变的情况下控制其中的一个显微组织特征是十分困难的。从这些问题的角度出发，可以看出两相钛铝合金并不适用于 Hall-Petch 模型。然而，TiAl 合金的强度数据仍经常以 Hall-Petch 关系的形式呈现，这很可能是因为它具有简化之美。参考文献[3-19]给出了一组用此方法获得的数据。表 7.1 中总结了对数据的分析结果。

表 7.1　结构参数对 TiAl 合金屈服强度 σ_y 的影响

合金成分/at.%	显微组织	σ_0/MPa	k_y/(MPa·m$^{1/2}$)	符号 参考文献
Ti-52Al	近 γ 组织，$\sigma_y=f(D)$	200	1.37	△
Ti-50Al-0.4Er				[5][(a)]
Ti-(50~54)Al	近 γ 组织，$\sigma_y=f(D)$	150	1.1	[6]
				○
Ti-48Al-2Cr	等轴 α_2 和 γ 晶粒，$\sigma_y=f(D)$	193	1.21	▽
				[10]
Ti-47Al-1.5Nb-1Cr-	等轴 α_2 和 γ 晶粒，$\sigma_y=f(D)$	133	0.91	●

续表

合金成分/at.%	显微组织	σ_0/MPa	k_y/($MPa\cdot m^{1/2}$)	符号参考文献
-1Mn-0.2Si-0.5B				[11]
Ti-45Al-2.4Si	等轴 α_2、γ 和 $Ti_5(Si, Al)_3$ 晶粒，$\sigma_y=f(D)$	125	1.00	[17]
Ti-48Al				
Ti-48.9Al				
Ti-46Al-5Si				
Ti-(48.1~51.6)Al	PST，硬取向；$\Phi=0°$，$\sigma_y=f(\lambda_L)$		0.41	[9]
	PST，硬取向；$\Phi=90°$，$\sigma_y=f(\lambda_L)$		0.5	
	PST，软取向：$\Phi=45°\sigma_y=f(\lambda_D)$		0.27	
Ti-47Al-2Cr-1.8Nb-0.2W	片层组织，$\sigma_y=f(\lambda_1)$		0.22	[14, 15]
Ti-47Al-2Cr-2Nb				
Ti-46Al-2Cr-1.8Nb				
Ti-45.5Al-2Cr-2Nb	全片层组织，$\sigma_y=f(D_C)$	581	2.7	[16](b)
Ti-47Al-2Cr-2Nb				
Ti-39.4Al	片层组织，$\sigma_y=f(\lambda_L)$	250	0.26	[18]

(a) 分析包含了文献[3-5]中的数据。

(b) 分析包含了文献[14-16]中的数据。

分析依照式(7.1)中的 Hall-Petch 关系进行。D 为晶粒尺寸，D_C 为片层团尺寸，λ_L 为片层间距，λ_D 为畴界尺寸。

图 7.1 展示了可以相对直接应用 Hall-Petch 关系的部分等轴组织 TiAl 合金的数据。屈服后的流变应力数据也与之类似[10]。图中的数据包含了 Ti-47Al-1.5Nb-1Cr-1Mn-0.2Si-0.5B 合金的数据，该合金是由粉末冶金方法制备的[11]。利用粉末冶金法可得到细晶且无织构的均匀等轴组织，因此这在分析晶粒细化的效果方面独具优势。通过线性回归，可得此合金的常数为 $\sigma_0=133$ MPa，$k_y=0.91$ $MPa\cdot m^{1/2}$。需要指出的是，在粉末冶金合金中确定的 k_y 值为已报道的等轴组织中的最低值(见表 7.1)。

综合来看，数据表明 σ_0 对应力的贡献较小。有很好的理由可以确信，与位错滑移阻力相关的热应力部分对 σ_0 有贡献(见 6.4 节和 6.5 节)。如果 σ_0 仅由这一热应力部分构成，那么有效应力即可表达为 $\tau^*=\sigma_0/M_T$。根据表 7.1 中

所列举的数据，当泰勒因子 $M_T = 3.06$ 时，等轴组织有效应力的范围可计算为

$$\tau^* = 44 \sim 67\ \text{MPa} \tag{7.2}$$

如上文所述，其他可能对 σ 有贡献的部分为非热共格应力，其在加载时产生，但是却难以定量。因此，式(7.2)所确定的数值应被认为是有效应力的上限。为确定 σ_0 的数值仍需进行下一步的工作。

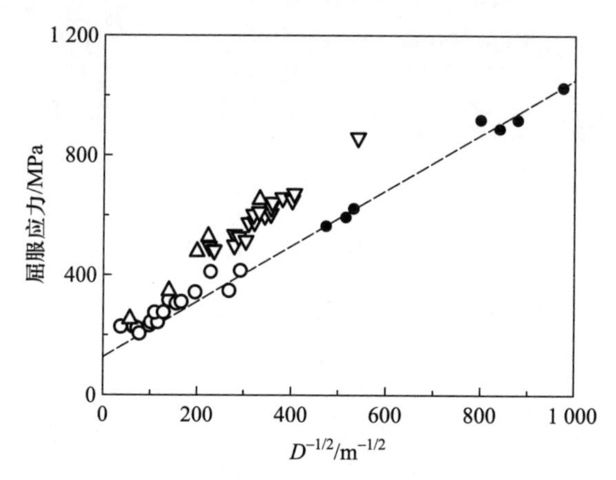

图 7.1　等轴 TiAl 合金室温屈服强度的 Hall-Petch 关系，横坐标为 $D^{-1/2}$。D 为平均晶粒直径。图中作出的直线表示对 Gerling 等[11]的数据进行了线性回归。符号意义和参考文献见表 7.1

显然，对于片层合金强度的 Hall-Petch 关系的分析更有必要。为了降低片层组织中各种结构参数引入的问题造成的影响，Umakoshi 等[7-9]研究了不同取向聚片孪晶(PST)晶体的强化效果。它具有两个优势：第一，可以避免由于片层团尺寸导致的屈服强度偏差；第二，通过对 PST 晶体进行特定取向下的变形，可以将片层界面和畴界的影响分离开来。在硬取向下，即 $\Phi = 0°$ 和 $\Phi = 90°$时，位错的滑移路径本质上是由片层间距 λ_L 决定的，在这些取向下可以评估 λ_L 对屈服强度的影响。在软取向 45°下，相关的结构参数为畴界间距 λ_D，可以此作为评估。分析的结果在表 7.1 中列出。遗憾的是，在大多数已发表的针对片层间距对屈服强度影响的数据中，片层间距的跨度不够大，不足以对 σ_0 进行清晰的阐述。然而，这些研究清楚地反映了片层组织中的片层取向 Φ 相对于加载轴的塑性各向异性(图 6.28)，这在 6.1.5 节中已经讨论过了。相应地，相比于片层界面，看起来畴界是相对容易跨越的。在硬取向下的分析更微妙一些，因为 α_2 片层能够以不同的方式影响屈服强度。在 0°取向下，α_2 相的滑移由柱面滑移完成，这相对容易。相反，在 90°取向下 α_2 相中则需要激发锥面滑移，这需要极高的应力(见 5.2 节)。因此，尽管在已研究的 PST 晶体中 α_2 相片层的间隔很宽，但是在两个硬取向下观察到的不同 k_y 值很可能反映了

与 α_2 片层产生交互作用的滑移方式的差异。为证实这一猜想，Umakoshi 等[9]指出，在 90°取向下，PST 晶体的流变应力总体上随 α_2 片层体积分数的上升而提高。这一现象也与 Umakoshi 和 Nakano[20]确定的 Hall-Petch 参数随温度的变化一致。在 45°软取向下，Hall-Petch 关系的斜率 k_y 在 900 ℃以下几乎与实验温度无关，这与非热滑移障碍的作用是一致的。但是，在 90°取向下，k_y 在 500 ℃时达到最大值 $k_y = 1.4\ \mathrm{MPa \cdot m^{1/2}}$，而后在 900 ℃下降至一个非常低的值 $k_y = 0.1\ \mathrm{MPa \cdot m^{1/2}}$。最大 k_y 值的位置也对应了 α_2 单晶中临界分切应力随温度变化曲线上的最大值点(见 5.2.2 节)。

Dimiduk 等[16]研究了全片层多晶合金屈服强度随片层团尺寸($D_C = 55 \sim 400\ \mu m$)以及片层间距($\lambda_L = 35 \sim 150\ nm$)的变化规律。如表 7.1 中所示，当将屈服强度相对于片层团尺寸排序时，可确定出一个明显的 Hall-Petch 常数 $k_y = 2.7\ \mathrm{MPa \cdot m^{1/2}}$(见表 7.1)。作者认为片层间距与 $D_C^{1/2}$ 成正比，并提出屈服强度由 λ_L 控制而与 D_C 无关。为使这一论点定量化，作者提出了一种针对片层组织材料屈服强度的分析模型，其包含了 3 种 Hall-Petch 常数，即晶界($k_y = 1\ \mathrm{MPa \cdot m^{1/2}}$)、畴界($k_y = 0.25\ \mathrm{MPa \cdot m^{1/2}}$)和片层界面($k_y = 0.45\ \mathrm{MPa \cdot m^{1/2}}$)对强度的影响。这些发现与 Sun[21-23]的位错塞积模型一致，即片层间距为描述全片层合金屈服强度的相关结构参量。此外，Jung 等[12]也对双相 TiAl 合金 Hall-Petch 关系提出了另一种分析。

需要着重指出的是，片层组织的塑性各向异性在多晶铸态材料中也有所体现。这见于铸态组织材料中，其具有柱状组织和明显的铸造织构。在这种材料中，由于凝固过程中 α 相的径向枝晶生长，柱状晶内的片层表现出高度的择优取向。利用这种铸造织构，研究人员制备了 3 种类型的样品，即片层相对于变形轴向的夹角分别为 $\Phi = 0°$、45°和 90°[24]。他们在室温下对这些样品进行压缩实验，应变速率为 $\dot{\varepsilon}_1 = 2.18 \times 10^{-5}\ s^{-1}$。如 6.4.1 节所述，为确定激活体积和激活能，研究者测定了流变应力对应变速率和温度的敏感性，分析结果总结于表 7.2 中。在变形初始阶段 $\varepsilon = 1.25\%$ 时测定的流变应力和应变速率敏感性如图 7.2。尽管有较大的离散性，屈服强度的各向异性与 PST 晶体中测得的结果一致(图 6.28)。尽管应变速率敏感性 $(\Delta\sigma/\Delta \ln \dot{\varepsilon})_T$ 看起来与 $\sigma_{1.25}$ 相关，但其随 Φ 的变化是很小的。这表明屈服强度在软取向和硬取向之间的变化本质上主要是非热的[24]。在 $\Phi = 90°$ 下，应变速率敏感性 $(\Delta\sigma/\Delta \ln \dot{\varepsilon})_T$ 的略微上升可能来自这一取向下出现的位错和片层界面的大量交互作用。穿越界面的滑移很可能包含了热激活过程，如位错交互作用或割阶拖曳等，这均反映为 $(\Delta\sigma/\Delta \ln \dot{\varepsilon})_T$ 值升高。这些解释与观察到的激活能几乎与 Φ 无关的结果相符，也位于无织构材料中测定的数据范围内(表 6.2)。

表 7.2　片层相对于压缩轴具有择优取向 Φ 的多晶全片层 Ti-48Al-2Cr 合金中确定的激活参数

Φ/(°)	$\sigma_{1.25}$/MPa	V/b^3	Q_e/eV	ΔG/eV
0	404	136	0.84	0.65
45	284	169	0.71	0.56
90	518	93	0.91	0.73

数据是在 ε=1.25%时测定的。V/b^3 参考普通位错伯格斯矢量 $\boldsymbol{b}$ 的激活体积，Q_e 为实验测定的激活能，ΔG 为激活自由能。

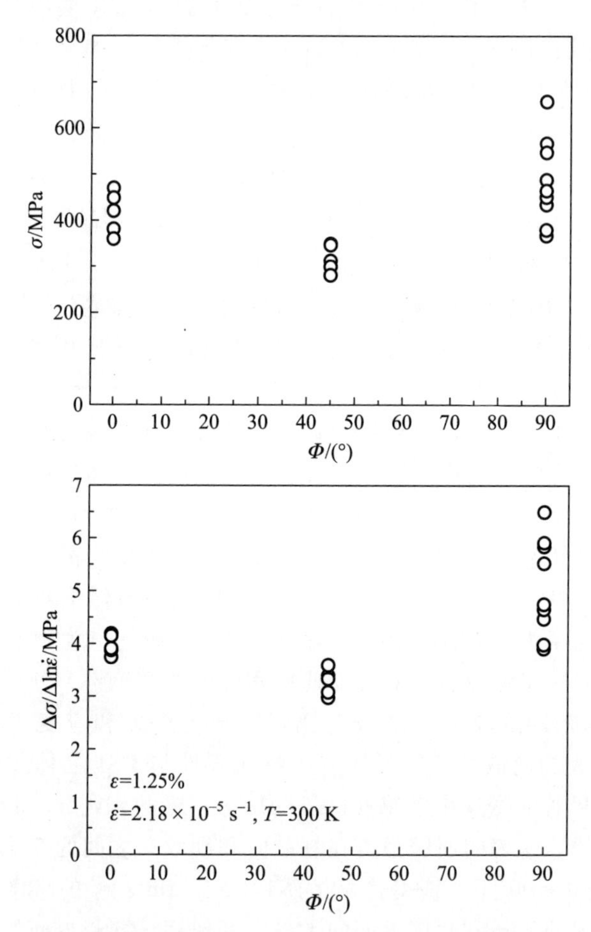

图 7.2　屈服强度 σ 和应变速率敏感性$(\Delta\sigma/\Delta\ln\dot{\varepsilon})_T$ 随平均片层界面相对于压缩轴取向 Φ 的关系。具有择优取向柱状片层晶粒的全片层 Ti-48Al-2Cr 合金，室温压缩[24]

总结：对于 TiAl 合金来说，其内部界面阻碍变形扩展的作用总体上可由

Hall-Petch 关系表达。基于这一理论进行的分析清晰地表明 TiAl 合金的屈服强度主要由其显微组织决定。因此，晶粒细化是提高强度性能的主要方法。

7.2　加工硬化

与大量的力学性能数据相比，关于 TiAl 合金加工硬化的信息显得非常少。这当然部分是因为合金的脆性，其可延续到相对较高的温度。然而，在压缩情况下，在大的塑性应变条件下是可以产生加工硬化的，此时加工硬化是合金强化的主要组成部分。与加工硬化相竞争的是回复和再结晶。因此，加工硬化的速率取决于机械应变能的产生及其扩散协助的释放。综合起来，这些因素导致了加工硬化对温度的复杂依赖性。从工程的角度出发，加工硬化是非常重要的，因为它包含在许多冶金过程中，如变形、成形、扩散连接和表面强化等。所有的这些过程均需要人们对形变诱导缺陷结构及其热稳定性有充分的理解。目前可得的关于这些问题的信息即为本部分要讨论的内容。

7.2.1　加工硬化现象

加工硬化机制应从控制位错速度的滑移障碍以及位错滑移路径的角度来表征，这与 6.4 节中的讨论过程相似。根据这一方法，材料屈服后的流变应力 $\sigma(\varepsilon)$ 可描述为[25]

$$\sigma(\varepsilon)=\sigma_0+\sigma_\mu(\varepsilon)+\sigma^*(\varepsilon)=\sigma_0+\sigma_\mu(\varepsilon)+\frac{1}{M_T V_D(\varepsilon)}(\Delta F_D^*+kT\ln\dot{\varepsilon}/\dot{\varepsilon}_0) \tag{7.3}$$

式中，ΔG 为吉布斯激活自由能；k 为玻尔兹曼常数；M_T 为泰勒因子；σ_0 表示在屈服开始时起作用的位错机制对应力的贡献，可以认为其与应变 ε 无关，6.4 节中已讨论了与 σ_0 相关的微观机制；$\sigma_\mu(\varepsilon)$ 为加工硬化的非热应力部分，表示了位错的长程交互作用；$\sigma^*(\varepsilon)$ 为在热协助下跨越形变诱导短程滑移障碍的有效(或热)应力分量；$V_D(\varepsilon)$ 和 ΔF_D^* 分别为激活体积和这一热激活过程的激活自由能。因此，激活体积的倒数随 ε 的变化可作为衡量热滑移障碍对加工硬化的贡献的参数。

图 7.3 显示了压缩变形条件下的典型流变行为。如图中一组平行的应力-应变曲线所示，在室温到 873 K 之间，加工硬化对温度不敏感，[25-29]。图 7.4 展示了两个温度条件下均一化的加工硬化系数 $\vartheta/\mu=(1/\mu)\,\mathrm{d}\sigma/\mathrm{d}\varepsilon$ 随应变 ε 的函数关系。剪切模量 μ 随温度的变化关系来自文献[30]。粗晶合金 σ 和 ε 的关系一般表现为抛物线。在这种材料中，局部流变很可能开始于取向有利的晶粒或片层团中，将要发生宏观屈服的区域的小塑性变形可能完全来自这种非均

匀变形。明显较高的初始加工硬化速率仅是局部流变使约束应力降低的结果，而非位错反应控制的传统加工硬化的表现。在稳态条件下，即 $\varepsilon=6\%$ 且 $\dot{\varepsilon}=10^{-4}\ \mathrm{s}^{-1}$，均一化的加工硬化系数为典型的 $\vartheta/\mu=0.07\sim0.08$。需要指出的是，此加工硬化率比典型的六方金属高出了好几倍。Kocks 和 Mecking[31] 综述了传统金属加工硬化模型的研究现状；Gray 和 Pollock[32] 则对金属间化合物合金的加工硬化作出了评价。

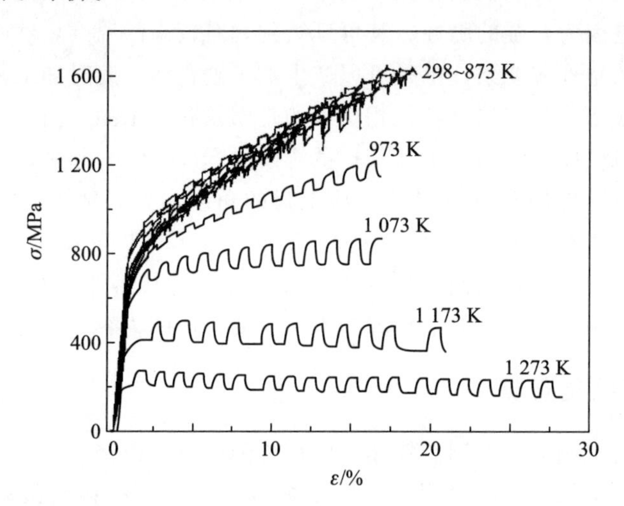

图 7.3　压缩实验的应力-应变曲线，展示了近片层 Ti-45Al-8Nb-0.2C 合金的加工硬化行为。在 $\dot{\varepsilon}_1=2.3\times10^{-4}\ \mathrm{s}^{-1}$ 和 $\dot{\varepsilon}_2=20\ \dot{\varepsilon}_1$ 之间进行反复的应变速率变化，$T=1\ 273$ K 时的应变速率比率为 $\dot{\varepsilon}_2=3\ \dot{\varepsilon}_1$。数据由 Herrmann[29] 测定

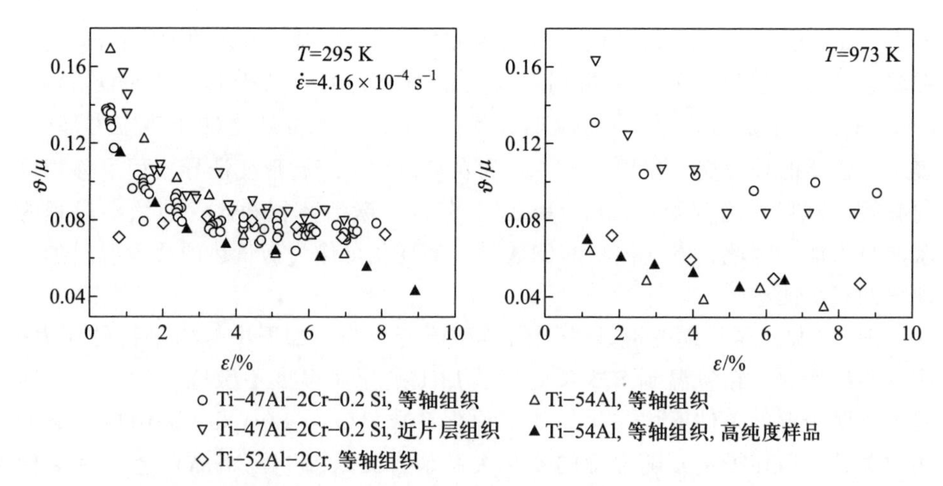

图 7.4　均一化的加工硬化系数 $\vartheta/\mu=(1/\mu)\ \mathrm{d}\sigma/\mathrm{d}\varepsilon$ 随应变 ε 的变化，温度分别为 $T=295$ K 和 $T=973$ K，μ 为各自温度下的剪切模量

总结：压缩条件下，TiAl 合金表现出了高应变硬化速率，它在宽温度范围内对温度不敏感。在脆韧转变温度以上，加工硬化速率下降。

7.2.2 非热部分对加工硬化的贡献

从式(7.3)中应力 $\sigma_{\mu}(\varepsilon)$ 的角度出发，显然非热部分对加工硬化的贡献来自位错在平行滑移面上迁移时的弹性交互作用。室温压缩后的样品中频繁观察到的位错多极结构证明了这一点(图 7.5)。位错由于其弹性交互作用和交滑移导致的局部重组而受阻。可以认为，多极位错结构是相对较强的不可动障碍，在宽温度范围内对加工硬化做出了有效的贡献。

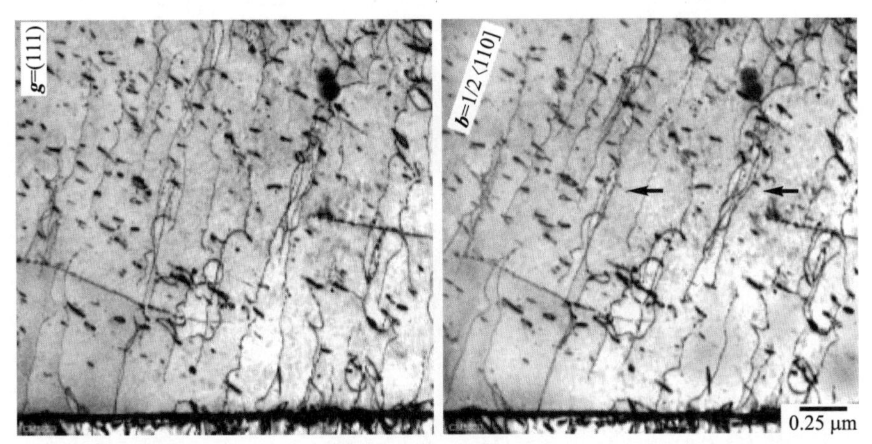

图 7.5 位于$(\bar{1}1\bar{1})$面上的 1/2⟨110]螺位错多极结构(箭头处)的立体观察图。利用近$[0\bar{1}1]$方向的 $\boldsymbol{g}=(111)_{\gamma}$ 操作反射获得的高阶明场像。Ti-48Al-2Cr 合金，室温压缩变形 $\varepsilon=3\%$

在室温变形过程中，大多数情况下多重滑移发生在相互倾斜的⟨110⟩{111}和$\langle 11\bar{2}]$ {111}滑移系中。这些系统中的位错滑移必然相互交割。这些交割的机械细节取决于位错之间的相互取向以及参与位错的类型及特性[33]。分析表明，位错之间交互作用的弹性应力与材料的屈服强度相当，且可扩展至相对较远的距离[34]。当与它们的间距为 5 个伯格斯矢量长度时，交互作用力的量级为剪切模量的几个百分点。多数情况下，在位错的滑移面内以及垂直于滑移面的方向上都有应力分量。于是，位错之间的弹性交互作用不仅倾向于钉扎位错，而且可使交滑移扩展[34]。因此，交割位错上形成的割阶高度可能明显大于那些形成于基于伯格斯矢量相对取向的简单交割几何中的割阶高度。图 7.6 展示了位于斜交{111}面上的两组 1/2⟨110]螺位错。在交割区域出现了大量偶极子和位错碎片。可以进行合理的推测，这些缺陷是产生大量割阶的位错

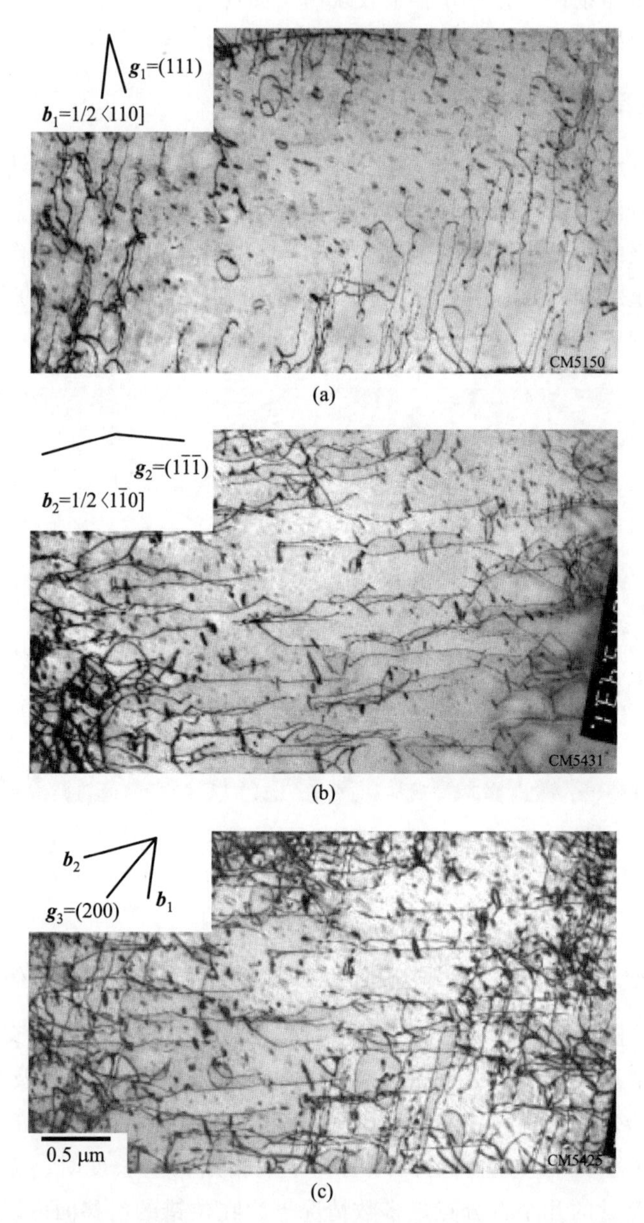

图 7.6　位于斜交{111}面上的两组 1/2⟨110]螺位错交割。Ti-48Al-2Cr 合金，室温压缩变形 $\varepsilon = 3\%$。利用近[$0\bar{1}1$]方向的 $\boldsymbol{g}_i$ 操作反射获得的高阶明场像。(a) 1 组：位于($\bar{1}1\bar{1}$) 面上的 $\boldsymbol{b}_1 = 1/2$⟨110]螺位错。(b) 2 组：位于($\bar{1}\bar{1}1$) 面上的 $\boldsymbol{b}_2 = 1/2$⟨$1\bar{1}0$]螺位错。(c) 1 组和 2 组螺位错同时成像。注意在交割区域形成的高密度位错碎片

拖尾或终结点，关于这种机制的讨论见 7.2.3 节。

毫无疑问，位错联结和交割的形成使位错驻留下来。这两种机制的共同特点是其相应的应力部分 σ_{DIS} 随位错之间的间距反向变化，σ_{DIS} 可表示为[35]

$$\sigma_{\mathrm{DIS}} = \alpha\mu \boldsymbol{b}\sqrt{\rho_{\mathrm{DIS}}} \tag{7.4}$$

式中，ρ_{DIS} 为总位错密度，$\boldsymbol{b}$ 为伯格斯矢量，$\alpha=0.5$ 为常数。变形初始阶段($\varepsilon=1.25\%$)的位错密度一般为 $\rho_{\mathrm{DIS}}=10^{-8}\ \mathrm{cm}^{-2}$，这使其应力贡献 $\sigma_{\mathrm{DIS}}=30\ \mathrm{MPa}$[36]。遗憾的是，目前还没有已发表的关于位错密度随应变变化的数据以检验这一关于 TiAl 合金的猜想。

另一种加工硬化的根源应是形变孪晶，因为在孪晶和基体的界面处晶体的局部取向发生了改变，且界面自身也可作为滑移障碍。因此，大量形成的孪晶降低了位错自由滑动的距离，这与 Hall-Petch 的晶粒尺寸效应类似。另外，多组 $1/6\langle 11\bar{2}]\{111\}$ 孪晶系统的剪切方向不平行，这将导致孪晶条带之间出现大量交截。如 6.3.4 节所述，孪晶交截产生了内应力且代表了一种对孪晶位错的潜在钉扎机制。最后，需要指出的是，在 γ-TiAl 中超位错的非平面分解可形成不可动位错钉扎(见 5.1.4 节)，然而在两相合金中则几乎没有这一数据。所有这些机制的一个重要特点是与之相关的缺陷结构的尺寸均相对较大。可以认为，为跨越这些障碍所产生的应力部分 σ_{μ} 与温度和应变速率无关，因为热起伏并不能提供足够的能量以使位错跨越如此大的间距而运动。

总结：多极位错结构的形成、位错交割以及形变孪晶均为潜在的加工硬化源，位错在跨越这些障碍时受到了长程内应力的阻碍，因而可认为这将对加工硬化产生非热的应力贡献。

7.2.3 割阶拖曳和位错碎片强化

室温下的加工硬化通常伴有激活体积的倒数 $1/V$ 随应变 ε 的增加而升高，如图 7.7。根据式(7.3)，这表明变形过程中形成了新的障碍。与此同时，吉布斯激活自由能 ΔG 与应变无关(图 7.8)，这表明尽管出现了很强的应变强化，但是平均位错的运动速度并没有随应变发生明显的改变。$1/V$ 随应变的变化应该更可能是由割阶拖曳机制导致的。6.3.1 节中已讨论过，一个位于螺位错上的割阶具有刃位错特征，且其不能随着螺位错进行同步保守运动。在足够高的应力下，可能出现割阶的运动，从而在其后部留下空位或杂质原子的拖尾，这取决于位错的符号和运动方向。钉扎过程的稳态组态与图 6.61 中所描绘的类似，但是割阶处存在渗透力以平衡由于相邻位错部分的弓出而产生的拉伸线张力。原则上，变形过程中一个螺位错上可以同时出现由空位和间隙原子导致的割阶。然而，含有割阶且产生了点缺陷的位错向前运动所需的应力与相关点缺

陷的形成能 E_F 成正比。Wang 等[37]基于 Finnis-Sinclair 多体势函数所做的分子动力学模拟表明，TiAl 合金中所有稳定间隙原子组态的形成能为相应空位形成能的 2~3 倍。因此，割阶拖曳不太可能产生间隙原子缺陷。更可能的是含有间隙原子的割阶沿螺位错保守滑移而后合并。由于空位的形成能和其原子尺度上的激活体积相对较小，可以认为热激活是支持割阶拖曳的。这就产生了一个随应变速率和温度变化的热应力部分 $\sigma^*(\varepsilon)$。割阶拖曳的另一个结果可以认为是空位浓度升高从而超过了其热平衡浓度，这反过来又促进了扩散。如果螺位错上的某个割阶不发生运动，它可与运动中的位错通过两条符号相反的刃位

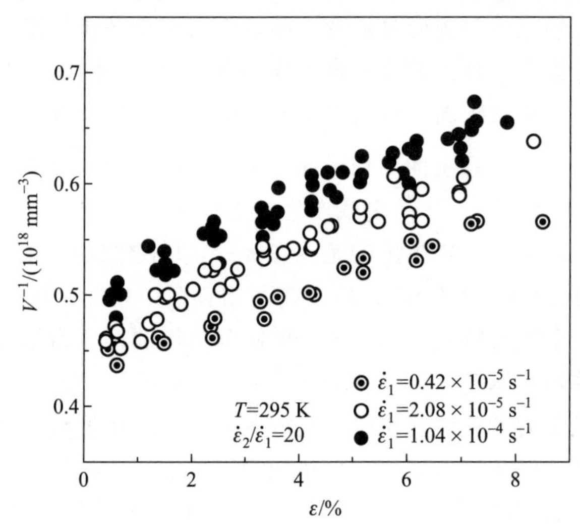

图 7.7　激活体积倒数 1/V 随应变 ε 的变化。Ti-47Al-2C-0.2Si 合金，等轴组织[25]

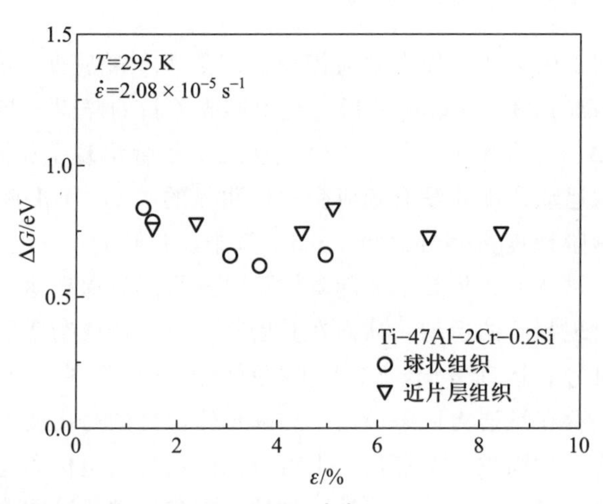

图 7.8　吉布斯激活自由能 ΔG 随应变 ε 的变化[25]

错相连从而形成一个位错偶极子(图 6.39，iii 阶段)。由于偶极子上正负刃位错的相互吸引，偶极子可能破碎成一列柱面位错环，这一过程在 TiAl 合金中经常可观察到，图 6.38 已对此进行了说明。

看来，割阶拖曳导致的位错碎片和偶极子对其他位错来说是很有效的滑移障碍，图 7.9 展示了这一过程的一些细节。图 7.9(a)为普通螺位错，它们刚刚开始形成偶极子拖尾，从中也可看到终结点的位错碎片。图 7.9(b)为高分辨像，展示了跨越两个刃位错臂的一个小偶极子。仅间隔若干原子间距的刃位错本是不太可能出现的，这表明了偶极子具有空位特征。需要指出的是，在少数能在高分辨 TEM 下观察到的偶极子中，它们总是空位型的。图 7.9(c)展示了

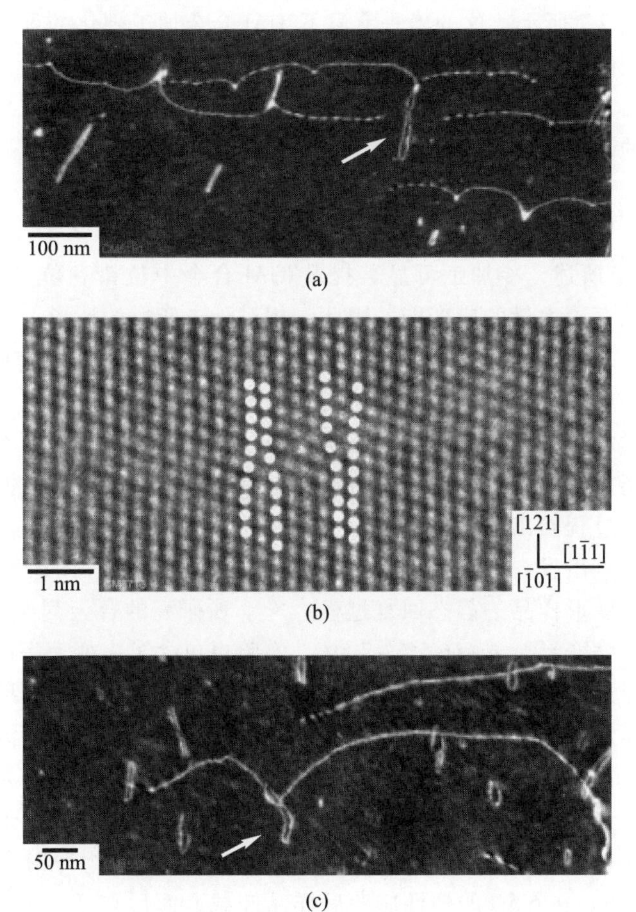

图 7.9 两相钛铝合金中阐释位错碎片强化的 TEM 图像。室温压缩变形量 $\varepsilon=3\%$；(a) 拖尾于普通螺位错的偶极子(箭头处)，注意终结点的位错碎片；(b) 一个空位型位错偶极子的高分辨像；(c) 一个普通螺位错与位错碎片缺陷的交割(箭头处)

含有位错碎片缺陷的一个螺位错交割。位错在缺陷处弓出，这说明了障碍处的高钉扎强度。从图 7.6 中可以看出位错碎片同样在斜交的{111}滑移面上形成。这些碎片的交割对加工硬化产生了另一种贡献。Gilman[38] 和 Chen 等[39] 提出了一种位错碎片强化模型，他们假设碎片的产生速率与运动位错的密度成正比，作出了位错碎片浓度随着应变量直线上升的预测。Kroupa[40-42]、Bullough 和 Newman[43] 以及 Bacon 等[44] 的早期研究表明，一条位错与柱面位错环之间的应力场是非常局域化的，且交割力较小。在这些缺陷之间不存在长程交互作用。根据这些特征，在热激活的协助下，位错是可以跨越位错碎片的。由于碎片的密度被认为是随着应变的增加而上升，这种机制应表现为激活体积的倒数随应变上升。如图 7.7 所示，这的确是室温下 TiAl 合金加工硬化的重要特征。

总结：割阶拖曳和位错碎片缺陷为位错运动提供了滑移阻力，在室温下对加工硬化做出了热应力部分上的贡献。这一机制产生了过饱和点缺陷，它很可能是空位型的。

7.2.4　变形结构的热稳定性

如 7.2.3 节所述，冷加工可显著提升 TiAl 合金中位错和位错碎片的密度，这使材料中贮存了大量的应变能。因此，相对于未变形的情形，冷加工后的组织在热力学上是不稳定的。贮存的能量可通过位错自身重组为低能量组态或与点缺陷结合等形式释放。这些过程均需要位错的攀移，且仅当有足够的热激活以产生扩散时才可进行。有充足的证明表明，这些回复过程是由不同的能垒决定的，这些能垒是其所包含缺陷的特征点。因此，冷加工材料的回复可对加工硬化中的缺陷过程给出额外的信息。

从这一观点出发，人们根据图 7.10 中给出的过程示意图研究了几种单相和两相合金中变形样品的静态回复过程[25,28]。所研究的合金列于表 7.3 中。样品在室温下压缩变形至 $\varepsilon_P = 6.5\% \sim 7.5\%$。实验也包含了应变速率的变化以确定激活体积。变形后的样品随后被置于等温或等时退火中，以使变形导致的缺陷结构逐步回复。每次退火周期后，样品在室温下重新变形。当等温退火时间总达 $t_R^* = 225$ min 后，在下一个最高温度下重复进行同样的实验。为测定下一温度的流变应力，样品经历了一个小的塑性变形以产生加工硬化。退火周期的流变应力已将这一应力的上升值减去。图 7.11(a)给出了一组等时退火实验的载荷-伸长量曲线。在 6.5%的塑性应变后样品卸载，而后在 $T_R = 1\ 023$ K 下退火 $t_R = 50$ h，随后样品在再次加载前冷却。可以看出，在最初变形中出现的显著加工硬化在退火后重新加载时消失，这与退火消除了滑移障碍直接相关。相关的激活体积倒数的回复行为如图 7.11(b)。在退火温度 T_R 在 673~1 133 K 之间对不同合金进行了相同的实验，退火时间恒定为 $t_R = 120$ min，这些实验的结果

表 7.3 回复实验所研究合金的成分、组织和力学性能

符号	成分/at.%	显微组织	σ_D/MPa	V_D^{-1}/(10^{18} mm^{-3})
	Ti-45Al-5Nb-0.2B-0.2C	近球状组织，$D=1\sim8$ μm	1 350	1. 03
	Ti-45Al-8Nb-0.2C	双态组织，$D=5\sim10$μm，$D_c=10\sim30$ μm	1 330	1. 08
*	Ti-48Al-2Cr	近片层组织，$D_c=1$ mm，$\lambda=0.05\sim1$ μm	1 029	0. 53
○	Ti-47Al-2Cr-0.2Si	等轴 $\alpha_2+\gamma$ 组织，$D=11$ μm	947	0. 7
▽	Ti-47Al-2Cr-0.2Si	近片层组织，$D_c=330$ μm，$\lambda=0.05\sim1$ μm	1 065	1. 12
◇	Ti-52A1-2Cr	近 γ 组织，$D=5.2$ μm	1 037	0. 7
△	Ti-54A	近 γ 组织，$D=188$ μm	901	0. 75

注：σ_D 为流变应力；V_D^{-1} 为激活体积的倒数；测定条件为 $T=295$ K、压缩实验至应变 $\varepsilon_P=7.5\%$，应变速率$\dot{\varepsilon}=4.16\times10^{-4}$ s^{-1}；D 为晶粒尺寸；D_C 为片层团尺寸；λ_L 为片层间距。

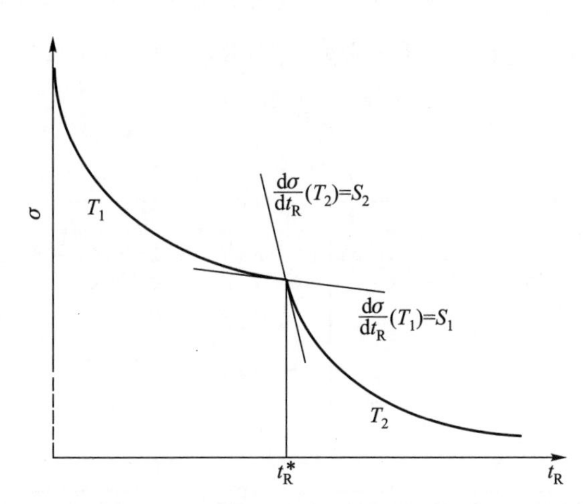

图 7.10 为表征形变诱导缺陷结构的回复，在变形样品上进行的退火实验的示意图。在 T_1 下进行第一阶段等温退火后，退火温度升高至 T_2

如图 7.12。左侧的图片表明，当退火温度高于 800 K 时，绝大部分的加工硬化都被回复消除了。在 T_R<800 K 时观察到的流变应力的上升很可能源自形成缺陷气团后的位错钉扎机制（见 6.4.3 节），其可产生于回复实验的温度及时间尺度范围内。相反地，在所有研究的退火温度中，激活体积的倒数几乎完全恢复

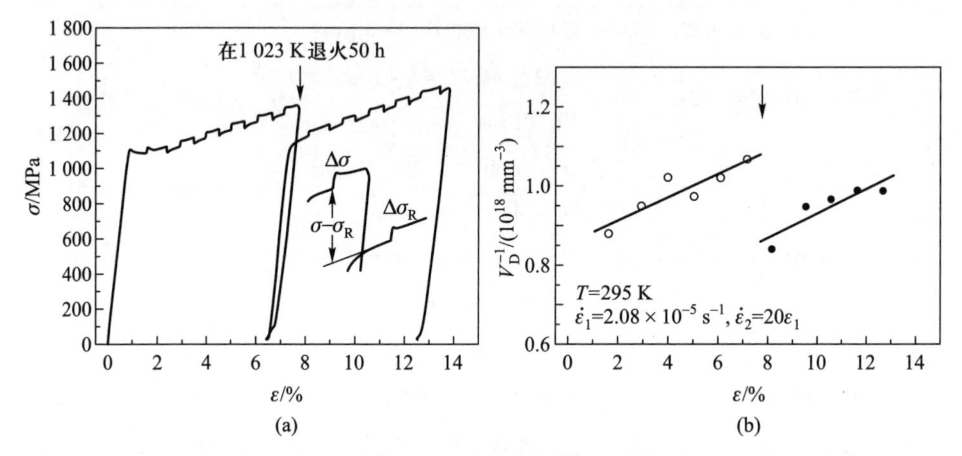

图 7.11　挤压 Ti-45Al-5Nb-0.2B-0.2C 合金中观察到的加工硬化回复现象。σ 为流变应力，V_D 为在 295 K 预变形测得的激活体积，σ_R 为退火后测得的流变应力，$\Delta\sigma$ 和 $\Delta\sigma_R$ 为退火前后应变速率循环实验的应力增量，用以测定激活体积。（a）回复实验的载荷-伸长量曲线：室温下压缩预变形至 $\varepsilon_P=6.5\%$，随后在 1 023 K 进行 50 h 的退火而后在室温下重新测试。为测定激活体积，实验中设定了交替的应变速率变化；（b）本实验退火前后测定的激活体积的倒数 $1/V_D$ [29]。

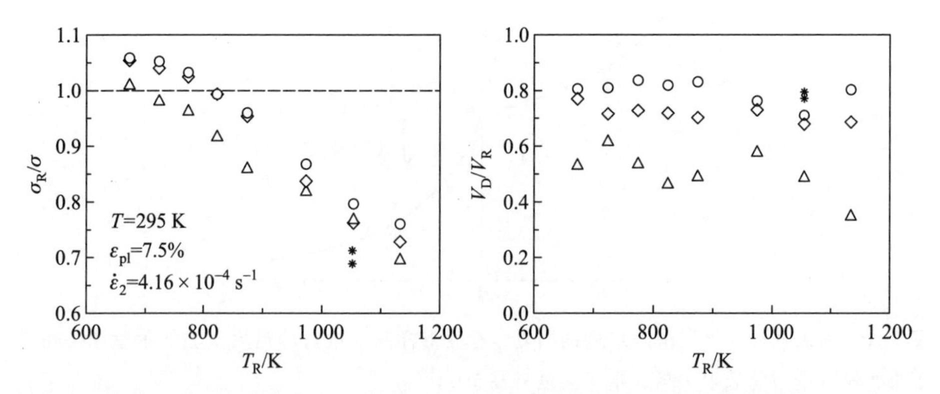

图 7.12　等时退火对流变应力 σ 以及室温加工硬化条件下测定的激活体积倒数 $1/V$ 的影响规律。退火在不同温度 T_R 进行，退火时间恒定为 $t_R=120$ min。流变应力 σ 以及激活体积 V_D 测定于退火前的初始室温塑性变形达 $\varepsilon_P=7.5\%$时。流变应力 σ_R 和激活体积 V_R 测定于退火后的再加载时。符号意义见表 7.3 [25]

到了预变形开始阶段的数值上，如图 7.13。这一结果表明，形变诱导的短程滑移障碍可以轻易地由退火消除。与激活体积应变依赖性相关的偶极子和位错碎片缺陷是由少量额外或缺失的材料造成的[图 7.9(b)]。因此，通过退火使 $1/V_D$ 快速回复是可行的。然而，流变曲线并不能完全回复，这表明在相对较低的退火温度下，位错运动的长程障碍是不能去除的，如多极位错。

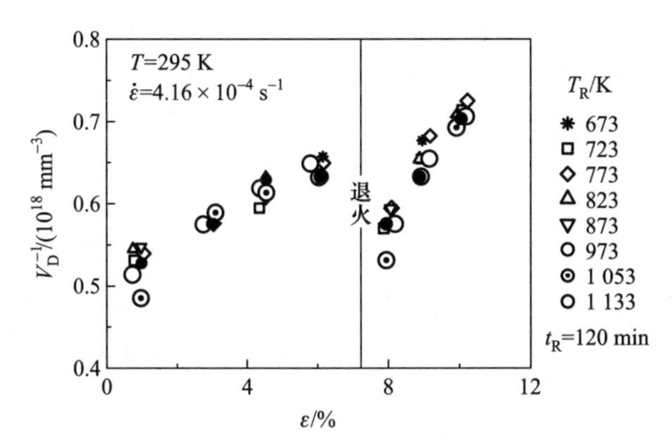

图 7.13 激活体积倒数的回复以及随应变的变化。室温下预变形至 $\varepsilon_P = 7.5\%$，随后在退火温度 T_R 进行 2 h 退火。Ti-47Al-2Cr-0.2Si 合金，等轴组织[25]

分析等温时效动力学，可确定回复过程的激活能 Q_R。根据 Damask 和 Dienes[45] 提出的评估方法，假定：

（1）可回复的流变应力与缺陷数量 n 成正比；

（2）缺陷的退火是一个简单热激活过程，且激活能恒定；

（3）缺陷浓度分数随退火时间的变化可用式：$dn/dR = F(n)K_0\exp(-Q_R/kT)$ 表示，其中 K_0 为常数，$F(n)$ 为 n 的连续函数。

图 7.14 展示了采用不同温度下的等温退火得到的流变应力回复动力学曲线。激活能由式(7.5)计算[45]：

$$Q_R = \frac{kT_1T_2}{T_2 - T_1}\ln\frac{S_2}{S_1} \tag{7.5}$$

梯度 $S = d\sigma/dt_R$ 可通过等温退火确定，如图 7.10 所示。计算的结果见表 7.4。为方便比较，可将 γ-TiAl 中的 Ti 原子的自扩散能 $Q_{sd}(Ti) = 2.59$ eV 和 Al 原子的自扩散能 $Q_{sd}(Al) = 3.71$ eV[46] 作为参考。Q_R 值由在较低温度下进行的分析 $T_R = 973$ K/1 053 K 和 $T_R = 1\ 053$ K/1 133 K 给出，这和自扩散能吻合。这一发现有力地支持了如下观点，即加工硬化的回复是由过剩空位以及预变形中产生的位错碎片的回复造成的。在对预变形样品的原位加热实验中已得出了这一机制的直接证据(见 6.2.5 节和 6.3.1 节)。在 $T_R = 1\ 153$ K/1 173 K 得到的高 Q_R 值可能源自 Damask 和 Dienes[45]的模型中并未考虑到的复杂因素，包括：

（1）由于大量攀移导致位错阱的逐步变化[47]；

（2）退火过程的不同阶段中有不止一种缺陷类型参与其中；

（3）高温退火时的显微组织逐渐变化。

看来因素(3)中提到的结构性变化在最高退火温度下越发重要，从而引发了材料的额外软化机制。其中可能的是位错重组或形成亚晶界。有意思的是，在单相 γ 合金中也观察到了类似的加工硬化回复特征[48]。这是出乎意料的，因为一般认为单相 γ 合金和两相合金中的位错机制是显著不同的(见 5.1 节和 6.2 节)。单相合金变形结构的一个主要特征为层错偶极子，即以肖克莱不全位错为界的外禀堆垛层错。可以猜测，这些缺陷可引发一种形变诱导热激活过程，但实际上这还没有得到证明。Viguier 和 Hemker[48]认为层错偶极子不是热稳定的，他们将这种不稳定归因于一种类似扩散过程的局部晶体结构的再度有序化。

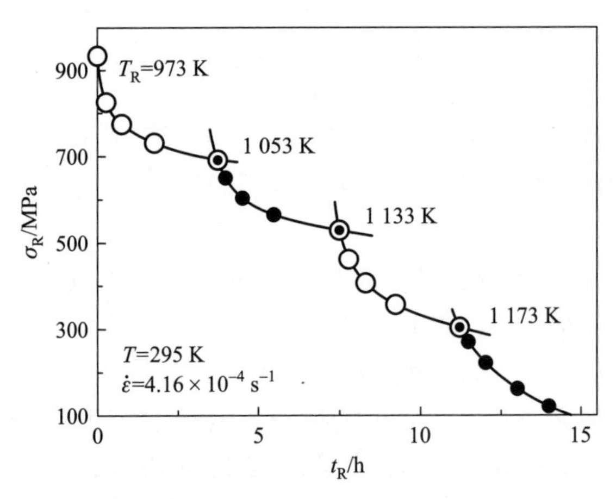

图 7.14　不同温度 T_R 下对室温预变形至 $\varepsilon_P = 7.5\%$ 的样品等温退火得到的流变应力回复动力学曲线。流变应力 σ_R 是在退火后再次加载时确定的。Ti-47Al-2Cr-0.2Si 合金，等轴组织[25]，符号意义见表 7.3

表 7.4　加工硬化回复的激活能 Q_R 值汇总表，样品在 3 00 K 下预变形至 $\varepsilon_P = 7.5\%$

合金	Q_R/eV		
	T_R：973 K/1 053 K	T_R：1 053 K/1 133 K	T_R：1 133 K/1 173 K
Ti-47Al-2Cr-0.2Si	3. 6	3. 3	5. 1
Ti-52Al-2Cr	2. 9	3. 6	5. 8
Ti-54A1	4. 1	4. 1	5. 5

注：在 T_R 温度下测定的回复动力学[25,28]。

从工程的角度看，变形态样品对回复的敏感性可能是几种合金应用部件的主要关心指标。大量的早期回复降低了静态再结晶驱动力，这可能对退火时显微组织的演变起到了重要作用。伴随松弛的回复是去除残余应力和外部载荷的主要方式，可能出现于室温下的紧固件中。早期回复当然不利于如喷丸或滚压这些目前正在探索中的、为了制备 TiAl 合金抗初始裂纹的外表面的表面强化工艺。从目前的研究结果看，人们可能会认为表面强化仅在低服役温度下有效，因为在高温暴露下压缩应力将因回复而释放。

总结：由室温压缩产生的加工硬化在中温下将大部分回复。变形态的低热稳定性源自随着退火而消失的多余空位以及位错碎片。

7.2.5　高温流变行为

材料高温下应变强化的速率一般由两种机制竞争决定，即贮存缺陷的机制和通过动态回复或再结晶释放应变能的机制。现已一致认为，TiAl 合金中所有的这些机制，除依赖变形参数外，还取决于合金成分和显微组织[49-51]。本节将讨论目前可用的关于这一复杂关系的信息。主要集中在高温流变中的物理机制方面。这些讨论可作为第 16 章讨论的热加工过程中的结构演变的补充。

用于讨论控制流变行为机制的材料为表 7.5 中简要描述的一系列单相和两相合金。图 7.15(a)展示了这些合金在 1 273 K 下测得的压缩流变曲线[51]。显然，相组成和显微组织不仅在整体上影响了屈服强度，而且也影响了流变曲线。铸锭材料(合金 2)具有目前高温下可保持的最高强度；这看起来应该归因于其粗大的片层组织。另一个因素很可能是其高 Nb 含量，它减缓了合金中的扩散(见 7.3 节)。挤压合金 1 和 3~5 在晶粒尺寸和片层团体积分数上的变化范围较宽，这可能是其强度差异的原因。从 Hall-Petch 理论对强度和晶粒尺寸的分析出发，单相合金 8 与合金 3 和 4 的数据吻合得很好。图 7.15(b)展示了此温度下在屈服后的稳态加工硬化区(大多数情况下在 $\varepsilon=2\%\sim5\%$ 区域)测定并以剪切模量 $\mu=56.29$ GPa 均一化的加工硬化系数[30]。所有包含高体积分数片层团的两相合金均或多或少地表现出明显的加工软化现象。相反地，在近球形组织(合金 4)或双态组织(合金 5)中则观察到了加工硬化。这一两相合金中的不同很可能与压缩变形的不稳定性有关[52]。从层状模型的角度出发[53]，片层的形貌可以考虑为 TiAl 和 Ti_3Al 层片的组合。当其与压缩轴向完美平行时，只要载荷低于临界值，这些层片即可表现出高度的稳定性。当载荷超出临界值时，平衡被打破，即使一个极其微小的扰动也会导致此结构出现弯曲或垮塌。这种扰动可能来自跨越片层的非均匀位错滑移和攀移，或是受阻的形变孪晶。此外，α_2 和 γ 相对加载的弹性反馈有显著的不同[30]。因此，若 α_2 和 γ 片层的分布不均匀，将使不稳定垮塌的趋势上升。Imayev 等[52]的研究表明，弯曲最

严重的局部会产生 α_2 相的球化和 γ 相的再结晶。这些过程通常随细晶剪切带的扩展而进行，其在高度变形条件下可穿越整个变形部件。可以认为，在没有

表 7.5　研究的合金的成分及显微组织[51]

合金	成分/at. %	显微组织
1	Ti-44.5Al	双态组织，$D=1\sim5$ μm，$D_C=20\sim30$ μm
2	Ti-45Al-10Nb	全片层组织，$D_C=100$ μm
3	Ti-46.5Al	双态组织，金片层组织，$D=1\sim5$ μm
4	Ti-46.5Al-5.5Nb	近球化组织，$D=1\sim5$ μm
5	Ti-47Al-4.5Nb-0.2C-0.2B	双态组织，近球化组织 $D=1\sim2$ μm
6	Ti-45Al-8Nb-0.2C(TNB-V2)	双态组织，$D=5\sim10$ μm，$D_C=10\sim30$ μm
7	Ti-45Al-4.5Nb-0.2C-0.2B(TNB-V5)	近球化组织，$D=1\sim8$ μm
8	Ti-54Al	近 γ 组织，$D=10\sim20$ μm

注：D 为晶粒尺寸，D_C 为片层团尺寸。

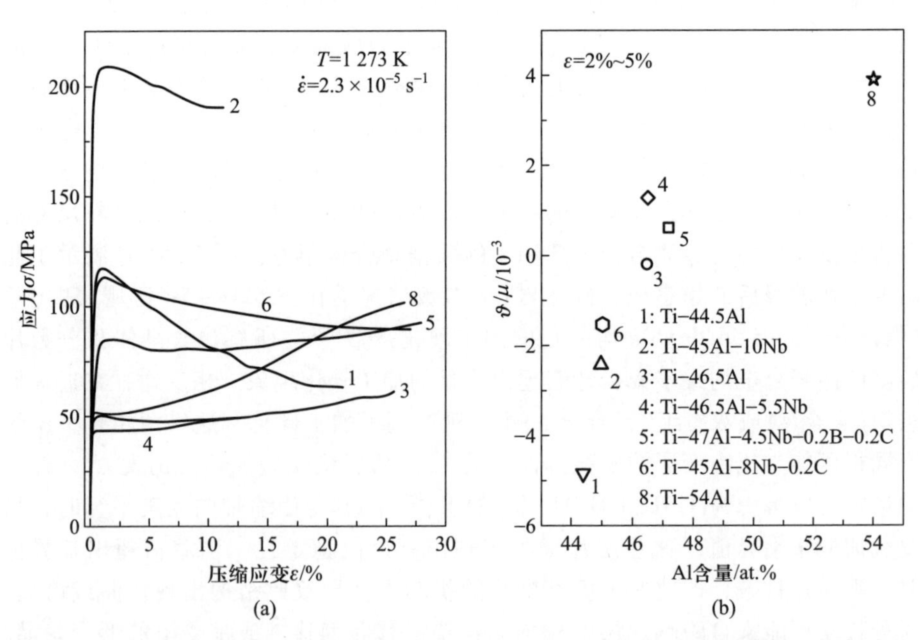

图 7.15　表 7.5 中所列合金在 $T=1\ 273$ K 时的压缩行为。(a) 圆柱状压缩样品的流变曲线；(b) 此温度下，过屈服点后以剪切模量 $\mu=56.29$ GPa 均一化的加工硬化系数 ϑ[51]

明显加工硬化时剪切带内的变形可很容易地通过晶界滑移实现。在仅含有少量片层团的两相合金中，几乎不存在这一变形不稳定性，因而由传统位错机制和形变孪晶导致的加工硬化很可能成为主导。单相 γ 合金 8 表现出了最高的加工硬化率，粗略来看可能是因为力学不稳定性消失了，因为其组织中并不包含片层团。然而，还有其他可能的因素有利于合金 8 的加工硬化。如第 5 章中所述，高 Al 含量合金中 γ 相的主要变形方式为超位错。超位错很容易发生多种非平面分解反应，从而导致极高的点阵阻力并形成不可动联结。可以认为，这种位错组态是后续位错滑动的强障碍。

此外，扩展位错的交滑移困难，因为在位错可扩展至交滑移面之前，不全位错首先要束集到一起形成非扩展位错。扩展位错芯对位错攀移的影响目前仍处于争论中。然而，大量的推测认为割阶形核和空位的产生或破坏的能垒是很高的，从而令攀移难以进行[33]。由于动态回复需要位错的交滑移和攀移，在高 Al 含量 TiAl 合金中变形所产生的位错结构可能比高 Ti 含量 TiAl 合金中的更加稳定。这一结论与 Imayev 等[52]报道的观察结果一致，他们发现 Ti-54Al 合金在 1 273 K 下变形组织($\varepsilon=75\%$)中再结晶晶粒的体积分数要明显低于($\alpha_2+\gamma$)合金的。

激活体积的平均值，以及在 $\varepsilon=10\%$下实验测定的激活能平均值见表 7.6，实验测定的细节见文献[51]。激活体积是对于 $\boldsymbol{b}=1/2\langle 110]$普通位错来说的，它是这里所讨论的大多数合金中决定变形的主要机制。下面的讨论表明，TiAl 合金的热变形是非常复杂的，不仅包含了位错迁移，而且还伴有动态回复、动态再结晶和相变。当变形被控制在最慢的应变速率下时，这些过程当然是依次发生的。虽然在 TiAl 合金的文献中一致认为，动态回复本质上受控于位错滑移和攀移，但是人们仅初步理解了动态再结晶和相变的原子机制。对高温变形后两相合金的 TEM 观察表明，界面位错迁移和台阶生长造成了内部界面的横向迁移[54,55]。其主要的特征为在垂直于界面平面的方向上形成了多种高度的台阶，其通常长大为数十纳米宽度的区域，并且明显可作为新晶粒的优先形核位置[55]。在多数情况下这些过程必然伴有扩散以重建原子的有序排列，或是在相变的情况下达成适宜的相成分。因此，作为一种近似，所有这些过程将被考虑为一种简单的扩散协助的应力驱动机制，由热激活支持。从这一简化角度出发，将现有的攀移模型与扩散数据相结合只不过是一种探索。如 6.4.2 节所指出，相对较高的激活体积 $V=13b^3\sim43b^3$ 暗示了位错攀移和滑移叠加在了一起。滑移障碍的强度和分布当然与相组成和显微组织有关，这合理地解释了观察到的 V 随合金成分的变化。

表 7.6　表 7.5 所示的合金在流变应力 σ、激活体积 V 和 T=1 220~1 233 K 条件下实验测定的激活能 Q_e

合金	T/K	σ/MPa	V/b^3	Q_e/eV
1	1 226	200	18.3±0.4	3.6±0.4
2	1 220	330	13.4±0.2	3.8±0.2
3	1 225	143	25.6±1.1	4.7±0.3
4	1 232	108	25.0±1.5	5.1±0.2
5	1 224	162	17.4±0.1	5.0±0.3
8	1 233	92	42.7±1.1	5.1±0.1

注：数据在应变 ε=10%时测定的。V 是基于普通位错伯格斯矢量 $\boldsymbol{b}$=1/2〈110]计算的[51]。

在合金 1 和 2 中确定的激活能 Q_e 与 Al 的自扩散能相近，Al 在 TiAl 中属于慢扩散元素。在如目前情形的中温条件下，扩散是由反结构无序支持的[46]，其在 TiAl 合金中协调了对名义成分的偏差[56]，见 3.2 节。在这种情况下扩散取决于反位原子缺陷的性质，即合金的成分是富 Ti 还是富 Al。有证据表明，在高 Ti 含量合金中的反结构桥接扩散要明显比高 Al 含量合金中容易[46]。这可以定性地解释为什么 Q_e 取决于合金的成分，以及为什么其在富 Al 合金 8 中的数值如此之高。如上所述，这一高的激活能当然是另一个既阻碍了位错结构的动态回复、又稳定了高 Al 含量合金的加工硬化的因素。

图 7.16 将所有的流变应力 σ 及与之相关的激活体积的倒数 $1/V$ 的关系[式(7.3)][51]整合在了一起。综合来看，双态和等轴 γ 组织合金 1 以及合金 3~8 的数据与预估的线性关系相对吻合较好。其截距表明了一个小的非热应力部分 σ_μ=50 MPa。全片层合金 2 的数据看起来与双态和等轴合金所确定的线性关系不符。尽管这种数据很少见，它仍表明合金 2 中 σ 随 1/V 的变化本质上取决于其较强的流变软化(图 7.15)。更多的细节见文献[51]。

总结：TiAl 合金高温下的流变行为反映出了加工硬化和动态回复及再结晶导致的软化之间的竞争关系。对于所有包含高体积分数片层团的两相合金来说，加工软化是一个普遍现象。单相 γ 合金比两相合金表现出更强的应变硬化趋势，这可能是由动态回复和再结晶在单相合金中受阻导致的。

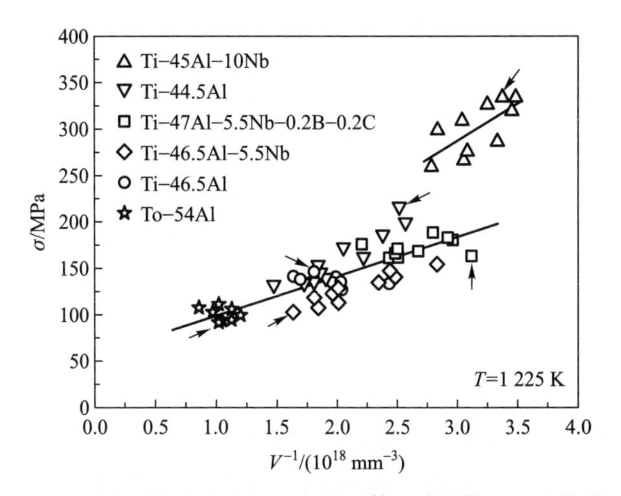

图 7.16 $T=1\ 225$ K 下确定的流变应力 σ 及与激活体积的倒数 $1/V$ 的关系。σ 为在松弛开始阶段测定的应力，与此同时 V 也得以确定。不同的数据点分别属于各自不同的合金，通过评估不同应变下的松弛而获得。箭头标出了于变形开始阶段测定的数据[51]

7.2.6 高应变速率变形

工程实际中的问题，如损伤容限性、高速成形、切削加工以及外物冲击等，要求人们理解材料在高速变形下的响应机制。在这些领域，对 TiAl 合金的研究还比较少。Malon 和 Gray[57]研究了 Ti-48Al-2Nb-2C 合金双态组织在应变速率为 $10^{-3}\sim2\ 000\ \mathrm{s}^{-1}$和温度为 $-196\sim1\ 100$ ℃范围内对冲击载荷的响应机制。研究表明，材料的力学性能相比于准静态加载条件下的一般性能有显著不同，在高载荷速率下变形时，材料的最终强度出现明显的上升。在室温下，在 $\dot{\varepsilon}_1=10^{-1}\ \mathrm{s}^{-1}$和$\dot{\varepsilon}_2=2\ 000\ \mathrm{s}^{-1}$之间确定的屈服强度的应变速率敏感性为

$$(\partial\ln\sigma/\partial\ln\dot{\varepsilon})_T=0.02 \tag{7.6}$$

这一数值与在更低应变速率$\dot{\varepsilon}=10^{-5}\sim10^{-4}\ \mathrm{s}^{-1}$下测定的应变速率敏感性吻合的相对较好，但是与其他可与之相比的情形则不同，见 6.4.2 节。应该指出的是，6.4.1 节中的应变速率敏感性定义为$(\Delta\sigma/\Delta\ln\dot{\varepsilon})_T$。应变速率由 $10^{-3}\ \mathrm{s}^{-1}$升高至 $2\ 000\ \mathrm{s}^{-1}$，将加工硬化系数自 $\vartheta/\mu=0.037$ 显著提升至 0.06。这一现象可由 7.2.3 节中讨论的热激活割阶拖曳和位错碎片强化来解释。

有趣的是，在最高应变速率$\dot{\varepsilon}=2\ 000\ \mathrm{s}^{-1}$和温度$-196\sim1\ 100$ ℃下测定的应力-温度曲线在 500 ℃时的值最低。TEM 观察表明，冲击载荷应变速率下的变形进一步提升了 TiAl 合金中形变孪晶的丰富程度。孪晶在多组 $1/6\langle11\bar{2}]\{111\}$系统中出现，这导致了孪晶条带的大量交截[58]。作者指出，丰富的孪晶

可能是冲击载荷这一特殊应力状态所导致的结果。静水压力状态与剪切应力叠加，抑制了裂纹形核。Gray 等[59]研究了冲击载荷下的损伤演化及裂纹扩展机制，读者可参阅上述论文以了解更多的细节。

总结：在动态变形条件下，材料的性能可能与其准静态加载下的数据有显著的不同。然而，利用在低应变速率$\dot{\varepsilon}=10^{-5}\ \mathrm{s}^{-1}$下测定的应变速率敏感性，可以对叠加于室温下的屈服应力对高应变率的响应进行粗略的估计。

7.3　固溶强化

自 20 世纪 90 年代初至今，人们对 TiAl 合金进行了周期性的大量研究，这些工作中的大部分主要关注了合金成分的优化。此研究的主要目标之一即为达成高度的固溶强化效果。然而，第 3 组元元素的加入影响了 Ti-Al 系中各单相区的范围(见第 2 章)。因此，微合金化改变了微观组织演变的路径，并相应地影响了力学性能。这很容易掩盖由任何外部硬化机制引起的强度变化。因此，评估固溶强化的效果，需要考虑成分偏离化学计量比和结构改变对屈服强度的影响。本部分将对固溶强化所取得的研究进展进行综述。鉴于目前已有大量的文献报道，本文仅阐述几个可作为一般现象的典型代表的示例以供参考。

7.3.1　溶质原子与 TiAl 基体的尺寸失配

溶质原子与位错之间存在不同的交互作用。在金属材料中，一般考虑的是两种机制。第一，溶质原子改变了点阵常数，产生的强化随失配程度的升高而增大。第二，溶质原子改变了剪切模量，产生的强化随着模量差异的增加而增大。根据强化效果随溶质原子浓度增加的变化，Fleischer[60,61]将溶质原子与位错的交互作用分为强交互作用与弱交互作用。强交互作用来自在基体中形成了非对称畸变的溶质原子。这些溶质原子可同时与刃位错和螺位错交互作用。当不存在这种非对称畸变时，溶质原子与位错即为弱交互作用。这里主要考虑的类型是置换型固溶强化，其一般为软强化型，主要源自其与基体在原子尺寸和模量上的不同。在低合金化合金中，强化增量 $\Delta\tau_{\mathrm{S}}$ 来自浓度为 c_{S} 的弱障碍，一般表达为[61,62]

$$\Delta\tau_{\mathrm{S}}=\mu\varepsilon_{\mathrm{S}}^{3/2}c_{\mathrm{S}}^{1/2}/\alpha_{\mathrm{S}} \tag{7.7}$$

式中，ε_{S} 为原子尺寸和模量差异的适当加和；$\alpha_{\mathrm{S}}\approx700$，为与晶胞参数有关的常数。$\alpha_{\mathrm{S}}$ 的数值随单胞体积和伯格斯矢量长度反向变化，因此相比于与之对应的无序化合物，有序化合物的 α_{S} 要更小一些。

理论研究表明，三元合金的点阵常数取决于溶质原子与周围 TiAl 基体的键合机制，因此即取决于其原子占位[63-70]。置换 Ti 的溶质原子倾向于升高c/a

值，而当溶质原子占据 Al 点阵时则相反[66]。Song 等[70]对这些计算进行了简要的综述。一些研究者[71-73]测定了基于 Ti-(44~50)Al+X 成分的若干二元和三元合金的点阵常数。X 即表示第三组元 Mn、Zr、Nb、Cu 和 V，其总添加量为 1%~6%。研究结果表明了如下趋势：

(1) 偏离化学计量比的二元合金至高 Al 含量时，点阵常数 a 保持不变，而 c 升高，因此四方度 c/a 上升[71,73]；

(2) 添加 Cr 降低 a、c 以及 c/a[72]；

(3) 添加 Hf 升高 a、c，但降低 c/a[72]；

(4) 添加 Mn 和 Cu 对点阵常数无影响[73]；

(5) 添加 Nb 升高 a，而 c 保持不变[72,73]；

(6) 添加 V 降低 a、c 且降低 c/a[73]；

(7) 添加 Zr 显著降低 a、c，但提高 c/a[73]。

作者将这些点阵常数的变化与合金的力学性能联系起来。含 Zr 合金相对较高的屈服强度被认为与点阵常数的明显变化有关，即导致了置换型固溶强化。作者认为较大的 c/a 值一般不利于合金的塑性。

Woodward 等[74]利用第一性原理计算确定了内禀点阵缺陷和一些合金元素的尺寸失配。图 7.17 展示了在 TiAl 单胞中沿 a 和 c 方向预测的失配度。

$$\varepsilon_{\mathrm{a}} = \frac{1}{a}\frac{\mathrm{d}a}{\mathrm{d}c_{\mathrm{S}}} \tag{7.8}$$

$$\varepsilon_{\mathrm{c}} = \frac{1}{c}\frac{\mathrm{d}c}{\mathrm{d}c_{\mathrm{S}}} \tag{7.9}$$

ε_a 和 ε_c 的差异表现出由某种元素导致的不对称性点阵畸变。相应地，若 Al 亚点阵被 Nb、Mo、Ta 和 W 占据，或 Ti 亚点阵被 Al 和 Si 占据，可认为不对称点阵畸变较强。然而 Woodward 等[74]指出，高失配度通常与高形成能相关，因而这些缺陷组态是不太可能出现的。因此，讨论某种置换型元素对基体的可能的强化效果必须同时考虑其亚点阵占位倾向性(见 3.2 节)。Rossouw 等[75]的研究表明，Nb、Hf、Zr 和 Ta 完全或优先占据 γ-TiAl 中的 Ti 亚点阵。优先占据 Al 亚点阵的元素为 Ga、Mn、W、Mo 和 Cr。应该指出的是，对于某些元素来说情形更加复杂，因为其优先占位取决于母合金的化学计量比。同时要指出的是，Al_{Ti}反位原子中心会产生很强的非对称畸变。在高 Al 含量单相合金中会出现高密度的此类缺陷，其数量取决于合金偏离化学计量比的程度。因此，Al_{Ti}反位原子缺陷可在富 Al 合金中产生明显的强化效果。相反地，在高 Ti 含量合金中出现的 Ti_{Al}反位原子缺陷则是相对较弱的障碍。

总结：溶质原子强化 TiAl 合金的潜力是由原子尺寸失配、产生的非对称应力场及其在 TiAl 基体中的亚点阵占位倾向性决定的。

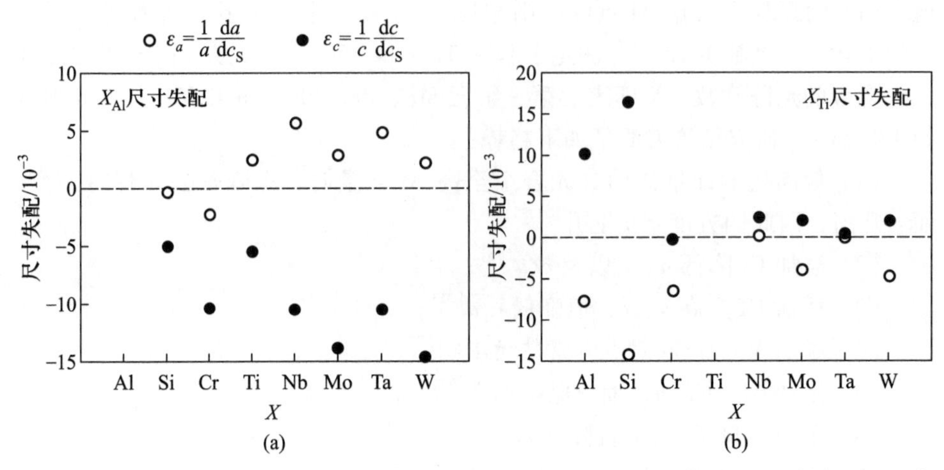

图 7.17　计算得到的 TiAl 合金中固溶原子的原子尺寸失配。(a) 位于 Al 亚点阵；(b) 位于 Ti 亚点阵。数据来自 Woodward 等[74]，重新作图

7.3.2　观察结果综述

从本节引言中所述的问题看，研究 PST 晶体可得出最可靠的关于溶质原子强化效应的信息，因为在这种材料中可使显微组织造成的假象最小化。PST 晶体一般为全片层组织，通过对加载轴相对于片层的取向($\Phi=45°$)进行适当的选择，可使剪切变形平行于片层界面，从而避免了片层界面对剪切的影响而使其只受到较弱的畴界影响。对 Ti-(48~49)Al 合金 PST 晶体而言，加入 0.6%~1%的 V、Cr、Mn、Mo、Ta、Nb 或 Zr 时均可观察到固溶强化现象[76,77]。在这些元素中，Zr、Mo、Ta 和 Nb 对 γ 合金的强化效果最为显著。

一些研究组研究了添加第 3 组元对多晶材料屈服强度的影响[72,78-87]。在基础成分为 Ti-48Al 的两相合金中，Cr 被认为是有效的强化元素而并非是 Mn[72,77,82,84]。然而，Zheng 等[88]对 Ti-45Al 和 Ti-45Al-3Cr 的研究表明 Cr 的添加导致了明显的结构改变，包括形成了弥散的 B2 相颗粒、γ 相体积分数上升以及 α_2 片层的分解等。因此 Cr 的强化效果可能与 Al 含量有关。Cheng 等[89]研究了一系列成分大致为 Ti-44Al-8(Nb, Ta, Zr, Hf)-(0~0.2)Si-(0~1)B 的TiAl 合金，它们均经历了标准的加工工艺。这一研究的主要目的是评估高合金化对 γ 基合金结构和性能提升潜力的影响。作者发现，在这类合金中，Ta 是一种强固溶强化元素。Larson 等[90]利用原子探针场离子显微镜对Ti-47Al-2Cr-1Nb-0.8Ta-0.2W-0.15B 合金进行了研究，结果表明大部分 Ta 元素在 α_2 相和 γ 相中仍以固溶态存在。然而，Ta 对主要相的平衡成分产生了影响。另外，Ta 的确会改变硼化物析出相并且看起来其也会导致形成含有大量

Ta 和 W 元素的 Ti(Cr, Al)$_2$ 相。这些发现显然凸显出了评估两相合金中固溶强化效果时所遇到的问题。

最后需要指出的是，目前人们正在探索可稳定高温 β 相的重合金元素的作用，以更利于对合金进行热加工和组织调控。这些内容将在第 16 章中讨论。

总结：利用金属元素如 Cr、V、Mn、Mo、Ta、Nb 和 Zr 等进行中等程度的合金化(总量<3at.%～5at.%)，给两相合金提供了一些可行的固溶强化方法。然而，强化的效果通常被合金化附带的结构改变所掩盖。

7.3.3 溶质元素铌的效果

Huang[85] 和 Chen 等[91] 的早期研究表明，在基于 Ti-45Al 成分的合金中，当 Nb 添加量达 10at.%时将产生显著的强化效果。尽管大量的研究[92-94] 均已证实了这一发现，但 Nb 的添加导致强化的本质原因目前仍处于争论中，即强化究竟是来自固溶强化还是来自显微组织的变化。Chen 等[95-97] 及其研究组在一系列的论文中表明了固溶强化导致合金强化的观点。然而，这一解释仍存在一些问题。Nb 在 TiAl 合金中的固溶度约为 20at.%，并根据温度不同而变化[98]。原子占位通道增强分析(ALCHEMI)表明，Nb 仅占据 TiAl 合金中的 Ti 亚点阵[75]，这一结果也被第一性原理计算所证实[70,74]。Ti 和 Nb 之间的最大原子尺寸失配为 0.2%(图 7.17)，因此，看起来这并不能完全解释所观察到的强化效果。7.3.1 节中已讨论过，溶质原子和位错的强交互作用仅在大失配度下发生，或者产生于缺陷导致的非中心对称畸变。Zhang 等[96] 在最近的一篇论文中提出，尽管存在很强的原子占位倾向性，部分 Nb 原子仍可能占据 Al 亚点阵。在这种环境下可认为 Nb 导致的最大失配度为 1%(图 7.17)，即可作为有效的固溶强化元素。但是这一影响似乎太小，无法起到决定性的作用。

Paul 等[92] 和 Appel 等[93,94] 对此进行了系统研究，结果表明合金结构改变的作用可能更加重要。在这些研究中，他们通过研究含有不同 Nb 含量的合金并将之与其相对应的二元成分进行比较，分析了强化机制的本质。他们基于热动力学滑移参数分析了这些合金中的强化机制。图 7.18 展示了这些合金屈服应力以及相关的激活体积的倒数随温度的变化。屈服应力几乎与 Nb 含量无关，但却与 Al 含量密切相关。特别的，在 Ti-48Al 合金或高 Al 含量的 Ti-54Al 单相合金中添加 Nb 并未产生强化效应[94]。热动力学分析结果同样否认了 Nb 的固溶强化猜测。固溶强化是典型的热激活现象，其应该表现在激活体积上。从图 7.18 中可以看出，Nb 的效应并非如此；因此，Nb_{Ti} 缺陷中心并不能产生显著的滑移阻力。综合来看，这些因素表明，在低 Al 含量合金中，添加 Nb 产生的强化效果主要来自显微组织的变化。在 Ti-Al 系统中，Nb 合金化逐渐降低了 β(B2)和 α 转变温度，同时压缩了 α 相区[99]。这种相稳定性的改变很可能导致显著的晶粒细化[92-94]。图 7.19 展示了在挤压 Ti-45Al-10Nb 合金中观察到的细小双态组织。电子显微分析表明[92-94]，这类合金片层团中的片层间距为纳米级。此外，从相图中可以预测，α_2 片层的密度相对较高。图 6.3 中展示的高分辨图像证明了这些特征。这些观察结果随后也被 Liu 等[97] 和 Fischer 等[100] 证实。

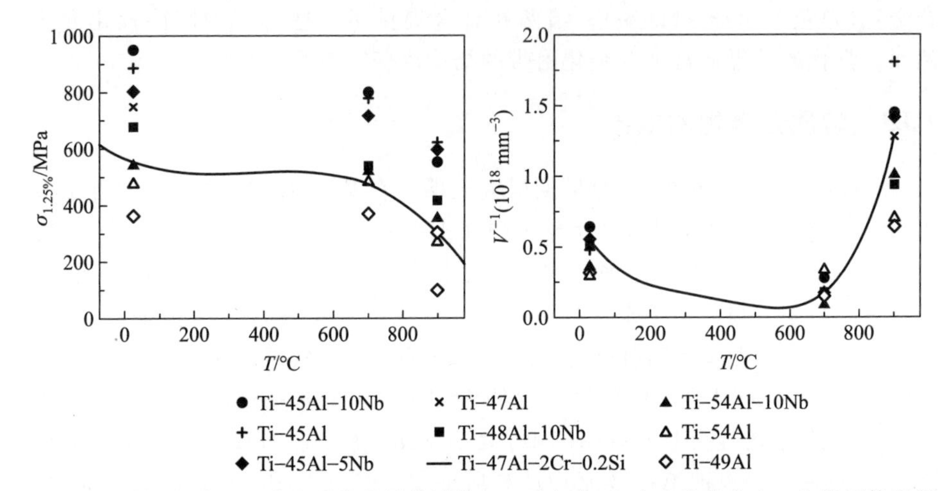

图 7.18　添加 Nb 对 TiAl 合金强化效果的评估。二元和含 Nb 合金流变应力 σ 和激活体积倒数 $1/V$ 随温度的变化。画出的线条对应于 Ti-47Al-2Cr-0.2Si 合金近 γ 组织的数值。这些数值测定于压缩应变 $\varepsilon=1.25\%$ 和应变速率 $\dot{\varepsilon}=4.16\times10^{-4}\ s^{-1}$ 的条件下[92-94]

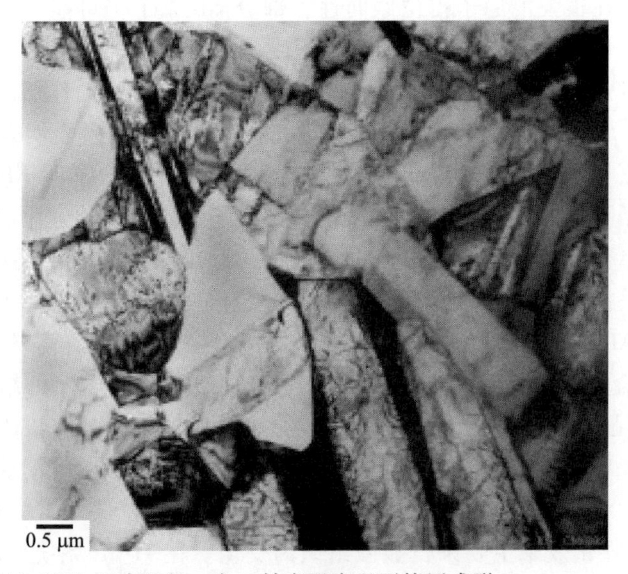

图 7.19　Ti-45Al-10Nb 双态组织，在 α 转变温度以下挤压成形

高密度排列的界面阻碍了位错滑移和孪晶的扩展，这毫无疑问是合金屈服强度高的最重要的原因。在随后的论文中，Liu 等[97]指出了含 Nb 低 Al 含量合金的组织结构细化对其高强度的作用。因此，Hall-Petch 机制也可以合理地解释含 Nb 合金的高屈服应力[92-94]。

然而，尽管含 Nb 合金与二元合金在决定屈服强度和激活体积的机制上是类似的，但它们在其他方面的变形行为却非常不同。在室温下，含 Nb 合金表现出了可见的塑性，但 Al 含量相同的二元合金却不是这样。这一发现表明 Nb 的添加有利于滑移的激活。在含 Nb 的合金中，在所有变形温度下均激发了大量孪晶，如图 7.20 所示。因此，可以认为在含 Nb 合金中是相对容易产生形变

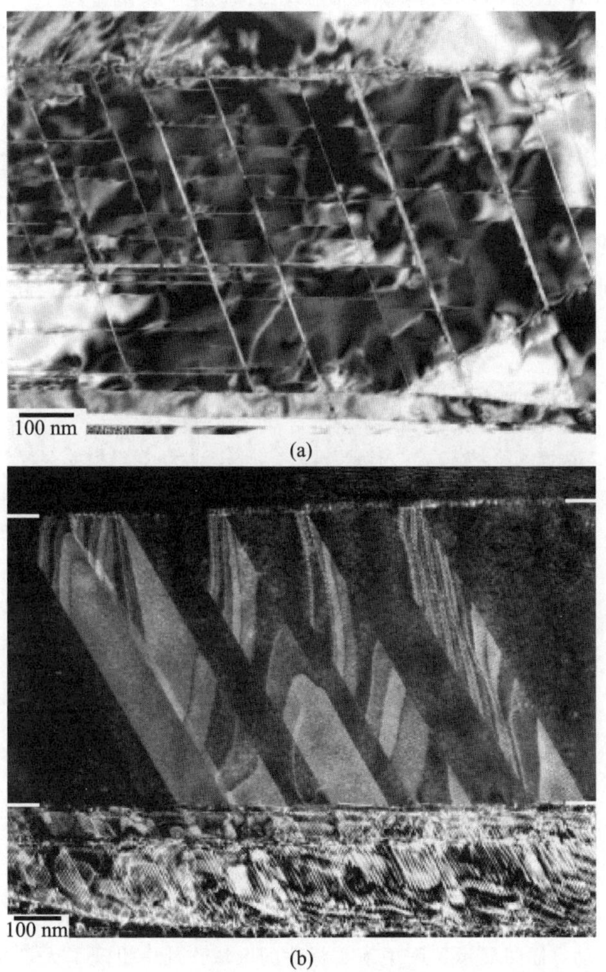

图 7.20 片层 Ti-45Al-5Nb 合金中的形变孪晶。压缩应变达 $\varepsilon=3\%$ 时的 TEM 观察结果。(a) 室温压缩后观察到的一个 γ 片层中的孪晶条带交截；(b) 700℃压缩条件下产生的形变孪晶，孪晶不全位错塞积于片层界面处[92]

孪晶的。6.3.3 节中已经讨论过，有充足的证据表明添加 Nb 可降低 γ-TiAl 的内禀堆垛层错(SISF)能。Yuan 等[101]给出了支持这一观点的 TEM 证据，他们观察到在 Ti-48Al-5Nb 合金中 1/2〈112]位错的分解宽度很大，这与其较低的层错能是相符的。然而，对 Ti-(45~49)Al-10Nb 合金及与之对应的二元合金的研究表明，Al 含量也可对层错能产生影响[102,103]。Chen 等[104,105]在双态 Ti-47Al-2Mn-2Nb+0.8TiB_2 合金中观察到了明显的局部成分变化。相比于那些占主导的 γ 等轴晶，γ 片层中的 Al 含量较低而 Nb 含量较高。在富 Nb 的片层中观察到了大量的堆垛层错，而在占主导的 γ 等轴晶粒中层错则非常罕见。这使作者认为 γ-TiAl 中层错能的降低是由 Nb 的添加导致的。

含 Nb 合金的变形同样也可由位错滑移实现[92-94,106]。这可从图 7.21 中看出，它展示了一个小 γ 区域内普通位错的运动。与孪晶的扩展类似，位错的滑移路径被限制在较小的组织范围内。需要重点指出的是，在含 Nb 合金中观察到了大量的超位错滑移，这在二元合金中是极为少见的(图 7.22)。分解的超位错和形变孪晶通常在一个晶粒或片层中共存，这再次表明 Nb 的添加降低了 γ-TiAl 的 SISF 能，且孪晶的形核源自扩展位错在不同{111}面上的叠加。从 von Mises 准则的角度出发，可以认为相对均匀的普通位错、超位错和形变孪晶的激发有益于合金的低温塑性。

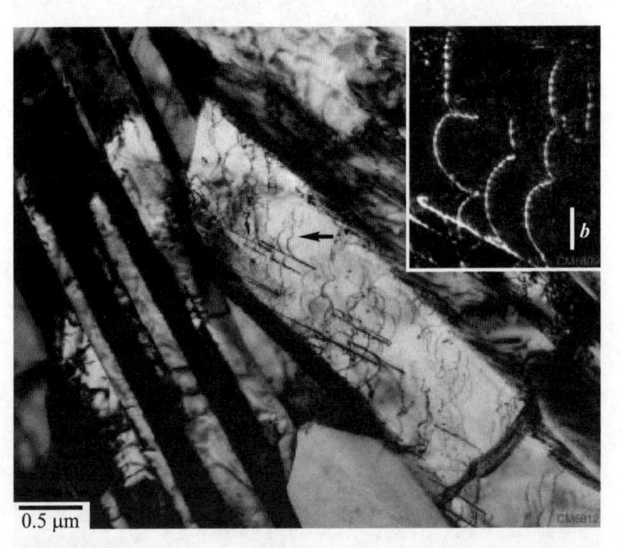

图 7.21　Ti-45Al-5Nb 合金于 973 K 变形至 $\varepsilon=3\%$的 TEM 图像，展示出一个小 γ 晶粒范围内普通位错的运动。插图展示了图中箭头标注的区域，其中出现了大量受钉扎的螺型位错。采用 $\boldsymbol{g}=\{111\}$操作反射获得的 $\boldsymbol{g}/3.1\boldsymbol{g}$ 条件下的伪弱束像

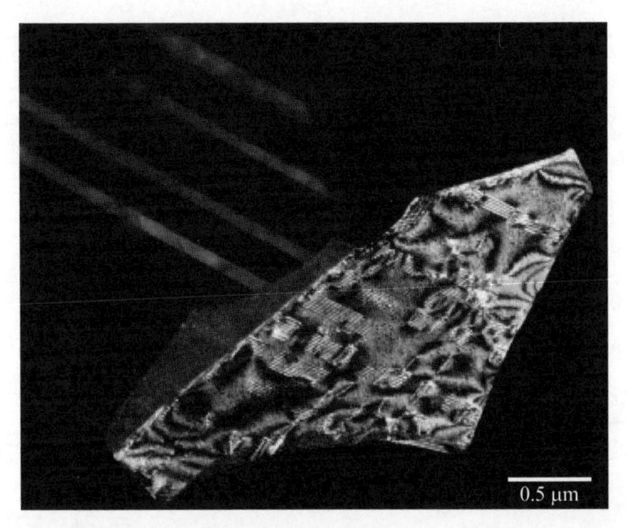

图 7.22 挤压 Ti-45Al-10Nb 合金在室温拉伸变形达 $\varepsilon=1.5\%$ 且流变应力 $\sigma=1\ 050$ MPa 时观察到的变形结构。注意高度分解的超位错、层错和孪晶共存于一个变形的 γ 晶粒中[92]

论及高温变形，需要重点指出的是，高 Nb 含量合金的激活熵 ΔH 要显著高于其他合金的。这些力学测试的结果列于表 7.7 中。这些数据与对含 Nb 合金的扩散的研究结果相符[46,107]，后者表明 Nb 在 γ-TiAl 中是慢扩散元素。这些结果表明，在这些材料中，扩散协助的物质交换可能受到了阻碍；从攀移理论的角度看，这是使材料具有高温强度的一个良好条件。扩散速率降低的另一个显著结果为材料的粗化趋势明显下降，这使得合金在相对较高的温度下仍保持了细晶组织及相应的滑移阻力。

图 7.18 所指出的重要的一点是，当 Nb 含量达 5at.%时就足以使材料具有良好的综合力学性能了。这可能对合金减重和显微组织的调控非常重要。由于 Nb 可以提升合金抗氧化性，它也是一种普遍添加的元素。因此，含量为 5at.%～10at.%的 TiAl 合金表现出了若干令人期望的特质，因而具有将钛铝合金的服役范围提升更高温度的潜力。

表 7.7 不同 TiAl 合金 1 100 K 下测得的流变应力和激活焓，表明了添加 Nb 的效果

合金成分(at.%)，显微组织	$\sigma_{1.25}$/MPa	ΔH/eV
Ti-45Al，全片层组织	634	3.71
Ti-45Al-10Nb，近片层组织	672	4.19
Ti-45Al-5Nb，全片层组织	656	4.46

续表

合金成分(at.%)，显微组织	$\sigma_{1.25}$/MPa	ΔH/eV
Ti-48Al-10Nb，等轴 γ 组织	459	4.04
Ti-47Al-1.5Nb-1Mn-1Cr-0.2Si-0.5B，双态组织	458	2.9
Ti-48Al-2Cr，近片层组织	360	2.04
Ti-49Al-1V-0.3C 近 γ 组织	476	3.07
Ti-47Al-2Cr-0.2Si，等轴组织	368	3.16
Ti-47Al-2Cr-0.2Si，片层组织	435	3.13
Ti-54Al，γ 组织	393	3.56

数据在变形初始阶段 $\varepsilon=1.25\%$时测定，$\sigma_{1.25}$为应变 $\varepsilon=1.25\%$时的流变应力，ΔH 为激活熵。数据来自文献[92]。

总结：基于大致成分为 Ti-45Al-(5~10)Nb 的含 Nb 合金表现出了良好的综合力学性能。添加 Nb 的有益作用可归因于如下因素：① 结构细化；② 层错能的降低；③ 扩散速率的下降。

7.4　析出强化

为了提高合金的高温强度和抗蠕变性。人们对 TiAl 合金的弥散强化进行了探索。作为可在 TiAl 相中析出硬质第二相的添加元素，人们已对 B、C、N、O 和 Si 进行了研究。析出的驱动力来自这些元素在 γ 基体中的固溶极限，其一般为几百 at. ppm。与在其他合金中的观察一致，析出相的形状、尺寸以及分布状态是决定合金力学性能的主要因素。在这一方面，因其可通过均匀化处理或时效获得良好的分布状态，碳化物强化受到了最多的关注。因此，本文首先考虑碳化物强化。

7.4.1　TiAl 合金中的碳化物析出

Nemoto 及其研究组[108-112]系统研究了 C 含量为 0.5at.%的 Ti-51Al 合金的析出反应。作为比较，已知在二元 Ti-(46~48)Al 合金中确定的 C 的最大固溶度范围为 200~300 at. ppm[87]。合金在 1 423 K 下固溶退火而后淬火。后续的热处理析出了两种碳化物。在约 1 023 K 下时效析出了钙钛矿型碳化物 Ti_3AlC，看起来它在 γ 基体中是均匀形核的。钙钛矿型析出相与 TiAl 基体的取向关系为[109-113]

$$(001)_P // (001)_M,\ \langle 100]_P // \langle 100]_M,\ [001]_P // [001]_M \qquad (7.10)$$

式中，P 和 M 分别表示析出相和 γ 基体。析出相与 γ 基体之间存在明显的点阵失配，可表达为

$$\varepsilon_M = \frac{2(a_M - a_P)}{a_M + a_P} \tag{7.11}$$

式中，a_M 和 a_P 分别为基体和析出相的晶格常数。在 **a** 和 **c** 方向下测定的数值分别为 $\varepsilon_M^a = -0.057$ 和 $\varepsilon_M^c = -0.021$[110]。此处采用的是 Schuster 等[114]测定的点阵常数。失配各向异性很可能是钙钛矿型析出相主要表现为杆状形貌的原因，其长轴平行于$[001]_P$。这可通过如下的解释来理解。只要析出相相对较小，它和基体之间产生的弹性应变即可近似为各向同性。然而，随着时效时间的延长，基体和析出相的界面处将产生各向异性应变场，这反过来影响了析出相的长大。因此，为降低应变能，钙钛矿型析出相优先沿$[001]_P$ 方向生长。在早期研究中所观察到的界面是共格的[113]。然而，如 6.3.3 节中所讨论，界面的性质应取决于颗粒的尺寸。半共格界面已在 Ti-48.5Al-0.37C 合金钙钛矿型析出相的高分辨 TEM 观察中发现[115]。

将均匀化后的材料在 1 073～1 173 K 下时效，可析出六方 H 型 Ti_2AlC 相[112,113]。H 相的形貌为盘状，其与 γ 相的取向关系为

$$(0001)_H // \{111\}_M,\ \langle 11\bar{2}0\rangle_H // \langle \bar{1}01]_M \tag{7.12}$$

H 相与 γ 基体之间的失配较高。最大的失配是在$[0001]_H$ 方向上，这很可能抑制了盘状析出相在此方向上的长大。对两相合金的观察发现，H 相优先析出于片层界面处或之前为 α_2 相的区域[116,117]。Benedek 等[118]的第一性原理计算表明，H 相的界面能显著高于钙钛矿型析出相的。作者提出这就是为什么 H 相不同于钙钛矿型相而进行非均匀形核的原因。在文献中还提到了另一种六方相 Ti_3AlC_2[119]，但是目前在对 TiAl 合金的观察中还没有发现这一物相。

总结：对含碳 TiAl 合金时效可形成三元析出相。在相对较低的温度下（约为 1 023 K），钙钛矿型 Ti_3AlC 相均匀形核。六方 H 相 Ti_2AlC 在略微更高的温度 1 073～1 173 K 下出现。碳化物与 TiAl 基体的点阵失配合理的解释了它们的形貌特征。

7.4.2 碳化物强化

位错与析出相之间有多种交互作用，一个位错若要继续滑移，必须切过析出相颗粒，或者通过在障碍物之间的弓出绕过它。为解析不同的机制，总流变应力可被分为热和非热部分，这与式(6.24)和式(6.33)类似。Christoph 等[120]用此方法分析了添加 C 元素的合金在不同热处理后的强化效果。他们用电弧熔炼制备了基础成分为 Ti-48.5Al 且系统添加了不同量的 C 的 TiAl 合金，使碳含

量 c_C 在 0.02at.%～0.4at.%之间变化，并对这些合金进行了如下 3 种热处理：

（1）在 1 458 K 和 1.4 kbar 下热等静压(HIP)后缓冷；形成了粗大 H 相板片和一小部分 Ti_3AlC 钙钛矿型析出相；

（2）在 1 523 K 下退火后水淬，使碳元素固溶；

（3）在(2)步之后，在 1 023 K 下时效 4 h 以形成 Ti_3AlC 钙钛矿型析出相。

图 7.23 展示了这些合金在上述 3 种热处理后的屈服强度和激活体积的倒数与碳含量的关系。对于淬火材料来说，其内部的 C 以固溶(或形成微小团

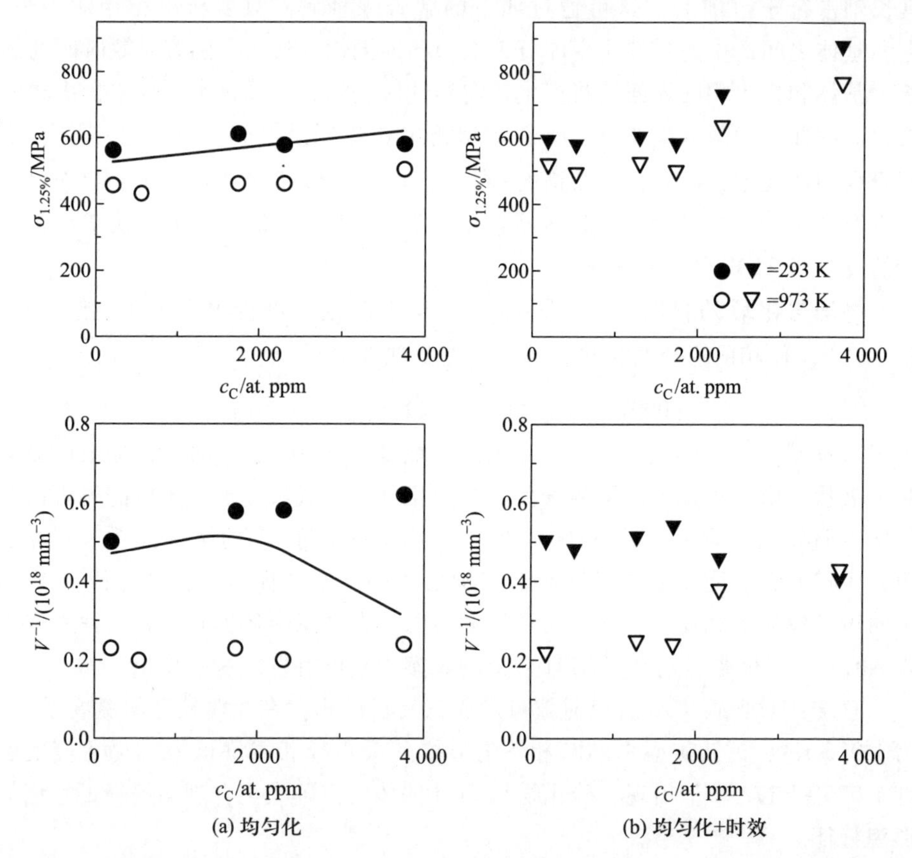

图 7.23　基础成分为 Ti-48.5Al-(0.02～0.4)C 的两相钛铝合金中的析出强化。流变应力 $\sigma_{1.25}$ 和激活体积的倒数 $1/V$ 与碳含量 c_C 的关系。数值测定于 293 K 和 973 K 且 $\varepsilon=1.25\%$ 时：(a) 均匀化并淬火的合金，此时碳处于固溶态，图中的线标明了经历了热等静压的材料室温下的数值，此时 C 以粗大分散的 H 相 Ti_2AlC 以及一小部分 Ti_3AlC 相的形式存在；(b) 淬火并时效后的材料，此时碳以细小弥散的钙钛矿型 Ti_3AlC 析出相的形式存在。数据来自 Christoph 等[120]

簇)的形式存在，作者发现其流变应力几乎与碳含量 c_C 无关[图 7.23(a)]。这些材料室温下激活体积的倒数 $1/V$ 随着碳含量 c_C 的增加略有上升，这说明短程障碍的密度随着 c_C 增加而提高。由此可得出的结论是，固溶态的 C 原子可作为弱障碍，在热激活的协助下显然是可以被轻易跨越的。因此，尽管这一机制在激活体积的变化中有所体现，其固溶强化的作用效果却是非常有限的。与之相反，在时效之后，C 以 Ti_3AlC 析出相的形式存在，材料的流变应力随着 c_C 的增加而上升。室温下，激活体积的倒数 $1/V$ 随着碳含量 c_C 的增加而略微下降。对此行为的一个合理解释是，钙钛矿型析出相作为滑移的长程应力场障碍，即使在热激活的协助下它也是不可跨越的。因此，流变应力的增加与 $1/V$ 的上升无关。另一个事实同样证明了这一点，即时效材料的激活体积与那些(未添加 C 的)传统两相钛铝合金的数值非常接近(见 6.4.2 节)。作者发现时效材料室温下的吉布斯自由能与碳含量无关，其平均值为

$$\Delta G = 0.7 \text{ eV} \tag{7.13}$$

这一数值与在不含 C 的两相合金中评估的数值非常接近。在上述材料中，决定位错迁移速度的滑移阻力来自点阵阻力、割阶拖曳以及反位原子缺陷(见 6.4.2 节)。由于上述机制的激活参数非常接近，它们被认为也决定了含碳材料时效后的位错迁移速度。这表明钙钛矿型析出相的强化效应在本质上是非热的。高 C 含量材料的高流变应力可保持至 973 K 即支持了上述观点。图 7.23(a)也包括了在热等静压后缓冷的含 C 材料中所测定的数值。这种热处理很可能使大多数钙钛矿型析出相转变成了粗大的 H 相颗粒 Ti_2AlC[111,113,116,117,120]。在这种情况下，材料的流变应力相对较低且与碳含量无关。相关的激活体积的倒数随着 c_C 的增加而下降，这明确表明 Ti_2AlC 颗粒也是属于非热滑移阻力。然而看起来粗大分散的 Ti_2AlC 颗粒对材料的强化效果不佳。这一观察结果与颗粒的尺寸和分布对析出强化非常重要这一众所周知的观点是一致的。

钙钛矿型析出相的高滑移阻力可由 TEM 下对 Ti-48.5Al-0.37C 合金的观察证明。析出相的平均长度为 $l_P = 22$ nm，宽度为(沿〈100]方向)$d_P = 3.3$ nm。研究表明，室温变形下，所有类型的全位错和孪晶不全位错，包括超位错均对变形产生了贡献[图 7.24(a)]。这与不添加碳的两相合金不同，后者在室温下主要由普通位错变形[图 7.24(b)]，而超位错的滑移行为则非常罕见。图中，位错严重弓出且明显沿容易滑移的路径越过了成列的障碍。钙钛矿型析出相所产生的滑移阻力可由位错与点障碍的交互作用关系计算[120,121]。图 7.25 展示了伯格斯矢量为 $\boldsymbol{b}=[011]$ 的超位错受阻于析出相处。作用于受钉扎段的有效剪应力 τ_C 可由对其弯曲程度的分析来估计。通过对观察到的弓出形状进行比较，可确定典型的有效剪应力为 $\tau_C = 300$ MPa。这一数值可转化为正应力 $\sigma_C = M_T \tau_C = 900$ MPa，这与宏观变形至应变量 $\varepsilon = 3\%$ 时的流变应力 $\sigma = 1\,000$ MPa 相

符。$M_T = 3.06$ 为泰勒因子。沿位错长度方向上的钙钛矿型析出相的间隔为 $l_C = 50 \sim 100$ nm。〈011]超位错在颗粒处的弓出角度一般为 $\psi = 110°$。这对应于交互作用力：

$$f^* = 1.5 \times 10^{-8}\ \text{N} \quad 或 \quad f^*/\mu b^2 = 0.57 \tag{7.14}$$

由此可得出的结论为，这些障碍仍可由位错切过跨越而不产生 Orowan 环绕。

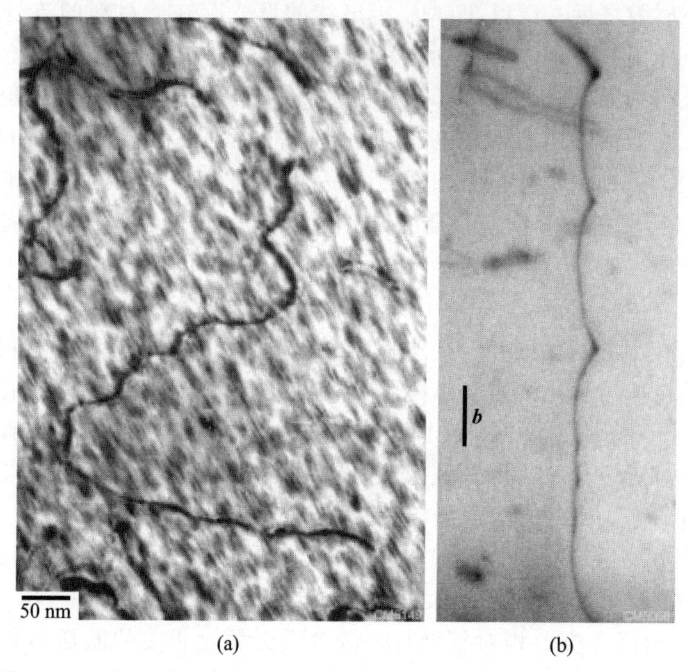

图 7.24　钙钛矿型析出相对位错结构的强化效果。(a) Ti-48.5Al-0.37C 合金中伯格斯矢量 $\boldsymbol{b}$=[011]的超位错钉扎，位错沿易滑移方向深度越过障碍列，明显受阻于不利于其滑移的成组的颗粒处，注意所有类型的位错均可发生此现象；(b) Ti-48Al-2Cr 合金中的一个普通螺位错。上述图片取自室温压缩变形 $\varepsilon = 3\%$ 后。标尺和伯格斯矢量方向的标注在两图中通用

钙钛矿型析出相的高滑移阻力对孪晶结构也产生了影响。孪晶不全位错表现出了与析出相的强烈交互作用而一般会被钉扎。孪晶不全位错与析出相的交互作用导致了一种特有的孪晶形貌，如图 7.26(a)所示。孪晶位错强烈的弓出，且钉扎于不利于其滑移的成组的颗粒处。这种过程显然也在局部上阻碍了孪晶的长大，并导致孪晶厚度的明显差异。薄孪晶被分隔为数段，即出现了没有孪晶的岛状区域。图 7.26(b)为一个受阻孪晶的高分辨像。在最终受阻之前，孪晶的厚度减少了 3 层(111)晶面。细致地分析表明[115]，3 层台阶处的应变协调通过孪晶不全位错重组为一个伯格斯矢量为 $\boldsymbol{b} = 3\times 1/6[11\bar{2}]$ 的晶格位错进行。

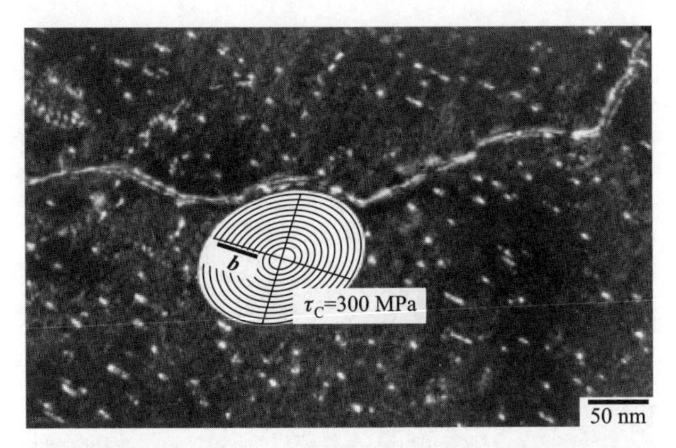

图 7.25 对受阻于钙钛矿型析出相的[011]超位错片段所受到的有效应力的评估。采用 $\boldsymbol{g}=(002)_{TiAl}$操作反射获得的近[020]方向 $\boldsymbol{g}/3.1\boldsymbol{g}$ 条件下的伪弱束像。注意表现为应变场衬度的高密度 Ti_3AlC 析出相。插图展示了不同应力状态下计算得出的投影于薄膜平面上的线张力组态。对于图中分析的位错段，可确定其长度 $l_C=110$ nm，半轴 $q=80$ nm，有效剪应力 $\tau_C=300$ MPa。数据来自 Christoph 等[120]

的确，在靠近孪晶尖端的区域可观察到一个单独的位错(箭头所示)。图 7.26(c)为压缩后的图像，展示了位于析出相局部区域的孪晶结构的高分辨像。看起来孪晶发生了偏转且出现了高度错乱的孪晶/基体界面，这种形貌可通过几何分析来解释。杆状的析出相与{111}孪晶惯习面斜交[图 7.27(a)]。因此，位于非共格孪晶/基体界面上的孪晶位错受钉扎，从而形成了逐渐收窄的孪晶/基体界面[图 7.27(b)]。这一过程产生了高度受载的 $L1_0$ 结构，其在每 3 层{111}面上形成层错。更多的细节参见文献[115]。从观察到的钉扎效果来看，钙钛矿型析出相的强化可能使本已较脆的材料变为完全脆性。然而，如 6.3.3 节中所述，看起来孪晶在析出强化材料中的形核是相对容易的。通过这种方式，可产生一种孪晶弥散分布的组态，这可能在一定程度上补偿了由钉扎导致的高滑移阻力。

总结：弥散分布的 Ti_3AlC 钙钛矿型析出相形成了强滑移障碍列。这些颗粒有效地钉扎了全位错和孪晶不全位错，产生了流变应力中的高的非热应力部分。这些特征对高温下材料力学性能的提升提供了巨大的潜力。相对而言，以固溶态或以粗大 H 相颗粒形式存在的碳对材料强化的效果就不那么有效了。

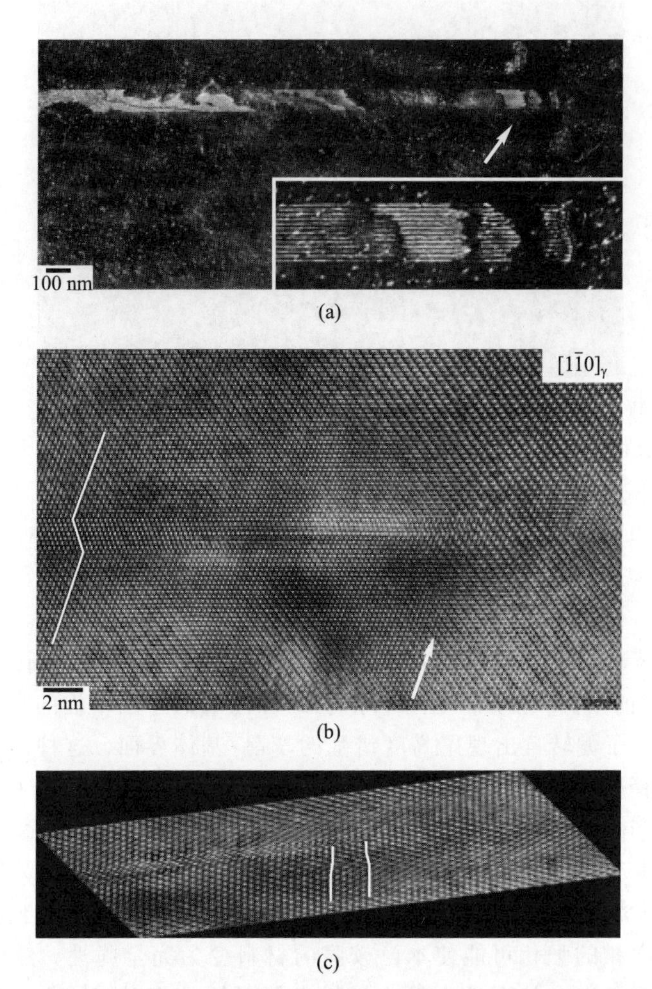

图 7.26　时效 Ti-48.5Al-0.37C 合金在 $T=300$ K 下压缩变形至应变 $\varepsilon=3\%$ 后形变孪晶与 Ti_3AlC 钙钛矿型析出相的交互作用。(a) 孪晶不全位错钉扎于析出相处，后者表现为应变场衬度，注意孪晶的分段现象、不全位错以及孪晶的受阻，插图展示了肖克莱不全位错钉扎于钙钛矿型析出相处，采用 $\boldsymbol{g}=(002)_{TiAl}$ 操作反射获得的近[020]方向 $\boldsymbol{g}/3.1\boldsymbol{g}$ 条件下的伪弱束像；(b) 一个受阻的形变孪晶。注意其中一个孪晶/基体界面上的 3 层(111)面台阶，以及靠近孪晶尖端的独立的位错；(c)图(b)箭头区域沿($\bar{1}\bar{1}1$) 基体面压缩后的图像，从中可更容易地观察到此位错

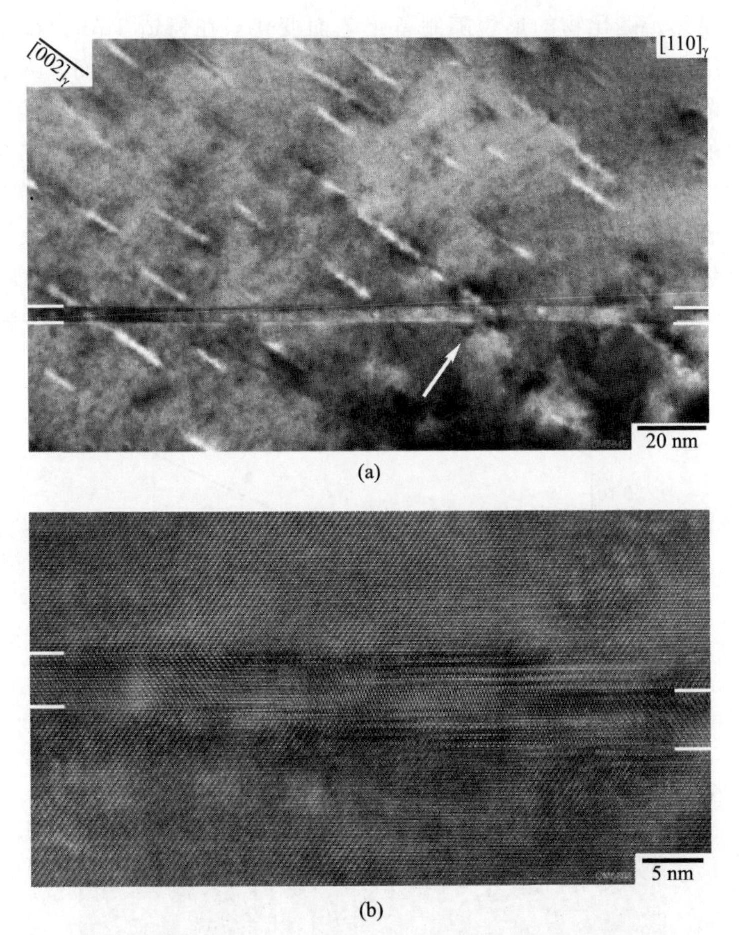

图 7.27 Ti-48.5Al-0.37C 合金在 T=300 K 下压缩变形至应变 ε=3%后形变孪晶与 Ti_3AlC 钙钛矿型析出相交互作用的原子结构。(a) 低倍高分辨像，展示了一个形变孪晶与沿[002]方向排列的杆状钙钛矿型析出相的交互作用；(b) 图(a)中箭头区域的高倍像，展示了析出相局部区域的孪晶结构[115]

7.4.3 硼化物、氮化物、氧化物以及硅化物强化

Larson 等[122]对添加 0.15at.% B 的 Ti-47Al-2Cr-2Nb-0.2W 合金的研究表明，B 在 TiAl 合金中的固溶度很低。在 γ 相中测得的数值为 0.011at.%，在 α_2 相中则小于 0.003at.%。因此，硼主要富集于硼化物中。目前已经确定了若干种硼化物，包括 TiB_2、TiB 以及一种富 Cr 的 M_2B 相[123-126]。然而，对硼含量低于 1at.%的合金来说，TiB_2 应是占主导的硼化物。硼化物以多种形貌出现，如针状、条带状、弥散的片状以及块状颗粒等。细小与粗大的硼化物颗粒可同

时出现。显然，硼化物的形貌随制备工艺而变化。在铸造 TiAl 合金中，硼化物颗粒有细化晶粒的效果，这也是大部分研究工作的重点。然而，人们对于硼化物的弥散强化可达何种程度却知之甚少。这在部分上可能是由于随硼化物添加而导致的组织结构变化掩盖了硼化物的强化效果。但是观察发现，含硼合金的加工硬化效应得到了增强，这可作为硼化物强化的证据[127]。图 7.28(a)展示了基础成分为 Ti-48Al-2Cr 的含硼合金的加工硬化系数上升的现象。强化很可能来自细小的硼化物颗粒，对位错来说它们是无法切过的障碍。从图 7.28(b)中可以看出，位错有可能通过经典的 Orowan 机制跨越这些颗粒[128]，

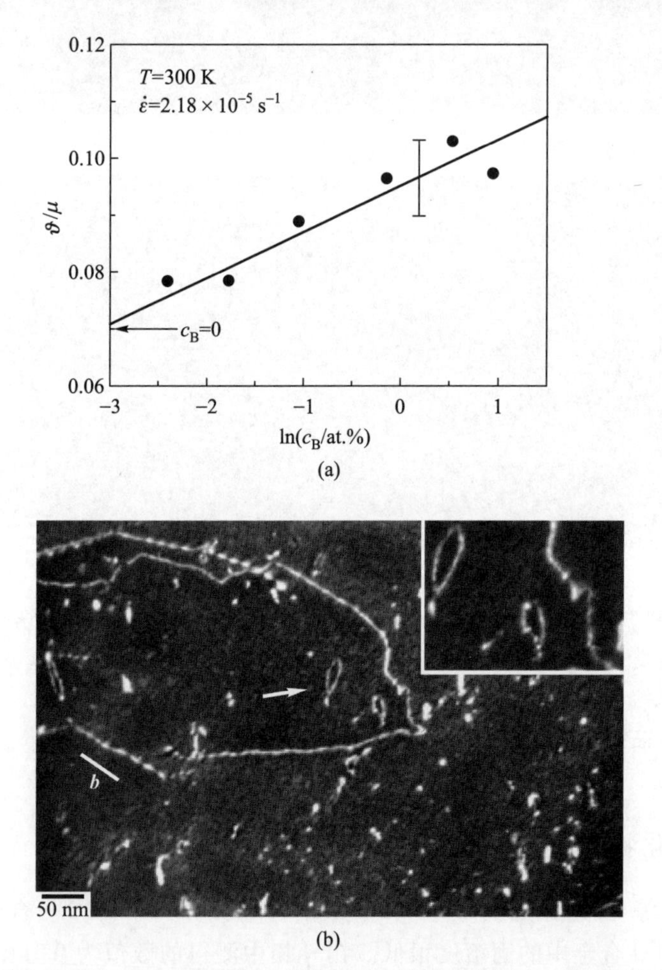

图 7.28　成分为 Ti-48Al-2Cr+B 的合金中硼化物对变形行为的影响。(a) 硼含量对均一化加工硬化系数 $\vartheta/\mu=(1/\mu)\,\mathrm{d}\sigma/\mathrm{d}\varepsilon$ 的影响，μ 为剪切模量；(b) 硼化物颗粒周围由于 Orowan 机制位错反应遗留的位错环。Ti-48Al-2Cr-0.87B 合金，室温压缩变形至应变 $\varepsilon=3\%$[127]

而后在颗粒周围留下位错环[129]。位错在颗粒周围的累积产生了背应力，这反过来形成了应变强化增量[130,131]。

Tian 等[110,111,132]对 Ti-(49~51)Al 合金中氮化物析出相的类型进行了表征，并将其分类为 P 型(Ti_3AlN 钙钛矿型)和 H 型(Ti_2AlN)氮化物。与碳化物类似，钙钛矿型氮化物在相对低温下(约 1 073 K)进行时效后的 γ 基体中析出。钙钛矿型相是亚稳的，在较高的温度下，若时效时间更长，其将被 H 型析出相取代。同样，氮化物的形貌也与碳化物类似，弥散分布的钙钛矿型氮化物提高了合金的硬度，然而，在 H 型相形成后，材料则表现为过度软化。

Kawabata 等[133]系统地研究了添加氧对 TiAl 合金力学性能的影响规律。他们在成分为 Ti-(50，53，56)Al 的 3 种二元合金中添加了最高达 0.69at.%的氧，而后研究了这些合金在 293~1 273 K 下的变形行为。他们发现，添加氧的效果取决于合金的 Al 含量。对化学计量比的合金 Ti-50Al+O 来说，所有实验温度下的屈服强度均出现了高达 1.5 倍的增长，与此同时，加工硬化率也随之上升。作者将这些效应归因于氧的固溶强化。然而，氧在 γ 相中相对较低的固溶极限(约为 250 at. ppm[87,134])使上述的早期理解受到了质疑。在 Ti-56Al+O 合金中，氧的强化效果明显弱化，在 Ti-53Al+O 合金中则消失。在这些合金中发现了 α-Al_2O_3 颗粒，这使得作者认为高 Al 含量合金中可出现氧化物的弥散强化。研究还发现，氧的添加看起来对铸造组织也有细化效果，这又使得对氧的强化效果的评估变得困难。

添加 0.2at.%~1at.%的硅可导致形成 ζ 相 $Ti_5(Si, Al)_3$ 相[135-137]。ζ 相为六方结构，且与 α_2 和 γ 基体均不共格[136]。Noda 等[138]研究了 Ti-48Al-1.5Cr-(0.2~0.65)Si 四元合金，并在其铸态组织中发现了 ζ 相 $Ti_5(Si, Al)_3$ 硅化物，作者认为它是由如下反应形成的：

$$L \rightarrow \beta + Ti_5(Al, Si)_3 \tag{7.15}$$

随后在 900 ℃的 5 h 时效使 ζ 相在 α_2/γ 片层界面处非均匀形核，即共析反应：

$$\alpha \rightarrow \gamma + Ti_5(Al, Si)_3 \tag{7.16}$$

析出相消耗 α_2 片层而长大。基于对三元和四元合金的系统性研究，Cheng 等[89]的结论认为 Si 的固溶度取决于第 3 组元合金元素的种类。特别的，强硅化物形成元素，如 Hf 和 Zr 等，可大幅降低 Si 在这些合金中的固溶度。目前还没有专门针对 ζ 相析出强化的信息。然而有充分的证据表明此相的出现可以提高合金的抗蠕变性[139,140]。

总结：硼化物、氮化物、氧化物和硅化物可能提供析出强化，而评价这些析出相的相对重要性比较困难，因为这些轻质元素的添加通常会导致材料的组织结构发生变化，从而掩盖了它们对基体的弥散强化效果。粗大的析出相颗粒看起来对合金的塑性无益。

7.5 优化的含 Nb 合金

根据 7.1 节和 7.2 节的讨论，基础成分为

$$\text{Ti}-45\text{Al}-(5\sim10)\text{Nb}-(0.2\sim0.5)\text{C} \tag{7.17}$$

且包含弥散分布的细小碳化物的 TiAl 合金具有良好的潜力，可能将钛铝合金推至更高的服役温度。从传统合金的角度出发，仅靠基体的强化显然是不能实现其高强度的，但这仍然是众多需要考虑的提高合金变形抗力的因素之一。对于高 Nb 含量合金，细小组织的稳定化也是一个重要因素。然而，细小弥散的钙钛矿型析出相可能由 Ostwald 熟化机制粗化，从而降低其对位错运动的阻碍效果。另一种可能的选择是利用 H 相颗粒来强化，因为它在热力学上更稳定[110,111,132]并明显有益于抗蠕变性。然而，在不太理想的情况下，H 相板片于片层界面处形成，将使材料脆化。这些问题在很大程度上可以通过改进合金的化学成分和加工工艺来克服。需要着重指出的是，由于 α_2 相可吸收大量的碳，就需要根据 Al 含量来优化碳的添加量。对成分基于式(7.17)的合金可通过热加工来改变其显微组织[93,94,141]。在热机械处理过程中会发生析出反应，使得析出相于新形成的内部界面的失配结构上非均匀形核。图 7.29 通过比较不含碳和含碳合金在铸态和挤压态的高温流变行为展示了热加工在材料强化方面的有益效果。流变曲线在低应变下出现峰值，随后在 $\phi=60\%\sim80\%$ [$\phi=\ln(\varepsilon+1)$ 为真应变]下达到恒定应力水平；这是动态再结晶的特征。两种材料的显微组织分别为铸态近片层组织和挤压双态组织。一般认为(见第 16 章)，相对于双态组织，铸态片层 TiAl 热变形的流变应力更高，这一点也的确在不含碳的材料中观察到了。然而，在含碳合金中却出现了相反的现象：挤压态材料的屈服应力高于铸态材料。这很可能是热加工过程中碳化物析出反应的结果。在 1 250 ℃对铸锭预热显然可使碳固溶。在随后的挤压和冷却中，析出相在新形成的晶界或界面处非均匀形核。这些界面处的失配结构提供了高密度的形核点，使细小的碳化物弥散分布并明显稳定了组织。图 7.30 支持了这一猜测，其展示了挤压材料中亚晶界的 TEM 图像，其中可见极其细小的析出相点缀在位错上。这一结构特征很可能是 Ti-45Al-8Nb-0.2C 合金(TNB-V2，见 9.9 节)具有良好高温强度和抗蠕变性的原因。相比于简单的颗粒分布状态，即颗粒作为独立的位错运动障碍的情形，可使细小位错亚结构稳定化的弥散分布状态是更为有效的，因为这可在更大的晶体体积上阻挡滑移。图 7.31(a)展示了密度均一化后不同 TiAl 合金、镍基高温合金以及传统钛合金的屈服强度，表明了添加 Nb 且利用弥散碳化物强化来设计 TiAl 合金的优势。数据同时表明，当比强度作为构件设计过程中的重要指标时，这种合金是很有吸引力的镍基合

金及钛合金的替代材料。然而，为提高高温性能而采用的强化机制通常有悖于合金的低温塑性和损伤容限性。例如，虽然添加碳将提升材料的抗拉强度以及抗蠕变性，但一般却同时伴有拉伸塑性的下降。为说明含 Nb 的 TNB 合金所达成的综合力学性能，图 7.31(b)展示了挤压 Ti-45Al-5Nb-0.2B-0.2C 合金(TNB-V5)室温拉伸实验的应力-应变曲线。Ti-45Al-5Nb-0.2C 合金室温力学性能的可靠性将在 10.7.2 节中讨论。含 Nb 且析出强化的材料总体上表现出超过 1 GPa 的高屈服强度，并伴有可观的 1%~2%的塑性伸长量。达到这一良好

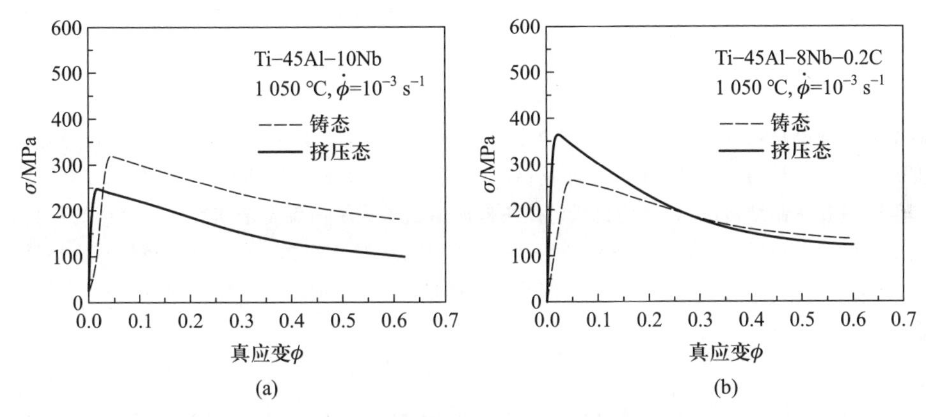

图 7.29 在此图中所示测试条件下测定的铸态和挤压态含碳及不含碳 TiAl-Nb 合金的流变曲线。σ 为压缩应力，$\phi=\ln(\varepsilon+1)$ 为真应变。(a) Ti-45Al-10Nb；(b) Ti-45Al-8Nb-0.2C

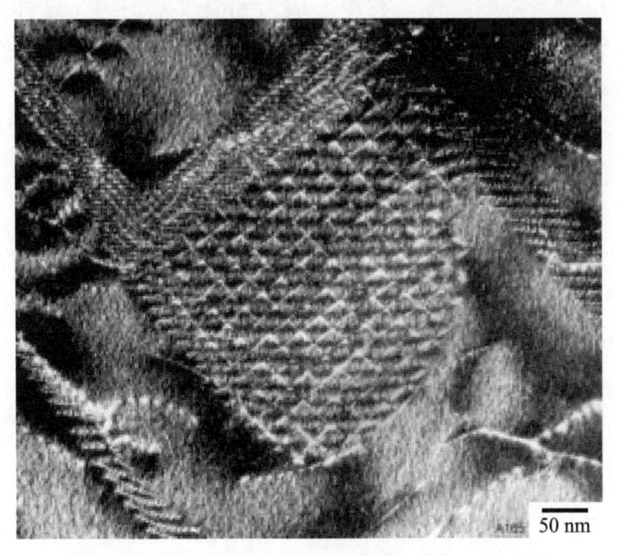

图 7.30 在挤压 Ti-45Al-8Nb-0.2C 合金中观察到的亚晶界。注意点缀于位错上的细小碳化物

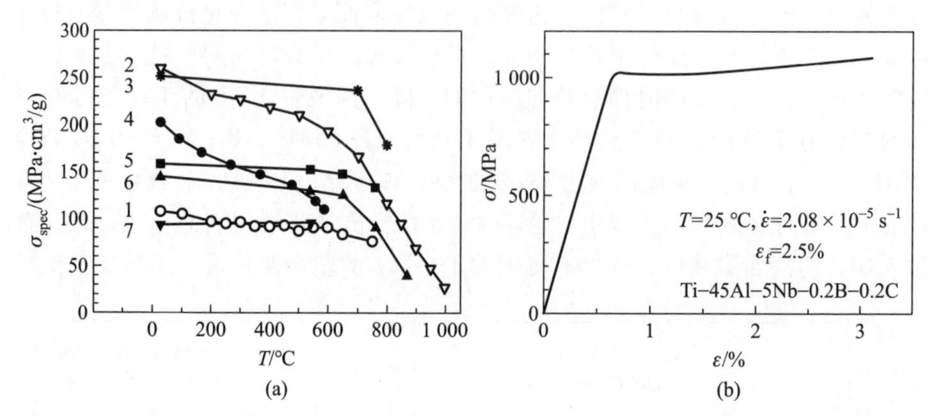

图 7.31　传统高温合金以及 γ 基钛铝合金的力学性能。(a) 密度均一化后的屈服强度随温度变化：(1) Ti-47Al-2Cr-0.2Si(近 γ 组织)，(2) Ti-45.6Al-7.7Nb-0.2C(近片层组织)，(3) γ-Md(调制结构组织)。为比较，图中同时给出了镍基高温合金和传统钛合金的数据，其中：(4) IMI834，(5) René 95，(6) Inconel 718，(7) IN 713 LC。(b) 挤压 Ti-45Al-5Nb-0.2B-0.2C 合金(TNB-V5)室温拉伸实验的应力-应变曲线。塑性应变达 ε_f = 2.53% 时发生断裂

综合力学性能的先决条件是其可靠的显微组织。图 7.6(a)中的数据包括了具有调制结构的 γ-Md 合金，更多关于这种材料的细节见第 8 章。

总结：含有 5at.%～10at.% Nb 且由碳化物强化的 TiAl 合金表现出若干令人满意的高温应用时所需的特性。在中等应力和温度范围内，这种类型材料的变形合金或可替代更重的镍基高温合金。从工程的角度看，这些高强 TiAl 合金的优势在于它们可在远低于其极限应力的条件下应用，这就使断裂的风险最小化了。

参考文献

[1]　Hall, E. O. (1951) *Proc. Phys. Soc.*, **64B**, 747.

[2]　Petch, N. J. (1953) *J. Iron Steel Inst.*, **174**, 25.

[3]　Lipsitt, H. A., Shechtman, D., and Schafrik, R. E. (1975) *Metall. Trans. A*, **6A**, 1991.

[4]　Huang, S. C. (1988) *Scr. Metall.*, **22**, 1885.

[5]　Vasudevan, V. K., Court, S. A., Kurath, P., and Fraser, H. L. (1989) *Scr. Metall.*, **23**, 467.

[6]　Huang, S. C. and Shi, D. S. (1991) *Microstructure/Property Relationships*

in *Titanium Aluminides and Alloys* (eds Y. W. Kim and R. R. Boyer), TMS, Pittsburgh, PA, p. 105.

[7] Umakoshi, Y., Nakano, T., and Yamane, T. (1992) *Mater. Sci. Eng. A*, **152**, 81.

[8] Nakano, T., Yokoyama, A., and Umakoshi, Y. (1992) *Scr. Metall. Mater.*, **27**, 1253.

[9] Umakoshi, Y. and Nakano, T. (1993) *Acta Metall. Mater.*, **41**, 1155.

[10] Koeppe, C., Bartels, A., Seeger, J., and Mecking, H. (1993) *Metall. Trans. A*, **24A**, 1795.

[11] Gerling, R., Oehring, M., Schimansky, F. P., and Wagner, R. (1995) *Advances in Powder Metallurgy and Particulate Materials*, vol. 3 (12) (eds M. Phillips and J. Porter), Metal Powder Industries Federation, APMI International, Princeton, NJ, p. 91.

[12] Jung, J. Y., Park, J. K., Chun, C. H., and Her, S. M. (1996) *Mater. Sci. Eng. A*, **220**, 185.

[13] Mercer, C. and Soboyejo, W. O. (1996) *Scr. Mater.*, **35**, 17.

[14] Maziasz, P. J. and Liu, C. T. (1998) *Metall. Mater. Trans. A*, **29A**, 105.

[15] Liu, C. T. and Maziasz, P. J. (1998) *Intermetallics*, **6**, 653.

[16] Dimiduk, D. M., Hazzledine, P. M., Parthasarathy, T. A., Seshagiri, S., and Mendiratta, M. G. (1998) *Metall. Mater. Trans. A*, **29A**, 39.

[17] Bohn, R., Klassen, T., and Bormann, R. (2001) *Acta Mater.*, **49**, 299.

[18] Maruyama, K., Yamaguchi, M., Suzuki, G., Zhu, H., Kim, H. Y., and Yoo, M. H. (2004) *Acta Mater.*, **52**, 5185.

[19] Kim, Y. W. (1998) *Intermetallics*, **6**, 623.

[20] Umakoshi, Y. and Nakano, T. (1992) *ISIJ Int.*, **32**, 1339.

[21] Sun, Y. Q. (1997) *Mater. Sci. Eng. A*, **240**, 131.

[22] Sun, Y. Q. (1997) *High-Temperature Ordered Intermetallic Alloys VII*, *Materials Research Society Symposium Proceedings*, vol. 460 (eds C. C. Koch, C. T. Liu, N. S. Stoloff, and A. Wanner), MRS, Warrendale, PA, p. 109.

[23] Sun, Y. Q. (1998) *Philos. Mag. A*, **77**, 1107.

[24] Appel, F. and Wagner, R. (1993) *Physica Scripta*, **49T**, 387.

[25] Appel, F., Sparka, U., and Wagner, R. (1999) *Intermetallics*,

7, 325.

[26] Appel, F. and Wagner, R. (1995) *Gamma Titanium Aluminides* (eds Y. W. Kim, R. Wagner, and M. Yamaguchi), TMS, Warrendale, PA, p. 231.

[27] Bartels, A., Koeppe, C., Zhang, T., and Mecking, H. (1995) *Gamma Titanium Aluminides* (eds Y. W. Kim, R. Wagner, and M. Yamaguchi), TMS, Warrendale, PA, p. 655.

[28] Paul, J. D. H. and Appel, F. (2003) *Mater. Trans. A*, **34A**, 2103.

[29] Herrmann, D. *Diffusionsschweißen von γ(TiAl)-Legierungen: Einfluss von Zusammensetzung, Mikrostruktur und mechanischen Eigenschaften.* PhD Thesis, Technical University Hamburg-Harburg, Germany, 2009.

[30] Schafrik, R. E. (1977) *Metall. Trans. A*, **8A**, 1003.

[31] Kocks, U. F. and Mecking, H. (2003) *Prog. Mater. Sci.*, **48**, 171.

[32] Gray, G. T., III and Pollock, T. M. (2002) *Intermetallic Compounds. Vol.* 3, *Principles and Practice* (eds J. H. Westbrook and R. L. Fleischer), John Wiley & Sons, Ltd, Chichester, p. 361.

[33] Hirth, J. P. and Lothe, J. (1992) *Theory of Dislocations*, Krieger, Melbourne.

[34] Appel, F. (1989) *Phys. Status Solidi*, **116**, 153.

[35] Nabarro, F. R. N., Bassinski, Z. S., and Holt, D. (1964) *Adv. Phys.*, **13**, 193.

[36] Appel, F., Lorenz, U., Oehring, M., Sparka, U., and Wagner, R. (1977) *Mater. Sci. Eng. A*, **233**, 1.

[37] Wang, B. Y., Wang, Y. X., Gu, Q., and Wang, T. M. (1997) *Comput. Mater. Sci.*, **8**, 267.

[38] Gilman, J. J. (1962) *J. Appl. Phys.*, **33**, 2703.

[39] Chen, H. S., Head, A. K., and Gilman, J. J. (1964) *J. Appl. Phys.*, **35**, 2502.

[40] Kroupa, F. (1962) *Philos. Mag.*, **7**, 783.

[41] Kroupa, F. (1966) *Acta Metall.*, **14**, 60.

[42] Kroupa, F. (1966) *J. Phys.*, **27**, 154.

[43] Bullough, R. and Newman, R. C. (1970) *Rep. Prog. Phys.*, **33**, 101.

[44] Bacon, D. J., Bullough, R., and Willis, J. R. (1970) *Philos. Mag.*, **22**, 31.

[45] Damask, A. C. and Dienes, G. J. (1963) *Point Defects in Metals*,

Gordon and Breach, New York, NY, p. 145.

[46] Mishin, Y. and Herzig, C. (2000) *Acta Mater.*, **48**, 589.

[47] Kiritani, M., Sato, A., Sawai, K., and Yoshida, S. (1968) *J. Phys. Soc. Jpn*, **24**, 461.

[48] Viguier, B. and Hemker, K. J. (1996) *Philos. Mag. A*, **73**, 575.

[49] Sabinash, C. M., Sastry, S. M. L., and Jerina, K. L. (1995) *Mater. Sci. Eng. A*, **192–193**, 837.

[50] Kim, H. E., Soon, H., and Hong, S. H. (1998) *Mater. Sci. Eng. A*, **251**, 216.

[51] Herrmann, D. and Appel, F. (2009) *Metall. Mater. Trans. A*, **40A**, 1881.

[52] Imayev, R. M., Imayev, V. M., Oehring, M., and Appel, F. (2005) *Metall. Mater. Trans. A*, **36A**, 859.

[53] Fischer, F. D., Clemens, H., Schaden, T., and Appel, F. (2007) *Int. J. Mater. Res.*, **98**, 1041.

[54] Shang, P., Cheng, T. T., and Aindow, M. (1999) *Philos. Mag. A*, **79**, 2553.

[55] Appel, F. (2001) *Mater. Sci. Eng. A*, **317**, 115.

[56] Yoo, M. H. and Fu, C. L. (1998) *Metall. Mater. Trans. A*, **29A**, 49.

[57] Maloy, S. A. and Gray, G. T., III (1996) *Acta Mater.*, **44**, 1741.

[58] Gray, G. T. (1994) *Twinning in Advanced Materials* (eds M. H. Yoo and M. Wuttig), TMS, Warrendale, PA, p. 337.

[59] Gray, G. T., III, Steif, P. S., and Pollock, T. M. (2001) *Structural Intermetallics 2001* (eds K. J. Hemker, D. M. Dimiduk, H. Clemens, R. Darolia, H. Inui, J. M. Larsen, V. K. Sikka, M. Thomas, and J. D. Whittenberger), TMS, Warrendale, PA, p. 269.

[60] Fleischer, R. L. (1962) *The Strength of Metals* (ed. D. Peckner), Reinhold Press, p. 93.

[61] Fleischer, R. L. (1962) *Acta Metall.*, **10**, 835.

[62] Fleischer, R. L. (1987) *Scr. Metall.*, **21**, 1083.

[63] Vujic, D., Li, Z. X., and Whang, S. H. (1988) *Metall. Trans. A*, **19A**, 2445.

[64] Erschbaumer, H., Podloucky, R., Rogel, P., Tonmittschka, G., and Wagner, R. (1993) *Intermetallics*, 1, 99.

[65] Zou, J. and Fu, L. C. (1995) *Phys. Rev.*, **B51**, 2115.

[66] Wolf, W., Podloucky, R., Rogel, P., and Erschbaumer, H. (1996) *Intermetallics*, **4**, 201.

[67] Pananikolaou, N., Zeller, R., and Dederichs, P. H. (1997) *Phys. Rev.*, **B55**, 4157.

[68] Song, Y., Xu, D. S., Yang, R., Li, D., and Hu, Z. Q. (1998) *Intermetallics*, **6**, 157.

[69] Song, Y., Yang, R., Li, D., Wu, W. T., and Guo, Z. X. (1999) *J. Mater. Res.*, **14**, 2824.

[70] Song, Y., Guo, Z. X., and Yang, R. (2002) *J. Light Met.*, **2**, 115.

[71] Pfullmann, Th. and Beaven, P. A. (1993) *Scr. Metall.*, **28**, 275.

[72] Kawabata, T., Tamura, T., and Izumi, O. (1993) *Metall. Mater. Trans. A*, **24A**, 141.

[73] Kawabata, T., Fukai, H., and Izumi, O. (1998) *Acta Mater.*, **46**, 2185.

[74] Woodward, C., Kajihara, S. A., Rao, S. I., and Dimiduk, D. M. (1999) *Gamma Titanium Aluminides 1999* (eds Y. W. Kim, D. M. Dimiduk, and M. H. Loretto), TMS, Warrendale, PA, p. 49.

[75] Rossouw, C. J., Forwood, C. T., Gibbson, M. A., and Miller, P. R. (1996) *Philos. Mag. A*, **74**, 77.

[76] Yamaguchi, M. and Inui, H. (1993) *Structural Intermetallics* (eds R. Darolia, J. J. Lewandowski, C. T. Liu, P. L. Martin, D. B. Miracle, and M. V. Nathal), TMS, Warrendale, PA, p. 127.

[77] Yao, K. F., Inui, H., Kishida, K., and Yamaguchi, M. (1995) *Acta Metall. Mater.*, **43**, 1075.

[78] Kawabata, T., Tamura, T., and Izumi, O. (1989) *High-Temperature Ordered Intermetallic Alloys III*, *Materials Research Society Symposia Proceedings*, vol. 133 (eds C. T. Liu, A. I. Taub, N. S. Stoloff, and C. C. Koch), MRS, Pittsburgh, PA, p. 330.

[79] Huang, S. C., and Hall, E. L. (1991) *Alloy Phase Stab. Des.*, **186**, 381.

[80] Hahn, K. D. and Whang, S. H. (1989) *High-Temperature Ordered Intermetallic Alloys III*, *Materials Research Society Symposia Proceedings*, vol. 133 (eds C. T. Liu, A. I. Taub, N. S. Stoloff, and C. C. Koch), MRS, Pittsburgh, PA, p. 385.

[81] Tsujimoto, T. and Hashimoto, K. (1989) *High-Temperature Ordered*

Intermetallic Alloys III, *Materials Research Society Symposia Proceedings*, vol. 133 (eds C. T. Liu, A. I. Taub, N. S. Stoloff, and C. C. Koch), MRS, Pittsburgh, PA, p. 391.

[82] Huang, S. C. and Hall, E. L. (1991) *Metall. Trans. A*, **22A**, 2619.

[83] Huang, S. C. and Hall, E. L. (1991) *Acta Metall. Mater.*, **6**, 1053.

[84] Zheng, Y., Zhao, L., and Tangri, K. (1992) *Scr. Metall. Mater.*, **26**, 219.

[85] Huang, S. C. (1993) *Structural Intermetallics* (eds R. Darolia, J. J. Lewandowski, C. T. Liu, P. L. Martin, D. B. Miracle, and M. V. Nathal), TMS, Warrendale, PA, p. 299.

[86] Sabinash, C. M., Sastry, S. M. L., and Jerina, K. L. (1995) *Scr. Metall. Mater.*, **32**, 1381.

[87] Menand, A., Huguet, A., and Nérac-Partaix, A. (1996) *Mater.*, **44**, 4729.

[88] Zheng, Y., Zhao, L., and Tangri, K. (1996) *Mater. Sci. Eng. A*, **208**, 80.

[89] Cheng, T. T., Willis, M. R., and Jones, I. P. (1999) *Intermetallics*, **7**, 89.

[90] Larson, D. J., Liu, C. T., and Miller, M. K. (1999) *Mater. Sci. Eng. A*, **270**, 1.

[91] Chen, G. L., Zhang, W. J., Yang, Y., Wang, J., and Sun, Z. (1993) *Structural Intermetallics* (eds R. Darolia, J. J. Lewandowski, C. T. Liu, P. L. Martin, D. B. Miracle, and M. V. Nathal), TMS, Warrendale, PA, p. 319.

[92] Paul, J. D. H., Appel, F., and Wagner, R. (1998) *Acta Mater.*, **46**, 1075.

[93] Appel, F., Oehring, M., and Wagner, R. (2000) *Intermetallics*, **8**, 1283.

[94] Appel, F., Oehring, M., and Paul, J. D. H. (2001) *Structural Intermetallics 2001* (eds K. J. Hemker, D. M. Dimiduk, H. Clemens, R. Darolia, H. Inui, J. M. Larsen, V. K. Sikka, M. Thomas, and J. D. Whittenberger), TMS, Warrendale, PA, p. 63.

[95] Zhang, W. J., Liu, Z. C., Chen, G. L., and Kim, Y. W. (1999) *Philos. Mag. A*, **79**, 1073.

[96] Zhang, W. J., Deevi, S. C., and Chen, G. L. (2002) *Intermetallics*,

10, 403.

[97] Liu, Z. C., Lin, J. P., Li, S. J., and Chen, G. L. (2002) *Intermetallics*, **10**, 653.

[98] Helwig, A., Palm, M., and Inden, G. (1998) *Intermetallics*, **6**, 79.

[99] Chen, G., Zhang, W. J., Liu, C. Z., and Kim, Y. W. (1999) *Gamma Titanium Aluminides* 1999 (eds Y. W. Kim, D. M. Dimiduk, and M. H. Loretto), TMS, Warrendale, PA, p. 371.

[100] Fischer, F. D., Waitz, T., Scheu, Ch., Cha, L., Dehm, G., Antretter, T., and Clemens, H. (2010) *Intermetallics*, 18, 509.

[101] Yuan, Y., Yin, K. B., Zhao, X. N., and Meng, X. K. (2006) *J. Mater. Sci.*, **41**, 469.

[102] Zhang, W. J. and Appel, F. (2002) *Mater. Sci. Eng. A*, **329 - 331**, 649.

[103] Zhang, W. J. and Appel, F. (2002) *Mater. Sci. Eng. A*, **334 - 331**, 59.

[104] Chen, S. H., Schumacher, G., Mukherji, D., Frohberg, G., and Wahi, R. P. (2001) *Philos. Mag. A*, **81**, 2653.

[105] Chen, S. H., Mukherji, D., Schumacher, G., Frohberg, G., and Wahi, R. P. (2000) *Philos. Mag. Lett.*, **80**, 19.

[106] Zhang, W. J., Liu, Z. C., Chen, G. L., and Kim, Y. W. (1999) *Mater. Sci. Eng.*, **A271**, 416.

[107] Herzig, C., Przeorski, T., Friesel, M., Hisker, F., and Divinski, S. (2001) *Intermetallics*, **9**, 461.

[108] Nemoto, M., Tian, W. H., and Sano, T. (1991) *J. Phys.*, **1**, 1099.

[109] Nemoto, M., Tian, W. H., Harada, K., Han, C. S., and Sano, T. (1992) *Mater. Sci. Eng. A*, **152**, 247.

[110] Tian, W. H. and Nemoto, M. (1993) *Philos. Mag. A*, **68**, 965.

[111] Tian, W. H. and Nemoto, N. (1995) *Gamma Titanium Aluminides* (eds Y. W. Kim, R. Wagner, and M. Yamaguchi), TMS, Warrendale, PA, p. 689.

[112] Tian, W. H. and Nemoto, M. (1997) *Intermetallics*, **5**, 237.

[113] Chen, S., Beaven, P. A., and Wagner, R. (1992) *Scr. Metall. Mater.*, **26**, 1205.

[114] Schuster, J. C., Nowotny, H., and Vaccaro, C. (1980) *J. Solid State Chem.*, **32**, 213.

[115] Appel, F. (2005) *Philos. Mag.*, **85**, 205.

[116] Gouma, P. I., Mills, M. J., and Kim, Y. W. (1998) *Philos. Mag. Lett.*, **78**, 59.

[117] Gouma, P. I., Subramanian, K., Kim, Y. W., and Mills, M. J. (1998) *Intermetallics*, **6**, 689.

[118] Benedek, R., Seidman, D. N., and Woodward, C. (2003) *Defect Properties and Related Phenomena in Intermetallic Alloys*, *Materials Research Society Symposium Proceedings*, vol. 753 (eds E. P. George, H. Inui, M. J. Mills, and G. Eggeler), MRS, Warrendale, PA, p. 129.

[119] Lopacinski, M., Puszynski, J., and Lis, J. (2001) *J. Am. Ceram. Soc.*, **84**, 3051.

[120] Christoph, U., Appel, F., and Wagner, R. (1997) *Mater. Sci. Eng. A*, **239–240**, 39.

[121] Appel, F., Christoph, U., and Wagner, R. (1997) *High-Temperature Ordered Intermetallic Alloys VII*, *Materials Research Society Symposium Proceedings*, vol. 460 (eds C. C. Koch, C. T. Liu, N. S. Stoloff, and A. Wanner), MRS, Warrendale, PA, p. 77.

[122] Larson, D. L., Liu, C. T., and Miller, M. K. (1997) *Intermetallics*, **5**, 411.

[123] Graef, M. D., Löfvander, J. P., McCullough, C., and Levi, C. G. (1992) *Acta Metall. Mater.*, **40**, 3395.

[124] Inkson, B. I., Boothroyd, C. B., and Humphreys, C. J. (1995) *Acta Metall. Mater.*, **43**, 1429.

[125] Godfrey, B. and Loretto, M. H. (1996) *Intermetallics*, **4**, 47.

[126] Chen, C. L., Wu, W., Lion, J. P., He, L. L., Chen, G. L., and Ye, H. Q. (2007) *Scr. Mater.*, **56**, 441.

[127] Müllauer, J. and Appel, F. (2003) *Defect Properties and Related Phenomena in Intermetallic Alloys*, *Materials Research Society Symposium Proceedings*, vol. 753 (eds E. P. George, H. Inui, M. J. Mills, and G. Eggeler), MRS, Warrendale, PA, p. 231.

[128] Orowan, E. (1948) *Symposium on Internal Stresses in Metals and Alloys*, *Session III*, *Discussion*, Institute of Metals, London, p. 451.

[129] Ashby, M. F. (1969) *Physics of Strength and Plasticity* (ed. A. S. Argon), MIT, Cambridge, MA, p. 113.

[130] Brown, L. M. and Stobbs, W. M. (1971) *Philos. Mag.*, **23**, 1185.

[131] Brown, L. M. and Stobbs, W. M. (1971) *Philos. Mag.*, **23**, 1201.

[132] Tian, W. H. and Nemoto, M. (2005) *Intermetallics*, **13**, 1030.

[133] Kawabata, T., Abumiya, T., and Izumi, O. (1992) *Acta Metall. Mater.*, **38**, 2557.

[134] Nérac-Partaix, A. and Menand, A. (1996) *Scr. Mater.*, **35**, 199.

[135] Tsuyama, S., Mitao, S., and Minakawa, K. (1992) *Mater. Sci. Eng. A*, **153**, 451.

[136] Wang, G. X., Dogan, B., Hsu, F. Y., Klaar, H. J., and Dahms, M. (1993) *Metall. Trans. A*, **26A**, 691.

[137] Hsu, F. Y., Wang, G. X., and Klaar, H. J. A. (1995) *Scr. Metall. Mater.*, **33**, 597.

[138] Noda, T., Okabe, M., Isobe, S., and Sayashi, M. (1995) *Mater. Sci. Eng. A*, **192/193**, 774.

[139] Viswanathan, G. B., Kim, Y. W., and Mills, M. J. (1999) *Gamma Titanium Aluminides* 1999 (eds Y. W. Kim, D. M. Dimiduk, and M. H. Loretto), TMS, Warrendale, PA, p. 653.

[140] Karadge, M., Kim, Y. W., and Gouma, P. I. (2003) *Metall. Mater. Trans. A*, **34A**, 2119.

[141] Appel, F., Oehring, M., Paul, J. D. H., Klinkenberg, Ch., and Carneiro, T. (2004) *Intermetallics*, **12**, 791.

第 8 章 调制组织合金的变形行为

为提高综合力学性能，人们最近研发出了一种具有类似复合材料组织的新型 TiAl 合金[1,2]。这种合金的相组成特征是具有调制亚结构的片层组织，其由稳定相和亚稳相组成。调制结构出现在纳米尺度上，由此产生了一种额外的使材料细化的结构特征。本章简要综述了这些调制组织合金的物理冶金学。

8.1 调制组织

在 TiAl 基系统中，通过选择合适的 Al 含量以及其他金属元素的合金化，可获得由 α/α_2、γ 和 β 相组成的三相平衡组织。β 相的无序 bcc 点阵结构提供了足够的独立滑移系，因此在最终组织中可直接作为一个塑性相。为达成这一目标，人们对含 β 相合金进行了大量研发工作[3-8]。但是，对这些合金中的组成相和显微组织演化的理解看起来仍处于初级阶段。关于含 β 相合金力学数据的文献也较少。这里要描述的合金设计思想是基于 β/B2 相的分解，通过适当选择 Al 含量以及可形成 β/B2 相的第三组元合金就可使这一反应出现。可以认为，各相的演化是无法达到热力学平衡的，因此，转变产物的数量可能会大于根据相律而得出的结果。这就导致形成了具有多种稳定相和亚稳相的复杂显微组织。然而，一些可能的具有低晶体学对称性的相变产物，如 ω、ω′或 ω″相，它们因脆性极大而成为显微组织中的有害相。这种相演化的内在复杂性需要由合金元素来密切协调，以稳定 β/B2 相并影响其随后的分解过程。这里所考虑的合金（称为 γ-Md）的基础成分为

$$\mathrm{Ti} - (40 \sim 44)\mathrm{Al} - 8.5\mathrm{Nb} \tag{8.1}$$

根据文献中的数据[3-9]，这些合金应含有大量的 β 相。根据 X 射线分析，合金的相组成包括 β/B2、α_2 和 γ 相。额外的 X 射线衍射峰应被归于两种具有 B19 结构的正交相（oP4，Pmma 和 oC16，Cmcm）。然而，它们无法与文献中报道的各种正交结构[10,11]相对应，因为这些正交结构非常相似。X 射线衍射分析并未发现源自 β 相的 B2 相超点阵衍射峰。但是仍不能完全排除 B2 相的存在，因为其体积分数可能很小且有序化不完全。

图 8.1(a)展示了挤压后又在 1 030 ℃进行去应力退火后的组织的背散射电子（BSE）模式 SEM 图像。其展示了两种主要的组织构成，即片层团和一种具有类似珠光体形貌的相组分。BSE 图像的衬度表明后者由 γ 和 β 板条组成，即它并非来自 $\alpha \rightarrow \alpha_2 + \gamma$ 共析反应。整体的组织极其细小且均匀，其片层团和类珠光体片层团的尺寸约为 30 μm。

Takeyama 和 Kobayashi[7]在 TiAl-V 和 TiAl-Mo 合金中报道了与上文相似的类珠光体组织，通过如下反应形成：

$$\alpha \rightarrow \beta(\mathrm{B2}) + \gamma \tag{8.2}$$

自高温 β 相开始，这类合金的固态相变路径为

$$\beta \rightarrow \beta + \alpha \rightarrow \alpha \rightarrow \beta(\mathrm{B2}) + \gamma \tag{8.3}$$

根据目前对相图的理解，在低温下，Ti-Al-Nb 系统中的 β 相将有序化为 B2 相[9,12]。然而，$(\alpha_2+\gamma)$片层团的出现则表明相变路径为

$$\beta \rightarrow \beta + \alpha \rightarrow \alpha \rightarrow \alpha + \gamma \rightarrow \alpha + \gamma + \beta(\mathrm{B2}) \tag{8.4}$$

这一路径与已知的相图信息相符[9,12]，但是却不能解释类珠光体组织的形成[7]。其原因可能是 $\beta \rightarrow \beta + \alpha$ 相变反应过程未达到平衡，从而形成了成分略微偏离平衡态的 α 晶粒，而后它沿不同的相变路径发生分解。

透射电镜观察到的形貌如图 8.1(b)。这一结构的特征为衬度周期性变化的板条，分布于其他相之间。如图 8.2(a)所示，衬度起伏出现在非常小的长度尺度上，其界面是模糊的。高分辨透射电镜观察表明，一片板条又再次分为若干晶体结构不同的区域，它们之间没有明确的界面。图 8.2(b)的高分辨图像展示了一片与 γ 片层相邻的板条，观察方向为$\langle 101]_\gamma$，可作为参考。板条与 γ 相之间的界面（称为 γ/T）由许多平台组成，它们与$(111)_\gamma$平面平行。界面平

台由不同高度的台阶勾勒出来。

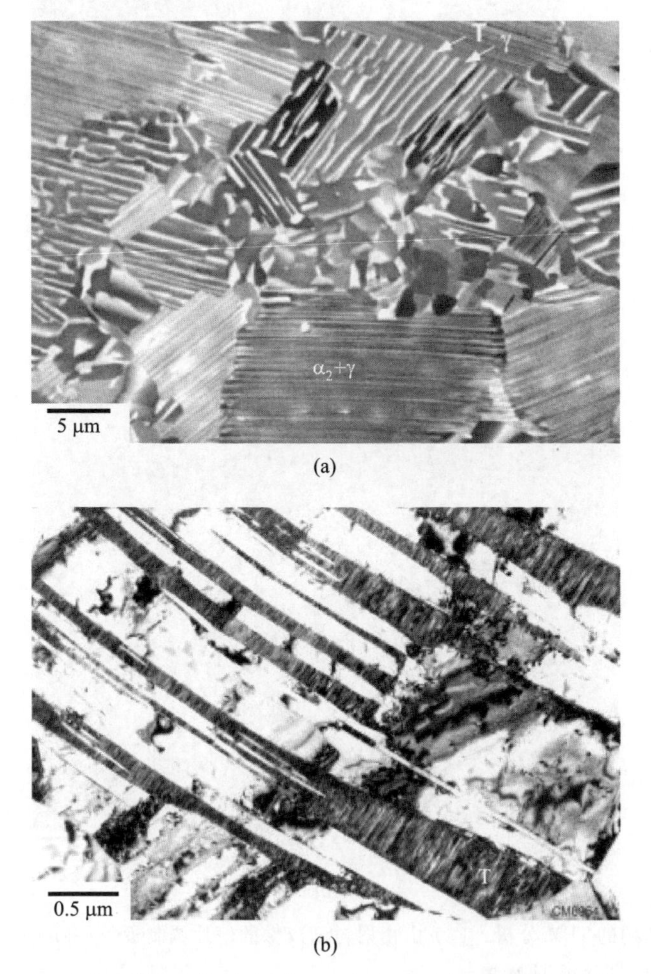

图 8.1 挤压 γ-Md 合金中的调制组织图像。(a) 扫描电镜背散射电子像；(b) 透射电镜像。T 表示调制板条

调制板条由一种与 β/B2 相间隔组成的正交相和一小部分 α_2 相组成(图 8.3)。对正交相的选区电子衍射表明其与 B19 相一致，可将其描述为正交相(oP4)或 $D0_{19}$ 相的六方超结构(hP8)。Abe 等[13]和 Ducher 等[14]在 Ti-Al 系统中已观察到 B19 相。B19 结构与正交结构(oC16，Cmcm)非常相近，后者的理想化学计量比为 Ti_2AlNb，其在金属间化合物中因具有相对良好的室温塑性而广为所知[15]。

在图 8.2(b)和图 8.3(a)中的 B19 结构是沿其$[010]_{B19}$方向成像的。从高分辨图像中可以看出，调制板条中包含的相与相邻 γ 相的取向关系为

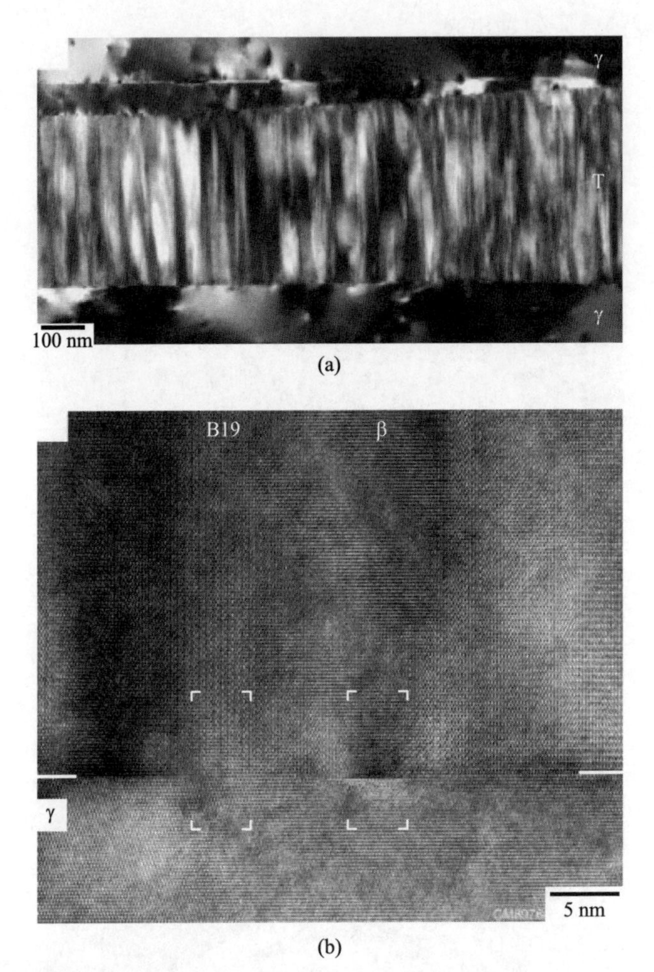

图 8.2　调制结构的 TEM 分析：(a) 由衍射衬度成像的一片调制板条；(b) 一片与 γ 片层相邻的调制板条的高分辨 TEM 像

$$(100)_{B19} // \{110\}_{\beta/B2} // (0001)_{\alpha 2} // \{111\}_{\gamma}$$

和

$$[010]_{B19} // \langle 111\rangle_{\beta/B2} // \langle 11\bar{2}0\rangle_{\alpha 2} // \langle 1\bar{1}0\rangle\gamma;\ [001]_{B19} // \langle 11\bar{2}\rangle_{\gamma} \quad (8.5)$$

在衍射花样中，周期性畸变的存在表现为主衍射斑点附近出现的弱卫星斑点。卫星斑点距主斑点的距离即为调制波长的倒数，且连接卫星斑点与主斑点的方向平行于调制矢量的方向。这些观察到的特征即为调制结构的证据，其在近年来受到了广泛关注，相关综述见文献[16]。当某一晶体结构表现出除布拉维点阵周期性之外的其他周期性时，即可称此结构为调制结构。这些额外的周期性来自一种或几种畸变，其首先升高至最大值而后降低至初始值。这种调制可

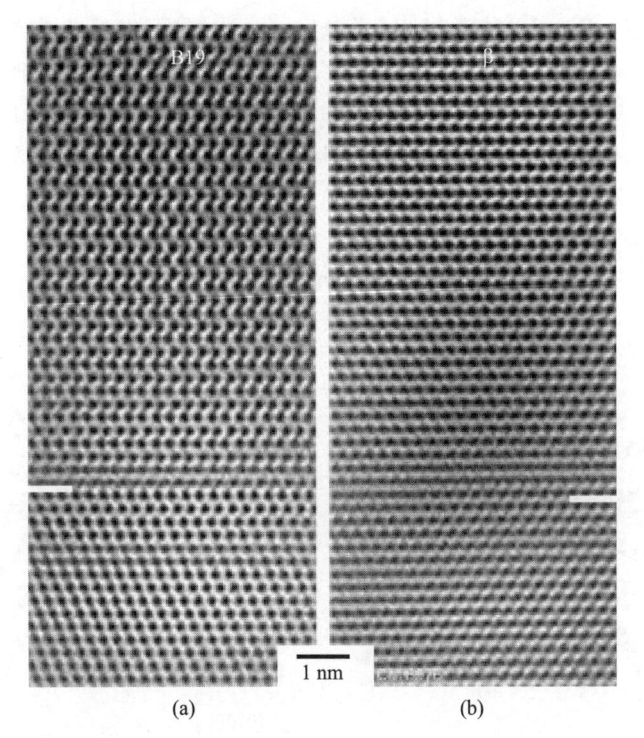

(a) (b)

图 8.3 调制结构的高分辨 TEM 证据。(a)和(b)为图 8.2(b)中方形区域的傅里叶变换图像

包括原子坐标、原子占位因子或位移参数等。由不连续性造成的应变通常可由连续且周期性变化的物理性质来协调。

尽管对 TiAl 合金中结构调制的基础理解还有不足，但它可能与高温 β/B2 相的分解反应有关。β/B2 相的体心立方(bcc)结构是由其最密排面{011}沿〈111〉方向的 ABAB 堆垛构成。{011}面上的原子只在体对角线方向上相接触。这些平面上的间隙有一个微小的鞍形结构。建模分析表明第二层中的原子可能滑移一段很小的距离至一侧或另一侧，这就导致了立方结构的畸变。通过一个非常小的位移以闭合这些空隙，$\{011\}_{bcc}$平面即可与面心立方(fcc)的{111}面和六方(hcp)结构的(0001)面在几何上相同。这可导致若干 bcc/fcc 和 bcc/hcp 转变，从而产生多种稳定或亚稳相。Nguyen-Manh 和 Pettifor[10] 与 Yoo 和 Fu[17] 的第一性原理计算表明，TiAl 合金中含有过饱和过渡金属(Zr、V、Nb)的 β/B2 相在四方畸变下是不稳定的；即由反常(负值)四方剪切模量导致了剪切不稳定性。特别地，B2 相可能通过均匀切变转变为若干低温亚稳正交相。在能量上有利的相变为[10]

$$B2(Pm3m) \rightarrow B19(Pmma) \rightarrow B33(Cmcm) \quad (8.6)$$

在原子尺度下，B2 相可能通过相邻 $(011)_{B2}$ 面沿相反 $[01\bar{1}]$ 方向的扰动位移转变为 B19 相，如图 8.4 所示。随后相邻 $(011)_{B2}$ 面沿 [100] 方向的位移可形成 B33 结构[10]。在这里所研究的系统中，看起来主要的正交相是 B19 相。可以推测，板条的调制是由母相 B2 的周期性成分变化所引发的，正如调幅分解那样。显然这一机制还需要继续研究。

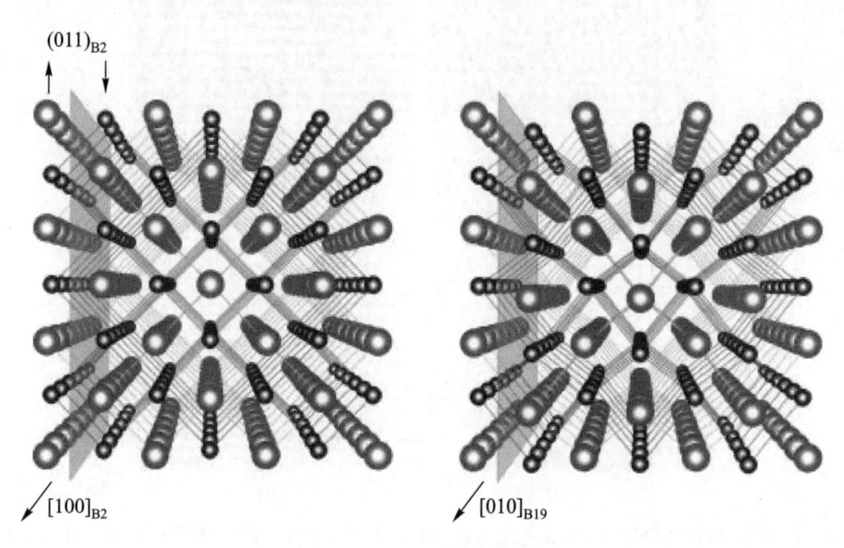

图 8.4　自母相 B2 中形成的 B19 结构，由硬球模型透视图说明。沿 B2 相的 [100] 方向观察，箭头指出了相邻 $(011)_{B2}$ 面沿相反 $[01\bar{1}]$ 方向转变为 B19 相的扰动位移

总结：在基础成分为 Ti-(40~44)Al-(5~10)Nb 的 TiAl 合金中可形成一种新型层状结构，其由多相板条组成，并嵌入 γ、β/B2 和 α_2 相组成的基体中。多相板条很可能来自初始 β/B2 的分解，且由于显著的相位不连续性而具有纳米尺度亚结构。

8.2　失配界面

调制板条中的相位不连续性导致了复杂的失配结构，从广义上说，它与其他许多固/固失配界面类似。然而对于调制合金的力学性能来说，仍有一些特征是非常重要的，下文对此进行细致讨论。在调制板条中，B19 结构显然形成了一种畴结构，因为母相 B2 中所有的 $\langle 01\bar{1}\rangle\{011\}$ 扰动位移在晶体学上是等价的。特别的，互相垂直的位移 $[01\bar{1}]$ (011) 和 [011] $(01\bar{1})$ 形成了两种 B19 变体，它们的 $(100)_{B19}$ 和 $(001)_{B19}$ 晶面互相平行。这两组晶面的失配度约为 8%。同样程度的失配也出现于$(002)_{B19}$和$\{110\}_{\beta/B2}$之间，而$(200)_{B19}$和$\{110\}_{\beta/B2}$则匹配完好。这些失配看起来可在部分上由界面位错缓解，其多数情况下位于相邻的γ片层内，刚好在调制板条点阵畸变区域的前方。

如图 8.5，界面位错表现为一个额外的$(111)_\gamma$晶面，其与γ/T界面平行，因此位错可由其投影伯格斯矢量表示为$\boldsymbol{b}_p = 1/3[111]$。位错通常自界面处跃出 3~5 个$(111)_\gamma$晶面且表现出了明显的扩展位错芯，因此其很容易产生分解反应。6.3.3 节中已经阐述了一种可能的 1/3[111]位错的分解反应。这一反应的产物为$1/6\langle 11\bar{2}]$孪晶不全位错和$1/2\langle 110]$普通位错。一个完整的包括 3 个失配位错的反应将产生 3 个孪晶不全位错和一个普通位错。这一机制可能解释了为什么失配位错通常可作为形变孪晶的形核点(图 8.6)，以及为什么形变孪晶是调制合金γ相中的主要变形机制(图 8.7)。

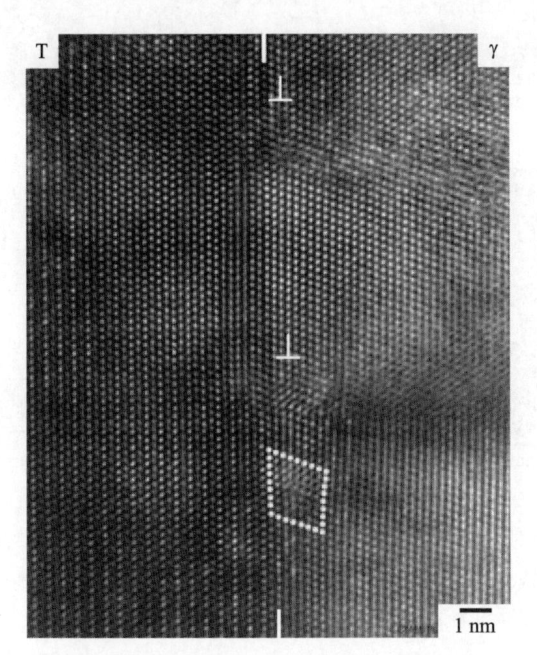

图 8.5 调制板条(T)和γ片层界面失配位错的高分辨像。通过沿γ/T界面的倾斜观察可确定 3 个相距很近的失配位错的投影伯格斯矢量为$\boldsymbol{b} = 1/3[111]$。注意位错芯的扩展现象

调制板条和γ相之间的失配应变看起来也可由界面处形成台阶而缓解(图 8.8)[1,2]。这些界面通常呈小平面状，在台阶之间形成了在原子尺度上平行于$\{111\}_\gamma$晶面的平台。平台处的取向关系为一组调制板条和相邻γ相之间共享其密排面和密排方向。台阶的尺寸范围为自原子级到多原子尺度。在共享的密排面上，台阶之间的间隔仅为几个原子的量级，从而使台阶之间的平面通常为

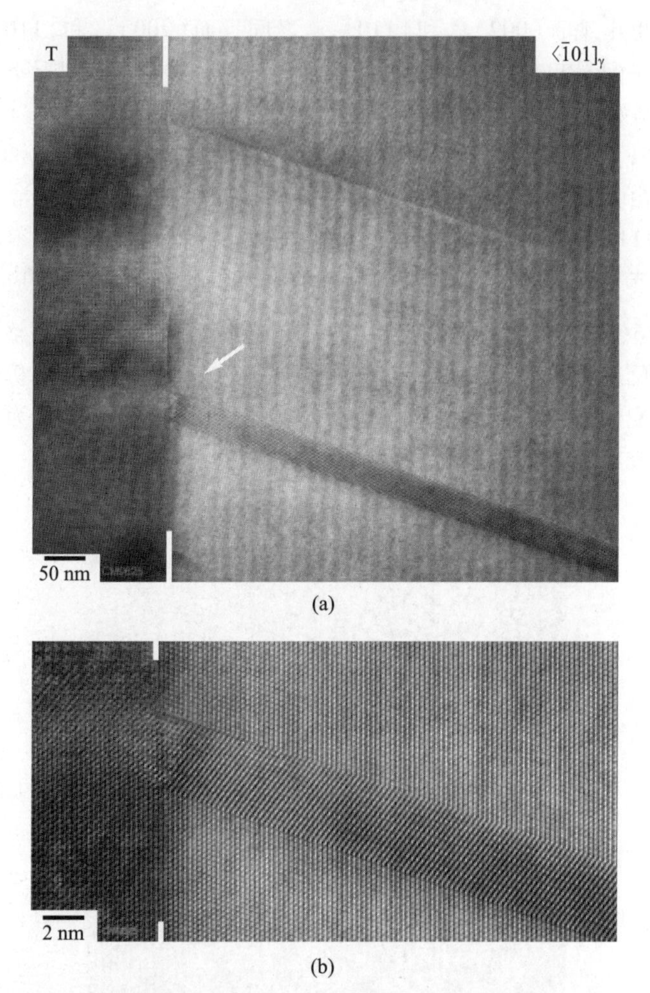

图 8.6　$[\bar{1}01]_\gamma$ 方向的高分辨像，展示了 γ/T 界面处的孪晶形核。一个孪晶晶胚(a)和一个更厚的已形核的孪晶(b)。图(b)展示了图中箭头区域的放大像。γ-Md 样品在空气中室温拉伸变形至塑性伸长量约为 $\varepsilon=2.5\%$

高指数惯习面。TEM 分析给人的感觉是惯习面可能平行于任意晶体学平面，这可很容易地由共享密排面上台阶的高度和距离的调整而实现。在相变中，协调失配的台阶的概念已在 6.1.3 节中讨论过了。然而，尽管存在这些协调过程，但看起来材料内部仍保留了大量应变。这可由点阵平面的畸变以及大多数图片中的强应变场衬度证明。这些残余应变体现为弹性畸变，即相邻的相出现不均匀应变以使原子间距相互匹配。均匀的应变协调进一步提高了界面的共格程度，但也产生了共格应力。可以认为，蠕变条件下，这些共格应力将会释放，

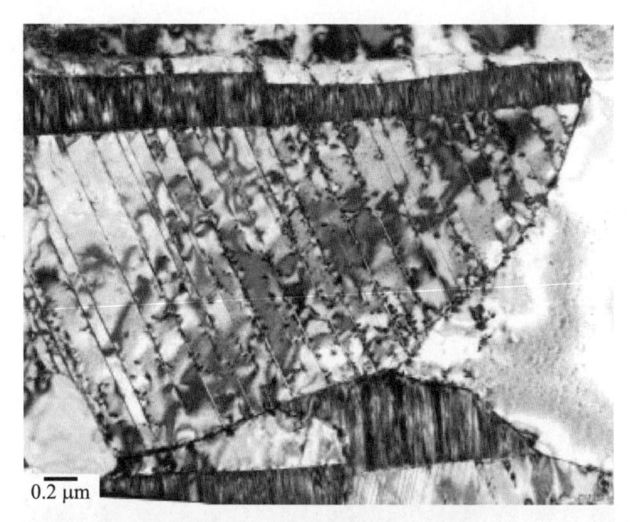

图 8.7 与调制板条相连的 γ 片层中大量形变孪晶的 TEM 图像。γ-Md 样品在空气中室温拉伸变形至塑性伸长量约为 $\varepsilon = 2.5\%$

从而导致若干界面相关的变形现象(见 9.5 节和 9.6 节)。

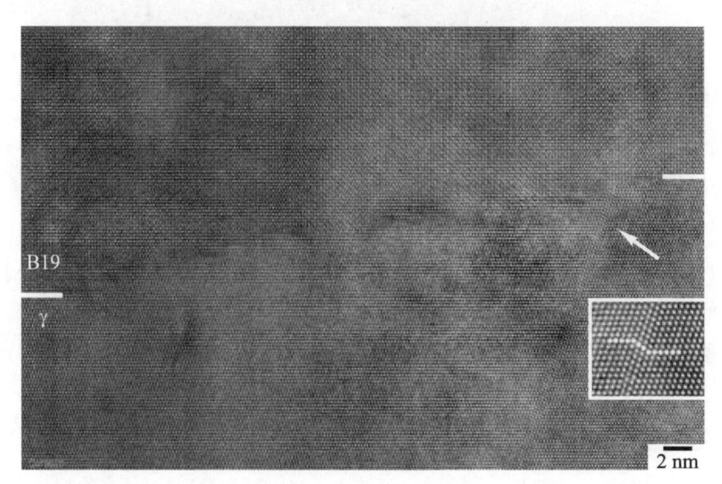

图 8.8 调制片层中的 B19 相和 γ 相之间形成的台阶界面，注意一个形变孪晶自界面发射出来

调制的板条显然可进一步转变为 γ 相，如图 8.9 所示。这一过程通常开始于晶界且通过不同原子的扰动位移形成较高的台阶而进行。由于在变形后的样品中可频繁观察到这一相变[1,2]，可以推测这一过程是应力诱导的，并可导致某种相变韧化。

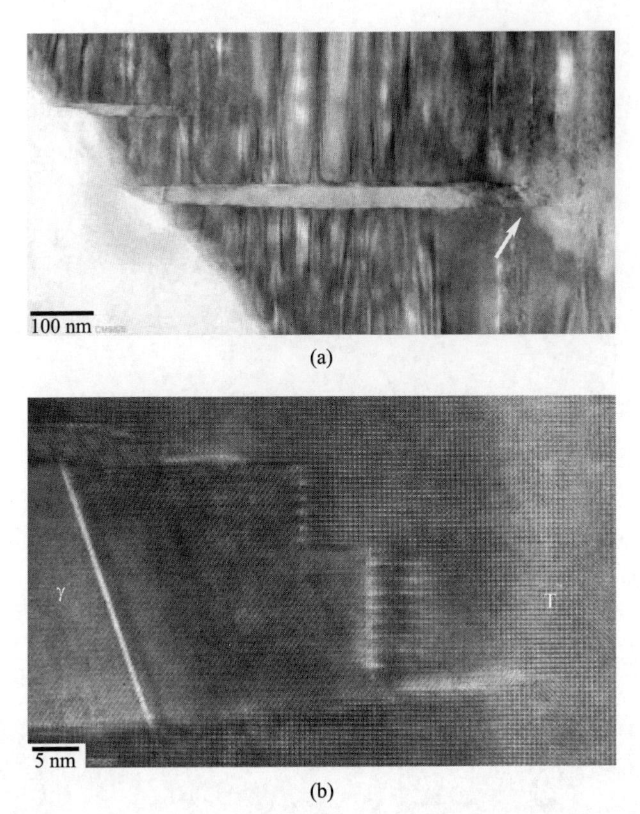

图 8.9　一个调制片层(T)的应力诱导 γ 相转变。(a) 在晶界处形成 γ 片层；(b)图(a)箭头所示区域的放大图。注意界面处的台阶[2]

总结：单个调制板条可进一步分为若干晶体结构不同的区域，不同晶体结构区域之间没有明确的界面。界面位错和台阶协调了调制板条和相邻 γ 相之间的点阵失配。失配结构显然可协助孪晶形核。

8.3　力学性能

挤压态调制 γ-Md 合金的拉伸强度如图 8.10 所示的应力-应变曲线。室温下，其屈服强度超过了 1 GPa，且塑性伸长量约为 2%。这一强度和塑性的优良组合可能源自组织中的调制板条，它由塑性相对较好的相如 β 相或 Ti_2AlNb 相组成，使组织细化。另外，花呢形貌的板条和相邻 γ 相之间的失配产生了弥散分布的位错和孪晶，这当然有助于塑性变形。因此，材料的显微组织在整体上可被认为是一种由脆性的相如 γ、α_2 或 B2 与包夹于其间的塑性板条构成的复合材料。构成调制板条的相之间并没有被明确的界面分隔开，它们之间的晶体学平面是连续的且取向相近。这一情形与传统纳米晶结构不同，后者晶粒之间的取向变化极大且材料通常是相对较脆的[18]。可以推测，跨越花呢形貌板条界面的剪切过程是相对容易的，且不会产生高约束应力。材料在 700 ℃下仍保持了良好的强度并伴有较弱的应变硬化。在更高变形温度下，屈服强度下降，应力-应变曲线则表现出加工软化。这一发现表明变形过程中发生了回复和动态再结晶。γ-Md 合金的蠕变性能和断裂行为将在 9.10 节和 10.3 节中阐述。

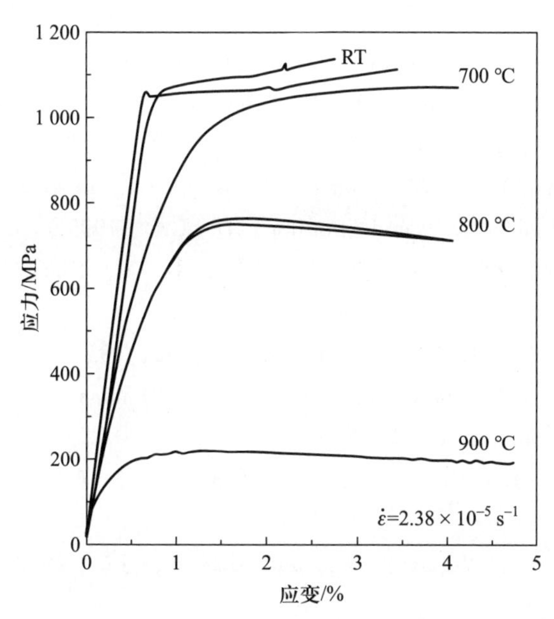

图 8.10 挤压 γ-Md 合金的力学性能。不同温度下得出的拉伸应力-应变曲线[2]

总结：调制组织合金表现出了兼具优异的强度、拉伸塑性以及高温强度稳定性的良好综合力学性能。

参考文献

[1] Appel, F., Oehring, M., and Paul, J. D. H. (2006) *Adv. Eng. Mater.*, **8**, 371.

[2] Appel, F., Paul, J. D. H., and Oehring, M. (2008) *Mater. Sci. Eng. A*, **493**, 232.

[3] Cheng, T. T., and Loretto, M. H. (1998) *Acta Mater.*, **46**, 4801.

[4] Zhang, Z., Leonard, K. J., Dimiduk, D. M., and Vasudevan, V. K.

(2001) *Structural Intermetallics 2001* (eds K. J. Hemker, D. M. Dimiduk, H. Clemens, R. Darolia, H. Inui, J. M. Larsen, V. K. Sikka, M. Thomas, and J. D. Whittenberger), TMS, Warrendale, PA, p. 515.

[5] Kobayashi, S., Takeyama, M., Motegi, T., Hirota, N., and Matsuo, T. (2003) *Gamma Titanium Aluminides, 2003* (eds Y. W. Kim, H. Clemens, and A. H. Rosenberger), TMS, Warrendale, PA, p. 165.

[6] Jin, Y., Wang, J. N., Yang, J., and Wang, Y. (2004) *Scr. Mater.*, **51**, 113.

[7] Takeyama, M., and Kobayashi, S. (2005) *Intermetallics*, **13**, 993.

[8] Imayev, R. M., Imayev, V. M., Oehring, M., and Appel, F. (2007) *Intermetallics*, **15**, 451.

[9] Hellwig, A., Palm, M., and Inden, G. (1998) *Intermetallics*, **6**, 79.

[10] Nguyen-Manh, D., and Pettifor, D. G. (1999) *Gamma Titanium Aluminides 1999* (eds Y. W. Kim, D. M. Dimiduk, and M. H. Loretto), TMS, Warrendale, PA, p. 175.

[11] Banerjee, D. (1997) *Prog. Mater. Sci.*, **42**, 135.

[12] Kainuma, R., Fujita, Y., Mitsui, H., Ohnuma, I., and Ishida, K. (2000) *Intermetallics*, **8**, 855.

[13] Abe, E., Kumagai, T., and Nakamura, M. (1996) *Intermetallics*, **4**, 327.

[14] Ducher, R., Viguier, B., and Lacaze, J. (2002) *Scr. Mater.*, **47**, 307.

[15] Gogia, A. K., Nandy, T. K., Banerjee, D., Carisey, T., Strudel, J. L., and Franchet, J. M. (1998) *Intermetallics*, **6**, 741.

[16] Haibach, T., and Steurer, W. (1996) *Acta Crystallogr. A*, **52**, 277.

[17] Yoo, M. H., Zou, J., and Fu, C. L. (1995) *Mater. Sci. Eng. A*, **192-193**, 14.

[18] Kumar, K. S., Van Swygenhoven, H., and Suresh, S. (2003) *Acta Mater.*, **51**, 5743.

第 9 章 蠕变

抗蠕变性和结构稳定性是 TiAl 合金高温应用的重要前提条件，决定了合金与其他结构材料相竞争的服役温度范围。基于这一重要性，人们为表征合金的蠕变机制，并优化合金成分和显微组织来提高抗蠕变性做出了系统性的努力。本章将对上述领域目前所取得的进展进行综述。然而，本文不会对上述相关的全部内容进行重复，因为多年来一直有相关的详细综述文章在持续发表[1-6]，其中已对可掌握的实验数据进行了合理、细致的分析。本文将呈现一部分典型实例来说明 TiAl 合金的蠕变特点。特别的，文中将对一些最近在一定程度上改变了以往观点的工作进行重点关注。

9.1 设计裕度和失效机制

目前所考虑的钛铝合金的服役温度范围为 650～750 ℃，若参考其绝对熔点 T_m，则为(0.53～0.59) T_m。即使其仍低于合金的屈服点，在这些温度内施加于 TiAl 合金构件上的应力也可能使蠕变应变连续上升。这种连续的塑性流变可导致很大的变形，以至于超过了构件的设计极限，从而可能产生蠕变断裂至材料最终断裂。表9.1列出了可使不同高温材料产生显著蠕变变形的大致温度[7]。

表9.1　不同金属及合金可产生明显蠕变变形的大致温度 T

材料	T/℃	T/T_m
铝合金	205	0.54[a]
传统钛合金	315	0.30[a]
低合金钢	370	0.36[a]
奥氏体铁基合金	540	0.49[a]
镍基和钴基高温合金	650	0.56[a]
难熔金属	980~1 450	0.40~0.45[a]
基于 γ(TiAl)+α_2(Ti_3Al)的TiAl合金	650~700	0.53~0.56

注：(a) 数据来自文献[7]。

合金设计通常是基于某个特殊构件期望服役寿命内可允许的最大蠕变量。大部分构件将承载随部位和时间而不同的应力状态，这就难以把握其临界应力和温度的基准值[8-12]。例如，在涡轮叶片中，温度和应力条件随叶片的部位的不同而不同，其蠕变的程度也有相应的变化。最大应力通常朝向翼型中部出现。涡轮叶片中可允许的最大整体蠕变应变取决于其对尺度稳定性的要求，但一般不大于1%。

假定一个服役时段为一年，由此可得蠕变速率的数量级为 10^{-8} s^{-1}。这样的变形速率通常由热激活位错迁移实现。对于其他部位，如涡轮叶片的根部，相关的应力值要更大一些，因为几个百分比的蠕变应变是可允许的。在不可避免的缺陷处，也会出现应力集中和高局部蠕变应变。在这种情况下出现的多种机制均是材料失效的关注点，包括动态再结晶、晶粒长大、过时效析出相分布、气蚀以及蠕变断裂等。

在高温技术领域广泛应用的镍基高温合金在过去的60年内已发展到几乎完美的境地。从预期应用的角度看，必须以镍基合金的标准来评价TiAl合金。Dimiduk和Miracle[13]指出，即使已经将其较低的密度考虑在内，大多数TiAl合金的抗蠕变性仍要低于镍基高温合金。这一抗蠕变性的差距限制了钛铝合金取代高温合金的能力，激发了人们对合金蠕变的大量研究与拓展。

总结：当温度高于650 ℃时TiAl合金可由于连续蠕变发生损伤。与之相关的机制很多，且是相互联系的，这取决于实际的工况。

9.2 总体蠕变行为

TiAl 合金的蠕变曲线表现出与其他许多金属材料类似的特征区域：蠕变速率随时间降低的初始蠕变阶段，应变速率恒定的稳态蠕变阶段，以及蠕变速率随时间加速的加速蠕变阶段[2]。挤压 Ti-45Al-10Nb 合金的蠕变曲线就体现了这种行为，如图 9.1。相比于无序纯金属，TiAl 合金的稳态蠕变阶段是非常有限的。在初始蠕变之后，蠕变速率通常可降低至一个最小值，而后再次随应变量的增加而升高。在实际工程测试中，最小蠕变速率通常仅表现为初始蠕变阶段的末尾与加速蠕变阶段的起始之间的一段折线。这一短期持续的最小蠕变速率与传统上对稳态蠕变阶段的理解是不同的。因此，蠕变速率最小的区域一般被称为“二次蠕变”。高应力和温度一般会降低初始蠕变程度，并实际上消除了二次阶段，这就使蠕变速率几乎从测试的起始就出现加速。

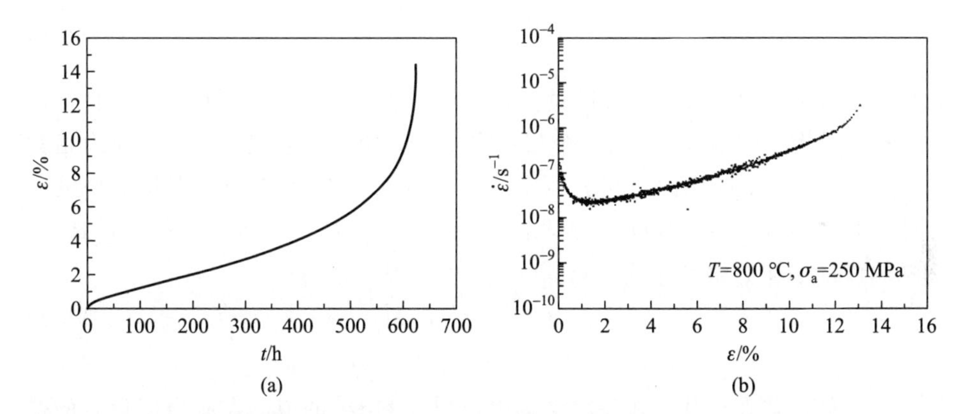

图 9.1 空气环境下观察到的拉伸蠕变行为，实验条件标注于图中。Ti-45Al-10Nb 合金，在 ($\alpha+\gamma$) 相区温度范围内挤压。(a) 蠕变应变 ε 随时间 t 的变化；(b) 蠕变速率 $\dot{\varepsilon}$ 随图 (a) 中确定的蠕变应变 ε 的变化

蠕变应力通常由一个恒定的载荷除以样品的初始截面积来定义。因此，对于恒载荷的拉伸蠕变，其真应力随着样品截面积的降低而增大，在压缩蠕变中则真应力随着样品截面积的上升而下降。拉伸和压缩响应不同的最重要的原因在于，一般来说扩散协助的位错攀移是主导的变形机制，拉伸应力使点阵扩展从而降低了扩散阻力，而压缩应力降低了点阵体积从而使扩散阻力上升。若蠕变过程中出现了与体积变化相关的相变，这一点就显得很重要了。恒定拉伸应力条件下的蠕变寿命一般要长于恒定拉伸载荷条件下的寿命。

9.3　稳态或最小蠕变速率

尽管初始和加速蠕变阶段在蠕变曲线上的特点不同，但 TiAl 合金的蠕变行为一般是基于二次蠕变讨论的。可以认为，这一阶段的蠕变速率是加工硬化和动态回复竞争的结果。加工硬化产生于累积的缺陷，如位错、点缺陷或形变孪晶；这使材料内部储存的能量上升(见 7.2 节)。这一能量驱动了动态回复，即缺陷湮灭和形成小角晶界的位错重构。这两个过程都由位错的交滑移和攀移完成。当加工硬化和回复在大的应变跨度内达成平衡时，材料即表现为稳态蠕变。因此，加工硬化速率的上升或者回复速率的下降，都将降低二次蠕变速率。在传统金属中，若可避免如拉伸蠕变中样品的颈缩等不稳定因素，稳态蠕变即可产生极大的应变量。这种条件下，蠕变的材料通常具有发展完备的亚晶结构。

稳态或最小蠕变速率一般由幂率表达描述[14,15]：

$$\dot{\varepsilon} = A\left(\frac{\sigma_a}{E}\right)^n \exp\left(-\frac{Q_C}{RT}\right) \tag{9.1}$$

式中，E 为蠕变温度下的杨氏模量；n 为应力指数；Q_C 为激活能；σ_a为加载应力；R 为通用气体常数；A 为一个与组织相关的变量且假定为常数。应力指数 n 由恒定温度和不同应力下实验测定的最小蠕变速率决定。Q_C 由将最小蠕变速率和相关温度与 Arrhenius 图表联系起来确定。或者，n 和 Q_C 可由增加的应力和温度的变化确定[16]：

$$n = (\Delta \ln \dot{\varepsilon} / \Delta \ln \sigma)_T \tag{9.2}$$

$$Q_C \equiv \Delta H = kT^2 (\Delta \ln \dot{\varepsilon} / \Delta T)_\sigma \tag{9.3}$$

这一方法的优势在于其可在一次测试中得出 n 和 Q_C 的值。在应力变化后的蠕变瞬态分析方法方面，Biberger 和 Gibeling[17] 进行了综述。表 9.2 给出了不同材料的应力指数和激活能综合数据[1,18-30]，更多的细节见文献[2，31-33]。

表 9.2　TiAl 合金的蠕变数据。σ_a为蠕变应力，n 为应力指数，T 为实验温度，Q_C 为激活能

合金成分/at.%，显微组织	σ_a/MPa	n	T/℃	Q_C/(kJ/mol)	参考文献
Ti-53Al-1Nb，单相 γ 组织	32~345	1-6	760~900	192~560	[22]
Ti-50.3Al	103~241	4.0	700~850	300	[18]
Ti-(50~53)Al，近 γ 组织	60~400	3.5~8	727~877	300~600	[1]
Ti-51Al-2Mn，近 γ 组织	280~400		500~600	440	[24]
Ti-47Al，双态组织	38~138	2.3	600~900	340	[19]

续表

合金成分/at.%，显微组织	σ_a/MPa	n	T/℃	Q_C/(kJ/mol)	参考文献
Ti-48Al-2Cr，全片层组织	150~260	7.6	800		[23]
Ti-48Al-2Nb-2Cr，双态组织	103~200	3.0	705~815	300~410	[20]
Ti-48Al-2Nb-2Cr，铸态组织	80~150	9.6	750~850	359	[28]
Ti-48Al-2V，近片层组织	187~420	4~4.6	760~825	320~340	[27]
Ti-48Al-5TiB$_2$，双态组织	19~60	1	760~815	340	[21]
Ti-48A1-5TiB$_2$，双态组织	300~625	6.0~9.0	676~760	455	[21]
Ti-46.5Al-2Cr-3Nb-0.1W，等轴组织	220~380	8	670~720	420	[26]
Ti-46.5Al-2Cr-3Nb-0.1W，片层组织	220~380	13	670~720	450	[26]
Ti-45Al，片层组织	100~300	4	827~927	360	[30]
Ti-45Al，片层组织	300~400	7	927		[30]
Ti-45Al-8Nb-0.2C，片层组织	100~300	4	827~927	390	[30]
Ti-42Al，片层组织	60~500	3.6	827		[25]
Ti-40Al-10Nb，片层组织	160~240	3.0	750	366	[29]

9.3.1 单相 γ-TiAl 合金

Oikawa[1,34-36]及其研究组对单相多晶 Ti-(50~53)Al 合金的研究表明，最小蠕变速率随应力的变化关系有 3 种不同的情形(图 9.2)。在最高应力和应变速率下(情形 Ⅰ)，应力指数约为 $n=4.7$，这一数值接近纯金属中位错攀移控制蠕变的典型数值。然而，观察到的大量再结晶[1]表明位错攀移并非情形 Ⅰ 中的主要蠕变机制。在较低应力下(情形 Ⅱ)，n 和 Q_C 几乎两倍于攀移控制蠕变机制中的预想数值。并且在这一阶段观察到了局部晶界迁移。这些发现再一次表明情形 Ⅱ 中的蠕变机制也是由位错攀移以外的机制决定的。看来，仅在最低的应力和应变速率下(情形 Ⅲ)蠕变机制才是由位错迁移控制。在这一情形下没有观察到再结晶的证据。Gorzel 和 Sauthoff[37]研究了多晶 Ti-55Al 合金在 1 100 ℃和低应力 $\sigma_a=10\sim23$ MPa 下的压缩蠕变行为。作者将应力指数确定为 $n=3.2\sim4.8$，并将之归因于位错攀移。他们的研究也发现 Coble 蠕变的贡献(即物质沿晶界的扩散)并不显著。

Hemker 和 Nix[3] 指出，基于 Dorn 公式分析最小蠕变速率总体上较为困难，因为他们观察到了一种被称为反蠕变的现象。初始蠕变后出现了一段蠕变速率稳定上升的阶段[38]。它与加速蠕变不同，因为随其后通常出现的是一段低蠕变速率阶段，而真正的加速蠕变的应变速率是不断加速的。因此，对于反蠕变现象，变形速率不仅与应力和温度有关，而且还与累积的应变量有关。蠕变结构随应变量的变化将在 9.3.3 节中阐述。

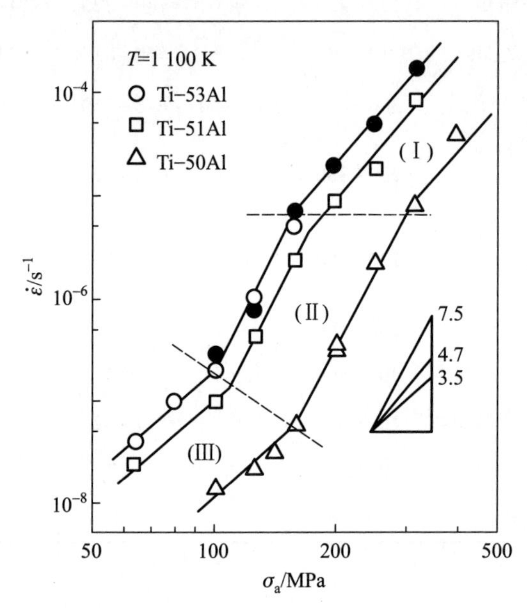

图 9.2　不同单相 γ-TiAl 合金中最小蠕变速率随应力的变化。数据来自 Ishikawa 和 Oikawa[36]，重新作图

应该指出的是，图 9.2 中单相 γ-TiAl 中的最小蠕变速率随 Al 含量的增加而上升。这一效应已被多次报道但却没有给出合理的解释。可以推测，更高的 Al_{Ti} 反位缺陷的浓度支持了扩散协助的位错迁移。图 9.3 展示了不同晶粒尺寸多晶 Ti-50Al 合金的蠕变数据[32,34-36]。数据已用式(9.1)均一化，采用的激活能数值为 $Q_C = 375$ kJ/mol[32]。大晶粒尺寸合金的蠕变速率更低，这是可以理解的，因为更大的晶粒尺寸减小了晶界的长度，而晶界正是多种蠕变过程发生的位置。但是，并非总能观察到这一趋势，如晶粒尺寸为 56 μm 的合金的蠕变速率却小于晶粒尺寸为 90 μm 的合金。作者将这一不符合趋势的现象归因于不同程度的杂质元素含量，这可能掩盖了晶粒尺寸所造成的效果。

总结：单相 γ-TiAl 合金的最小蠕变速率取决于一种除与应力和变形温度相关之外，又与 Al 含量和晶粒尺寸相关的复杂机制。低蠕变速率应该是由热

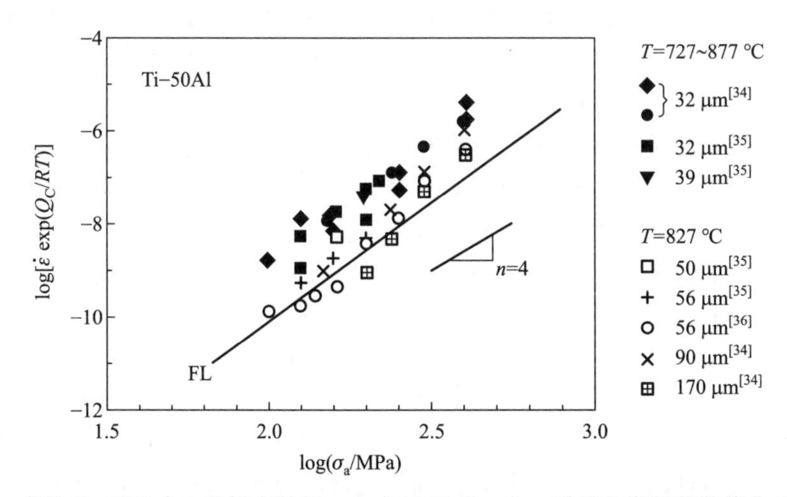

图 9.3 多晶 Ti−50Al 合金的蠕变数据，由式(9.1)均一化，采用的激活能数值为 $Q_C=375$ kJ/mol。图注中标出了合金的晶粒尺寸。为比较，FL 直线标示了 Parthasarathy 等[32]的一些全片层合金的数据，数据取自文献[32]

激活的位错攀移实现的。高应力和温度倾向于支持晶界滑移和动态再结晶。

9.3.2 α_2−Ti_3Al+γ−TiAl 两相合金

与单相 γ 合金相比，两相合金的蠕变速率可能更低或更高，这取决于其相组成或显微组织或二者兼有的情形。多数情况下，在初始蠕变阶段之后，蠕变速率将稳步上升。n 和 Q_C 的大幅变化(表 9.2)表明两相合金的蠕变包含了多种机制。最小蠕变速率毫无疑问地受到了合金化学成分、加工工艺和显微组织的影响，这很可能导致了 n 和 Q_C 的大范围变化。Zhang 和 Deevi[33]在比较了一些已发表的结果后，系统回顾了这些因素对 TiAl 合金蠕变行为的影响。遗憾的是，多数情况下，在特定环境下控制的特殊参数只代表了一小部分影响蠕变的因素，因而难以对不同的实验数据加以比较。同样，一种合金在蠕变条件下只有一种蠕变机制在发挥作用也是难以使人信服的。另外，后文将指出，有充足的证据表明蠕变过程中出现了组织亚结构变化，指前因子 A 也可能改变。因此，尽管式(9.1)已被广泛采用，但仅依靠 n 和 Q_C 来预测蠕变机制充其量也只能是一种假设。考虑到这一不确定性，看起来式(9.1)并不能为抗蠕变合金的研发提供合适的指导。由于蠕变是热激活过程，且蠕变机制随温度发生剧烈变化，因此应该使用那些包含了待分析部件工作范围(尤其是在最高温度端)的蠕变数据。由于蠕变应变速率也随应力大幅变化，因此应力水平最好也要涵盖所评估部件的全部工作范围。

然而在某些测试条件下，某种机制可能在控制蠕变速率中起主导作用。在100~300 MPa的中等应力区间以及700~900 ℃的温度范围内，蠕变速率应是由位错攀移控制。应力指数 $n=3\sim4$ 和激活能的估值 $Q_C=300\sim400$ kJ/mol 支持了这一结论。在这种蠕变条件下测定的 Q_C 值要略高一些，但是仍合理地接近于Al的自扩散能(见3.3节)，其在TiAl中属于慢扩散元素。Parthasarathy等[32]分析了文献中的数据后指出，当激活能确定为 $Q_C=375$ kJ/mol 时，全片层多晶合金的蠕变速率可由一种均一化形式的Dorn公式综合表述。

Gorzel和Sauthoff[37]认为，当两相合金在高温和低应力下测试时可能出现Coble蠕变。这一假设来源于对晶粒尺寸为40~60 μm的多晶Ti-51Al合金的蠕变研究。1 000 ℃下的测试表明，当 $\sigma_a\leqslant20$ MPa时，蠕变速率与晶粒尺寸之间的关系是线性的，即随着晶粒尺寸的上升蠕变速率快速下降。这一发现使作者认为，在这种测试条件下门槛应力值可忽略的Coble蠕变是控制蠕变速率的机制。

合金成分和显微组织对两相合金蠕变行为的影响将在9.4节和9.9节中讨论。

总结：两相合金的最小蠕变速率，除了应力和温度之外，还取决于合金成分、相组成和显微组织。从Dorn公式出发的最小蠕变速率的变化使应力指数和激活能在较宽的范围变化。这些数值很难与某种特定的蠕变机制联系起来。工程设计所需的数据应该基于服役条件下每个温度和应力水平下的多组实验测试结果。

9.3.3 对蠕变结构的实验观察

考虑到分析应力指数和激活能时的不确定性，许多研究拓展至对蠕变样品中缺陷结构的电子显微观察以确定蠕变机制。二次蠕变(550~703 ℃)后的单相TiAl合金(Ti-51Al-2Mn)中出现了超位错、层错偶极子、钉扎的普通位错以及适量的孪晶[3,38]。一些作者[3,24,35,38]意识到这些缺陷结构在整个蠕变实验过程中均发生了演变。研究人员发现，虽然其中超位错的数量总是恒定的，但普通位错和形变孪晶的密度却随着应变的增加而上升。因此，单相合金中的二次蠕变很可能由后两种机制完成。位错和孪晶是均匀分布的，尽管在极少的情形下也能观察到稀疏的位错墙[39,40]。需要重点指出的是，TiAl合金二次蠕变后并没有发现发展完备的亚晶界。为比较，在传统金属稳态蠕变后，组织中亚晶界的位错密度至少是亚晶中剩余位错密度的20倍以上。这种二次蠕变后未见亚晶界的现象与传统金属迥异，令人怀疑传统蠕变模型对单相TiAl合金还能否适用[3,24,38]。

在两相合金中，二次蠕变应是由普通位错、形变孪晶或二者结合的机制提供的[26,29,41-45]。Morris 和 Lipe[41]在双态组织 Ti-48Al 和片层组织 Ti-48Al-2Mn-2Nb合金中测得了极高的应变指数 $n=19$，并认为这是存在长程背应力的结果。背应力也被称为门槛应力，引入这一概念一般是为了适当地缩放蠕变数据，以使应力指数和激活能与假设变形机制的预期数值相符。然而，对背应力尚缺乏物理解释，且实验上对此数值的测定通常也是非直接的。

部分研究中观察到了由于形成割阶而导致的普通位错内生钉扎[26,28,44]。钉扎机制包含了在割阶拖曳和螺位错相关内容中(见 6.3.1 节)所讨论过的所有情形。原位 TEM 加热实验的结果表明，割阶在热机械应力和由额外空位化学势导致的渗透攀移力的共同作用下通过攀移而移动[46,47]。位错环的螺旋绕过、弓出以及随后的生长表明割阶可作为普通位错源。Nix 和 Barnett[48]提出，高温下的蠕变速率可能是由割阶拖曳螺位错来控制的。此模型中的位错割阶部分(当然是刃位错)由攀移拖曳。Karthikeyan 等[49]将此模型进行了改进并应用于 TiAl 合金中。其修正包括引入了可被攀移拖曳的割阶的高度上限。当高于这一临界值时，割阶不再被拖曳但可作为位错源，如 6.3.1 节所述。

Malaplate 等[28]对 Ti-48Al-2Cr-2Nb 合金进行了 750 ℃ 下 80 MPa 和 150 MPa的拉伸蠕变实验。随后对蠕变样品的 TEM 分析表明位错攀移来自双割阶的形核和迁移。这一观点得到了作者在原位 TEM 实验中观察到的位错迁移运动学的支持。

对于单相合金，看起来在二次蠕变阶段是难以发展出完备亚晶界的。需要指出的是，大多数 TiAl 合金的蠕变研究均是在相对较高的应力下进行的，这使应变速率很高且实验几乎都是短时的。因此，不出意外地，观察到的蠕变机制与那些在恒定应变速率(如$\dot{\varepsilon}=10^{-5}\ s^{-1}$等)变形下观察到的机制相比并无太大区别。

总结：TiAl 合金的二次蠕变产生了本质上均匀的普通位错和形变孪晶分布，它们的密度随蠕变实验的延长而上升。与在传统高层错能金属中观察到的现象不同的是，TiAl 合金中未发展出定义明确的亚晶界形貌。综合考虑这些发现可得出的结论是，在二次蠕变阶段并未获得稳态的变形结构。在中等应力和温度条件下存在一个看似受位错攀移控制的蠕变区域。

9.4 显微组织的影响

有明确的证据表明，显微组织对合金的蠕变行为有强烈的影响。全片层组织的抗蠕变性最优，相对于同种合金的双态组织，其一般可将蠕变速率降低至少一个数量级[2,50-55]。图 9.4 通过测定不同显微组织形式的 Ti-45Al-8Nb-0.2C 合金的一系列蠕变曲线展示了这种现象的更多细节。合金首先在 1 230 ℃ 挤压，而后在1 030 ℃进行了2 h的去应力退火(命名为HT1)。在此热处理后材料的组织为条带状双态组织，包含了大体积分数的等轴晶粒以及一些残余的片层团。曲线1即为此组织的蠕变曲线。组织中片层团的体积分数在随后的相变热处理(曲线2~7)中逐渐升高，见图9.4中的标注。挤压合金的α转变温度为$T_{\alpha}=1\ 332$ ℃。在进行相变热处理(曲线7)后，合金组织为全片层组织。相关的蠕变曲线2~7表明，合金的抗蠕变性随片层团体积分数的升高而增加。类似地，片层合金的抗蠕变性要优于等轴组织合金，这在图9.3中可以证明，图中对等轴和全片层组织的蠕变速率进行了比较。Morris和Leboeuf[26]在等轴和片层Ti-46.5Al-2Cr-3Nb-0.1W合金中也观察到了类似的现象。

从广义上说，全片层组织的良好抗蠕变性是细小片层间距的结果；相比于双态和等轴组织，它降低了位错的有效滑移长度并减少了孪晶的数量。Bartholomeusz和Wert[56]之前曾指出，片层合金的低蠕变速率是界面处存在约束应力的结果。关于片层界面对位错和形变孪晶阻碍强度的细致讨论见6.1.5节和6.2.5节。观察到的片层组织对抗蠕变性的影响规律可总结如下：

(1) 片层合金的蠕变曲线与单相γ合金在低应力和温度下测得的曲线类似(图9.2中的情形Ⅲ)；

(2) 若在片层团的边界处存在γ晶粒，片层合金的最小蠕变速率将上升，这一效应源自这些片层团间的γ晶粒发生了动态再结晶[57]；

(3) 当片层团尺寸大于100 μm时，片层合金的蠕变速率对片层团尺寸的依赖性下降[25]。锯齿状片层团边界显然可提高抗蠕变性[2]。这些锯齿状边界是由相邻片层的交叉长入造成的；

(4) 细化片层间距可提升全片层组织合金的抗蠕变性，这一点已被许多研究组证明[25,32,58-61]。在这些研究中，研究人员采用改变冷却速度的方法来调整片层的厚度。高应力条件下，片层厚度对抗蠕变性的影响比较明显，但是在低应力条件下这一效应则收效甚微，因为此时出现了动态再结晶和界面滑移[25]。在这一方面，Crofts等[58]指出热处理几乎是不可能只改变一种组织参数的。冷却速度的变化可能不仅改变了片层厚度，而且也改变了片层团边界的完整度以及片层界面的性质。这些因素中的任何一种均可对蠕变速率产生影响。这一现象很明显非常复杂，因此是不能被过度简化的。同时应该指出，超细的片层在高温下是不稳定的，这一点将在9.6节中讨论；

(5) 在44at.%~48at.%Al范围内，最小蠕变速率本质上对α_2相的体积分数不敏感[25]；

(6) 对不同取向PST晶体的研究表明，抗蠕变性具有很强的各向异性[62-64]，这与已经发现的PST晶体在恒应变速率下的屈服强度各向异性是相符的(见6.1.5节)。当取向为0°时，抗蠕变性最高；而当片层取向相对于压缩

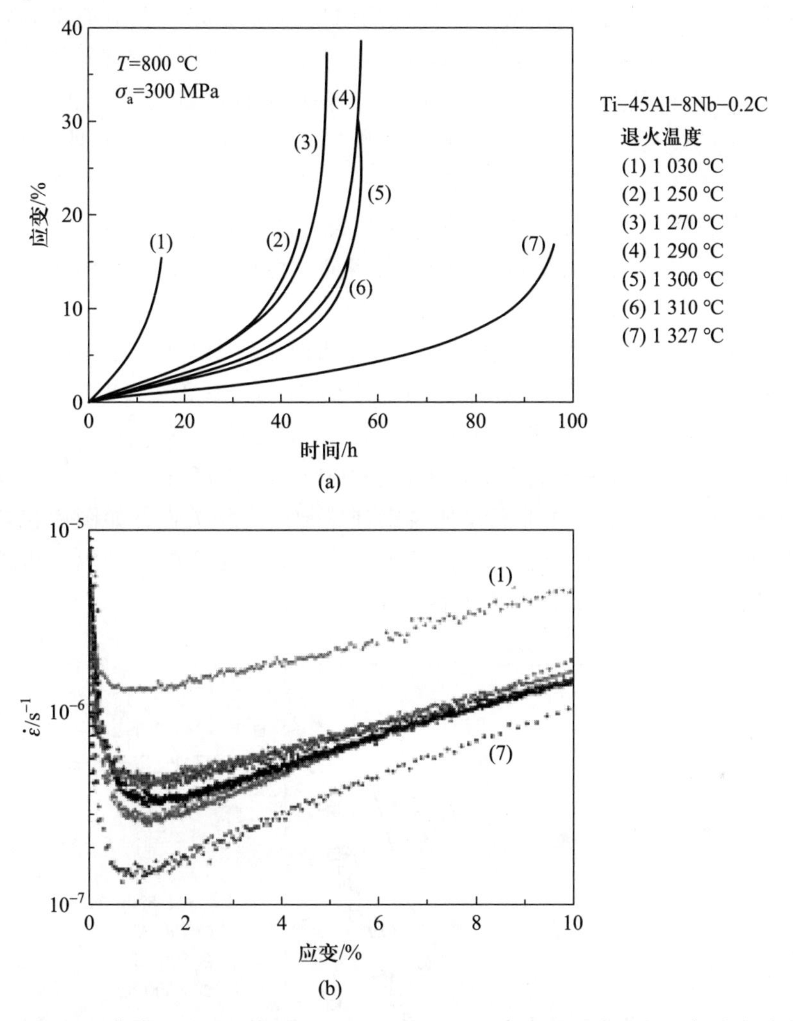

图 9.4 一组蠕变曲线，展示了挤压 Ti-45Al-8Nb-0.2C 合金的显微组织对蠕变行为的影响规律。制备不同体积分数片层团的热处理(曲线 1~7)在图中标出。(a) 蠕变应变 ε 随时间 t 的变化；(b) 蠕变速率 $\dot{\varepsilon}$ 随图(a)中曲线确定的蠕变应变 ε 的变化

轴为 45°时抗蠕变性最低。适宜的片层取向对抗蠕变性的有益作用非常显著，这与碳化物或硅化物弥散析出强化的效果类似。各向异性同样反映在激活能上[62]。对 45°软取向的估值为 $Q_C = 398$ kJ/mol；0°取向的估值为 $Q_C = 532$ kJ/mol；90°取向的估值为 $Q_C = 432$ kJ/mol。由于硬取向下的 Q_C 值与扩散机制不符，作者[62]即认为这些取向下的蠕变速率并不完全依赖扩散，且跨越界面的剪切传递必然起到了重要作用。然而，也可能是因为存在一种来自片层组织失配(见 6.1.3 节和 6.1.4 节)的内部背应力。Kim 和 Maruyama[63]在 877 ℃蠕变条

件下PST晶体的软取向上得出了一个极低的应力指数 $n\approx1$，他们将此发现归因于平行于片层界面的形变孪晶。显然由于孪晶导致的片层细化不能使材料强化。Yamaguchi的研究组[65-68]测定了具有择优取向柱状片层团的定向凝固TiAl-Si合金的蠕变性能。作者发现，当片层团内的片层与变形轴向平行时，材料的抗蠕变性极佳。添加Re、W或Mo的其中之一可进一步提高定向凝固合金的蠕变性能[68]。然而，当片层界面倾斜于加载轴时，抗蠕变性即大幅下降[67]。关于片层取向的蠕变行为的类似的各向异性在具有铸态织构的Ti-47Al-2Nb-2Cr合金中也有发现[69]。

（7）片层合金的最小蠕变速率随应力的增加而稳步上升，这表明可能存在3种不同的情形。Wang等[70]对细化的全片层Ti-47Al-2Cr-2Nb和Ti-47Al-2Cr-1Nb-1Ta合金760 ℃蠕变的研究表明，低应力情形下（σ_a<300 MPa）的应力指数 $n\approx1$，在随后的高应力情形下（σ_a>400 MPa）逐渐升高至 $n\approx7$，这一行为如图9.5所示。然而，并非总是能观察到这种应力相关性，如图中包含的近片层Ti-45Al-8Nb-0.2C合金的数据所示。这种观察结果的不一致性可能与合金加工条件的差异以及显微组织的微小细节有关。

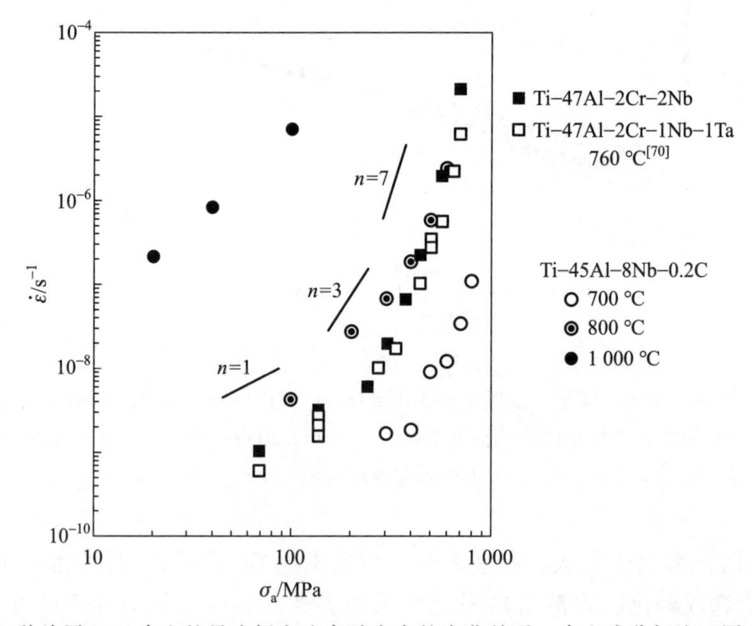

图9.5　3种片层TiAl合金的最小蠕变速率随应力的变化关系，合金成分标注于图中

总结：在（$\alpha_2+\gamma$）多晶合金可得的多种显微组织中，全片层组织的抗蠕变性最好。决定抗蠕变性的因素主要有：① 片层厚度；② 片层团相对于加载轴的取向；③ 片层团边界的完整性；④ 在某种程度上还有片层团尺寸。

9.5 初始蠕变

如 9.1 节所述，对于某些应用领域，可允许的蠕变应变须小于 1%，因此，初始蠕变即为设计时所考虑的极限。需要指出的是，镍基高温合金的初始蠕变极其微小(即使它存在)。考虑到这一重要性，TiAl 合金的初始蠕变就受到了广泛关注[51,66,71-82]。同样要指出的是，部分研究报道了极大的初始蠕变应变，但这是因为蠕变应力的值接近了材料屈服强度。初始蠕变包含两个部分：在加载瞬间即产生的应变部分以及随着时间延长蠕变速率下降接近最小蠕变速率过程中的主要变化部分。

一些研究关注于对初始蠕变的机械学理解。在单相 γ-TiAl 合金中，主要变化部分表现为〈011]超位错的消耗以及普通位错的内生钉扎导致的强加工硬化[3,24,28]。残余的超位错很可能被位错分解和交滑移钉扎(见 5.1.3 节和 5.1.4 节)，这对加工硬化产生了额外的效果。Loiseau 和 Lasalmonie[83]对 Ti-50Al 和 Ti-56Al 合金在 750 ℃和 900 ℃、应力为 30~200 MPa 的蠕变后的观察发现了盘状的 Ti_2Al 析出相。析出相在所有类型的位错处非均匀形核，从而导致位错钉扎。作者认为，这一效应降低了可动位错的密度，从而逐渐降低了初始蠕变速率。加载蠕变应力的上升看起来可以加强析出相的析出动力学。

在两相合金的双态组织中，初始蠕变后观察到了丰富的形变孪晶[42,84,85]。可以认为，孪晶细化了组织，进而产生了 Hall-Petch 型强化，从而逐步降低了蠕变速率。根据温度和应力条件的不同，全片层合金的初始蠕变应变可能会超过双态合金。这可能是抗蠕变全片层合金应用中的一个问题。图 9.6(a)展示了不同温度和应力条件下在近片层 Ti-45Al-8Nb-0.2C 合金中观察到的现象。最小蠕变速率在约 $\varepsilon=1\%$时出现，几乎与温度和应力水平无关。蠕变速率在初始蠕变阶段迅速下降至最小值而后再次上升；在这些实验条件下未观察到稳态蠕变阶段。图 9.6(b)展示了达到最小蠕变速率所需要的时间，其随应力和温度的上升而急剧下降。

在片层合金中，看起来初始蠕变可得到片层界面处的共格应力和失配结构的协助(见 6.1.3 节和 6.1.4 节)。低温下，作用在失配位错上的共格应力与位错的高滑移阻力平衡，因此阻碍了位错的运动。在蠕变条件下，滑移阻力由于热激活而下降，且共格应力也可能通过位错发射而释放(见 6.3.2 节和图 6.44)。为了模仿片层合金初始蠕变阶段的情形，人们进行了原位 TEM 加热实验，这一研究的部分结果见图 9.7。在实验过程中，位错自界面处发射出来并通过攀移而离开，其螺旋形貌即证明了这一点。以这种方式形成的内部相连的位错环结构可作为额外的位错滑移或攀移源，这取决于外加应力的大小。这种机制显

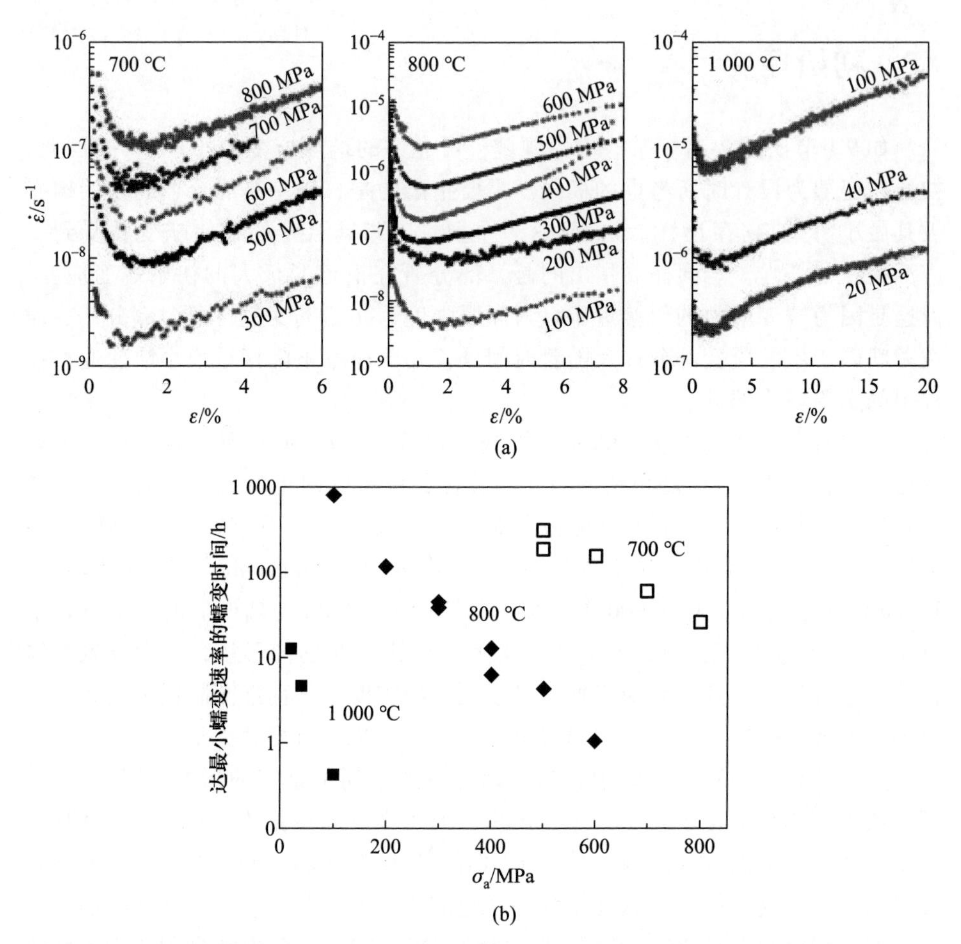

图 9.6　不同温度和应力下近片层 Ti-45Al-8Nb-0.2C 合金的蠕变行为。(a) 蠕变速率$\dot{\varepsilon}$随应变 ε 的函数，在任何所示的研究中均未观察到稳态蠕变阶段；(b) 达到最小蠕变速率所需时间随应力 σ_a的函数

然在蠕变时起到了重要作用。这可由蠕变样品中片层界面附近频繁观察到的位错环结构来证明(图 9.8)。这里所描述的位错发射当然也可在蠕变应力的协助下出现。然而，这一机制很可能会逐渐消耗丧失，因为随着位错发射的不断进行，界面的失配结构将发生显著的变化。因此，这一机制合理地解释了在初始蠕变应变的主要变化阶段蠕变速率不断降低的现象。

Hsiung 和 Nieh[75]研究了全片层 Ti-47Al-2Cr-2Nb 合金在 760 ℃/180 MPa 条件下的初始蠕变，认为初始蠕变由取向有利于平行于片层界面{111}滑移的片层团完成。作者称在这些蠕变条件下发生了界面位错的滑移和增殖。由二次滑移和晶界提供的障碍看起来逐渐阻碍了界面位错的迁移。初始蠕变应变随着

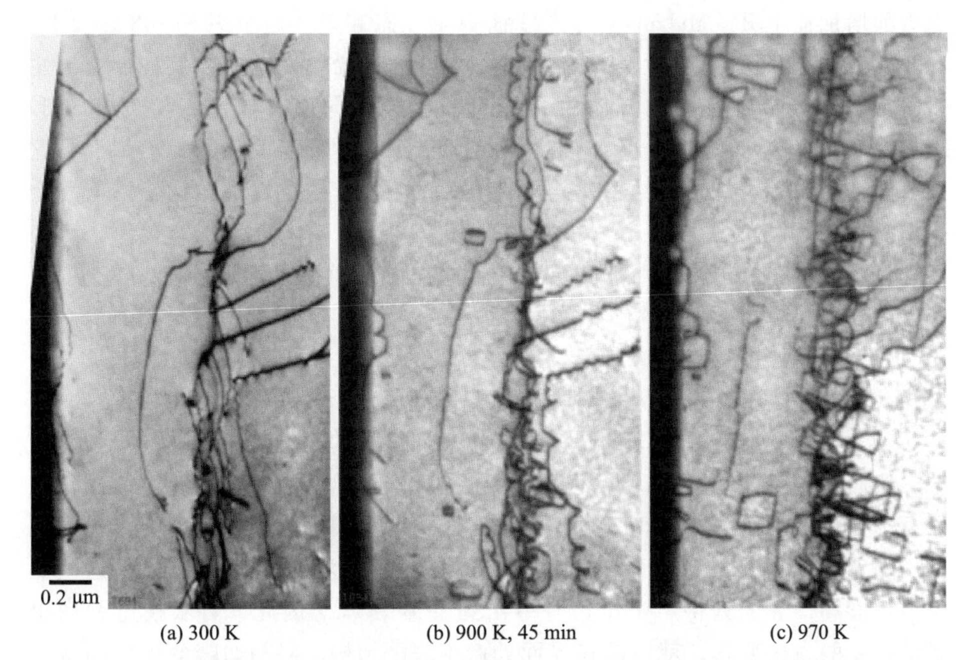

(a) 300 K (b) 900 K, 45 min (c) 970 K

图 9.7 TEM 原位加热实验过程中的界面位错攀移。注意片层界面处位错的发射以及螺型位错组态的形成，这可能提供了 Bardeen-Herring 型攀移源。近片层 Ti-48Al-2Cr 合金，室温预变形至应变约为 $\varepsilon \approx 3\%$

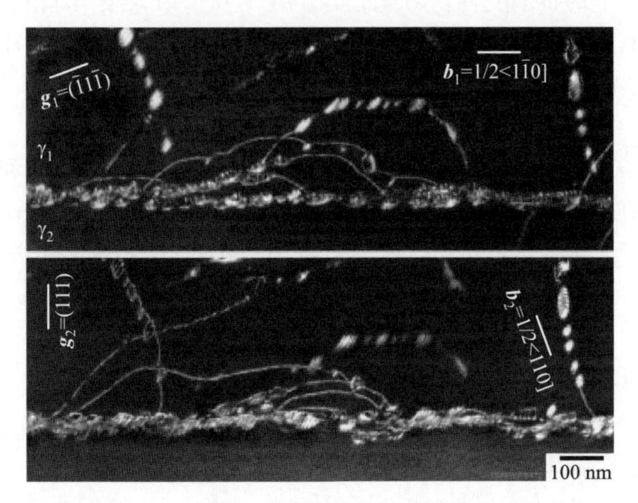

图 9.8 蠕变样品中半共格 γ_1/γ_2 界面处观察到的位错环结构。两组普通位错发射出来，其伯格斯矢量在图中标出。Ti-48Al-2Cr 合金，700 ℃/σ_a = 110 MPa 蠕变至 t = 13 400 h，应变 ε = 0.46%

应力的增加而上升。Malaplate 等[28,86]研究了双态和近片层组织 Ti-48Al-2Cr-2Nb 合金在 750 ℃以及 80 MPa 和 150 MPa 下的初始蠕变。他们发现，变形主要由割阶螺位错及其中的割阶攀移拖曳和割阶横向滑移控制。与 Hsiung 和 Nieh[75]的观察类似，Malaplate 等[86]在变形组织中发现了明显的不均匀性，这很可能是由初始组织中的结构不均匀性导致的。看起来高度的结构不均匀性会使初始蠕变阶段扩展。

在 TiAl 的文献中报道了一些可能提升初始抗蠕变性的冶金技术，这包括：

(1) 细化片层间距[51,77,78]；

(2) 实验之前对材料进行退火[78-80]；

(3) 在更高的蠕变应力下对片层合金进行预变形[70,87]；

(4) 在恒定应变速率下对合金进行超过屈服点的拉伸变形[88]。

然而有一个问题，即这些处理能否永久降低初始蠕变。上述的界面过程也可由热弹性应力引入。当两相材料的相组成具有不同的各向异性热膨胀系数时，随着温度的变化在界面附近很容易产生约束应力。研究证实，如果这些热应力足够高，界面处将产生位错并弓出到基体中[89]。因此，若服役过程中出现了温度的急剧变化，就可能在界面处产生失配结构。对初始蠕变抗性的永久性提升只能通过界面相关的位错机制被额外的滑移阻力所阻碍来实现，例如界面析出相的作用。一些作者[90-92]确实发现，片层界面析出的硅化物和碳化物可大幅降低初始蠕变。利用这一理念，Seo 等[81]显著提升了片层 Ti-48Al-2W 合金在 760 ℃下的抗蠕变性。对此，合金在 950 ℃时效使 B2 相颗粒在片层界面处非均匀形核，并随时效时间的延长而长大。与此同时，α_2 片层发生分解形成了不连续的片层。基于这些过程，作者认为显微组织的演变路径为

$$\alpha_2 + \gamma \rightarrow \alpha_2 + \gamma + B2 \rightarrow \gamma + B2 \tag{9.4}$$

看来，B2 相颗粒在界面处的非均匀析出阻碍了界面位错的迁移和增殖，进而显著减少了初始蠕变。这一理念在随后 Zhu 等[93]对片层 Ti-48Al-2W 合金的研究中得到了证实。作者指出，蠕变过程中粗化的 B2 相颗粒是关键点。

总结：初始蠕变是 TiAl 合金高温应用部件设计中要考虑的一个重要问题。在抗蠕变全片层合金中，初始蠕变来自由界面位错迁移和增殖导致的约束应力释放。初始组织的结构不均匀性会增强初始蠕变阶段。

9.6　蠕变诱发的片层结构退化

大量研究表明，在蠕变过程中片层组织将退化[2,4,5,23,30,47,94-101]。片层合金的这种结构不稳定性是其长期服役中的严重问题，因此，本部分将对与此相关的机制进行讨论。结构变化的驱动力可能来自外加应变能、过饱和空位、界面

能的下降、片层组织中的缺陷以及非平衡相成分。由于结构退化的诸多方面均与原子尺度下的缺陷组态密切相关，标准的金相学方法通常不足以提供必要的信息。在后文中将呈现一些 TEM 分析来举例说明片层组织退化所包含的具体复杂过程。这些分析中的大部分是针对长期拉伸的蠕变样品进行的，其蠕变温度为 700 ℃，应力则相对较低为 80~140 MPa[99,101]。为避免氧化或腐蚀效应的干扰，蠕变实验在名义成分为 99.999%、通过液氮冷阱进一步纯化的 He 气氛下进行。

与未变形材料的显微组织相比，蠕变样品中片层界面的完好性极差。界面上出现了大量台阶，且片层通常是中断的。图 9.9~图 9.12 展示了在连接两个失配 γ 变体的 120°界面处观察到的结构变化的初始状态。细节 1 的放大图如图 9. 10 和图 9.11 所示。两个 γ 变体之间(002)和(020)晶面的失配由 1/2[001]位错来协调，这可通过多余的(002)晶面看出来(图 9.10)。两个片层之间存在一个刚体位移，这很可能来自肖克莱不全位错的迁移(图 9.11)。跨越界面的堆垛顺序为 ABCABXBCABC，然而，X 层原子面上的大部分原子占据了 A 位置，即界面上出现了一个内禀堆垛层错。图 9.12 展示了界面处的细节 2，其中出现

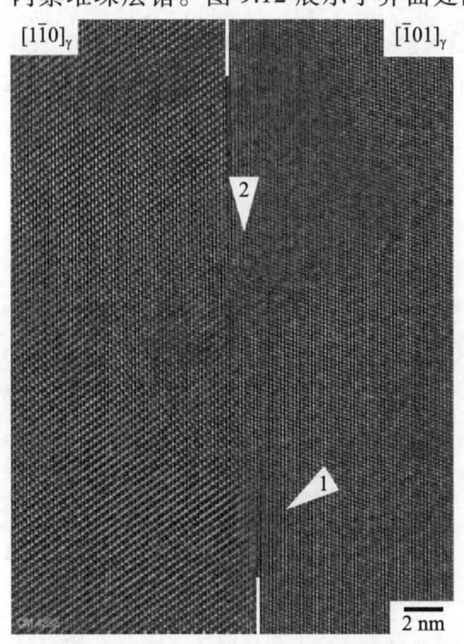

图 9.9 近片层 Ti-48Al-2Cr 合金长期拉伸蠕变过程中的结构变化，T = 700 ℃，σ_a = 140 MPa, t = 5 988 h，He 气氛保护。图中展示了连接$[1\bar{1}0]_\gamma$和$[\bar{1}01]_\gamma$变体的 120°片层界面。注意界面上的 7 层(111)晶面台阶。细节 1 和 2 展示了蠕变过程中的明显结构变化，如图 9.10~图 9.12

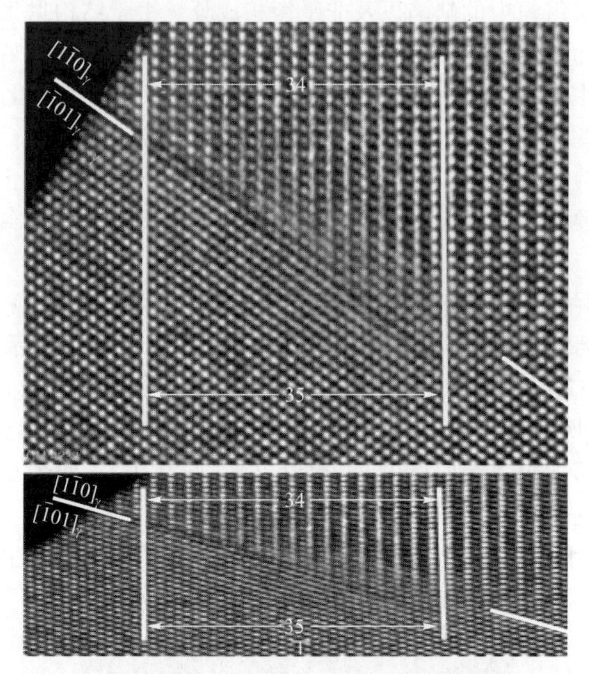

图 9.10　图 9.9 中细节 1 的高倍图像，展示了一个伯格斯矢量为 $\boldsymbol{b}=1/2[001]$ 的失配位错。白色线段标出了界面位置。下方的图片展示了同一区域沿(002)晶面的压缩图，位错符号标出了多余(002)晶面的大致位置

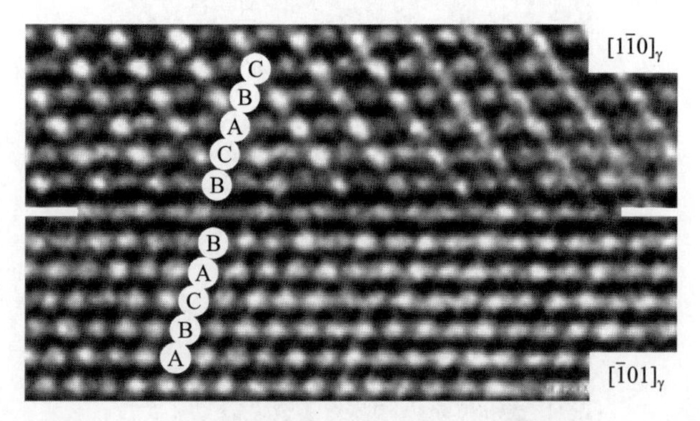

图 9.11　图 9.9 中的细节 1。以 120°界面相连的 γ 变体之间的刚体位移，来自肖克莱不全位错的迁移。跨越界面的堆垛顺序为 ABCABXBCABC。X 层原子面上的大部分原子占据了 A 位置，即界面上出现了一个内禀堆垛层错

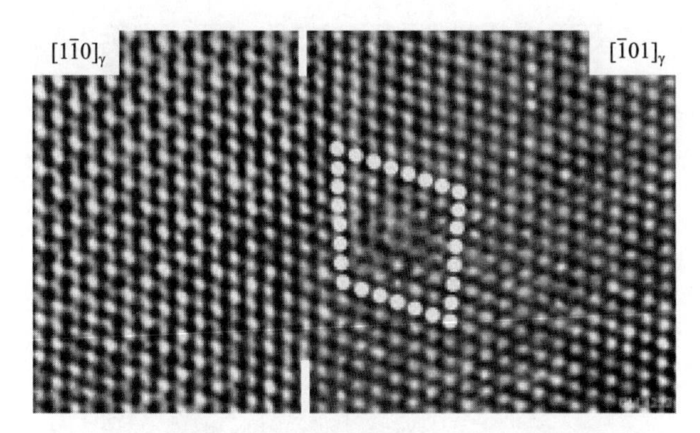

图 9.12　图 9.9 中的细节 2，展示了一个伯格斯矢量为 $\boldsymbol{b}=1/3[111]$的失配位错

了一个 1/3[111]界面位错。综合来看，界面上观察到的结构细节可由如下反应相关联：

$$2\times\frac{1}{2}[00\bar{1}]\rightarrow 2\times\frac{1}{6}[11\bar{2}]+\frac{1}{3}[\bar{1}\bar{1}\bar{1}] \tag{9.5}$$

这意味着界面台阶源自包含了两个 1/2[001]失配位错的分解反应。这些台阶沿界面的迁移和它们的整合解释了多重界面台阶的形成原因。

图 9.13 展示了在 60°伪孪晶界形成的一个高界面台阶。界面台阶通常可扩展到很宽的区域，在垂直于界面的方向上可延展约 200 nm，图 9.14 展示了这一长大过程的中间阶段。在相变及长大过程中可经常观察到多重台阶，人们已经提出了若干种机制来解释这种现象[102,103]。与这些模型类似，可以推测 TiAl 合金蠕变样品中观察到的大台阶是来自一层原子面的台阶，其在扩散控制下沿界面移动而塞积于失配位错上(图 9.13 中箭头所示)。当形成大量的塞积时，这一组态可重新调整为倾转组态，并具有长程应力场。这将进一步导致全位错或肖克莱不全位错并入台阶。这也解释了大高度台阶出现的原因，以及为什么这些台阶总是被观察到与失配位错相联系。目前还不清楚这些宏观台阶的原子结构细节。从图 9.13 和图 9.14 中可以看出，在台阶处存在以 3 层(111)晶面为单位的周期性衬度变化。这是一种 9R 结构的迹象，即一种比 $L1_0$ 基态能量略高的物相[104]。9R 结构的形成在许多出现孪晶的 fcc 金属中是广为所知的。Singh 和 Howe[105]在严重变形 TiAl 合金中即发现了 9R 结构。然而应该指出的是，在未变形的块状转变 Ti-48.7Al 合金中也可观察到类似的 3 层原子面结构[106]。在这一研究工作中，周期性衬度的现象被解释为源自具有孪晶关系的 γ 变体的重叠效应。但是宏观台阶是蠕变样品组织中的典型特征，至少其表明了一种高度层错的 $L1_0$ 结构；问题仅在于其中是否存在周期性的层错排列。当宏观台阶进一步长大时，在能量上可能适宜重建 $L1_0$ 结构并形成一个新的 γ

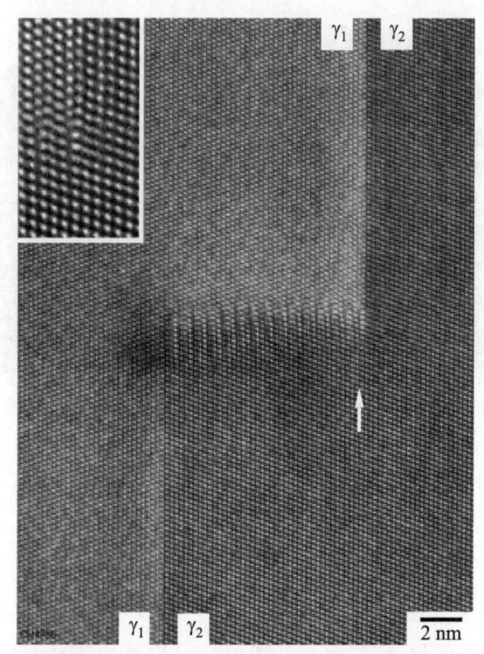

图 9.13　60°伪孪晶界面上形成的界面台阶。注意界面位错(箭头处)表现为一个多余的{111}晶面。Ti-48Al-2Cr 合金，He 气氛下蠕变，$T = 700$ ℃，$\sigma_a = 140$ MPa，$t = 5\ 988$ h，$\varepsilon = 0.69\%$

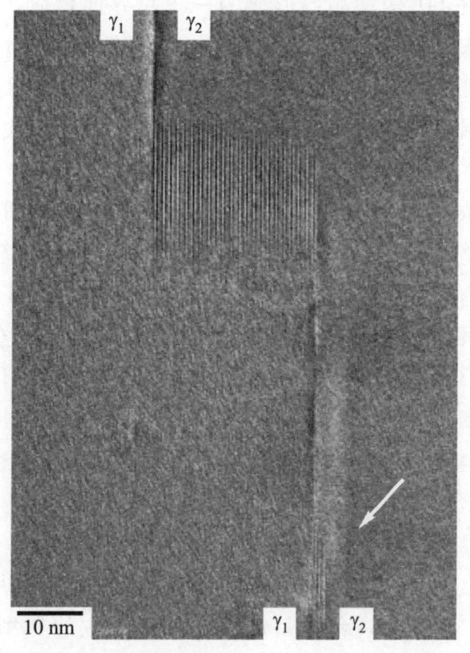

图 9.14　60°伪孪晶界面处的一个宏观台阶。Ti-48Al-2Cr 合金，He 气氛下蠕变，$T = 700$ ℃，$\sigma_a = 140$ MPa，$t = 5\ 988$ h，$\varepsilon = 0.69\%$

晶粒。图 9.15 就展示了这一过程早期阶段的图像。再结晶的晶粒通常与母相 γ 片层有一定的取向关系；图 9.16 表明再结晶晶粒的(001)晶面与母相 γ_1 片层的$(1\bar{1}\bar{1})$晶面平行。在这一取向关系下出现了明显的失配，表现为在(001) // $(1\bar{1}\bar{1})$界面上出现了高密度的台阶和位错。对有序结构的再结晶，人们已经进行了许多研究，相关综述见文献[107]。Cahn[108,109]对相关的文献进行了细致的评述。相比于无序金属，有序合金中的晶界可动性大大降低。由于要保持有序状态，有序合金的回复也较为复杂。在这一点上非常有趣的是图 9.16 中展示的小晶粒却是完全有序的，这使人认为有序度是晶粒在形核过程中立即达成的，或者形核本身就是以有序状态进行的。这可能是片层组织尺度细小以及界面台阶处非均匀形核的结果。当然，台阶附近的母相片层会施加晶体学上的限制，这可能控制了形核和长大。显然，这一过程仍需要继续研究。

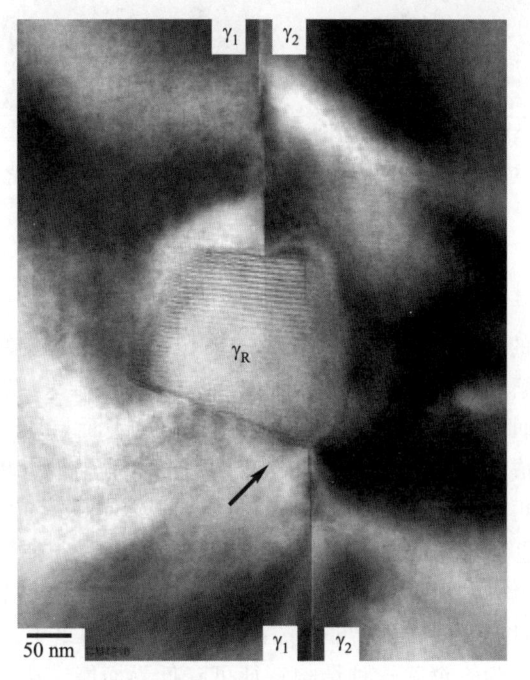

图 9.15 Ti-48Al-2Cr 合金长时间蠕变时片层结构的退化，T = 700 ℃，σ_a = 140 MPa，t = 5 988 h，ε = 0.69%。连接 γ_1 和 γ_2 变体的伪孪晶片层界面台阶处形成了再结晶 γ 晶粒。注意界面处的台阶和再结晶晶粒的有序态。

在 TiAl 合金文献中，有大量的证据表明 α_2 片层在蠕变过程中发生了分解[4,5,47,59,95,100,101,110-113]。相变是由非平衡相组成驱动的。这是因为冷却过程中 α 相分解为片层 α_2+γ 的过程进行得十分缓慢，使 γ 相的体积分数小于平衡态。

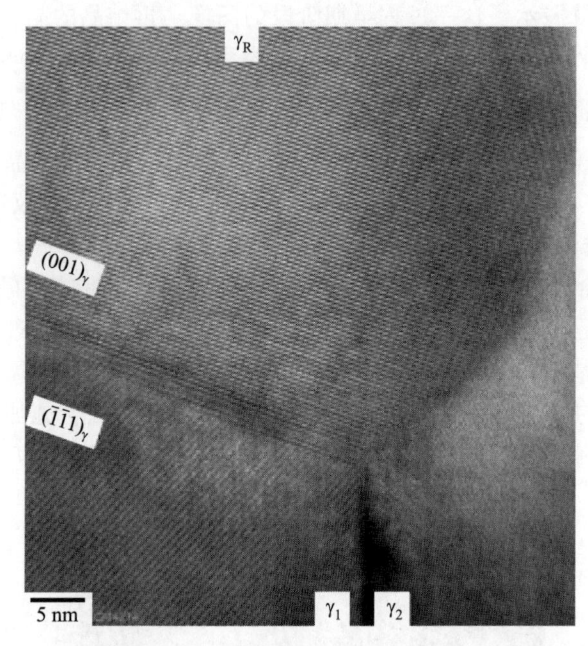

图 9.16　图 9.15 中三叉交界处的高倍像。注意再结晶晶粒和 γ_1 片层之间的(001) ∥(111)取向关系

可以认为，高温蠕变将加速组织向平衡相组成转变的相变，因此就发生了 α_2 相的分解和 γ 相的形成[99]。对 Ti-48Al-2Cr 合金长时间蠕变后进行的高分辨观察支持了这一解释(图 9.17)，有明确的证据表明，α_2/γ 界面处的位错密度显著高于 γ/γ 界面，这意味着 α_2 片层发生了分解，而 γ 片层则相对稳定。这一过程最终在形成新的晶粒后结束，并几乎完全将片层组织转化为细小球化组织。这一相变和再结晶的最初阶段如图 9.18。

$\alpha_2 \rightarrow \gamma$ 相变通常与局部变形相联系，如图 9.19 所示。图中展示了由一个界面相连的两个 α_2 终端，因此 α_2 片层发生了部分分解。在一个终端位置处发射出两个孪晶，并且产生了离开界面的伯格斯矢量(图 9.20)。α_2 相终端的曲率半径极小。可以认为，消除这种结构特征可降低界面能，从而为进一步粗化提供了驱动力。连接两个 α_2 相终端的界面处出现了层错过渡且为内禀堆垛层错。这可由堆垛顺序 ABC B CAB 来证实。这一观察再一次强调了在片层合金蠕变过程中可能会出现小尺度界面演化过程。

如 6.1.1 节所述，$\alpha_2 \rightarrow \gamma$ 相变需要堆垛顺序和局部成分同时发生变化。然而，若要达成合适的成分就需要长程扩散，这在 700 ℃ 蠕变下是非常缓慢的。已存在的 Ti_{Al} 反位原子缺陷可能支持了低温扩散(见 3.3 节和 6.4.3 节)。在新形成的 γ 相中必然形成了高密度的此类缺陷以协调过剩的钛元素，因此会出现一

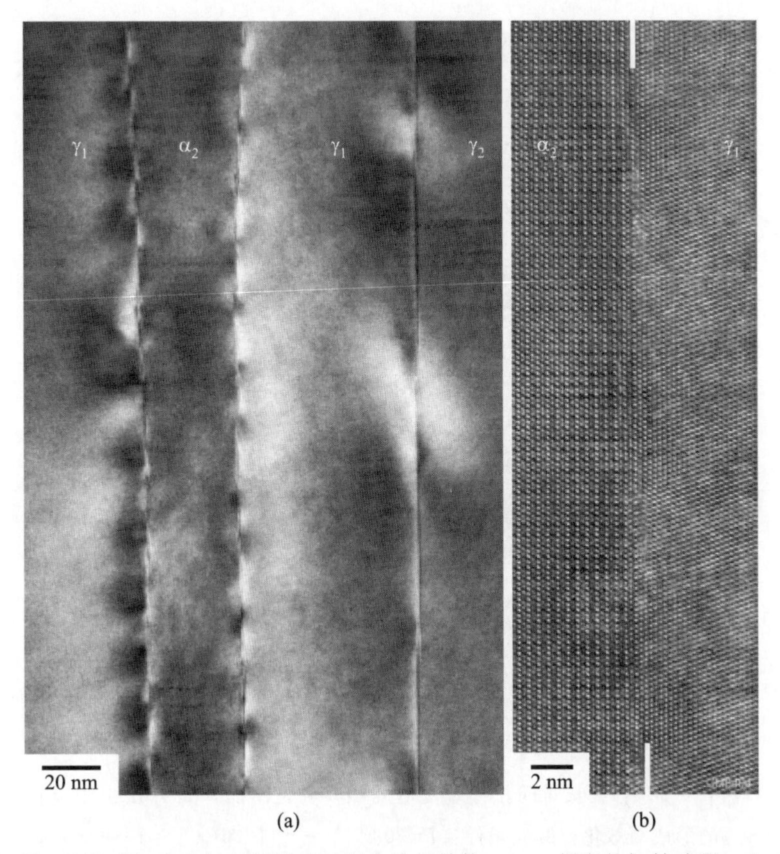

图 9.17 Ti-48Al-2Cr 合金长时间蠕变过程中片层结构 $\alpha_2\rightarrow\gamma$ 相变的初始阶段，$T=700$ ℃，$\sigma_a=110$ MPa，$t=13\ 400$ h，$\varepsilon=0.46\%$：(a) 片层结构的低倍高分辨像，注意 α_2/γ 界面处的台阶密度明显更高，表明 α_2 相发生分解；(b) 一个 α_2/γ 界面处的原子结构像，展示了台阶的特征

种本质反结构无序度，其形成了一种渗透型亚结构。在这种情形下，反位原子缺陷可能会对扩散做出极大的贡献，这是因为形成了反结构桥接(ASB)。如 6.4.3 节所述，包含了一个空位和一个反位原子的桥接单元就含有两个近邻跳跃，这就使两个同类原子可进行一次近邻迁移。对于 $\alpha_2\rightarrow\gamma$ 相变来说，可能发挥作用的是所谓的 ASB-2 机制[114](见 3.3 节)，它只需要较低的迁移能。扩散也可能得到了界面处失配结构的协助。位错和台阶即代表了偏离理想晶体结构的集中区域。它们是易于扩散的通道，可有效地支持 Ti 和 Al 原子的互换。可以认为，所有的这些机制都是热激活过程，并可得到外加应力的协助。在这一方面，界面处必然有非常可观的共格应力(见 6.1.4 节)，因为它们几乎可以与蠕变过程中的剪切应力媲美，甚至更高，其一般与失配结构有关。因此，考虑

图 9.18　Ti-48Al-2Cr 合金长时间拉伸蠕变后的相变和再结晶。α_2 片层由于 γ 晶粒(箭头处，称为 γ_R)的形成而球化。蠕变条件：T = 700 ℃，σ_a = 110 MPa，t = 13 400 h，ε = 0.46%

到合金相组成是非平衡的，当片层合金被置于同样的温度-时间条件下时，可以想见即使没有外界应力，α_2 相的体积分数也将出现下降[115-118]。例如，Hu 等[115]对 Ti-48Al-2Cr-2Nb-1B 合金在 700 ℃热暴露 3 000 h 后的观察就发现 α_2 板条已完全消失了。

从这一角度出发，具有超细片层间距的片层组织的热稳定性就值得关注了。人们设计这种材料是为了获得理想的高强度。基于这一思想，Boehlert 等[113]将一个 Ti-46Al 的 PST 晶体转变为全片层多晶组织。采用的热处理包括 α 相区固溶处理和随后在 α_2+γ 两相区的时效。这使片层间距细化了近两个数量级，直至约 20 nm。在细化的多晶材料中，当样品的片层界面与拉伸轴平行时，其室温拉伸屈服强度约为 1 100 MPa。然而，在高温下，超细的片层是不稳定的，其最小蠕变速率相比于那些粗大的聚片孪晶(PST)晶体更高。在蠕变样品中观察到的结构不稳定性包括 α_2 相的分解、α_2 相片层厚度的下降以及动态再结晶。高温度和高应力下，当片层取向平行于拉伸轴向时(Φ = 0)，应该

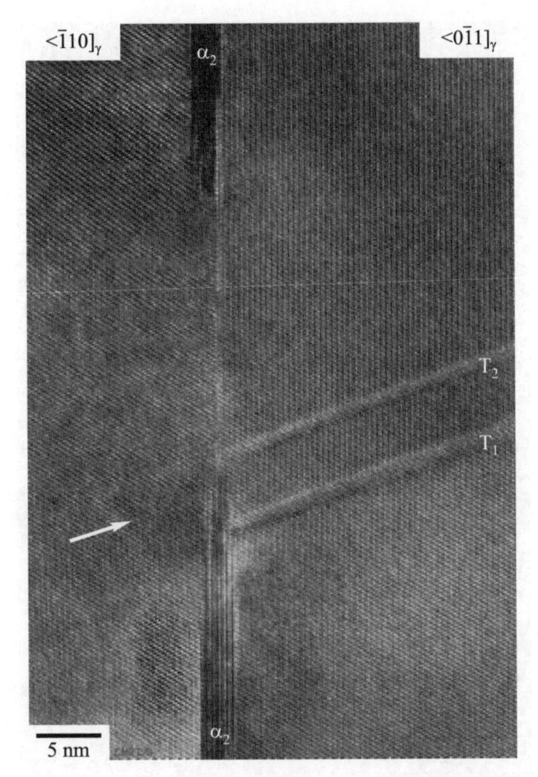

图 9.19 Ti-46.5Al-4(Cr, Nb, Ta, B)合金中包夹于γ相之间部分分解的 α_2 片层。蠕变变形 T = 700 ℃, σ_a = 200 MPa, ε = 1.35%。注意两个 α_2 终端由一个界面连接，在一个终端处发射出两个孪晶 T_1 和 T_2。堆垛顺序表明，相邻γ片层之间存在一个刚体位移。箭头处的细节如图 9.20

会有利于产生动态再结晶。在同样温度-时间下进行的没有外加载荷的退火实验发现了 α_2 相的分解，却没有出现动态再结晶，这表明再结晶的产生需要以缺陷的累积为前提。Schillinger 等[119]在片层间距更大(35～200 nm)的 Ti-46.5Al-1.5Cr-2Mo-0.25Si-0.3B 合金多晶组织中也观察到了类似的现象。

已有证据表明，片层组织的退化降低了合金初始蠕变和二次蠕变阶段的抗蠕变性[2,5,58,120]。人们通过热处理做了一些尝试，即在蠕变之前稳定片层组织[112,121-123]以消除亚稳 α_2 相，从而降低动态再结晶的驱动力或引发析出反应。从文献中呈现的数据看，为得到稳定的片层组织需要在中温下进行长时间的时效处理。例如，Huang 等[116]对基于 Ti-(44～46)Al 成分且含有其他合金元素的片层合金的研究表明，700 ℃热暴露 3 000 h 后的结构变化仍处于中间状态。一些研究[2,70,123]表明，片层团之间互相咬合的片层组织在晶界滑移和组织退化

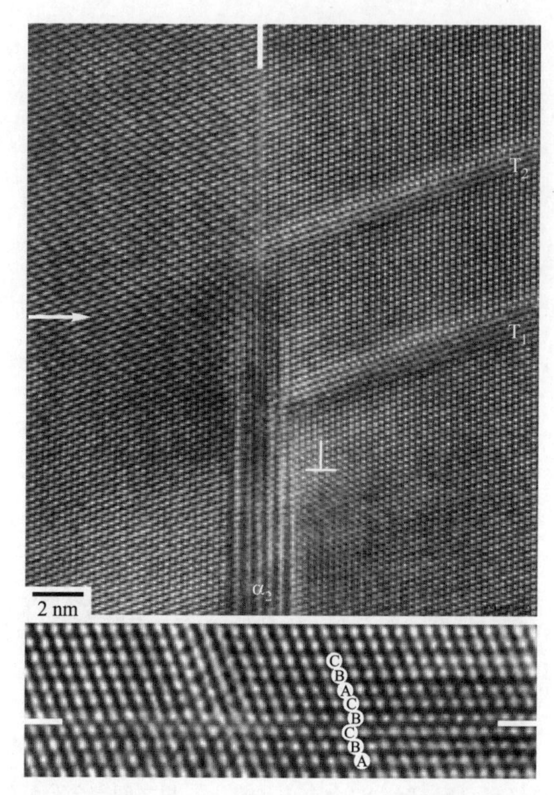

图 9.20　图 9.19 中标记区域的高倍像，展示了其中一处 α_2 终端区域的变形活动。出现了两个形变孪晶和一个伯格斯矢量指向界面之外的位错（用符号标记出）。下方的图片展示了（平行于箭头方向）跨越连接两个 α_2 终端的界面的堆垛顺序，表明存在一个过渡层错

方面相对更加稳定。可以理解的是，必须针对特定的合金成分来考量所有的这些过程。

总结：片层 TiAl 合金的长时间蠕变使片层组织退化为球化组织。相关相变及再结晶过程的驱动力来自非平衡相成分、累积缺陷产生的应变储存能以及界面面积的降低。

9.7　与 $\alpha_2 \rightarrow \gamma$ 相变相关的析出效应

$\alpha_2 \rightarrow \gamma$ 相变也可能会导致间隙元素如氧、氮或碳以析出相的形式析出，这些元素在工程合金的含量是较大的。这在近片层 Ti-48Al-2Cr 合金的长时间蠕变实验中可得到证实[101]。拉伸蠕变在 700 ℃下进行，应力为 60～140 MPa，蠕变持续了 6 000～13 400 h。如 9.6 节中所述，在此研究中的实验样品是特殊

设计的，以避免样品在实验环境下的退化。蠕变后，样品显微组织的一个特征是产生了析出相。虽不是全部，但绝大多数析出相位于孤立的位错和亚晶界的失配结构上，以及片层界面处[图 9.21(a)和(b)]。在缺陷团簇的旁边观察到了一些无析出区域，这表明析出相是非均匀形核的。析出相的本质还不能确定，然而场离子显微镜图像表明[124]，α_2 相对间隙元素的固溶能力比 γ 相的至

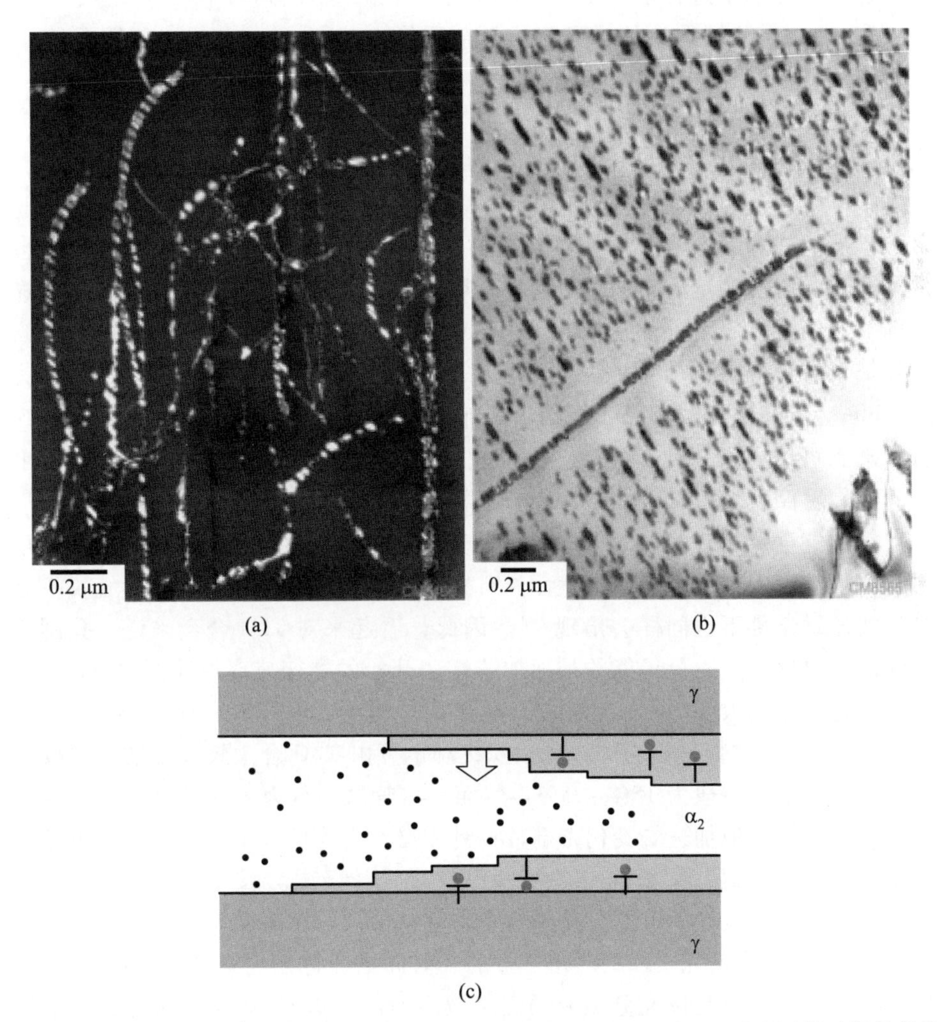

图 9.21 Ti-48Al-2Cr 合金在 $T=700$ ℃，$\sigma_a=110$ MPa，$t=13\ 400$ h，$\varepsilon=0.46\%$ 长时间拉伸蠕变后观察到的析出效应。(a) 析出相在 1/2〈110] 位错处的非均匀形核；(b) 一个位错和片层团边界附近的无析出区；(c) 文中所述间隙元素随 $\alpha_2 \to \gamma$ 相变而析出的示意图，固溶于先前 α_2 相中的间隙元素浓度超过了新形成 γ 相的固溶极限，因此这些元素在位错上非均匀形核形成析出相

少高出了一个数量级。因此可以认为，析出效应源自上一部分中阐述的 $\alpha_2 \rightarrow \gamma$ 相变。在新形成的 γ 相中，间隙元素的含量可轻易超过其固溶极限，因而可能会析出氧化物、氮化物和碳化物。图 9.21(c)是展示这一机制本质特征的示意图。由图 9.21(a)可见，析出相有效钉扎了位错，这可能使材料的塑性在蠕变测试后下降。

总结：在蠕变过程中可能发生含有间隙元素的析出相的非均匀形核，这是由亚稳 α_2 相的分解导致的。间隙元素杂质优先分布于 α_2 相内，使残余的 α_2 相过饱和并最终释放于相变产物 γ 相中，从而形成了析出相。

9.8　加速蠕变

扩展的加速蠕变阶段是 TiAl 合金的一个主要特征，其一般始于 2%～3%应变处。这一阶段迅速上升的蠕变速率表明材料内部已经积聚了极大应变，且蠕变断裂已经近在眼前了。在多晶 Ti-53Al-1Nb 合金 $T = 760 \sim 900$ ℃的测试中，加速蠕变阶段所用的时间服从幂率关系，应力指数为 $n = 3.5 \sim 3.8$，激活能为 $Q_C = 304\text{kJ/mol}$[22]。目前已了解的出现加速蠕变后的机制有位错密度的逐渐上升和动态再结晶[22,125]、片层晶粒中形成剪切带[37,57,126]、晶界滑移[127]以及形成间隔较宽的孔洞[31,126,127]。高应力和温度看起来可以协助孔洞的形成。

在传统金属中，拉伸条件下加速蠕变的启动一般与孔洞形成、颈缩、环境恶化或上述因素的组合有关。然而，TiAl 合金的加速蠕变即使在实验气氛控制良好的压缩条件下也同样会出现[24]。因此，看起来对 TiAl 合金来说，孔洞和颈缩的重要性不大，更可能的是随加速蠕变开始的蠕变速率加速源自 9.6 节中已经阐述的结构改变(关于更复杂的调制 TiAl 合金结构退化的情形将在 9.10.2 节阐述)。加速蠕变过程中的应变累积机制也可由 TiAl 合金较大的蠕变失效应变证明，其范围一般为 15%～25%。然而，尽管这一行为表明了合金对蠕变断裂的良好抗性，但加速蠕变仍是部件设计中必然考虑的一个关键因素。由于加速蠕变的速率较高，累积应变就可轻易超过设计极限。因此，为预测部件寿命，更适合作为设计标准的应该是启动加速蠕变所需的时间。

Dlouhy 等[128]研究了一些两相合金的长时间蠕变行为，他们认为 Monkman-Grant 关系[129]是不足以充分预测蠕变断裂寿命的。Beddoes 等[2]认为，外部环境导致样品的表面退化可能对启动加速蠕变有重要的作用。例如，真空中片层合金的蠕变寿命可为空气中蠕变寿命的 20 倍[130]。然而，目前还没有对这一点进行系统的研究。

总结：加速蠕变占据了大部分的 TiAl 合金的总体蠕变寿命。这一阶段内蠕变速率的加速是由相变和再结晶导致的结构退化所致。孔洞的形成和合并看起来只出现于蠕变的最后阶段。

9.9 优化的合金、合金成分和加工工艺的影响

为提高片层($\alpha_2+\gamma$)合金的抗蠕变性，人们在合金的成分优化方面做了大量努力。人们相继加入了 Nb、W、Ta、Mo 和 V 等合金元素，它们被认为可提供固溶强化并降低扩散速率，详细的数据见文献[2，31-33]。当加入 W 时，看起来存在一个必须的最小添加量才能提高抗蠕变性[32]，加入 0.2at.%似乎并无效果；当 W 的添加量达 2at.%时，才可观察到蠕变性能的显著提升[57,125,131]。在任意情况下，通过添加 Nb 来降低扩散速率都可以提高合金的抗蠕变性[132-134]。

间隙元素如 C[135,136]、N[137]和 O[2]可进一步降低蠕变速率。添加这些元素一般会导致形成细小的析出相颗粒，它们在内部界面处非均匀形核(见 7.4 节)。析出相的种类有很多，这取决于每种合金中存在何种元素组合。析出相被认为可稳定片层结构[138]、强化片层团边界[139]并阻碍位错运动[135,136]。但目前添加 Si 的作用还不明确。虽然在之前的研究中发现 Si(0.25at.% ~ 1at.%)对全片层合金的蠕变性能有益[122]，但 Wang 和 Nieh[140]却发现了与之相反的效果。

根据 7.3 节和 7.5 节中所描述的趋势，基于 Ti-45Al 以及 Nb 含量相对较高并有细小弥散钙钛矿型或 H 相析出的合金设计思路，应该可以扩展 TiAl 合金的高温应用能力。为优化这些合金，人们协调了 Nb、B、C 以及 β 相稳定元素的作用效果，研发出了一类新型的 TNB 系列工程合金[134]。这些合金具备良好的综合力学性能，表述如下。

图 9.22 展示了在高 Nb 含量 TiAl 合金中，析出碳化物可达成的协同效应。与不含碳的 Ti-45Al-10Nb 合金对照，添加碳对合金的抗蠕变性产生了显著的提升效果。从 7.4.2 节中阐述的机制出发，这一提升效应可归因于碳化物析出导致的位错滑移和攀移阻力的升高。如 7.5 节所述，碳化物优先非均匀形核于内部界面的失配结构上，从而稳定了显微组织。蠕变性能强烈依赖合金的加工条件及其所产生的显微组织的这一事实证明了上述观点。图 9.23 展示了在叠轧挤压坯料制备的板材蠕变样品中观察到的数据，同时给出了挤压材料的数据以作参考。板材的蠕变速率较高，这必然与其细小的显微组织有关；从加入的碳含量以及板材轧制成形工艺来看，这显然不能使显微组织足够稳定。这些发现明确表明了合金成分、加工工艺、显微组织和力学性能的相关性。

图 9.24 比较了含 5at.%和 10at.%Nb 元素的合金，展示了高含量 Nb 的添加对合金抗蠕变性的有益效果。根据 7.3.3 节中的讨论，添加 Nb 对抗蠕变性的有

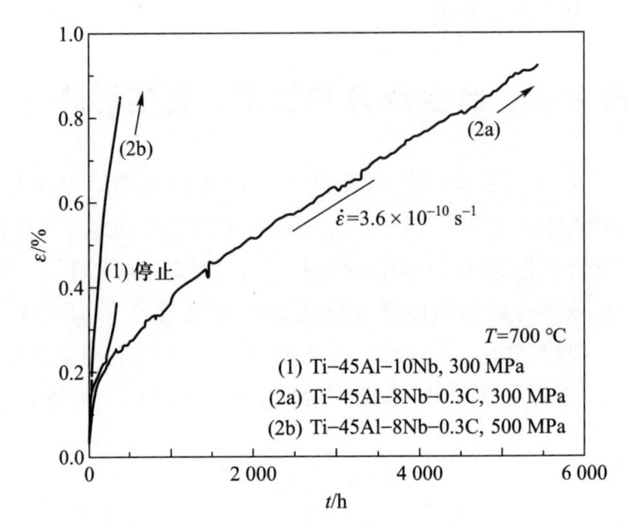

图 9.22　高 Nb 含量 TiAl 合金碳化物析出对蠕变性能的影响，两组合金的显微组织类似且片层团体积分数均较高。挤压合金、成分和蠕变条件见图中标注

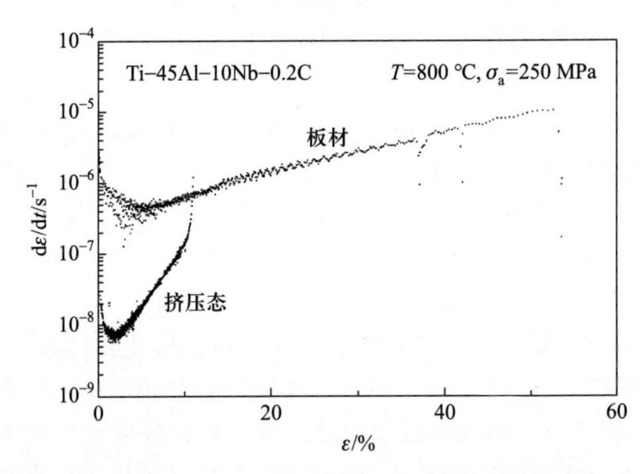

图 9.23　加工工艺和显微组织对含 Nb 并添加碳的合金蠕变性能的影响。图为挤压态和板材的蠕变数据

益效果可归因于两个因素，即降低扩散能力（如上文所述）和降低层错能[134]。含 Nb 合金较低的扩散能力迟滞了所有由扩散协助的物质交换过程，包括位错攀移、晶界滑移、回复、再结晶以及弥散分布析出相的粗化。层错能较低的合金同样倾向于具有更佳的抗蠕变性，因为扩展不全位错的交滑移和攀移更加困难。但是，看起来进一步添加这些 β 稳定元素会损害这类合金的抗蠕变性。这在图 9.25 中以两种几乎相同的合金进行了说明，其中一种仅额外添加了 1at.%

的 Cr 元素[134]。可以推测，在含 Cr 合金中，β 相的体积分数显著增大，看起来这不利于组织稳定性，从而几乎在实验的开始阶段就出现了强烈的蠕变速率加速。

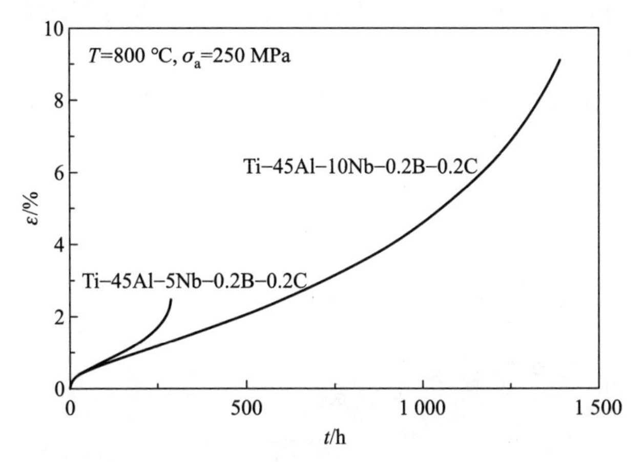

图 9.24 Nb 含量对蠕变行为的影响。挤压合金的蠕变曲线，两种合金组织相近，均为双态组织且片层团高体积分数较高

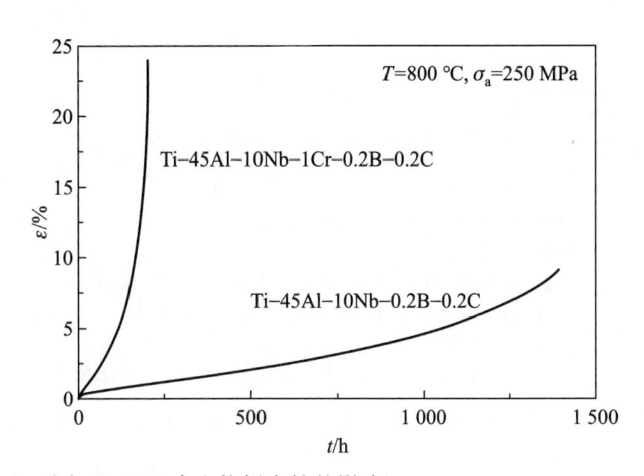

图 9.25 添加 Cr 对含 Nb TiAl 合金抗蠕变性的影响

综合来看，成分基于 Ti-45Al-(5~10)Nb-0.2B-0.2C 的合金(称为 TNB 合金)表现出了作为抗蠕变材料的巨大潜力。利用 Larson-Miller 图，人们可以对不同材料之间的蠕变数据进行比较。为得到 Larson-Miller 参数 $\mathrm{LMP} = [(T+273)\times(20+\log t)]/1\,000$，假定温度和应力对最小蠕变速率的关系符合 Arrhenius 方程。对于 TiAl 合金来说，LMP 可由达蠕变应变 $\varepsilon=1\%$ 时的蠕变时

间 t 计算得出。根据 TiAl 合金的平均密度 $\rho = 4\ g/cm^3$，将其蠕变应力均一化处理，得到的 Larson-Miller 图如图 9.26。图中包含了已被充分认可的 René 80 高温合金以及一些其他 TiAl 合金的数据[134,141-144]，见图中标注。TNB-V2 表示一种由 Ti_3AlC 碳化物强化的挤压高铌含量合金[134]。据本书作者所知，这种多晶合金的抗蠕变性是所有已报道的文献中最优异的。与 René 80 合金数据的对比说明 TNB-V2 合金可作为应用于中温 700～800 ℃的高温合金的一个有吸引力的替代品。

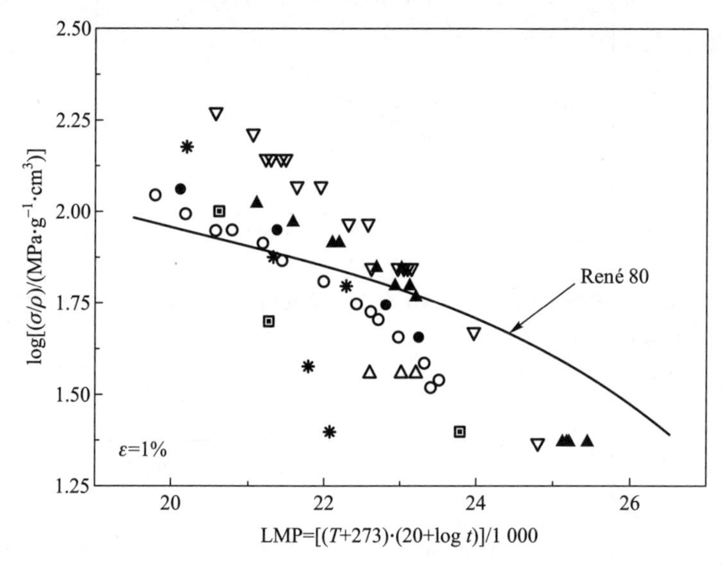

图 9.26 一些 TiAl 合金和 René 80 镍基高温合金的 Larson-Miller 图。TiAl 合金的 Larson-Miller 参数对应于应变 $\varepsilon = 1\%$

从工程的角度看，难点是在建立强化机制的同时不损失低温性能，如低温塑性和韧性等。遗憾的是，在 TiAl 合金的文献中，关于某种合金可同时获得良好的高温和低温综合力学性能的信息非常少。仅在最近，在 TNB 系列合金中才给出了这些数据。Ti-45Al-5Nb-0.2B-0.2C(TNB-V5)、Ti-45Al-8Nb-0.2C(TNB-V2)和 γ-Md 合金的室温拉伸性能已在 7.5 节和 8.3 节中分别阐述过了。这些材料的抗拉强度可达 1 000 MPa，且塑性应变达 $\varepsilon = 0.6\% \sim 2.5\%$。其断裂韧性的数据在10.4.2节中给出。遗憾的是，关于综合力学性能的总体信息仍是非常少的。

总结：基于大致成分Ti-45Al-(5~10)Nb-0.2B-0.2C可确立一类优化的合金，其在700~800 ℃具有良好的抗蠕变性，并在室温下具有优良的强度和塑性。

9.10 具有调制组织合金的蠕变性能

在第8章中阐述了一种具有类似复合材料组织的新型TiAl合金(称为γ-Md)。这种合金的相组成特征为包含稳定和亚稳相的调制亚结构板条。这种调制结构在纳米尺度下出现，因而具有使材料细化的新组织特征。在室温下，这种材料的拉伸屈服强度超过了1 GPa，同时塑性伸长量可达约2%。尽管它表现出了良好强度稳定性直至700 ℃，但却要着重关注其抗蠕变性。这种合金在蠕变过程中更有可能出现显微组织的变化，因为合金中极为细小的调制结构可能在应力和温度的耦合下退化。因此本节将对这种新型TiAl合金抗蠕变性的研究进行阐述。

9.10.1 应力和温度的影响

图9.27展示了700 ℃和800 ℃下不同初始应力的拉伸蠕变结果，以应变-时间和应变速率-时间曲线表示[144]。在所有变形条件下，样品中均发生了均匀变形且未出现颈缩。在中等温度和应力下，蠕变曲线表现出了曾在TiAl合金中观察到的典型特征区域(见9.2节)。高应力和温度几乎在测试开始阶段就使蠕变速率加速。然而，在测试温度为700 ℃且应力为100 MPa和150 MPa时，二次蠕变阶段的发展是相对完整的。通过比较这些蠕变实验的最小蠕变速率可得应力指数$n=(\partial\ln\dot{\varepsilon}/\partial\ln\sigma)_T=3.46$，这一数值一般表明出现了位错攀移。在更高的应力和温度下并未进行n值的测定，因为在这些条件下的早期即出现了加速蠕变。为与其他合金进行比较，γ-Md合金的蠕变数据也在图9.26中给出。Larson-Miller参数是根据蠕变应变$\varepsilon=1\%$时的蠕变时间t计算得出，蠕变应力根据其密度$\rho=4\ \mathrm{g/cm^3}$进行了均一化。显然，调制γ-Md合金的蠕变性能要低于TNB-V2合金。然而，在低Larson-Miller参数下其抗蠕变性则相对较好。图9.26也包含了两种含有β相的传统合金的数据，它们来自文献[142, 143]且其表现是类似的。在这些合金的初始组织中β相优先沿片层团边界分布。

9.10.2 损伤机制

如图9.27所示，加速蠕变阶段占据了γ-Md合金总蠕变应变和蠕变寿命的一大部分，这也是 TiAl 合金中的一个普遍现象。因此看来，高应力和高温下加速蠕变的过早出现是限制 γ-Md 合金高温应用的最重要的问题。这促使人们对 γ-Md 合金加速蠕变后的样品进行 TEM 分析[144]。研究的样品在 700 ℃和 300 MPa 条件下进行了 790 h 的蠕变。这一应力值约相当于在 700 ℃恒应变速率$\dot{\varepsilon}=2.38\times10^{-5}\ s^{-1}$下测得的屈服强度的 30%。样品表现出扩展的加速蠕变阶段并在应变为 $\varepsilon=16.5\%$时断裂。

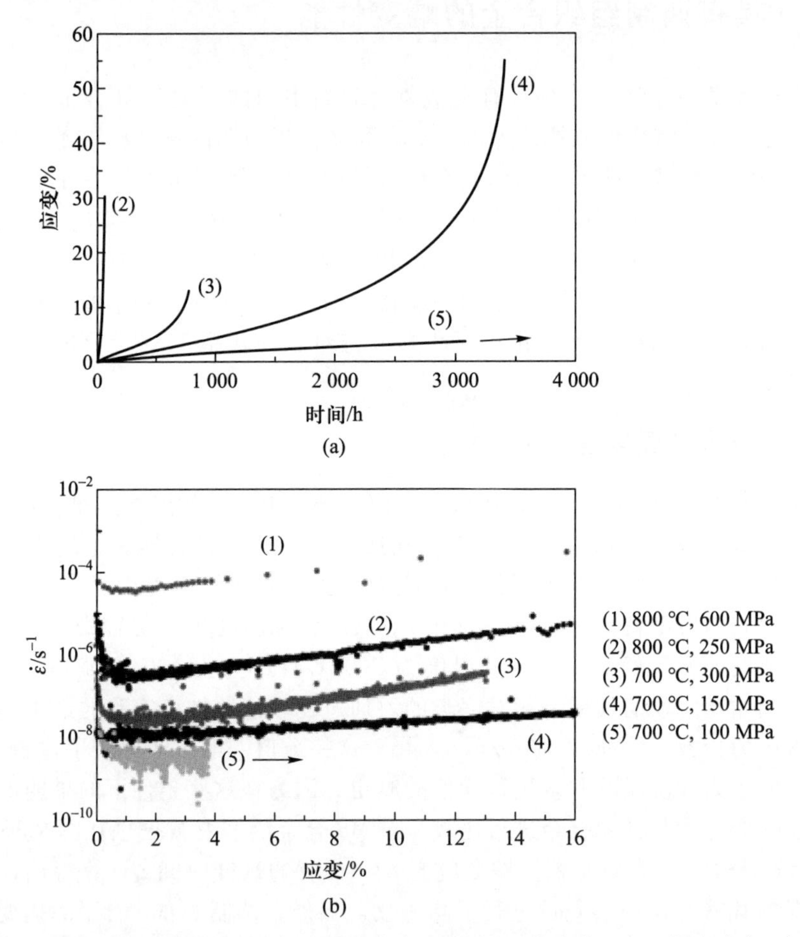

图 9.27　γ-Md 合金的蠕变行为。(a) 蠕变应变 ε 随时间 t 的变化；(b) 蠕变速率$\dot{\varepsilon}$为图(a)中蠕变曲线测得的蠕变应变 ε 的函数。箭头表明实验仍在持续[144]

如图 9.28 所示，蠕变后样品的最重要的特征为调制板条在很大程度上被消除了。这一结构的改变可能由若干不同的过程进行。图 9.29 中观察到了正交相向 γ 相的转变。一个普遍的现象为，在靠近调制板条的位置产生了两个不

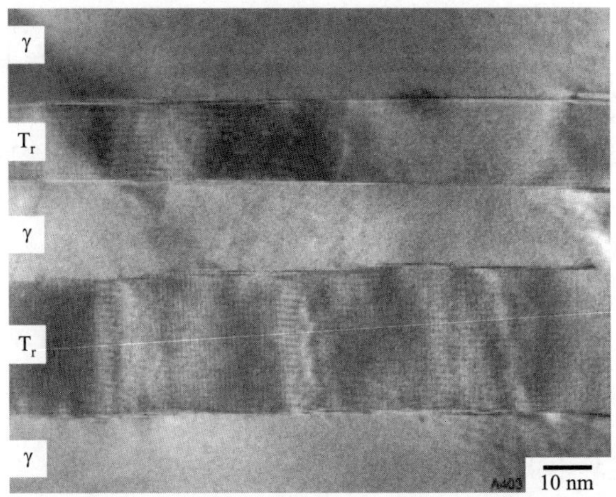

图 9.28 γ-Md 合金蠕变样品中的两个残余调制板条 T_r。蠕变条件：$T = 700$ ℃，$\sigma_a = 300$ MPa，$\varepsilon = 16.5\%$[144]

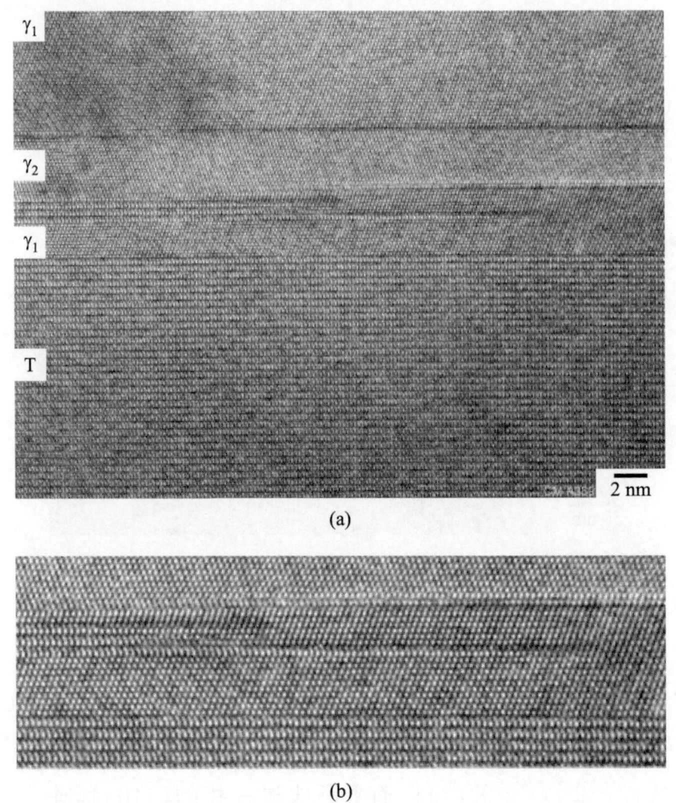

图 9.29 调制结构板条转变为 γ 相，蠕变条件：$T = 700$ ℃，$\sigma_a = 300$ MPa，$\varepsilon = 16.5\%$。(a)一个非常细小的 B19 片层包夹于 γ_1 和 γ_2 变体之间，γ 变体之间为孪晶关系；(b)图(a)中间部分的高倍像

同的 γ 变体。图中变体 γ_1 和 γ_2 包夹了一个调制板条。若将 γ_1 变体$\{111\}_\gamma$面的堆垛顺序标记为 ABC，那么 γ_2 的顺序即为 CBA。这一反转表明 γ 变体的原子位置呈孪晶关系。可以认为，$\{111\}_\gamma$面在不同方向的堆垛引入了符号相反的应力场并最终降低了体系的总应变能。可以猜测，这种组合的剪切过程使相变过程更易进行。终止的调制板条的曲率半径通常较小，如图 9.29(b)。消除这种结构细节导致的界面能降低可能进一步协助了相变。应该指出的是，局部的调制板条也可能转变为 α_2 相。由于$(100)_{B19}$晶面的堆垛顺序为 ABA，这一相变可由相邻$(100)_{B19}$晶面扰动而后重新有序化进行，在有序化过程中，Ti、Al 和 Nb 的占位随之改变。

看起来，伴随动态再结晶的相变是调制板条退化的另一个原因。如图 9.30 所示，在蠕变过程中由于新晶粒的形成而使板条发生球化。图 9.31 明确地展示了这一相变早期阶段。图中中心位置的小晶粒很可能是调制板条的残余部分。在[001]观察方向下，其点阵为高度畸变的 B19 结构且表现出部分残余的调制现象。

图 9.30 多束 TEM 图像，展示了一个调制板条 T_r 由于相变和动态再结晶而球化。γ-Md 合金，蠕变条件：$T=700$ ℃，$\sigma_a=300$ MPa，$\varepsilon=16.5\%$

图 9.32 为这一过程的最后阶段。被标记为 T_{r_1} 的残余调制板条包夹在 γ 变体 γ_1 和 γ_2 之间。在蠕变过程中，部分 T_{r_1} 板条转变为 β 相。取向关系为两相共享一组密排面，即 γ_1 相的(111)面平顺地与 β 相的$(1\bar{1}0)$面连接。因此，与多数其他固/固界面一样，在跨越界面处最密排的晶面和晶向非常倾向于一致对齐。通过引入仅相距若干原子间距的失配位错即形成了高指数界面[图 9.32

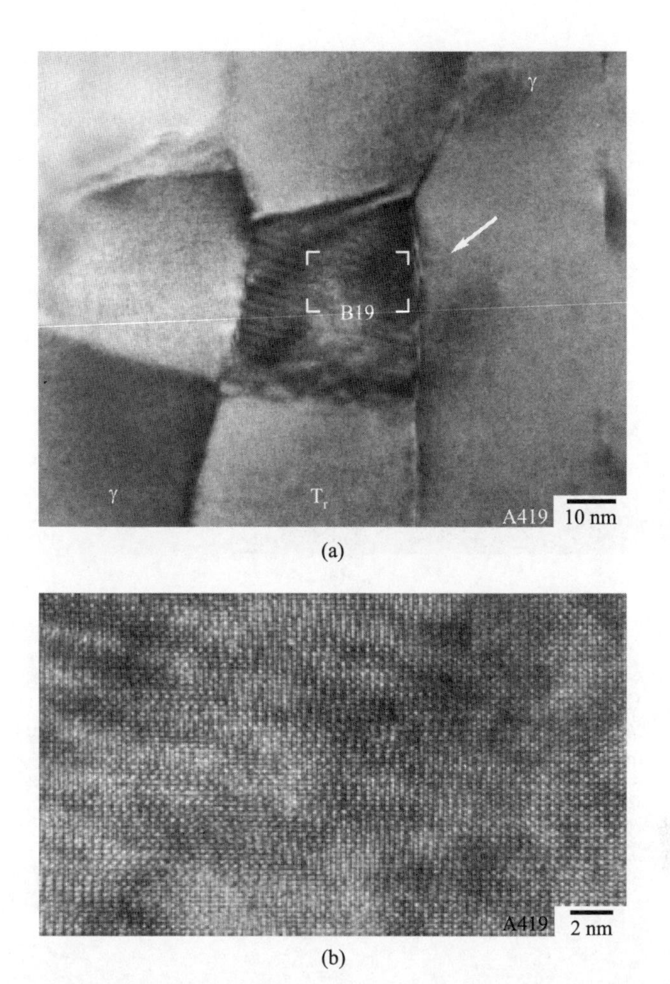

(a)

(b)

图 9.31 相变和动态再结晶的早期阶段，γ-Md 样品，蠕变条件为 $T=700$ ℃、$\sigma_a=300$ MPa、$\varepsilon=16.5\%$。(a) 残余调制板条 T_r 的一个小晶粒(箭头处)；(b) 此晶粒的高倍像，观察方向为[001]，展示了其高度畸变的 B19 结构。注意图片右侧的 B19 结构几乎是完好的

(b)]。$(1\bar{1}0)_\beta$ 晶面与 γ_1 变体(111)晶面的夹角为 11°，这可能在部分上协调了 γ 与 β 之间的失配。

在蠕变样品中观察到的最重要的变形机制为沿 $1/6\langle 11\bar{2}]\{111\}$ 方向的有序形变孪晶。对显微组织的细致观察表明，虽然不是全部，但绝大部分 γ 晶粒中均出现了孪晶变形，其举例如图 9.33。孪晶的形核显然是由与前述的恒定应变速率变形(见 8.2 节)中相同的机制实现的，即来自失配位错的分解反应。可以认为，形变孪晶的激发同样有助于材料中内应力的释放。然而，观察到的丰富的形变孪晶并不能排除位错滑移和攀移机制的存在。

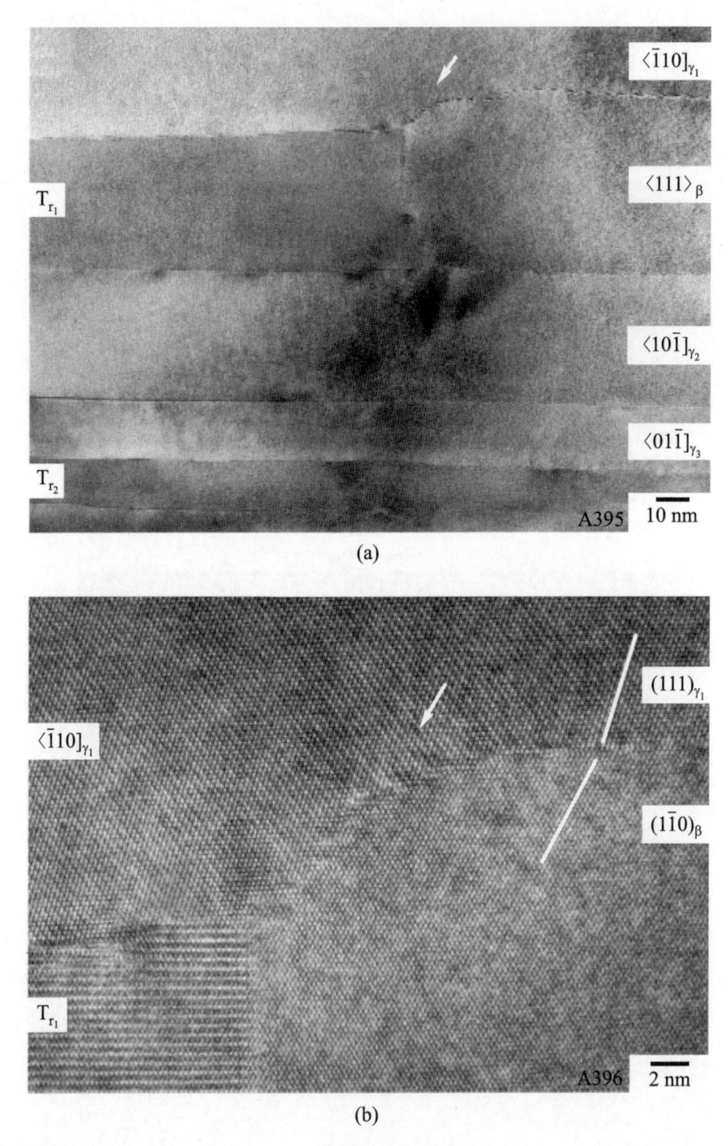

图 9.32　调制结构的退化，γ-Md 合金，蠕变条件为 $T = 700$ ℃、$\sigma_a = 300$ MPa、$\varepsilon = 16.5\%$：(a) 包夹于 γ 变体$\langle\bar{1}10]_{\gamma_1}$和$\langle10\bar{1}]_{\gamma_2}$之间的调制板条 T_{r_1} 中形成了一个新的 β 晶粒；(b) 图 (a) 中标记区域的高倍像，注意$(1\bar{1}0)_\beta$ 晶面与$(111)_{\gamma_1}$晶面之间倾向于保持连续以及界面处的失配位错

总结：调制 γ-Md 合金的抗蠕变性主要被限制在加速蠕变的起始阶段。与此相关的组织演化来自若干向平衡态演化的相变、动态再结晶以及失配晶面间

约束应力的释放。

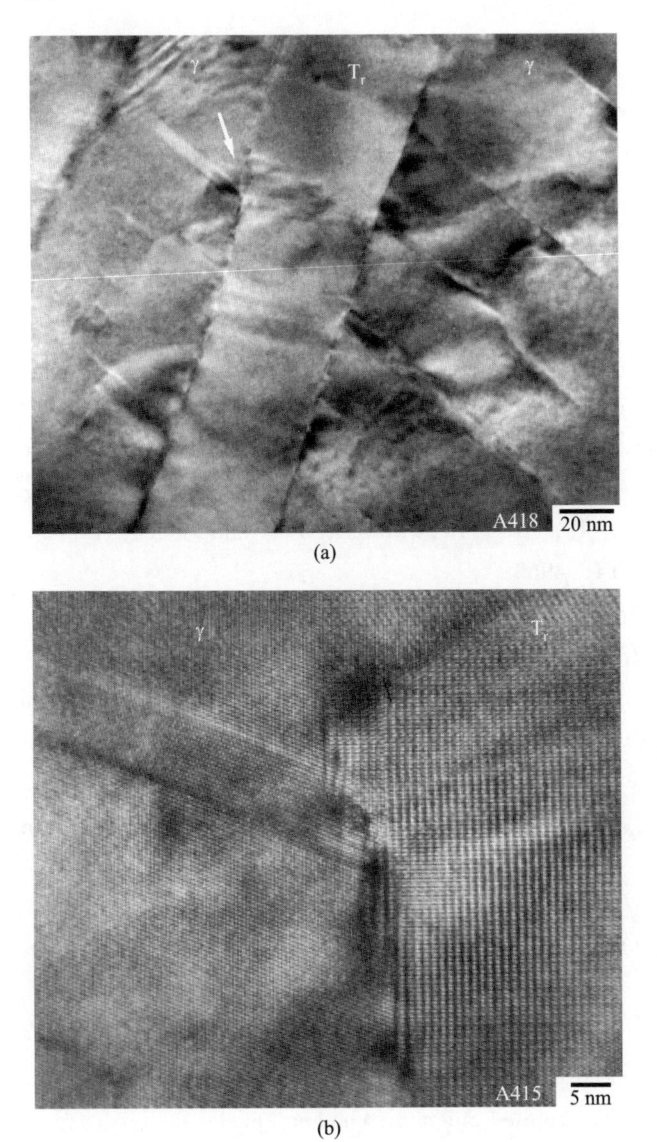

(a)

(b)

图 9.33 γ-Md 蠕变样品中观察到的孪晶结构，蠕变条件为 $T=700$ ℃、$\sigma_a=300$ MPa、$\varepsilon=16.5\%$。(a) 低倍高分辨像，表明形变孪晶为主要变形机制；(b) 图(a)中箭头区域的高倍像展示了一个形变孪晶自残余调制板条 T_r 处发射到相邻 γ 片层中

参考文献

[1] Ishikawa, Y., Maruyama, K., and Oikawa, H. (1993) *Structural Intermetallics* (eds R. Darolia, J. J. Lewandowski, C. T. Liu, P. L. Martin, D. B. Miracle, and M. V. Nathal), TMS, Warrendale, PA, p. 345.

[2] Beddoes, J., Wallace, W., and Zhao, L. (1995) *Int. Mater. Rev.*, **40**, 197.

[3] Hemker, K. J., and Nix, W. D. (1997) *Structural Intermetallics 1997* (eds M. V. Nathal, R. Darolia, C. T. Liu, P. L. Martin, D. B. Miracle, R. Wagner, and M. Yamaguchi), TMS, Warrendale, PA, p. 21.

[4] Herrouin, F., Hu, D., Bowen, P., and Jones, I. P. (1998) *Acta Mater.*, **14**, 4963.

[5] Bartholomeusz, M. F., and Wert, J. A. (1994) *Metall. Mater. Trans. A*, **25A**, 2371.

[6] Shah, D., and Lee, E. (2002) *Intermetallic Compounds. Vol. 3, Principles and Practice* (eds J. H. Westbrook and R. L. Fleischer), John Wiley & Sons, Ltd, Chichester, p. 297.

[7] Powell, G. W. (1986) *Metals Handbook*, vol. 11, 9th edn, Amer. Soc. Metals, Materials Park, p. 263.

[8] Glenny, R. J., Northwood, J. E., and Burwood-Smith, A. (1975) *Int. Metall. Rev.*, **20**, 1.

[9] Perrin, I. (1995) *Gamma Titanium Aluminides* (eds Y. W. Kim, R. Wagner, and M. Yamaguchi), TMS, Warrendale, PA, p. 41.

[10] Ilschner, B. (1981) *Creep and Fatigue in High Temperature Alloys* (ed. J. Bressers), Applied Science, London, p. 1.

[11] Sims, C. T., and Hagel, W. C. (1972) *The Superalloys*, John Wiley & Sons, Inc., New York.

[12] Wood, W. I., and Restall, J. E. Corrosion '87, Inst. Corr. Sci. Tech. /NACE, 1987.

[13] Dimiduk, D. M., and Miracle, D. B. (1989) *High-Temperature Ordered Intermetallic Alloys III*, *Materials Research Society Symposia Proceedings*, vol. 133 (eds C. T. Liu, A. I. Taub, N. S. Stoloff, and C. C. Koch),

MRS, Pittsburgh, PA, p. 349.
[14] Sherby, O. D., Orr, R. L., and Dorn, J. E. (1954) *Trans. AIME*, **200**, 71.
[15] Barrett, C. R., Ardell, A. J., and Sherby, O. D. (1964) *Trans. AIME*, **230**, 200.
[16] Evans, A. G., and Rawlings, R. D. (1969) *Phys. Status Solidi*, **34**, 9.
[17] Biberger, M., and Gibeling, J. C. (1995) *Acta Metall. Mater.*, **43**, 3247.
[18] Martin, P. L., Mendiratta, M. G., and Lipsitt, H. A. (1983) *Metall. Trans. A*, **14A**, 2170.
[19] Kampe, S. L., Bryant, J. D., and Christodoulou, L. (1991) *Metall. Trans. A*, **22A**, 447.
[20] Wheeler, D. A., London, B., and Larson, D. E. Jr. (1992) *Scr. Metall. Mater.*, **26**, 939.
[21] Sadananda, K., and Feng, C. R. (1993) *Mater. Sci. Eng. A*, **170**, 199.
[22] Hayes, R. W., and Martin, P. L. (1995) *Acta Metall. Mater.*, **43**, 2761.
[23] Es-Souni, M., Bartels, A., and Wagner, R. (1995) *Acta Metall. Mater.*, **43**, 153.
[24] Lu, M., and Hemker, K. J. (1997) *Acta Mater.*, **45**, 3573.
[25] Maruyama, K., Yamamoto, R., Nakakuki, H., and Fujitsuna, N. (1997) *Mater. Sci. Eng. A*, **239-240**, 419.
[26] Morris, M. A., and Leboeuf, M. (1997) *Mater. Sci. Eng. A*, **239-240**, 429.
[27] Sujata, M., Sastry, D. H., and Ramachandra, C. (2004) *Intermetallics*, **12**, 691.
[28] Malaplate, J., Caillard, D., and Couret, A. (2004) *Philos. Mag.*, **84**, 3671.
[29] Zhan, C. J., Yu, T. H., and Koo, C. H. (2006) *Mater. Sci. Eng. A*, **435-436**, 698.
[30] Yamaguchi, M., Zhu, H., Suzuki, M., Maruyama, K., and Appel, F. (2008) *Mater. Sci. Eng. A*, **483-484**, 517.
[31] Zhang, W. J., Spigarelli, S., Cerri, E., Evangelista, E., and Francesconi, L. (1996) *Mater. Sci. Eng. A*, **211**, 15.

[32] Parthasarathy, T. A., Mendiratta, M. G., and Dimiduk, D. M. (1997) *Scr. Mater.*, **37**, 315.

[33] Zhang, W. J., and Deevi, S. C. (2003) *Mater. Sci. Eng. A*, **362**, 280.

[34] Takahashi, T., Nagai, H., and Oikawa, H. (1990) *Mater. Sci. Eng. A*, **128**, 195.

[35] Maruyama, K., Takahashi, T., and Oikawa, H. (1992) *Mater. Sci. Eng. A*, **153**, 433.

[36] Ishikawa, Y., and Oikawa, H. (1994) *Mater. Trans. JIM*, **35**, 336.

[37] Gorzel, A., and Sauthoff, G. (1999) *Intermetallics*, **7**, 371.

[38] Lu, M., and Hemker, K. J. (1998) *Metall. Mater. Trans. A*, **29A**, 99.

[39] Lipsitt, H. A., Shechtman, D., and Schafrik, R. E. (1975) *Metall. Trans. A*, **6A**, 1991.

[40] Oikawa, H. (1992) *Mater. Sci. Eng. A*, **153**, 427.

[41] Morris, M. A., and Lipe, T. (1997) *Intermetallics*, **5**, 329.

[42] Morris, M. A., and Leboeuf, T. (1997) *Intermetallics*, **5**, 339.

[43] Wang, J. G., Hsiung, L. M., and Nieh, T. G. (1998) *Scr. Mater.*, **39**, 957.

[44] Viswanathan, G. B., Vasudevan, V. K., and Mills, M. J. (1999) *Acta Mater.*, **47**, 1399.

[45] Rudolf, T., Skrotzki, B., and Eggeler, G. (2001) *Mater. Sci. Eng. A*, **319-321**, 815.

[46] Appel, F., and Wagner, R. (1998) *Mater. Sci. Eng.*, **R22**, 187.

[47] Appel, F. (2001) *Intermetallics*, **9**, 907.

[48] Nix, W. D., and Barnett, C. R. (1965) *Acta Metall.*, **13**, 1247.

[49] Karthikeyan, S., Viswanathan, G. B., and Mills, M. J. (2004) *Acta Mater.*, **52**, 2577.

[50] Shi, D. S., Huang, S. C., Scarr, G. K., Jang, H., and Chestnutt, J. C. (1991) *Microstructure/Property Relationships in Titanium Aluminides and Alloys* (eds Y. W. Kim and R. Boyer), TMS, Warrendale, PA, p. 353.

[51] Huang, S. C. (1992) *Metall Trans. A*, **23A**, 375.

[52] Viswanathan, G. B., and Vasudevan, V. K. (1993) *High-Temperature Ordered Intermetallic Alloys V*, Materials Research Society Symposia Proceedings, vol. 288 (eds I. Baker, R. Darolia, J. D. Whittenberger,

and M. H. Yoo), MRS, Pittsburgh, PA, p. 787.

[53] Worth, B. D., Jones, J. W., and Allison, J. E. (1995) *Gamma Titanium Aluminides* (eds Y. W. Kim, R. Wagner, and M. Yamaguchi), TMS, Warrendale, PA, p. 931.

[54] Schwenker, S. W., and Kim, Y. W. (1995) *Gamma Titanium Aluminides* (eds Y. W. Kim, R. Wagner, and M. Yamaguchi), TMS, Warrendale, PA, p. 985.

[55] Keller, M. M., Jones, P. E., Porter, W. J., and Eylon, D. (1995) *Gamma Titanium Aluminides* (eds Y. W. Kim, R. Wagner, and M. Yamaguchi), TMS, Warrendale, PA, p. 441.

[56] Bartholomeusz, M. F., and Wert, J. A. (1994) *Metall. Mater. Trans. A*, **25A**, 2161.

[57] Beddoes, J., Zhao, L., Triantafillou, J., Au, P., and Wallace, W. (1995) *Gamma Titanium Aluminides* (eds Y. W. Kim, R. Wagner, and M. Yamaguchi), TMS, Warrendale, PA, p. 959.

[58] Crofts, P. D., Bowen, P., and Jones, I. P. (1996) *Scr. Mater.*, **35**, 1391.

[59] Loretto, M. H., Godfrey, A. B., Hu, D., Blenkinson, P. A., Jones, I. P., and Chen, T. T. (1998) *Intermetallics*, **6**, 663.

[60] Yamamoto, R., Mizoguchi, K., Wegmann, G., and Maruyama, K. (1998) *Intermetallics*, **6**, 699.

[61] Chatterjee, A., Mecking, H., Arzt, E., and Clemens, H. (2002) *Mater. Sci. Eng. A*, **329–331**, 840.

[62] Parthasarathy, T. A., Subramanian, P. R., Mendiratta, M. G., and Dimiduk, D. M. (2000) *Acta Mater.*, **48**, 541.

[63] Kim, H. Y., and Maruyama, K. (2001) *Acta Mater.*, **49**, 2635.

[64] Kim, H. Y., and Maruyama, K. (2003) *Acta Mater.*, **51**, 2191.

[65] Johnson, D. R., Masuda, Y., Yamanaka, T., Inui, H., and Yamaguchi, M. (1995) *Gamma Titanium Aluminides* (eds Y. W. Kim, R. Wagner, and M. Yamaguchi), TMS, Warrendale, PA, p. 627.

[66] Johnson, D. R., Masuda, Y., Yamanaka, T., Inui, H., and Yamaguchi, M. (2000) *Metall. Mater. Trans. A*, **31A**, 2463.

[67] Lee, H. N., Johnson, D. R., Inui, H., Oh, M. H., Wee, D. M., and Yamaguchi, M. (2002) *Intermetallics*, **10**, 841.

[68] Muto, S., Yamanaka, T., Johnson, D. R., Inui, H., and Yamaguchi,

M. (2002) *Mater. Sci. Eng. A*, **239–331**, 424.

[69] Thomas, M., and Naka, S. (1999) *Gamma Titanium Aluminides* 1999 (eds Y. W. Kim, D. M. Dimiduk, and M. H. Loretto), TMS, Warrendale, PA, p. 633.

[70] Wang, N. J., Schwartz, A. J., Nieh, T. G., and Clemens, D. (1996) *Mater. Sci. Eng. A*, **206**, 63.

[71] Mitao, S., Tsuiyama, S., and Minakawa, K. (1991) *Microstructure/Property Relationships in Titanium Aluminides and Alloys* (eds Y. W. Kim and R. Boyer), TMS, Pittsburgh, PA, p. 297.

[72] Kim, Y. W. (1992) *Acta Metall. Mater.*, **40**, 1121.

[73] Yamaguchi, M., and Inui, H. (1993) *Structural Intermetallics* (eds R. Darolia, J. J. Lewandowski, C. T. Liu, P. L. Martin, D. B. Miracle, and M. V. Nathal), TMS, Warrendale, PA, p. 127.

[74] Hayes, R. W. (1993) *Scr. Metall. Mater.*, **29**, 1229.

[75] Hsiung, L. M., and Nieh, T. G. (1997) *Structural Intermetallics 1997* (eds M. V. Nathal, R. Darolia, C. T. Liu, P. L. Martin, D. B. Miracle, R. Wagner, and M. Yamaguchi), TMS, Warrendale, PA, p. 129.

[76] Seo, D. Y., Bieler, T. R., and Larsen, D. E. (1997) *Structural Intermetallics 1997* (eds M. V. Nathal, R. Darolia, C. T. Liu, P. L. Martin, D. B. Miracle, R. Wagner, and M. Yamaguchi), TMS, Warrendale, PA, p. 137.

[77] Parthasarathy, T. A., Keller, M., and Mendiratta, M. G. (1998) *Scr. Mater.*, **38**, 1025.

[78] Beddoes, J., Seo, D. Y., Chen, W. R., and Zhao, L. (2001) *Intermetallics*, **9**, 915.

[79] Seo, D. Y., Beddoes, J., Zhao, L., and Botton, G. A. (2002) *Mater. Sci. Eng. A*, **323**, 306.

[80] Zhang, W. J., and Deevi, S. C. (2003) *Intermetallics*, **11**, 177.

[81] Seo, D. Y., Beddoes, J., and Zhao, L. (2003) *Metall. Mater. Trans. A*, **34A**, 2177.

[82] Simkins, R. J., Rourke, M. P., Bieler, T., and McQuay, P. A. (2007) *Mater. Sci. Eng. A*, **463**, 208.

[83] Loiseau, A., and Lasalmonie, A. (1984) *Mater. Sci. Eng.*, **67**, 163.

[84] Seo, D. Y., Bieler, T. R., An, S. U., and Larsen, D. E. (1998)

Metall. Mater. Trans. A, **29A**, 89.

[85] Seo, D. Y., and Bieler, T. R. (1999) *Gamma Titanium Aluminides 1999* (eds Y. W. Kim, D. M. Dimiduk, and M. H. Loretto), TMS, Warrendale, PA, p. 701.

[86] Malaplate, J., Thomas, M., Belaygue, P., Grange, M., and Couret, A. (2006) *Acta Mater.*, **54**, 601.

[87] Nieh, T. G., and Wang, J. N. (1995) *Scr. Metall. Mater.*, **33**, 1101.

[88] Augbourg, V. M., Eylon, D., Keller, M. M., Austin, C. M., and Balson, S. J. (1996) *Titanium '95: Science and Technology* (eds P. A. Blenkinson, W. J. Evans, and H. M. Flower), The Institute of Materials, London, p. 520.

[89] Matthews, J. W. (1979) *Dislocations in Solids*, vol. 2 (ed. R. F. N. Nabarro), North-Holland Publishing Company, Amsterdam, p. 461.

[90] Gouma, P. I., Mills, M. J., and Kim, Y. W. (1998) *Philos. Mag. Lett.*, **78**, 59.

[91] Viswanathan, G. B., Kim, Y. W., and Mills, M. J. (1999) *Gamma Titanium Aluminides 1999* (eds Y. W. Kim, D. M. Dimiduk, and M. H. Loretto), TMS, Warrendale, PA, p. 653.

[92] Karage, M., Kim, Y. W., and Gouma, P. I. (2003) *Metall. Mater. Trans. A*, **34A**, 2119.

[93] Zhu, H., Seo, D. Y., and Maruyama, K. (2009) *Mater. Sci. Eng. A*, **510-511**, 14.

[94] Es-Souni, M., Bartels, A., and Wagner, R. (1993) *Mater. Sci. Eng. A*, **171**, 127.

[95] Appel, F., Christoph, U., and Wagner, R. (1994) *Interface Control of Electrical, Chemical and Mechanical Properties* (eds S. P. Murarka, K. Rose, T. Ohmi, and T. Seidel), Materials Research Society Symposia Proceedings, vol. 318, MRS, Pittsburgh, PA, p. 691.

[96] Hofmann, U., and Blum, W. (1995) *Scr. Metall. Mater.*, **32**, 371.

[97] Wert, J. A., and Bartholomeusz, M. F. (1996) *Metall. Mater. Trans. A*, **27A**, 127.

[98] Chen, T. T. (1999) *Intermetallics*, **7**, 995.

[99] Oehring, M., Appel, F., Ennis, P. J., and Wagner, R. (1999) *Intermetallics*, **7**, 335.

[100] Appel, F. (2001) *Mater. Sci. Eng. A*, **317**, 115.

[101] Appel, F., Christoph, U., and Oehring, M. (2002) *Mater. Sci. Eng. A*, **329-331**, 780.

[102] Furuhara, T., Howe, J. M., and Anderson, H. J. (1991) *Acta Metall. Mater.*, **39**, 2873.

[103] van der Merwe, J., and Shiflet, G. (1994) *Acta Metall. Mater.*, **42**, 1173.

[104] Ernst, F., Finnis, M. W., Hofmann, D., Muschik, T., Schönberger, U., and Wolf, U. (1992) *Phys. Rev. Lett.*, **69**, 620.

[105] Singh, S. R., and Howe, J. M. (1992) *Philos. Mag. Lett.*, **65**, 233.

[106] Abe, E., Kajiwara, S., Kumagai, T., and Nakamura, N. (1997) *Philos. Mag. A*, **75**, 975.

[107] Humphreys, F. J., and Hatherly, M. (1995) *Recrystallization and Related Annealing Phenomena*, Pergamon, Oxford.

[108] Cahn, R. W. (1990) *High Temperature Aluminides and Intermetallics* (eds S. H. Whang, C. T. Liu, D. P. Pope, and J. O. Stiegler), TMS, Warrendale, PA, p. 245.

[109] Cahn, R. W., Takeyama, M., Horton, J. A., and Liu, C. T. (1991) *J. Mater. Res.*, **6**, 57.

[110] Ramanuyan, R. V., Maziasz, P. J., and Liu, C. T. (1996) *Acta Mater.*, **44**, 2611.

[111] Maziasz, P. J., Ramanuyan, R. V., Liu, C. T., and Wright, J. L. (1997) *Intermetallics*, **5**, 83.

[112] Chen, T. T., and Willis, M. R. (1998) *Scr. Mater.*, **39**, 1255.

[113] Boehlert, C. J., Dimiduk, D. M., and Hemker, K. (2002) *Scr. Mater.*, **46**, 259.

[114] Mishin, Y., and Herzig, Chr. (2000) *Acta Mater.*, **48**, 589.

[115] Hu, D., Godfrey, A. B., and Loretto, M. (1998) *Intermetallics*, **6**, 413.

[116] Huang, Z. W., Voice, W., and Bowen, P. (2000) *Intermetallics*, **8**, 417.

[117] Karthikeyan, S., and Mills, M. J. (2005) *Intermetallics*, **13**, 985.

[118] Lapin, J., and Pelachová, T. (2006) *Intermetallics*, **14**, 1175.

[119] Schillinger, W., Clemens, H., Dehm, G., and Bartels, A. (2002) *Intermetallics*, **10**, 459.

[120] Hayes, R. W., and London, B. (1994) *Scr. Metall. Mater.*, **30**, 259.

[121] Kim, Y. W., and Dimiduk, D. M. (1991) *JOM*, **43**, 40.
[122] Noda, T., Okabe, M., Isobe, S., and Sayashi, M. (1995) *Mater. Sci. Eng. A*, **192–193**, 774.
[123] Zu, H., Seo, D. Y., Maruyama, K., and Au, P. (2006) *Metall. Mater. Trans. A*, **37A**, 3149.
[124] Menand, A., Huguet, A., and Nérac-Partaix, A. (1996) *Acta Mater.*, **44**, 4729.
[125] Triantafillou, J., Beddoes, J., Zhao, L., and Wallace, W. (1994) *Scr. Metall. Mater.*, **31**, 1387.
[126] Hayes, R. W., and McQuay, P. A. (1994) *Scr. Metall. Mater.*, **30**, 259.
[127] Du, X. W., Zhu, J., and Kim, Y. W. (2001) *Intermetallics*, **9**, 137.
[128] Dlouhy, A., Kucharova, K., and Orlova, A. (2009) *Mater. Sci. Eng. A*, **510–511**, 350.
[129] Monkman, F. C., and Grant, N. J. (1956) *Proc. ASTM*, **56**, 593.
[130] Huang, J. S., and Kim, Y. W. (1991) *Scr. Metall. Mater.*, **25**, 191.
[131] Martin, P. L., and Lipsitt, H. A. (1990) *Proc. 4th Int. Conf. on Creep and Fracture of Engineering Materials and Structures* (eds B. Wilshire and R. W. Evans), The Institute of Metals, London, p. 255.
[132] Appel, F., Oehring, M., and Wagner, R. (2000) *Intermetallics*, **8**, 1283.
[133] Zhang, W. J., Chen, G. L., Appel, F., Nieh, T. G., and Deevi, S. C. (2001) *Mater. Sci. Eng. A*, **315**, 250.
[134] Appel, F., Paul, J. D. H., Oehring, M., Fröbel, U., and Lorenz, U. (2003) *Metall. Mater. Trans. A*, **34A**, 2149.
[135] Blackburn, M. J., and Smith, M. P. (1982) R & D on composition and processing of titanium aluminide alloys for turbine engines. AFWAL-TR-4086.
[136] Worth, B. D., Jones, J. W., and Allison, J. E. (1995) *Metall. Mater. Trans. A*, **26A**, 2961.
[137] Yun, J. H., Cho, H. S., Nam, S. W., Wee, D. M., and Oh, M. H. (2000) *J. Mater. Sci.*, **35**, 4533.
[138] Tsuyama, S., Mitao, S., and Minakawa, K. (1992) *Mater. Sci. Eng. A*, **153**, 451.

[139] Fuchs, G. E. (1995) *Mater. Sci. Eng. A*, **192-193**, 707.

[140] Wang, J. N., and Nieh, T. G. (1997) *Scr. Mater.*, **37**, 1545.

[141] Appel, F., Oehring, M., and Ennis, P. (1999) *Gamma Titanium Aluminides 1999* (eds Y. W. Kim, D. M. Dimiduk, and M. H. Loretto), TMS, Warrendale, PA, p. 603.

[142] Wang, J. G., and Nieh, T. G. (2000) *Intermetallics*, **8**, 737.

[143] Nishikiori, S., Takahashi, S., Satou, S., Tanaka, T., and Matsuo, T. (2002) *Mater. Sci. Eng. A*, **329-331**, 802.

[144] Appel, F., Paul, J. D. H., and Oehring, M. (2009) *Mater. Sci. Eng. A*, **510-511**, 342.

第 10 章 断裂行为

低温至中温下较差的塑性和损伤容限性是 TiAl 合金最主要的缺点，也是制约其广泛工业应用的瓶颈问题。基于这些问题在工程上的重要性，人们对 TiAl 合金中决定裂纹扩展和断裂抗力的因素进行了大量研究，本章将对这些工作进行综述。本章首先对最重要的断裂现象进行阐述以解释其物理背景。而后给出目前可得的韧性数据，最后对其工程意义进行简要讨论。

10.1 TiAl 合金断裂的长度尺度

与许多其他材料一样，TiAl 合金部件的断裂由若干过程控制，它们在长度尺度上的范围是很宽的。图 10.1 对脆韧转变(BDT)温度以下决定片层 α_2-Ti_3Al+γ-TiAl 合金裂纹响应的机制进行了简化说明。相关的长度尺度范围自宏观样品尺度直至原子尺度，跨越了与断裂样品几何形状、片层团、单个片层、位错以及孪晶相关的各种不同的显微组织长度量级。外部载荷加载于距裂纹尖端有一段宏观距离的位置[图 10.1(a)]，其所产生的应力在裂纹尖端区域被显著放大了。断裂力学可建立一个框架，将宏观几何形状和载荷致宏观断裂过程联系起来[1-4]。裂纹尖端附近的应力分布取决于材料的力学性能，通常用线弹性来描述。在这些模型中，裂纹在应力场中被表征为一个应力奇点，以随距裂纹距离 r 的平方根的倒数的形式衰减。奇点的强度可通过应力强度因子 K 描述：

$$K = \sigma_a \sqrt{\pi a_c} \tag{10.1}$$

式中，σ_a为作用于垂直于裂纹的平面上的加载应力；$2a_c$ 为裂纹的长度；K 与应力释放速率 G 有关，后者定义为当裂纹自 a_c 扩展至 $a_c+\delta a_c$ 时所做的功[5]。因此，G 描述了裂纹前进每单位面积时系统中储存的全部弹性能，包括储存于加载系统中的部分。对于平面应变条件，能量释放速率为

$$G = \frac{K^2(1 - \nu^2)}{E} \tag{10.2}$$

式中，E 为杨氏模量；ν 为泊松比。根据这一模型，裂纹的机械稳定性即所谓的 Griffith 准则[6]，可归纳为裂纹驱动力、能量释放速率 G 以及裂纹导致的两个新鲜表面的表面能 γ_s 之间的平衡。临界值 K_c 和 G_c 对应了裂纹转为快速(或不稳定)扩展方式时的情形。对于平面应变下无限大且含有长度为 $2a_c$ 的中心穿透裂纹的体系，当 σ_a或 a_c 的值高于式(10.3)给定关系中的值时，裂纹将开始扩展：

$$\sigma_a = \sqrt{\frac{2E\gamma_s}{\pi a_c(1 - \nu^2)}} \tag{10.3}$$

需要指出的是，在这一模型框架下裂纹扩展的抗力仅来自它所产生的表面能。

在下一个更小的尺度下[图 10.1(b)]，显微组织的影响变得重要起来。可能影响裂纹行为的因素包括相分布以及相组成的形貌，还有裂纹与相、晶界、片层间距以及相组成的弹性和塑性各向异性交互作用。这些交互作用产生了应力和应变的起伏，其波长与晶粒或片层团尺寸相近，这基本上反映了显微组织对断裂抗力的影响。绝大多数对 TiAl 合金断裂的表征都是在这一介观尺度下进行的。

在下一个极小的尺度下[图 10.1(c)]，位错滑移和形变孪晶的影响就不容忽视了。随着裂纹的扩展，位错要进行迁移和增殖。为这些过程提供所需要的能量导致了明显的能量耗散，相关的能量释放速率可能比产生新裂纹表面所需的释放速率要高得多。位错和孪晶可能对裂纹扩展产生矛盾的作用，这取决于它们的可动性以及滑移和孪生系统相对于裂纹平面的取向。另一方面，局部的位错和孪晶所产生的塑性可能阻碍和钝化裂纹尖端，从而降低了裂纹驱动力。事实上，当存在大尺度上的塑性时，多晶金属材料很少以解理的形式断裂。反过来，由位错塞积或孪晶受阻导致的局部应力水平也可能会超过材料的结合强

度，从而导致裂纹形核。

在原子尺度下[图 10.1(d)]，裂纹通过拉扯并打破各个原子之间的键合而扩展。这一过程可表现出明显的晶体学各向异性，这取决于原子键合的强度和方向。如今，原子尺度下裂纹扩展的基础理论，或者通过经验势能，或者通过量子力学从头计算等方式，已经应用于原子模拟中。只是在最近才有了高分辨电镜的直接观察报道。

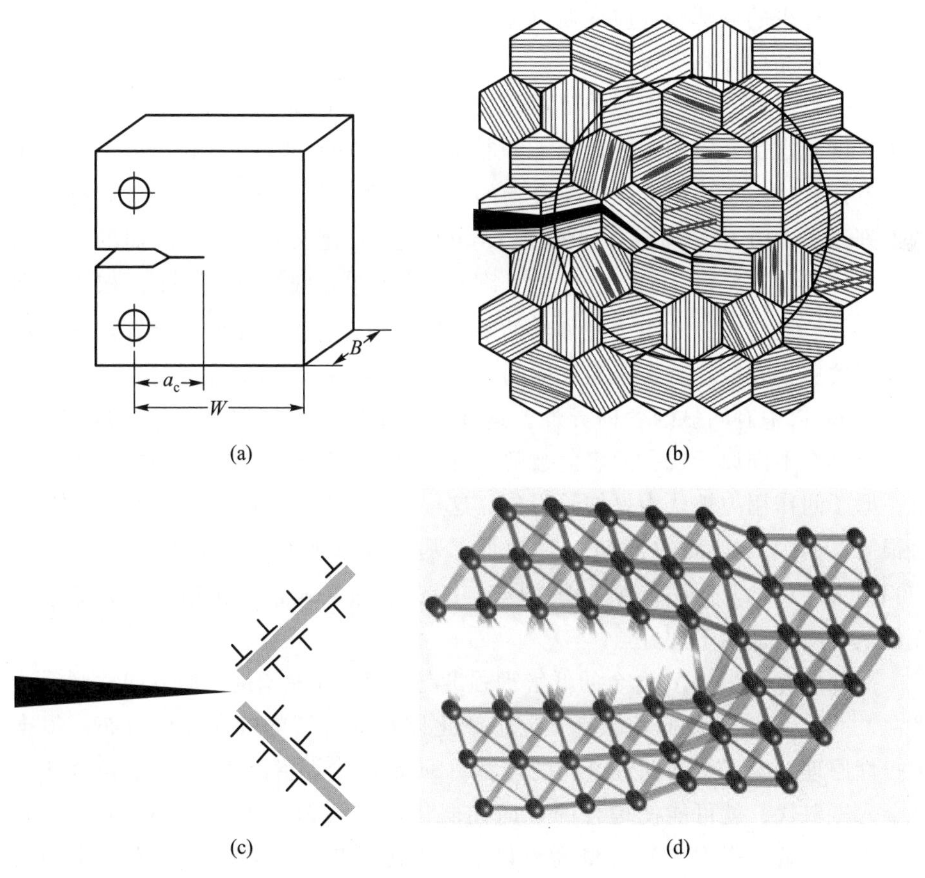

图 10.1 片层$(\alpha_2+\gamma)$合金决定裂纹扩展过程机制的示意图：(a) 宏观部件中的裂纹；(b) 包含足够数量晶粒的连续塑性区；(c) 由位错滑移和形变孪晶导致的晶体塑性区域；(d) 原子尺度下的实际分离过程

作为本节的结束，需要指出的是，TiAl 合金中的裂纹扩展和失效是由若干过程决定的，其发生的尺度自部件宏观尺度跨越至原子量级。所有这些过程的共同作用决定了裂纹是否扩展，以及在扩展路径上能量耗散的大小。

10.2　解理断裂

TiAl 的低温变形一般表现出如下特征：

(1) 外加应力小于总体屈服强度时的不稳定或突发断裂；

(2) 失效前不出现或有极少的宏观塑性应变；

(3) 极少的局部塑性应变断口证据；

(4) 穿晶或穿片层失效。

这些特征通常归因于脆性解理断裂[7]。在理想的脆性扩展状态下，裂纹在原子尺度上也是锋锐的，因此原子势非常重要。You 和 Fu[8,9] 利用第一性原理总能量计算确定了不同金属间化合物的理想解理强度。与 TiAl 和 Ti_3Al 有关的数据列于表 10.1 中。理想解理强度(Griffith 能) G_c 定义为两个解理面的总表面能，即 $G_c = 2\gamma_s$。表 10.1 也包含了理论上的应力强度因子 K_{Ic}，如 Shi 和 Liebowitz[10] 所指出，其由 I 型裂纹的解理能量以及弹性柔度常数计算而来。在 I 型裂纹中，裂纹在垂直于裂纹面的方向上对称受载，形成张开型裂纹。

在 G_c 值中有明显的各向异性，这在部分上归因于解理面的原子成分[11]。当两个具有不同原子成分的表面被解理分开时，相比于产生两个相同的表面而言，原子间作用力被认为更加长程化。这一效应表现为$(001)_\gamma$ 和$(110)_\gamma$ 的 G_c 值很高，而$(111)_\gamma$ 面的值却相对较低。基于计算所得的解理能，可以认为$(111)_\gamma$ 和$(100)_\gamma$ 为 γ-TiAl 的解理面。Panova 和 Farkas[12] 采用嵌入式原子计算也从本质上证明了这一点。

部分研究者将 TiAl 合金的低解理强度与 Ti 和 Al 原子键合的方向性联系起来[8,9,13-16]。键合的方向性源自 d 电子杂化以及 p 电子的各向异性分布。根据第一性原理对电子结构和键合能的计算，Song 等[15,17] 指出若 Al 原子被合适的合金元素取代，就可能使键合的方向性弱化。加入 3d 过渡元素 V、Cr 和 Mn 倾向于增强解理强度。Al 含量高于化学计量比或在合金中添加 Si 看起来则是有害的。遗憾的是，目前还没有明确的证据可以证明这一理论，这很可能是因为合金的显微组织也随着合金成分的变化而改变。

表 10.1　TiAl 和 Ti_3Al 的解理强度。G_c 为力学解理能，K_{Ic} 为 I 型裂纹的理论应力强度因子

合金	解理面(*hkl*)	$G_c/(J \cdot m^{-2})$	解理方向[*uvw*]	$K_{Ic}/(MPa \cdot m^{1/2})$
TiAl	(100)	4.6	[001]	0.94
			[011]	0.89

续表

合金	解理面(*hkl*)	$G_c/(J\cdot m^{-2})$	解理方向[*uvw*]	$K_{Ic}/(MPa\cdot m^{1/2})$
	(001)	5.6	[010]	1.04
			[110]	1.04
	(110)	5.3	[001]	1.03
			$[1\bar{1}0]$	0.86
	(111)	4.5	$[1\bar{1}0]$	0.90
			$[11\bar{2}]$	0.94
Ti_3Al	(0001)	4.8	⟨*uv*.0⟩	0.93
$TiAl/Ti_3Al$ 界面	(111)∥(0001)	4.65		0.94

注：数据来自 Yoo 和 Fu[8,9]。

在透射电镜中对裂纹尖端的观察获得了 TiAl 合金解理状断裂的实验证据[18-21]。实验中的裂纹来自薄片 TEM 样品中的穿孔，因此在实验中未能定义开裂样品的几何形状。另一方面，这一方法可能提供了其他技术无法提供的信息。图 10.2 展示了在 α_2-Ti_3Al+γ-TiAl 薄片样品中裂纹扩展的高分辨像。裂纹在原子尺度上沿$\{111\}_\gamma$面行进，并在 γ_1/γ_2 界面处由于晶体的取向性而转向；最终，裂纹终止于下一个 α_2 片层处。这一观察证明 γ-TiAl 易在$\{111\}_\gamma$面上解理断裂。这种解理断裂裂纹扩展的阻力是非常小的。由于$\{111\}_\gamma$解理面也是位错滑移面和孪晶惯习面，受阻的滑移或孪晶可轻易使裂纹形核。一旦形核后，解理裂纹可迅速长大至临界长度。

在 α_2-Ti_3Al 中也很可能发生类似的现象，这可由$(0001)_{\alpha_2}$面的低解理能量(表 10.1)证明。Umakoshi 等[22]对 Ti_3Al 单晶进行的断裂韧性实验确实表明了材料容易在$(0001)_{\alpha_2}$基面和$\{10\bar{1}2\}_{\alpha_2}$锥面上发生解理断裂。作者指出在柱面上从不发生脆性断裂，这也是合理的，因为当被激发的是纯柱面滑移时，Ti_3Al 单晶的塑性是非常好的(见 5.2.2 节)。Yakovenkova 等[23]对 Ti_3Al 单晶的研究表明，当取向适合基面滑移时，材料可在$(0001)_{\alpha_2}$基面、$\{10\bar{1}1\}_{\alpha_2}$、$\{10\bar{1}2\}_{\alpha_2}$以及$\{10\bar{1}3\}_{\alpha_2}$锥面上发生解理。基面上出现的裂纹会结合起来，因而$(0001)_{\alpha_2}$的总断裂面呈小平面状。

总结：由于在低指数晶体学平面上可发生解理断裂，单相 γ-TiAl 合金和单相 α_2-Ti_3Al 合金的缺陷容限性很可能都较低。除非有其他的强化机制，否则一经形核，解理裂纹可能会极其迅速地扩展至临界长度。

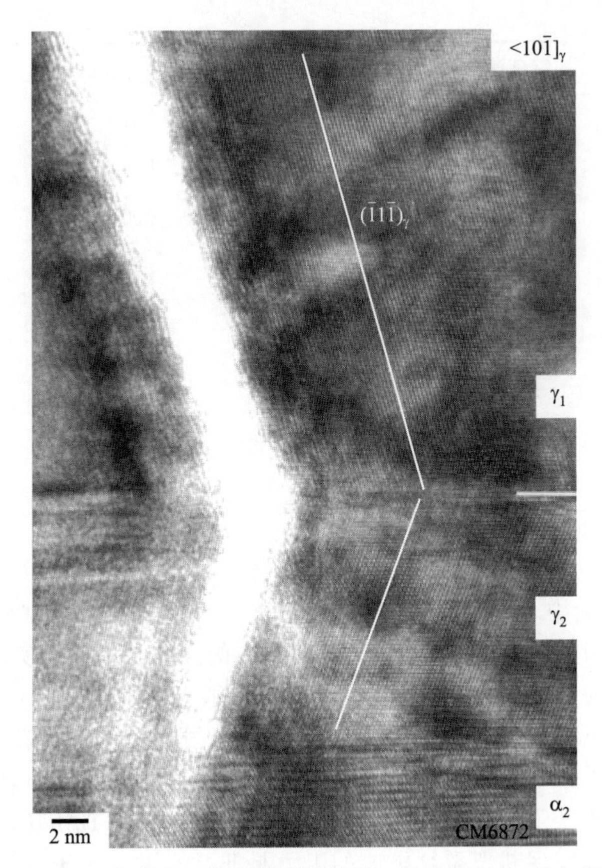

图 10.2　α_2-Ti_3Al+γ-TiAl 合金中 γ 相内的裂纹扩展。注意$\{111\}_\gamma$面上的解理状断裂，裂纹在 γ_1/γ_2 界面处转向，并在 α_2 片层处终止

10.3　裂纹尖端的塑性

10.3.1　塑性区

在裂纹扩展过程中，裂纹尖端区域可能产生塑性变形，因为位错和孪晶是自裂纹尖端形核并发射出来的。从广义上说，脆性解理或者塑性行为可根据脆性解理的能量释放速率与自裂纹尖端发射位错的能量释放速率相比高还是低来预测。若在能量上更有利于位错发射，那么在达到 Griffith 应力之前就会自发出现位错发射的现象，从而使裂纹钝化。钝化的裂纹停滞在其原始位置，直至由其他机制所导致的外加应力上升到足以进一步促使裂纹尖端损伤机制，从而

最终导致断裂。

Irwin[24]指出，在某些情况下，裂纹的不稳定扩展仍由能量释放速率 G_c 的临界值确定，前提是塑性屈服的程度相比于实验材料的尺度是较小的。在这种情况下，G_c 一部分由两个新表面的产生决定，一部分由塑性变形的产生决定。

关于 TiAl 合金裂纹尖端塑性的信息非常少，因为大多数研究均在扫描电镜(SEM)下进行，这不足以在合适的尺度上对结构细节进行成像。也有一些 TEM 下的研究，但这些研究却有薄片样品所带来的局限性。然而，在位错、孪晶以及界面对裂纹尖端塑性的影响方面，这些研究还是有教益的，因此可作为 SEM 观察的补充。

图 10.3 展示了在透射电镜下观察到的一种双态($\alpha_2+\gamma$)合金中的裂纹。看起来，裂纹受阻于 γ/γ_T 基体/退火孪晶界面处。根据对裂纹应力场的解，可以计算应力强度因子和屈服强度对裂纹尖端塑性区大小的影响。在裂纹导致的剪应力超过屈服应力的局部区域可能会发生塑性流变。基于这一考虑，Yoo 等[9]从弹性各向异性的角度描述了 3 种断裂模式的(111)$[1\bar{1}0]$裂纹和$(11\bar{2})[1\bar{1}0]$裂纹的塑性区域。图 10.3 中展示的裂纹在楔形坡度的薄片样品中任意扩展，因此加载条件是未知的。考虑到这些不确定性，为简化分析，在平面应力、弹性各向同性固体的条件下确定 I 型裂纹的应力为 $\sigma_{yy}=f(r,\ \psi)$[25]。在这一模型的框架下，作用于前缘平行于 z 轴的裂纹的 xy 平面上某点$(r,\ \psi)$处的应力 σ_{yy} 可表示为

$$\sigma_{yy}=\sigma_a\sqrt{\frac{a_c}{2r}}\left[\frac{5}{4}\cos(\psi/2)-\frac{1}{4}\cos(5\psi/2)\right] \tag{10.4}$$

式中，σ_a为施加的拉伸应力。裂纹尖端周边发生塑性变形区域的尺寸可通过令 σ_{yy}与屈服应力 σ_0相等而求得。通过这种方式，当 $a_c=20\ \mu m$(与实验观察一致)，$\sigma_a=\sigma_0/2=215$ MPa 时，所确定的塑性区域被投影在图 10.3 中的$\{1\bar{1}0\}$薄片平面上。实际上，裂纹前部的塑性区具有三维特征，并扩展至断裂面之上和之下的部分。计算得到的塑性区域的形状与实验观察并不一致。图 10.3 中看到的变形特征表明了很强的形变孪晶形式的局部剪切，这是 γ 相塑性各向异性的表现。换言之，对一个给定的裂纹取向和应力条件，由于缺乏可激发的滑移系(见 6.2.3 节)，更加均匀的塑性变形区域的形成就受到了阻碍。Panova 和 Farkas[12]的原子模拟研究表明，γ-TiAl 中裂纹尖端塑性的多少可能强烈依赖于裂纹前部的晶体学取向。对于在(111)面上扩展的裂纹来说，当裂纹前部平行于$\langle 1\bar{1}0]$时，在斜交的$(11\bar{1})$面上将发射大量的肖克莱不全位错。对于同一个裂纹，当裂纹前部平行于$[11\bar{2}]$时，就无法明显观察到位错生成。综合起来，对 γ-TiAl 中解理断裂的现象可做出相对简单的解释：滑移的阻力以及易

滑移系统的缺乏限制了裂纹尖端的塑性，使裂纹尖端产生了较大的拉伸应力，这样的后果即产生了解理断裂。在这一方面，有趣的是，可以想到在具有大量等效滑移系的 fcc 金属中就从未观察到解理断裂。

总结：原子尺度上尖锐的裂纹能否以脆性的形式扩展，由解理分离和因位错滑移导致的裂纹尖端屏蔽并钝化之间的竞争决定。在 γ-TiAl 中，裂纹尖端塑性的产生很大程度上取决于裂纹相对于 $L1_0$ 结构中有限的易滑移系统以及孪晶系统的取向。

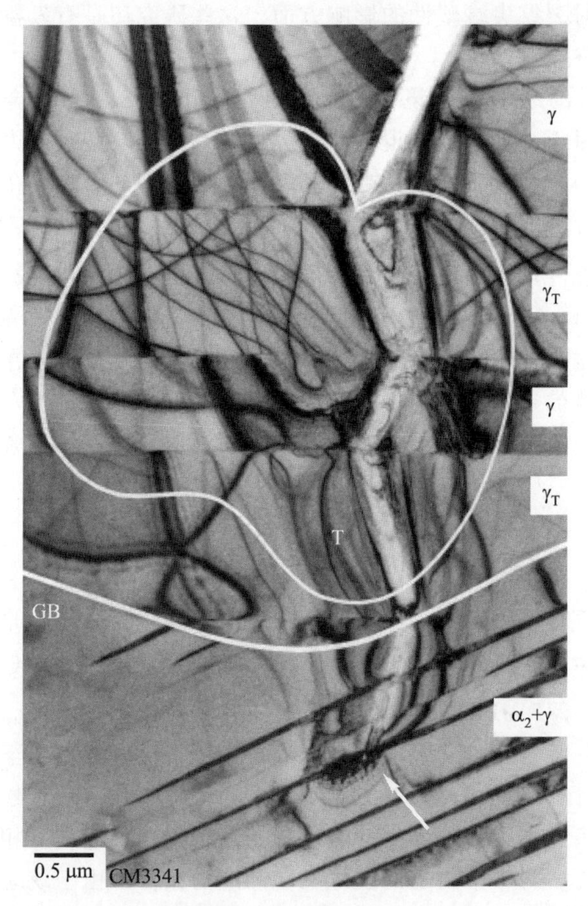

图 10.3　双态(α_2+γ)合金中的一条裂纹。图片展示了一个与(α_2+γ)片层团相邻的包含若干粗大退火孪晶的 γ 晶粒。片层团边界以 GB 标出。在 γ 晶粒中，裂纹在{111}面上扩展并受阻于其中一片退火孪晶形成的 γ/γ_T 界面处。在裂纹尖端前部，形成了一个以形变孪晶(T)为主的塑性区，形变孪晶跨越了退火孪晶。主孪晶 T 最终受阻于片层团处(箭头位置)。为比较，图中画出了根据 I 型裂纹尖端确定的塑性区域的形状。Ti-48Al-2Cr 合金，双态组织

10.3.2 裂纹与界面的交互作用

在片层($\alpha_2+\gamma$)合金中，裂纹尖端的塑性在很大程度上受到多种裂纹与界面交互作用的影响。图 10.4 展示了裂纹跨越这些界面扩展的典型特征[18]。在预先存在的孪晶中的迹线分析表明裂纹是沿{111}面行进的。在单个片层中，裂纹表面是平滑的，且没有明显的特征，这表明其为解理状断裂。在片层界面处，根据局部晶体取向的不同，裂纹的偏转不断重复。因此，形成了更加曲折的之字形裂纹扩展路径。最终，裂纹受阻于一个连接两个 120°取向变体的 γ_1/γ_2 半共格界面处(箭头 1)。在裂纹尖端前部可观察到一个明显的变形现象(图 10.4 中箭头 2)。两个形变孪晶形成并受阻于下一处伪孪晶界面 γ_2/γ_3(箭头

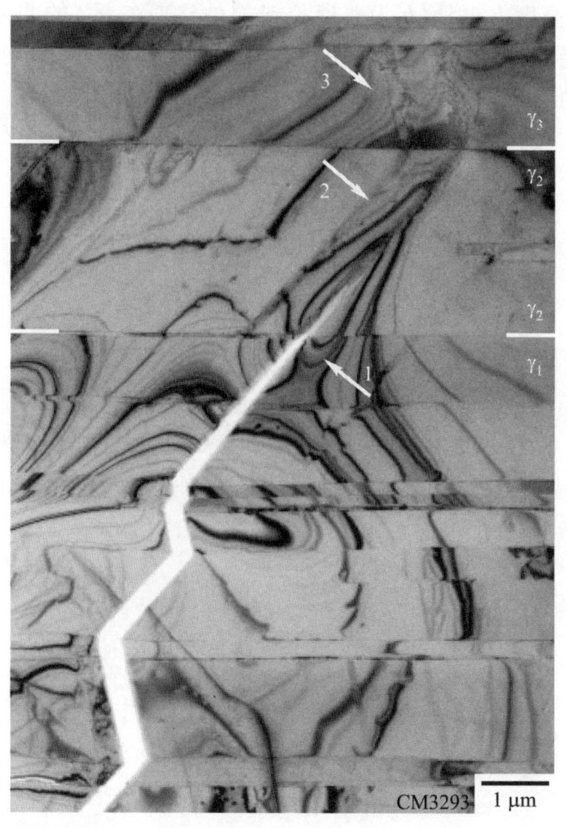

图 10.4 Ti-48Al-2Cr 合金中，裂纹跨越片层界面扩展。裂纹在 γ_1/γ_2 界面处受阻(箭头 1)。在裂纹尖端前方形成了两片孪晶，孪晶受阻于下一个 γ_2/γ_3 变体的半共格伪孪晶界面(箭头 2)。在孪晶前方的应力集中产生了两组普通位错滑移带(箭头 3)。图 10.5 和图 10.6 展示了图中标注细节的高倍图像

3)。两组位错滑移带释放了孪晶前方的应力集中。图 10.5 展示了更多的细节，位错的伯格斯矢量为 $\boldsymbol{b}=1/2\langle 110]$，其很可能是在到达孪晶的作用下由界面位错网络释放的，见 6.3.2 节的讨论。位错的滑移路径受到了 γ_3 片层宽度的限制。从中可见位错被钉扎，推测为割阶钉扎机制。从位错的弯曲程度判断，可估计平均剪切应力为 $\sigma=250$ MPa。作为比较，材料的(正)屈服应力为 $\sigma_0=430$ MPa，即由此可得剪应力 $\tau_0=\sigma_0/M_T=140$ MPa，其中 M_T 为泰勒因子。从图 10.6 中可以看出，由于形成了交滑移和割阶，普通位错后方拖曳了位错偶极子。看起来，作用于位错上的高剪切应力通过多重交滑移激发了位错的多重增殖。这一多重增殖机制既取决于割阶高度 h，又取决于作用于位错上的剪切应力[见 6.3.1 节式(6.16)]。根据位错弯曲程度所估计的剪切应力值 $\sigma=250$ MPa，表明高度 $h>15\boldsymbol{b}$($\boldsymbol{b}$ 为普通位错的伯格斯矢量)的非常狭窄的位错偶极子可成为位错源。一些偶极子(图 10.6 中箭头处)正处于其增殖的初始阶段，其已互相绕过的刃型位错段证明了这一点。

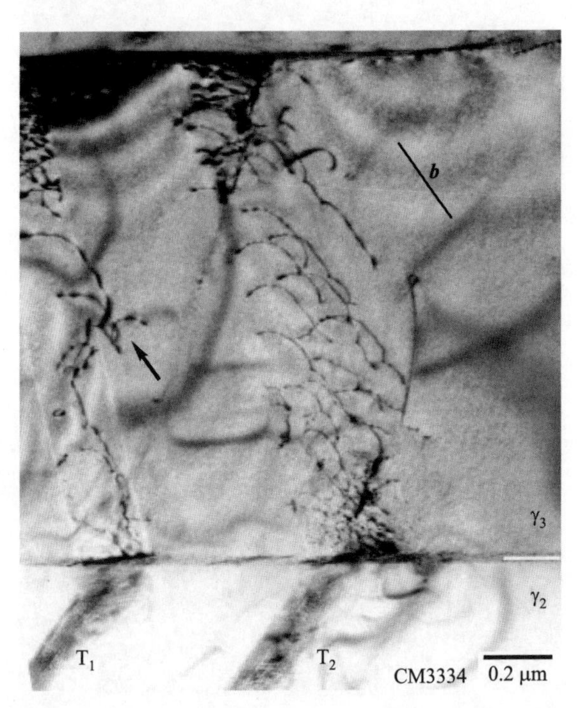

图 10.5　图 10.4 中的箭头 2，两片形变孪晶 T_1 和 T_2 自裂纹尖端处发射并受阻于 γ_2/γ_3 伪孪晶界面。在 γ_3 片层中产生了两组普通位错滑移带，它们很可能承载了受阻孪晶导致的应力集中。注意强烈的位错弯曲现象

总结：跨越片层边界的裂纹扩展在很大程度上受到了局部晶体学取向的影

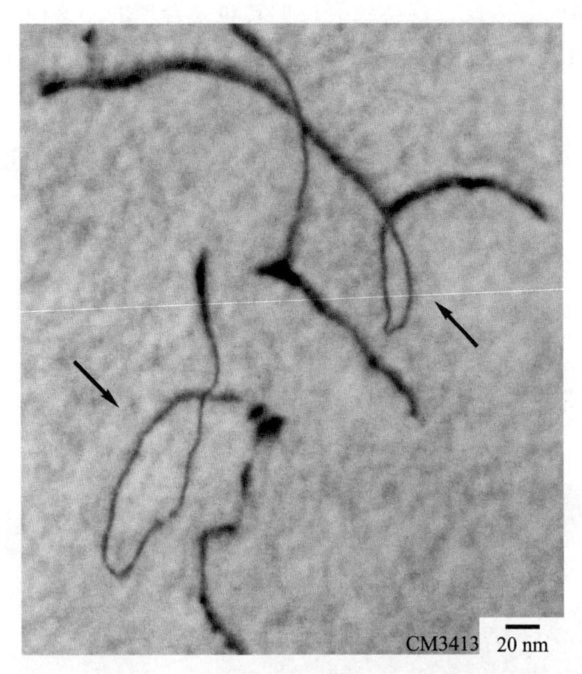

图 10.6 图 10.5 中箭头处细节的放大像，展示了位错增殖的初始阶段。位错偶极子拖曳于螺位错上割阶的后方。由于裂纹尖端的前方受到高应力作用，偶极子两侧互相滑过并在裂纹扩展过程中充当单极位错源

响。在单个 γ 片层中，裂纹沿{111}晶面扩展并与界面斜交。界面处的裂纹偏转使裂纹扩展路径蜿蜒曲折。由于界面相关的位错和孪晶发射，裂纹尖端被屏蔽并钝化。

10.3.3 裂纹与位错的交互作用

每个位错都是一个应力源，并可引入额外的应力强度因子。因此，任何位错排列都可强烈地调制裂纹尖端的应力场。图 10.7 中的图像可能就说明了这一点[18]。图 10.7(a)展示了裂纹在双态合金 γ 相中的解理状扩展，并受阻于一个片层团边界处。图 10.7(b)和图 10.7(c)为放大倍数逐渐升高的近裂纹尖端区域的高分辨像。在这一区域，裂纹仍然被一种推测为氧化层的物质搭接，其结构看起来是颗粒状的。尽管裂纹大致上沿平行于(111)晶面的方向扩展，其在原子尺度上仍发生了偏转。如图 10.7(c)所示，裂纹在呈现出一个偶极子组态的两个位错之间偏转。位错的间距为 25$\boldsymbol{b}$。由于薄片样品的局限性，尚难以估计作用在垂直于裂纹平面方向上的相关剪切应力。根据直线型位错理论[26]，若将其视为块体样品，基于观察到的位错组态可认为其剪切应力是非常高的，

为 500~1 000 MPa。因此，观察到裂纹偏转也是合理的。这种机制使裂纹的扩展更加曲折，可以认为它使韧性得到了增强。更多关于这一点的讨论见 10.4.4 节。

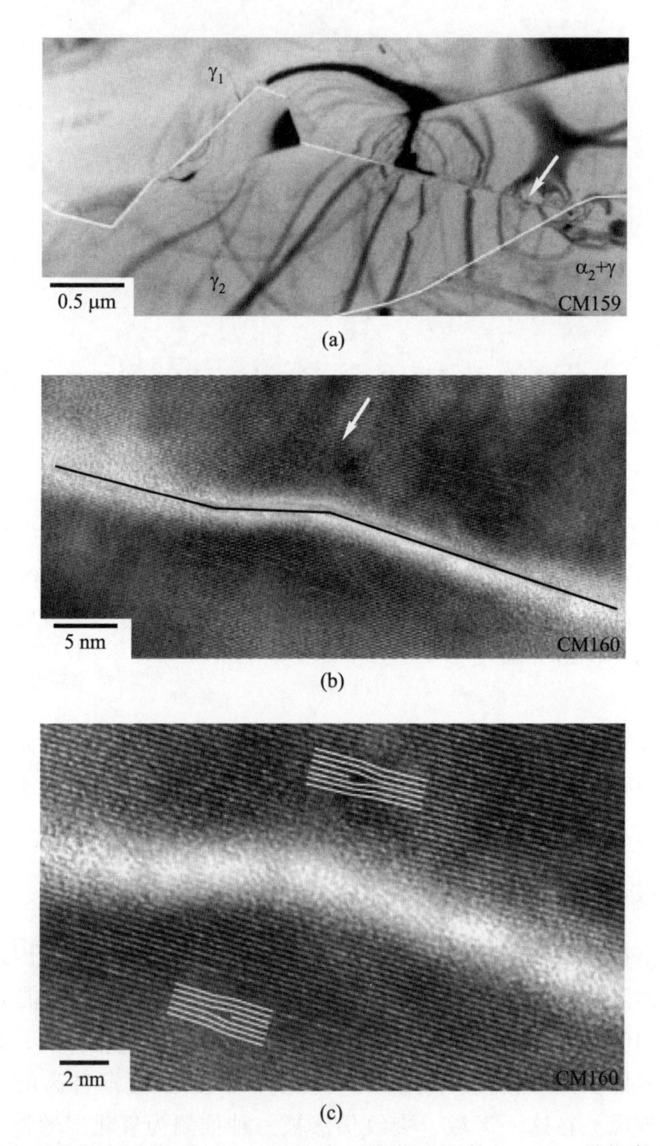

(a)

(b)

(c)

图 10.7 位错与裂纹的交互作用。Ti-45Al-3Mn 双态组织合金：(a) 低倍高分辨像，展示了主要位于$\{111\}_\gamma$晶面上的解理状断裂，以及裂纹受阻于一个片层团边界处；(b) 图(a)中箭头区域的放大图，展示了裂纹在近尖端处自{111}解理面偏转；(c) 图(b)中箭头区域的放大图，可发现两个成偶极子状组态的位错，它们很可能导致了裂纹的偏转，虽然不能明确肯定，但也可能存在第 3 条位错。片层 Ti-45Al-3Mn 合金，未变形

除去上述这种裂纹尖端和位错应力场的交互作用，当裂纹与螺位错交互作用时还可能产生额外的能量耗散。在每个螺位错处，断裂表面可得到一个台阶，其高度等同于位错的伯格斯矢量。形成这种台阶需要很高的表面能，这可能使裂纹生长稳定化。解理面上形成的台阶滑移即为所谓的河流状花样[27]。然而，位错塞积同样可导致应力集中，从而使剪切以一种局部不稳定的方式来传递。例如，刃位错塞积可产生应力集中，从而使纯Ⅱ型裂纹扩展，而螺位错将产生纯Ⅲ型裂纹[28]。

总结：扩展中的裂纹与预先存在的位错有多种交互作用，这可以在微观尺度上使 TiAl 合金韧化。其中的机制包括裂纹的偏转以及表面台阶的产生。这些机制的潜在作用尚待确定。

10.3.4　孪晶的作用

脆性断裂与解理剥离和裂纹尖端的屏蔽和钝化之间的竞争密切相关。稳定的裂纹生长需要的是塑性区与解理裂纹的同步前进，这在位错可动性较低的时候是比较困难的。如 6.4 节中指出，γ-TiAl 中的位错可动性受高 Peierls 应力、割阶拖曳以及局部障碍控制。这就导致产生了一个与应变速率相关的拖曳力，必然阻碍了裂纹尖端的协调应变。另外，位错通过多重交滑移的增殖(这已在裂纹尖端区域观察到了)需要一定的滑移过程或时间来进行。因此位错聚集的塑性区域可被快速推进的裂纹轻易穿过。在这一点上，激发形变孪晶可能就比较重要了，因为孪晶的生长速率一般接近于弹性剪切波的速度。从而在存在一个合适的孪晶系统的前提下，裂纹前方增强的应力集中以及位错滑移可产生的有限塑性松弛可能激发孪晶。图 10.8 展示了一个裂纹与形变孪晶交互作用的情形[20,29]。一条来自薄片样品穿孔区域的裂纹受到了包含大量Ⅱ型剪切分量的多重加载。Ⅱ型剪切的模式为平面内剪切或滑移。在上面的情形中，裂纹的总体形状表明，裂纹在片层界面处发生了偏转。裂纹在位置 1 处受阻于 γ 晶粒内部。图 10.9 和 10.10 展示了在裂纹最尖端区域(图 10.8 中位置 2)的原子结构。为响应裂纹应力场，在裂纹尖端的前方形成了一个孪晶(图 10.9)。随着与裂纹尖端距离的增加，孪晶的宽度逐渐变窄，这应该与裂纹应力场的衰减有关。这表明孪晶的形核是随着裂纹的前进而产生的。孪晶似乎先于裂纹扩展，如裂纹行迹附近的孪晶结构所示(图 10.10)。裂纹的行迹呈小平面状，这可能表明在裂纹扩展过程中出现了另一种能量吸收机制。这些机制所需的能量耗散是难以评估的，因为在多数实验条件下，其他控制裂纹行进的因素，如显微组织、位错塑性、界面剥离以及裂纹偏转等显然是叠加在一起的。γ-TiAl 中解理断裂模式的微观力学模拟[30]表明 $1/6\langle 11\bar{2}]$(111) 孪晶可阻碍 $[1\bar{1}0]$(111) Ⅱ型裂纹。然而，当叠加了Ⅰ型裂纹分量时，裂纹的扩展将变得不稳定。总体上，混合型模式的裂纹加载倾向于将裂纹尖端塑性集中在(111)惯习面上。Yoo 等[9]认为，这一应变局域化可能协助了跨越任何类型 γ/γ 界面的沿{111}晶面穿片层断裂(图 10.4)。

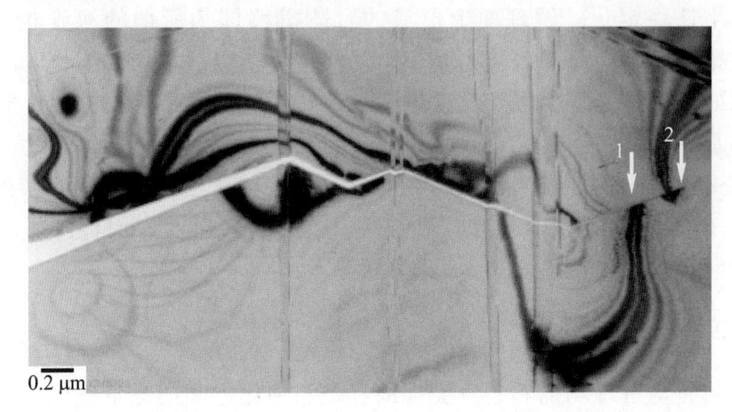

图 10.8　双态 Ti-46.5Al-4(Cr, Nb, Ta, B)合金断裂与形变孪晶的关系。裂纹沿$\{111\}_\gamma$晶面扩展并在片层界面处偏转。裂纹受阻于位置 1 处。裂纹前方的细节分别展示于图 10.9 和图 10.10 中

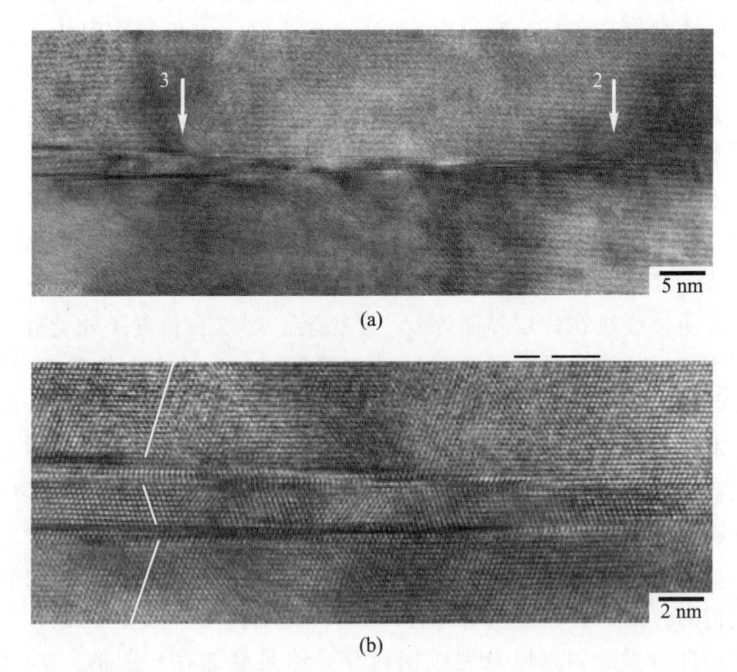

图 10.9　图 10.8 中位置 2 的高分辨像：(a) 裂纹尖端形成孪晶；(b) 图(a)中箭头区域 3 的高倍像

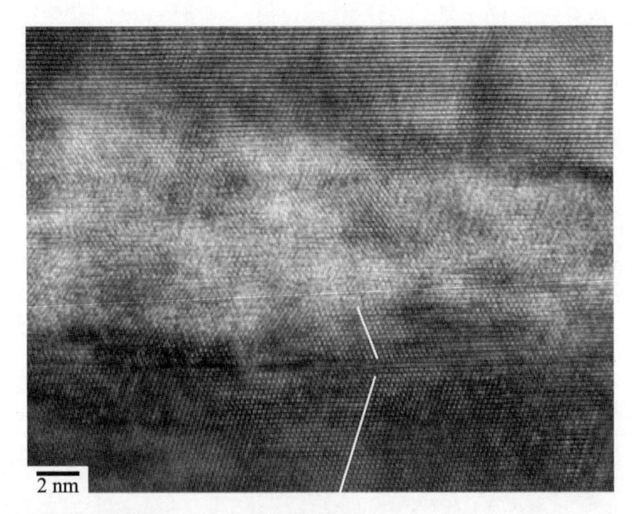

图 10.10 裂纹行迹的高分辨像，展示了孪晶结构

然而，TEM 观察同时揭示了形变孪晶的不利作用，即产生了微裂纹。图 10.11 展示了双态 Ti-48Al-1.5Mn 合金的变形结构，其在室温拉伸下变形至断裂。变形主要表现为两组互相交截、并与若干片层界面交截的孪晶系统。在孪晶交截处显然产生了高应力，如图中的应变场衬度以及密集的孪晶结构所示(见 6.3.4 节)。图中出现了一些微裂纹，它们看起来源自孪晶交截区。显然，这些结构形成于双喷电解抛光样品的制备过程的可能性也是存在的，因为在缺陷结构密集区可能发生了选择性腐蚀。但与此相悖，事实上此图像是取自楔形透射样品中的一个相对较厚的区域，且裂纹优先沿孪晶惯习面形成。与此机制相似的是，当孪晶在晶界或相界处受阻时同样可能产生微裂纹。在 SEM 中，对不同两相合金进行的原位变形实验表明，在裂纹尖端前部产生了大量的位错滑移和形变孪晶活动[31]。当相邻晶粒无法协调到达孪晶所产生的切变时，即在晶界处形成了微裂纹。如 5.1.5 节所述，孪晶是极性的，即反向的孪晶剪切不会产生孪晶。另外，在 $L1_0$ 结构中，每个{111}晶面上只存在一种真孪晶系统。因此，对于一个给定的剪切方向来说，某些晶粒或片层是无法产生孪晶的。由于这些限制，形变孪晶对裂纹的阻碍效应显然仅局限于取向有利的晶粒或片层中。因此可以认为，形变孪晶在裂纹尖端塑性方面扮演着双重角色。Deve 和 Evans[32] 在双态 Ti-50Al 合金中获得了较好的韧性，他们将此发现归因于形变孪晶所导致的裂纹尖端屏蔽效果。孪晶在裂纹尖端前方的塑性区出现，同时也在裂纹桥接的部分出现。然而，在细晶材料中，即在裂纹前端的受影响区域内存在大量晶粒时，孪晶可能就失去了效果，这种材料较低的断裂韧性证明了这一点[33]。因此，关于 TiAl 合金中形变孪晶对断裂韧性的作用，目前在

文献中尚未有定论。

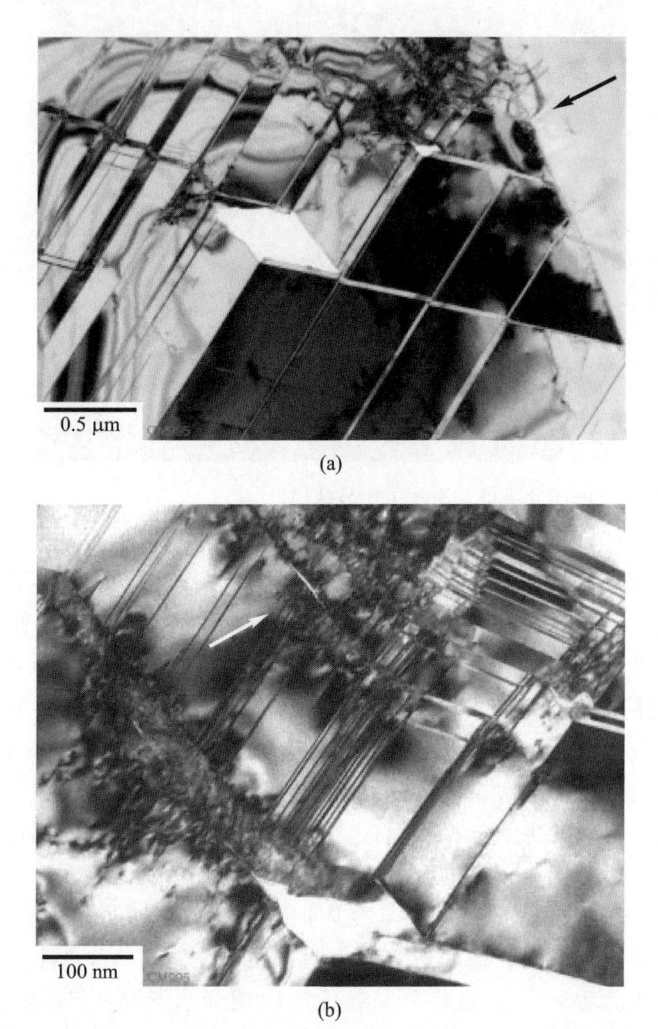

(a)

(b)

图 10.11　铸造 Ti-48Al-1.5Mn 合金近片层组织室温拉伸断裂后观察到的变形结构。(a) 孪晶条带交截处产生的微裂纹；(b) 图(a)中箭头标注区域的高倍像。注意沿孪晶条带形成的细小微裂纹(箭头处)

作为结尾，应该指出形变孪晶在 TiAl 合金断裂中的作用是非常复杂的。由形变孪晶导致的裂纹尖端屏蔽可能是原子尺度下的，受应力影响的若干 γ 晶粒或片层团区域内的一种韧化机制。这一过程可对快速增长的裂纹起到减速的作用。然而与此同时，$\{111\}_{\gamma}$ 晶面可作为滑移面、孪晶惯习面以及解理面。因此，孪晶条带交截处，或者滑移或孪晶受阻处也是容易形成微裂纹的区域。

10.4　断裂韧性、强度和塑性

断裂韧性——抵抗裂纹扩展的能力，对冶金学因素如相组成、显微组织以及晶粒取向等应是非常敏感的。不同研究中所报道的断裂韧性值存在着显著差异。本节综述了这些结果，另外对影响断裂韧性的最重要因素进行了单独考量。

10.4.1　实验方法方面

如 10.1 节所述，K_c 值表示应力强度因子 K 在给定加载、裂纹长度以及产生断裂所需几何形状条件下的临界值。因此，K_c 称为断裂韧性。K_c 值可用来作为防止材料产生断裂的设计标准。断裂韧性的最小值称为平面应变断裂韧性 K_{Ic}。角标 I 表示这些断裂几乎完全是通过 I 型张开型裂纹进行的。对于将 K_c 值作为有效和失效预测标准的材料来说，其必须具有足够的厚度，以保证裂纹尖端的平面应变条件。另一个限制条件为，相对于裂纹长度以及样品的几何尺寸，裂纹尖端的塑性区必须足够小。需要指出的是，平面应力条件下的塑性区域要明显大于平面应变条件下[5]。从这些限制角度出发，在确定 K_{Ic}的值时就需要采用样品尺寸和测试步骤都符合规定的标准测试方法[34]。然而，对于像 TiAl 合金这样的脆性及各向异性材料而言，完全遵照这些步骤进行测试一般是比较困难的。例如，标准一般会规定应利用循环疲劳加载的步骤在测试样品缺口尖端处预制一个尖锐裂纹。而在 TiAl 合金中，制备疲劳裂纹通常会导致不经意的样品断裂。此外，TiAl 合金中的裂纹扩展在很大程度上是在低指数解理面上进行的。这对粗晶材料来说是一个难题，因为样品中裂纹扩展的方向可能会极大地偏离所期望的形状，这就使断裂韧性几乎无法得到可靠的评价。一种山形缺口样品缓解了这些问题[34]。山形缺口样品中有一个三角形韧带，如图 10.12(a)对三点弯曲短杆样品的说明所示。在加载时，在山形缺口的尖端将萌生裂纹，因为这里的局部应力强度非常高。一旦形核，山形缺口的几何形状使得前进的裂纹前端的应力越来越高，因此迫使裂纹在期望的平面上稳定推进。图 10.12(b)展示了在山形缺口样品上进行的三点弯曲实验的载荷-挠度曲线。当裂纹生长至临界裂纹长度时达到测试中的最大载荷 F_{max}，此时对应山形缺口样品柔度函数 Y 的最小值 Y^*。在越过这一点后，裂纹变得不稳定，因为此时 Y 将随着裂纹的扩展而上升。利用与实验方法对应并包含了数值模拟[35]和分析计算[36]的弹性理论，可确定不同山形缺口样品的应力强度因子。根据最大载荷，断裂韧性可由式(10.5)确定为

$$K_{\mathrm{Ic}}(F_{\max}) = \frac{F_{\max} Y^*}{B\sqrt{W}} \tag{10.5}$$

式中，W 为样品高度；B 为样品厚度。Y^* 由 Munz 等[35]对不同样品和加载几何形状的测试确定。此外，断裂韧性也可以通过断裂功 W_F 来确定，其为样品卸载前使裂纹在山形缺口的端部萌生并扩展穿过山形韧带区所做的功。W_F 由载荷-挠度曲线下方的投影面积给出。对部分断裂的样品可用升温着色法确定裂纹在山形韧带区扩展所产生的相关面积 A_F，升温着色样品中发生氧化的区域即为 A_F。临界能量释放率 G_{Ic} 可由 W_F 和 A_F 共同确定：

$$G_{\mathrm{Ic}} = \frac{W_F}{A_F} \tag{10.6}$$

$K(G_{\mathrm{Ic}})$ 可确定为

$$K(G_{\mathrm{Ic}}) = \sqrt{\frac{G_{\mathrm{Ic}}E}{1 - v^2}} \tag{10.7}$$

将式(10.5)和式(10.7)中所确定的 K_{Ic} 的值加以比较可保证测试方法的有效性[37,38]。图 10.13 展示了用此两种方法在不同 TiAl 合金中测定的室温韧性值。数据的最优拟合公式为 $K(G_{\mathrm{Ic}}) = 0.897K_{\mathrm{Ic}}(F_{\max}) + 0.042$，表明了这两组方法所得数据具有的良好吻合性。这一发现表明，确定断裂韧性所需的线弹性断裂力学中的各种假设与所选择实验条件的吻合是相对较好的。以此方法测定断裂韧性会存在一些低程度的离散，例如，在 8 次实验中，K_{Ic} 的标准差为 2%～5%。

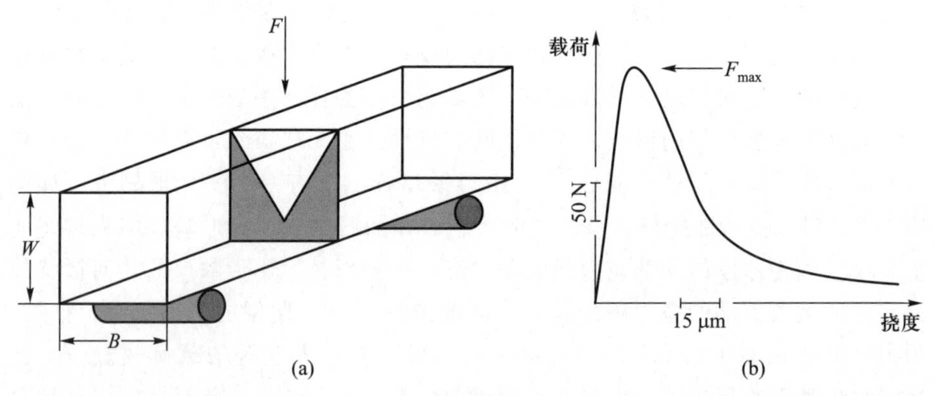

图 10.12　测定断裂韧性的实验设置。(a) 山形缺口三点弯曲样品；(b) 山形缺口样品的载荷-挠度曲线。铸造 Ti-47Al-1.5Nb-1Cr-1Mn-0.2Si-0.5B 合金，近片层组织，实验温度为 25 ℃，$v_M = 0.167$ mm/min

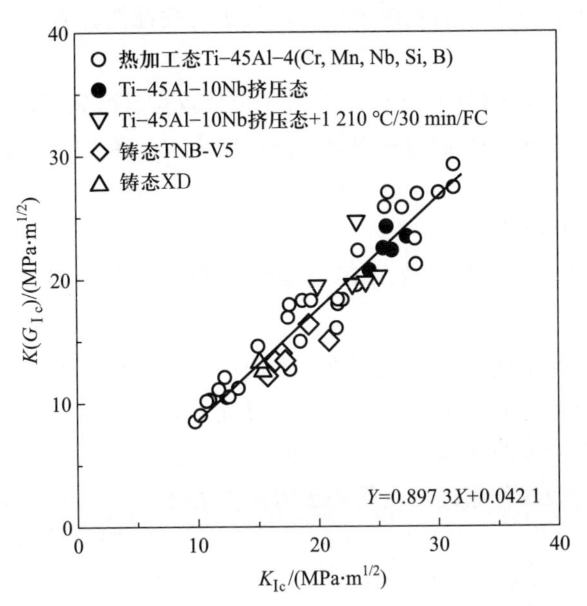

图 10.13 $K_{Ic}(F_{max})$ 对 $K(G_{Ic})$ 的曲线，展示了这两组数值的比例关系。数据来自文献[37, 38]

TiAl 合金的断裂行为也可以由 $K_R(\Delta a)$ 抗力曲线来表征，即裂纹生长抗性 K_R 为裂纹扩展 Δa 的单调函数。这些实验通常在紧凑拉伸样品中进行，通过对位移的控制实现对样品的单调加载。裂纹长度由光镜、柔度以及电位观察方法测定。加载应力和裂纹长度的测量用于计算当扩展为 Δa 时的应力强度 K_R。在 K_R 曲线上，通常认为裂纹生长的起点即初始韧性 K_i，在平面应变条件下，它也对应 K_{Ic}。K_R 曲线上的最大应力强度 K_{SS} 通常为裂纹生长韧性，即 K_{SS} 表示在不稳定断裂开始时的裂纹生长韧性。

10.4.2 显微组织和织构的作用

在数微米至 1 mm 的长度尺度下，多晶样品断裂过程中的裂纹扩展路径一般由显微组织控制。两相($\alpha_2+\gamma$)合金韧性应该好一些，尽管组织中的各个单相都是非常脆的。Mitao 等[39]测量了 Al 含量为 44at.%～51at.%的二元合金的室温断裂韧性，数据如图 10.14，此为对 TiAl 合金断裂韧性范围的首次研究。多年以来，为了评估显微组织对韧性的影响，人们进行了大量研究工作。表 10.2 收录了不同 TiAl 合金室温下的强度和断裂韧性数据[40-45]。为获得近 γ、双态或者片层组织，表中的合金均经历了适当的热机械处理，对合金结构细节的完整描述可在表中所引用的文献中查询。从表 10.2 中可以看出，一种给定合金的断裂韧性值可在非常宽的范围内变化。关于韧性性能，明显的主要趋势有以下 7 个方面。

（1）相对于(α_2+γ)两相合金，单相 γ 合金较脆且断裂韧性非常低[32,39,46]。

（2）细晶双态组织的室温断裂韧性值一般为 $K_{Ic}=9\sim17$ MPa·m$^{1/2}$[40-45]。

（3）双态组织合金的断裂韧性值随等轴 γ 晶粒体积分数的升高而下降[41-43]，如图 10.15 所示。

（4）片层团取向随机的全片层合金的断裂韧性相对较高，为 $K_{Ic}=25\sim30$ MPa·m$^{1/2}$[41]。

（5）断裂韧性值随片层团尺寸的增大而上升(图 10.16)，这可能是因为形成更大桥接裂纹段的趋势上升了[41,46-48]。然而，片层团尺寸达 600 μm 及以上时，这一效应看起来将不再增加。Rogers 等[49]认为这可能部分是由于过大的片层团尺寸会使裂纹作用区域内的片层团数量下降。

表 10.2　不同 TiAl 合金室温下的力学性能

合金	成分/显微组织	σ_y/MPa	σ_F/MPa	K_{Ic}/(MPa·m$^{1/2}$)	参考文献
1	Ti-49.1Al，T_α 以下挤压，近 γ 组织			11(a)	[40]
2	Ti-47Al-2.6Nb-0.93Cr-0.85V，双态组织	416	558	11	[41]
3	Ti-47Al-2.6Nb-0.93Cr-0.85V，片层组织	330	383	16(a)~25(b)	[41]
4	Ti-46.5Al-2.1Cr-3Nb-0.2W，双态组织	465	580	10~11*	[42]
5	Ti-46.5Al-2.1Cr-3Nb-0.2W，近片层组织	550	685		[42]
6	Ti-46.5Al-2.1Cr-3Nb-0.2W，细化的全片层组织	475	550	21.5*	[42]
7	Ti-47.7Al-2Nb-0.8Mn+1vol.% TiB_2(XD)，近片层组织	546	588	12~16*	[43]
8	Ti-47Al-2Nb-2Cr-0.2B，全片层组织	426	541	18~32*	[43]
9	Ti-47Al-2Nb-2Cr，PM，片层组织	975	1 010	18~22*	[43]
10	Ti-47.3Al-2.3Nb-1.5Cr-0.4V，粗片层组织	450	525	18~29*	[43]

续表

合金	成分/显微组织	σ_y/MPa	σ_F/MPa	K_{Ic}/($MPa\cdot m^{1/2}$)	参考文献
11	Ti-47.3Al-2.3Nb-1.5Cr-0.4V，双态组织	450	590	11	[43]
12	Ti-47Al-2Cr-0.2Si. 近 γ 组织	538		13	[44]
13	Ti-47Al-2Cr-0.2Si，近片层组织	517		32	[44]
14	Ti-47Al-1.5Nb-1Cr-1Mn-0.2Si-0.5B，双态组织	408	426	13(a)~17(b)	[44]
15	Ti-47Al-1.5Nb-1Cr-1Mn-0.2Si-0.5B，近片层组织	408	426	23(a)~33(b)	[44]
16	Ti-49.7Al-5Nb-0.2C-0.2B，T_α 以下挤压，双态组织			9(b)	[40]
17	Ti-46.6Al，T_α 以下挤压，双态组织			16(b)	[40]
18	Ti-46.5-5.3Nb，T_α 以下挤压，双态组织			11(b)	[40]
19	Ti-45Al-5Nb-0.4C-0.2B，T_α 以下挤压，双态组织			9(b)	[40]
20	Ti-45Al-10Nb，T_α 以下挤压，双态组织	1 090	1 100	18(a)~25(b)	[44]
21	Ti-45Al-10Nb，T_α 以上挤压，近片层组织	992	992	18(a)~25(b)	[44]
22	Ti-44Al，T_α 以下挤压，近片层组织			28(a)	[40]
23	Ti-45Al-8Nb-0.2C，T_α 以下挤压，双态组织	830	980	11(a)~16(b)	[40]
24	Ti-(40-44)Al-8.5Nb，γ-Md，调制组织	1 060	1 120	13(a)~18(b)	[40，45]

*数值有一个范围，表明了 R 曲线的行为，第一个值对应于裂纹萌生韧性 K_i，第二个值为裂纹生长抗力稳态韧性最大值 K_{SS}。

(a) 裂纹沿平行于挤压方向扩展。

(b) 裂纹沿垂直于挤压方向扩展。

σ_y为屈服强度，σ_F为断裂强度，K_{Ic}为断裂韧性，PM 为粉末冶金合金。十字夹头位移速度为 0.01 mm/min。

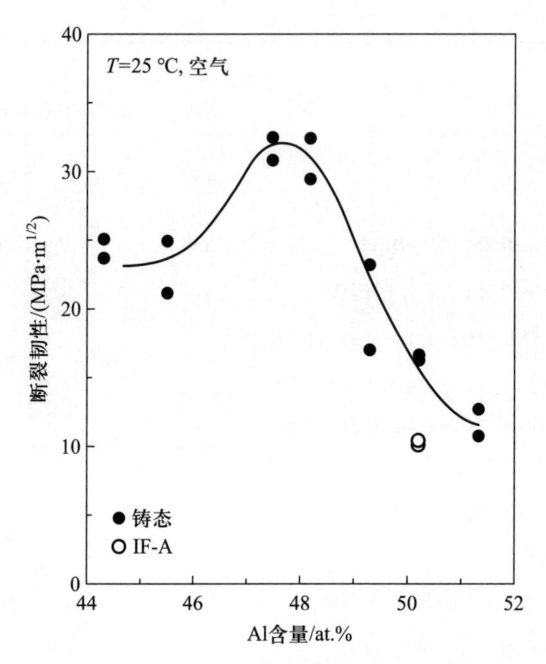

图 10.14　铸态与等温锻造并退火(IF-A)样品的断裂韧性随 Al 含量的变化。图片来自 Mitao 等[39]

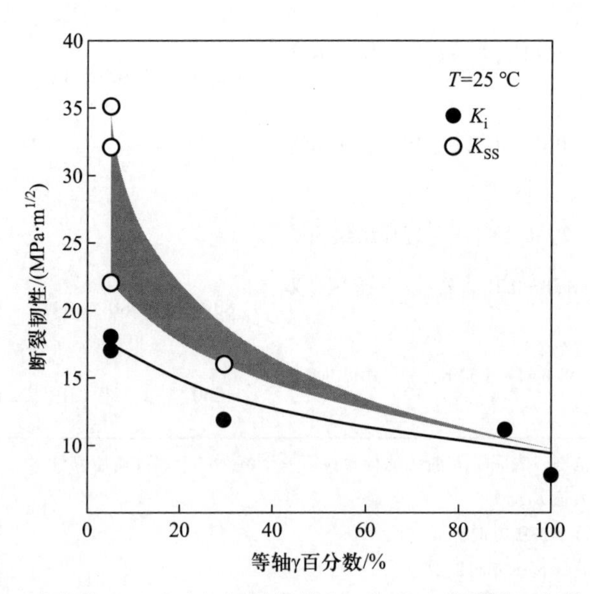

图 10.15　一些以 γ 为基的 TiAl 合金组织的韧性(K_i 和 K_{SS})随等轴 γ 相体积分数的变化关系。图片基于表 10.2 中的合金 7~11。以 Kruzic 等[43]的图片为基础重新绘制

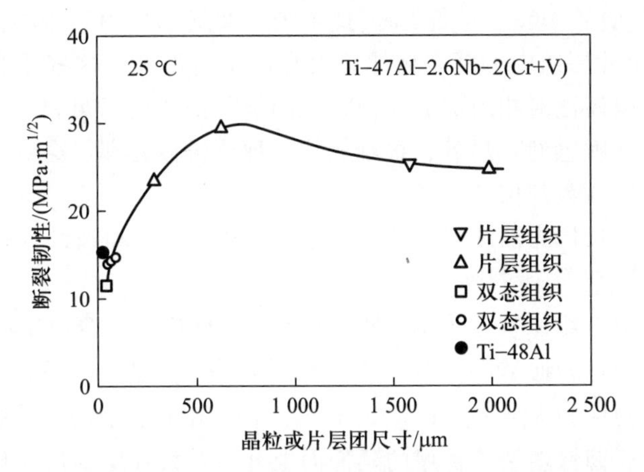

图 10.16 两种($\alpha_2+\gamma$)合金晶粒和片层团尺寸对断裂韧性的影响。断裂韧性表示在不稳定断裂开始时裂纹抗力曲线 $K_R(\Delta a)$ 中的渐进值 K_{SS}。数据来自 Chan 和 Kim[41]，重新绘制

(6) 目前还不清楚片层间距对断裂韧性的影响。在一些合金中，Chan 和 Kim[41]与 Kim[42]观察到初始韧性和裂纹生长抗力均随片层间距的下降而上升(图 10.17)。这一效应被认为取决于片层团的尺寸。作者将韧化效果归因于剪切带可更有效地桥接裂纹。更细小的片层阻碍了穿片层的微裂纹及微裂纹与主裂纹的连接。这就形成了更大的无裂纹段。然而，Rogers 等[49]的研究表明，

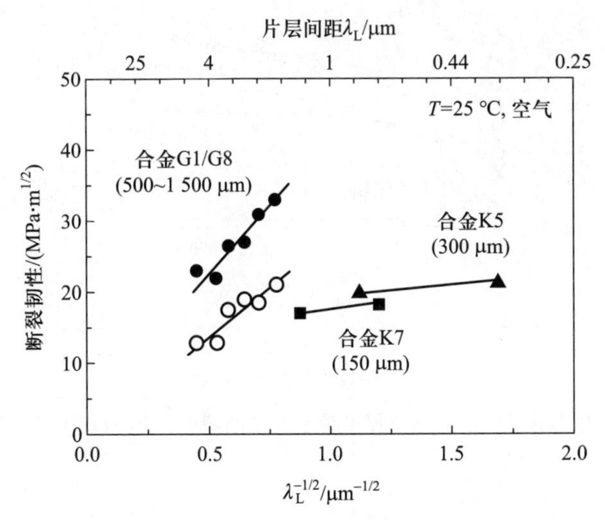

图 10.17 片层合金的片层间距和片层团尺寸对断裂韧性的影响。空心符号表示 K_{Ic}，实心符号为 K_{SS}，数据来自 Kim[42]，重新绘制

当片层厚度在 0.43～1.68 μm 变化时（此范围与文献[41，42]中的范围几乎是一致的），其对全片层组织的断裂韧性并没有可观的影响。这些矛盾的观察结果表明合金的断裂韧性对相组成和显微组织的细节如片层间距和片层团尺寸的分布频率等是非常敏感的。另外，很难相信一种热机械处理仅会对片层间距产生影响而其他结构参数却保持不变。

（7）裂纹生长抗力曲线（图 10.18）表明，裂纹萌生和裂纹生长抗力行为有一个范围[42,43,50-55]。

单相 γ 和双态组织表现出 K_R 曲线平台，即材料在完全恒定的 K 值下发生裂纹扩展。这种行为通常出现在理想脆性材料中。对近 γ 和双态合金，K_R 曲线确定的起始韧性为 $K_i = 8 \sim 11\ \mathrm{MPa \cdot m^{1/2}}$。片层组织合金的 K_R 曲线呈上升趋势。这表明断裂韧性随裂纹扩展的延伸而上升。在大片层团尺寸材料中，这一效应则更加明显，例如在粗晶片层 Ti-47.3Al-2.3Nb-1.5Cr-0.4V 合金中，当裂纹扩展至 3 mm 时，可得起始韧性 $K_i \approx 18\ \mathrm{MPa \cdot m^{1/2}}$，稳态韧性 $K_{SS} = 39\ \mathrm{MPa \cdot m^{1/2}}$[43]。

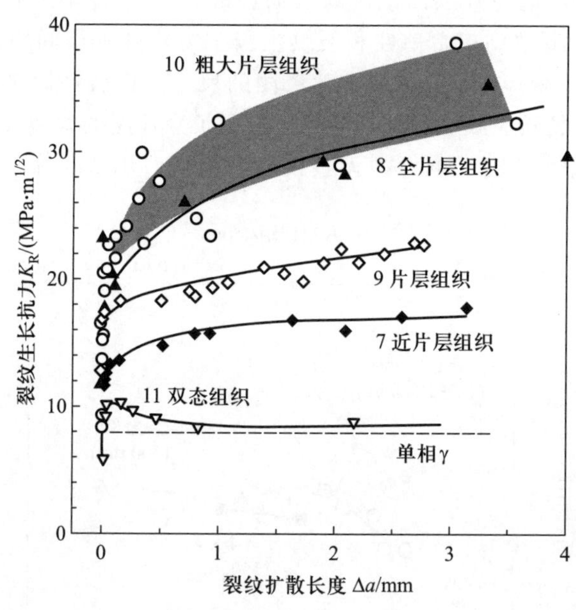

图 10.18　表 10.2 中合金 7～11 以及一种单相 γ 合金的裂纹生长抗力曲线。数据来自 Kruzig 等[43]，重新绘制

对断裂样品的金相学分析表明，断裂特征的差异在很大程度上是由显微组织造成的。近 γ 合金的失效特征为解理断裂。在双态组织中，裂纹主要以解理穿过等轴 γ 晶粒的方式行进，应该是沿其低指数晶面进行。显然，γ 晶粒的出

现降低了合金的裂纹生长抗力。双态组织中更加细小的晶粒尺寸显著降低了疲劳裂纹扩展路径的曲折程度，从而使断裂韧性下降。

片层组织的断裂行为则更加复杂，这是因为片层团相对于裂纹尖端的取向强烈地影响了局部裂纹的生长方向及抗力。这主要是由其板片状形貌以及组成相的解理各向异性导致的(见 10.2 节)。在片层结构中，最重要的解理面即$(111)_{\gamma}$和$(0001)_{\alpha_2}$与片层界面平行。因此当裂纹平面与片层界面平行时，裂纹是相当容易扩展的。对 PST 晶体的研究[56,57]表明，位于这种取向时，断裂韧性仅为$K_{Ic}=3.3\sim4.3\ \mathrm{MPa\cdot m^{1/2}}$，这已接近于 γ 和 α_2 相片层低指数晶面的理论解理强度(表 10.1)。对断裂面的分析也发现了 α_2 片层的解理断裂[56,58]。相反，当裂纹被迫要穿过片层板条扩展时(穿片层断裂)，其行进路径是极其曲折的[43,46,51]。穿片层失效使 I 型裂纹的扩展发生偏转，如图 10.4。主裂纹前方的多重裂纹形成了裂纹之间的无裂纹区，使裂纹之间桥接[43,46]。这些区域在裂纹面上施加了闭合力，因此被认为可增强韧性。裂纹行迹条带可由同一片层团的界面剥离、相邻片层团的界面分层或者片层团边界处的开裂构成。Wang 等[59]对裂纹扩展路径及断口的细致分析表明，片层团边界的特性强烈地影响了上述机制的开动情况。其效果也取决于与相邻片层之间的取向差异。如果相邻片层平面之间存在相对扭转，片层团边界就可成为裂纹扩展的有效障碍。

研究人员在含有织构的材料中也观察到了片层组织的各向异性断裂行为[60-62]。研究对象[60,61]为铸态 Ti-48Al-2Cr 合金，其片层团尺寸约为 1 mm。金相表征表明，合金中的片层组织因凝固过程中 α 相的径向枝晶生长而呈现出了高度择优取向。利用这一凝固织构，可以改变裂纹生长方向相对于片层板片的取向，如图 10.19(a)所示，其对三点弯曲实验做出了示意性的描述。实验在室温下进行，结果表明，当裂纹平行于片层界面扩展时，材料的断裂韧性非常低。相反，裂纹穿过片层界面时的断裂韧性则明显更高。相关的断口形貌证明了这一点，如图 10.19(b)。对于沿界面扩展的裂纹，其载荷-挠度曲线通常表现出突变，这意味着在达最大载荷 F_{max} 之前出现了瞬间的载荷下降[49]。这些突变现象通常与样品柔度的显著降低有关，并且源自断裂前的非突发性裂纹生长。细致的断口分析表明，这些突变来自山形缺口顶部正下方片层内板片的失效。这一发现具有重要工程意义，因为即使在随机取向的显微组织中，仍可能出现相对取向差异微小的片层区域。若裂纹平行于这些片层界面萌生，就可很容易地扩展至临界长度。这一问题可能部分上决定了是否还有必要进一步研发大片层团、全片层组织或者块状转变组织。各向异性断裂行为对变形加工来说也是非常重要的[63]。挤压 TiAl 合金通常具有明显的丝织构，即拉长的 γ 晶粒和残余的片层团沿挤压轴向平行排列。平行于挤压轴向的裂纹表面显示出了许多解理面，这是因为发生了大量的穿片层或穿晶断裂；而垂直于挤压方向的裂纹扩展路径则明显更加曲折。这种差异在断裂韧性上也有所体现，即沿挤压方向上确定的断裂韧性值要比垂直于挤压方向上的断裂韧性值降低了 20%～50%。

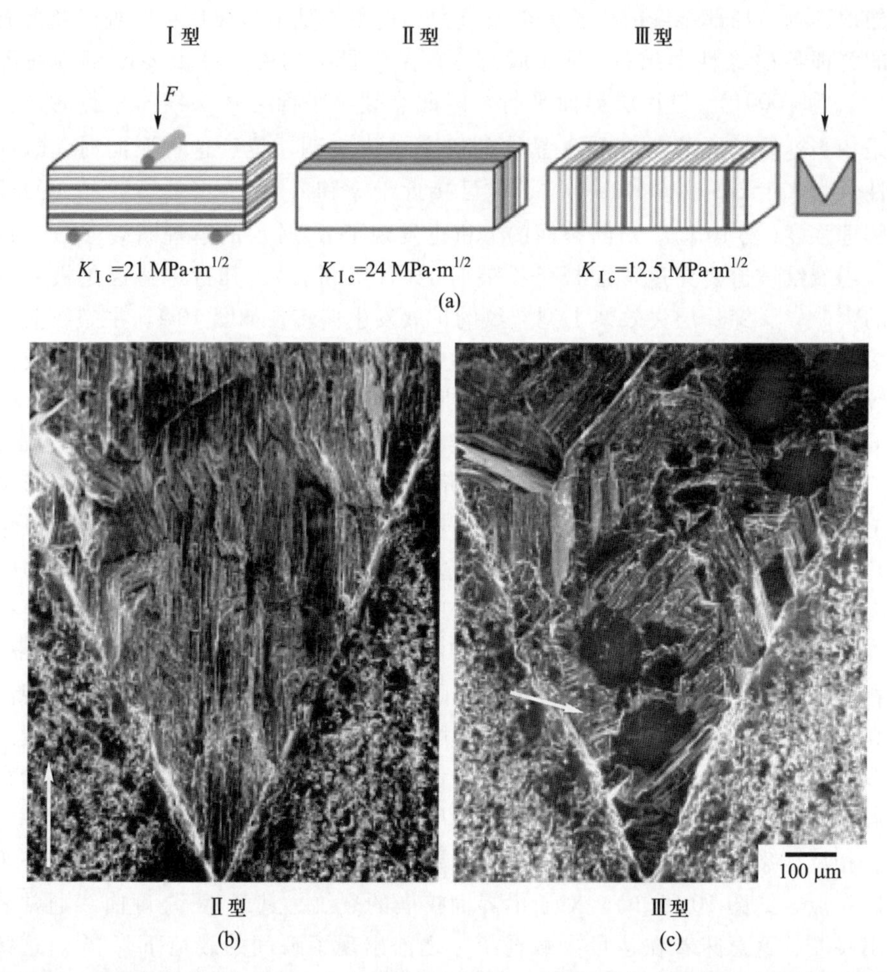

图 10.19　片层断裂的各向异性。(a) 相对于片层团，不同择优取向夹角的山形缺口三点弯曲样品及相应的室温断裂韧性值 K_{Ic}[60,61]。Ti-48Al-2Cr 合金，近全片层组织，片层团尺寸为 1 mm，片层间距为 0.5 μm，片层具有择优取向。实验在空气中进行，由十字夹头控制位移，速率为 0.01 mm/min。(b)、(c)山形缺口短杆弯曲断口表面的扫描电镜图像，样品中的片层团具有择优取向，对应图(a)中的Ⅱ和Ⅲ型[60]。裂纹扩展方向为自底部至顶部[图(b)中箭头所示]。注意图(c)中的板片状失效，如箭头所示

总结：TiAl 基合金的室温断裂韧性对显微组织高度敏感。等轴 γ 和双态组织的断裂韧性相对较低，因为裂纹主要是穿晶解理扩展，并有一些沿晶断裂。

片层取向随机的合金断裂韧性明显较高，因为裂纹的生长会由于偏转、微裂纹以及形成桥接无裂纹带而受阻。由这些机制提供的裂纹生长抗力随着裂纹长度的增加而升高，这也使 K_R 曲线升高。然而，断裂各向异性是很明显的：沿片层界面的裂纹生长使断裂韧性降低，而当裂纹被迫穿片层行进时，断裂韧性的值将显著提高。

10.4.3 温度及加载速率的影响

高温倾向于降低金属材料的屈服强度并增强其塑性变形。因此在裂纹扩展过程中，由于塑性变形导致的能量耗散在高温下就变得更加重要。从广义上说，这反映为断裂韧性随温度的上升(图 10.20)。不同合金系统之间的差异可通过如下分析来解释。近 γ 和双态合金的室温断裂韧性相对较低是因为它们以解理断裂为主(见 10.2 节)。在高温下，由于热激活作用，位错可进行滑移和攀移。变形可以很容易在裂纹的塑性区域内扩展，从而缓解了由局部滑移几何而造成的约束。因此，各组成相内部的断裂机制从低温下的解理转变为高温下吸收能量的塑性形式。这一额外的韧化造成了近 γ 和双态合金的 K_{Ic} 随 T 的强烈上升。相反，片层合金室温的断裂韧性相对较高，并在很大程度上由包含了若干片层团的作用区域决定(见 10.4.1 节)。对于这里所考虑的温度变化幅度，片层组织几乎不可能发生介观尺度下的结构性变化，即它的主要韧化机制受温度影响的程度较低。然而，在宏观尺度下，热激活可以提高位错的可动性，从

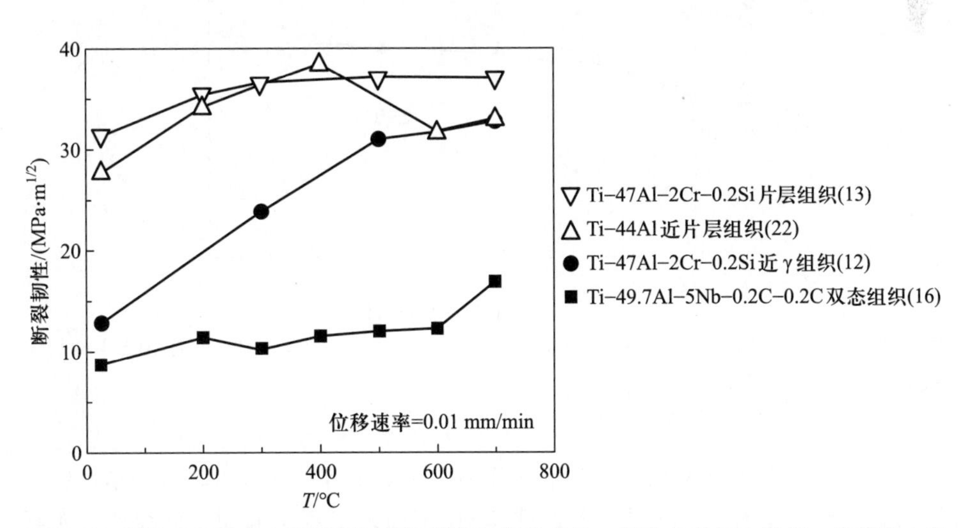

图 10.20 图注中所示合金的断裂韧性随测试温度的变化。实验在空气中进行，位移由十字夹头控制，速率为 0.01 mm/min。图中标记的数字对应了表 10.2 中所列的合金序号

而可增强裂纹尖端前方的界面相关塑性（见 10.3.2 节）。但是，相对于片层合金中已经存在的高韧化水平，看起来高温对韧化的提升效果并不太显著。因此片层合金的断裂韧性随温度的变化是较小的。

温度对塑性的增强效应同样反映在断裂抗力曲线 $K_R(\Delta a)$ 上[43,55]，如图 10.21 所示，其为成分为 Ti-47.7Al-2Nb-0.8Mn-1vol.% TiB_2 的近片层 XD 合金[43]。与室温下的数据相比，在 600 ℃下可发现初始和稳态韧性值明显上升。令人注意的是，类似的行为在近 γ 合金 Ti-46.5Al-4(Cr, Nb, Ta, B)的组织中也有发现[55]。在 800 ℃下进行的测试表明，片层合金和近 γ 合金均发生塑性断裂。然而，断裂模式的改变主要反映为显著提高的初始断裂韧性，为 K_i = 30[43] ~ 40 MPa·$m^{1/2}$[55]。在片层 XD 合金中并未观察到 K_R 曲线的上升（图 10.21），这是因为没有出现微裂纹以及桥接无裂纹段。在 Ti-46.5Al-4(Cr, Nb, Ta, B)合金的两种组织（近 γ 和片层组织）中则观察到了 R 曲线行为，但却仅局限于短裂纹扩展中[55]。

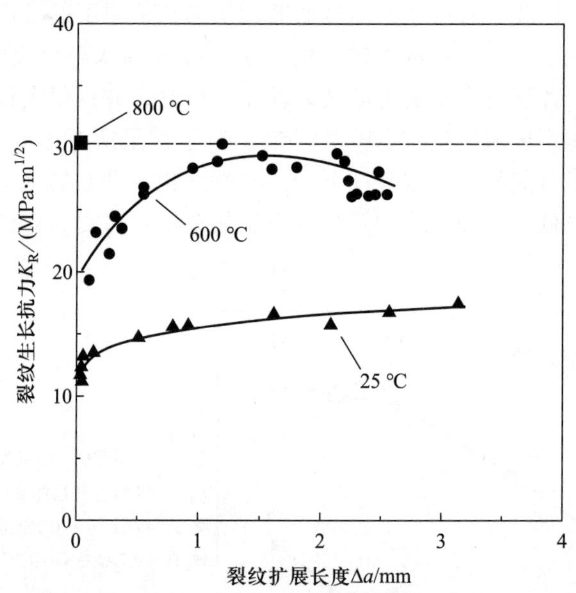

图 10.21　不同温度下近片层 XD 合金 Ti-47.7Al-2Nb-0.8Mn-1vol.% TiB_2（表 10.2 中的合金 7）的裂纹生长抗力曲线。图片来自 Kruzig 等[43]

在 200 ℃和 400 ℃内进行的断裂实验中出现了有趣的现象，这与塑性区域内的位错动力学有关。这些实验的载荷-挠度曲线出现了周期性的突变，尤其是在载荷达最大值之后（图 10.22）。这一现象意味着发生了动态应变时效，这已在相同温度下的单相合金的变形中观察到了（见 6.4.3 节）。动态应变时效来

自位错被由 Ti_{Al}反位原子缺陷和空位构成的有序缺陷气团的钉扎。可以猜测，裂纹尖端塑性区同样可以发生不连续屈服。这就对生长中的裂纹施以了减速（若位错摆脱钉扎）和加速（若位错被钉扎）效果，使裂纹间歇性扩展。

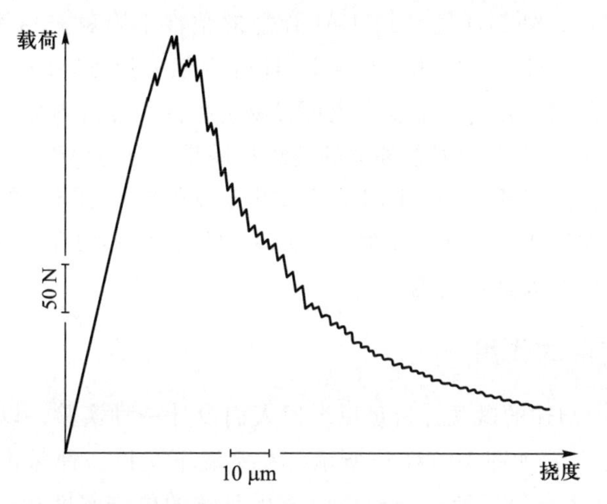

图 10.22 $T=300$ ℃下的载荷-挠度曲线，展示了周期性的突变。双态 Ti-47Al-1.5Nb-1Cr-1Mn-0.2Si-0.5B 合金（表 10.2 中的合金 14）

一般而言，应变速率的上升对 K_{Ic}的影响趋势与降低温度类似，即可认为，在裂纹高速扩展时，对应变速率敏感的材料的断裂抗力较低。这是因为塑性区域内的位错被快速扩展的裂纹所超越。然而，在空气条件下对 TiAl 合金的室温测试却表现出相反的行为，如图 10.23[64]。这一反常现象可能意味着环境脆

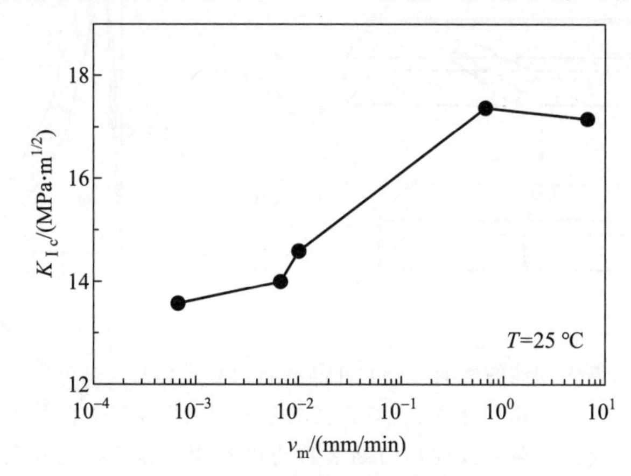

图 10.23 $T=25$ ℃下测定的加载速率 v_m 对断裂韧性 K_{Ic}的影响。双态 Ti-47Al-1.5Nb-1Cr-1Mn-0.2Si-0.5B 合金，γ 晶粒（晶粒尺寸为 20 μm）的体积分数为 20%，片层团尺寸为 400 μm。图片来自 Lorenz 等[64]

性的作用，即易受环境辅助裂纹扩展影响的材料在快速实验速率下的强度更高。在这一方面，位错的钉扎与氢的吸收有关。对于慢速移动的裂纹来说，氢扩散至材料内部的时间更充足，因此在低加载速率下材料的脆性上升。一些研究人员[65,66]指出，外部环境导致 TiAl 合金的塑性下降就是氢脆的一种形式。这一解释应该是合理的，因为一般来说 Ti 合金就易受氢脆的影响[67,68]，且氢确是一种环境介质，即使在室温下也可轻易地扩散至点阵内部。综合来看，这一发现表明 200~400 ℃中温条件下的裂纹扩展是一个需要着重考虑的问题。

总结：随着温度的上升，TiAl 合金中由于塑性变形而导致的裂纹尖端屏蔽或钝化变得更加重要。在 600 ℃时，在所有显微组织中均观察到了断裂韧性的显著上升，并伴有 R 曲线行为。

10.4.4　预变形的作用

10.3.3 节中阐述的微观分析足以激发人们设计一种实验，以阐明变形与断裂之间的关联[20]，如图 10.24(a)所示。在室温下，将一种两相合金的大尺寸样品($12\times15\times30\ mm^3$)压缩至 $\varepsilon=4\%$ 以产生足够的位错密度和形变孪晶。TEM

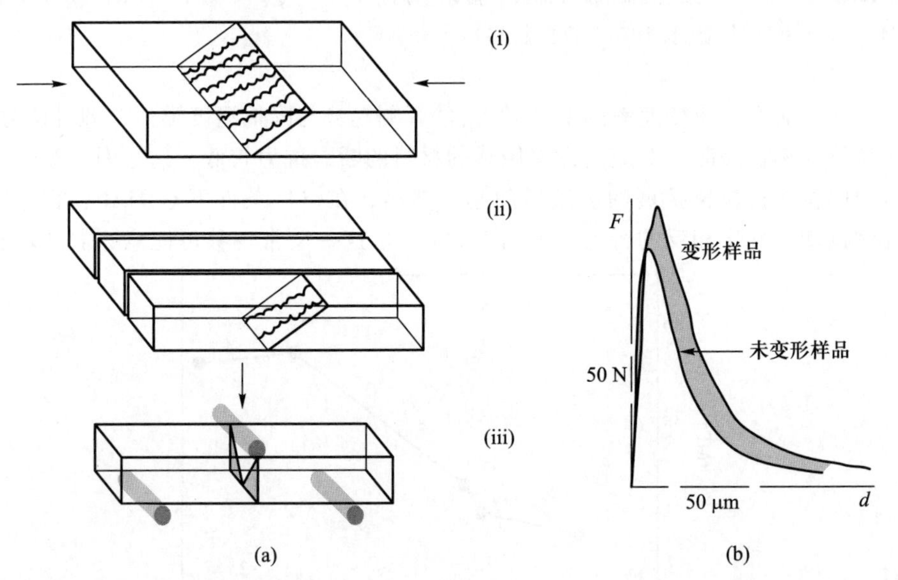

图 10.24　预压缩对断裂韧性的影响。(a) 样品制备过程：(i) 室温下预变形，(ii) 山形缺口弯曲短杆样品的制备，(iii) 利用三点弯曲法测定断裂韧性。(b) 两种山形缺口样品的载荷(F)-挠度(d)曲线，体现了预变形对断裂抗力的作用。测试在室温空气条件下的 Ti-47Al-1.5Nb-1Cr-1Mn-0.2Si-0.5B 合金中进行，$v_m=0.01$ mm/min。室温下预变形压缩至 $\varepsilon=4\%$。数据来自文献[20]

分析表明这些样品中的位错密度为 $10^7 \sim 10^8\ cm^{-2}$量级，并且含有大量的形变孪晶。利用电火花侵蚀和机械研磨的方法在预变形的样品中制备尺寸为4. 5×5.5×25 mm^3 的山形缺口弯曲短杆样品。而后通过上文所述的三点弯曲实验使样品断裂。图 10.24(b)展示了未变形和预变形样品的载荷-挠度曲线。显然预变形提高了材料的裂纹扩展抗力，体现为样品更高的断裂韧性和其断裂所需的功更高。可以猜测，这是裂纹与多种变形诱发缺陷交互作用的结果。虽然难以实现对一个部件的总体压缩，但是局部的预变形却是可以达成的。例如，利用这种方法可增强缺口部件的承载能力。应该指出的是，以这种形式，通过局部压痕法可以极大地提高断裂韧性[69]。裂纹虽然可以形核，但是其无法在静水压力条件下张开显然是韧性提高的原因。因此，这一方法不仅是一种有趣的实验室内的技术，而且也是一种可行的缓解实际部件高受载部位脆性断裂的方式。

总结：预压缩变形可观地增强了 TiAl 合金的断裂韧性，这应该是源自位错和裂纹的交互作用。

10.5 调制组织合金的断裂行为

在基础成分为 Ti-(40~44)Al-(5~10)Nb(γ-Md)的 TiAl 合金中，可形成一种新型的原位复合结构(见第 8 章)[45]。这一复合结构的相组成特征为在片层板条中形成了调制组织，其由若干稳定及亚稳相组成。调制在纳米尺度上发生，因此使材料显著细化并表现出不同的断裂行为。

图 10.25 为一个在 γ-Md 合金中薄片样品中扩展的裂纹的 TEM 图像[45]。虽然图像的放大倍数相对较低，但是也包含了大量的细节。裂纹在一束调制片层处偏转。调制板条显然形成了裂纹桥接带，其中一个看起来是中断的。因此，微观上的裂纹扩展路径变得非常曲折，并沿断裂面产生了高度畸变的组织。最终，裂纹受阻于另一个调制板条处。很明显这一过程伴有裂纹尖端塑性区，这可由孪晶的形核而证明。这些特征与在传统合金中观察到的结果是不同的，后者主要在$\{111\}_\gamma$面上发生解理断裂(见 10.2 节)。因此，看起来调制板条可以以一种在脆性材料中加入塑性增韧相的方式使材料韧化。

这一观点在断裂韧性测试中得到了证明。图 10.26 为实验的载荷-挠度曲线，其特征是出现了突变部位，这明显反映了各组成相的裂纹生长抗力不同。弯曲力的突降可能与裂纹扩展穿过几乎没有调制板条区域时板条的内部断裂有关。挤压 γ-Md 合金在平行和垂直于挤压方向上的断裂韧性值如图 10.27。K_{Ic}值是在力-挠度曲线的最大载荷位置处计算得出的。平行和垂直于挤压方向的断裂韧性值分别为 13 $MPa\cdot m^{1/2}$和 18 $MPa\cdot m^{1/2}$，这明显高于很多传统双态合金的数值(见表 10.2)。

图 10.25　含有调制组织(T)的 TiAl 合金(γ-Md)中裂纹(C)的透射电镜图像。注意裂纹在一束调制板条处偏转、裂纹尖端的钝化以及形变孪晶的发射(箭头处)[45]

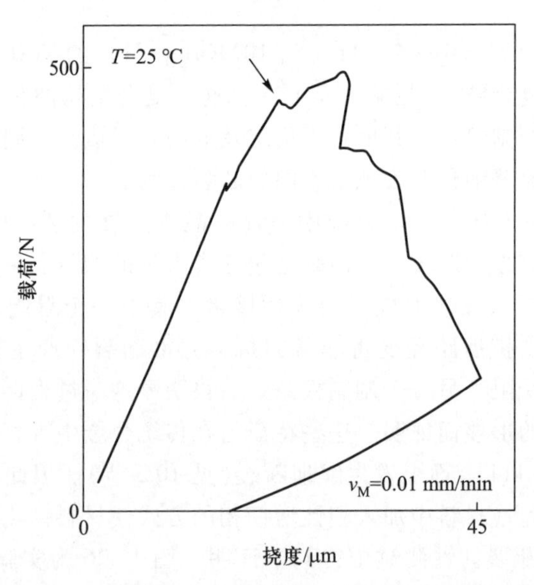

图 10.26　室温下山形缺口 γ-Md 合金样品三点弯曲实验测定的载荷-挠度曲线，用以测定断裂韧性。挤压组织，裂纹扩展方向垂直于挤压方向。注意加载时的突变现象(箭头处)

显然，如 8.2 节中的讨论所述(图 8.9)，调制板条可进一步转变为 γ 相。这一过程通常开始于晶界，并以不同原子扰动位移机制形成高台阶的形式推进。由于在变形样品中可经常观察到这一转变，因此可以猜测它应该是热激活

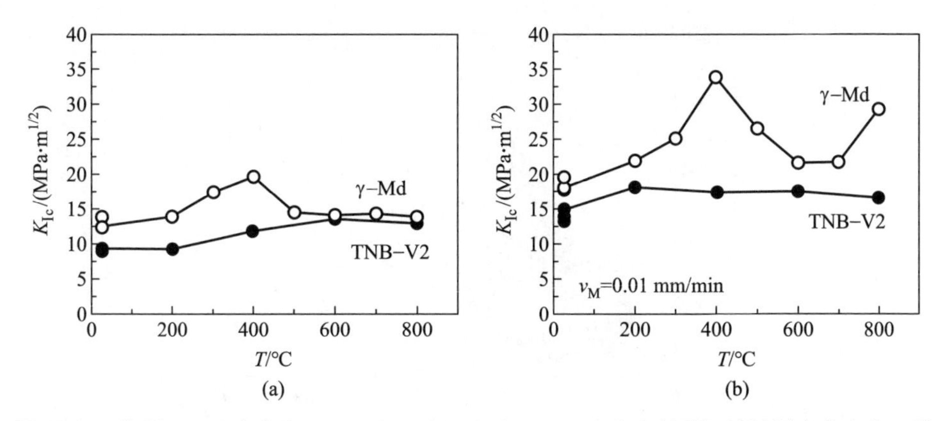

图 10.27　挤压 γ-Md 合金和 Ti-45Al-8Nb-0.2C(TNB-V2)合金断裂韧性随温度的变化，裂纹扩展方向平行(a)和垂直(b)于挤压方向

的，这也可能是在两组取向的样品韧性-温度曲线中均可观察到最大值的原因(图 10.27)。这一转变在金属材料(奥氏体钢中的奥氏体→马氏体[70])和陶瓷材料(部分稳定化的氧化锆[71])中已广为所知。类似地，它也可能使 γ-Md 合金韧化。

总结：具有调制结构的 TiAl 合金(γ-Md)表现出了可观的断裂韧性，这源自裂纹偏转、裂纹桥接带，也可能还有相变的作用。断裂韧性-温度曲线在约 400 ℃时表现出最大值，在传统 TiAl 合金中还没有观察到过这一现象。

10.6　对塑性和韧性的要求

在 TiAl 合金有可能的应用中，目前正在使用的材料具有优良的塑性和韧性。图 10.28[72-74]展示了 3 种主要合金系统——铝、钛和钢—室温断裂韧性与屈服强度关系的总体趋势，TiAl 基合金的数据也包括于其中。对所有材料来说，更高的屈服或拉伸断裂强度一般会使 K_{Ic} 值下降，从而使发生灾难性断裂的可能性上升。尽管在 TiAl 合金中几乎不存在这一趋势，但是整体上的低断裂韧性成为限制其工业应用的瓶颈。本节对 γ-TiAl 合金的应用风险方面进行简要综述。

为使部件可以承受加工或服役诱导的缺陷，就需要一个最小断裂韧性值。式(10.8)：

$$\sigma_a = \frac{K_{Ic}}{\sqrt{\pi a_c}} \tag{10.8}$$

以简单的方式展示了断裂韧性的变化如何影响许用名义应力和许用裂纹尺寸的

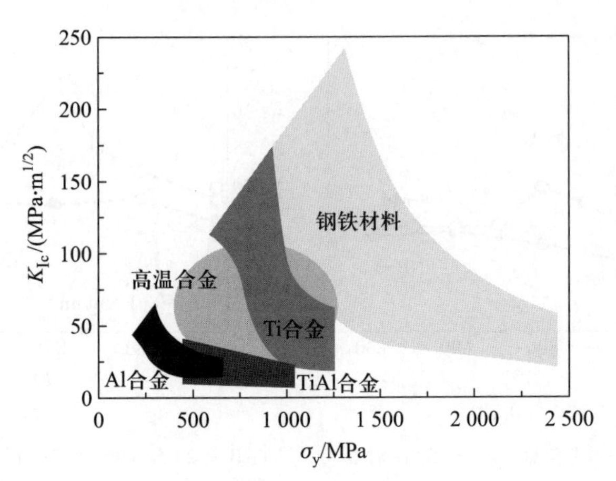

图 10.28　断裂韧性随屈服强度变化的趋势。数据包括钢、铝合金以及传统钛合金[72,73]，高温合金[74]，以及来自亥姆霍兹吉斯达赫特研究中心(原 GKSS)的 TiAl 合金

关系。它是令式(10.1)对中心穿透裂纹宽板的应力强度因子与断裂韧性 K_{Ic}相等得到的。由于这一近似是基于线弹性断裂力学，因此所考虑的许用应力不能超过屈服强度的约 80%。当裂纹尺寸为 a_c 时，许用应力 σ_a与 K_{Ic}呈直接比例关系，而给定应力下的许用裂纹尺寸与 K_{Ic}的平方呈比例关系。因此，K_{Ic}的升高对许用裂纹尺寸的影响要高于许用应力。换言之，在给定的 K_{Ic}下，更高的应力会降低许用裂纹尺寸。根据材料的期望服役应力以及实际观察到的典型缺陷尺寸，材料必须具备这一最小断裂韧性值以达到设计要求。虽然看起来这个指标可能不那么重要，但这有时是评估高强 TiAl 合金力学性能数据时所要考虑的。例如，挤压 γ-Md 合金的室温断裂韧性为 13 MPa·m$^{1/2}$(表 10.2)。若这一材料将被用于 σ_a = 500 MPa 的应力条件下，其许用裂纹尺寸即约为200 μm。应该指出的是，γ-Md 合金的室温屈服强度为 1 060 MPa，拉伸塑性伸长量约达 2.5%时的断裂强度为 1 120 MPa。这一数据，还有预期服役应力不到拉伸强度的 50%这一点，可从断裂韧性的角度给予人们利用这种材料的信心。

在 TiAl 合金的文献中，有一个经常被引用的明显矛盾，即当对全片层和双态组织进行比较时，断裂韧性和塑性的关系是相反的[41,75]。一般而言，全片层组织可表现出达 30 MPa·m$^{1/2}$的高断裂韧性，但其拉伸伸长率一般不超过 1%。相反，双态组织的拉伸塑性一般为 2%～3%，而其典型的断裂韧性值仅测得为 10～18 MPa·m$^{1/2}$。这一效应来自片层组织的塑性各向异性以及晶粒尺寸和裂纹形核的相互关系[42,76]。从实际角度出发，这意味着要根据所期望的应用来细致地选择合金的相组成和显微组织。另一个需要考虑的问题是韧性和塑性的变动性，其甚至可出现在同一个铸锭，或同一个挤压和锻造坯料上切取的样品中。若要在加工层面降低力学性能的离散性，就必须严格控制成分并对热机械处理工艺加以优化。

最近出现的一个问题是，人们发现 TiAl 合金暴露于中度高温条件下时容易发生脆化[65,66,77-82]。重要的是，这一效应出现于短时空气或真空中的暴露后，此时仅有极少或不可察觉的块体显微组织变化。这种现象来自脆性表面层的形成[77]、近表面的成分改变[77]、表面残余应力[82,83]、氧致[77]或氢致脆性[83,84]，或者是上述机制的组合。然而，如果可证明确已出现了氢脆(如在传统钛合金中那样[67,68])，那么看来还需要进行大量的研究工作以找到足够的办法来克服这一问题。无论如何，虽然这一现象令人关注且没有令人满意的解释，这种问题出现的范围还是很小的。

部分研究人员[83-87]着重强调，当低塑性金属间化合物合金应用于航空发动机部件时，要对其断裂韧性和塑性有所要求。他们指出，虽然 TiAl 合金的塑性极为有限，但在一些应用领域中可能也是允许的。例如，0.8%的失效塑性就足以缓解涡轮叶片与涡轮盘之间接触区域的接触应力了，尤其是在榫头半径处。读者可查阅上述文献以了解更多细节。

总结：TiAl 基合金对断裂韧性的要求取决于其工作应力水平。基于可测的缺陷尺寸和典型服役条件下的工作应力，其相对较低的断裂韧性在某些高温工程应用领域也是可以接受的。

10.7　对性能离散性的评价

γ-TiAl 合金的强度、塑性以及其他性能受到许多因素的影响，其中成分和加工工艺的影响最为重要。拉伸性能对显微组织的内部特征尤其敏感，如晶粒尺寸、γ 相对 α_2 的体积分数以及分布情况、织构和偏析等[88]。外部因素，如与表面相连的孔隙和机加工损伤，也可以对 TiAl 这样的脆性材料产生不利影响[89]。TiAl 合金室温下的本征低塑性及其离散性，以及其与应变体积相关的事实，共同表明从概率上确定合金的力学性能(如强度)可能是较为合适的[89]。这对于对安全性至关重要的零部件是非常敏感的，因为这类部件必须以材料性能的最小值而不是平均值为依据。

10.7.1　统计分析

在脆性的陶瓷材料领域，可利用 Weibull 统计学方法对断裂强度的离散性进行概率上的分析，见文献[90]中的说明。Danzer 等[91]对陶瓷材料中的断裂进行了综述，并对 Weibull 统计学做出了细致描述。在这种方法中，强度(或其他性能)的对数采用相对于材料断裂可能性的二次对数来排列。在实际中，

一组数量为 n 的拉伸实验对应了数量为 n 的不同强度数值，并将其由低至高排列。对于每个实验数据，根据其在排列中的位置给出一个断裂可能性的近似值 F_i。F_i 可由式(10.9)来估计[90]：

$$F_i = \frac{i - 0.5}{n} \tag{10.9}$$

式中，i 为排序中的位置(如 1 为性能数值最低的位置)；n 为实验的总数。因此，每一个测定的强度值(或其他性能)均对应一个特定的 F_i 值。随后基于每一次实验的 F_i 值绘制 Weibull 曲线，其中 y 轴为 $\ln\{\ln[1/(1-F_i)]\}$，x 轴为相应的强度值 ln[强度]。绘制出的实验数据曲线的斜率为 Weibull 模量 m，即为对性能离散度的评价。在绘制出的数据中，不同的数据梯度表明了决定断裂的不同流变类型。失效的可能性 $F(\sigma, V)$ 由式(10.10)给出[90]：

$$F(\sigma, V) = 1 - \exp\left[-\frac{V}{V_0}\left(\frac{\sigma}{\sigma_0}\right)^m\right] \tag{10.10}$$

式中，σ_0为特征强度，即当样品体积为 $V=V_0$、失效可能性 $F(\sigma, V) = 1-\exp(-1)$ 约为 63%时的强度值。Weibull 模量(m)数值低意味着强度的离散性高，即为保证构件的可靠性必须要设定大的安全裕度。对于断裂应力 σ 可能为 0 以上的任何数值的材料来说，$\ln\{\ln[1/(1-F_i)]\}$ 对 ln[强度] 的曲线被称为双参数 Weibull 曲线。在先进工程陶瓷材料中，已报道的最大 Weibull 模量数值不超过 35[89]。

10.7.2　TiAl 合金强度和塑性的离散性

利用 Weibull 统计方法对 TiAl 合金强度和塑性离散性的定量分析研究非常少，据本书作者所知，目前为止仅发表了两篇论文。第一篇论文来自 Biery 等[89]，他们研究了 4 种不同铸造条件下熔模铸造合金。第二篇论文来自 Paul 等[38]，他们研究了一种高铌含量合金，其在挤压后，在近 α 转变温度下热处理而后进行析出强化。除缓慢冷却粗晶 Ti-47Al-2Cr-2Nb 合金的失效强度双参数 Weibull 模量(m)值为 19 外[89]，上述两组研究均发现 TiAl 合金失效强度的离散性要低于最先进的陶瓷材料的，两组研究得到的 m 值为 47~95[89] 和 53[38]，如图 10.29。然而需要留意的是，即使对 Weibull 模量为 19 的铸造 TiAl 合金而言，仍可在其中观察到一定的塑性，这与陶瓷材料是不同的。

对于铸造合金，尤其是双态 $\alpha_2+\gamma$ 合金，可以发现断裂起始于发生了高度局部应变的晶粒团簇位置处[89]。尽管在片层组织中应变的分布更加均匀，但是仍可发现失效起始于高应变区域。实验表明，所测试材料的体积可影响断裂强度，即样品体积较大时，其强度值较低，这与陶瓷材料类似。

铸造合金屈服后，其力学性能的离散性主要由显微组织的尺度决定，并

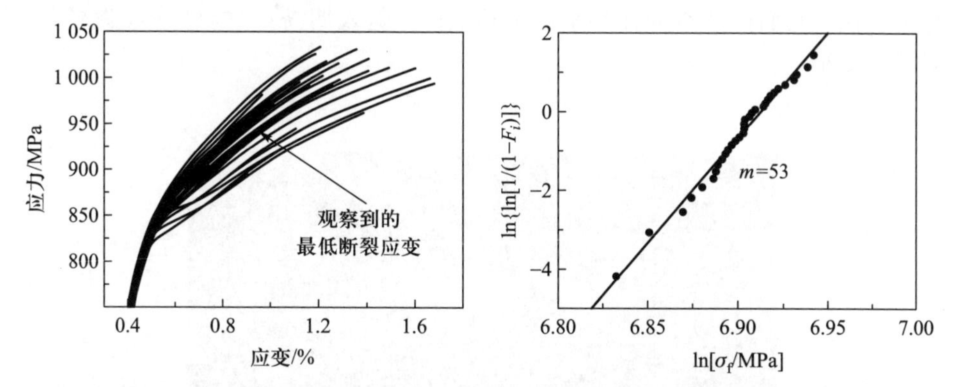

图 10.29 33 组室温拉伸测试数据的离散性及其相应的断裂强度双参数 Weibull 曲线[38]。所有的拉伸样品均表现出低塑性，断裂强度的离散性体现为 Weibull 模量值为 53。高铌含量 TiAl 合金(Ti-45Al-8Nb-0.2C)首先被挤压，而后进行近 α 转变温度的热处理，随后进行析出强化。材料显微组织的变化程度在图 10.31 中给出，即具有最大塑性伸长量和最高断裂强度的组织图片

受到冷却速度的影响[89]。Paul 等[38]推测样品之间的组织差异影响了其加工硬化行为，继而影响了失效时的塑性应变，如图 10.30 和图 10.31。挤压材料塑性应变的离散性非常大，双参数 Weibull 曲线中的 m 值为 4.4，如图 10.32。他们没有发表铸造合金的数据。而所有自挤压材料中制备出的拉伸样

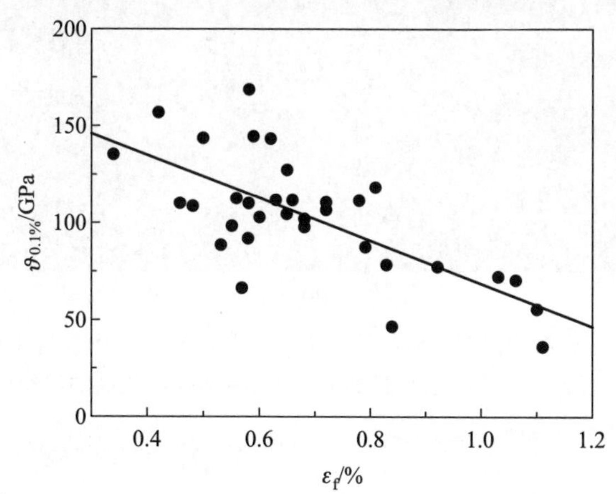

图 10.30 失效时的塑性伸长量与 0.1%塑性应变时的加工硬化率的关系图[38]。数据表明初始加工硬化率更高的样品倾向于比加工硬化率较低的样品更早断裂。这被认为是源自样品之间的显微组织差异，如图 10.31

品都产生了一定的塑性变形。需要指出的是，挤压材料的屈服强度约为铸造合金的两倍。它们的断裂韧性水平则是相似的，这表明挤压材料中的(临界)缺陷尺寸更小。

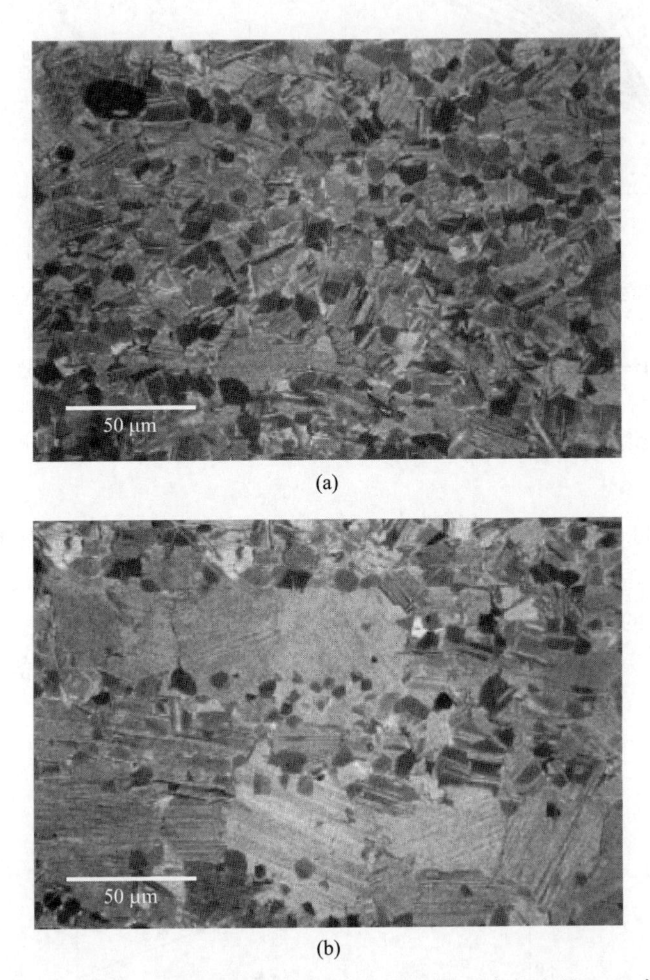

图 10.31　热处理工艺相近的拉伸样品的显微组织，取自挤压高铌含量 TiAl 合金(Ti-45Al-8Nb-0.2C)的不同位置处。塑性伸长量最高的组织(a)和强度最高的组织(b)

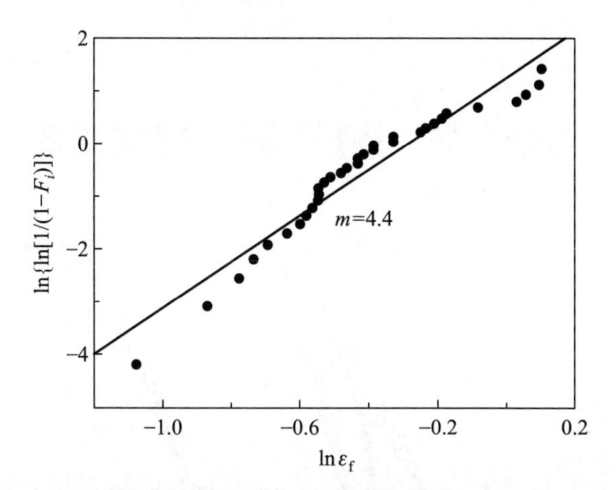

图 10.32 一组挤压后热处理的高铌含量 TiAl 合金失效时塑性伸长量的双参数 Weibull 曲线[38]。低 m 值为 4.4 表明了失效时塑性应变的高度离散性，而在加载过程的弹性阶段没有任何样品发生断裂

10.7.3 TiAl 合金断裂韧性的离散性

据本书作者所知，仅有一篇论文对 TiAl 的断裂韧性行为进行了统计分析[64]。上述研究采用山形缺口样品三点弯曲实验对不同合金的室温断裂韧性进行了表征。研究发现，细晶双态材料断裂韧性离散性的 Weibull 模量为 18~24，而粗晶片层组织的数值为 7~10，如图 10.33。图中表明在片层组织中裂纹相对于片层的取向对断裂韧性有重大影响。细晶双态组织断裂韧性的数值一般为 12~15 $MPa\cdot m^{1/2}$。而在片层组织中，当裂纹平行于片层界面时，其值为 8~19 $MPa\cdot m^{1/2}$；当裂纹跨越片层界面时，其值为 19~28 $MPa\cdot m^{1/2}$。

除拉伸和断裂韧性性能外，还可将概率的方法用于描述其他性能，例如 Weibull[90]、Jha 等[92]和 Soboyejo 等[93]对疲劳行为的研究。

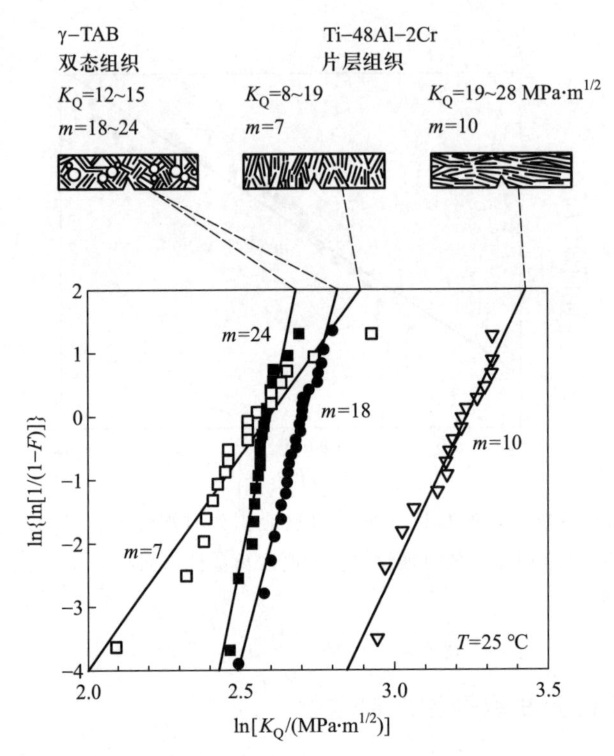

图10.33 Weibull 曲线，展示了不同双态 γ-TAB 合金（Ti-47Al-1.5Nb-1Cr-1Mn-0.5B-0.2Si）以及 Ti-48Al-2Cr 合金中裂纹相对于片层的取向不同时[64]（图片有所调整）室温断裂韧性（K_Q）的离散性。双态组织的断裂韧性在 12~15 MPa·$m^{1/2}$ 之间变化，其 Weibull 模量值为 18~24。片层组织的取向对断裂韧性有重要影响，平行于片层的裂纹比跨越片层的裂纹更易扩展。需要指出的是，此图中的断裂韧性以 K_Q 给出，但此数值随后被证明与 K_{Ic} 相同[38]。v_m = 0.01mm/min

参考文献

[1] Ewalds, H. L., and Wanhill, R. J. H. (eds) (1984) *Fracture Mechanics*, Edward Arnold Publishers, Baltimore.

[2] Anderson, T. L. (1995) *Fracture Mechanics: Fundamentals and Applications*, 2nd edn, CRC Press, Boca Raton, FL.

[3] Hertzberg, R. W. (1996) *Deformation and Fracture Mechanics of Engineering Materials*, 4th edn, John Wiley & Sons, Inc., New York.

[4] Schwalbe, K. H. (1980) *Bruchmechanik Metallischer Werkstoffe*, Carl

Hanser Verlag, München.

[5] Irwin, G. R. (1957) *J. Appl. Mech.*, **24**, 361.

[6] Griffith, A. A. (1920) *Philos. Trans. R. Soc. Ser. A*, **221**, 163.

[7] Knott, J. W. (1979) *Fundamentals of Fracture Mechanics (Revised)*, Butterworth's, London.

[8] Yoo, M. H., and Fu, C. L. (1992) *Mater. Sci. Eng. A*, **153**, 470.

[9] Yoo, M. H., Zou, J., and Fu, C. L. (1995) *Mater. Sci. Eng. A*, **192-193**, 14.

[10] Shih, G. C., and Liebowitz, H. (1968) *Fracture—An Advanced Treatise*, *Vol. II* (ed. H. Liebowitz), Academic Press, New York, p. 68.

[11] Yoo, M. H., and Yoshima, K. (2000) *Intermetallics*, **8**, 1215.

[12] Panova, J., and Farkas, D. (1998) *Metall. Mater. Trans. A*, **29A**, 951.

[13] Greenberg, B. F., Anisimov, V. I., Gornostirev, Y. N., and Taluts, G. G. (1988) *Scr. Metall.*, **22**, 859.

[14] Morinaga, M., Saito, J., Yukawa, N., and Adachi, H. (1990) *Acta Metall. Mater.*, **38**, 25.

[15] Song, Y., Xu, D. S., Yang, R., Li, D., and Hu, Z. Q. (1998) *Intermetallics*, **6**, 157.

[16] Song, Y., Yang, R., Li, D., Hu, Z. Q., and Guo, Z. X. (2000) *Intermetallics*, **8**, 563.

[17] Song, Y., Guo, Z. X., Yang, R., and Li, D. (2002) *Comput. Mater. Sci.*, **23**, 55.

[18] Appel, F., Christoph, U., and Wagner, R. (1995) *Philos. Mag. A*, **72**, 341.

[19] Appel, F. (2001) *High-Temperature Ordered Intermetallic Alloys IX*, *Mater. Res. Soc. Symp. Proc.*, vol. 646 (eds J. H. Schneibel, K. J. Hemker, R. D. Noebe, S. Hanada, and G. Sauthoff), MRS, Warrendale, PA, p. N. 1. 8. 1.

[20] Appel, F. (2005) *Philos. Mag.*, **85**, 205.

[21] Appel, F., and Oehring, M. (2003) *Titanium and Titanium Alloys* (eds C. Leyens and M. Peters), Wiley-VCH Verlag GmbH, Weinheim, p. 89.

[22] Umakoshi, Y., Nakano, T., and Ogawa, B. (1996) *Scr. Mater.*, **34**, 1161.

[23] Yakovenkova, L., Malinov, S., Karkin, L., and Novoselova, T.

(2005) *Scr. Mater.*, **52**, 1033.
[24] Irwin, G. (1948) *Fracturing of Metals*, ASM, Cleveland, OH, p. 147.
[25] Liebowitz, H. (1968) *Fracture—An Advanced Treatise*, *Vol. II*, Academic Press, New York.
[26] Hirth, J. P., and Lothe, J. (1992) *Theory of Dislocations*, Krieger, Melbourne.
[27] Gilman, J. J. (1958) *Trans. AIME*, **212**, 310.
[28] Hirth, J. P. (1993) *Scr. Metall.*, **28**, 703.
[29] Appel, F. (1999) *Advances in Twinning* (eds S. Ankem and C. S. Pande), TMS, Warrendale, PA, p. 171.
[30] Yoo, M. H. (1998) *Intermetallics*, **6**, 597.
[31] Simkin, B. A., Ng, B. C., Crimp, M. A., and Bieler, T. R. (2007) *Intermetallics*, **15**, 55.
[32] Deve, H. E., and Evans, A. G. (1991) *Acta Metall. Mater.*, **39**, 1171.
[33] Bowen, P., Rogers, N. J., and James, A. W. (1995) *Gamma Titanium Aluminides* (eds Y. W. Kim, R. Wagner, and M. Yamaguchi), TMS, Warrendale, PA, p. 849.
[34] American Society for Testing and Materials (1983) ASTM E 399 - 83. Standard Method for Plane Strain Fracture Toughness of Metallic Materials, Philadelphia, PA.
[35] Munz, D., Bubsey, R. T., and Shannon, J. L. (1980) *J. Test. Eval.*, **8**, 103.
[36] Whithey, P. A., and Bowen, P. (1990) *Int. J. Fracture*, **46**, R55.
[37] Eggers, L. G. (2000) Diploma Work, University Hamburg.
[38] Paul, J. D. H., Oehring, M., Hoppe, R., and Appel, F. (2003) *Gamma Titanium Aluminides* (eds Y. W. Kim, H. Clemens, and A. H. Rosenberger), TMS, Warrendale, PA, p. 403.
[39] Mitao, S., Tsuyama, S., and Minakawa, K. (1991) *Mater. Sci. Eng. A*, **143**, 51.
[40] Appel, F., and Paul, J. D. H. (2011) On the fracture toughness of high Niobium containing TiAl alloys, *Intermetallics*. To be published.
[41] Chan, K. S., and Kim, Y. W. (1992) *Metall. Trans. A*, **23A**, 1663.
[42] Kim, Y. W. (1995) *Mater. Sci. Eng. A*, **192–193**, 519.
[43] Kruzic, J. J., Campbell, J. P., McKelvey, A. L., Choe, H., and Ritchie,

R. O. (1999) *Gamma Titanium Aluminides* 1999 (eds Y. W. Kim, D. M. Dimiduk, and M. H. Loretto), TMS, Warrendale, PA, p. 495.

[44] Appel, F., Lorenz, U., Paul, J. D. H., and Oehring, M. (1999) *Gamma Titanium Aluminides* 1999 (eds Y. W. Kim, D. M. Dimiduk, and M. H. Loretto), TMS, Warrendale, PA, p. 381.

[45] Appel, F., Oehring, M., and Paul, J. D. H. (2008) *Mater. Sci. Eng. A*, **493**, 232.

[46] Chan, K. S., and Kim, Y. W. (1995) *Acta Metall. Mater.*, **43**, 439.

[47] Liu, C. T., Schneibel, J. H., Maziasz, P. J., Wright, J. L., and Easton, D. S. (1996) *Intermetallics*, **4**, 429.

[48] Wang, J. N., and Xie, K. (2000) *Intermetallics*, **8**, 545.

[49] Rogers, N. J., Crofts, P. D., Jones, I. P., and Bowen, P. (1995) *Mater. Sci. Eng. A*, **192–193**, 379.

[50] Kim, Y. W., and Dimiduk, D. M. (1991) *JOM*, **43**, 40.

[51] Deve, H. E., Evans, A. G., and Shih, D. S. (1992) *Acta Metall. Mater.*, **40**, 1259.

[52] Chan, K. S., and Davidson, D. L. (1993) *Structural Intermetallics* (eds R. Darolia, J. J. Lewandowski, C. T. Liu, P. L. Martin, D. B. Miracle, and M. V. Nathal), TMS, Warrendale, PA, p. 223.

[53] Chan, K. S. (1995) *Gamma Titanium Aluminides* (eds Y. W. Kim, R. Wagner, and M. Yamaguchi), TMS, Warrendale, PA, p. 835.

[54] Wagner, R., Appel, F., Dogan, B., Ennis, P. J., Lorenz, U., Müllauer, J., Nicolai, H. P., Quadakkers, W., Singheiser, L., Smarsly, W., Vaidya, W., and Wurzwallner, K. (1995) *Gamma Titanium Aluminides* (eds Y. W. Kim, R. Wagner, and M. Yamaguchi), TMS, Warrendale, PA, p. 387.

[55] Pippan, R., Höck, M., Tesch, A., Motz, C., Beschliesser, M., and Kestler, H. (2003) *Gamma Titanium Aluminides* (eds Y. W. Kim, H. Clemens, and A. H. Rosenberger), TMS, Warrendale, PA, p. 521.

[56] Nakano, T., Kawanaka, T., Yasuda, H. Y., and Umakoshi, Y. (1995) *Mater. Sci. Eng. A*, **194**, 43.

[57] Yokoshima, S., and Yamaguchi, M. (1996) *Acta Mater.*, **44**, 873.

[58] Heatherly, L., George, E. P., Liu, C. T., and Yamaguchi, M. (1997) *Intermetallics*, **5**, 281.

[59] Wang, P., Bhate, N., Chan, K. S., and Kumar, K. S. (2003) *Acta*

Mater., **51**, 1573.

[60] Zhang, T. (1994) Diploma Work, Technical University Hamburg-Harburg.

[61] Appel, F., Lorenz, U., Zhang, T., and Wagner, R. (1995) *High-Temperature Ordered Intermetallic Alloys VI*, *Mater. Res. Soc. Symp. Proc.*, vol. 364 (eds J. A. Horton, I. Baker, S. Hanada, R. D. Noebe, and D. S. Schwartz), MRS, Pittsburgh, PA, p. 493.

[62] Bowen, P., Chave, R. A., and James, A. W. (1995) *Mater. Sci. Eng. A*, **192-193**, 443.

[63] Oehring, M., Lorenz, U., Niefanger, R., Christoph, U., Appel, F., Wagner, R., Clemens, H., and Eberhardt, N. (1999) *Gamma Titanium Aluminides* 1999 (eds Y. W. Kim, D. M. Dimiduk, and M. H. Loretto), TMS, Warrendale, PA, p. 439.

[64] Lorenz, U., Appel, F., and Wagner, R. (1997) *Mater. Sci. Eng. A*, **234-236**, 846.

[65] Liu, T., and Kim, Y. W. (1992) *Scr. Metall.*, **27**, 599.

[66] Oh, M. H., Inui, H., Misaki, M., and Yamaguchi, M. (1993) *Acta Mater.*, **41**, 1939.

[67] Chu, W. Y., Thompson, A. W., and Wiliams, J. C. (1990) *Hydrogen Effects on Materials Behavior* (eds N. R. Moody and A. W. Thompson), TMS-AIME, Warrendale, PA, p. 543.

[68] Briant, C. L., Wang, Z. F., and Chollocoop, N. (2002) *Corrosion Sci.*, **44**, 1875.

[69] Appel, F., and Paul, J. D. H. (2011) The effect of internal stresses on the fracture toughness of TiAl alloys, *Mater. Sci. Eng. A*. To be published.

[70] McEvily, A. J. Jr., and Bush, R. H. (1962) *Trans. ASM*, **55**, 654.

[71] Larsen, D. C., Adams, J. W., Johnson, L. R., Teotia, A. P. S., and Hill, L. G. (1985) *Ceramic Materials for Advanced Heat Engines*, Noyes Publishing Co., Park Ridge, NJ, p. 249.

[72] Pellini, W. S. (May 1972) Criteria for fracture control plans. NRL Report 7406.

[73] Skinn, D. A., Gallagher, J. P., Berens, A. P., Huber, P. D., and Smith, J. (1994) *Damage Tolerant Design Handbook*, *A Compilation of Fracture and Crack Growth Data for High Strength Alloys*, CINDAS/ Purdue University, Lafayette, IN.

[74] Dimiduk, D. M. (1999) *Mater. Sci. Eng. A*, **263**, 281.

[75] Kim, Y. W. (1992) *Acta Metall. Mater.*, **40**, 1121.

[76] Hazzledine, P. M., and Kad, B. (1995) *Mater. Sci. Eng. A*, **192**, 340.

[77] Dowling, W. E., and Dolon, W. T. (1992) *Scr. Metall.*, **27**, 1663.

[78] Kelly, T. J., Austin, C. M., Fink, P. J., and Schaeffer, J. (1994) *Scr. Metall.*, **30**, 1105.

[79] Lee, D. S., Stucke, M. A., and Dimiduk, D. M. (1995) *Mater. Sci. Eng. A*, **192–193**, 824.

[80] Thomas, M., Berteaux, O., Popoff, F., Bacos, M. P., Morel, A., and Ji, V. (2006) *Intermetallics*, **14**, 1143.

[81] Planck, S., and Rosenberger, A. H. (1999) *Gamma Titanium Aluminides* 1999 (eds Y. W. Kim, D. M. Dimiduk, and M. H. Loretto), TMS, Warrendale, PA, p. 791.

[82] Draper, S. L., Lerch, B. A., Locci, I. E., Shazly, M., and Prakash, V. (2005) *Intermetallics*, **13**, 1014.

[83] Wu, X., Huang, A., and Loretto, M. H. (2009) *Intermetallics*, **17**, 285.

[84] Wright, P. K. (1993) *Structural Intermetallics* (eds R. Darolia, J. J. Lewandowski, C. T. Liu, P. L. Martin, D. B. Miracle, and M. V. Nathal), TMS, Warrendale, PA, p. 885.

[85] Knaul, D. A., Beuth, J. L., and Milke, J. G. (1999) *Metall. Mater. Trans. A*, **30A**, 949.

[86] Perrin, I. J. (1999) *Gamma Titanium Aluminides 1999* (eds Y. W. Kim, D. M. Dimiduk, and M. H. Loretto), TMS, Warrendale, PA, p. 41.

[87] Prihar, R. I. (2001) *Structural Intermetallics* (eds K. J. Hemker, D. M. Dimiduk, H. Clemens, R. Darolia, H. Inui, J. M. Larsen, V. K. Sikka, M. Thomas, and J. D. Whittenberger), TMS, Warrendale, PA, p. 819.

[88] Biery, N. E., De Graef, M., and Pollock, T. M. (2001) *Mater. Sci. Eng. A*, **319–321**, 613.

[89] Biery, N., De Graef, M., Beuth, J., Raban, R., Elliott, A., Austin, C., and Pollock, T. M. (2002) *Metall. Mater. Trans. A*, **33A**, 3127.

[90] Weibull, W. (1951) *J. Appl. Mech. Trans. ASME*, **18**, 293.

[91] Danzer, R., Lube, T., Supancic, P., and Damani, R. (2008) *Adv. Eng. Mater.*, **10**, 275.

[92] Jha, S. K., Larsen, J. M., and Rosenberger, A. H. (2005) *Acta

Mater., **53**, 1293.
[93] Soboyejo, W. O., Chen, W., Lou, J., Mercer, C., Sinha, V., and Soboyejo, A. B. O. (2002) *Int. J. Fatigue*, **24**, 69.

第 11 章 疲劳

到目前为止，TiAl 合金最受期待的工程应用部件均要承受变动或循环加载。变动的应力可产生累积的损伤，这通常将导致没有或仅有极小预警的失效。当驱动力很小，即远低于单向加载时同一裂纹扩展所需的驱动力时，疲劳裂纹也可以扩展。因此，γ-TiAl 合金的疲劳特性对部件的寿命预测和合金设计均有重要影响。在通常的定义下，根据应变的弹性和塑性部分的相对大小，一般可将疲劳分为两种类型。在高周疲劳(HCF)中，载荷和应变的变化相对较小，但是部件寿命中的循环次数却以百万计，即在部件发生振动时出现。在低周疲劳(LCF)中，载荷和应变的变化较大，但是这种情况并不频繁出现，如飞行器起飞或降落时。在研究高周疲劳系列时，需要进行不低于 10^4 次的循环，而在低周疲劳系列的研究中循环次数可少于 10^4。本章将对在这两种疲劳条件下收集到的 TiAl 合金的数据进行综述。

11.1　定义

对于 TiAl 合金中的大多数疲劳实验，样品均承受正弦波形的应力-时间载荷，其大小和频率均是恒定的。这种实验可用如下参数描述：

$$\begin{aligned}&\text{循环中的最大应力 } \sigma_{\max}；\\&\text{循环中的最小应力 } \sigma_{\min}；\\&\text{平均应力 } \sigma_{\mathrm{m}}=(\sigma_{\max}+\sigma_{\min})/2；\\&\text{交变应力幅 } \sigma_{\mathrm{a}}=(\sigma_{\max}-\sigma_{\min})/2；\\&\text{应力范围 } \Delta\sigma_{\mathrm{a}}=\sigma_{\max}-\sigma_{\min}；\\&\text{应力比 } R=\sigma_{\min}/\sigma_{\max}。\end{aligned}\tag{11.1}$$

另一组定义与含有足够长裂纹的样品相关，以适用于弹性断裂力学，即裂纹相对于材料结构特征(如片层团或晶粒)的长度尺度是更大的。Ⅰ型循环的应力强度因子范围 ΔK 为Ⅰ型应力强度最大和最小值的差：

$$\Delta K=Y(\sigma_{\max}-\sigma_{\min})\sqrt{\pi a_{\mathrm{c}}}\tag{11.2}$$

式中，a_{c} 为当前裂纹长度；Y 为约等于 1 的无量纲因数，其具体值取决于样品的几何尺寸。应力强度因子范围门槛值 ΔK_{TH} 定义为当 ΔK 低于某一值时，没有可观测的裂纹扩展。这一门槛值通常在裂纹扩展速率为 10^{-10} m/周次或更小时出现，由 ASTM 标准 E647 规定[1]。当低于 ΔK_{TH} 时，可认为疲劳裂纹为非扩展裂纹。一般地，ΔK_{TH} 取自 $R=0$，即裂纹是闭合的。然而，在当远程施加的载荷仍为拉伸应力时，疲劳裂纹仍可能是闭合的[2]。这种闭合效应最初被解释为拉伸循环中裂纹尖端的塑性变形。在塑性区域内的材料受到了周围材料的弹性约束。在加载时，这些弹性约束应力对裂纹面进行相反的预加载，相应地，即降低了随后的加载周次中的裂纹驱动力。假定仅当裂纹完全张开时才可发生疲劳裂纹的生长。因此，当数据允许时，有效的应力强度范围可定义为

$$\Delta K_{\mathrm{eff}}=Y(\sigma_{\max}-\sigma_{\mathrm{OP}})\sqrt{\pi a_{\mathrm{c}}}\tag{11.3}$$

式中，σ_{OP} 为裂纹张开时的应力。因此，裂纹的有效驱动应力强度范围 ΔK_{eff} 要低于名义裂纹尖端驱动应力强度范围 ΔK。σ_{OP} 由裂纹张开柔度来测定[3,4]。

裂纹扩展对循环应力强度的典型响应示意图如图 11.1。$\log(\mathrm{d}a/\mathrm{d}N)$ 对 $\log\Delta K$(也可以是 ΔK_{eff})的曲线一般呈“S”形且可以被划分为 3 个主要区域。区域Ⅰ为近门槛区域，有一个门槛应力强度范围 ΔK_{TH}。区域Ⅱ，在 log 标度上通常呈直线形，可由以下表达式进行理想的近似：

$$\frac{\mathrm{d}a}{\mathrm{d}N}=C_{\mathrm{P}}(\Delta K)^{n}\tag{11.4}$$

这就是广为所知的 Paris 法则[5]。经验裂纹扩展系数 C_P 和 n(Paris 指数)为常数，并假定裂纹在区域Ⅱ中可稳定扩展。值得指出的是，TiAl 合金的循环裂纹扩展抗力曲线一般由长度大于 3 mm 的长裂纹确定。在低应力下扩展时，长裂纹的行为可通过线弹性断裂力学(LEFM)来精确建模。在区域Ⅲ，疲劳裂纹加速生长，最终在最大应力强度 K_{max} 接近断裂韧性 K_{Ic}时，或在承担载荷的横截面积减小至其不能继续承载的临界点时发生突然断裂。

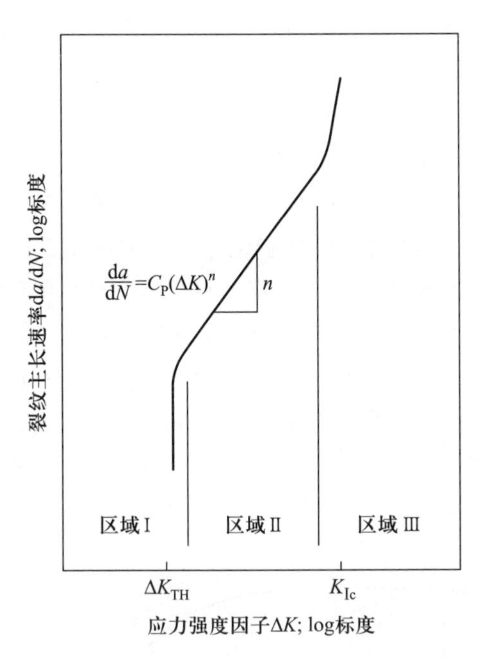

图 11.1 疲劳裂纹扩展特征的示意图

在轴向疲劳中，一个重要的考量是应力和应变在样品标距段内的均匀分布。标距段内应力和应变不均匀分布的主要原因是样品未对中而引发的弯曲。这可由样品受载时的偏离、样品夹持不良或者测试过程中加载部件刚度的不足而引发横向移动造成。对于像 TiAl 合金这样的脆性材料来说，这种样品对中不良可能使其疲劳寿命大幅下降[6]。测试中的微小差异可能导致力学行为的明显不同。因此，尽管在测试中已经非常小心，但是也几乎无法避免因测试条件而产生的数据离散。

11.2 应力-疲劳寿命(S-N)曲线

HCF 段的基础疲劳数据一般在循环应力水平对疲劳寿命的对数曲线中展示，即通常所说的 S-N 曲线。传统钛合金的曲线在相对较短的寿命范围内表现出急剧的下降，在较长的寿命范围内趋于平稳，接近应力渐近线。这一应力幅值被称为疲劳极限或耐久极限，它表明在这一应力水平以下，材料可承受无限的加载周次而不失效。这一行为与在 TiAl 合金中观察到的现象大相径庭[7-14]。尽管一些研究发现 TiAl 合金在短寿命范围内有疲劳强度的下降，但是在长寿命段，$S-N$ 曲线并不出现渐近线，却看起来将无限下降。因而这种材料就不存在疲劳极限，循环加载导致的失效仅仅是周次是否有足够的问题。另外，在长寿命段，$S-N$ 曲线相对平直。因此，试件的寿命可在若干数量级内变化，而 σ_{max} 的范围却很窄。图 11.2 展示了 Larsen[12] 在不同合金和显微组织中总结的室温疲劳寿命数据。疲劳强度 σ_{max} 确定于 10^6 周次并由抗拉强度 σ_{UTS} 均一化。在 $S-N$ 曲线中可明显观察到显微组织的重要作用。从图中可以看出，σ_{max} 总是与 σ_{UTS} 相仿。然而，这可能部分上源自应变速率效应，因为 σ_{UTS} 是在相对较低的应变速率 $\dot{\varepsilon}=10^{-4}\ s^{-1}$ 或与之相近的条件下测得的。但是，疲劳强度高比例接近于抗拉强度的现象相比于其他高温材料是较优的。XD 合金的 $S-N$ 曲线令人关注，因为直至 10^3 次循环，其仍几乎保持恒定，且材料的疲劳强度接近抗拉强度。可以认为这一区域内的材料经历了一般性的屈服和净塑性变形。在多数情况下，可观察到断裂起始位置位于样品表面。因此，疲劳寿命对样品的表面光洁度极为敏感[8]。文献中所报道数据的大多数不一致性可能与样品制备的方法有关。更多关于这一点的内容见第 18 章。

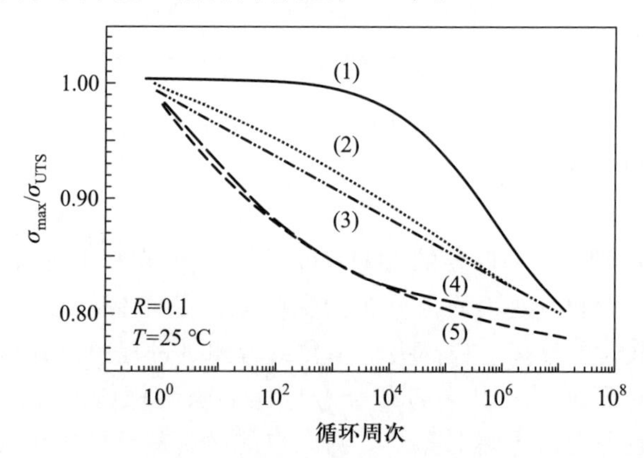

(1) Ti–47Al–2Nb–2Mn–0.8B(XD™处理后)
(2) Ti–46Al–2Cr–2.7Nb–0.2W–0.15Si–0.2C–0.1B
(3) Ti–46.5Al–2Cr–3Nb–0.2W(K5), 细化的全片层组织
(4) Ti–46.5Al–2Cr–3Nb–0.2W(K5), 片层组织
(5) Ti–46.5Al–2Cr–3Nb–0.2W(K5), 双态组织

图 11.2　显微组织对室温应力-疲劳寿命（$S-N$）曲线的影响。测试在空气中进行。σ_{max} 由抗拉强度 σ_{UTS} 均一化。数据来自 Larsen 等[12]

总结：TiAl 合金室温下的疲劳寿命特征为平直的 $S-N$ 曲线。因此，样品的寿命可在很窄的最大循环拉伸应力范围内相差几个数量级。

11.3　高周疲劳(HCF)

大多数 TiAl 合金的疲劳数据确定于应力比 $R=0.1$ 且频率一般为 20 Hz 的测试条件下。测试温度自室温至 900 ℃的范围内不等。

11.3.1　疲劳裂纹扩展

在低温和中温下，γ-TiAl 基合金中的疲劳裂纹扩展通常是非常迅速的。图 11.3 给出了许多研究者所观察到的趋势的样例[4,9,15-19]。裂纹扩展速率对施加的应力强度极为敏感。这就使 Paris 法则[式(11.4)]中的指数值较高，其比金属材料的典型数值高出了 5~10 倍。例如，近 γ 和双态合金的裂纹扩展速率在 1 MPa·m$^{1/2}$的应力强度变动范围内横贯了接近 6 个数量级。由此使 Paris 应力指数约为 $n\approx50$，这与在陶瓷中测得的数据相近[17,18]。作为比较，传统钛合金中的 Paris 指数约为 $n\approx3$。

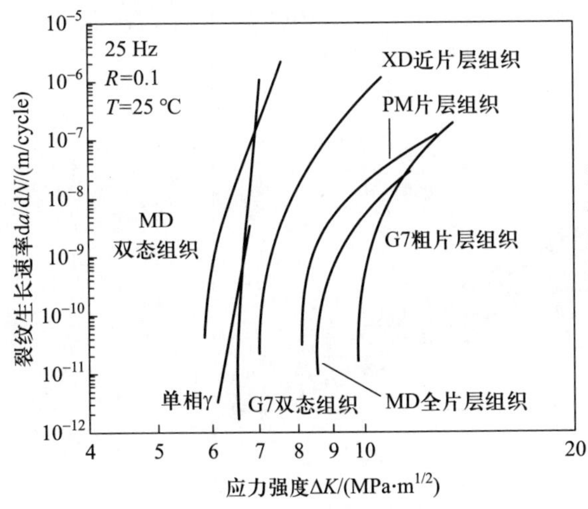

图 11.3　不同 TiAl 合金中(见图标)测定的疲劳裂纹扩展速率数据。总体上，片层组织比等轴 γ 和双态组织表现出更优的疲劳裂纹抗力。疲劳实验在 $R=0.1$，25 Hz，室温空气条件下进行。数据来自 Kruzic 等[19]，重新绘制

显微组织对循环裂纹扩展速率的影响非常显著，从广义上看，这与单向加载条件下观察到的效应类似(见 10.4.2 节)。图 11.4 展示了一些 γ-TiAl 基合金中疲劳裂纹扩展门槛值 ΔK_{TH}随等轴 γ 晶粒体积分数的变化[19]。对疲劳裂纹表

面形貌的金相分析表明，双态合金主要发生 γ 晶粒的穿晶解理断裂，从而裂纹扩展抗力较低[20]。片层组织显然大幅提升了疲劳裂纹扩展抗力，表现为更低的 Paris 指数 $n=10\sim30$ 以及显著较高的门槛应力强度范围 ΔK_{TH}。与单向加载类似，片层合金中的疲劳裂纹扩展路径取决于片层团的取向[21]。当裂纹表面在名义上垂直于束集的层片时，即发生穿片层裂纹扩展。当裂纹平面平行于片层界面时，即发生穿片层和沿片层的组合裂纹扩展。这些特征很可能导致了显著的疲劳裂纹扩展抗力各向异性，这是由 Gnanamoorthy 等[22]在对择优取向 Ti-46Al 片层合金的研究中发现的。在主裂纹前方也发现了多重裂纹，然而，与单向加载不同，裂纹桥接剪切条带的形成在疲劳中相对罕见。这在部分上可能是由于在 HCF 条件下本征较小的裂纹张开位移将桥接区域的范围限制在了裂纹尖端后部 300 μm 以内，而在单向加载时这一范围可达数毫米。另外，各分层终端的桥接失效相对较早，因此可以认为在疲劳条件下桥接带的韧化效果有限[4,20,23,24]。不管怎样，尽管可在优化的片层合金中获得较好的疲劳裂纹扩展抗力，目前仍难以采用裂纹扩展抗力曲线急剧下降的(即 $n\geqslant10$)的材料来设计部件，除非能精确地掌握施加在部件上的应力强度值。

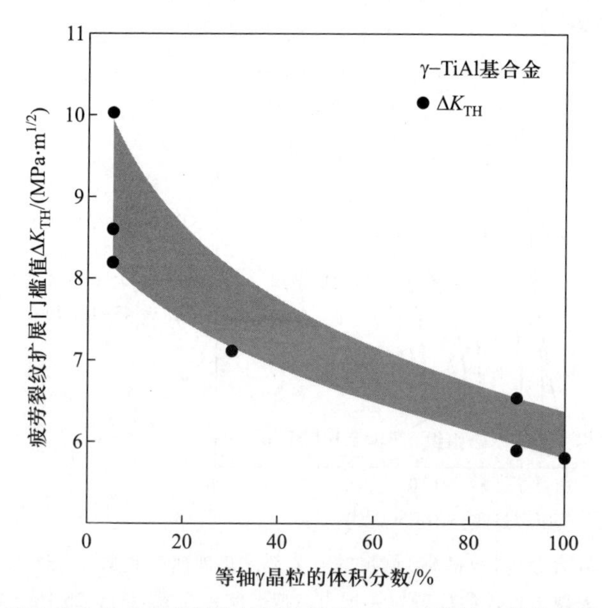

图 11.4　一些 γ-TiAl 基合金中疲劳裂纹扩展门槛值 ΔK_{TH} 随等轴 γ 晶粒体积分数的变化。数据来自 Kruzic 等[19]，重新绘制

总结：在室温下，TiAl 合金的疲劳裂纹扩展速率对循环应力强度极为敏感。这表明裂纹扩展阶段所占据的总体疲劳寿命部分是非常小的。片层合金相

对于其同成分的双态组织表现出更优的疲劳裂纹扩展抗力，这主要来自裂纹偏转和主裂纹尖端前部的微裂纹产生的有益的屏蔽作用。

11.3.2 裂纹闭合效应

11.1 节中已简略的指出，裂纹闭合可以显著影响疲劳裂纹扩展过程中的应力强度范围 ΔK。自 Elber 的早期工作[2]之后，人们提出了一些其他的裂纹闭合机制，相关综述见文献[25]。对于 TiAl 合金而言，与之相关可能机制如下：

(1) 由于残余变形的作用而产生的塑性诱导裂纹闭合，这在 11.1 节中已经阐述过；

(2) 由于断裂表面失配而产生的韧性诱导裂纹闭合；

(3) 由于相变导致的体积上升而产生的相变诱导裂纹闭合；

(4) 由于界面处微动碎片或腐蚀产物的侵入而产生的裂纹充填闭合。

Hénaff 等[3]阐述了近 γ 组织 Ti-48Al-2Cr-2Nb 合金的显著裂纹闭合现象。作者对室温不同应力比 R 条件下的裂纹扩展速率进行了测定，并采用柔度的方法观察了裂纹闭合和张开的现象。图 11.5 为根据式(11.3)对数据进行校正后效果。ΔK_{eff}与裂纹扩展行为吻合得很好，此时不同应力比条件下的疲劳裂纹扩展曲线集中在一个狭窄的离散带内。闭合修正通常会使裂纹扩展曲线几乎与较小

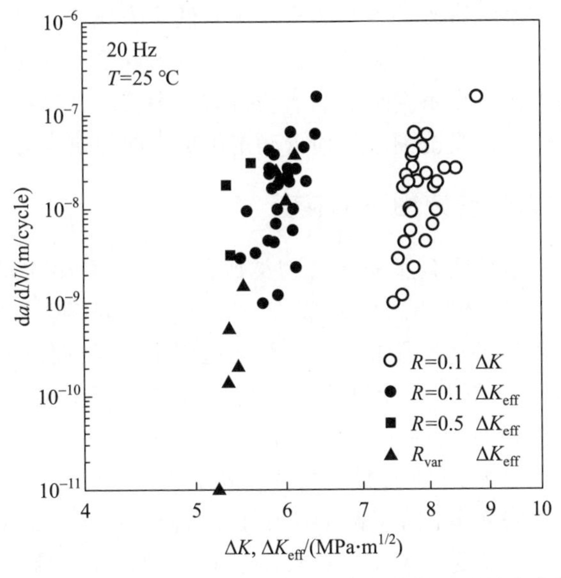

图 11.5 裂纹扩展速率 da/dN 以应力强度范围 ΔK 和闭合校正后的应力强度范围 ΔK_{eff}为函数的曲线。等轴近 γ 组织 Ti-48Al-2Cr-2Nb 合金，室温疲劳实验，R 值在图中标出。R_{var}对应于 $R=0.4\sim0.6$。数据来自文献[3]，重新绘制

的应力强度平行，从而使确定出的门槛值强度较小[3,14,26]。Worth 等[20]在双态和片层 Ti-46.5Al-3Nb-2Cr-0.2W 合金中也得到了相似的结果。

裂纹闭合校正也倾向于降低 11.3.1 节中所阐述的不同组织中疲劳裂纹扩展抗力的差异[14,27-30]。这一发现可以由韧性诱导裂纹闭合机制的不同贡献进行合理的解释，即上述机制(2)中总结的类型。在片层合金中，疲劳裂纹的扩展路径是非常曲折的，在断裂表面处的材料处于高度畸变状态。对于更大的片层团来说，应该会产生更加曲折和小平面形貌的断裂表面，这将使裂纹张开的载荷更高。相反，在等轴和双态组织中，裂纹表面非常平直，因此在裂纹尖端塑性区仅可产生非常有限的闭合效果。然而应该指出的是，即使在裂纹闭合将应力强度校正后，不同显微组织中的裂纹扩展抗力仍保持了显著的差异。因此，裂纹闭合校正在解释裂纹扩展速率与应力比的关系时最为重要。可以认为，不同的闭合形式可产生协同作用。例如，氧化诱导的闭合就需要微动作用。因此，闭合必须以另一种形式预先存在，如塑性诱导或韧性诱导闭合。各种不同机制的相对贡献量应取决于显微组织、相组成以及温度。这可能解释了有时可观察到的裂纹闭合效应较弱的现象[26]。然而，目前一致认为，当应力比 $R=0.45$ 或者更高时，TiAl 合金中不存在或仅有极少的闭合效应[30,31]。

总结：在 γ-TiAl 基合金中，应力强度驱动疲劳裂纹的扩展可被裂纹闭合现象而减弱。在室温测试条件下，闭合效应于低应力比 $R \leqslant 0.45$ 下出现。片层合金粗糙的断裂表面也表明了裂纹尾迹过早闭合的现象。晶粒尺寸非常细小的材料即使在低应力比下也不发生裂纹闭合行为。裂纹闭合校正将裂纹扩展曲线移至更小的有效应力强度范围，从而可确定出更小的门槛应力强度。

11.3.3　门槛应力强度范围下的疲劳

与脆性的陶瓷和其他金属间化合物类似，γ-TiAl 合金中的疲劳裂纹扩展速率对应力强度极为敏感(见 11.3.1 节)。这表明由 Pairs 模式下的裂纹扩展所占据的总体疲劳寿命部分是非常小的，并不适用于考察部件的寿命。Campbell 等[32]认为在这种条件下，可能更适宜采用门槛应力强度范围 ΔK_{TH} 来进行设计。这种损伤容限设计准则必须保证部件中的最大循环应力强度持续低于 ΔK_{TH}，以避免预留在缺陷处的裂纹快速扩展而使材料失效。需要了解的是，ΔK_{TH} 为长裂纹扩展门槛范围值(见 11.1 节)。然而，在这样的低应力强度水平下，疲劳寿命可能明显受到了短裂纹形核和长大的影响。这是在利用 ΔK_{TH} 作寿命预测时伴有的最主要的问题。基于文献[1]中的大致分类，可对不同类型的短裂纹进行区分。对于 TiAl 合金而言，所谓的“组织”短裂纹是非常重要的，其长度与显微组织的尺度相当。短裂纹扩展可能比线弹性断裂力学的预测更加迅速，这可能是因为应力水平太高从而超过了小尺度下的屈服条件，也可能是因为显微组织特征严重影响了裂纹扩展行为[33,34]。另外，短裂纹可能在 ΔK 值下生长，它比基于长裂纹扩展速率确定的门槛应力强度范围 ΔK_{TH} 还要低(见11.1 节)。这必然将图 11.1 中的"S"形疲劳裂纹扩展曲线的区域Ⅰ迁移至更低的应力强度位置处。因此，当推广至短裂纹行为时，基于"S"形裂纹扩展曲线而作出的寿命预测可能将导致不保守的估计结果。基于这一物理和工程上的重要性，一些研究者对 TiAl 合金中短裂纹的循环生长行为进行了研究。多数情况下，可利用电火花加工引入典型长度为 $a_S = 25 \sim 500\ \mu m$ 的小表面裂纹，而后将其置于不同循环应力强度下的实验以观察它们的生长速率。在不同($\alpha_2+\gamma$)两相合金中得到的研究结果可总结如下：

(1) 在室温以及相同的 ΔK 加载水平下，短表面裂纹比具有一定深度的长裂纹扩展得更快[23,32]，有时可高出几个数量级[19]。图 11.6 比较了不同短裂纹和长裂纹的生长速率，实验对象是室温下的片层和双态 Ti-47Al-2Nb-2Cr-0.2B 合金[32]。短裂纹的反常行为可能源自裂纹前进过程中裂纹尖端后方的断裂面缺少早期接触，与之相反的是，在低应力强度下的长裂纹行为中，这是一个典型现象。从广义上说，短裂纹的生长行为与长裂纹在高应力比条件下的情形类似。

(2) 在低于长裂纹门槛应力强度范围 ΔK_{TH} 的 ΔK 加载水平下，短裂纹可以扩展[23,24,32]。基于短裂纹为在单个晶粒或片层团内部扩展的解理裂纹这一点，可对上述观察结果[还有对(1)中情形的评述]进行合理的解释。这种穿晶解理断裂出现在低指数晶体学平面上，极低的断裂韧性是其特征(见 10.2 节)。

(3) 粗晶片层合金中的短裂纹行为比细晶双态合金更加明显[23,24]。

(4) 以短疲劳裂纹不扩展为准则定义的门槛应力强度范围比以长裂纹为准则更加细化，必须针对特定的合金组织。对于双态合金，如果已采用裂纹闭合和裂纹尖端屏蔽进行了校正而得出了有效门槛应力强度范围值$(\Delta K_{TH})_{eff}$，那么以长裂纹确定的裂纹扩展抗力曲线可作为指导[35,36]。Kruzic 等[19]在 Ti-48Al-2Nb-2Cr-0.2B 双态合金中证明，在低于这一应力强度水平时，短表面裂纹(a_S>25 μm)将不会生长。在损伤容限设计中，双态合金的这一行为可能是一个潜在的优势。

(5) 在片层合金中看来并不存在生长门槛值[4,19,23,24]。当短表面裂纹的长度小于片层团半径时，看起来其无论如何都将生长，α_2 和 γ 相的解理各向异性使裂纹易沿界面扩展(见 10.4.2 节)。可以认为这些裂纹在某一时刻将受阻于片层团边界处。这就增加了片层团边界作为潜在裂纹形核位置的可能性。更多的循环周次在裂纹尖端附近提供了足够的损伤，从而使得裂纹最终可以生长至相邻片层团内部，使裂纹扩展速率再次上升。从这一方面看，小的片层团尺寸可以提高小裂纹的生长抗力。一旦一条短裂纹长度扩展至片层团尺寸的若干倍，片层团的边界就不能再像对小裂纹那样提供足够的约束了；最终就形成了包含若干个片层团的作用区域。因此，描述小裂纹的抗力曲线与长裂纹的曲线相合并。

（6）目前还欠缺的是以短裂纹在片层合金中无法扩展而定义的门槛应力强度范围，这在合金设计中是需要注意的一个问题。虽然大的片层团尺寸可以对长裂纹扩展提供相对较好的抗力，但是在细化的片层结构中，正如 Worth 等[4] 指出，这一效果可能还不及微裂纹单元尺寸的下降而造成的短裂纹扩展效应显著。

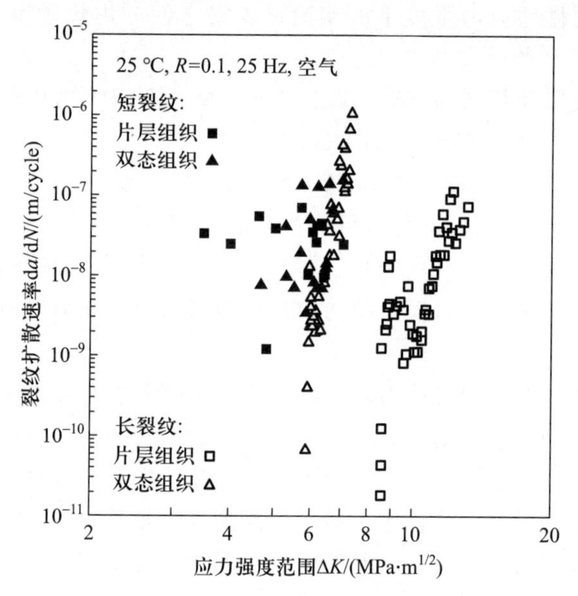

图 11.6　片层和双态 Ti-47Al-2Nb-2Cr-0.2B 合金中，具有一定深度的长裂纹（裂纹长度 a_S>5 mm）以及短表面裂纹（裂纹长度 a_S = 35～275 μm）的疲劳裂纹扩展速率。数据来自 Campbell 等[32]，重新绘制

总结：对双态合金而言，可以由短裂纹和长裂纹均不生长来定义有效门槛应力强度范围。在片层 TiAl 合金中，短疲劳裂纹在应力强度远小于由长裂纹确定的门槛应力强度范围 ΔK_{TH} 时也会生长。因此，若将基于（由长裂纹确定的）“S”形裂纹扩展曲线而作出的疲劳寿命预测推广至短裂纹行为，可能会导致不保守的估计结果。

11.4　温度和环境对循环裂纹扩展抗力的影响

粗略来看，TiAl 合金中的疲劳裂纹扩展抗力似乎对实验温度（25～800 ℃）相对不太敏感[9,21,29,37-39]。图 11.7 展示了恒定应力强度 ΔK = 10 MPa·m$^{1/2}$ 下裂纹扩展速率随温度的函数。实验数据取自细化的 Ti-46.5Al-3Nb-2Cr-0.2W 合金片层组织[26]。裂纹扩展速率在 200~600 ℃之间逐渐上升，在越过 650 ℃处的最大值后随温度的升高而急剧下降。在 800 ℃下，裂纹的生长速率极小，低于 10^{-10} m/周次。Balsone 等[9]在同样名义成分的合金中测定了 Paris 法则的常数[见式(11.4)]以及门槛应力强度范围，见表 11.1。需要指出的是，高温下的裂纹扩展特征取决于测试频率。将表 11.1 中所列数据与同一合金 20 Hz 条件下[40]测得的数据进行比较，可以很明显地发现这一点。

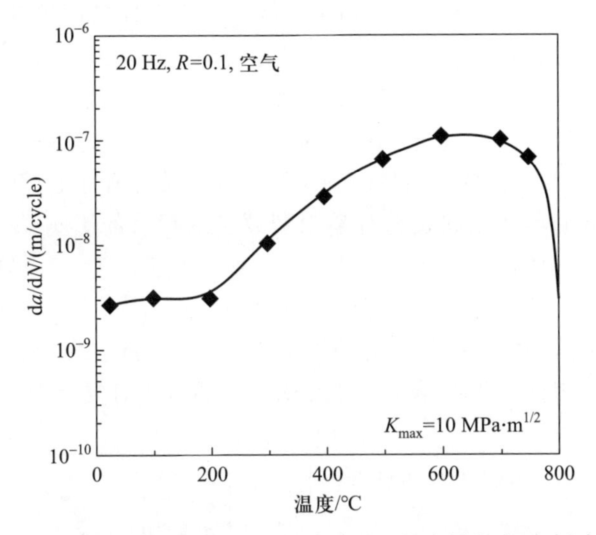

图 11.7 细化的 Ti-46.5Al-3Nb-2Cr-0.2W 合金(K5)片层组织在恒定应力强度 ΔK = 10 MPa·m$^{1/2}$下裂纹扩展速率随温度的函数。数据来自 Rosenberger 等[26]，重新绘制

表 11.1 Ti-46.5Al-3Nb-2Cr-0.2W 合金片层和双态组织中测定的 Paris 法则常数和门槛应力强度范围

显微组织	T/℃	$C_P \times 10^{19}$	n	ΔK_{TH}/(MPa·m$^{1/2}$)
片层组织	23	2.89	10.5	7.8
	600	1.34	3.23	4.5
	800	1.94	3.60	9.7
双态组织	23	4.47	27.8	6.0
	600	1.62	5.96	2.5
	800	4.15	7.65	7.1

表中数据为在空气中测试得到，R = 0.1，频率为 1 Hz。C_P 为裂纹扩展系数，n 为式(11.4)中的 Paris 指数，ΔK_{TH} 为门槛应力强度范围，数据来自文献[9]。

在空气中 800 ℃或以上温度下测试的样品的断裂表面一般会发生严重氧化而无法观察其细节。将这一缺陷考虑在内，目前的金相观察结果总结如下。在 800 ℃下，看起来预裂纹样品的疲劳失效以脆性微观机制为主。金相分析发现了混合的穿晶和沿晶断裂特征，二者的相对贡献量应该是取决于实验细节，如应力幅和频率等[7]。与室温疲劳类似，相比于片层组织，γ 晶粒降低了双态合金的裂纹扩展抗力，表现为更高的 Paris 指数以及更低的门槛应力强度范围[21,9]。

在超高真空、800 ℃条件下，所测试的片层合金样品中出现了塑性的片层内断裂和穿晶断裂特征。有充分的实验证据表明，环境因素对疲劳裂纹扩展速率有重要的影响[25,41-43]。在空气中，裂纹扩展速率一般比真空中测定的裂纹扩散速率至少高出一个数量级，图 11.8 在片层 Ti-48Al-2Mn-2Nb 合金中展示了这一点[43]。然而，在疲劳断裂的表面形貌中并没有清楚地反映出脆性断裂：所观察到的差异并不能反映实验环境对裂纹扩展行为的影响[26]。因此，环境造成不利影响的具体机制目前还不清楚。一些研究者认为，环境脆性源自空气中的水蒸气释放的氢，这与铁铝合金的环境脆性类似[41,43]。无论如何，环境脆性与控制本征疲劳裂纹扩展抗力的机制叠加到了一起。由于这些过程可能随温度发生变化，因此对 TiAl 合金高温疲劳的分析是十分复杂的。

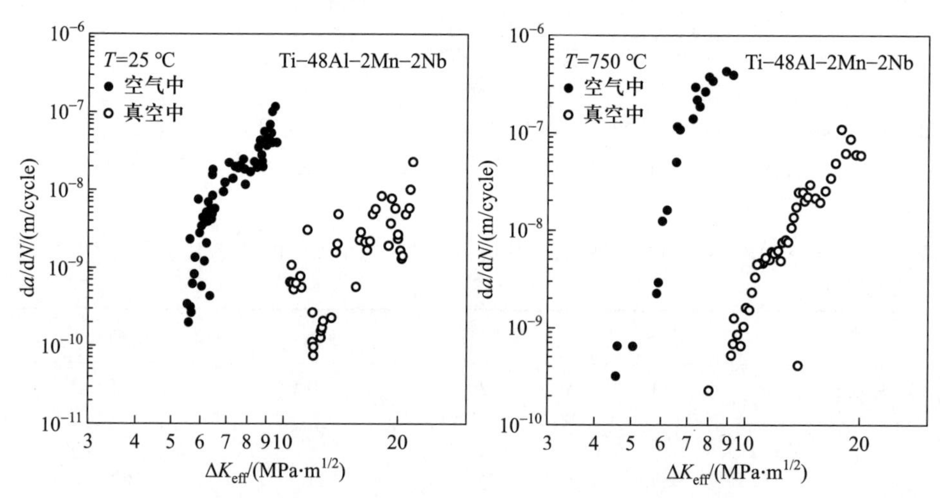

图 11.8　实验环境对全片层 Ti-48Al-2Mn-2Nb 合金室温和 750 ℃下疲劳裂纹扩展的影响。数据来自 Hénaff 等[43]，重新绘制

TiAl 合金高温疲劳的一个重要特征是裂纹扩展特性的反常温度现象，这已在 25～800 ℃空气环境下的实验中观察到了[9,29,37,38,44-46]。图 11.9 展示了这一效应在 25 ℃、600 ℃和 800 ℃空气中测得的裂纹扩展抗力曲线上的表现[45]。

显然，在600 ℃下的门槛应力强度范围最低，800 ℃下的最高，而25 ℃下的数值则位于二者之间。600 ℃下的裂纹扩展速率要比室温下高出至少两个数量级，具体取决于应力比。Balsone 等[37]发现，最高裂纹扩展速率出现在425 ℃，即比600 ℃还要低一些。因此，看起来两相合金最差的疲劳性能出现在中温400~650 ℃区段。由于裂纹扩展的这一反常特征在真空疲劳测试条件下并不明显，Larsen 等[29]认为疲劳裂纹扩展抗力实际上是随温度而上升的，并且中温下观察到的反常高扩展速率是由(未明确的)环境脆性决定的。当实验温度进一步提高时，这一效应被更多热辅助塑性的贡献所掩盖。值得注意的是，425 ℃下空气中测试的样品并未发生氧化，而600 ℃下测试的样品通常会有轻微的表面氧化现象。

McKelvey 等[45]认为，在中温范围内(400~650 ℃)裂纹扩展速率并未加速，而在800 ℃下却被减速了。这一800 ℃下的疲劳裂纹扩展抗力上升来自氧化导致的裂纹闭合效应，它在接近门槛应力强度范围 ΔK_{TH} 处阻止了裂纹扩展。的确，在双态 Ti-47.4Al-1.9Nb-0.9Mn+1 vol.% TiB_2(XD)合金中，800 ℃下产生的氧化已接近微米尺度。观察发现的裂纹扩展曲线随应力比 R 的变化(图11.9)看起来支持了这一观点，因为裂纹闭合效应被认为对 R 敏感(见11.3.3节)。确实，在进行裂纹闭合校正后，600 ℃和800 ℃下测定的裂纹扩展速率趋近重合。然而在600 ℃下，由裂纹闭合校正后的数据所确定的门槛应力强度范围比25 ℃下的要低。另外，人们并不信服裂纹扩展速率取决于 R 这一点，因为这一研究是在含有70%片层团的双态合金中进行的。由于难以与氧化造成的效果区分开来，裂纹尾迹韧性造成的效果可能令片层团产生了显著的裂纹闭合效应。由于这一情形并不明确，另一种基于位错钉扎的机制也可能对400 ℃和650 ℃下观察到的裂纹反常快速扩展现象产生贡献。在这一温度范围内，位错周围可能会因为有序缺陷气团的形成而产生动态应变时效。由一个 Ti_{Al} 反位原子缺陷和一个空位形成的弹性偶可使位错周围的应力场取向发生变化(见6.4.3节)。缺陷气团可能在疲劳裂纹的塑性区域对位错运动形成有效钉扎。根据静态应变时效实验，这种钉扎机制的最有效温度可确定为约250 ℃，这明显低于产生最高疲劳裂纹扩展抗力的温度。然而，由于动态应变时效是由扩散和位错运动速度共同决定的，故其可随应变速率发生变化[47]。在这里讨论的频率为10~25 Hz的疲劳变形条件下，名义应变速率显然大幅高于(大约1 000倍)静态应变时效实验中设定的数值。这一应变速率的差异可能将疲劳条件下位错钉扎的最有效温度提高了。当进一步提高实验温度(800 ℃)时，由于气团的溶解而使位错钉扎效应消失。需要指出的是，这种钉扎过程在所有两相合金中均可出现，并且几乎与显微组织无关。

总结：在25~800 ℃温度范围内，γ-TiAl 基合金的疲劳裂纹扩展抗力看起

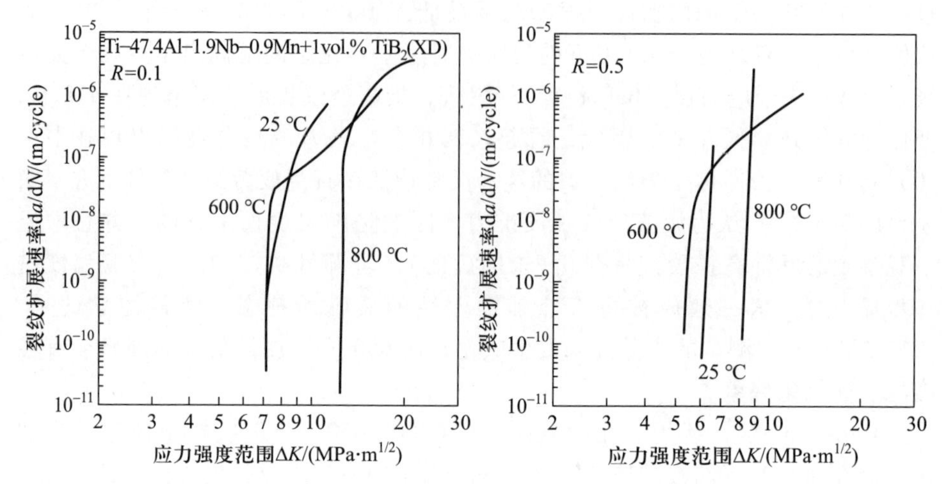

图 11.9　双态 Ti-47.4Al-1.9Nb-0.9Mn+1vol.% TiB_2(XD 处理)合金在不同应力比 $R=0.1$ 和 $R=0.5$ 条件下裂纹扩展抗力曲线 da/dN 对 ΔK 的关系。注意疲劳门槛应力强度范围在 600 ℃时最低，而在 800 ℃时最高，在 25 ℃时位于二者之间。数据来自文献[45]，重新绘制

来受实验温度的影响相对较小。这种明显的温度不敏感性很可能是由几种机制的共同作用导致的。在很宽的温度范围内出现的环境脆性与控制疲劳裂纹扩展的本征因素相叠加。在 500 ℃附近的中温区，疲劳性能可能由于位错被缺陷气团钉扎而受到影响。

11.5　低周疲劳(LCF)

11.5.1　总体认识

高温工程应用中的许多部件在运行过程中将承受偶然较高的力或热的转变。此外，尽管部件在名义上的受载较小，但在应力集中时仍可能出现局部塑性变形。这些局部变形的区域因仍被周围基体材料弹性约束而受到了循环塑性应变的作用。在这种条件下，即通常在所谓 LCF 或应变控制疲劳时，总体设计寿命可能仅包含了几百次或几千次的此类大应变循环作用。涡轮发动机叶片或叶盘即为受应变控制疲劳的典型部件。这些部件的局部区域可能受到高应力和高应变，这些变动来自外部加载的变化、突发的几何形状改变、温度梯度以及材料的瑕疵等因素。

在这种加载条件下，应对 TiAl 合金需特别谨慎，因为这种材料由于原子键合的有序性和方向性而表现出极低的塑性以及本征脆性。如 5.1 节所指出，

合金主要相 γ-TiAl 中全位错的伯格斯矢量为 $\boldsymbol{b}_{\langle 110]}=1/2\langle 110]$、$\boldsymbol{b}_{\langle 011]}=\langle 011]$、$\boldsymbol{b}_{\langle 112]}=1/2\langle 11\bar{2}]$，它们优先在$\{111\}_\gamma$晶面上滑移。伯格斯矢量为 $\boldsymbol{b}_{\langle 011]}$ 和 $\boldsymbol{b}_{\langle 112]}$ 的超位错表现出非对称的扩展位错芯，使它们的滑移阻力对运动方向敏感。另外，所有这些位错均受到高点阵阻力，使它们的可动性下降。γ-TiAl 中另外的一种显著的变形机制为沿 $1/6\langle 11\bar{2}]\{111\}$ 方向的形变孪晶。这一机制辅助了 γ-TiAl 的 $L1_0$ 单胞结构在 $\boldsymbol{c}$ 方向上的变形。但是，与 fcc 金属中的孪晶不同，在每个$\{111\}_\gamma$晶面上仅有一个孪晶剪切方向是可行的。由于孪晶的切变是单向的，取向范围不同的晶粒就无法进行孪晶变形。考虑到滑移和孪生的各向异性，在多晶 TiAl 合金中的某些晶粒取向下就很难产生变形，即塑性的响应取决于加载的方向和方式。基于这些原因，可以认为 TiAl 合金的 LCF 性能强烈依赖于塑性的微观机制。

总结：LCF 是由循环应变扩展至塑性区域带来的一种渐进性的失效现象。TiAl 合金承受这种加载条件的能力受由位错尺度下的塑性各向异性、缺乏独立滑移系以及孪晶系统无法产生反方向的塑性应变而导致的固有限制。

11.5.2 循环应力响应

人们对多晶 TiAl 合金的 LCF 研究相对较少。大多数研究所采用的合金成分是基于 Ti-(46~49)Al，并含有若干第 3 或第 4 组元元素。这些合金室温下的屈服强度一般为 $\sigma_0=400\sim500$ MPa，且韧脆转变温度为 650~700 ℃。由于上一部分所述的塑性问题，多数研究均是在百分之零点几的低应变幅以及 $10^{-4}\ s^{-1}$的低应变速率，或与之相似的实验条件下进行的。文献[14]对这些合金的 LCF 性能进行了综述。仅在最近，人们才在高强度合金中开展了 LCF 实验[48]。图 11.10 对在高强度 Ti-45Al-8Nb-0.2C(TNB-V2)合金中开展这些实验的内在困难进行了说明。图中展示了 33 组室温拉伸实验的应力-应变曲线以及在 LCF 测试中应用的循环应变幅。总体循环应变幅为 $\Delta\varepsilon_t/2=0.7\%$，远高于屈服点，仅略小于单向加载条件下测得的最低拉伸应变 $\varepsilon_f=0.8\%$。因此，在 LCF 过程中将积累大量的塑性及损伤，这非常容易导致失效。室温的失效一般发生在几百或几千周次循环之后。可以认为，循环应力幅越大，疲劳寿命就越短。高疲劳寿命一般出现在循环饱和应力低于抗拉强度的情况下[49-53]。

图 11.11(a)为 3 种温度条件下 $N=300$ 时 Ti-45Al-8Nb-0.2C(TNB-V2)近片层组织合金的典型应力-应变滞后回线[48]。塑性应变幅以及失效时所达的循环次数见表 11.2。从表中可明显观察到塑性应变幅随温度上升，初看起来这似乎是不利的，因为如上文所述，应变幅上升时，等温疲劳寿命一般会下降。与 25 ℃和 550 ℃的 LCF 数据相比，850 ℃下材料较高的塑性掩盖了由大应变幅

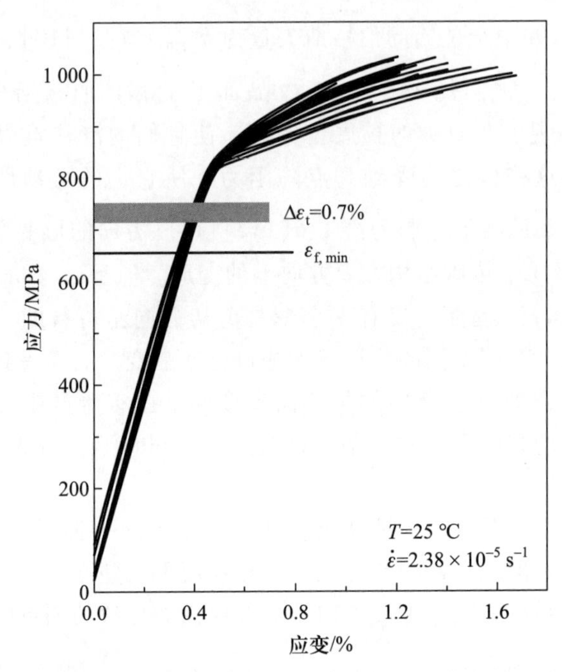

图 11.10　TiAl 合金的低周疲劳。33 组室温拉伸试验的应力-应变曲线。图中标出的总体循环应变幅 $\Delta\varepsilon_t/2=0.7\%$ 对应的拉伸塑性应变约为 $\varepsilon_{pl}=0.25\%$。挤压 Ti-45Al-8Nb-0.2C (TNB-V2)合金，近片层组织

导致的累积损伤。此合金中由脆性到塑性变形行为的转变出现在约750 ℃。图 11.11(b)展示了基于滞后回线拉伸部分构建的以加载周次数量为函数的循环应力响应曲线。相应地，材料在室温下表现出循环硬化，在 550 ℃下的应力响应几乎饱和，在 850 ℃下则发生循环软化。这一观察结果本质上与其他文献中报道的 α_2-Ti_3Al+γ-TiAl 合金是一致的[14,52-56]。一些研究人员[6,54,55,57]认为疲劳数据遵守 Coffin-Manson 关系[57,58]，即塑性应变幅 $\Delta\varepsilon_p$ 的对数与失效时所达循环周次的对数呈线性关系。

表 11.2　近片层组织 Ti-45Al-8Nb-0.2C(TNB-V2)合金的 LCF 数据汇总，$R=-1$，$\Delta\varepsilon_t/2=0.7\%$

T/℃	$\Delta\varepsilon_p/2$/%	N_f
25	0. 05	641
550	0. 13	452
850	0. 3	501

注：T 为温度，$\Delta\varepsilon_p/2$ 为 300 周次下的塑性应变幅，N_f 为失效时所达的循环周次数。数据来自文献[48]。

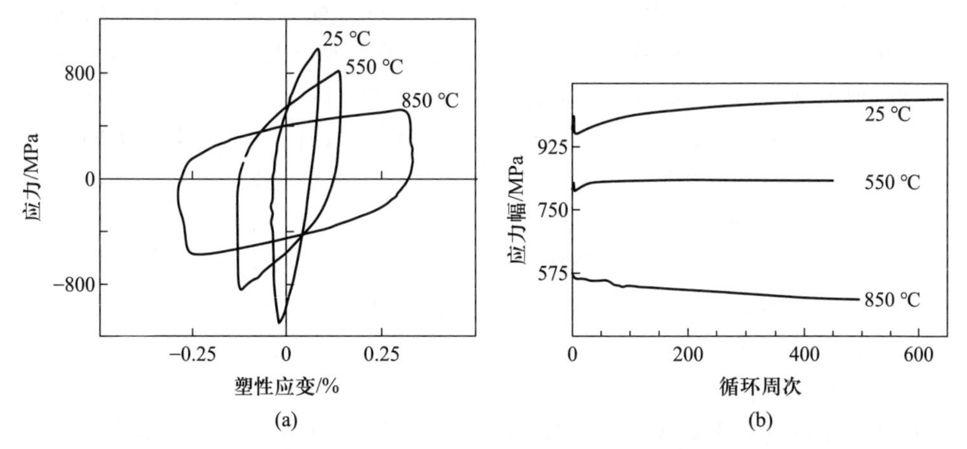

图 11.11 近片层组织 Ti-45Al-8Nb-0.2C(TNB-V2)合金中观察到的 LCF 特征，$R=-1$，$\Delta\varepsilon_t/2=0.7\%$，实验温度在图中标出。(a) 在 $N=300$ 周次下观察到的应力-应变滞后回线；(b) 至样品失效的循环应力响应。数据来自 Appel 等[48]

Recina 和 Karlsson[6,51,59]的研究表明，中温(600 ℃)下双态合金的疲劳寿命比其片层组织的疲劳寿命高。这是可以理解的，因为在单向加载时双态合金的塑性更好。Park 等[56]在含碳 Ti-46.6Al-1.4Mn-2Mo-0.3C 合金片层组织中发现其 LCF 寿命上升，高于相同成分的不含碳合金。作者将这一效应归因于片层间距的细化。对 LCF 样品疲劳断口的分析表明，其中包含了所有在 HCF 实验中观察到的特征，因此前文描述的所有 HCF 的特点至少可以定性地适用于 LCF 中。与之类似，实验的气氛也有显著并复杂的影响效果[60]。

总结：在 LCF 条件下，当塑性循环应变幅为百分之零点几时，TiAl 合金样品的疲劳寿命仅限于几百周次的循环，并对温度相对不敏感。LCF 寿命在很大程度上由每一周次的非弹性应变量决定。室温下发生循环硬化，高温下发生循环软化。双态合金的 LCF 寿命要高于其同成分下的片层组织。

11.5.3 循环塑性

Huang 和 Bowen[61]利用透射电子显微镜对全片层 Ti-48Al-2Mn-2Nb 合金室温疲劳样品进行了分析。疲劳结构中的一个明显特征为出现了滑移带和细小的形变孪晶。滑移带和平行的压杆位错有关，其被认为是由斜交{111}晶面上的双交滑移导致的位错反应的产物。微裂纹的迹线与滑移带平行，这使作者认为穿片层裂纹出现在滑移带形成之后。Gloanec 等[62]也观察到了类似的不均匀变形结构。然而需要指出的是，其他的一些研究则发现位错和孪晶是相对均匀分布的[63,64]。

Umakoshi 等[65-68]对 PST 晶体的研究发现，疲劳性能相对于加载轴的取向有明显的各向异性，这与在单向加载中观察到的现象类似(见 6.2.5 节)。在所谓的软取向下(片层平面相对于加载轴向的夹角 $\Phi=45°$)，循环硬化相对较低。变形由普通位错滑移、⟨101]超位错和平行于片层平面的$\{111\}_\gamma$晶面上的形变孪晶提供。他们发现这些机制的相对贡献量取决于片层内部 γ 畴域的类型。断裂通常发生在 α_2 片层的(0001)基面上。在硬取向下(片层平面平行于加载轴向，$\Phi=0°$)出现了很强的循环硬化现象。与单向加载类似，变形以与片层平面斜交的滑移和孪生系统进行。但与单向加载不同的是，循环性能对片层平绕其法向相对于加载轴的旋转角度敏感。作者发现，γ 片层中的变形结构非常不均匀，存在位错密度极高的区域，具体的细节与畴域的类型有关。这就是在此取向下的室温样品中观察到强烈循环硬化的原因。在 600 ℃以上，由于发生了动态回复和沿片层分离行为，PST 晶体的疲劳寿命急剧下降。关于此内容的更多细节见文献[65-69]。

仅在最近才有研究报道了高强度多相合金疲劳样品的缺陷结构[48]。这种合金(TNB-V2)的 LCF 行为如图 11.10 和图 11.11。扫描电子显微镜观察表明，合金组织由片层团和片层团间的 γ、β 及 α_2 相构成。然而，透射电子显微镜(TEM)观察表明正交 B19 相是一个重要的显微组织构成相。这种多相组成的合金组织使疲劳过程非常复杂。

对 25 ℃和 550 ℃疲劳至失效的样品的 TEM 分析表明，密集排列的位错以及位错碎片结构形成了位错缠结，如图 11.12 所示。尽管样品中的缺陷结构在两个实验温度下非常相似，但是仍有一些不同。相比于室温下出现的以小位错碎片团簇为主的缺陷结构，550 ℃实验样品中则产生了更多拉长的位错偶极子。衍衬实验发现，大部分的位错为伯格斯矢量为 $\boldsymbol{b}=1/2\langle 110]$的普通位错，在$\{111\}_\gamma$滑移面上迁移。单独的位错优先沿其螺型方向排列，且表现出频繁的交滑移，对普通位错来说，这是容易进行的(见 5.1 节和 6.3.1 节)。有充分的证据表明，交滑移激发于位错的交互作用处。在大多数(即使不是全部)观察区域中，发现了位于斜交 $1/2\langle 110]\{111\}$系统上的双交滑移现象。在这些滑移系上，滑移的位错会相互交截。一组分析研究表明，这些互相交截的位错之间的弹性应力与材料的屈服强度相当。这些应力不仅可阻碍位错运动，而且可引发大量的交滑移[70]。室温 LCF 条件下观察到的位错偶极子和位错碎片结构可解释为割阶拖曳现象，6.3.1 节中已对此进行了说明。Nakano 等[69]在疲劳 PST 晶体中也发现了密集的位错环结构。

位错偶极子可经常被观察到作为位错源。受阻的位错段在外加应力下弓出，其形式类似于经典的 Frank-Read 机制。这一增殖过程的最初阶段在图 11.13(a)中明确给出。

图 11.12 $T=25$ ℃下，循环周次 $N=641$ 时失效样品的变形结构，$R=-1$，总体应变幅 $\Delta\varepsilon_t/2=0.7\%$。位错不可见判据表明大部分位错的伯格斯矢量为 $\boldsymbol{b}=1/2\langle110\rangle$[48]

550 ℃下疲劳变形中所产生的位错通常呈螺旋形组态[如图 11.13(b)]，这表明出现了攀移。这一观察结果令人意外，因为此温度仅对应于 $0.47T_m$，此时的体扩散仍不活跃[71]，见 3.3 节。有两种因素可能支持了低温下的攀移机制。根据 TEM 观察，LCF 产生了过饱和的内禀点缺陷。在实验过程中，位错可能在外加应力以及由多余空位的化学势导致的渗透攀移力的联合作用下发生攀移。扩散也有可能得到了 Ti_{Al}反位原子缺陷的协助，即 Ti 原子占据 Al 亚点阵(见 3.2 节)。在所研究的上述合金中，可以认为含有大量的原子反结构无序排列，因为合金的成分严重偏离了物相的化学计量比。人们提出了几种不同的 Ti_{Al}反位原子与空位关联的机制，这表明长程扩散的迁移能被大幅降低了(见 6.4.3 节)。

7.2.3 节中的讨论表明，位错偶极子缺陷可能作为额外的位错滑移障碍。小的位错碎片缺陷被认为具有短程应力场，在热激活的作用下，位错将跨越它们；这些缺陷在单向变形条件下对室温加工硬化产生了热应力贡献。类似地，可以认为位错偶极子和位错碎片也对室温下观察到的循环硬化产生了贡献[如图 11.11(b)]。

位错偶极子缺陷由一小部分缺失或额外的材料物质形成。因此可以认为这些疲劳缺陷在退火时是不稳定的(见 7.2.3 节)。原位 TEM 加热实验确实表明室温疲劳过程中产生的位错碎片缺陷可以在中高温退火时轻易地去除，这一研究的部分结果如图 11.14。看起来回复是由位错攀移完成的，这可以从图 11.15 中所示的细节中看出来。位错在外加应力，以及室温疲劳过程中产生的多余空位

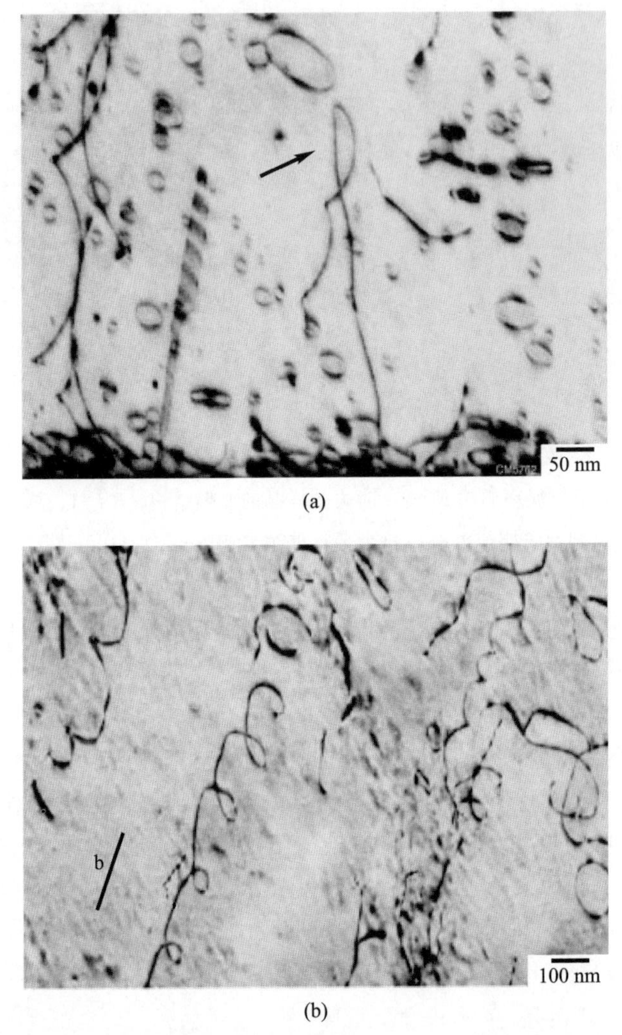

图 11.13　低温和中温低周疲劳过程中的位错动力学。(a) 一个高割阶处单端点位错源的初始状态；(b) 螺旋形位错组态，表明发生了位错攀移。图像在 LCF 后取得，$T = 550$ ℃，$\Delta\varepsilon_t/2 = 0.7\%$，$N_f = 452$[48]

的化学势导致的渗透攀移力的联合作用下发生攀移。这一发现可能解释了为什么在 850 ℃的疲劳样品中完全没有位错偶极子和位错碎片的现象。可以推测，在实验中已经发生了动态回复，这与在此温度下观察到的循环软化是一致的[见图 11.11(b)]。

总结：TiAl 合金应变控制的室温疲劳产生了密集的位错和位错碎片结构。位错碎片产生于割阶拖曳的螺位错，其在中高温退火时是不稳定的。片层晶粒的疲劳响应具有强烈的各向异性，这在对 PST 晶体的疲劳实验中得到了证明。

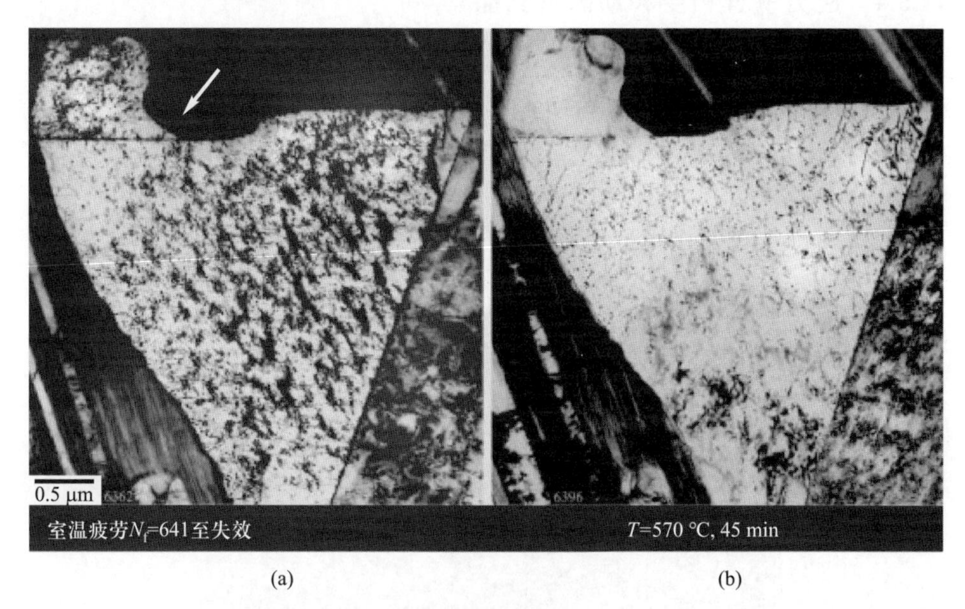

图 11.14 对疲劳样品的 TEM 原位加热实验中的位错碎片回复，近片层 Ti-45Al-8Nb-0.2C 合金(at.%)。(a) 室温疲劳 $N_f = 641$ 至失效样品中的位错碎片结构，$R = -1$，总体应变幅 $\Delta\varepsilon_t/2 = 0.7\%$；(b) 在 570 ℃退火 45 min 后的回复结构

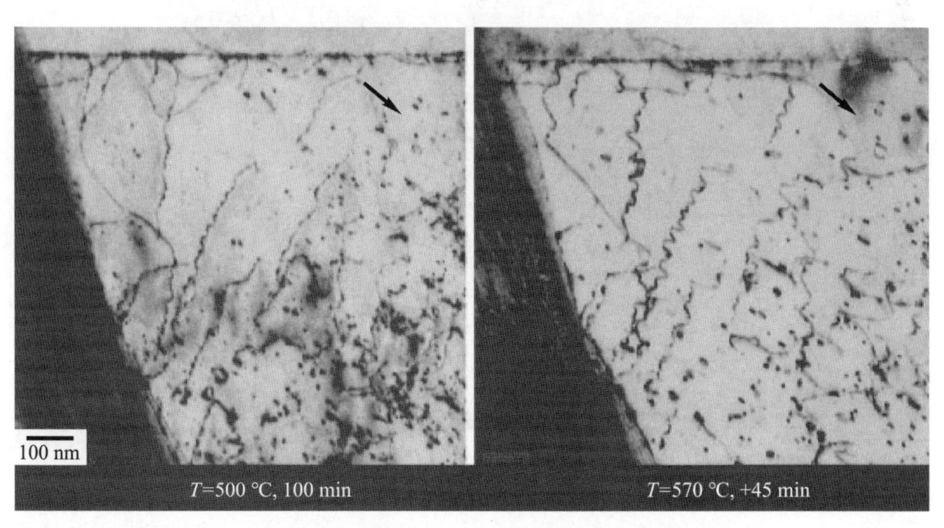

图 11.15 室温疲劳 $N_f = 641$ 至失效样品 TEM 原位加热实验中观察到的位错与点缺陷的交互作用。此图为图 11.14 中箭头区域的放大图，为图中标出的回复过程的两个中间状态。注意在回复后期阶段出现的高度螺旋的位错

11.5.4　应力诱导相变和动态再结晶

TNB-V2 合金的另一种重要疲劳机制为应力诱导正交 B19 相转变，它是显微组织中的一个重要构成相[48]。B19 相可以被描述为正交结构(oP4)或是六方 α_2-Ti_3Al 的超结构。疲劳变形后，在 B19 相中观察到了非常细小的 γ 片层，这表明 B19 相转变成了 γ 相[图 11.16(a)]。相变通常在晶界处开始，由不同的

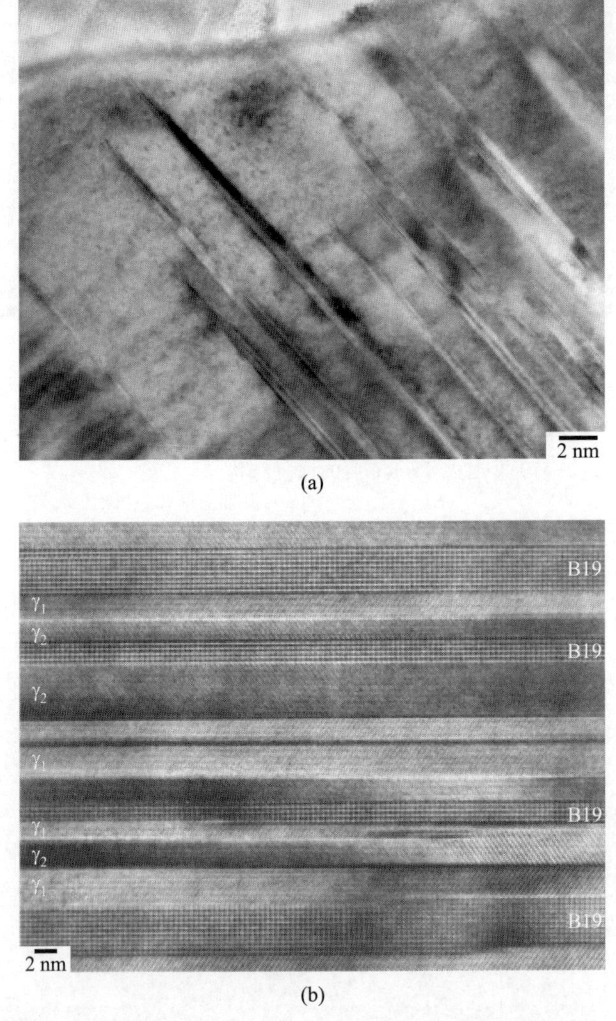

图 11.16　$T=550$ ℃，$\Delta\varepsilon_t/2=0.7\%$，$N_f=452$ 低周疲劳中的 B19→γ 相变，近片层 Ti-45Al-8Nb-0.2C 合金。(a) 低倍 TEM 高分辨像，展示了 B19 相中产生的细小 γ 片层；(b) 由与 B19 相毗邻的细小 γ 片层形成的片层组织形貌[48]

原子扰动位移形成大台阶来进行。需要指出的是，在所有的疲劳测试温度下均可观察到 B19→γ 相变。其结果是形成了由与 B19 相相邻的极细小 γ 片层组成的片层组织形貌[图 11.16(b)]。一个普遍观察到的现象是，两个不同的 γ 变体相邻于 B19 相形成，图 11.16(b)中几乎所有的 γ 片层均是如此。例如，若将 γ_1 变体的 $\{111\}_\gamma$ 晶面的堆垛次序定义为 ABC，那么 γ_2 变体的堆垛即为 CBA。可以认为，堆垛次序的颠倒是由符号相反的应力场导致的，这将最终降低总体应变能。可以推测，这样的剪切组合更利于相变的进行。由于 γ 相和 B19 相的点阵常数不同，相变可能协调了局部应变，因而可认为这是一种韧化机制。

850 ℃疲劳样品中发生了片层组织的退化，这是由上述相变与动态再结晶的共同作用导致的，如图 11.17。高分辨率观察表明，这些过程优先开始于变形诱导的不均匀区，这些区域来自亚晶界并通过纳米级 γ-TiAl 晶粒的形核而发展(见 8.2 节)。需要指出的是，在片层 Ti-46Al-1.4Mn-2Mo 合金组织 800 ℃的 LCF 样品中也发现了 α_2→γ 相变[52]。

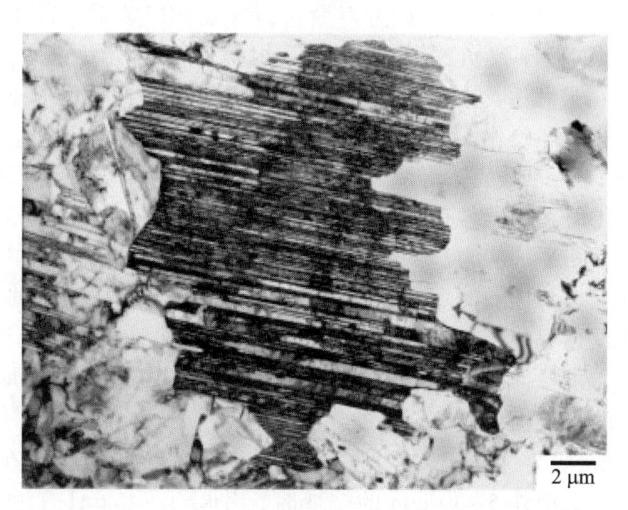

图 11.17 T=850 ℃，$\Delta\varepsilon_t/2$=0.7%，N_f=501 疲劳实验后的片层组织退化，近片层 Ti-45Al-8Nb-0.2C 合金[48]

总结：基于 α_2-Ti_3Al 和 γ-TiAl 的多相合金的 LCF 发生了由应力诱导相变所致的明显结构改变。当实验温度较高时，这些相变与动态再结晶共同使得片层组织发生退化。

11.6　热机械疲劳和蠕变松弛

高温下服役的部件通常要经历温度的循环变化。若热膨胀和收缩在总体或部分上受限，就可能导致循环应力和应变。这些温度诱导的循环应变可产生类似于循环机械加载那样的疲劳应变。在服役条件下，温度诱导循环应变通常与机械加载叠加。这就是热机械疲劳(TMF)。根据部件所经受的时间、温度以及应变路径的不同，可将其定义为两种基本类型。当最大正应变与最高温度对应时，则称为同相 TMF；而当最大正应变与最低温度值对应时，则称为反相 TMF。需要指出的是，只有这两种类型才可产生应变和温度的比例变化。采用不同的最低和最高温度，人们对 TiAl 合金进行了 100~850 ℃范围内的疲劳实验[72-80]，其结果可总结如下。

(1) 相比于等温 LCF，同相热机械疲劳的疲劳寿命较高。不出意外，反相 TMF 对疲劳寿命来说是最不利的[75,76,78]。例如，Ti-45Al-5.1Nb-0.4B-0.25C 合金的反相 TMF 实验中样品的疲劳寿命仅为等温 LCF 实验中的 1/5[79]。

(2) 同相 TMF 导致负平均应力，反相实验中则产生正(拉伸)平均应力[76,78]。这一结果几乎与显微组织无关。平均应力的产生源自高温下的循环软化和低温下的循环硬化[76]。

(3) 反相 TMF 的低疲劳寿命来自平均拉应力以及高温实验段样品的氧化。可以认为，氧化层在低温拉伸循环中提供了裂纹的形核点[76]。

(4) 由于存在平均应力，因此无法用 Manson-Coffin 法则[57,58]来预测 TMF 寿命。作为改进，其他预测 TMF 寿命的模型见文献[73, 76]中的讨论。

在高温服役过程中，像燃气轮机叶片这样的部件要承受疲劳和蠕变的组合损伤。例如，如果拉伸阶段比压缩阶段的应力更大或保持更长的时间，还将出现由蠕变导致的额外损伤。

Park 等[81]在研究这一问题的时候发现，800 ℃下，当样品在每周次的最高拉伸应变点经受额外 5~30 min 的蠕变时，片层 Ti-46.6Al-1.4Mn-2Mo 合金的 LCF 寿命将急剧下降。他们将这一效应归因于蠕变阶段的 $\alpha_2 \rightarrow \gamma$ 相变所导致的结构变化。

总结：以 α_2-Ti_3Al+γ-TiAl 为基的合金的反相 TMF 具有疲劳寿命较短的特征。同相 TMF 疲劳寿命要高于等温 LCF 的疲劳寿命。LCF 和蠕变的组合变形使疲劳寿命显著降低。

参考文献

[1]　American Society for Testing and Materials (2000) ASTM E647. Standard

Test Method for Measurement of Fatigue Crack Growth Rates, Vol. 03. 01, ASTM, West Conshohocken, PA, p. 591.

[2] Elber, W. (1970) *Eng. Fract. Mech.*, **2**, 37.

[3] Hénaff, G., Cohen, S. A., Mabru, C., and Petit, J. (1996) *Scr. Mater.*, **34**, 1449.

[4] Worth, B. D., Larsen, J. M., and Rosenberger, A. (1997) *Structural Intermetallics 1997* (eds M. V. Nathal, R. Darolia, C. T. Liu, P. L. Martin, D. B. Miracle, R. Wagner, and M. Yamaguchi), TMS, Warrendale, PA, p. 563.

[5] Paris, P. C., and Erdogan, F. (1963) *J. Basic Eng. ASME Trans. Ser. D*, **85**, 528.

[6] Recina, V., and Karlsson, B. (1997) *Structural Intermetallics 1997* (eds M. V. Nathal, R. Darolia, C. T. Liu, P. L. Martin, D. B. Miracle, R. Wagner, and M. Yamaguchi), TMS, Warrendale, PA, p. 479.

[7] Sastry, S. M. L., and Lipsitt, H. A. (1977) *Metall. Trans. A*, **8A**, 299.

[8] Trail, S. J., and Bowen, P. (1995) *Mater. Sci. Eng. A*, **192–193**, 427.

[9] Balsone, S. J., Larsen, J. M., Maxwell, D. C., and Jones, J. W. (1995) *Mater. Sci. Eng. A*, **192–193**, 457.

[10] Kumpfert, J., Kim, Y. W., and Dimiduk, D. M. (1995) *Mater. Sci. Eng. A*, **192–193**, 465.

[11] Vaidya, W. V., Schwalbe, K. H., and Wagner, R. (1995) *Gamma Titanium Aluminides* (eds Y. W. Kim, R. Wagner, and M. Yamaguchi), TMS, Warrendale, PA, p. 867.

[12] Larsen, J. M. (1999) *Gamma Titanium Aluminides 1999* (eds Y. W. Kim, D. M. Dimiduk, and M. H. Loretto), TMS, Warrendale, PA, p. 463.

[13] Grange, M., Thomas, M., Raviart, J. L., Belaygue, P., and Recorbet, D. (2003) *Gamma Titanium Aluminides 2003* (eds Y. W. Kim, H. Clemens, and A. H. Rosenberger), TMS, Warrendale, PA, p. 213.

[14] Hénaff, G., and Gloanec, A. L. (2005) *Intermetallics*, **13**, 543.

[15] Venkateswara Rao, K. T., Odette, G. R., and Ritchie, R. O. (1994) *Acta Metall. Mater.*, **42**, 893.

[16] Venkateswara Rao, K. T., Kim, Y. W., Muhlstein, C. L., and

Ritchie, R. O. (1995) *Mater. Sci. Eng. A*, **192–193**, 474.

[17] Ritchie, R. O., and Dauskardt, R. H. (1991) *J. Ceram. Soc. Jpn.*, **99**, 1047.

[18] Dauskardt, R. H. (1993) *Acta Metall. Mater.*, **41**, 2765.

[19] Kruzic, J. J., Campbell, J. P., McKelvey, A. L., Choe, H., and Ritchi, R. O. (1999) *Gamma Titanium Aluminides 1999* (eds Y. W. Kim, D. M. Dimiduk, and M. H. Loretto), TMS, Warrendale, PA, p. 495.

[20] Worth, B. D., Larsen, J. M., Balsone, S. J., and Jones, J. W. (1997) *Metall. Mater. Trans. A*, **28A**, 825.

[21] Bowen, P., Chave, R. A., and James, A. W. (1995) *Mater. Sci. Eng. A*, **192–193**, 443.

[22] Gnanamoorthy, R., Mutoh, Y., Hayashi, K., and Mizuhara, Y. (1995) *Scr. Metall. Mater.*, **33**, 907.

[23] Chan, K., and Shih, D. (1997) *Metall. Mater. Trans. A*, **28A**, 79.

[24] Chan, K., and Shih, D. (1998) *Metall. Mater. Trans. A*, **29A**, 73.

[25] Suresh, S. (1998) *Fatigue of Materials*, 2nd edn, Cambridge University Press, Cambridge.

[26] Rosenberger, A. H., Worth, B. D., and Larsen, J. M. (1997) *Structural Intermetallics 1997* (eds M. V. Nathal, R. Darolia, C. T. Liu, P. L. Martin, D. B. Miracle, R. Wagner, and M. Yamaguchi), TMS, Warrendale, PA, p. 555.

[27] Hénaff, G., Bittar, B., Mabru, C., Petit, J., and Bowen, P. (1996) *Mater. Sci. Eng. A*, **219**, 212.

[28] Ueno, A., and Kishimoto, H. (1996) *Fatigue '96* (eds G. Lütjering and H. Nowak), Pergamon Press, Oxford, p. 1731.

[29] Larsen, J. M., Worth, B. D., Balson, S. J., Rosenberger, A. H., and Jones, J. W. (1996) *Fatigue '96* (eds G. Lütjering and H. Nowak), Pergamon Press, Oxford, p. 1719.

[30] Campbell, J. P., Venkateswara Rao, K. T., and Ritchie, R. O. (1996) *Fatigue '96* (eds G. Lütjering and H. Nowak), Pergamon Press, Oxford, p. 1779.

[31] Gloanec, A. L., Hénaff, G., Bertheau, D., Belaygue, P., and Grange, M. (2003) *Scr. Mater.*, **49**, 825.

[32] Campbell, J. P., Kruzic, J. J., Lillibridge, S., Venkateswara Rao, K.

T., and Ritchie, R. O. (1997) *Scr. Mater.*, **37**, 707.

[33] Ritchi, R. O., and Lankford, J. (1986) *Small Fatigue Cracks*, TMS, Warrendale, PA.

[34] Miller, K. J., and de los Rios, E. R. (1992) *Short Fatigue Cracks*, Mechanical Engineering Publications Limited, London, UK.

[35] Campbell, J. P., Venkateswara Rao, K. T., and Ritchie, R. O. (1999) *Metall. Mater. Trans. A*, **30A**, 563.

[36] Kruzic, J. J., Campbell, J. P., and Ritchie, R. O. (1999) *Acta Mater.*, **47**, 801.

[37] Balsone, S. J., Jones, J. W., and Maxwell, D. C. (1994) *Fatigue and Fracture of Ordered Intermetallic Materials* (eds W. O. Soboyejo, T. S. Srivatsan, and D. L. Davidson), TMS, Warrendale, PA, p. 307.

[38] Venkateswara Rao, K. T., Kim, Y. W., and Ritchie, R. O. (1995) *Scr. Metall. Mater.*, **33**, 459.

[39] Mutoh, Y., Kurai, S., Hanson, T., Moriya, T., and Zu, S. J. (1997) *Structural Intermetallics 1997* (eds M. V. Nathal, R. Darolia, C. T. Liu, P. L. Martin, D. B. Miracle, R. Wagner, and M. Yamaguchi), TMS, Warrendale, PA, p. 495.

[40] Worth, B. D., Larsen, J. M., Balsone, S. A., and Worth, J. W. (1996) *Titanium '95: Science and Technology* (eds P. A. Blenkinsop, W. J. Evans, and H. M. Flower), Institute of Materials, London, p. 286.

[41] Liu, C. T., and Kim, Y. W. (1992) *Scr. Metall. Mater.*, **27**, 599.

[42] Mabru, C., Háneff, G., and Petit, J. (1996) *Fatigue '96* (eds G. Lütjering and H. Nowack), Pergamon, Oxford, p. 1749.

[43] Hénaff, G., Odemer, G., and Tonneau-Morell, A. (2007) *Int. J. Fatigue*, **29**, 1927.

[44] Larsen, J. M., Worth, B. D., Balsone, S. J., and Jones, J. W. (1995) *Gamma Titanium Aluminides* (eds Y. W. Kim, R. Wagner, and M. Yamaguchi), TMS, Warrendale, PA, p. 821.

[45] McKelvey, A. L., Venkateswara Rao, V. K., and Ritchie, R. O. (1997) *Scr. Mater.*, **37**, 1797.

[46] Planck, S., and Rosenberger, A. H. (1999) *Gamma Titanium Aluminides 1999* (eds Y. W. Kim, D. M. Dimiduk, and M. H. Loretto), TMS, Warrendale, PA, p. 791.

[47] Hirth, J. P., and Lothe, J. (1992) *Theory of Dislocations*, Krieger,

Melbourne.

[48] Appel, F., Heckel, Th., and Christ, H. J. (2010) *Int. J. Fatigue*, **32**, 792.

[49] Dowling, W. E., Donlon, W. T., and Allison, J. E. (1991) *High-Temperature Ordered Intermetallic Alloys IV*, *Mater. Res. Soc. Symp. Proc.*, vol. 213 (eds L. A. Johnson, D. P. Pope, and J. O. Stiegler), MRS, Pittsburgh, PA, p. 561.

[50] Hardy, M. C. (1996) *Titanium '95: Science and Technology* (eds P. A. Blenkinsop, W. J. Evans, and H. M. Flower), Institute of Materials, London, p. 256.

[51] Recina, V., and Karlsson, B. (1999) *Mater. Sci. Eng. A*, **262**, 70.

[52] Park, Y. S., Nam, S. W., Hwang, S. K., and Kim, N. J. (2002) *J. Alloys Compd.*, **335**, 216.

[53] Gloanec, A. L., Hénaff, G., Jouiad, M., Bertheau, D., Belaygue, P., and Grange, M. (2005) *Scr. Mater.*, **52**, 107.

[54] Malakondaiah, G., and Nicholas, T. (1996) *Metall. Mater. Trans. A*, **27A**, 2239.

[55] Cui, W. F., and Liu, C. M. (2009) *J. Alloys Compd.*, **477**, 596.

[56] Park, Y. S., Ahn, W. S., Nam, S. W., and Hwang, S. K. (2002) *Mater. Sci. Eng. A*, **336**, 196.

[57] Manson, S. S. (1954) Technical Report NACA-TR - 1170 (National Advisory Committee for Aeronautics).

[58] Coffin, L. F. (1954) *Trans. Am. Soc. Mech. Eng.*, **76**, 931.

[59] Recina, V., and Karlsson, B. (2000) *Scr. Mater.*, **43**, 609.

[60] Christ, H. J., Fischer, F. O. R., and Maier, H. J. (2001) *Mater. Sci. Eng. A*, **319–321**, 625.

[61] Huang, Z. W., and Bowen, P. (2001) *Scr. Mater.*, **45**, 931.

[62] Gloanec, A. L., Hénaff, G., Jouiad, M., and Bertheau, D. (2002) *Fatigue, Eighth International Fatigue Congress, Stockholm* (ed. A. F. Blom), EMAS, Sheffield, UK, p. 3039.

[63] Srivatsan, T. S., Soboyejo, W. O., and Strangwood, M. (1995) *Eng. Fract. Mech.*, **52**, 107.

[64] Chen, W. Z., Song, X. P., Quian, K. W., and Gu, H. C. (1999) *Int. J. Fatigue*, **20**, 3039.

[65] Umakoshi, Y., Yashuda, H. Y., and Nakano, T. (1995) *Mater. Sci.*

Eng. A, **192-193**, 511.

[66] Yasuda, H. Y., Nakano, T., and Umakoshi, M. (1996) *Philos. Mag. A*, **73**, 1053.

[67] Umakoshi, Y., Yashuda, H. Y., and Nakano, T. (1996) *Int. J. Fatigue*, **18**, 65.

[68] Umakoshi, Y., Yashuda, H. Y., Nakano, T., and Ikeda, K. (1998) *Metall. Mater. Trans. A*, **29A**, 943.

[69] Nakano, T., Yasuda, H. Y., Higashitanaka, N., and Umakoshi, Y. (1977) *Acta Mater.*, **45**, 4807.

[70] Appel, F. (1989) *Phys. Status Solidi (a)*, **116**, 153.

[71] Mishin, Y., and Herzig, Chr. (2000) *Acta Mater.*, **48**, 589.

[72] Lee, E. U. (1994) *Metall. Mater. Trans. A*, **25A**, 2207.

[73] Roth, M., and Biermann, H. (2006) *Scr. Mater.*, **54**, 137.

[74] Heckel, T. K., Guerrero-Tovar, A., Christ, H. J., and Appel, F. (2007) *Ti 2007 Science and Technology* (eds M. Niinomi, S. Akiyama, M. Hagiwara, M. Ikeda, and K. Maruyama), The Japan Institute of Metals, Sendai, p. 275.

[75] Roth, M., and Biermann, H. (2008) *Int. J. Fatigue*, **30**, 352.

[76] Bauer, V., and Christ, H. J. (2009) *Intermetallics*, **17**, 370.

[77] Cui, W. F., Liu, C. M., Bauer, V., and Christ, H. J. (2009) *Intermetallics*, **17**, 370.

[78] Roth, M., and Biermann, H. (2010) *Metall. Mater. Trans. A*, **41A**, 717.

[79] Christ, H. J. (2007) *Mater. Sci. Eng. A*, **468-470**, 98.

[80] Brookes, P., Kühn, H. J., Skrotzki, B., Klingelhöffer, H., Sievert, R., Pfetzing, J., Peter, D., and Eggeler, G. (2010) *Mater. Sci. Eng. A*, **527**, 3829.

[81] Park, Y. S., Nam, S. W., Yang, S. J., and Hwang, S. K. (2001) *Mater. Trans.*, **42**, 1380.

第 12 章 氧化行为及相关问题

对于所有应用于高温含氧气氛的材料来说，氧化是一个永恒的主题。在氧化过程中，基体金属与周围的气氛发生反应，形成了多种类型的氧化/腐蚀产物。在部件中，这些因素可能导致受载材料的横截面积下降以及高应力集中，并且在长期作用时间内可能导致部件的过早失效。设计抗氧化的合金通常以建立具有保护性的、缓慢生长的并稳定的表面氧化层为目标，使其能够对下方的材料起到屏障作用。

相比于传统钛合金和 α_2 基合金，γ 钛铝合金的抗氧化性更好[1]。然而，在目前已经研究的很宽的成分范围内(铝含量自低至高的二元合金、三元和多组元合金系统)，已观察到了形形色色的氧化行为特征。关于 γ 钛铝氧化的研究以及相关防护技术已浩如烟海，以至于仅对此话题就可以写出一部专著。而本章的目的在于从工程应用角度出发，仅对 TiAl 合金氧化中的主要特征做一个简要的分析。当然这样的写作方式与研究氧化方向的专家的关注点有所不同且细节不够丰富，但我们毕竟只是从综述的角度，以足够的参考文献对氧化的基本特征进行描述，使读者可以很容易地找到所需要的信息。其他的综述性文章请参阅文献[2-6]。

12.1　动力学和热力学

金属在高温氧化气氛(如空气)中保温时将发生反应并形成一个氧化层。当发生这一过程时，随着氧化层的逐渐形成，样品的质量将发生改变，并可以将之以时间为函数作图。根据材料和温度的不同，可观察到如线性、抛物线、立方或对数型的氧化速率法则，这在许多关于氧化的专著中均已述及。显然，线性的氧化动力学是无法对基体材料形成保护的。当氧化层的生长由扩散控制时，抗氧化材料即表现出抛物线型氧化行为。在此情形下，对于给定的表面积(A，单位以 cm^2 计)，氧化增重(Δm，单位以 mg 计)随温度(T)和时间(t)的函数可表达为

$$(\Delta m/A)^2 = k_p t \tag{12.1}$$

式中，k_p 为抛物线氧化速率常数，单位为 $mg^2 \cdot cm^{-4} \cdot s^{-1}$。当在一系列不同的温度下确定 k_p 后，可由 $1/T$ 对 $\ln k_p$ 图像的斜率确定氧化能 Q。需要指出的是，k_p 的单位取决于测量氧化量所采用的方法，Birk 和 Meier 对此进行了解释[7]。在一个给定的温度下，k_p 数值低的材料的氧化动力学更慢，因而其抗氧化性是更优的。当然，随着氧化的进行，决定氧化速率的过程也可能发生改变从而可观察到“复合的”氧化行为。例如，根据 Birk 和 Meier 的研究[7]，约 1 000 ℃下，空气中铌的氧化最初符合抛物线规律，但在更长的氧化时间中则表现为线性氧化。如果在氧化过程中氧化皮内有足够的应力，那么就可能产生裂纹和/或剥离，这也会影响氧化动力学。更多的细节问题以及关于金属间化合物氧化的更多信息请读者参阅文献[9-12]。

当纯金属及其氧化物处于平衡状态时(金属和氧化物的活性比例 = 1)，在某一温度(T)下的氧分压(P_{O_2})可用于计算氧化物形成的标准自由能 ΔG_T°(也被称为标准生成焓)，其表达式为

$$\Delta G_T^\circ = RT \ln P_{O_2} \tag{12.2}$$

式中，T 为温度(单位 K)；R 为通用气体常数。

对纯金属的氧化，如图 12.1 中所示的 Ellingham 图表形象地描述了 ΔG_T° 的数值随温度的变化，其可用于比较不同氧化物的相对热力学稳定性。从热力学的角度看，图 12.1 表明 CaO 等氧化产物的 ΔG_T° 值更高(更低的负值)，因而它比如 Al_2O_3 等低 ΔG_T° 值(较高的负值)的氧化产物的稳定性更好。Rahmel 等[2]绘制了不同金属/金属氧化物系统的氧平衡压，如图 12.2 所示。图中表明对于铝和钛而言，在相当宽的温度范围内氧的平衡分压是大约相等的，这表明 TiO 和 Al_2O_3 的热力学稳定性事实上是相同的。图中还表明，不同元素及其氧化物

的活性比率为 1。在合金中，单一合金组元的活性(其可能严重偏离了理想的 Raoultian 行为)对氧化物的稳定性具有重要影响。这是因为对于一个与其氧化物平衡的元素来说，氧分压取决于它的活性。设计抗氧化材料时需要将这一热力学因素考虑在内。根据条件和实际成分的不同，二元 Ti-Al 合金在高温氧化时可能形成的是氧化钛或氧化铝。若要使抗氧化性良好，就需要形成连续的氧化铝层。氧化钛的生长速度较快，仅能提供非常有限的保护作用，因此是需要避免的。Ti-Al-O 系统中的相关系在文献[13, 14]中给出，并在文献[15-17]中进行了讨论。

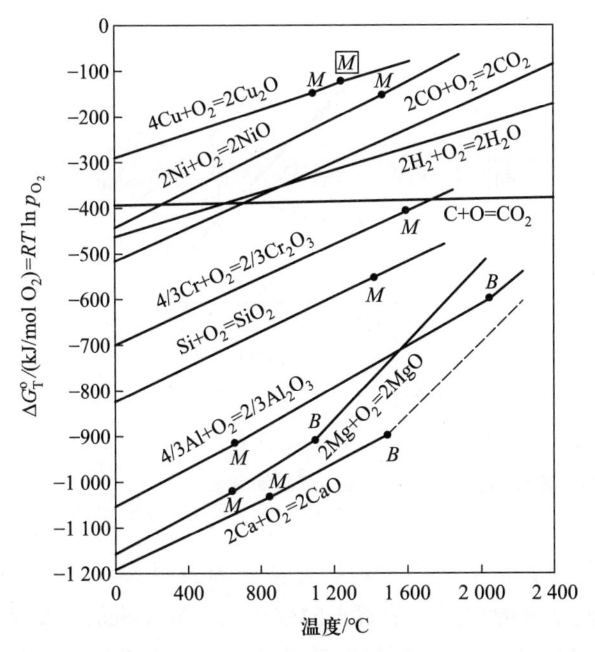

图 12.1 Ellingham 图表，展示了图中所示氧化物形成的标准自由能随温度的函数[7]。为简化说明，此图已去除了部分原始数据的曲线并重新绘制。ΔG_T° 负值更低的氧化物比负值稍高的氧化物在热力学上更加稳定。图中 *M* 和 *B* 表示金属的熔点和沸点。用方框标出的 *M* 为某一种氧化物的熔点

关于 TiAl 合金中氧化物的相对稳定性，在 Ti-Al-O 系统中已经进行了热力学计算[17,18]。如上文所述，讨论某一合金组元氧化产物的稳定性需要考虑其活性，这些信息见参考文献[17, 18]。根据 Eckert 和 Hilpert[19] 的研究，当铝含量高于 Ti-54Al 时，二元合金中的稳定氧化产物为 Al_2O_3，而 Rahmel 和 Spencer[17] 以及 Luthra[18] 则分别认为这一最小铝含量应为 Ti-61Al 和 Ti-55Al。因此，对位于$(\alpha_2+\gamma)$两相区内的合金来说，看起来 TiO 是热力学上更加稳定

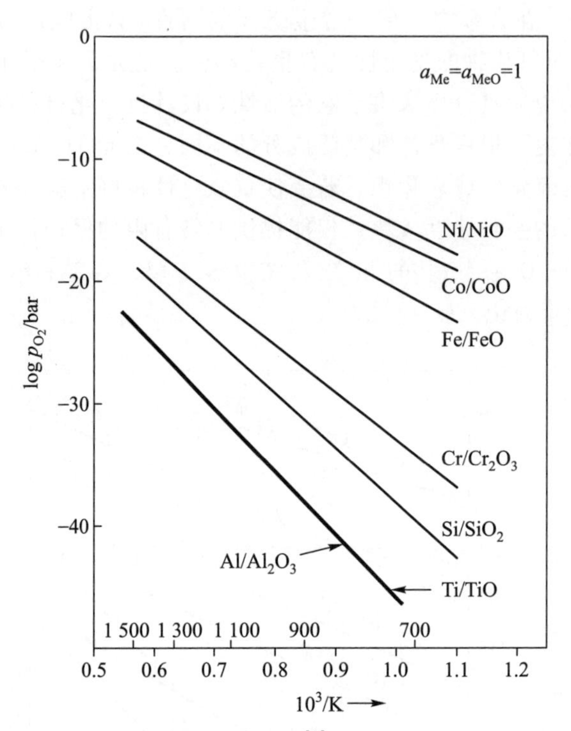

图 12.2　给定金属/金属氧化物系统的氧平衡压[2]，表明 Al/Al_2O_3 和 Ti/TiO 的氧平衡压是非常接近的。这说明 TiO 和 Al_2O_3 的热力学稳定性非常接近，使人难以对最稳定的氧化物进行简单的预测。基于原始版本对图表进行了重新绘制

的氧化产物。然而，相平衡实验和氧化实验却表明 Al_2O_3 更加稳定[2,3,14]。关于产生这些不同结果的原因，溶解氧的效应是不容忽视的。更多的信息请读者参阅文献[2，20]。Jacobson 等[20]在最近进行了热力学研究，确定了二元合金(Ti-45Al 和 Ti-62Al)和 3 种三元(Ti-Al-Cr)合金中 Ti 和 Al 的活性。其研究目的在于澄清(α_2+γ)两相区内合金氧化物的稳定性。其结论认为，在(α_2+γ)两相区中，TiO 和 Al_2O_3 的稳定性非常接近，以至于在实验上无法区分究竟何种更为稳定[20]。另外，他们认为其他因素如表面制备状态、杂质含量以及微小的组织差异看起来也可对抗氧化性产生重要影响。

在这一点上需要澄清的是，根据文献[16]中所述，尽管一般在文献中基于热力学考量而采用的是 TiO，但实际上形成的是 TiO_2 而不是 TiO，这是因为 TiO 可以迅速氧化为 TiO_2。此外，文献中提到的氧化铝或 Al_2O_3 通常是指 α-Al_2O_3 结构，因为它是钛基合金在相对较低温度下暴露时所形成的最普遍的结构形式。

12.2 关于氧化的一般问题

除了合金元素和各种表面处理状态的影响，其他因素如气氛、表面光洁度等也可能在氧化行为中起到了重要作用。本节将对这些因素的影响进行概述。

12.2.1 合金成分的影响

与力学性能类似，氧化行为也高度依赖于合金成分。根据 Rahmel 等[2]的研究，TiAl 合金在纯氧中的氧化行为可示意性地表示为图 12.3。A 阶段中的氧化初期形成了氧化铝保护层。B 阶段的氧化特征为 Al_2O_3+TiO 混合物的生长(最初的 Al_2O_3 已被破坏)。当 C 阶段开始时，在 B 阶段出现的一定程度的氧化铝屏障层被破坏，由此产生的无保护氧化层最终导致破裂氧化。气氛中的氮以及铌合金化对这些阶段的影响见文献[21]中的讨论。

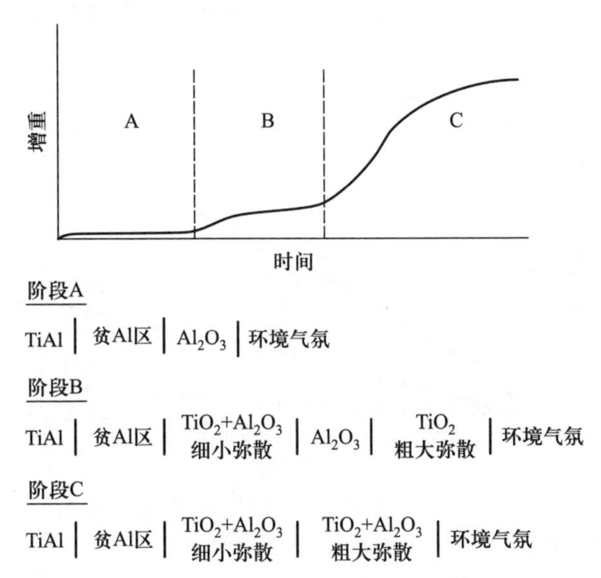

图 12.3 TiAl 合金氧化行为的示意图，表明了 3 个氧化阶段[2]。A 阶段包含了保护性 Al_2O_3 的生长。在 B 阶段，出现了 Al_2O_3+TiO 混合层，其生长与最初的 Al_2O_3 层的破坏有关。在 C 阶段由于 Al_2O_3 层被完全破坏而发生了破裂氧化。根据原始版本对此图进行了重绘

由于氧化铝是目前最为稳定的氧化产物之一，TiAl 合金抗氧化性的设计目标即为形成并保持连续的 Al_2O_3 氧化层。如 Rahmel 等[2]的解释和下文所述，出于许多原因，添加合金化元素的效果是难以评估的。首先，合金化元素(尤其是那些大量添加的合金元素)可使显微组织和相组成发生改变从而难以与参

考合金成分进行对比。例如，提升或降低 α_2 相含量的元素可能对 A 阶段的初期氧化行为产生重大影响，而对氧化产物却没有直接影响。其次，根据氧化阶段的不同，一种合金元素可能同时产生正面和负面的效果。在这一方面，铬就被认为可以扩展 A 氧化阶段，从而延长了氧化层出现最初破坏的时间；然而在 B 阶段，混合氧化产物的生长动力学却可由于铬的添加而加速[2]。

文献[21-25]对二元 TiAl 合金的氧化进行了讨论。根据 Meier 等[22]的研究，只有在 γ-TiAl 相区内、纯氧气氛下且温度不超约 1 000 ℃的合金表面才可形成连续的氧化铝层。Quadakkers 等[21]发现，随着铝含量的升高，合金在 900 ℃氩气/氧气混合气氛下的抗氧化性上升，如图 12.4 所示。但是也可发现氧化行为并不符合抛物线规律，且随着暴露时间的延长速率常数 k_p 将升高。他们认为，这至少在部分上是由薄氧化铝层的局部破坏以及随后混合氧化物在长时间暴露后的凸出导致的。另外他们还发现降低铝含量会使混合氧化物的覆盖面增大。氧化速率也被认为取决于 TiAl 合金中 α_2 相的尺寸，相对于同一成分但 α_2 更为细小分布的组织，含有粗大 α_2 相组织的氧化更为严重[26]。

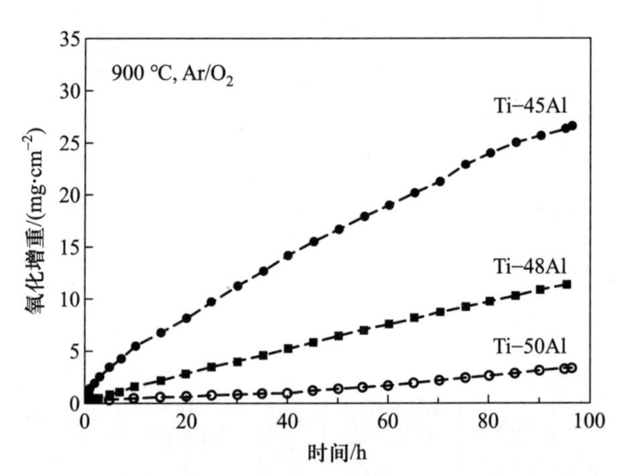

图 12.4　3 种二元合金在 900 ℃氩气/氧气混合气氛中的等温氧化增重[21]。图中表明高铝含量合金的抗氧化性能更优。此图为对原始图片中数据的重绘图

人们对不同合金元素对氧化行为的影响进行了非常多的研究，但其中对上述重要因素的考量程度并不总是很明确的。关于特定元素对氧化作用的信息，请读者参阅如下文献：Cr、V、Si、Mo 和 Nb 见[27]，Nb 见[28]，Cu 见[29]，Si 和 Nb 见[30]，Sb 见[31]，Nb 见[32]，Cu、Y、Si、Sn、Zr、Hf、V、Nb、Ta、Cr、Mo、W、Mn、Ni 和 Co 见[33]。其他关于合金元素的作用的文献则是以近表面离子注入为基础，而并非以合金化的方式添加，这些内容见 12.2.7 节。

根据 Rahmel 等[2]的研究，对抗氧化性能的提升作用得到所有氧化工作者

一致认可的元素只有铌。Nickel 等[32]认为这种保护作用源自金属和氧元素在氧化皮内扩散速度的下降。有报道表明，氧化后铌富集于亚表面区域内[15,34]，这可能是因为 Ti 和 Al 的氧化速度更快[2]。关于合金化的一个重要方面是，以特定的添加量组合来添加某些元素可以产生意想不到的协同效果，使抗氧化性得到大幅提升。这些效应可能来自氧和/或其他金属离子在氧化皮内传递过程的变化。但其相关的机制却非常复杂，并不是本章要讨论的内容。关于这种过程的更多信息请读者参阅文献[2，15，35]。

12.2.2 氧化物生长相关的力学问题

在高温氧化过程中，氧化物最初形成于外表面，而后以时间、温度和合金元素为函数生长并演化。在氧化过程中及氧化后，可能在氧化物中产生生长应力和/或热应力。文献[7，8，36]对生长应力的演化进行了讨论。产生这种应力的其中一种机制取决于氧化物和金属的相对体积，氧化物应力的本质取决于 Pilling-Bedworth 比(PBR)，其为形成的氧化物体积与消耗金属体积的比值[37]。若 PBR 大于 1，则在氧化物中为压应力。然而，当氧化通过金属离子的向外迁移而进行时，体积比的作用就非常有限了[8]。对镍铝合金 PBR 的测定见文献[38]。对于在 800~900 ℃氧化的 TiAl 合金来说，氧化皮内确定的生长压应力约为 100 MPa[39]。然而，在同一研究中，有氯离子注入的 TiAl 合金的氧化物压应力却高达几个 GPa。至于冷却过程中的热应力演化，当金属的热膨胀系数高于氧化物时，在氧化物中将出现压应力，而在样品中则出现拉应力，反之亦然。Cathcart[36]认为，表面粗糙度也会影响应力的演化，因为粗糙表面可为氧化物侵入金属基体提供更好的通道，从而有助于应力的生成。Kofstad[8]对 Stringer[40]的工作进行了阐述，后者发现在薄壁钽管中，氧化产生的压应力使其直径膨胀了最高达 7%。在循环氧化中，热应力对氧化物的剥离起到了重要作用，Yoshihara 和 Kim[41]提供了一些 TiAl 合金的 CTE 数据并说明了这一点。Shimizu 等[42]和 Haanappel 等[43]对 TiAl 合金的循环氧化进行了研究。他们发现电镀铬和等离子喷涂 CoNiCrAlY 涂层[42]或者添加 Y[44]都可以提高合金的循环氧化抗力。

部件弹性加载时所产生的氧化裂纹非常重要，因为其一旦产生就会使未受保护的材料暴露于环境中。文献[2，45-47]对拉伸变形过程中产生氧化裂纹的临界应变量进行了讨论。Ti-50Al 和 Ti-50Al-2Nb 合金在 900 ℃下空气中应变速率为 1×10^{-9} ~ 3×10^{-4} s^{-1}的拉伸实验中，两种合金氧化皮内出现裂纹的临界应变分别为 0.12%~0.5%和 0.17%~0.58%[47]。然而，断裂力学模型表明这些差异可能是由氧化皮内不同的孔洞尺寸导致的。显然，在非常低的应变速率下的测试需要更长的时间以达到其特定的应变量，从而使得氧化孔洞有更多的时间生成并长大。将这一点考虑在内后，氧化皮出现裂纹的临界应变量即被认为与应变速率无关。当应变速率低于给定的临界值时，可发生由 TiO_2 造成的裂纹闭合现象，如图 12.5[2]。研究认为，在 Ti-50Al 和 Ti-50Al-2Nb 合金中，这一临界应变速率值分别为 $1.5\times10^{-6}\ s^{-1}$ 和 $1.9\times10^{-4}\ s^{-1}$[47]。Bruns 和 Schütze[48] 已对不同温度下氧化皮的断裂韧性进行了测定，在此不再讨论。

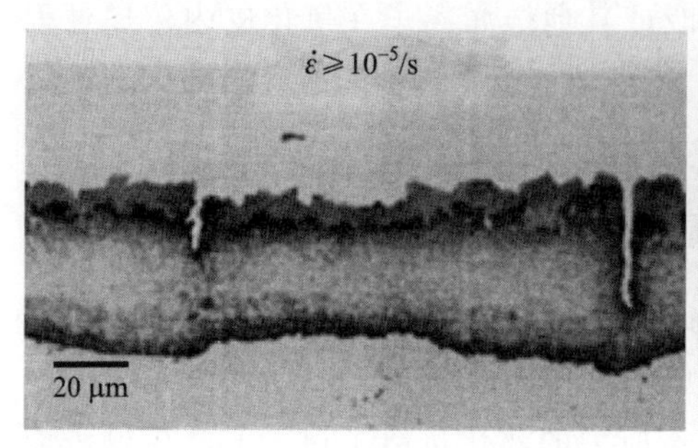

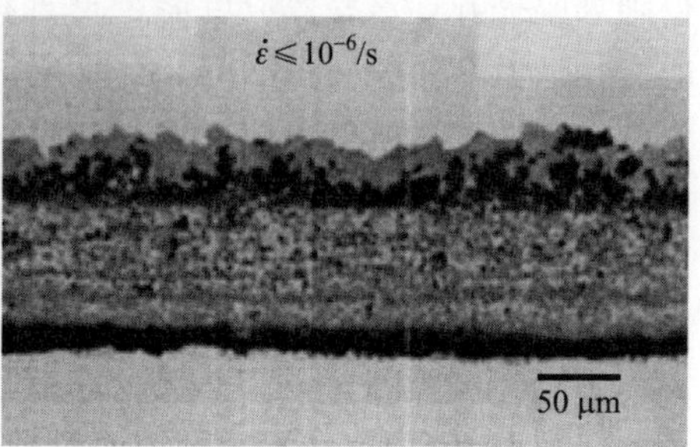

图 12.5　900 ℃时，不同(恒定)应变速率下(应为 Ti-50Al 合金的)拉伸样品截面的金相图片[2]。看起来，当应变速率低于一个与合金有关的临界值时，氧化裂纹将发生闭合

12.2.3　氧和氮的影响

大量研究表明，合金在空气中的氧化速率要高于在纯氧中[22,24,49-51]。Becker 等[15] 在具有等化学计量比的 TiAl 合金在 1 000 ℃的暴露中也报道了这一现象，然而他们在同种材料的 900 ℃暴露下却发现了相反的结果，即在纯氧中的氧化速率高于空气中。Zheng 等[51] 并未观察到 Ti-50Al 合金在 900 ℃下的反常行为，他们发现，900 ℃下，氮对合金的抗氧化性有负面作用。人们还发现，当暴露时间长于 50 h 时，Ti-48Al-5Nb 合金在 900 ℃下空气中的氧化行为要好于在氩-氧混合气体中[51]。细致的分析发现，尽管在空气中氧化的材料的氧化皮略厚一些，但在氩-氧混合气氛中，氧化的材料却发生了严重的内氧化从而使氧化增重更大，即导致实验观察到的抗氧化性下降。人们对高压氧[52] 和低压氧[53] 环境下预氧化的影响也进行了研究，表明在某些情况下预氧化对随后的抗氧化性有提升作用。

为分析材料在氧气和空气中具有不同氧化速率[15,54] 的原因，研究人员做了一些工作。Becker 等[15] 认为，纯氧中的氧分压为空气中的 5 倍，并且可以排除氮的交互作用。为了澄清这些因素，他们在纯氧、空气以及氩气-氧气的混合气氛下进行了氧化实验。实验发现，当在无氮气氛下氧化时，0.01～1 bar①水平的氧分压对氧化动力学没有影响[15]。Nwobu 等[54] 也报道了类似的

① $1\ bar=1\times10^5\ Pa$。

现象。其他研究氧分压对氧化行为影响的工作(1 300 K，1 027 ℃下)在文献[55]中也有报道，但是在其中却发现了氧化速率随氧分压的下降而上升的现象。关于空气中的氮气对氧化的促进作用，Zheng 等[51]的研究工作认为通过形成钛基或钛/铝基氮化物，氮气在初期形成的氧化皮中阻碍了氧化铝层的形成并降低了其长期稳定性。Dettenwanger 等[56]观察到了由近金属/氧化皮界面的 TiN 和 Al_2O_3 以及位于氧化皮下方的贫铝区构成的"交替氧化皮"。在文献[54，57]中也报道了 TiN 和 Ti_2AlN 同时形成的现象。Rakowski 等[50]观察到了 TiN 和 Al_2O_3 混合(非层状)氧化皮的形成，并认为氮气可由此渗入。图 12.6 为 Rakowski 等[50]提出的 TiAl 合金在 800~900 ℃的空气中氧化的氧化皮演化示意图。氮化物的形成在热力学上是出乎意料的，因为二氧化钛的标准生成自由能

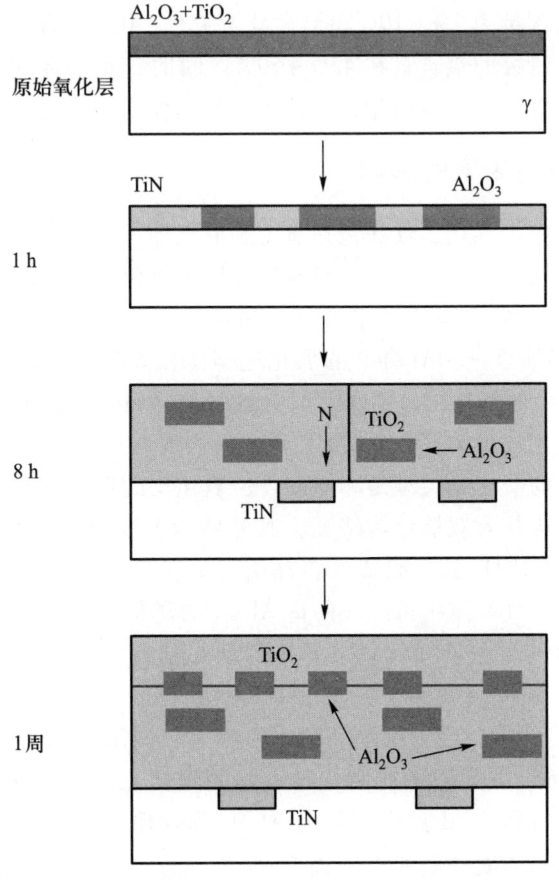

图 12.6　Rakowski 等[50]提出的示意图，展示了在 800~900 ℃空气中 TiAl 合金的氧化皮形貌演变。本图根据原图进行了重绘

的负值更高，另一篇论文对此进行了讨论[57]。但是这表明氮气的活性相对于氧气是很高的。根据 Rakowski 等[58]所引用的未发表的工作，在约 600 ℃以下，TiAl 合金与氮气并不发生反应。因此，可以推测在 600 ℃以下 TiAl 合金在空气中的氧化行为可能与在氧气气氛中的行为类似。

Rahmel 等[2]和 Quadakkers 等[21]认为，氮气对抗氧化性既有正面影响也有负面影响。在早期氧化阶段，由于最初形成的富铝氧化皮被破坏以及形成的氮化钛发生氧化，氮气会降低合金的抗氧化性。这一效应在如 Ti-48Al 和 Ti-50Al 这种更易形成富铝氧化皮的合金中尤为明显[21]。在像 Ti-45Al 这样不易于形成 Al_2O_3 的合金中，氮气的效应就不那么显著。若在氧化的后期阶段形成了接近连续的氮化物层，可以认为这将使 Z 相(见 12.2.5 节)稳定化，并阻碍了与内氧化和外层氧化铝屏障层的破坏相关的快速氧化动力学。氮气的这一有益效果在整个铌含量为 2%~10%和铝含量为 45%~48%的含铌三元合金系中均有发现。对于已研究的铝含量在 45%~50%之间的二元合金，氮气的有益作用被认为与合金成分、暴露时间相关，并可能与温度相关[21]。

12.2.4　其他环境因素的影响

在工业应用中，氧化不仅在包括氧气和氮气的环境下出现，也可在可燃气氛以及水蒸气环境下发生。因此，对这些环境下氧化行为的理解具有工程上的重要性。Taniguchi 等[59]报道了水蒸气的出现可大幅提升 827 ℃(1 100 K)和 927 ℃(1 200 K)下 Ti-50Al 合金的氧化速率。在 827 ℃下，当水蒸气含量在 75%以下时，合金的氧化增重随水蒸气含量的上升而升高。另外，随着水蒸气含量的升高，氧化皮中的 TiO_2 含量上升、氧化皮的厚度增加。尽管在干燥和潮湿条件下形成的氧化物类型是相同的，但氧化皮的形貌却有差别。当有水蒸气存在时，氧化皮具有双层结构特征，其外层为表现出定向生长迹象的 TiO_2，内层为由 TiO_2 和 Al_2O_3 晶粒组成的多孔结构。在含有水蒸气环境的氧化中并未出现在氧气或空气暴露中可形成的富 Al_2O_3 的薄层。当存在水蒸气时，氧化动力学是线性的；而在氧气气氛下暴露的动力学行为则呈抛物线型。Kremer 和 Auer[60]在 Ti-50Al 合金 900 ℃氧化中观察到类似的现象。同样地，其外氧化层主要为 TiO_2 而内层则为细晶 Al_2O_3 和 TiO_2，两层之间有一些离散分布的 Al_2O_3 颗粒；然而，在他们的研究中没有提到定向生长的 TiO_2 形貌。在贫 Al 的亚表面区域观察到了 Al 被内氧化为 Al_2O_3 的现象。他们发现氧化速率随着水蒸气分压的上升和氧分压的下降而升高[60]，如图 12.7。尽管上述的这些研究表明水蒸气的出现可导致氧化加速，但是 Brady 等[61]和其他研究者[62,63]的工作却表明，能够形成保护性氧化铝层的 TiAl 合金的氧化动力学没有受到水蒸气的明显影响。Zeller 等[64]认为，水蒸气对氧化动力学的影响可能强烈地依

赖于氧化皮中 TiO_2 和 Al_2O_3 的相对体积分数。

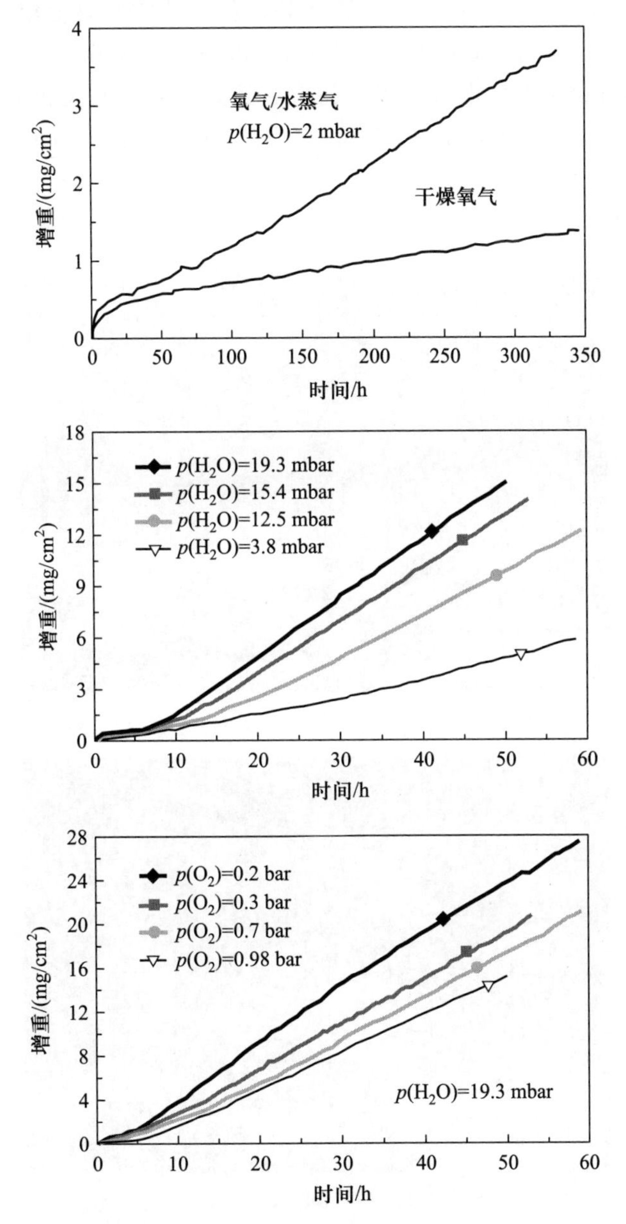

图 12.7 Ti-50Al 合金在 900 ℃ 氧气和氧气/水蒸气环境下的水蒸气压对氧化动力学的影响[60]。图片已重绘，用曲线代替了原始图片中的数据点

虽然 Taniguchi 等[59]以及 Kremer 和 Auer[60]的论文非常令人感兴趣，但是其中所采用的氧化实验温度相比于 TiAl 合金在航空部件中的期望服役温度来

说还是太高了。Zeller 等[64]的研究中所采用的温度为 700 ℃和 750 ℃，因而其与部件应用条件的相关度更高。尽管 Zeller 等[64]的实验温度较低，但在其中也发现了类似于 Taniguchi 等[59]以及 Kremer 和 Auer[60]所描述的特征。即(初始孕育期后的)氧化速率的上升、氧化物形貌的改变以及亚表面贫铝区的形成。然而，外层的 TiO_2 层却呈细小针状形貌，如图 12.8，这与 Taniguchi 等[59]的描述不同。在另一篇论文中，Zeller 等[65]表明水蒸气也可对合金的高温疲劳及蠕变行为产生影响。

图 12.8　Ti-47Al-1Cr-Si 合金在 700 ℃暴露 1 000 h 后产生的不同氧化皮形貌。(a) 干燥空气气氛；(b) 水蒸气体积为 10%的空气气氛[64]

大多数对 TiAl 合金氧化的研究是在空气、氧气或氩气-氧气混合气氛中进行的；除了 Li 和 Taniguchi[66]之外，几乎没有发表针对航空发动机部件真实服役气氛环境下的氧化的研究。作为涡轮增压器耐久性考量的一部分，Tetsui 和 Ono[67]的观察发现在柴油发动机排气气氛下的氧化过程中并不产生外部的 TiO_2 层，在高铌含量合金的金属/氧化皮界面处则形成了一个富铌层。此外，相比于空气中的氧化实验，氧化皮的厚度比预料中的要薄一些。在 Li 和 Taniguchi[66]的研究中，5 种不同的 TiAl 合金在 900 ℃(1 173 K)和模拟的燃烧气氛(体积分数为 $10\%O_2$-$7\%CO_2$-$6\%H_2O$-N_2)下进行循环热暴露。他们发现，根据其化学性质可形成连续 Al_2O_3 层的合金表现出了优异的抗氧化性。事实上，在模拟燃烧气氛下所观察到的抗氧化性比在空气中还要好。他们发现这是因为模拟燃烧气氛中的氧气含量较低。H_2O 和 CO_2 并没有显著影响这些形成了连续 Al_2O_3 层的合金的氧化行为，但是 Ti-50Al 合金的情形则有所不同，其表现出了更为严重的氧化。作者认为这是因为当富 TiO_2 层存在时，H_2O 和 CO_2 可起到一定的作用，但是在形成富 Al_2O_3 的氧化皮时则没有这一效果。

12.2.5 亚表面区域、Z 相以及添加银的作用

TiAl 合金在发生氧化并形成氧化皮后，一些研究报道了氧化皮下方贫铝区域的演化[59,60,64,68,69]。如下的各种称谓，如 NCP(见文献[21, 70])、X 相以及 Z 相等，均是指在此区域中发现的一种立方相。Dettenwanger 等[57]的研究表明，本认为应该形成于这一亚表面层中的 α_2-Ti_3Al 相(如 Nwobu 等[54]所报道)仅在长时间热暴露后才会出现。在长时间热暴露后观察到的这一贫铝的两相区域最初是源自氧化皮/TiAl 界面处形成的立方相(此处称为 X 相)，随后 α_2 相在 X 相/TiAl 界面处非均匀形核。随着热暴露的进行，贫铝层的厚度上升，X 相和 α_2 相均向金属基体中生长。他们测得 α_2 中的氧含量为 7at.%，这与 Shida 和 Anada[71]测定的数值非常吻合。

Beye 和 Gronsky[72]的报道称，贫铝层含有 $Ti_{10}Al_6O$ 和 $Ti_{10}Al_6O_2$ 相。作者认为，虽然二者可以共存，但 $Ti_{10}Al_6O$ 相是亚稳的，且可以转变为更稳定的 $Ti_{10}Al_6O_2$ 相。Becker 等[15]发现了靠近金属/氧化皮界面处的一个内氧化区域，以及$(Ti, Al)_3O_2$ 和$(Ti, Al)O$ 相的形成。Dowling 和 Donlon[73]认为成分为 Ti_2Al 的立方相在高温空气或真空中暴露后将富集 2wt.% ~ 5wt.% 的氧。Zheng 等[74]在氧化后观察到了一个贫铝层，其最初由一个立方点阵结构的单相(a = 0.69 nm，作者称之为 Z 相)构成。在随后的氧化过程中，这一贫铝层中也出现了 α_2 相。Z 相的大致成分被确定为 $Ti_5Al_3O_2$。Quadakkers 等[21]报道了贫铝层的两种不同形貌类型，其均由 Z 相和富氧的 α_2 相构成。Copland 等[75]也提到了 Z 相/TiAl 界面处的富氧 α_2 相，其出现于保护性的 Al_2O_3 层破裂以及非保护性的 TiO_2+Al_2O_3 氧化皮形成之时。作者也对 Z 相分解为 α_2 和 Al_2O_3 的现象进

行了讨论。

在长时间暴露后，Shemet 等[76]报道了氧化铝在二元合金内部析出的现象，其形成于 Z 相/α_2 界面处。根据 Shemet 等[77]的研究，当亚表面层由 Z 相而非 α_2 相构成时，可形成保护性的氧化铝。这看起来与 Copland 等[75]的研究相反，后者认为在亚表面区域内形成了 Z 相的 γ 基合金中，无法保持单一的 Al_2O_3 氧化皮结构。在二元合金中添加 Ag 可以使亚表面贫铝层中的 Z 相稳定化，继而阻碍了传统 TiAl 合金中可使氧化铝皮发生破坏的 α_2 相和富 Ti 氮化物的形成[77]。在添加 Ag 的合金中添加高含量的铬(成分如 Ti-48Al-2Ag-7Cr)可获得比 Ti-Al-Ag 三元合金更高的抗氧化性。可以推测，作为涂层材料的 Ti-Al-Ag-Cr 合金可能比 Ti-Al-Cr 基材料的韧性更高，而且比 Ti-Al-Ag 合金材料的高温稳定性更好[78]。

12.2.6　表面光洁度的影响

Choudhury 等[49]的研究表明，γ-TiAl 的氧化行为可能受表面制备状态的影响；基于此，Rakowski 等[58]研究了 Ti-50Al 和 Ti-48Al 合金表面光洁度对其氧化行为的影响。研究表明，表面光洁度对空气中的氧化行为没有影响，这是因为“氮气效应”的影响过于显著。然而，对于在氧气中的暴露而言，表面光洁度的确可以影响氧化行为，即精细打磨(至 1 μm 级)的材料比 600 目打磨的材料氧化更快。相关的 Ti-50Al 合金的氧化曲线如图 12.9。表面效应被认为是由表面制备状态所导致的表面储存能的差异造成的。储存能更高的表面处的材料可形成再结晶区，在氧气下暴露的过程中，再结晶区可促进形成氧化铝层。人们提出了以短程扩散为基础的两种机制，一种是基于晶界数量的增加，而另一种则认为应归因于更高的位错密度。铝扩散性的提高可减轻近表面的铝贫化，从而提升了氧化铝的稳定性。

Copland 等[75]证明了 Rakowski 等[58]研究的 Ti-52Al 合金在纯氧暴露下的实验结果，即 600 目表面光洁度的抗氧化性相比于表面由 1 μm 颗粒抛光后更优。600 目打磨的表面上出现了 Al_2O_3 氧化皮的生长，而更精细的表面上则产生了 TiO_2+Al_2O_3 氧化皮。他们认为，更粗糙的表面促进了 Al_2O_3 形核，使之更容易形成连续的保护层，也使氧化物/金属基体界面处的连续 Z 相层得以发展。然而，在更长时间的暴露后，亚表面区域则由 Z 相和析出的(富氧的)α_2 相构成。此时即发生了 Al_2O_3 层的破裂并形成了非保护性的 $TiO_2+Al_2O_3$ 氧化皮。

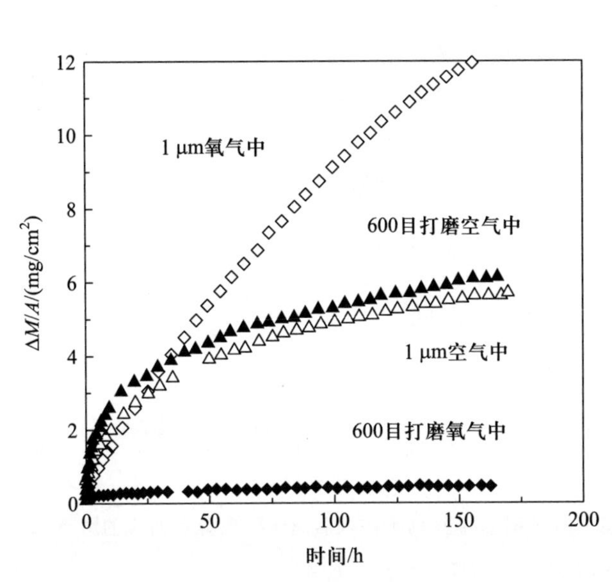

图 12.9 Ti-50Al 合金在 900 ℃氧气和空气暴露下的增重曲线[58]。样品的表面为 600 目打磨或由 1 μm 颗粒抛光。在空气中，表面制备状态对 900 ℃下的氧化行为几乎没有影响，这是因为氮气的作用。然而在氧气中，更精细的表面发生了更快速的氧化。当温度低于 600 ℃时(此时 TiAl 不再与氮气反应)，可以认为表面制备状态将再次影响氧化行为[58]。本图对原始图片中的数据进行了重绘

12.2.7 离子注入的影响

离子注入是一种表面工程技术，已经被广泛应用于提升合金的抗氧化性上。Shalaby[79]在 1997 年将此技术应用于保护 γ 和 α_2 钛铝合金，并获得了一项专利。这一技术是在真空(或近真空)条件下，通过离子加速器将高能离子注入材料的表面。其目标是在外表面注入可在局部上稳定氧化铝氧化皮的离子。注入元素的浓度可高达百分之几十，注入深度一般可由表面 0.01 μm 扩展至 1 μm[80]。通过调节离子注入的能量，可以改变/优化其亚表面注入深度的分布。例如，图 12.10 展示了氟离子浓度随注入深度和能量的变化图[81]。然而，注入后的离子分布可随氧化以及保护性氧化铝层的形成而发生改变；人们已对氟离子在长时间氧化后扩散至基体材料的行为进行了研究[82]。

Stroosnijder 指出，离子注入的真正价值在于其作为一种工具，用以研究各种元素对氧化行为的影响[80]。对氯离子而言，据报道，1 MeV 的注入能量和 10^{16} cm^{-2}的剂量可使 Ti-50Al 合金在 900 ℃空气中的抗氧化性有所提升[83]。然而，由图 12.11 可见，注入能量也可能会影响氧化行为[84]。氯以及其他卤族元素对抗氧化性的正面作用将在 12.2.8 节中作进一步阐述。

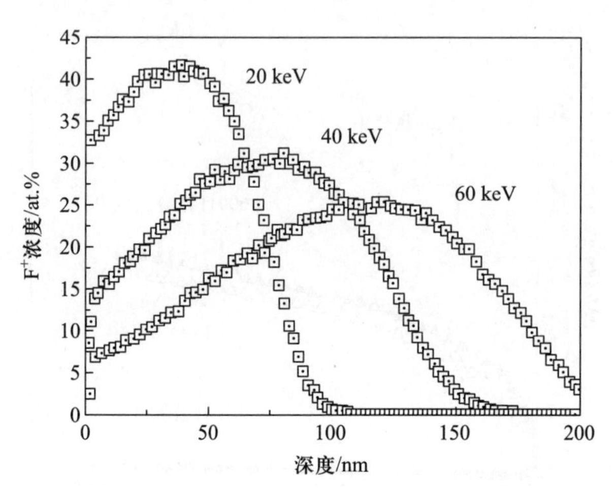

图 12.10　注入能量对 TiAl 合金氟离子注入后离子浓度分布曲线的影响(离子剂量为 2×10^{17} cm^{-2})[81]。图中对原始数据进行了重绘

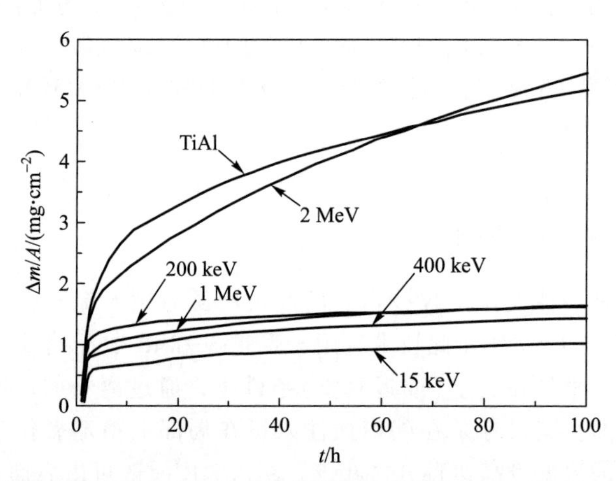

图 12.11　注入能量对 Cl 离子注入 TiAl 合金氧化动力学的影响(Cl 离子注入剂量恒定为 10^{16} cm^{-2})[84]。对原始图片进行了重绘并平滑了数据

"等离子体浸没离子注入"(有时也被称为 PIII 或 PI^3)是最近发展起来的一项离子注入技术，其较所谓的"束流离子注入"有若干优点：包括不受视线限制(使其在技术上适用于复杂工程部件)、高剂量率以及相对容易操作的简单设备等[85-87]。关于不同类型离子注入对(等温或循环)氧化行为影响的更多细节，请读者参阅：Cl、Si[83]；Br、Cl、F、I[84]；Cl、F[85]；Cl[87]；F[88]；Nb[89]；Nb、Al[90]；F[91]；Cl[92]；Si[93]；Cl[94]；Nb[95]；Al、Si、Cr、Mo[96]；

Cl、P、B、C、Br[97]；Nb[98]；Nb、Si、Ta、W[99]；Nb[100]；Al、Ti、Cr、Mo、Y、Mn、Pt、Nb、Si[101]以及V、Nb、Ta、W、Cr、Al、Y、Ce[102]。

12.2.8 卤族元素对氧化的影响

1993年，住友轻金属工业(Sumitomo Light Metal Industries)的Kumagai申请了一项专利，即将卤族元素作为合金化元素加入以提升材料的抗氧化性[103]。自此，为解释相关现象并发展卤素掺杂的新方法，研究人员进行了大量工作，特别是德西玛协会(DECHEMA)的Schütze教授研究组。确实，关于利用不同方法对TiAl合金以及TiAl合金部件表面进行卤素掺杂的方面，人们已经申请了若干项专利[104-108]。

添加卤族元素提高抗氧化性的原因是在金属/氧化物界面处形成了气态卤化铝。其自初始形成的氧化皮向外扩散，并由于近表面处氧分压的升高而被氧化。这一过程将释放铝原子并随后形成连续的氧化铝保护层。释放的卤素原子可再次扩散至金属内与其中的铝反应形成卤化铝，从而使这一过程往复进行[84,85]。图12.12为Ti-48Al-2Cr合金在900 ℃氧化100 h样品的截面SEM形貌，展示了利用卤族元素而达成的极为显著的氧化保护作用。在卤素处理的一侧形成了非常薄的连续氧化铝层，而在未受保护的另一侧则形成了厚氧化层[84]。据报道，在循环氧化条件下，特别是在潮湿环境中，氟的作用尤其显

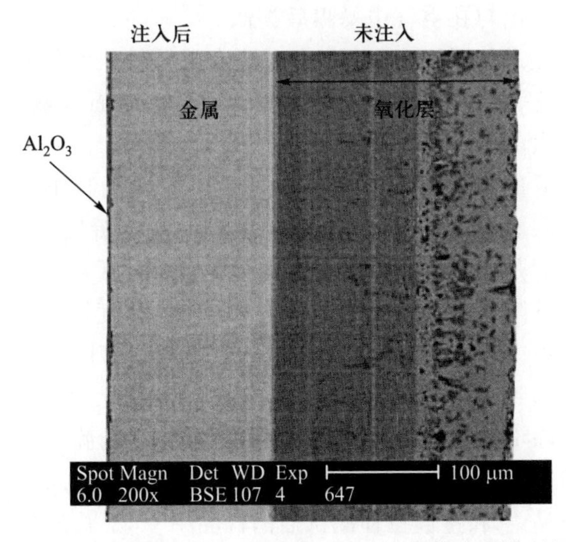

图12.12 Ti-48Al-2Cr合金在900 ℃空气中氧化100 h后的截面背散射图[84]。未受保护的右侧区域形成了厚氧化层，而经Cl离子注入的左侧(Cl离子剂量为10^{16} cm^{-2}，1 MeV)则被薄氧化铝保护层所覆盖

著，可对铝含量高于 40at.%的合金提供保护作用[81]。采用卤族元素提高抗氧化性以及相关的细节机制和热力学信息参见文献[81，109-111]。其他的关于采用如离子注入、喷涂、浸涂或涂覆含卤素液体等方法将卤素应用于材料表面的工作请参阅文献[112-114]以及 12.2.7 节中的相关参考文献。

12.2.9　高温暴露后的脆性

大多数 TiAl 合金的预期应用部件都要承受相对较高的温度，应用于航空发动机上的部件将经受 650~750 ℃的高温，而应用于涡轮增压器上的部件所承受的温度则可能高达 950 ℃。因此，氧化是必然发生的，其程度取决于温度、环境气氛、合金成分以及部件表面状态等因素。有很多报道表明，高温暴露会导致样品的室温拉伸塑性急剧降低[73,115-122]。根据目前已有的研究可以明确的是，这种脆性与外表面的局部氧化过程有关。如图 12.13(a)所示，将切取拉伸样品后的余料自 800 ℃空气中暴露 1 504 h 后，再从中取拉伸样品，其塑性几乎没有损失。其他的研究工作也证明了这一点[116,120]。对所取样的拉伸样品进行随后的 700 ℃/24 h 热暴露后，其塑性几乎完全消失，如图 12.13(b)所示；而在去除几十微米的氧化层后，就足以使塑性完全恢复，这与文献[73，115，119，121]中的研究结果是一致的。Kelly 等[117]认为，在 315 ℃下暴露 10 h 就足以使塑性下降。也有证据表明，在中度真空[73,115]或氩气[115]下暴露所导致的脆性程度也与在空气中暴露后类似。

尽管人们已经进行了许多工作，但是看起来脆性机制的实质还没有被完全理解。到目前为止，对此可能的解释为氧扩散至近表面区域[119]，以及形成了脆性表层——在大气湿度下其内部可发生裂纹扩展[73]。Thomas 等[116]对短时间和长时间暴露后的 Ti-47Al-2Cr-2Nb 合金的脆性机制作了区分。在长时间暴露后可导致表层脆性(氧化皮、Al 剥离区以及富铌析出相)，而在短时间暴露后，脆性被认为是与一些因素的交互作用有关，包括富氧表层、近表面形变孪晶扩展能力的下降以及由冷却而导致的残余应力梯度等[116]。

Austen 和 Kelly[115]以及 Kelly[117]等的讨论指出，打磨拉伸样品而产生的残余应力可能也会起到一定的作用。据他们报道，利用化学减薄的方法将打磨后的样品的表面去除 100~150 μm 后，样品在热暴露后的脆性敏感度将下降甚至完全消除。然而，若表面除去量小于 75 μm 或大于 250 μm，则脆性敏感度上升。在热暴露样品[21]和室温拉伸测试后的样品中[117]，均发现了高温热暴露后自表面扩展至基体材料内部的裂纹，如图 12.14 所示。在随后的空气气氛的室温拉伸测试中观察到了材料脆化，但若测试是在氩气气氛下进行，那么即使存在表面裂纹也可得到接近常规的塑性[117]。另外，高应变速率下的实验也得到了接近常规的塑性。因此，作者提出了一种形成表面裂纹及随后湿气诱发氢脆

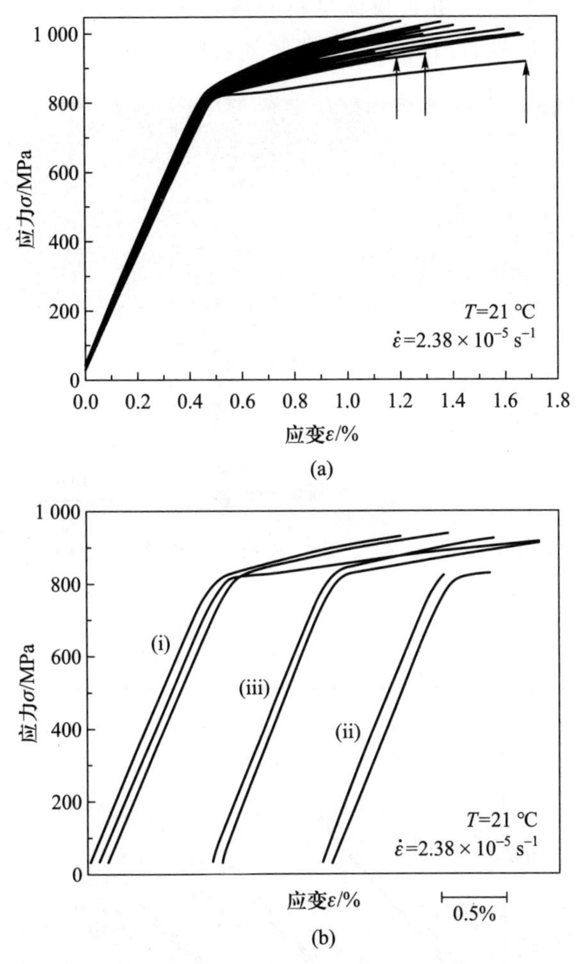

图 12.13 (a) 样品的拉伸测试曲线显示，样品的内部取样自 800 ℃空气中暴露 1 504 h 后(箭头处的 3 条)与未暴露样品相比，其塑性伸长量并没有明显下降；(b) 3 条拉伸曲线：(i) 图(a)中箭头处的 3 条曲线；(ii) 在 700 ℃空气中暴露 24 h 后的拉伸曲线，表现出了脆性；(iii) 对样品进行打磨去除约 100 μm 氧化皮后的拉伸曲线，塑性得以恢复

的作用机制[115]。有趣的是，Yamaguchi 和 Inui[123]的研究表明，氢对 PST-TiAl 合金的拉伸塑性是有害的，尤其是在低应变速率条件下，如图 12.15。Liu 和 Kim[124]也证明 TiAl 合金在室温下容易发生湿气诱导脆性。Iino 等[125]研究了高温氢气下暴露对室温拉伸和疲劳性能的影响。更多关于湿气环境下金属间化合物脆性的信息请读者参阅 Chen 和 Liu 的论文[126]。最近，Wu 等[122]认为脆性可能源自外层表面下方产生的高拉伸应力集中，使亚表面材料过早开裂从而降低了塑性。尽管上文的概述一致认为是表面相关的机制造成了塑性下降(即裂

纹是在表面处萌生)[116]，并且块体材料的性能或多或少可不受高温(氧化)暴露的影响，但显然脆性背后的原因是非常复杂的。

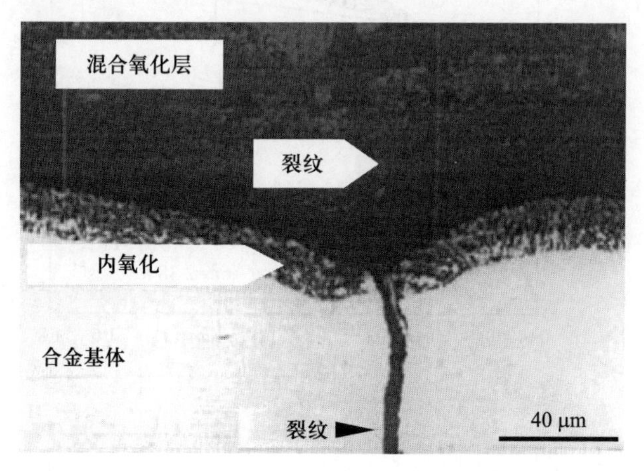

图 12.14　Ti－45Al 合金在 900 ℃氩气/氧气环境中暴露 100 h 后扩展至亚表面基体的裂纹[21]

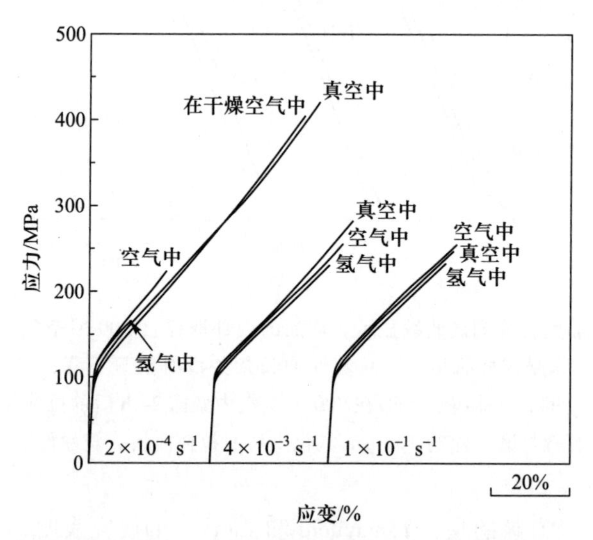

图 12.15　测试环境和应变速率对片层取向相对于拉伸轴为 31°的 PST－TiAl 合金室温拉伸塑性的影响[123]。在低应变速率下，氢的负面作用较为明显，即脆性非常显著

非常有意思的是，已经证明，热暴露后的铸态 Ti－48Al－2Cr－2Nb 合金在约 200～250 ℃附近的塑性值与室温下测定的未热暴露的材料相近[115,117]，如图 12.16。因此，可以认为脆性现象在部件的高温运行中不会是一个问题，但是

可对组装和热暴露部件的维护造成困难[117]。然而，Li 和 Taniguchi[127]给出的结果却表明，Ti-48Al-2Cr-2Nb 和 Ti-48Al-2Cr-2Fe 合金在 900 ℃模拟燃烧气氛下的暴露降低了材料在 800 ℃的拉伸塑性；尽管塑性水平仍保持在 10%以上，但是随着暴露时间的延长，塑性却加速下降。遗憾的是，不像对氧化皮形貌演化的研究那样深入[128]，目前人们还没有对长时间暴露后的脆性问题开展研究。

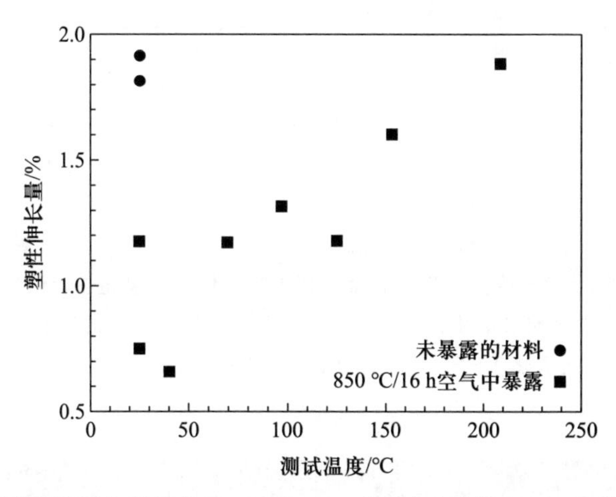

图 12.16 650 ℃下暴露 16 h 的铸态 Ti-48Al-2Cr-2Nb 合金在约 200~250 ℃下测试时的拉伸塑性与室温下未暴露的数值接近[117]。根据原始数据重新作图

关于合金成分和显微组织的作用的研究也相对较少。Lee 等[118]认为，不论合金成分和组织为何，脆性问题始终存在。Draper 等[119]认为热暴露后的塑性下降对含铌的高强度合金而言更为严重，尽管目前还未认清这是由高铌含量还是高强度造成的。此外，对于这种高强度合金来说，热暴露后在氩气气氛下的测试结果表现出了与空气下的测试结果类似的脆性；而文献[117]则报道了不同的现象。亥姆霍兹吉斯达赫特研究中心(原 GKSS)测定的不同合金在 800 ℃下的氧化曲线(尚未发表)如图 12.17，其表明氧化行为差异很大。图中也包含了 Niewolak 等[129]目前最新的抗氧化 Ti-50Al-2Ag 合金的数据。800 ℃暴露 1 552 h 后，成分不同的拉伸样品的表面形貌如图 12.18。可以看出，在一些成分，特别是二元 Ti-45Al 合金中发生了严重的氧化剥落现象。γ-TAB 合金几乎没有氧化剥落，但是其氧化增重却是第二高的，相对于高铌含量合金，它的氧化皮更厚。但是在拉伸测试中，γ-TAB 合金在相对较低的应力水平下表现出了约 0.3%的塑性伸长量，而那些更抗氧化的合金则没有表现出塑性，如图 12.19。因此，目前仍不清楚强度水平和抗氧化性各自在何种程度上对脆性施加了影响。

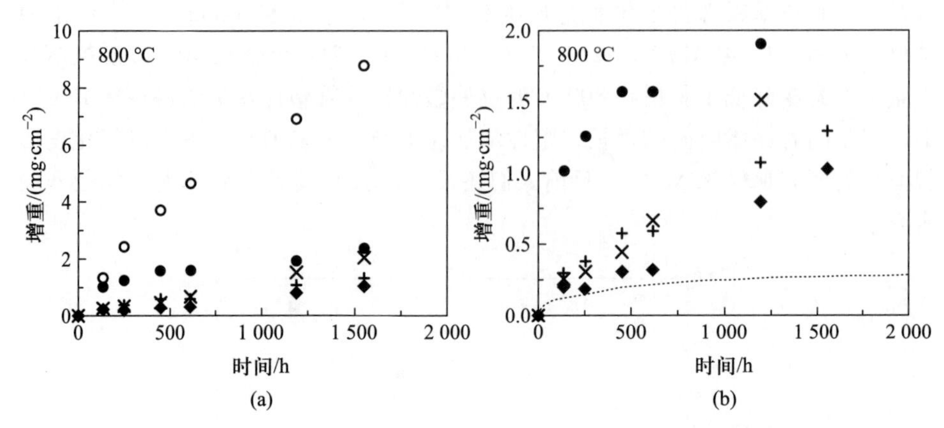

图 12.17　(a) 不同合金的等温氧化曲线(○＝Ti-45Al，●＝γ-TAB＝Ti-47Al-4(Nb，Cr，Mn，Si，B)，×＝Ti-45Al-10Nb-0.2B-0.2C，+＝Ti-45Al-8Nb-0.2C，◆＝TNB-Co3)。在 800 ℃空气中暴露 1 552 h 后，γ-TAB 合金表现出第二低的抗氧化性，但它也是仅有的在随后的室温拉伸测试中表现出塑性的合金，如图 12.19；(b)图(a)的区域放大图，也包含了文献[129]中最新的抗氧化 Ti-50Al-2Ag 合金的数据(虚线)

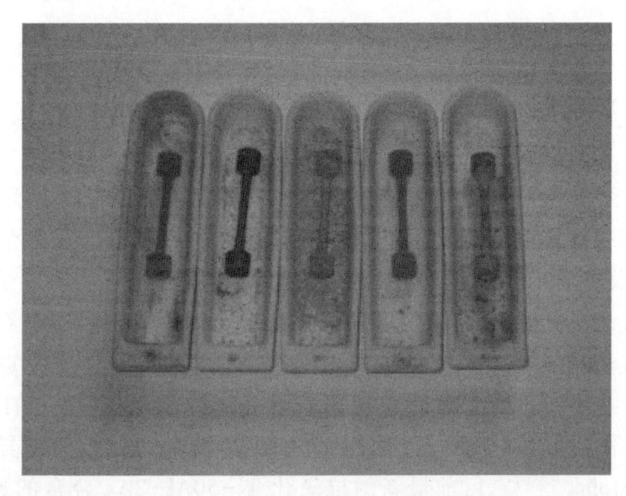

图 12.18　拉伸样品在 800 ℃暴露 1 552 h 后的形貌。样品成分自左至右为：TNB-V2(Ti-45Al-8Nb-0.2C)，γ-TAB(Ti-47Al-4(Nb，Cr，Mn，Si，B))，Ti-45Al，TNB-Co3 和 Ti-45Al-10Nb-0.2B-0.2C。Ti-45Al 二元合金(位于中间)的抗氧化性最低并出现了严重的氧化剥落

文献[119]测定了热暴露后合金的室温动态断裂韧性，发现其由未暴露挤压态的约 22 MPa·m$^{1/2}$下降至在 700 ℃下暴露 300 h 后的约 11 MPa·m$^{1/2}$。Draper

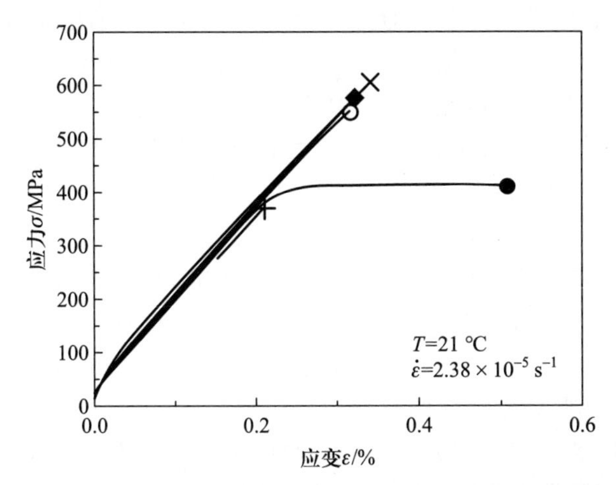

图 12.19　图 12.18 中所示的 800 ℃下暴露 1 552 h 后合金的室温拉伸曲线。可以看出，尽管其抗氧化性相对较低，但是仅有 γ-TAB 合金在加载中表现出了些许塑性(○=Ti-45Al，●=γ-TAB=Ti-47Al-4(Nb，Cr，Mn，Si，B)，×=Ti-45Al-10Nb-0.2B-0.2C，+=Ti-45Al-8Nb-0.2C，◆=TNB-Co3)

等[119]的报道认为，尽管热暴露可导致脆性，但 650 ℃和室温下的疲劳性能却不受影响。Planck 和 Rosenberger[121]报道了 Ti-46Al-2Nb-2Cr-1Mo-0.2B 合金在 760 ℃暴露 500 h 后，其在室温和 760 ℃下的疲劳性能仅出现了中等程度的下降，但是 540 ℃下的疲劳性能的恶化却更为严重。从其他工作来看[130]，这一温度接近于可发生应变时效的温度，因而塑性会相应地下降。与拉伸塑性类似，在将脆性的表面层去除后，合金的疲劳性能得以回复[121]。

GKSS 尝试利用卤素来观察其是否能起到降低脆性的作用，目前结果还未发表。遗憾的是，从目前的结果来看是非常令人失望的。在理解导致脆性的真正机制之前，是非常难以采用一定的方法将之缓解的。若脆性氧化物表面裂纹的湿气致氢脆是其主要机理，那么如通用电气(General Electric)的 McKee 的专利中所述[131]，采用塑性涂层的方法就可能奏效。关于美国在金属间化合物的脆性和氧化行为方面所做工作的更多信息(截至 1996 年)，请读者参阅 Meier 的综述论文[132]。

12.2.10　涂层/抗氧化合金

一般来说，涂层对部件有两方面的裨益，即可起到环境防护和/或热防护的作用。显然，所采用的涂层必须抗热疲劳，并且其热膨胀系数须与基体材料相近，以避免涂层的起皱/剥落。例如，根据 Chen 和 Lin[133]的研究，由于与 TiAl 合金在热膨胀系数上的差异，在从 700 ℃溅射沉积温度冷却至室温的过程中，0.002 mm 厚的 TiC 涂层中即可产生高达 2 590 MPa 的压应力。

有多种对 TiAl 合金施加涂层的方法，包括：① 溅射[133-140]；② 反应溅射[141]；③ 放电等离子烧结[142]；④ 等离子气相沉积[139,143]；⑤ 包埋[144]；⑥ 电镀和包埋[145]；⑦ 搪瓷涂层[138,141]；⑧ 阳极氧化镀层[146]等。另外，除磷酸处理[147]之外，铝硅酸盐[148]和 $CaTiO_3$[149]处理也有所研究。在文献[16]中给出了截至 2002 年的不同方法和涂层研究的总结及其参考文献的详尽列表。

关于研发可能适用于抗氧化涂层的材料，Brady 等[150]获得了以 Ti-Al-Cr 为基础的一系列合金材料的专利，这些合金在“塑性的”γ-TiAl 基体内含有 $Ti(Cr, Al)_2$-Laves相，它们的大致成分为 Ti-(49~53)Al-(9.5~12.5)Cr。Laves 相可使合金形成保护性的氧化铝皮，而相比于 Laves 相自身，TiAl 基体又可提升材料的裂纹扩展抗力。另外，涂层中的 TiAl 基体与下方 TiAl 基底材料的化学和热相容性的匹配更好[3]。根据专利所述，在众多方法中，低压等离子喷涂、溅射、等离子气相沉积、化学气相沉积、浆料处理以及扩散涂层技术等可适用于制备涂层。有报道表明，Ti-51Al-12Cr 涂层在保护 Ti-48Al-2Cr-2Nb 基体方面获得了成功[3]。在此论文[3]发表之际(1996 年)，人们同时研究了此涂层对 LCF 和 HCF 的影响。关于 Ti-Al-Cr 基涂层氧化行为的其他研究工作见文献[134, 135, 142]。被认为可用于涂层材料的另一组合金系为 TiAl-Ag，由德国尤利希研究中心研发(FZ Jülich)[77,129]。其中 Ti-50Al-2Ag 合金即可在800 ℃下的空气中提供最优的抗氧化性。

尽管应该认为，涂层的研究是非常有价值的，但是目前其与工业应用是否相关还不得而知。卤素处理是一种简单且有效的方法，可以以较低的成本提高抗氧化性。从这个角度上说，采用昂贵的沉积涂层是不太合适的。本书作者认为，热障涂层可能成为未来的一个重要方向，以应用于可有效快速冷却的部件的方式来提高合金的应用温度。然而，这仍需要克服一系列重要障碍，包括使 TiAl 合金可被广泛地接受并应用于发动机材料、制备部件内的冷却通道以及最小化任何涂层对合金疲劳性能的影响等。最后的一点尤为重要，众所周知，涂层一般将会使部件的疲劳性能相比于基体材料降低。然而我们认为，涂层的真正价值应在减弱合金脆性的方向上——虽然到目前为止，针对这一非常重要的领域除文献[151]以外还几乎没有其他的公开报道。

12.3　总结

钛铝合金在高温应用过程中将发生氧化并形成可能提供保护的氧化皮。但是这取决于许多因素，包括合金的成分和显微组织、温度、环境以及表面光洁度等。添加铌和卤素处理肯定有利于形成保护性的氧化铝层。高温暴露使合金的室温塑性受损，但是这一现象的严重程度可能取决于合金成分和/或应力水平。对于热暴露后的 Ti-48Al-2Cr-2Nb 合金而言，在约 150～250 ℃范围内可获得与室温一样的塑性水平，这表明此合金在应用温度下应不存在脆性问题。目前还没有研究表明这是否同样适用于高强度合金。脆性对疲劳性能几乎没有影响。在利用涂层降低合金的脆性问题方面，虽然看起来是一个非常值得研究的领域，但是目前的探索还不够。在提高合金的抗氧化性和热障涂层方面，虽然人们已作出了一些研究，但是我们认为目前还处于非常初期的阶段。

参考文献

[1] Kim, Y. W. (1989) *JOM*, **41** (7), 24.

[2] Rahmel, A., Quadakkers, W. J., and Schütze, M. (1995) *Mater. Corr.*, **46**, 271.

[3] Brady, M. P., Brindley, W. J., Smialek, J. L., and Locci, I. E. (1996) *JOM*, **48** (11), 46.

[4] Taniguchi, S. (1997) *Mater. Corr.*, **48**, 1.

[5] Fergus, J. W. (2002) *Mater. Sci. Eng.*, **A338**, 108.

[6] Yang, M. R., and Wu, S. K. (October 2003) Bulletin of the College of Engineering, National Taiwan University, No. 89, p. 3.

[7] Birks, N., and Meier, G. H. (1983) *Introduction to High Temperature Oxidation of Metals*, Edward Arnold, London.

[8] Kopstad, P. (1988) *High Temperature Corrosion*, Elsevier, London & New York.

[9] Meier, G. H. (1989) *Mater. Sci. Eng.*, **A120**, 1.

[10] Meier, G. H. (1989) *Oxidation of High-Temperature Intermetallics* (eds T. Grobstein and J. Doychak), TMS, Warrendale, PA, p. 1.

[11] Meier, G. H., and Pettit, F. S. (1992) *Mater. Sci. Tech.*, **8**, 331.

[12] Meier, G. H., and Pettit, F. S. (1992) *Mater. Sci. Eng.*, **A153**, 548.

[13] Zhang, M. X., Hsieh, K. C., DeKock, J., and Chang, Y. A. (1992) *Scr. Metall. Mater.*, **27**, 1361.

[14] Li, X. L., Hillel, R., Teyssandier, F., Choi, S. K., and Van Loo, F. J. J. (1992) *Acta Metall. Mater.*, **40**, 3149.

[15] Becker, S., Rahmel, A., Schorr, M., and Schütze, M. (1992) *Oxid. Met.*, **38** (5/6), 425.

[16] Leyens, C. (2003) *Titanium and Titanium Alloys* (eds C. Leyens and M.

Peters), Wiley-VCH, Weinheim, p. 187.

[17] Rahmel, A., and Spencer, P. J. (1991) *Oxid. Met.*, **35** (1/2), 53.

[18] Luthra, K. L. (1991) *Oxid. Met.*, **36** (5/6), 475.

[19] Eckert, M., and Hilpert, K. (1997) *Mater. Corr.*, **48**, 10.

[20] Jacobson, N. S., Brady, M. P., and Mehrotra, G. M. (1999) *Oxid. Met.*, **52**(5/6), 537.

[21] Quadakkers, W. J., Schaaf, P., Zheng, N., Gil, A., and Wallura, E. (1997) *Mater. Corr.*, **48**, 28.

[22] Meier, G. H., Appalonia, D., Perkins, R. A., and Chiang, K. T. (1989) *Oxidation of High-Temperature Intermetallics* (eds T. Grobstein and J. Doychak), TMS, Warrendale, PA, p. 185.

[23] Welsch, G., and Kahvechi, A. I. (1989) *Oxidation of High-Temperature Intermetallics* (eds T. Grobstein and J. Doychak), TMS, Warrendale, PA, p. 207.

[24] Perkins, R. A., Chiang, K. T., and Meier, G. H. (1987) *Scr. Metall.*, **21**, 1505.

[25] Shida, Y., and Anada, H. (1993) *Mater. Trans. JIM*, **34**, 236.

[26] Pérez, P., Jiménez, J. A., Frommeyer, G., and Adeva, P. (2000) *Oxid. Met.*, **53** (1/2), 99.

[27] Kim, B. G., Kim, G. M., and Kim, C. J. (1995) *Scr. Metall. Mater.*, **33**, 1117.

[28] Yoshihara, M., and Miura, K. (1995) *Intermetallics*, **3**, 357.

[29] Dang, B., Fergus, J. W., Gale, W. F., and Zhou, T. (2001) *Oxid. Met.*, **56** (1/2), 15.

[30] Maki, K., Shioda, M., Sayashi, M., Shimizu, T., and Isobe, S. (1992) *Mater. Sci. Eng.*, **A153**, 591.

[31] Huang, B. Y., He, Y. H., and Wang, J. N. (1999) *Intermetallics*, **7**, 881.

[32] Nickel, H., Zheng, N., Elschner, A., and Quadakkers, W. J. (1995) *Mikrochim. Acta*, **119**, 23.

[33] Shida, Y., and Anada, H. (1993) *Corr. Sci.*, **35**, 945.

[34] Figge, U., Elschner, A., Zheng, N., Schuster, H., and Quadakkers, W. J. (1993) *Fresenius' J. Anal. Chem*, **346**, 75.

[35] Kerare, S. A., and Aswath, P. B. (1997) *J. Mater. Sci.*, **32**, 2485.

[36] Cathcart, J. V. (1976) *Properties of High Temperature Alloys* (eds Z. A.

Foroulis and F. S. Pettit), The Electrochemical Society, Princeton, p. 99.

[37] Pilling, N. B., and Bedworth, R. E. (1923) *J. Inst. Met.*, **29**, 529.

[38] Xu, C., and Gao, W. (2000) *Mater. Res. Innovat.*, **3**, 231.

[39] Przybilla, W., and Schütze, M. (2002) *Oxid. Met.*, **58** (**3/4**), 337.

[40] Stringer, J. (1968) *J. Less Common Metals*, **16**, 55.

[41] Yoshihara, M., and Kim, Y. W. (2005) *Intermetallics*, **13**, 952.

[42] Shimizu, T., Iikubo, T., and Isobe, S. (1992) *Mater. Sci. Eng.*, **A153**, 602.

[43] Haanappel, V. A. C., Sunderkötter, J. D., and Stroosnijder, M. F. (1999) *Intermetallics*, **7**, 529.

[44] Wu, Y., Hagihara, K., and Umakoshi, Y. (2005) *Intermetallics*, **13**, 879.

[45] Schütze, M. (1991) *Die Korrosionsschutzwirkung Oxidischer Deckschichten Unter Thermisch-Chemisch-Mechanischer Werkstoffbeanspruchung*, *Materialkundlich-Technische Reihe*, *Band* 10 (eds G. Petzow and F. Jeglitsch), Gebr. Borntraeger Verlag, Berlin.

[46] Schütze, M., and Schmitz-Niederau, M. (1995) *Gamma Titanium Aluminides* (eds Y. W. Kim, R. Wagner, and M. Yamaguchi), TMS, Warrendale, PA, p. 83.

[47] Schmitz-Niederau, M., and Schütze, M. (1999) *Oxid. Met.*, **52** (**3/4**), 241.

[48] Bruns, C., and Schütze, M. (2001) *Oxid. Met.*, **55** (**1/2**), 35.

[49] Choudhury, N. S., Graham, H. C., and Hinze, J. W. (1976) *Properties of High Temperature Alloys* (eds Z. A. Foroulis and F. S. Pettit), The Electrochemical Society, Princeton, p. 668.

[50] Rakowski, J. M., Pettit, F. S., Meier, G. H., Dettenwanger, F., Schumann, E., and Ruhle, M. (1995) *Scr. Metall. Mater.*, **33**, 997.

[51] Zheng, N., Quadakkers, W. J., Gil, A., and Nickel, H. (1995) *Oxid. Met.*, **44** (**5/6**), 477.

[52] Yang, M. R., and Wu, S. K. (2000) *Oxid. Met.*, **54** (**5/6**), 473.

[53] Yoshihara, M., Suzuki, T., and Tanaka, R. (1991) *ISIJ Int.*, **31** (**10**), 1201.

[54] Nwobu, A. I. P., Flower, H. M., and West, D. R. F. (1996) *Titanium '95: Science and Technology* (eds P. A. Blenkinsop, W. J.

Evans, and H. M. Flower), IOM, London, UK, p. 411.

[55] Taniguchi, S., Tachikawa, Y., and Shibata, T. (1997) *Mater. Sci. Eng.*, **A232**, 47.

[56] Dettenwanger, F., Schumann, E., Rühle, M., Rakowski, J., and Meier, G. H. (1995) *High-Temperature Ordered Intermetallic Alloys VI* (eds J. A. Horton, I. Baker, S. Hanada, R. D. Noebe, and D. S. Schwartz), *Materials Research Society Symposium Proceedings*, vol. 364, Mater. Res. Soc., Pittsburgh, PA, p. 981.

[57] Dettenwanger, F., Schumann, E., Rühle, M., Rakowski, J., and Meier, G. H. (1998) *Oxid. Met.*, **50 (3/4)**, 269.

[58] Rakowski, J. M., Meier, G. H., Pettit, F. S., Dettenwanger, F., Schumann, E., and Rühle, M. (1996) *Scr. Mater.*, **35**, 1417.

[59] Taniguchi, S., Hongawara, N., and Shibata, T. (2001) *Mater. Sci. Eng.*, **A307**, 107.

[60] Kremer, R., and Auer, W. (1997) *Mater. Corr.*, **48**, 35.

[61] Brady, M. P., Smialek, J. L., Humphrey, D. L., and Smith, J. (1997) *Acta Mater.*, **45**, 2371.

[62] Kremer, R. (1996) PhD thesis, University of Erlangen-Nürnberg.

[63] Hald, M. (1998) PhD thesis, RWTH Aachen.

[64] Zeller, A., Dettenwanger, F., and Schütze, M. (2002) *Intermetallics*, **10**, 59.

[65] Zeller, A., Dettenwanger, F., and Schütze, M. (2002) *Intermetallics*, **10**, 33.

[66] Li, X. Y., and Taniguchi, S. (2004) *Intermetallics*, **12**, 11.

[67] Tetsui, T., and Ono, S. (1999) *Intermetallics*, **7**, 689.

[68] Beye, R., Verwerft, M., De Hosson, J. T. M., and Gronsky, R. (1996) *Acta Mater.*, **44**, 4225.

[69] Cheng, Y. F., Dettenwanger, F., Mayer, J., Schumann, E., and Rühle, M. (1996) *Scr. Mater.*, **34**, 707.

[70] Lang, C., and Schütze, M. (1997) *Mater. Corr.*, **48**, 13.

[71] Shida, Y., and Anada, H. (1994) *Mater. Trans. JIM.*, **35**, 623.

[72] Beye, R. W., and Gronsky, R. (1994) *Acta Metall. Mater.*, **42**, 1373.

[73] Dowling, W. E., and Donlon, W. T. (1992) *Scr. Metall. Mater.*, **27**, 1663.

[74] Zheng, N., Fischer, W., Grübmeier, H., Shemet, V., and Quadakkers,

W. J. (1995) *Scr. Metall. Mater.*, **33**, 47.
[75] Copland, E. H., Gleeson, B., and Young, D. J. (1999) *Acta Mater.*, **47**, 2937.
[76] Shemet, V., Hoven, H., and Quadakkers, W. J. (1997) *Intermetallics*, **5**, 311.
[77] Shemet, V., Tyagi, A. K., Becker, J. S., Lersch, P., Singheiser, L., and Quadakkers, W. J. (2000) *Oxid. Met.*, **54**(**3/4**), 211.
[78] Tang, Z., Shemet, V., Niewolak, L., Singheiser, L., and Quadakkers, W. J. (2003) *Intermetallics*, **11**, 1.
[79] Shalaby, H. (Dec. 1997) *Surface protection of gamma and alpha - 2 titanium aluminides by ion implantation*, U. S. Patent 5, 695, 827.
[80] Stroosnijder, M. F. (1998) *Surf. Coat. Technol.*, **100–101**, 196.
[81] Masset, P. J., Neve, S., Zschau, H. E., and Schütze, M. (2008) *Mater. Corr.*, **59**, 609.
[82] Zschau, H. E., and Schütze, M. (2008) *Mater. Corr.*, **59**, 619.
[83] Hornauer, U., Richter, E., Wieser, E., Möller, W., Schumacher, G., Lang, C., and Schütze, M. (1999) *Nucl. Instrum. Methods Phys. Res. B*, **148**, 858.
[84] Schütze, M., Schumacher, G., Dettenwanger, F., Hornauer, U., Richter, E., Wieser, E., and Möller, W. (2002) *Corr. Sci.*, **44**, 303.
[85] Yankov, R. A., Shevchenko, N., Rogozin, A., Maitz, M. F., Richter, E., Möller, W., Donchev, A., and Schütze, M. (2007) *Surf. Coat. Technol.*, **201**, 6752.
[86] Conrad, J. R. (2000) *Handbook of Plasma Immersion Ion Implantation and Deposition* (ed. A. Anders), John Wiley & Sons. Inc, New York, p. 1.
[87] Hornauer, U., Richter, E., Wieser, E., Möller, W., Donchev, A., and Schütze, M. (2003) *Surf. Coat. Technol.*, **173–174**, 1182.
[88] Zschau, H. E., Schütze, M., Baumann, H., and Bethge, K. (2004) *Mater. Sci. Forum*, **461–464**, 505.
[89] Taniguchi, S., Zhu, Y. C., Fujita, K., and Iwamoto, N. (2002) *Oxid. Met.*, **58** (**3/4**), 375.
[90] Li, X. Y., Taniguchi, S., Zhu, Y. C., Fujita, K., Iwamoto, N., Matsunaga, Y., and Nakagawa, K. (2002) *Nucl. Instrum. Methods Phys. Res. B*, **187**, 207.
[91] Zhu, Y. C., Li, Y. Y., Fujita, K., Iwamoto, N., Matsunaga, Y.,

Nakagawa, K., and Taniguchi, S. (2002) *Surf. Coat. Technol.*, **158-159**, 503.

[92] Hornauer, U., Günzel, R., Reuther, H., Richter, E., Wieser, E., Möller, W., Schumacher, G., Dettenwanger, F., and Schütze, M. (2000) *Surf. Coat. Technol.*, **125**, 89.

[93] Taniguchi, S., Kuwayama, T., Zhu, Y. C., Matsumoto, Y., and Shibata, T. (2000) *Mater. Sci. Eng.*, **A277**, 229.

[94] Schumacher, G., Lang, C., Schütze, M., Hornauer, U., Richter, E., Wieser, E., and Möller, W. (1999) *Mater. Corr.*, **50**, 162.

[95] Wang, W., Zhang, Y. G., Ji, V., Shi, J. Y., and Chen, C. Q. (1999) *Gamma Titanium Aluminides* 1999 (eds Y. W. Kim, D. M. Dimiduk, and M. H. Loretto), TMS, Warrendale, PA, p. 799.

[96] Taniguchi, S., Uesaki, K., Zhu, Y. C., Matsumoto, Y., and Shibata, T. (1999) *Mater. Sci. Eng.*, **A266**, 267.

[97] Schumacher, G., Dettenwanger, F., Schütze, M., Hornauer, U., Richter, E., Wieser, E., and Möller, W. (1999) *Intermetallics*, 7, 1113.

[98] Zhang, Y. G., Li, X. Y., Chen, C. Q., Wang, W., and Ji, V. (1998) *Surf. Coat. Technol.*, **100-101**, 214.

[99] Haanappel, V. A. C., and Stroosnijder, M. F. (1998) *Surf. Coat. Technol.*, **105**, 147.

[100] Taniguchi, S., Uesaki, K., Zhu, Y. C., Zhang, H. X., and Shibata, T. (1998) *Mater. Sci. Eng.*, **A249**, 223.

[101] Stroosnijder, M. F., Schmutzler, H. J., Haanappel, V. A. C., and Sunderkötter, J. D. (1997) *Mater. Corr.*, **48**, 40.

[102] Zhang, Y. G., Li, X. Y., Chen, C. Q., Zhang, X. J., and Zhang, H. X. (1997) *Structural Intermetallics 1997* (eds M. V. Nathal, R. Darolia, C. T. Liu, P. L. Martin, D. B. Miracle, R. Wagner, and M. Yamaguchi), TMS, Warrendale, PA, p. 353.

[103] Kumagai, M., Shibue, K., Kim, M. S., and Furuyama, T. (Sept. 1995) *Product of a halogen containing Ti-Al system intermetallic compound having a superior oxidation and wear resistance*, U. S. Patent 5,451,366.

[104] Schütze, M., and Donchev, A. (May 2006) *Erhöhung der Oxidationbeständigkeit von TiAl-Legierungen durch die Behandlung mit Fluor*, German patent application DE 10 2006 024 886 A1.

[105] Schütze, M., and Donchev, A. (Nov. 2003) *Verfahren zur behandlung der Oberfläche eines aus Al-Legierung, insbesondere TiAl-Legierung bestehenden Bauteiles sowie die Verwendung organischer Halogenkohlenstoffverbindungen oder in einer organischen Matrik eingebundener Halogenide*, German patent application DE 103 51 946 A1.

[106] Schütze, M., and Schumacher, G. (April 2000) *Verfahren zur Erhöhung der Oxidationsbeständigkeit von Legierungen aus Aluminium und Titan*, German patent application DE 100 17 187 A1.

[107] Schütze, M., and Hald, M. (July 1996) *Verfahren zur Erhöhung der Korrosionbeständigkeit von Werkstoffen auf der Basis TiAl über die Implantation von Halogenionen in die Werkstoffoberfläche*, German patent application DE 196 27 605 C1.

[108] Schütze, M., and Hald, M. (Oct. 1995) *Verfahren zur Erhöhung der Korrosionbeständigkeit von Werkstoffen auf der Basis TiAl über die Reaktion von halogenhaltigen Verbindungen aus der Gasphase mit der Werkstoffoberfläche*, German patent application DE 195 39 305 A1.

[109] Schütze, M., and Hald, M. (1997) *Mater. Sci. Eng.*, **A239 – 240**, 847.

[110] Donchev, A., Gleeson, B., and Schütze, M. (2003) *Intermetallics*, **11**, 387.

[111] Masset, P. J., and Schütze, M. (2008) *Adv. Eng. Mater.*, **10** (**7**), 666.

[112] Donchev, A., Richter, E., Schütze, M., and Yankov, R. (2008) *J. Alloys Compd.*, **452**, 7.

[113] Donchev, A., Richter, E., Schütze, M., and Yankov, R. (2006) *Intermetallics*, **14**, 1168.

[114] Zschau, H. E., Schütze, M., Baumann, H., and Bethge, K. (2006) *Intermetallics*, **14**, 1136.

[115] Austin, C. M., and Kelly, T. J. (1993) *Structural Intermetallics* (eds R. Darolia, J. J. Lewandowski, C. T. Liu, P. L. Martin, D. B. Miracle, and M. V. Nathal), TMS, Warrendale, PA, p. 143.

[116] Thomas, M., Berteaux, O., Popoff, F., Bacos, M. P., Morel, A., Passilly, B., and Ji, V. (2006) *Intermetallics*, **14**, 1143.

[117] Kelly, T. J., Austin, C. M., Fink, P. J., and Schaeffer, J. (1994) *Scr. Metall. Mater.*, **30**, 1105.

[118] Lee, D. S., Stucke, M. A., and Dimiduk, D. M. (1995) *Mater. Sci. Eng.*, **A192-193**, 824.

[119] Draper, S. L., Lerch, B. A., Locci, I. E., Shazly, M., and Prakash, V. (2005) *Intermetallics*, **13**, 1014.

[120] Pather, R., Wisbey, A., Partridge, A., Halford, T., Horspool, D. N., Bowen, P., and Kestler, H. (2001) *Structural Intermetallics 2001* (eds K. J. Hemker, D. M. Dimiduk, H. Clemens, R. Darolia, H. Inui, J. M. Larsen, V. K. Sikka, M. Thomas, and J. D. Whittenberger), TMS, Warrendale, PA, p. 207.

[121] Planck, S. K., and Rosenberger, A. H. (1999) *Gamma Titanium Aluminides 1999* (eds Y. W. Kim, D. M. Dimiduk, and M. H. Loretto), TMS, Warrendale, PA, p. 791.

[122] Wu, X., Huang, A., Hu, D., and Loretto, M. H. (2009) *Intermetallics*, **17**, 540.

[123] Yamaguchi, M., and Inui, H. (1993) *Structural Intermetallics* (eds R. Darolia, J. J. Lewandowski, C. T. Liu, P. L. Martin, D. B. Miracle, and M. V. Nathal), TMS, Warrendale, PA, p. 127.

[124] Liu, C. T., and Kim, Y. W. (1992) *Scr. Metall. Mater.*, **27**, 599.

[125] Y. Iino, Gao K. W., Okamura, K., Qiao, L. J., and Chu, W. Y. (2002) *Mater. Sci. Eng.*, **A338**, 54.

[126] Chen, G. L., and Liu, C. T. (2001) *Int. Mater. Rev.*, **46** (**6**), 253.

[127] Li, X. Y., and Taniguchi, S. (2005) *Intermetallics*, **13**, 683.

[128] Locci, I. E., Brady, M. P., MacKay, R. A., and Smith, J. W. (1997) *Scr. Mater.*, **37**, 761.

[129] Niewolak, L., Shemet, V., Thomas, C., Lersch, P., Singheiser, L., and Quadakkers, W. J. (2004) *Intermetallics*, **12**, 1387.

[130] Fröbel, U., and Appel, F. (2006) *Intermetallics*, **14**, 1187.

[131] McKee, D. W. (March 1992) *Method for depositing chromium coatings for titanium oxidation protection*, U. S. Patent 5, 098, 540.

[132] Meier, G. H. (1996) *Mater. Corr.*, **47**, 595.

[133] Chen, C. C., and Lin, R. Y. (1994) *Scr. Metall. Mater.*, **30**, 523.

[134] Leyens, C., Schmidt, M., Peters, M., and Kaysser, W. A. (1997) *Mater. Sci. Eng.*, **A239-240**, 680.

[135] Lee, J. K., Lee, H. N., Lee, H. K., Oh, M. H., and Wee, D. M. (2002) *Surf. Coat. Technol.*, **155**, 59.

[136] Chu, M. S., and Wu, S. K. (2003) *Acta Mater.*, **51**, 3109.

[137] Wendler, B. G., and Kaczmarek, L. (2005) *J. Mater. Proc. Technol.*, **164-165**, 947.

[138] Xiong, Y., Zhu, S., and Wang, F. (2005) *Surf. Coat. Technol.*, **197**, 322.

[139] Fröhlich, M., Braun, R., and Leyens, C. (2006) *Surf. Coat. Technol.*, **201**, 3911.

[140] Ebach-Stahl, A., Fröhlich, M., Braun, R., and Leyens, C. (2008) *Adv. Eng. Mater.*, **10** (**7**), 675.

[141] Tang, Z., Wang, F., and Wu, W. (2000) *Mater. Sci. Eng.*, **A276**, 70.

[142] Lee, J. K., Oh, M. H., and Wee, D. M. (2002) *Intermetallics*, **10**, 347.

[143] Braun, R., Fröhlich, M., Braue, W., and Leyens, C. (2007) *Surf. Coat. Technol.*, **202**, 676.

[144] Mabuchi, H., Tsuda, H., Kawakami, T., Nakamatsu, S., Matsui, T., and Morii, K. (1999) *Scr. Mater.*, **41**, 511.

[145] Izumi, T., Nishimoto, T., and Narita, T. (2005) *Intermetallics*, **13**, 727.

[146] Yang, M. R., and Wu, S. K. (2002) *Acta Mater.*, **50**, 691.

[147] Retallick, W. B., Brady, M. P., and Humphreys, D. L. (1998) *Intermetallics*, **6**, 335.

[148] Shalaby, H. (June 1992) *Protection of gamma titanium aluminides with aluminosilicate coatings*, U. S. Patent 5, 118, 581.

[149] Yoshimura, M., Urushihara, W., Yashima, M., and Kakihana, M. (1995) *Intermetallics*, **3**, 125.

[150] Brady, M. P., Smialek, J. L., and Brindley, W. J. (Nov. 1998) *Two-phase (TiAl + TiCrAl) coating alloys for titanium aluminides*, U. S. Patent 5, 837, 387.

[151] Prasad, B. D., Sankaran, S. N., Wiedemann, K. E., and Glass, D. E. (1997) *Structural Intermetallics 1997* (eds M. V. Nathal, R. Darolia, C. T. Liu, P. L. Martin, D. B. Miracle, R. Wagner, and M. Yamaguchi), TMS, Warrendale, PA, p. 295.

第 13 章

合金设计

在过去至少 20 年内的 TiAl 合金文献中，绝大部分聚焦于开发新合金及合适的加工技术。在这一方面目前已取得了一些进展，使得工程合金的强度水平在过去的几年内较 20 年前的水平约翻了一番，而室温塑性则与之前持平。其他性能，如蠕变性能和抗氧化性等也已通过合金化和掺杂卤素的方法得到了提升；但是在另外的一些性能(如韧性)方面，通过调整合金成分而使之优化的工作仍没有太多进展。目前已达成共识的是，若要使某一合金成分普适于所有工业应用是不可能的。必须要根据加工工艺来调整合金成分，以达到特定部件的性能要求。

对合金设计和合适的热处理工艺来说，非常重要的是应准确地掌握 Ti-Al 二元以及多组元合金中的物相关系信息。这是因为，在给定的合金中，其性能与显微组织是密切相关的，而显微组织又对成分高度敏感。高度的显微组织/合金成分敏感性可能是工业上以铸锭为出发点来制备部件的最具挑战性的困难之一，因为铸锭中的成分变化将使所制备的部件的显微组织出现差异，从而最终影响了性能。这对于合金部件，尤其是与安全性相关的航空部件来说当然是无法接受的。1993 年发表的一篇文献[1]很好地综述了不同合金元素的作用。本章将简要概述过去 20 年内的合金发展历程，并对不同的合金设计思路进行讨论。

13.1　铝含量的影响

在二元合金中，铝含量决定了初始凝固相以及随后凝固过程中的相变路径。根据 Huang 和 Hall[2]于 1991 年发表的 Ti-(46~60)Al 成分范围内快速凝固二元合金的研究结果，在 $\alpha+\gamma$ 相区约中部位置热处理所获得的双态组织的塑性最高，此时对应的 α_2 相体积分数约为 10%。这就是观察到的最高塑性值时热处理温度自 Ti-48Al 合金的 1 300 ℃升高至 Ti-51Al 合金的 1 400 ℃的原因，如图 13.1[2]。室温塑性在 Ti-48Al 成分附近达最高值，如图 13.2[1]，根据 Kim 和 Dimiduk[3]的报道，其原因被推测为 Ti-48Al 具有最优的 γ 相对 α_2 相的体积比。与当今见解不同的是，Huang 和 Hall[2]曾认为单相 γ 的塑性比"完全转变的"片层组织还高(见他们文章中的图 4)。现如今，具有工程意义的合金的铝含量为 43at.%~48at.%，并添加了一定的其他合金元素。目前已一致认为，工程合金应该同时含有 γ 和 α_2 两相，从而使相界面处的位错可对变形产生贡献，并且 γ 相中的氧可被 α/α_2 相吸附。后文将指出，一些新型合金的铝含量为 42at.%~43at.%，其目的是为了提高 β/B2 相的含量从而有益于合金的热变形。

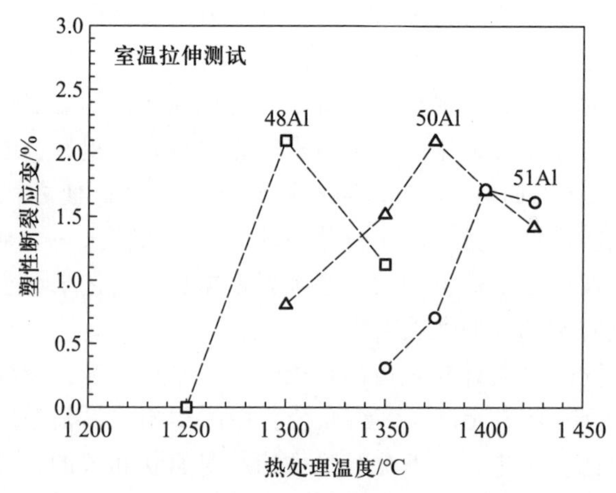

图 13.1　热处理温度对 3 种二元合金室温拉伸塑性的影响[2]。塑性最高的双态组织是通过在接近 $\alpha+\gamma$ 相区中部的位置热处理得到的。对原始数据进行了重绘

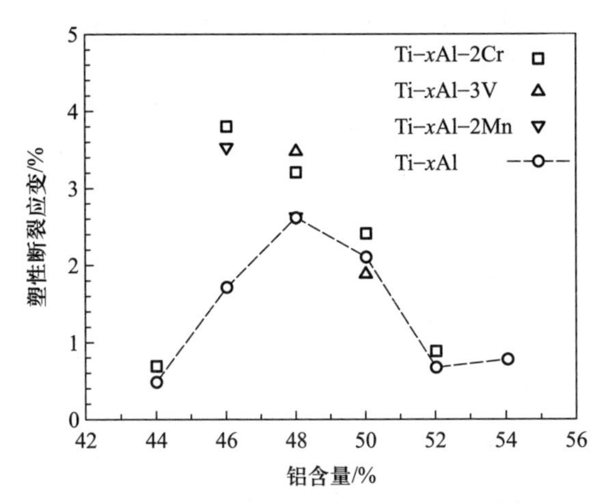

图 13.2 Al 含量对变形合金室温塑性的影响[1]。根据 Huang[1] 的研究，仅在 Al 含量为 46at.%～50at.%时才可达到一定的塑性。在添加了 2Cr、3V 和 2Mn 的两相合金中可以观察到“塑性化”效应。对原始数据进行了重绘

从如今的观点看，当加工工艺改变时，是难以既快又准地评价铝含量对塑性的影响的，尤其是当从铸态加工至挤压态时，同一成分合金在挤压态有塑性而在铸造条件下却是脆性的。例如，根据 Austen 和 Kelly[4] 给出的结果，铝含量对铸态 Ti-xAl-2Cr-2Nb 合金性能的影响如图 14.11，表明塑性最高时的铝含量约为 48at.%，而当铝含量为 45at.%或更低时合金的塑性极低(或为零)。然而在 GKSS 的研究中，名义成分为 Ti-44.5Al 的挤压二元合金的塑性伸长量约为 1.4%。当然，这一塑性的提升主要是由于粗大的铸造片层组织得到了细化，但这也说明对力学性能趋势的传递性的讨论是较为困难的。

铝含量对合金强度影响的情形比塑性要稍明确一些，即低铝含量合金的强度一般较高，这可在图 14.11 的铸造 Ti-xAl-2Cr-2Nb 合金中明确看出。Paul 等[5]研究了一些二元和三元含铌合金的压缩流变应力，认为低 Al 含量合金中 α_2 相含量的增加极有可能是其高强度的原因。由于目前还没有进行系统研究，尚难以评估 Al 含量对其他力学性能的影响。如第 12 章中所述，高铝含量的合金在抗氧化性方面表现得更好。

13.2 重要的合金化元素——综述

为提高 TiAl 合金的性能和/或可加工性，人们已在 TiAl 合金中添加了许多种合金元素。通用电气的 Huang 研发了首个具有工程意义的合金由并持有专利，其成分为 Ti-48Al-2Cr-2Nb[6]。合金的 Al 含量为 48at.%，这一铝含量水

平被认为具有最佳的室温塑性。已经证明，添加 2at.%的铬元素对提高塑性是有益的，而 2at.%的 Nb 元素也可以保证足够的高温抗氧化性。

现今，具有重要工程意义的合金包含了若干其他元素，可将其大致成分表述如下：

$$\mathrm{Ti}-(42\sim49)\mathrm{Al}-(0.1\sim10)\mathrm{X} \tag{13.1}$$

其中 X 表示 Cr、Nb、V、Mn、Ta、Mo、Zr、W、Si、C、Y 和 B 等元素。当然，文献中也有关于含有其他元素的合金制备和研究的报道，但上述的成分范围涵盖了大部分的已研究合金成分。对于多组元成分的合金而言，一个主要的困难在于其相区边界随成分而变化，这影响了为得到特定组织所需的热处理温度。因此，掌握与成分相关的物相关系极其重要。各合金元素的影响阐述如下。

13.2.1　Cr、Mn 和 V

从相区边界变化的角度出发，Huang[1] 指出，相对于二元合金而言，添加 2Cr、3V 和 2Mn 对 α 转变温度的降低作用如图 13.3 所示。添加这些元素对变形合金塑性的影响如图 13.2，在其中可以看出它们产生了“塑性化”作用，而在单相 γ 合金中则不存在这一现象[1]。在两相合金中，这些元素影响塑性的真

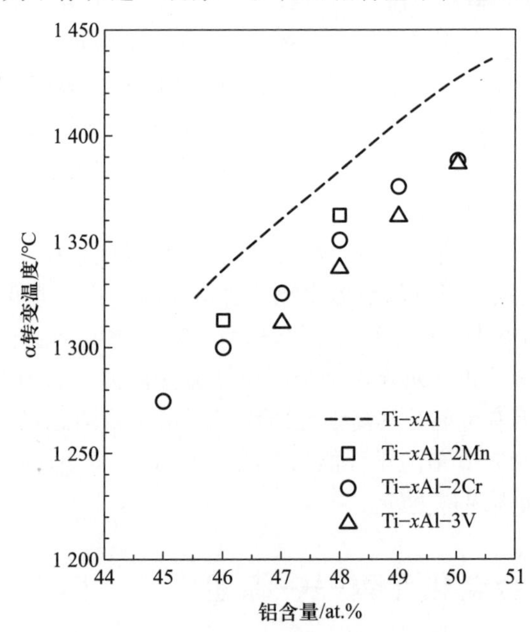

图 13.3　添加 2Cr、3V 和 2Mn 对 α 转变温度的影响[1]。可以看出，相对于二元合金，这些元素降低了 α 转变温度。对原始数据进行了重绘

正原因仍不明确，也是难以确定的，这是因为每一种元素的添加可能影响了许多因素(包括层错能[7])。Kim 和 Dimiduk[3]对目前已提出的添加这些元素的可能的作用机制进行了总结。更多的讨论可参阅 Yamaguchi 和 Inui 的论文[8]。

13.2.2 Nb、W、Mo 和 Ta

难熔金属元素 W、Nb、Mo 和 Ta 在 TiAl 合金中已有多年的应用，其中在“GE 合金”中即添加了 2at.%的 Nb 元素。尽管这些元素在铸态组织中有严重的偏析行为，并可导致合金的总体密度上升，但是添加这些元素对力学性能，尤其是高温性能的潜在提升作用令其使用量不断上升。Huang[1]总结了他人的工作并指出，添加 W、Nb、Mo 和 Ta 均有提高合金抗氧化性的效果。添加这些元素对高温强度和抗蠕变性等更重要的提升作用也有所报道。当这些元素的添加量特别大，且/或铝含量水平相对较低时，由于与之相关的相区边界的变化，将使 β/B2 稳定化，同时其他相的含量则有所下降。在高温下，β 相是软相并具有塑性，这降低了合金热加工操作的难度(见 13.3.3 节)，但根据 Sun 等[9]的研究，β/B2 相降低了合金的高温强度、抗蠕变性以及室温塑性。与之相反的，另一些工作则表明 β/B2 相的析出可能使高温强度和抗蠕变性上升[10]。因此具体的情形是非常复杂的，并且取决于许多因素，包括加工工艺、铝含量以及合金元素的组合情况及添加量等。有趣的是，Hodge 等[11]指出，添加微量的 W 元素可使近片层组织的蠕变性能上升，而添加量过大则将导致形成 β 相，从而恶化蠕变性能。最近，如 13.3.4 节所述，在一种制备细小显微组织的新技术中用到了大量 Ta 元素，这种组织是由块状转变的 γ 相演变而来的。

13.2.3 B、C 和 Si

添加 0.1at.%～1at.%的硼元素可细化铸造组织。B 的细化作用是马丁·玛丽埃塔公司(Martin Marietta)的原位复合材料研究者 Bryant 等[12]将 TiB_2 添加至 TiAl 铸态合金中时发现的。添加的方法即为现已周知的 XD 工艺，此法可制备出片层团尺寸极为细小的铸造组织。添加单质硼也是一种有效的细化方式，其在铸造过程中形成了 TiB_2。硼的细化作用对铸造近净成形部件而言尤为有利；在最近研发并获得了专利的块状转变 γ 细化技术出现以前，铸造组织的细化仅能依靠 B 来实现。如 Cheng[13]所述，B 对晶粒细化的作用机制是非常含混的，但看起来与铝含量相关，即在低铝含量合金中只需添加较少的 B 即可获得有效的晶粒细化效果[14]。据报道，在自 β 相区凝固的低铝含量合金中，低至 0.1at.%～0.2at.%含量的 B 即可有效地将片层团尺寸细化至约 30 μm[15]。在晶粒细化这一方面，添加 β 相稳定元素如 Nb、W 和 Ta 也是有裨益的，但它们也会导致形成单硼化物并大幅降低可用于晶粒细化的 B 含量。若凝固过程中的冷却速率较低(如横截面较厚处)，则将形成较长的难熔金属硼化物并导致材料在加载过程中的早期失效[16]。

为提升合金的高温强度和抗蠕变性，人们研究了添加硼对 TiAl 合金析出强化的作用。最近，Appel 等[17]的研究表明细小弥散的碳化物析出相可作为变形过程中“纳米孪晶”的额外非均匀形核点，因此可释放应力集中从而协助塑性变形。Chen 等[18]和 Tian 等[19]是首次研究 TiAl 合金中碳化物析出现象的学者。另外，Tian 等[19]还研究了添加氮的作用。观察发现，碳化物和氮化物析出相 Ti_3AlC 和 Ti_3AlN 均为钙钛矿型结构并呈针状形貌(包含两种类型的畴域)，其取向平行于母相 γ 基体的[001]方向。基于这一工作，GKSS 系统研究了碳含量对淬火时效合金变形行为的影响机理，并确立了形成有效析出强化的热处理工艺[20,21]。文献[20，21]中报道的析出相的平均长度为 22 nm，平均宽度为 3.3 nm，这些数值明显小于 Tian 等[19]所报道的数据，即长度为 150~450 nm 和宽度为 10~30 nm。这可能是由合金成分、碳含量以及热处理工艺的差异造成的。Tian 和 Nemoto[22]的报道认为，含碳合金淬火并在 800 ℃长时间时效或在更高温度时效后，在 γ-TiAl 相的{111}面上将析出盘状的 H 相(Ti_2AlC)。Chen 等[18]报道了钙钛矿型析出相在 750 ℃以上的溶解以及 H 相的长大现象。在含氮合金中也有类似的发现[23]。Gouma 和 Karadge[24]报道了 H 相自 α_2 相析出，同时 α_2 相分解形成 γ 相的现象。在 GKSS，我们推测 H 相的析出对塑性是有害的，当形成粗大的 H 相颗粒时则尤为严重。

在铸造合金中通常不添加碳元素，因为这将使合金的塑性降低。这一点背后的原因尚不清楚，可能是由于形成了大尺寸的脆性碳化物从而降低了材料的塑性，抑或是材料可以由碳化物充分强化，但是粗大的铸造组织却无法承受加载。从这一点来看，热挤压则可提供细小的组织和充足的冷速，从而使碳保持在固溶态并可在随后的时效过程中析出。

在 TiAl 合金中添加硅元素是为了由析出强化/显微组织稳定化[25,26]来提高合金的蠕变强度以及抗氧化性[1]。在添加 0.26at.%和 0.65at.%的 Si 之后，名义成分为 Ti-47.5Al-1.5Cr 的铸造合金的蠕变性能得到了提升，如图 13.4 所示[26]。其强韧化机制与形成 Ti_5Si_3 析出相有关，在时效[24,26,27]和蠕变变形后的材料中均发现了这一析出相[24,25,27]。

在 900 ℃时效 5 h 后，Noda 等[26]发现了尺寸小于 200 nm 的细小析出相。看起来它是在 γ/α_2 片层边界处形成的[24,26]。文献[27]中则报道析出相位于 γ 晶界以及 γ 片层内部。虽然没有进行讨论，但如 Viswanathan 等[28]和 Appel 等[29]所述，有可能是析出相在 γ/α_2 边界处形成而随后 α_2 相转变成了 γ 相。报道称，当 Si 添加量达 0.65at.%时，合金的拉伸性能也不会下降[26]，但是已发现当 Si 添加量高于 1at.%时，则会由于显微组织的不稳定性上升和动态再结

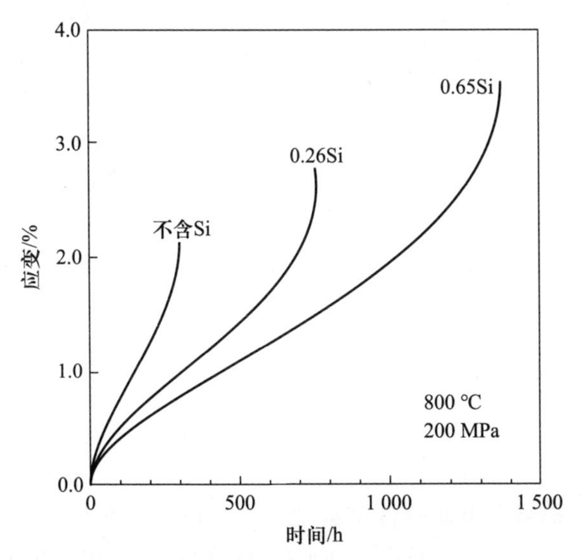

图 13.4 添加 Si 对铸造+时效 Ti-47.5Al-1.5Cr 基合金蠕变行为的影响[26]

晶的增强而使抗蠕变性下降[25]。

13.3 特定的合金系统

在过去 20 年内，人们已研究了许多合金，因此针对每一种成分进行讨论是非常困难的。总体上，可将不同的合金分为 4 种门类：① 传统合金；② 高铌含量合金；③ β 凝固合金；④ 块状转变合金。

13.3.1 传统合金

这类合金的典型成分为由通用电气研发并持有专利[6]的 Ti-48Al-2Cr-2Nb 合金、在许多轧制/可变形性[30-32]研究中所采用的 Ti-48Al-2Cr 合金，以及由 Frommeyer 等[33]研发的 Ti-46Al-1Cr-0.2Si 合金等。其他属于这一类的合金还包括 GKSS 研发的 γ-TAB[Ti-47Al-4(Nb, Cr, Mn, Si, B)]合金以及攀时公司(Plansee)研发的 γ-MET[Ti-46.5Al-4(Nb, Cr, Ta, B)]合金。相比于现代的合金，这一类的所有合金的铝含量均相对较高。在当时，塑性被认为是最重要的性能，因此合金设计均是向着这一目标来优化。这些合金中的主要相为 α_2 相和 γ 相，尽管在杂质元素含量较低的 Ti-48Al-2Cr-2Nb 合金中(含 0.06at.%的 O)还存在少量的 B2/γ 相(不含 B2/γ 的 Ti-48Al-2Cr-2Nb 名义成分合金中的 O 为 0.18at.%)[34]。在 20 世纪 90 年代初，为提升塑性而进行的大多数研究工作是以铸造材料进行的，最高的塑性值被认为位于 Al 含量约 48at.%处。令人注目的是，据报道，基于 Ti-48Al-2Cr-2Nb 成分的铸造合金的塑性伸长量可达 2.5%~3.1%[34]，而强度水平则是非常低的——报道的屈服强度为 300~330 MPa，断裂强度为 445~477 MPa[34]。为提高强度水平(以及抗蠕变性)，随后的一代“传统合金”所含的铝含量略微降低，并添加了 B、C 和 Si 等元素。然而，基于密度校正原则，这些合金还无法与镍基高温合金媲美，而且其抗氧化性不足以使其应用温度扩展至约 700 ℃以上。基于这一点考虑，在下一代 γ-TiAl 合金中就添加了高含量的铌元素。

13.3.2 高铌含量合金

高铌合金化 γ-TiAl 合金的高强度以及良好的抗氧化性是由 Chen 等[35]首次报道的。随后，为澄清其强化机制，Paul 等[5]对铸态材料进行了研究。研究表明，强度的提高是由非热位错运动障碍造成的，其与合金较低的 Al 含量有关，而并非是由于铌含量较高。降低的 Al 含量使 α_2 相含量上升并使组织细化，这两点均使变形的非热贡献部分升高。研究人员测定了二元合金及与其 Al 含量相同的高铌三元合金的高温变形激活参数，发现高铌含量合金的变形激活焓略高一些。这与 Nb 在 TiAl 合金中的扩散的相关研究是一致的[36]，同时也表明了扩散协助的变形过程在此类合金中是较为困难的。这可能有益于高温强度和抗蠕变性[37]，并可阻碍动态再结晶。在高铌含量合金中发现了大量的形变孪晶活动，这可能是由于层错能的降低而导致的，大量的形变孪晶可能使合金的塑性上升。

GKSS 对高铌含量合金的研究使其发展出了众所周知的以 Ti-45Al-(5~10)Nb-(0~0.5)B,C 成分为基础的 TNB 合金。成分为 Ti-45Al-5Nb-0.2B-0.2C 的挤压 TNB 合金的室温强度高达 1 GPa，且塑性应变量为 2%~2.5%。与传统 TiAl 合金不同，这样的强度性能使 TNB 可与高温合金比肩，并使材料的高温应用能力得到了扩展。攀时公司(Plansee)购买了 TNB 的许可并与 NASA 和普惠公司(Pratt & Whitney)共同参与了应用 TNB 合金的研究项目。自然的，GKSS 也利用 TNB 合金与其合作者罗尔斯-罗伊斯公司(Rolls-Royce)和戴姆勒克莱斯勒公司(DaimlerChrysler)开展了联合项目研究。

13.3.3 β 凝固合金

Naka 等[38]首次发现了 β 凝固合金在铸造方面的优势并加以研发。这一系列合金的成分可使 β 相稳定化，从而使其成为凝固初生相及凝固完成之后的唯一相。这与包晶合金不同，后者凝固后的组织在一定程度上也存在高温 α 相。这一点是不利的，因为在随后冷却及热处理的 β 相转变为 α 相的过程中，转

变后的 α 相的取向被预先存在的 α 相提前确定了。由于 γ 相与高温六方 α 相之间只存在一种取向关系，即$(0001)_{\alpha2}//\{111\}_{\gamma}$和$\langle 11\bar{2}0\rangle_{\alpha2}//\langle 1\bar{1}0\rangle_{\gamma}$，因而所有自单一 α 晶粒中形成的片层均将具有相同的取向[39]。

与在随后的冷却中还要再析出 α 相的合金的不同之处在于，在完全由 β 相凝固的合金中析出的 α 相有 12 种不同取向的变体[39]。因此，一个大的 β 晶粒将由最多 12 种不同取向的片层团划分。这一称为“晶体划分”的效应[38,39]可细化铸造组织的晶粒并显著弱化织构。Naka 等[38]发现，在促进 β 凝固方面，W、Re 和 Fe 等元素最为有效，而后是 Mo、Cr、Nb 和 Ta（效果逐渐下降）。Sun 等[9]也对不同合金元素在 TiAl 合金中的效果做了分析。

β 凝固合金可能存在的一个问题即为报道中所提到的力学性能下降，如室温塑性、高温强度以及 β/B2 相所导致的抗蠕变性降低等[9]。这源自富 Al 的 B2 相室温下的本征硬脆性，但在高温下它会转变为较软并有塑性的 β 相。另外，有报道称 β/B2 将分解为 ω 相[38,40-42]。在 Ti-44Al-8Nb-1B 合金中，B2(ω)相的数量由铸态组织的 3%上升至 700 ℃暴露 5 000 h 后的 5.8%，这几乎翻倍[42]，而在暴露 10 000 h 后则高达 9.1%[43]。据报道，在 Ti-44Al-4Zr-4Nb-0.2Si-1B 合金中，不同晶体结构的 ω 相以网状或胞状结构析出[41]。可以认为这种相对合金在长时间热暴露后的脆性可能会有重要影响[41]，但是在本征脆性材料中，是难以将这些析出相与其他组织变化所产生的影响区别开来的[43]。

细小的铸造组织及其优异的热加工性令研究人员对这类合金产生了极大的兴趣。日本学者在物相关系[44,45]以及将合金加工成零件[46-48]的研究中做了大量工作。相图的信息是非常重要的，它使人们可针对具体的合金成分设定加工和热处理温度。

高温 β 相是本征易变形软相的特点使人们可对如 Ti-42Al-10V 和 Ti-42Al-5Mn 等合金通过传统的锻造操作来制备零件。在这些合金中，室温下的热力学稳定相是 β(B2)相和 γ 相[46-48]，而非传统合金中的 α_2 相和 γ 相。相比于其他 TiAl 合金，热加工后的 Ti-42Al-5Mn 合金更易进行机加工。据报道，Ti-42Al-10V 和 Ti-42Al-5Mn 合金均具有可接受的比蠕变强度。尽管这些合金的抗拉强度非常高，但 Ti-42Al-10V 合金在室温下的断裂塑性伸长量仅为 0.35%，这一数值对于热加工材料来说过于低了。

在其他的工作中，Young-Won Kim 正在研发多组元 β 凝固合金，其含有足够的 β 相从而可采用传统热加工工艺来加工[49]。热加工后，需要进行特殊设计的热处理以去除 β/B2 相，从而确保合金具有足够的高温性能。这一类合金被称为“β-γ”合金，其成分范围为 Ti-(42~45)Al-(2~8)Nb-(1~9)(Cr, Mn, V, Mo)-(0~0.5)(B, C)[49]。Clemens 等[50]和 Wallgram 等[51]建立了Ti-

43Al-4Nb-1Mo-0.1B 合金的物相关系，并采用传统热加工工艺制备了合金零件。他们给出了 800 ℃/300 MPa 下合金的蠕变性能，这自然受到了合金最终热处理制度的影响。根据热处理的不同，测定的室温抗拉强度为 800~950 MPa，断裂延伸率可达 2%。遗憾的是，他们没有给出拉伸曲线。

13.3.4　块状转变合金

众所周知，在钢铁材料中，根据冷却速度的不同，在自奥氏体相区冷却的过程中可形成不同的显微组织。在这一方面，一种经过了验证且非常实用的方法为 Jominy 实验，其可用于确定成分和冷却速度对组织影响。伯明翰大学的跨学科研究中心(IRC)利用 Jominy 实验研究了 TiAl 合金中的显微组织演化，尤其针对其中“块状 γ 相(γ_m)”的形成展开了研究。

Wu 和 Hu 指出[52]，在若干年前就已发现了 Al 含量为 46at.%~48at.%合金中可形成“块状 γ 相”。块状 γ 相(γ_m)以不包含长程扩散的位移型相变方式形成，其为包含大量层错的 γ 相。当冷却速度相对较快，但又不是快到以至于形成亚稳 α(α_2)相时，块状 γ 相可自高温 α 相中产生。当随后将块状 γ 相在(α+γ)相区进行热处理时，在其所有 4 组{111}晶面上可析出 α 相[53,54]，从而形成了由片状细小 α_2 和 γ 基体组成的非常细化的显微组织，如图 13.5[52]。在 IRC 进行深入研究以前，在淬火实验中经常得到块状 γ 相组织，它导致产生了高度内应力并引发了淬火裂纹。因此，尽管在 α+γ 相区热处理后可得到细小的“盘绕组织”，但许多研究者认为与之伴随的裂纹阻碍了这种组织的任何工程应用。

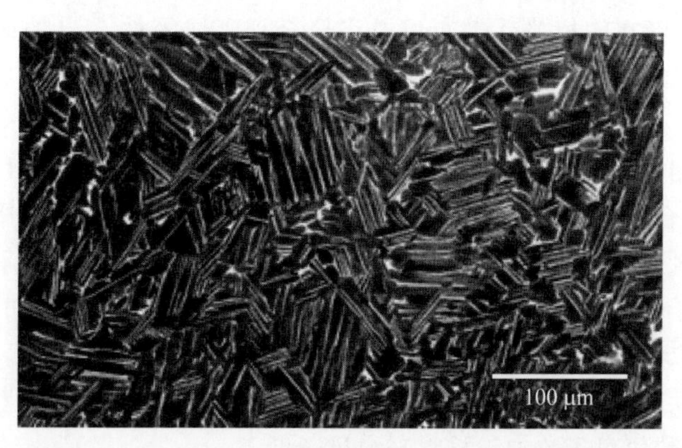

图 13.5　直径为 20 mm 的 Ti-46Al-8Nb 合金棒中的“盘绕组织”，自 1 360 ℃油淬而后在 1 320 ℃时效 2 h[52]

然而 IRC 研究了使块状 γ 相形成的必要冷却速度范围，并随后研发/优化了合金成分，使之可以在接近于真实部件冷却的较慢冷速下形成这种组织。这项研究以合金成分为函数，在一个 Jominy 样品的长度上定量了不同显微组织形成的程度。在基于 Ti-46Al-8Nb 合金的研究中表明，α 晶粒尺寸和合金中的氧含量水平对块状 γ 相的形成有重要影响。对于细晶组织来说，产生完全块状 γ 相组织的冷却速度范围要小于粗晶组织[55]。因此，添加硼不利于块状 γ 相的形成，从而采用这种方法进行显微组织细化对于晶粒粗大的铸造合金而言是非常合适的。同时还发现，合金中较高的氧含量可抑制块状转变[56]。

根据 Hu 等[57]的研究，设计形成块状 γ 相的 TiAl 合金要求所采用的元素具有：① 弱 β 相稳定性；② 在 α 相和 γ 相中分配的不相等性；③ 缓慢的扩散速率。需要避免使用强 β 相稳定元素是因为它们会缩小甚至消除 α 单相区，而块状转变则需要自 α 单相区冷却下来。另外，需要在 α 相或 γ 相中表现出择优配分的元素是因为在穿越 α+γ 相区时，由扩散机制形成的 γ 相就需要显著的(元素)扩散协助。而这将由于对扩散的需求越来越多使扩散变得越发困难，从而支持了与母相 α 相成分相同的(无扩散)块状 γ 相形成。可通过利用慢扩散元素来促进生成块状 γ 相。综合考虑这些因素，Hu 等[57]认为 Ta 元素在促进形成块状 γ 相方面可能比 Nb 元素更加有利，从而在空冷条件下，直径为 25 mm 的 Ti-46Al-8Ta 合金棒中即可获得完全块状组织。在进行制备盘绕组织所需的热处理后，20 mm 直径的空冷棒材的拉伸断裂塑性应变可达 1.1%，如图 13.6[58]。他们申请了 3 项专利，以对相关的知识和加工方式加以保护[59-61]。

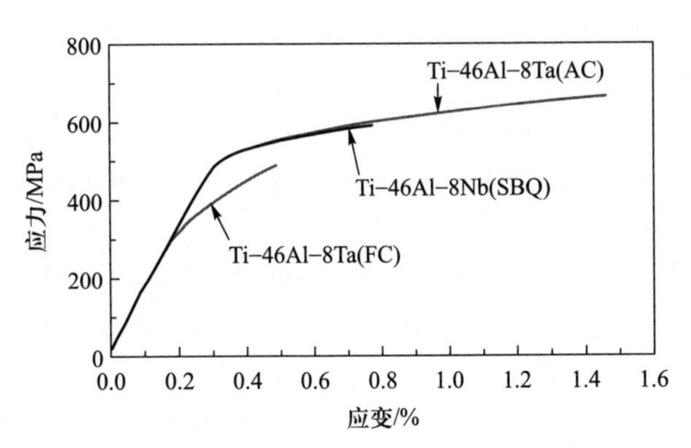

图 13.6 Ti-46Al-8Nb 和 Ti-46Al-8Ta 合金的室温拉伸实验曲线[58]。样品在炉冷(FC)、空冷(AC)或盐浴淬火(SBQ)后进行了热等静压。在空冷 Ti-46Al-8Ta 合金中制备的细小显微组织产生了良好的塑性。对原始曲线重新绘制

13.4　总结

尽管在 20 世纪 90 年代人们就已掌握了不同合金元素的作用，但是很明显，多年以来，为使 TiAl 合金（在考虑到密度的基础上）比高温合金更具竞争力，并满足材料性能需求的变化，合金设计也在随之发展。加工工艺和合金化原则的发展已使合金设计取得了重大进展，但是还有与组织敏感性、性能可靠性、部件成本以及对 TiAl 合金工程上的信任性相关的若干待解决的挑战。

参考文献

[1] Huang, S. C. (1993) *Structural Intermetallics* (eds R. Darolia, J. J. Lewandowski, C. T. Liu, P. L. Martin, D. B. Miracle, and M. V. Nathal), TMS, Warrendale, PA, p. 299.

[2] Huang, S. C., and Hall, E. L. (1991) *Metall. Trans.*, **22A**, 427.

[3] Kim, Y. W., and Demiduk, D. M. (1991) *JOM*, **43**, (Aug.), 40.

[4] Austin, C. M., and Kelly, T. J. (1993) *Structural Intermetallics* (eds R. Darolia, J. J. Lewandowski, C. T. Liu, P. L. Martin, D. B. Miracle, and M. V. Nathal), TMS, Warrendale, PA, p. 143.

[5] Paul, J. D. H., Appel, F., and Wagner, R. (1998) *Acta Mater.*, **46**, 1075.

[6] Huang, S. C. (Nov. 1989) *Titanium aluminium alloys modified by chromium and niobium and method of preparation*, U. S. Patent 4, 879, 092.

[7] Woodward, C., MacLaren, J. M., and Dimiduk, D. M. (1993) *High Temperature Ordered Intermetallic Alloys V, Materials Resarch Society Symposium Proceedings*, vol. 288 (eds I. Baker, R. Darolia, J. D. Whittenberger, and M. H. Yoo), MRS, Warrendale, PA, p. 171.

[8] Yamaguchi, M., and Inui, H. (1993) *Structural Intermetallics* (eds R. Darolia, J. J. Lewandowski, C. T. Liu, P. L. Martin, D. B. Miracle, and M. V. Nathal), TMS, Warrendale, PA, p. 127.

[9] Sun, F. S., Cao, C. X., Kim, S. E., Lee, Y. T., and Yan, M. G. (2001) *Metall. Mater. Trans.*, **32A**, 1573.

[10] Beddoes, J., Seo, D. Y., Chen, W. R., and Zhao, L. (2001) *Intermetallics*, **9**, 915.

[11] Hodge, A. M., Hsiung, L. M., and Nieh, T. G. (2004) *Scr. Mater.*, **51**, 411.

[12] Bryant, J. D., Christodoulou, L., and Maisano, J. R. (1990) *Scr. Metall. Mater.*, **24**, 33.

[13] Cheng, T. T. (2000) *Intermetallics*, **8**, 29.

[14] Hu, D. (2001) *Intermetallics*, **9**, 1037.

[15] Imayev, R. M., Imayev, V. M., Oehring, M., and Appel, F. (2007) *Intermetallics*, **15**, 451.

[16] Hu, D., Wu, X., and Loretto, M. H. (2005) *Intermetallics*, **13**, 914.

[17] Appel, F., Fischer, F. D., and Clemens, H. (2007) *Acta Mater.*, **55**, 4915.

[18] Chen, S., Beaven, P. A., and Wagner, R. (1992) *Scr. Metall. Mater.*, **26**, 1205.

[19] Tian, W. H., Sano, T., and Nemoto, M. (1993) *Philos. Mag. A*, **68**, 965.

[20] Christoph, U., Appel, F., and Wagner, R. (1997) *Mater. Sci. Eng.*, **A239-240**, 39.

[21] Appel, F., Christoph, U., and Wagner, R. (1997) *High Temperature Ordered Intermetallic Alloys VII, Materials Research Society Symposium Proceedings*, vol. 460 (eds C. C. Koch, C. T. Liu, N. S. Stoloff, and A. Wanner), MRS, Warrendale, PA, p. 77.

[22] Tian, W. H., and Nemoto, M. (1997) *Intermetallics*, **5**, 237.

[23] Tian, W. H., and Nemoto, M. (2005) *Intermetallics*, **13**, 1030.

[24] Gouma, P. I., and Karadge, M. (2003) *Mater. Lett.*, **57**, 3581.

[25] Tsuyama, S., Mitao, S., and Minakawa, K. N. (1992) *Mater. Sci. Eng.*, **A153**, 451.

[26] Noda, T., Okabe, M., Isobe, S., and Sayashi, M. (1995) *Mater. Sci. Eng.*, **A192-193**, 774.

[27] Es-Souni, M., Bartels, A., and Wagner, R. (1995) *Mater. Sci. Eng.*, **A192-193**, 698.

[28] Viswanathan, G. B., Kim, Y. W., and Mills, M. J. (1999) *Gamma Titanium Aluminides 1999* (eds Y. W. Kim, D. M. Dimiduk, and M. H. Loretto), TMS, Warrendale, PA, p. 653.

[29] Appel, F., Christoph, U., and Oehring, M. (2002) *Mater. Sci. Eng.*, **A329-331**, 780.

[30] Clemens, H., Rumberg, I., Schretter, P., and Schwantes, S. (1994) *Intermetallics*, **2**, 179.

[31] Clemens, H., Glatz, W., Schretter, P., Koppe, C., Bartels, A., Behr, R., and Wanner, A. (1995) *Gamma Titanium Aluminides* (eds Y. W. Kim, R. Wagner, and M. Yamaguchi), TMS, Warrendale, PA, p. 717.

[32] Koeppe, C., Bartels, A., Seeger, J., and Mecking, H. (1993) *Metall. Trans.*, **24A**, 1795.

[33] Frommeyer, G., Wunderlich, W., Kremser, Th., and Liu, Z. G. (1992) *Mater. Sci. Eng.*, **A152**, 166.

[34] Kelly, T. J., Juhas, M. C., and Huang, S. C. (1993) *Scr. Metall. Mater.*, **29**, 1409.

[35] Chen, G., Zhang, W., Wang, Y., Wang, J., Sun, Z., Wu, Y., and Zhou, L. (1993) *Structural Intermetallics* (eds R. Darolia, J. J. Lewandowski, C. T. Liu, P. L. Martin, D. B. Miracle, and M. V. Nathal), TMS, Warrendale, PA, p. 319.

[36] Herzig, C., Przeorski, T., Friesel, M., Hisker, F., and Divinski, S. (2001) *Intermetallics*, **9**, 461.

[37] Appel, F., Lorenz, U., Paul, J. D. H., and Oehring, M. (1999) *Gamma Titanium Aluminides 1999* (eds Y. W. Kim, D. M. Dimiduk, and M. H. Loretto), TMS, Warrendale, PA, p. 381.

[38] Naka, S., Thomas, M., Sanchez, C., and Khan, T. (1997) *Structural Intermetallics 1997* (eds M. V. Nathal, R. Darolia, C. T. Liu, P. L. Martin, D. B. Miracle, R. Wagner, and M. Yamaguchi), TMS, Warrendale, PA, p. 313.

[39] Jin, Y., Wang, J. N., Yang, J., and Wang, Y. (2004) *Scr. Mater.*, **51**, 113.

[40] Huang, Z. W., Voice, W., and Bowen, P. (2003) *Scr. Mater.*, **48**, 79.

[41] Huang, Z. W. (2008) *Acta Mater.*, **56**, 1689.

[42] Huang, Z. W., and Zhu, D. G. (2008) *Intermetallics*, **16**, 156.

[43] Huang, Z. W., and Cong, T. (2010) *Intermetallics*, **18**, 161.

[44] Kobayashi, S., Takeyama, M., Motegi, T., Hirota, N., and Matsuo, T. (2003) *Gamma Titanium Aluminides 2003* (eds Y. W. Kim, H. Clemens, and A. H. Rosenberger), TMS, Warrendale, PA, p. 165.

[45] Takeyama, M., and Kobayashi, S. (2005) *Intermetallics*, **13**, 993.

[46] Tetsui, T., Shindo, K., Kobayashi, S., and Takeyama, M. (2002) *Scr. Mater.*, **47**, 399.

[47] Tetsui, T., Shindo, K., Kobayashi, S., Takeyama M. (2003) *Intermetallics*, **11**, 299.

[48] Tetsui, T., Shindo, K., Kaji, S., Kobayashi, S., and Takeyama, M. (2005) *Intermetallics*, **13**, 971.

[49] Kim, Y. W., Kim, S. L., Dimiduk, D., and Woodward, C. (2008) *Gamma Titanium Aluminides 2008* (eds Y. W. Kim, D. Morris, R. Yang, and C. Leyens), TMS, Warrendale, PA, p. 215.

[50] Clemens, H., Chladil, H. F., Wallgram, W., Zickler, G. A., Gerling, R., Liss, K. D., Kremmer, S., Güther, V., and Smarsly, W. (2008) *Intermetallics*, **16**, 827.

[51] Wallgram, W., Schmölzer, T., Cha, L., Das, G., Güther, V., and Clemens, H. (2009) *Int. J. Mater. Res.*, **100**, (formerly Z. Metallkd.), 1021.

[52] Wu, X., and Hu, D. (2005) *Scr. Mater.*, **52**, 731.

[53] Abe, E., Kumagai, T., and Nakamura, M. (1997) *Structural Intermetallics 1997* (eds M. V. Nathal, R. Darolia, C. T. Liu, P. L. Martin, D. B. Miracle, R. Wagner, and M. Yamaguchi), TMS, Warrendale, PA, p. 167.

[54] Kumagai, T., Abe, E., Takeyama, M., and Nakamura, M. (1997) *Scr. Mater.*, **36**, 523.

[55] Hu, D., Huang, A. J., Novovic, D., and Wu, X. (2006) *Intermetallics*, **14**, 818.

[56] Huang, A., Loretto, M. H., Hu, D., Liu, K., and Wu, X. (2006) *Intermetallics*, **14**, 838.

[57] Hu, D., Huang, A., Loretto, M. H., and Wu, X. (2007) *Ti-2007 Science and Technology*, Proc. of the 11th World Conference on Titanium (eds M. Nimomi, S. Akiyama, M. Ikeda, M. Hagiwara, and K. Maruyama), The Japan Institute of Metals, Tokyo, Japan, p. 1317.

[58] Saage, H., Huang, A. J., Hu, D., Loretto, M. H., and Wu, X. (2009) *Intermetallics*, **17**, 32.

[59] Hu, D., Wu, X., and Loretto, M. (July 2004) *A method of heat treating titanium aluminide*, E. U. Patent Application EP 1 507 017 A1.

[60] Voice, W., Hu, D., Wu, X., and Loretto, M. (Dec. 2006) *A method of heat treating titanium aluminide*, E. U. Patent Application EP 1 813 691 A1.

[61] Huang, A., Loretto, M., Wu, X., and Hu, D. (Aug. 2007) *An alloy and method of treating titanium aluminide*, E. U. Patent Application EP 1 889 939 A2.

第 14 章 铸锭的制备和部件的铸造

14.1 铸锭生产

TiAl 合金在进入市场并有广泛的部件应用这一方面的成功，主要依赖于人们对合金成分的理解和调控，以及随后为获得所需力学性能的加工工艺。对于航空和路基燃气轮机等对安全性有严格要求的部件来说，一个最重要的、不容忽视的方面即为性能的可靠性以及可预测性。从这一点来看，合金成分和加工工艺是非常重要的，但最重要的前提是，在经济性基础上必须能够以可重复的成分和质量来生产铸锭。理解并研发可生产出无缺陷和无明显组织成分不均匀性的材料的方法，是制备高质量部件的必要条件。在这一加工链条中，生产铸锭是第一步工作。

在铸锭的生产中，极为重要的是合金元素(特别是铝)的宏观偏析，既要保证铸锭的两端之间的偏析最小化，又要保证表面和芯部之间的偏析最小化。对于铝而言，可接受的变动范围低于±0. 3at.%，尽管这一范围对那些对铝含量变动不敏感的更加“宽容的"合金而言似乎小了一些。另外，一个铸锭的平均铝含量要尽可能地接近其名义成分，这一点也非常重要。不论是由偏析所致还是铸锭平均成分偏离名义成分所致，若铝含量水平的偏差超过了可接受的范围，则将形成力学性能有别的完全不同的显微组织。这反过来会导致同一铸锭内、或名义成分相同的不同批次的铸锭之间存在性能差异。出于这些原因，铸锭在成分控制和化学均匀性方面的品质就是一个非常重要的指标。

用于生产工业级 TiAl 合金铸锭的 3 种主要熔炼技术为真空电弧熔炼/重熔(VAR)、等离子弧熔炼(PAM)以及感应凝壳熔炼(ISM)[1]。每一种生产方法均有其优势和缺陷，下文将进行讨论。此处不讨论有时被用于熔炼钛合金的电子束熔炼(EBM)工艺，此方法由于熔炼过程中的挥发使其非常难以控制铝含量。因而 EBM 方法并不适用于生产 TiAl 合金铸锭。需要指出的是，在最终熔炼完成之后，所有用于热加工的铸锭一般都要经过 1 000~1 200 ℃惰性气氛下(通常是氩气)几个小时(如 4 h)的热等静压处理，压力为 100~200 MPa。这主要是用于闭合铸锭内部的孔隙。对于那些将用作铸造原料的铸锭，热等静压处理就非必要了。其中需要特别注意的一点是，尤其是对于大尺寸铸锭来说，在凝固(或热等静压)后必须要缓慢冷却，使所产生的内应力最小化以避免开裂。

14.1.1　真空电弧熔炼(VAR)

这种铸锭生产方法是通过在高度真空环境下熔化(和随后重熔)自耗电极而进行，由自耗电极与水冷铜坩埚之间产生的电弧来实现。本质上，生产 TiAl 合金铸锭的加工路径与生产传统钛合金是相同的。

最初，合金原料(以元素单质或预合金化中间合金的形式)被按照所要求的含量混合在一起以配制所需的铸锭成分。用于 VAR 的典型中间合金的制备过程见文献[2]。在这一阶段，必须要考虑高蒸气压元素(如铝)在熔炼过程中的优先烧损，对特定元素的预期烧损量加以额外的补偿。随后将均匀混合后的原料冷压成紧实的料块。最终用于熔炼过程的电极可能由许多这种惰性气氛下焊接到一起的料块构成。而后这一组合体将被置于真空中的水冷铜坩埚内，在电极和铜坩埚之间产生直流电弧。随着这一过程的进行，电极逐渐被消耗，在坩埚中就形成了铸锭。此铸锭(被称为一次锭)一般被称为一次 VAR，但这是有歧义的，因为此时铸锭仅仅是被熔化却没有重熔。这一过程的示意图如图 14.1[3]。

为增加一次锭的质量和长度，在第一个电极的上端可再次压制第二个电极。一次锭的化学均匀性通常无法达到质量要求。基于这一原因，一次锭在之后的二次真空电弧熔炼过程中将被用作自耗电极。对于传统钛合金，在第二次熔炼操作时，一次锭作为电极将被倒置[4]。然而对于 TiAl 合金是否也要采用

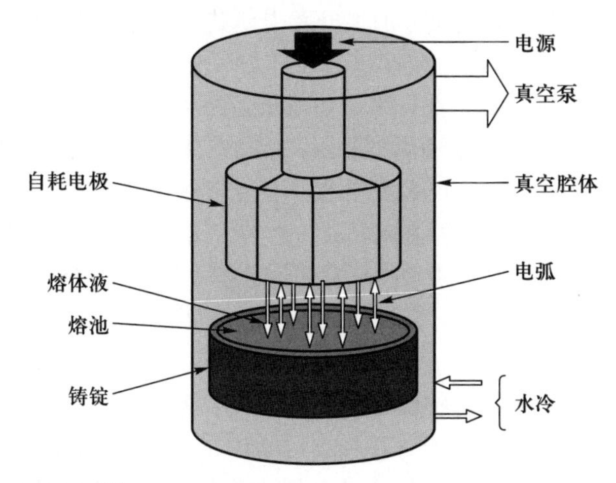

图 14.1 VAR 单元示意图[3]

相同的处理方式目前还未见任何报道。显然，二次熔炼中的水冷铜坩埚直径必须要比一次熔炼大一些，以确保一次锭能够在炉膛中穿过。一次锭被再次熔化完毕后，二次锭即被称为二次 VAR。根据对铸锭质量要求的不同，可以考虑是否进行第三次熔炼以进一步提升化学均匀性。对传统钛合金来说，在第三次熔炼(三次 VAR)之前，二次锭(二次 VAR)要再次被倒置。据报道，这种多步熔炼的方式不会显著改变 γ 钛铝合金的成分[5]但可提升铸锭的均匀性[6]。据文献报道，采用 VAR 技术生产的 TiAl 合金铸锭的直径为 300 mm(900 mm 长)，质量为 255 kg[5]，以及直径为 355 mm，质量为 270 kg[7]。

在生产传统钛合金铸锭时，如 Lütjering 和 Williams[4]所述，在熔炼过程中要观测或调节许多参数。需要持续监视真空水平以确保不会产生由于气体或水蒸气泄漏而导致的污染。需要连续调节熔化速率以控制熔池的尺寸(深度)。最优的熔池深度随合金的不同而不同，可使偏析的程度降低。大多数用于生产钛合金的 VAR 单元中都在炉膛的上部加装了电线圈以对熔体进行电磁搅拌，从而提高铸锭的均匀性，但是将其应用至何种程度则取决于具体的合金和铸锭生产厂家。然而这种技术是否有益或者真正有必要，目前还未达成一致。在熔化钛合金铸锭最后的 25%~35%长度段时，施加的能量将逐渐下降以降低熔化速率。这也被用于降低铸锭上端自由表面的收缩程度并防止形成 α 稳定化区域(被称为 II 型缺陷)，以提高合格材料的产量[4]。目前难以判断 VAR 制备传统钛合金中所采用的典型步骤在多大程度上也在 TiAl 合金的制备过程中采用。这是因为文献中已发表的针对具体细节的信息是极为有限的，且 TiAl 合金铸锭的熔炼也没有发展至完全大宗工业化的程度。

自约 1999 年以后，利用 VAR 生产 TiAl 合金铸锭的技术得到了长足的发展。诚然，报道表明，铸锭尺寸的上升并未使其宏观化学均匀性下降，并且在 2003 年时二次 VAR 铸锭的均匀性就已经可与 1999 年三次 VAR 铸锭的水平媲美[5]。另外，有结果表明，直径为 300 mm 的 Ti-45Al-(5~10)Nb-C 合金二次 VAR 铸锭中宏观铝含量的变动为(45.1±0.3)at.%。铸锭中铌元素的均匀性据称与铝相当。这些结果是非常令人振奋的。有报道称，单个铸锭中的铝含量变动在全铸锭范围内可总体上控制在±0.5at.%之内，且在同一生产批次的铸锭中可控制在±0.7at.%之内[5]。不过，还没有任何已发表数据的能够证明同一批次的±0.7at.%这一数值。这一成分变动看起来还是非常大的，表明铸锭中一些区域内的铝含量相比于同一名义成分下其他铸锭内某些区域的铝含量的差别高达 1.4at.%。亥姆霍兹吉斯达赫特研究中心(原 GKSS)的工作表明，在大尺寸二次 VAR 铸锭中，表面和芯部的铝含量梯度可达约 1at.%。这样的较大铝含量差异对于一些合金成分而言是无法接受的，因为这将导致出现(根据成分不同的)给定加工窗口下的加工问题以及随后不可接受的组织和力学性能差别。Ram 和 Barrett[8]的研究表明，美国精密铸造公司(PCC)和俄勒冈冶金公司(Oremet)研发了一种可将大量材料在给定时间内熔化的铸锭生产技术，其相比于传统的 VAR 技术可使偏析显著降低。

在讨论传统 VAR 铸锭中的缺陷和元素偏析时，非常重要的是要将材料熔炼/重熔的次数考虑在内。在对压制电极的首次熔炼中，许多工艺过程是同步发生的。文献[6]对这些过程做了阐述：① 熔化原材料单质元素和中间合金(吸热反应)；② 形成主要相即钛铝相(放热反应)；③ 形成其他相，如起晶粒细化作用的硼化物等(放热反应)；④ 主要相，如 TiAl 与元素 Cr、Nb、Ta 等的合金化(吸热反应)以及⑤不同相的凝固。由于是许多过程同时进行，不出意外地会导致不稳定的熔化和凝固条件，从而形成了具有不同宏观结构区域的不均匀一次锭，如文献[6]中所示。在直径为 120 mm 的 Ti-46.5Al-4(Cr，Nb，Ta，B)一次锭中出现了大块的纯钛夹杂[6]。其可能来源于初始冷压电极中包裹于富 Al 区域中的钛块。在周围熔点明显更低的富 Al 区熔化后，这些钛块便立即掉落到了熔体中。

从这一方面看，VAR 技术中竖直放置的设备就成了一个缺点，因为单质元素或中间合金原料中，或熔化过程中形成的任何高熔点夹杂物将在铸锭中得以保留。根据其实际尺寸、熔点、在熔池中的时间以及熔池过冷度的不同，若有充足的时间，这些夹杂物是可以在熔体中熔解的。通过优化初始单质元素或中间合金原料、电极制备技术以及熔炼参数，可使最终的铸锭中不太可能出现纯钛夹杂。但是在三次 VAR 铸锭中已观察到了大块(直径约 1 mm)的富钛夹杂物，其钛含量比周围的基体高出了 5wt.%[6]。可以认为，这样的夹杂得以保留是由其不完全熔化导致的，其来自(由熔化材料自电极向熔体的过度流动所致的)电弧暂时短路时熔体中出现的极高的局部冷却速度。

14.1.2 等离子弧熔炼(PAM)

等离子弧熔炼是作为除 VAR 熔炼以外的另一种制备传统钛合金的方法研发的。PAM 这个词是指一种利用等离子体炬熔化原料使金属熔体在水平的水冷铜炉床中累积，而后流淌至可伸缩的坩埚中凝固的技术，其示意图如图 14.2[9]。

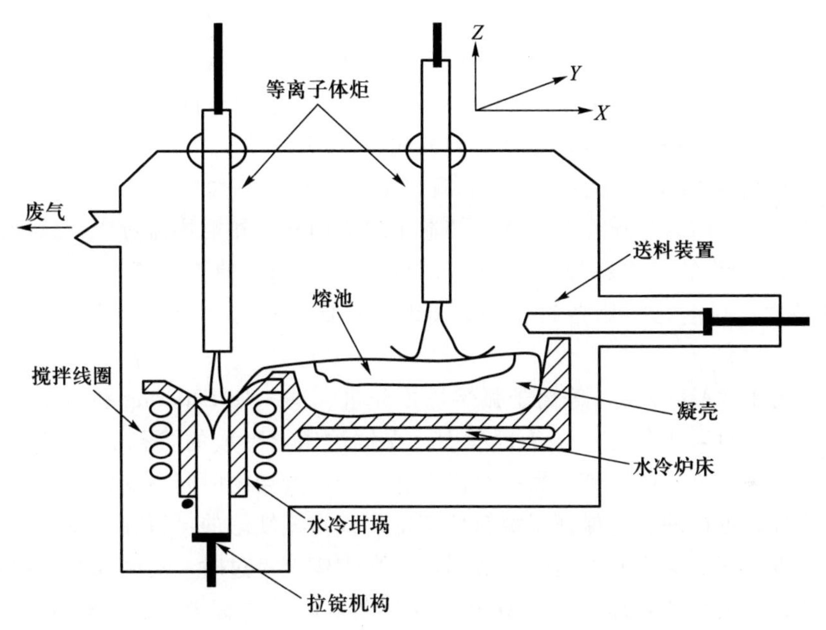

图 14.2 PAM 设备示意图[9]

虽然在后续的熔炼步骤中可采用预熔化的铸锭作为原料，但是首次熔化的原材料通常是由“冰球”压块组成[10]，其由所需数量的单质元素和中间合金混合而成。在 PAM 工艺过程中，相比于 VAR 技术，使铸锭最终成分偏离规定成分的元素烧损(如铝)要少一些，因为整个 PAM 过程必须在(保护的)气氛下进行，以产生等离子体。Allvac 公司[1]采用氦气作为腔室和等离子体炬气氛。在伯明翰大学跨学科研究中心(IRC)，等离子体炬的气氛为氦气，在腔室中则反向充入氩气[9]并保持其压力恒定为 1.1 bar[11,12]。对于等离子体来说，氦气是首选，因为它的电导率和电离电位较高，从而使热输入更大[13]。在熔炼过程开始和等离子弧起弧之前，要对整个系统抽真空并反向充入惰性气体。当熔炼一个新合金时，炉床内衬有适当成分的压实“冰球”，先将其熔化，随后再熔化新的原料以提供补充。在熔炼过程中，系统中的气氛取决于等离子体炬的气体输入速率和真空泵抽取或减压阀释放气体的速率之间的平衡。系统的完好性可通过测量系统泄漏率监控，但是最好还是采用质谱仪进行连续监控[13]。

从图 14.2 中可以看出，原材料是由等离子体炬(可对其进行编程，使其在炉床上方以一种预先设置的方式移动)熔化，并且在金属熔体和水冷铜炉床之间可形成一层固态合金层(被称为"凝壳")。炉床的深度可达几个英寸。在一定体积的原料熔化之后，金属熔体流动越过炉床壁进入水冷铜坩埚中，坩埚同时被上方第二个等离子体炬加热。当金属流至坩埚中之后，坩埚的基底下移从而实现连续铸造。铸造中，水冷铜坩埚的上端可能被电磁线圈环绕(正如 IRC 的那样)，从而可在凝固前对熔体进行附加的搅拌，以确保提高铸锭内的化学均匀性。然而，Blackburn 和 Malley[13]认为，这将使熔炼的气压被限制在较低水平，降低了等离子弧与电磁场之间的相互作用。

虽然在图 14.2 中只展示了一个铜炉床，但是在更加复杂的系统中，炉床可高达 3 个，熔体金属在进入连续铸造坩埚之前从中按顺序流过[1]。这种多炉床系统的优势在于其延长了金属熔体的保持时间，使熔体更加均匀。利用 PAM 技术，目前已可制备直径高达 660 mm 且质量为 1 690 kg 的 γ-TiAl 铸锭[1,14]。

相比于 VAR 技术，等离子弧熔炼更先进一些，如 Lütjering 和 Williams 所述[4]，其具有若干优势。熔炼过程中，在铜炉床上形成的"凝壳"可保证熔体合金不受炉床物质的污染。另一个优点在于合金的熔融时间不受铸锭尺寸的制约，并且是可控的。这保证了溶解任何富氧或富氮缺陷的可行性，而不必采用可使偏析加剧的深金属熔池。当金属熔体自炉床上流过时，高密度的夹杂物可降落至金属熔池的炉床底部，避免其残存在最终的铸锭中，这种方式是 VAR 工艺中所不具备的；在后者中，电极中的任何物质或电极组成部分之间的任何反应均将被转移至最终的铸锭中。PAM 的另一个优势在技术上不太显著，但是在经济角度上却非常重要，即 PAM 生产的铸锭并不是一定要具有圆形截面，并且 PAM 可将材料循环再利用。循环材料中的任何高密度夹杂物也可通过 PAM 去除。另外，PAM 工艺是可监测和可控的，然而由于许多工艺过程之间是互相关联的，这一点并不容易做到[15]。PAM 熔炼的控制方法在文献[15]中予以了讨论。

由于 PAM 技术相比于 VAR 产生的过热度相对较低，PAM 铸锭的表面状态一般要更粗糙一些，这就可能需要更多的机械加工，从而增加了材料损耗[4]。但是，根据伯明翰 IRC 所做的工作，PAM 铸锭的表面质量与操作参数有关，特别是与叠加到坩埚中的拉锭机构的振动幅度相关，这一参数被称为"拉锭抖动值"。当抖动值较小时，PAM 铸锭的表面光洁度比 VAR 的还要高[9]。在钛合金中，已证明对铸锭表面质量有重要作用的其他参数为等离子体炬气氛和等离子体炬与铸锭的间距(即电弧长度),这二者均与熔炼功率密度有关[13]。在对这些参数进行优化后,PAM 铸锭的表面光洁度良好,与 VAR 铸锭的一样[13]。

如 14.1.1 节中指出,在 VAR 熔炼钛合金铸锭的过程中,在熔炼最后的 25%~35%铸锭长度时,熔炼能量将逐渐下降,以降低自由表面收缩并减小 α 稳定化区域。但在 PAM 铸锭中一般不会出现这类缺陷,这是因为 PAM 熔池的深度较浅[13]。因此,从这一角度看 PAM 比 VAR 的铸锭产量更高。

针对 PAM 铸锭的质量,人们已经开展了许多研究工作。需要重点指出的是,应对那些在一次锭、二次锭和三次锭上的研究加以区分。和 VAR 一样,随着熔炼次数的上升,铸锭的质量和成本均将提高。对于一次铸锭而言,其中的一个主要问题在于高熔点金属元素或中间合金并未熔化,并残存在了铸锭中。Clemens[10]对 47XD 合金(Ti-47Al-2Nb-2Mn 并含有 0.8vol.% TiB_2)以及含钨的 ABB2 合金(Ti-47Al-2W-0.5Si)单次熔炼铸锭的研究发现,两组合金锭中均出现了富 Ti 颗粒(很可能来自未熔的海绵钛),且在 ABB2 成分的合金铸锭中还发现了 W-Al 中间合金颗粒,如图 14.3。

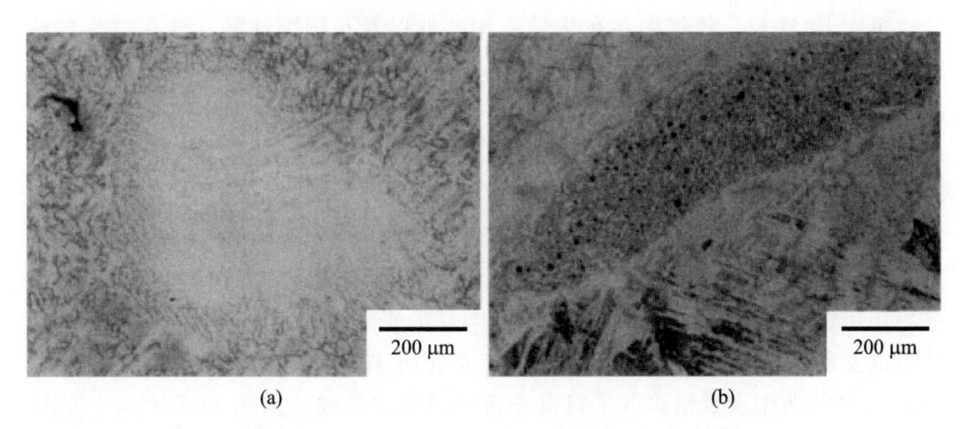

图 14.3 在一次 PAM 铸锭中发现的一个未熔的海绵钛颗粒(a)和未熔的 W-Al 中间合金颗粒(b)[10]

有趣的是,大部分的颗粒是在铸锭底部发现的,这表明曾经衬于炉床中的“冰球”压块在熔体倾倒于坩埚之前相当长的时间内并未熔化。若其停留的时间更长一些,富 Ti 颗粒将减少甚至可完全消除。但对于富 W 的高密度夹杂物来说,可以认为熔池的深度还不够,未能使它们在熔池底部的糊状区停留下来。若情况果真如此,那么当熔池深度合适时就自然可以消除这一问题了。另外,研究人员发现,用于制备 ABB2 成分合金的 W-Al 中间合金的颗粒尺寸有重要影响,并发现当采用小颗粒尺寸和低熔化速率,而非大颗粒和高熔化速率时，可使铸锭中未熔富 W 颗粒的数量下降。

研究发现，铸锭两端之间铝和钨的宏观偏析取决于 W-Al 中间合金的颗粒尺寸。研究表明，当中间合金的颗粒尺寸过于细小时，中间合金颗粒可能自原料压块中掉落，使铝和钨的含量不可控。这一假设已被观察所证实，即发现了铸锭中铝和钨含量是同步变动的[10]。在一个 ABB2 成分铸锭的整个长度尺度上，发现铝含量的变动幅度约为 2.5wt.%（相当于约 3.1at.%）。同一名义成分，但是中间合金的颗粒尺寸更大情况下的第二个铸锭，其芯部 100 in① 长度内的铝含量则几乎没有变化（约±0.3at.%）。

显然，压块的制备、中间合金的选择及其物理性质对单次熔炼铸锭来说是极其重要的。Godfrey 和 Loretto[16]就指出了这一点，他们研究了由细小和粗大材料制备的压块对 Ti-48Al-2Mn-2Nb 合金铸锭质量的影响，发现当使用粗大材料时，压块中的元素分布非常不均匀，铝在压块的近边缘处富集，而钛则向中心集中。用细小材料制备的压块内部的元素分布则更加均匀。但两种类型的压块在总体成分上却是一致的，如图 14.4。压块中元素分布的不均匀程度仅反映在单次熔炼铸锭的均匀性上，但在二次锭中则不那么显著[16]。

单次 PAM 后，铸锭中存在化学不均匀性以及孔洞等缺陷，这在之后的热挤压和等温锻造中是无法去除的，这在 Porter 等[14]对大直径（43~66 cm）铸锭的研究中已经得到了证明。的确，即使在挤压和等温锻造之后，也观察到了由成分不均匀的熔融金属液流导致的富 Al 条带，以及铸锭中心孔隙区内约达 200 μm长的孔洞。在加工后的材料中也发现了富 Ti 夹杂以及低密度夹杂物（可能是 TiN）。硼的不均匀分布使晶粒的平均尺寸分布为 350~800 μm。

Dowson 等[12]、Godfrey 和 Loretto[16]以及 Godfrey 等[17]对多束等离子电弧熔炼的作用做出了非常出色的研究工作。与其他研究结果一致，在单次熔炼的铸锭中也发现了高度的成分不均匀性。在成分为 Ti-48Al-2Mn-2Nb 的合金中，PAM 铸锭的典型宏观组织既平行又垂直于铸锭的长轴，如图 14.5 所示[12]。除去铸锭表面的一小部分激冷区，宏观组织由向内和向上取向的大尺寸柱状晶组成，其与热流方向平行。对垂直于热流方向的片层取向进行细致分析，可以确定不同拉锭速率下铸锭内部的熔池深度，如图 14.6[12]。图 14.6（a）表明较慢的拉锭速率使熔池更加浅平，这有助于提升铸锭的均匀性。有趣的是，可以发现熔池的形状并不是沿铸锭中轴线对称的，如图 14.6（b）。作者将这一观察结果归因于金属熔体被等离子体炬自炉床扫落至坩埚中的这一过程的半连续性特性上。这一过程的周期性特征，连同金属熔体只能从一侧进入坩埚的特点，一并被认为是导致熔池中大温度梯度的原因，也影响了熔池的形状。

① 1 in = 25.4 mm。

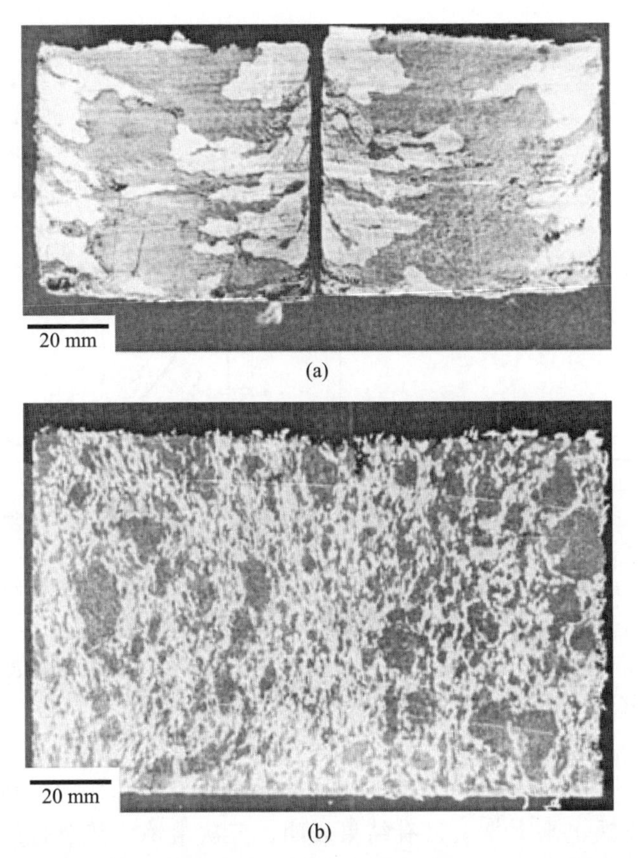

(a)

(b)

图 14.4 （a）由粗大原始材料制备的合金元素压块的截面图，表明元素的分布是不均匀的，其中在边缘处铝（浅色）的含量更高；（b）由细小原始材料制备的压块的截面图，其内部的成分分布更加均匀，并且首次熔炼铸锭中的成分分布也是更加均匀的

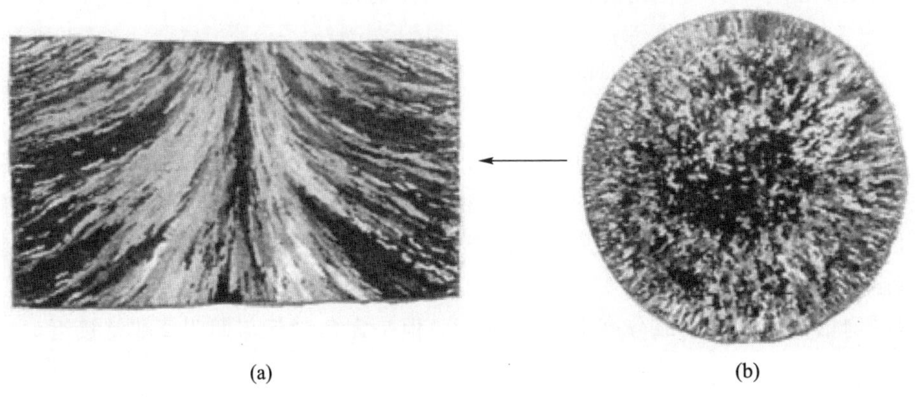

(a) (b)

图 14.5 沿平行(a)和垂直(b)于 PAM 铸锭的拉锭方向拍摄的宏观图像，展示了铸锭的典型宏观组织和结构特征[12]

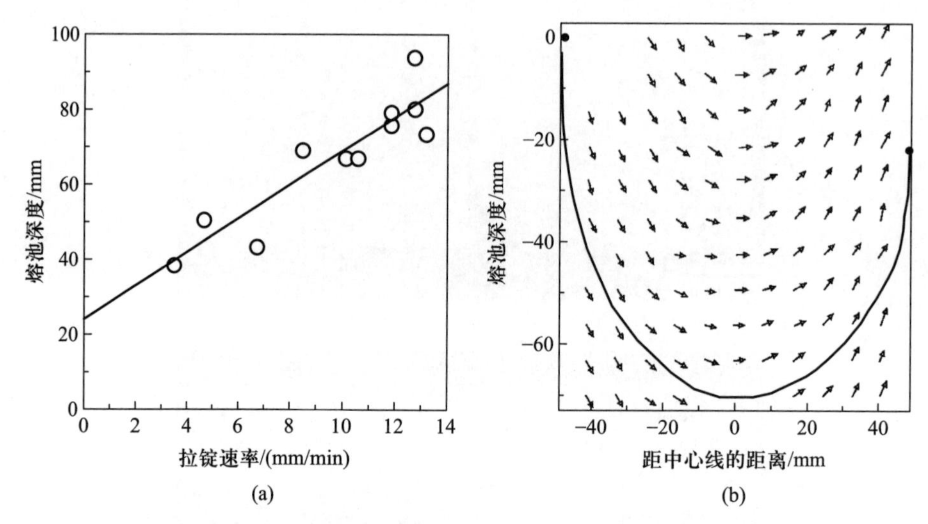

图 14.6　PAM 熔炼过程中，拉锭速率对熔池深度的影响(a)和熔池深度随距铸锭中心距离的变化(b)[12]。图(a)表明更慢的拉锭速率将导致形成更加浅平的熔池。图(b)表明熔池的几何尺寸是不对称的，这可能是由于高温金属熔体是自图(b)所示右侧处流入坩埚中。图中的箭头沿垂直于柱状晶生长的方向标示。图片均已重绘

在单次熔炼 PAM 铸锭中已经证明，熔池的形状可由表明偏析效应的铝的等含量线图反映出来[12,16]。已有结果表明，三次熔炼，甚至是两次熔炼就可以大幅提升铸锭的均匀性，并消除可观察到的偏析分布特征。的确，在两次熔炼的直径为 80 mm 的铸锭中，铝含量的变化已不超过±0.5at.%[16]。

除去看起来比较重要的对原材料压块生产的优化以外，Godfrey 和 Loretto 指出至少还有 3 种方法可提高 PAM 铸锭的均匀性[16]：

(1) 二次或三次熔炼；

(2) 延长熔池的保持时间；

(3) 增大熔池体积。

GKSS 对 Ti-45Al-5Nb-0.2B-0.2C 合金二次 PAM 铸锭的研究表明，铸锭表面和其上部中心位置之间的铝和铌含量的差异微乎其微，如图 14.7。然而也可以看出，铸锭的底部的情形则有所不同，此处出现了化学不均匀性。这可能是由于原始“冰球”压块在炉床内没有保持足够长的时间以使其完全熔化。虽然平均铝含量比名义成分高出了 0.6at.%，但是铌含量却与期望值非常接近。

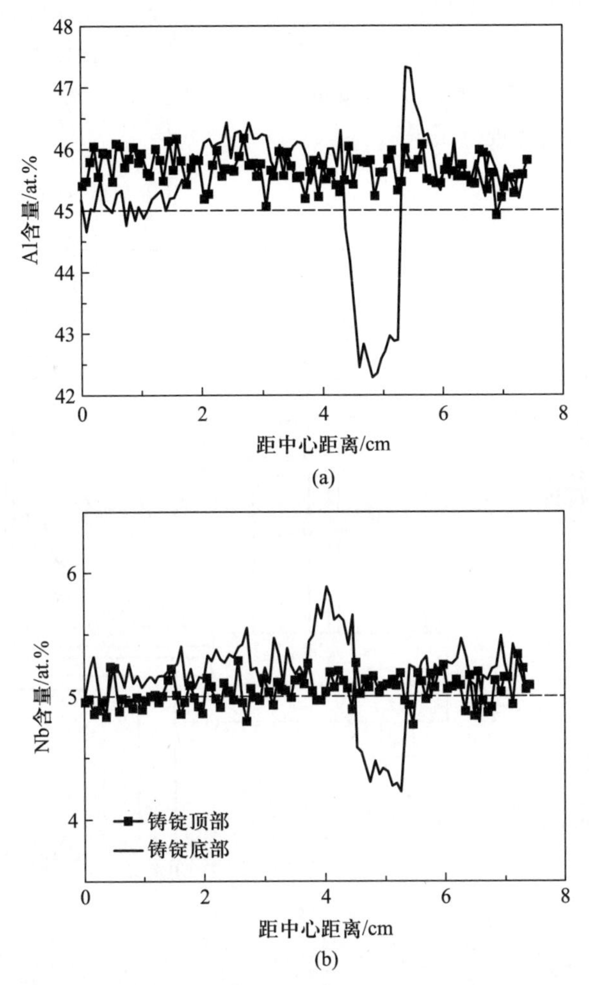

图 14.7 二次 PAM 铸锭中铝(a)和铌(b)自表面至芯部的分布图，由扫描电镜上配置的 EDX 测定。点状线展示了铝和铌含量的名义成分。合金成分为 Ti-45Al-5Nb-0.2B-0.2C，此为 GKSS 未发表的工作

14.1.3 感应凝壳熔炼(ISM)

唯一能对 γ-TiAl 合金铸锭进行感应凝壳熔炼的公司是福斯公司(Flowserve，其前身是 Duriron 公司)，其在 1988 年获得了此项技术的专利[18]。技如其名，这也是一种“凝壳熔炼方法”，可避免在铸锭中混入陶瓷颗粒。图 14.8 展示了感应凝壳熔炼坩埚设置的示意图[19]。从图中可以看出，铜坩埚瓣垂直排列，形成了圆柱形坩埚，其间被缝隙间隔。每一片坩埚瓣由来自水冷铜

坩埚底的循环水冷却。铜坩埚瓣上缠绕了感应线圈，用于熔化坩埚内的材料。熔炼可在保护气氛(如氩气)或真空下进行[19]。但真空下的操作可能会导致挥发性物质(如铝)的过多挥发。Yanging 等[20]对 TiAl 合金感应凝壳熔炼过程中与分压有关的铝损耗进行了说明。

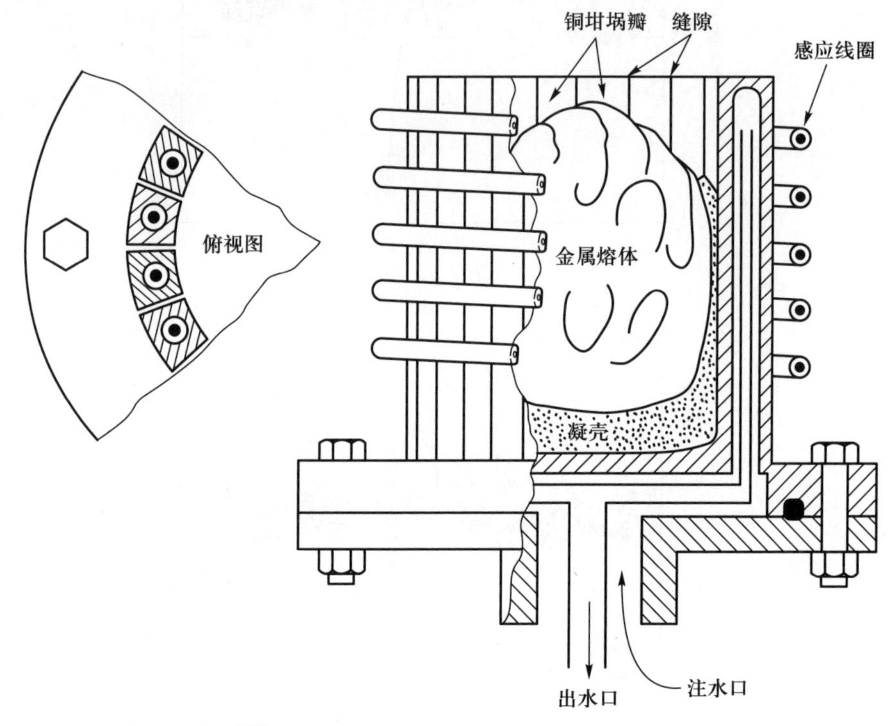

图 14.8　ISM 坩埚示意图[19]

通常，以未合金化的材料为原料，一次熔炼操作即可完成铸锭的制备。在熔化开始后，熔体在感应过程中剧烈地混合。通过倾斜铜坩埚并将熔体倾倒至(石墨制)铸模(或部件的模具)中，即可得到铸锭(抑或是铸造部件)，如图 14.9[19]。福斯公司 ISM 设备的熔炼能力约为 40 kg。通过将若干 ISM 铸锭组合成电极，即可由 VAR 方法制备更大的铸锭，相关描述见一项美国专利[21]。

ISM 方法的主要优点在于其为一种洁净的、成本相对较低的技术，并且它在可熔合金成分的选择方面也非常灵活。另外，通过感应场而进行的、对熔体的强烈搅拌可以保证铸锭的良好化学均匀性。在成分方面，福斯公司的铸锭可保证铝含量的变动范围为±0.75wt.%，其他元素为±0.5wt.%，且氧含量一般为 500~600 at. ppm[19]。

ISM 方法的一个主要缺点为熔体中产生的过热度有限。Mi 等[22]认为 ISM

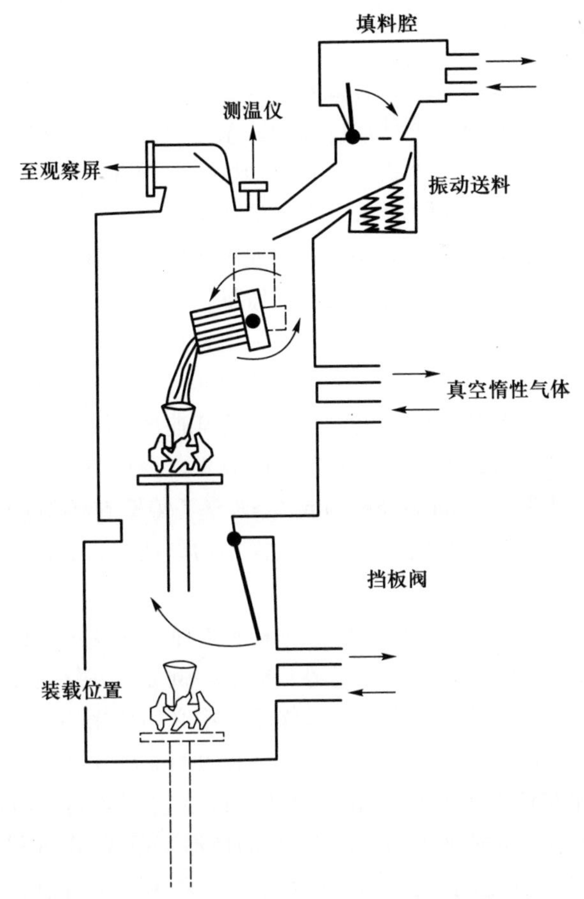

图 14.9 ISM 法制备铸锭(或铸造部件)的示意图[19]。原图已重绘

所产生的过热度很少超过 20 ℃，这使得液态金属在自 ISM 坩埚倾倒至铸模(或部件的模具)的过程中形成了“包块”。这使液态金属在倾倒过程中形成了不可控的无序流动，导致熔体表面破裂并在流动的金属中混入了气泡，从而令最终铸锭(或部件)内部有残留氧化膜或气泡的危险。在凝固过程中，可认为氧化膜会被枝晶臂推至铸锭的中心部位，并可能在那里作为中心孔隙的非均匀形核点[22]。采用高能 ISM(也被称为“悬浮熔炼”)的方法可使熔体被悬浮(推离)起来，从而与坩埚壁分离，即减少了坩埚与熔体的接触。这可使过热度升高至 60~70 ℃[22]，并可降低凝壳材料的体量。但这将可熔炼的材料限制在了仅几千克(在文献[22]中的报道为 5 kg)的质量上；这种技术已经与部件的铸造连接起来应用，更多的叙述见 14.2.4 节。遗憾的是，关于 ISM 制备的铸锭，文献中还没有关于元素偏析程度或内部典型缺陷的报道。

14.1.4　总体评价

为评估工业级铸锭的质量，有必要对大量的铸锭进行研究，从而可对铸锭之间的变化以及存在的缺陷类型加以评价。某些合金成分的铸锭，尤其是那些含有难熔金属元素的铸锭，制备起来则更加困难。因此，对简单合金系统铸锭质量的评价并不适用于复杂合金系统。已知的文献报道中并没有这种大量且昂贵的研究。已发表的数据大多关注于已完成了缺陷和宏观偏析研究的铸锭。但是对于某种特定的合金成分、熔炼工艺或铸锭尺寸而言，还没有人对其铸锭和铸锭之间的质量差异加以解析。不论铸锭为何种尺寸，微观尺度上的化学不均匀性都是不可避免的，而且其量级可能为几个 at.%，但这并没有被看作一个质量问题。铸锭的尺寸对其品质有重要影响。冷却速度也是一个重要的参数，其在某种程度上取决于铸锭的尺寸，并可影响偏析以及内应力的发展程度，后者则可能导致铸锭开裂。Alam 和 Semiatin[23] 研究了铸锭在铸造和高温热处理之后的冷却过程中的热应力变化。以降低元素不均匀性为目的的铸锭高温均匀化热处理也已有所研究[24]。

如 14.1.1 节至 14.1.3 节中所指出，所有的 3 种熔炼技术均已用于 TiAl 合金铸锭的生产中，且它们具有各自的优势和缺陷。例如，在钛合金工业中，VAR 是一种非常成熟、且在常规钛合金的最终熔炼中必须要采用的技术，由此方法生产的铸锭可作为有严格安全性要求的航空级材料，如涡轮叶片[4]。这是因为 PAM 熔炼有可能在铸锭中残存了氩气微孔，这是它的缺陷，而这只能通过真空环境下的最终熔炼步骤来去除，即 VAR 的情形。而 VAR 过程中可能的铝元素损耗在 PAM 中可通过利用氩气的正压力予以避免。据报道，这种方法可将挥发性元素的损耗保持在很低的水平[9]。

通过控制炉床熔池深度和熔体保持时间，PAM 可以降低甚至消除如富 W 颗粒或 TiN 颗粒等密度高低不同的夹杂物。这即是 PAM 工艺相对于 VAR 的主要优点。但是，人们相信，通过正确运用优化后的中间合金，在最终的 VAR 铸锭中也可以避免高密度的夹杂物[2,6]，而低密度的夹杂物则可以通过精心制备电极从而将夹杂降低到不产生重要影响的水平上来避免。在传统钛合金中，低密度夹杂物(即所谓的“硬 α”颗粒)是氮和/或氧污染的结果，它可能来自许多因素，包括海绵钛、中间合金以及电极制备过程中的污染，或是来自熔炼过程中空气或水的少量泄漏等[4]。在钛合金中，这种夹杂可采用三次 VAR 熔炼来消除，但是由于过热度较低，这样并不能去除更加难熔的金属颗粒[11]。这些夹杂物对钛合金的疲劳性能有严重影响，且无论如何也不能认为它们不会在 TiAl 合金部件中出现。关于采用炉床方法制备高质量传统钛合金铸锭的更多信息，请读者参阅文献[25，26]。

用已有的文献数据来直接对比不同熔炼工艺的质量是非常困难的。这是因为每一个研究中的合金成分、铸锭尺寸以及熔炼步骤的数量均有所不同。迄今还没有文献采用同样的原料对同一铸锭尺寸的同一合金成分进行有关铸锭质量的系统研究。在过去的10~15年中，GKSS在多种不同的TiAl合金项目研究期间，自美国和欧洲的多种渠道采购了许多不同工业方法制备的(不同尺寸和合金成分的)铸锭。我们对这些材料均进行了一定的加工并采用了许多技术手段加以研究。对来自其中某些铸锭的材料进行了扫描电镜及其所装备的(标样标定后的)EDX分析。图14.10给出了GKSS在不同供应商所提供的铸锭中测得的铝含量相对于合金名义铝含量的差异。从中可以看出，铸锭中的铝含量水平相对于其名义成分的差异可达约1.3at.%。由于测定铝含量的位置在铸锭中是相对随机的，这一图表仅表明了所测得数值的差异，而不能表明铝含量偏离名义成分的最大值。图14.10中，在GKSS精心制备的电弧熔炼钮扣锭(40 g铸锭)中测得数据点均与其名义铝含量非常接近，这表明分析方法是足够精确的。从科学研究的角度来说，实验室制备的材料是优选项，因为其偏离名义铝含量的程度较低。必须指出的是图14.10并未包括所采购的全部铸锭，那些在很久以前采购的铸锭，若后来其制备工艺有所进步，则给出的是后来所制备铸锭的数据。另外，由于铸锭的尺寸和成分不同，因此在不同的供应商之间做比较是不公平的。

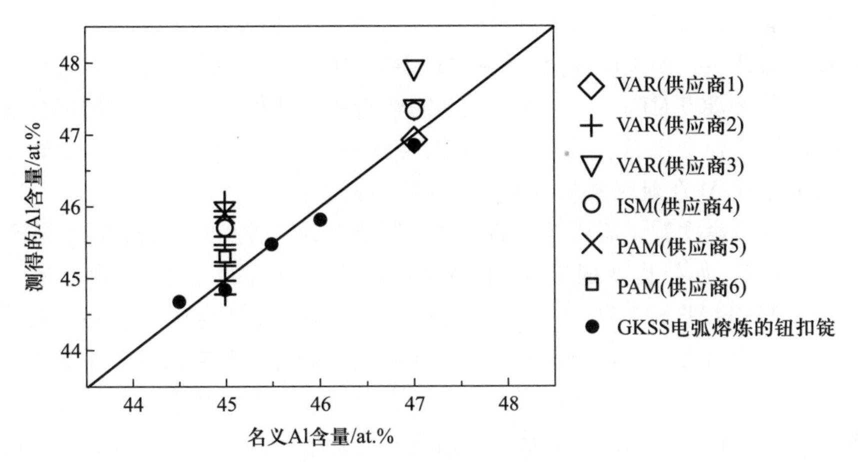

图 14.10 在不同铸锭供应商采用不同技术制备的不同尺寸和成分的TiAl合金铸锭中测得的铝含量与合金名义铝含量的差异。所使用测试方法的精确性可由GKSS的电弧熔炼钮扣锭说明：从钮扣锭中测定的铝含量与合金的名义成分十分接近

通过不同加工工艺的组合，如将ISM和VAR结合制备大尺寸铸锭，可使铸锭的化学均匀性更佳[21]。将PAM的炉床和连续拉锭与ISM技术相结合，产

生了一种可能具有前景的新技术[27]：在炉床的条件下制备金属熔体，而后将其倾倒至无底的 ISM 单元中，从而产生了剧烈的混合作用，而拉锭则非常缓慢。据悉由这种方法制备的铸锭的铝含量变化范围低于±0.5at.%，而其他金属元素则低于±0.2at.%。

总之，必须要着重强调的是，所有的 TiAl 合金工业都要依赖高质量的均匀铸锭材料，从而保证部件的组织均匀性继而使力学性能具有可重复性。若这一点不能保证，那么预合金化的粉末冶金则可能是一个解决方法，尽管其在降低成本方面有明显的不足。粉末冶金方法将在第 15 章中阐述。

14.2　铸造

对于传统钛合金部件以及其他材料来说，铸造是一种得到深入发展的生产技术。对于 γ-TiAl 的铸造，也可采用目前正应用于航空级钛合金和镍合金的传统铸造设备[28]。铸造是生产工业级近净成形 TiAl 合金部件的最经济的手段。McQuay 和 Larsen[28]给出了熔模铸造 TiAl 合金密封罩降低生产成本的例子，他们认为生产成本的约 1/3 与铸造工艺中的废料有关(数据来自 1997 年)，但如果技术成熟，这一占比可降至约 10%。McQuay 和 Sikka 最近(2002 年)撰写了一篇关于目前铸造技术的综述[29]。

对铸造合金的选择在极大程度上取决于将要制备的部件。一般来说，室温塑性良好的合金，如 GE 合金 Ti-48Al-2Cr-2Nb，其屈服强度并不是特别高(GE 合金约为 300 MPa)[30]。因此，如涡轮增压器叶轮等高度受载的部件必须用高强度铸造合金制备，并且室温塑性要在一定程度上做出牺牲。文献[30]中列出了 γ-TiAl 在航空发动机中的潜在应用需求。

从铸造的角度看，需要考虑的一个问题是，为部件生产所设计的、需要经受热加工步骤(如挤压或锻造等)的合金可能并不适用于铸造。例如，室温下铸造合金 Ti-44Al-8Nb-1B 的晶粒尺寸约为 50 μm，塑性为 0.3%，但是在变形后其晶粒尺寸约为 70 μm 而塑性可超过 1%[31]。因此，晶粒尺寸并不是影响塑性的最重要因素。适用于铸造部件的合金必须有足够的可铸造性，并且易于形成偏析越少越好的细小组织。从这个角度看，合金成分将产生重要影响，因为它决定了凝固路径，从而在某种程度上决定了晶粒细化、偏析以及铸造织构。在 Ti-47Al-2Cr-2Nb 和 Ti-48Al-2Cr-2Nb 合金中即观察到了二者之间在铸造织构和宏观组织上的显著差异[32]。

已经证明，β 相凝固合金(即不发生包晶反应)可形成更加细小的铸造组织，因而被认为相对于包晶凝固合金其性能有所提升[33-36]。Naka 等[33]可能是首次特意将凝固路径与显微组织细化联系起来的学者，他们还发现 β 凝固合金的织构有所减弱。其他的工作发现，β 凝固合金可以既不含织构，同时相对其他合金而言又不含偏析[37]。虽然这些合金可产生细小[35,36]并具有高强度的[36]显微组织，但仅有几组研究表明其室温塑性可超过 1%[33,34]。Naka 等[33]的研究表明，相比于 Ti-48Al-2Cr-2Nb 合金，（热处理后的）β 凝固 Ti-46.6Al-2Re-0.8Si 合金的室温塑性（以及 800 ℃蠕变性能）有所提高（两组合金的塑性延伸率分别为 0.9%和 1.4%）。虽然如此，但是还没有确凿的工作表明（铸造）β 凝固合金的室温塑性相比于包晶凝固合金出现了期望中的提升。从服役所需的力学性能角度看，有必要在最终的部件中通过热处理消除 β 相（或其相变产物 B2 相）[33]。可以推测，若无法实现这一点，则可能导致合金的室温强度较高但是塑性较低（且抗蠕变性下降）。β 凝固合金的铝含量一般要低于某个数值，这是由相图的特性决定的，因此它与合金成分相关。例如，添加 Nb 可使合金在较高的铝含量下也由 β 相区凝固。Chen 等[38]的工作表明，添加了 10at.%铌元素的三元合金可在 49at.%成分下仍由 β 相凝固，但是以我们的经验来看，这一数值是过高了。McQuay 和 Sikka[29]给出了一些铸造合金以及它们的特性，如表 14.1。

表 14.1 铸造工程 γ-TiAl 合金以及它们的特性[29]

合金	成分/at.%	性质	参考文献
GE 48-2-2	Ti-48Al-2Nb-2Cr	塑性，断裂韧性	[39]
Lockheed-Martin 45XD™	Ti-45Al-2Nb-2Mn-0.8 vol.% TiB_2	拉伸和疲劳强度，可铸性	[40]
Lockheed-Martin 47XD™	Ti-47Al-2Nb-2Mn-0.8 vol.% TiB_2	高温强度，可铸性	[40]
Honeywell WMS	Ti-47Al-2Nb-1Mn-0.5W-0.5Mo-0.2Si	蠕变性能	[41]
ABB-Alstom，ABB-2	Ti-47Al-2W-0.5Si	蠕变和氧化性能	[42]
GKSS TAB	Ti-47Al-1.5Nb-1Mn-1Cr-0.2Si-0.5B	可铸性，性能平衡	[43]
Daido Steel	Ti-48Al-2Nb-0.7Cr-0.3Si	塑性	[44]
IHI	Ti-45Al-1.3Fe-1.1V-0.35B	可铸性	[45]

如第 13 章中所述，硼是一种极其有效的细化 TiAl 合金铸造组织的元素。这一效应最初是在添加二硼化钛（TiB_2）时发现的[46,47]，但是单质硼元素也有效。然而，晶粒细化的机制仍有争议[48]，且看起来与合金成分相关，低铝含

量合金的细化效果更好[49]。这种细化方式的一个缺陷在于，在含 Nb、W 和 Ta 等元素的合金中会形成长硼化物条带(尤其是在较厚区域)，从而降低了合金塑性[31]。因此，人们也研究了其他可细化铸造部件组织的方式，其中包括采用快速冷却(淬火)和/或固态相变等方法[31,50,51]，已于 13.3.4 节中阐述。

当选定了一种合金成分后，就需要研究出与其相宜的熔炼和铸造方法。在文献中描述了 4 种主要的铸造工艺，即为熔模铸造、重力金属模铸造、离心铸造以及反重力低压铸造。下文将对每一种铸造工艺进行阐述，并给出相关工作的参考文献。

14.2.1　熔模铸造

这种工艺也被称为失蜡法铸造或精密铸造，即金属熔体被浇铸于陶瓷型壳所制的铸模中。型壳制备是由对部件蜡模(复型)进行重复的陶瓷基浆料涂挂、晾干完成的。因此型壳是由一系列不同的层组成的，为成功制造出部件，这些都是有必要的。Kuang 等[52]研究了不同难熔材料对铸造 TiAl 合金的适用性。研究发现在 TiAl 合金的熔炼和铸造中有应用前景的是纯氧化钙(CaO)、氧化钇以及由氧化钇包覆的氧化镁。氧化钇表面涂覆的陶瓷型壳[31]以及氧化铝制铸模[53,54]在文献中也有报道。

对于所有钛铝合金来说，铸造部件的力学性能强烈依赖于铝含量。从这个角度出发，GKSS 的工作表明，铸锭原料的化学均匀性，或是熔炼和铸造过程中铝的损耗程度尤为重要。图 14.11 展示了在 Ti-48Al-2Cr-2Nb(Austin 和 Kelly[30])名义成分下，铝含量的变动对室温拉伸性能的影响。在每一个铝含量水平下均展示了不同显微组织的拉伸性能。文献[30]中的数据表明，在给定的铝含量下，屈服强度对显微组织相对不敏感，但是铝含量却对强度和塑性有重大影响。这些结果着重表明了在铸锭到铸造部件的全生产链条中进行成分控制的重要性。图 14.11 中也给出了 GKSS 在其他铸造合金中测得的数据。

在一些研究中，人们采用了一种被称为真空感应熔炼(VIM)的 TiAl 合金熔模铸造技术，用于生产涡轮增压器叶轮和涡轮叶片[55]。这一方法与 ISM 类似，炉料通过感应熔化，但却是在陶瓷坩埚而非铜坩埚中。其优势在于液态金属并不与冷坩埚壁接触，从而在金属熔体中可产生更高的过热度。其缺陷在于可造成陶瓷颗粒夹杂并使杂质污染量上升。熔炼在有氩气分压并涂挂 CaO 的氧化铝坩埚中进行，以降低铝的损耗[55]。承载熔融 TiAl 的坩埚向一侧倾倒，将液态金属注入至陶瓷基铸模中。

在对涡轮增压器叶轮的初步浇铸中，叶片根部与内叶轮接触的位置产生了极大的裂纹损伤[55]。虽然报道中没有提及是否对铸模进行了预热，但是可以认为铸造 TiAl 合金与陶瓷铸模的热膨胀系数差异将导致极大的应力。因此，

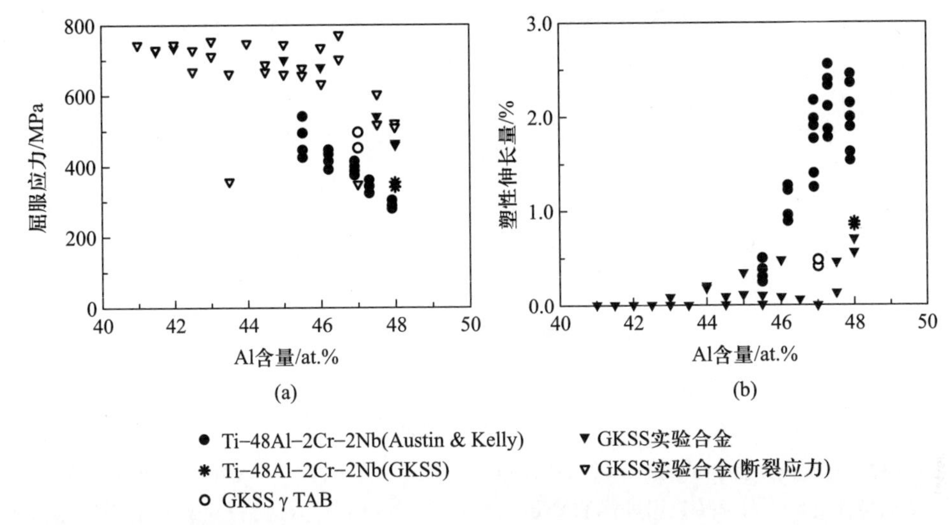

图 14.11 屈服强度(a)(在 GKSS 测试的合金中为应变为 0.2%时的流变应力值)和断裂延伸率(b)随铸造合金铝含量的变化。Ti-48Al-2Cr-2Nb 合金的数据来自 Austin 和 Kelly[30]，并在图中进行了重绘。图中表明 Ti-48Al-2Cr-2Nb 合金中名义铝含量的改变可使性能发生大幅变化。来自 GKSS 的其他合金或合金系列的数据，取自水冷铜坩埚氩气保护电弧熔炼并铸造为圆柱形的铸锭，原材料为精心配制的元素单质。这些铸锭随后在 1 180 ℃热等静压 4 h,压力为 200 MPa。其铸造织构可能明显不同于熔模铸造铸锭，这是因为其凝固起始于样品与坩埚接触的底部，并逐渐向顶部移动。这可能解释了 GKSS 与 Austin 和 Kelly[30]测定的 Ti-48Al-2Cr-2Nb 合金性能有差异的原因。GKSS 测试的材料的屈服强度取自 0.2%流变应力，应变速率为 $2.38\times10^{-5}\ s^{-1}$。由于部分 GKSS 的实验合金系在未达 0.2%塑性应变就已断裂，因而在图 14.11(a)中就标出了它们的断裂强度

人们对热流以及热应力应变的形成进行了实验和建模研究，以提高铸造质量。在采用优化后的铸造参数后已可成功制备出涡轮叶片，其中铸模的预热温度为 1 027 ℃并在铸造后进行炉冷(尽管在组织中的 γ 相内还是观察到了一些微裂纹)。令人疑惑的是，报道中并未讨论采用优化后的参数铸造涡轮增压器叶轮的相关结果。其他报道也研究了 TiAl 合金熔模铸造后冷却过程中产生的热应力[56]。文献[56]指出，目前还缺乏可靠的热机械和热物理数据，并且应考虑冷却过程中构件开裂对应力状态的影响。但在此论文发表后(1995 年)，关于 Ti-44Al-8Nb-1B 的物理数据就见诸报道了[57]。

过热的程度(即金属熔体的温度与其熔点的差异)以及铸模的预热温度，是可大幅影响铸造部件质量的重要参数。已经证明，TiAl 合金的流动性与铸模预热温度密切相关，如图 14.12[53]。低过热度会使金属液喂送不足，从而导致铸模浇不足并产生孔隙。

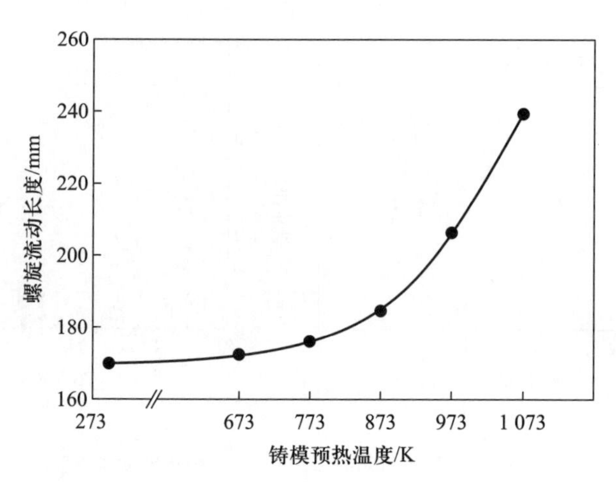

图 14.12　螺旋流动性测试的流动性随铸模预热温度的上升情况[53]。图中表明更高的铸模温度使充型性更好。对原始数据进行了重绘

有报道表明，将过热度自约 140 ℃提高至 180 ℃时可更好地充型并将铸造阀门的充填率自约 50%提升至 90%[54]。在这一研究中也采用了上述提到的 VIM 技术，并利用 Al_2O_3 基铸模材料且将其预热至 900 ℃。但是，采用陶瓷基材料作为坩埚和铸模则产生了陶瓷颗粒夹杂以及氧气污染熔体的问题。的确，据报道，采用这一系统所产生的氧含量在 820~2 900 wt. ppm 之间(当过热度为 140~180 ℃时，12 次浇铸的平均氧含量为 1 384 wt. ppm)，其污染量与过热度成正比[54]。Barbosa 等[58]也研究了过热度对熔体-难熔金属反应以及熔体污染的影响。当采用无陶瓷的熔炼和铸造工艺时，测定的氧含量为700~1 200 ppm[59](12 次浇铸的平均氧含量为 1 004 wt. ppm，过热度未知)，但是不知其单位为 wt. ppm 还是 at. ppm。已经证明，当氧含量超过 500 ppm 时(未表明其为 wt. ppm 还是 at. ppm)即可使铸造材料的塑性下降[60]。Harding 等[61]研究了 3 种熔炼工艺的过热度对铸造部件质量的影响，即 VIM(在其论文中命名为 VAR)、高能 ISM(也称为“悬浮熔炼”，见 14.2.4 节)以及传统 ISM(见 14.1.3 节)。对通过(过热度较高的)VIM 方法制备的铸棒进行射线检测表明，其内部没有大尺寸的孔洞缺陷，而采用传统 ISM 方法制备的铸棒中则产生了大量明显不同于缩孔形貌的气泡状缺陷。但是，由于 VIM 铸造材料的铸模预热温度更高，因此这就无法明确阐述过热度的单独影响。

由于直接影响了冷却速度，铸锭的截面厚度和铸模预热温度对铸造部件的显微组织和力学性能均有非常重要的影响。这也强烈影响了铸态和热处理态材料的铸造织构、宏观和显微组织，并可能影响了凝固路径[62,63]。已经证明，缓慢的冷却速率有利于形成 $\{110\}_\gamma$ 铸造织构，而快速冷却则倾向于形成

$\{111\}_{\gamma}$织构。这意味着在凝固后进行缓慢冷却时，γ单胞的{110}晶面将垂直于热流方向(即热流方向平行于⟨110⟩)。类似地，当进行快速冷却时，{111}晶面将垂直于热流方向(即热流方向平行于⟨111⟩)。看起来对于每个成分均有一个临界冷却速度，使之产生$\{110\}_{\gamma}$和$\{111\}_{\gamma}$铸造织构的差异[63]。

若将 Ti-48Al-2Cr-2Nb 合金浇铸于低预热温度(350 ℃)的铸模中(高冷速)，其将形成片层组织，在 1 200～1 260 ℃之间的热等静压的过程中，片层组织将发生分解。然而，当铸模预热温度为 1 204 ℃时(慢冷速)，片层组织在热等静压过程中是稳定的[62]。另外的一些工作也报道了冷却速度对铸造组织[40,64]和力学性能[65]的影响。Biery 等[66]给出了快速和慢速冷却 Ti-47Al-2Cr-2Nb 合金的室温拉伸性能，他们发现冷却速度(主要通过影响晶粒尺寸)对随后测试的屈服强度变化起到了非常重要的作用。快速冷却合金的塑性在 1.3%～1.9%之间，而慢速冷却的合金则为 0.6%～1.7%。因此可以认为，截面厚度不同的大尺寸铸件将由于部件内部冷却速度的差异而产生差异性的显微组织和力学性能。

研究人员对部件尺寸(从而影响了冷却速度)对力学性能的影响进行了评价[31,67]。研究表明，当熔模铸造+热等静压的含硼合金棒材的直径自 15 mm 升高至 30 mm 时，其拉伸塑性将自 0.7%～0.8%降至约 0.2%[31]，如图 14.13。这被认为是源自较慢冷却速度下更易形成的长带状硼化物所导致的早期失效。当合金中添加高含量的强硼化物形成元素如 Nb、W 和 Ta 时，长带状硼化物更容易形成。当铸模预热温度较低时，较快的冷却速度可实现硼化物致晶粒细化，但是这也带来了铸模浇不足的问题[31]。Kuang 等[67]的研究表明，当铸棒直径较大时，晶粒尺寸将增大，双态组织铸件的强度符合霍尔-佩奇(Hall-Petch)关系。当直径自 12 mm 上升至 25 mm 时，铸造 Ti-48Al-2Nb-2Mn 合金棒材的拉伸塑性由 0.9%下降至热等静压后的 0.6%。然而，在随后进行 1 300 ℃保温 24 h 的热处理后，塑性仍保持在 0.5%～0.6%的水平，此时就与棒材的直径无关了。

显然，铸造部件中的孔隙会对 TiAl 合金这样相对较脆的材料的室温性能产生重大影响。研究发现，冷却速度可影响孔隙分布[65]。高冷却速度将导致形成枝晶间孔隙，这是对凝固收缩补充不足的结果。铸模预热温度高时，较慢的冷却速度将使孔隙更集中于铸件表层，这可能是熔体与(不论何种材料的)铸模反应的结果。铸件的几何形状也可能对铸造孔隙的形成有重要影响。Simpkin 等[68]浇铸了“正圆锥台”和“倒圆锥台”形(原文为“Inverted carrot”和“carrot”，译者注)样品，并研究了热等静压致孔洞闭合以及时效强化对 XD 合金拉伸性能的影响。由于未能补缩，正圆锥台形样品底端的铸造孔隙率极高(达铸模体积的 30%)，如图 14.14[68]。热等静压后，铸造孔隙对拉伸性能没有

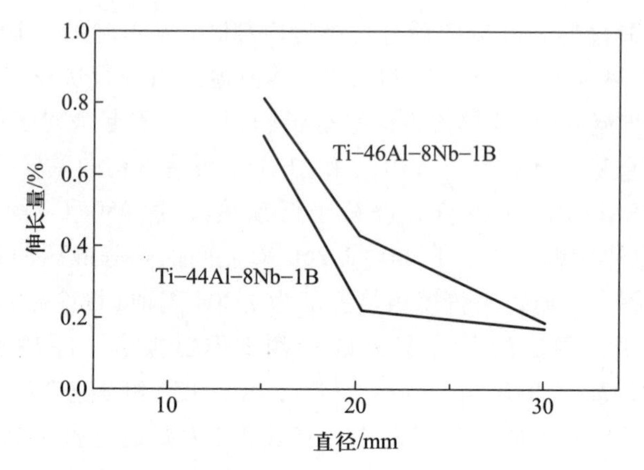

图 14.13　Ti-44Al-8Nb-1B 和 Ti-46Al-8Nb-1B 合金熔模铸造棒材分别在 1 320 ℃/150 MPa/2 h和 1 370 ℃/150 MPa/4 h 热等静压后室温拉伸塑性随棒材直径的变化[31]。图中表明随铸棒直径的上升，其塑性下降。这被认为是源自较慢冷却速度下更易形成的长带状硼化物所导致的早期失效。对原始数据重新绘制

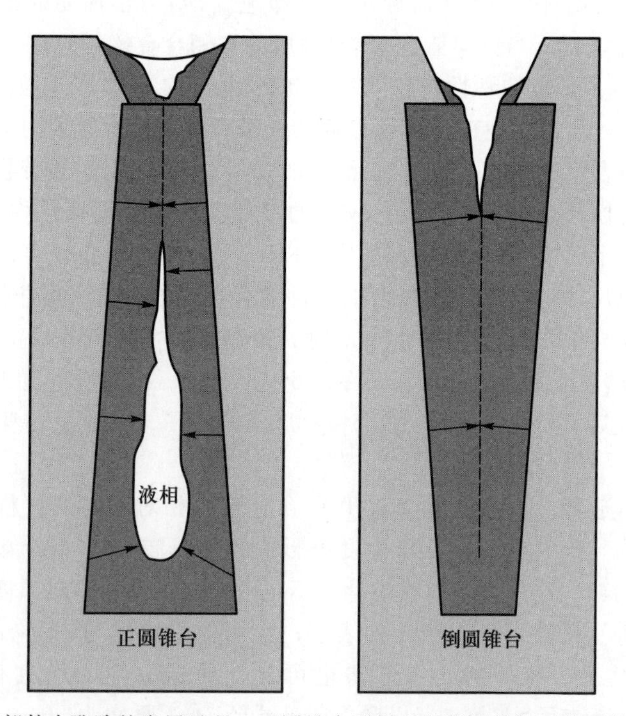

图 14.14　铸造部件中孔隙的发展过程。正圆锥台形样品的凝固前沿延伸至部件上方，阻碍了下方剩余液体的运动，导致形成了大孔洞区。倒圆锥台样品的凝固前沿在浇铸底部形成并逐渐向上方推进，残存的金属熔体于上方凝固[68]

显著影响，即自铸件上端和下端取样样品的强度和伸长量相近；但对初始蠕变抗力影响显著。这是因为热等静压处理使孔隙闭合区域的周围在变形过程中发生了细小 γ 晶粒的再结晶，导致片层组织体积分数下降，从而降低了蠕变性能。显然，尽管孔洞是可能被热等静压消除的，但是仍要避免其形成。因为这并非仅是显微组织的问题，而且孔隙的闭合还将导致部件表面发生凹陷，如图 14.15[69]。这种表面瑕疵可能使部件的表面质量无法达到航空动力结构的要求。一种能克服这种表面凹陷问题的方法是使浇铸部件的尺寸略大一些，而后通过化学加工或打磨的方法来达成最终的尺寸。然而，在没有形成这种凹陷时，熔模铸造零件则可具有优异的表面质量和尺寸精度。

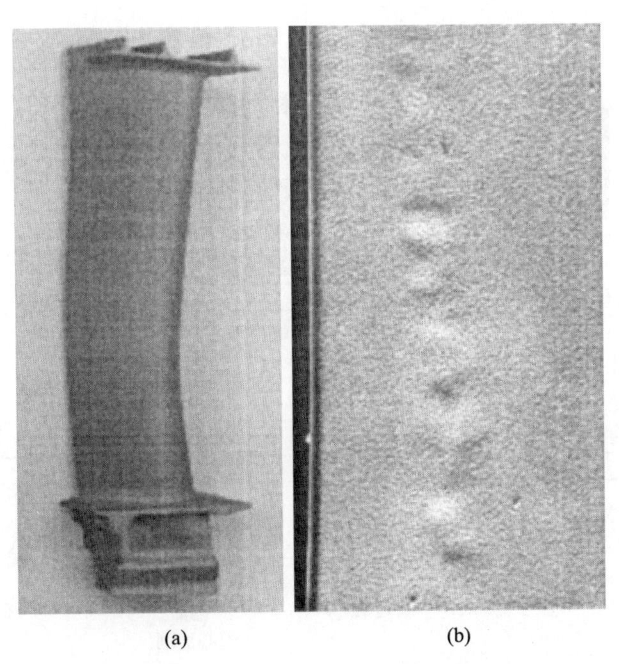

图 14.15 (a) 一枚低压(LP)涡轮叶片；(b)LP 叶片热等静压后由于孔隙的闭合而导致的表面凹陷

基于对 TiAl 合金铸造的预研经验[30]和对全组 98 枚第 5 级铸造低压涡轮叶片的成功测试(超过 1 000 次的模拟飞行)[70]，通用电气公司宣布，在他们的下一代航空发动机中(GEnx-1B)将采用(由 PCC 公司生产的)成分基于 Ti-(47~48)Al-2Cr-2Nb 的合金作为 LPT 叶片材料，并将其装配在将于 2011 年服役的波音 787 梦想客机上[71,72]。欧盟也资助了一个被称为 IMPRESS 的项目，用于对 40 cm 长的 TiAl 合金叶片的熔模铸造研究[73]。

14.2.2　金属模重力铸造(GMM)

这种技术是由 Howmet 公司研发的，采用的是永久的金属模而非陶瓷模，用以生产形状相对简单的部件[74]。采用(铁基)金属模可大幅降低成本，因为无需制备昂贵复杂的陶瓷模，并且也不用像在陶瓷模中那样要在铸造之后去除某些部分。另外，铸件中也可以避免夹杂陶瓷颗粒以及氧自型壳材料中的吸附。图 14.16 为用于生产汽车排气阀的金属模重力铸造技术的示意图[74,75]。从中可以看出，铸锭的原材料在真空条件下由冷坩埚熔化，而后倾倒至金属铸模中。在凝固之后可将部件从模具中取出。

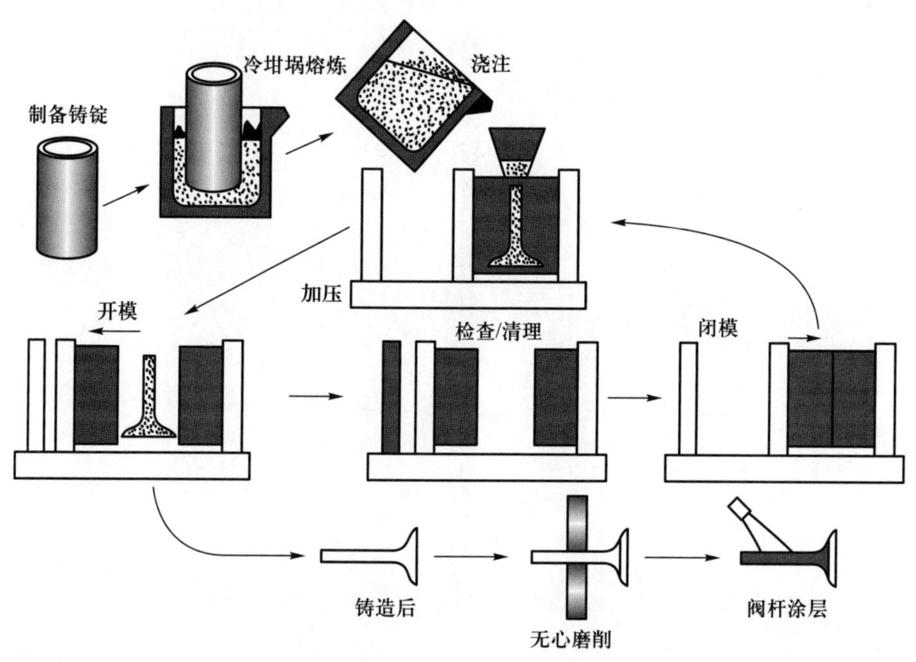

图 14.16　用于生产汽车排气阀的金属模重力铸造工艺过程示意图[74,75]

Jones 等[75]和 Eylon 等[76]阐述了利用永久金属模生产铸造汽车排气阀的工艺过程。原材料的熔化在自耗电弧冷床 VAR 中进行。在他们的研究中，采用了 3 种不同的铸模方向，即顶注、侧注和底注。另外，还比较了相对于室温铸模，260℃ 铸模预热的作用。他们还研究了铸造过程中施加压力的作用，可由如下方式进行：

(1) 在浇铸后通过“气体增压”对铸造型腔注入气体以施加压力，如一项美国专利中所述[77]；

(2) 离心铸造(14.2.3 节中所阐述的方法)；

（3）挤压销——其为液压控制的柱塞，向内浇道施加压力，从而迫使液态金属进入模具；

（4）注射——将液态金属倾倒至一个压力室中，在压力作用下，液体金属被迫进入模腔，如一项美国专利中所述[78]。

由于施加压力的时间窗口低于 0.5 s，因此还难以评价挤压销方法的优劣。在 Jones 等[75]的论文发表之时（1995 年），注射法的效果还不确定。论文[75，76]中已有的发现包括以下几点。

（1）相较于室温铸模的浇铸，260 ℃铸模预热对铸模充型或部件的表面质量没有影响。

（2）铸模要沿垂直方向放置以使孔隙出现在中心线附近。

（3）当孔隙较严重或偏离中心线时，热等静压后部件的尺寸精度较差，且加工成本上升。

（4）在所有采用永久金属模浇铸方法得到的铸造排气阀中，没有一个是不含孔隙或孔隙很少的。

（5）对于相近的截面厚度而言，采用金属铸模得到的显微组织相较于熔模铸造更加细小。这是因为金属铸模比熔模铸造的陶瓷铸模的热导率更高，从而提高了凝固速率。更加细小的显微组织提升了铸件的室温流变应力。

（6）注射法可使铸造组织进一步细化。

（7）熔体与金属模反应的唯一证据仅为铸件表面的一层 25 μm 厚的贫 Al 层。

（8）相对于侧注，顶注式浇铸被证明具有明显更优的充型性，且降低了孔隙率并提升了部件的尺寸精度。这是由凝固过程中的额外静压头压力导致的。采用离心铸造还可获得其他有益效果，这将在 14.2.3 节中讨论。

基于上述的讨论可以明显看出，重力金属模铸造比传统的熔模铸造工艺在成本和工程（没有陶瓷颗粒夹杂、氧污染以及组织更加细化）上均有一定的优势。然而，在这些论文发表之后，关于 GMM 铸造 TiAl 合金的技术却几乎没有其他的新信息了。

14.2.3 离心铸造

离心铸造技术基本上分为两类，即卧式和立式。卧式离心铸造的铸型绕水平旋转轴旋转，而立式的旋转轴线是竖直的[79]。卧式离心铸造技术被用来浇铸具有长轴的部件，如钢管。立式离心铸造技术用于生产非圆柱形甚至是非对称的部件。在离心铸造中，液态金属被填充至受到离心力的旋转铸模中，离心力一直加载至凝固终了，使金属熔体在一个恒定的压力下充填铸模。离心力提高了金属熔体静压头压力，从而可制备出质量高、完整性好的铸件[79]。

原则上，可以将离心铸造与不同类型的熔炼工艺结合起来。在已发表的研究钛铝合金离心铸造的文献中，与之结合的一般为 ISM，但是也有两篇报道为冷床 VAR[75,76]。这可能是由于要采用预熔炼的铸锭作为 VAR 的原材料以保证均匀性，而在 ISM 中则可直接填充元素单质从而在经济性上更加灵活。

人们已对汽车排气阀和涡轮增压器叶轮等部件的生产工艺进行了研究[54,59,80-82]。在汽车排气阀的生产中，所用炉料为海绵钛或钛块、铝棒、铌和铬单质以及低成本中间合金[80]。在文献[59，80，81]中，熔炼由 ISM 进行，金属熔体被倾倒至一个旋转的圆柱中，其由包覆于钢铁基体中的铌基汽车阀铸模构成。应该指出的是，在铸造之前，排气阀铸模被预热至 1 000 ℃以避免在阀盘处和阀杆上部形成缩孔[59]。整个铸造过程在真空中进行。自铸模中即时取出的离心铸造 TiAl 合金汽车排气阀如图 14.17[59]。在其中没有发现宏观偏析，且枝晶间微观偏析的程度也较低，因而不需要再进行后续的均匀化热处理。铸造 Ti-47Al-2Nb-2Cr 合金的力学性能表明，其流变应力约为 600 MPa，塑性延伸率在 0.5%～1.8%之间[59]。更多关于力学性能的信息请读者参阅文献[59]。

图 14.17　自铸模中取出的离心铸造汽车排气阀[59]

研究人员对涡轮增压器叶轮在离心铸造过程中的部件浇铸系统进行了研究，包括直接浇铸和间接浇铸[82]。间接浇铸的进料段更长，并需要使金属熔体自离心力的反方向进入铸模型腔，这降低了熔体在充填型腔时的湍流。然而，由于进料段较长，涡轮增压器的叶片部位出现了冷隔和浇不足。在后续的铸造实验中发现，为保证零件中不出现宏观缩孔和显微缩松，就需要非常大的冒口和支撑结构，如图 14.18 所示[82]。对 TiAl 熔体体量的如此大的需求自然增加了铸造余料，继而提高了铸件的成本。尽管在直接浇铸中，熔体的湍流要大一些，但是已经证明通过这种方式可以生产出高质量的增压器叶轮，如图 14.19[82]。

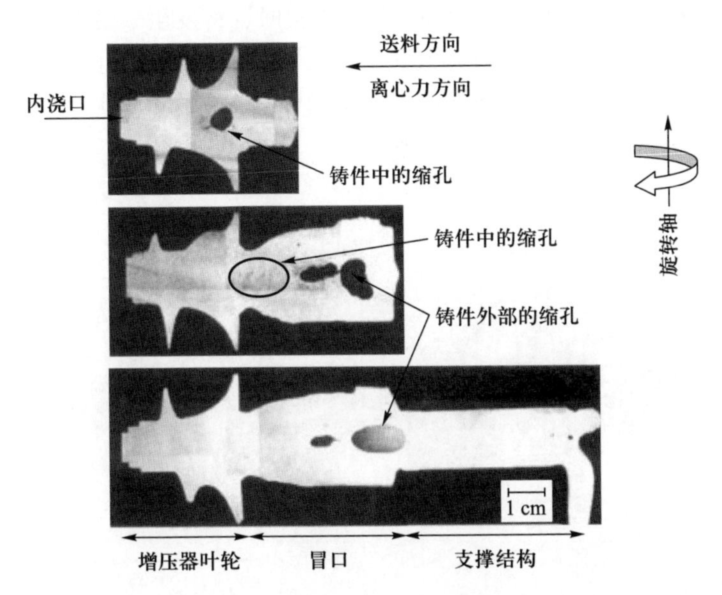

图 14.18 间接浇铸制备的具有冒口和支撑结构的离心铸造 TiAl 增压器叶轮，熔体沿离心力的反方向流至铸模中[82]。可以看出，为避免零件中出现宏观和微观缩孔就需要较大的冒口和支撑结构

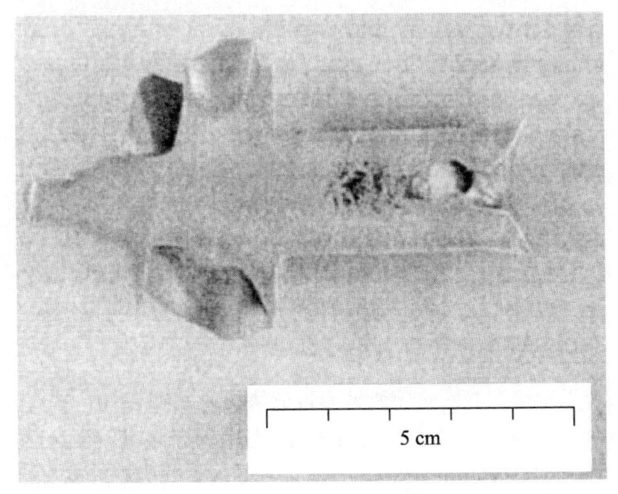

图 14.19 直接浇铸离心铸造制备的 TiAl 增压器叶轮，熔体沿离心力的方向进入铸模[82]。可见缩孔在部件之外且用料较少

铸造涡轮增压器中的典型缺陷如图 14.20[82]。图 14.20(a)表明，由于流动性不足，使得进料不够而导致产生了铸模浇不足以及冷隔缺陷。铸件内的孔隙可使热等静压后铸件的表面发生扭曲，如图 14.20(b)所示(同图 14.15)。当陶瓷基铸模无法承载熔体的压力而发生局部破损时，将发生如图 14.20(c)所示的浇不足或叶尖缺损。偶见表面有气孔或针孔[如图 14.20(d)]，原因不明。在对铸造工艺进行优化之后，部件的铸造质量极佳，如图 14.21。图中涡轮增压器叶尖的厚度约为 0.7 mm，甚至更低。

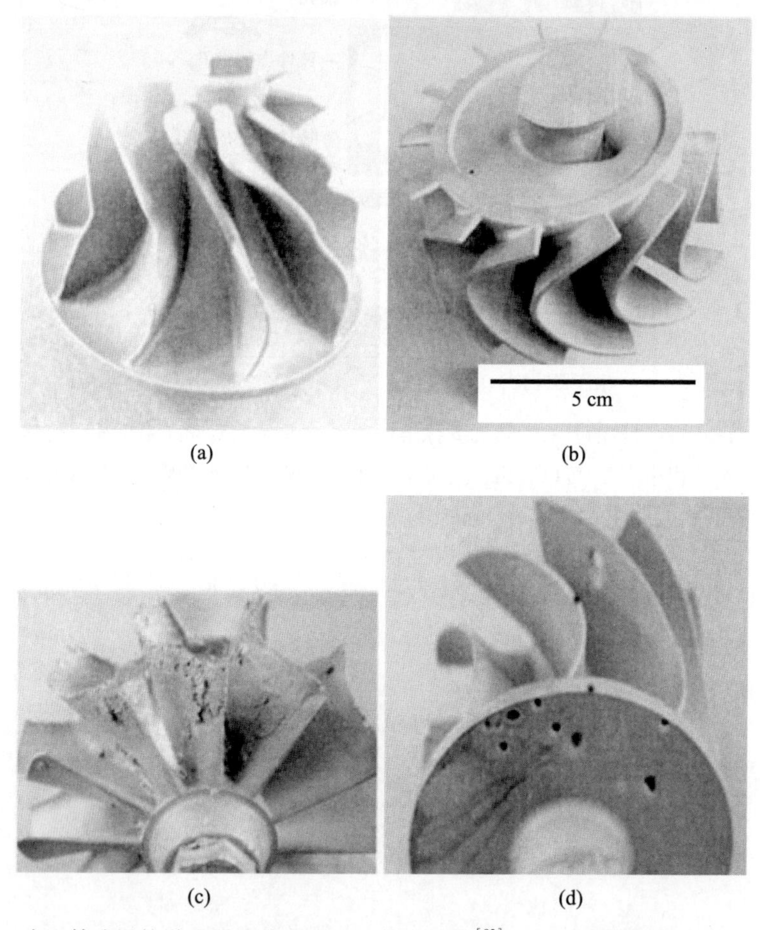

图 14.20　离心铸造涡轮增压器叶轮中所见的铸造缺陷[82]：(a) 冷隔或浇不足；(b) 热等静压后，由叶轮内的宏观收缩过多而使表面扭曲；(c) 由于铸模端部涂层的损伤而导致的浇不足或叶尖缺损；(d) 针孔

在政府的资助下，GKSS 参与了两项关于离心铸造制备 TiAl 合金部件的项目(BMBF)。其中的第一项由 GKSS 领衔，起止时间为 1990 年 8 月至 1994 年 7

图 14.21　铸造工艺优化后制备的离心铸造涡轮增压器叶轮。叶尖的厚度约为 0.7 mm，叶轮直径约为 5 cm（感谢德国亚琛 ACCESS 研究中心供图）

月，旨在制备涡轮部件，并包含了一次在 MTU 进行的短时发动机试车[43]。在此项目中，研究人员开发出了综合力学性能良好的铸造 γ-TAB 合金并建立了其性能数据库。

第二个由 GKSS 参与的项目（自 2002 年 2 月至 2005 年 12 月）由戴勒姆-克莱斯勒公司（DaimlerChrysler）公司领衔，旨在发展（基于离心铸造的）轻质 TiAl 合金复杂部件的铸造技术，特别是涡轮增压器叶轮。在项目实施过程中，对高质量、几乎没有成分变动的熔炼原料的需求显得愈发重要[83]。图 14.22 清楚地说明了这一点，表明在名义成分相同（TNB-V5，Ti-45Al-5Nb-0.2B-0.2C）且铸造方法类似的涡轮增压器叶轮中存在显微组织的巨大差异。这两个涡轮增压器的唯一不同点在于其铝含量，粗大宏观组织的铝含量约为 45.2at.%，而当铝含量低于这一数值时，则会形成细小的宏观组织。由此看来，当合金中的铝含量为 45.2at.%时，凝固以包晶方式进行，而当铝含量低于这一数值时，合金则为 β 凝固，使显微组织更加细小。在富铝的涡轮增压器中添加少量的钛，亦或在贫铝涡轮增压器中添加同样少量的铝，可使重熔后的宏观组织相反（这一效应也是可逆的）。人们用这一方法来确定将不同凝固路径分离的临界铝含量，这也表明提高合金中铌含量可使这一铝含量临界值提升至更高水平。因此，人们就提出并阐述了对合金成分优化的需求，意图使其宏观和微观组织对铝含量均不敏感。

如之前的讨论中所述，部件的截面厚度（影响了冷却速度）对显微组织有重要影响。将图 14.23（a）和（c）分别与图 14.23（b）和（d）相比较可发现，较薄

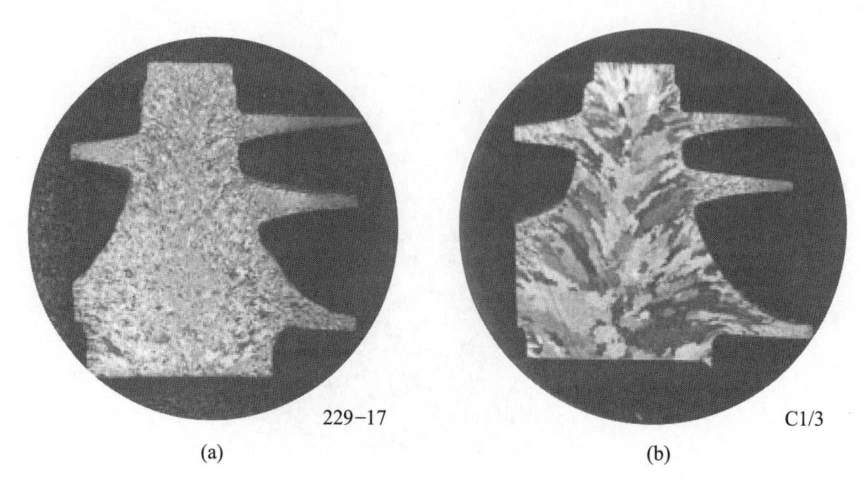

图 14.22　名义成分(Ti-45Al-5Nb-0.2B-0.2C)相同的两个涡轮增压器叶轮的宏观组织[83]。图(a)中(229-17)叶轮的组织比图(b)(C1/3)更加细小。这是因为前者是 β 凝固，而图(b)的粗大组织则来自 α 包晶凝固。两个涡轮增压器中的铝含量差异仅约 0.3at.%，这比原材料中的铝含量差异还要小

的叶片处在偏析和显微组织的尺度上比增压器叶轮中轴线区域处均要明显更小一些。对比图 14.23(c)和(d)可见，相比于增压器的中心部位，叶片处的较快冷却速度使长带状硼化物破碎，这与文献[31]中的结论一致。另外，快速冷却组织中的片层团尺寸也更加细小。

这种同一部件中显微组织的差异毫无疑问将导致力学性能的变化。增压器叶轮中，相对较为粗大的中轴线部位的性能可通过对直径相近的试棒进行传统拉伸和蠕变测试获得。但是，叶片区域的性能测定却要难得多了。为获得其性能，ACCESS 制备了 1 mm 厚的离心铸造板状样品，并将其在 GKSS 测试。我们分别在室温、700 ℃和 800 ℃下测试了宽为 2 mm、长为 7 mm、标距厚度为 0. 5~0.7 mm 的微拉伸样品，如图 14.24。热等静压和未热等静压的板状样品均表现出有限的室温塑性，但是在 700 ℃下，热等静压板状样品的塑性相比于未等静压(铸态)显著提高。当时并未确定这一现象的原因，但其应该不是来自铝含量的差异。至于蠕变性能，与 Simpkins 等[68]的结果不同，热等静压看起来并未使蠕变性能下降，这可能是因为在铸造板状样品中不含孔隙，从而显微组织并未发生再结晶。然而，热等静压板状样品的最小蠕变速率却比同成分下的热等静压圆柱形铸件高出了 8 倍以上，这很可能是其更加细小的显微组织导致的。

GKSS 测定了涡轮增压器叶轮和板状样品熔炼过程中的间隙元素(氧和氮)污染程度。熔炼原料锭中的间隙元素含量水平是非常低的。与原料锭相比，铸

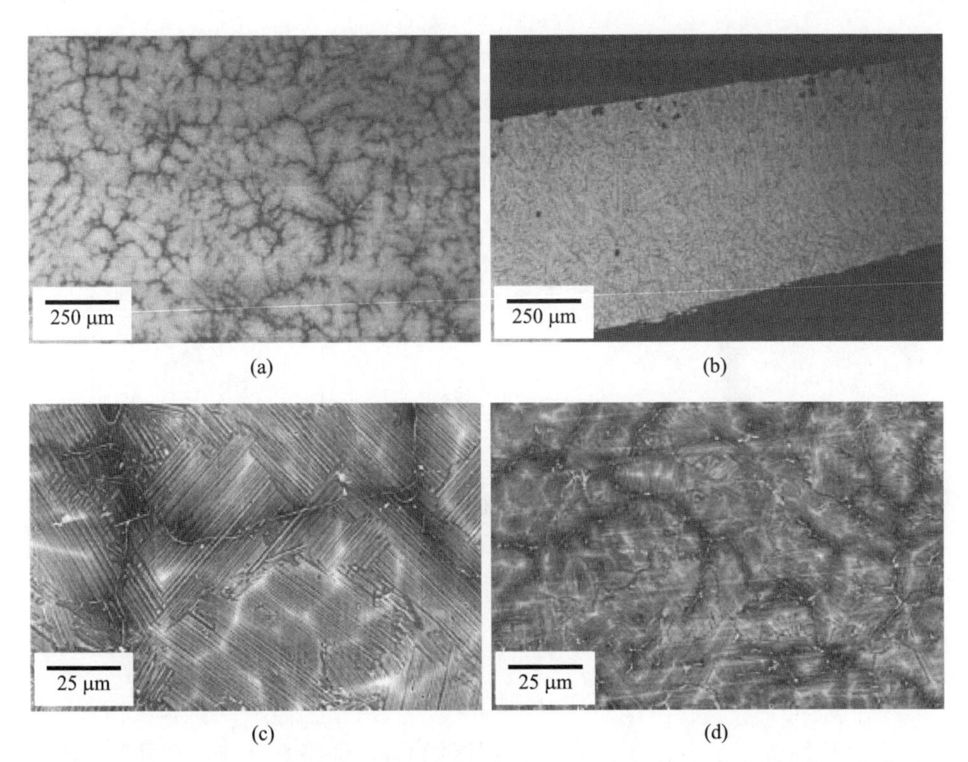

(a) (b) (c) (d)

图 14.23 (a)、(b)铸造涡轮增压器叶轮中心部位(a)和叶片处(b)的宏观组织，从中可以看出冷却速度较快的叶片区域处的组织要细小得多；(c)、(d)铸造涡轮增压器叶轮中心部位(c)和叶片处(d)的微观组织。从中可以看出叶片区域处的显微组织更加细小且硼化物的破碎程度更大[83]

造涡轮增压器叶轮和板状样品中的氧含量上升了一倍，约为 1 200 wt. ppm，见表 14.2。虽然不知道熔炼的过热度，但是已经证明其将影响自熔化的陶瓷材料以及铸模中吸入的间隙元素——氧的量[54]，如 14.2.1 节所述。

表 14.2 自熔炼原料锭和 6 个涡轮增压器叶轮铸件、5 个 1mm 厚板状样品铸件中测得的平均氧和氮含量

	氧气含量/(wt. ppm)	氮含量/(wt. ppm)
铸锭原料	577~806(21)	72~91(21)
铸造涡轮增压器	1 184~1 445(18)	86~120(12)[a]
铸造板材(厚度为 1 mm)	1 143~1 357(15)	85~108(15)

(a) 其中两个涡轮增压器叶轮所含的氮约为 610 wt. ppm，原因不明，它们并未包含在表中。括号中给出了测试的总数量。

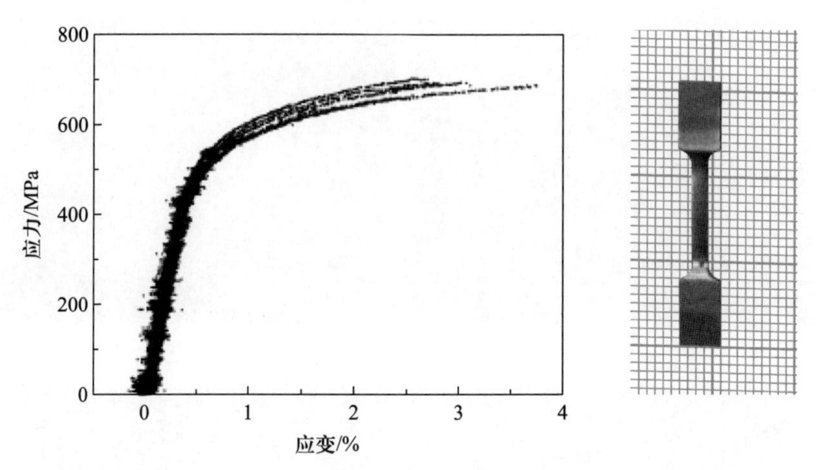

图 14.24　6 组微拉伸样品在 700 ℃下的拉伸曲线。从中可以看出，尽管由于样品太小且存在对中问题而使测试比较困难，但是仍测得了一定的塑性。微拉伸实验样品的照片在右图的 mm 坐标纸中给出，展示了其尺寸[83]

14.2.4　反重力低压铸造

在这种铸造技术中，真空被用于部件的制备，即将真空施加在可渗入的陶瓷基铸模中，使熔体金属被向上提拉(反重力)从而将之充满。这种技术有不同的实施形式，其中包括适用于含有活泼金属元素合金的反重力低压真空熔化铸造(CLV)[84]。著名的 Hitchiner 工艺也属于这一门类[85]。图 14.25 给出了 CLV 工艺的示意图[84]。炉料的熔化是在一个坩埚中进行的，其一开始就被置于真空中；在炉膛上部放置一个热铸模，而后抽真空。当熔化完成后，两个炉膛均被充以氩气，如图 14.25(a)。随后，热铸模的进料管被浸没在熔体中，并在上部炉膛中抽真空，使熔体被向上推进至部件铸模中，如图 14.25(b)。部件凝固后真空解除，铸模中残留的金属熔体回流至坩埚内，如图 14.25(c)。这一技术的优势在于它可以填充较薄的区域，并且由于没有湍流扰动而使铸件中不夹杂陶瓷颗粒。此外也可减少余料的体量，因为熔体会回流至坩埚中并且可以同时成形多组部件[86]。

日本大同钢铁(Daido Steel)研发了一项技术并申请了专利，其被称为“悬浮-铸造”工艺，用于生产精密铸造部件[87]。这一方法将冷坩埚“悬浮熔炼”工艺(也被称为高能 ISM)与反重力铸造相结合。“悬浮熔炼”坩埚是 ISM 坩埚的高能量改进版，如 14.1.3 节所指出，其优势在于(通过熔体中产生的电磁力)会将熔体推离水冷铜坩埚壁，提高熔炼的过热度。虽然在文献[22]中报道的过热度仅为 60~70 ℃，但在文献[88]中报道的过热度却高达 300 ℃。“悬浮-铸

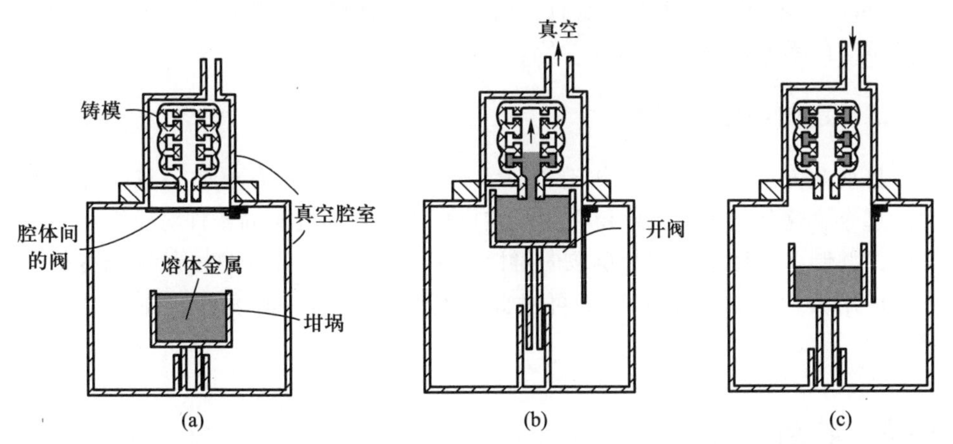

图 14.25 CLV 铸造工艺过程的示意图[84]：(a) 炉料在真空下的坩埚中熔化；(b) 在整个系统中充填氩气，并在上部炉膛抽真空之前将铸模进料管浸入到金属熔池中，使金属被真空向上提拉至铸模中；(c) 部件凝固后，解除真空，所有残余的金属熔体回流至坩埚内

造"工艺的示意图如图 14.26[44]。熔炼在氩气气氛下进行以使元素的挥发最小化。据报道，铸造组织中的氧含量约为 500 ppm，并且叶片的厚度可低至

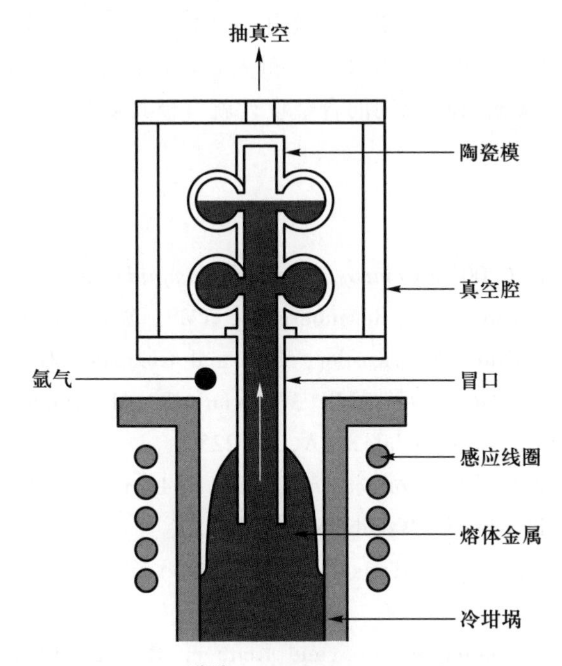

图 14.26 "悬浮-铸造"工艺的示意图[44]。对原始图片进行了重绘

0. 35 mm[44]。利用这种技术，他们已成功制备出涡轮增压器叶轮并将之应用于三菱重工的系列产品中(MHI)[89,90]。

14.2.5 定向凝固

目前此方法还没有用于铸造部件，但是已被用于制备取向一致的片层组织。迄今，这种技术还仅停留在实验室尺度上，以研究凝固条件对显微组织的影响，并制备可用于研究片层取向对性能影响的样品。由于这一技术仍有待向工业应用方向发展，本节将不再对此进行过多叙述，请读者参阅一些文献报道[91-93]。

14.3 总结

制备 TiAl 合金铸锭的可行工业方法有若干种，每一种工艺均有其技术和经济上的优缺点。对于 TiAl 合金的成功应用而言，这一最初阶段的制备工艺是最重要的，即对铸锭有明确的成分可重复性以及化学偏析最小化的要求。显然，制备出的材料还必须没有裂纹、没有任何夹杂物并具有经济上的竞争力。对于尺寸相对较小的部件而言，高精度、高质量的铸件是可以制备的。对于高强度合金铸件而言，可能要在塑性上做出一定的牺牲。大尺寸、厚截面部件的制备更加困难，其显微组织一般会比较粗大且对性能不利。此时，如第 13 章中所述，基于若干要遵守的原则的合金设计就有极其重要的作用了。

参考文献

[1] Wood, J. R. (2003) *Gamma Titanium Aluminides 2003* (eds Y. W. Kim, H. Clemens, and A. H. Rosenberger), TMS, Warrendale, PA, p. 227.

[2] Güther, V., Otto, A., Kestler, H., and Clemens, H. (1999) *Gamma Titanium Aluminides 1999* (Y. W. Kim, D. M. Dimiduk, and M. H. Loretto), TMS, Warrendale, PA, p. 225.

[3] Sibum, H. (2003) *Titanium and Titanium Alloys* (eds C. Leyens and M. Peters), Wiley-VCH, Weinheim, p. 231.

[4] Lütjering, G., and Williams, J. C. (2003) *Titanium*, Springer Verlag, Berlin.

[5] Güther, V., Chatterjee, A., and Kettner, H. (2003) *Gamma Titanium Aluminides 2003* (eds Y. W. Kim, H. Clemens, and A. H. Rosenberger), TMS, Warrendale, PA, p. 241.

[6] Güther, V., Joos, R., and Clemens, H. (2001) *Structural Intermetallics 2001* (eds K. J. Hemker, D. M. Dimiduk, H. Clemens, R. Darolia, H. Inui, J. M. Larsen, V. K. Sikka, M. Thomas, and J. D. Whittenberger), TMS, Warrendale, PA, p. 167.

[7] Martin, P. L., Hardwick, D. A., Clemens, D. R., Konkel, W. A., and Stucke, M. A. (1997) *Structural Intermetallics 1997* (eds M. V. Nathal, R. Darolia, C. T. Liu, P. L. Martin, D. B. Miracle, R. Wagner, and M. Yamaguchi), TMS, Warrendale, PA, p. 387.

[8] Ram, S. V., and Barrett, J. R. (1996) *Titanium '95: Science and Technology* (eds P. A. Blenkinsop, W. J. Evans, and H. M. Flower), IOM, London, UK, p. 88.

[9] Johnson, T. P., Young, J. M., Ward, R. M., and Jacobs, M. H. (1993) *Structural Intermetallics* (eds R. Darolia, J. J. Lewandowski, C. T. Liu, P. L. Martin, D. B. Miracle, and M. V. Nathal), TMS, Warrendale, PA, p. 159.

[10] Clemens, D. R. (2001) *Structural Intermetallics 2001* (eds K. J. Hemker, D. M. Dimiduk, H. Clemens, R. Darolia, H. Inui, J. M. Larsen, V. K. Sikka, M. Thomas, and J. D. Whittenberger), TMS, Warrendale, PA, p. 217.

[11] Sears, J. W. (1992) *The Processing, Properties and Applications of Metallic and Ceramic Materials*, Proceedings of an International Conference held at the International Convention Centre (ICC) Birmingham, UK, 7-10th September 1992, vol. 1 (eds M. H. Loretto and C. J. Beevers), MCE Publications Ltd, p. 119.

[12] Dowson, A. L., Johnson, T. P., Young, J. M., and Jacobs, M. H. (1995) *Gamma Titanium Aluminides* (eds Y. W. Kim, R. Wagner, and M. Yamaguchi), TMS, Warrendale, PA, p. 467.

[13] Blackburn, M. J., and Malley, D. R. (1992) *The Processing, Properties and Applications of Metallic and Ceramic Materials*, Proceedings of an International Conference held at the International Convention Centre (ICC) Birmingham, UK, 7-10th September 1992, vol. 1 (eds M. H. Loretto and C. J. Beevers), MCE Publications Ltd, p. 99.

[14] Porter III, W. J., Kim, Y. W., Li, K., Rosenberger, A. H., and Dimiduk, D. M. (2001) *Structural Intermetallics 2001* (eds K. J. Hemker, D. M. Dimiduk, H. Clemens, R. Darolia, H. Inui, J. M.

Larsen, V. K. Sikka, M. Thomas, and J. D. Whittenberger), TMS, Warrendale, PA, p. 201.

[15] Ward, R. M., Fellows, A. E., Johnson, T. P., Young, J. M., and Jacobs, M. H. (1993) *J. de Physique IV, Coll. C7, suppl. J. de Physique III*, **3**, 823.

[16] Godfrey, B., and Loretto, M. H. (1999) *Mater. Sci. Eng.*, **A266**, 115.

[17] Godfrey, B., Dowson, A. L., and Loretto, M. H. (1996) *Titanium '95: Science and Technology* (eds P. A. Blenkinsop, W. J. Evans, and H. M. Flower), IOM, London, UK, p. 489.

[18] Stickle, D. R., Scott, S. W., and Chronister, D. J. (April 1988) *Method for induction melting reactive metals and alloys*, U. S. Patent 4, 738, 713.

[19] Reed, S. (1995) *Gamma Titanium Aluminides* (eds Y. W. Kim, R. Wagner, and M. Yamaguchi), TMS, Warrendale, PA, p. 475.

[20] Yanqing, S., Jingjie, G., Jun, J., Guizhong, L., and Yuan, L. (2002) *J. Alloys Compounds*, **334**, 261.

[21] Reed, D. S. (May 2002) *Homogeneous electrode of a reactive metal alloy for vacuum arc remelting and a method for making the same from a plurality of induction melted charges*, U. S. Patent 6, 385, 230 B1.

[22] Mi, J., Harding, R. A., Wickins, W., and Campbell, J. (2003) *Intermetallics*, **11**, 377.

[23] Alam, M. K., and Semiatin, S. L. (1993) *Processing and Fabrication of Advanced Materials for High Temperature Applications II* (eds V. A. Ravi and T. S. Srivatssan), TMS, Warrendale, PA, p. 593.

[24] Semiatin, S. L., Nekkanti, R., Alam, M. K., and McQuay, P. A. (1993) *Metall. Trans.*, **24A**, 1295.

[25] Shamblen, C. E. (1996) *Titanium '95: Science and Technology* (eds P. A. Blenkinsop, W. J. Evans, and H. M. Flower), IOM, London, UK, p. 1438.

[26] Chinnis, W. R. (1996) *Titanium '95: Science and Technology* (eds P. A. Blenkinsop, W. J. Evans, and H. M. Flower), IOM, London, UK, p. 1494.

[27] Blum, M., Jarczyk, G., Chatterjee, A., Furwitt, W., Güther, V., Clemens, H., Danker, H., Gerling, R., Sasse, F., and Schimansky, F. P. (Oct. 2006) *Method for producing alloy ingots*, U. S. Patent

Application US 2006/0230876 A1.

[28] McQuay, P., and Larsen, D. (1997) *Structural Intermetallics 1997* (eds M. V. Nathal, R. Darolia, C. T. Liu, P. L. Martin, D. B. Miracle, R. Wagner, and M. Yamaguchi), TMS, Warrendale, PA, p. 523.

[29] McQuay, P. A., and Sikka, V. K. (2002) *Intermetallic Compounds*, vol. 3, Progress (eds J. H. Westbrook and R. L. Fleischer) John Wiley & Sons Ltd., Chichester, UK, p. 591.

[30] Austin, C. M., and Kelly, T. J. (1993) *Structural Intermetallics* (eds R. Darolia, J. J. Lewandowski, C. T. Liu, P. L. Martin, D. B. Miracle, and M. V. Nathal), TMS, Warrendale, PA, p. 143.

[31] Hu, D., Wu, X., and Loretto, M. H. (2005) *Intermetallics*, **13**, 914.

[32] Thomas, M., Raviart, J. L., and Popoff, F. (2005) *Intermetallics*, **13**, 944.

[33] Naka, S., Thomas, M., Sanchez, C., and Khan, T. (1997) *Structural Intermetallics 1997* (eds M. V. Nathal, R. Darolia, C. T. Liu, P. L. Martin, D. B. Miracle, R. Wagner, and M. Yamaguchi), TMS, Warrendale, PA, p. 313.

[34] Grange, M., Thomas, M., Raviart, J. L., Belaygue, P., and Recorbet, D. (2003) *Gamma Titanium Aluminides 2003* (eds Y. W. Kim, H. Clemens, and A. H. Rosenberger), TMS, Warrendale, PA, p. 213.

[35] Jin, Y., Wang, J. N., Yang, J., and Wang, Y. (2004) *Scr. Mater.*, **51**, 113.

[36] Wang, Y., Wang J. N., Yang, J., and Zhang, B. (2005) *Mater. Sci. Eng.*, **A392**, 235.

[37] Küstner, V., Oehring, M., Chatterjee, A., Güther, V., Brokmeier, H. G., Clemens, H., and Appel, F. (2003) *Gamma Titanium Aluminides 2003* (eds Y. W. Kim, H. Clemens, and A. H. Rosenberger), TMS, Warrendale, PA, p. 89.

[38] Chen, G. L., Zhang, W. J., Liu, Z. C., and Li, S. J. (1999) *Gamma Titanium Aluminides* 1999 (eds Y. W. Kim, D. M. Dimiduk, and M. H. Loretto), TMS, Warrendale, PA, p. 371.

[39] Austin, C. M., Kelly, T. J., McAllister, K. G., and Chesnutt, J. C. (1997) *Structural Intermetallics 1997* (eds M. V. Nathal, R. Darolia, C. T. Liu, P. L. Martin, D. B. Miracle, R. Wagner, and M. Yamaguchi), TMS, Warrendale, PA, p. 413.

[40] Larsen, D., and Govern, C. (1995) *Gamma Titanium Aluminides* (eds Y. W. Kim, R. Wagner, and M. Yamaguchi), TMS, Warrendale, PA, p. 405.

[41] Seo, D. Y., An, S. U., Bieler, T. R., Larsen, D. E., Bhowal, P., and Merrick, H. (1995) *Gamma Titanium Aluminides* (eds Y. W. Kim, R. Wagner, and M. Yamaguchi), TMS, Warrendale, PA, p. 745.

[42] Lupinc, V., Marchionni, M., Onofrio, G., Nazmy, M., and Staubli, M. (1999) *Gamma Titanium Aluminides 1999* (eds Y. W. Kim, D. M. Dimiduk, and M. H. Loretto), TMS, Warrendale, PA, p. 349.

[43] Wagner, R., Appel, F., Dogan, B., Ennis, P. J., Lorenz, U., Mullauer, J., Nicolai, H. P., Quadakkers, W., Singheiser, L., Smarsly, W., Vaidya, W., and Wurzwallner, K. (1995) *Gamma Titanium Aluminides* (eds Y. W. Kim, R. Wagner, and M. Yamaguchi), TMS, Warrendale, PA, p. 387.

[44] Noda, T. (1998) *Intermetallics*, **6**, 709.

[45] Nishikiori, S., Takahashi, S., and Tanaka, T. (1999) *Gamma Titanium Aluminides 1999* (eds Y. W. Kim, D. M. Dimiduk, and M. H. Loretto), TMS, Warrendale, PA, p. 357.

[46] Larsen, D. E., Kampe, S., and Christodoulou, L. (1990) *Intermetallic Metal Matrix Composites* (eds D. L. Anton, R. McMeeking, D. Miracle, and P. Martin), *Mater. Res. Soc. Symp. Proc.*, vol. 194, Materials Research Society, Pittsburgh, PA, p. 285.

[47] Larsen, D. E., Christodoulou, L., Kampe, S. L., and Sadler, P. (1991) *Mater. Sci. Eng.*, **A144**, 45.

[48] Cheng, T. T. (2000) *Intermetallics*, **8**, 29.

[49] Hu, D. (2001) *Intermetallics*, **9**, 1037.

[50] Wu, X., and Hu, D. (2005) *Scr. Mater.*, **52**, 731.

[51] Wang, J. N., and Xie, K. (2000) *Scr. Mater.*, **43**, 441.

[52] Kuang, J. P., Harding, R. A., and Campbell, J. (2000) *Mater. Sci. Technol.*, **16**, 1007.

[53] Sung, S. Y., and Kim, Y. J. (2007) *Intermetallics*, **15**, 468.

[54] Liu, K., Ma, Y. C., Gao, M., Rao, G. B., Li, Y. Y., Wei, K., Wu, X., and Loretto, M. H. (2005) *Intermetallics*, **13**, 925.

[55] Dlouhy, A., Zemcík, L., and Válek, R. (2003) *Gamma Titanium Aluminides 2003* (eds Y. W. Kim, H. Clemens, and A. H.

Rosenberger), TMS, Warrendale, PA, q. 291.

[56] Würker, L., Fackeldey, M., and Sahm, P. R. (1997) *Structural Intermetallics 1997* (eds M. V. Nathal, R. Darolia, C. T. Liu, P. L. Martin, D. B. Miracle, R. Wagner, and M. Yamaguchi), TMS, Warrendale, PA, p. 347.

[57] Harding, R. A., Brooks, R. F., Pottlacher, G., and Brillo, J. (2003) *Gamma Titanium Aluminides 2003* (eds Y. W. Kim, H. Clemens, and A. H. Rosenberger), TMS, Warrendale, PA, p. 75.

[58] Barbosa, J., Ribeiro, C. S., and Monteiro, A. C. (2007) *Intermetallics*, **15**, 945.

[59] Blum, M., Choudhury, A., Scholz, H., Jarczyk, G., Pleier, S., Busse, P., Frommeyer, G., and Knippscheer, S. (1999) *Gamma Titanium Aluminides 1999* (eds Y. W. Kim, D. M. Dimiduk, and M. H. Loretto), TMS, Warrendale, PA, p. 35.

[60] Nakagawa, Y. G., Matsuda, K., Masaki, S., Imamura, R., and Arai, M. (1995) *Gamma Titanium Aluminides* (eds Y. W. Kim, R. Wagner, and M. Yamaguchi), TMS, Warrendale, PA, p. 415.

[61] Harding, R. A., Wickins, M., and Li, Y. G. (2001) *Structural Intermetallics 2001* (eds K. J. Hemker, D. M. Dimiduk, H. Clemens, R. Darolia, H. Inui, J. M. Larsen, V. K. Sikka, M. Thomas, and J. D. Whittenberger), TMS, Warrendale, PA, p. 181.

[62] Muraleedharan, K., Rishel, L. L., Graef, M. D., Cramb, A. W., Pollock, T. M., and Gray III, G. T. (1997) *Structural Intermetallics 1997* (eds M. V. Nathal, R. Darolia, C. T. Liu, P. L. Martin, D. B. Miracle, R. Wagner, and M. Yamaguchi), TMS, Warrendale, PA, p. 215.

[63] De Graef, M., Biery, N., Rishel, L., Pollock, T. M., and Cramb, A. (1999) *Gamma Titanium Aluminides 1999* (eds Y. W. Kim, D. M. Dimiduk, and M. H. Loretto), TMS, Warrendale, PA, p. 247.

[64] Larsen, D. E. (1996) *Mater. Sci. Eng.*, **A213**, 128.

[65] Rishel, L. L., Biery, N. E., Raban, R., Gandelsman, V. Z., Pollock, T. M., and Cramb, A. W. (1998) *Intermetallics*, **6**, 629.

[66] Biery, N., De Graef, M., Beuth, J., Raban, R., Elliott, A., Austin, C., and Pollock, T. M. (2002) *Metall. Mater. Trans.*, **33A**, 3127.

[67] Kuang, J. P., Harding, R. A., and Campbell, J. (2002) *Mater. Sci.*

Eng., **A329-331**, 31.

[68] Simpkins II, R. J., Rourke, M. P., Bieler, T. R., and McQuay, P. A. (2007) *Mater. Sci. Eng.*, **A463**, 208.

[69] Wu, X. (2006) *Intermetallics*, **14**, 1114.

[70] Austin, C. M., and Kelly, T. J. (1995) *Gamma Titanium Aluminides* (eds Y. W. Kim, R. Wagner, and M. Yamaguchi), TMS, Warrendale, PA, p. 21.

[71] Norris, G. (June 2006) Flight International Magazine.

[72] Weimer, M., and Kelly, T. J. (2006) Presented at the *3rd International Workshop on γ-TiAl Technologies, 29-31 May 2006, Bamberg, Germany.*

[73] Harding, R. A., Wickins, M., Wang, H., Djambazov, G., and Pericleous, K. A. (2011) *Intermetallics*, **19**, 805.

[74] McQuay, P. A., Simpkins, R., Seo, D. Y., and Bieler, T. R. (1999) *Gamma Titanium Aluminides 1999* (eds Y. W. Kim, D. M. Dimiduk, and M. H. Loretto), TMS, Warrendale, PA, p. 197.

[75] Jones, P. E., Porter III, W. J., Eylon, D., and Colvin, G. (1995) *Gamma Titanium Aluminides* (eds Y. W. Kim, R. Wagner, and M. Yamaguchi), TMS, Warrendale, PA, p. 53.

[76] Eylon, D., Keller, M. M., and Jones, P. E. (1998) *Intermetallics*, **6**, 703.

[77] Colvin, G. N., Ervin, L. L., and Johnson, R. F. (Feb. 1994) *Permanent mold casting of reactive melt*, U. S. Patent 5, 287, 910.

[78] Colvin, G. (June 2000) *High vacuum die casting*, U. S. Patent 6, 070, 643.

[79] Royer, A., and Vasseur, S. (1988) *Casting*, *Metals Handbook*, vol. 15, 9th edn (ed. [chairman] D. M. Stefanescu), ASM International, Metals Park, OH, p. 296.

[80] Blum, M., Fellmann, H. G., Franz, H., Jarczyk, G., Ruppel, T., Busse, P., Segtrop, K., and Laudenberg, H. J. (2001) *Structural Intermetallics 2001* (eds K. J. Hemker, D. M. Dimiduk, H. Clemens, R. Darolia, H. Inui, J. M. Larsen, V. K. Sikka, M. Thomas, and J. D. Whittenberger), TMS, Warrendale, PA, p. 131.

[81] Blum, M., Jarczyk, G., Scholz, H., Pleier, S., Busse, P., Laudenberg, H. J., Segtrop, K., and Simon, R. (2002) *Mater. Sci. Eng.*, **A329-331**, 616.

[82] Baur, H., Wortberg, D. B., and Clemens, H. (2003) *Gamma Titanium Aluminides 2003* (eds Y. W. Kim, H. Clemens, and A. H. Rosenberger), TMS, Warrendale, PA, p. 23.

[83] Appel, F. (July 2006) Kontinuierliche TiAl—Gießtechnologie für komplexe Leichtbaukomponenten, BMBF project number 03N3108D, Final Reports.

[84] Chandley, D. (1988) *Casting*, *Metals Handbook*, vol. 15, 9th edn (ed. [chairman] D. M. Stefanescu), ASM International, Metals Park, OH, p. 317.

[85] Chandley, G. D. (Aug. 1991) *Apparatus and process for countergravity casting of metal with air exclusion*, U. S. Patent 5, 042, 561.

[86] Chandley, G. D. (1999) *Mater. Res. Innovat.*, **3**, 14.

[87] Noboru, D. (Jan. 1995) *Production of clean precision cast product*, Japanese Patent Application JP7016725, (in Japanese).

[88] Yamada, J., and Demukai, N. (Nov. 1998) *Levitation melting method and melting and casting method*, U. S. Patent 5, 837, 055.

[89] Tetsui, T. (2002) *Mater. Sci. Eng.*, **A329-331**, 582.

[90] Abe, T., Hashimoto, H., Ishikawa, H., Kawaura, H., Murakami, K., Noda, T., Sumi, S., Tetsui, T., and Yamaguchi, M. (2001) *Structural Intermetallics 2001* (eds K. J. Hemker, D. M. Dimiduk, H. Clemens, R. Darolia, H. Inui, J. M. Larsen, V. K. Sikka, M. Thomas, and J. D. Whittenberger), TMS, Warrendale, PA, p. 35.

[91] Saari, H., Beddoes, J., Seo, D. Y., and Zhao, L. (2005) *Intermetallics*, **13**, 937.

[92] Cheng, T., Mitchell, A., Beddoes, J., Zhao, L., Saari, H., and Durham, S. (2001) In *Proceedings of the 9th International Symposium on Processing and Fabrication of Advanced materials*, *St. Louis*, *USA*, *9-12 Oct. 2000*, p. 159.

[93] Cheng, T., Mitchell, A., Beddoes, J., Zhao, L., Saari, S., and Durham, S. (2000) *High Temp. Mater. Process.*, **19** (**2**), 79.

第 15 章 粉末冶金

粉末冶金是一种在材料工程中应用非常广泛的技术，可用于制造金属和陶瓷部件，特别是生产汽车工业的零部件。通常是将金属粉末在约室温下填充至模具中，并将其压实，使其呈部件的近净构型。这种“生”坯件随后被置于具有保护气氛的炉中并在(低于材料熔点的)一定温度下保温，从而对粉末进行烧结并成形为具有足够力学性能的部件。在液相烧结中，生坯的一小部分在烧结温度下转为液态，但如果温度过高，坯件可能会失去所要求的形状。有时候，粉末压坯和烧结是同时进行的，这种工艺被称为热压或加压烧结。

这种基于粉末的工艺的优势在于，它在经济性的前提下可生产出高质量的净成形或近净成形的无织构零件，其显微组织细小且不存在宏观偏析。对于某些材料来说，基于粉末的制备方法在许多方面明显较铸造更优。如铸造中过多的熔体-铸模反应、过热度不足、热裂、过度的宏观偏析、强烈的织构以及冷却过程中产生高内应力等。粉末冶金的其他优势还包括其在制备复合材料或孔隙率可控的多孔材料上的可行性。此外，相比以传统热加工工艺制造的性能相近的零件，粉末冶金零件的余料要更少一些。

对于 γ-TiAl 来说，文献中大体上报道了两种粉末冶金方式，即预合金粉方法和元素粉方法。预合金粉法要依赖于相对昂贵的粉末，但是这种方法制备出的良好部件的性能要显著优于以更便宜的元素粉法制备的部件。另外，部件的显微组织在化学均匀性上也是更优的。机械合金化法也已应用于制备 TiAl 合金，但是由于其晶粒尺寸过于细小，因而部件的性能使其并不适用于作为高温结构材料。然而对于二次加工来说这种材料或许是有用的，如热轧或超塑性成形等。下文将对关于这些粉末冶金方法的更多细节加以阐述，即预合金粉、元素粉以及机械合金化法。

15.1　预合金粉法

这种生产 TiAl 合金部件的方法要求采用预合金化的“雾化”粉末。文献中已经对不同的雾化技术进行了探讨，包括气雾化、旋转电极工艺(REP)、等离子旋转电极工艺(PREP)以及旋转盘雾化等。其中一个重要的问题是所得粉末的质量，其取决于多种因素：如颗粒尺寸、颗粒尺寸分布、颗粒形状以及雾化过程中间隙原子缺陷的吸附程度等。从这个角度看，不同的粉末制备技术有利有弊。与传统金属粉末不同，一般来说，TiAl 合金粉末是非常硬以至于难以冷压的。因此压坯一般由热等静压(HIP)及随后的某种热加工工序来完成。另外，文献中也研究了其他方法，如喷射成形和金属注射成形等，本章的后文将对此进行阐述。

下文简要叙述了制备 γ-TiAl 预合金粉末所采用的方法。总体上说，所有这些方法均可制备出高质量的球形粉末。由于所有的雾化工艺均非常复杂，下文将只对其基本原则加以阐述。更多的信息请读者参阅相关的科技文献。

15.1.1　气雾化

这一词汇涵盖了若干种工艺，其均以惰性气体冲散熔融金属流的方式来制备金属粉末颗粒。制备结束后的 TiAl 预合金粉末高度活泼，因此，为将污染降至最低水平，必须将粉体保护起来以避免其暴露于后续的加工气氛中。根据文献报道，不同的气雾化方法均已用于粉末的制备，其中包括等离子惰性气体雾化(PIGA)法以及电极感应熔炼气雾化(EIGA)法。不同 PIGA 法之间的区别在于熔体雾化之前的感应凝壳熔炼条件(在真空中或惰性气氛中)。匹兹堡的 Crucible Research 公司采用了此方法，并称之为钛气雾化(TGA)工艺。

上述的每一种气雾化技术均要靠熔融金属自喷嘴中流出。在此过程中，熔体被高压惰性气体(如氩气或氦气)冲散。在工程上，非常重要的是应根据不同的气雾化工艺来设计喷嘴的特征。气雾化喷嘴基本上有两种类型，即自由降落式(或开流式)和闭环式(或限制式、紧耦合式)[1,2]。顾名思义，自由降落式喷嘴使金属液流自由下落至一定距离后进入到气雾化喷嘴的中心，而后金属流体被破碎。相反，在限制式喷嘴中，金属流体是由熔体转移系统转移至高压气雾化区的。一般来说，由限制式喷嘴制备的颗粒比自由降落式要更加细小，但其操作也更加困难[2]。更多关于喷嘴类型对颗粒形状及尺寸分布的影响的综合信息请读者参阅文献[3-7](自由降落式)和[6，8-14](限制式)。除了在气雾化喷嘴设计上的不同以外，在 PIGA、EIGA 和 TGA 气雾化工艺中，喷嘴下方的设计基本上是一致的。PIGA、EIGA 和 TGA 工艺之间最主要的区别特征在于其所采用的熔炼方法。后文的各个小节将对每一种气雾化工艺加以阐述。

对一次气雾化过程中制备出的实用粉末来说，颗粒的尺寸、形状以及尺寸分布是至关重要的。例如，在生物医学部件的制造中，传统钛合金注射成形要求球状粉末的尺寸要小于 45 μm[15]。另外，粉末还必须具有高度的流动性，这取决于许多因素，如颗粒尺寸、颗粒形状以及颗粒尺寸分布等。因此，理解雾化工艺中的参量是如何影响粉末的质量和性能这一点是非常重要的，这些参量包括喷嘴设计、气压、熔炼方式、熔体温度、熔体流直径以及其他的可变因素等。只有掌握了这些知识，才可以优化雾化工艺，从而使可用粉末的产量最大化。然而，本书并非要对这些问题进行细致的评述，更多的信息请读者参阅文献[1-14，16，17]。

在气雾化过程中，颗粒的尺寸随着液态金属表面拉伸张力的下降(等价于熔体温度的上升)以及雾化气体速度的升高而降低。喷嘴处的惰性气体喷流将熔体流冲散，当熔体液滴自喷嘴降落后，表面拉伸张力就开始起作用了。当其还未凝固或黏度还不算太高时，表面拉伸张力可使最初形状不规则的液滴球化。此时，熔体过热度、冷却介质以及液滴的尺寸就成为决定粉末特性的重要因素。若液滴球化所需的时间(τ_{sph})比凝固所需的时间(τ_{sol})长，那么粉末颗粒将容易呈不规则形状；反之，若 $\tau_{sph}<\tau_{sol}$，颗粒则容易呈球形。考虑到这一点后，Nichiporenko 和 Naida[18]提出了球化和凝固时间(即 τ_{sph}和 τ_{sol})关系的公式，其可用于评估某些可变参数对颗粒形状的影响。在将之优化之后，气雾化法——尤其是高压气雾化(HPGA)——即可制备出大量细小的球状颗粒[17]。图 15.1 展示了 GKSS 采用 PIGA 法制备的 TiAl 粉末颗粒。从图中可以观察到形成于雾化过程中的颗粒之间反应的部分小尺寸球体以及颗粒的表面形貌。有报道表明，在 PREP 所制备的粉末中，小球形粉末是极少或不存在的[19]，这种方法将在 15.1.2 节中讨论。

在气雾化工艺以及其他雾化技术的工艺过程中，较小尺寸液滴的冷却和凝固速率更快。如后文所讨论，这使得颗粒的表面形貌和显微组织随颗粒的尺寸

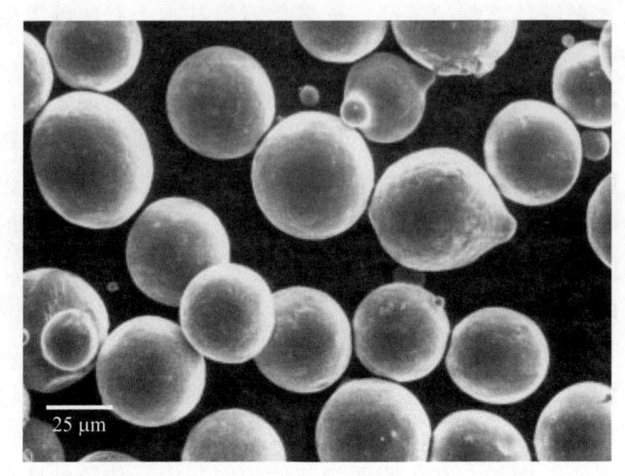

图 15.1　GKSS 采用等离子惰性气体雾化(PIGA)法制备的 TiAl 粉末。从中可以看出颗粒的表面形貌以及形成于雾化过程中颗粒之间反应的更小尺寸的球形颗粒

的不同而不同。一般来说，小尺寸颗粒的微观偏析程度更低，并可能含有更亚稳的物相。气体类型及其相对于液滴的速度同样也影响了冷却和凝固速率。由于这些因素对所有在保护气氛下进行的雾化技术来说是普遍存在的，关于此内容的更多细节将在后文 15.1.4 节中讨论。

15.1.1.1　GKSS 的等离子惰性气体雾化(PIGA)技术

PIGA 工艺中用到了一个等离子体炬，其在保护气氛下(氦气或氩气)将水冷铜坩埚中的预合金材料熔化[20,21]。其优势在于此时熔体是洁净的，并且排除了所有夹杂陶瓷颗粒的可能性。在铜坩埚底部有一个通道，金属熔体可由这一通道被转移至雾化喷嘴处。在熔化过程中，这一包含水冷铜漏斗的熔体转移系统是关闭的。当雾化将要开始时，一个环绕漏斗的 150 kW 感应线圈开始运行，使熔体自坩埚流动穿过漏斗，并以细小均匀熔体流的形式自雾化喷嘴的中心流出，继而进行雾化[22]。

环绕转移漏斗的感应线圈对熔体施加的电磁力约束了熔体并形成了细小熔体流。其优势在于这样可使熔体与水冷漏斗之间的接触最小化，从而保持了熔体的过热度——它影响了熔体的表面拉伸张力以及雾化过程。另外，由于熔体流被限制在更小的直径中，这改变了熔体流量，提高了制备出的小尺寸粉末颗粒的体积分数[20]。

图 15.2 为 GKSS 的 PIGA 设备示意图[21]。在熔炼开始之前，整个系统被抽真空并用干燥的惰性气体冲洗，如此往复进行。雾化塔、传输管道以及旋风分离器可被加热至约 150 ℃。这样做是为了确保在熔炼之前使系统中完全排除氧气和水汽。GKSS 的设备采用的是 300 kW[22] 氦等离子体炬，由氩气雾化喷嘴

进行，压力为 1.8~2.2 MPa。熔炼坩埚的容积为 1 L，这可承载约 4 kg(取决于合金成分)的 TiAl 合金。4 kg 的熔体可产出约 3.8 kg 的粉末，其直径小于1 mm，凝壳约 0.2 kg。熔体金属通过喷嘴的流速约为 70 g/s(相当于 250 kg/h)[23]。

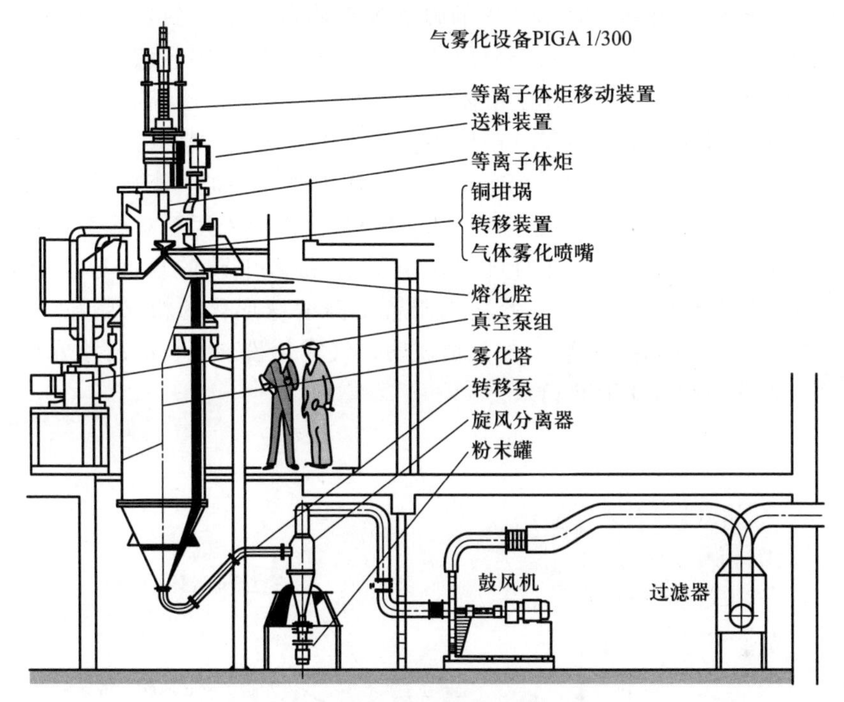

图 15.2 GKSS 的等离子惰性气体雾化(PIGA)设备示意图[21]

尽管人们已优化了 PIGA 工艺并制备了大量的细小球状颗粒，但 Mike Loretto 教授认为大尺寸的颗粒应来自通过雾化喷嘴而脱离下来的糊状区材料(凝壳和熔体的中间层)[24]。这些材料的成分、温度、黏度以及表面拉伸张力与熔体流均有所不同，因而影响了雾化过程和随后所制备的粉末。在气雾化和熔体液滴形成之后，颗粒在雾化塔中冷却。GKSS 的雾化塔高度约为 4.4 m，直径约为 1.2 m。这种尺寸的雾化塔保证了液滴有足够的冷却时间，从而可使它们保持为球形并使其在与内壁碰撞时不发生变形。粉末颗粒由一个旋风分离器与雾化气体分离，并被收集在一个粉末罐中。随后对罐体进行密封，确保粉末与大气完全隔绝。后续的加工如筛选等在手套箱中进行，并采用气氛保护。

15.1.1.2 钛气雾化(TGA)工艺

由 Crucible Materials 公司研发的 TGA 系统示意图如图 15.3[25]。在雾化喷嘴的下方，此系统与 PIGA(以及 EIGA)工艺在本质上是相同的。对 PIGA(以及 EIGA)来说，为确保使污染最小化，系统内部被充入了惰性气体，且雾化塔的全部内壁由抛光的不锈钢制成，并在每一次制备流程之间均要进行彻底的清理。在 TGA 工艺中，炉料可为预合金铸锭材料，或者是配比正确的各个单质元素和/或中间合金的组合。炉料由一组（如 14.1.3 节所讨论的）感应凝壳熔炼（ISM）单元熔化。由感应磁场产生的强烈搅拌确保了熔体的良好均匀性。随后，熔体将被倾倒至预热的石墨感应器中[25]。对 ISM 坩埚和感应加热的石墨感应器所施加的能量共同控制了熔体的倾注。一般地，直径为 4 mm 的熔体流由感应器的底部下落至高压氩气喷流中，继而熔体流被冲散并形成雾化粉末。与其他气雾化工艺一样，粉末在冷却（雾化）塔中凝固并被置于旋风分离器中，然后收集于气密罐内。虽然在文献[25]中并未给出因采用石墨熔炼导致的熔体污染程度，但是其所给出的典型 TiAl 合金粉末中碳的最高容忍含量为 0.05wt.%。与 PIGA 技术一样，此法可制备出高度球形化的粉末颗粒。然而，Yolton[26]和 Suryanarayana 等[27]的报道表明，气雾化粉末颗粒的尺寸分布通常要宽于离心雾化以及 PREP 粉末。

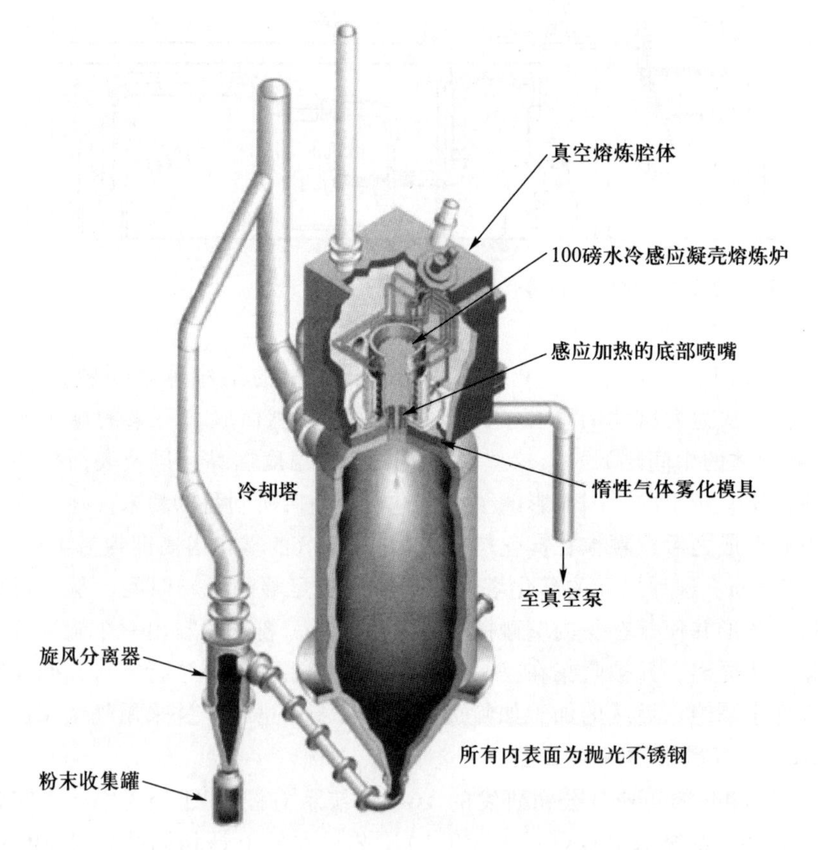

图 15.3 由 Crucible Materials 公司研发的钛气雾化（TGA）工艺示意图[25]

15.1.1.3　电极感应熔炼气雾化(EIGA)

此项技术的专利由 Leybold[28] 于 1991 年获得，并被 TLS Technik 等公司采用，其示意图如图 15.4。从中可以看出，熔炼组元含有一个旋转自耗铸锭，其端部由锥形感应线圈熔化。旋转速度相对较低，约为 5 r/min，这比下文将描

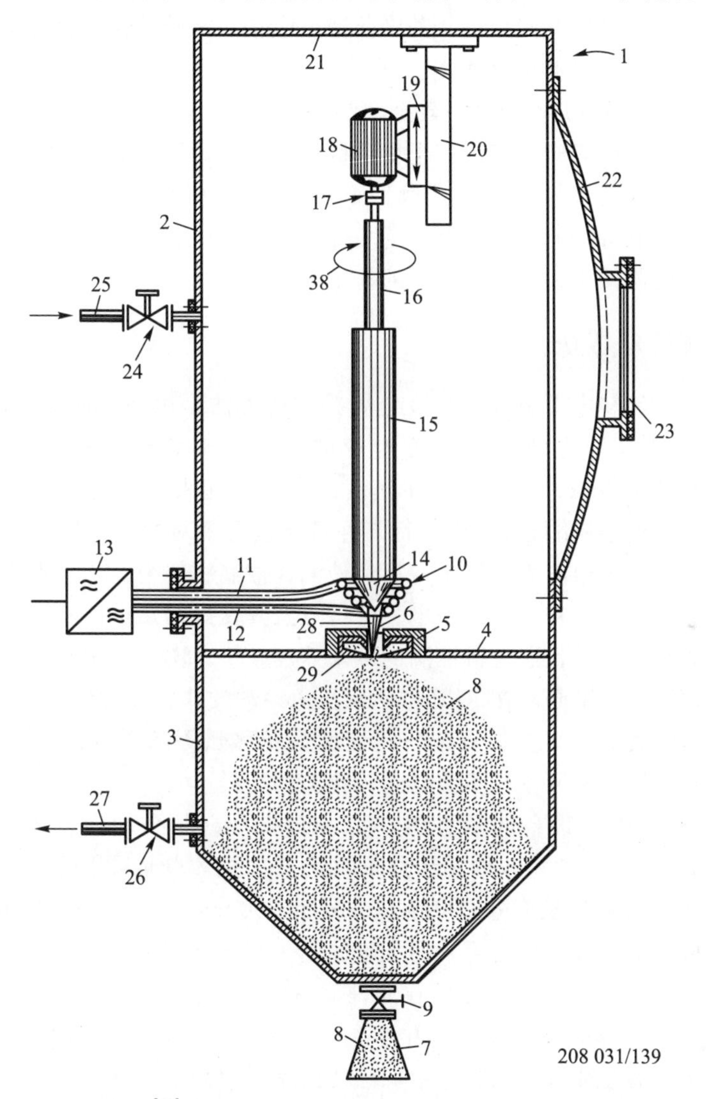

图 15.4　1991 年取得专利[28]的电极感应熔炼气雾化(EIGA)技术的运行原理图。铸锭(15)的端点处(14)被特定形状的感应线圈(10)熔化。熔体金属流(28)直接流动至气雾化喷嘴处(5)，随后被雾化成粉末(8)。在此过程中，整个铸锭沿其长轴连续缓慢旋转(38)并随着铸锭的消耗而下降至感应线圈处。需要着重指出的是，铸锭下降的速率应与其消耗量保持平衡，从而其端点相对于线圈的位置将保持恒定

述的“旋转电极工艺”粉末制备技术的速度要低得多。这种旋转保证了铸锭头部的对称熔化。熔化之后，熔体累积在旋转的铸锭头部并掉落至气雾化喷嘴处，而后被冲散成液滴，这与 PIGA 和 TGA 技术类似。随着材料在工艺过程中的消耗，整个旋转的铸锭连续下降。熔体的流动速度由感应线圈的电流以及铸锭朝线圈下降的速度共同控制。若降落速度过快，旋转的铸锭会与感应线圈接触；但若过慢则会降低熔化速率。据报道，在这种方法中可以达到约 50 kg/h (相当于 13.9 g/s)的熔化速度(截至 2004 年)[23]。与 PIGA 和 TGA 工艺相比，这一方法由于在任意时刻仅可产生少量的熔体，故消耗的能量相对较小。其优势还在于熔体仅与惰性气氛相接触，因而完全避免了任何污染的可能性。然而，与 15.1.2 节所述的旋转电极工艺一样，这一方法依赖于铸锭原料的均匀性，否则将可能产生成分大不相同的粉末颗粒。

15.1.2　旋转电极法

据报道，旋转电极制备预合金金属粉末的方法是由 Nuclear Metals 公司研发的[29-31]，此公司也掌握了高度专业的技术[32-34]。早期的旋转电极工艺(REP)采用的是电弧，其与随后在其基础上发展起来的等离子旋转电极工艺(PREP)通常均是在惰性气氛中进行，并且均包含了对快速旋转铸锭端面的熔化过程。金属熔体由离心力排出并形成液滴，液滴在整个工艺过程所在的炉腔内凝固为球形粉末颗粒。考虑到电弧的特点及其良好的热学性能，应选用氦气为炉腔内的优先介质，这使得液滴的冷却速度较快。REP 和 PREP 之间的差别在于阴极设计上的不同。在 REP 中，阴极由冷却的非自耗性钨极头组件构成。而 PREP 的阴极形式则更加复杂，其被称为转移弧等离子枪，其相较于 REP 的优势在于它所制备的颗粒不会受到钨颗粒的污染[34]。

图 15.5 为 REP 设备的示意图[32]。Nuclear Metals 公司运行了两台 REP/PREP 设备，即所谓的短棒单元和长棒单元[34]。短棒单元采用的是预合金自耗棒(阳极)，其直径和长度分别可达 89 mm 和 250 mm。短棒长度的 80%可转化为粉末。长棒单元被设计为可采用长度高达 1.83 m 且直径为 63.5 mm 的铸锭。这两组单元中铸锭的长轴均是在水平方向上。长棒单元含有一个直径为 2. 44 m 的炉腔，雾化即在此腔体中进行。随着雾化过程中长棒的消耗，其由一个密封装置被连续的送入腔体中。已使用完毕的铸锭余料可以重新连接形成新的铸锭原料。因此，其对大量铸锭原料的加工可行性使其对材料的利用率几乎为 100%。在短棒单元中，在约 80%的铸锭材料被消耗后，其必须在一个可用手套操作的接入点被新的铸锭材料替换掉。因此长棒单元或多或少在工业尺度上保证了粉末的制备，而非小批量生产。长棒和短棒技术都已取得了专利[32,33]。

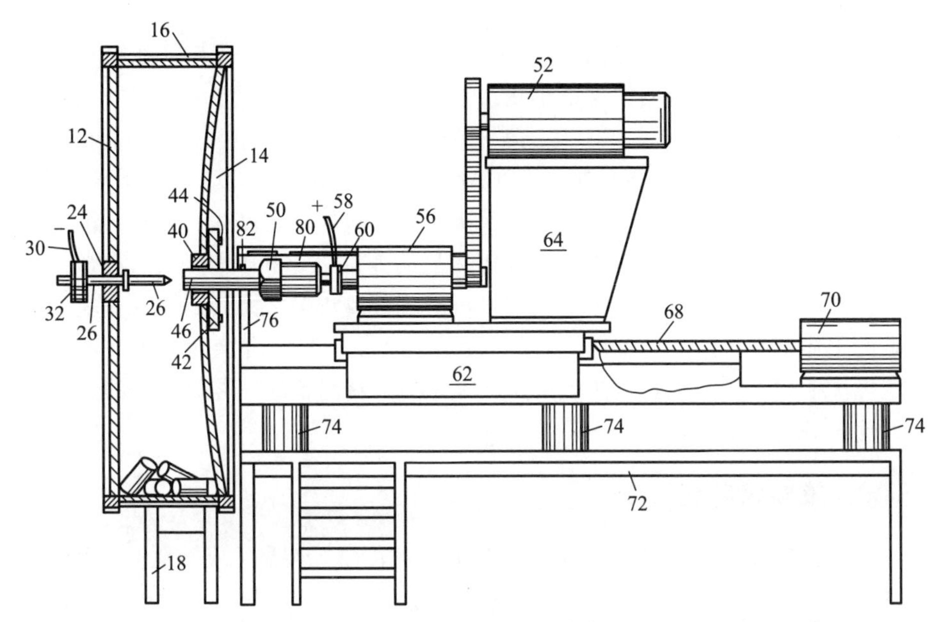

图 15.5 旋转电极工艺(REP)制备粉末的设备示意图[32]。合金棒(46)高速旋转(一般为15 000 r/min),在合金棒和电极之间产生电弧(26)。电弧熔化棒的端部，熔融的金属颗粒被离心力排出至密封的腔体中。一组传动装置确保了合金棒在消耗过程中其端部与电极的距离保持恒定

在长棒雾化过程中，电极旋转的名义速度为 15 000 r/min[34]。在这样的高速旋转下，必须确保电极为直线形且尺寸正确，从而将旋转过程中对设备施加的振动力最小化。因此，长棒方法适用于高刚度材料，而短棒法则由于长径比较低而适用于低刚度材料[34]。小直径短棒的旋转速度可达 25 000 r/min。

在雾化工艺中，一个非常重要的参数是旋转速度，它也是决定颗粒尺寸的参数之一。粒径中值(d_{50})可由式(15.1)定性近似[31,34]：

$$d_{50} = \frac{K}{\omega \sqrt{D}} \tag{15.1}$$

式中，ω 为旋转速度(单位 rad/s)；D 为电极直径；K 为与具体合金及电弧能量有关的常数。由此式，可以根据所需的粉末尺寸要求来调整制备条件。Champagne 和 Angers 的工作发现，颗粒尺寸的分布可出现双峰[35,36]。出现这种情况是因为旋转电极边缘的熔体液滴形成了连续条带，当离开转盘时发生了破碎。Tokizane 等[37]在 TiAl 合金粉末中也同样观察到了这种双峰式分布。如上文所述，离心雾化粉末的颗粒尺寸分布范围一般要比气雾化法所得粉末的典型尺寸分布范围更窄[26,27,34]。与气雾化一样，REP 和 PREP 均可以生产出高度

球形化的粉末。

除了金属熔体液滴与等离子/气体的接触之外，液滴将在与其他材料接触之前凝固，从而使粉末的污染最小化。直径在 420 μm 至 37 μm 之间的钛合金(IMI-829)粉末在(氦气下)PREP 过程中的冷却速度为 $10^4 \sim 10^6$ K/s[38]。也有学者报道了(氦气下)PREP 雾化制备的 TiAl 合金粉末的冷却速度高达 10^6 K/s[39]。与气雾化一样，冷却速度是由多种因素决定的，包括颗粒尺寸、炉腔中惰性气体的种类以及熔体液滴相对于周围气体环境的速度等。和 EIGA 工艺类似，保证所产出粉末成分相近的前提是旋转电极的成分要均匀，尤其是在从一端到另一端的整体范围尺度上。如第 14 章中所述，通常对 TiAl 合金而言这并不太容易实现。的确，Habel 等[40]认为由完全熔化的炉料制备的气雾化粉末的成分均匀性比 PREP 粉末更好。

15.1.3　旋转盘雾化

这种方法是基于金属熔体流掉落至快速旋转的“容器”(或转盘)上后被从边缘甩出的机械性雾化。整个过程在惰性气氛下的炉腔中进行；由于氦气可使凝固速率更快，因而其比氩气更优。在飞行过程中，雾化的熔体液滴可呈球形，而后在炉腔中凝固。

根据所采用的熔炼方式以及旋转“容器”形状(可能为盘状、杯状、坩埚状或简单化为平面或凹面状)的不同，这种工艺有若干种形式。Peng 等[41]所描述的等离子电弧熔炼/离心雾化(PAMCA)技术即为其中之一，如图 15.6。尺寸为 600 μm 和 30 μm 的钛合金粉末的冷却速度一般分别为 1.7×10^3 K/s 和 1.6×10^6 K/s。

采用转速最高为 35 000 r/min 的水冷盘的快速凝固离心雾化(RSR)技术是旋转盘雾化工艺的另一个例子[27]。这项技术的专利由美国联合技术公司持有，并被普拉特 · 惠特尼公司用于生产 TiAl 合金粉末[43]。报道称，对于颗粒尺寸在 25~80 μm 之间的粉末来说，RSR 工艺的凝固速率为 $10^4 \sim 10^6$ K/s[27]。

从图 15.6 中可以看出，PAMCA 技术可在旋转圆盘处采用附加氦气喷流以提升凝固速度[快速凝固离心雾化(RSR)工艺也可做到这一点]。在熔体雾化且液滴在腔体中凝固后，较大的粉末颗粒降落至一个收集器中，而较小的颗粒则由气体带至旋风分离器而将之分离。

Li 和 Tsakiropoulos[44]分析了熔体在旋转盘边缘处的破碎行为，并对旋转盘雾化过程中可得的平均颗粒尺寸提出了一个模型。采用此模型确定的平均颗粒尺寸与实验所得的数据能够较好地吻合。提高旋转速度或增加圆盘直径将使颗粒的尺寸下降。另外，研究表明，当熔体的密度与表面拉伸张力的比值较高时，同样有利于产出更小尺寸的粉末颗粒。

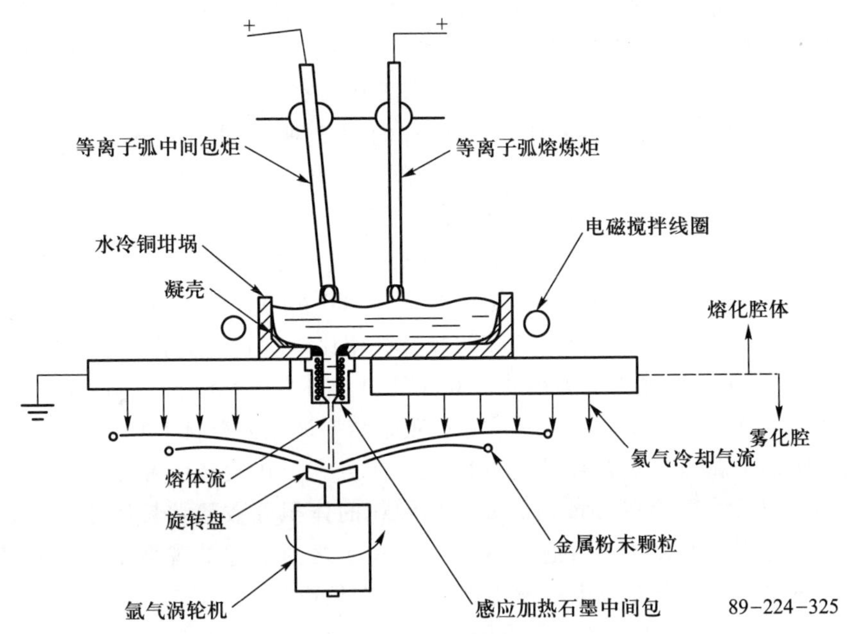

图 15.6 等离子电弧熔炼/离心雾化(PAMCA)技术[41]。采用等离子体炬来熔炼水冷铜坩埚中的合金。金属熔体以细流的形式降落至一个旋转速度极快的盘上。当接触时，熔体被雾化从而形成粉末

旋转盘雾化的一个问题是，在冷旋转盘上的材料会凝固从而形成了一个凝壳。这将导致盘在旋转过程中出现平衡性问题，从而影响了产出粉末的数量和质量。Ho 和 Zhao[45]模拟了转盘在凝壳形成后的热传递。结果表明，提高熔体的流动速率、转盘的温度以及熔体的过热度均可降低凝壳的体积。此外，若要制备细小的粉末，他们建议旋转盘的直径不需过大，这可以避免出现所谓“水跃”现象的问题。这种现象可使材料在距离转盘中心一定距离内堆积起来，导致在转盘上形成面包圈形状的凝壳。更多的细节请读者参阅 Ho 和 Zhao 的论文[45]。

15.1.4 雾化的共性问题

颗粒尺寸分布是一项重要的粉末特性，从这一点来说，不同雾化方法均有各自的优势和不足。然而必须牢记的是(不论采用何种技术)，为了使高质量粉末有良好的产量，必须要对雾化工艺加以优化。颗粒尺寸分布的控制方法有很多，其结果应取决于颗粒的形状。因此，在采用了不同方法的各个研究组之间，对尺寸的分布进行直接比较是不太容易的[46]。在 TiAl 合金的相关文献中，所报道的尺寸分布一般是由越来越细的筛网进行筛分来测定的。然而，对于所

报道的尺寸分布是就雾化所制备的所有颗粒而言，还是仅就尺寸达一定值的部分颗粒(即那些小于某个筛网尺寸的颗粒)来说的，文献中通常没有明确标示。因此，本文不会对不同作者采用不同技术所制备的颗粒尺寸分布的数据进行比较。在这一方面，Wegmann 等[47]是仅有的对 3 种不同工艺方法(即 PIGA、EIGA 和旋转盘雾化工艺)制备的同一种合金粉末的尺寸分布加以比较的研究人员。他们的数据如图 15.7，其为筛分至 355 μm 以下后的粉末颗粒尺寸分布图。从中可以看出，在旋转盘雾化工艺中，用氦气来代替氩气几乎对颗粒尺寸没有影响(氩气下 $d_{50}=150$ μm，氦气下 $d_{50}=160$ μm)，但是后文将讨论指出，氦气提高了高温暴露后热诱导孔隙的数量。相比于旋转盘雾化工艺，EIGA 和 PIGA 均制备出了明显更加细小的粉末，EIGA 技术($d_{50}=55$ μm)制备的粉末比 PIGA($d_{50}=77$ μm)还要稍小一些。这一观察结果被认为源自 EIGA 工艺中进入雾化喷嘴的金属流体更加细小。同时还可注意到，在旋转盘雾化制备的粉末中，当颗粒尺寸高于 90 μm 时，非球形颗粒的体积分数随颗粒尺寸的上升而增加。尽管不算明显，但看起来图 15.7 支持了之前所述的观察结果，即气雾化粉末的颗粒尺寸分布范围一般要宽于离心雾化粉末。

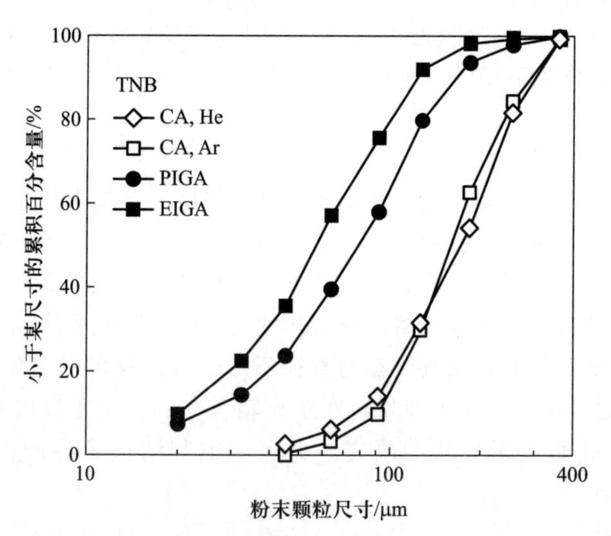

图 15.7　Wegmann 等[47]在 GKSS 制备的旋转盘离心雾化(CA)粉末、等离子惰性气体雾化(PIGA)粉末以及电极感应熔炼气雾化(EIGA)粉末中测定的颗粒尺寸分布。在 PIGA 和 EIGA 工艺中采用的是氩气。使用氩气和氦气的不同效果仅在 CA 的研究中进行了比较，但是结果发现其对颗粒的尺寸分布几乎没有影响。对数据进行了重绘

相比于传统冶金工艺，采用预合金粉的粉末冶金技术的主要优势在于，它可以制备出偏析程度最小从而显微组织更加均匀的近净成形或半完成部件。根

据雾化过程中可达成的快速冷却速度，雾化液滴中将形成大幅的过冷，从而在每一个粉末颗粒中抑制了枝晶凝固，形成了胞状无偏析的单相甚至是非晶组织。这减少了每一个颗粒中的显微偏析，并使其内部可能出现亚稳相。在这一方面，颗粒尺寸及其所处的气体环境具有重要的作用。评估不同制备工艺中的冷却速度有两种可行的方法，即计算模拟和实验测定法。然而，由计算法确定冷却速度并非是一项简单的工作，因为要考虑复杂的热传递条件。Peng 等[41]计算了钛合金颗粒中由于辐射导致的热损失而产生的凝固/冷却速度，发现其结果与实验测定的数值吻合较好。实验测定法中需要对二次枝晶臂的间距进行测量，这另作讨论[27,38]。Cai 和 Eylon[39]就根据 TiAl 合金 PREP 粉末的显微组织特征测定了其冷却和凝固速率。

基于模拟计算，Gerling 等[20,21]给出了冷却速度同时随颗粒尺寸和周围环境变化的图表，如图 15.8。此图展示了二元 Ti-49Al 合金在颗粒直径为 10~250 μm，初始温度为 1 477 ℃(1 750 K)时其冷却速度随颗粒尺寸变化的函数。从中可以看出，冷却速度同时取决于颗粒尺寸以及粉末颗粒与雾化气氛的相对速度(v_R)。在氦气气氛条件下，作者考察了两组颗粒-气体的相对速度(即v_R=100 m/s 和 0 m/s)。数值 v_R=100 m/s 对应气雾化过程中二者的最高相对速度，而 v_R=0 m/s 则对应了氦气环境下二者相对速度的最低值。因此可以认为，氦气气雾化过程中的实际冷却速度将位于 v_R=100 m/s 和 0 m/s 曲线之间的某处。基于这些氦气下的曲线，可以看出小尺寸颗粒所经受的冷却速度要大幅高于大尺寸颗粒。通过将氦气和氩气的冷却曲线与 v_R=0 m/s 相比较可以发现，在任意给定的颗粒尺寸下，氦气所提供的冷却速度要显著高于氩气。这是因为氦气和颗粒之间的热传递比氩气更高；这源自两种气体在热学性质上的差异。

图 15.8 中也给出了真空环境对冷却速度的影响。在这种条件下，热损失仅能以射线的方式进行，因而使冷却速度大幅降低。当采用旋转盘雾化工艺时，在真空腔体中的颗粒上可能会出现这样的冷却速度。Zhao 等[48]认为，相比于有气体辅助的冷却过程，这种真空操作可同时提供经济和技术上的便利，因为它可以从根本上避免由气体介入所导致的问题，同时又降低了采用大量昂贵气体所产生的成本。然而，这些得益却可能被更加迟滞的凝固所抵消，因为缓慢的凝固会使铝自颗粒表面处挥发损耗。诚然，已有报道表明，由电子束熔炼 REP(即真空环境下)制备的 Ti-49Al-0.3C 合金粉末的外表层出现了 α_2 相富集，即发生了脱铝[23]。

从图 15.8 中可以明显看出，相比于真空环境，在采用氩气，尤其是氦气之后(即使是在 v_R=0 m/s 时)，冷却速度出现了显著的上升。的确，Gerling 等[21]的计算表明，在氩气气氛下(v_R=0 m/s)，一个直径为 40 μm 的 Ti-49Al 颗粒自 1 477 ℃(1 750 K)冷却至 977 ℃(1 250 K)时所需的时间为 12 ms，而在

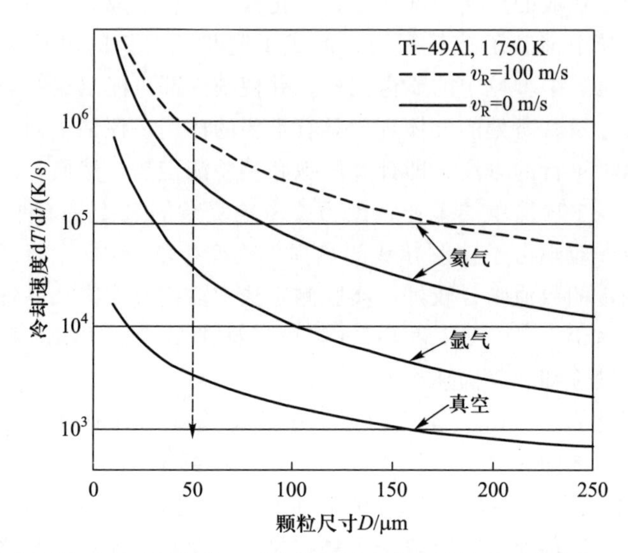

图 15.8　不同气氛环境以及不同颗粒与环境的相对速度下计算得到的冷却速度和颗粒尺寸的关系[20,21]。图中表明，不论颗粒的尺寸为何，氦气所产生的冷却速度最高，而真空下的冷却速度最低。当颗粒与氦气之间的相对速度较高时可使冷却速度进一步上升。对原始数据进行了重绘

氦气下这一时间仅为 1 ms，如图 15.9 所示。对于直径更大的颗粒来说，其冷却时间当然要相应地延长。因此，在氦气而非氩气作为雾化气体条件下的小尺寸颗粒中，由扩散控制的相变以及显微组织变化将在很大程度上受到抑制，同时亚稳相形成的可能性增加。这在图 15.10 中得到了证明，其展示了不同气雾化粉末中$\{20\bar{2}1\}_{\alpha_2}$晶面的 X 射线衍射强度与$\{20\bar{2}1\}_{\alpha_2}+\{111\}_{\gamma}$晶面衍射强度的比值[23]。此图表明，颗粒中(亚稳)α_2 相的体积分数随着颗粒尺寸的下降而上升，并且这一效应在氦气气雾化条件下比氩气条件下更加显著[20]。Fuchs 和 Hayden[19]在采用 PREP 方法制备的 Ti-48Al 和 Ti-48Al-2Nb-2Cr 合金粉末中也发现较小尺寸颗粒的内部比较大尺寸的颗粒包含明显更多的六方相。Graves 等[49]也观察到了类似现象，他们认为，600 ℃下退火 1 h 就足以将亚稳 α_2 相转变为平衡态。关于 TiAl 合金凝固和相平衡的更多细节见本书第 2 和第 4 章，以及其他论著[50,51]。

采用氦气而非氩气作为雾化气体可使所得粉末中的微观偏析更加细化，如图 15.11[20]。图中展示了两个体积相近的 Ti-50Al-2Nb 合金气雾化颗粒的显微组织，其中一个采用氦气作为雾化气体，而另一个采用氩气。对于在一次氦气雾化流程中所制备出的粉末而言，图 15.12 表明微观偏析的尺度随颗粒尺寸的

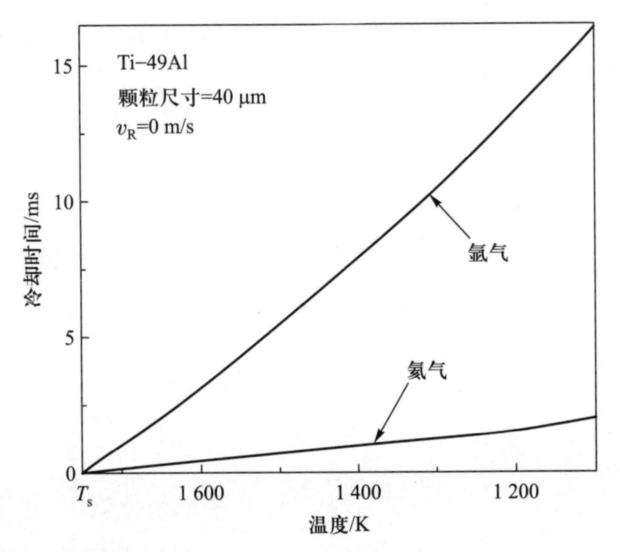

图 15.9 初始温度为 1 750 K(1 477 ℃)，直径为 40 μm 的颗粒在氩气或氦气下静置的冷却时间[21]。相比于氩气，采用氦气所达成的高速冷却效果非常明显。对原始数据进行了重绘

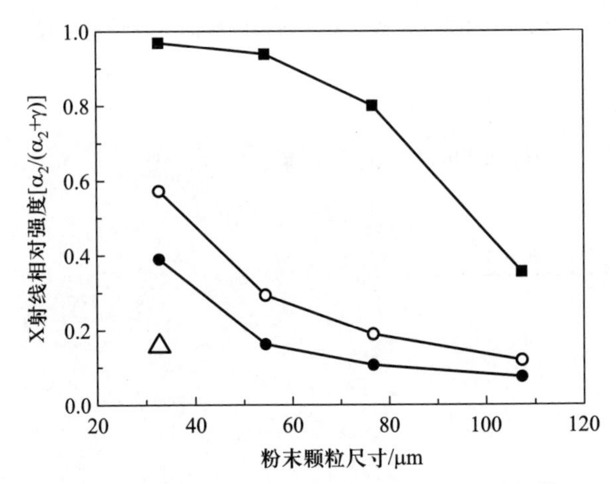

图 15.10 不同气雾化粉末中$\{20\bar{2}1\}_{\alpha_2}$晶面的 X 射线衍射强度与$\{20\bar{2}1\}_{\alpha_2}+\{111\}_\gamma$晶面衍射强度的比值随颗粒尺寸的变化(数据已重绘)[23]。■—TAB 合金(Ar)，○—Ti-50Al-2Nb 合金(He)，●—Ti-50Al-2Nb 合金(Ar)以及△—Ti-50Al-2Nb 合金(真空中)。数值较高即表明颗粒中的亚稳 α_2 相的含量更高。可以看出，随着冷却速度的下降，即颗粒尺寸的增加，亚稳 α_2 相的形成量下降。从图中可间接发现采用氦气的高冷却速度，而非氩气或真空。TAB 合金的数据完全高于 Ti-50Al-2Nb 合金，这是由于前者的铝含量比后者约低 3at.%

升高而上升[52]。Habel 等[53]认为，当颗粒尺寸小于 150 μm 时，氦气雾化粉末中每个单元偏析区的尺寸变化不大(其大小为 2~10 μm)。在采用真空中旋转电极工艺(REP)制备的 Ti-50Al-2Nb 合金粉末中，由于其冷却速度显著降低，从而产生了粗大的微观偏析组织，如图 15.13[23]。图中展示了采用氩气雾化和真空 REP 制备的尺寸相近的颗粒的微观组织。

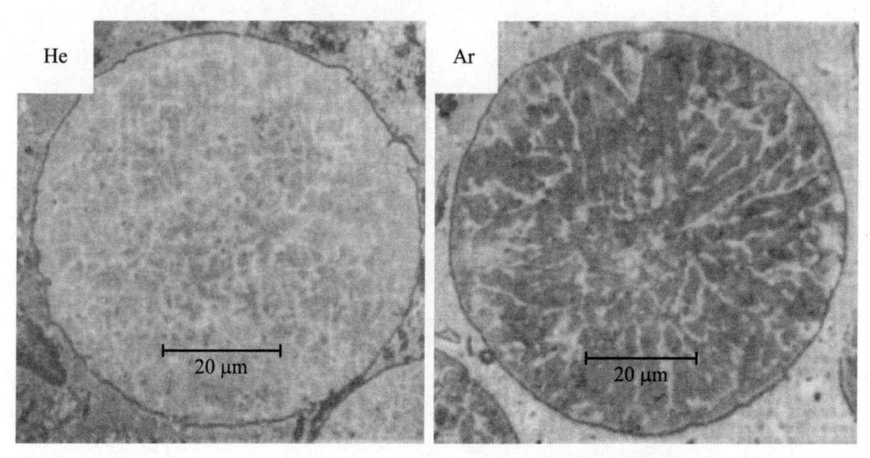

图 15.11　尺寸为 45~63 μm 的 Ti-50Al-2Nb 合金粉末的光学显微镜图像[20]。左右两侧的颗粒分别由氦气和氩气雾化(PIGA)制备。氦气所得颗粒的微观偏析的尺度明显更小

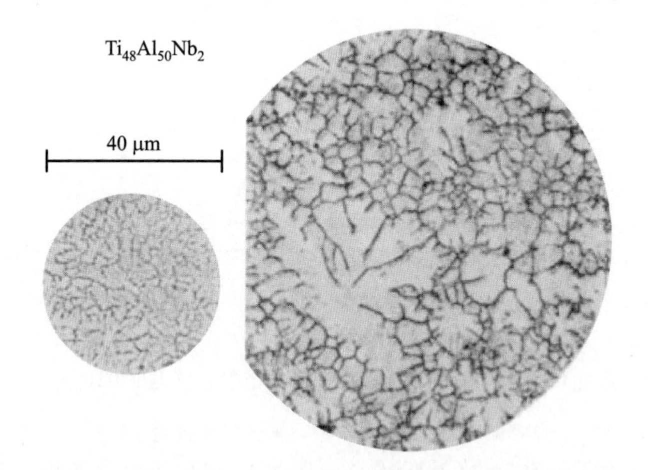

图 15.12　氦气雾化法(PIGA)制备的 Ti-50Al-2Nb 合金粉末颗粒的光镜图像，其尺寸分别为 20~45 μm(左侧)和 90~125 μm(右侧)[52]。图中表明较小尺寸颗粒的微观偏析尺度明显更小，这是由其更快的冷却速度导致的

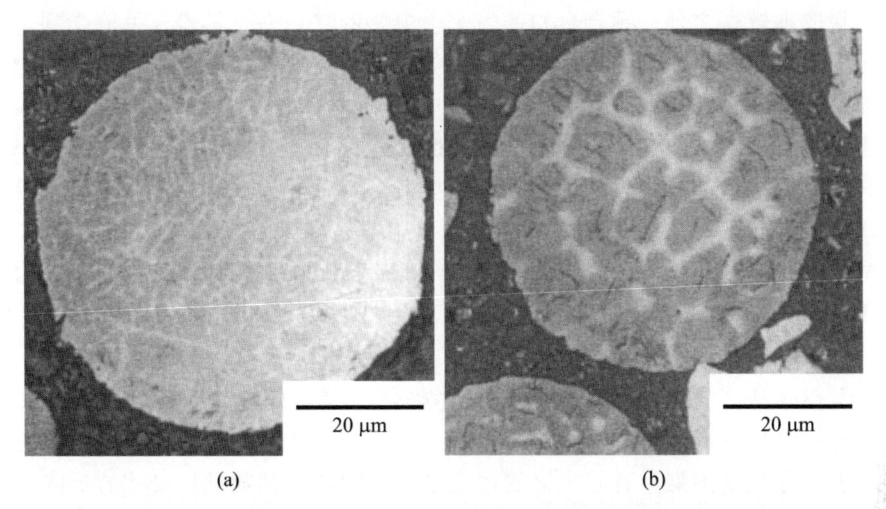

图 15.13　氩气雾化(a)和真空旋转电极工艺(REP)(b)制备的尺寸范围为 45~63 μm 的 Ti-50Al-2Nb合金粉末颗粒的图像[23]。真空下 REP 所造成的更低的冷却速度导致了明显更加粗大的微观偏析

Choi 等[54]的研究发现，快速凝固 Ti-50Al-1.8Nb 合金(REP 制备)和 Ti-48Al-2.4Nb-0.3Ta合金(快速凝固离心雾化 RSR 法制备)的粉末一般会出现 α 作为初生凝固相的枝晶结构特征。然而，约 5%的 Ti-48Al-2.4Nb-0.3Ta 以及 1%的 Ti-50Al-1.8Nb 合金粉末中出现了表面浮凸现象，表明其初生凝固相为 bcc-β 相。这说明其随后发生了马氏体相变，从而产生了马氏体型六方 α 相，即所谓的 α′相。但是，作者指出这仅在非常小的颗粒中出现(低于 30 μm)，且可由其他研究结果来解释[55,56]，即在充分过冷的二元合金中 β 相为初生凝固相。

在一项比较 PREP 和气雾化法制备的 Ti-48Al 和 Ti-48Al-2Nb-2Cr 合金粉末的研究中，Fuchs 和 Hayden[19]观察到 3 种类型的颗粒表面形貌，即“玫瑰形”、枝晶形和无特征形。据他们报道，“玫瑰形”颗粒的显微组织为混合的 α 和 γ 晶粒，γ 相位于胞间区域。枝晶形颗粒则表现出六方枝晶特征，表明其初生凝固相为无序六方 α 相。表面浮凸无特征形的颗粒仅在(氦气气氛下)PREP 制备的粉末中观察到。根据成分的不同，20%~40%的尺寸小于 75 μm 的颗粒表现出无特征形表面。对这些颗粒的显微组织分析表明其不存在偏析或第二相，这说明过冷度可能抑制了凝固过程中的扩散。推测这些颗粒实际上为无序 α 相而非马氏体 α′相，因为从中并未观察到 β 相的枝晶结构特征。在他们的工作中，认为采用 PREP 是可以获得更高的冷却速度和过冷度的。关于快速冷却对 TiAl 合金显微组织影响的进一步讨论可参考其他论著[51,55]。

除成本较高之外，预合金粉的另一个主要的缺点在于其粉末可能受到了气氛污染并可能有雾化气体夹杂。如上文中所解释的那样，粉末制备完成后的所有加工及交接必须要在保护气氛下进行，以使污染最小化。Tönnes 等[57]的工作表明，采用氧含量为 700～1 050 wt. ppm 之间的预合金粉制备的 Ti-48Al-2Cr-2Nb 合金在热等静压后的拉伸性能几乎不受影响。然而，当氧含量由 1 050 wt. ppm 升高至 1 600 wt. ppm 时，双态组织的室温拉伸塑性却由 2.1%下降至 0.5%，全片层组织的塑性则由 0.5%下降至 0.2%。因此可得出结论，为确保 Ti - 48Al - 2Cr - 2Nb 合金具有适宜的塑性，必须将氧含量限制在 1 050 wt. ppm 以下。

Gerling 等[23]研究了等离子惰性气体雾化法制备的 Ti-45Al-7.5Nb 合金粉末中的氧含量和氮含量随颗粒尺寸的变化，其结果如图 15.14。图中表明粉末中几乎不存在氮污染。看起来氧的污染是一个问题，其随颗粒尺寸的下降而愈加严重，特别是那些直径小于约 90 μm 的颗粒。Yolton[26]也观察到了类似的现象。Gerling 等[23]进一步研究了氧的这一效应，他们发现，若将细小的粉末在热等静压之前进行高纯氩气处理，热等静压部件中的氧含量水平即大约与初始铸锭材料中的氧含量水平一致。因此，可将较小尺寸颗粒的这一“明显的”氧污染归因于将粉末转移至氧分析系统过程中其在空气中暴露时间的长短。作为研究的一部分，他们对在气氛中进行特意暴露 3 min 至 9 h 后的 20～32 μm 和 45～63 μm 的粉末进行了分析。在暴露 9 h 后，两种尺寸粉末中的氧含量水平

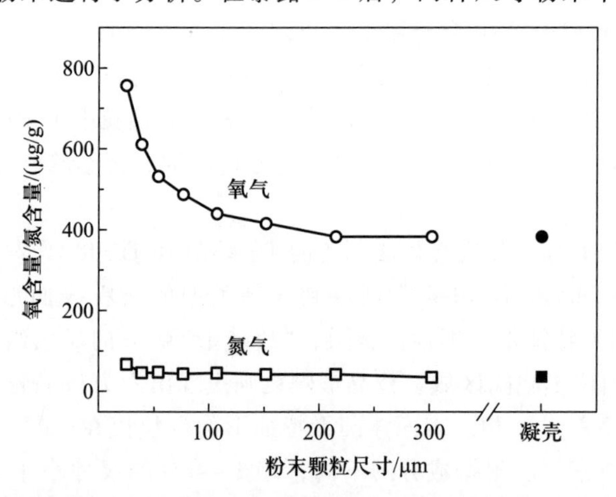

图 15.14　PIGA 凝壳材料和气雾化粉末中氧含量和氮含量随颗粒尺寸的变化。粉末中的氮含量几乎与凝壳材料持平(即无污染)。在直径低于 200 μm 时，氧含量看起来随着颗粒尺寸的下降而上升。然而，Gerling 等[23]认为这一明显的污染是由粉末自保护气氛转移至氧分析系统的过程中在空气中的暴露造成的。数据来自文献[23]，重新绘制

分别上升了约 200 μg/g 和 100 μg/g。

在雾化过程中，不论是“开孔”还是“闭孔”(即内含气体)的气孔，均有可能在部分雾化粉末颗粒中形成。与“闭孔”不同，“开孔”可通过充分的脱气去除。关于雾化方法对孔隙的影响，Wegmann 等[47]认为旋转盘雾化制备的粉末所含的孔隙要显著高于 PIGA 或 EIGA，并且当颗粒尺寸超过 90 μm 后非球形颗粒的数量增加。Choi 等[54]同样指出，旋转盘雾化(RSR 法)可在粉末中产生大量的内部孔隙。与之相反，旋转电极工艺(REP)制备的粉末则被认为不含内部孔隙[54]。若这是一种普遍的特征，那么它当然就可成为 REP 相对于旋转盘和气雾化工艺的一项优势。

Gerling 等[58]研究了气雾化 TiAl 粉末颗粒尺寸范围为 32~355 μm 时孔隙的尺寸和体积分数随颗粒尺寸的变化。另外，他们也对孔隙中相对于颗粒尺寸的氩气含量以及氩气的压力进行了测量。结果表明，当颗粒尺寸为 32~45 μm 时，孔隙的体积分数约为 0.05%，而当颗粒尺寸为 250~355 μm 时，孔隙的体积分数约为 0.9%。355 μm 以下的颗粒中，约 80%的孔隙的直径小于 15 μm。上述两种尺寸范围内颗粒中的氩气含量分别约为 0.5 μg/g 和 1.2 μg/g，这表明采用细小尺寸的颗粒可作为限制氩气含量的一种方法。以尺寸小于 250 μm 的粉末颗粒制备的压坯经过热等静压后，其氩气含量约为 0.45 μg/g。孔隙中的氩气压力随颗粒尺寸的下降而上升。在室温下，当孔隙直径小于 15 μm 时，其压力为 0.17 MPa 左右，但是在尺寸为 90~105 μm 的孔隙中，其压力则下降至约 0.03 MPa 的水平[58]。

根据热等静压处理的温度和压力的不同，在完全致密的等静压材料中，粉末颗粒中的“闭孔”可能被压缩至无法被观察到的程度。由于这一过程是在热等静压条件下进行，若假定气体无法自孔隙中扩散出去，则可以认为孔隙中的压力将上升。然而此压力将一直存在，从而可能导致在后续的降压或气氛条件下的高温暴露中孔隙重新打开[46,54]。如 16.5.2.5 节所述，由预合金粉末制备的板材中出现的一个问题即为在高温下其超塑性伸长量下降[59]。的确，Appel 等[60]观察发现，这看起来像是高温变形后孔隙在轧制板材的表面处发生了破碎，如图 15.15。Eylon 等[61]研究了(REP 制备的)传统 Ti-6Al-4V 合金预合金粉末在热等静压后在热处理过程中的孔隙演变。在 1 290℃暴露 2 h 后，发现热等静压材料中的孔隙尺寸自 0.1~0.5 μm 上升至 10~50 μm。虽然无法确定热等静压材料中孔隙的来源(很可能是无意的)，但是可以推测其来自包套的泄露或不恰当的脱气。这些在高温暴露过程中产生的孔隙被称为“热致孔隙”或 TIP。

目前，已经确信 TIP 来自热等静压压坯中的气体。如上文所述，这些气体来自形成于雾化过程中的颗粒中的闭孔，但在合适的热等静压条件下其被完全

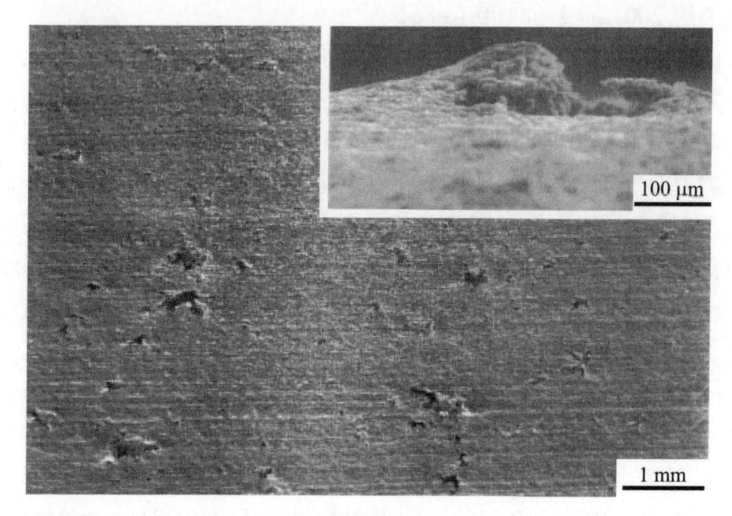

图 15.15 对热等静压气雾化预合金粉轧制后制备的 Ti-47Al-1.5Nb-1Cr-1Mn-0.5B-0.2Si 合金板材中出现的孔洞。对板材在 1 000 ℃下进行了拉伸测试，应变速率为 1.4×10^{-4} s^{-2}，应变至 150%后断裂[60]。由于形成了孔洞，这种以粉末为基的板材在高温下的超塑性伸长量降低。可以相信这些孔洞是来自内部气体在高温下的扩展。插图展示了表面孔洞边缘的凸起，如一个气泡在表面以下发生了破裂一样

闭合。Wegmann 等[47]细致地研究了雾化工艺对 TiAl 合金中 TIP 现象的影响。他们分析了 1 390 ℃热暴露对 3 种雾化工艺(PIGA、EIGA 和氩气下的旋转盘雾化)制备的两种合金成分(Ti-48.9Al 和 Ti-46Al-9Nb)的影响，认为在 1 280℃/4 h/200 MPa 的热等静压处理后，所有压坯中的孔隙均低于 0.01vol.% 的极限可测水平，但是偶尔还是能观察到部分孔隙。在暴露 4 h 后，观察到的最大热致孔隙尺寸为 65 μm。采用氦气并没有减轻 TIP 问题，报道甚至表明孔隙的形成比氩气气雾化更严重[23,47,62]。在工程应用中，为减轻 TIP 问题，建议应采用直径小于 180 μm 的氩气雾化 PIGA 法制备的粉末[23,47]。

Yolton 等[25]、Choi 等[54]和 Shong 等[63]也发现了 TiAl 合金高温暴露后的 TIP 现象。观察表明，较大的热致孔隙是由较低的热等静压温度和压力共同导致的[63]。据本书作者所知，关于 TiAl 合金部件(如叶片等)在名义服役温度下进行长时间热处理后的 TIP 问题目前还没有相关研究。但在工程领域这是非常重要的，因为这种孔隙可能导致部件的性能在长时间使用后降低。根据 Yolton 等[25]的研究，TIP 一般出现于热等静压后的材料被加热至高于最初热等静压温度的情况下，但对于 TiAl 合金来说这已经远远高于其部件的服役温度了。

15.1.5 雾化后的处理

在雾化制粉并收集后，下一步的交接只能在保护气氛下的手套箱中进行。第一步操作是将粉末以不同的尺寸范围加以区分。如其他文献中所述[46]，这是通过采用越来越小的筛网进行分筛进行的。下一步要进行什么样的操作取决于粉末的加工方式。它们可以由热等静压而制备成近净成形部件，或者更加普遍的被制成压坯以备后续的热加工。另外，粉末也可以用于金属注射成形，或者用于快速成形如激光熔化沉积等。但是，对于 TiAl 合金来说，仅有数量非常有限的研究组对这些工艺进行了研究，而且看起来仍处于起步阶段。

15.1.5.1 热等静压(HIP)、热加工及部件的性能

热等静压的工艺过程为：将粉末封装于一个形状合适的容器内，而后抽真空、密封并在高温下以惰性气体压力进行等静压。容器一般由商业纯钛的板材制造。一般不采用更加便宜的铁基板材，因为铁和钛在 1 085 ℃会发生共晶反应[64]而导致局部熔化。由于任何粉末在容器中的致密度恒小于 1，因此在制备近净成形部件时必须要考虑热等静压压实之后的体积收缩。容器的抽真空一般在加热/冷却循环过程中进行，其中包括逐渐加热至 400 ℃，而后在此温度保温约 4 h。在最后的脱气完成后，罐内的真空度一般为 $3\times10^{-5}\sim4\times10^{-5}$ mbar。冷却后，抽真空的容器将被密封。热等静压一般在 1 000~1 300 ℃的温度范围内进行，气压为 150~250 MPa 并保持 2~4 h[23]。显然，所采用的合金成分以及热等静压温度将影响热等静压后的显微组织。

为解释热等静压材料中 α_2 相的体积分数略低于预期值的现象，Zhang 等[65]推测，T_α 在高压下可能会上升，或者是 γ 相到 α 相变的动力学与大气压下相比要明显更慢一些。Huang 等[66]的研究表明，热等静压材料中 γ 相的体积分数高于预期值是因为其相对于 α_2 相的“原子体积”更小。Habel 和 McTiernan[67]发现，Ti-46Al-2Cr-2Nb 合金在 1 200 ℃热等静压 2 h(100 MPa)后将产生细小的 γ 组织，其晶粒尺寸约为 5 μm。当温度略高时，则将产生略微粗大的双态组织并含有少量的 β 相，而在 1 300 ℃热等静压则将形成片层团尺寸为 35 μm 且片层间距粗大的近片层组织。在其他工作中，研究表明添加硼元素可抑制热等静压过程中的晶粒长大[23]。热等静压温度对显微组织的影响可能极大地影响了合金的力学性能[65]。另外，所采用的粉末尺寸也可能会影响显微组织，观察发现由细小粉末制备的热等静压压坯比由粗大粉末制备的压坯含有更多的 α_2 相[65]。在研究相变的过程中，Zhang 等[68]通过热等静压后的不同热处理制备了大量不同的 Ti-48Al-2Mn-2Nb 合金的显微组织。这一工作也表明过高的杂质含量(3 000 ppm 的氧和 0.11wt.%的碳相比于 800 ppm 的氧和 0.03wt.%的碳)可能会使 T_α 升高 20~30 ℃。

热等静压处理的总体目标是使粉末压实固结为看起来完全致密的产品。然而，当粉末中含有保留了气体的孔隙时，从理论上说，其不可能是完全致密的。Ashby[69]提出的公式表明，当初始孔隙压力为 0.1 MPa 且热等静压压力为 182 MPa 时，对于热压前相对致密度高于 0.95 的材料来说，热等静压后所得到的最终相对致密度为 0.999 97[54]。Shong 等[63]对热等静压温度为 1 000 ℃的样品的 TEM 观察发现，在原先的颗粒边界处出现了亚微米级的孔洞。他们认为在给定热等静压压力下的孔隙率将随热等静压温度的上升而下降。Choi 等[54,70]研究了 TiAl 合金粉末热等静压过程中的致密度变化并测定了材料的固结曲线，如图 15.16。采用 Ashby[69]开发的计算机程序也可以生成基于不同致密化机制的热等静压图。计算所得的热等静压图与实验结果大致吻合。更多的信息请读者参阅文献[54，69，70]。对于近净成形产品的制备来说，粉末致密化的信息是非常重要的。考虑到这一点，Abondance 等[71]对传统 Ti-6Al-4V 合金粉末的热等静压进行了数值模拟，结果表明其与真正进行了热等静压的同一部件相比在几何尺度上的偏差一般小于±0.1 mm。遗憾的是他们并未提及所研究部件的尺寸。对于 Ti-6Al-4V 合金的类似的工作，即采用 FEM 耦合于 CAD 模块中的方法已成功应用于对部件最终几何尺寸的预测中，误差不超过 2%[72]。攀时(Plansee)公司也展示了其采用热等静压近净成形工艺制备的汽车排气阀门的预制件[73]。

与以铸锭为基础的工艺一样，以粉末为基础的材料的力学性能取决于许多因素，包括显微组织(这自然取决于合金成分)、热等静压温度以及随后的任何加工/热处理工序。难以将以铸锭为基和以粉末为基的材料的力学性能进行一般性比较的原因是，严格来说，这只能通过比较相同成分下、以同种方式处理/热加工并且具有类似显微组织的样品来进行。另外，铸锭当然也要具有良好的化学均匀性，但目前这通常是无法实现的。

热等静压的 TiAl 合金压坯可采用与铸锭材料相同的方式进行热加工。Semiatin 等[74]对比了 Ti-48Al-2Cr-2Nb 合金铸造铸锭和热等静压粉末制备的样品的热压缩行为。两种材料的流变应力随温度和应变速率的变化趋势类似。他们还发现流变软化主要来自动态再结晶。然而，粉末材料的峰值流变应力要显著低于铸锭材料，这是因为其晶粒尺寸更加细小。这表明粉末冶金工艺路线可以降低等温锻造工序中的载荷。因此，与铸锭材料的变形工艺路径类似，看起来粉末在热等静压后更适用于二次热加工，如闭式模锻等[74]。Fuchs[75]对 Ti-48Al-2Cr-2Nb 合金铸锭和粉末基材料进行了类似的研究，也得出了相近的结论。Beddoes 等[76-78]也表征了粉末基材料的高温压缩行为并给出了可锻性图[76]。在锻造温度最小化研究方面，据报道，人们已成功实现了 850 ℃下的 80%锻造变形，并制备出了具有低至 900 ℃的超塑性性能的无裂纹材

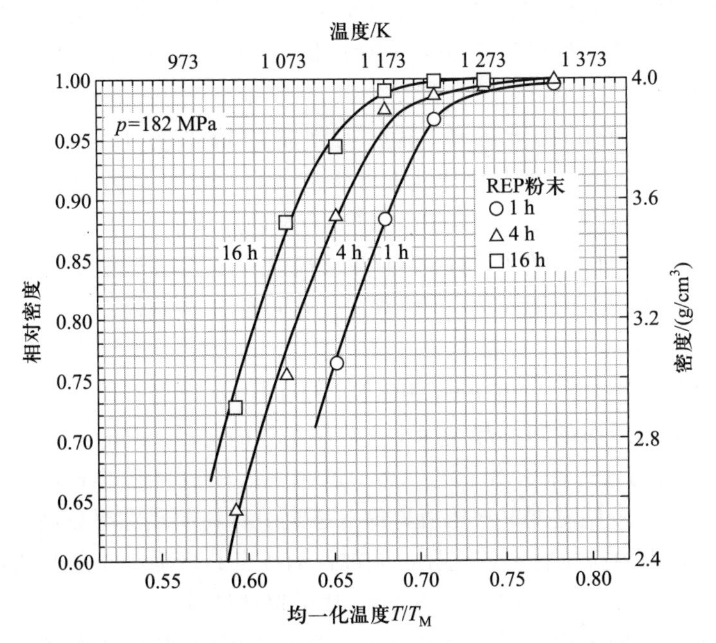

图 15.16 快速凝固工艺(RSR)制备的 Ti-48Al-2.4Nb-0.3Ta 合金粉末在压力为 182 MPa 时的热等静压固结曲线[54]。图中展示了不同热等静压时间下固结过程随热等静压温度的变化。可以看出提升热等静压温度将使固结速度上升

料[23,79,80]。

在 2003 年的 TMS 年度会议上，Dimiduk 等[81]的报道称，由于制备变形部件的时间跨度较长并且需要对缺陷加以控制，美国空军因而开始关注以粉末为基的加工技术。然而，在参考了制备镍基合金以及其他 γ-TiAl 合金[82-85]所得的经验后，尽管在早期的工作中有令人振奋的表现，但 Dimiduk 等[81]还是发出了告诫的声音。尽管如此，Yolton 等[25]和 Das 等[86]还是展示了他们各自制备的 263 kg 和 209 kg 大尺寸热等静压压坯的成果。虽然 Yolton 等[25]在热等静压后通过射线检测(最小缺陷分辨率为 30 μm)未发现有孔洞的迹象，但是 Das 等[86]却通过超声检测的方法在锻饼中发现了缺陷(随后也进行了表征)。Habel 等[53]的研究表明，在 1 260 ℃下锻造的材料需要进行进一步的热处理以将其塑性由 0.1%提升至 1.1%。在 Habel 和 McTiernan 对 Ti-46Al-2Cr-2Nb 合金的其他研究工作中，结果表明热等静压温度(它影响了显微组织)有重要的作用，即在 1 300 ℃热等静压后所测得的延伸率为 1.7%，而在 1 200 ℃热等静压后测得的延伸率仅为 0.2%[67]。他们也发现了拉伸延伸率和硬化率具有相反关系(与 Paul 等[87]在挤压铸锭中所得的数据类似)，表明了显微组织对塑性的影响。Tönnes 等[57]在含有 30%~40%片层团(尺寸为 100 μm)的 Ti-48Al-2Cr-2Nb 合金

中测得的屈服强度约为 370 MPa，拉伸强度为 460 MPa，塑性伸长量约为 2%。这些强度和塑性的数据要优于 Austin 和 Kelly[88] 在铸造 Ti-48Al-2Cr-2Nb 合金中测得的结果。

文献中已报道了在接近 T_α 温度下制备的粉末基 TiAl 合金的力学性能[89,90]。其中最好的一部分拉伸性能可能来自 Liu 等[90] 在 T_α 温度之上对粉末进行挤压后的样品，即 Ti-47Al-2Cr-2Nb 合金的屈服强度为 971 MPa，拉伸延伸率为 1.4%。然而，在他们的论文中并未提及粉末在挤压前是否进行了热等静压，根据 Roberts 和 Ferguson[91] 的叙述，这可能意味着他们实际上是对未热等静压的粉末进行了包套挤压。在 T_α 温度之上挤压可产生片层团尺寸为 65 μm 的全片层组织[90]。在 α+γ 相区温度范围内挤压可产生极为细小的双态组织，但是双态组织的塑性却比细小全片层组织的更低。Liu 等[90] 在参考了其他工作[92-95] 后的报道即指出了这一点，这与一般铸造材料的表现相反，他们认为这可能是在较低温度下挤压所得的双态组织材料的孔隙率更高的结果。在 α 相区温度范围内挤压材料的优异性能被认为源自其极为细小的片层团以及细小的片层间距(0.1 μm)，以及独特的 α_2 片层超细形貌。

参考了他人的工作后[96-98]，Semiatin 等[29] 认为粉末基热等静压压坯和热等静压+热加工的产品可表现出与变形铸锭材料相当甚至更加优异的力学性能。但是，并没有多少研究能够同时考察同一成分下的铸锭和粉末冶金材料的性能。Das 等[86]、Thomas 等[99] 以及 Malaplate 等[100] 均采用了这两种加工路径研究了相近成分合金的性能。以粉末方式制备的材料的显微组织更加均匀且强度和塑性较高[86]。粉末基材料的性能变动范围也由于其均匀性的上升而较为狭窄[99]。另外，热等静压粉末压坯的性能离散性可通过降低原材料粉末的尺寸变化范围来减小。至于蠕变性能，Malaplate 等[100] 认为铸造材料的初始蠕变的程度和时间均较高，这是由于其组织均匀性较差导致的。

15.1.5.2 激光快速成形法

激光的快速成形可利用预合金粉末制备近净成形部件而无需任何耗时长且成本高的硬质模具。由于其他工艺所制备的部件在机加工方面存在困难，这种技术就彰显了其优越性，尤其是在部件的几何形状较为复杂的情况下。

Kruth 等[101] 对“选择性金属粉末烧结”(SMS)的一些基础粉末冶金问题进行了讨论。在这种工艺中，在容器的顶部用沉积系统将粉末以薄层的形式铺开，厚度约为 0.4 mm。随后一束激光以预定的方式在粉末表面扫过以完成烧结。一层一层的重复这一过程直至制备出一个三维零件(被称为粗成品)。这种零件中可能会有大量的孔隙，因而需要对其进行后续处理。

另一种工艺，即所谓的“激光成形”(LF)或“直接金属沉积”(DMD)，其为将粉末引入激光束使之熔化、沉积并快速凝固[102,103]。图 15.17 为其典型腔室的设置图，此为美国宾州大学的设备[103]。激光熔化沉积的过程在腔室中进行，高纯氩气自腔室底部的一个扩散板向上流动以清洁腔室[103]。宾州大学的腔室采用的是聚焦的 14 kW CO_2 激光，其焦点可根据制备部件的预期形状在 *X*、*Y* 和 *Z* 方向移动。粉末经由一个送粉器和承载气体送至焦点位置。它是一个目标件和腔体系统相对固定的示例。

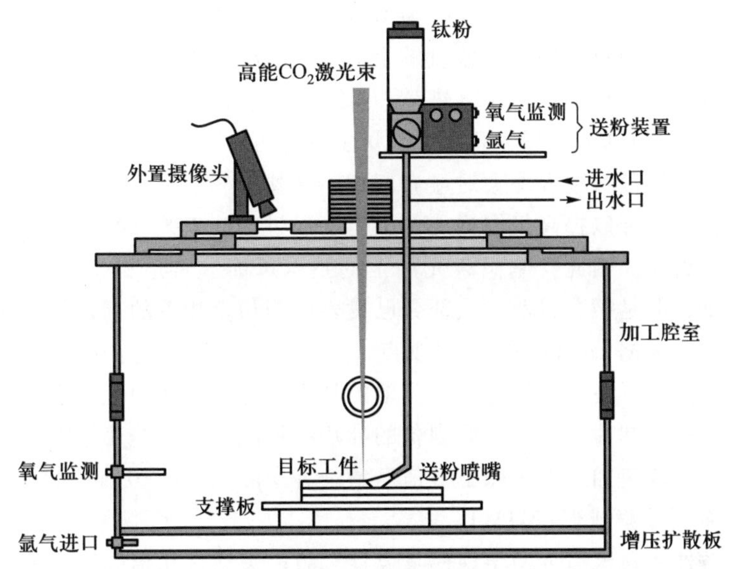

图 15.17 美国宾州大学的“激光成形”腔体示意图，采用预合金粉制备 3D 零件[103]

“直接激光制造”(DLF)[104,105]、“激光熔化沉积”(LMD)[106]以及“激光近净成形”(LENS)[107]为与上述的激光成形非常相似的工艺方法，但采用的是焦点固定的激光。在 DFL 和 LENS 工艺中，送粉喷嘴和激光光柱作为一个整体单元共同在 *Z* 方向移动，而基底在 *X* 和 *Y* 方向上移动。在 LMD 工艺中，基底在 *X*、*Y* 和 *Z* 方向上移动，而送粉/激光的一体单元是固定的。

采用这种类型的制造工艺可以制备出相对较大的零件。Moll 等[103]制备了两个 Ti-47Al-2Cr-2Nb 合金盘件，较大的一个长度为 20 cm、宽度为 3.2 cm、高度为 15 cm。在加工过程中，每一个沉积层的厚度约为 1 mm。较大盘件(分 3 步制造，随后快速冷却至室温)的层与层之间，即处于室温的基底上沉积重新开始的位置含有若干裂纹。这些裂纹被认为来自累积的热应力，因而作者提出在加工过程中应该有必要保持基底的温度。另一个较小的盘件(高度仅为 7cm)是采用连续沉积法制备的，且不含裂纹。零件的层状特征是非常明显的，由于冷却速度的差异，每一沉积层均含有不同尺寸的柱状和等轴晶粒[103]。所制备的材料的片层组织非常细小。材料中可偶见由内部的氩气和/或收缩而导致的尺寸达 10 μm 的孔洞。非常重要的是，盘件的成分与粉末非常接近，这表明在加工过程中没有铝的损耗或氧污染。在性能方面，据报道盘件材料要优于采用更加传统的方法制备的铸锭和粉末冶金材料，室温下其强度约为 500 MPa,且延伸率为 1%~2%[103]。

Srivastava 等[104,105,108]也在 DFL 制备的 Ti-48Al-2Mn-2Nb 合金中观察到了极其细小的显微组织，其片层间距为 50~100 nm。可以相信这一细小的晶粒尺寸以及片层间距源自片层形核数量的上升[108]。激光制造材料的这种复杂组织被认为是快速冷却与重复的加热/熔化以及相应的组织非均匀性的综合结果[108]。工艺参数如粉末尺寸范围、激光扫描速度、送粉速度以及新沉积材料在基底上的热耗散效率等均会对显微组织产生影响[104,109]。尽管需要对加工后的材料进行热处理以提高组织均匀性，但是通过变动工艺参数的确可得到多种不同的显微组织。因此，基于激光加工的技术可能非常适用于 TiAl 合金以及部件的修复，但是截至目前，大部分已发表的与粉末相关的工作仍关注的是传统加工方法。根据 Loretto 等[109]的观点，这种加工方法可能在小部位处得到应用，例如叶尖处。在本书作者后来与他的私人讨论中，我们认为也可以用这种方法来制备整个叶片，并且以此制备的叶片有可能在未来的几年中进入飞行服役。关于这种快速加工方法的更多信息请读者参阅文献[110-112]。

15.1.5.3　金属注射成形(MIM)

这是一种将粉末冶金与塑性模具设计二者的灵活性相结合的一种近净成形技术。关于对 MIM 法的完整阐述请读者参考其他文献[113，114]。这种方法可以用来制造几何形状复杂的零件，其在力学性能上是各向同性的。它尤其适用于难加工或小壁厚(<1 mm)的零件。在零件中也可制备出小至约 0.4 mm 的孔隙[85]。

MIM 工艺包含了许多加工步骤：金属粉末的制备、混合、造型、脱脂以及最终的烧结[114]。从所用粉末的角度看，相比于传统粉末冶金，MIM 法所用的粉末要更加细小。这是因为烧结需要通过扩散来进行，而扩散的速率与粉末直径的平方成反比。当粉末尺寸较小时，收缩和致密化进行得更加迅速，从而降低了烧结零件中所残留的所有孔洞的尺寸[114]。Erickson[114]认为，所采用的粉末直径应在 0.5~20 μm 范围内，但是 Gerling 等[85]和 Whitton[15]则认为颗粒直径只要小于 45 μm 就可以了。

相比于 TiAl 合金领域中其他与加工有关的研究领域，Gerling 等[23]的报道认为只有极少的工作对 MIM 法制备 TiAl 合金进行了研究[115-117]。因此本节将主要关注于 GKSS 采用气雾化预合金粉所做的已发表的工作。最初，粉末要与黏合剂混合。在 Gerling 等[118]的工作中发现，以聚乙烯、石蜡和硬脂酸的混合物作为黏合剂最为合适。根据实际所采用的粉末，为达成期望的流变特性，原材料中黏合剂的体积分数应为 32vol.%。混料在 120 ℃下的曲拐式混料机中进行。原材料被注射进方形模具，其尺寸为 40 mm×20 mm×7 mm。注射压力为 420 bar，原材料和模具的温度分别为 90 ℃和 45 ℃。采用两步工艺进行脱脂，其中包括在 40 ℃下用已烷来去除石蜡。随后进行真空下的热处理，温度为 250~400 ℃以使聚乙烯开裂并挥发。而后在 1 360 ℃下烧结 3.5 h，压力分别为 10^{-5} mbar、300 mbar 的氩气和 900 mbar 的氩气。部分零件随后在 1 300 ℃进行额外的 2 h/200 MPa 的热等静压处理[118]。

与另作报道的[119]同一组作者更早期的工作相比，上述报道表明对 MIM 工艺进行优化之后可将氧和氮的吸附量分别降低至 500 μg/g 和 100 μg/g[118]。这是令人振奋的，尽管在(氩气下)烧结后材料中的氧污染仍比铸造部件中的略高，为 1 350~1 600 μg/g，见表 14.2。从表中可以看出，约 100 μg/g 的氮含量水平与铸造部件类似。然而，烧结后 MIM 零件内的碳含量比传统热等静压粉末中的碳含量高出了约 10 倍。这是黏合剂中含有有机物组分的缘故。对烧结后的压坯进行热等静压后，其氧含量和碳含量水平并没有明显提高，但是却发现其氮含量提升了 8~27 倍。作者并未明确解释这一氮含量上升的原因。

真空下，在 1 360 ℃烧结 3.5 h 使铝自外表面挥发导致样品中的铝含量下降了 8at.%[118]。这使得表面形成了全片层组织，而零件的中心则为近 γ 组织。在贫铝的外表面全片层组织和中心近 γ 组织之间可观察到一个过渡层。需要指出的是，在本研究中，在 γ-TAB 合金中观察到近 γ 组织是非常令人意外的。这是因为在此合金成分下 T_α 约为 1 360℃，因而预期应该得到的是全片层/近全片层组织。

在 300 mbar 氩气分压下烧结使铝的挥发明显减少。当氩气分压为 900 mbar 时，外表面的组织与中心部位相近。当然，在氩气气氛下烧结也有一些不良影响，表现为烧结零件中的氩气含量上升。材料中的氩气含量可自真空中的 0.3 μg/g 上升至 300 mbar 下的 1.6 μg/g 和 900 mbar 下的 5.9 μg/g。尽管随着氩气的上升可能产生了一些不良影响，但在考虑到铝的挥发量下降的前提下，仍可认为这种加工条件是合理的[118]。在解决铝挥发问题的方法上，也可考虑在一定的铝蒸气分压下进行烧结。但据本书作者所知，目前人们还没有开展相关的研究。

若忽略其表面效应，在氩气下烧结的零件的显微组织是相似的[118]。同样，氩气下烧结样品的孔隙率也非常接近，但细致的分析表明，900 mbar 氩气分压下烧结零件中的孔隙率要略高一些。在烧结后，1 300 ℃/2 h/200 MPa 热等静压使 900 mbar 氩气下烧结样品中的孔隙率接近于 0。而在 300 mbar 氩气下烧结样品的情形则不同。其孔隙率降低至 2.6%(即初始值的约 65%)，但孔隙的分布则未发生相对变化。这可以解释为热等静压条件下“闭孔”闭合、但是

“开孔”(及其尺寸分布)仍保持开放且未发生变化。然而，作者并未解释这些开放孔隙存在于 300 mbar 烧结条件下而未出现于 900 mbar 烧结条件下的原因[118]。在后续的热等静压处理中，显微组织没有发生明显的改变。

表 15.1 列出了文献中已发表的 MIM 法所制备合金的拉伸性能。采用其他方法制备的合金的数据也在表中列出以供比较。在不同合金之间是难以做出明确结论的，这是因为成分和组织均会对 γ-TiAl 合金的力学性能产生影响。然而，在对采用 MIM 法制备的 γ-TAB 合金进行比较时，看起来烧结后的热等静压可以同时提高材料的流变和断裂应力。MIM 制备的材料的最优强度和塑性组合见文献[119]。其中的强度数值与细晶挤压 γ-TAB 合金[120](HT1)，以及铸

表 15.1　金属注射成形(MIM)烧结 TiAl 合金的室温拉伸性能。采用其他方式制备的合金的性能也一并给出以供比较

合金	加工方法	$\sigma_{0.2}$/MPa	σ_f/MPa	ε_{total}/%	$\varepsilon_{plastic}$/%	参考文献
Ti-48Al-2Cr-2Nb	MIM	—	265	0. 3	—	[117]
Ti-48Al-2Mo	MIM	—	471	0. 42	—	[116]
Ti-47.4Al-2.6Cr	MIM	—	317～329	1. 8～2. 0	—	[115]
γ-TAB(a)	MIM	—	120～260	—	0	[119]
γ-TAB(b)	MIM+HIP(d)	410	430	—	0. 6	[119]
γ-TAB	MIM，300(c)	324	347	—	0. 59	[118]
γ-TAB 300(c)	MIM，300(c)+HIP(d)	344	359	—	0. 42	[118]
γ-TAB 900(c)	MIM，900(c)	328	351	—	0. 59	[118]
γ-TAB 900(c)	MIM，900(c)+HIP(d)	398	412	—	0. 45	[118]
挤压 γ-TAB	挤压+HT1	404	426	—	1. 0	[120]
挤压 γ-TAB	挤压+HT2	572	738	—	1. 7	[120]
铸态 γ-TAB	铸造+HIP(d)	500	550	—	1. 25	[121]
Ti-48Al-2Cr-2Nb	铸造	278～303	—	—	1. 5～2. 4	[88]

(a) 1 410℃烧结 2～4 h 后的数据。

(b) 1 410 ℃烧结 4 h 后的数据。

(c) 在氩气分压(单位 mbar)下烧结。

(d) 随后进行热等静压处理(1 300 ℃/2 h/200 MPa)。

HT1＝1 030 ℃/2 h/缓冷；HT2＝1 360 ℃/18 min/油淬+800 ℃/6 h/缓冷；γ-TAB 合金：Ti-47Al-1.5Nb-1Cr-1Mn-0.5B-0.2Si。

造 Ti-48Al-2Cr-2Nb 合金[88]相当。然而，强度性能却低于 1 300 ℃/2 h/200 MPa 热等静压后综合力学性能良好的铸造 γ-TAB 合金[121]。MIM 制备的材料的塑性一般要低于铸造或挤压合金，并且或许也难以得到大幅提升，因为其内部气体元素的夹杂量一直较高[118]。虽然这一技术可能在制备几何形状非常复杂的部件方面有潜在的应用前景，但是还需要继续研究进一步提升其所制备材料的力学性能的可行性。

15.1.5.4 喷射成形

这是一种在雾化之后可以立刻实施的工艺，因而降低了所制备材料中的间隙元素污染。Dowson 等[122]对此工艺的两种形式进行了阐述。第一种为沉积法，可在大气压力下的氩气，或更合适的是在近似真空的条件下(<200 mbar——称为低压离心喷射沉积，LPCSD)进行，并采用离心雾化的方法将粉末沉积至一个环形结构上。另一种方法(称为气体辅助喷射沉积，GSD)采用气雾化法将材料沉积至一个(可能已被预热的)基底上。这两种喷射成形方法的示意图如图 15.18[122]。对于 GSD 法，其基底可为一个旋转的钢制滚筒或是一个平板[122]。在另一些已报道的工作中，还有一种采用 EIGA 法制备雾化粉末随后立即将其沉积在一个既可水平又可垂直移动的旋转盘上的方法[123-125]。虽然这种以 EIGA 为基础的工艺现如今(2004 年的报道)的熔化速率可达0. 83 kg/min[23],但早在 1999 年就有研究表明其沉积速度已可达 0.48 kg/min(8 g/s)了[125]。作为比较，Young 等[126]采用感应凝壳熔炼技术(如图 15.18)报道其沉积速度为 6~13.5 kg/min(取决于喷嘴的直径)，这已是相当高的速度了。

除了孔隙率以外，在喷射成形材料中需要考虑的最重要的两个问题是污染的程度以及所得的组织。根据伯明翰大学 IRC 对 Ti-48Al-2Mn-2Nb 合金的研究结果，在加工过程中并没有氮的吸附，氧污染的水平也很低，为炉料的 600~700 wt. ppm 以及沉积材料的 750 wt. ppm[122,126]。Gerling 等[23]认为喷射加工材料中的氧含量和氮含量可分别保持在约 390 μg/g 和 30 μg/g 的水平上，即与铸造材料中相近。伯明翰的工作也表明，Ti-48Al-2Mn-2Nb 合金在喷射成形后，Ti、Al、Mn 和 Nb 的成分几乎没有变化[126]。

Gerling 等[23]指出，沉积材料的显微组织取决于沉积过程中和沉积后的热状态。在这一方面，沉积速度(即对基底的供热速率)以及喷射成形方法的类别种类就产生了影响。例如，Dowson 等[122]的观察发现，由 LPCSD 法制备的材料的显微组织取决于旋转盘和基底之间的距离。当距离较短，为 200 mm 时，可形成具有芯部区域的柱状/枝晶组织，并伴有枝晶间缩松；这些均表明在沉积过程中颗粒为熔化态。然而，当距离增加至 400 mm 时(有效地降低了供热)将产生等轴组织，这表明由基底所造成的热消耗足以为等轴晶的生长提

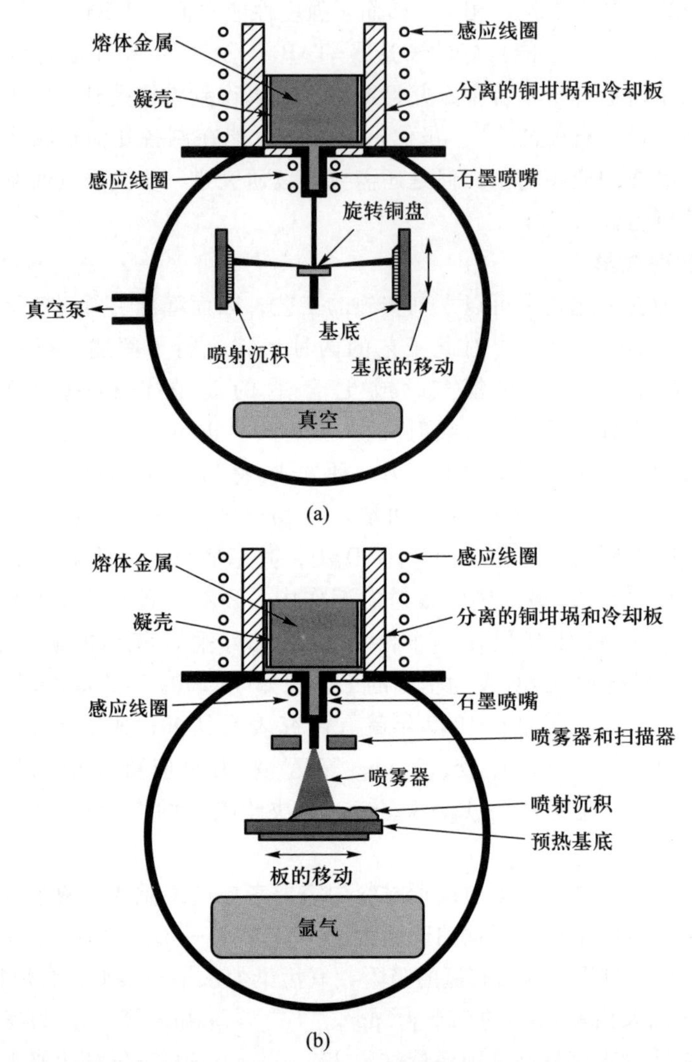

图 15.18　低压离心喷射沉积(LPCSD)(a)和气体辅助喷射沉积(GSD)(b)工艺的示意图[122]

供充分的冷速。可以推测，采用气体辅助沉积而非 LPCSD 法可减弱偏析，因为此时颗粒在飞行过程中的冷却程度更大。Li 和 Lavernia[127] 描述了 GSD 喷射成形 γ-TiAl 合金的细小全片层组织。然而，Gerling 等[23] 的报道认为，在与初始冷基底接近的薄层处一般会形成近 γ 组织，而片层组织应形成于与基底有一定距离的位置处。如上文及其他报道所述[123,125]，这种组织上的差异来自冷却速度的差异。

在 GSD 工艺中，雾化气体不可避免地会与喷射沉积材料结合。Gerling 等在喷射 TiAl 合金中测得的氩气含量约为(4±0.5) μg/g[85]，他们相信这样的氩气含量水平已经是优化后的结果了[23]。但必须指出的是，这一含量水平要比气雾化粉末高出了近 10 倍[85]。当然，采用如 LPCSD 的喷射技术应该会使氩气污染的量降低，但在文献[122]和[126]中均未给出实际的数值以供比较。Young 等[126]的报道认为，孔隙以及气体夹杂量的大幅下降是 LPCSD 相较于 GSD 的最大优势。不论是在近真空(<200 mbar 的氩气)还是在 1.1 bar 氩气条件下，LPCSD 法制备的喷射成形环件中的孔隙分布都是不均匀的，孔隙倾向于以条带的形式富集于接近环件内表面的位置[126]。虽然有缩孔出现——上文已经提到它是由颗粒飞行过程中的有限冷却造成的，但是当在真空条件下进行喷射时材料整体的孔隙率会有所下降。Young 等[126]的结论认为，LPCSD 法在制造喷射成形材料方面要优于 GSD 法。

根据 Lavernia 等[128]的研究，喷射成形材料中的孔隙率可能来自 3 种机制，即凝固收缩、沉积颗粒之间的间隙以及雾化过程中颗粒的气体吸附。最终的孔隙率水平由这 3 种机制共同确定，这当然取决于具体的工艺条件。Gerling 等[123]、Schimansky 等[124]和 Liu 等[125]均观察到了 GSD 压坯中的孔隙率变化，在接近基底的最初的 10~11 mm 厚的材料中(他们称此处为“1 区”)观察到的孔隙率还要更大一些。根据具体工艺条件以及合金成分的不同，在“1 区”中测得的孔隙率水平可达约 8%，而在“1 区”以外区域的最高孔隙率也小于 4.5%[124]。至于“1 区”之外的孔洞尺寸分布，Schimansky 等[124]认为 90% 的孔洞均小于 20 μm。在 Ti-48.9Al 合金中，也已发现“1 区”以外的孔隙率取决于沉积速度(熔体流动速度)，当熔体流动速度为 7 g/s 且雾化压力为 0.5 MPa 时，可达约 1%的最小孔隙率[125]。当熔体流动速度为 8 g/s 和 4.6 g/s 时，孔隙率分别约为 2. 4%和 5.2%。在保持熔体流动速度为 6 g/s 不变的情况下，当雾化气体压力自 0.5 MPa 升高至 1.0 MPa 时，孔隙率将由 3%升高至 6%[125]。可以确信，当雾化压力升高而使所制备颗粒的平均尺寸下降、颗粒飞行中的热损耗上升时，基底的温度将降低，从而导致孔隙率上升[123]。在喷射成形Ti-48. 9Al合金中曾报道过尺寸高达 65 μm 的孔洞[123,129]。

对沉积速度为 6 g/s 或更高的喷射成形材料进行热等静压可使其孔隙率降低至约 0.06%[129]。然而，在熔体流动速度过低的情形下，热等静压也无法使孔隙率明显降低，因为此时孔隙具有“开孔”的特性[129]。可以用热等静压后的热处理来调整显微组织，但相当高的温度(至 1 390 ℃保温 0.3 h)仅可使孔隙率略微上升(至 0.18%)，关于 TiAl 合金粉末产品中的孔隙率请参见 15.1.4 节。

许多研究论文对喷射成形制备的小坯料的等温锻造进行了讨论[23,85,129,130]。研究人员目前已对二元 Ti-48.9Al 合金[129,130]以及多组元合金[130]进行了 1 100 ℃下初始应变速率约 $2\times10^{-3}\ s^{-1}$至变形量为 77%的锻造。结果发现，锻造使喷射成形 Ti-48.9Al 合金的初始片层组织转变为细晶(2.9 μm)近 γ 组织。在锻造材料中观察到的最大晶粒尺寸为 12 μm[130]。作为比较，对多组元 γ-TAB 合金的锻造使其由初始的双态组织转变为近 γ 组织，其 γ 相的晶粒尺寸为 1.9 μm，最大晶粒尺寸为 5.5 μm[130]。

二元合金中的孔隙率自喷射成形状态下的 1.0% 降低至锻造后的 0.04%。类似的，γ-TAB 合金中的孔隙率在锻造后由 2.0% 降低至 0.03%。在随后 1 030 ℃保温 2 h 的去应力退火后，二元合金的晶粒尺寸为 4.9 μm，而 γ-TAB 合金的晶粒尺寸为 2.2 μm。在二元合金中，部分晶粒长大至约 44 μm，而热处理后 γ-TAB 合金的晶粒长大不超过 7.5 μm。两组合金在去应力退火后均未发现孔隙率上升[130]。研究发现，喷射成形 Ti-48.9Al 合金在本质上是无织构的，但是锻造至 77% 的变形量后却产生了织构[131]。在 1 030 ℃热处理后，观察到锻造织构变得“更明锐”，其极密度自 3.3 上升到了 3.8。

显微组织和合金成分对喷射成形材料的性能有非常重要的影响，这在所有 γ-TiAl 合金中均是一般。Johnson 等[132]对断裂韧性进行了研究，测定了 Ti-48Al-2Mn-2Nb合金的断裂韧性约为 18 MPa·$m^{1/2}$。Li 等[133]与 Li 和 Lavernia[127]研究了材料的压缩蠕变行为。不同合金的部分室温拉伸数据及其制备条件见表 15.2。更多的加工细节请读者参阅相关的论文。在喷射成形+锻造+去应力退火后的 γ-TAB 合金中，800 ℃下测得的拉伸延伸率为 120%[130]。这种材料可能适用于 1 000 ℃左右的超塑性成形[23]。

表 15.2　部分喷射成形 TiAl 合金的室温拉伸性能

合金	加工方法	显微组织	$\sigma_{0.2}$/MPa	σ_f/MPa	$\varepsilon_{plastic}$/%	参考文献
Ti-48.9Al	喷射成形	近片层组织	378	466	1.3	[124, 130]
Ti-48.9Al	喷射成形	近片层组织	441	484	0.6	[123]
Ti-48.9Al	喷射成形+铸造+SR	近 γ 组织	488	517	2.0	[130]
γ-TAB	喷射成形	双态组织	609	658	0.7	[124]
γ-TAB	喷射成形	双态组织	563	586	0.5	[123]
γ-TAB	喷射成形+铸造+SR	近 γ 组织	—	691	0.1	[130]
Ti-48Al-2Cr-2Nb	喷射成形	近片层组织	477	527	0.6	[123]

注：SR = 1 030 ℃/2 h 去应力退火；γ-TAB：Ti-47Al-1.5Nb-1Cr-1Mn-0.5B-0.2Si。

15.1.5.5　由热等静压铸造薄带和液相烧结制备板材/箔材

对铸锭或预合金粉末基材料进行等温热轧以制造 TiAl 合金板材的内容将在第 16 章中介绍。然而，除热轧以外，人们也研究了其他由预合金粉制备所谓低成本板材的方法，特别是铸造薄带热等静压[134,135]以及高能红外加热粉末液相烧结这两种方法[136]。这两种方法均包含了粉浆预合金粉末的制备，如文献[134-136]中所述。粉浆随后被浇注为薄板而后干燥，从而成形为“初始”薄带。

（1）铸造薄带的热等静压。

被置于热等静压罐中的铸造薄带的尺寸约为 5 cm×2 cm，厚度约为 600 μm[134]。这种相对较小的尺寸仅是受到了研究工作中所采用的设备尺寸的限制。通过一定的热处理制度，可在热等静压罐内(在流动的氩气气氛下)将“初始”薄带中的黏合剂除去。除去黏合剂之后，将热等静压罐缓慢冷却至室温。在密封之前，热等静压罐在真空条件下被加热至 300 ℃[135]。早期 Rahaman 等[134]的工作采用的是 PREP 粉末，而后来 Adams 等[135]的工作则采用的是气雾化粉末。在这两篇论文中，热等静压均在 1 100 ℃、130 MPa 下进行了 15 min，并且两组研究的升降温速度均为约 20 K/min。在将所制备出的薄板材(为 250~300 μm 厚的箔材)自低碳钢热等静压罐中取出时，采用的是先用酸溶解而后在 700 ℃下氧化以去除保护性的钽箔内层的方法。箔材中的碳含量相比于初始粉末(0.09wt.%)上升了约 0.04wt.%，但是相比于初始粉末的 0.08wt.%，其氧含量却大幅上升为 0.44wt.%。可以相信这一污染发生在去除钽箔的过程中，因为烧结材料中的氧含量水平仅比原始粉末(0.08wt.%)高出了 0.02wt.%。补充一点，应该指出的是 Rahaman 等[134]研究的合金成分为 Ti-49.2Al-2.6Nb-0.3Ta 而 Adams 等[135]研究的成分则为 Ti-46.6Al-2.2Nb-1.3Cr-0.3Mo-0.2B-0.3C。

（2）液相烧结。

Ricard 等[136]的研究采用的是成分为 Ti-48Al-2Cr-2Nb 的铸造薄带，其原始尺寸为 122 cm×10.2 cm 且厚度为 0.75 mm，随后其被切割为 10.2 cm×10. 2 cm 的方形。将这些方形堆叠在一起，先加热(85 ℃并保温 1 h)而后加压(压力为 3.94 MPa)15 min 使其合并，从而制备成 4 层层压材料。除去黏合剂后对铸造薄带和层压材料进行烧结，采用的热处理制度为真空条件下(6.7×10^{-2} mbar)在 1 000 ℃保温 1 h。对烧结后的薄带以及层压材料在一个水冷、控制气氛的箱体中进行高强度红外处理，箱体中装有一个 750 kW 的钨等离子弧灯。这些加工条件是基于同一篇论文中所阐述的模拟研究确定的[136]。研究表明，所得材料全厚度尺度上的显微组织取决于加工时间以及射线的强度。

在给定的加工条件下，在对铸造薄带的加工中，模拟研究预测出 3 种不同的层结构，顶层被加热至高于液相线温度，而底层则保持为烧结态。在以类似条件加工的真实材料中，人们已观察到了这些层状结构。在顶层和底层之间发现了一个细晶层。可以相信这是因为此区域的材料达到了糊状区温度，即在液相线和固相线之间。在所加工的层压材料中也观察到了类似的层状组织。模拟结果表明，可以通过调整加工参数使材料中仅形成两层组织，但是在现实中却出现了产生气泡的问题[136]。

目前，人们还没有将这一新方法制备的板材/箔材与等温轧制的材料进行比较。当然，对于轧制热损耗较大的薄板材/箔材来说，相关困难会更加突出。因此，这些以粉末为基的方法是可能有实际用途的。但是，污染的程度、孔隙率以及显微组织的变化可能限制了其所能达到的力学性能。

15.1.5.6　电火花烧结

电火花烧结是一种宽泛的说法，它涵盖了许多工艺：如等离子辅助烧结、脉冲电流烧结、电固化(电脉冲辅助固结)以及放电等离子烧结等[137]。根据 Matsugi 等[138]的分类，根据电流周期的长短可将烧结方法分为 3 种类型。电阻加热的时间尺度为 $10\sim10^4$ s，脉冲烧结为 $10^{-3}\sim10$ s，而放电烧结为 $10^{-6}\sim10^{-3}$ s。这些方法有望实现材料的快速致密化并具有使晶粒生长最小化的优点。这一技术的基本原则为真空条件下在烧结的同时在粉末中有电流穿过。在放电等离子烧结中，据报道可以实现高达 1 000 K/min 的加热速度[137]。关于这种致密化方法的更多信息，请读者参阅 Munir 等[137]撰写的系统综述。

对 γ-TiAl 合金而言，关于预合金粉以及元素粉的烧结均已有报道。采用“自蔓延高温合成”将元素粉制备为后续电火花烧结所需的“预合金”材料的方法已在文献[138，139]中进行了阐述。文献[140-142]中叙述了用机械合金化制备材料并随后以电火花烧结固化为 TiAl 合金的过程。在对“传统的”(即由熔化的合金雾化制备的)预合金粉末的烧结研究方面，论文的发表数量非常有限[143,144]。在上述两种研究中，根据工艺温度和合金成分的不同，可制备出包括细小双态以及全片层组织在内的不同显微组织。相比于文献[143]中所报道的由弯曲实验测定的力学性能，Couret 等[144]则进行了真正的拉伸和蠕变测试。当然，力学性能主要还是由显微组织决定。对于双态组织而言，室温拉伸实验表明其塑性伸长量可达 2.5%，屈服和断裂强度分别约为 570 MPa 和 690 MPa。片层组织则表现出 0.6%的塑性伸长量以及 450 MPa 和 560 MPa 的屈服强度和断裂强度。在 700 ℃/300 MPa 的蠕变条件下，片层组织的最小蠕变速率为 10^{-8} s^{-1}，这仅为在双态组织中测得数值的约 1/20[144]。根据所得的结果，Couret 等[144]相信这种电火花烧结技术(他们采用的是放电等离子烧结)可能在制备近净成形 TiAl 合金结构件方面具有前景。这项技术具有进一步扩大化的可能性，并显示出了其作为“特殊”粉末加工方法的最佳特性。但是应该强调的是，这一领域需要进行的下一步工作是证实这些颇具吸引力的性能并研究其变动性。

15.1.6 总结

15.1 节涵盖了不同的制备预合金 γ-TiAl 合金粉末的方法，并对每一种方法的优劣进行了讨论。目前来看，最容易得到的是气雾化粉末。然而，若在将来发现粉末中吸附的氩气会导致部件在名义运行温度下暴露后发生性能下降，那么情形就不同了。已经证明，热致孔隙在极高的温度下可进一步扩展。另外，由气雾化预合金粉末制备的等温轧制板材的超塑性比采用铸锭制备得要差一些，见第 16 章。

在对加工工艺进行优化后，以粉末为基的材料在进行传统热加工后的室温力学性能与以铸锭为基的材料相当。对预合金粉末材料的评价见参考文献[145]。粉末相较于铸锭的明显优势在于其所制备部件的化学和宏观组织均匀性更高，在热加工后的材料中也是如此。尽管目前还没有采用如 Weibull 统计学的方法对此进行分析说明，但是这对性能可重复性应是有益的，因而可提升部件的可预测性及可靠性，对于关键部件来说，这些都是非常重要的问题。Das[86]已经证明，当成分相近时，采用粉末制备的大尺寸锻盘的性能比采用铸锭制备的锻盘更优且缺陷更少。通过近净成形加工，粉末材料也可以提升产品的最终产量，这显然具有经济效益。然而，部件制造商和最终的用户在粉末和铸锭之间所做的任何决定都将取决于多方面的因素，如技术可行性、经济性以及供应链条等。预合金粉末的自蔓延高温合成看起来是一个非常有趣的领域，值得进一步发展。

15.2 元素粉法

采用 Ti、Al 的元素粉以及其他微量合金元素(以粉末的形式)制备 TiAl 合金是可以由反应烧结或机械合金化等方法实现的。一般认为，相比于预合金粉或铸锭制备的材料，以这种方法制备的材料的力学性能难出其右。因此，本书仅对这一方法进行简单的讨论，更多的细节信息请读者参阅相关的论文。

15.2.1 反应烧结

基本的反应烧结工艺采用的是(最好是真空下)钛和铝的混合元素粉末，根据一定比例以达成期望的合金成分[146]。在这一阶段，也可能加入了第 3 组元元素如 Cr、Si、Mn、V 和 Nb 等，或非金属物质如 TiB_2 等，以制备多组元合金[147]。在随后压制成预期的形状后，将压坯材料加热到某一温度，使元素组元之间发生反应并形成金属间化合物相。根据 Oddone 和 German[146]对此材料加热到 1 000 ℃后的结果，铝在 660 ℃熔化而后与钛发生放热极高的反应。相应的，在温度超过 TiAl 的熔点后，这可使反应自持续。另外，熔体与未熔颗粒之间的强烈扩散和毛细作用可产生良好的致密化效果。除了这种液相烧结之外，也可以另外进行 660 ℃以下的热处理，此时称为固态烧结[147,148]。但是，由于相变需要扩散，相比起来这在固态烧结中是非常缓慢的，因此液相烧结是首选方法[147]。反应烧结的优势在于它可以使用低成本的材料，且未烧结的压坯可在低温下的传统设备上变形至近净形状，因而克服了 γ-TiAl 合金热加工性不足的问题。

据 Oddone 和 German[146]的报道，在早期俄罗斯的反应烧结 TiAl 合金研究工作中，烧结件的肿胀可能与钛颗粒周围的金属间化合物层和克肯达尔孔隙有关。随后，Wang 等[147,149,150]研究了烧结过程中的相变和孔隙发展过程。他们的工作均是在冷压而后冷挤压的材料中进行。但是也有工作报道了通过旋锻管中的混合粉末而后在外部压力下烧结而进行的冷压[151]。大幅冷压可使材料烧结后的质量得到提升，这是因为其初始材料的均匀性更好[147,152]。

在其他研究中[153-155]，Wang/Dahms 等[147,149,156,157]对烧结过程中可能发生的反应进行了讨论。他们确定了烧结过程中形成的一系列金属间化合物相。热循环本身就对烧结中出现的相有一定影响。Yang 等[148]的研究发现，固相烧结后铝元素的残余量与热加工过程中施加的压力成反比。当在 630 ℃下烧结 22 h 且压力为 45 MPa 时，已足以完全消除由尺寸为 44～149 μm 的粉末制备的初始压坯中的铝。在 630 ℃下烧结 22 h（在最初的 5 h 内施加了 45 MPa 的压力），随后在 1 250 ℃、45 MPa 下保温 2 h 可以制备出“致密的”($\gamma+\alpha_2$)合金[148]。在液相烧结中，在钛-铝界面处首先形成的相为 $TiAl_3$，随后在钛/$TiAl_3$ 界面处形成 $TiAl_2$ 相。进一步的反应可导致形成 TiAl 和 Ti_3Al 相。然而，在热力学平衡态下，实际上应仅存在 γ-TiAl 和 Ti_3Al 相。关于相形成的更多信息请读者参阅上述的参考文献。

如上文所述，烧结材料中可形成克肯达尔孔隙。这是因为钛和铝的扩散系数存在显著差异。在压坯中，钛向铝中扩散的同时，铝向钛颗粒中扩散的量更大。因而孔隙率受到了许多因素的影响，包括扩散距离、烧结温度以及烧结的类型等。烧结可在真空条件下（即所谓的“无压”烧结）或在外部压力下进行。Wang 和 Dahms 研究了挤压比和烧结温度对孔隙率的影响[149,150]。从图 15.19 中可以看出，对“无压”烧结而言，其孔隙率随烧结温度的上升而急剧下降，这一效应在低挤压比条件下尤为显著[150]。对 600 ℃下的固相“无压”烧结而言，据观察，克肯达尔孔隙主要在铝/钛界面处发展。可以相信，孔洞的尺寸大致与挤压过程中产生的铝条带相近。因此，提升挤压比应会使孔洞尺寸降低，这的确可以在图 15.20 中看出来。更多的细节在文献[150]中给出。

人们还研究了在 1 350 ℃/4 h/200 MPa 热等静压条件下对（为节约成本而

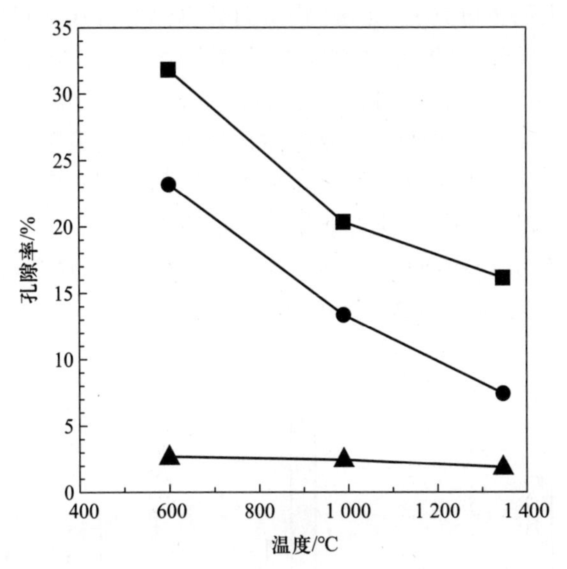

图 15.19 600 ℃、1 000 ℃和 1 350 ℃下对挤压比为 350(▲)、25(●)和 17(■)的材料进行"无压"烧结 6 h 后的孔隙率变化[150]。可以看出高挤压比和提高烧结温度可以显著降低孔隙率，特别是当材料的变形量较低时。数据已重绘

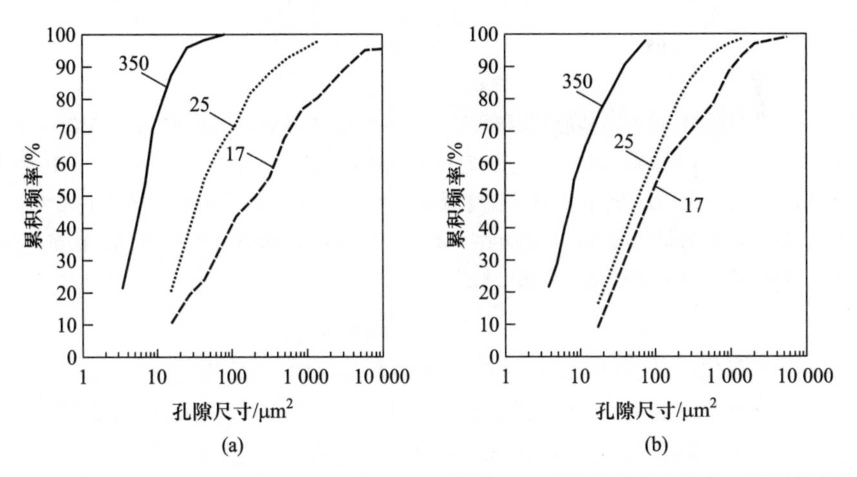

图 15.20 在 600 ℃(a)和 1 350 ℃(b)下"无压"烧结 6 h 后的孔隙尺寸分布，材料的挤压比分别为 350、25 和 17[150]。这些图片表明孔隙尺寸随挤压比的升高而降低。这是因为变形程度更大的材料的显微组织更加细小。数据已重绘

未采用封装的)挤压材料进行烧结而后再"无压"烧结的效果[150]。烧结过程中施加的静态压力抑制了克肯达尔孔隙的发展，因而降低了材料的整体孔隙

率[149]。另外，人们也研究了“无压”烧结而后再热等静压的材料[150]。其结果如图 15.21，表明相对于“无压”烧结，热等静压烧结进一步降低了孔隙率，在挤压变形量低的材料中尤为如此。当挤压比为 350 时，热等静压和“无压”烧结材料的最终孔隙率是相同的。在这一挤压比下，人们发现当烧结工艺为“无压”烧结而后热等静压时，可制备出几乎无孔隙的材料(工艺方案 1)。然而，在挤压比为 17 和 25 的材料中则并非如此，此时则是热等静压而后“无压”烧结(工艺方案 2)可使孔隙率降低。在这一研究中并未考察烧结过程中的升温速率，但其他的工作表明在 TiAl-Mn 合金中更高的升温速率可使孔隙率水平下降[158]。

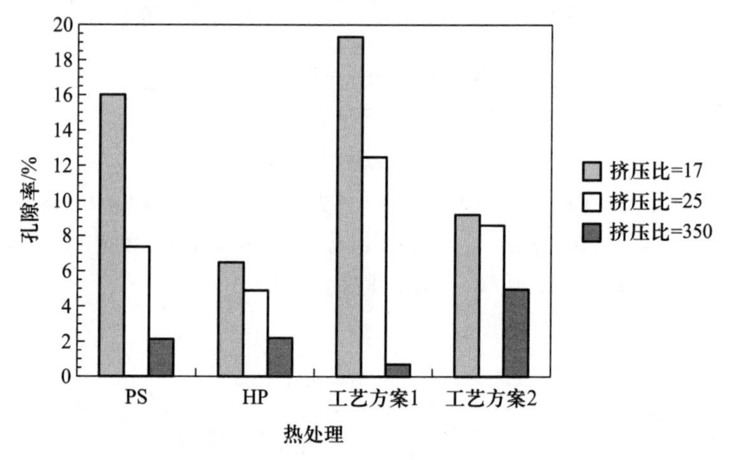

图 15.21　不同烧结处理下样品的孔隙率[150]。PS=“无压”烧结=1 350 ℃/6 h，HIP=热等静压烧结=1 350 ℃/4 h/200 MPa。工艺方案 1=PS+HIP，工艺方案 2=HIP+PS。图中表明热等静压烧结相比于“无压”烧结可进一步降低孔隙率，在挤压变形量低的材料中尤为如此。对于挤压变形量高的材料而言，工艺方案 1 比工艺方案 2 所致的孔隙率更低。在挤压变形量低的材料中这一情形则相反。数据已重绘

与传统熔化后的 TiAl 合金一样，熔体污染，尤其是氧污染对材料的力学性能有非常重要的影响。反应烧结材料中的氧含量取决于初始材料的质量以及加工过程中所采用的气氛。根据 Wang 等[159]的报道，当在空气中进行粉末混合、压坯以及挤压时，氧含量水平为 3 300 ppm(在文献[160]中表示为 3 300 μg/g),但经脱气工序后可达到约 800 μg/g 的水平[160]。Yang 等[148]的研究报道表明(热压)烧结后的氧含量极低，为 100~450 ppm。

至于显微组织，Wang 等[159]研究了成分和热处理对二元合金组织和力学性能的影响。不足为奇，显微组织与铝含量以及反应烧结的最高温度有关。根据后续热处理温度的不同，可产生“双相”或双态组织。由于烧结前在冷挤压

材料中钛和铝单质材料的分布不均匀，使得烧结后无法得到平衡组织。Morgenthal 等[161]在 1 250 ℃ 2 h/200 MPa 热等静压烧结 Ti-48Al-2Cr-2Nb 合金后，得到了一种“双态”组织，其由看似全片层的岛状组织分布于近 γ(抑或是双态)基体构成。即便是在 1 320 ℃/1 h+1 000 ℃/10 h 热处理后，显微组织中的片层团之间仍可观察到 γ(或双态)区域[161]。

前文指出，反应烧结的优势在于，由于烧结前的材料非常容易加工，从而在粉末混合之后可以很容易得到近净成形部件。以这种方式，就解决了 TiAl 合金自身的难加工特性。研究人员自 1990 年代中期开始就已发表了大量文章，其中采用的是将元素粉混合而后包套热挤压或固结的方法[162-164]。在这种加工方式中，反应烧结在热挤压之前，或热挤压开始前/过程中发生，这与之前的方法有所不同，在后者中混合粉压坯的冷挤压与烧结过程或多或少是脱离的。在这种最近发展起来的反应烧结/挤压同步进行的工艺中，已经表明对混合粉末的非直接挤压将比直接挤压所产生的晶粒尺寸更加细小[165]。在热挤压之后，可以通过进一步的热处理来提升相稳定性并获得所需的组织，这取决于具体的热处理工艺和合金成分。目前在元素粉反应烧结材料中已发现的一个问题是难熔金属颗粒如 Mo[166]和 Nb 等仅发生了部分烧结。这些颗粒可使局部非平衡相稳定化，如 β 相，并可作为克肯达尔孔隙的发展位置[166]。在这一方面，采用预合金粉末就更具优势了，因为难熔金属元素不再以单质的形式存在。采用这种合金化的铝粉末也被证明可以降低冷挤压材料反应烧结后的孔隙率[167]。可以相信，这源自铝合金的硬化以及挤压材料相较于非合金化的单质粉末的有更加细小的显微组织[150,167]。

15.2.1.1 反应烧结材料的力学性能

一般认为，反应烧结材料的拉伸性能要低于采用其他方法制备的材料。这当然在某种程度上是由反应烧结材料中所无法避免的孔隙和更高的氧污染造成的。Wang 等[159]的数据表明，Ti-43Al 合金和 T-47Al 合金的抗拉强度分别为 200 MPa 和 160 MPa。这些强度数据显著低于(约低了 50%) Austin 和 Kelly[88]给出的铸造 Ti-(44~48) Al-2Cr-2Nb 合金的屈服强度值。Wang 和 Dahms[147]随后的工作表明，反应烧结 Ti-48Al 合金的室温延伸率和屈服强度可分别提升至 0.6%和 320 MPa。

一些文献报道了挤压/挤压烧结材料在烧结前的力学性能[162-164,168-170]。其中的拉伸性能一般非常优异，尤其是拉伸塑性，已有报道表明，其室温延伸率可达 3.8%，且屈服强度为 481 MPa[162]。这样的塑性水平大幅超过了冷挤压并烧结后的材料，且与在传统挤压铸锭或预合金粉末材料中测定的某些数值相当。因而这种加工工艺对于生产低成本并具有一定可接受力学性能的部件来说是非常有吸引力的。遗憾的是，在研究 TiAl 合金的主要课题组中，还没有人在其研究中采用这种工艺，因此这些优异力学性能还没有被业内广泛证实。

15.2.1.2　反应烧结零部件的制造

传统反应烧结最主要的优势为它可在形成金属间化合物相之前成形近净成形零件。例如，采用两种不同的反应烧结方法可制备出板材/箔材。Wang 和 Dahms[149]提出了一种在反应烧结之前对混合元素粉进行挤压随后冷轧为板材/箔材的工艺。Morgenthal 等[171]也阐述了类似的技术。另一种生产箔材的方法为对间隔的薄(0.070～0.075 mm 厚)铝和钛箔进行冷轧连接随后再反应烧结，阿拉巴马大学的研究组即对此进行了研究[172-175]。可惜的是，除了硬度之外[172,175]，在这些研究中并未测定如烧结材料的拉伸强度等力学性能。在文献[176]中阐述了通过加入铌箔而加工含铌三元合金板材的工艺过程。

Schneider 等[177]阐述了汽车发动机气门的制造过程。他们的方法为对冷压混合粉末进行二次挤压，而后锻造并机加工为近净成形尺寸，并最终进行反应烧结和最后的机加工。尽管在一些热处理条件下将导致材料的完全脆化，但是据报道，在 1 400 ℃保温 3 h 可使材料具有一定的塑性(伸长率≈0.6%)和强度(约为 350 MPa)。

15.2.2　总结

元素单质粉末部件的反应烧结是采用相对便宜的材料制备金属间化合物合金的一种简便方法，且不需要使用等温锻等高度专业化的装备。在形成难以加工的金属间化合物相之前，可以将混合粉末加工为近净成形部件，这是其一大优势。近净成形的部件形状降低了对机加工的需求，从而降低了最终的成本。尽管通过工艺优化可以降低孔隙的形成量，但是看起来残余孔隙和大量的间隙原子污染却使部件的力学性能一直以来难以进一步提升。在热挤压之前、或之中进行反应烧结的方法已被证明可得到良好的力学性能，但是仅有少量研究团队对此进行了研究/阐述。

15.3　机械合金化

机械合金化最初是用于制备弥散氧化物强化的镍基和铁基高温合金。进一步的发展使其应用领域得以拓展，从而令其具备了利用预合金粉和元素粉制备各种平衡和非平衡材料的可能性。关于机械合金化和研磨的系统综述请读者参阅 Suryanarayana 的论著[178]。对于 TiAl 合金而言，在最近的几年内几乎没有开展过相关工作，这主要是因为采用此方法所加工的材料没有任何室温塑性。因此，本节仅对此话题进行简单的讨论。

研究人员已采用元素粉和预合金粉的机械合金化法制备出了 TiAl 基材料。

Hashimoto 等[179]发现，当在含氮气的气氛中研磨元素粉末时，机械合金化 TiAl 合金的产量可大幅提高。在真空烧结之后，研磨后的粉末表现出了纳米晶组织。为降低最终的成本，同组研究人员随后开展了与脉冲放电相结合的相对较大尺寸的(毫米级)海绵 Ti 和再回收 Al 片之间的机械合金化研究[180]。

GKSS 研究了预合金粉末的机械合金化[181-183]。机械合金化在预合金 Ti-48.9Al 粉、Ti-37.5Si 粉以及纯硅粉中进行，由热等静压来固结，温度范围为 750~1 000 ℃，最终得到了细小的纳米晶材料。在室温压缩实验中，晶粒尺寸为 170 nm 的 Ti-45Al-2.4Si 合金表现为脆性，其断裂强度约为 2 680 MPa[181]。当晶粒尺寸较大(194~390 nm)时则观察到了塑性行为，其压缩塑性约分别为 3.5%和 7.2%。据报道，在平均晶粒尺寸为 160 nm 的 Ti-46Al-5Si 合金中，可得到的最高断裂强度为 2 930 MPa。在文献[182]中给出了这种亚微米级晶粒 TiAl 合金材料的高温力学性能。结果表明，当温度高于 500 ℃时，材料变得非常软；在 800 ℃下的 Ti-45Al-2.4Si 合金中，其拉伸应变超过了 175%。确实，报道称在 800 ℃下的应变速率敏感度高达 0.48。上述研究的目标是为了生产出致密的纳米级晶粒尺寸的材料，使其可以很容易地以传统的热加工工艺来进行部件成形。这种材料已经制备成功了[183]。虽然在已发表的文献中并未说明，但是其最终目的是对此材料进行进一步的热处理从而使其具有传统的 TiAl 合金显微组织及相应的力学性能。遗憾的是，这一重要的最终目标却从未得以实现。

参考文献

[1] Ting, J., Peretti, M. W., and Eisen, W. B. (2002) *Mater. Sci. Eng.*, **A326**, 110.

[2] Ting, J., and Anderson, I. E. (2004) *Mater. Sci. Eng.*, **A379**, 264.

[3] See, J. B., and Johnston, G. H. (1978) *Powder Technol.*, **21**, 119.

[4] See, J. B., Runkle, J. C., and King, T. B. (1973) *Metall. Trans.*, **4**, 2669.

[5] Dube, R. K., Koria, S. C., and Subramanian, R. (1988) *Powder Metall. Int.*, **20** (**6**), 14.

[6] Singer, A. R. E., Coombs, J. S., and Leatham, A. G. (1974) *Modern Developments in Powder Metallurgy*, vol. 8 (eds H. H. Hausner and W. E. Smith), MPIF, Princeton, NJ, p. 263.

[7] Singh, D., Koria, S. C., and Dube, R. K. (2001) *Powder Metall.*, **44** (**2**), 177.

[8] Lawley, A. (1992) *Atomisation—The Production of Metal Powders*, MPIF, Princeton, NJ.

[9] Lavernia, E. J., and Wu, Y. (1996) *Spray Atomisation and Deposition*, John Wiley & Sons, Ltd, Chichester, UK.

[10] Leiblich, M., Caruana, G., Torralba, M., and Jones, H. (1996) *Mater. Sci. Technol.*, **12**, 25.

[11] Subramanian, C., Mishra, P., and Suri, A. K. (1995) *Int. J. Powder Metall.*, **31** (**2**), 137.

[12] Uslan, T., Saritas, S., and Davies, T. J. (1999) *Powder Metall.*, **42** (**2**), 157.

[13] Unal, A. (1987) *Mater. Sci. Technol.*, **3**, 1029.

[14] Lubanska, H. (1970) *JOM*, **22** (Feb), 45.

[15] Whitton, T. (2005) *BONEZone*, Winter, 97.

[16] Pilch, M., and Erdman, C. A. (1987) *Int. J. Multiphase Flow*, **13**, 741.

[17] Anderson, I. E., and Terpstra, R. L. (2002) *Mater. Sci. Eng.*, **A326**, 101.

[18] Nichiporenko, O. S., and Naida, Y. I. (1968) *Soviet Powder Metall. Met. Ceram.*, **67**, 509.

[19] Fuchs, G. E., and Hayden, S. Z. (1992) *Mater. Sci. Eng.*, **A152**, 277.

[20] Gerling, R., Schimansky, F. P., and Wagner, R. (1993) *Titanium '92 Science and Technology* (eds F. H. Froes and I. L. Caplan), TMS, Warrendale, PA, p. 1025.

[21] Gerling, R., Schimansky, F. P., and Wagner, R. (1992) *Advances in Powder Metallurgy & Particulate Materials—1992*, *Vol.* 1 (*Powder Production and Spray Forming*) (eds J. M. Capus and R. M. German), MPIF, Princeton, NJ, p. 215.

[22] Gerling, R., Schimansky, F. P., and Wagner, R. (1994) *Progress in atomising high melting intermetallic titanium based alloys by means of a novel plasma melting induction guiding gas atomisation facility* (*PIGA*) (ed. D. François), Les editions de physique, Les Ulis, France, p. 387.

[23] Gerling, R., Clemens, H., and Schimansky, F. P. (2004) *Adv. Eng. Mater.*, **6**, 23.

[24] Loretto, M. (2007) Private e-mail communication.

[25] Yolton, C. F., Kim, Y. W., and Habel, U. (2003) *Gamma Titanium Aluminides 2003* (eds Y. W. Kim, H. Clemens, and A. H. Rosenberger), TMS, Warrendale, PA, p. 233.

[26] Yolton, C. F. (1990) *PM in Aerospace and Defence Technologies*, vol. 1 (ed. F. H. Froes), MPIF, Princeton, NJ, p. 123.

[27] Suryanarayana, C., Froes, F. H., and Rowe, R. G. (1991) *Int. Mater. Rev.*, **36** (**3**), 85.

[28] Hohmann, M., and Ludwig, N. (1991) *Einrichtung zum Herstellen von Pulvern aus Metallen*, German Patent DE 4102 101 A1, Jan. 1991.

[29] Semiatin, S. L., Chesnutt, J. C., Austin, C., and Seetharaman, V. (1997) *Structural Intermetallics 1997* (eds M. V. Nathal, R. Darolia, C. T. Liu, P. L. Martin, D. B. Miracle, R. Wagner, and M. Yamaguchi), TMS, Warrendale, PA, p. 263.

[30] Seetharaman, V., and Semiatin, S. L. (2002) *Intermetallic Compounds, Vol. 3, Principles and Practice* (eds J. H. Westbrook and R. L. Fleischer), John Wiley & Sons Ltd, p. 643.

[31] Roberts, P. R. (1989) *Advances in Powder Metallurgy*, vol. 3 (eds T. G. Gasbarre and W. F. Jandeska), MPIF, Princeton, NJ, p. 427.

[32] Kaufmann, A. R. (1974) *Production of pure, spherical powders*, U. S. Patent 3, 802, 816, April 1974.

[33] Kaufmann, A. R. (1963) *Method and apparatus for making powder*, U. S. Patent 3, 099, 041, July 1963.

[34] Klar, E., Roberts, P. R., Fox, C. W., Patterson, R. J., and Ray, R. (1993) *Atomization, ASM Handbook (Formerly 9th Edition, Metals Handbook, Vol. 7, Powder Metallurgy)* (ed. E. Klar) (Coordinator), ASM International, Metals Park, OH, p. 25.

[35] Champagne, B., and Angers, R. (1980) *Int. J. Powder Metall. Powder Technol.*, **16**, 359.

[36] Champagne, B., and Angers, R. (1981) Modern developments in powder metallurgy. *Proceedings of the 1980 International Powder Metallurgy Conference, Washington, DC*, vol. 12 (eds H. Hausner, H. Antes, and G. Smith), MPIF, Princeton, NJ, p. 83.

[37] Tokizane, M., Fukami, T., and Inaba, T. (1991) *ISIJ Int.*, **31**, 1088.

[38] Osborne, N. R., Eylon, D., and Froes, F. H. (1989) *Advances in Powder Metallurgy*, vol. 3 (eds T. G. Gasbarre and W. F. Jandeska),

MPIF, Princeton, NJ, p. 213.

[39] Cai, X. Z., and Eylon, D. (1996) *Titanium '95: Science and Technology* (eds P. A. Blenkinsop, W. J. Evans, and H. M. Flower), IOM, London, UK, p. 455.

[40] Habel, U., Yolton, C. F., and Moll, J. H. (1999) *Gamma Titanium Aluminides 1999* (eds Y. W. Kim, D. M. Dimiduk, and M. H. Loretto), TMS, Warrendale, PA, p. 301.

[41] Peng, T. C., London, B., and Sastry, S. M. L. (1989) *Advances in Powder Metallurgy*, vol. 3 (eds T. G. Gasbarre and W. F. Jandeska), MPIF, Princeton, NJ, p. 387.

[42] Holiday, P. R., and Patterson, R. J. (1978) *Apparatus for producing metal powder*, U. S. Patent 4, 078, 873, Mar. 1978.

[43] Larson, D. J., Liu, C. T., and Miller, M. K. (1999) *Mater. Sci. Eng.*, **A270**, 1.

[44] Li, H., and Tsakiropoulos, P. (1998) *Int. J. Non-Equilibrium Process*, **11**, 55.

[45] Ho, K. H., and Zhao, Y. Y. (2004) *Mater. Sci. Eng.*, **A365**, 336.

[46] Ullrich, W. J., Frock, H. N., Berg, R. H., Pao, M. A., Hubbard, J. L., and Parsons, D. S. (1993) *Particle Size and Size Distribution*, *ASM Handbook* (*Formerly 9th Edition*, *Metals Handbook*, *Vol. 7*, *Powder Metallurgy*) (ed. E. Klar) (Coordinator), ASM International, Metals Park, OH, p. 214.

[47] Wegmann, G., Gerling, R., and Schimansky, F. P. (2003) *Acta Mater.*, **51**, 741.

[48] Zhao, Y. Y., Jacobs, M. H., and Dowson, A. L. (1998) *Metall. Mater. Trans.*, **29B**, 1357.

[49] Graves, J. A., Perepezko, J. H., Ward, C. H., and Froes, F. H. (1987) *Scr. Metall.*, **21**, 567.

[50] McCullough, C., Valencia, J. J., Levi, C. G., and Mehrabian, R. (1989) *Acta Metall.*, **37** (**5**), 1321.

[51] Hall, E. L., and Huang, S. C. (1990) *Acta Metall. Mater.*, **38**, 539.

[52] Gerling, R., Schimansky, F. P., and Wagner, R. (1993) *Materials by Powder Technology. Ptm'93*, *Vol. 5* (*Superalloys and Intermetallics*) (ed. F. Aldinger), DGM, Oberursel, Germany, p. 379.

[53] Habel, U., Das, G., Yolton, C. F., and Kim, Y. W. (2003) *Gamma*

Titanium Aluminides 2003 (eds Y. W. Kim, H. Clemens, and A. H. Rosenberger), TMS, Warrendale, PA, p. 297.

[54] Choi, B. W., Deng, Y. G., McCullough, C., Paden, B., and Mehrabian, R. (1990) *Acta Metall. Mater.*, **38**, 2225.

[55] McCullough, C., Valencia, J. J., Levi, C. G., and Mehrabian, R. (1990) *Mater. Sci. Eng.*, **A124**, 83.

[56] Valencia, J. J., McCullough, C., Levi, C. G., and Mehrabian, R. (1989) *Acta Metall.*, **37**, 2517.

[57] Tönnes, C., Rösler, J., Baumann, R., and Thumann, M. (1993) *Structural Intermetallics* (eds R. Darolia, J. J. Lewandowski, C. T. Liu, P. L. Martin, D. B. Miracle, and M. V. Nathal), TMS, Warrendale, PA, p. 241.

[58] Gerling, R., Leitgeb, R., and Schimansky, F. P. (1998) *Mater. Sci. Eng.*, **A252**, 239.

[59] Clemens, H., Kestler, H., Eberhardt, N., and Knabl, W. (1999) *Gamma Titanium Aluminides 1999* (eds Y. W. Kim, D. M. Dimiduk, and M. H. Loretto), TMS, Warrendale, PA, p. 209.

[60] Appel, F., Clemens, H., Glatz, W., and Wagner, R. (1997) *High Temperature Ordered Intermetallic Alloys VII*, *MRS Symposium Proceedings*, vol. 460 (eds C. C. Koch, C. T. Liu, N. S. Stoloff, and A. Wanner), MRS, Warrendale, PA, p. 195.

[61] Eylon, D., Schwenker, S. W., and Froes, F. H. (1985) *Metall. Trans.*, **16A**, 1526.

[62] Rabin, B. H., Smolik, G. R., and Korth, G. E. (1990) *Mater. Sci. Eng.*, **A124**, 1.

[63] Shong, D. S., Kim, Y. W., Yolton, C. F., and Froes, F. H. (1989) *Advances in Powder Metallurgy*, vol. 3 (eds T. G. Gasbarre and W. F. Jandeska), MPIF, Princeton, NJ, p. 359.

[64] Murray, J. L. (1992) *Binary Alloy Phase Diagrams*, vol. 2, 2nd edn (eds T. B. Massalski, H. Okamoto, P. R. Subramanian, and L. Kacprzak), ASM International, Materials Park, OH, p. 1785.

[65] Zhang, G., Blenkinsop, P. A., and Wise, M. L. H. (1996) *Titanium '95: Science and Technology* (eds P. A. Blenkinsop, W. J. Evans, and H. M. Flower), IOM, London, UK, p. 542.

[66] Huang, A., Hu, D., Loretto, M. H., Mei, J., and Wu, X. (2007)

Scr. Mater., **56**, 253.

[67] Habel, U., and McTiernan, B. J. (2004) *Intermetallics*, **12**, 63.

[68] Zhang, G., Blenkinsop, P. A., and Wise, M. L. H. (1996) *Intermetallics*, **4**, 447.

[69] Ashby, M. F. (1987) The modelling of hot isostatic pressing. *Proc. Lulea Conf. on HIPing, University of Lulea, Sweden 1987*, p. 29.

[70] Choi, B. W., Marschall, J., Deng, Y. G., McCullough, C., Paden, B., and Mehrabian, R. (1990) *Acta Metall. Mater.*, **38**, 2245.

[71] Abondance, D., Dellis, C., Baccino, R., Bernier, F., Moret, F., De Monicault, J. M., Guichard, D., and Stutz, P. (1996) *Titanium '95: Science and Technology* (eds P. A. Blenkinsop, W. J. Evans, and H. M. Flower), IOM, London, UK, p. 2634.

[72] Yuan, W. X., Mei, J., Samarov, V., Seliverstov, D., and Wu, X. (2007) *J. Mater. Process. Technol.*, **182**, 39.

[73] Clemens, H., Eberhardt, N., Glatz, W., Martinz, H. P., Knabl, W., and Reheis, N. (1997) *Structural Intermetallics 1997* (eds M. V. Nathal, R. Darolia, C. T. Liu, P. L. Martin, D. B. Miracle. R. Wagner, and M. Yamaguchi), TMS, Warrendale, PA, p. 277.

[74] Semiatin, S. L., Cornish, G. R., and Eylon, D. (1994) *Mater. Sci. Eng.*, **A185**, 45.

[75] Fuchs, G. E. (1997) *Metall. Mater. Trans.*, **28A**, 2543.

[76] Beddoes, J., Zhao, L., Immarigeon, J. P., and Wallace, W. (1994) *Mater. Sci. Eng.*, **A183**, 211.

[77] Beddoes, J., Zhao, L., and Wallace, W. (1994) *Mater. Sci. Eng.*, **A184**, L11.

[78] Beddoes, J., Zhao, L., Au, P., and Wallace, W. (1995) *Mater. Sci. Eng.*, **A192-193**, 324.

[79] Wegmann, G., Gerling, R., Schimansky, F. P., Clemens, H., and Bartels, A. (2002) *Intermetallics*, **10**, 511.

[80] Gerling, R., Schimansky, F. P., and Clemens, H. (2003) *Gamma Titanium Aluminides 2003* (eds Y. W. Kim, H. Clemens, and A. H. Rosenberger), TMS, Warrendale, PA, p. 249.

[81] Dimiduk, D. M., Martin, P. L., and Dutton, R. (2003) *Gamma Titanium Aluminides 2003* (eds Y. W. Kim, H. Clemens, and A. H. Rosenberger), TMS, Warrendale, PA, p. 15.

[82] Gouma, P. I., and Loretto, M. H. (1996) *Titanium '95: Science and Technology* (eds P. A. Blenkinsop, W. J. Evans, and H. M. Flower), IOM, London, UK, p. 550.

[83] Loretto, M. H., Hu, D., and Godfrey, A. (1997) *High Temperature Ordered Intermetallics VII*, *MRS Symposium Proceedings*, vol. 460 (eds C. C. Kock, C. T. Liu, N. S. Stoloff, and A. Wanner), MRS, Warrendale, PA, p. 127.

[84] Godfrey, A., Hu, D., and Loretto, M. H. (1997) *Mater. Sci. Eng.*, **A239**, 559.

[85] Gerling, R., Clemens, H., Schimansky, F. P., and Wegmann, G. (2001) *Structural Intermetallics 2001* (eds K. J. Hemker, D. M. Dimiduk, H. Clemens, R. Darolia, H. Inui, J. M. Larsen, V. K. Sikka, M. Thomas, and J. D. Whittenberger), TMS, Warrendale, PA, p. 139.

[86] Das, G. (2006) Presented at the 3rd International Workshop on γ-TiAl Technologies, 29th to 31st of May 2006, Bamberg, Germany.

[87] Paul, J. D. H., Oehring, M., Hoppe, R., and Appel, F. (2003) *Gamma Titanium Aluminides 2003* (eds Y. W. Kim, H. Clemens, and A. H. Rosenberger), TMS, Warrendale, PA, p. 403.

[88] Austin, C. M., and Kelly, T. J. (1993) *Structural Intermetallics* (eds R. Darolia, J. J. Lewandowski, C. T. Liu, P. L. Martin, D. B. Miracle, and M. V. Nathal), TMS, Warrendale, PA, p. 143.

[89] Fuchs, G. E. (1995) *High Temperature Ordered Intermetallic Alloys VI*, *MRS Symposium Proceedings*, vol. 364 (eds J. Horton, I. Baker, S. Hanada, R. D. Noebe, and D. S. Schwartz), MRS, Warrendale, PA, p. 799.

[90] Liu, C. T., Maziasz, P. J., Clemens, D. R., Schneibel, J. H., Sikka, V. K., Nieh, T. G., Wright, J., and Walker, L. R. (1995) *Gamma Titanium Aluminides* (eds Y. W. Kim, R. Wagner, and M. Yamaguchi), TMS, Warrendale, PA, p. 679.

[91] Roberts, P. R., and Ferguson, B. L. (1991) *Int. Mater. Rev.*, **36** (2), 62.

[92] Kim, Y. W. (1992) *Acta Metall. Mater.*, **40**, 1121.

[93] Kim, Y. W. (1989) *JOM*, **41** (**7**), 24.

[94] Kim, Y. W. (1994) *JOM*, **46** (**7**), 30.

[95] Huang, S. C. (1993) *Structural Intermetallics* (eds R. Darolia, J. J.

Lewandowski, C. T. Liu, P. L. Martin, D. B. Miracle, and M. V. Nathal), TMS, Warrendale, PA, p. 299.

[96] Eylon, D., Cooke, C. M., Yolton, C. F., Nachtrab, W. T., and Furrer, D. U. (1993) *Plansee Seminar '93* (eds H. Bildstein and R. Eck), Plansee, Reutte, Austria, p. 552.

[97] Clemens, H., Glatz, W., Schretter, P., Yolton, C. F., Jones, P. E., and Eylon, D. (1995) *Gamma Titanium Aluminides* (eds Y. W. Kim, R. Wagner, and M. Yamaguchi), TMS, Warrendale, PA, q. 555.

[98] Fuchs, G. E. (1993) *High Temperature Ordered Intermetallic Alloys V, MRS Symposium Proceedings*, vol. 288 (eds I. Baker, R. Darolia, J. D. Whittenberger, and M. H. Yoo), MRS, Pittsburgh, PA, p. 847.

[99] Thomas, M., Raviart, J. L., and Popoff, F. (2005) *Intermetallics*, **13**, 944.

[100] Malaplate, J., Thomas, M., Belaygue, P., Grange, M., and Couret, A. (2006) *Acta Mater.*, **54**, 601.

[101] Kruth, J. P., Van De Schueren, B., Bonse, J. E., and Morren, B. (1996) *Ann. CIRP*, **45** (**1**), 183.

[102] Moll, J. H., and McTiernan, B. J. (2000) *Metal Powder Rep.*, **55** (**1**), 18.

[103] Moll, J. H., Whitney, E., Yolton, C. F., and Habel, U. (1999) *Gamma Titanium Aluminides 1999* (eds Y. W. Kim, D. M. Dimiduk, and M. H. Loretto), TMS, Warrendale, PA, p. 255.

[104] Srivastava, D., Chang, I. T. H., and Loretto, M. H. (1999) *Gamma Titanium Aluminides 1999* (eds Y. W. Kim, D. M. Dimiduk, and M. H. Loretto), TMS, Warrendale, PA, p. 265.

[105] Srivastava, D., Chang, I. T. H., and Loretto, M. H. (2001) *Intermetallics*, **9**, 1003.

[106] Qu, H. P., and Wang, H. M. (2007) *Mater. Sci. Eng.*, **A466**, 187.

[107] Zhang, X. D., Brice, C., Mahaffey, D. W., Zhang, H., Schwendner, K., Evans, D. J., and Fraser, H. L. (2001) *Scr. Mater.*, **44**, 2419.

[108] Srivastava, D., Hu, D., Chang, I. T. H., and Loretto, M. H. (1999) *Intermetallics*, **7**, 1107.

[109] Loretto, M. H., Horspool, D., Botten, R., Hu, D., Li, Y. G., Srivastava, D., Sharman, R., and Wu, X. (2002) *Mater. Sci. Eng.*,

A329-331, 1.

[110] Keicher, D. W., and Miller, W. D. (1998) *Metal Powder Rep.*, **53** (**12**), 26.

[111] Abbott, D. H., and Arcella, F. G. (1998) *Metal Powder Rep.*, **53** (**2**), 24.

[112] Lewis, G. K., and Schlinger, E. (2000) *Mater. Design*, **21**, 417.

[113] German, R. M., and Bose, A. (1997) *Injection Moulding of Metals and Ceramics*, MPIF, Princeton, NJ.

[114] Erickson, A. R. (1993) *Injection Moulding*, *Metals Handbook*, vol. 7, 5th edn (ed. E. Klar) (Coordinator), ASM International, Metals Park, OH, p. 495.

[115] Terauchi, S., Teraoka, T., Shinkuma, T., Sugimoto, T., and Ahida, Y. (2001) Development of production technology by metallic powder injection molding for TiAl-type intermetallic compound with high efficiency. *Proceedings of the 15th Int. Plansee Seminar 2001* (eds G. Kneringer, P. Rödhammer, and H. Wildner), (Plansee, Reutte, Austria, 2001), p. 610.

[116] Katoh, K., and Masumoto, A. (1995) Powder metallurgy of Ti-Al intermetallic compounds by injection molding. *Proceedings of the 6th Symposium on High Performance Materials for Severe Environments*, *Tokyo*, *49*.

[117] Shimizu, T., Kitajemin, A., Kato, K., and Sao, T. (2000) *Proceedings of 2000 Powder Metallurgy World Congress* (eds K. Kosuge and H. Nagai), Japan Society of Powder and Powder Metallurgy, Kyoto, Japan, p. 292.

[118] Gerling, R., Aust, E., Limberg, W., Pfuff, M., and Schimansky, F. P. (2006) *Mater. Sci. Eng.*, **A423**, 262.

[119] Gerling, R., and Schimansky, F. P. (2002) *Mater. Sci. Eng.*, **A329-331**, 45.

[120] Oehring, M., Lorenz, U., Appel, F., and Roth-Fagaraseanu, D. (2001) *Structural Intermetallics 2001* (eds K. J. Hemker, D. M. Dimiduk, H. Clemens, R. Darolia, H. Inui, J. M. Larsen, V. K. Sikka, M. Thomas, and J. D. Whittenberger), TMS, Warrendale, PA, p. 157.

[121] Müllauer, J., Appel, F., and Wagner, R. (1997) *Proc. of the 5th*

European Conf. on Adv. Materials and Processes and Applications (*Euromat '97*), *Vol. 1* (*Metals and Composites*) (eds L. A. J. L. Sarton and H. B. Zeedijk), Netherlands Society for Materials Science, Zwijndrecht, NL, p. 1/167.

[122] Dowson, A., Jacobs, M. H., Young, J. M., and Chen, W. (1995) *Gamma Titanium Aluminides* (eds Y. W. Kim, R. Wagner, and M. Yamaguchi), TMS, Warrendale, PA, p. 483.

[123] Gerling, R., Liu, K., and Schimansky, F. P. (1999) *Gamma Titanium Aluminides 1999* (eds Y. W. Kim, D. M. Dimiduk, and M. H. Loretto), TMS, Warrendale, PA, p. 273.

[124] Schimansky, F. P., Liu, K. W., and Gerling, R. (1999) *Intermetallics*, **7**, 1275.

[125] Liu, K. W., Gerling, R., and Schimansky, F. P. (1999) *Scr. Mater.*, **40**, 601.

[126] Young, J. M., Jacobs, M. H., Duggan, M., and Dowson, A. L. (1996) *Titanium '95: Science and Technology* (eds P. A. Blenkinsop, W. J. Evans, and H. M. Flower), IOM, London, UK, p. 2641.

[127] Li, B., and Lavernia, E. J. (1997) *Structural Intermetallics 1997* (eds M. V. Nathal, R. Darolia, C. T. Liu, P. L. Martin, D. B. Miracle, R. Wagner, and M. Yamaguchi), TMS, Warrendale, PA, p. 331.

[128] Lavernia, E. J., Ayers, J. D., and Srivasta, T. S. (1992) *Int. Mater. Rev.*, **37**, 1.

[129] Gerling, R., Schimansky, F. P., Wegmann, G., and Zhang, J. X. (2002) *Mater. Sci. Eng.*, **A326**, 73.

[130] Wegmann, G., Gerling, R., Schimansky, F. P., and Zhang, J. X. (2002) *Mater. Sci. Eng.*, **A329-331**, 99.

[131] Staron, P., Bartels, A., Brokmeier, H. G., Gerling, R., Schimansky, F. P., and Clemens, H. (2006) *Mater. Sci. Eng.*, **A416**, 11.

[132] Johnson, T. P., Jacobs, M. H., Ward, R. M., and Young, J. M. (1993) *Proceedings of the Second International Conference on Spray Forming* (ed. J. V. Wood), Woodhead Publishing Ltd., Cambridge, p. 183.

[133] Li, B., Wolfenstine, J., Earthman, J. C., and Lavernia, E. J. (1997) *Metall. Mater. Trans.*, **28A**, 1849.

[134] Rahaman, M. N., Dutton, R. E., and Semiatin, S. L. (2003) *Mater.*

Sci. Eng., **A360**, 169.

[135] Adams, A. G., Rahaman, M. N., and Dutton, R. E. (2008) *Mater. Sci. Eng.*, **A477**, 137.

[136] Rivard, J. D. K., Sabau, A. S., Blue, C. A., Harper, D. C., and Kiggans, J. O. (2006) *Metall. Mater. Trans.*, **37A**, 1289.

[137] Munir, Z. A., Anselmi-Tamburini, U., and Ohyanagi, M. (2006) *J. Mater. Sci.*, **41**, 763.

[138] Matsugi, K., Ishibashi, N., Hatayama, T., and Yanagisawa, O. (1996) *Intermetallics*, **4**, 457.

[139] Matsugi, K., Hatayama, T., and Yanagisawa, O. (1999) *Intermetallics*, **7**, 1049.

[140] Sun, Z. M., Wang, Q., Hashimoto, H., Tada, S., and Abe, T. (2003) *Intermetallics*, **11**, 63.

[141] Sun, Z. M., Hashimoto, H., Tada, S., and Abe, T. (2003) *Gamma Titanium Aluminides 2003* (eds Y. W. Kim, H. Clemens, and A. H. Rosenberger), TMS, Warrendale, PA, p. 349.

[142] Calderon, H. A., Garibay-Febles, V., Umemoto, M., and Yamaguchi, M. (2002) *Mater. Sci. Eng.*, **A329-331**, 196.

[143] Kothari, K., Radhakrishnan, R., Wereley, N. M., and Sudarshan, T. S. (2007) *Powder Metallurgy*, **50 (1)**, 21.

[144] Couret, A., Molénat, G., Galy, J., and Thomas, M. (2007) *Advanced Intermetallic-Based Alloys*, *MRS Symposium Proceedings*, vol. 980 (eds J. Wiezorek, C. L. Fu, M. Takeyama, D. Morris, and H. Clemens), MRS, Warrendale, PA, p. 389.

[145] Zhao, L., Beddoes, J., Au, P., and Wallace, W. (1997) *Adv. Perform. Mater.*, **4**, 421.

[146] Oddone, R. R., and German, R. M. (1989) *Advances in Powder Metallurgy*, vol. 3 (eds T. G. Gasbarre and W. F. Jandeska), MPIF, Princeton, NJ, p. 475.

[147] Wang, G. X., and Dahms, M. (1993) *Structural Intermetallics* (eds R. Darolia, J. J. Lewandowski, C. T. Liu, P. L. Martin, D. B. Miracle, and M. V. Nathal), TMS, Warrendale, PA, p. 215.

[148] Yang, J. B., Teoh, K. W., and Hwang, W. S. (1997) *Mater. Sci. Technol.*, **13**, 695.

[149] Wang, G. X., and Dahms, M. (1993) *JOM*, **45 (5)**, 52.

[150] Wang, G. X., and Dahms, M. (1993) *Metall. Trans.*, **24A**, 1517.

[151] Taguchi, K., and Ayada, M. (1995) *Gamma Titanium Aluminides* (eds Y. W. Kim, R. Wagner, and M. Yamaguchi), TMS, Warrendale, PA, p. 619.

[152] Leitner, G., Dahms, M., Jaenicke-Rössler, K., Schultrich, S., and Wang, G. X. (1994) Reaction sintering of titanium aluminides at different contact areas Ti/Al. *Proc. 1994 Powder Metallurgy World Congress*, vol. 2 (ed. D. François) Les editions de physique, Les Ulis, France, p. 1229.

[153] van Loo, F. J. J., and Rieck, G. D. (1973) *Acta Metall.*, **21**, 61.

[154] van Loo, F. J. J., and Rieck, G. D. (1973) *Acta Metall.*, **21**, 73.

[155] Shibue, K., Kim, M. S., and Kumagai, M. (1991) *Proc. Int. Symp. on Intermetallic Compounds* (eds O. Izumi, M. Kikuchi, and N. Honjo), JIM, Sendai, Japan, p. 833.

[156] Bohnenkamp, U., Wang, G. A., Jewett, T. J., and Dahms, M. (1994) *Intermetallics*, **2**, 275.

[157] Dahms, M., Jewett, T. J., and Michaelsen, C. (1997) *Z Metallkd.*, **88**, 125.

[158] Yang, S. H., Kim, W. Y., and Kim, M. S. (2003) *Intermetallics*, **11**, 849.

[159] Wang, G. X., Dahms, M., and Dogan, B. (1992) *Scr. Metall. Mater.*, **27**, 1651.

[160] Dahms, M. (1994) *Adv. Perform. Mater.*, **1**, 157.

[161] Morgenthal, I., Neubert, X., and Kieback, B. (1994) Reactive HIP-sintering of extruded Ti48Al2Cr2Nb elemental powder mixture. *Proc. 1994 Powder Metallurgy World Congress*, vol. 2, (ed. D. François) Les editions de physique, Les Ulis, France, p. 1259.

[162] Lee, I. S., Hwang, S. K., Park, W. K., Lee, J. H., Park, D. H., Kim, H. M., and Lee, Y. T. (1994) *Scr. Metall. Mater.*, **31**, 57.

[163] Lee, T. K., Mosunov, E. I., and Hwang, S. K. (1997) *Mater. Sci. Eng.*, **A239-240**, 540.

[164] Cho, H. S., Nam, S. W., Hwang, S. K., and Kim, N. J. (1997) *Scr. Mater.*, **36**, 1295.

[165] Wu, Y., Park, Y. W., Park, H. S., and Hwang, S. K. (2003) *Mater. Sci. Eng.*, **A347**, 171.

[166] Kim, J. K., and Hwang, S. K. (1998) *Scr. Mater.*, **39**, 1205.

[167] Shibue, K. (1991) *Sumitomo Light Met. Tech. Rep.*, **32** (**2**), 95.

[168] Wu, Y., Hwang, S. K., Nam, S. W., and Kim, N. J. (2003) *Gamma Titanium Aluminides 2003* (eds Y. W. Kim, H. Clemens, and A. H. Rosenberger), TMS, Warrendale, PA, p. 177.

[169] Kim, J. K., Kim, J. H., Lee, T. K., Hwang, S. K., Nam, S. W., and Kim, N. J. (1999) *Gamma Titanium Aluminides 1999* (eds Y. W. Kim, D. M. Dimiduk, and M. H. Loretto), TMS, Warrendale, PA, p. 231.

[170] Park, H. S., Park, K. L., and Hwang, S. K. (2002) *Mater. Sci. Eng.*, **A329-331**, 50.

[171] Morgenthal, I., Kieback, B., Hübner, G., and Nerger, D. (1994) Preparation of Ti-Al-foils by roll compaction of elemental powders. *Proc. 1994 Powder Metallurgy World Congress*, *vol. 2* (*Les editions de physique*, *Les Ulis*, *France*), p. 1247.

[172] Luo, J. G., and Acoff, V. L. (1999) *Gamma Titanium Aluminides 1999* (eds Y. W. Kim, D. M. Dimiduk, and M. H. Loretto), TMS, Warrendale, PA, p. 331.

[173] Chaudhari, G. P., and Acoff, V. L. (2003) *Gamma Titanium Aluminides 2003* (eds Y. W. Kim, H. Clemens, and A. H. Rosenberger), TMS, Warrendale, PA, p. 287.

[174] Luo, J. G., and Acoff, V. L. (2004) *Mater. Sci. Eng.*, **A379**, 164.

[175] Luo, J. G., and Acoff, V. L. (2006) *Mater. Sci. Eng.*, **A433**, 334.

[176] Zhang, R., and Acoff, V. L. (2007) *Mater. Sci. Eng.*, **A463**, 67.

[177] Schneider, D., Jewett, T., Gente, C., Segtrop, K., and Dahms, M. (1997) *Structural Intermetallics 1997* (eds M. V. Nathal, R. Darolia, C. T. Liu, P. L. Martin, D. B. Miracle, R. Wagner, and M. Yamaguchi), TMS, Warrendale, PA, p. 453.

[178] Suryanarayana, C. (2001) *Progr. Mater. Sci.*, **46**, 1.

[179] Hashimoto, H., Abe, T., and Sun, Z. M. (2000) *Intermetallics*, **8**, 721.

[180] Sun, Z. M., Wang, Q., Hashimoto, H., Tada, S., and Abe, T. (2003) *Intermetallics*, **11**, 63.

[181] Bohn, R., Klassen, T., and Bormann, R. (2001) *Acta. Mater.*, **49**, 299.

[182] Bohn, R., Klassen, T., and Bormann, R. (2001) *Intermetallics*, **9**, 559.

[183] Fanta, G., Bohn, R., Dahms, M., Klassen, T., and Bormann, R. (2001) *Intermetallics*, **9**, 45.

第 16 章 变形加工

变形加工是许多金属的标准加工实践，用以成形材料并控制其显微组织和力学性能。对于 γ-TiAl 合金这样非常脆的材料来说，变形加工就尤其表现出了其释放这种合金全部潜力的适用性，这是因为它可以通过调控显微组织来提高合金的力学性能。对于任何结构应用来说，必须保证材料力学性能在最小值上的可靠性，这当然离不开提高最终显微组织的均匀性以及消除铸造缺陷的支持。另外，铸造应该会受到最大部件尺寸的限制，因为随着铸造零件尺寸的增加，相应的质量问题也越来越多。因此大尺寸 γ-TiAl 合金部件的制备很可能需要粉末或变形工艺的参与。

虽然变形加工有其明显的优点，但是热加工实践的发展却非常缓慢，仅在 1980 年代晚期才出现了首次的研究工作[1-9]。一方面这是由有序金属间化合物合金特殊的加工行为造成的，包括有限的塑性和直到高温也无法避免的断裂的可能性、使材料极易发生局部流变的显著塑性各向异性，以及缓慢的再结晶动力学等。另外，γ-TiAl 合金铸锭材料一般会受到显著的合金元素偏析、缩松、组织粗大以及铸造织构等因素的不利影响，所有的这些因素又进一步降低了其可加工性。还有，传统的热机械加工装备并不能用于大多数 γ-TiAl 合金的首次变形，而适用于等温或包套加工的工业级装备又不是可以轻易得到的。这一点非常重要，因为 γ-TiAl 合金通常为非常复杂的多相合金，因而需要开展很多经验性的工作，以探究合金成分、加工条件、显微组织和相关的性能之间的关系。

发展加工变形工艺路线过程中所遇到的困难，激发人们在过去 15 年中进行了大量的研究工作，其内容宽广，涵盖了基础及应用研究的各个方面，部分文章对此进行了综述[10-20]。到目前为止，基于研究人员的这些努力，人们已开发出包含各种变形条件的完整热加工工艺路线，包括轧制、模锻以及超塑性成形等，它们已经发展成熟，接近了常规工业加工的水平。

16.1　热加工条件下的流变行为

16.1.1　流变曲线

上文已经指出，γ-TiAl 合金的可加工性本质上是非常低的，因此即便是在显微组织细小均匀的前提下也无法进行冷加工或温加工操作。对于传统材料而言，热加工温度范围通常由同系物转变温度 $0.6T_m$ 决定，其中 T_m 为材料的绝对熔化温度[21]。对于 γ-TiAl 合金来说，这通常约为 800 ℃，与其韧脆转变温度 T_{bd} 大致相当。但是，大多数 γ-TiAl 合金却只能在显著更高的温度下才可成功地进行热加工。成功热加工操作的合适温度及应变速率范围一般由压缩实验测定，其被认为是测试块体材料可加工性的标准方法[22]。尽管压缩测试中的平均应力状态与许多块体材料的加工工艺相近[23]，但是需要指出的是，测试中的应力状态对样品的几何尺寸以及样品与模具之间的摩擦条件非常敏感[23]。因此，在对这些实验结果进行比较、甚至应用于工业上的锻造操作时，应谨慎行事。

在文献中可找到大量关于热压缩行为的研究，其所采用的是立方厘米体积尺度上的圆柱变形样品。其中的部分研究中还报道了采用不同润滑剂的效果[1,24-29]。通过这种实验可以测定出流变曲线，从中可得出所需的工业级加压能力、可能的模具材料以及热变形过程中的变形机制。这种研究也可用于构建热加工图，它能够确定在何种变形条件下可实现高质量、无裂纹的变形。同样重要的是，人们也已经表征了应变量、应变速率以及温度对显微组织演化的影响[7,30-34]。

Nobuki 和 Tsujimoto[7] 是在这一领域做出了最广泛的研究的学者之一。他们的研究工作为更加深入地理解 γ-TiAl 合金的变形行为做出了重要贡献，这主要是因为他们研究了 Al 含量对二元合金热变形行为的影响，这对变形合金的发展来说是非常重要的。作者观察发现，所有的流变曲线中均出现了峰值流变应力，达到峰值后则发生流变软化，在真应变超过约 0.6 后，应力水平基本维持恒定。这是动态再结晶行为的特征，在大量其他研究中也可观察到这一点[3,4,6,11,25,30,31,33-35]。图 16.1 展示了 Ti-45Al-10Nb 合金在两种条件下得出的流变曲线。从中可以看出，峰值流变应力出现时的真应变量取决于所施加的变形条件，可高达 0.4[4]。然而，流变软化却不一定来自动态再结晶，它也有可能是由样品的绝热升温、局部流变或是片层在变形过程中的扭折和再取向导致的。诚然，Semiatin 等[3,31]的研究表明绝热升温可以对流变软化产生贡献。作者对 Ti-48Al-2.5Nb-0.3Ta 合金进行了应变速率为 10^{-1} s、温度为 1 235 ℃的等温热压缩实验。当样品变形的应变超过峰值应力的应变量后，实验即暂停一定的时间以使变形导致的热量耗散。而后继续进行变形，这使得应力急速上升，达到了与峰值应力相近的数值。所产生的应力增加量与变形升温和名义实验温度不同的情况下应该出现的应力差值相近[3]。相应地，在与工业上的轧制或挤压工艺的应变速率相仿的高应变速率条件下，绝热升温就对流变软化起到了主要作用。然而，在明显更低的应变速率下也可以观察到流变软化，应认为在此条件下不会有明显的绝热升温。图 16.2 为 Ti-45Al-8Nb-0.2C 合金的拉伸曲线，应变速率为 2.35×10^{-5} s^{-1}[36]。变形被重复性的中断至少 5 min 以进行应变松弛测试。而后继续进行恒定应变速率的变形。最终的应力-应变曲线明确表现出了流变软化。在这种情况下，流变软化不会来自绝热升温，因为变形的应变速率较低且中断的持续时间较长。由于在一些研究中已经表明，动态再结晶是在峰值应力的应变量附近被激发的[12,37,38]，因而这种情形下的流变软化应该是来自动态再结晶。从这一点来看，非常有趣的是，应该指出 Fröbel 和 Appel[39]在热挤压 Ti-46.5Al-5Nb 合金实验中观察到重复性的再结晶/加工硬化的循环，如图 16.3 所示。在许多材料中均发现了这种振荡现象[40-42]，它明确证明了流变软化是由动态再结晶所导致的。然而，根据 Imayev 等[38]的研究，流变软化和动态再结晶的关系取决于若干因素。作者对不同二元和多元合金以同样的样品尺寸和变形条件进行了热压缩实验。实验的初始应变速率非常低，为 5×10^{-4} s^{-1}。当合金中的 Al 含量达到 48at.%之前，样品均表现出了强烈的流变软化；而当 Al 含量为 50at.%～54at.%时，即使应变量达 40%也未观察到流变软化(如图 16.4)。但是，其他的研究却表明在合金成分和变形条件下相近的情况下，应变量很高时可观察到轻微的流变软化现象[4,43]。这一行为可在部分上解释为源自合金在初始组织上的差异，比较 Ti-49Al 合金两种不同显微组织所对应的流变曲线即可证明这一点(如图 16.5)。在近 γ 显微组织的样品中观察到了微弱的加工硬化现象，而在片层组织样品中则出现了流变软化。

下一节将对这些实验结果的原因进行细致讨论。在此应该指出的是，在片层组织中，片层很容易发生弯曲或扭折，这导致了局部流变和片层的再取向。Seetharaman 和 Semiatin[25] 的结论认为，这些机制可使 Al 含量低于 49at.%的片层组织合金发生强烈的流变软化，如图 16.4 所示，这与随后 Schaden 等[44] 有限元计算的结果是一致的。这种行为并不是 γ-TiAl 合金所特有的现象[22]。例如，Ponge 和 Gottstein[45] 的研究表明，Ni_3Al 合金的强烈流变软化即源自动态再

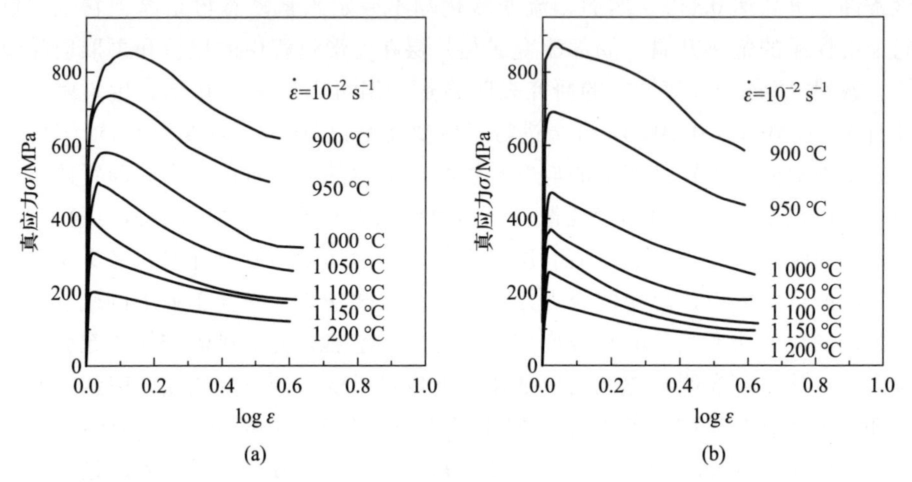

图 16.1　在直径为 18 mm、高度为 30 mm 的样品中测定的 Ti-45Al-10Nb 合金的流变曲线，实验条件在图中给出。(a) 铸态材料，(b) 挤压材料

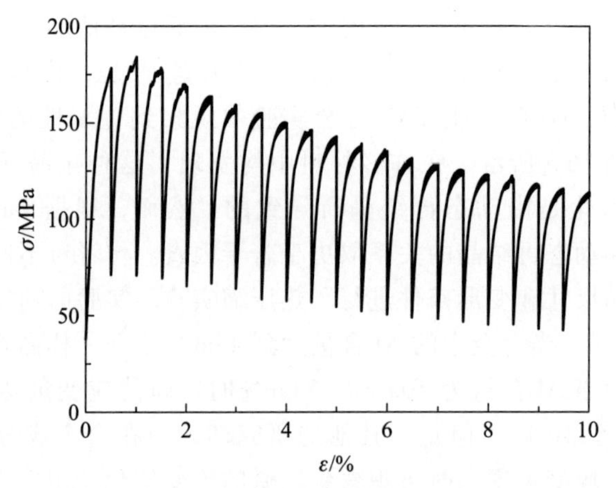

图 16.2　挤压 Ti-45Al-8Nb-0.2C 合金双态组织拉伸实验的应力-应变曲线[36]。应变速率为 $2.35\times10^{-5}\ s^{-1}$，温度为 1 000 ℃。实验被周期性的中断至少 5 min 以测试应变松弛动力学

结晶，动态再结晶是由贯穿样品的、连续三维网状结构的链状再结晶区域的局部变形引发的。总之，在 γ-TiAl 合金中，动态再结晶必然对流变软化有所贡献，但流变软化却不能完全依赖于动态再结晶，它是由若干因素的共同作用导致的，包括最显著的局部流变(部分由动态再结晶引发)以及变形过程中的绝热升温等。

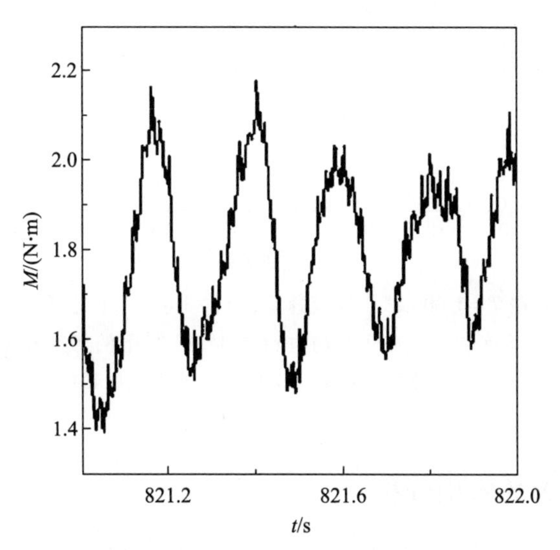

图 16.3 Ti-46.5Al-5Nb 合金在 T = 1 320 ℃扭转变形时的动态再结晶，扭转剪切应变速率为 $\dot{\varepsilon}=2.1\times10^{-2}\ s^{-1}$ [39]。随时间变化的扭转动量 M 清晰地展示了由多次再结晶循环所导致的振荡

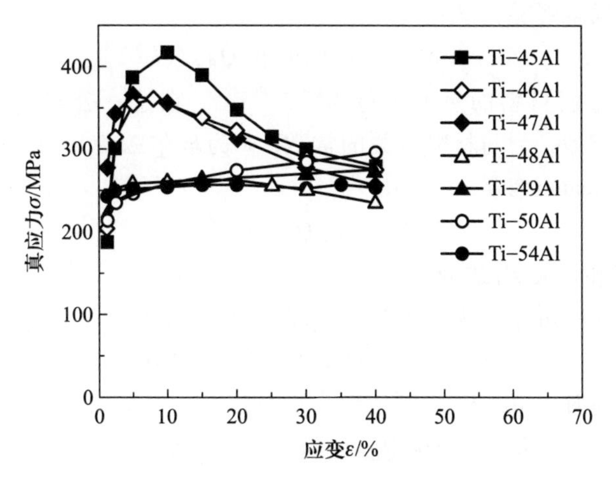

图 16.4 不同二元 TiAl 合金在 T = 1 000℃、应变速率 $\dot{\varepsilon}=5\times10^{-4}\ s^{-1}$ 下的压缩实验流变曲线[38]。合金由非自耗氩气电弧熔炼制备，在实验前进行了 1 240 ℃下的热等静压

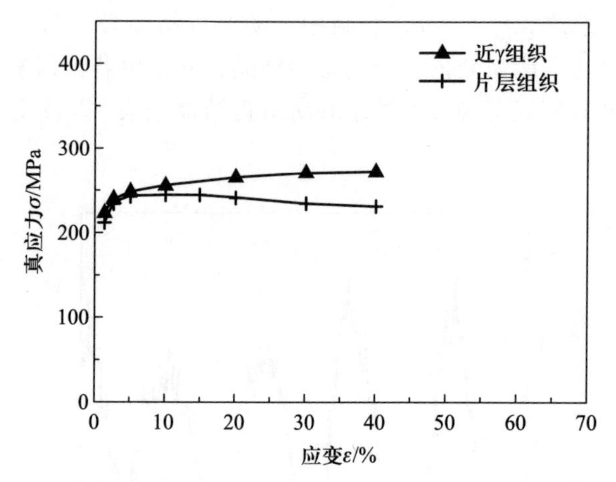

图 16.5　Ti-49Al 合金在 $T=1\ 000$ ℃、应变速率 $\dot{\varepsilon}=5\times10^{-4}\ \mathrm{s}^{-1}$ 下的压缩实验流变曲线[38]。合金由非自耗氩气电弧熔炼制备，在实验前进行了 1 240 ℃下的热等静压。实验材料的组织为热等静压所致的近 γ 组织和热等静压并 1 340 ℃热处理后所致的片层组织

16.1.2　流变行为的本构分析

在上文中提到的 Nobuki 和 Tsujimoto[7] 的工作，以及许多其他的工作中，可发现峰值流变应力随应变速率和温度的变化非常大。考虑到这些合金在韧脆转变温度附近的变形行为，这一点并不奇怪。然而，在温度非常高的热加工条件下，可能会开动不同的变形机制。基于对流变应力随应变速率和温度变化的本构分析，已发现经验公式：

$$A\left(\sin \mathrm{h}[\alpha\sigma]\right)^{n}=\dot{\varepsilon}\exp[Q_{\mathrm{HW}}/(kT)] \tag{16.1}$$

足以描述许多金属材料的热加工行为[40,42,46-49]。在这一公式中，A、α、应力指数 n 和激活能 Q_{HW} 为与材料有关的常数。k 为玻尔兹曼常数。式(16.1)的右侧为 Zener-Hollomon 参数：

$$Z\equiv\dot{\varepsilon}\exp[Q_{\mathrm{HW}}/(kT)] \tag{16.2}$$

它将应变速率和温度相结合为温度补偿应变速率[40,42,46-49]。当应力较低时，$\alpha\sigma<0.8$，式(16.1)可简化为幂函数型，即为 Dorn 方程：

$$Z\equiv\dot{\varepsilon}\exp[Q_{\mathrm{HW}}/(kT)]\approx A'\sigma^{n'} \tag{16.3}$$

而当应力值较高时，$\alpha\sigma>1.5$，则近似为指数型：

$$Z\equiv\dot{\varepsilon}\exp[Q_{\mathrm{HW}}/(kT)]\approx A'\exp(\beta\sigma) \tag{16.4}$$

部分文献研究发现，自 Nobuki 和 Tsujimoto 的工作[7]以来，基于式(16.1)的本构分析很好地描述了 γ-TiAl 合金的流变行为。图 16.6 给出了相关的例子，

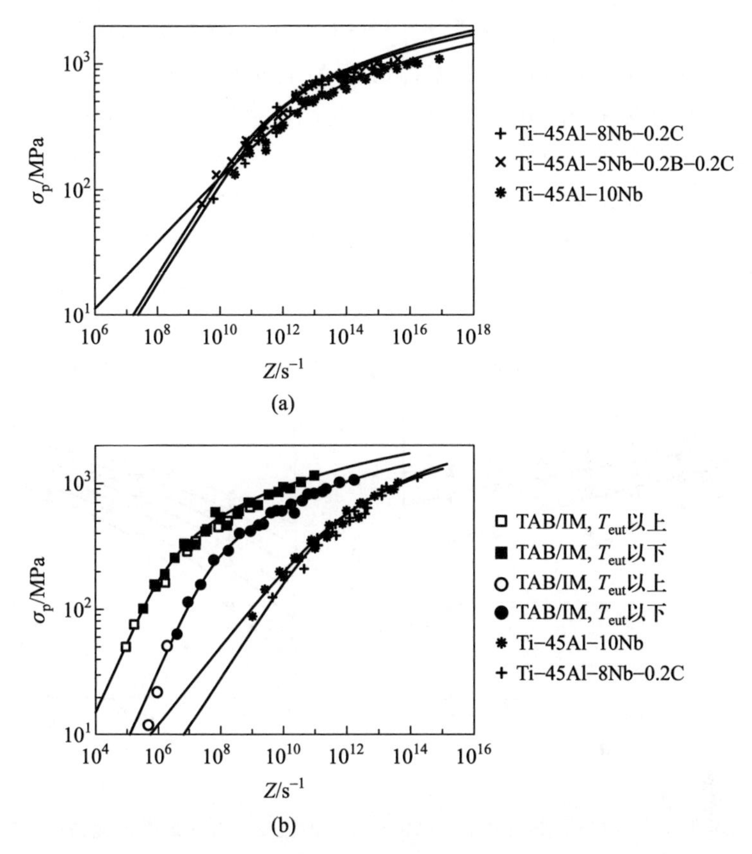

图 16.6 (a) 3 种铸造 TiAl 合金组织压缩流变曲线的峰值应力(如图 16.1)随 Zener-Hollomon 参数 $Z=\dot{\varepsilon}\exp[Q_{HW}/(kT)]$的变化。表观激活能 Q_{HW} 以及曲线的拟合由本构方程(16.1)确定；所得的激活参数见表 16.1。(b) 3 种挤压 TiAl 合金组织压缩流变曲线中的峰值应力(如图 16.1)随 Zener-Hollomon 参数 $Z=\dot{\varepsilon}\exp[Q_{HW}/(kT)]$的变化。表观激活能 Q_{HW} 以及曲线的拟合基于本构方程(16.1)确定；所得的激活参数见表 16.1。T_{eut} 为共析温度；TAB 为 Ti-47Al-1.5Nb-1Cr-1Mn-0.2Si-0.5B 合金；IM、PM 为挤压前的初始组织，分别为热等静压后的铸造和粉末材料。在实验之前，TAB 成分的合金和基于 Ti-45Al 成分的合金的压缩样品分别为近 γ 组织和近片层组织

它展示了在不同铸锭和挤压材料中峰值应力随 Zener-Hollomon 参数的变化，以及根据式(16.1)而拟合的曲线。其中一种合金的数据被表示为温度和应变速率的函数，如图 16.7。根据本构分析，人们在对不同合金的大量研究中得出了许多组 A、α、n 和 Q_{HW} 参数，这些结果在表 16.1 中列出。相较于 Kim 等[34]对 γ-TiAl合金高温变形行为的研究，此表中的数据又有所拓展。从表中可以看

出，除 Ti-43.6Al-5V 合金以外，应力指数 n 和应力乘数 α 在所研究的铸造合金中变化不大，其均值分别为 $n=3.4\pm0.4$ 和 $\alpha=(4.5\pm0.9)\times10^{-3}\ \mathrm{MPa}^{-1}$。然而，指前因子 A 和表观激活能 Q_{HW} 则随 Al 含量而系统变化。在 Kim 等[34]的研究中，他们发现 Q_{HW} 随 Ti 对 Al 含量的比值直线上升。这一相关性使 Ti、Al 含量相等的合金的激活能为 3.5 eV。另外作者还观察到，指前因子随表观激活能而发生指数性变化，这与在不同成分的微合金钢中所观察到的结果一致[34,55]。由于这一相关性，若将所研究的所有合金的峰值应力对均一化的 Zener-Hollomon 参数 Z/A 而不是 Zener-Hollomon 参数 Z 作图，那么它们均将位于同一曲线中，如图 16.6 所示[34]。总之，不论是铸态还是铸态经热处理之后，γ-TiAl 合金的热压缩变形行为均可由本构方程(16.1)来描述。

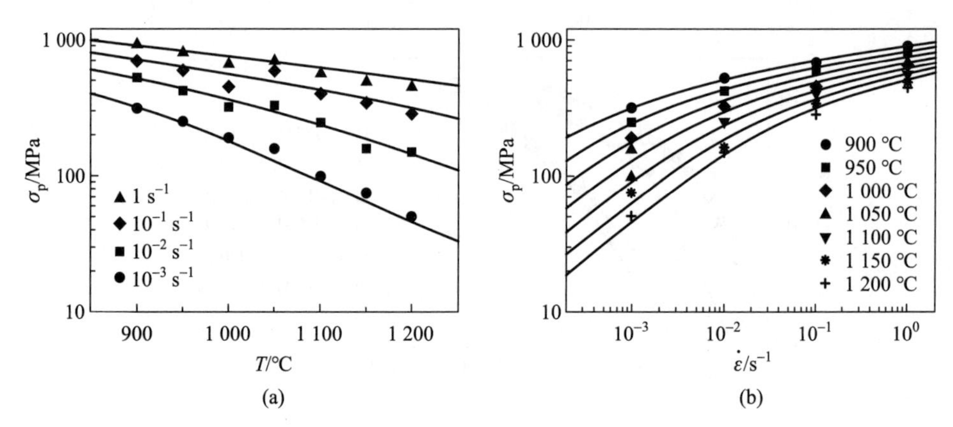

图 16.7　(a) 细小近 γ 挤压(铸锭材料)TAB 合金压缩流变曲线中的峰值应力(如图 16.1)随温度的变化。曲线由本构方程(16.1)拟合，所得的激活参数见表 16.1。同样的峰值流变应力数据分别以 Zener-Hollomon 参数和应变速率为函数绘制于图 16.6(b)和图 16.7(b)中。TAB 为 Ti-47Al-1.5Nb-1Cr-1Mn-0.2Si-0.5B 合金铸锭材料。(b) 细小近 γ 挤压(铸锭材料)TAB 合金压缩流变曲线中的峰值应力(如图 16.1)随应变速率对数的变化。曲线由本构方程(16.1)拟合，所得的激活参数见表 16.1。同样的峰值流变应力数据分别以 Zener-Hollomon 参数和温度为函数绘制于图 16.6(b)和图 16.7(a)中

将式(16.1)对实验数据的拟合所得出的变形参数与自蠕变或恒应变速率实验中直接测定的参数进行对比是令人感兴趣的。对于 Ti-45Al-8Nb-0.2C 合金，Hoppe 和 Appel[36]在 800 ℃加载-松弛实验中测定的表观激活能为 $Q_{HW}=3.36$ eV，在应变速率和温度循环组合实验中测得的数据也与之相同。对此合金的本构分析却得出明显更高的表观激活能 $Q_{HW}=3.9$ eV，如表 16.1 所示。对于成分为 Ti-50Al[56]、Ti-53.4Al[57] 和 Ti-49Al[58] 的二元单相合金来说，Beddoes 等[59]基于 Dorn 方程分析了其 707～927 ℃范围内的蠕变行为并得出激

表 16.1 根据本构方程(16.1)确定的压缩实验热变形行为的激活参数。A 为指前因子，α 为应力乘数，n 为应力指数，Q_{HW} 为表观激活能

合金成分	参考文献	加工方法	初始组织	T/℃	$\dot{\varepsilon}/s^{-1}$	A/s^{-1}	$\alpha/(10^{-3}MPa^{-1})$	n	Q_{HW}/eV
Ti-43Al	[50]	铸造	片层组织	927~1 207	$7.5\times10^{-4}\sim7.5\times10^{-1}$	1.67×10^{17}	4.95	2.94	5.5
Ti-47Al-2V	[50]	铸造	片层组织	927~1 207	$7.5\times10^{-4}\sim7.5\times10^{-1}$	3.60×10^{15}	3.61	3.60	4.8
Ti-51Al	[50]	铸造	γ	927~1 207	$7.5\times10^{-4}\sim7.5\times10^{-1}$	1.53×10^{13}	4.90	3.63	4.3
Ti-52Al	[50]	铸造	γ	927~1 207	$7.5\times10^{-4}\sim7.5\times10^{-1}$	6.33×10^{12}	4.56	3.74	4.1
Ti-43.8Al	[7]	铸造	片层组织	927~1 327	$1\times10^{-3}\sim1\times10^{-1}$	1.41×10^{22}	6.32	3.13	7.0
Ti-44.9Al	[7]	铸造	片层组织	927~1 327	$1\times10^{-3}\sim1\times10^{-1}$	1.30×10^{16}	4.52	3.74	5.1
Ti-48.2Al	[7]	铸造	双态组织	927~1 327	$1\times10^{-3}\sim1\times10^{-1}$	5.52×10^{10}	4.01	3.70	3.6
Ti-49.5Al	[7]	铸造	γ	927~1 327	$1\times10^{-3}\sim1\times10^{-1}$	3.68×10^{9}	5.57	3.03	3.4
Ti-50.2Al	[7]	铸造	γ	927~1 327	$1\times10^{-3}\sim1\times10^{-1}$	1.09×10^{11}	4.79	3.57	3.7
Ti-47Al-1V	[30]	铸造	近片层组织	1 000~1 200	$1\times10^{-3}\sim1\times10^{0}$	2.93×10^{13}	3.69	3.8	4.2
Ti-43.6Al-5V	[51]	铸造	近片层组织	800~1 150	$3\times10^{-4}\sim1\times10^{-1}$	2.24×10^{11}	9.67	1.57	3.8
Ti-47Al-2Cr-4Nb	[52]	铸造	近 γ 组织	1 000~1 200	$1\times10^{-3}\sim1\times10^{-1}$	4.26×10^{8}	4.24	3.1	3.1
Ti-48Al-2Cr-2Nb	[9]	铸造	双态组织	975~1 200	$3\times10^{-3}\sim1\times10^{-1}$	2.7×10^{9}	5.38	2.7	3.4
Ti-48Al-2Cr-2Nb	[24]	铸造	片层组织	950~1 220	$1\times10^{-4}\sim5\times10^{1}$	3.36×10^{13}	6.02	3.0	4.2
Ti-49.5Al-2.5Nb-1.1Mn	[53]	铸造	近 γ 组织	1 000~1 250	$1\times10^{-3}\sim1\times10^{-1}$	8×10^{10}	3.2	3.9	3.4
Ti-46Al-2W	[34]	铸造	近片层组织	1 000~1 200	$1\times10^{-3}\sim1\times10^{-1}$	1.31×10^{14}	4.37	3.6	4.7
Ti-48Al-2W	[34]	铸造	近 γ 组织	1 000~1 200	$1\times10^{-3}\sim1\times10^{-1}$	2.35×10^{12}	3.6	3.7	4.1

续表

合金成分	参考文献	加工方法	初始组织	T/℃	$\dot{\varepsilon}/s^{-1}$	A/s^{-1}	$\alpha/(10^{-3}MPa^{-1})$	n	Q_{HW}/eV
Ti-45Al-10Nb	[54]	铸造	近片层组织	900~1 200	$1\times10^{-3}\sim1\times10^{0}$	2.98×10^{11}	3.24	3.8	3.9
Ti-45Al-5Nb-0.2B-0.2C	[54]	铸造	近片层组织	900~1 200	$1\times10^{-3}\sim1\times10^{0}$	6.18×10^{10}	4.10	2.6	3.7
Ti-45Al-8Nb-0.2C	[54]	铸造	近片层组织	900~1 200	$1\times10^{-3}\sim1\times10^{0}$	6.67×10^{11}	3.66	2.7	3.9
Ti-45Al-10Nb	[54]	IM，变形	近片层组织	950~1 200	$1\times10^{-3}\sim1\times10^{0}$	5.87×10^{10}	2.84	3.3	3.5
Ti-45Al-8Nb-0.2C	[54]	IM，变形	近片层组织	950~1 200	$1\times10^{-3}\sim1\times10^{0}$	4.91×10^{10}	3.32	2.6	3.7
Ti-47Al-4.2(Nb，Cr，Mn，Si，B)	[54]	IM，变形	γ	900~1 200	$1\times10^{-3}\sim1\times10^{0}$	6.40×10^{5}	6.51	1.8	2.3
Ti-47Al-4.2(Nb，Cr，Mn，Si，B)	[54]	PM，变形	γ	900~1 250	$1\times10^{-3}\sim1\times10^{1}$	1.58×10^{7}	6.08	1.8	2.6

活能为 3.2 eV。同样地，在相同合金热压缩实验的本构分析中所得出的表观激活能更高一些，为 3.4 eV、3.7 eV、4.1 eV 和 4.3 eV(见表 16.1)。在大量关于金属材料热加工行为的研究文献中，表观激活能通常比蠕变或扩散中所测得的数值高出约 20%[48]。若热变形中不仅出现动态回复，而且有动态再结晶存在时，就会导致这样的激活能上升[48]。由于动态再结晶导致的结构演化会对流变应力产生影响，激活能仅能在应变量增量段的极快速温度变化中测定。在压缩实验中，虽然没有施加温度循环，但是各个样品中的温度是不同的。由于显微组织可能在不同的预热阶段出现不同程度的最初变化，并以不同的速率进行演变，因此对激活能的测定就受到了动态再结晶的影响，因而就取决于实验条件了。这在部分上解释了表 16.1 中所列出的数据有明显离散性的原因。此外，很难相信像大多数 γ-TiAl 合金这样的复杂多相材料的变形行为仅受到一种原子机制的控制，因此对测定的表观激活能进行解释较为困难。

虽然存在这些困难，但是仍可尝试考察与高温变形机制有关的参数。除 Ti-43. 6Al-5V以外，铸态组织的应力指数均位于 2.6~3.8 之间(见表 16.1)，这表明低 Z 阶段的变形可能是由位错攀移控制的[60-63]，此时可近似为幂函数型行为。对于位错攀移而言，可以认为其激活能与自扩散激活能一致[60-63]。Herzig 等[64]在 Ti-53Al 和 Ti-56Al 合金中测定的 Ti 的自扩散激活能分别为 2. 60 eV和 2.58 eV。关于 Al 的自扩散激活能，请读者参阅本书 3.3 节的内容，这里仅指出 Mishin 和 Herzig[65]与 Herzig 等[66]在 Ti-54Al 合金中测定的数值为 3.04 eV。因此，若假定位错攀移速率是由慢扩散元素即 Al 的扩散来控制，那么上述在二元单相 γ-TiAl 合金蠕变中测定的 3.2 eV 的表观激活能就与扩散激活能吻合得较好。下一段落将讨论，在非常快速的热变形实验中测得的更高的表观激活能可能来自动态再结晶。这里需要指出的是，若认为杨氏模量与温度有关，即在式(16.1)中将 σ 替换为 $\sigma/E(T)$，那么由本构分析得出的表观激活能仅会降低约 0.2 eV。因此弹性模量随温度的变化对激活能仅有轻微的影响。总之，分析所得的应力指数和激活能结果与二元单相合金的流变行为是由位错攀移和动态再结晶所主导这一假设是一致的。

前文已经指出，表观激活能随 Al 含量的降低而升高(见表 16.1)。这来自 Al 含量低于 50at.%的二元合金的强烈流变软化[38]。上文对流变软化行为的相关表述中提到，在这些合金热变形的初始阶段观察到了片层的弯曲和扭折。这导致产生了局部流变和片层的再取向。由于片层团的尺寸和体积分数均随 Al 含量的下降而上升，这些机制将变得更加显著，且必然会影响表观激活能。在相组成对热加工行为的影响方面，就出现了共析温度以上 α_2 相的无序化是否能对流变应力产生显著影响的问题。图 16.6(b)展示了 Al 含量为 47at.%的合金(TAB)在热压缩实验中测定的峰值应力随 Zener-Hollomon 参数的变化。从中可以看出，在共析温度以下和以上测定的峰值应力显然均位于同一曲线上。因此，在含有中等体积分数 α_2 相的合金中就可以排除其无序化对流变应力的显著影响。这一发现与 Nobuki 和 Tsujimoto[7] 的观察一致，他们发现在超过共析温度时，合金的变形能力并未发生改变。有趣的是，观察发现即使 β 相的含量相对较低也可强烈影响热加工行为，尤其是可使应力指数明显减小（见表 16.1 中的 Ti-43.6Al-5V 合金）并显著提升合金的高温加工性[51]。含有 β 相的合金的热加工行为将在 16.3.2 节详加阐述。

到目前的内容为止，所讨论的仍然是铸态或铸造后热处理态合金的流变行为。然而，加工工艺及其所产生的显微组织对后续的热变形行为有显著的影响。这在表 16.1 中的表现非常明显，此表中也包含了变形加工后具有细晶 γ 组织的铸锭及粉末材料的激活参数。在这些合金中所测定的应力指数为 1.8，表观激活能为 2.3～2.6 eV。这些数值与铸造合金的数值的差异可以由晶界滑移对热变形的贡献来解释。与位错攀移相比，晶界滑移可同时降低应力指数和激活能。Imayev 等[67] 对亚微米级晶粒 Ti-48Al-2Cr-2Nb 合金的超塑性变形研究支持了这一推测。基于 Dorn 方程，作者确定了应变速率敏感性（$m = 1/n$）大于 0.5 且表观激活能为 2.0 eV，这与在晶界扩散中所预期的数值接近[67,68]。关于这一点应该指出的是，Kim 等[69] 的研究表明，当显微组织被细化至低于某一晶粒尺寸后，晶界滑移将对热变形有显著贡献。他们开展了加载-松弛实验并基于非弹性变形理论分析了实验结果。当材料仅经受小应变量变形时，没有发现晶界滑移的迹象。当变形至较大应变量时，可观察到由于动态再结晶导致的晶粒细化，且晶界滑移对变形的贡献显著增加。

总之，经验方程（16.1）可以很好地描述成分范围相对较宽的 γ-TiAl 合金的流变行为。因此这一本构方程可作为模拟不同热加工行为的基础，例如对热轧和锻造力的计算等。所得激活参数的结果与热变形行为中包含了位错攀移和动态再结晶的观点是一致的。另外，激活参数表明晶界滑移会对细晶材料的高温变形产生贡献。然而，本构分析不可能明确定义热加工温度范围内的变形机制，这就需要通过专门的实验来研究了。

16.2　显微组织的演变

在许多金属材料的热加工过程中会出现动态再结晶，形成全新的晶粒结构、显微组织形貌以及织构。因此，对动态再结晶及其动力学的理解就对最终的显微组织调控具有极为重要的意义。此外，动态再结晶一般会提高材料的可加工性，例如它可将初期的晶界裂纹自晶界处分离[14,70]。因此，在选择变形合金的成分和加工条件时应考虑其再结晶动力学。在 TiAl 合金热加工的过程中，显微组织的演变通常不仅来自动态再结晶，而且还取决于相变、各相的球化、细化或粗化，以及如位错与相界的交互作用等其他过程[71-74]。所有的这些机制均由反应动力学决定，因此使合金成分、相组成与热加工参数之间的关系非常复杂。至今，热加工过程中显微组织演化的很多细节仍不清楚，这使得加工通常是不可预测的，妨碍了加工工艺的发展。

有序相的再结晶被认为是比较困难的[75-77]，其原因有二：第一，需要重新恢复有序状态，第二，晶界的可动性大幅降低。有观察表明，当温度自有序化温度以上降至以下时，有序 Cu_3Al 相的再结晶将被大幅迟滞[75,78]。这种再结晶动力学的差异来自晶界可动性被降至原来的约 1/100。在其他有序相中也有关于晶界可动性的类似观察结果，如 Ni_4Mo[75,77] 和 $(Co_{78}Fe_{22})_3Al$ 等[76]。进一步要指出的是，若变形是在有序态而非无序态下进行，有序态下的再结晶则发展得更快[77]。这种再结晶行为的差异是因为有序态下的储存能更高。

16.2.1 单相合金的再结晶

对 γ-TiAl 合金再结晶行为的研究文献很少，特别是对单相合金。最近，Hasegawa 等[43]开展了一项令人感兴趣的工作，他们研究了 Ti-52Al 合金以及低层错能 fcc 金属 Ni 和 Cu 在动态再结晶过程中形成的织构。他们对这些材料的多晶样品在不同温度和应变速率下进行了压缩变形，并将对织构的分析与 Zener-Hollomon 参数 Z 关联起来。当 Z 值较低时，他们观察到在 TiAl 合金中形成了强织构，其极密度达到 10，而在 fcc 金属中则仅表现出弱织构。相反，在高 Z 值下进行变形后，所有实验材料中的极密度均位于 3~4 之间。对 TiAl 合金而言，压缩晶面反极图中的最大极密度位于{032)取向，这与之前的研究发现是一致的[79-81]。这一取向相对于{011)朝向{010)方向旋转了约 10°。在 Ni 和 Cu 中，最大极密度倾向于累积在自{011}偏向于{001}约 10°方向的周围，而在 TiAl 合金中此处并没有任何极值，这与之前的研究也是一致的。在所有材料中，在低 Z 值区间均观察到了晶界的凸出，而在高 Z 值区间则发现了由动态再结晶而形成的新晶粒。由局部应变诱导的晶界迁移导致形成新晶粒而造成晶界凸出是许多金属材料动态再结晶过程中的一个普遍现象[41,45]。这也已在早期关于 TiAl 合金(如 Ti-50Al)的研究中观察到了[82]。图 16.8 即展示了这一机制的一个例子。在低 Z 值区域变形之后，不同材料之间的最大极密度差异可由晶界迁移过程中的孪生频率来解释。在 TiAl 合金中仅在很少情况下才可观察到孪晶，但是在 fcc 金属中孪晶却经常出现。当晶界迁移过程中不断有孪晶出现时，就产生了新的晶粒取向，从而无法形成强变形织构。根据 Hasegawa 等[43]的实验结果可以得出结论，即单相 γ-TiAl 合金中的动态再结晶与低层错能 fcc 金属有些类似，但是其变形机制则非常不同。这些材料之间的主要区别在于 TiAl 合金形成孪晶的倾向性较低，这是 Al 含量高于 50at.% 的 TiAl 合金的一个典型特征(见第 5 章)。

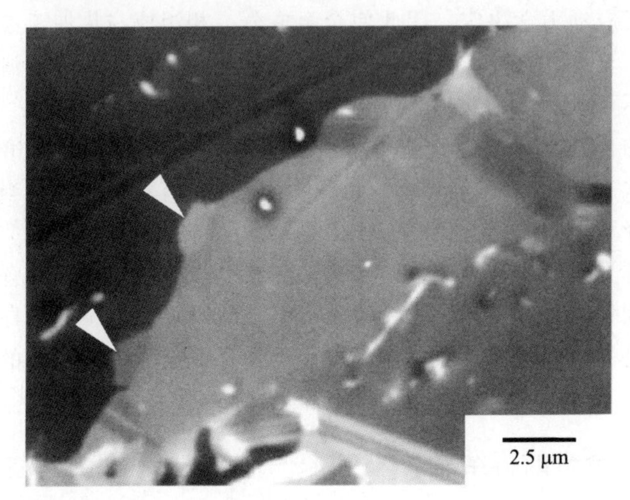

图 16.8　扫描电镜背散射图像，展示了两个 γ 晶粒之间的晶界凸出[83]。Ti-47Al-1.5Nb-1Cr-1Mn-0.2Si-0.5B 合金，在 T=1 250 ℃的(α+γ)相区挤压。挤压方向为图中的水平方向

16.2.2　多相合金及合金化的影响

在 Al 含量低于 50at.%的两相或多相合金中，热加工过程中的显微组织演化过程更加复杂。通过利用高分辨电镜对蠕变变形后样品的微观组织演变进行原子尺度上的分析，研究人员掌握了变形过程初始阶段的动态再结晶和相变的相关信息[71-73]。在这些工作中，所采用的变形材料为具有大量片层团的 Ti-48Al-2Cr 合金样品，其变形速率比通常的热加工情形约低了 8 个数量级。尽管如此，仍可定性地得出片层组织在热加工条件下发生球化转变的相关信息。研究发现，再结晶和相变过程与片层界面结构的失配密切相关。其中一个显著的特征是在垂直于 γ/γ 界面的方向上形成了多层高度的台阶，其通常可长大为超过 10 nm 宽的区域。这些区域中的原子排列让人联想到 9R 结构，其为比 $L1_0$ 相自由能稍高的一个物相[71-73]。随着这些区域的长大，在能量上可能将更加适宜在界面处形成新的 γ 晶粒。新形成的晶粒是完全有序的，这使人认为其有序态是晶粒形核后立即达成的，抑或是其直接以有序态形核。在蠕变过程中，人们已观察到了 α_2 相的分解现象，这一现象的机制十分复杂：其中既包括了堆垛次序的改变，也包括了由长程扩散完成的局部化学成分的调整。有充分的证明表明，这些机制与台阶的迁移和自扩散沿失配位错芯的增强有关[71-73]。这些台阶从而可能成为大应变量条件下 α_2 相开始球化的优先位置。

Imayev 等[37,38]系统研究了相组成对热变形行为和显微组织演化的影响。他们对 Al 含量介于 45at.% ~ 54at.% 的二元合金以及一些工程合金在(α_2+γ)相区内变形。这些合金的初始组织包含两种组分，即片层团区域和等轴 γ 晶粒。在二元合金中，上述两种组分的体积分数随 Al 含量的增加而发生系统的变化，即从全片层组织逐渐转变为近 γ 组织。如上文所述，高 Ti 含量合金的流变曲线在低应变量下(ε = 5% ~ 10%)表现出宽广的峰值区域，随后发生流变软化。相反地，在同样的变形条件下，高 Al 含量合金则在应变量达 40% 以前即发生加工硬化(图 16.4)。在二元 Ti-47Al 和 Ti-49Al 合金，以及 Al 含量水平类似的工程合金中，作者对热压缩过程中显微组织随应变的演化进行了细致的研究。总体上看，变形过程中发生的再结晶/球化机制导致产生晶粒尺寸小于 10 μm的细晶等轴组织，其由再结晶 γ 晶粒以及球化的 α_2 颗粒构成(如图 16.9)。在大量其他的研究中也发现了类似的结果[3,4,6,7,11,12,14,15,18,30,32,33]。在 Imayev 等[37,38]的研究中，随着变形的进行，再结晶/球化晶粒的体积分数也随之上升(如图 16.10)。然而，当应变量小于 10% 时，却没有实质上的再结晶。Semiatin 等[12]和 Fukutomi 等[80]也分别在另一两相和单相合金中观察到了类似的再结晶/球化动力学。这一动力学大致服从 Avrami(“S”形曲线)行为[12](Kolmogorov[84]、Johnson 和 Mehl[85]以及 Avrami[86]在研究静态再结晶时首次描述了这种行为)。这种再结晶动力学通常不仅在金属的静态再结晶中出现[87]，而且也可在动态再结晶中观察到[40]。根据 Luton 和 Sellars[88]提出的模型，动态再结晶的体积分数 X 可由式(16.5)和式(16.6)描述：

$$X(\varepsilon \leqslant \varepsilon_c) = 0 \tag{16.5}$$

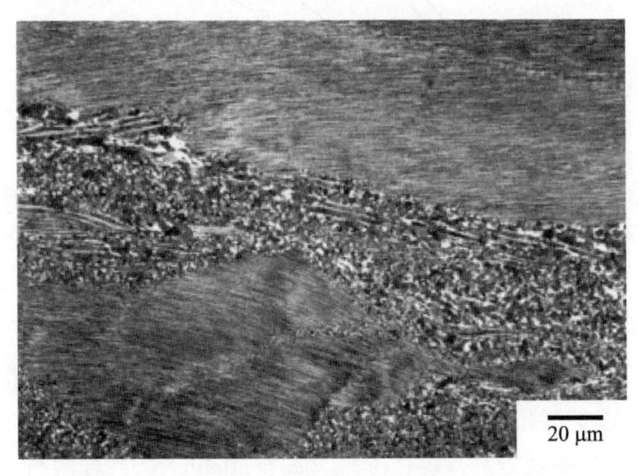

图 16.9 Ti-46Al 合金在 T = 1 000 ℃、应变速率 $\dot{\varepsilon}$ = 5×10^{-4} s^{-1} 下压缩变形至 ε = 50% 的扫描电镜背散射图像[38]。压缩轴向为图中垂直方向。注意在原先片层团边界位置处再结晶晶粒的非均匀形核

以及

$$X(\varepsilon > \varepsilon_c) = 1 - \exp\{-k_x[(\varepsilon - \varepsilon_c)/\dot{\varepsilon}]^q\} \tag{16.6}$$

式中，ε_c 为初始动态再结晶的临界应变；k_x 和 q 为常数。与此模型一致，Semiatin 等[12]发现当应变速率下降时，材料在变形至相同应变量之后，再结晶/球化晶粒的体积分数更高(如图 16.11)。另外，Fukutomi 等[80]和 Salishchev 等[89]的研究表明，随着变形温度的上升，再结晶晶粒体积分数也将升高。因此，对于再结晶/球化动力学来说，低应变速率或高温均是有利的，这一点对加工性不佳的铸锭材料的初始加工来说尤为重要。有趣的是，在 Imayev 等[37,38]的研究中(如图 16.12)，1 000 ℃热压缩实验后的再结晶/球化动力学受到了 Al 含量的显著影响。最大体积分数的再结晶晶粒出现在接近等原子比成分的合金中，而当 Al 含量升高或降低时，再结晶的体积分数则随之减少。综合起来，上述实验结果表明：合金的相组成极大地影响了热加工过程中的显微组织演变。

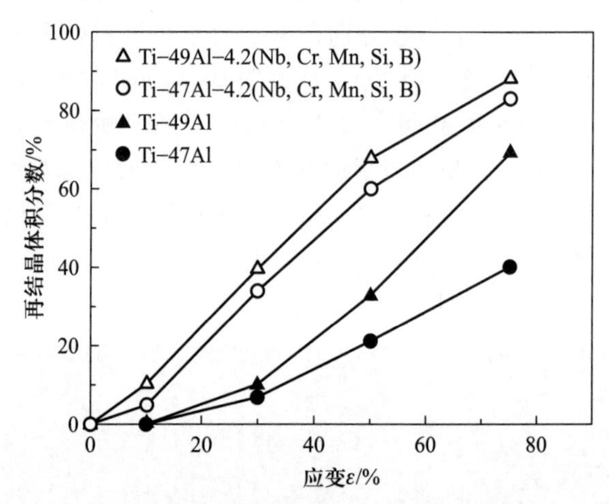

图 16.10　二元合金和工程合金中再结晶/球化晶粒的体积分数随应变量 ε 的变化[38]。合金在 T = 1 000 ℃和 $\dot{\varepsilon} = 5\times10^{-4}\ s^{-1}$ 下压缩变形

在 Imayev 等[37,38]的研究中，动态再结晶主要激发于初始晶界/片层团边界处，显然此处受到的周围晶粒的约束是最大的(如图 16.9)。在随后的变形中，再结晶/球化区域扩展形成了链状结构，其中的一例如图 16.13。在许多其他研究中也观察到了这一现象[7,14,30,35,90-93]。如 Semiatin 等[12]对两种片层团尺寸的 TiAl 合金的再结晶动力学的研究结果所示(图 16.11)，这种非均匀形成的再结晶晶粒能否导致整体的均匀再结晶取决于合金最初晶粒/片层团尺寸的大小。在 Imayev 等[37,38]所研究的 Al 含量为 48at.% ~ 50at.% 的双态组织和 Al 含量为

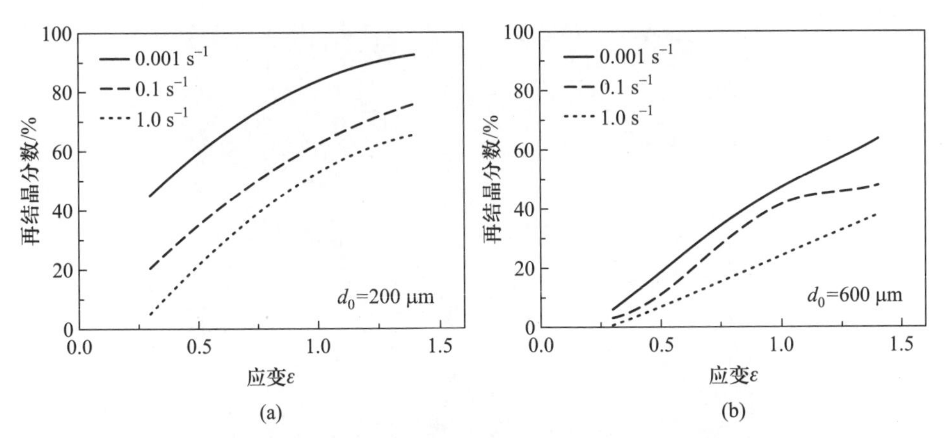

图 16.11 Ti-45.5Al-2Cr-2Nb 合金中再结晶/球化晶粒的体积分数随应变量 ε 的变化[12]。合金在 T=1 000 ℃和不同应变速率$\dot{\varepsilon}$下进行压缩变形。在实验开始之前，样品被处理成片层团尺寸为 200 μm(a)和 600 μm(b)的片层组织

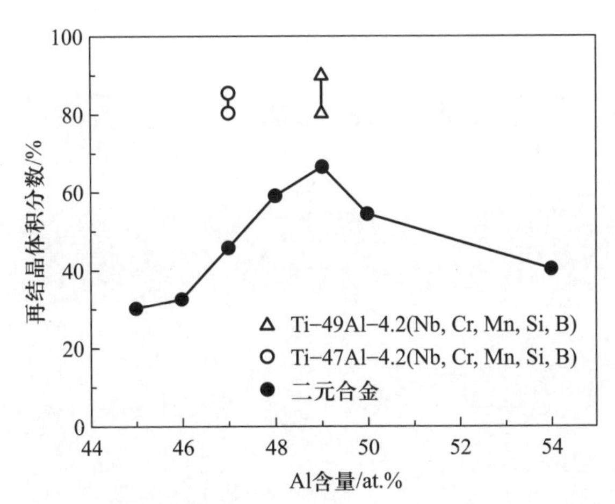

图 16.12 二元合金和工程合金中再结晶/球化晶粒的体积分数随铝含量的变化[38]。合金在 T=1 000 ℃和$\dot{\varepsilon}=5\times10^{-4}\ \mathrm{s}^{-1}$下压缩变形至 ε=75%

54at.%近 γ 组织合金中，相对较小的晶粒尺寸(50~100 μm)即提供了大量的再结晶起始位置。

与之相反，在 Al 含量为 45at.%~47at.%的高 Ti 含量合金中，其初始组织为粗大的全片层或近片层组织，片层团尺寸最高达 2 000 μm。在这些材料的变形过程中，沿原始片层团边界形成了局部剪切带(如图 16.14)。剪切带由一系列尺寸为 2~3 μm 的等轴 γ 晶粒，或尺寸一般为 0.5~2 μm 的等轴 α_2 和 γ 混

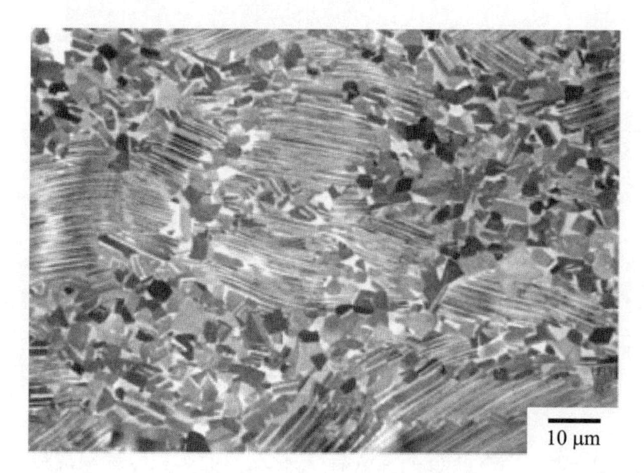

图 16.13　Ti-45Al-8Nb-0.2C 合金在 $T = 1\ 000$ ℃、真应变速率$\dot{\varepsilon} = 1\times10^{-3}\ s^{-1}$条件下压缩变形至 $\varepsilon = 0.6$ 的扫描电镜背散射图像。压缩轴向为图中垂直方向。注意在原先片层团边界位置处的再结晶晶粒形成了链状结构。在实验开始之前，材料在近 α 转变温度附近挤压以制备近片层组织

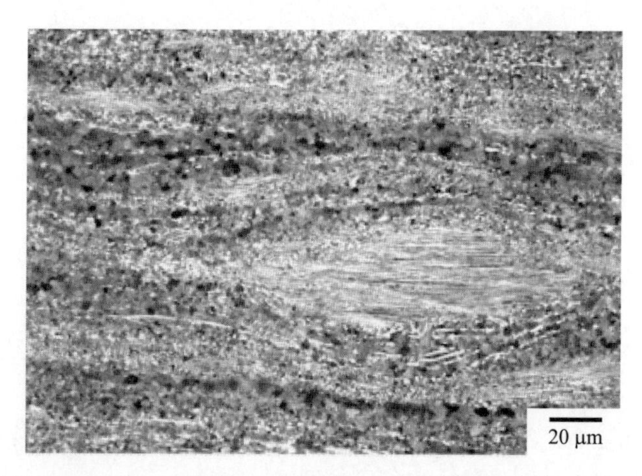

图 16.14　Ti-46Al 合金在 $T = 1\ 000$ ℃、应变速率$\dot{\varepsilon} = 5\times10^{-4}\ s^{-1}$下压缩变形至 $\varepsilon = 75\%$后观察到的剪切带组织的扫描电镜背散射图像[38]。压缩轴向为图中的垂直方向

合晶粒组成。这些剪切带通常可贯穿整个实验样品。在形成剪切带之后，后续的变形可能优先通过晶界滑移进行。因此，剪切带之外的位置所承载的应变能相对较低，使得再结晶被迟滞。在剪切带内部，局部的剪切应变通常超过了100%，这可由剪切带的宽度以及各结构特征之间的相对位移看出。这一机制不仅导致了图 16.14 中所示的典型的非均匀条带组织，而且也是在热加工样品

的凸起表面处观察到的开裂的原因。除了再结晶之外，TiAl 合金中的化学不均匀性通常也是条带组织出现的原因，这将在后文详加阐述。虽然其再结晶动力学比较迟缓(如图 16.12)，但剪切带的扩展可能解释了高 Ti 含量合金强烈流变软化的原因。在一些其他的研究中，研究人员也观察到了应变局域化和剪切带的形成，这对显微组织演化和合金的可加工性来说是非常重要的[7,12,14,25,35,92,93]。本章的后续部分将对这一问题作进一步的阐述。图 16.12 也通过含硼合金的数据展示了初始显微组织的重要性。硼被认为可大幅细化铸造组织[13,94,95]，与 Al 含量相同的不含硼的二元合金相比(图 16.12)，这使再结晶动力学得以增强。除细化显微组织之外，当 B 的添加量大于 0.03at.%时可导致形成硼化物颗粒[96]，使得位错在硼化物颗粒周围塞积，从而也可能有利于再结晶动力学[37]，Nobuki 等[50]即观察到了这一现象。

在一组对 Ti-48Al-2Nb-2Cr 合金在 727~927 ℃下的蠕变研究中，Hofmann 和 Blum[92]得出了与 Imayev 等[37,38]的热加工研究相同的发现。作者在 TEM 中观察到了链状结构，其形成于蠕变开始阶段，位于片层团的边界处。链状结构主要由亚晶界构成，但是目前还不确定是否在动态再结晶中有新晶粒的形核。另一组 TEM 研究也观察到了 900 ℃变形中的大量亚晶界[97]。如前文对单相合金的描述中那样，Hofmann 和 Blum[92]的工作中所发现的蠕变过程中形成的链状结构可能是低 Z 值区域动态再结晶的典型特征。显然，亚晶界形成于局部的变形区域，甚至在非常低的 2%总应变量级下也可观察到这一现象。在后续的变形中，作者发现细晶等轴条带粗化为连续的网状结构。随着应变量的上升，(亚)晶界迁移和新(亚)晶粒在片层团周围的形成使条带的厚度不断增加。与稳态亚晶结构的普遍特征一样[92]，作者的研究表明，等轴再结晶区域的这一部分微观组织为一种稳态结构，其晶粒尺寸与应力的大小反相关。

热加工中的一个普遍的观点为，动态回复和再结晶是由非均匀变形状态所引发的。这两种过程均包含了位错的攀移，并且可在有充足热激活以致允许长程扩散的情况下出现。在这种情况下，后文将讨论 Al 含量对变形和扩散机制的影响。已得到充分认可的是，两相合金中的 γ-TiAl 相是通过普通位错和超位错的滑移来变形的。另外还可产生沿 $1/6\langle 11\bar{2}]$ 方向的形变孪晶。其中的每一种机制对变形的相对贡献量取决于铝含量、第 3 组元元素的含量以及变形温度。对于双相合金中的 γ 相来说，已普遍认可的是超位错的滑移非常困难，这使得变形主要由普通位错滑移和有序孪生来提供。相反，在高 Al 含量合金中，γ 相的变形则主要由超位错提供。在两相合金中，当温度上升时，出现形变孪晶的倾向性增加。有充分的证据表明，这些材料的流变应力本质上是由片层界面上的全位错和孪晶不全位错的交互作用决定的。片层间距一般随 Al 含量的下降而降低[98,99]，因此，高 Ti 含量合金的高峰值应力就可以理解了。此类合金的加工硬化源自位错和孪晶密度的上升，以及在斜交{111}晶面上扩展的全位错和孪晶不全位错之间的弹性交互作用。

变形不均匀性来自许多种机制。在变形状态下可经常观察到普通位错的多极结构。位错很可能受阻于它们之间的弹性交互作用和由交滑移而导致的局部重组。因此，多极结构是不可动的，可作为强位错障碍[100-102]。文献中已有充分的报道表明这些机制可导致高局部应力[100-102]。当具有非平行剪切矢量的多重孪晶被激发时，孪晶的交截就变得尤为重要了，因为它代表了一种形变诱导钉扎机制。高分辨电镜观察表明，在孪晶交截区可出现 8°~10°的点阵旋转[103]。其所导致的失配由高密度排列的位错来协调，这与倾转晶界有些类似。这种结构特征与高内应力的共同作用是非常有利于激发回复和再结晶的。

两相合金中的应变能的释放是相对容易的。普通位错的位错芯结构是封闭的[100]，因此在动力学上，这些位错的攀移不会受到位错分解的阻碍。可以认为普通位错的缠结是可以很快回复的，因为具有正交伯格斯矢量的位错并不能交互作用成稳定的联结结构。电镜分析也表明，两相合金中的形变孪晶结构可轻易地通过退火而消除[102,103]。至于合金成分对动态再结晶的影响，应该考虑有序合金中的特殊扩散行为。在两相 TiAl 合金中，扩散很可能得到了 γ 相显著的化学无序度的支持。有充分的证据表明，非化学计量比的高 Ti 含量合金可通过形成 Ti_{Al}反位原子缺陷以协调成分偏离，即 Ti 原子占据 Al 亚点阵位置，本书第 6 章对具体的细节有更详细的解释。其论述的本质为，在加工路径约束条件下的冷却过程中的相分离一般无法按照相图的描述而完全实现，因为 α/γ 相变的动力学是滞后的[104,105]。这可能导致生成了大量的 Ti_{Al}反位原子缺陷。当其含量足够高时，反位原子缺陷将形成具有渗透型亚结构的反结构桥接以提供长程扩散的通道[64,105]。需要指出的是，一般认为 Ti_{Al}反位原子缺陷迁移所需的激活能仅约为 0.7 eV[64]。这比在相近的高温下测定的 Ti 在 TiAl 中的自扩散能(Q_{sd} = 2.6 eV)要低得多[64]。因此，在 Imayev 等[37,38]研究中的低变形温度下，通过反结构桥接可达成高扩散速率。相比于 Al 含量高于 50at.%的合金，这促进了高 Ti 含量合金中扩散辅助下的回复和再结晶，但它仍不能解释 Al 含量低于 48at.%的合金中的低再结晶动力学(图 16.12)。然而，已经公认的是材料的流变软化很容易引发塑性不稳定性并形成剪切带，这使变形强烈地集中起来。下一节将对此问题进行细致讨论。总之，两相合金中再结晶晶粒体积分数相对较低的原因已经可以理解了。

以下论述可解释高 Al 含量单相合金中的变形和再结晶行为。上文已指出，此类合金的变形主要由超位错实现，而超位错通常将发生深度的分解反应。这些位错反应和交互作用可导致形成稳定的联结结构[100]，这当然提供了强滑移障碍。同时，位错的分解也阻碍了位错的攀移和交滑移，而这些都是形成亚晶界的重要机制。关于此问题的更多细节见第 5 章。当然，高 Al 含量合金铸锭相对较大的晶粒尺寸也不利于新晶粒的形核。另外，与高 Ti 含量合金相比，高 Al 含量合金中的扩散很可能更加迟缓。与之相关的 Al_{Ti}反位原子缺陷的迁移激活能约为 1.7 eV[64]，这比 Ti_{Al}反位缺陷要高得多，因而破坏了反结构桥接扩散机制。上述这些机制减少了再结晶并导致了与之相伴的加工硬化。总之，当加工硬化率、回复和再结晶达成平衡时才可发生最佳的再结晶/球化行为，即表现为稳态流变应力。从图 16.4、图 16.5 和图 16.12 中可发现，Al 含量为 49at.%的合金中可满足这种条件。

热加工的主要目的之一为使晶粒或更广义地说使显微组织细化。对金属的动态再结晶来说，已经证明形核和晶粒长大之间的平衡可达成稳态晶粒尺寸，其在本质上取决于大应变量下稳态应力的大小[40]。稳态晶粒尺寸 d 可通过经验公式与稳态应力值 σ_{ss}联系起来[40,42]：

$$\sigma_{ss} = Md_{ss}^{-p} \tag{16.7}$$

式中，$0.5 \leqslant p \leqslant 1$；$M$ 为经验常数。这一关系可通过流变应力随亚晶尺寸($\sigma \propto d^{-1}$)和晶粒尺寸 $\sigma \propto d^{-0.5}$ 的变化来解释[42]。根据 Mecking 和 Gottstein 的研究[40]，若应变速率足够高且变形温度足够低，原则上可利用动态再结晶达成静态再结晶难以实现的晶粒细化。部分研究已在 TiAl 合金的热加工或蠕变变形中观察到晶粒尺寸指数在 0.5~1 之间且与式(16.7)相符的情形[4,89,92]。在合适的条件下，通过动态再结晶甚至可获得亚微米级尺寸的晶粒[67,106]。这样的组织特别适用于后续的超塑性变形。由于再结晶动力学和可加工性均随应变速率的上升和加工温度的下降而降低，通常应采用多步加工的方法来获得非常细小的晶粒尺寸。

16.2.3 片层界面的影响

当考虑片层的取向相对于变形轴向的角度时，片层组织即表现出显著的塑性各向异性[98,107,108]。这种表现可能极大地影响了热加工过程中的片层组织演变。Imayev 等[37,38]在 Ti-48Al-2Cr 合金中研究了织构的影响，样品中片层的择优取向相对于变形轴向的夹角分别为 $\alpha = 0°$、45°和 90°。他们对这些样品进行了 1 000 ℃下的压缩变形，应变速率为 $10^{-3}\ s^{-1}$。图 16.15 为其所研究的 3 种片层取向下获得的流变曲线。$\alpha = 0°$时(片层平行于压缩轴向)的流变应力最大，而 $\alpha = 90°$和 $\alpha = 45°$时的流变应力则分别为居中和最低。片层取向对软化速率也有明显影响，分别为 $\alpha = 0°$时最高和 $\alpha = 45°$时最低。对所有取向来说，随着变形的进行，应变速率敏感性 $m(\mathrm{dln}\ \sigma/\mathrm{dln}\ \dot{\varepsilon})$ 由 $m = 0.15 \sim 0.2$ 上升至约 $m = 0.3$，这显然反映了晶粒的逐步细化。金相分析表明，在所有取向下，最初的铸造组织均在部分上被热变形转化为细晶等轴组织，其中 γ 相的晶粒尺寸范围

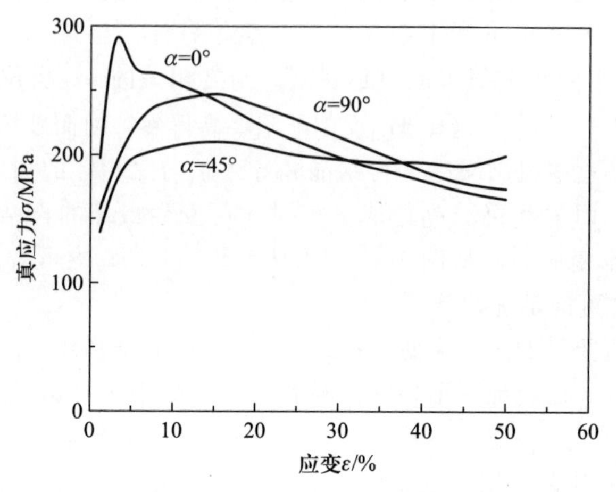

图 16.15　片层取向 α 相对于变形轴具有择优取向的圆柱压缩样品的流变曲线[38] Ti-48Al-2Cr 合金，温度 T=1 000 ℃，应变速率$\dot{\varepsilon}=10^{-3}\ s^{-1}$

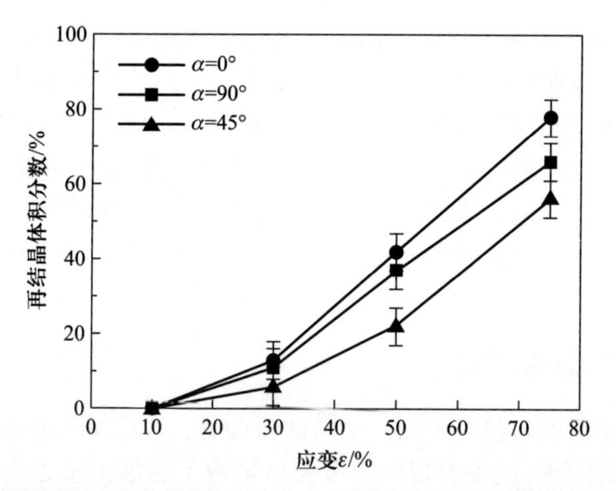

图 16.16　片层择优取向相对于变形轴向夹角 α 不同的样品的再结晶/球化晶粒体积分数随应变量 ε 的变化[38]。Ti-48Al-2Cr 合金，在 T=1 000 ℃下压缩变形，应变速率$\dot{\varepsilon}=10^{-3}\ s^{-1}$

为 2~5 μm，而 α_2 颗粒的尺寸则小于 1 μm。在 α=0°的取向下，再结晶/球化晶粒的体积分数上升得最快，而在 α=45°取向下，再结晶/球化晶粒的发展则最为缓慢(如图 16.16)。当片层取向为 α=0°时，在应变量达 10%之后可观察到大量的交叉孪晶。此时片层已发生了轻微的弯曲。TEM 下可观察到在这些弯曲的片层区域内存在高密度的位错结构和亚晶界[如图 16.17(a)]。这些区域与片层团边界一起，均可作为再结晶晶粒的优先形核位置。的确，在一组对

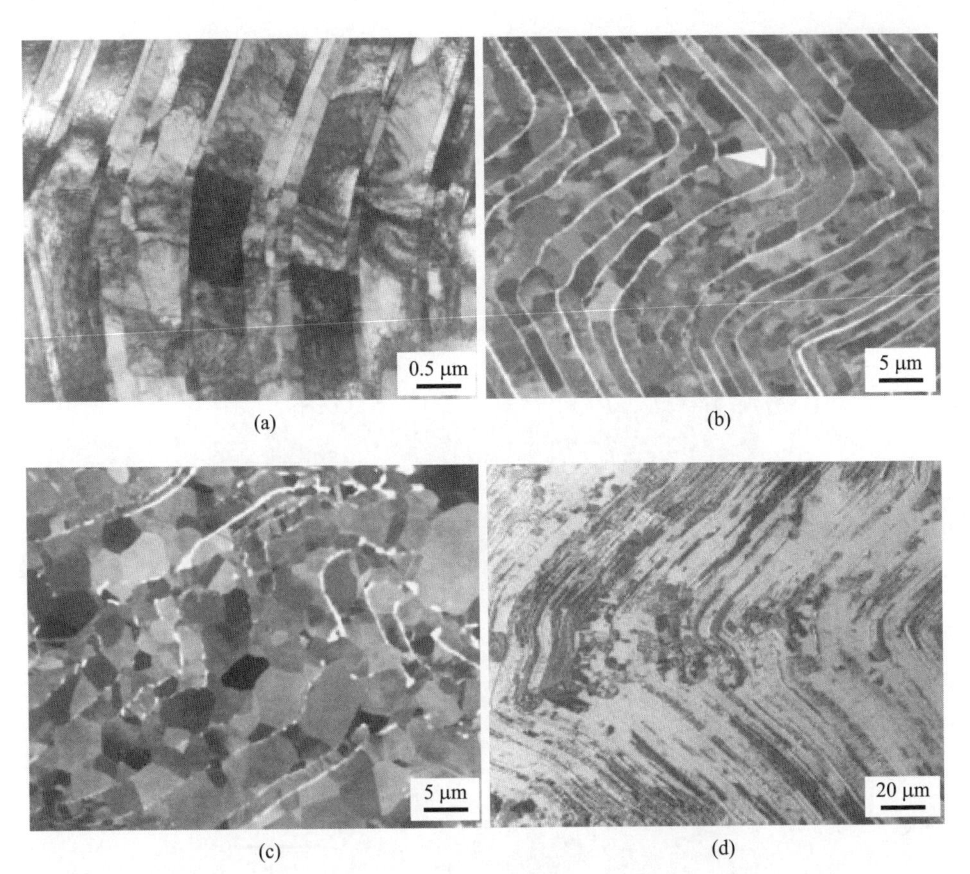

图 16.17　片层弯曲和扭折后的转变。Ti-48Al-2Cr 合金，片层择优取向相对于压缩轴向的夹角为 $\alpha=0°$[38]。在 $T=1\ 000$ ℃、$\dot{\varepsilon}=10^{-3}\ s^{-1}$ 下变形至不同应变量 ε：(a) 变形量达 $\varepsilon=10\%$ 时初始片层组织的 TEM 图像，展示了最初的片层弯曲状态，注意其中存在高内应力，这可由应变衬度看出来；(b) 变形量达 $\varepsilon=50\%$ 时，片层严重扭折的扫描电镜背散射图像，注意 γ 片层的再结晶以及在强烈弯曲区域内出现了孤立的 α_2 颗粒(箭头处)；(c) 图(b)的随后阶段(局部应变更高)，$\varepsilon=50\%$，注意 α_2 片层的球化现象；(d) 片层扭折区域形成剪切带的初始阶段，变形应变量达 $\varepsilon=75\%$，光镜图像

TiAl 合金中滑移/孪生交互作用的研究中，已在实验上直接观察到了片层合金热变形之后受阻于片层界面处的孪晶前端位置的再结晶晶粒形核(如图 16.18)[109]。孪晶对再结晶晶粒的形核起到了非常重要的作用，这可以从动态再结晶晶粒的体积分数与孪晶的体积分数相关这一实验观察结果推断而知[11]。随着变形的进行，$\alpha=0°$取向的片层出现了强烈的弯曲，从而使它们的取向相对于压缩轴向发生了极大的改变[如图 16.17(b)]，这一现象在文献中常有报道[12,25,30,32,33,93,110]。从此图中可以看出，在变形量达 50%后，γ 片层已经在相

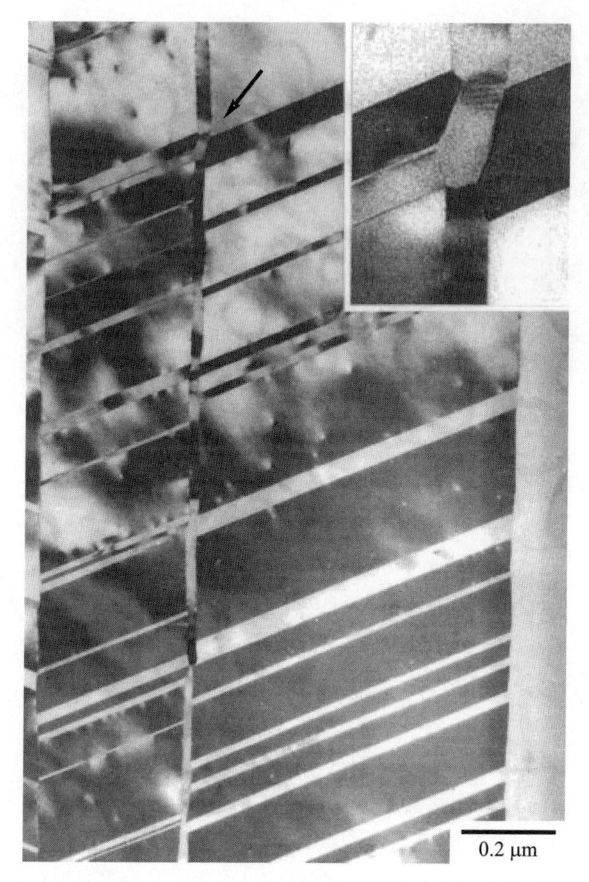

图 16.18　Ti-48Al-2Cr 合金高温变形后形变孪晶的 TEM 图像[109]。样品在 T=700 ℃下拉伸变形至应变量 ε=8.9%。拉伸轴向为图中的垂直方向。注意孪晶受阻于片层界面处。插图展示了箭头处所示位置的放大像，为再结晶的早期阶段。其开始于受阻于界面处的孪晶前端

当程度上发生了再结晶。在这一阶段也观察到了 α_2 相的球化。在此应该指出，首次发生球化的 α_2 相颗粒被发现位于片层发生弯曲的位置附近[图 16.17(b)]。在局部应变较高的区域，大多数 α_2 片层发生了球化，并且初始的片层组织几乎完全转变为等轴组织[图 16.17(c)]。前文已阐述过，片层的弯曲通常可导致形成剪切带[图 16.17(d)]。片层合金中的应变局域化可能非常严重，从而产生了具有高度局部再结晶条带的非常不均匀的组织(图 16.19)。图 16.20 为另一个形成剪切带的例子。根据剪切带的宽度和中断片层的相对位移可估计此时的剪切应变量为 1.3。总之，已经证明，片层的弯曲和扭折对热加工和 α=0°取向片层的再结晶行为起到了非常重要的作用，或者更宽泛地说，对 γ-

TiAl 合金有重要影响。

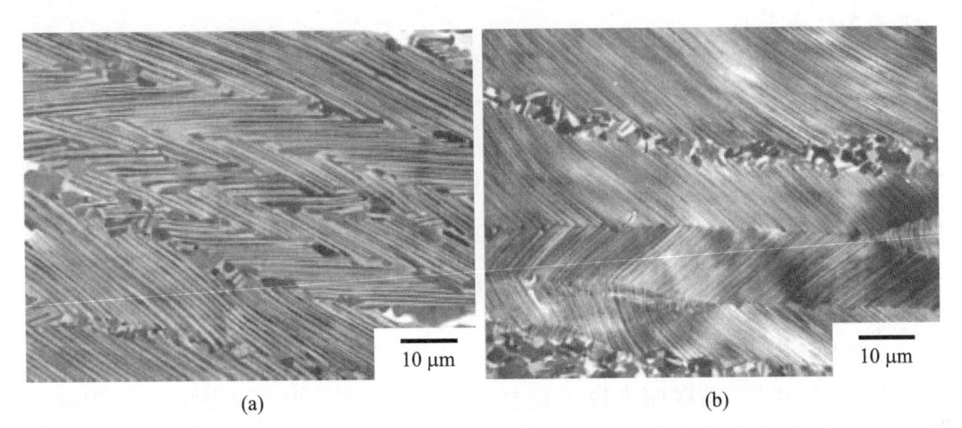

图 16.19 Ti-45Al-8Nb-0.2C 合金压缩变形至真应变量 $\varepsilon=0.6$ 的扫描电镜背散射图像。压缩轴向为图中的垂直方向：(a) 初始组织为片层组织的铸锭材料，变形温度 $T=1\ 200$ ℃，真应变速率 $\dot{\varepsilon}=1\times10^{-3}\ s^{-1}$；(b) 近片层组织挤压材料，变形温度 $T=1\ 150$℃，真应变速率 $\dot{\varepsilon}=1\times10^{-3}\ s^{-1}$。注意在两组图片中均出现了严重的局部剪切，但扭折带内的再结晶情形则有所不同

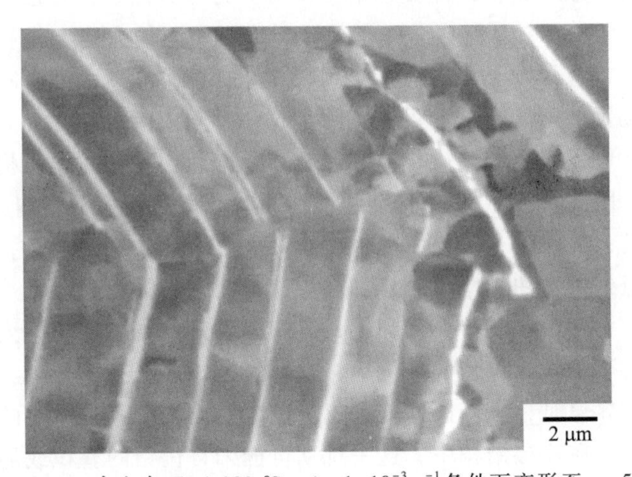

图 16.20 Ti-48Al-2Cr 合金在 $T=1\ 000$ ℃、$\dot{\varepsilon}=1\times10^{-3}\ s^{-1}$条件下变形至 $\varepsilon=50\%$后的扫描电镜背散射图像。片层取向为 $\alpha=0°$，即片层平行于压缩轴向，压缩轴向为图中的垂直方向。从图中中断片层的相对位移和剪切带的宽度可以估计出局部剪切应变为 1.3

在片层取向为 $\alpha=90°$的样品中也观察到了孪晶和交叉孪晶的现象，但是比 $\alpha=0°$的样品中的程度要弱一些，这与 Nobuki 和 Tsujimoto[7] 的观察结果是一致的。这一行为很可能反映出 90°取向的片层较不利于孪晶变形，且可以解释为

什么这一取向下的再结晶动力学更迟缓。与预期一致，在此片层取向下并未发生显著的片层弯曲。

对于软取向($\alpha=45°$)而言，在小应变条件下几乎难以观察到惯习面倾斜于片层界面的形变孪晶，也没有任何交叉孪晶的迹象。形变孪晶有可能沿平行于片层界面的方向产生，但金相观察是无法对此加以辨别的。在更高的应变条件下，可观察到片层界面的略微弯曲以及片层取向随应变量逐渐变化的现象。当应变量达 75%时，样品中的大部分仍保持了片层组织结构，但是片层的取向则几乎与压缩轴向垂直。再结晶和球化主要见于片层边界处，这与上述两种取向中的情形是相反的。

峰值应力随片层界面取向的变化(图 16.15)是片层结构塑性各向异性的结果。对 $\alpha=0°$和 90°的取向来说，其主要的剪切方向与片层界面斜交，因而形成了跨越片层的剪切。众所周知，片层界面对任何全位错或不全位错来说都是非常有效的障碍[100,107,109,111,112]。因此，位错滑移和孪晶开动的路径在本质上就受到了片层宽度的限制。基于这一原因，当具有这些片层取向的材料发生变形时，位错在片层界面处塞积和孪晶在片层界面处受阻就成了一个普遍的特征[111]。在剪切带受阻于界面处的前端产生了高约束应力，因此就激发了更多的滑移系，这一般可为再结晶提供形核位置。另一方面，在片层界面方向与压缩轴向呈 45°的合金中，位错滑移在平行于片层界面的方向上进行，位错塞积仅出现于畴界或片层团边界处。相比于上述的两个“硬”片层取向，这可能降低了再结晶位置的密度，从而可能解释了这一方向下的再结晶动力学较为缓慢的原因。总之可以得出结论，位错和形变孪晶与片层的交互作用提供了再结晶的形核位置，因此对片层 TiAl 合金的再结晶动力学具有重要影响。

有趣的是，显然，片层组织的演变含有一个变形不稳定因素，即片层的扭折，这使人想到了弯曲的承载结构。从层压材料模型的角度看，片层组织形貌可以被认为是一组束集的 TiAl 和 Ti_3Al 板片。当其与压缩轴向排列一致时，在其轴向受载低于某一临界值的前提下，这些“柱体”在被压缩时是高度稳定的。当超过这一临界值时，平衡态即变得不稳定，从而一个极其微小的扰动也会使结构发生弯曲。在片层结构中，这一扰动可能来自位错的塞积或形变孪晶与片层界面的交截。另外，α_2 和 γ 相在受载条件下的弹性响应也有很大差异。因此，可认为当 α_2 和 γ 片层分布不均匀时，将更倾向于发生不稳定弯曲。图 16.17 给出了这一机制的证据，并就如何实现片层扭折进行了说明。这一过程很可能开始于片层的局部弯曲。根据片层的弯曲程度和厚度可推测局部应变的大小，其一般均大于 10%。这些亚晶随后的再结晶显然是以一种以片层扭折为结果的方式来进行的。在局部弯曲程度最高的部位发生了 α_2 相的球化和分解，这表明相变受到了应力的促进作用。片层的弯曲和扭折通常可导致形成剪切带，这一现象对显微组织演变的不良影响在前文中已有讨论。从力学性能的角度看，弯曲失效并不取决于材料的屈服强度，而其仅依赖于结构的尺寸以及弹性性能。因此，在片层间距已给定的片层合金中，形成弯曲和剪切带的倾向性应主要由板片的轴向长度决定，即片层团的尺寸。与此观点一致，Semiatin 及其合作者[12,113]的研究表明，通过热处理提高片层团尺寸可延缓再结晶动力学并增强流变软化。片层团尺寸和弯曲倾向性的关系同样解释了为什么在片层组织粗大的高 Ti 含量合金中再结晶是比较缓慢的(见 16.2.2 节)。

关于压缩过程中的片层弯曲和扭折，Dao 等[114]进行了微观力学模拟研究，这在理解片层组织内部的变形过程方面是非常有益的。关于此计算和其本构理论的细节描述，读者可以参阅相关文献[115,116]。作者对全片层和近片层组织的应力-应变行为进行了二维多晶有限元分析。在模拟计算中，已将两种组成相 α_2 相和 γ 相的滑移和/或孪晶的本征各向异性均考虑在内。所采用的显微组织包含了 27 个片层团，其片层界面的取向是随机的，这一基础显微组织组态及其初始有限元网格划分如图 16.21。模拟条件是室温下应变速率为 $10^{-3}\ s^{-1}$的变形。图 16.22 为其中的一组研究结果，其为全片层组织压缩变形至不同宏观应变量下所积累的局部滑移的总和。从图中可以明显看出，全片层组织中的变形是非常不均匀的，甚至在中等宏观应变量条件下也会发生局部剪切。然而，在此研究中并未观察到宏观剪切带在整个组织中的扩展。图 16.22 还表明，局部剪切带发展自不同片层团之间的边界处，其中片层的排列方向与软取向非常接近

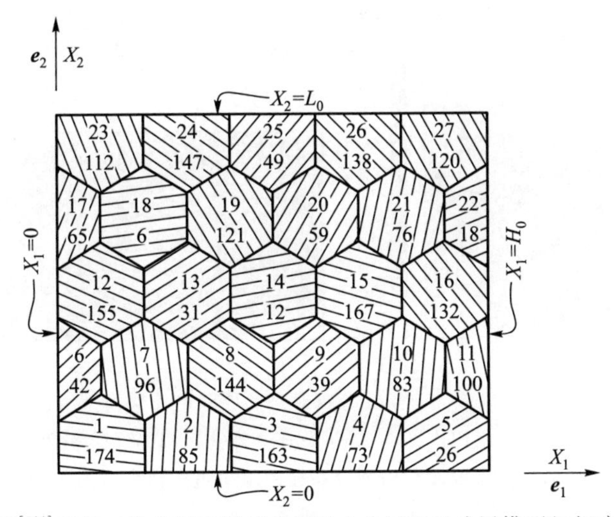

图 16.21　Dao 等[114]采用二维多晶有限元分析对全片层和近片层模型组织应力-应变行为的微观力学模拟研究。图为 27 个片层团的基本组态，其代表了随机形成的多晶组合体。图中 ψ^n 角度的选取范围为 $0° \leqslant \psi^n \leqslant 180°$

（平行）；而在片层排列方向几乎与压缩轴平行的片层中，则是在高温变形下出现了如前文所述的扭折带。这一研究令人信服地支持了如下结论，即片层团边界处的高度局部变形和片层团内部扭折带的扩展是双相 TiAl 合金片层组织的典型变形特征。在扭折带内，剪切集中在几乎垂直于片层的方向上的条带区域中。在变形集中的部位，室温变形时可能发生断裂，而高温变形时则可激发再结晶。显然，较大的片层团尺寸更利于上述机制的出现。最近，对片层组织 1 000 ℃变形的有限元模拟研究也得出了类似的结果[44]。计算表明，初始的弯曲面和集中剪切是由片层团内部的缺陷处以及片层团边界处的扭折引发的。这些结果明显与实验中所观察到的结果非常相似（如图 16.17、16.19 和 16.20）。总之，粗晶片层组织更易产生变形不稳定性并形成剪切带，这在 TiAl 合金的变形加工过程中可导致严重的问题。

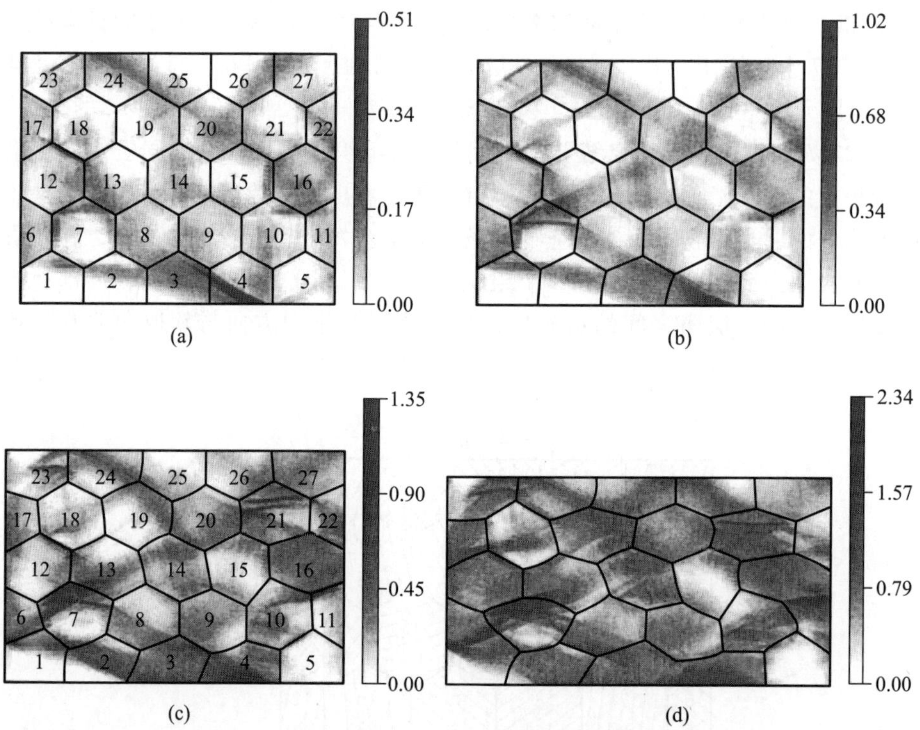

图 16.22　Dao 等[114]采用二维多晶有限元分析对全片层和近片层模型组织应力-应变行为的微观力学模拟研究。全片层组织内部在 2.5%（a），5%（b），10%（c）和 20%（d）宏观应变下所积累的滑移变形的总和。有限元网格划分和显微组织组态请参考图 16.21

16.2.4 共析温度以上热加工过程中的显微组织演化

到目前为止，热加工过程中的显微组织演化几乎都是在($\alpha_2+\gamma$)相区中讨论的，即低于共析温度，而共析温度则根据合金成分的不同位于1 115~1 200 ℃范围内。在共析温度以下，α_2相和γ相的平衡体积分数随温度的变化不大，而且在几乎所有TiAl合金中，α_2相的体积分数均较低($\leqslant 15\%$)。在共析温度以上，α_2相将无序化为α相，且α相的体积分数随温度的升高而快速上升。因此，对于显微组织演化来说，α相的再结晶和球化机制就非常重要了。另外，可以认为α片层的宽度随温度升高而增大，因而降低了片层发生扭折和弯曲的倾向性。目前文献中还很少有对α相再结晶行为的研究。这可能是由于在高温($\alpha+\gamma$)相区的热加工完成之后，α晶粒将在随后的冷却中转变为片层团，从而难以对α相的再结晶进行直接观察。但从大量对热挤压和热锻的研究中可以明显看出，当温度接近α单相区或在α单相区以内时，α相可以发生完全再结晶[10,13,117-121]。在这样的温度进行热加工之后，材料中出现了双态或新形成的片层组织。虽然在热加工后得到的仍然是全片层组织，但相比于铸造组织可发现其片层团极为细化，尺寸为30~200 μm[13,18,118-121]。对α转变温度以上挤压合金的TEM观察表明，其片层组织中的α_2和γ片层间距规律且较为平直，在片层团边界处可观察到一些(<5vol.%)细小的γ晶粒。片层中不存在扭折或亚晶界之类的缺陷[118,119]，这表明片层组织是在变形之后形成的，并且再结晶是在α单相区内进行的。在共析和α转变温度中间区域的温度下挤压的Ti-45Al-10Nb合金中，Zhang等[122]同时观察到了完全再结晶的等轴组织区域以及残余的变形片层区域。这种部分再结晶的显微组织与在($\alpha_2+\gamma$)相区进行热加工后的组织并没有明显的不同[7,32,123]。在残余片层的取向方面也是如此，Zhang等[122]的报道表明其沿垂直于主变形的方向排列。TEM研究表明，残余的片层组织转化为细晶的条带，其相对于最初方向的取向差可达16°。作者还观察到新形成的γ晶粒向相邻的残余α片层中生长。这一相界面的凸出过程显然是发生在热挤压后的冷却过程中，并促进了片层结构的破碎[122]。作者的结论认为，和挤压的情形一样，提高热加工温度或在相对较高的应变速率下进行加工可降低残余片层团的体积分数。这一结论的部分内容在对Ti-45Al-8Nb-0.2C合金1 150~1 330 ℃温度范围内压缩变形的再结晶/球化经验研究中得到了证明[54]。显微组织随温度的变化如图16.23。在应变量$\varepsilon=40\%$的样品中，再结晶/球化的体积分数随温度的升高而增加，而在$\varepsilon=80\%$的样品中仅在1 300~1 330 ℃的温度区间内才观察到了明显的增加(如图16.24)。在低应变条件下所观察到的再结晶动力学随温度上升而加速的现象并非一定与α_2相的无序化相关，因为这种随温度变化的现象在低于共析温度时也可出现[80,89]。

然而，图中还表明，当在单相 α 相区进行热加工时，可同时达成再结晶显著增强和显微组织完全转化的效果(如图 16.23)。这可以理解为是由于组织中不含有片层组织，它的不利影响在前文中已有讨论。16.3.2 节将对 α 相区变形加工的优势和缺点进行更加细致的阐述。

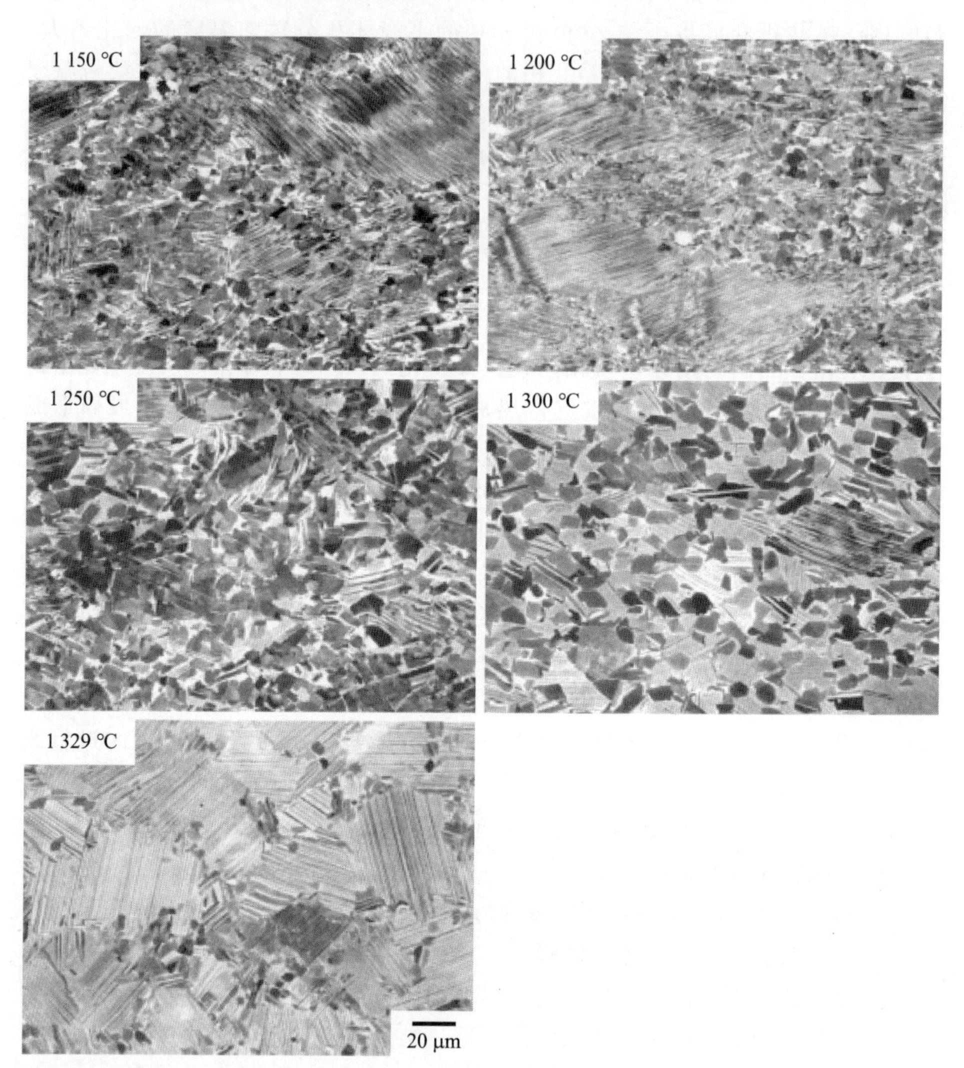

图 16.23　Ti-45Al-8Nb-0.2C 合金铸锭材料在图中所示温度、应变速率$\dot{\varepsilon}=1.4\times10^{-3}\ s^{-1}$下变形至 $\varepsilon=40\%$后的扫描电镜背散射图像。压缩轴向为图中的垂直方向

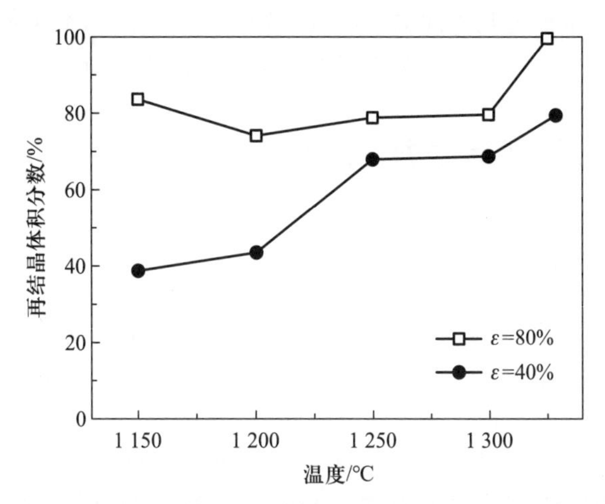

图 16.24　Ti-45Al-8Nb-0.2C 合金铸锭材料再结晶晶粒或片层团体积分数随变形温度的变化。压缩变形应变速率为$\dot{\varepsilon}=1.4\times10^{-3}\ s^{-1}$，应变量见图中的标注

16.2.5　工程方面

从工程的角度看，需要强调的是铸锭的显微组织是再结晶动力学的主要影响因素。粗晶的相组成，以及显微组织和成分的不均匀性是难以通过变形加工来去除的，并可导致局部流变和不完全再结晶。显然，在 Al 含量范围为 48at.%～50at.%并可能含有晶粒细化剂或弥散相的合金中可达成良好的再结晶。遗憾的是，这种类型合金的强度相对较低。因此，在未来的合金设计中，需要对即便是在大尺寸铸锭的情况下也可表现为细晶组织的高强度合金加以注意。Naka 等[124]、Küstner 等[125]、Jin 等[126]、Wang 等[127]和 Imayev 等[128]已经提出了相应的合金设计理念。进一步的尝试正聚焦于不同的合金相组成，如探索含有高体积分数 β 相的合金的热加工温度区间等。Kobayashi 等[129]与 Takeyama 和 Kobayashi 等[130]已基于 β+α→α→β+γ 的相变路径发展出了一种合金设计理念。这些合金可在 β+α 相区进行热加工而后转变为细小片层组织。

基于热加工行为的各向异性可得出的结论是，为获得高体积分数的再结晶晶粒，片层界面取向相对于主变形方向呈 90°时是最合适的，因为这种情况下的再结晶动力学是非常快的，并且剪切带可被限制在一定的程度之内。由于在圆柱形铸锭中的铸造织构是径向对称的，在对整个铸锭进行首次加工的热挤压过程中可以很容易地实现片层的择优取向。若有可能，在变形加工过程中改变加工方向应该也是有益的，因为这样可以通过残余片层的扭折产生新的再结晶晶粒并减少已有剪切带中的局部变形。Koeppe 等[32]的研究发现，当进行多步锻造而不改变加工方向时，材料中的显微组织均匀性将上升。然而，在他们的实验中，在第一步锻造和中间退火后就已经形成了等轴组织条带，因此，在后续的加工步骤中残余片层对显微组织的演化并未产生影响。

16.3　可加工性和首次加工

16.3.1　可加工性

γ-TiAl 合金的总体低可加工性使其加工变形成本高昂并限制了工业装备的适用性，其原因是 γ-TiAl 合金加工所需的加工温度、（低）应变速率、加压能力以及模具材料等条件受到限制。因此，从温度、应变速率和应变量的角度考察其加工窗口，并理解上述条件随合金成分和显微组织的变化是非常重要的。如 16.1 节中所述，在许多研究中已讨论了这些问题，采用的是对圆柱形样品进行压缩实验，随后对变形样品进行检视的方法。这些研究已经测定了以应变速率和温度为基础、标示出无裂纹加工区域的热加工图。图 16.25 展示了以不同合金成分、显微组织和外加应变量等条件所建立的这种热加工图的一些示例。从图中可以看出，在成功的热加工实验中，不同材料所对应实验条件的差异非常大。合金的可加工性当然取决于许多因素，如实验所用样品的几何形状、润滑条件以及应变量等；然而，显然显微组织对可加工性的影响是最为重要的。这在 Singh 等[131]和 Srinivasan 等[132]的研究结果中可以得到证明，在图 16.25 中也有所展示，他们在几乎相同的合金成分和一致的实验条件下比较了细晶粉末材料和粗晶铸造材料的行为。显微组织的差异使材料开裂/完好的加工条件分界线之间的温度差异达 200 K，且应变速率的差异超过了两个数量级。其他的研究也表明，γ 合金的可加工性可通过晶粒的细化而得到显著提升[35,134-136]。

在上文所提到的研究中(16.1)，Nobuki 和 Tsujimoto[7]通过压缩实验研究了一系列二元铸造合金在宽范围应变速率和温度条件下的热变形行为。此研究中所得出的加工图(如图 16.26)明确表明，材料的可加工性随合金的 Al 含量而系统变化。Al 含量最高的合金具有最宽的无裂纹加工条件，而随着 Al 含量的下降，在较高温度和较低应变速率条件下开始出现裂纹。如 16.1.2 节所述，Nobuki 和 Tsujimoto[7]采用本构方程(16.1)拟合了流变曲线的峰值应力与应变速率和温度的关系，并用这些结果绘制出了热加工图上的等压线。这种加工图的两个例子如图 16.27，从中可以得出每种合金产生裂纹的临界压力。对于 Al 含量为 48.2at.%~50.2at.%和 43.8at.%~44.9at.%的合金来说，其临界压力分别为 250~300 MPa 和约 150 MPa[7]。作者将材料的可加工性随 Al 含量变化的原因解释为 Al 含量所导致的铸造组织差异。在他们所研究的 Al 含量范围中，铸造

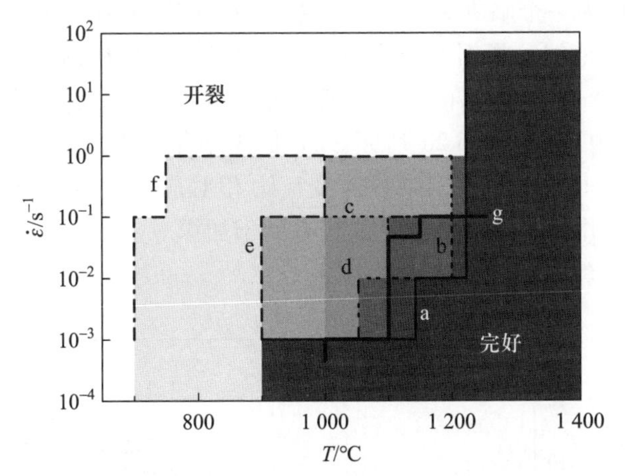

图 16.25 不同 γ-TiAl 合金的热加工图。图中的分界线展示出了等温热压缩过程中可能实现完好加工的加工条件。(a)~(f) Al 含量为 47at.%~49at.%的成分相近的合金；(g) Ti-45Al-(8~9)Nb-W-B-Y 合金；(b)、(c)为同种合金，变形量分别为 80%和 40%。(e)、(f)为相近的合金，分别为铸造材料(e)和细晶粉末材料(f)。(a) Ti-49Al-2Mn-2Nb 合金，铸造材料，片层组织。样品直径为 6 mm，高度为 8 mm，1 140 ℃以下采用铅基玻璃润滑，1 140 ℃以上采用硅基玻璃润滑，变形量为 50%[24]。(b)、(c)为 Ti-47Al-1V 合金，铸造材料，在 1 200 ℃均匀化处理 24 h，近片层组织。样品直径为 6 mm，高度为 9 mm，变形量分别为 80%(b)和 40%(c)[30]。(d) Ti-47Al-2Cr-1Nb 合金，铸造材料，在 1 100 ℃均匀化处理 8 h，在 4 h/1 250℃/170 MPa 下热等静压。近片层组织，片层团尺寸为 400 μm，样品直径为 8 mm，高度为 12 mm，云母片润滑，变形量 40%[29]。(e) Ti-48Al-2Nb-2Cr 合金，铸造材料，近片层组织，片层团尺寸为 50~500 μm，样品直径为 6.35~19 mm，高径比为 1.5，石墨基润滑剂，变形量为 50%[131,132]。(f) Ti-47Al-2Nb-2Cr 合金，粉末材料，等轴组织，晶粒尺寸为 3~20 μm，样品直径为 6.35~19 mm，高径比为 1.5，石墨基润滑剂，变形量为 50%[131,132]。(g) Ti-45Al-(8~9)Nb-W-B-Y 合金，铸造材料，热等静压后为近片层组织，片层团尺寸为 70 μm，样品直径为 10 mm，高度为 16 mm，变形量为 50%[133]

材料的片层团尺寸随 Al 含量的降低而升高，如 16.2.2 节和 16.2.3 节中所述，这导致了强烈的局部流变以及缓慢的再结晶动力学。上述两个过程显然对材料的可加工性有不利的影响，其可解释所观察到的可加工性随成分的变化。在此，令人感兴趣的是，根据式(16.1)，应变速率敏感性 m 可表达为流变应力的函数：

$$m=\frac{1}{n\alpha\sigma(\dot{\varepsilon},\ T)}\tanh[\alpha\sigma(\dot{\varepsilon},\ T)] \tag{16.8}$$

式中，应力指数 n 和应力乘数 α 为常数。因此，对于一个恒定的临界流变应力 $\sigma(\dot{\varepsilon},\ T)$(当高于此应力值时可导致出现裂纹)，应变速率敏感性 $m(\dot{\varepsilon},\ T)$也为常数，并可作为一个临界参数。换言之，图 16.27 的加工图中的等温线即对应于常数 m 的等值线。根据基于式(16.1)所做的本构分析的结果，可计算得出若干材料(包括 Nobuki 和 Tsujimoto[7]所研究的材料)的 m 值。计算所采用的参数列于表 16.1 中。如图 16.28 所示，应变速率敏感性 $m = 0.2 \sim 0.25$，这与 Nobuki 和 Tsujimoto[7]所报道的临界流变应力相对应。后文将讨论热加工过程背后的时效机制并确定断裂标准。这将有助于加深对上述热加工图的理解并阐明应力和应变速率等因素所起到的作用。

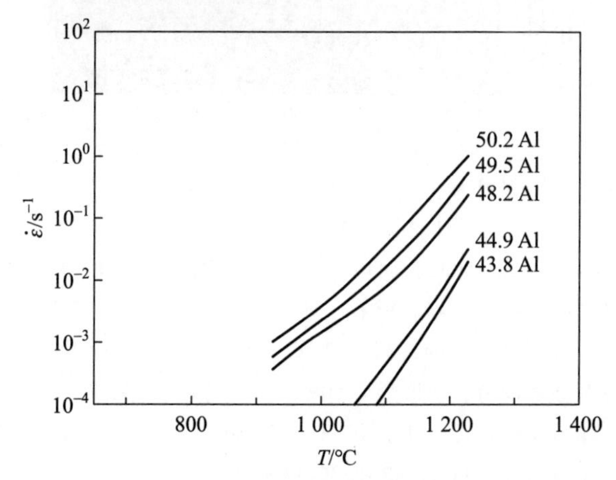

图 16.26　Nobuki 和 Tsujimoto[7]采用等温热压缩实验确定的不同二元合金的热加工图。如分界线所示，在达成完好加工的前提下的最大真应变可达 1.0。铸造材料，变形前在 1 200 ℃进行了 24 h 的均匀化处理。随 Al 含量的变化，合金的显微组织自低 Al 含量的全片层组织经过双态而达到高 Al 含量的近 γ 组织。平均晶粒/片层团尺寸的范围为 130～560 μm，其中最小晶粒/片层团尺寸出现于 Ti-48.2Al 合金中。圆柱形压缩样品变形前的直径为 18 mm，高度为 24 mm

从广义上看，可加工性问题可分为两类，即断裂控制的失效，如热脆性、三叉晶界裂纹或晶界孔洞；以及局部流变控制的失效，其可导致总体剪切断裂和显微组织不均匀性[22]。在此，需要再次提及的是 γ 相和 α_2 相的低解理应力和黏接强度及其所导致的 γ-TiAl 合金的裂纹形核敏感性[15,137-139]。在 γ 相中，{111}晶面既可作为位错滑移面又可作为孪晶惯习面。由于{111}晶面的解理能较低，滑移或孪生在受阻后就可能使裂纹形核[18]。因此，变形行为和塑性各向异性与热变形中的多种回复和再结晶机制一起，共同影响了材料的可加工性。理解不同断裂机制及其与合金成分、显微组织和加工条件的相关性是非常重要的。虽然这一点非常明确，但除了对细晶等轴组织材料的超塑性变形之外，仅有 Semiatin 及其合作者的研究对可加工性的标准有所发展[12,14,35,140-142]。

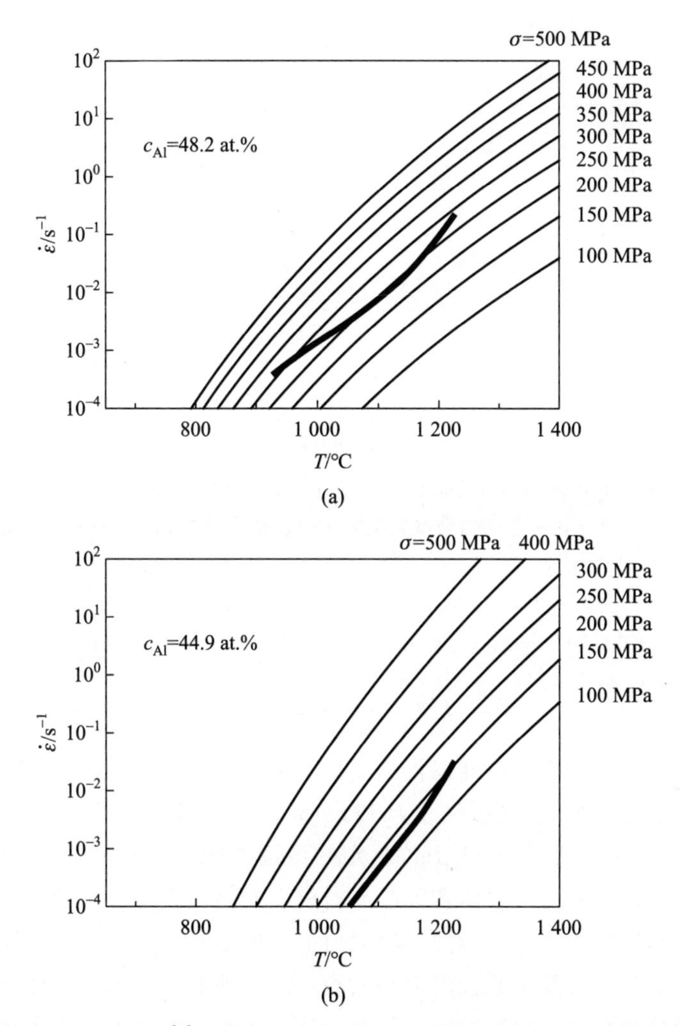

图 16.27 Nobuki 和 Tsujimoto[7]所确定的两种二元合金的热加工图。较粗的曲线展示了等温热压缩过程中真应变为 1.0 时可达成完好加工的上限。关于样品的更多细节如图 16.26。除断裂轨迹外，图中还展示了通过将流变曲线中测得的峰值应力拟合到本构方程(16.1)，并计算流变应力随温度和应变速率的变化而得到的恒定流变应力曲线[7]。(a) Ti-48.2Al 合金，其显微组织相对细小，片层体积分数为 30vol.%；(b) Ti-44.9Al 合金，其为粗晶全片层组织

为理解脆性和塑性失效的机制，Seetharaman 和 Semiatin[35,142]研究了 Ti-49.5Al-2.5Nb-1.1Mn 合金铸态和变形态组织的高温拉伸行为。此合金中出现了脆性失效与塑性行为之间的尖锐变化，其中脆性失效表现为楔形裂纹的扩展，而塑性行为则表现为微孔的形成和长大。在上述的两种组织中，韧脆转变温度均随应变速率的升高而上升。通过对韧脆转变温度的 Arrhenius 分析，作

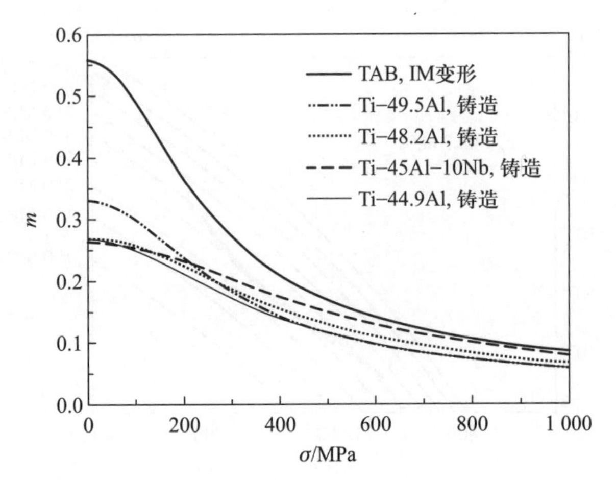

图 16.28　根据式(16.1)的本构方程得出的应变速率敏感性 $m=\mathrm{dln}\ \sigma/\mathrm{dln}\ \dot{\varepsilon}$ 随流变应力的变化[见式(16.8)]。此计算所用的拟合参数见表 16.1。请注意，相比于此处所示的最大应力，部分合金的流变应力极低。TAB：Ti-47Al-1.5Nb-1Cr-1Mn-0.2Si-0.5B 合金，铸造材料(IM)，在 1 250 ℃挤压并在 1 030 ℃下退火 2 h 后炉冷，近 γ 组织，平均晶粒尺寸为 3.3 μm。Ti-44.9Al、Ti-48.2Al 和 Ti-49.5Al 为 Nobuki 和 Tsujimoto[7] 所研究的铸造材料，为全片层或双态组织(如图 16.26 和 16.27)

者认为时效模式的变化是由动态再结晶导致的。对显微组织的分析已证明了这一结论。对于铸态组织(晶粒尺寸为 125 μm)，已测定其激活能为 2.95 eV；而在变形组织中(晶粒尺寸为 35 μm)测定的激活能则为 1.96 eV。后者的数据表明，由晶界扩散或晶内滑移协调的晶界滑移对塑性流变有显著的贡献[142]。

在他们的研究中[35,142]，对断口形貌的分析表明，在应变速率较高且温度为低温到中温时，可发生脆性的沿晶断裂。当应变速率较低时，则观察到了大量的楔形裂纹和孔洞。研究发现，片层团边界为楔形裂纹的优先形核位置。当应力集中无法通过基体滑移、晶界迁移或晶界扩散等方式有效释放时，通常会在晶界和三叉交界处由晶界滑移引发楔形裂纹[142]。另外，在高应变速率下，楔形裂纹可通过滑移带/形变孪晶与晶界的交互作用形成，并伴有晶界滑移。在另一项研究中，Semiatin 和 Seetharaman [143]观察到等温热压缩实验中的楔形裂纹不仅可在产生二次拉伸应力的浮凸自由表面处形成，而且也可以在完全压缩应力状态的样品中心形成。在此需要指出的是，在 Dao 等[114]的模拟研究中(如 16.2.3 节所述)已经表明，当片层组织材料处于压缩变形状态时，在某些片层团的边界位置处可形成高静水拉应力。另外作者还发现，在某些片层团边界有较强的局域化变形。因此，这就解释了楔形裂纹在热变形且晶界滑移活跃的条件下于这种片层团边界处萌发的原因。楔形裂纹的出现，即使在其不会导致热加工过程中样品发生整体断裂的情况下也是不利的，因为这种裂纹可使力学性能严重恶化[142]。因此，在热变形操作中需要避免可使楔形裂纹发展的变形条件。

基于实验工作以及文献中对沿晶断裂的模拟，Semiatin 和 Seetharaman[143]、Semiatin 等[14]以及 Seetharaman 和 Semiatin[142]提出，当临界应力超过 $\sigma_p\sqrt{d}$时将出现楔形裂纹，其中 σ_p为峰值应力，d 为晶粒/片层团尺寸。对 Ti-49.5Al-2.5Nb-1.1Mn 合金铸态组织来说，Semiatin 和 Seetharaman[141] 发现临界应力 $\sigma_p\sqrt{d}$在 1.5～3 MPa·m$^{1/2}$范围内，而变形状态下的上述合金以及 Ti-46.6Al-2.7Nb-0.3Ta 合金的临界应力 $\sigma_p\sqrt{d}$约为 1 MPa·m$^{1/2}$[35,143]。作者还观察到，临界应力 $\sigma_p\sqrt{d}$ 有随温度略微变化的现象。当将这一准则应用于 Nobuki 和 Tsujimoto[7]对不同片层团/晶粒尺寸合金的研究结果中时，可确定其值为 3.1～4.9 MPa·m$^{1/2}$，这与 Semiatin 及其合作者[14,35]的结果大致吻合。然而，由于 Nobuki 和 Tsujimoto[7]是以自由表面出现裂纹与否作为可加工性的极限，而并未考虑楔形裂纹的萌生，因此在热加工实验中楔形裂纹是否真正对失效有所贡献仍是一个未有定论的问题。

如上文所述，Seetharaman 和 Semiatin[35,142]在较高温度和较低应变速率下塑性变形失效的样品中观察到了孔洞。孔洞的体积分数随与断裂表面距离的增加而急剧下降。但是在样品的整个变形区域内，一定体积分数的孔洞是一直存在的。显然，在这些实验条件下，自由表面的断裂受到了孔洞的形成、扩展和粗化的控制。Seetharaman 等[144]发现，锻造过程中锻饼浮凸表面的断裂可通过 Cockroft 和 Latham 提出的[145]最大拉伸功标准来有效预测：

$$\int_0^{\varepsilon_f} \sigma_{max} \mathrm{d}\,\bar{\varepsilon} = 常数 \tag{16.9}$$

在此方程中，σ_{max}为最大局部拉伸应力，$\bar{\varepsilon}$为真应变，$\bar{\varepsilon}_f$ 为断裂真应变。作者通过测量拉伸实验中的临界拉伸功，并将之与计算所得出的锻造过程中鼓肚中线处由于二次拉伸应力而消耗的功进行比较后，证明了这一准则的适用性[14,144]。

Seetharaman 和 Semiatin[14]基于对可加工性和他们所建立的可加工性准则的分析，构建了一种铸造 γ-TiAl 合金的加工图，对不同失效机制的区域进行了展示(图 16.29)。此加工图展现了楔形裂纹诱导的脆性失效、楔形裂纹/孔洞诱导的塑性失效以及断裂的不同区域；它还对图 16.25 和图 16.26 中的由实验所确定的加工图进行了解释。作者建议，热加工操作应在标注为塑性的区域中进行，以避免整体断裂或形成对力学性能有不利影响的楔形裂纹。需要指出的是，在他们的加工图中并未考虑局部流变现象，下文将对此加以讨论。

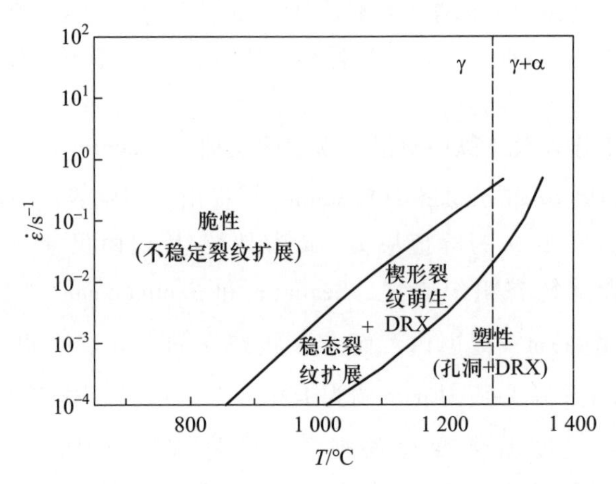

图 16.29　铸造+热等静压态 Ti-49.5Al-2.5Nb-1.1Mn 合金的热加工图，图中展示了不同的失效机制区域[142]。材料的组织由平均晶粒尺寸约为 125 μm 的等轴 γ 晶粒以及 10vol.%～15vol.%片层团构成。根据其 Al 含量，可以认为在图中所示的温度范围内，此合金位于 γ 单相区。虽然铸造组织中的 α_2 相在热力学上是不平衡的，但是其在热加工后的组织中依然存在

在 16.2 节中，大量证据表明，即使在不存在摩擦和激冷效应的情况下，γ-TiAl合金也非常容易发生局部流变。局部流变尤其可出现于具有片层组织的合金的热加工过程中，其将导致组织不均匀。这严重影响了变形合金的力学性能。在极端条件下，剪切带可能穿越整个工件以至于其在宏观上也是可见的。图 16.30 展示了一个去除包套材料后的挤压 Ti-45Al-8Nb-0.2C 合金棒材。钢制的包套由一片 Mo 箔与 TiAl 工件分隔开，因此挤压后包套和工件的分离是非常容易的。在 TiAl 合金棒材的表面，可观察到平行于挤压方向的沟壑，这显然表明挤压过程中的变形是不均匀的。这些沟壑可以理解为来自工件/包套界面处发生的局部剪切。在压缩实验的小圆柱形样品以及大尺寸的锻造工件中也观察到了相似的结果[140,143,146]。不均匀变形可导致表面粗糙和起皱、工件的剪切(如图 16.31)以及严重情况下的开裂(如图 16.32 和图 16.33)。Imayev 等[146]在大尺寸 Ti-45Al-10Nb 合金的锻造中，发现在近浮凸自由表面处出现了由局部再结晶而导致的细小晶粒条带。在这些条带内有孔洞和裂纹。显然，变形曾集中于这些条带内，从而形成了孔洞和裂纹，甚至引发了早期失效(图 16.33)。在 Al 含量为 45at.%或更低的高 Nb 含量 TiAl 合金中，通常会出现条带状 β(B2)相并在整个材料中形成贯穿型亚结构。可以认为，β(B2)相的屈服应力相对较低并承载了大部分变形。因此变形可能优先沿 β(B2)相条带进行。这显著提升了 β(B2)相含量足够高的合金的可加工性[147]。然而，在 β(B2)相

含量较低的合金中，变形时可发生局部剪切和裂纹[28]。在挤压过程中，由于局部流变导致的整体断裂通常可由所加载的静水压应力来抑制，但是在挤压材料中却观察到了沿剪切带的裂纹，这可能会降低材料的力学性能（如图16.34）。

图 16.30 Ti-45Al-8Nb-0.2C 合金挤压棒材，表面的沟壑表明其变形是不均匀的。在挤压之前铸锭材料被置于钢制包套内，由一片 Mo 箔将 TiAl 工件与包套分隔开。挤压在 1 230 ℃下进行，挤压比为 14。包套材料在挤压后很容易去除

根据 Semiatin 和 Jonas[21] 及 Semiatin 等[14] 的研究，可通过所谓的局部流变参数或 α 参数对局部流变进行评价：

$$\alpha = (\gamma - 1) / m \tag{16.10}$$

式中，γ 为流变软化速率 $\gamma = (1/\sigma)(\mathrm{d}\sigma/\mathrm{d}\varepsilon)\big|_{\dot{\varepsilon},T}$；$m$ 为应变速率敏感性。局部流变开始的一个必要条件为 $\alpha = 0$，即 $\gamma = 1$。但是，一般在 α 值大于 5 时才会出现可观察的局部流变[14,21]。根据式(16.10)，可以直接证明强流变软化和低应变速率敏感性可促进局部流变。考虑到 γ 和 m 随温度和应变速率的总体变化趋势，高温度和低速率的加工有利于降低局部流变。当加工温度低于 1 150 ℃时，Semiatin 等[141] 在 Ti-45.5Al-2Cr-2Nb 合金中测定的局部流变参数超过了 5。在这一温度下，挤压时可出现剪切带和剪切裂纹，但在更高的挤压温度下则没有观察到这些缺陷。作者发现，当材料在变形态而非铸态下进行热加工时，α 的数值将降低。因此，可基于 $\alpha \geqslant 5$ 这一标准来预测是否会出现局部流变，这与在 Ti 合金中的发现是一致的[14]。他们的研究同样证明了显微组织对局部流变的影响，然而，在对 γ-TiAl 合金不均匀流变的研究中，也需要对其他因素如温度不均匀性和相分布等加以考虑（见 16.1.1 节）。

总之，γ-TiAl 合金的热加工失效是由在相对较高温度下仍可出现的脆性断裂、楔形裂纹萌生以及局部流变导致的。特别是这些因素严重制约了粗晶不

图 16.31　等温压缩变形至真应变为 0.6($\varepsilon=0.45$)的压缩样品。采用玻璃润滑剂润滑。(a)、(b)1 260 ℃热等静压后的 Ti-45Al-10Nb 合金铸锭材料，片层组织，片层团尺寸为 500 μm 并含有 β/B2 相条带。初始样品直径为 18 mm，高度为 30 mm：(a) $T=1\ 150$ ℃，$\dot{\varepsilon}=10^{-1}\ s^{-1}$；(b) $T=1\ 200$ ℃，$\dot{\varepsilon}=10^{-2}\ s^{-1}$。(c)、(d)TAB 合金(Ti-47Al-1.5Nb-1Cr-1Mn-0.2Si-0.5B)，在 1 250 ℃挤压并在 1 030 ℃退火 2 h 后炉冷，近 γ 组织，平均晶粒尺寸为 3.3 μm。初始样品直径为 12 mm，高度为 20 mm：(c) $T=1\ 000$ ℃，$\dot{\varepsilon}=10^{-1}\ s^{-1}$；(d) $T=1\ 050$ ℃，$\dot{\varepsilon}=10^{-2}\ s^{-1}$

均匀组织铸造材料的热加工窗口，使其局限于低应变速率和非常高的温度区间内。另一方面，γ-TiAl 合金的可加工性对合金成分和显微组织敏感；当加工步骤和加工条件适用于材料时，也可以对其进行板材轧制或超塑成形等热加工操作。遗憾的是，在热加工工艺路径的设计方面并没有捷径，为得出优化的热加工条件或适宜的合金，就需要开展大量的实验工作。

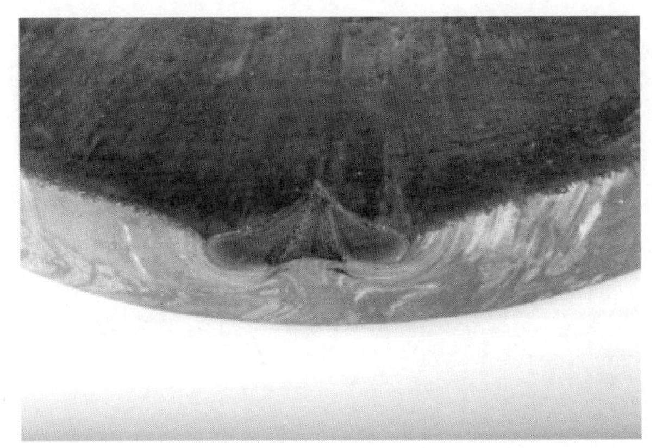

图 16.32 1 150 ℃等温锻造 Ti-45Al-5Nb-0.2B-0.2C 合金锻饼(直径为 165 mm，高度为 22.2 mm)，应变速率为 5×10^{-3} s^{-1}，应变量为 80%。锻造前已对材料进行过挤压。图中表明锻造过程中产生的裂纹可能是由局域应变造成的

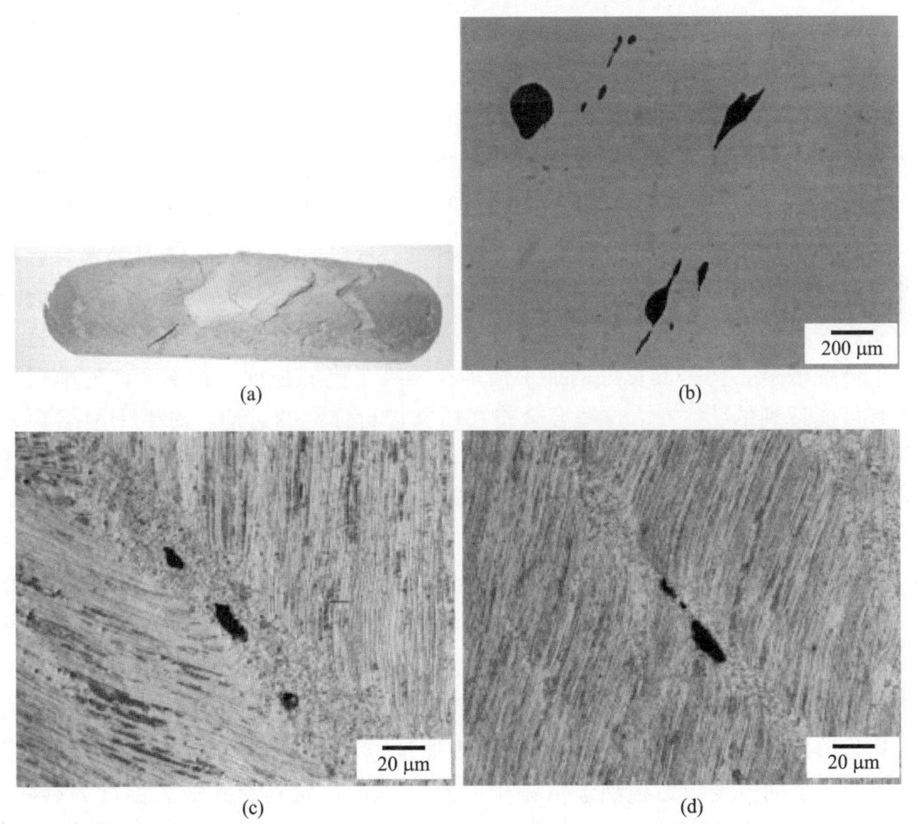

图 16.33 1 050℃等温锻造 Ti-45Al-10Nb 合金中的失效，应变速率为 10^{-3} s^{-1}。(a) 在浮凸表面发生了严重的开裂；(b)~(d) 剪切带、楔形裂纹和孔洞的光镜照片：(b) 为机械抛光后，(c)、(d)为电解抛光后并侵蚀。锻造方向为图中的垂直方向[146]

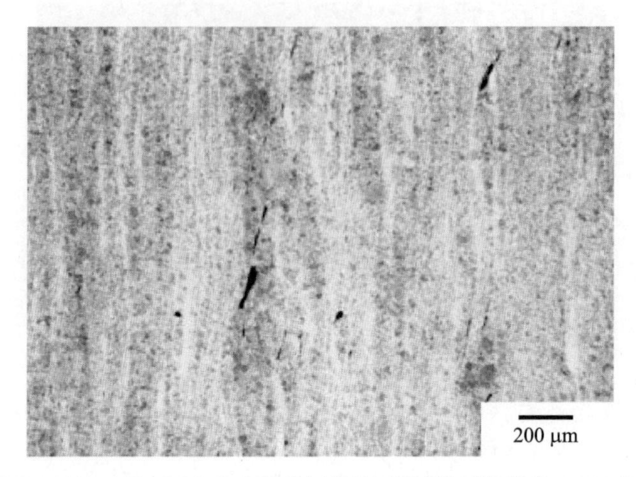

图 16.34　挤压 Ti-45Al-8Nb-0.2C 合金沿剪切带的开裂(挤压温度为 1 230 ℃)。

16.3.2　铸锭开坯

对 γ-TiAl 合金的变形加工来说，粗晶、有偏析和织构的一般铸锭材料的首次热加工当然是最为重要的一步。从图 16.25 中就可以看出这一点，在前文的叙述中对此也已有所讨论。如 16.3.1 节中所示的各种加工图所指出，这些材料的热加工温度必须在 1 000 ℃以上。因此，采用冷的或中度保温的模具进行的传统热加工无法应用于没有包套的坯料。这是因为模具的激冷或所采用的高应变速率将导致工件开裂。然而最近，人们研发了含有大量 β 相的合金并将之用于传统锻造，但是其良好的加工性是在牺牲了高温强度和抗蠕变性的前提下才有可能达到的[147-151]。这些合金将在后文进行详细的讨论。对于 TiAl 合金来说，一般必须要采用等温或包套(近等温条件)的方法进行加工。从前文所述的加工图中可以看出，对于等温锻造而言，由于最高温度受到了模具材料的限制，因此仅能采用相对较低的应变速率来变形。对传统的 TZM 合金(Mo-0.5wt.% Ti-0.08wt.% Zr-0.02at.% C)来说这一温度约为 1 150 ℃。在研究 γ-TiAl合金变形加工的文献中，还没有报道过能够适用于更高加工温度的模具材料。因此，一般用于热挤压的更高加工温度只能在工件被包套的前提下才可使用。图 16.25~图 16.27 和图 16.29 中所示的加工图表明，必须要对应变速率，尤其是温度加以精确控制才可以避免热加工过程中的开裂。另外，还要谨记 γ-TiAl合金的流变应力强烈地依赖于应变速率，并尤其受到加工温度的影响，从图 16.27 中可以看出这一点，且 16.1 节已对此进行了讨论。若采用传统的包套热加工，那么对加工温度的控制就非常重要了；基于这一原因就需要考虑包套的设计及其绝热性。即便是在整个工件中存在约 20 K 的小幅温度分布变化，也可能会产生不均匀的显微组织并在工件表面形成裂纹。对于工业级变形加工路径来说，是不能允许所得产品的性能有变动或更糟糕地造成废品等情况的。

由于铸锭中的孔隙无法通过锻造来闭合[33]，在热加工之前，铸锭材料一般均要经过数小时的(α+γ)相区温度范围内 150～250 MPa 的热等静压[12,152,153]，使之致密化。通常，铸锭材料还要再进行均匀化热处理[12,15,152-154]。由于合金的力学性能和加工性(如图 16.26)强烈地依赖于合金成分和显微组织，因而这些处理都是极其重要的。大多数 γ-TiAl 合金的凝固要经过一个或两个包晶反应，这导致了严重的微观偏析，合金凝固后不会穿过任何单相区是其中的原因之一。在小铸锭中，已发现在 50 μm 或若干毫米尺度内的 Al 含量变动达 10at.%的现象[155,156]。这种长程偏析出现于 30 K/min 的低冷却速率中[156]。对于工业制备的直径至少为 120 mm 的铸锭来说，在几百微米尺度下可检测到的 Al 含量微观偏析为 3at.%～5at.%(如图 16.35)[156-159]。在均匀性方面，需要指出的是在高 Nb 含量 TiAl 合金 Ti-45Al-10Nb 中，慢扩散元素 Nb 在整个铸锭尺度上的变动量约为 3at.%。

这种化学偏析导致了显微组织的不均匀性，从而对可加工性产生了不利影响，而在热加工后偏析仍然存在[31,154,157,158]。另外，在热处理或热加工之后，也可发生局部的相组成变化或粗晶区。因此，毫无疑问的是，至少对包晶凝固合金来说均匀化处理是尤为需要的。Semiatin 和 McQuay[160] 研究了 Ti-47Al-2.5Nb-0.3Ta 合金的均匀化动力学，发现为消除微观偏析就需要在 α 转变温度(高达 1 400 ℃)以上进行热处理。Koeppe 等[32]发现，这种高温处理的确可使热加工后的显微组织更加均匀。然而，这种均匀化处理的本质特性使其导致了极为粗大的片层团组织[160]，因而它对可加工性和锻造中的再结晶动力学是否有益仍是存疑的(如图 16.11)。Dimiduk 等[15]认为，在亚 α 转变温度下进行均匀化处理对可加工性有一定的有益效果，而事实上，在 α 单相区进行均匀化处理则是有害的。作者还指出，在更高温度下甚至在(α+β)相区内进行均匀化处理也是可以成功的，此时 β 相可被用来控制 α 晶粒的长大。与 Semiatin 和 McQuay[160] 的结果一致，Brossmann 等[158,161]发现 Ti-45Al-10Nb 合金在 α 转变温度之上退火超过 1 h 才能够消除尺度大于 10 μm 的偏析。由于其所采用的均匀化热处理温度 1 420 ℃位于(α+β)相区，因而未发生严重的组织粗化[158,161]。总之，看来对于包晶凝固合金来说，热处理可以使其偏析减弱，但是却只能在非常高的温度下才能将之消除。特别的，添加难熔合金元素会使组织均匀化更难以实现[160]。一个颇有希望的方法是在(α+β)相区进行热处理，但这需要对合金成分进行优化从而避免生成过多的 β 相[15]。在仅由 β 相凝固的合金中的情形则有所不同，因为在这些合金中仅有中度的微观偏析[155]。对这些合金的

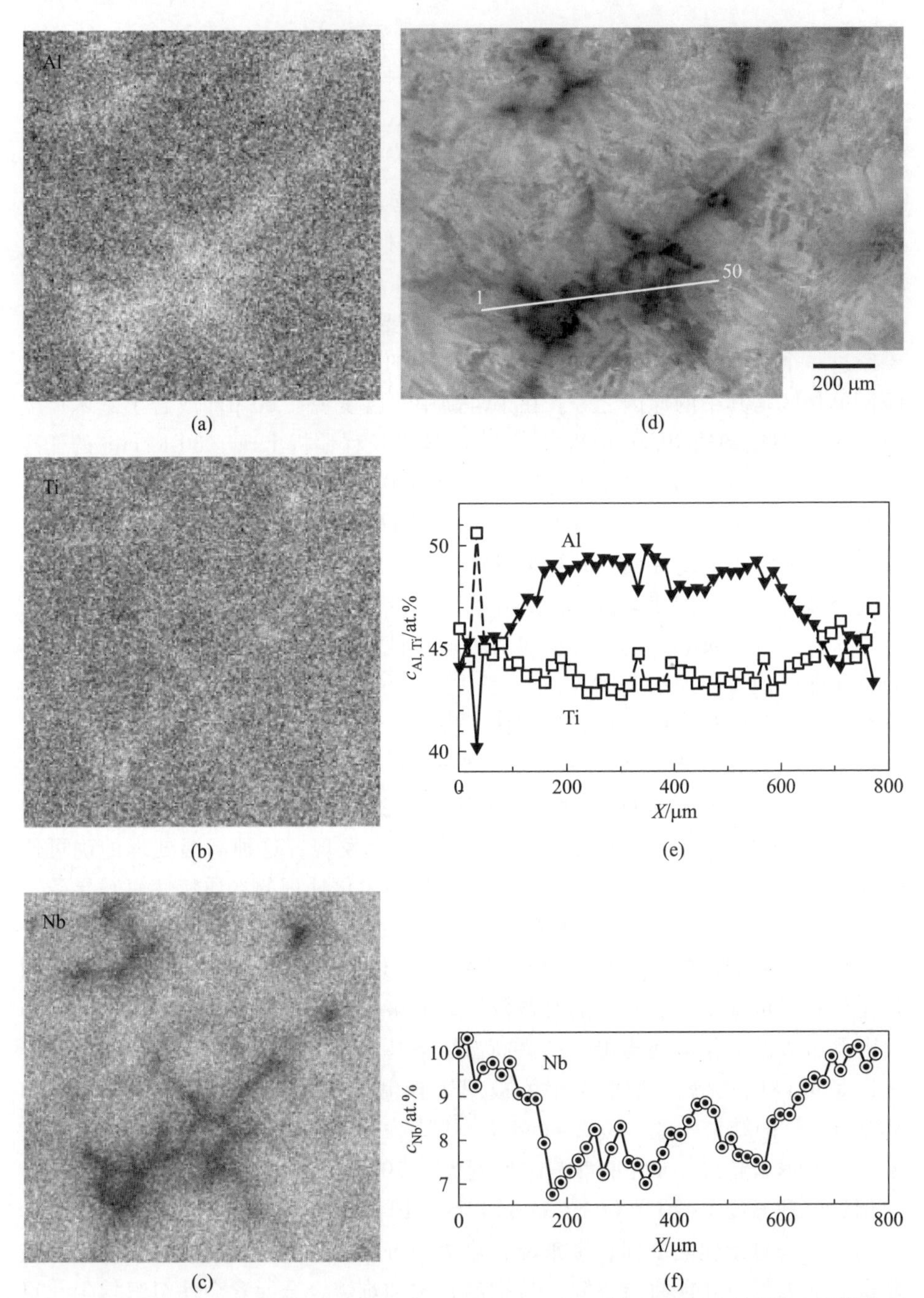

图 16.35　Ti-45Al-10Nb 合金 150 kg 铸锭(直径为 220 mm，真空电弧熔炼制备)热等静压(4 h/1 220 ℃/200 MPa)后的枝晶偏析[157]。(a)~(c) 用扫描电镜中的 EDX 分析得到的 Al、Ti 和 Nb 元素的分布图；(d) 图(a)~(c)所示同一区域的背散射电子像；(e)~(f) 图(d)中所示轨迹的定量 EDX 线扫描结果

变形加工将在本节的后文中讨论。

典型的大尺寸工业级等温和近等温(包套)锻造的条件为 T=1 000~1 200 ℃，且真应变速率范围为 10^{-3}~5×10^{-2} s^{-1}。在这种条件下可对 50 kg 的坯料进行前后高度比为 5∶1 的锻造而不出现开裂，图 16.36 为其中的一个例子[157,162]。Kim[163]甚至报道成功锻造了粉末冶金制备的 210 kg 坯料。更多无裂纹工业或近工业级锻造的技术细节及其参考文献见表 16.2。锻造后，Semiatin 等[123]报道了等温和近等温锻造锻饼的宏观组织，其相对均匀并仅存在少量的“变形死区”。在这些条件下的显微组织演化基本表现为大致上均匀的部分再结晶组织，其中的不均匀部分均已在前文中予以说明。这些不均匀部分由包含扭折带的残余片层团、剪切带、链状结构以及由于化学不均匀性而导致的同时包含了细晶和粗晶的条带组成。工业级锻造后的显微组织举例如图 16.37 和图 16.38。研究发现，锻造材料中球化组织的体积分数相当高[12,29,30,32,157,169]，但是也有报道表明其体积分数可低至 30%[169]。在含硼合金的球化组织区域内，观察发现其晶粒尺寸为 2~4 μm，而在不含硼的合金中其晶粒尺寸为 12~18 μm[32]、2.7~30 μm[172]和 20 μm[29]。请注意，根据 16.2.2 节中的解释，在含硼合金中获得更加细小的组织应归因于这种合金细小的铸造组织及其再结晶行为。与等温锻造相比，采用对工件包套进行传统锻造一般可产生更加细小且更加均匀的显微组织[12]。这种方法通过降低最低温度、提高最高应变速率以及提高使材料不产生可观察到的宏观破坏的最大变形应变量的方式扩展了加工窗口。因此，包套锻造可施加大量的应变能，这当然有利于均匀动态再结晶。然而，由于 TiAl 合金和包套材料(不锈钢[12,29,133]、低碳钢[169])之间存在流变应力的差异以及热传递效应，因而可能在包套和工件之间出现非均匀流变，因此就需要对包套的设计加以重视。为优化包套设计并确定合适的加工条件，Jain 等[173]对此进行了有限元模拟研究。模拟的结果在锻造实验中得到了认可。他们的研究用到了一些有用的热物理常数，这些常数在 Semiatin 等[123]之前的文章中也有述及。作者采用直径为 60 mm、高度为 86 mm 的 TiAl 坯料并采用壁厚为 4.8 mm 的管材对其进行包套[173]。在包套之前对坯料进行了隔热处理，以降低其向包套的热传递，防止 TiAl 合金与不锈钢包套之间的冶金反应，并同时有助于锻造后将工件与包套分离。包套封盖的厚度为 6.4 mm 或 12.7 mm。当包套的坯料被加热至 1 150 ℃或 1 250 ℃后，将其静置 40 s 的时间令其冷却。这是为了降低包套和坯料之间的流变应力差异并使包套优先冷却。在大多数模拟和锻造实验中，所采用的应变速率为 0.3 s^{-1}。模拟和实验室内的锻造结果表明，变形的均匀性以一种微妙的方式取决于锻造参数和包套的设计。在最优的包套几何形状中，其封盖有倒角并与包套外壁平齐。较厚的封盖并不能提高锻造的质量。由于在包套锻造中的变形以及热传递/产热机制非常复杂，对于每种给定

表 16.2　成功的工业或近工业级锻造 TiAl 合金的加工条件(H 表示高度)

合金	工件尺寸	锻造条件	参考文献
Ti-47Al-1V		等温锻造，5×10^{-4} s^{-1}，1 150 ℃，80%	[30]
Ti-48Al-2.5Nb-0.3Ta		等温锻造，1×10^{-3} s^{-1}，1 105 ℃，75%	[31]
Ti-48Al2Nb-2Cr		等温锻造，3×10^{-3} s^{-1}，1 175 ℃，80%	
Ti-47Al-1Cr-1V-2.5Nb	ϕ70 mm×H 100 mm	等温锻造，1 180 ℃，88%	[164]
Ti-48Al-2Cr	最大直径为 ϕ190 mm	传统锻造，包套材料未给出，1 s^{-1}，1 125~1 360 ℃，85%	[33，152，165]
Ti-48Al，Ti-48Al-2Cr	ϕ35 mm×H 80 mm	等温锻造，10^{-3} s^{-1}，920~1 350 ℃，70%~78%	[32]
Ti-47Al-2Cr-2Nb Ti-47Al-2Cr-2Nb-1Ta Ti-46Al-2Cr-2Nb-1Ta Ti-47Al-2Cr-4Ta Ti-45Al-5Nb-1W	ϕ82 mm×H 40 mm	等温锻造，$10^{-3}s^{-1}$，1 050 ℃，62%，85%，等温锻造，10^{-2} s^{-1}，10^{-3} s^{-1}，1 150 ℃，62%，85%	[166]
Ti-45.5Al-2Cr-2Nb	ϕ66 mm×H 76 mm ϕ60 mm×H 86mm	等温锻造，1.5×10^{-3} s^{-1}，1 150 ℃，83%，角落开裂，TZM 模具，氮化硼润滑传统锻造，不锈钢包套，隔热，2.5×10^{-1} s^{-1}，1 150 ℃，1 200 ℃，1 250 ℃，83%，控制静置时间，平板工具钢模具，Deltaglaze 69 玻璃润滑，未包套：严重开裂	[123]
Ti-47Al-2Cr-2Nb	ϕ70 mm×H 50 mm ϕ70 mm×H 100mm	等温锻造，第 1 步 1.7×10^{-3} s^{-1}，1 175 ℃，50% 中间热处理为 48 h/1 200 ℃，第 2 步 1.7×10^{-1} s^{-1}，1 175 ℃，75%	[167，168]

续表

合金	工件尺寸	锻造条件	参考文献
Ti-47Al-1.5Nb-1Cr-1Mn-0.2Si-0.5B（名义成分），实际 Al 含量为 45at.%	ϕ270 mm×H 250 mm	等温锻造，10^{-3} s^{-1}，预热至 1 150 ℃，模具预热至 1 050 ℃，80%	[162]
Ti-42Al-5Mn	ϕ150 mm×H 150 mm	传统锻造，坯料未包套，无隔热，预热温度 1 300 ℃，模具预热温度为 100～200℃，从炉中转移至锻机的时间为 30 s，压头速度为 10-20mm/s（6.7×10^{-2}～1.3×10^{-1} s^{-1}），67%	[147，148]
Ti-45.2Al-3.5（Nb Cr，B） Ti-44.2Al-3（Nb Cr，B）	ϕ70 mm×H 120mm	第 1 步传统锻造，低碳钢包套，5×10^{-2} s^{-1}，$\alpha+\gamma$ 相区，第 2 步等温锻造，10^{-3}～10^{-2} s^{-1}，位于$\alpha_2+\gamma$ 相区，玻璃润滑，总应变 87.5%	[169]
Ti-47Al-2Cr-1Nb	ϕ88mm×H 122mm	等温锻造，不锈钢包套，（1.2～5）$\times10^{-3}$ s^{-1}，1 150～1 200 ℃，第 1 步 40%，第 2 步 50%，中间热处理为 30 min/1 150 ℃	[29]
Ti-41Al-4Nb-6.6V-2Cr-0.2B		传统锻造，预热温度为 1 300 ℃，压头速度为 16 mm/s，70%	[170]
Ti-45Al-（8-9）Nb-（W，B，Y）	ϕ115 mm×H 127 mm ϕ115mm×H 175mm ϕ115 mm×H 245mm	传统锻造，不锈钢包套，$\alpha+\gamma$ 相区，75%	[133]
Ti-Al-Mo-V（高 Al）	ϕ22mm×H 235mm	传统锻造，坯料未包套，无隔热，预热温度为 1 250 ℃，模具预热温度为 800 ℃，压头速度为 3 mm/s（8.6×10^{-2} s^{-1}），75%	[171]

的包套设计均有一个最优的应变速率值。研究中得出的最优条件可实现对 Ti-45.5Al-2Cr-2Nb 合金非常均匀的传统(非等温)锻造。然而，即使是在这样的条件下，片层结构的再结晶仍是不完全的，但是其相比于等温锻造的显微组织却是更加均匀的，并且其中残余片层团的数量明显减少[12,123]。

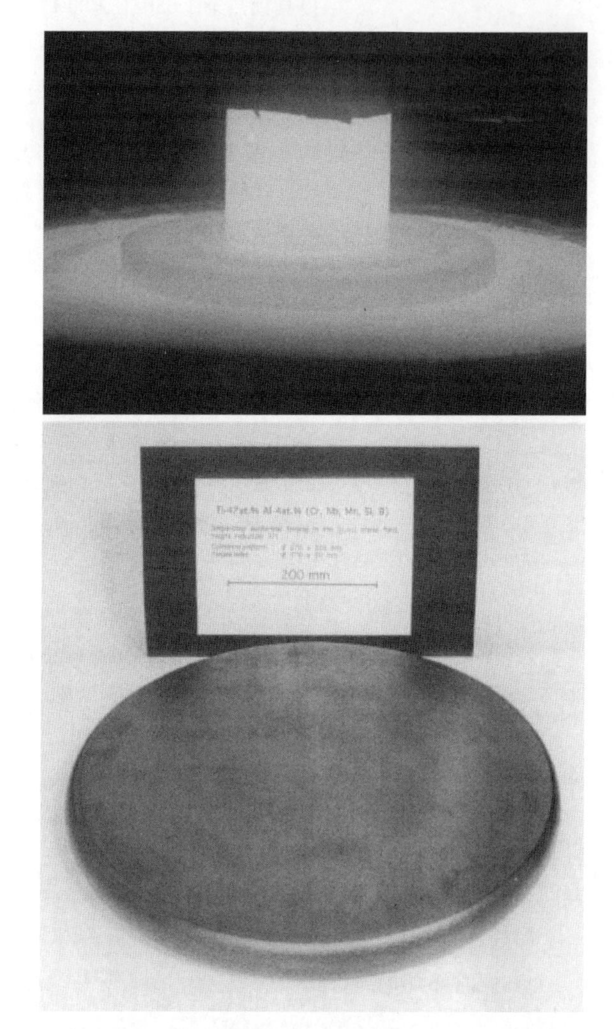

图 16.36　直径为 270 mm 的坯料的等温锻造(预热至 1 150 ℃，模具温度为 1 050 ℃)，坯料取自热等静压 Ti-47Al-1.5Nb-1Cr-1Mn-0.2Si-0.5B 铸锭。所得的锻饼直径为 581 mm(高度降低了 80%)，如下方的图片所示[157]

为追求更高的再结晶/球化体积分数并获得更加均匀的组织，锻造的实践也在不断发展。Semiatin 等[12,123]在锻造中引入一个短时静置时段并采用了两步锻造加中间热处理的工艺。上述两种实践均是为了引入更多的静态再结晶，

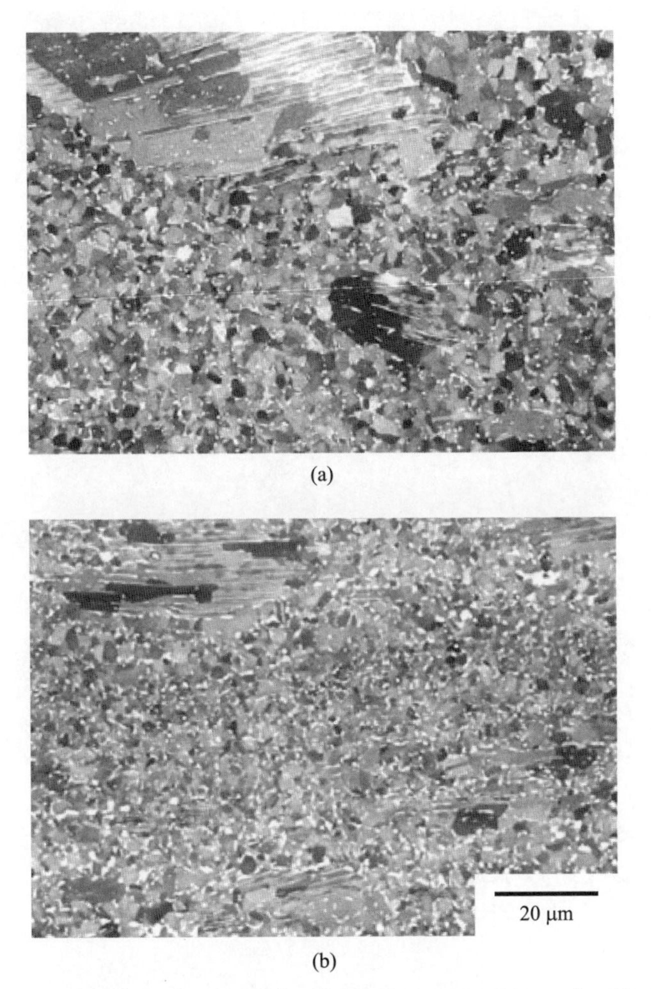

图 16.37 Ti-45Al-10Nb 合金铸锭等温锻造后显微组织的背散射电子像。锻造方向为图中的垂直方向。(a) 等温锻造温度为 1 100 ℃，应变量 $\varepsilon=65\%$；(b) 包套 TiAl 合金(包套材料为不锈钢)，等温锻造温度为 1 000 ℃，应变量 $\varepsilon=75\%$

相比于标准的一步锻造，其所得组织的均匀性有所提高。在对$(\alpha+\gamma)$相区挤压 Ti-45Al-10Nb 合金的 TEM 研究中，Zhang 等[122]直接证明，挤压后的 1 150 ℃退火处理可使再结晶 γ 晶粒的体积分数自 36%上升至 62%。类似地，Carneiro 和 Kim[174]观察了挤压 Ti-45Al-6Nb-0.4C-0.2Si、Ti-45Al-6Nb-0.2B-0.4C-0.2Si 和 Ti-45Al-1Cr-6Nb-0.3W-0.3Hf-0.2B-0.4C-0.2Si 合金在 1 000 ℃时效过程中的静态再结晶。图 16.38 展示了两步等温锻造后 Ti-45Al-10Nb 合金的显微组织。尽管可观察到一些残余片层以及垂直于锻造方向的条带结构，但是

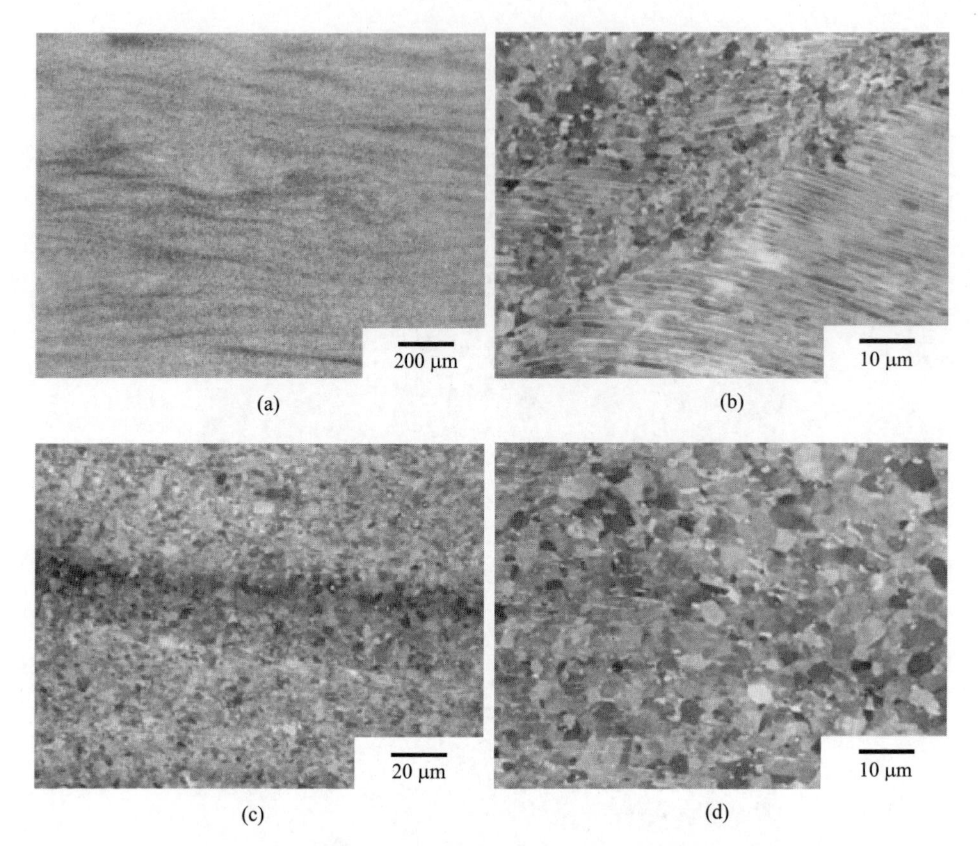

图 16.38　Ti-45Al-10Nb 合金铸锭两步等温锻造后显微组织的背散射电子像，锻造温度 1 150 ℃，应变量 $\varepsilon=88\%$。锻造方向为图中的垂直方向。(a) 低倍组织像，表明其组织均匀性相对良好；(b)～(d) 图(a)中某些选定区域的组织的高倍像

显微组织在宏观的尺度上是非常均匀的。正如 Koeppe 等[32]、Fujitsuna 等[175]和 Imayev 等[68]的研究所示，若采用多于两步的锻造工艺，那么显微组织的均匀性甚至可以进一步提高。需要注意的是，在单相区温度区间内要避免晶粒的过度长大，因此就需要对每一种合金的加工条件进行调整[32,68,175]。作为确立完整铸锭开坯锻造路径的一个范例，Imayev 等[169]开发了一种成本相对较低的 β 凝固合金[Ti-45.2Al-3.5(Nb, Cr, B)和 Ti-44.2Al-3(Nb, Cr, B)]的两步锻造工艺。这一工艺包括了在($\alpha+\gamma$)相区的近等温(包套)锻造、在略低于共析温度的中间退火以及最终在($\alpha_2+\gamma$)相区的等温锻造。中间退火处理几乎完全消除了残余片层团，并引入了大量的退火孪晶。作者推测，退火过程中的再结晶是由相变引发的，相变驱动力来自由锻造导致的非平衡态的相组成。两步锻造工艺为后续的板材轧制提供了加工性良好的材料[169,176]。

由所谓的 α 锻造工艺可得到完全再结晶组织[12,123]。如 16.2.4 节所述，当在 α 相区锻造至应变量 80%时可实现完全再结晶。在 Semiatin 等[12,123]的阐述中，具体的锻造实践为将坯料预热至(α+γ)相区的高温段、快速冷却至(α+γ)相区以下而后进行锻造。由于冷却速度较高，α 相被保持在亚稳态。但是这一技术仅限于应用在小尺寸坯料上，以保证足够高的冷却速度。另外，α 锻造也可通过将坯料加热至 α 转变温度之上而后在较冷的模具中锻造来进行。Kim 和 Dimiduk[13]的报道表明，利用这一工艺路径可获得片层团尺寸为 120~600 μm 的全片层组织，其具体尺寸取决于合金成分和加工条件。如 16.2.4 节中所述，这些片层是于锻造后的冷却过程中新形成的，而非继承于初始的铸造组织。在后来的报道中，Kim[163]在一种 α 锻造的 K5 合金[Ti-46Al-3Nb-2Cr-0.3W-0.2B-0.4(C, Si)]中得到了小至 25 μm 的片层团。这种材料具有完全再结晶的细小片层组织，其拉伸塑性达到了惊人的 3.3%，且室温屈服强度为680 MPa。这些结果表明，通过 α 锻造可以获得非常好的组织均匀性。但是这种工艺需要精心的设计，从而使得包套的坯料在锻造结束后的温度也远在 α 转变温度之上，但另一方面锻造后又不能在 α 相区保持太长的时间以避免晶粒粗化[163]。因此，看来 α 锻造对于制备 TiAl 合金盘件来说尤为适宜，而对其他几何形状的部件来说，α 相区挤压则可能更为合适。然而需要指出的是，仅在没有后续的加工步骤时 α 相区的变形加工才是有益的，因为其所得到的片层组织的可加工性相比于(α+γ)或(α_2+γ)相区加工所得的双态或等轴组织要更差一些。

Tetsui 和其合作者在提升 γ-TiAl 合金热加工性方面取得了重大进展，他们开发了一种在很宽的温度范围内均含有 β 相的合金[147,148]，其成分为 Ti-42Al-5Mn。当自高温 β 相区冷却至室温时，其相变路径为 β→β+α→β+α+γ→β+α_2+γ→β+γ。这种材料中的 β 相在高温下是无序的，但在低温下将化学有序化为 B2 结构。作者发现，β 相的出现使合金的可加工性相比于其他 γ-TiAl 合金得到了极大的提升，甚至使其可能在无包套且模具非常冷的(100~200 ℃)条件下进行传统锻造[147,148]。这打开了 TiAl 合金加工的新路径，因为此时昂贵的等温锻造或包套已变得不再必要了。同时，由于部件可直接自铸锭中锻造，就克服了碍于可用铸锭的尺寸和设备加压能力下的首次铸锭开坯半成品材料尺寸受限的问题[147,148]。作者能够通过传统锻造将直径为 150 mm、高度为 50 mm 的坯料制备成无裂纹的锻饼，并通过开模锻制备出矩形棒和不同厚度的盘件。在锻造之前，坯料被预热至 1 300 ℃，而后以约 10^{-1} s^{-1}的应变速率进行锻造。锻造工艺的更多细节见表 16.2。然而，由于存在 β 相，合金的高温强度相比于其他 γ-TiAl 合金较差，但却已大幅超过了高温钛合金的强度(Ti-6242)[148]。作者指出，通过进一步的合金设计来提高此合金的高温强度是可行的。这需要以 β 相的体积分数在服役温度下最小化为方向来进行。Nobuki 等[51]、Kim

等[170]、Kremmer 等[149]、Clemens 等[150]、Zhang 等[171]和 Wallgram 等[151]也秉持着类似的合金设计理念，他们同样证明了相对较大的 β 相体积分数可以显著提升合金的可加工性，使传统锻造成为可能[149-151,170,171]。在 Kremmer 等[149]、Clemens 等[150]和 Wallgram 等[151]的工作中，并未采用传统的锻造工艺对铸锭进行首次开坯，但却将之用于对挤压材料的闭式模锻中。不管怎样，这些结果表明对于特定的合金成分来说，包含传统锻造工艺的热加工路径是可行的，这简化了合金的变形加工工艺并降低了成本。

除锻造外，在铸锭首次开坯时也经常采用包套热挤压的方法，已证明它是一种有效的首次加工工艺。挤压通常是在高应变速率下进行，以降低热损耗；但坯料却是在温度很低的工装上挤压的。一般来说，杆的挤出速度为 15~50 mm/s[12,18]，从常规坯料直径和挤压比的角度，可推定其应变速率为 1~3.5 s^{-1}。挤压过程中的有效平均应变速率可由式(16.11)估计为[177]

$$\dot{\varepsilon} = 6v_{ram}\ln R/D_c \tag{16.11}$$

式中，v_{ram}为挤出速度；R 为挤压比(挤出棒材的横截面积除以挤压筒面积)；D_c 为挤压筒的直径。由于应变速率较高，考虑到材料的可加工性以及挤压装备的加压能力，就需要在(α+γ)或 α 单相区内选择合适的预热温度。由于挤压模具和挤压筒通常是被中度预热的(如 500 ℃)，因而就不可避免地要对坯料进行包套。传统钛合金、商业纯钛和钢均可以用作包套材料，而当温度高于 1 250 ℃时则应优先选用钛合金[12]。然而，钛合金与挤压筒之间很容易发生焊合。有报道表明，当温度远高于 1 300 ℃时，采用不锈钢也可加工成功[18]。进一步的加工条件为：挤压比为 4~20、挤压筒直径为 85~330 mm，并采用流线形或锥形的模具[10,12]。挤压制品的截面可根据圆形或矩形(长宽比可达 6)截面或特殊形状的模具而变化[10,12,178]。

在挤压温度下，用作包套的材料的流变应力要比 γ-TiAl 坯料低得多。此时流变应力的差异一般可高达 300 MPa，可导致变形不均匀甚至开裂[179]。因此，挤压件的芯部直径在其整个长度尺度上并不是恒定的[120]。由于铸锭材料中往往含有较强的铸造织构，挤压件的芯部可发生各向异性变形并椭圆化[180]。除了非均匀变形之外，包套挤压过程中还可能出现整个横截面尺度上温度分布不均的情况[10]。如 16.1.1 节所述，当热挤压过程中的应变速率较高时，在 TiAl 合金中可出现显著的变形致热。Semiatin[10]对直径为 60 mm 的 Ti-6Al-4V 包套(厚度为 5 mm)的 TiAl 坯料挤压过程中的温度分布和演变进行了 FEM 模拟。在计算中，假定坯料被预热至 1 300 ℃而后以 6：1 的比率进行挤压，挤出速度为 25 mm/s。在这种条件下，坯料的芯部出现了 30~40 K 的温升，而外径处的温度则降低了 60 K[10]。这种温度上的差异可能是挤压件截面尺度上显微组织差异的原因。另外，非均匀的温度分布还导致了截面尺度上的非均匀流变(即所谓的C形流变花样)[177]，这是另一个组织不均匀的原因。在极端情况下，裂纹可沿剪切带产生，如图16.34所示。基于FEM模拟可得出结论，即包套的几何形状以及挤压条件(温度、应变速率、挤压比和热传递情况)对制备完好且组织均匀的产品来说是非常重要的。

包套和坯料之间的流变应力差异所导致问题的原因来自温度的损失，这在很大程度上可通过采用绝热材料以降低工件和包套之间的热传递来克服。这就能够使人们控制预热和挤压之间的静置时间[10,179,181]。硅织品、金属箔或板(如Mo材)均可以有效绝热[141]。它们也可作为包套和坯料之间扩散的障碍，这对于钢制包套来说是有必要的，从而避免了由于不同材料之间的反应而导致的熔化。和γ-TiAl中的常见情形一样，当挤压温度高于1 000 ℃时，热损失主要由辐射造成；但是若在包套设计中加入辐射屏蔽，就可以阻止由于辐射和传导而导致的坯料热损失[182]。基于这些优势，γ-TiAl合金铸锭的开坯被广泛以挤压加工的方式进行[10,12,17,120,121]。其中的高静水压力对所有成分合金的成形应该都是可行的。可惜的是，在文献中几乎无法找到关于挤压条件和包套几何形状的任何信息。根据经验，当应变速率约为1 s^{-1}且挤压比为10时，预热温度就不应低于1 230 ℃，以避免过强的局部流变。在这些条件下，人们已成功地对钢制包套直径达220 mm的多种不同TiAl合金实现了挤压[2,10,12,16-18,120,121,152,157,166,174,183-188]。例如，图16.39展示了80 kg的Ti-45Al-(5~10)Nb-X合金采用不同形状的模具以6∶1~11∶1的截面收缩率挤压的棒材段，其中还包括了矩形模具[17,18,157]。所得棒材的长度为6~8 m。

当挤压比高于6时，在挤压后几乎可以得到完全再结晶组织[17,18,120,121,157,174,187-189]，但是仍可发现少量未发生球化的残余片层团[186,189]若对挤压温度进行精心选择，所得的显微组织可在等轴和全片层之间变化(图16.40)，然而组织中通常会存在一种与挤压方向平行的典型“条带”形貌。这种条带一般由细小和粗大的晶粒或是由片层团和等轴晶组成。细晶条带同时包含了α_2和γ晶粒，而粗晶条带则仅由γ相构成，并伴有极少量的硼化物或其他杂质相(如氧化物)。在细晶条带中，Oehring等[120]在含硼合金中观察到了特别细小的晶粒，仅为0.7 μm。尺寸小于3 μm[187]和1~3 μm[188]的晶粒也有报道。即使在粗晶带内也可发现某些晶粒的尺寸相对较小，如3.9 μm[120]、10~40 μm[187]和5~20 μm[188]等。在近片层或全片层组织的挤压材料中，可观察到特别细小的片层团尺寸，如22~65 μm[118,184,185]、100~200 μm[13]、58 μm[120]和35 μm[174]等，且其片层间距也非常细小。显微组织中形成的条带与局部成分的巨大差异有关(如图16.41)。这是由凝固过程中的偏析造成的，如前文所述，均匀化热处理极难将其消除。同样的观察结果在部分文献中也有报道[156-158,161,174]，即也证明了热变形中的动态再结晶受到了局部成分的强烈影响。粗晶条带很可能源自之前的富Al的枝

图 16.39　挤压 Ti-45Al-(5~10)Nb-X 合金棒材的不同区段，以不同形状的模具挤压 80 kg (包套)铸锭，横截面收缩率为 6∶1~11∶1。棒材的长度为 6~8 m

晶间区域，其中不含有 α_2 相。因此，再结晶后的晶粒长大就不会受到 α 或 α_2 颗粒的阻碍。相反的，细晶条带或片层团条带则来自之前枝晶干处的低 Al 区。

显然，如上文所述，坯料截面上的温度差异可导致组织中相应的不均匀的片层体积分数，但这一问题可通过采用更大尺寸的坯料(直径>100 mm)和包套与工件之间的绝热而使之最小化。在文献中，已经观察到挤压件中存在 6~14 μm范围内的晶粒尺寸变化[183]以及整个横截面区域上的织构变化，这也可以归因于温度变化的影响。挤压得到的片层组织(即所谓的 α 挤压或热机械加工片层组织[13])的片层团尺寸≤100 μm 且片层间距≤200 nm，这使其同时具有优异的室温强度(630~1 080 MPa)、塑性(断裂塑性应变量为 1%~4%)和断裂韧性(22~34 MPa·$m^{1/2}$[13,17,28,118,120,121,157,184-186,190,191])。其中的细小片层团尺寸来自热加工过程中 α 相的动态再结晶，而细小的片层间距则来自挤压后非常

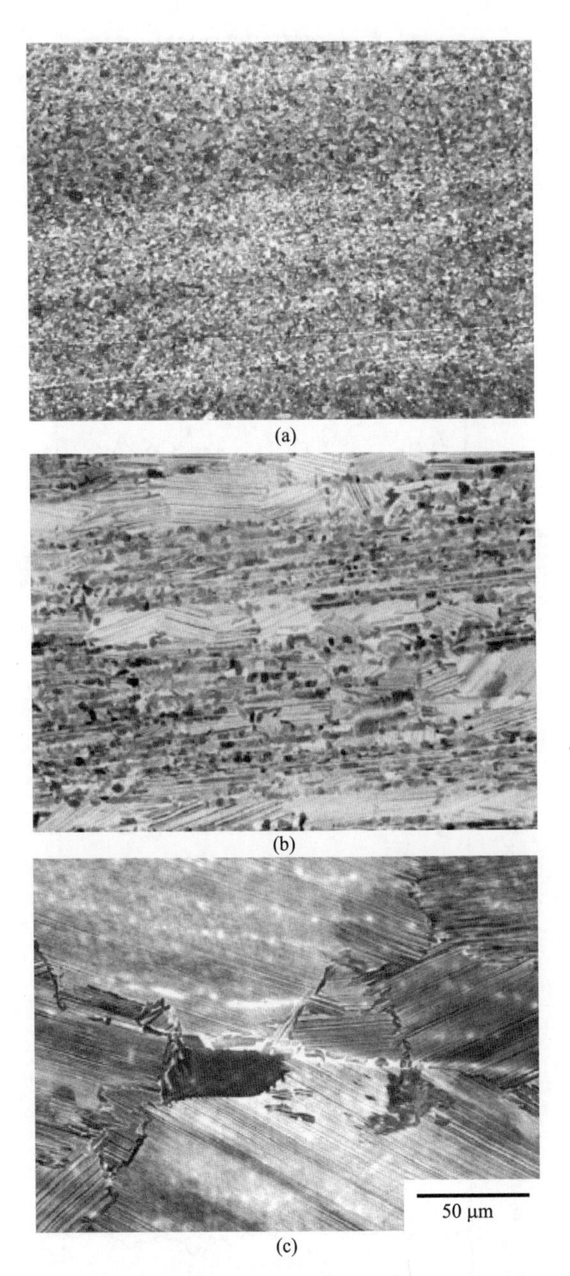

图 16.40 Ti-45Al-8Nb-0.2C 合金铸锭钢包套热挤压组织的背散射电子像，挤压轴向为图中的水平方向。(a)、(b)挤压比为 11，矩形截面，长宽比为 1∶3.3，预热温度为 1 230 ℃，挤出速度为 12 mm/s，包套坯料的直径为 220 mm，图(a)和(b)展示了相同名义成分下两个铸锭挤压后的组织，其显微组织的差异来自铸锭实际成分的差异，图(b)中片层的体积分数较高表明其 Al 含量相对于图(a)铸锭较低。(c) 挤压比为 11∶1，矩形截面，长宽比为 1∶3.3，预热温度高于 1 320 ℃的 α 转变温度，挤出速度为 12 mm/s，包套坯料的直径为 220 mm

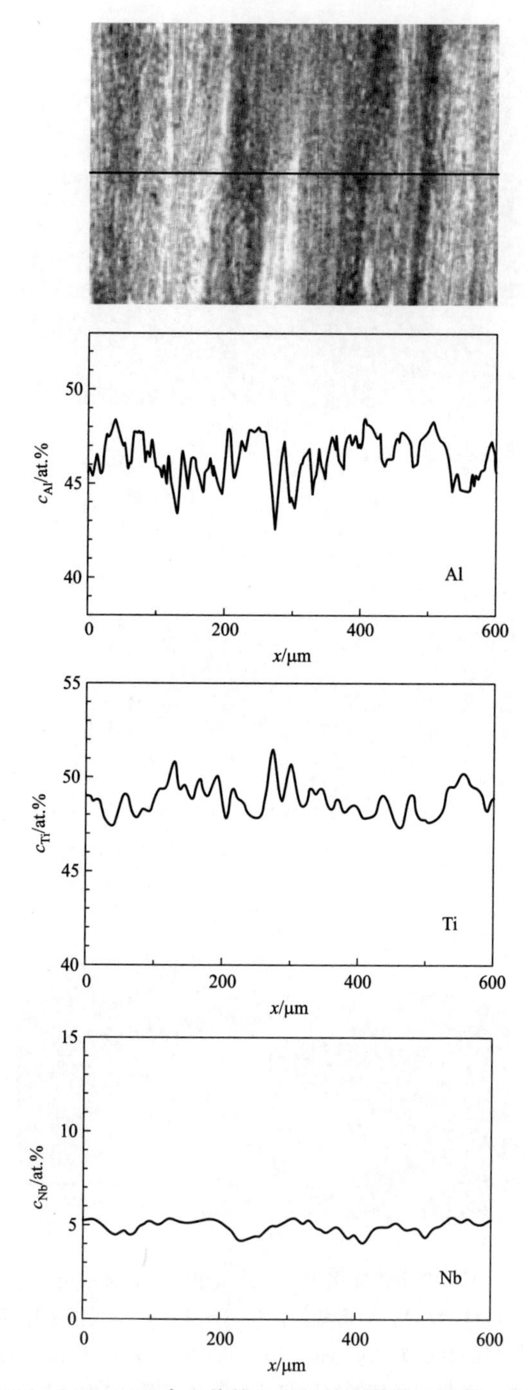

图 16.41　Ti-45Al-5Nb-0.2C-0.2B 合金热挤压组织的背散射电子像，定量 EDX 线分析的轨迹在图中标出。材料的挤压收缩比为 15 : 1，预热温度为 1 230 ℃，挤出速度为 12 mm/s，包套坯料的初始直径为 175 mm

高的冷却速度。需要指出的是，许多 Al 含量范围为 45at.%～48at.%且添加了若干合金元素的合金均可有良好的力学性能。已经发现，添加硼的合金要比不添加硼的合金的片层间距更大[118,120,184]。如 Kim 和 Dimiduk[96]所述，这可以由含硼合金中 γ 片层自 α 相中析出时较小的过冷度来解释。总之，α 挤压对于铸锭开坯来说当然是一项重大的进展，因为通过这种方法可容易地，且可常规地制备出大尺寸、具有期望截面积且室温力学性能良好的半成品材料。然而，和 α 锻造一样，这种加工方法仅在没有进一步制备最终成品所需的热加工时才是可行的。

提高收缩比或多步加工可以提高挤压制品的结构和化学均匀性[16]，但多步加工会对部件的几何形状造成极大的限制。通过一种总挤压比达 100～200 的两步挤压工艺，可使组织进一步细化并使组织均匀性进一步提高[16]。但是，以条带的形式出现的组织不均匀性仍不能完全消除。据 Draper 等[192]报道，两步挤压可达成优异的力学性能，但是也并未超过上文所给出的一步挤压材料的性能。人们尝试采用等通道转角挤压（ECAE）的方法以克服多步挤压产品的几何尺寸受限问题[10]。在这一方法中，工件由一个转角通道被挤压出来，通道的角度决定了所施加应变能的大小。这种方法的其他优势还有中等强度的加工压力，以及在多道次加工过程中利用道次之间对工件的可控旋转来控制其晶体学织构和力学各向异性的能力。然而，采用 ECAE 法进行大尺寸样品的加工仍处于初步阶段。

γ-TiAl 合金的锻造或挤压通常具有强烈的力学各向异性，但文献中却很少报道这一点。通过比较其轴向和径向的力学性能，研究人员对图 16.36 中所示锻饼的力学各向异性进行了评价。在锻饼内部，条带组织沿径向分布，这与锻造过程中的材料流向相对应。轴向方向上的拉伸强度比径向高出了近 10%。然而，在径向上取样的样品的拉伸延伸率则更高。根据 Mecking 和 Hartig[180]与 Morris 和 Morris-Muñoz[193]的观点，这一力学各向异性可能来自 γ-TiAl 合金锻造墩粗中的晶体学织构[79-81]或者是显微组织的各向异性[194,195]。Mecking 和 Hartig[180]的研究认为，在球状组织的 γ-TiAl 合金中，塑性变形的各向异性完全来自材料的织构。然而，上述具有强烈组织各向异性的锻饼中却包含了相对较多的残余片层团，其片层界面沿垂直于锻造的方向择优取向。这种各向异性就反映在了力学性能上，在比较断裂韧性各向异性时尤为明显。在径向方向上，其裂纹扩展断裂韧性相对较低，为 $K_{Ic}=10\sim12\ \mathrm{MPa\cdot m^{1/2}}$；而在轴向方向上测定的数值则为 $K_{Ic}=16\sim20\ \mathrm{MPa\cdot m^{1/2}}$[162]。从 γ-TiAl 合金裂纹敏感性的角度看，径向方向上片层团的择优取向可能为裂纹提供了容易扩展的路径。与锻造材料类似，在挤压材料中也发现了力学性能各向异性。Oehring 等[120,121]的观察表明，等轴组织的挤压材料中，其室温压缩强度在平行或垂直于挤压方向上并没有区别。这一结果表明材料中非常弱的织构并不会导致各向异性屈服行为。但是，在垂直于挤压方向上的裂纹扩展断裂韧性为 17 $MPa\cdot m^{1/2}$，而当缺口面平行于挤压方向时，这一数值则测定为 13 $MPa\cdot m^{1/2}$。这一差异来自材料的组织各向异性，除了平行于挤压方向的条带之外，在挤压方向上同时也有晶粒拉长的现象[120,121]。在成分相同的片层组织挤压材料中，力学性能整体上的各向异性更加显著，当样品的取向与挤压方向平行时，压缩变形的流变应力要比垂直取向下高出许多。从织构测量的结论看，片层虽然沿平行于挤压的方向择优取向，但织构却是很弱的[83,120,121]。文献中对 PST 晶体的细致分析表明，平行于片层界面加载时为“硬”变形模式，因为片层界面可作为非热滑移障碍[98,107,111,196]。因此，从片层组织各向异性的角度就容易理解平行于挤压方向上的高流变应力了。当变形垂直于挤压方向时，从挤压方向的丝织构[83]可以看出此时不存在片层界面的择优取向，使得流变应力较低。类似的，断裂韧性随取向的变化也可以归因于片层组织的各向异性特征。对垂直于挤压方向扩展的裂纹来说，断裂韧性要比平行于挤压方向高得多[120,121]。众所周知，在平行于片层界面的方向上，片层组织可提供有利的裂纹扩展通道[197]，这就解释了实验中所观察到的现象。总之，变形加工材料显著的力学性能各向异性主要来自其显微组织的各向异性。这不仅包括了片层组织的各向异性行为，也包括了组织中的晶粒形状、残余片层以及条带的各向异性行为。如图 16.42 和图 16.43 所示，挤压材料的力学性能主要取决于加载轴相对于挤压方向，或更广义地说，热加工过程中材料主要流变方向的取向。在设计合金的变形加工路径时，需要考虑到这一相关性。

总之，热挤压是最容易将合适尺寸的 γ-TiAl 合金铸锭转变为几乎完全再结晶且组织均匀性适宜甚至优异的材料的方法。已经证明，高于或低于 α 转变温度的挤压和随后近 α 相区的热处理可达成优异的力学性能[13,17,118,157,190,192,199]，包括疲劳和蠕变性能[74,192]。在对低于 α 转变温度热加工的材料进行随后的热处理时，在避免 α 晶粒过度长大的前提下可得到片层团尺寸细小的良好片层组织。根据 Kim 和 Dimiduk[13]的研究，这可以通过添加 B 合金化或将热处理温度设定在(α+β)相区内实现；但在特定的条件下，当热处理温度超过 α 转变温度时也可以得到中等尺寸的片层团。考虑到热挤压——或更广义地说铸锭开坯——加工路径的多样性，以对拉伸数据的评价为框架来优化加工路径或许是较为适宜的。特别的，若能够对同种合金成分进行不同加工方法的比较则能得出非常有价值的信息。表 16.3 即汇总了这类数据。从表中可以看出，最优的强度和塑性的组合来自 α 加工，特别是 α 挤压。然而，此表也说明在低于 α 转变温度下进行挤压(包括锻造)也可以获得性能非常有吸引力的组织。表中还进一步确定了明显的力学性能上限，

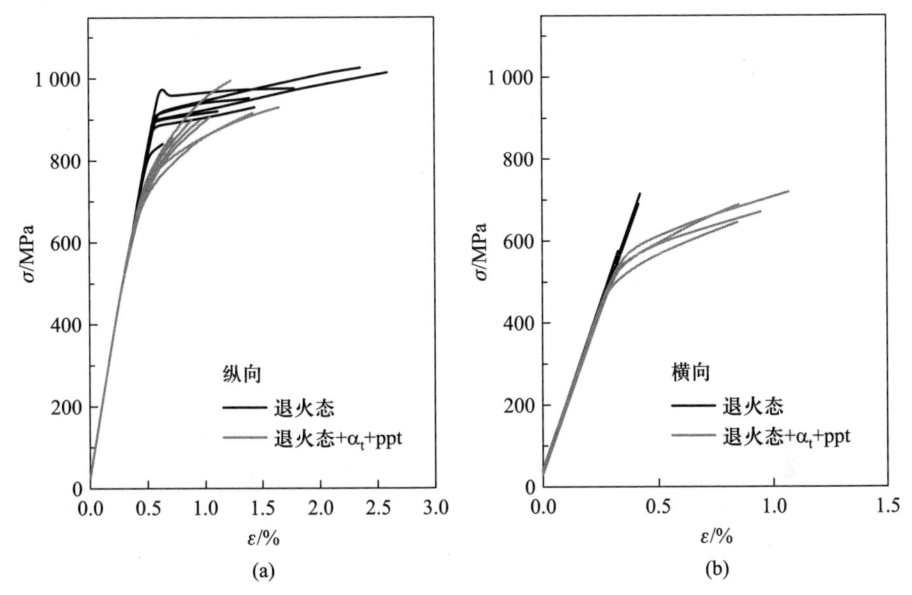

图 16.42 （a）Ti-45Al-8.5Nb-0.2W-0.2B-0.1C-0.05Y 合金在 1 222 ℃以 4.6∶1 的收缩比挤压后材料的室温拉伸应力-应变曲线[198]。样品沿平行于挤压方向(纵向)切取。挤压后，材料在 1 030 ℃去应力退火 2 h 并炉冷(退火态)。部分材料又进一步进行了 30 min/1 329 ℃/空冷(α_t)热处理，而后再进行了 6 h/800 ℃/炉冷的析出强化处理(ppt)。(b)与图(a)中相同的材料的室温拉伸应力-应变曲线，但是样品的取向与挤压方向垂直(横向)[198]

并展示了某些可重复获得的拉伸性能范围。有趣的是，应该指出单组挤压材料中的力学性能离散性是相对较低的，即 33 个拉伸样品的最小断裂塑性伸长量为 0.34%[199](见第 10 章和图 16.43)。因此，至少在初始材料质量良好且材料以中试规模加工的前提下，在挤压材料中可达到充分的显微组织和化学均匀性，以确保力学性能有可接受的重现性。更大批次的工业级加工对可重现性更加敏感，但是文献中还没有主要关于这一方面的研究。对锻造铸锭材料力学性能的研究也是一样，因此目前还不能对锻造和挤压材料的力学性能的可重复性进行比较。

表 16.3　锻造和挤压 TiAl 合金的拉伸和断裂韧性测试结果

合金	加工方法	显微组织	取向	$\sigma_{0.2}$/MPa	σ_{max}/MPa	$\varepsilon_{fr,pt}$/%	K_{Ic}/($MPa\cdot m^{1/2}$)	参考文献
Ti-47Al-1V	IM，锻造，1 150℃，80%	等轴组织	垂直	426	500	2.0		[30]
Ti-47Al-1Cr-1V-2.5Nb	IM，锻造，1 180 ℃，88%，HT 1 350 ℃	FL，cs 250~500 μm	垂直	508	588	1.1	22.8(par.)	[164]
	IM，锻造，1 180 ℃，88%，HT 1 330℃	NL	垂直	511	702	2.8		[164]
		cs 70~140 μm						
		γ gs 10~20 μm						
	IM，锻造，1 180 ℃，88%，HT 1 280 ℃	双态组织 gs 15~40 μm	垂直	421	557	3.8	12.9 (par.)	[164]
	IM，锻造，1 180 ℃，88%，HT 1 000 ℃	NG	垂直	485	562	2.9		[164]
		γ gs 5~100 μm						
		α_2 gs 1~5 μm						
Ti-46Al-2Nb-2Cr	IM，锻造，α+γ，HT T_α-25 K	双态组织	垂直	460		1.8		[200]
		cs 100 μm						
		gs 15~20 μm						

续表

合金	加工方法	显微组织	取向	$\sigma_{0.2}$/MPa	σ_{max}/MPa	$\varepsilon_{fr,pt}$/%	K_{Ic}/(MPa·m$^{1/2}$)	参考文献
	IM，锻造，α+γ，HT T_α-50 K	双态组织	垂直	470		1.9		[200]
		cs 30 μm						
Ti-45Al-2Cr-2Nb-1Ta	IM，锻造，α+γ，HT T_α-25 K	双态组织	垂直	660		1.1		[200]
		cs 100 μm						
		gs 15~20 μm						
	IM，锻造，α+γ，HT T_α-50 K	双态组织 cs 30 μm	垂直	650		1.2		[200]
Ti-47Al-2Cr-2Nb	IM，锻造，1 175 ℃，75%，HT 1 330 ℃	NL	垂直	429	474	1.6		[167]
	IM，二次锻造，1 175 ℃，50%，75%，HT 1 330 ℃	NL	垂直	462	486	1.4		[167]
	PM，锻造，1 175 ℃，75%，HT 1 350 ℃	FL	垂直	380	433	1.6		[167]
	IM，挤压，1 300 ℃，16∶1，HT 1 350 ℃	NL	平行	439	458	1.2		[186]

续表

合金	加工方法	显微组织	取向	$\sigma_{0.2}$/MPa	σ_{max}/MPa	$\varepsilon_{fr,pt}$/%	K_{Ic}/(MPa·m$^{1/2}$)	参考文献
	PM，挤压，1 300 ℃，16∶1，HT 1 350 ℃	NL	平行	486	512	1.2		[186]
	IM，挤压，1 350 ℃，16∶1	NL，cs 40 μm	平行	592	766	3.0		[186]
	PM，挤压，1 350 ℃ 16∶1	NL，cs 40 μm	平行	582	793	3.8		[186]
Ti-47Al-2Cr-2Nb	PM，挤压，α 相区，16∶1，HT 900 ℃	FL，cs 65 μm ls 100 nm	平行	971	1 005	1.4		[118]
Ti-47Al-2Cr-2Nb-0.15B	IM，挤压，α 相区，HT 900 ℃	FL，ls 140~325 nm	平行	666	844	4.5	29.9 垂直	[185]
Ti-46Al-2Cr-2Nb-0.15B	IM，挤压，α 相区，HT 900℃	FL，cs 22 μm	平行	811	1 010	4.7		[185]
Ti-47Al-1.5Nb-1Cr-1Mn-0.2Si-0.5B（名义成分），实际铝含量为 45at.%	IM，锻造，1 150 ℃，80%	等轴组织 残余片层团	平行	715	736	0.9	11.4 垂直 17.0 平行	[201]
	IM，锻造，1 150 ℃，80%，HT 1 330 ℃，FC	FL	平行	424	550	1.1	18.1 垂直 24.6 平行	[201]
	IM，锻造，1 150 ℃，80%，HT 1 350 ℃，OQ	FL	垂直 平行	815 711	936 791	0.4 0.35	23.5 垂直 27.5 平行	[201]

续表

合金	加工方法	显微组织	取向	$\sigma_{0.2}$/MPa	σ_{max}/MPa	$\varepsilon_{fr,pt}$/%	K_{Ic}/(MPa·m$^{1/2}$)	参考文献
Ti-47Al-1.5Nb-1Cr-1Mn-0.2Si-0.5B	IM，挤压，1 250 ℃，7∶1，HT 1 030 ℃	等轴组织，gs 3.3 μm	平行	404	426	1.0	13.3 平行 17.0 垂直	[120，121]
	IM，挤压，1 250 ℃，7∶1，HT 1 380 ℃	NL，cs 150 μm	平行	405	501	1.8		[120，121]
	IM，挤压，1 250 ℃，7∶1，HT 1 360 ℃/OQ	FL，cs 130 μm	平行	572	738	1.7		[120，121]
	IM，挤压，1 380 ℃，7∶1	NL，cs 58 μm，ls 340 nm	平行	502	632	2.1	22.7 平行 33.6 垂直	[120，121]
	IM，挤压，1 250 ℃，7∶1，HT 1 030℃	FL，cs 150 μm	平行于挤压方向	381	494	0.8		[120，121]
	锻造，HT 1360 ℃/FC，叶根		垂直于锻造方向					
	IM，挤压，1 250 ℃，7∶1，HT 1 030 ℃	FL，cs 41 μm，ls 50 nm	平行于挤压方向	614	679	1.3		[120，121]

续表

合金	加工方法	显微组织	取向	$\sigma_{0.2}$/MPa	σ_{max}/MPa	$\varepsilon_{fr,pt}$/%	K_{Ic}/(MPa·m$^{1/2}$)	参考文献
	锻造，HT 1 360 ℃/OQ，叶型		垂直于锻造方向					
Ti-45Al-5Nb-0.2C-0.2B	IM，挤压，1 250 ℃，7∶1，HT 1 030 ℃	双态组织	平行	1 018	1 085	2.5		[157]
Ti-45Al-5Nb-0.2C-0.2B	IM，第 2 步挤压，1 250℃，100∶1	双态组织	平行	1 040	1 130	1.3		[192]
Ti-46Al-3Nb-2Cr-0.3W-0.2B-0.4(C，Si)	IM，锻造，α 相区	FL，cs 25 μm	垂直	680	820	3.3		[163]
Ti-42Al-10V	IM，挤压，1 260 ℃，5.3∶1	片层团体积分数 72%，cs 9 μm，ls 40 nm，B2 晶粒	平行	1 265	1 334	0.35		[202]

IM 为铸锭冶金；PM 为粉末冶金；HT 为热处理；FC 为炉冷；OQ 为油淬；FL 为全片层组织；NL 为近片层组织；NG 为近 γ 组织；B2 为具有 B2 有序结构的 β 相；gs 为晶粒尺寸；cs 为片层团尺寸；ls 为片层间距。

在拉伸实验中，样品的取向以其相对于锻造或挤压的取向给出，在断裂韧性实验中，样品的缺口平面方向或总体断裂面方向以其相对于锻造或挤压的方向给出。

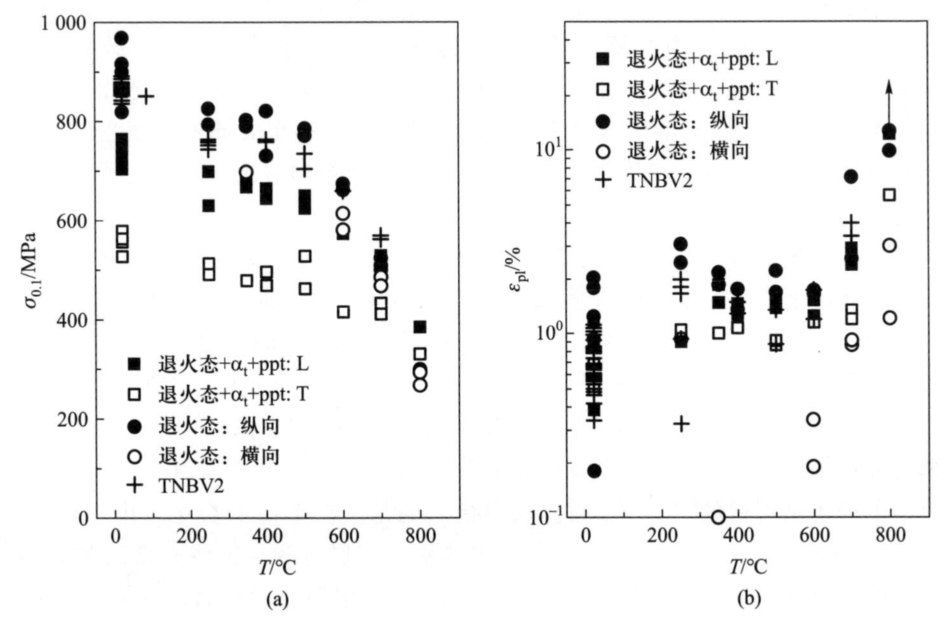

图 16.43 Ti-45Al-8.5Nb-0.2W-0.2B-0.1C-0.05Y 合金在 1 222 ℃以 4.6∶1 的收缩比挤压后材料的室温拉伸结果[198]。材料的不同热处理条件以如下方式标注：ann 为 2 h/1 030 ℃/炉冷的去应力退火、α_t 为 30 min/1 329 ℃/空冷、ppt 为 6 h/800 ℃/炉冷。L 和 T 表示样品取向，分别为纵向(拉伸轴平行于挤压方向)和横向(拉伸轴垂直于挤压方向)。TNBV2：Ti-45Al-8Nb-0.2C 合金，在 1 230 ℃以收缩比 11∶1 挤压，而后进行了如下热处理：2 h/1 030 ℃/炉冷+30 min/1 310℃/空冷+6 h/800 ℃/炉冷，纵向取样。(a) 0.1%塑性应变时的屈服强度；(b) 断裂塑性伸长量

16.4 织构演化

前面的章节已对 γ-TiAl 合金的力学性能各向异性进行了深入的阐述。这一各向异性既来自 γ-TiAl 相自身 $L1_0$ 结构的内禀性质，例如杨氏模量的强烈各向异性；又来自显微组织的各向异性——其中的片层组织即为最重要的例子。片层组织由平行的板片束集而成，其具有晶体学取向的界面导致了片层材料的强各向异性，即片层择优取向。基于这些原因，γ-TiAl 合金的织构及其加工过程中的演化就对力学性能有极其重要的影响。

热加工过程中，γ-TiAl 合金的织构演化相比于无序固溶相来说具有一些独特的特征。其中包括存在全位错和超位错，这不仅导致了极为不同的临界分切应力，而且其不同的位错芯结构还影响了材料的变形、回复和再结晶行为。

在高温变形过程中，这些机制的复杂性由于孪晶的出现将进一步上升，后者也是 γ-TiAl 合金中的一种主要变形机制。另外，金属间化合物相的再结晶一般受限于其较差的晶界可动性，以及一次再结晶中对有序态重构的要求。由于 γ-TiAl 合金一般在 γ、α 和 γ 或者仅存在无序六方固溶态 α 相的温度范围内进行加工，因而在这些温度下不仅需要考虑不同相的织构演化，而且还要考虑冷却过程中发生的相变。

实验上测定 γ-TiAl 合金的织构存在一些问题，这主要是因为其四方结构的 c/a 比接近于 1。这就使许多峰重合，如{002)和{200)衍射峰[203,204]。另外，超点阵衍射也有微弱的强度，其中一些可在很低的布拉格角度下出现，这使得用 X 射线测量织构更加困难。Schillinger 等[204]对与之相关的实验上的困难进行了细致的讨论。但是，这些问题可通过在传统 X 射线管中采用平行光束的方法加以克服，这使建立紧密相邻的{002)和{200) γ 相衍射以及 α_2 相弱反射的极图是可行的[204-206]。同样值得指出的是，在 TiAl 合金中，由于 Ti 和 Al 元素散射特点的不同，中子可表现出特别的衍射行为。这些元素的散射振幅的绝对值几乎相等，但是 Al 原子的入射波和反射波是同相的，而 Ti 原子则是非同相的，即 Al 和 Ti 的相干散射长度 b 几乎大小相同，但是 Al 为正，Ti 为负($b_{Al}=+0.345\times10^{-12}$ cm，$b_{Ti}=-0.337\times10^{-12}$ cm)。基于原子核结构因子的表达式：

$$F_{nuc}(\boldsymbol{h}) = \sum_{j=1}^{N} b_j \cdot \exp(2\pi i \cdot \boldsymbol{h} \cdot \boldsymbol{x}_j) \tag{16.12}$$

式中，$\boldsymbol{h}$ 为倒易点阵矢量(h, k, l)；$\boldsymbol{x}_j$ 为原子 j 在单胞中的位置；N 为单胞中的原子数。对于等原子比有序 γ-TiAl 相来说，这使得某些(h, k, l)衍射峰相比于 X 射线衍射得以加强，而其他衍射峰则相消。衍射数量的下降有利于分析点阵面间距非常相近的多相组合体，这正是以 α_2-Ti_3Al 和 γ-TiAl 相为主要组成相的工程合金中的情形。采用中子衍射分析织构相比于 X 射线衍射还有其他优势，因为多数元素对热中子的吸收量是极低的。因此可对整个块体样品进行研究而非仅停留在其表面[207,208]。例如，这对粗晶组织的 TiAl 合金铸件来说是极为重要的。

在后文的讨论中，将采用极图或反极图来描述织构。关于对织构的总体表征以及用取向分布函数(ODF)描述完整织构的信息请读者参阅 Verlinden 等的工作[209]。Schillinger 等[204]对 γ-TiAl 合金中织构的表征进行了细致的阐述。

在讨论热加工过程中的织构演化之前，这里首先对铸造材料中形成的织构进行简略的叙述，因为通常情况下，材料在加工前的初始状态为铸造组织，其织构可能会对后续加工中的织构演化产生影响。在文献报道中，尽管对力学性能有重要影响，但是关于铸造织构的研究是相对较少的。这在一定程度上是由于在光镜下就已经可以观察到片层的择优取向了。在铸造合金中，γ 和 α_2 相片层通常主要沿近似平行于铸锭轴向的方向排列，即垂直于凝固过程中的热耗散方向。片层的这种择优取向通常可见于 α 凝固的 γ-TiAl 合金中，并且容易理解，因为凝固时 α 相枝晶的生长是沿其[0001]方向[210]。在进一步的冷却中，α 相内部形成了 γ 片层，而后剩余的 α 板条转变为有序 α_2 片层。γ 片层的晶体学排列可由 Blackburn 取向关系[式(4.1)]描述，这就形成了所观察到的与激冷表面平行的择优取向片层组织。

的确，织构研究表明，当合金 Al 含量为 47at.%~48at.%时，铸锭中将形成{111}丝织构，织构的轴向与铸锭的轴向垂直或近似垂直[83,211]。图 16.44 为中子衍射测定的 Ti-47Al-1.5Nb-1Cr-1Mn-0.2Si-0.5B(TAB)合金的极图[83]。虽然在测试中已包含了相当大体量的材料体积，但显然图 16.44(a)的极图中仍缺乏足够数量的晶粒用以定量分析，这是由铸造组织的本质晶粒粗大特点所导致的。因此，等密度线并不具有统计性意义，最大极密度 P_{max} 很可能仅代表了取向等密度线内一些大尺寸晶粒的贡献。在对测量的极图进行平滑以降低粗晶的影响后，根据所得结果[如图 16.44(b)]可认为所观察到的取向分布为丝织构。当定量分析织构时，作者[83]采用 Dahms 和 Bunge[212]以及 Dahms[213]提出的迭代级数展开法计算了取向分布函数。图 16.45 进一步详细展示了这一研究结果，其为自实验数据中计算得出的(001)极图[83]。可以看出，其在强度等级上与实验测定的极图吻合较好(比较图 16.45 和图 16.44)。由于上文所述的中子衍射的内在原因，在实验中无法测定的(111)极图也可通过基于实验数据的计算而得出[如图 16.45(b)]。根据这一计算结果，丝织构取向为⟨111⟩，即 γ 相的{111}面大致平行于铸锭轴向，这与上述的凝固组织织构是一致的。根据在铸锭中取样位置的不同，丝织构轴向的取向可根据热流方向等参数的改变而变化。在 VAR 铸锭制备工艺中，可认为仅在近激冷表面处出现了径向热流，自电极熔化的熔体沿铸锭轴向连续降落至铸锭的上端。因此，在铸锭的长度方向上可产生温度梯度，从而热流方向即具有近铸锭轴向的分量。反极图[图 16. 45(c)]是完全沿丝织构轴向绘制的，其具有 85°倾斜角以及 316°旋转。这一结果可解释为样品并非直接取自铸锭边缘(90°倾斜角处)，但却与边缘接近。总之，上述 α 相凝固合金的凝固织构已由实验测定所证实。然而需要提到的是，DeGraef 等[214]所观察到的[0001]取向的 α 相在凝固过程中平行于热流方向的生长仅在相对快速的冷却速度下才可出现，而在较慢冷却速度下，α 相则沿⟨11$\bar{2}$0⟩方向长大，使 γ 片层与热流方向平行。同样有趣的是，应指出对于 Al 含量达 49at.%的二元合金来说，初生凝固相为 β 相而非 α 相[215]。因此，应认为织构是自 β 相中演化而来的。但是，显然即使在 Ti-46.5Al 合金中也并非如此[214]。Johnson 等[216]和 Küstner 等[125]认为，包晶 α 相是在熔体中形核的，而非在初生 β 相内，这就解释了未发现与 β 相有关的织构的原因。在进一步的冷却中，α 相向初生 β 相中生长并抑制了 β 相中的 α 相再形核。通过这种方式，材料中最终的织构即由二次 α 相确定。诚然，Küstner 等[125]发现 Ti-45Al合金中的织构与 Ti-48Al 合金完全不同，这即是因为前者是完全的 β 相凝固。

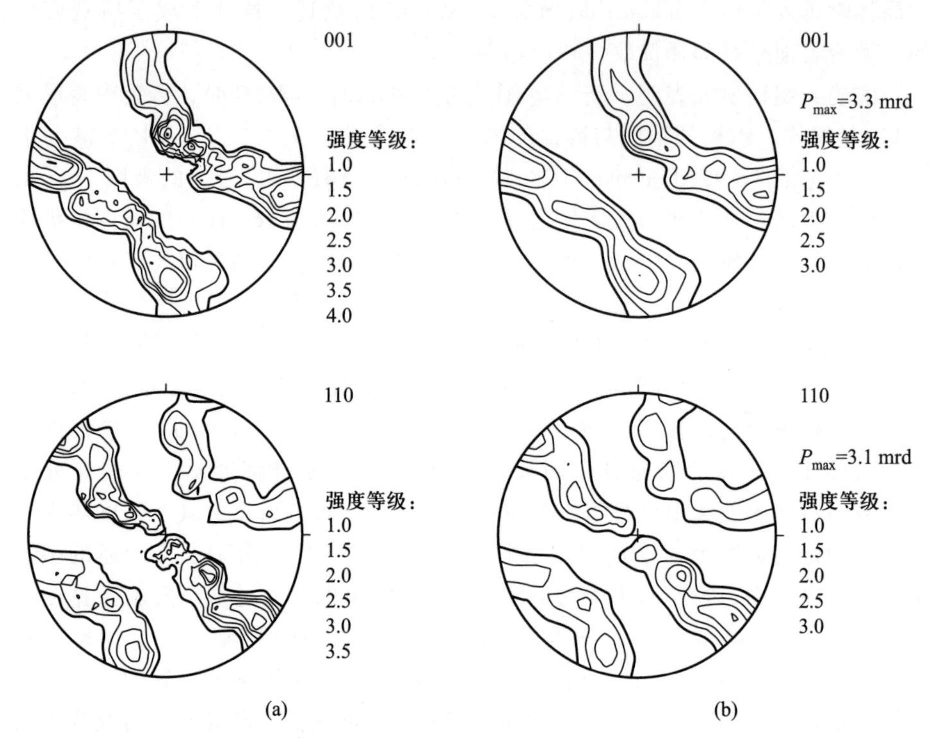

图 16.44　中子衍射测定的距 Ti-47Al-1.5Nb-1Cr-1Mn-0.2Si-0.5B(TAB)合金铸锭边缘约 10 mm 位置处样品的极图[83]。投影面垂直于铸锭轴向。(a) 背景校正的原始数据极图；(b) 采用高斯算法平滑后的同一极图

本节概述部分已指出，毫无疑问，TiAl 合金热加工过程中的织构演化受到了若干因素的影响，其中包括变形态的本质特征、变形过程中的晶体旋转、再结晶以及相变等。一般来说，很难找到某种变形条件能够仅使上述过程的某一种机制开动起来。然而，在某些实验条件下，这些不同机制中的某一种可占主导地位。因此，后文将分别讨论上述机制的主要特征，以观察其是否在整个显微组织和织构中有所体现。

关于大尺寸多晶材料变形的一个共识是，晶粒会通过激发最易滑移或孪生的系统发生旋转，使之转至允许多重滑移开动的方向[217]。这就导致产生了相

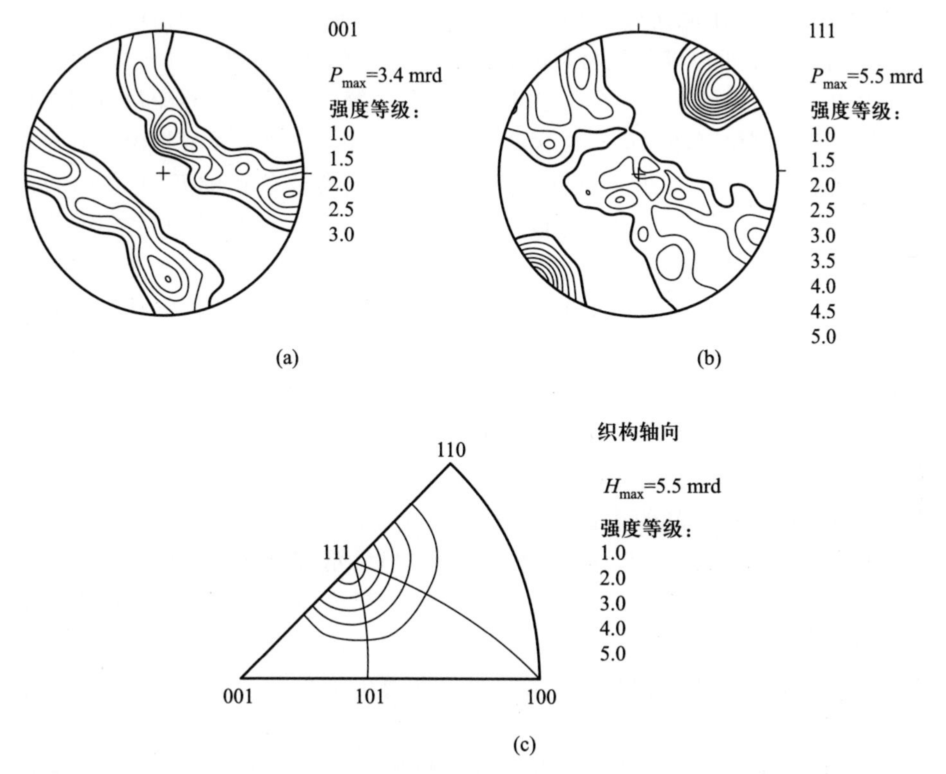

图 16.45 图 16.44 中所示的铸锭样品采用 ODF 计算后的织构。(a) 计算后的(001)极图；(b) 计算后的(111)极图(投影面垂直于铸锭轴向)；(c) 丝织构的反极图，其倾角为 85°旋转角为 316°[83]

对主变形轴向的晶粒取向高度对称性。两相合金的高温变形是非常复杂的，这是因为其显微组织和相组成的变动范围很宽，这由其高温相区决定。因此，若要评价变形诱导的显微组织，就需要对不同的合金相组成加以考虑。

关于富 Al 的 α(Ti)相变形特点的信息比较少，尤其是当此相与 γ-TiAl 相平衡共存时。后文将假定从纯钛的角度讨论其变形机制，即$\langle 11\bar{2}0\rangle\{10\bar{1}0\}$柱面滑移、$\langle 10\bar{1}1\rangle\{10\bar{1}2\}$孪生以及极少量的$\langle 11\bar{2}0\rangle\{10\bar{1}1\}$锥面滑移[218]。在纯 α-Ti中，已发现$\langle 11\bar{2}0\rangle\{0001\}$基面滑移的临界分切应力显著高于柱面和锥面滑移[219]。

$L1_0$ 结构的 γ-TiAl 相的变形机制已在第 5 章中进行了详细的讨论。其可能的伯格斯矢量为 $\boldsymbol{b}_1=\langle 010]$ 和 $\boldsymbol{b}_2=1/2\langle\bar{1}10]$ 普通位错，以及 $\boldsymbol{b}_3=\langle 0\bar{1}1]$ 和 $\boldsymbol{b}_4=1/2\langle 11\bar{2}]$超位错。在八面体$\{111\}$面上可大量产生沿 $\boldsymbol{b}_2$、$\boldsymbol{b}_3$ 和 $\boldsymbol{b}_4$ 的切变。另外也可出现沿 $1/6\langle 11\bar{2}]\{111\}$方向的有序孪生。与 fcc 金属不同的是，在每个

{111}面上仅有一个能使有序 $L1_0$ 结构保持不变的真孪晶方向。然而，原则上，在 TiAl 合金中是可以满足使材料能够发生总体塑性形状改变的 von Mises 准则的，因为 $L1_0$ 结构可提供 5 个以上的独立滑移系统。但是，这些变形机制的相对难易度和丰富程度却取决于铝含量、第 3 组元元素含量以及变形温度。对于两相合金来说，目前的共识是超位错比 1/2⟨110]普通位错的开动更加困难。这很可能是由于超位错点阵阻力很高且其分解及非平面扩展较为复杂导致的，这使得其滑移和攀移均较为困难。上述的变形行为无疑是多晶材料变形能力的最大障碍。在取向不利于 1/2⟨110]位错滑移的晶粒中，由于相邻晶粒的形状改变可产生高约束应力。这些应力的重要性已在对多晶材料屈服行为的模拟中阐明了[220,221]，并通过电子显微镜观察直接证实[100]。这些约束应力可协助超位错克服其高点阵阻力，从而可在局部激发这些位错的滑移。若不能达成此条件，就可能导致材料过早失效。另一方面，形变孪晶同样提供了四方单胞 c 方向的剪切分量，且孪晶的丰富程度随变形温度的上升而提高[100,137]。在高温下，应变的协调也可通过普通位错攀移至其{111}滑移面之外进行，这当然对多晶材料的总体形状改变是有益的，并可降低泰勒因子。此外，当温度高于 1 000 ℃时，⟨010]位错就可能对变形有所贡献[100]。因此，在热加工条件下就降低了 γ-TiAl 的塑性各向异性，并可通过普通位错和有序孪晶的迁移实现相对较大应变量的变形。

上面的讨论表明，在(α+γ)相区内的热加工温度下将出现如下的变形情形。在挤压时，可认为 γ 晶粒将优先使其⟨111⟩方向与挤压方向平行。这将确保工件所受到的径向缩减可由两组 1/2⟨110]{111}滑移系实现，即依靠垂直和倾斜于样品轴向的普通位错剪切而进行。同时可认为，有一大部分的 γ 晶粒的⟨001]方向将平行于挤压轴向，因为在这一方向下，两组 1/2⟨110]{111}滑移系也可提供径向剪切。有趣的是，应指出这两种晶粒取向即为图 16.46 中所示的双丝织构的主要部分，这是在 α 转变温度以下挤压的 Ti-47Al-1.5Nb-1Cr-1Mn-0.2Si-0.5B(TAB)合金中所观察到的现象[83]。同样值得指出的是，挤压后的织构是相对较弱的，这可能是因为再结晶的缘故。挤压后，初始的铸造织构被完全破坏，这可在对相同合金粉末材料挤压后的织构观察中得到证明(如图 16.46)。

显然，为更好地评估不同变形机制对变形加工过程中织构演化的影响，并将不同机制的效果区别开来，就需要对织构进行更精确的分析。为研究变形对织构的影响并避免出现动态再结晶，Hartig 等[203]研究了 Ti-50Al 合金在 400 ℃下的压缩变形机制。在实验过程中，他们对样品叠加了大的静水压力以避免其在相对较低的温度下脆性失效。合金主要由 γ-TiAl 相构成，并含有 5%～10%体积分数的 α_2 相。因此，此合金中 γ 相的变形特征可作为两相二元 TiAl 合金

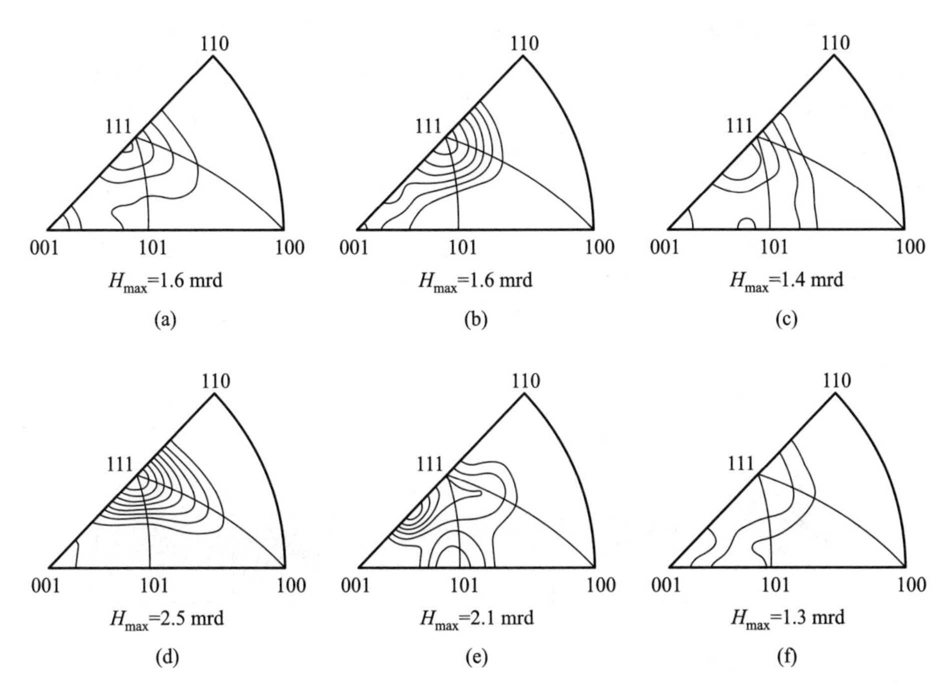

图 16.46　中子衍射测定的挤压 Ti-47Al-1.5Nb-1Cr-1Mn-0.2Si-0.5B(TAB)合金的织构。挤压方向的反极图。(a) 在 1 250℃挤压的铸锭材料；(b) 在 1 250 ℃挤压并在 1 030 ℃退火的铸锭材料；(c) 在 1 250 ℃挤压的粉末材料；(d) 在 1 300 ℃挤压的铸锭材料；(e) 在 1 380 ℃挤压的铸锭材料；(f) 在 1 380 ℃挤压并在 1 030 ℃退火的铸锭材料

的典型示例。在压缩应变量达 46%时，织构可被大致描述为〈110]+〈101]双丝织构。在反极图中，在〈101](约为〈302])和〈110]附近可观察到压缩轴向织构分量，在〈100]和〈110]的中段也可观察到离散的织构分量。在许多研究中，当两相 TiAl 合金在最高达 1 200 ℃下进行压缩变形后，也可观察到类似的、包含部分或全部上述分量的织构[79-81,211,222-224]。

Hartig 等[203]采用泰勒模型模拟了压缩过程中的织构演化，并将之与实验测定的织构进行了比较。他们认为，普通位错和超位错均对变形和织构演化产生了影响。然而，在他们的模拟中并未将形变孪晶包含在内。最近，在泰勒模型的框架下，研究人员通过分析单晶屈服面对多晶 TiAl 合金的变形行为开展了一系列的定量分析研究[81,204,211,220]。他们考察了单一变形机制的多种屈服应力，并最终确定出最优流变应力比率为 τ_o/τ_s = 0.7 ~ 0.9 和 τ_t/τ_s = 0.2 ~ 0.9[81,204,211,220,223]。下标 o、s 和 t 分别对应为普通位错、超位错和孪晶。图 16.47 展示了 Stark 等[223]计算的压缩变形条件下的流变取向分布图，其中假定 CRSS 比率为 τ_o/τ_s = 0.8 和 τ_t/τ_s = 0.2。此图表明晶粒取向向〈110]和〈302]方向

流动，这与实验观察是一致的，并反映出了在〈100]和〈110]之间发现的取向条带。然而，虽然与实验相吻合，但是这些 CRSS 比率为何比采用电子显微镜研究所得出的值要高出许多的这一问题仍未得到解答[100,225]。这种不一致性已被解释为源自 TiAl 合金强烈的加工硬化，即使在小应变条件下也会对不同的变形机制产生相近的剪切应力，因而在织构演化中可能无法明显反映出临界分切应力(CRSS)比率[220]。总之，如上文所述，在压缩和挤压后观察到的织构可被认定为变形织构，并可从 γ-TiAl 相的变形机制的角度加以理解。

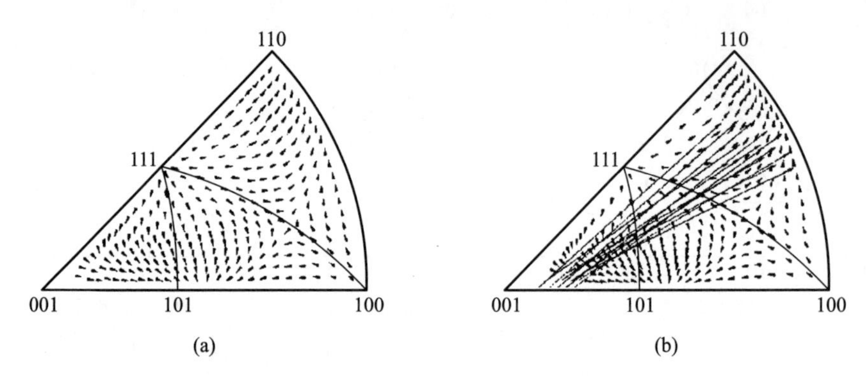

图 16.47　采用泰勒模型计算得出的压缩变形条件下的流变取向分布图，其中假定普通位错和超位错的 CRSS 比率为 $\tau_o/\tau_s=0.8$，孪晶和超位错的比率为 $\tau_t/\tau_s=0.2$[223]。(a) $\varepsilon=0.05$；(b) $\varepsilon=0.15$

根据之前的讨论，可以认为根据 γ 相的变形机制能够预测(α+γ)相区热变形中的织构。然而，在热变形后，材料通常会发生再结晶，这表明再结晶和相变可能对织构的演化同等重要，这一点值得进一步讨论。研究人员在板材的轧制中已经对这些课题进行了初步研究。由于其可制备出具有明显力学性能各向异性特征的材料，人们对板材的轧制也投入了一定的关注[81,97,180,195,225,226]。图 16.48 为 Ti-46.5Al-4(Cr，Nb，Ta，B)合金轧制板材在 1 000 ℃一次退火后的织构[83]。相比于类似成分合金挤压材料中的织构(如图 16.46)，此板材的织构明显更强[(001)面的最大取向密度为随机密度的 7.3 倍]，其可被描述为一种调整的立方织构。这一调整的立方织构在之前的轧制 γ-TiAl 合金板材研究中也有所报道[81,195,203]，其特征为 c 轴〈001]沿横向，且 a 轴〈100]平行于轧制方向。除了调整的立方织构之外，此材料中还存在另一种织构，这可从图 16.48 的(111)极图中看出，它表明(111)晶面沿接近垂直于板材横向的方向排列。在此需要指出的是，材料是在(α+γ)两相区挤压的。在随后冷却过程中形成的 γ 片层与六方 α 相具有明确的取向关系，且不应该表现为调整的立方织构。因此应存在自 α 相中产生的织构，从而解释了上述的额外的织构部分。可将其进一步细致讨论如下：在板材的一次退火过程中，γ 片层大部分由 γ 晶粒的长大而溶解[83]，因而这将减少极密度图中与之相关的织构，而 γ 相的调整的立方织构则越发占据了主导。

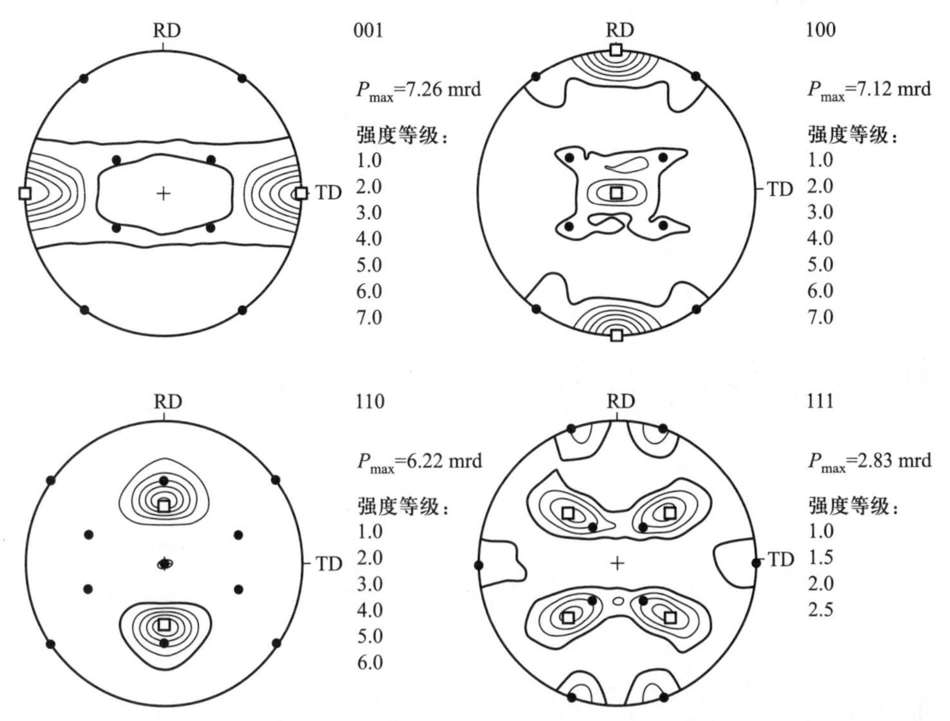

图 16.48 中子衍射测定的轧制板材的织构。对 Ti-46.5Al-4(Cr，Nb，Ta，B)合金预合金粉进行热等静压、板材轧制并在 1 000 ℃一次退火后重新计算的极图[83]。另外，图中也标出了理想的调制立方织构(010)[100](方块)以及理想的黄铜织构$(1\bar{1}0)$[111](圆点)

与 Ti-46.5Al-4(Cr，Nb，Ta，B)合金轧制材料不同，高 Nb 含量合金 Ti-45Al-8Nb-0.2C 板材在轧制后的织构则较弱[83]。此板材的极图(图 16.49)并不表现出立方织构，并且，特别的，其 *a* 轴和 *c* 轴并没有任何择优排列上的区别。高 Nb 含量 TiAl 合金的织构与 Cu-6wt.% Zn 合金冷轧 92.6%后的织构几乎一样[227-229]。在 Cu-Zn 合金中，随着 Zn 含量的上升，在冷轧板材中可观察到连续的织构变化，即从纯 Cu 中的铜型织构演变为 Cu-30wt.%Zn 合金中的理想黄铜型织构[229]。因此，高 Nb 含量 TiAl 合金板材的织构可被正式描述为纯铜和理想黄铜型织构的组合。Koeppe 等[230]也报道了类似的轧制织构，他们在一次退火后的 Ti-48Al-2Cr 合金板材中发现了黄铜、铜、{123}$\langle 63\bar{4}\rangle$-S 以及调整的立方织构组分。其中，部分或全部的织构在许多其他 TiAl 合金轧制板材

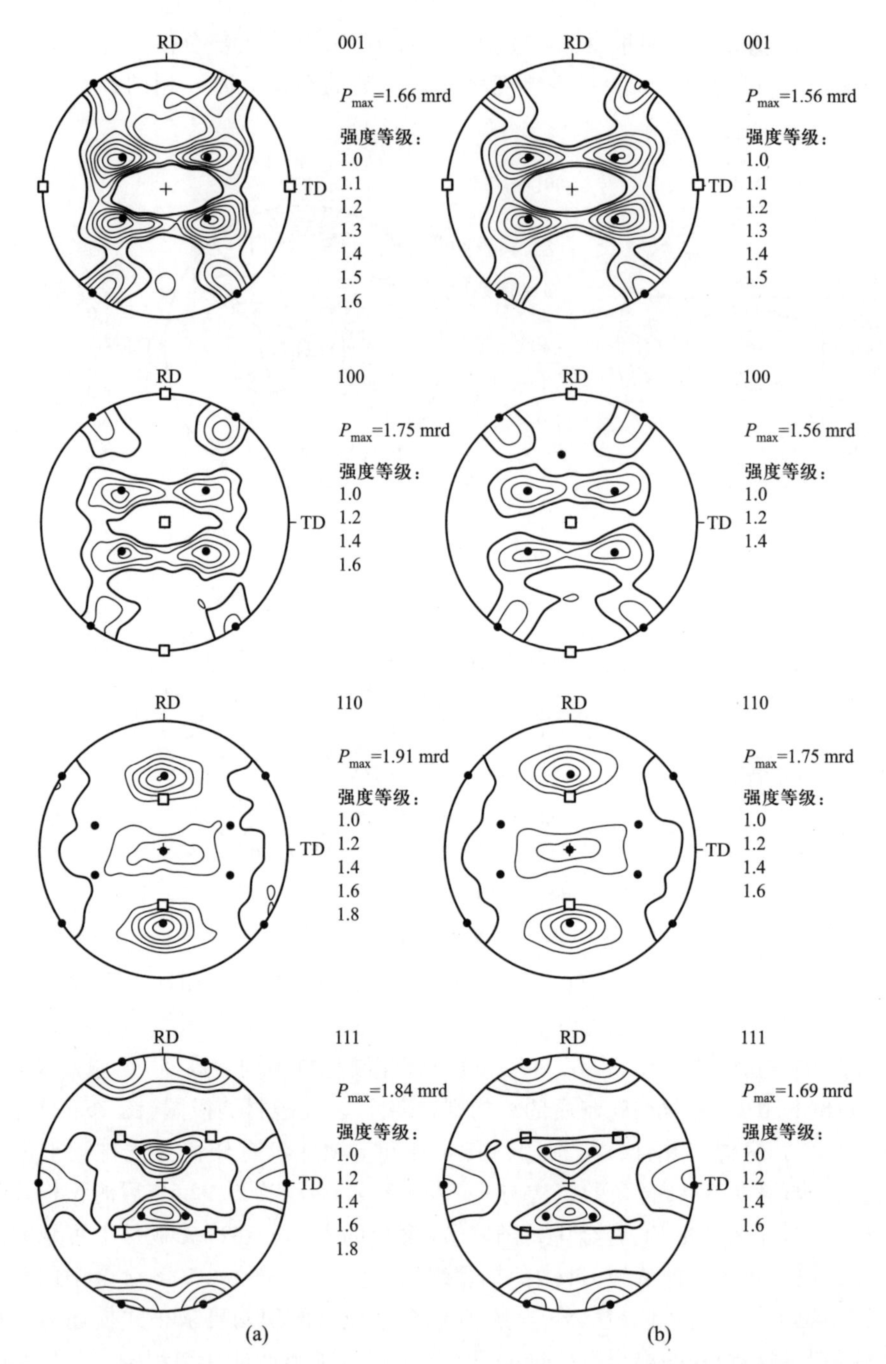

图 16.49　中子衍射测定的轧制板材的织构。Ti-45Al-8Nb-0.2C 合金铸锭在矩形模具中热挤压而后进行板材轧制后重新计算的极图[83]。另外，图中也标出了理想的调制立方织构(010)[100]（方块）以及理想的黄铜织构($1\bar{1}0$)[111]（圆点）。(a) 轧制态；(b) 在 1 000 ℃一次退火 2 h

的研究中也有发现[204,211,223,231]。由于黄铜和铜型织构为变形织构，可以推测此种合金(Ti-45Al-8Nb-0.2C)在热轧过程中并未发生充分的再结晶。然而此织构在1 000 ℃进行2 h的一次退火后仍是稳定的(如图16.49)，此时约为绝对熔化温度的0.7。从这个角度看，需要强调的是此合金中含有C，其在γ-TiAl合金中以碳化物的形式析出为Ti_2AlC和Ti_3AlC相(见7.4.1节)。

上述与冷轧fcc金属密切相关的织构可被描述为与多种织构类型连接的丝织构[204,205,223]。α丝织构跨越了黄铜和高斯取向，而β丝织构则通过S部分将黄铜与铜型织构相连。由于γ相的四方性，这些织构可以分离为两个等价的非对称分量[204,205,223]。Schillinger等[204]、Stark等[223]和Verlinden等[209]对此给出了更加细致的阐述。Bartels等[205]和Schillinger等[204]采用上述提到的单晶屈服面模型对不同织构分量的出现进行了解释，并模拟出与实验观察结果相近的织构。在这些模拟中，所用的不同变形模式之间的CRSS比即是上文所引用的那些数值。基于模拟的结果，让人联想到冷轧fcc金属中的轧制织构确实可被理解为γ相的变形织构。

演化出图16.49所示织构的板材主要是由片层团组织构成的(体积分数为85%)[83]。这意味着在轧制过程中其也含有相应体积分数的六方α相，根据Blackburn取向关系[式(4.1)]，α相的织构应该决定了γ片层的织构。然而，乍看起来，在这些板材中不存在任何来自α相的织构部分，因为所观察到的调整的立方织构和铜/黄铜型织构是针对γ相而言的。可以推测，来自α相的织构部分可能较弱，因而是不可见的。另一种可能的解释是，来自α相的织构与铜/黄铜型织构非常相似。黄铜织构包含了理想的$(1\bar{1}0)[111]$部分[229]，即γ相的$(\bar{1}\bar{1}1)$面位于由轧向和法向所确定的平面内。板材中的这种理想的织构部分在反极图中是可见的(图16.50)，这表明轧向沿⟨112⟩方向择优排列。出现这种轧制织构的原因可基于α相的变形来解释。在轧制过程中，α晶粒应通过柱面滑移而变形，从而可实现轧制工艺所要求的拉长和减薄。这将导致形成大量两种取向的α晶粒，其特征分别为与轧制方向平行的$\langle 10\bar{1}0\rangle$方向和$\langle 2\bar{1}\bar{1}0\rangle$方向，而其基面则均与板材面垂直。虽然在轧制α-Ti板中未见这种类型织构的报道，但是在Ti合金的轧制中则有所发现，如Ti-5at.% Al-2.5at.% Sn合金α相区的轧制变形[232]。随着轧制TiAl合金板材的冷却，这些α晶粒转变为两种取向的γ片层，其⟨112⟩和⟨110⟩方向分别平行于轧制方向，且{111}面均与板材面垂直。如图16.48和图16.49所示，除了热加工样品中来自γ晶粒的立方织构外，确实可在最终的织构中观察到这两种织构部分的其中一种。因此，黄铜织构可能也来自α相的变形。Schillinger等[204]和Stark等[223]测定了板材轧制后α_2相的织构，他们观察到了两种主要的织构，即他们所称的基面和横向部分。基面部分的特征为 α/α_2 相的基面与板材的法向垂直，而横向部分的特征为基面与板材的横向方向垂直，且 $\langle 1\bar{1}00\rangle$ 方向与轧制方向平行[223]。其中的横向织构部分正是将产生 γ 相中黄铜织构的部分。Stark 等[223]认为，α/α_2 相的横向织构的产生来自板材轧制过程中 α 相和 γ 相的共同变形。但是，此处所讨论的板材在轧制时仅含有 15%的 γ 相，因此，仅依靠两相的共同变形即可发展出织构的说法仍值得怀疑。

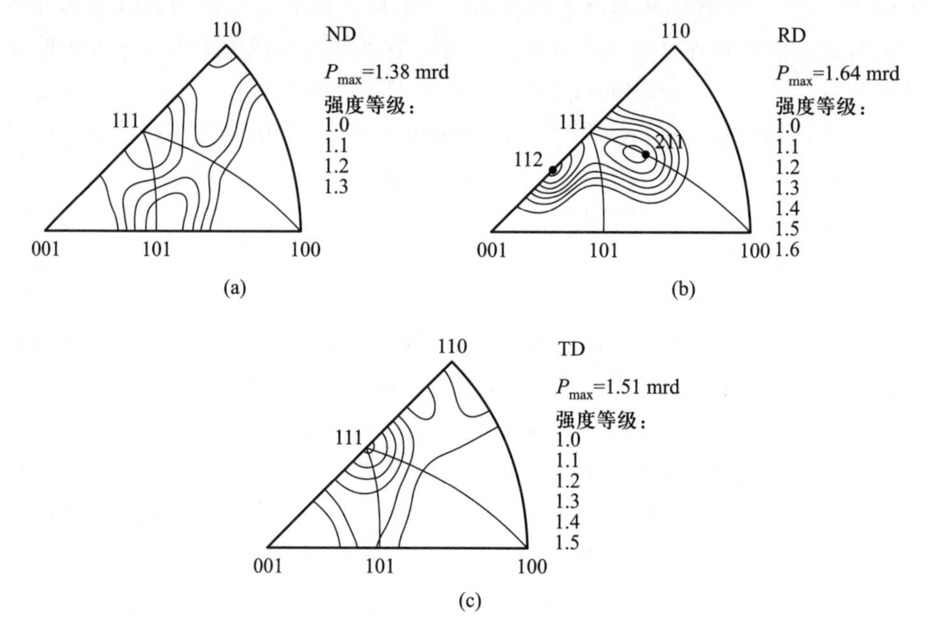

图 16.50　Ti-45Al-8Nb-0.2C 合金铸锭在矩形模具中热挤压而后进行板材轧制后的反极图[83]（参见图 16.49）

关于 α 转变温度之上的挤压过程中的织构演化，可认为由 *c* 轴方向垂直于挤压方向的对称柱面滑移实现了工件的（由漏斗型模具施加的）径向收缩，从而产生了织构。在两种情况下可满足这种条件，即其中一个柱面与挤压方向垂直或与其夹角为 60°。第一种情况将导致形成 $\langle 10\bar{1}0\rangle$ 变形织构，其沿挤压方向排列。在工件随后自 α 相区冷却的过程中，基于 Blackburn 取向关系［式(4.1)］形成 γ 片层，即 γ 相的{111}面与之前 α 晶粒的基面平行。在最终的织构中，这些新形成的 γ 片层将表现为⟨112⟩方向与挤压方向平行的大量 γ 片层组织。在第二种情况下，即柱面与挤压方向的夹角为 60°时，可认为 α 晶粒将产生 $\langle 2\bar{1}\bar{1}0\rangle$ 织构，而后的相变将导致形成与挤压方向平行的⟨110⟩γ 织构。如图 16.46 所示，这两种织构的确可作为区分热加工是在 α 单相区还是在（α+γ）

两相区进行的特征。此时就排除了 α 相和 γ 相的共同变形，因为在 α 相区内挤压时并不存在 γ 相。因此，可能的结论是柱面滑移对 TiAl 合金中 α 相的织构演化具有重要作用，但是其他因素如共同变形和再结晶等也可能施加了影响。为对相组成对织构形成的影响进行总结，图 16.51 对不同温度下挤压及随

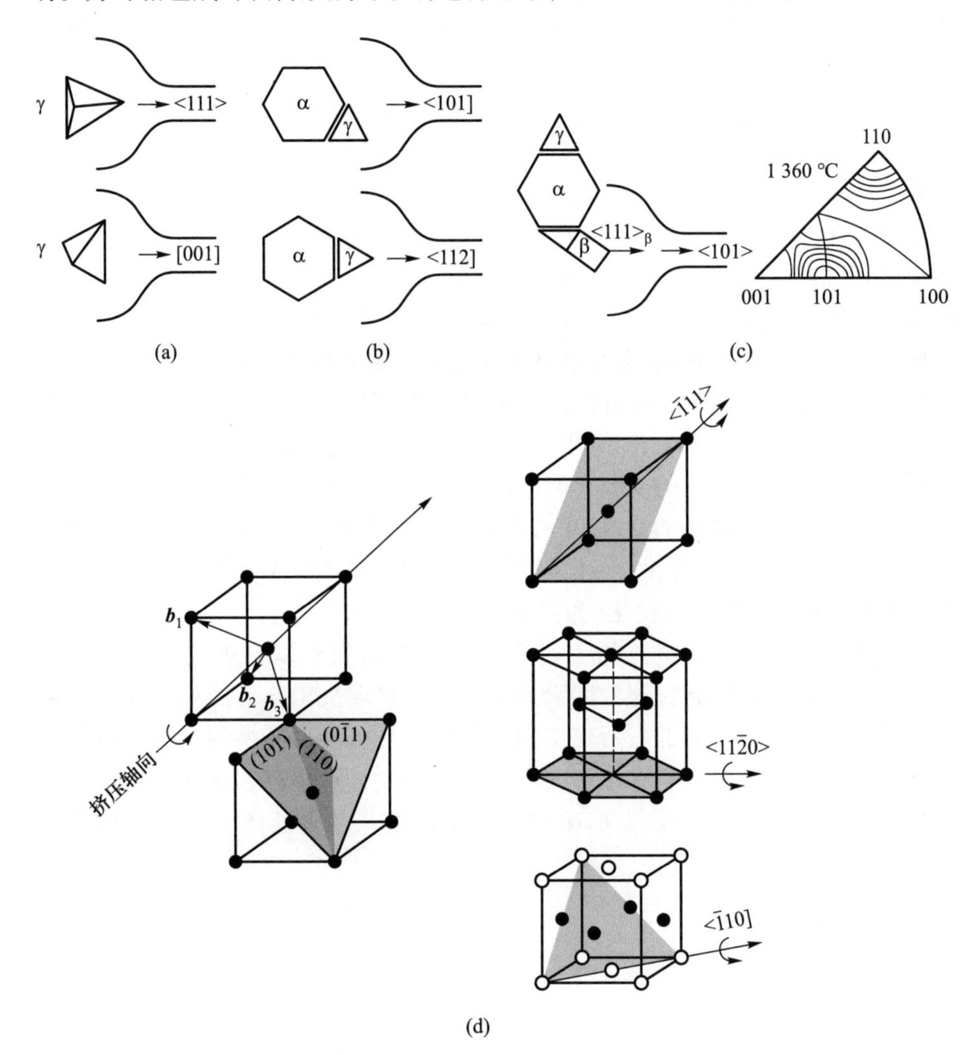

图 16.51 不同温度下挤压时的织构演化。图中示意性地画出了由漏斗型模具所造成的以开动滑移系而实现的形状变化以及随后的相变。(a)(α+γ)相区挤压，织构主要由 γ 晶粒的取向决定，对称的 $1/2\langle 1\bar{1}0]\{111\}$ 双滑移实现了工件的径向收缩[如图 16.46(a)、(c)和(d)]；(b) α 单相区挤压，织构由 α-Ti 柱面滑移以及冷却过程中发生的 α→γ 相变决定；(c)、(d) Ti-45Al-10Nb 合金在 β 相区内的挤压。织构由 β 相的 $1/2\langle 111]\{110\}$ 对称多重滑移以及随后的相变决定

后的相变所导致的织构演化给出了示意图。

从前文的讨论中可得出结论，即在(α+γ)相区热加工后所观察到的织构主要与γ相的变形模式有关。然而，在上文讨论的大多数例子中，材料在热加工后发生了完全再结晶，这表明再结晶对织构的形成同等重要。看来，对织构演化来说，非常重要的一点是新晶粒通过凸出而长大，如图 16.8 所示。晶界凸出的一个特征在于生长而来的新晶粒的取向与其原始晶粒取向是相似的。因此，可以认为这一机制将导致产生与变形织构密切相关的再结晶织构。如 16.2.1 节所述，由应变诱导晶界迁移[45]而形成的新晶粒位置处的晶界凸出是许多金属材料动态再结晶过程中的一个普遍现象。在对 TiAl 合金的早期研究中也发现了这一点，如 Ti-50Al[82]和 Ti-52Al[43]。从这些角度考虑，(α+γ)相区热加工后所观察到的织构与所开动的变形模式密切相关这一点应该是可信的。然而，以同样的方式解释调整的立方织构的产生机理则看起来较为困难。在早期研究中，一个共识是 fcc 金属中的立方织构主要来自再结晶，这或是由形核的取向性，或是由立方取向组织的长大取向性而导致的[233-237]。Hjelen 等[235]和 Doherty 等[236]的研究工作表明，立方取向组织主要是在过渡条带处形核。而根据 Schillinger 等[204]的研究，调整的立方织构是 TiAl 合金完全依靠普通位错滑移进行板材轧制塑性变形时的理想取向。因此这一问题仍处于争论之中[204,205]。然而，与取向性长大假说不一致的是，轧制 TiAl 合金板材中的织构并不能通过随后的退火而锐化(如图 16.49 和图 16.52)。

总之，两相钛铝合金热加工过程中的显微组织和织构演化由其变形模式、再结晶和相变控制。这些因素的相对贡献量取决于合金的成分和加工温度。在(α+γ)相区热加工后所观察到的结构特征本质上反映的是为达成形状改变所需要的普通位错和有序形变孪晶的运动学。α 单相区热加工所产生的织构在很大程度上受控于六方 α 点阵的变形模式，以及随后冷却过程中的 α→γ相变。

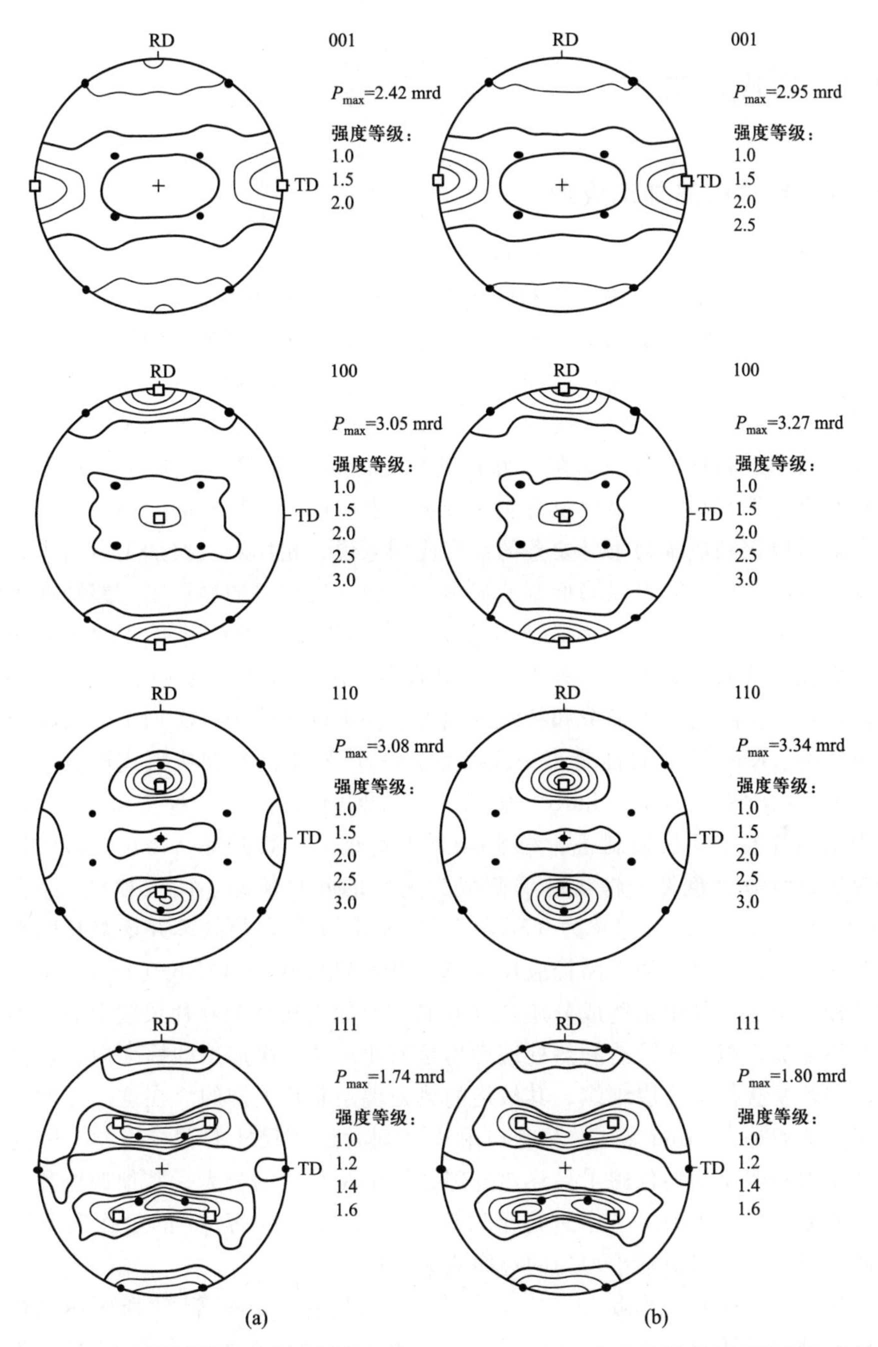

图 16.52 中子衍射测定的轧制板材的织构。Ti-45Al-10Nb 合金铸锭在矩形模具中热挤压而后进行板材轧制后重新计算的极图[83]。另外，图中也给出了理想的调制立方织构(010)[100](方块)以及理想的黄铜织构($1\bar{1}0$)[111](圆点)。(a) 轧制态；(b) 在 1 000 ℃一次退火 2 h。图中 mrd 表示随机分布的倍数。

16.5　二次加工

16.5.1　部件的热加工成形

总体上说，一次变形加工后的晶粒细化降低了二次加工中开裂的可能性，从而使材料能够通过闭式模锻和轧制等方式被加工成实用的产品形态。另外，铸造片层组织转变为更加均匀的细晶等轴组织降低了局部流变的倾向性，当然也有益于模具充填并提高预期加工部件的尺寸精度。特别的，对于对安全要求至关重要的部件，多步热加工的工艺路线更具吸引力，因为这在某种程度上可去除显微组织和化学成分缺陷，并得到特定的组织和织构。在这一方面，γ-TiAl 合金与镍基高温合金并没有多少差异(见 Couts 和 Howson[238] 的文献)。还有，对于以控制成本为第一要务的许多应用来说，相比对一次加工材料进行机加工，近净成形工艺可以降低制造成本。尽管开发完整的制造工艺路径在工程意义上更为重要，但是大多数已发表的工作都集中在对铸锭开坯的变形加工上，而在可获取的文献中，关于 γ-TiAl 合金实际锻造的信息则是相对较少的。然而，对于实际的加工细节和特殊的加工条件来说，关于一次加工的文献通常比较实用。Kim[239] 很可能是第一位报道了将 γ-TiAl 合金成功闭式模锻为近净成形零件的学者。随后，Furrer 等(于 1995 年)开发出了一种变形加工路径，其为采用等温闭式模锻制备长约 8 cm 的叶型展品。其制备路径包括将圆柱形铸锭等温墩锻成盘件、将盘件切割成为大致的叶片轮廓、闭式模锻(温度为 1 165～1 204 ℃，应变速率为 8.3×10^{-3}～8.3×10^{-2} s^{-1})、热处理并最终打磨修整为叶片。作者将这一加工路径应用于基于 Ti-47Al-(2～4)Nb-(1～2)Cr 成分的几种合金上，其中某些成分还含有 B 和 Si。他们在整个叶片尺度上观察到了非常均匀的组织，在锻造和热处理后均是如此。在一次加工的框架内，前文已指出，若要获得全片层组织，其最终的热处理是非常关键的。在这一方面，令人感兴趣的是，Furrer 等[240] 发现 Si 和 B 均对片层团尺寸的调控有益，因为显然硅化物和硼化物均阻碍了最终热处理过程中 α 晶粒的长大。其他调控片层团尺寸的方法已在 16.3.2 节中进行了讨论。总之，Furrer 等[240] 的工作表明闭式模锻可以制备出组织细小均匀的近净成形零件。

基于部件的几何形状和一次加工步骤，人们对 Furrer 等[240] 所阐述的热加工路径进行了改进。Knippscheer 等[241] 报道了一种汽车发动机气门的制备路径，其为多步挤压而后通过热胀形来制备预制件，最后进行近等温锻造。这一制备过程完全在工业级设备上进行。所得气门呈现出细小均匀的组织，并成功通过了汽车发动机测试[241]。Sommer 和 Keijzers[242] 基于这种工艺做出了一些变化，即首先反挤压，而后用摩擦或惯性摩擦焊将大直径的气门头部焊接到气门杆上，并将此作为等温锻造前的一个二次加工步骤。Kestler 等[243]采用热挤压而后对气门杆进行锻造的方式来制备汽车发动机气门。通过这种方式使气门头部得以保留片层组织，此处将承受最高的温度，而细晶的等轴组织则在锻造过程中形成于气门杆中。作者测定了 150 组独立制备的 Ti-46.5Al-4(Cr，Nb，Ta，B)合金气门的拉伸数据，发现它们的断裂塑性伸长量均超过了 1%，这表明制备工艺路径具有可重复性。在 2000 年后，攀时公司(Plansee，奥地利)和 Sinterstahl 公司(德国)开始常规生产这些气门，并将之应用于高性能汽车和摩托车的发动机上[243]。在两个联合项目的框架下，Leistritz Turbinenkomponenten 公司(位于德国雷姆沙伊德，其前身为 Thyssen Umformtechnik 公司)、罗尔斯-罗伊斯(位于德国达莱维茨)、GfE 公司(位于德国纽伦堡)和 GKSS 研究中心共同探索了利用 γ-TiAl 合金生产航空发动机高压压气机叶片的完整工艺方法[17,28,120,121,157,244]。其加工路径由铸锭材料的热等静压、热挤压、去应力退火、锻造预成形件去除包套并机加工、多步闭式模锻以及机加工并电化学铣削最终成形等步骤组成，其示意图如图 16.53。在第一轮的研发中采用的是 Ti-

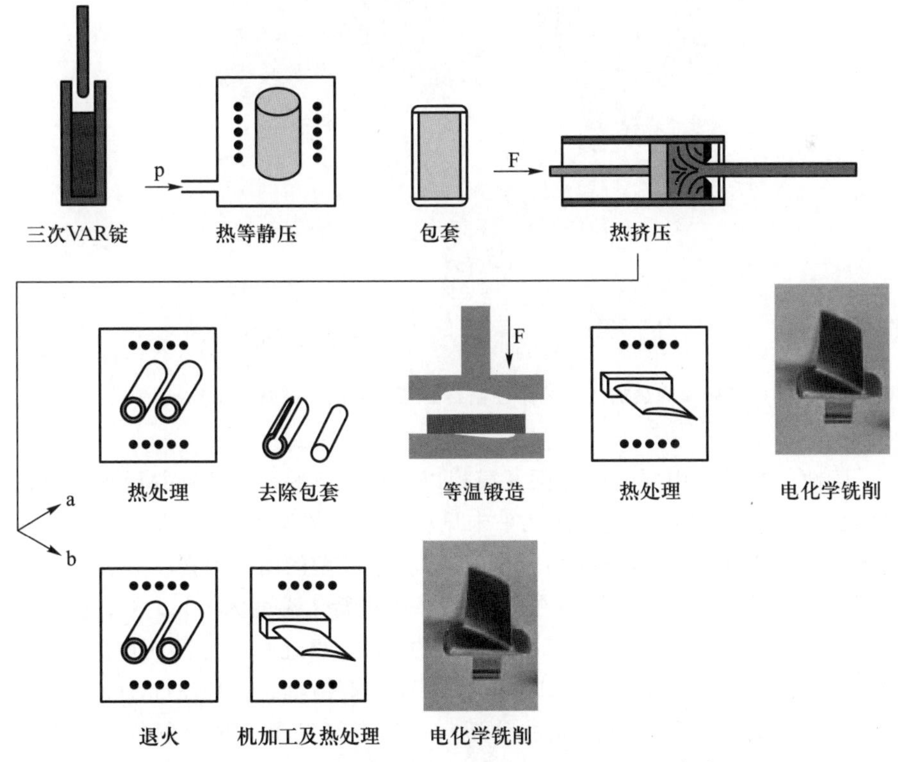

图 16.53 生产航空发动机高压压气机叶片的两种工艺路径示意图[157]

47Al-1.5Nb-1Cr-1Mn-0.2Si-0.5B 合金，成功制备出 200 枚叶片(如图 16.54)。锻造加工的实践表明材料的模具充填性极佳，这与在其他 γ-TiAl 合金中观察到的结果是一致的[12]。研究发现，相比挤压材料，锻造后材料叶型处(图 16.55)和叶根处的组织均匀性均大幅提升。在电化学铣削前，预成形的锻件要在 α 转变温度进行最终热处理以获得非常均匀的片层组织，在叶型处的平均片层团尺寸为 130 μm(图 16.55)。此合金在不同加工阶段的力学性能见表 16.3。研究人员对更大尺寸的高 Nb 含量合金 Ti-45Al-8Nb-0.2C 铸锭也采用了类似的加工工艺(另外还包含了一种不含锻造的工艺)，并成功制备出了几百枚叶片。这些叶片已满足了部件在力学性能方面的需求，但是能否在保证成本可接受的前提下充分实现可重复的大批量生产仍是一个问题。总之，在变形加工生产汽轮机部件中，仍有一些问题是有待解决的，尤其是在可重复性方面；但是从技术的角度看来这还是非常有前景的。

图 16.54　以图 16.53 中 a 的热加工工艺路径制备的某发动机上的高压压气机叶片

一般地，在锻造中要经过有限元模拟以选择合适的锻造条件并设计模具的几何形状，然而在 TiAl 合金方面几乎未见相关研究的发表。Brooks 等[245]通过实验研究了 180 mm 长的 Ti-48Al-2Nb-2Cr 合金叶型的闭式模锻，并将锻造结果与模拟结果进行了比较。锻造在 TZM 设备上进行，温度为 1 125 ℃，应变速率恒定为 10^{-3} s^{-1}。其最终的应变量自根部的 0.5 至靠近叶片边部区域的 2.5 范围内不等。在预制件上涂覆了 Acheson DAG3707 润滑剂，并以 Acheson 氮化硼(DAG5710)作为工件和模具之间的分型剂。作者开发了一种材料模型，其不仅可以描述热变形中的流变软化，也可以描述组织演变。后者则由本构方程中

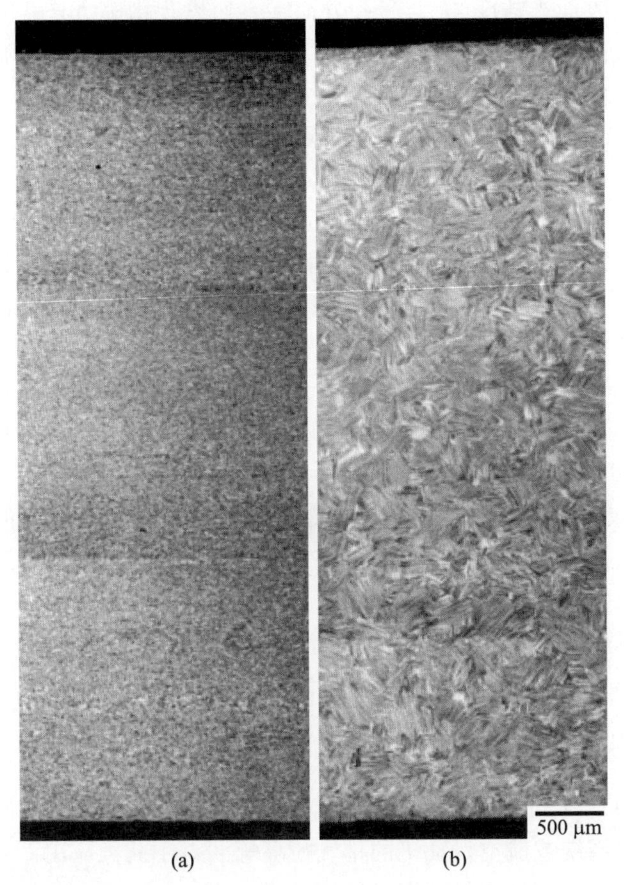

图 16.55　由图 16.53 中 a 所示的热加工工艺路径制备的 Ti-47Al-1.5Nb-1Cr-1Mn-0.2Si-0.5B(TAB)合金高压压气机叶片叶型部位的显微组织。(a) 去应力退火后的组织；(b) 在 α 转变温度热处理后的组织

的一个内部状态变量表示。这一模型可以合理地预测实际加载力的大小和部件的形状，并可根据叶型不同部位处再结晶晶粒的体积分数预测组织状态。

多数情况下，热加工部件需要在最后的制造阶段进行机加工处理，如铣削、钻孔或打磨等。总体上看，以传统设备进行机加工是可行的，然而，要注意 γ-TiAl 合金的低塑性和并防止产生表面裂纹。γ-TiAl 合金机加工时可能出现的问题有破裂(钻孔时)、边缘的破裂(铣削时)、过热(打磨时)以及由于过度夹紧而导致的局部变形等[153]。这些问题在很大程度上可通过采用文献中所述的合适的加工工具和加工参数来解决[246,247]，使得复杂的零件也可用于机加工[153]。在部件的最后加工工序方面，另一种方法是电化学铣削。利用这一方法可制备金属去除率较高的形状复杂的零件，并可实现无残余应力、表面硬化和微裂纹的高表面光洁度[248]。另一方面，人们发现由喷丸产生的压缩应力和表面硬化可大幅提高材料的疲劳强度[249]。滚压加工也可达到类似的效果，事实上，一般来说它比喷丸的效果还要好一些，因为它可造成更深的亚表面区域的塑性变形[250]。然而，研究发现表面硬化可在 650~750 ℃ 回复，因而对那些将被应用于高温服役环境下的部件来说，表面硬化就效果不佳了[249]。

如 16.3.2 节中所述，相比于其他 γ-TiAl 合金，在很宽的温度范围内存在 β 相的合金的可加工性显著提升[147,148]。相关的研究人员已能够通过传统的非包套方法对铸锭进行锻造并制备出矩形棒材、锻饼以及厚度不等的盘件[147,148]。这些锻造工艺的细节见表 16.2。这些合金成分使得人们可以通过一步锻造制备出形状复杂的零件并随后进行机加工。这对降低成本并克服一次加工中的尺寸限制来说是非常具有吸引力的。作者还进一步发现，这些合金的机加工性要比传统合金高出许多，与镍基高温合金相近[147,148]。Kremmer 等[149]、Clemens 等[150]和 Wallgram 等[151]采用类似的合金设计理念用挤压及随后的传统锻造制备了涡轮叶片，表明在这些合金中能够发展出可靠的工业级锻造工艺。从合金未来发展潜力，即实现可靠变形加工工艺与低成本和良好高温强度的组合这一角度来看，这些结果当然是非常令人鼓舞的。但是，如第 13 章中所述，这些合金中高体积分数的 β/B2 相可能恶化合金的力学性能。

16.5.2　轧制板材的制备及力学性能的选择

板材 TiAl 合金可用于制造大尺寸空心叶片或航空航天结构件，如空间飞行器的热防护系统或航空发动机的排气喷嘴等。对于此类应用而言，就需要对强度、塑性、抗蠕变性当然还有成形性进行优化。

至今，最成功也是应用最广泛的制备 TiAl 合金板材的方法是以热轧成形为基础的，其一般要使用已通过某种方式进行加工过的材料。一般来说，不采用铸造材料是因为其显微组织粗大且不均匀，但原则上，若铸造材料的形状合适且具备足够的可加工性，其也是可以使用的。作为一种相对经济的可选工艺路径，人们提出了对铸造材料进行包套热轧的方法[251]。对制备 100 mm 宽，1~2 mm 厚的板材来说，直接将其铸造为带状材料也是一种可选的方法，其后来被用于织构和显微组织的演化研究中[252]。

Fujitsuna 等[175]发表了一项研究工作，其中阐述了将 TiAl 合金铸造成形为板材形状，并随后对其进行等温轧制的工艺路线。他们于 1991 年搭建了一组等温轧机设备用以研究这一方法，并对其所制备的板材是否适宜进行后续超塑性成形进行了研究。此项工作表明，这种方法可以制备出 300 mm 长的 Ti-46Al 合金板材(轧制温度为 1 100℃，应变速率为 $1\times10^{-3}\ s^{-1}$)。所得的材料被认为不适用于超塑性成形，因为其主要由片层组织构成且晶粒粗大，显微组织也不均匀。

目前已达成总体共识的是，热加工铸锭材料或热等静压预合金粉压坯是制备板材的最佳初始材料，因为它们具有更好的化学均匀性、细小的组织以及更优的变形行为。至今，仅有奥地利的攀时公司(Plansee)能够在工业尺度上生产板材，他们采用的是一种“先进板材轧制工艺”。遗憾的是，由于板材轧制的商业敏感性，在公开的文献中还没有发表关于此技术层面的任何细节。若板材的热轧成形是成功的，那么这些细节信息将是无比重要的。然而 Semiatin 及其合作者[253]则发表了高质量的研究工作，对其所需的加工条件提出了一些见解。由于 TiAl 合金力学性能(即高强度、有限的拉伸塑性和可加工性)的缘故，板材的热轧仅在相对较窄的加工窗口是可行的，因此这并非一项简单的工艺。

16.5.2.1 叠轧

Semiatin 等[253]研究了叠轧工艺，他们分析了叠轧件自炉中转移至轧机期间以及轧制过程中在整个叠轧件上的温度转变。在叠轧件自炉中转移至轧机的过程中，他们将叠轧件的热辐射、层间的热传递以及工件/封盖界面的热传递均考虑在内，对其温度转变进行了数值模拟。模拟在多组假定的叠轧件中进行，其均由近 γ 组织钛铝合金的工件以及 Ti-6Al-4V 封盖构成。

他们所研究的叠轧件的总厚度分别为 11.2 mm、6.8 mm、4.8 mm 和 3.5 mm，而工件的厚度被设定为占据叠轧件总厚度的 40%。在模拟中，设定炉温为 1 316℃、轧辊的温度为 150 ℃、自炉中至轧机的转移时间为 4 s、轧辊的速度约为 110 mm/s(≈6.6 m/min)且每道次的压下量为 8%~12%。采用 406 mm 的轧辊直径以及所假定的轧制速度和压下量，可测定轧机辊缝中的变形时间约为 0.1 s。由于轧制压下量低，变形致热的效应可被忽略。Semiatin 等[253]用数值分析的方法测定了转移和轧制过程中叠轧件内的平均温度，以图形的方式展示于图 16.56 中。此图表明，TiAl 工件的温度在转移和轧制过程中均有所下降，且当叠轧件厚度降低时，这一效应更加明显。另外，不论叠轧件的厚度如何，工件在轧机辊缝中时间内的温降均比自炉中转移时 4 s 的温降低。在进入轧辊之前、中段变形区域(在轧辊之间)以及离开轧机时，在 3.5 mm 厚的叠轧件中测得的温度分布曲线如图 16.57[253]。图中明确表明，自炉中转移后，在 TiAl 工件及封装材料之间可产生一个温度梯度，且随着轧制的进行这一梯度逐渐变大。对于 TiAl 合金板材的成功轧制来说，这一温度梯度是极其重要的。

在 1990 年代早期，钛金属公司(TIMET)[254]持有一项制备 TiAl 合金板材技术的专利。其中 TiAl 合金被封装于一个包套材料的内部，在包套和 TiAl 合金之间有一个隔热层。的确，上文所讨论的 Semiatin 及其合作者[253]的工作解释了这一专利的科学背景。虽然在这一专利中并未给出隔热材料的是什么物

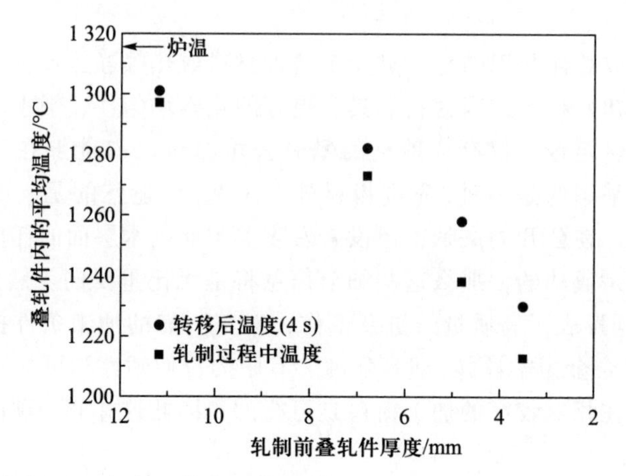

图 16.56 叠轧件内 TiAl 合金工件的平均温度：(i) ● 自炉中转移的 4 s 后(轧制前)和(ii) ▪ 轧制过程中的中段变形区域。绘图的数据来自 Semiatin 等[253]。图中表明薄板中的热损耗更大。不论板材厚度如何，轧制过程中的热损耗要低于自炉中转移过程中的热损耗。原始文献中的数据是以表格的形式给出的

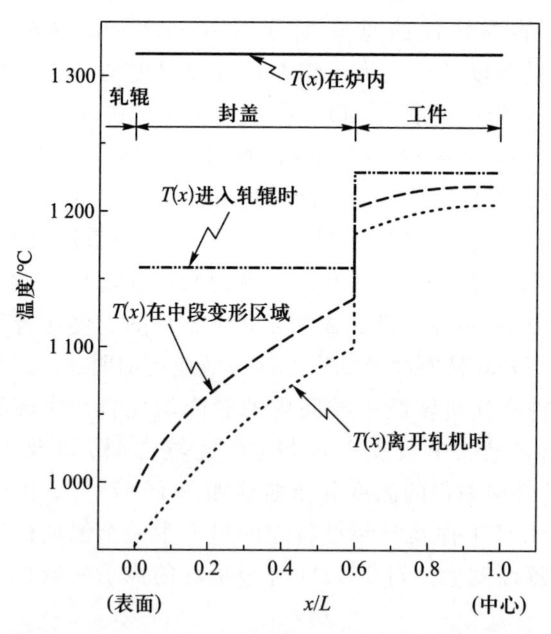

图 16.57 数值分析预测的由 Ti-6Al-4V 封盖和 γ-TiAl 工件组成的 3.5 mm 厚叠轧件内的温度梯度变化。初始炉温 $T(x)$ 为 1 316℃，假定转移至轧机的时间为 4 s。测定中关于图片和计算的实际细节见文献[253]。图片根据原始数据进行了重绘

质，但是本书的作者已通过采用像硅铝纤维这样的陶瓷制仿毛隔热层成功对小样品进行了轧制。对包套材料的要求是，要保护 TiAl 合金不被氧化并协助其变形。包套和 TiAl 合金之间流变应力的差异非常重要。若轧制温度下包套材料的流变应力比 TiAl 合金低得多，那么将产生可观的二次应力并使 TiAl 工件在轧机辊缝中受到拉伸应力。若条件较为不利，即流变应力的差异大、轧辊速度过快、变形压下量高或 TiAl 工件已显著冷却(对于薄板而言比较重要)，那么二次应力将可能导致楔形裂纹萌生和长大甚至使包套中整个 TiAl 工件被完全破坏。包套中隔热层的作用是允许包套冷却但要使 TiAl 工件的热损耗最小化，这可以降低流变应力的差异从而拓宽加工窗口。

叠轧法的优势在于可采用传统轧制设备进行变形，这对于不想投资特别昂贵且需要在保护气氛下工作的等温轧制设备的公司来说是非常重要的。

16.5.2.2 轧制缺陷

Semiatin 等[140]研究了近传统(轧制温度为 65~250 ℃)和近等温(轧制温度为 870 ℃)轧制条件下等温锻 Ti-48Al-2.5Nb-0.3Ta 合金的轧制变形。所采用的预热和再热温度位于 1 260~1 370 ℃之间，且根据轧制速度和每道次压下量的不同，所施加的应变速率为 1 s^{-1}或 5 s^{-1}。研究发现，不论应变速率为何，在中间温度即 1 315 ℃的条件下均可轧制成功，但在较高或较低温度条件下则不能。在较低的轧制温度下，材料的失效大致上呈现出脆性特征，并产生了沿晶裂纹。在高温下(超过 T_α，如 1 370 ℃)可观察到楔形裂纹，其源自晶界滑移和大尺寸 α 晶粒的分离。即使在如此高的温度下仍缺乏总体变形，这一点乍看起来可能令人意外，但应该想到的是，在这样的高温下，α 相为六方结构，因而变形可能仅能在有限数量的晶体学平面上进行(见 16.4 节)。对于 Semiatin 等[140]所研究的合金来说，在(α+γ)相区的上半段温度内可轧制成功，即轧制过程中的主要相为 α 相，但是也有相当数量的 γ 相。在这一温度下，材料有充分的变形能力，同时 γ 相可抑制能够导致晶界滑移和分离的 α 晶粒的过度长大。因此，从某种程度上看，轧制温度可被看作是一个由合金成分决定的参数。

除了要有正确的轧制温度外，也需要对其他参数进行优化，即轧制速度不能过快，如上文所述，这将导致变形超过临界变形速率并产生裂纹。Wurzwallner 等[165]和 Clemens 等[255,256]建议轧制速度要小于 10 m/min。另外，轧制压下量也应相对较小，不能超过 10%~15%。因此，为达成大幅变形和薄板成形，必须要采用多道次轧制，并对叠轧件进行中间再热。随慢速轧制而产生的一个工艺问题是(尤其在薄板轧制中)叠轧件的热损耗，其主要以辐射的形式进行。当这一问题较严重时，板材的温度可能降得过低从而产生裂纹。Semiatin 和 Seetharaman[257]对轧制压力下叠轧件的热损耗效应进行了研究，如

图 16.58。此图表明随着道次数的增加即板材厚度的下降，平均轧制压力上升。当然，最终进入轧辊的叠轧材料的热损耗要高于前端材料的。因此可以认为，由于过度热损耗而导致的裂纹最初是在叠轧件的后端产生，并随着板材厚度的下降而向前端扩展。热损耗效应可通过尽可能地减小保温炉至轧机辊缝的距离来最小化。采用优化后的板材轧制工艺对显微组织来说也很重要。Clemens 等[256]的研究表明，若不能针对温度损失进行轧制工艺的优化，那么在长轧制板材沿其长度方向上的组织中将出现非常明显的 α_2 和 γ 相含量的变化。

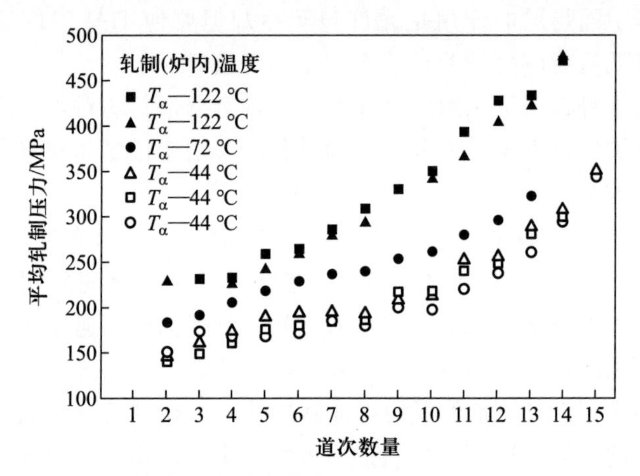

图 16.58　Ti-45.5Al-2Cr-2Nb 合金多道次轧制过程中(道次间进行炉中再热以达到轧制温度)的轧制压力数据。从中可以看出，随着板材的减薄(道次数量的增加)，轧制压力将由于热辐射和板材与轧辊接触导致的热损耗而上升。同时，在近 α 转变温度轧制时，轧制压力将下降；但当出现相对较小的降温时，轧制压力将显著上升。关于此图的更多细节请读者参阅文献[257]。此为重绘图

16.5.2.3　板材的工业化生产

1. 传统高温近等温叠轧

尽管在 TiAl 合金的轧制中有上述的相关难题，攀时公司(Plansee)也已成功制备出了组织均匀且尺寸达 1 800 mm×500 mm×1.0 mm 的板材。据他们报道，从轧制的角度看，进一步提升板材的长度和宽度在技术上也是可行的，但是铸锭初始材料热加工后却难以具有足够的尺寸和均匀性。的确，在这一方面，由热等静压预合金粉压坯制备的板材可能就具有优势了。Eylon 等[258]和 Clemens 等[259]在 1994 年左右对这种制备 TiAl 合金板材的工艺路径进行了首次研究。在基础研究中，以无织构的预合金粉末制备的板材经常被用于研究轧制中的织构演化。

2. “低温”近等温板材轧制

为了降低加工成本从而降低板材的价格，俄罗斯研究人员着重研究了“低温”板材轧制工艺[176,260]。在他们的研究中，据报道，在 750～1 000 ℃下的叠轧是可行的。其中所采用的轧制速度和每道次的压下量可使有效应变速率约为 10^{-1} s^{-1}。作者称，对 Ti-50Al 合金来说，当晶粒尺寸为 0.4 μm 和 5 μm 时，可分别在 750～850 ℃和 750～1 000 ℃下轧制成功。这一方法也同样被应用于与工程相关的 Ti-45.2Al-3.5(Nb，Cr，B)和 Ti-44.2Al-3.5(Nb，Cr，B)等合金中[176]。这一工艺也具有一定优势，据报道，由于所采用的变形温度较低，因而可使用更加便宜的 18/10 不锈钢材料作为包套，而不用采用传统高温等温叠轧工艺中所用的包套材料[260]。相比于高温近等温叠轧的板材[261]，以这种方法制备的板材被认为具有优异的超塑性能；但是，这种方法所制备出的板材的尺寸却小得多了(据文献[261]报道其尺寸为 200 mm×120 mm×1.7 mm)。到目前为止，看起来这种“低温”技术只能在实验室尺度上实现。

这种“低温”轧制工艺的成功，其背后的秘密在于所采用轧制材料的晶粒度是极其细小的。这种材料来自铸锭，由温度逐渐降低的多步锻造制备。其最初的锻造在($\alpha+\gamma$)相区温度范围内进行，应变速率为 5×10^{-2} s^{-1}，而最终的锻造则是在($\alpha_2+\gamma$)相区中进行，应变速率为 10^{-3}～10^{-2} s^{-1}[176]。所制备出的细晶材料可表现出超塑性，这是其能够在“低温”下进行轧制的关键所在。

16.5.2.4 板材的力学性能

由于板材在轧制和去除包套后的组织并不是热力学平衡组织，因此要在 1 000 ℃附近进行 2 h 的一次退火处理。这可使组织更加接近热力学平衡态，同时可降低残余应力，并在最终打磨前使板材平直。在这一状态下的材料即被称为“一次退火态”。与其他制备形式的 TiAl 合金一样，板材的力学性能在很大程度上取决于最终热处理过程中所演化出的合金成分和显微组织。从工程和基础研究这两个角度看，由热等静压粉末制备的板材当然更具吸引力。然而，相比于由铸锭材料制备的板材，由(气雾化制备的)预合金粉末热等静压而制备出的板材的一个主要缺陷在于其内部的孔隙。如 15.1.4 节所述，这些孔隙可能来自粉末颗粒中所保留的气体。诚然，在一次退火 Ti-46Al-9Nb 合金板材中已经观察到了沿轧制方向伸长的孔隙，其长度可达几个微米[262]。这种缺陷可导致材料过早失效，特别是在超塑成形的过程中。

在文献中，许多研究对由预合金粉末和热加工铸锭材料制备的板材的力学性能进行了阐述[165,255,256,259,262-265]。Clemens 等[255]对由铸锭制备的 Ti-48Al-2Cr 和 Ti-47Al-2Cr-2Si 等合金板材的力学性能进行了研究。在 Ti-48Al-2Cr 合金中，研究人员通过不同的热处理制备了 3 种类型的组织，即一次退火组织、近 γ 组织和双态组织，并对其进行了测试($\dot{\varepsilon}=1\times10^{-4}$ s^{-1})。在 1.5 mm 厚的一次退火板材中，测定的室温“断裂延伸率”范围为 2.5%～5.1%。在一次退火、近 γ 组织和双态组织中测得的流变应力分别为 427 MPa、361 MPa 和 338 MPa。室温力学性能主要由显微组织均匀性和晶粒尺寸决定，一次退火组织的晶粒尺寸约为 15 μm，近 γ 组织约为 27 μm，双态组织约为 34 μm(其中包括约 50%体积分数的片层团)。板材抗拉强度的范围为 465～558 MPa。在 700 ℃下，断裂延伸率超过了 60%，且断裂强度为 496～600 MPa。作者认为，在一次退火 Ti-48Al-2Cr 板材中测试取向对力学性能并无影响[263]。然而，在文献[266]的 600～900 ℃测试中则出现了显著的强度各向异性。与横向相比，轧制方向上的抗拉强度在 700 ℃下约高出了 200 MPa，在 800 ℃下约高出了 250 MPa($\dot{\varepsilon}=8\times10^{-5}\ s^{-1}$)。

关于最新一代高强合金，如 TNB 合金，目前仅有为数不多的论文在其板材的性能方面进行了结构表征和拉伸[262]及蠕变[264,265]测试。尚未发表的工作表明，由挤压铸锭制备的合金板材在一次退火态下的抗拉强度约为 1 000 MPa，且断裂塑性延伸率超过了 1%。

16.5.2.5　超塑性行为

板材材料的一个可能的应用为通过热成形或超塑性成形制备板材结构件。为使这一加工工艺成功进行，板材材料必须具备超塑性能。一般地，在高温和一定应变速率的条件下，许多材料均可具有这种性能。其显微组织必须非常细小(一般是多相组织)且必须有足够强的动态回复以使加工硬化程度较小或消除加工硬化。另外，流变应力的热分量还必须要有强烈的应变速率敏感性。流变应力(σ)可通过幂律近似为：$\sigma=K(\dot{\varepsilon})^m$，其中，$K$ 为常数，$\dot{\varepsilon}$ 为应变速率，m 即所谓的应变速率敏感性($m=\mathrm{dln}\ \sigma/\mathrm{dln}\ \dot{\varepsilon}$)，其通常由不同温度下的应变速率步进实验确定。对于一种具有超塑性的材料来说，其 m 值要高于 0.4，但是在某些文献中也认为其值应为高于 0.3[263,267]。

关于 TiAl 合金超塑性行为的研究结果已经在许多论文中有所发表[152,176,230,255,256,261,263,266,267]。多数工作是在“传统 TiAl 合金成分”中进行的，如 Ti-48Al-2Cr[230,255,263]和 Ti-47Al-2Cr-2Si[9,21,22]合金等(即并非高 Nb 含量合金)。此外，以气雾化粉末制备的板材[266]，以及由“低温”叠轧锻造铸锭所得材料[176,261]的数据也有报道。这些研究的主要结果均为 TiAl 合金在某些条件下可以出现超塑行为。在 1 100 ℃下，Ti-47Al-2Cr-2Si 合金一次退火态 m 值的范围为应变速率为 $1\times10^{-3}\ s^{-1}$ 下的 0.4 至应变速率为 $4\times10^{-5}\ s^{-1}$ 下的 0.63[152,256,267]。而当变形温度为 1 000 ℃时，其相应的 m 值分别约为 0.36 和 0.43。此温度下的数值非常重要，因为它们表明用于传统钛合金成形的设备也有可能应用于 TiAl 基板材。

在一次退火态 Ti-48Al-2Cr 合金中，据报道，1 000 ℃和 1 100 ℃下的延伸率分别为 165%和 210%($\dot{\varepsilon}=5\times10^{-4}\ s^{-1}$)[263]，在上述温度下相应的应变速率敏感性指数分别为 0.25 和 0.35。在应变速率相同的情况下，1 200 ℃下的延伸率超过了 220%且应变速率敏感性指数为 0.55[263]。甚至在 700 ℃下，根据显微组织的不同，Ti-48Al-2Cr 合金的延伸率也在 40%~90%之间($\dot{\varepsilon}=1\times10^{-4}\ s^{-1}$)。Clemens 等[255]认为 Ti-48Al-2Cr 合金在温度高于 950 ℃时即可出现超塑性，他们还在实验室和工业级尺度上对其超塑成形加工进行了展示。一次退火 Ti-47Al-2Cr-2Si 合金板材在 1 000 ℃下的伸长量可达 190%($\dot{\varepsilon}=2\times10^{-4}\ s^{-1}$)[267]。这种材料在 1 000 ℃下的气压圆顶胀形实验[由麦道公司(McDonnel Douglas)进行]可使圆顶顶端的应变量达到约 600%(据 Clemens 等报道[256])，但他们并未报道是否采用了反向压力以抑制孔隙的形成。关于利用板材成形结构件的更多信息请参考文献[152，230，251，255，256，263，267]。

采用“低温”叠轧法制备的 Ti-45.2Al-3.5(Nb，Cr，B)合金板材的超塑性行为见文献[176，261]。在 900 ℃下，样品沿轧制方向的延伸率约为 240%，而在横向上则大约是 160%(初始应变速率为 $10^{-3}\ s^{-1}$)。在两个方向下的 50%流变应力水平约为分别为 280 MPa 和 305 MPa。在 1 000 ℃下，两个方向的延伸率分别为 350%和 330%，而在 1 100 ℃下的延伸率均可增加至约 550%。作者相信，这种“低温”轧制的板材在 950~1 100 ℃范围内相比于“传统”轧制板材具有更佳的超塑性行为，同时其成本也更为低廉[176]。

在板材超塑成形的过程中，形成孔隙是一种重要的失效机制。在以铸锭为原料的板材中，一般来说，其孔隙量相对于由气雾化粉末制备的板材来说是较少的，因而其高温超塑性延伸率明显更高[152,153,256]。在气雾化预合金粉末制备的板材中更易形成孔隙和晶界分离，因此尽管其应变速率敏感性指数与铸锭基板材相近，但其超塑性延伸率则有所降低。这些孔隙可能是来自热等静压粉末颗粒中保留的氩气，这在 15.1.4 节中已经讨论过了(如图 15.15)。在这一方面，若对超塑性变形能力的要求较高，那么由铸锭工艺路径制备的板材可能更得青睐。但是，即使是在铸锭基材料中，特别是在高应变量条件下也可能形成孔隙。这些孔隙被认为来自第二相析出物，如 Ti-47Al-2Cr-2Si 合金板材中的 Ti_5Si_3 颗粒等[267]。

16.5.3 变形加工新技术

对 TiAl 合金铸锭材料的变形加工可由许多种方法实现，这也是细化显微组织和降低化学不均匀性从而提升力学性能的必要手段。由铸锭材料制造大尺寸部件面临着重大的挑战，这是因为传统的热加工步骤，尤其是那些加工量很大的工艺，将导致材料在至少一个方向上发生长度缩减，使得所得材料的尺寸对于部件的制造来说仍显不足。另外，以目前大尺寸铸锭的生产水平，仍不能保证可得到成分足够均匀且完全没有缺陷的材料。因此，尽管传统热加工工艺可用于制备大尺寸部件，但是这并不能保证其内部不存在重大缺陷，或最终部件的显微组织足够细小。

GKSS 对上述问题进行了研究，并承担了新型制备技术的研发工作，可确保制备出大尺寸、相对均匀且“无缺陷”部件。这种新制备技术目前已被授权专利，下文将对此进行阐述。

如上文所述，到目前为止，由铸锭材料制备大尺寸部件所面临的诸多问题还没有得到很好的解决。考虑到这一点，GKSS 以研发可用于制备大尺寸零件的技术为目标，意图使所得零件具有细化的显微组织、优化的化学均匀性并确保其内部“无缺陷”。“大尺寸盘件”的制造即被选定为技术示范平台。

尽管这里没有进行细致的讨论，但是此工艺是由热挤压和随后的等温锻造、锻造盘件的连接及随后的第二步等温锻造组成。这一工艺的美感在于，在首次锻造之后可对所得的盘件进行无损检测，从而只对那些质量足够优异的材料进行连接并随后再次进行锻造以得到最终的产品。关于这一技术的细节将在不久的将来投稿以期发表。在此工艺中，我们制备了 3 个不同尺寸的盘件，如图 16.59。其中尺寸第二大的盘件的显微组织为锻造+近 α 转变温度热处理态，如图 16.60，此盘件的室温拉伸实验曲线如图 16.61。有趣的是，从图中可发现，尽管热变形程度非常高，但是材料的强度和拉伸塑性伸长量却并不比高质量的(平行于挤压方向上的)挤压材料高多少。应该指出的是，在其中一组实验中则未表现出任何塑性伸长量，如图 16.61(a)，其在 500 MPa 的强度下发生断裂。随后的研究表明，这一早期失效是由 TiC 夹杂物导致的，其很可能形成

图 16.59　GKSS 采用其所研发的新型制备工艺制备出的最大尺寸的 TiAl 盘件(直径约为 32 cm，高度为 4 cm)

图 16.60　尺寸第二大的盘件的显微组织，为锻造+近 α 转变温度热处理态。从中可以看出其显微组织非常细小

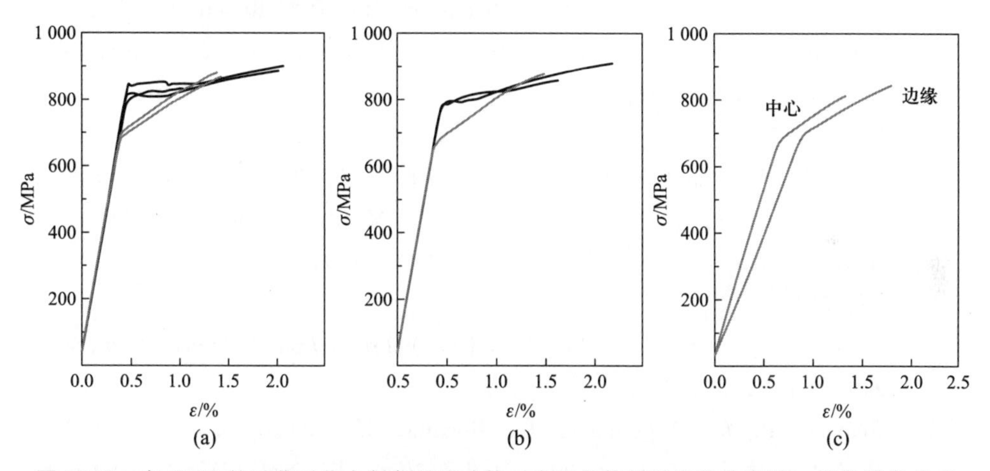

图 16.61　在 GKSS 的示范工艺中制备的尺寸第二大的盘件的室温拉伸实验。黑色线条代表锻造材料在实验前进行了退火，而灰色线条表示的是在近 α 转变温度热处理后的材料。(a) 取自靠近盘件边缘的样品的曲线，其取向与径向垂直；(b) 在与径向平行的方向上所取样品的曲线，即平行于锻造中的材料流动方向；(c) 位移控制拉伸实验曲线(无引伸计)，样品取自盘件边缘或中心区域，平行于锻造轴向，即穿越厚度的方向。锻造+去应力退火态的样品并未在图中展示，因为它们在约 650 MPa 的弹性加载阶段就已断裂，这与在横向方向上测定的退火挤压材料类似[如图 16.42(b)]

于铸锭的制备过程中，这非常令人失望。但是令人宽慰的是，在这一展示平台中，对首次锻造材料的无损检测(NDT)所投入的工作量却是极少的。尽管如此，这一项目还是达到了其展示制备理念可行性的目的。非常令人鼓舞的是，

在近 α 转变温度热处理后，材料的强度和塑性几乎是各向同性了。关于此技术的更多信息请读者参阅文献[268]。

参考文献

[1] Nobuki, M., Furubayashi, E., and Tsujimoto, T. (1989) *Proc. 1st Japan International SAMPE Symposium* (eds N. Igata, I. Kimpata, T. Kishi, E. Nakata, A. Okura, and T. Uryu), Society for the Advancement of Material and Process Engineering, Chiba, Japan, p. 163.

[2] Feng, C. R., Michel, D. J., and Crowe, C. R. (1989) *High-Temperature Ordered Intermetallic Alloys III*, vol. 133 (eds C. T. Liu, A. J. Taub, N. S. Stoloff, C. C. Koch) *Mater. Res. Soc. Symp. Proc.*, Mater. Res. Soc., Pittsburgh, PA, p. 669.

[3] Semiatin, S. L., Frey, N., Thompson, C. R., Bryant, J. D., El-Soudani, S., and Tisler, R. (1990) *Scr. Metall. Mater.*, **24**, 1403.

[4] Fukutomi, H., Hartig, C., and Mecking, H. (1990) *Z. Metallkunde*, **81**, 272.

[5] Kim, Y. W., and Kleek, J. J. (1990) *PM 90 – World Conference on Powder Metallurgy*, vol. 1, The Institute of Metals, London, p. 272.

[6] Imayev, R. M., and Imayev, V. M. (1991) *Scr. Metall. Mater.*, **25**, 2041.

[7] Nobuki, M., and Tsujimoto, T. (1991) *ISIJ* (*Iron and Steel Institute of Japan*) *Int.*, **31**, 931.

[8] Beaven, P. A., Pfullmann, T., Rogalla, J., and Wagner, R. (1991) *High-Temperature Ordered Intermetallic Alloys IV*, vol. 213 (eds L. A. Johnson, D. P. Pope, J. O. Stiegler, and *Mater. Res. Soc. Symp. Proc.*), Mater. Res. Soc., Pittsburgh, PA, p. 151.

[9] Shih, D. S., and Scarr, G. K. (1991) *High-Temperature Ordered Intermetallic Alloys IV*, vol. 213 (eds L. A. Johnson, D. P. Pope, J. O. Stiegler, and Mater. Res. Soc. Symp. Proc.), Mater. Res. Soc., Pittsburgh, PA, p. 727.

[10] Semiatin, S. L. (1995) *Gamma Titanium Aluminides* (eds Y. W. Kim, R. Wagner, and M. Yamaguchi), TMS, Warrendale, PA, p. 509.

[11] Salishchev, G. A., Imayev, R. M., Imayev, V. M., and Shagiev, M. R. (1995) *Gamma Titanium Aluminides* (eds Y. W. Kim, R. Wagner,

and M. Yamaguchi), TMS, Warrendale, PA, p. 595.

[12] Semiatin, S. L., Chesnutt, J. C., Austin, C., and Seetharaman, V. (1997) *Structural Intermetallics 1997* (eds M. V. Nathal, R. Darolia, C. T. Liu, P. L. Martin, D. B. Miracle, R. Wagner, and M. Yamaguchi), TMS, Warrendale, PA, p. 263.

[13] Kim, Y. W., and Dimiduk, D. M. (1997) *Structural Intermetallics 1997* (eds M. V. Nathal, R. Darolia, C. T. Liu, P. L. Martin, D. B. Miracle, R. Wagner, and M. Yamaguchi), TMS, Warrendale, PA, p. 531.

[14] Semiatin, S. L., Seetharaman, V., and Weiss, I. (1998) *Mater. Sci. Eng.*, **A243**, 1.

[15] Dimiduk, D. M., Martin, P. L., and Kim, Y. W. (1998) *Mater. Sci. Eng.*, **A243**, 66.

[16] Clemens, H., and Kestler, H. (2000) *Adv. Eng. Mater.*, **2**, 551.

[17] Appel, F., Wagner, R., and Oehring, M. (2000) *Intermetallics*, **8**, 1283.

[18] Appel, F., Clemens, H., and Kestler, H. (2002) Forming, in *Intermetallics Compounds*, vol. 3, Progress (eds J. H. Westbrook and L. Fleischer), Chapter 29, John Wiley & Sons, Ltd, Chichester, UK, p. 617.

[19] Appel, F., and Oehring, M. (2003) *Titanium and Titanium Alloys* (eds C. Leyens and M. Peters), Wiley-VCH, Weinheim, p. 89.

[20] Kestler, H., and Clemens, H. (2003) *Titanium and Titanium Alloys* (eds C. Leyens and M. Peters), Wiley-VCH, Weinheim, p. 351.

[21] Semiatin, S. L., and Jonas, J. J. (1984) *Formability and Workability of Metals*, American Society for Metals, Metals Park, OH.

[22] Dieter, G. E. (1988) Introduction, in *Forming and Forging*, *Metals Handbook*, vol. 14, 9th edn (ed. Chairman S. L. Semiatin), ASM International, Metals Park, OH, p. 363.

[23] Dieter, G. E. (1988) Workability tests, in *Forming and Forging*, *Metals Handbook*, vol. 14, 9th edn (ed. Chairman S. L. Semiatin), ASM International, Metals Park, OH, p. 373.

[24] Davey, S., Loretto, M. H., Evans, R. W., Dean, T. A., Huang, Z. W., Blenkinsop, P., and Jones, A. (1995) *Gamma Titanium Aluminides* (eds Y. W. Kim, R. Wagner, and M. Yamaguchi), TMS, Warrendale,

PA, p. 539.

[25] Seetharaman, V., and Semiatin, S. L. (1996) *Metall. Mater. Trans.*, **27A**, 1987.

[26] Mohan, B., Srinivasan, R., and Weiss, I. (1995) *Gamma Titanium Aluminides* (eds Y. W. Kim, R. Wagner, and M. Yamaguchi), TMS, Warrendale, PA, p. 587.

[27] Hu, Z. M., and Dean, T. A. (2001) *J. Mater. Proc. Technol.*, **111**, 10.

[28] Appel, F., Oehring, M., Paul, J. D. H., Klinkenberg, C., and Carneiro, T. (2004) *Intermetallics*, **12**, 791.

[29] Huang, Z. H. (2005) *Intermetallics*, **13**, 245.

[30] Fujitsuna, N., Ohyama, H., Miyamoto, Y., and Ashida, Y. (1991) *ISIJ* (*Iron and Steel Institute of Japan*) *Int.*, **31**, 1147.

[31] Semiatin, S. L., Frey, N., El-Soudani, S. M., and Bryant, J. D. (1992) *Metall. Trans.*, **23A**, 1719.

[32] Koeppe, C., Bartels, A., Seeger, J., and Mecking, H. (1993) *Metall. Trans.*, **24A**, 1795.

[33] Clemens, H., Schretter, P., Wurzwallner, K., Bartels, A., and Koeppe, C. (1993) *Structural Intermetallics* (eds R. Darolia, J. J. Lewandowski, C. T. Liu, P. L. Martin, D. B. Miracle, and M. V. Nathal), TMS, Warrendale, PA, p. 205.

[34] Kim, H. Y., Sohn, W. H., and Hong, S. H. (1998) *Mater. Sci. Eng.*, **A251**, 216.

[35] Seetharaman, V., and Semiatin, S. L. (1997) *Metall. Mater. Trans.*, **28A**, 2309.

[36] Hoppe, R., and Appel, F. (2006) Internal report, GKSS Research Centre, Geesthacht, Germany.

[37] Imayev, R. M., Salishchev, G. A., Imayev, V. M., Shagiev, M. R., Kuznetsov, M. R., Appel, F., Oehring, M., Senkov, O. N., and Froes, F. H. (1999) *Gamma Titanium Aluminides 1999* (eds Y. W. Kim, D. M. Dimiduk, and M. H. Loretto), TMS, Warrendale, PA, p. 565.

[38] Imayev, R. M., Imayev, V. M., Oehring, M., and Appel, F. (2005) *Metall. Mater. Trans.*, **36A**, 859.

[39] Fröbel, U., and Appel, F. (2007) *Metall. Mater. Trans.*, **38A**, 1817.

[40] Mecking, H., and Gottstein, G. (1978) *Recrystallization of Metallic*

Materials (ed. Dr. F. Haessner), Riederer Verlag, Stuttgart, p. 195.

[41] Sakai, T., and Jonas, J. J. (1984) *Acta Metall.*, **32**, 189.

[42] McQueen, H. J., and Jonas, J. J. (1975) *Treatise of Materials Science and Technology*, vol. 6 (ed. R. Arsenault), Academic Press, New York, San Francisco, London, p. 393.

[43] Hasegawa, M., Yamamoto, M., and Fukutomi, H. (2003) *Acta Mater.*, **51**, 3939.

[44] Schaden, T., Fischer, F. D., Clemens, H., Appel, F., and Bartels, A. (2006) *Adv. Eng. Mater.*, **8**, 1109.

[45] Ponge, D., and Gottstein, G. (1998) *Acta Mater.*, **46**, 69.

[46] Sellars, C. M., and Tegart, W. J. M. G. (1966) *Mém. Sci. Rev. Métall.*, **63**, 731.

[47] Jonas, J. J. (1969) *Acta Metall.*, **17**, 397.

[48] McQueen, H. J., and Ryan, N. D. (2002) *Mater. Sci. Eng.*, **A322**, 43.

[49] Zener, C., and Hollomon, J. H. (1944) *J. Appl. Phys.*, **15**, 22.

[50] Nobuki, M., Hashimoto, K., Takahashi, J., and Tsujimoto, T. (1990) *Mater. Trans. Japan Inst. Met.*, **31**, 814.

[51] Nobuki, M., Vanderschueren, D., and Nakamura, M. (1994) *Acta Metall. Mater.*, **42**, 2623.

[52] Kim, H. Y., Sohn, W. H., and Hong, S. H. (1997) *Light-Weight Alloys for Aerospace Applications IV* (eds E. W. Lee, W. E. Frazier, N. J. Kima, and K. Jata), TMS, Warrendale, PA, p. 195.

[53] Seetharaman, V., and Lombard, C. M. (1991) *Microstructure/Property Relationships in Titanium Aluminides and Alloys* (eds Y. W. Kim and R. R. Boyer), TMS, Warrendale, PA, p. 237.

[54] Oehring, M., Lorenz, U., and Appel, F. (2005) unpublished work, GKSS Research Centre, Geesthacht, Germany.

[55] Medina, S. F., and Hernandez, C. A. (1996) *Acta Mater.*, **44**, 137.

[56] Takahashi, T., Nakai, H., and Oikawa, H. (1989) *Mater. Trans. JIM*, **30**, 1044.

[57] Takahashi, T., Nakai, H., and Oikawa, H. (1989) *Mater. Sci. Eng.*, **A114**, 13.

[58] Bartolomeusz, M. F., Yang, Q., and Wert, J. A. (1993) *Scr. Metall. Mater.*, **29**, 389.

[59] Beddoes, J., Wallace, W., and Zhao, L. (1995) *Int. Mater. Rev.*, **40**, 197.
[60] Weertman, J. (1955) *J. Appl. Phys.*, **26**, 1213.
[61] Weertman, J. (1957) *J. Appl. Phys.*, **28**, 362.
[62] Weertman, J. (1957) *J. Appl. Phys.*, **28**, 1185.
[63] Weertman, J., and Weertman, J. R. (1983) *Physical Metallurgy, Part II*, 3rd edn (eds R. W. Cahn and P. Haasen), North Holland Physics Publishing, Amsterdam, The Netherlands, p. 1309.
[64] Herzig, C., Przeorski, T., and Mishin, Y. (1999) *Intermetallics*, **7**, 389.
[65] Mishin, Y., and Herzig, C. (2000) *Acta Mater.*, **48**, 589.
[66] Herzig, C., Friesel, M., Derdau, D., and Divinski, S. V. (1999) *Intermetallics*, **7**, 1141.
[67] Imayev, V. M., Salishchev, G. A., Shagiev, M. R., Kuznetsov, A. V., Imayev, R. M., Senkov, O. N., and Froes, F. H. (1999) *Scr. Mater.*, **40**, 183.
[68] Imayev, R. M., Salishchev, G. A., Senkov, O. N., Imayev, V. M., Shagiev, M. R., Gabdullin, N. K., Kuznetsov, A. V., and Froes, F. H. (2001) *Mater. Sci. Eng.*, **A300**, 263.
[69] Kim, J. H., Shin, D. H., Semiatin, S. L., and Lee, C. S. (2003) *Mater. Sci. Eng.*, **A344**, 146.
[70] Cahn, R. W. (1983) *Physical Metallurgy, Part II*, 3rd edn (eds R. W. Cahn and P. Haasen), North-Holland Physics Publishing, Amsterdam, p. 1595.
[71] Appel, F., Oehring, M., and Ennis, P. J. (1999) *Gamma Titanium Aluminides* 1999 (eds Y. W. Kim, D. M. Dimiduk, and M. H. Loretto), TMS, Warrendale, PA, p. 603.
[72] Appel, F. (2001) *Mater. Sci. Eng.*, **A317**, 115.
[73] Appel, F. (2001) *Intermetallics*, **9**, 907.
[74] Appel, F., Paul, J. D. H., Oehring, M., Fröbel, U., and Lorenz, U. (2003) *Metall. Mater. Trans.*, **34A**, 2149.
[75] Cahn, R. W. (1990) *High Temperature Aluminides and Intermetallics* (eds S. H. Whang, C. T. Liu, D. P. Pope, and J. O. Stiegler), TMS, Warrendale, PA, p. 244.
[76] Cahn, R. W., Takeyama, M., Horton, J. A., and Liu, C. T. (1991)

J. Mater. Res., **6**, 57.

[77] Baker, I. (2000) *Intermetallics*, **8**, 1183.

[78] Hutchinson, W. B., Besag, F. M. C., and Honess, C. V. (1973) *Acta Metall.*, **21**, 1685.

[79] Hartig, C., Fukutomi, H., Mecking, H., and Aoki, K. (1993) *ISSJ (Iron and Steel Institute of Japan) Int.*, **33**, 313.

[80] Fukutomi, H., Nomoto, A., Osuga, Y., Ikeda, S., and Mecking, H. (1996) *Intermetallics*, **4**, S49-S55.

[81] Bartels, A., Hartig, C., Willems, S., and Uhlenhut, H. (1997) *Mater. Sci. Eng.*, **A239-240**, 14.

[82] Imayev, R. M., Kaibyshev, O. A., and Salishchev, G. A. (1992) *Acta Metall. Mater.*, **40**, 581.

[83] Brokmeier, H. G., Oehring, M., Lorenz, U., Clemens, H., and Appel, F. (2004) *Metall. Mater. Trans.*, **35A**, 3563.

[84] Kolmogorov, A. N. (1939) *Izv. Akad. Nauk USSR - Ser. Matemat.*, **1**, 355.

[85] Johnson, W. A., and Mehl, R. F. (1939) *Trans. Metall. Soc. AIME*, **135**, 416.

[86] Avrami, M. (1939) *J. Chem. Phys.*, **7**, 1103.

[87] Doherty, R. D., Hughes, D. A., Humphreys, F. J., Jonas, J. J., Juul Jensen, D., Kassner, M. E., King, W. E., McNelley, T. R., McQueen, H. J., and Rollett, A. D. (1997) *Mater. Sci. Eng.*, **A238**, 219.

[88] Luton, M. J., and Sellars, C. M. (1969) *Acta Metall.*, **17**, 1033.

[89] Salishchev, G. A., Imayev, R. M., Senkov, O. N., Imayev, V. M., Gabdullin, N. K., Shagiev, M. R., Kuznetsov, A. V., and Froes, F. H. (2000) *Mater. Sci. Eng.*, **A286**, 236.

[90] Imayev, R. M., Kaibyshev, O. A., and Salishchev, G. A. (1992) *Acta Metall. Mater.*, **40**, 589.

[91] Seetharaman, V., Semiatin, S. L., Lombard, C. M., and Frey, N. D. (1993) High-temperature ordered intermetallic alloys V, *Materials Research Society Symposium Proceedings*, vol. 288 (eds I. Baker, R. Darolia, J. D. Whittenberger, and M. H. Yoo), Mater. Res. Soc., Pittsburgh, PA, p. 513.

[92] Hofmann, U., and Blum, W. (1999) *Intermetallics*, **7**, 351.

[93] Kim, H. Y., and Hong, S. H. (1999) *Mater. Sci. Eng.*, **A271**, 382.

[94] Larsen, D. E., Kampe, S., and Christodoulou, L. (1990) Intermetallic matrix composites, *Materials Research Society Symposium Proceedings*, vol. 194 (eds D. L. Anton, R. McMeeking, D. Miracle, and P. Martin), Mater. Res. Soc., Pittsburgh, PA, p. 285.

[95] Graef, M. D., Löfvander, J. P. A., McCullough, C., and Levi, C. G. (1992) *Acta Metall. Mater.*, **40**, 3395.

[96] Kim, Y. W., and Dimiduk, D. M. (2001) *Structural Intermetallics 2001* (eds K. J. Hemker, D. M. Dimiduk, H. Clemens, R. Darolia, H. Inui, J. M. Larsen, V. K. Sikka, M. Thomas, and J. D. Whittenberger), TMS, Warrendale, PA, p. 625.

[97] Morris-Muñoz, M. A., and Morris, D. G. (1999) *Intermetallics*, **7**, 1069.

[98] Umakoshi, Y., Nakano, T., and Yamane, T. (1992) *Mater. Sci. Eng.*, **A152**, 81.

[99] Zghal, S., Naka, S., and Couret, A. (1997) *Acta Mater.*, **45**, 3005.

[100] Appel, F., and Wagner, R. (1998) *Mater. Sci. Eng.*, **R22**, 187.

[101] Appel, F., Sparka, U., and Wagner, R. (1999) *Intermetallics*, **7**, 3325.

[102] Paul, J. D. H., and Appel, F. (2003) *Metall. Mater. Trans.*, **34A**, 2103.

[103] Appel, F. (1999) *Advances in Twinning* (eds S. Ankem and C. S. Pande), TMS, Warrendale, PA, p. 171.

[104] Appel, F., Christoph, U., and Oehring, M. (2002) *Mater. Sci. Eng.*, **A329-331**, 780.

[105] Fröbel, U., and Appel, F. (2002) *Acta Mater.*, **50**, 3693.

[106] Imayev, R., Shagiev, M., Salishchev, G., Imayev, V., and Valinov, V. (1996) *Scr. Mater.*, **34**, 985.

[107] Fujiwara, T., Nakamura, A., Hosomi, M., Nishitani, S. R., Shirai, Y., and Yamaguchi, M. (1990) *Philos. Mag. A*, **61**, 591.

[108] Inui, H., Oh, M. H., Nakamura, A., and Yamaguchi, M. (1992) *Acta Metall. Mater.*, **40**, 3095.

[109] Appel, F., and Wagner, R. (1994) *Twinning in Advanced Systems* (eds M. H. Yoo and M. Wuttig), TMS, Warrendale, PA, p. 317.

[110] Chan, K. S., and Kim, Y. W. (1993) *Metall. Trans.*, **24A**, 113.

[111] Yamaguchi, M., and Umakoshi, Y. (1990) *Prog. Mater. Sci.*, **34**, 1.

[112] Umakoshi, Y., and Nakano, T. (1993) *Acta Metall. Mater.*, **41**, 1155-1161.

[113] Seetharaman, V., and Semiatin, S. L. (2002) *Metall. Mater. Trans.*, **33A**, 3817.

[114] Dao, M., Kad, B. K., and Asaro, R. J. (1996) *Philos. Mag. A*, **74**, 569.

[115] Kad, B. K., Dao, M., and Asaro, R. J. (1995) *Mater. Sci. Eng.*, **A192/193**, 97.

[116] Kad, B. K., Dao, M., and Asaro, R. J. (1995) *Philos. Mag. A*, **71**, 567.

[117] Kim, Y. W. (1994) *JOM* (*J. Metals*), **46**, 30.

[118] Liu, C. T., Maziasz, P. J., Clemens, D. R., Schneibel, J. H., Sikka, V. K., Nieh, T. G., Wright, J., and Walker, L. R. (1995) *Gamma Titanium Aluminides* (eds Y. W. Kim, R. Wagner, and M. Yamaguchi), TMS, Warrendale, PA, p. 679.

[119] Maziasz, P. J., and Liu, C. T. (1998) *Metall. Mater. Trans.*, **29A**, 105.

[120] Oehring, M., Lorenz, U., Niefanger, R., Christoph, U., Appel, F., Wagner, R., Clemens, H., and Eberhardt, N. (1999) *Gamma Titanium Aluminides 1999* (eds Y. W. Kim, D. M. Dimiduk, and M. H. Loretto), TMS, Warrendale, PA, p. 439.

[121] Oehring, M., Lorenz, U., Appel, F., and Roth-Fagaraseanu, D. (2001) *Structural Intermetallics 2001* (eds K. J. Hemker, D. M. Dimiduk, H. Clemens, R. Darolia, H. Inui, J. M. Larsen, V. K. Sikka, M. Thomas, and J. D. Whittenberger), TMS, Warrendale, PA, p. 157.

[122] Zhang, W. J., Lorenz, U., and Appel, F. (2000) *Acta Mater.*, **48**, 2803.

[123] Semiatin, S. L., Seetharaman, V., and Jain, V. K. (1994) *Metall. Mater. Trans.*, **25A**, 2753.

[124] Naka, S., Thomas, M., Sanchez, C., and Khan, T. (1997) *Structural Intermetallics 1997* (eds M. V. Nathal, R. Darolia, C. T. Liu, P. L. Martin, D. B. Miracle, R. Wagner, and M. Yamaguchi), TMS, Warrendale, PA, p. 313.

[125] Küstner, V., Oehring, M., Chatterjee, A., Güther, V., Brokmeier, H. G., Clemens, H., and Appel, F. (2003) *Gamma Titanium Aluminides 2003* (eds Y. W. Kim, H. Clemens, and A. H. Rosenberger), TMS, Warrendale, PA, p. 89.

[126] Jin, Y., Wang, J. N., Yang, J., and Wang, Y. (2004) *Scr. Mater.*, **51**, 113.

[127] Wang, J. N., Yang, J., and Wang, Y. (2005) *Scr. Mater.*, **51**, 329.

[128] Imayev, R. M., Imayev, V. M., Oehring, M., and Appel, F. (2007) *Intermetallics*, **15**, 451.

[129] Kobayashi, S., Takeyama, M., Motegi, T., Hirota, N., and Matsuo, T. (2003) *Gamma Titanium Aluminides* (eds Y. W. Kim, H. Clemens, and A. H. Rosenberger), TMS, Warrendale, PA, p. 165.

[130] Takeyama, M., and Kobayashi, S. (2005) *Intermetallics*, **13**, 993.

[131] Singh, J. P., Tuval, E., Weiss, I., and Srinivasan, R. (1995) *Gamma Titanium Aluminides* (eds Y. W. Kim, R. Wagner, and M. Yamaguchi), TMS, Warrendale, PA, p. 547.

[132] Srinivasan, R., Singh, J. P., Tuval, E., and Weiss, I. (1996) *Sripta Mater.*, **34**, 1295.

[133] Xu, X. J., Lin, J. P., Wang, Y. L., Lin, Z., and Chen, G. L. (2006) *Mater. Sci. Eng.*, **A416**, 98.

[134] Imayev, R. M., Imayev, V. M., and Salishchev, G. A. (1993) *Scr. Metall. Mater.*, **29**, 713.

[135] Imayev, V. M., Imayev, R. M., and Salishchev, G. A. (2000) *Intermetallics*, **8**, 1.

[136] Imayev, V. M., Imayev, R., Kuznetsov, A. V., Senkov, O. N., and Froes, F. H. (2001) *Mater. Sci. Technol.*, **17**, 566.

[137] Yoo, M. H., Fu, C. L., and Lee, J. K. (1994) *Twinning in Advanced Materials* (eds M. H. Yoo and M. Wuttig), TMS, Warrendale, PA, p. 97.

[138] Appel, F., Christoph, U., and Wagner, R. (1995) *Philos. Mag. A*, **72**, 341.

[139] Yoo, M. H., and Fu, C. L. (1998) *Metall Trans.*, **29A**, 49.

[140] Semiatin, S. L., Vollmer, D. C., El-Soudani, S., and Su, C. (1990) *Sripta Metall. Mater.*, **24**, 1409.

[141] Semiatin, S. L., Segal, V. M., Goetz, R. L., Goforth, R. E., and

Hartwig, T. (1995) *Scr. Metall. Mater.*, **33**, 535.

[142] Seetharaman, V., and Semiatin, S. L. (1998) *Metall. Mater. Trans.*, **29A**, 1991.

[143] Semiatin, S. L., and Seetharaman, V. (1997) *Scr. Mater.*, **36**, 291.

[144] Seetharaman, V., Goetz, R. L., and Semiatin, S. L. (1991) *High-Temperature Ordered Intermetallic Alloys IV*, vol. 213 (eds L. A. Johnson, D. P. Pope, J. O. Stiegler) *Mater. Res. Soc. Symp. Proc.*, MRS, Pittsburgh, PA, p. 895.

[145] Cockroft, M., and Latham, D. (1968) *J. Inst. Metals*, **96**, 33.

[146] Imayev, R. M., Imayev, V. M., Kuznetsov, A. V., Oehring, M., Lorenz, U., and Appel, F. (2004) *Ti-2003*, *Science and Technology*, *Proc. of the 10th World Conference on Titanium* (eds G. Lüthjering and J. Albrecht), Wiley-VCH, Weinheim, Germany, p. 2317.

[147] Tetsui, T., Shindo, K., Kobayashi, S., and Takeyama, M. (2002) *Scr. Mater.*, **47**, 399.

[148] Tetsui, T., Shindo, K., Kaji, S., Kobayashi, S., and Takeyama, M. (2005) *Intermetallics*, **13**, 971.

[149] Kremmer, S., Chladil, H. F., Clemens, H., Otto, A., and Güther, V. (2007) *Ti-2007*, *Science and Technology*, *Proc. of the 11th World Conference on Titanium* (eds M. Ninomi, S. Akiyama, M. Ikeda, M. Hagiwara, and K. Maruyama), The Japan Institute of Metals, Tokyo, Japan, p. 989.

[150] Clemens, H., Chladil, H. F., Wallgram, W., Zickler, G. A., Gerling, R., Liss, K. D., Kremmer, S., Güther, V., and Smarsly, W. (2008) *Intermetallics*, **16**, 827.

[151] Wallgram, W., Schmölzer, T., Cha, L., Das, G., Güther, V., and Clemens, H. (2009) *Intern. J. Mater. Res.* (*formerly Z. Metallkd.*), **100**, 1021.

[152] Clemens, H., Eberhardt, N., Glatz, W., Martinz, H. P., Knabl, W., and Reheis, N. (1997) *Structural Intermetallics 1997* (eds M. V. Nathal, R. Darolia, C. T. Liu, P. L. Martin, D. B. Miracle, R. Wagner, and M. Yamaguchi), TMS, Warrendale, PA, p. 277.

[153] Clemens, H., Kestler, H., Eberhardt, N., and Knabl, W. (1999) *Gamma Titanium Aluminides 1999* (eds Y. W. Kim, D. M. Dimiduk, and M. H. Loretto), TMS, Warrendale, PA, p. 209.

[154] Semiatin, S. L., McQuay, P., Stucke, M., Kerr, W. R., Kim, Y. W., and El-Soudani, S. (1991) *High-Temperature Ordered Intermetallic Alloys IV*, vol. 213 (eds L. A. Johnson, D. P. Pope, J. O. Stiegler) *Mater. Res. Soc. Symp. Proc.*, MRS, Pittsburgh, PA, p. 883.

[155] Küstner, V., Oehring, M., Chatterjee, A., Clemens, H., and Appel, F. (2004) *Solidification and Crystallization* (ed. D. Herlach) Wiley-VCH, Weinheim, Germany, p. 250.

[156] Sternitzke, M., Appel, F., and Wagner, R. (1999) *J. Microsc.*, **196**, 155.

[157] Appel, F., Brossmann, U., Christoph, U., Eggert, S., Janschek, P., Lorenz, U., Müllauer, J., Oehring, M., and Paul, J. (2000) *Adv. Eng. Mater.*, **2**, 699.

[158] Brossmann, U., Oehring, M., and Appel, F. (2001) *Structural Intermetallics 2001* (eds K. J. Hemker, D. M. Dimiduk, H. Clemens, R. Darolia, H. Inui, J. M. Larsen, V. K. Sikka, M. Thomas, and J. D. Whittenberger), TMS, Warrendale, PA, p. 191.

[159] Chen, G. L., Xu, X. J., Teng, Z. K., Wang, Y. L., and Lin, J. P. (2007) *Intermetallics*, **15**, 625.

[160] Semiatin, S. L., and McQuay, P. A. (1992) *Metall. Trans*, **23A**, 149.

[161] Brossmann, U., Oehring, M., Lorenz, U., Appel, F., and Clemens, H. (2001) *Z. Metallkd.*, **92**, 1009.

[162] Müllauer, J., Appel, F., Eggert, S., Eggers, L., Janschek, P., Lorenz, U., and Oehring, M. (2000) *Intermetallics and Superalloys, EUROMAT 99*, vol. 10 (eds D. G. Morris, S. Naka, and P. Caron), Wiley-VCH, Weinheim, p. 265.

[163] Kim, Y. W. (2004) *Niobium High Temperature Applications* (eds Y. W. Kim and T. Carneiro), TMS, Warrendale, PA, p. 125.

[164] Kim, Y. W. (1992) *Acta Metall. Mater.*, **40**, 1121.

[165] Wurzwallner, K., Clemens, H., Schretter, P., Bartels, A., and Koeppe, C. (1993) *High-Temperature Ordered Intermetallic Alloys V*, vol. 288 (eds I. Baker, R. Darolia, J. D. Whittenberger, M. H. Yoo) *Mater. Res. Soc. Symp. Proc.*, Mater. Res. Soc., Pittsburgh, PA, p. 867.

[166] Martin, P. L., Rhodes, C. G., and McQuay, P. A. (1993) *Structural*

Intermetallics (eds R. Darolia, J. J. Lewandowski, C. T. Liu, P. L. Martin, D. B. Miracle, and M. V. Nathal), TMS, Warrendale, PA, p. 177.

[167] Fuchs, G. E. (1995) *Gamma Titanium Aluminides* (eds Y. W. Kim, R. Wagner, and M. Yamaguchi), TMS, Warrendale, PA, p. 563.

[168] Fuchs, G. E. (1997) *Mater. Sci. Eng.*, **A239–240**. 584.

[169] Imayev, V. M., Imayev, R. M., and Kuznetsov, A. (2003) *Gamma Titanium Aluminides* (eds Y. W. Kim, H. Clemens, and A. H. Rosenberger), TMS, Warrendale, PA, p. 311.

[170] Kim, Y. W., Kim, S. L., Dimiduk, D. M., and Woodward, C. (2006) Presented at The 3rd Intern. Workshop on γ-TiAl Technologies, Bamberg, Germany, May 29–31, 2006.

[171] Zhang, J., Becker, M., Appel, F., Leyens, C., and Viehweger, B. (2008) *Structural Intermetallics for Elevated Temperatures* (eds Y. W. Kim, D. Morris, R. Yang, and C. Leyens), TMS, Warrendale, PA, p. 265.

[172] Bartels, A., Koeppe, C., and Mecking, H. (1995) *Mater. Sci. Eng.*, **A192**, 226.

[173] Jain, V. K., Goetz, R. L., and Semiatin, S. L. (1996) *J. Eng. Ind.*, **118**, 155.

[174] Carneiro, T., and Kim, Y. W. (2005) *Intermetallics*, **13**, 1000.

[175] Fujitsuna, N., Miyamoto, Y., and Ashida, Y. (1993) *Structural Intermetallics* (eds R. Darolia, J. J. Lewandowski, C. T. Liu, P. L. Martin, D. B. Miracle, and M. V. Nathal), TMS, Warrendale, PA, p. 187.

[176] Imayev, R. M., Imayev, V. M., and Kuznetsov, A. (2003) *Gamma Titanium Aluminides 2003* (eds Y. W. Kim, H. Clemens, and A. H. Rosenberger), TMS, Warrendale, PA, p. 265.

[177] Kraft, F., and Gunasekera, S. (2005) *Metalworking: Bulk Forming, Metals Handbook*, vol. 14A (ed. S. L. Semiatin), ASM International, Materials Park, OH, p. 421.

[178] Güther, V., Janschek, P., Kerzendorf, G., Lindemann, J., Schillo, E., Viehweger, B., and Weinert, K. (2005) (in German) *Spanende Fertigung–Prozesse, Innovationen, Werkstoffe* (ed. K. Weinert), Vulkan-Verlag, Essen, Germany, p. 363.

[179] Semiatin, S. L., and Seetharaman, V. (1994) *Scr. Metall. Mater.*, **31**, 1203.

[180] Mecking, H., and Hartig, C. (1995) *Gamma Titanium Aluminides* (eds Y. W. Kim, R. Wagner, and M. Yamaguchi), TMS, Warrendale, PA, p. 525.

[181] Semiatin, S. L., Seetharaman, V., Goetz, R. L., and Jain, V. K. (1994) Controlled dwell extrusion of difficult to work alloys, U. S. Patent 5, 361, 477, Nov. 1994.

[182] Appel, F., Lorenz, U., Oehring, M., and Wagner, R. (1997) Vorrichtung zur Kapselung von Rohlingen aus metallischen Hochtemperatur-Legierungen, German Patent DE 197 47 257 C2, Oct. 1997.

[183] Seetharaman, V., Malas, J. C., and Lombard, C. M. (1991) *High-Temperature Ordered Intermetallic Alloys IV*, vol. 213 (eds L. A. Johnson, D. P. Pope, J. O. Stiegler) *Mater. Res. Soc. Symp. Proc.*, Mater. Res. Soc., Pittsburgh, PA, p. 1889.

[184] Liu, C. T., Schneibel, J. H., Maziasz, P. J., Wright, J. L., and Easton, D. S. (1996) *Intermetallics*, **4**, 429.

[185] Liu, C. T., and Maziasz, P. J. (1998) *Intermetallics*, **6**, 653.

[186] Fuchs, G. E. (1998) *Metall. Mater. Trans.*, **29A**, 27.

[187] Wesemann, J., Frommeyer, G., and Kruse, J. (2001) *Intermetallics*, **9**, 273.

[188] Jiménez, J. A., Ruano, O. A., Frommeyer, G., and Knippscher, S. (2005) *Intermetallics*, **13**, 749.

[189] Martin, P. L., Hardwick, D. A., Clemens, D. R., Konkel, W. A., and Stucke, M. A. (1997) *Structural Intermetallics 1997* (eds M. V. Nathal, R. Darolia, C. T. Liu, P. L. Martin, D. B. Miracle, R. Wagner, and M. Yamaguchi), TMS, Warrendale, PA, p. 387.

[190] Liu, C. T., Wright, J. L., and Deevi, S. C. (2002) *Mater. Sci. Eng.*, **A329-331**, 416.

[191] Sikka, V. K., Carneiro, T., and Loria, E. A. (2003) *Gamma Titanium Aluminides* 2003 (eds Y. W. Kim, H. Clemens, and A. H. Rosenberger), TMS, Warrendale, PA, p. 219.

[192] Draper, S. L., Das, G., Locci, I., Whittenberger, J. D., Lerch, B. A., and Kestler, H. (2003) *Gamma Titanium Aluminides 2003* (eds Y. W. Kim, H. Clemens, and A. H. Rosenberger), TMS, Warrendale,

PA, p. 207.

[193] Morris, D. G., and Morris-Muñoz, M. A. (2000) *Intermetallics*, **8**, 997.

[194] Bartels, A., and Uhlenhut, H. (1998) *Intermetallics*, **6**, 685.

[195] Bartels, A., Kestler, H., and Clemens, H. (2002) *Mater. Sci. Eng.*, **A329-331**, 153.

[196] Yamaguchi, M., Inui, H., and Ito, K. (2000) *Acta Mater.*, **48**, 307.

[197] Yokoshima, S., and Yamaguchi, M. (1996) *Acta Mater.*, **44**, 873.

[198] Paul, J. D. H. (2007) unpublished work, GKSS Research Centre, Geesthacht, Germany.

[199] Paul, J. D. H., Oehring, M., Hoppe, R., and Appel, F. (2003) *Gamma Titanium Aluminides 2003* (eds Y. W. Kim, H. Clemens, and A. H. Rosenberger), TMS, Warrendale, PA, p. 403.

[200] Martin, P. L., Jain, S. K., and Stucke, M. A. (1995) *Gamma Titanium Aluminides* (eds Y. W. Kim, R. Wagner, and M. Yamaguchi), TMS, Warrendale, PA, p. 727.

[201] Müllauer, J., Eggers, L., and Appel, F. (2000) *Advances in Mechanical Behaviour, Plasticity and Damage, EUROMAT 2000*, vol. 2 (eds D. Miannay, P. Costa, D. François, and A. Pineau), Elsevier, Amsterdam, p. 1339.

[202] Tetsui, T., Shindo, K., Kobayashi, S., and Takeyama, M. (2003) *Intermetallics*, **11**, 299.

[203] Hartig, C., Fang, X. F., Mecking, H., and Dahms, M. (1992) *Acta Metall. Mater.*, **40**, 1883.

[204] Schillinger, W., Bartels, A., Gerling, R., Schimansky, F. P., and Clemens, H. (2006) *Intermetallics*, **14**, 336.

[205] Bartels, A., Schillinger, W., Graßl, G., and Clemens, H. (2003) *Gamma Titanium Aluminides 2003* (eds Y. W. Kim, H. Clemens, and A. H. Rosenberger), TMS, Warrendale, PA, p. 275.

[206] Stark, A., Bartels, A., Gerling, R., Schimansky, F. P., and Clemens, H. (2006) *Adv. Eng. Mater.*, **8**, 1101.

[207] Bunge, H. J. (1989) *Text. Microstr.*, **10**, 265.

[208] Brokmeier, H. G. (1999) *Text. Microstr.*, **33**, 13.

[209] Verlinden, B., Driver, J., Samaidar, I., and Doherty, R. D. (2007) *Thermo-Mechanical Processing of Metallic Materials*, Pergamon Materials

Series, vol. 11 (ed. R. W. Cahn), Elsevier, Amsterdam.

[210] Johnson, D. R., Inui, H., and Yamaguchi, M. (1996) *Acta Mater.*, **44**, 2523.

[211] Bartels, A., and Schillinger, W. (2001) *Intermetallics*, **9**, 883.

[212] Dahms, M., and Bunge, H. J. (1989) *J. Appl. Cryst.*, **22**, 439.

[213] Dahms, M. (1992) *J. Appl. Cryst.*, **25**, 258.

[214] De Gaef, M., Biery, N., Rishel, L., Pollock, T. M., and Cramb, A. (1999) *Gamma Titanium Aluminides 1999* (eds Y. W. Kim, D. M. Dimiduk, and M. H. Loretto), TMS, Warrendale, PA, p. 247.

[215] McCullough, C., Valencia, J. J., Levi, C. G., and Mehrabian, R. (1989) *Acta Metall.*, **37**, 1321.

[216] Johnson, D. R., Inui, H., and Yamaguchi, M. (1998) *Intermetallics*, **6**, 647.

[217] Calnan, E. A., and Clews, C. J. B. (1950) *Philos. Mag.*, **41**, 1085.

[218] Grewen, J. (1973) *3ème Colloque Européen sur les Textures de Déformation et de la Recristallisation des Métaux et leur Application Industrielle*, *Proc. of the Conf. Held at Pont-À-Mousson* (ed. R. Penelle), Société Française de Métallurgie, Paris, France, p. 195.

[219] Churchman, A. T. (1954) *Proc. Royal Soc. A*, **226**, 216.

[220] Mecking, H., Hartig, C., and Kocks, U. F. (1996) *Acta Mater.*, **44**, 1309.

[221] Kad, B. K., and Asaro, R. J. (1997) *Philos. Mag. A*, **75**, 87.

[222] Skrotzki, W., Tamm, R., Brokmeier, H. G., Oehring, M., Appel, F., and Clemens, H. (2002) *Mater. Sci. Forum*, **408–412**, 1777.

[223] Stark, A., Bartels, A., Schimansky, F. P., and Clemens, H. (2007) *Advanced Intermetallic-Based Alloys*, vol. 980 (eds J. Wiezorek, C. L. Fu, M. Takeyama, D. Morris, H. Clemens) *Mater. Res. Soc. Symp. Proc.*, Mater. Res. Soc., Pittsburgh, PA, p. 359.

[224] Stark, A., Bartels, A., Schimansky, F. P., Gerling, R., and Clemens, H. (2008) *Structural Aluminides for Elevated Temperatures* (eds Y. W. Kim, D. Morris, R. Yang, and C. Leyens), TMS, Warrendale, PA, p. 145.

[225] Morris, M. A., Clemens, H., and Schlög, S. M. (1998) *Intermetallics*, **6**, 511.

[226] Schillinger, W., Lorenzen, B., and Bartels, A. (2002) *Mater. Sci.*

Eng., **A329-331**, 644.

[227] Hu, H., Sperry, P. R., and Beck, P. A. (1952) *Trans. AIME*, **194**, 76.

[228] Merlini, A., and Beck, P. A. (1955) *Trans. AIME*, **203**, 385.

[229] Wassermann, G., and Grewen, J. (1962) *Texturen Metallischer Werkstoffe*, Springer-Verlag, Berlin.

[230] Koeppe, C., Bartels, A., Clemens, H., Schretter, P., and Glatz, W. (1995) *Mater. Sci. Eng.*, **A201**, 182.

[231] Mecking, H., Seeger, J., Hartig, C., and Frommeyer, G. (1994) *Mater. Sci. Forum*, **157-162**, 813.

[232] Dillamore, I. L., and Roberts, W. T. (1965) *Metall. Rev.*, **10**, 271.

[233] Beck, P. A., and Hu, H. (1966) *Recrystallization*, *Grain Growth and Textures* (ed. H. Margolin), ASM, Cleveland, OH, p. 393.

[234] Dillamore, I. L., and Katoh, H. (1974) *Met. Sci.*, **8**, 73.

[235] Hjelen, J., Ørsund, R., and Nes, E. (1991) *Acta Metall. Mater.*, **39**, 1377.

[236] Doherty, R. D., Kashyab, K., and Panchanadeeswaran, S. (1993) *Acta Metall. Mater.*, **41**, 3029.

[237] Barrett, C. S., and Massalski, T. (1980) *Structure of Metals*, 3rd edn. Pergamon, Oxford, UK.

[238] Couts, W. H., and Howson, T. E. (1987) *Superalloys II* (eds C. T. Sims, N. S. Stoloff, and W. C. Hagel), J. Wiley, New York, p. 441.

[239] Kim, Y. W. (1991) *JOM* (*J. Metals*), **43(August)**, 40.

[240] Furrer, D. U., Hoffman, R. R., and Kim, Y. W. (1995) *Gamma Titanium Aluminides* (eds Y. W. Kim, R. Wagner, and M. Yamaguchi), TMS, Warrendale, PA, p. 611.

[241] Knippscheer, S., Frommeyer, G., Baur, H., Joos, R., Lohmann, M., Berg, O., Kestler, H., Eberhardt, N., Güther, V., and Otto, A. (2000) *EUROMAT 99*, *Symp. B1*, *Materials for Transportation Technology* (ed. P. J. Winkler), Wiley-VCH, Weinheim, p. 110.

[242] Sommer, A. W., and Keijzers, G. C. (2003) *Gamma Titanium Aluminides 2003* (eds Y. W. Kim, H. Clemens, and A. H. Rosenberger), TMS, Warrendale, PA, p. 3.

[243] Kestler, H., Eberhardt, N., and Knippscheer, S. (2003) *Niobium High Temperature Applications* (eds Y. W. Kim and T. Carneiro), TMS,

Warrendale, PA, p. 167.

[244] Roth-Fagaraseanu, D. (2003) *Niobium High Temperature Applications* (eds Y. W. Kim and T. Carneiro), TMS, Warrendale, PA, p. 199.

[245] Brooks, J. W., Dean, T. A., Hu, Z. M., and Wey, E. (1998) *J. Mater. Proc. Technol.*, **80-81**, 149.

[246] Aust, E., and Niemann, H. R. (1999) *Adv. Eng Mater.*, **1**, 53.

[247] Aspinwall, D. K., Dewes, R. C., and Mantle, A. L. (2005) *CIRP (Collège International pour la Recherche Productique) Ann.*, **54**, 99.

[248] Clifton, D., Mount, A. R., Jardine, D. J., and Roth, R. (2001) *J. Mater. Proc. Technol.*, **108**, 338.

[249] Lindemann, J., Buque, C., and Appel, F. (2006) *Acta Mater.*, **54**, 155.

[250] Glavatskikh, M., Lindemann, J., Leyens, C., Oehring, M., and Appel, F. (2008) *Structural Aluminides for Elevated Temperatures* (eds Y. W. Kim, D. Morris, R. Yang, and C. Leyens), TMS, Warrendale, PA, p. 111.

[251] Das, G., Bartolotta, P. A., Kestler, H., and Clemens, H. (2003) *Gamma Titanium Aluminides 2003* (eds Y. W. Kim, H. Clemens, and A. H. Rosenberger), TMS, Warrendale, PA, p. 33.

[252] Matsuo, M., Hanamura, T., Kimura, M., Masahashi, N., and Mizoguchi, T. (1991) *Microstructure/Property Relationships in Titanium Aluminides and Alloys* (eds Y. W. Kim and R. Boyer), TMS, Warrendale, PA, p. 323.

[253] Semiatin, S. L., Ohls, M., and Kerr, W. R. (1991) *Scr. Metall. Mater.*, **25**, 1851.

[254] Wardlaw, T., and Bania, P. (1990) Pack assembly for hot rolling, U. S. Patent 4, 966, 816, Oct. 1990.

[255] Clemens, H., Glatz, W., Schretter, P., Koppe, C., Bartels, A., Behr, R., and Wanner, A. (1995) *Gamma Titanium Aluminides* (eds Y. W. Kim, R. Wagner, and M. Yamaguchi), TMS, Warrendale, PA, p. 717.

[256] Clemens, H., Glatz, W., Eberhardt, N., Martinz, H. P., and Knabl, W. (1997) *High Temperature Ordered Intermetallic Alloys VII*, vol. 460 (eds C. C. Koch, C. T. Liu, N. S. Stoloff, and A. Wanner), *Mater. Res. Soc. Symp. Proc.*, Mater. Res. Soc., Pittsburgh, PA,

p. 29.

[257] Semiatin, S. L., and Seetharaman, V. (1994) *Metall. Mater. Trans. A.*, **25A**, 2539.

[258] Eylon, D., Yolton, C. F., Clemens, H., Schretter, P., and Jones, P. E. (1994) *Proc. PM'94-Powder Metallurgy World Congress*, Les Editions de Physique, Paris, France, p. 1271.

[259] Clemens, H., Glatz, W., Schretter, P., Yolton, C. F., Jones, P. E., and Eylon, D. (1995) *Gamma Titanium Aluminides* (eds Y. W. Kim, R. Wagner, and M. Yamaguchi), TMS, Warrendale, PA, p. 555.

[260] Sagiev, M. R., and Salishchev, G. A. (2003) *Gamma Titanium Aluminides* 2003 (eds Y. W. Kim, H. Clemens, and A. H. Rosenberger), TMS, Warrendale, PA, p. 339.

[261] Imayev, V. M., Imayev, R. M., Kuznetsov, A. V., Sagiev, M. R., and Salishchev, G. A. (2003) *Mater. Sci. Eng.*, **A348**, 15.

[262] Gerling, R., Bartels, A., Clemens, H., Kestler, H., and Schimansky, F. P. (2004) *Intermetallics*, **12**, 275.

[263] Clemens, H., Rumberg, I., Schretter, P., and Schwantes, S. (1994) *Intermetallics*, **2**, 179.

[264] Bystrzanowski, S., Bartels, A., Clemens, H., Gerling, R., Schimansky, F. P., Dehm, G., and Kestler, H. (2005) *Intermetallics*, **13**, 515.

[265] Bystrzanowski, S., Bartels, A., Clemens, H., Gerling, R., Schimansky, F. P., Kestler, H., Dehm, G., Haneczok, G., and Weller, M. (2003) *Gamma Titanium Aluminides 2003* (eds Y. W. Kim, H. Clemens, and A. H. Rosenberger), TMS, Warrendale, PA, p. 431.

[266] Kestler, H., Clemens, H., Baur, H., Joos, R., Gerling, R., Cam, G., Bartels, A., Schleinzer, C., and Smarsly, W. (1999) *Gamma Titanium Aluminides 1999* (eds Y. W. Kim, D. M. Dimiduk, and M. H. Loretto), TMS, Warrendale, PA, p. 423.

[267] Das, G., and Clemens, H. (1999) *Gamma Titanium Aluminides 1999* (eds Y. W. Kim, D. M. Dimiduk, and M. H. Loretto), TMS, Warrendale, PA, p. 281.

[268] Paul, J. D. H., Oehring, M., and Appel, F. (2004) Verfahren zur Herstellung von Bauteilen oder Halbzeugen, die intermetallische

Titanaluminid-Legierungen enhalten, sowie mittels des Verfahrens herstellbare Bauteile, European Patent Application EP 1568486 A1, Feb. 2004.

第17章 焊接

17.1　扩散焊

固态的扩散焊是一种不需要将基体材料熔化就可以焊接 TiAl 合金的方式。这种工艺的主要优势有[1]：

（1）对显微组织的破坏程度小；

（2）可将变形和扭曲最小化，因而可精确控制工件尺寸；

（3）温度梯度小（甚至可忽略），可使扭曲最小化，因而可精确控制工件尺寸；

（4）可将薄和厚的部位焊接到一起；

（5）相比于传统焊接，它可以更有效地焊接大尺寸表面；

（6）可焊接、铸造和变形粉末制品以及不同种类的材料；

（7）扩散焊可以很容易地与超塑成形联合起来；

（8）可以使用助熔剂，例如界面箔或涂层，用以辅助焊接或阻止不同材料之间形成脆性相。

扩散焊的缺点是其相对较长的焊接时间以及居高不下的设备成

本，这是因为它同时需要高温和真空中的焊接压力。这些前提就限制了其所能加工部件的尺寸以及制造成本的可接受度。然而，由于其具有上述技术方面的前景，人们还是在扩散焊接 TiAl 合金[2-5]或 TiAl 合金与其他材料[6]方面做出了系统性的努力。这些工作的大部分均关注在工艺的层面及可行性上。其加工参数对合金成分、显微组织、力学性能以及焊接合金之间的扩散能力非常敏感。下文将基于最近发表的对大量不同 TiAl 合金的研究数据[7]对这些因素的影响进行阐述。

17.1.1　合金成分和显微组织

研究所用合金的成分及其显微组织列于表 17.1。这些合金在 Ti-Al-Nb 相图 $T=1\ 273$ K 等温截面图中的位置如图 17.1[8,9]，它给出了在本研究中常用的焊接条件下的合金平衡相组成。对化学成分的热气体萃取分析表明，合金中氮气和氧气的质量分数分别为 100 ppm 和 600 ppm。在合金 2 和合金 4~7 中含有大量的 Nb 元素，由于它可以提高抗氧化性(见 12.3.1 节)，成为一种现代 TiAl 合金设计中非常重要的合金元素。另外，Al 含量相对较低的含 Nb 合金也兼具了高屈服强度和良好的高温强度保持性(见 7.5 节)。这些因素必然对扩散焊产生了影响。合金 6 和 7 为目前正在考虑进行工程技术应用的第三代合金。单相 γ 相的合金 8 由于其相组成和显微组织相对简单，也包含在了本研究中作为参考。更多关于这些合金的加工和总体表征的细节见文献[10，11]。

表 17.1　扩散焊研究中所涉及合金的成分及显微组织。D 为晶粒尺寸，D_C 为片层团尺寸[7]

合金	成分/at.%	显微组织
1	Ti-44.5Al	双态组织 $D=1\sim5\ \mu m$ $D_C=20\sim30\ \mu m$
2	Ti-45Al-10Nb (TNB)	全片层组织 $D>100\ \mu m$
3	Ti-46.5Al	双态组织，近球状组织 $D=1\sim5\ \mu m$
4	Ti-46.5Al-5.5Nb	近球状组织 $D=1\sim5\ \mu m$

续表

合金	成分/at.%	显微组织
5	Ti-47Al-4.5Nb-0.2C-0.2B	双态组织，近球状组织 $D=1\sim2$ μm
6	Ti-45Al-8Nb-0.2C (TNB-V2)	双态组织，近球状组织 $D=5\sim10$ μm $D_C=10\sim30$ μm
7	Ti-45Al-5Nb-0.2C-0.2B (TNB-V5)	近球状组织 $D=1\sim8$ μm
8	Ti-54Al	球状 γ 组织 $D=10\sim20$ μm

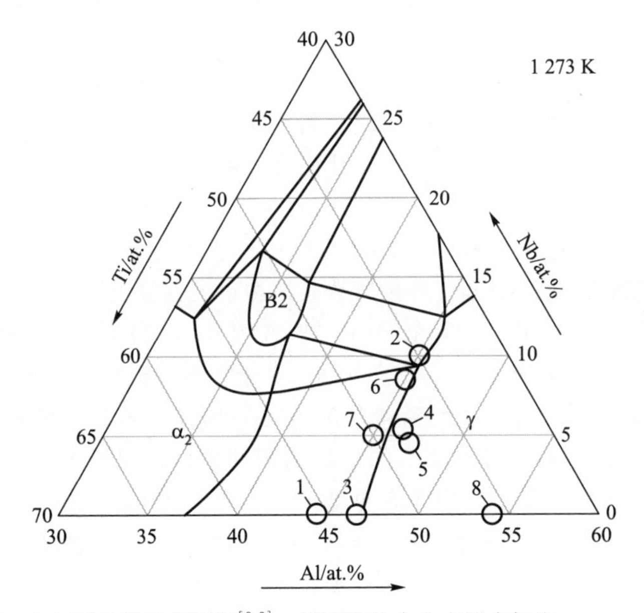

图 17.1 Ti-Al-Nb 相图的等温截面图[8,9]，所研究的合金在图中标出

17.1.2 微凸体变形

扩散焊接中两个工件的表面绝不会是完全清洁和绝对平整的，因此，接合面上金属和金属的接触位置就被限制在了数量相对较少的微凸体处。在外加应力的作用下，只要接触面上局部的应力超过了屈服强度，那么这些微凸体就将

发生变形。除了温度和应力，其变形程度还取决于金属的加工硬化行为。若加工温度超过了合金的再结晶温度，则加工硬化的问题就不存在了。显然，凸体的变形受表面粗糙度的影响：更粗糙的表面将使剪切变形增大。

“在扩散焊中产生的变形”，由其定义就几乎可以看出它是一个由应力驱动、扩散协助的过程。载荷、温度和时间的交互作用，以及所选材料、工件几何尺寸和孔洞的合并等因素产生了大范围的复杂协同效应，这决定了如应力、温度和时间等焊接参数的差异。在应变速率恒定的实验中，载荷可能是单调变化的，也可以像蠕变实验中那样是稳定的。应力松弛也可能出现，在广义上说它是塑性变形和弹性变形的再分配，而总应变量则保持恒定。由于变形机制的热激活本质，它可能随温度和应力发生大幅变化。无论如何，在应力低于可导致部件发生宏观变形的条件下必须要完成接触表面的接合。这就需要对焊接应力和温度进行严格的优化。

扩散焊实验中所采用的合金(见表 17.1)的力学性能随合金成分和显微组织的变化幅度是较大的。合金的高温流变行为在 7.2.5 节中已有叙述(图 7.15)。图 17.2 展示了部分合金在 1 000 ℃和相对较低应力下的蠕变行为。在大部分情况下，其蠕变速率在蠕变开始阶段发生加速，即加速蠕变是其主要情形。不出意外的，更高的应力加剧了这一效应。与加速蠕变有关的机制为(见 9.8 节)逐渐上升的位错密度、动态再结晶以及片层晶粒中形成了剪切带等。在加速蠕变的后期，可认为将发生孔隙的长大，这最终导致了蠕变断裂。其所导致的结构演化和损伤过程当然是 TiAl 合金部件的成功扩散焊要重点考虑的因素。因此，为了避免部件的大尺度变形，焊接参数应该在很大程度上以避免加速蠕变为原则来选取，即焊接时间应低于启动加速蠕变所需要的时间，其在 1 000 ℃和 20 MPa 的应力下一般是 20 h。由于扩散焊经常与超塑成形相耦合，因此拉伸蠕变下可达到的最大延伸率即为关注焦点。图 17.2 清楚地表明，细晶合金 4~6 具备这种成形步骤下的最好的预制条件，因为虽然在空气中有发生脆性断裂的可能，但是其蠕变应变量可达 140%~170%。由于中度高温条件下 TiAl 合金的流变和扩散行为强烈地依赖于其相组成和显微组织，这使得在预测扩散焊的力学参数方面并没有坚实且快捷的准则。由于加速蠕变的启动较早且可使组织结构发生显著变化，因此无论如何，焊接应力应仅为屈服强度的一小部分。下文将针对具体的示例来阐述其特有的焊接条件。

总结：主要的扩散焊接参数，即温度和压力，取决于所要焊接的合金工件的屈服强度、加工硬化行为和抗蠕变性。要适当地选择焊接条件，从而使得接触面间的结合是通过凸体的变形而非部件的整体变形来实现。焊接温度和焊接应力的影响具有协同性，在高温下所需的应力值较低，低温下则较高。

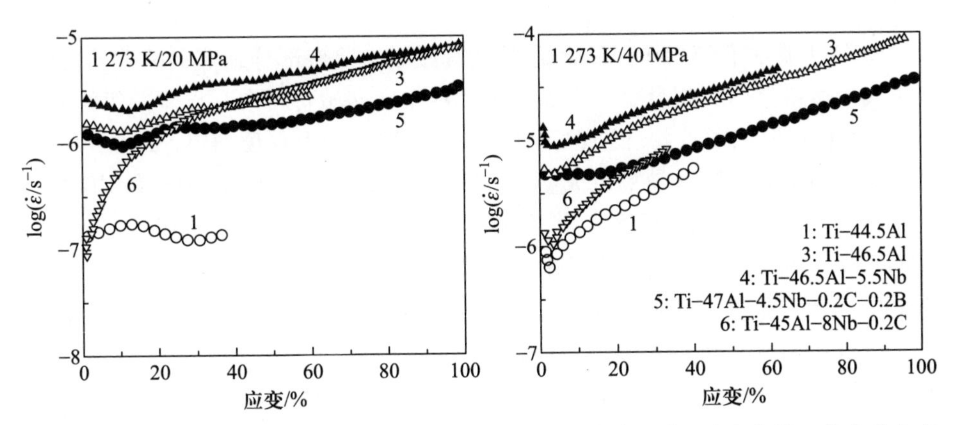

图 17.2 合金 1 和合金 3~6(见表 17.1)的蠕变行为，以应变速率$\dot{\varepsilon}$对应变量 ε 的曲线来表示。T=1 273 K，σ=20 MPa 和 40 MPa

17.1.3 扩散焊的实验设置

在焊接实验中，采用的是电火花线切割，切取高度为 4 mm、直径为 4 mm 的圆柱形样品。在焊接之前，样品的上下端面被打磨去除表层至平行。以 1 200#目砂纸打磨和丙酮内超声波清洗的表面作为最终接触面。焊接实验在真空度为 10^{-5} mbar 的载荷控制变形试验机上进行，见文献[7]。样品被加热至焊接温度 1 273 K，加热速度为 20 K/min。在这一温度下，焊接应力和时间在 σ=20~100 MPa 和 t=0.25~2 h 范围内变化。焊接后的工件在 1.5 h 内炉冷至室温。

17.1.4 焊接区的金相表征

此处所述的焊接实验是在 T=1 273 K 和压缩应力 σ=20 MPa 下进行的，这一应力值远远低于所有实验合金的屈服强度。因此，在接触面附近将发生凸体的塑性变形，从而去除表面凹凸并使对立面紧密结合。这使得在垂直于接触面的方向上出现了显著的变形梯度，即变形量随与接触面距离的增加而下降。这一变形梯度与接触面上不可避免的氧和氮污染一起，共同形成了加工区，总体上说，它是本研究中所有两相合金的共同特征。如图 17.3 所示，从中演化出了 3 个不同的区域：

(1) 扩散偶原始接触面处的细晶焊接层，称为 BL；

(2) 由相对较大的再结晶晶粒组成的区域，称为 DRX；

(3) 与初始块体材料一致，但却有残余塑性变形的区域，称为 RD；

(4) 偶见的位于焊接区的孔洞，其尺寸和分布取决于合金成分和加工条件。

图 17.4 展示了 Ti-46.5Al(合金 3)的焊接区，除有部分细节上的差异之外，其可代表所研究的两相合金的典型特征。尽管在初始材料中有显著的组织结构不均匀性[如图 17.4(a)]，但加工区几乎是平直的，且其厚度均匀，约为 20 μm。焊接层由细小的无应力晶粒组成[如图 17.4(b)和(c)]，通过 EDX 和 EBSD 分析可知其为 α_2 相(见图 17.5 和图 17.6)。α_2 相的形成很可能是由接触面上不可避免的氧气污染导致的。在文献中已明确表明[12]，极少量的氧就可以使 α_2 相稳定化。这一发现与早期 Godfrey 等[13]对扩散焊 Ti-48Al-2Mn-2Nb 合金的研究结果是一致的。图 17.6 中给出的取向分析令人感觉大多数新形成的 α_2 晶粒的取向均有利于柱面滑移。这一数据可能反映出广为所知的 α_2 相的塑性各向异性，根据这一观点可知，沿 $1/3\langle 11\bar{2}0\rangle\{10\bar{1}0\}$ 方向的柱面滑移目前来看是最易开动的，而后是基面和锥面滑移(见 5.2.2 节)。可以推测，新 α_2 晶粒的形核和长大由焊接过程中的变形约束控制，在此条件下，择优的晶粒取向保证了在最优先滑移系统上协调应力集中。

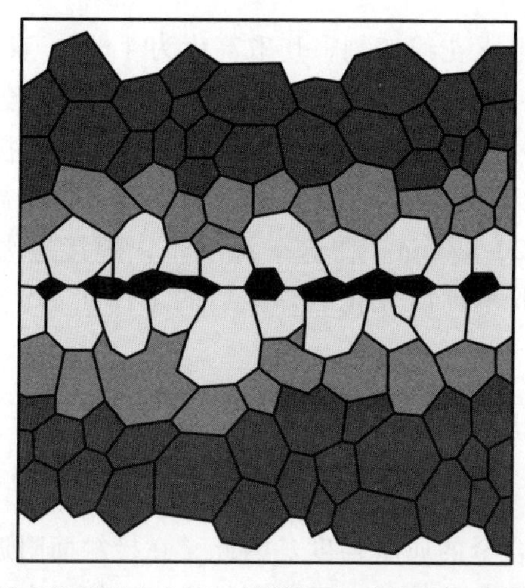

图 17.3　在相对较低的应力下，扩散焊之后所观察到的焊接区示意图。BL—之前扩散偶接触面处的细晶焊接层；DRX—由尺寸相对较大的再结晶晶粒组成的区域；RD—初始的块体材料，但是存在残余塑性变形

一项早期的研究表明[14]，焊接层处的 α_2 相依靠消耗相邻区域的 Ti 含量而形成，这就需要长程扩散。Ti 的转移可能得到了反结构无序化的协助，这已经在 3.3 节中讨论过。可以认为，在高 Ti 含量合金中存在的 Ti_{Al} 反位原子缺陷与 Ti 空位相关。以这种方式即形成了反结构桥接，它令空位可在不使晶体结构无序化的前提下进行迁移[15]。由于相关的迁移能较低，这一机制可能在实

图 17.4 Ti-46.5Al(合金 3)在 $T=1\ 273$ K，$\sigma=20$ MPa 和 $t=2$ h 条件下形成的焊接区的截面图。扫描电镜背散射模式。(a) 低倍像，展示了焊接区的总体结构，水平方向上的焊接层由白色线段标示出。注意初始材料中的不均匀性，表现为平行于挤压方向(图中垂直方向)的条带结构，原始组织由残余片层、细晶区和大尺寸 γ 晶粒(箭头 1)组成。(b) 图(a)中方框区域的放大像，展示了焊接层 BL、再结晶区域 DRX 和有残余变形的 RD 区的更多细节。注意焊接层上的孔洞(箭头 2)以及 DRX 区域中 γ 晶粒的退火孪晶(其中之一由箭头 3 标出)。(c) 由 EBSD 和 EDX 确定的由细晶 α_2 相组成的焊接层。(d) 图(b)中箭头 4 所示区域的高倍像，展示了 RD 区域内 γ 晶粒的回复(箭头 5)和形变孪晶(箭头 6)。注意 γ 晶粒已长大至原先存在的片层团中(箭头 7)[7]

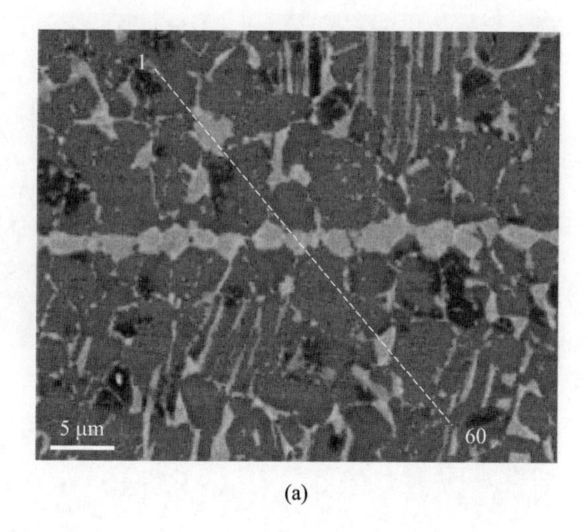

(a)

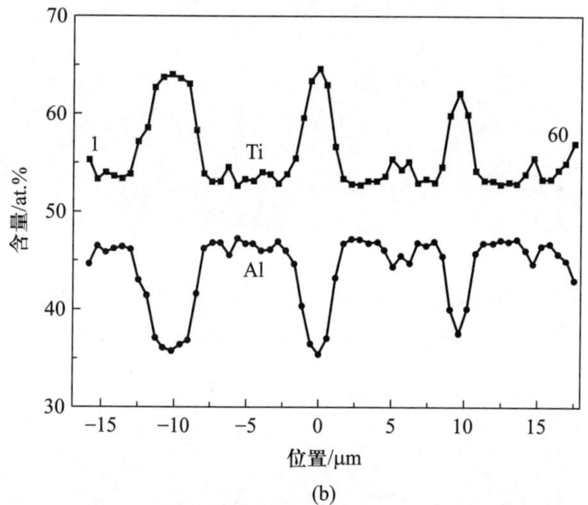

(b)

图 17.5　合金 3——Ti-46.5Al 中跨越焊接界面处的 Ti 和 Al 含量变化，表明在焊接界面处为 α_2 相。焊接条件为 $T=1\ 273$ K，$\sigma=20$ MPa 和 $t=2$ h[7]

验中相对较低的焊接温度下产生了作用，而此时传统的 Ti 空位体扩散却并不有效。另外，Ti 的转移也可能以沿细晶材料中多种内部界面扩散的形式进行。在这一方面，片层界面可能就非常重要了，因为此处与理想的晶体结构存在差异且含有密集排列的失配位错(见 6.1.3 节)。有充分的证据可表明这种沿缺陷的扩散得到了增强，其激活能大约为传统体扩散的一半[16]。由于上述的转移过程，位于焊接界面周边的预先存在的 α_2 相和 β 相中的 Ti 含量逐渐下降，并最终降至维持其存在所必需的临界成分以下。因此这些相就转化成了 γ-TiAl。

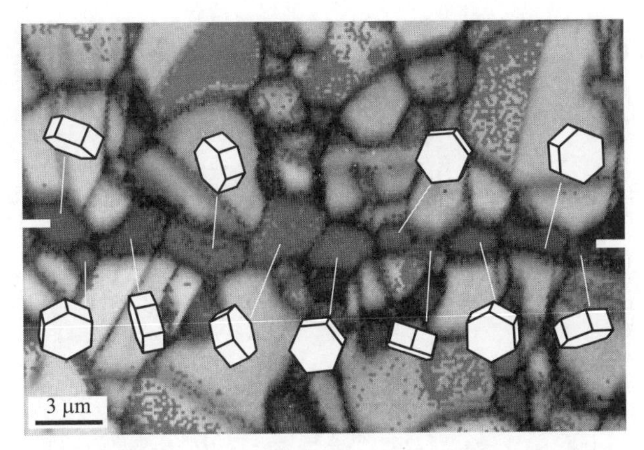

图 17.6 对焊接层细晶 α_2 相的 EBSD 分析。注意 α 晶粒具有择优取向，以确保其柱面滑移[7]

这一效应在与焊接线相接触的片层团中最为显著，这可能是因为片层界面处沿位错的管道扩散非常明显。一个普遍观察到的能够支持这一机制的现象是，新形成的 α_2 晶粒与原先存在的 α_2 片层相连，从某种意义上讲，后者为焊接层生成 α_2 相提供了化学驱动力。

DRX 区域由相对较大的 γ 晶粒组成，其内部通常还穿插着退火孪晶(如图 17.7)。退火孪晶以平行片层的形式出现，其由$\{111\}_\gamma$孪晶面分开，在晶粒的边角处更为普遍。退火孪晶的接触面在与其同属一个带轴的另一个{111}面上出现小平面，而在其他随机平面上则未观察到小平面出现。这一观察结果表明退火孪晶起始于晶界或晶界节点处，且孪晶通过小平面的累积而长大(如图 17.4 中的箭头 3 和图 17.7 中的箭头 1)。退火孪晶在再结晶晶粒中造成了新的取向，这可能将新的滑移系置于相对于应力轴向有利于滑移的位置，从而使孪晶的内部比孪晶外的基体更易产生塑性变形。因此，退火孪晶可以协调由周围晶粒所施加的约束应力。

在图 17.7 所示的 RD 区域内还可以观察到形变孪晶。严格地说，形变孪晶是无法与退火孪晶相区别的，因为它们的孪晶元素相同，即 K_1 孪晶面和η_1 孪晶剪切方向是一致的(见 5.1.5 节)。但是，形变孪晶比退火孪晶明显更加细小，通常为透镜状，并且以不同厚度的团簇形式出现(如图 17.7 中箭头 2)。可以认为再结晶是由靠近接触面位置处的局部变形引发的。由于动态再结晶的激发需要一个临界变形量，因而看来这一过程仅被限制在一个与接触区相邻的相对狭窄的区域内。由于再结晶晶粒既不表现出应变衬度，也不具有形变孪晶和位错等变形特征，因此可认为这些晶粒是无内应力的。

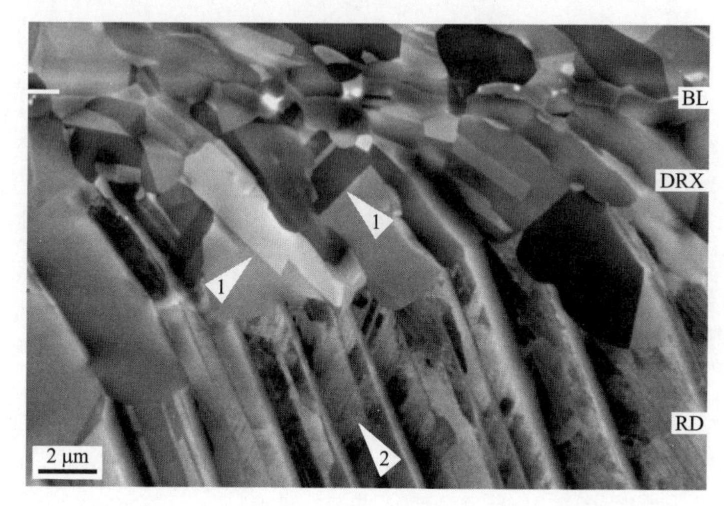

图 17.7　DRX 区域和 RD 区域的结构细节。注意 DRX 区域中 γ 晶粒内退火孪晶的取向(箭头 1)，表明晶粒的取向有利于{111}面上的滑移。焊接层由白色线段标出。注意 DRX 区域和 RD 区域之间的明锐过度以及 RD 区域 γ 片层内部的形变孪晶(箭头 2)，这表明其中有残余变形。Ti-45Al-10Nb(合金 2)，焊接条件为 T=1 273 K，σ=20 MPa 和 t=2 h[7]

再结晶 γ 晶粒的取向是无法确定的，因为四方 $L1_0$ 结构单胞的 c/a 太接近于 1(一般 c/a=1.02)。因此，菊池花样中的四方畸变太小以至于无法分辨其 c 和 a 方向。花样的信噪比也非常小，因而不能探测到与 $L1_0$ 有序化相关的超点阵条纹。然而，如图 17.7 所示，在这些晶粒中看到的{111}退火孪晶惯习面通常与焊接面成 30°~50°的夹角，这表明其中一个{111}滑移面的取向有利于协调应变。因此，和焊接层中的 α_2 晶粒一样，DRX 区域内 γ 晶粒的取向看起来是由焊接过程中产生的约束变形决定的。反过来说，这一发现表明退火孪晶的形成对 DRX 区域内晶粒的最终取向分布起到了特别重要的作用。

遗憾的是，目前还不能得出关于控制再结晶晶粒形核机制的任何信息。片层组织中的动态再结晶当然是由片层的扭曲和扭折引发的，这可在合金 1 中观察到，其扩散焊的应力略高一些，为 60 MPa。片层弯曲区域中的高内应力应该促进了新 γ 晶粒的形成(如图 17.8 中箭头 1)。同时，如 Imayev 等[17]所述，在严重弯曲的片层团中(箭头 2)可观察到细晶剪切带演化的早期阶段。然而，这些机制仍不能对球化组织合金 DRX 区域中 γ 晶粒的形核做出解释。与焊接层形成了 α_2 相晶粒相比，这些合金的再结晶动力学看来较为迟缓。这可由焊接条件相同但焊接时间较短的样品的显微组织来证明(如图 17.9)。这种焊接的特征在于，其具有发展完备的 α_2 晶粒焊接层，它与明显的变形区相连，即在焊接层之外实际上没有发生任何动态再结晶。这一观察结果可从片层和球化双相合金中的 BL 区域和 DRX 区域的形成驱动力的角度来理解。文献中已达成共识的是，与相变有关的能量变化比变形过程中储存的能量要高得多[18]。因此，在焊接线处，由于氧污染而形成的 α_2 相对于两侧的组织来说是等同的。然而，如上文所讨论的那样，片层合金中的动态再结晶主要受到片层团的变形不稳定性支持，使得片层在弯曲和扭折之后就发生了再结晶。而在球化合金中则几乎不存在这些过程，因此动态再结晶就只能依靠变形状态的不均匀性来激发，从而其动力学迟缓。因此，在焊接时间较短时，仅在焊接层发生了显微组织转变，此处具有较大的化学驱动力。在焊接层之外则几乎完全保留了变形的结构。

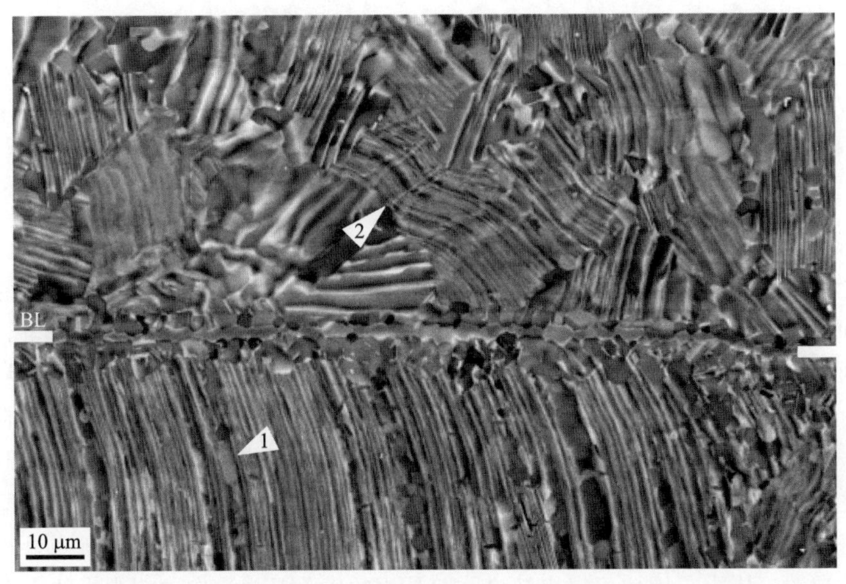

图 17.8 Ti-44.5Al(合金 1)扩散焊加工区的片层扭曲。焊接条件为 T=1 273 K，σ=20 MPa 和 t=2 h。片层的弯曲促进了新 γ 晶粒的再结晶(箭头 1)，而扭折则导致形成了细晶剪切带(箭头 2)[7]

RD 区域的特征为具有形变孪晶(如图 17.4 和图 17.7)和亚晶界(如图 17.10)，后者的出现表明变形结构已发生了部分回复。在亚晶界的内部也有位错存在，这偶尔可在电子通道衬度成像下观察到[19]。图 17.10(b)展示了一列规则排列的位错，其大致是竖立排列，每个位错的一端均从样品中逸出，这就形成了一个小角晶界。这些位错的本质特征可能是非常复杂的，因为在 γ-TiAl 中两个或更多的伯格斯矢量之间可发生反应从而形成晶界位错网络[20,21]。若将之简化，假定其伯格斯矢量为普通位错的 $\boldsymbol{b}=1/2\langle 110]=0.283$ nm，则根据位错的间距约为 25 nm，可估计其偏离角为 $\theta=0.6°$。这一数值为以这种方法

图 17.9　Ti-46.5Al(合金 3)在 T=1 273 K，σ=20 MPa 和 t=15 min 条件下扩散焊接的截面图。注意频繁出现的孔隙和发展完备的 α_2 相焊接层 BL，其与变形区 RD 直接相连[7]

所研究的所有亚晶界的典型值，且与在更大范围内取样的 EBSD 分析吻合。在单个晶粒中，不同区域之间的取向差异令人关注，因为它们可以给出塑性变形和回复过程中关于位错储存方式的信息。这种晶粒碎化的原因在于局部与局部之间可开动滑移系的选择和数量是不同的；同样地，其回复驱动力也在局部上有所不同。构成 DRX 区域的绝大部分(可能并非全部)γ 晶粒的取向差异非常小，低于 0.3°[7]。尽管这样小的数值已达到所用光谱仪角分辨率的极限，但是重复测量的结果表明其取向的数据是可靠的。这也可以由如下事实证明，即根据每一个小角晶界中的位错数量而估计出的取向差异也位于 EBSD 所测量的取向差异的范围内。因此可得出结论，即晶粒的碎化是由取向差非常小的小角晶界造成的。这些发现表明在所用焊接条件下的变形亚结构已在很大程度上被位错湮灭和亚晶界的形成消耗掉了，因此就难以发生进一步的晶粒形核。然而，随着回复的进行，必然还存有一种驱动力使更少量、更高取向差异的晶界形成[22]。

随着与焊接层距离的增加，γ 晶粒的取向差异增加至 1°，这表明小角晶界的取向差异随着 γ 晶粒与焊接层距离的增加而上升[7]。基于这一点可以推测，若小角晶界与大角晶界相连，则其位错含量将下降，在 DRX 区域和 RD 区域之间的过渡区内可经常观察到这种情况。如 Jones 等[23]指出，位错的吸收可能是亚晶旋转的早期阶段。可以认为，亚晶界的可动性由构成亚晶界的位错的滑移和攀移的阻力决定[16]。由于分解所产生的复杂堆垛层错(CSF)的能量较高，从而 γ-TiAl 的普通位错的位错芯是封闭的(见 5.1.3 节)。因此，其交滑移和攀

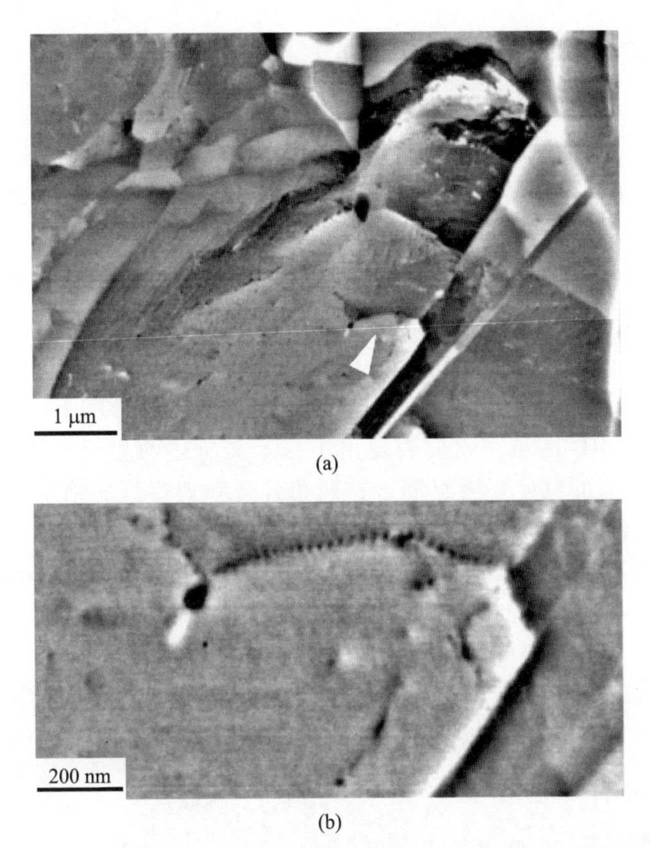

图 17.10　扩散焊 Ti-46.5Al-5.5Nb(合金 4)RD 区域的变形特征。焊接条件为 T=1 273 K，σ=20 MPa 和 t=2 h。(a) 距离焊接层 12 μm 处的 RD 区域内的亚晶界；(b) 图(a)中箭头所示区域的高倍细节像，展示了一列规则排列的位错，其大致竖立排列，每个位错的一端均从样品中逸出，形成了一个小角晶界[7]

移相对容易，这就易于促进亚晶结构的粗化。综合起来，这些观察结果反映出回复和再结晶之间的竞争性，这即为高温变形的特征。促进动态再结晶的因素有：

(1) 初始材料为片层组织；

(2) 在凸体变形中储存了大量能量；

(3) 位错的可动性较低，阻碍了动态回复。

总结：在(α_2+γ)合金的扩散焊过程中一般可发展出 3 层加工区域，即为在扩散偶原先接触面上由 α_2 相构成的细晶层、由相对大尺寸的再结晶晶粒构成的区域以及由变形的块体材料构成的区域。这种区域型的加工结构为焊接面氧污染和凸体表面变形诱发的动态再结晶共同作用的结果。

17.1.5　合金成分的影响

在 Ti-Al 系统中，第 3 或更多组元合金元素的添加会显著影响相界的位置[8,9]。因此，任何热机械处理过程中的相演化均取决于合金成分。不出意外的，合金成分的影响也表现在所观察到的焊接结构中。图 17.11 即为第一个例子，它展示了成分为 Ti-54Al 的单相 γ(合金 8)的加工区，其焊接条件与上文所阐述的两相合金的条件相同。其接头结构的特征在于，在焊接面内没有形成 α_2 相层。这可通过合金相对较高的 Al 含量以及 γ 相中氧和氮的固溶度来合理地解释[24]。这些元素所导致的接触面的污染显然可使氧化物和氮化物析出，其通常位于焊接层内或靠近焊接面的晶界内[如图 17.11(b)]。其中也有不同的 DRX 区域和 RD 区域，它们表现出了与上文所述两相合金中相同的特征。然而，DRX 区域的宽度要明显高于在两相合金中观察到的结果。对这一差异的可能解释为在合金 8 中不存在 α_2 相，在两相合金中 α_2 相必然阻碍了晶粒的过度长大。在所采用的焊接条件下，焊接接头是非常不完整的，如其中高密度的孔洞和最初焊接界面处的孔隙所示。对此有两种可能的解释。第一，合金中

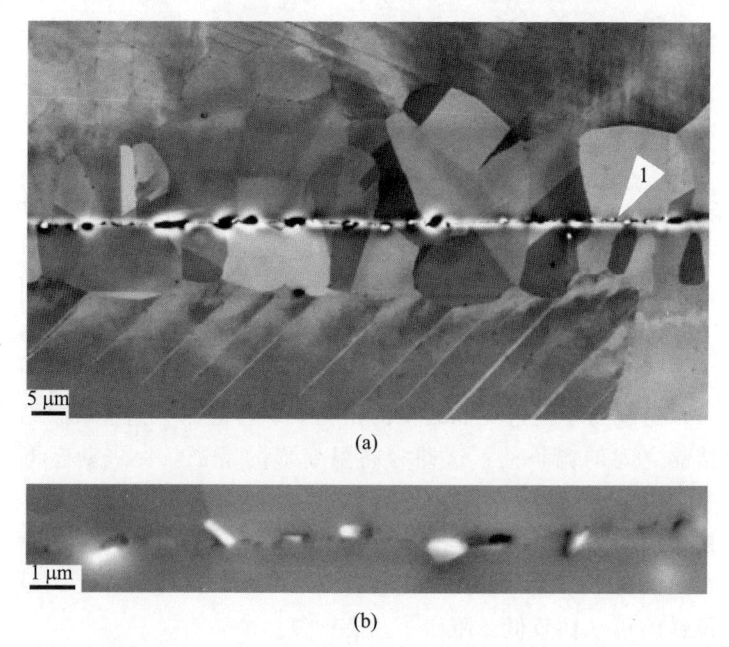

图 17.11　单相 γ-TiAl(合金 8，Ti-54Al)在 T=1 273 K，σ=20 MPa 和 t=2 h 条件下的扩散焊。(a) 接头处的截面图，展示了接头界面处的孔洞和孔隙、γ 晶粒的再结晶区域 DRX 以及残余变形区 RD；(b) 图(a)中细节 1 处的高倍像，展示了接头界面处的细小析出相[7]

强烈的加工硬化可能阻碍了扩散偶在接头界面处的完全接触。第二，相对于高Ti含量合金，高Al含量合金中的扩散是迟滞的。显然，若要完好地焊接这类合金就需要更高的焊接温度。

作为第二个例子，这里讨论一下Nb的影响，其在低Al含量合金中的添加量通常为5at.%~10at.%。在Ti-Al系统中，Nb合金化通常会降低β(B2)和α转变温度，并缩小α相区的范围[25]。Nb被认为在γ相和α_2相中仅占据Ti亚点阵，且原子间的尺寸失配非常小。在含Nb合金的扩散焊中可能有两种不利因素：Nb在γ-TiAl中为慢扩散元素[15]，因而合金通常表现出良好的高温强度和抗蠕变性(如图7.15和图17.2)。然而，在常规焊接条件下(T=1 273 K，σ=20 MPa，t=2 h)却能进行完好的焊接，如图17.12中Ti-46.5Al-5.5Nb(合金4)的焊接所示。与铝含量相同的二元合金3相比(图17.4和图17.9)，其最重要的区别在于合金4焊接层处α_2相的含量更低[26]。对于这一观察结果目前还没有合理的解释，但可以推测，与二元合金相比，Nb的添加略微增强了氧在γ和α_2相中的固溶度，从而降低了焊接层处新α_2相的形核驱动力。从工程的角度看，在焊接层处部分消除脆性的α_2相对焊接质量来说当然是有益的。

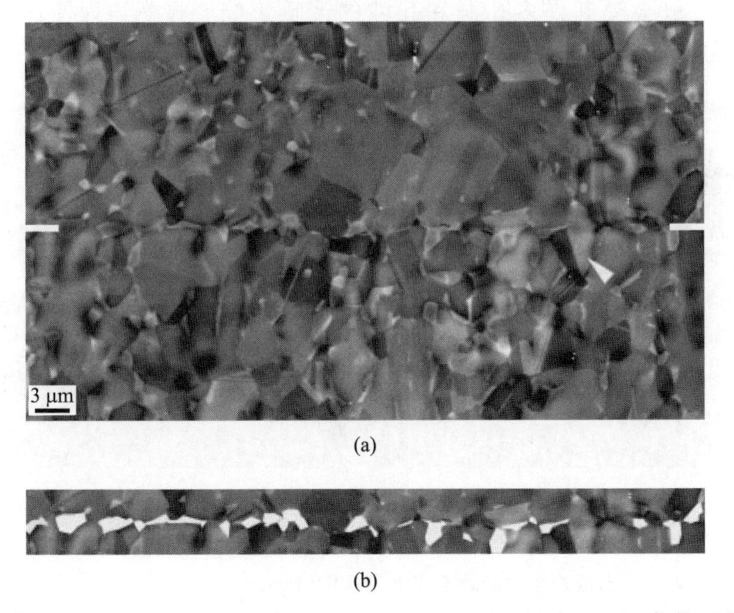

图17.12 合金4(Ti-46.5Al-5.5Nb)在T=1 273 K，σ=20 MPa和t=2 h条件下的扩散焊。(a) 接头的截面像；(b) 焊接层处的相分布，展示了弥散的α_2相[7]

在某些情况下可出现γ晶粒跨越接头界面的长大(如图17.12中箭头所示)。与二元两相合金的另一个不同在于，含Nb合金中的DRX区域含有高密度的退火孪晶。对于 fcc 金属来说，众所周知的是其孪晶倾向性强烈地依赖于层错能。这是因为孪晶界面的表面能与层错的表面能密切相关，且形成孪晶的大部分工作在于其界面的构建上。在 fcc 金属中，通常的情形是随着置换型固溶原子含量的上升，其层错能将下降，使得孪晶随着固溶含量的上升变得越来越重要。从这些经典的论述出发，可以认为 Nb 的添加降低了合金的层错能。如上文所述，退火孪晶可协调扩散焊过程中加工区内与相变和结构演化有关的约束应力。更多关于合金元素对 TiAl 合金扩散焊的影响的细节参见文献[7]。

总结：相对来说，两相合金的焊接行为与微量第 3 组元金属元素的添加关系不大。然而，添加 5at.%～10at.%的 Nb 元素可大幅降低加工区的宽度和焊接层中 α_2 相的形成量。γ-TiAl 单相合金的焊接较为困难，因为其扩散能力较低，且对焊接前接触面上存在的氧的溶解能力不强。

17.1.6 焊接时间和应力的影响

在合金 3 中，我们研究了在 1 273 K、20 MPa 条件下加工区随焊接时间(15～120 min)的演化。部分研究结果如图 17.13 中的系列图片所示。短时焊接后的接头一般会受到许多孔洞和孔隙的严重影响。显然，为使两相合金在 1 273 K 和 20 MPa 下成功焊接，则焊接时间应至少为 60 min。

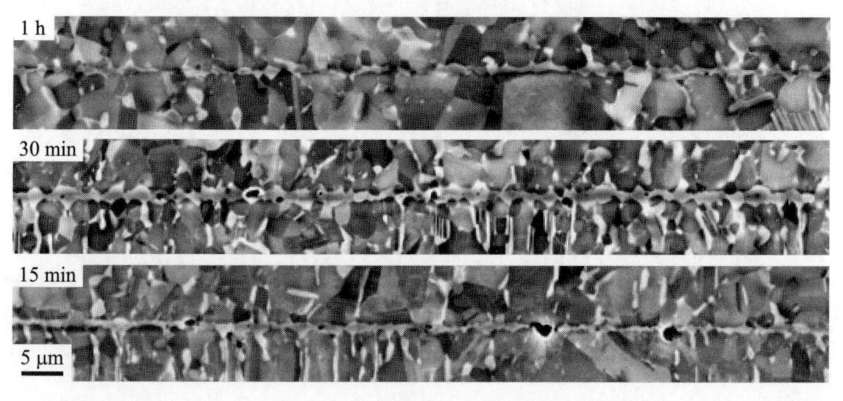

图 17.13 焊接时间对加工区组织结构的影响。Ti-46.5Al(合金 3)，T = 1 273 K，σ = 20 MPa，焊接时间见图中标注。注意发展完备的 α_2 层以及在 t = 15 min 最短时焊接后出现的大量孔隙。同时请注意随焊接时间逐渐发展的 DRX 区域[7]

图 17.14 展示了在两相合金中观察到的焊接应力对加工区组织结构的影响。其特征在于，焊接面是波浪形的，且随着应力的增加而更加明显。图中表明，束集的片层被压成球形组态，这一观察结果可合理地解释为源自这两种形貌之间的滑移抗力不同。在 TiAl 合金文献中，已达成共识的是束集的片层在

平行于片层的加载方向上的屈服强度极高(见 6.1.5 节),如图 17.14 所示。因此,直到应力相对较高时,这种束集的片层也未发生塑性变形,而会被压至周围更加薄弱的材料中。波浪形的焊接面对焊接质量可能是有益的,因为其对焊接材料提供了某种钉扎效应。为在工程上利用这一优点,就需要对焊接参数进行严格的调试以避免部件局部出现严重变形。

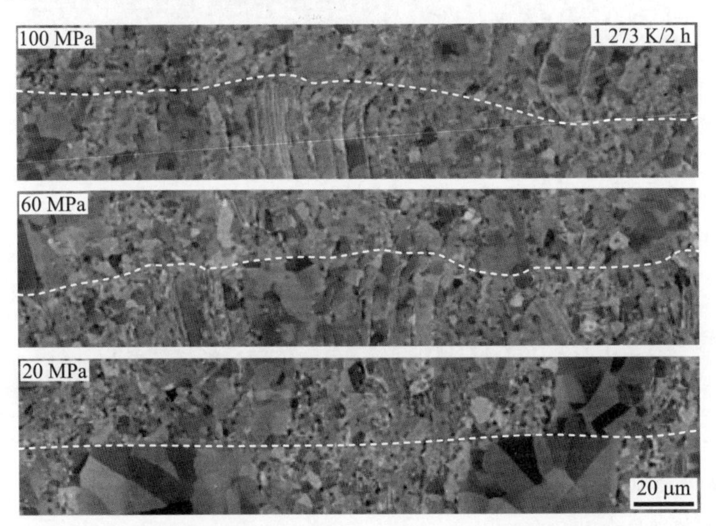

图 17.14 焊接应力对加工区组织结构的影响。Ti-46.5Al-5.5Nb(合金 4),在 $T=1\ 273$ K,$t=2$ h 条件下焊接,应力见图中标注。注意高应力下的波浪形焊接面,这是由束集的片层被压入球形组织中而形成的[7]

17.1.7 接头的力学表征

图 17.15 展示了两个不同位置处跨越焊接线的显微硬度变化情况。将这些数据与其相应的压痕位置进行对照,结果表明扩散焊工艺并没有显著影响材料的硬度。曲线(b)中的显微硬度变化很可能是由显微组织的变化导致的。曲线的右侧取样自粗晶组织。根据 Hall-Petch 理论(见 7.1 节),与曲线左侧的细晶材料相比,这种组织的硬度应明显更低。

合金 7 的拉伸实验结果如图 17.16。在室温下,样品于焊接面处断裂,其应力值一般为母材屈服强度值的 85%[10,11]。在 973 K 和 1 073 K 的变形温度下,焊接后的样品表现出了优良的塑性。其相应的屈服应力与母材在同一温度下的屈服应力实际上是相同的,即扩散焊并未明显损害材料在期望服役温度下的拉伸强度和塑性。然而,由于接触面处的组织非常细小,应对接头处的抗蠕变性加以关注,这显然是未来的一个研究方向。

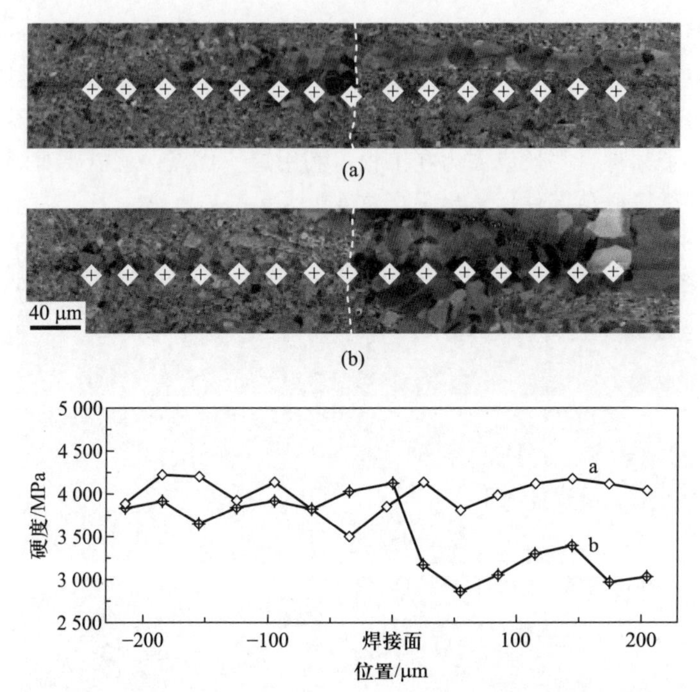

图 17.15　在跨越焊接面(虚线所示)的(a)和(b)位置测定的显微硬度变化曲线。注意曲线(b)中的硬度值随显微组织的变化[7]

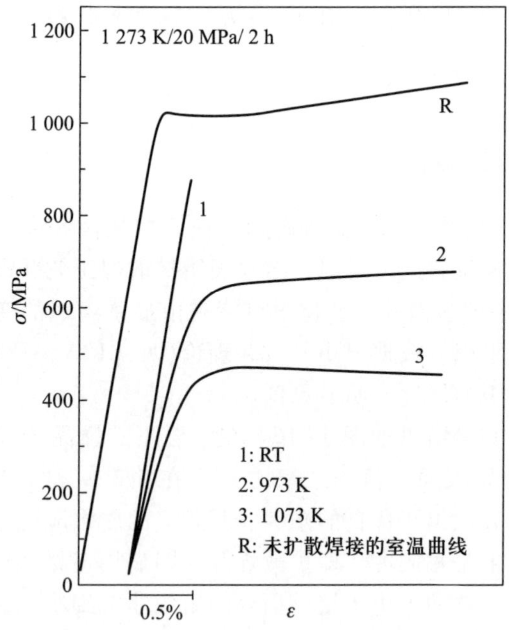

图 17.16　Ti-45Al-5Nb-0.2C-0.2B(合金 7，TNB-V5)拉伸实验的应力-应变曲线示例，其扩散焊条件为 $T = 1\ 273$ K，$\sigma = 20$ MPa 和 $t = 2$ h[7]

总结：当载荷垂直于焊接面时，扩散焊 TiAl 合金样品接头的室温拉伸强度约为材料室温屈服强度的 85%。在跨越焊接界面处并没有显著的硬度变化。

17.2 钎焊及其他焊接技术

尽管大部分关于 TiAl 合金焊接技术的研究均聚焦于扩散焊上，但是仍有一些工作研究了钎焊、摩擦焊、激光焊以及熔焊等其他焊接技术。应该想到的是，焊接温度和焊接后的冷却速度会通过影响显微组织以及残余应力和裂纹的演化而深刻影响力学性能。

17.2.1 钎焊和瞬时液相焊

文献中描述了两种钎焊工艺，即真空钎焊和红外钎焊。据 Shiue 等[27]所述，红外钎焊相对于真空钎焊的优势在于其更快速的生产效率以及更低的成本。此外，由于红外线可被聚焦，因此可以仅进行局部加热，工件剩余部分的显微组织则保持不变。通常，TiCuNi 基合金(如 Ti-15Cu-15Ni 和 Ti-15Cu-25Ni(wt.%)等)可用于真空钎焊[28,29]和红外钎焊[30,31]。Tetsui[32]认为钎料必须具有良好的润湿性和高温强度、充足的韧性且不能导致 TiAl 合金出现脆性。钎焊合金的熔化温度不能过高，以确保基体材料的组织不会明显改变。Das 等[28]报道称，他们采用的是以 CuNi 为中间层、纯钛为上下层的 3 层箔材，其成分为 Ti-15Cu-15Ni(wt.%)。真空钎焊的条件为：压力 0.021 MPa，1 010 ℃/30 min+918 ℃/4 h，随后快速氦气冷却。Tetsui[32]在 779 ℃和 1 100 ℃的钎焊温度下研究了 Ag-28Cu、Au-18Ni、Au-50Cu、Au-12.5Ag-12.5Cu、Ag-10Pd-31.5Cu、Ti-33Ni 和 Ni-15Cr-3.5B 钎料(均为 wt.%)的效果。同样地，Sirén 等[33]对 Ti-15Cu-15Ni、Cu-3Si-2.25Ti-2Al、Au-3Ni-0.6Ti、Ni-20Cr-10Si 和 Pd-40Ni 进行了研究。Shieu 等[27]也研究了纯银制的钎料，根据他们的结果，Ag 基钎焊合金可成功焊接传统钛合金并具有降低钎焊温度的有益效果。在文献[32]中，对 Ag-28Cu(wt.%)的钎焊采用的焊接温度为 779~899 ℃。另外，其中所形成的 Ti-Ag 基金属间化合物相的塑性要比采用 Ti 基或 Ni 基钎料所产生的脆性金属间化合物相的塑性好一些。对于红外钎焊来说，钎焊温度在 1 100~1 200 ℃内变动，但是所需的钎焊时间大幅减少，为 30~60 s[30]。当对 Ti-50Al 和 Ti-6Al-4V 合金进行红外钎焊时，所用的时间为 180~1 200 s，但温度则较低，为 930~970 ℃[31]。

除了钎焊之外，所谓的瞬时液相(TLP)焊接在 TiAl 合金领域中也已有所研究。根据 Butts 和 Gale[34]的解释，这种方法与无焊剂真空钎焊类似，也是依靠形成一个(初始)熔点远低于基体材料的液态内层来进行的。然而，当再次加热时，此层的熔点温度就与基体接近了，因此这一技术可适用于焊接高温应用部件。看起来，“钎焊”这一说法有时候也被用于那些实际上为 TLP 焊接的文献中。TLP 合金由不同比率的 TiAl 和 Cu 粉制成，如文献[34]所述。混合的粉料被置于将要被焊接的基座平面上，其厚度为 350~500 μm，焊接在 1 150 ℃下的真空中进行，时间最高为 10 min。

研究人员采用搭接剪切和显微硬度实验对接头力学性能进行了评价。据报道，采用纯银钎料的红外钎焊可能具有最佳的接头强度(385 MPa)[32]。据 Xu 等[29]报道，采用 Ti-15Cu-15Ni 钎料进行钎焊并焊后热处理后，接头弯曲强度(610 MPa)与钎焊后的基体材料完全一致。然而，与其他研究一样，他们在接头区域也观察到了显微硬度上升的现象。在接头界面处形成硬质(脆性)金属间化合物相是钎焊法的普遍特征。至于采用 TiAl-Cu 粉末进行 TiAl 合金的 TLP 焊接，从其最初的结果看还是有前景的，因为当 TiAl∶Cu 的比率为 100∶1 时，其接头的显微组织和力学性能与母材金属大致相同。另外，富 Cu 的硬质相的形成也是可以避免的。

从工业的角度看，TiAl 合金与其他常规工程材料的焊接也令人关注。例如，涡轮增压器的叶轮就需要与钢轴焊接起来。Noda 等[35]阐述了一种低成本的方法，称其为感应钎焊。他们采用 Ag-35.2Cu-1.8Ti 和 Ti-15Cu-15Ni (wt.%)钎料对涡轮增压器和钢轴进行焊接，并将这一组合置于少许氩气压力下，通过感应线圈进行了局部加热。据报道，室温下 Ag 基钎料焊接接头的抗拉强度约为 320 MPa，在 500 ℃时则约为 310 MPa。这些数值约为 TiAl 合金基体材料的 50%。在另一项研究中，研究人员对 TiAl 合金和钢进行了真空感应连接，采用的是与 TiAl 合金接触的 Ti 箔、V 箔以及与钢接触的 Cu 箔的多层钎料[36]。据报道，其室温抗拉强度高达 420 MPa，这与 TiAl 合金材料相近。报道表明接头处没有金属间化合物相以及其他脆性相。而在 TiAl 合金与钢的直接焊接中，即扩散焊，其强度仅为 170~185 MPa。

总结：在 TiAl 合金与 TiAl 合金和 TiAl 合金与其他材料(如钢)的焊接研究中人们已取得了一些成功。钎料合金的选择尤为重要，因为需要在焊接中避免形成脆性的金属间化合物相。与扩散焊不同，在钎焊后普遍出现了跨越界面处的硬度上升。不论是加工后还是长时间使用所导致的脆性都应该加以避免或使之最小化。室温和高温下，接头处强度的重复性和退化现象均是有待进一步探究的研究领域。

17.2.2　其他焊接技术

除了钎焊和瞬时液相焊接之外，人们也研究了许多其他的方法，但是规模却非常有限。Lee 等[37]研究了 TiAl 合金与 AISI 4140 的旋转摩擦焊，当在 TiAl

合金与钢之间采用 Cu 为插入层时，其室温强度水平可达 375 MPa。Baeslack 等[38]研究了线性摩擦焊，当输入能量高且施加的应力低，使焊后的冷却速度下降时，他们成功获得了无裂纹的焊接接头。焊接区的显微组织极为细小，这使其硬度相比于基体材料有所上升。焊后热处理使显微组织发生了再结晶并使跨越接头区域的硬度值均匀化。在电子束焊接中，若工件的约束应力较小且冷却速度的选择合适时，α 相可以完全分解[39]，从而可得到无裂纹的焊接材料。若冷却速度太快或工件之间的约束应力过高，那么热应力的发展将导致出现裂纹。据 Bartolotta 和 Krause[40]报道，他们成功制备了无裂纹的 Ti-48Al-2Cr-2Nb 合金电子束焊接接头，其长度达 25 cm 且宽度为 15 mm。他们采用的方法包含了将工件在受控气氛下加热至高温的步骤，很可能已经超过了韧脆转变温度。而后材料被缓慢地从加热装置上转移并进行电子束焊接。焊缝形成后，材料被再次加热至其初始温度。报道表明，他们可进行常规化的无裂纹焊接且并不存在困难。文献[41]报道，对板材的焊接可使接头处的强度几乎与基体材料一样高。文献[41]还对激光点焊进行了阐述。据称，钨极惰性气体保护电弧焊沉积作为一种修复技术，可成功应用于对 Ti-48Al-2Cr-2Nb 合金的修复中[40]。我们推测，这种需要熔化 TiAl 合金的技术可能被限制在那些力学性能对略微粗大的显微组织相对不敏感的合金类型中，即低强度合金，或那些在凝固过程中可发生显著晶粒细化的合金中。更多关于焊接技术和已制备出的示范零件的种类的信息，请读者参阅综述文献[40，41]。

参考文献

[1] Kazakov，N. F.（1981）*Diffusion Bonding of Materials*，Pergamon Press，New York.

[2] Nakao，Y.，Shinozaki，K.，and Hamada，M.（1991）*ISIJ Int.*，**10**，1260.

[3] Yan，P.，and Wallach，E. R.（1993）*Intermetallics*，**1**，83.

[4] Glatz，W.，and Clemens，H.（1997）*Intermetallics*，**5**，415.

[5] Cam，G.，Clemens，H.，Gerling，R.，and Kocak，M.（1999）*Intermetallics*，**7**，1025.

[6] Holmquist，M.，Recina，V.，Ockborn，J.，Pettersson，B.，and Zumalde，E.（1998）*Scr. Mater.*，**39**，1101.

[7] Herrmann，D.，and Appel，F.（2009）*Metall. Mater. Trans. A*，**40A**，1881.

[8] Hellwig，A.，Palm，M.，and Inden，G.（1998）*Intermetallics*，**6**，79.

[9] Kainuma, R., Fujita, Y., Mitsui, M., Ohnuma, I., and Ishida, K. (2000) *Intermetallics*, **8**, 855.

[10] Appel, F., Lorenz, U., Oehring, M., Sparka, U., and Wagner, R. (1997) *Mater. Sci. Eng. A*, **233**, 1.

[11] Appel, F., Oehring, M., and Wagner, R. (2000) *Intermetallics*, **8**, 1283.

[12] Kattner, U. R., Liu, J. C., and Chang, Y. A. (1992) *Metall. Trans. A*, **23A**, 2081.

[13] Godfrey, S. P., Threadgill, P. L., and Strangwood, M. (1995) *High-Temperature Ordered Intermetallic Alloys VI*, *Materials Research Society Symposia Proceedings*, vol. 364 (eds J. A. Horton, I. Baker, S. Hanada, R. D. Noebe, and D. S. Schwartz), MRS, Pittsburgh, PA, p. 793.

[14] Buque, C., and Appel, F. (2002) *Int. J. Mater. Res.*, **8**, 784.

[15] Mishin, Y., and Herzig, C. (2000) *Acta Mater.*, **48**, 589.

[16] Hirth, J. P., and Loth, J. (1992) *Theory of Dislocations Theory of Dislocations*, Krieger, Melbourne.

[17] Imayev, R. M., Imayev, V. M., Oehring, M., and Appel, F. (2005) *Metall. Mater. Trans. A*, **36A**, 859.

[18] Humphreys, F. J., and Hatherly, M. (1995) *Recrystallization and Related Annealing Phenomena*, Pergamon, Oxford.

[19] Simkin, B. A., and Crimp, M. A. (1997) *High-Temperature Ordered Intermetallic Alloys VII*, *Materials Research Society Symposium Proceedings*, vol. 460 (eds C. C. Koch, C. T. Liu, N. S. Stoloff, and A. Wanner), MRS, Pittsburgh, PA, p. 387.

[20] Hazzledine, P. M. (1998) *Intermetallics*, **6**, 673.

[21] Paidar, V. (2002) *Interface Sci.*, **10**, 43.

[22] Ørsund, R., and Nes, E. (1989) *Scr. Metall.*, **23**, 1187.

[23] Jones, A. R., Ralph, B., and Hansen, N. (1979) *Proc. Roy. Soc. London A*, **368**, 345.

[24] Menand, A., Huguet, A., and Nérac-Partaix, A. (1996) *Acta Mater.*, **44**, 4729.

[25] Chen, G. L., Zhang, W. J., Liu, Z. C., Li, S. J., and Kim, Y. W. (1999) *Gamma Titanium Aluminides 1999* (eds Y. W. Kim, M. H. Loretto, and D. M. Dimiduk), TMS, Warrendale, PA, p. 371.

[26] Appel, F., Paul, J. D. H., Oehring, M., and Buque, C. (2003) *Gamma Titanium Aluminides 2003* (eds Y. W. Kim, H. Clemens, and A. H. Rosenberger), TMS, Warrendale, PA, p. 139.

[27] Shiue, R. K., Wu, S. K., and Chen, S. Y. (2004) *Intermetallics*, **12**, 929.

[28] Das, G., Bartolotta, P. A., Kestler, H., and Clemens, H. (2003) *Gamma Titanium Aluminides 2003* (eds Y. W. Kim, H. Clemens, and A. H. Rosenberger), TMS, Warrendale, PA, p. 33.

[29] Xu, Q., Chaturvedi, M. C., Richards, N. L., and Goel, N. (1997) *Structural Intermetallics 1997* (eds M. V. Nathal, R. Darolia, C. T. Liu, P. L. Martin, D. B. Miracle, R. Wagner, and M. Yamaguchi), TMS, Warrendale, PA, p. 323.

[30] Lee, S. J., and Wu, S. K. (1999) *Intermetallics*, 7, 11.

[31] Shiue, R. K., Wu, S. K., Chen, Y. T., and Shiue, C. Y. (2008) *Intermetallics*, **16**, 1083.

[32] Tetsui, T. (2001) *Intermetallics*, **9**, 253.

[33] Sirén, M., Bohm, K. H., Appel, F., and Koçak, M. (1999) Manufacture and Characterisation of Brazed Joints in γ-TiA. *Proc. Welding Conf. LUT Join '99: Int. Conf. on Efficient Welding in Industrial Applications (ICEWIA, Lappeenranta, August 1999)*, p. 12.

[34] Butts, D. A., and Gale, W. F. (2003) *Gamma Titanium Aluminides 2003* (eds Y. W. Kim, H. Clemens, and A. H. Rosenberger), TMS, Warrendale, PA, p. 605.

[35] Noda, T., Shimizu, T., Okabe, M., and Iikubo, T. (1997) *Mater. Sci. Eng.*, **A239-240**, 613.

[36] He, P., Feng, J. C., Zhang, B. G., and Qian, Y. Y. (2003) *Mater. Char.*, **50**, 87.

[37] Lee, W. B., Kim, Y. J., and Jung, S. B. (2004) *Intermetallics*, **12**, 671.

[38] Baeslack, W. A. III, Broderick, T. F., Threadgill, P. L., and Nicholas, E. D. (1996) *Titanium '95: Science and Technology* (eds P. A. Blenkinsop, W. J. Evans, and H. M. Flower), IOM, London, p. 424.

[39] Chaturvedi, M. C., Xu, Q., and Richards, N. L. (2001) *J. Mater. Proc. Technol.*, **118**, 74.

[40] Bartolotta, P. A., and Krause, D. L. (1999) *Gamma Titanium Aluminides*

1999 (eds Y. W. Kim, D. M. Dimiduk, and M. H. Loretto), TMS, Warrendale, PA, p. 3.

[41] Tabernig, B., and Kestler, H. (2003) *Gamma Titanium Aluminides 2003* (eds Y. W. Kim, H. Clemens, and A. H. Rosenberger), TMS, Warrendale, PA, p. 619.

第18章 表面硬化

18.1 喷丸和滚压

喷丸是一种冷加工工艺，在此工艺中，部件的表面被称作丸粒的细小球形介质轰击。每一颗撞击表面的丸粒可作为一个微小的撞锤，会对材料的表面造成微小的压痕或凹坑。由赫兹压力造成的亚表面压缩与表面材料围绕所形成凹坑的水平位移相结合，可产生一个受压的表面[1]，如图 18.1 所示。当凹坑发生重叠时，整个的表面就被有效地拉长了。位于表面以下的材料则要抗拒这一延展，就产生了补偿应力场，使变形层的材料受到压缩。喷丸强度与自丸粒流转至工件的动能大小有关。喷丸强度通常可由所谓的阿尔门测试来量化[2]。这种方法是对一片固定在夹具上的标准试片进行喷丸。当移除夹具时，阿尔门试片将向丸粒的来向方向弯曲。阿尔门强度由阿尔门试片的弧高和阿尔门试片的名称(N、A 或 C，表明试片的厚度)来表达。关于强度测试的完整步骤和设备规格参见 SAE 标准 SAE-J442 和 SAE-J433[3,4]。喷丸覆盖率定义为被喷丸压痕所覆盖的面积与所处理总表面积的比值。从传统金属中可知，喷丸覆盖率从来也不会低于 100%，原因是疲劳和应力腐蚀裂纹可在未喷丸的区域，即残余压应力未涵盖的区域内扩展。

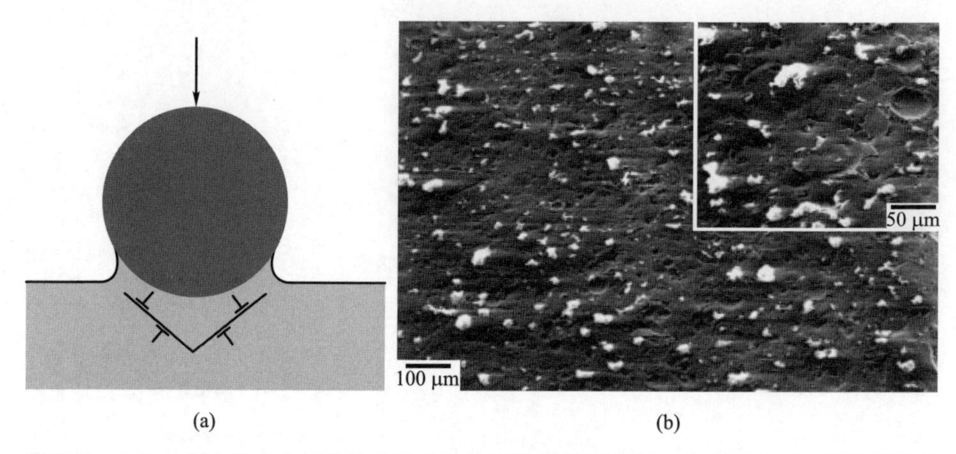

图 18.1　(a) 一颗丸粒在金属表面碰撞点处的力学屈服示意图。在表面之下，受到弹性约束的材料试图将表面恢复至其原始形状，从而形成了半球形的冷加工区域，其受到很高的压应力。(b) 近片层 Ti-45Al-8Nb-0.2C 合金喷丸表面的扫描电镜图像。注意较深的凹坑以及与 TiAl 基体结合的氧化锆颗粒。喷丸在室温下进行至全覆盖，阿尔门强度为 0.40 mm 弧高(N 型)。图片来自 D. Herrmann[1]

表面硬化也可通过滚压(另一种在欧洲广泛使用的称谓为 deep rolling，即深滚)产生。这一工艺一般用于轴对称部件。采用滚轴或球形装置使表层变形，并以细小的每道次进给量循环重复，通过这种方式可产生大尺度的冷变形。应该想到的是，在室温下 TiAl 合金通常会发生强烈的加工硬化(7.2 节)，这为表面硬化提供了很大的潜力。

18.2　残余应力、显微硬度和表面粗糙度

表面的残余压应力可抑制裂纹萌生和扩展，且当预先存在的裂纹在压缩应力区域的深度之内时可将其闭合。然而，表面硬化不可避免地提高了显微硬度和表面粗糙度，对部件的服役来说，这二者是同等重要的。例如，在疲劳过程中，即使是在中等塑性应变幅值的条件下，表面形貌的微小变化也可导致足以产生裂纹萌生的应力集中。因此，裂纹萌生过程对自由表面的条件极为敏感。本节将对文献中所报道的 TiAl 合金[5-10]表面硬化的一般特点进行阐述，所采用的数据来自表 18.1 中所示的合金。喷丸(SP)在一种喷射型系统上进行，采

用的是平均直径为 0.5 mm 的球形氧化锆基陶瓷丸粒。阿尔门强度在 0.08~0.61 mm 弧高(N 型)范围内变化。在所有的喷丸过程中都做到了全覆盖，即原始的表面被喷丸凹坑完全覆盖[9]。所研究合金的组织结构和力学性能见表 18.1。为对这一表面处理方法进行评价，对喷丸和未喷丸工件的疲劳性能进行了对比。

表 18.1 所研究合金喷丸之前的组织结构和力学性能。$\sigma_{0.2}$为拉伸屈服应力，σ_{UTS}为抗拉强度，ε_f 为断裂应变

合金/符号	显微组织	$\sigma_{0.2}$/MPa	σ_{UTS}/MPa	ε_f/%
Ti-47Al-1.5 Nb-1Cr-1Mn-0.2Si-0.5B				
1	全片层组织，片层团尺寸为 41 μm,片层间距为 50 nm	834	967	0.9
2	全片层组织，片层团尺寸为 130 μm,片层间距为 1.5 μm	447	597	1.6
Ti-45Al-10Nb				
3	全片层组织	1 000	1 050	1

为对喷丸工艺进行初步验证，就需要建立关于阿尔门强度的饱和度。图 18.2 为随阿尔门强度的增加，两种不同组织结构的 Ti-47Al-1.5Nb-1Cr-1Mn-0.2Si-0.5B 合金(见表 18.1)疲劳寿命的变化。显然，喷丸将疲劳寿命延长了 2~3 个

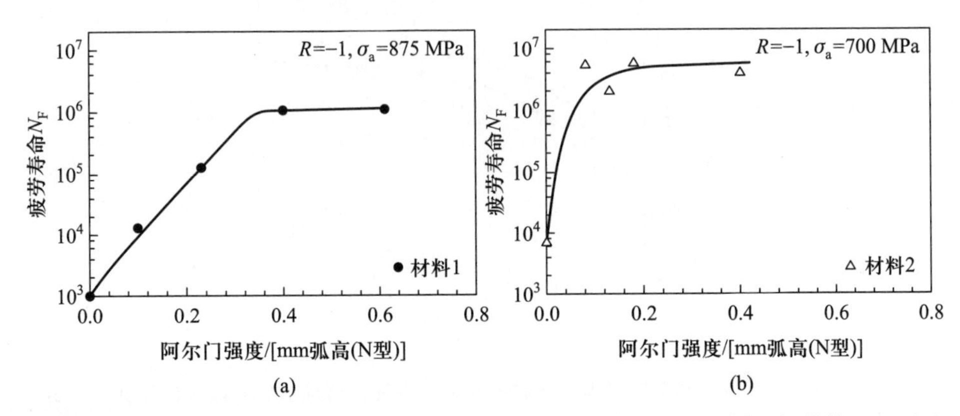

图 18.2 表 18.1 中 Ti-47Al-1.5Nb-1Cr-1Mn-0.2Si-0.5B 合金两种不同组织结构——1(a)和 2(b)的疲劳寿命随喷丸强度的变化。疲劳实验在室温空气中进行，σ_a为应力幅。数据来自 Lindemann 等[9]

数量级[9,10]。在材料 2 中，从阿尔门强度的数值来看其很快即达到了饱和，且材料的屈服强度较低。

与喷丸有关的表面参数的变化见图 18.3。不出意料的，相比于电化学抛光的对照样品，喷丸使表面粗糙度上升[图 18.3(a)]，然而，两种组织的粗糙度参数却是相近的。当阿尔门强度达 0.4 mm 弧高(N 型)时也没有出现明显的过喷效应，这表明并未发生表面侵蚀。过高的阿尔门强度可能会造成过高的表面粗糙度，并在工件心部产生过多的残余拉应力。参考这一结果，其后所有的喷丸工艺均在 0.40 mm 弧高(N 型)的阿尔门强度下进行。由于加工所导致的塑性变形，近表面区域的显微硬度随着与表面距离的接近而大幅增加，在表面处即达到最高值[如图 18.3(b)]。与块体材料内部的数值相比，细小片层组织合金

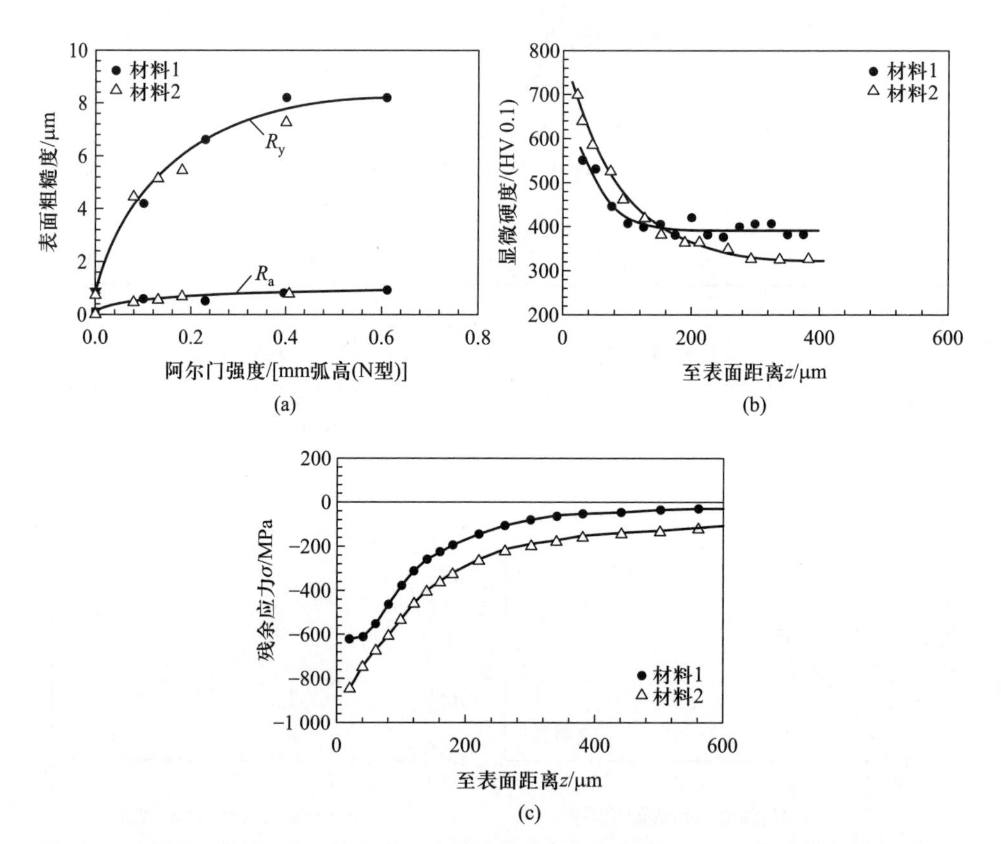

图 18.3 室温下，材料 1 和 2 中由喷丸导致的表面参数变化情况。(a) 表面粗糙度随阿尔门强度的变化，其中 R_a 为算术平均值，R_y 为最高值。(b) 喷丸后测定的显微硬度/深度曲线，阿尔门强度为 0.40 mm 弧高(N 型)。(c) 喷丸后，随与表面距离的增加，残余压应力的变化曲线，阿尔门强度为 0.40 mm 弧高(N 型)。数据来自 Lindemann 等[9]

1 的上升幅度为 45%，而粗大片层组织的上升幅度为 100%。由这一数据可知，在细小片层组织中由表面变形所引发的加工区域深度约为 200 μm，而在粗大片层组织中则约为 300 μm。这一观察结果反映了不同材料塑性流变抗力的差异，如表 18.1 所示。在强度较低的合金 2 中，显然塑性变形更加剧烈且深入到了材料内部。图 18.3(c)展示了表面以下残余压应力的分布曲线，其明显表明两组材料中受压区域的深度是相近的。在合金 2 中测得的压应力更高，是因为其受亚表面区域材料弹性约束的表面变形层的厚度更大且变形更为严重。需要指出的是，在高 Nb 含量合金 Ti-45Al-9Nb-0.2C(TVB-V2)中也发现了完全相同的表面硬化特征[10]。

总结：TiAl 合金的喷丸可同时提高表面粗糙度及近表面的硬度。同时产生了几百兆帕的压应力，其可扩展至表面以下约 200 μm。

18.3 喷丸引发的表面变形

两种材料中，由喷丸造成的组织结构变化分别如图 18.4 和图 18.5[9]。显然，喷丸后，表面以下有一个明显的组织结构发生变化的变形区域。这一区域在合金 1 中的深度可扩展至约 10 μm，而在合金 2 中则为 80 μm，这再次体现了两种材料屈服强度的差异。不论怎样，变形层的厚度显著低于残余压应力区域的厚度，如图 18.3 中的显微硬度和应力分布图所示。为保持样品内部的内应力平衡，补偿压应力就需要扩展至变形层以下。在微观尺度上，两种材料的表面粗糙度有明显的差异；虽然这一点无法在表面粗糙度测试中检测出来[如图 18.3(a)]，但是在图 18.4(a)所示的组织中却体现得非常明显。喷丸后，材料 1 的表面出现了许多细小的凹坑，但在材料 2 中却没有观察到这一点。这一观察结果表明，屈服强度低的材料通过塑性变形吸收丸粒冲击的能力更高。这再次表明在设定脆性材料的喷丸参数时必须要非常仔细。

在表面正下方的片层发生了弯曲和扭折，如图 18.4(b)和图 18.5 中两组材料的组织所示。有趣的是，应该指出片层的总体曲率对于样品边缘层来说是唯一的，并与样品的旋转方向有关，这一观察结果可从简单的运动学角度来解释。尽管丸粒的喷流与表面是垂直的，但是却由于样品的转动而被施加了一个切向分量。因此，丸粒造成的净冲击是倾斜于表面的。从微观上看，γ 片层的弯曲可通过同方向的大量形变孪晶和位错的累加来实现，这和在多种有关弯曲的现象中观察到的结果是一样的。在合金 2 中，γ 片层的弯曲程度(20～100 μm)及其厚度(最高为 5 μm)表明，其最小的局部应变为 5%～25%。有充分的论据表明，α_2 片层仅发生弹性弯曲。这是因为 α_2 片层非常细小(约 100nm)，

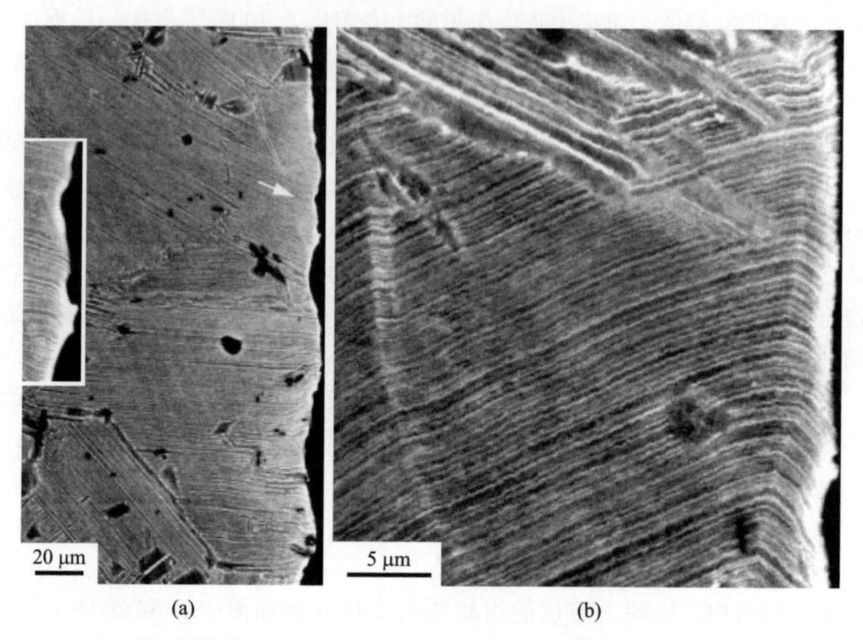

图 18.4　室温下喷丸后材料 1 中的组织结构变化，阿尔门强度为 0.4 mm 弧高(N 型)。圆形样品截面的背散射图像。图中右侧为喷丸后的表面，α_2 片层呈白亮色。(a) 相对粗糙的喷丸后表面的低倍像，插图为箭头处标示区域的放大像；(b) 亚表面区域片层的扭折和弯曲。图片来自 Lindemann 等[9]

且两相合金中的 α_2 相会吸收间隙杂质原子如氧、氮和碳等。因此，α_2 相可能会发生显著的固溶强化，令其塑性变形困难(见 6.2.2 节)。从上述的数据和 α_2-Ti_3Al 的杨氏模量 $E=146$ GPa 来看[11]，在其中可产生 150~700 MPa 的局部应力，在考虑到多种不确定性和假设的前提下，这与图 18.3(c)中所示的数据也是相符的。靠近表面且与表面接近垂直的 α_2 片层通常呈波纹状形貌[如图 18.5(b)]，这表明丸粒的轰击对其产生了强烈的机械冲击。

利用背散射电子(BSE)衬度，可以明显看出合金 2 中也发生了强烈的孪晶变形(如图 18.5)。显然，在所有 3 个$\{111\}_\gamma$面上均已形成了孪晶，且孪晶与$(111)_\gamma/\!/(0001)_{\alpha_2}$界面斜交。在未发生孪晶的区域可观察到明显的应变场衬度，这表明位错滑移也参与了变形。

直到最近，人们才对喷丸的表面区域进行了 TEM 研究[12]。研究在合金 3 中进行，其可作为高强度 TNB 合金的代表。合金样品在电化学抛光后以 18.1 节中所述的工艺进行喷丸处理。透射样品主要取自喷丸表面的背面，由双喷抛光和离子减薄相结合的方法制备。这使得电子束的穿透区域为喷丸表面以下 3~10 μm 的位置。这一位置所对应的距表面的距离正是残余应力和硬度最高

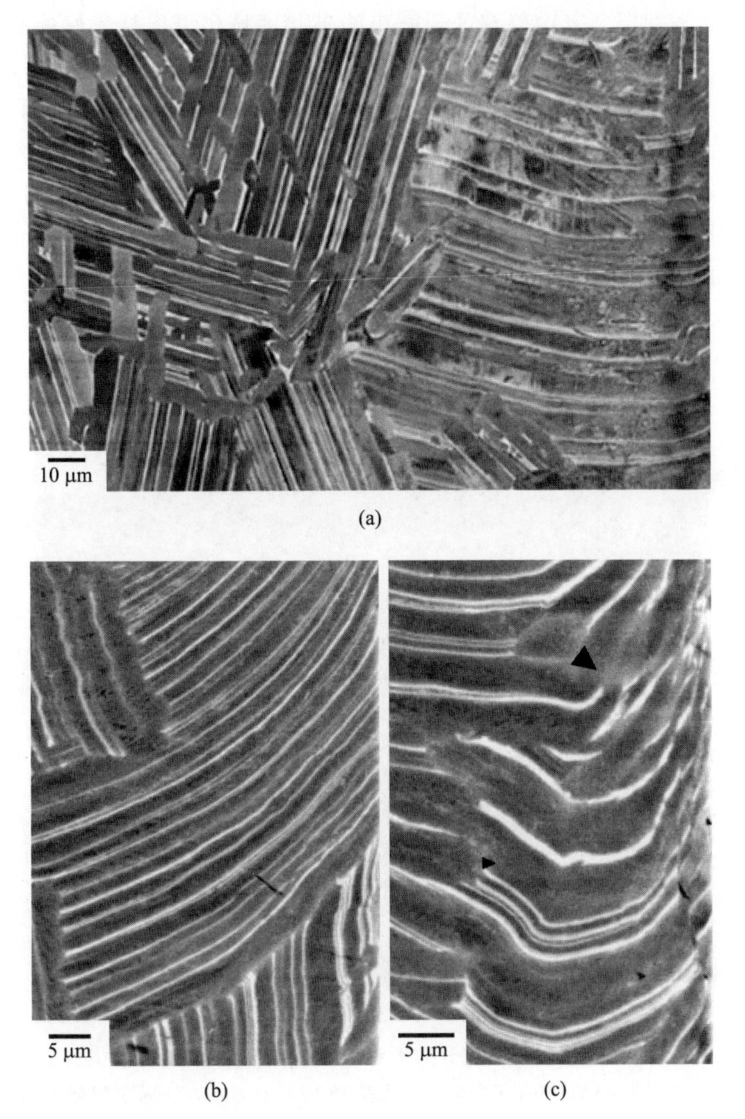

图 18.5 室温下喷丸后材料 2(见表 18.1)中的组织结构变化，阿尔门强度为 0.4 mm 弧高(N 型)。圆形样品截面的背散射图像。所有图中的右侧为喷丸表面，α_2 片层呈白亮色。(a) 近表面区域，展示了组织的严重变形层，其与未变形的块体材料分开；(b) 表面以下片层组织的弯曲；(c) 片层强烈弯曲和扭折位置处 α_2 片层的球化和中断。图片来自 Lindemann 等[9]

的部位。对这些样品的 TEM 分析表明其组织受到了严重破坏。图 18.6 展示了一个残余的 γ 片层，其中仅有若干微小的岛状区域仍可保持完好的晶体结构。观察发现，α_2 相发生了严重变形(如图 18.7)，这可通过下方压缩后的图像看出。变形表现为$(0001)_{\alpha_2}$基面的位移。这表明出现了具有垂直于基面的伯格斯矢量分量的位错滑移，在传统变形条件下，这是极其困难的(见 5.2.2 节)。γ 相的一个变形特征为高密度的位错环结构，这在衍衬下表现为白色衬度的点状物[如图 18.8(a)]。高分辨电镜观察表明，这些位错环来自以偶极子组态排列的位错[如图 18.8(b)]。

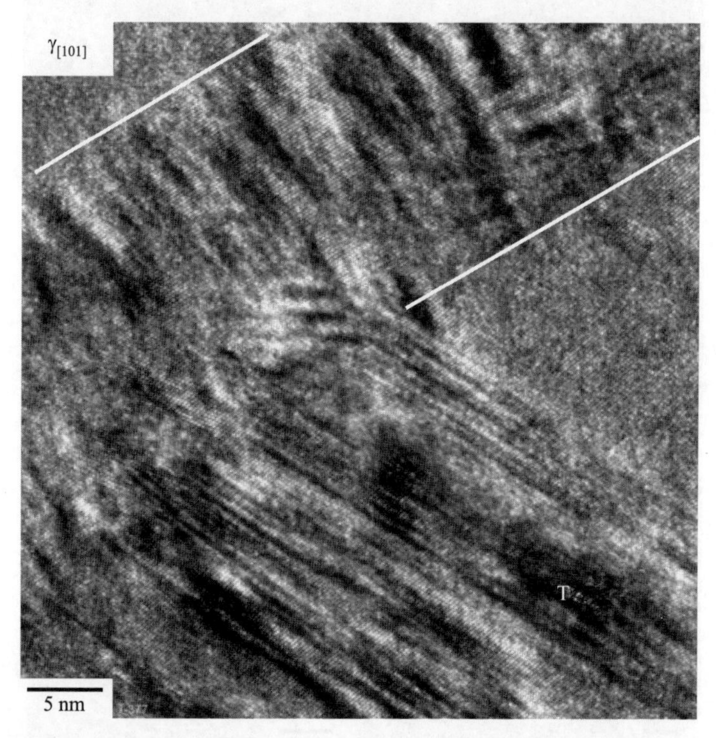

图 18.6　喷丸表面残余片层结构的高分辨电镜像。注意孪晶条带(T)，其显然是自片层界面处发射出来的。Ti-45Al-10Nb(合金 3，见表 18.1)，室温喷丸，阿尔门强度为 0.4 mm 弧高(N 型)

γ 片层中另一个主要的变形机制为形变孪晶，如图 18.9(a)所示。看起来孪晶不全位错与位错环和点缺陷团簇发生了作用，根据弗兰克法则[13]，可估计其能量降低了 50%，这使缺陷之间发生了紧密结合。因此，孪晶内含有点缺陷团簇[如图 18.9(b)]。需要着重指出的是，采用聚焦离子束(FIB)切割法制备的透射样品薄片是不适宜用于观察的，因为过度的离子破坏和回复会导致样

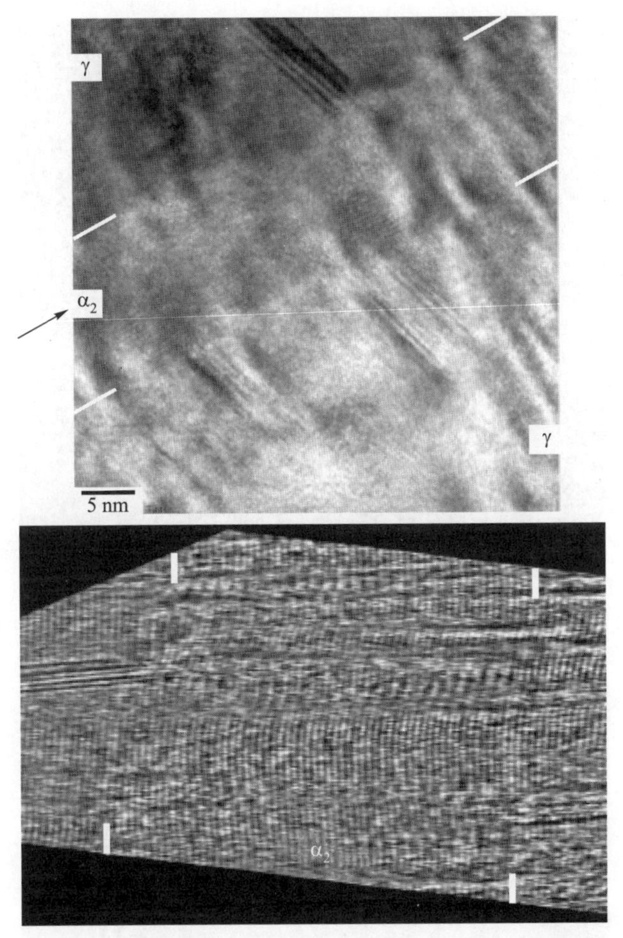

图 18.7 喷丸表面层中严重变形的 α_2 片层。片层 Ti-45Al-10Nb(合金 3，见表 18.1)，室温喷丸，阿尔门强度为 0.4 mm 弧高(N 型)。下方的图片为沿$(0001)_{\alpha_2}$晶面的压缩图，表明出现了伯格斯矢量含有 ***c*** 分量的位错

品中的结构细节消失。

总结：喷丸 TiAl 合金中产生了严重变形的表面层，根据基体合金显微组织和屈服强度的不同，其厚度为 10~80 μm。变形的特征为大量的位错滑移和形变孪晶，其囊括了主要相 α_2-Ti_3Al 和 γ-TiAl 中所有可能的滑移系。在介观尺度下，变形表现为片层的弯曲和扭折。

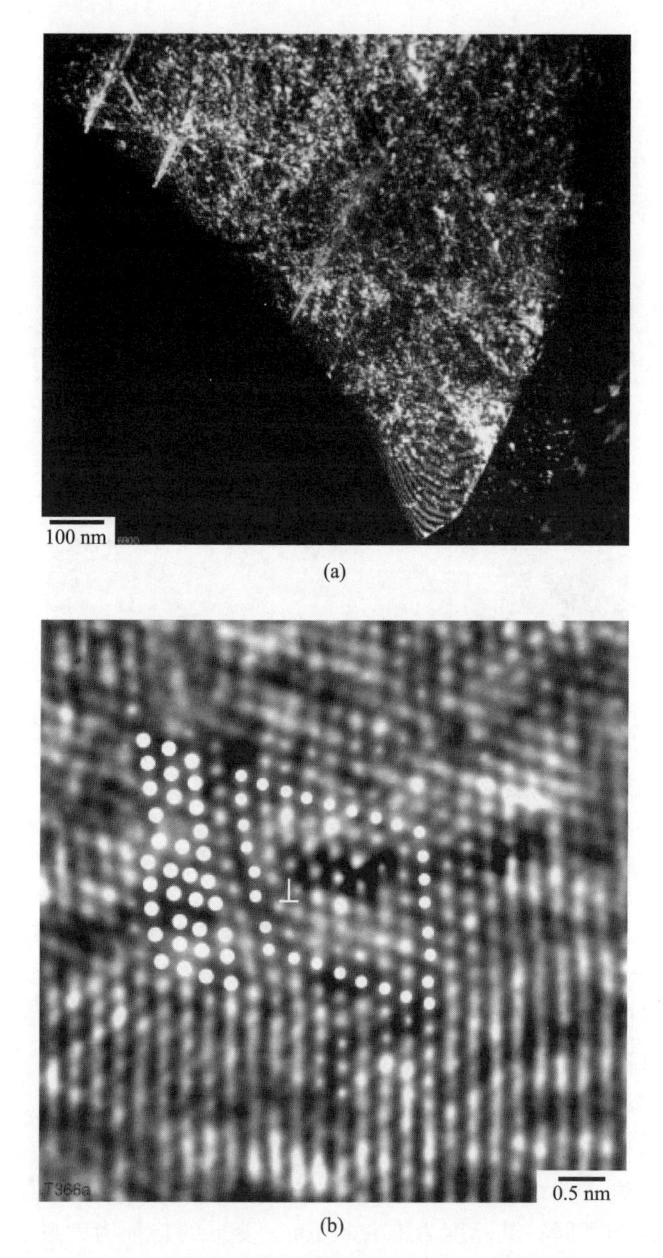

图 18.8　Ti-45Al-10Nb 合金中观察到的点缺陷结构。(a) TEM 弱束像，展示了 γ 相中的位错环和点缺陷团簇；(b) 严重变形的 γ 片层中一个位错偶极子的高分辨电镜像

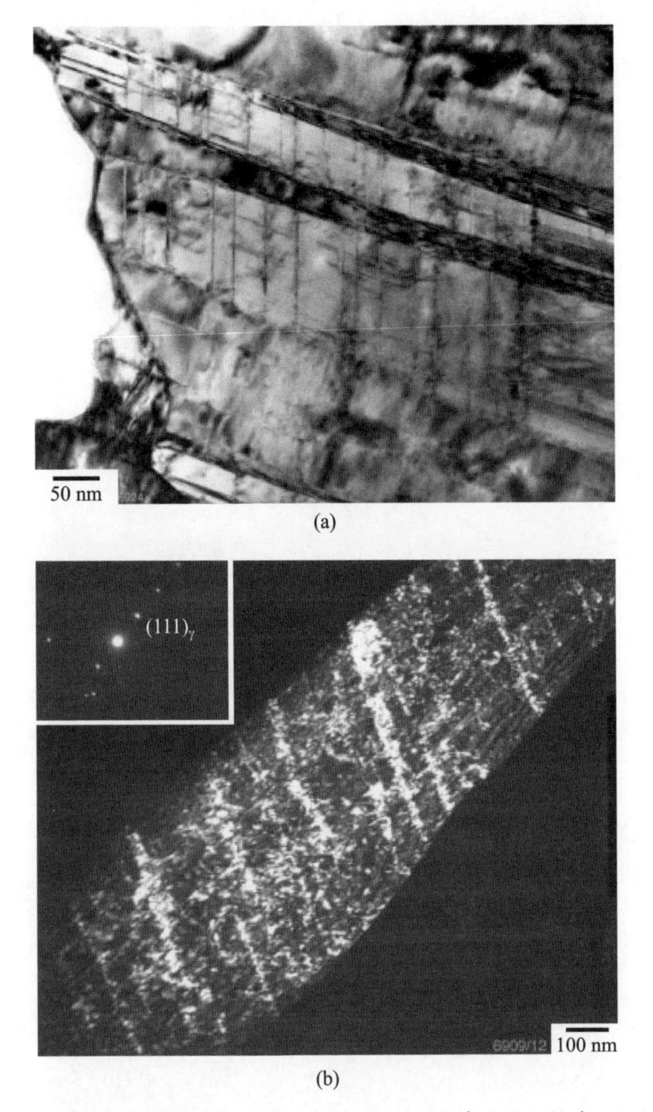

图 18.9 喷丸表面层中的变形结构。片层 Ti-45Al-10Nb(合金 3，见表 18.1)，室温喷丸，阿尔门强度为 0.4 mm 弧高(N 型)。(a) γ 片层中的形变孪晶；(b) 形变孪晶内出现了位错碎片和点缺陷团簇

18.4 相变、再结晶和非晶化

表面层变形的同时伴有动态再结晶和相变等显著的组织演化。SEM 图像中在 γ 片层中形核的细小晶粒和 α_2 片层的球化及分解即证明了这一点[如图 18.5

(c)][9]。相变开始于严重弯曲和扭折处 α_2 片层的分裂，此处的弹性应力是最高的。通过 TEM 分析可得到关于这些过程的更多细节信息。如图 18.10(a)所示，

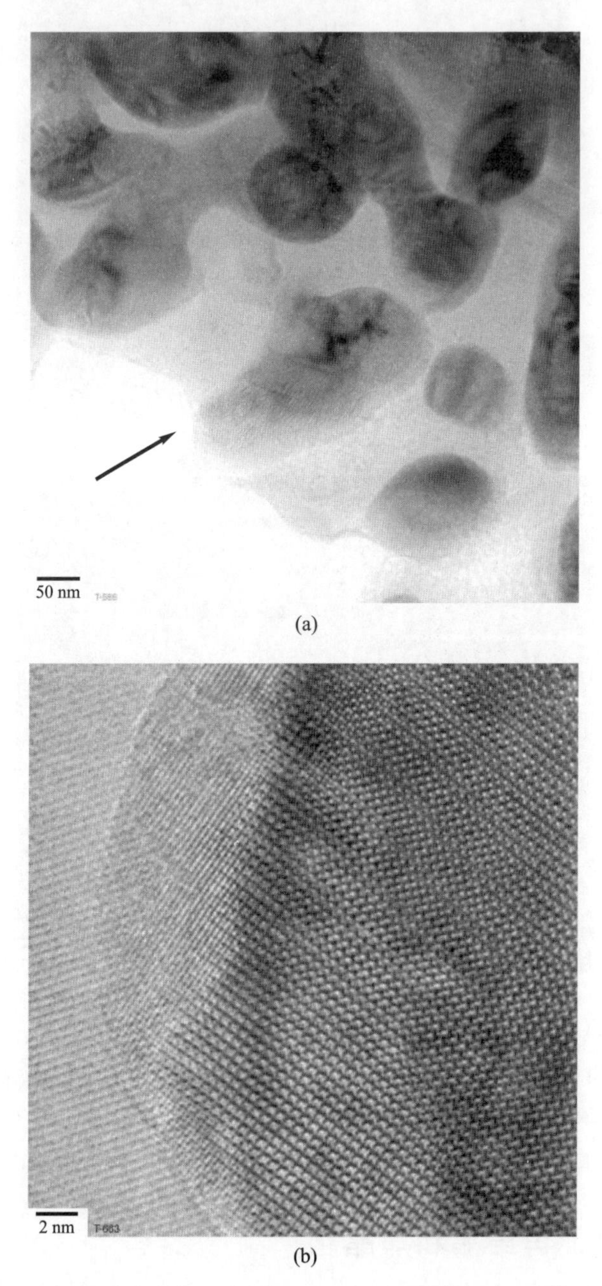

图 18.10　喷丸表面层的部分非晶化。片层 Ti-45Al-10Nb(合金 3，见表 18.1)，室温喷丸，阿尔门强度为 0.4 mm 弧高(N 型)。(a) 嵌入非晶相的晶体相晶粒；(b) 与非晶相相邻晶粒中逐渐消失的晶体型特征

在几乎没有任何特征的非晶相中嵌入了纳米晶晶粒，图 18.10(b)展示了向非晶相附近接近时晶体型特征逐渐消失的现象。看起来晶体相和非晶相之间存在显著的失配，这表现为类似位错的系统排列的缺陷(如图 18.11)。从位错的间隔距离来看，可以认为其失配度为 2%~5%。

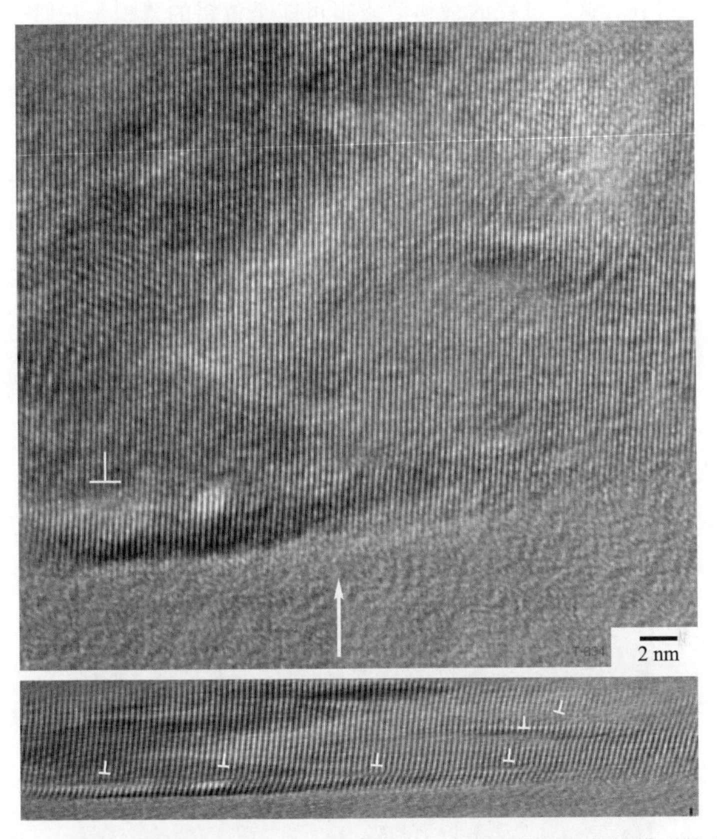

图 18.11 喷丸造成的表面非晶相和晶体相的失配。注意界面处类似位错排列的现象。下方的压缩图更清晰地展示了这些细节。片层 Ti-45Al-10Nb(合金 3，见表 18.1)，室温喷丸，阿尔门强度为 0.4 mm 弧高(N 型)

观察到非晶相是令人意外的。然而，还是有一些论据能够解释它的出现。首先，在表面层中，材料经受了严重塑性变形。这引入了多种缺陷，提高了自由能，并由于形成了滑移台阶和局部开裂而产生了新鲜表面。其次，这里必然会吸附大量的氮、氧，还可能有氢元素，因为喷丸是在空气中进行的。因此，可能会形成一些亚稳的氮化物、氧化物和氢化物相。α_2 相和 γ 相中出现的这些间隙元素可能有利于其非晶化。遗憾的是，目前尚不清楚嵌入非晶相的晶体相究竟为何种物质，但可以推测他们可能为氧化物、氮化物或氢化物。这些表面晶体相的其中之一可能为最终非晶化开始之前的中间态。所有这些现象均已在球磨 Ti-Al 合金中广为所知[14]，这一过程和喷丸类似。对相演化的细致分析表明，球磨与显著的化学无序和亚稳相的形成有关[15]。然而，其细节机制大部分还是未知的，因此对于晶体相的非晶化，这里只讨论少量被认为具有普适重要性的细节。这一过程的最初阶段很可能是位错的累积，它们一般以偶极子或多重偶极子的形式排列，如图 18.12 所示。压缩后的图像表明点阵面发生了严重的弯曲，这意味着存在高内应力。综合起来，多重偶极子组态和高内应力使得这种缺陷组态易于发生进一步的结构演化。表面晶体相的一个显著特征是其反相畴界(APB)，如图 18.13 所示。APB 使有序度在局部上消失，其一般与相邻的非晶相有关。因此可以推测，APB 即代表了非晶化的初始阶段。

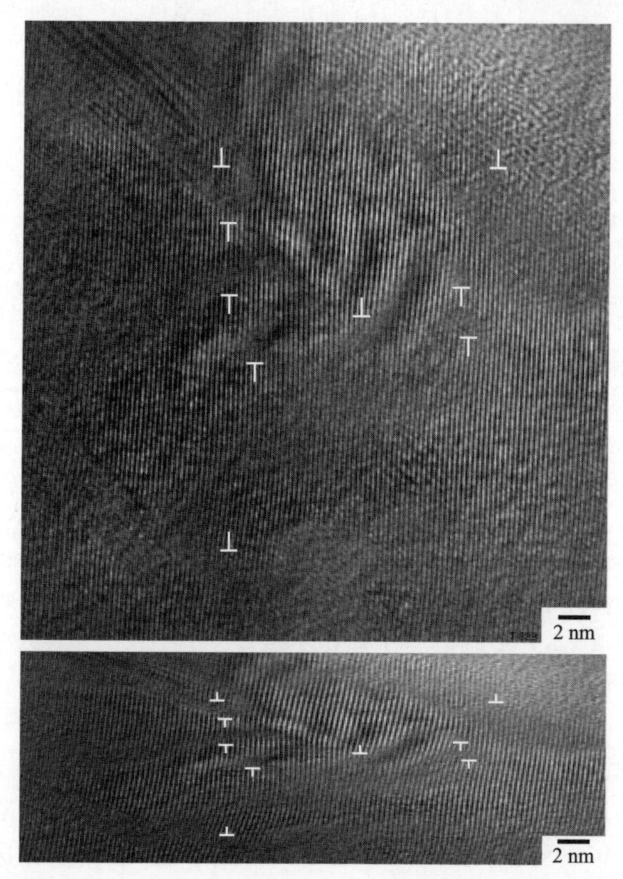

图 18.12　非晶相中嵌入的晶体相中累积的位错。位错以偶极子和多重偶极子的形式排列。注意点阵面的弯曲现象，这表明内应力较高。下方的压缩图像更加清晰地展示了这些细节

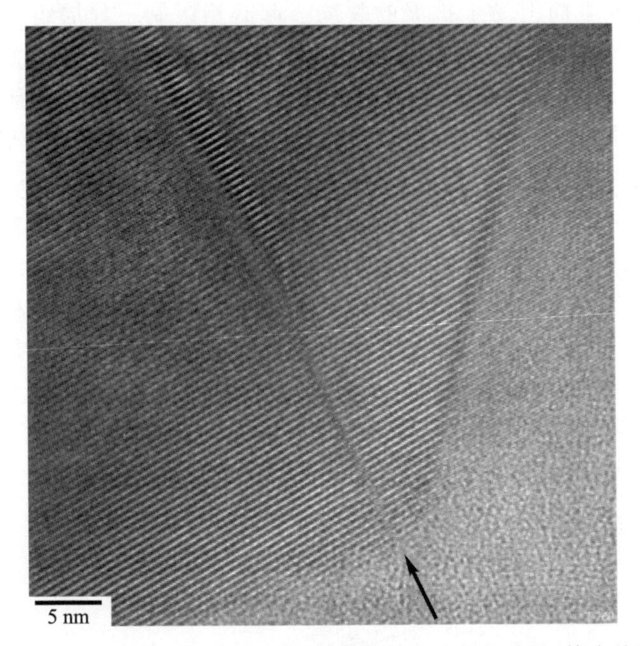

图 18.13 喷丸后，一个嵌入非晶表面层的晶体相晶粒中的反相畴界(箭头处)

总结：TiAl 合金的喷丸在冷变形表面层中造成了显著的结构变化。这包括 $\alpha_2 \to \gamma$ 相变、动态再结晶、非晶化，以及目前仍未知的，可能由氧、氮或氢吸附造成的纳米晶物相的形成等。

18.5 喷丸对疲劳强度的影响

图 18.14 展示了喷丸后的疲劳性能，即疲劳寿命($S-N$)曲线[9]。在 10^7 循环周次下，与仅电解抛光的未喷丸对照样品相比，细小片层组织合金 1 的疲劳强度上升至 300 MPa，而粗大片层组织的疲劳强度则上升至 125 MPa。这一差异非常令人关注，因为乍看起来，它并不符合压缩应力更高的材料应具有更好的疲劳性能这一常识。在这两种材料中，压缩层当然已经足够深且足够强，从而缺口裂纹造成的破坏效应会被转移至与压缩区域深度有关的亚表面区域。而观察结果也确实证明了这一点[9]。可以尝试进行推测，即在这样的条件下，样品的疲劳行为会在很大程度上受到块体材料显微组织及与其相关变形机制的控制。与同成分下的双态组织和等轴组织相比，片层 TiAl 合金的疲劳强度通常是更优的(见 11.3.1 节)。有充分的证据表明，片层组织中疲劳裂纹的萌生和扩展是由片层团的塑性各向异性和{111}晶面上的解理断裂决定的[16]。因此，在取向不利的片层团中，可能会产生能够使内部裂纹形核的高约束应力；它与平

行于{111}界面方向上易于扩展的裂纹一起必然限制了片层组织的抗疲劳性能。在疲劳样品的断口表面上，片层内部通常出现平坦且易于识别的裂纹萌生位置，这证明了上述论断。如 11.3.1 节中所述，在 TiAl 合金的研究文献中并没有关于片层团尺寸和片层间距对疲劳行为影响的独到见解，这是因为一般这两种结构参数很难相对于彼此发生独立的变化。然而，当这种变化成为可能时，可以发现细小的片层团尺寸和片层间距将提高材料的疲劳性能。因此，合金 1 对于喷丸更佳的响应可以归因于其具有更加细小的片层结构。由充足的证据可以证明，TiAl 合金疲劳裂纹的扩展抗力可因外部环境的不利影响而降低（见 11.4 节）。从这一角度看，裂纹萌生位置转移至样品的内部可能是有益的，因为此时裂纹将在更温和的环境下扩展。需要指出的是，关于表面硬化对疲劳性能的影响，在高 Nb 含量合金 Ti-45Al-9Nb-0.2C（TVB-V2）中也观察到了完全一致的现象[10]。

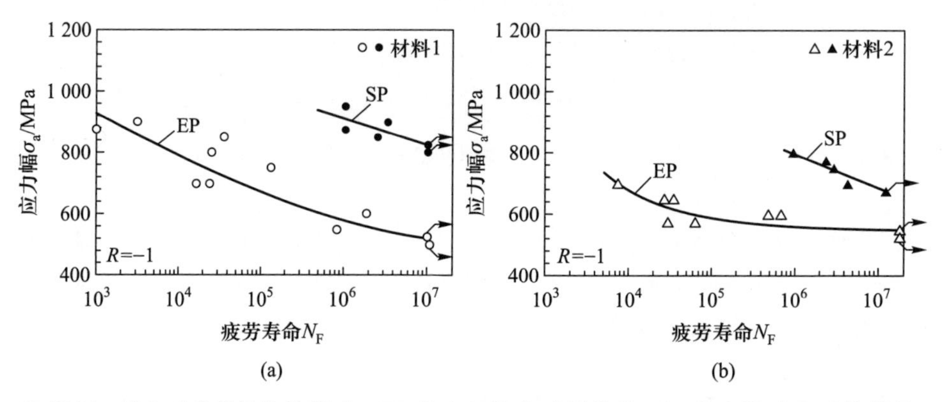

图 18.14　喷丸对疲劳行为的影响，EP 为电解抛光对照样品，SP 为室温喷丸后的样品，阿尔门强度为 0.4 mm 弧高（N 型）。（a）合金 1；（b）合金 2。数据来自 Lindemann 等[9]

最后，需要指出的是滚压[10]在引入深度残余压应力并有效提高疲劳性能方面与喷丸具有同样的效果。一些研究人员[5,8,17]也指出，常规的旋转并打磨往往也可使材料硬化，根据加工条件的不同，硬化层的深度可达 200 μm。研究发现，机加工样品中的压缩应力值与喷丸后的数值几乎是一致的[8]。

总结：在 TiAl 合金的喷丸样品的外表面 10~80 μm 范围内形成了一个抗裂纹萌生的表层。压缩应力的产生将裂纹萌生位置转移至样品内部。综合来看，这些因素大幅提高了室温下材料的疲劳寿命。

18.6　表面硬化的热稳定性

遗憾的是，喷丸造成的表面硬化易于发生热回复，从对 TiAl 合金期望的高温应用来看这一点是不利的。在 650 ℃下退火 50 h 将显著降低显微硬度、残余压应力及疲劳强度，如图 18.15 所示[9]。在细小片层组织的合金 1 中，回复甚至导致产生了拉应力，这对疲劳寿命来说是尤为不利的。需要指出的是，在滚压造成的表面硬化中也发现了这种热不稳定性[10]。表面硬化的热松弛是传统金属中一个非常普遍的现象，但是目前人们对其机制了解得还不够充分。对于 TiAl 合金来说，一个突出的问题是其表面硬化松弛发生的温度相对较低，而此时传统的扩散机制尚不活跃。表面压应力的热释放与传统压缩实验中加工硬化的回复是一致的(见 7.2.4 节)。另外，这两种变形模式的一个共同特征是其中均出现了位错碎片和点缺陷团簇。这些缺陷所包含的晶体体量较小，可认为它们能很容易地由退火消除。表面硬化的回复可能还得到了高内应力以及高度过饱和的点缺陷的协助。非晶和晶体混合相中的结构演变也可能会导致应力的释放。上文已经提到，晶体相晶粒中含有高密度的位错结构，其看起来是相

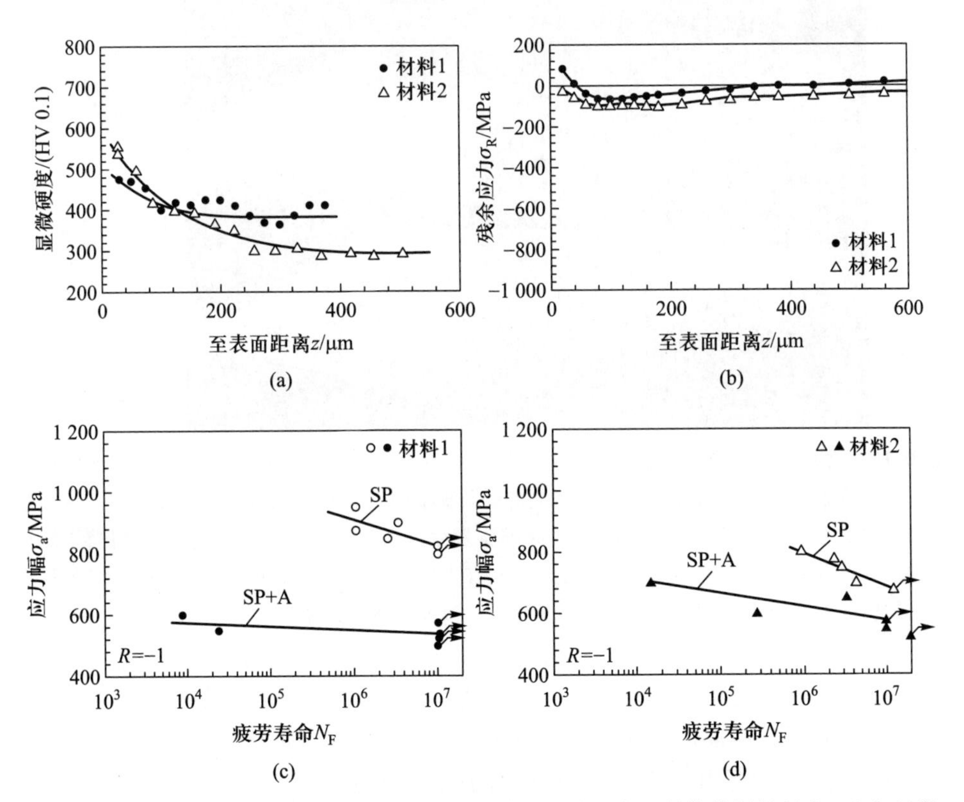

图 18.15 650 ℃下退火 50 h 后，材料 1 和 2 中喷丸形成的表面硬化的回复行为。(a) 显微硬度；(b) 残余压应力；(c)、(d) 疲劳强度。SP 为喷丸后的样品，SP+A 为喷丸后退火的样品。数据来自 Lindemann 等[9]

当不稳定的。在原位 TEM 观察中已发现了这些位错的重组现象，如图 18.16 中一系列的高分辨像所示。看起来，这些位错非常不可能仅因受到像力的影响而迁移，因为它们在样品平面上也具有较大的伯格斯矢量分量。位错可能是在纳米晶内的内应力或显然存在于晶体相和非晶相之间的约束应力(如图 18.11)的驱动下发生运动的。类似地，在原位实验中也观察到了点阵转变现象，由此可以推测嵌入在非晶相中的晶体相是非常热不稳定的[12]。

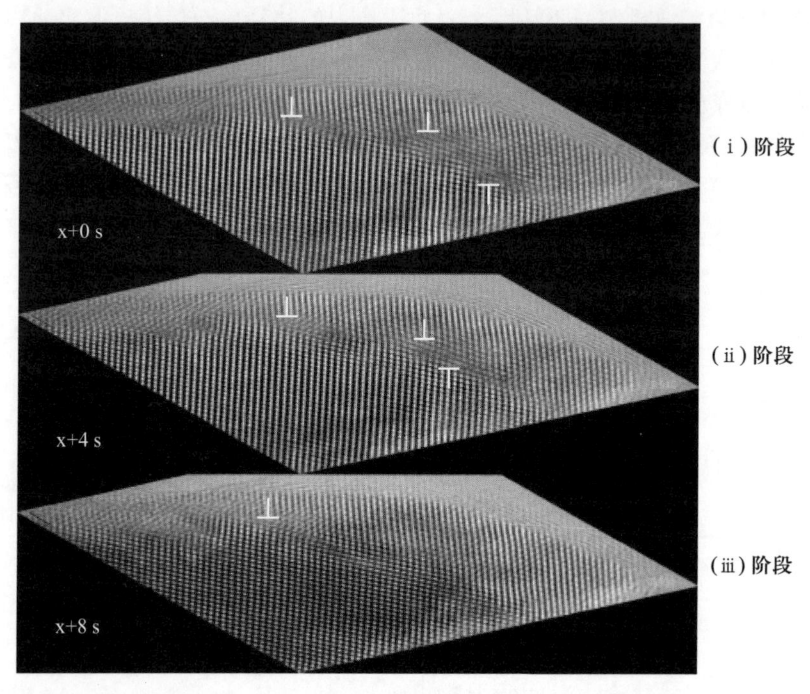

图 18.16　喷丸表面层中非晶相内嵌入的晶体相晶粒中位错回复的原位观察结果。图中用符号标出了 3 条位错，此为(ⅰ)阶段。左侧的一条孤立位错相对难以滑动，另外的两条位错呈偶极子组态，且相向迁移，在(ⅱ)阶段时即将发生湮灭。(ⅲ)阶段展示了位错偶极子湮灭后的情形，其表现为连续的点阵面迹线。观察在室温下进行，加速电压为 300 kV。需要指出的是这些图片在沿垂直的方向上被略微压缩了，以便于观察位错

显然，表面硬化层的热不稳定性限制了喷丸在 TiAl 合金部件中更广泛的应用。然而，某些部件是在中温下应用的，且需要良好的疲劳强度，汽车发动机中的链接杆就是其中的一个主要例子。喷丸还可应用于回复电火花加工(EDM)导致的疲劳性能损失，电火花加工这种经济的加工方法已广泛应用于 TiAl 合金的部件制造中。电火花熔化金属所产生的热量在基体材料上产生了一个重熔层。这一层可能是脆性的，并可能具有高拉伸应力，这不利于材料的疲劳性能。在令表面破坏最小化的条件下产生表面硬化时，与热不稳定性有关的

问题能否得以解决仍是存疑的。例如，激光喷丸是通过冲击波的扩展而产生残余应力场的。冲击波则来自聚焦激光脉冲所产生的等离子爆破。这一工艺的主要优点在于其产生了非常深的压应力层，并同时保持了最低的冷加工量。因此，激光产生的应力的热松弛程度可能就比机械喷丸的更低。

总结：由喷丸或滚压造成的表面硬化在 650~750 ℃退火时将发生显著回复。因此在中温应用条件下，喷丸是一种可有效提高疲劳性能的方法，但是在那些将被用于高温服役的部件中就不那么有效了。

参考文献

[1] Herrmann, D. (2009) *Diffusionsschweißen von γ (TiAl)-Legierungen: Einfluss von Zusammensetzung, Mikrostruktur und mechanischen Eigenschaften.* PhD thesis. Technical University Hamburg-Harburg, Germany.

[2] Almen, J. O., and Black, P. H. (1963) *Residual Stresses and Fatigue in Metals*, McGraw-Hill, Toronto, p. 64.

[3] SAE Surface Enhancement Division (2008) SAE Standard J442. *Test Strip, Holder, and Gage for Shot Peening.*

[4] SAE Surface Enhancement Division (2003) SAE Standard J443. *Procedures for Using Standard Shot Peening Test Strip.*

[5] Jones, P. E., and Eylon, D. (1999) *Mater. Sci. Eng. A*, **263**, 296.

[6] Lindemann, J., Roth-Fagaraseanu, D., and Wagner, L. (2001) *Structural Intermetallics 2001* (eds K. J. Hemker, D. M. Dimiduk, H. Clemens, R. Darolia, H. Inui, J. M. Larsen, V. K. Sikka, M. Thomas, and J. D. Whittenberger), TMS, Warrendale, PA, p. 323.

[7] Lindemann, J., Roth-Fagaraseanu, D., and Wagner, L. (2003) *Gamma Titanium Aluminides, 2003* (eds Y. W. Kim, H. Clemens, and A. H. Rosenberger), TMS, Warrendale, PA, p. 509.

[8] Wu, X., Hu, D., Preuss, M., Withers, P. J., and Loretto, M. H. (2004) *Intermetallics*, **12**, 281.

[9] Lindemann, J., Buque, C., and Appel, F. (2006) *Acta Mater.*, **54**, 1155.

[10] Lindemann, J., Glavatskikh, M., Leyens, C., Oehring, M., and Appel, F. (2007) *Titanium-2007 Science and Technology* (eds M. Niinomi, S. Akiyama, M. Hagiwara, M. Ikeda, and K. Maruyama), The Japan Institute of Metals, Sendai, p. 1703.

[11] Schafrik, R. E. (1977) *Metall. Trans. A*, **8A**, 1003.

[12] Appel, F. (2001) A High-Resolution Electron Microscope Study of Defect Structures in TiAl Alloys Produced by Shot-Peening, *Acta Mater*. To be published.

[13] Hirth, J. P., and Lothe, J. (1992) *Theory of Dislocations*, Krieger, Melbourne.

[14] Suryanarayana, C. (2001) *Prog. Mater. Sci.*, **46**, 1.

[15] Klassen, T., Oehring, M., and Bormann, R. (1997) *Acta Mater.*, **45**, 3935.

[16] Huang, Z. W., and Bowen, P. (1999) *Gamma Titanium Aluminides 1999* (eds Y. W. Kim, D. M. Dimiduk, and M. H. Loretto), TMS, Warrendale, PA, p. 473.

[17] Zhang, H., Mantle, A., and Wise, M. H. L. (1996) *Titanium '95: Science and Technology* (eds P. A. Blenkinson, W. J. Evans, and H. M. Flower), Institute of Materials, London, p. 497.

第19章
应用、部件的评定和展望

19.1 航空航天领域

19.1.1 在飞机发动机上的应用

Gilchrist 和 Pollock[1]展示了由铸造 TiAl 合金制备的 LPT 叶片的设计案例，采用 γ-TiAl 合金作为叶片材料可显著降低发动机质量。γ-TiAl 合金不仅比相应的高温合金更轻，而且由于更轻的叶片降低了施加在涡轮盘上的离心力，因而在涡轮盘中也可实现相应的减重效果。当然，发动机设计的保守性不会同时将主要叶片的开发与涡轮盘的减重设计结合起来，因为如果需要将 γ-TiAl 合金叶片从发动机平台移除而以传统的更重的镍基合金取而代之，将产生极其严重的后果。然而，在叶片上的成功应用可作为向实现这一目标迈进的第一步。

在发动机应用领域中，大部分已发表的工作均集中在低压涡轮(LPT)和高压涡轮(HPT)叶片上。在 TiAl 合金的应用和验证方面，通用公司在其将被用于波音 787 梦想客机的新型 GEnx-1B 发动机中已获得了巨大的成功，飞机将于 2011 年进入服役阶段。在新奥尔良的 TMS 年会上(2008 年)，来自通用公司的 Tom Kelly 博士在其报告中宣布，GEnx-1B 发动机中的最后两级低压涡轮叶片将由(PCC 铸造的)铸造“48-2-2”合金制备。他还指出，“48-2-2”合金“仅是一个名字”，这可能表明用于 LPT 叶片的合金成分可能与此有些差别。可以相信，这些叶片将被铸造成略大的尺寸，而后通过机加工来达成其最终的几何形状，这当然就产生了额外的成本。然而，随着 γ-TiAl合金被成功引入 GEnx-1B 发动机并被成功验证，尽管还需要在日复一日的长期日常服役条件下观察 γ-TiAl 合金的表现，但是在技术和经济领域上的巨大“信任障碍”已被打破了。通用公司对其 γ-TiAl 合金技术投入了大量的时间、努力和资源，其为第一个对材料的应用投以充分信任的发动机制造商。任何对 γ-TiAl 合金感兴趣或从事 γ-TiAl 合金研究的人只能祝愿通用公司取得成功，因为如果失败(尤其是出于技术原因)，将会对 γ-TiAl 合金造成重大挫折，使其可能需要很长的时间才会重回正轨。

通用公司取得的这一巨大成功是建立在其以往在 TiAl 合金铸造方面的经验[2]，以及对一组完整的 98 枚五级铸造低压涡轮叶片在 CF6-80C2 发动机上成功试车(超过 1 000 次的模拟飞行)的基础上的[3]。在这次耐久测试中，并未出现叶片破坏的迹象，但是据报道，部分叶片在组装过程中出现了裂纹[1]。报道还称，这完整的一组 98 枚叶片随后又被重新装载于另一个发动机上进行试车，并在 500 次的再一次循环后也未出现问题。这一项目表明部件的拉伸强度、高周疲劳、燕尾榫低周疲劳、耐冲击性、耐磨损以及耐热腐蚀等性能已满足了应用条件[4]。

在高压涡轮叶片上的工作主要在德国进行，并获得了国家级的资助，参与成员包括罗尔斯-罗伊斯(德国)、GKSS 以及其他的公司和研究机构等。特别是其中的两个项目，其均包括了铸锭的挤压及随后等温锻造为近净形状并电化学打磨的步骤。在第一个项目中，成功制备出了 200 枚以上的 HPT 叶片，它们中的大多数由传统强度的 TiAl 合金制造，如图 16.54 所示[5]。但是，在制备完成后，原计划的发动机试车却没有成行。第二个项目是基于在第一个项目中所获得的经验进行的，采用的是高强度的大尺寸高铌含量 TiAl 合金铸锭。目前，德国正在开展仅铸造以及铸造而后锻造的发动机零件制备工作。

除了叶片之外，另外的发动机部件也正在研究或设想中。这些包括：定子叶片[6]、排气部件[6]、燃烧室壳体[6]、控制进入燃烧室压气气体减速的径向扩散器[4,7]、风管过梁[3,7]以及涡轮叶片阻尼器[8]等。

Rugg[9]认为，在代替 Fe 和 Ni 基定子叶片方面，γ-TiAl 合金具有巨大的潜力。这将大幅度减小发动机的质量，并可同时涉及应用于较低温度(300～

400 ℃)的定子叶片和那些应用于高温下的部件。图 19.1 为 Walker 和 Glover[6] 展示的一枚不同制造阶段的铸造 HP4 定子叶片的外观图。据报道，这种叶片已在“CEASAR”项目中进行了发动机试车并成功完成了 1 000 次循环。

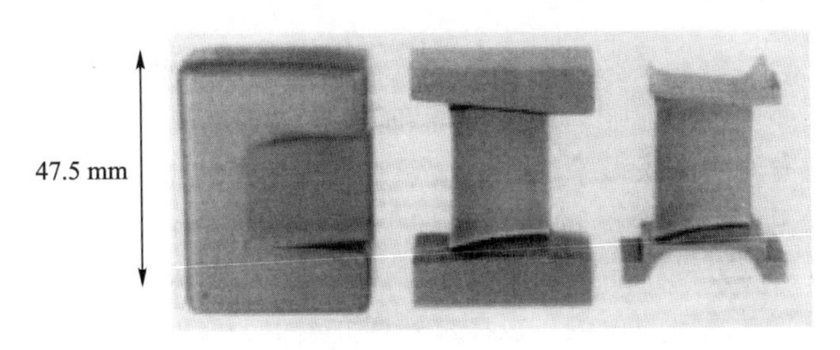

图 19.1 铸造 HP4 定子叶片不同制造阶段的外观图[6]。自左至右：铸造态、电化学打磨后以及最终机加工后的定子叶片

GE 也设计并测试了由 TiAl 合金制造的风管过梁，如图 19.2 所示[3]。这些梁使流道板绷紧以应对发动机熄火时所造成的负载[3]。这些部件的长度达 20 cm,宽度达 6 cm[7]。虽然这是一种高应变速率加载下的应用，看起来并非应以 γ-TiAl 合金作为首选材料，但是据报道这些梁已被安装在两个 GE90 发动机上，且其工厂测试表现良好[3]。

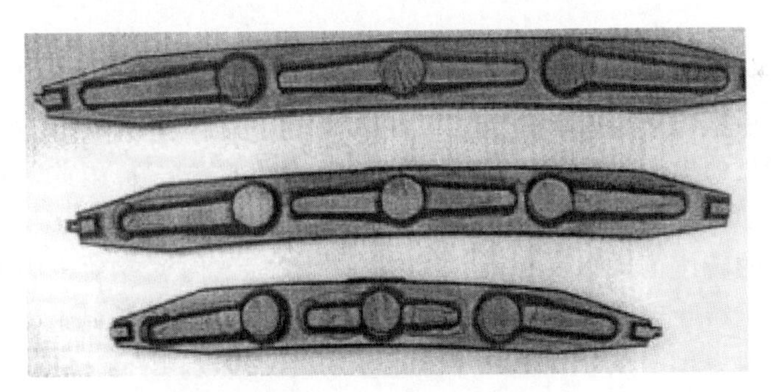

图 19.2 GE90 发动机中的铸造风管过梁[3]。铸件的长度约为 15 cm，这些零件是由 TiAl 合金铸造的，并在发动机工厂测试中表现良好

沃尔沃对 TiAl 合金在高压涡轮阻尼器材料方面的应用进行了研究[8]。其意图在于采用铸造 Ti-47Al-2Nb-2Mn+0.8 vol.% TB_2 XD 合金代替传统的镍基合金材料。作为项目的一部分，他们已对 76 个 TiAl 合金阻尼器以及 76 枚传统高压涡轮叶片中的 19 枚 TiAl 叶片进行了发动机试车。叶片上装有应变计，用于测定叶片上的动态压力。持久测试进行了 214 h，结果表明，在较低的激励频率下通过采用 γ-TiAl 合金阻尼器可使动态应力降低 50%，但是在高频率下

却未观察到任何改良。采用 γ-TiAl 合金时，并未报道有任何严重的问题，可以认为，通过对阻尼器进行重新设计是有可能提高其高频阻尼能力的。

19.1.2 特殊航空航天应用

除了在传统飞行器发动机上的应用之外，人们也提出了 TiAl 合金在一些特殊航空航天部件上的应用。Bartolotta 和 Krause[10] 对未来 TiAl 合金在超音速高速民用运输方面的应用做了综述。出于对减少废气和噪声污染的需求，可以设想在高速民用推进器系统的一些部件中可采用 TiAl 合金，包括发散襟翼、喷嘴侧壁以及其他发动机后部的结构件等。除了铸造之外，由板材制备的面板和结构件也扮演着重要的角色。在技术开发方案中，人们已制造了代表性的零件并进行了测试，且得到了令人满意的结果[10-12]。Draper 等[12] 阐述了 TiAl 合金板材结构件在高超声速超燃冲压发动机中的应用。在这种应用中，γ-TiAl 合金在进气道、燃烧室和喷嘴段内的加强筋结构上相对于镍基合金可具有减重 25%~35%的潜力。攀时公司采用 GKSS 在 TNB 合金的名义下研发的 Gamma Met PX 合金制造了 3 个超燃冲压发动机的襟翼子结构，随后其中之一被加载至破坏。其实际的失效加载值比预估的数值高出了 13%。

19.2 汽车领域

随着优化燃油消耗和减少机动车尾气排放立法的增加，人们对机动车减重、降低噪声和污染提出了要求。为了达到这些目标，机动车企业界正试图缩减传统内燃机的生产规模并提高发动机的性能和效率[13]。因此，就需要将汽油和柴油发动机的燃烧气体温度分别提高至 1 050 ℃ 和 850 ℃，同时，气体压力和发动机的转速也要提高[13]。为实现这一目标，内燃发动机中的发动机气门、涡轮增压器叶轮以及连接杆等就需要由轻质抗高温部件制造。这些部件的制造和应用即为 TiAl 合金的第二个最重要的应用领域。

许多论文已经阐述了发动机气门的制造过程，其中既有铸造材料[14-20]（如图 14.17）也有锻造材料[19-22]。Del West 公司是最大的发动机气门生产商之一，他们研究了用粉末制备 TiAl 合金气门的方法，但是发现其疲劳强度不足[20]，而其他论文则表明，以粉末制备的材料的疲劳性能离散度是相当大的[21,23]。在内燃发动机中，采用轻质气门的优势在于其更高的燃料经济性、更好的性能以及降噪和减振效果[24,25]。关于这些收益是如何与 TiAl 合金关联的阐述，请读者参阅文献[24，25]，关于气门在发动机中运转情况的信息请参阅文献[26]。

据 Wünsch 等[25]所述，TiAl 合金可同时被考虑应用于进气门和排气门。进气门的温度可高至约 600 ℃，而排气门的温度则可高于 800 ℃[25]。因此，虽然可以用钛合金制造进气门，但 TiAl 合金在替换高性能/重型发动机中的传统排气门材料如钢(21-4N，21-2N)和变形镍基高温合金(Inconel 751)方面确有其可行性[25]。发动机配气机构的速度受进气门质量的限制比排气门更高。因此，即使从满足性能的观点看，钛合金仍是合适的，但若将 TiAl 合金用作为进气门材料将使发动机的性能进一步提升[25]。相比于钢制气门，γ-TiAl 合金可使其减重约 49%。虽然以 Si_3N_4 制备的陶瓷气门可减重 57%，但是仍要考虑到其较高的制造成本和本征脆性行为[25]。

在运转过程中，发动机排气门的工况非常严苛，其包括了高温、腐蚀性环境、循环和蠕变加载以及摩擦等[24]。这些工况将导致气门的不同部位有多种可能的失效方式。在正常运转下，最高的应力出现于气门头部下方的半径范围和气门座区域[24]，其值为 35~70 MPa。然而，此应力值不仅取决于气门的几何形状，而且还受到燃烧气体压力和气门座定位的影响。在气门杆与气门头部的过渡区域，其应力可达 20 MPa，但当定位严重偏离时，其弯曲应力可达 250 MPa[24]。关于这一方面，Del West 的 Sommer 和 Keijzers[20] 的解释为，在气门将承受一定的偏位而非仅受到轴向加载的环境下，由于钛合金的杨氏模量较低，从而降低了疲劳应力，因而更适宜采用钛合金。

如 Gebauer[26] 所述，TiAl 合金若要成功应用于气门材料，其必须要满足一系列的要求和特点，如图 19.3 所示。在气门杆端部，由于与气门摇臂的接触，可能会产生摩擦问题，而气门杆由于与气门导管或气缸盖接触，其摩擦问题也可能出现[25]。与文献[14，18-20，24-27]一样，大量文献中均提及了耐磨涂层的应用。与铸造和近净成形粉末气门相比，变形材料的强度(提升了疲劳性能)和塑性更高。攀时公司开发了与挤压/两次挤压和热墩粗相结合的锻造工艺[19,21]，制备出了性能优异的材料，并已投入了发动机气门的商业化生产中，用于一级方程式赛车上[22]。虽然在技术上已取得成功，但国际汽车联合会(FIA)改变了规则，从而于 2006 年起即禁止了它的应用。因此，虽然锻造气门可适用于高性能应用场合，但它们还是较为昂贵的[13]。尽管在需求不算太高的应用中铸造气门的表现良好，但是其产生孔隙的可能性(这已经在铸造气门中观察到了[15,18])降低了其疲劳性能[15]。

许多论文阐述了在发动机测试中对 TiAl 合金气门的测试结果[13,14,18,19,24,25,27-29]。令人鼓舞的是，在其中的部分论文中，终端应用公司的代表也是论文的共同作者，包括福特[24,25]、通用汽车[25,29]和戴姆勒奔驰/克莱斯勒[13,19,27]等。报道称，人们已对发动机进行了 80 000 mile①[25]和 140 000 km[13,27]的测试，结果表明采用 TiAl 合金气门后燃料的效率提高了 2%[29]，发动机能量

① 1 mile=1.609 344 km，全书同。

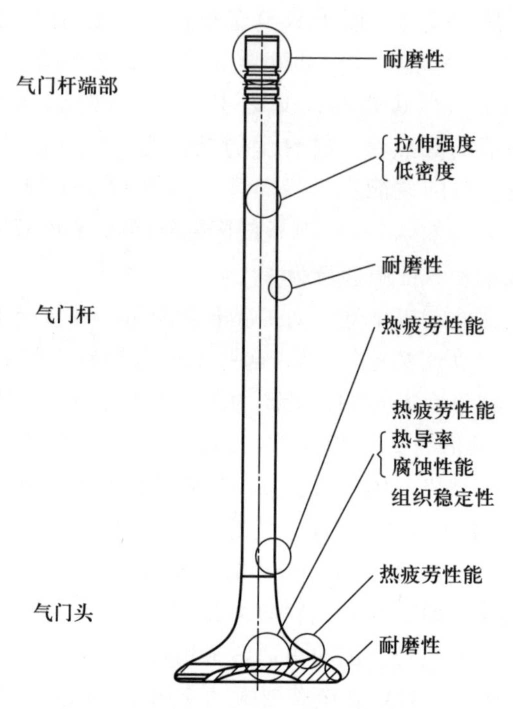

图 19.3　发动机气门及与部位相关的特定材料性能需求示意图[26]

提高了 8%[30]。此外，据报道，“气门脱跳”发生前的发动机转数增加了 1 000 r/min 以上，达到了 14 000 r/min 以上的水平[17,28]。看起来，最严重的问题是摩擦问题，其时而可在测试后见到。许多作者将观察到的摩擦以“非关键的”[13,27]到“广泛的”[24]范围划分；而对气门杆进行涂层处理，并采用间隙盖保护气门嘴的方法据称可解决摩擦问题[24]。另外还观察到由硬质碳颗粒导致的气门座的微小损伤[27]。虽然没有运行过程中气门失效的报道，但是在装载和卸载过程中却可能会导致损伤[25]。然而，根据 Gebauer[26] 的观点，虽然 TiAl 合金气门几乎已具备了应用的条件，并且还有商业规模化生产的低成本制造工艺[14]，但目前来看，应该相信还没有任何 TiAl 合金气门进入系列生产阶段。

TiAl 合金在汽车领域中的第二个令人关注的应用方向为柴油发动机中的涡轮增压器叶轮，如图 14.21 所示。McQuay[31] 报道称，几乎每一个涡轮增压器和柴油发动机的主要生产商均已对 TiAl 合金涡轮增压器进行了成功测试，包括 ABB、霍尼韦尔-盖瑞特和丰田等。戴姆勒克莱斯勒[13] 和三菱[32-34] 也已深度介入了研发进程。目前，镍基高温合金 Inconel 713C 是制造柴油发动机涡轮增压器叶轮应用最普遍的材料[28]。采用 TiAl 合金作为替代材料将减少尾气中的颗粒物排放以及由惯性降低而导致的涡轮迟滞。这就可能使踩下汽车油门和汽车开始加速之间的响应时间更短[17,28]。更高的里程数和降低的排放量将使汽车更加环保[33]。另一个有益效果还在于，转子共振频率的提高降低了汽车的噪声和振动[13]。关于涡轮增压器材料的性能需求的分析见文献[13]。在柴油和汽油发动机中，最高服役温度分别为 750 ℃和 950 ℃，同时还存在高应力，这就要求合金具有优异的抗蠕变性以保持其气动外形，同时具有良好的抗氧化性。据报道，材料的室温断裂塑性还要求超过 1%[13]，然而，根据我们的经验，满足这一性能的铸造合金不太可能同时满足其他的性能标准，因此很可能要向塑性较低的合金折中。在制造完成后，涡轮增压器叶轮必须要与转子轴连接，在传统涡轮增压器材料中，这一般通过摩擦焊或电子束焊接来实现[17]。关于与 TiAl 合金涡轮增压器相关的信息请读者参阅文献[17，34，35]以及 17.2 节。

文献[13，32，33，35]阐述了对铸造涡轮增压器叶轮的测试结果。在梅赛德斯奔驰 C 级 C220 cdi 汽车中，虽然没有透露实际的细节，Baur[13]报道表明采用 TiAl 合金后涡轮迟滞下降且发动机性能上升，这在低发动机转速下尤为明显。相比于 Inconel 713C 合金，Noda[17]报道称，当转速为 34 000~100 000 r/min 时，TiAl 合金使涡轮增压器的加速响应时间提高了 16%，而当转速为 170 000 r/min 时，提升量则为 26%。采用 TiAl 合金涡轮增压器可达的最高速度要比 Inconel 713C 合金高出了 10 000 r/min。在超转试验中，一个直径为 47 mm 的涡轮增压器叶轮的转速超过了 210 000 r/min，达到其额定转速的 124%[17]。在其他试验中，测定 Inconel 713C 合金气门杆头破坏时的转速约为 500 m/s，而在 TiAl 合金中，其速度超过了 620 m/s 时仍未发生破坏[35]。

除了必须要满足必要的强度、抗疲劳、抗蠕变以及抗氧化性能的要求外，抗侵蚀和异物损伤的性能也非常重要，因为在正常运转过程中，叶片的尖端速度可达 420 m/s(1 512 km/h)[32]。已经证明，与低铌含量 TiAl 合金相比，高铌含量 TiAl 合金的抗侵蚀性能明显更优。图 19.4[33]表明，由低铌含量 TiAl 合金制备的叶片的尖端被显著地侵蚀了，而高铌含量 TiAl 合金则几乎未出现损伤，这可能是其非常细小的全片层组织的缘故。在氧化方面，已经发现，发动机测试中的环境要比正常大气条件还要缓和一些，其原因可能来自运转过程中沉积的材料稳定了氧化铝保护层[32]、气体分压的差异[33]，或空气中的氧化样品和发动机测试中采用的实际铸造涡轮增压器之间显微组织/表面制备状态的差别[33]。

多种发动机测试证明，TiAl 合金作为涡轮增压器材料具有其适用性和优势，三菱重工(MHI)已将这一技术引入三菱汽车公司生产的 Lancer Evolution 系列汽车中[34,35]。Abe 等[34]报道，1998—2000 年间，涡轮增压器的销售量超

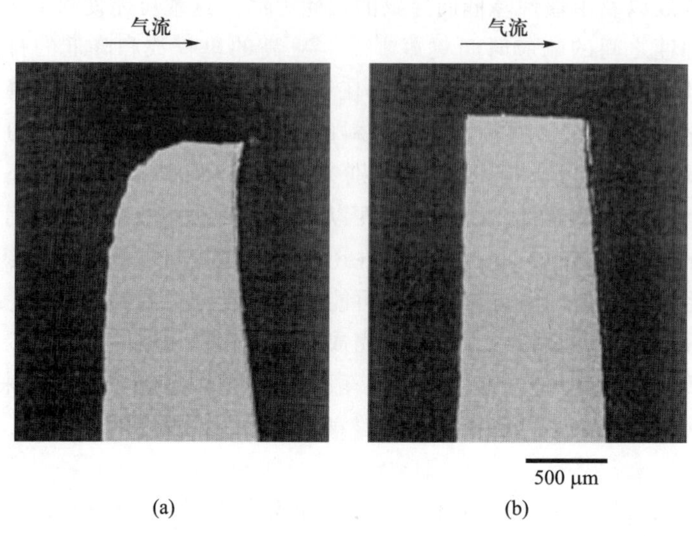

图 19.4　TiAl 合金涡轮增压器叶轮在相似条件下测试后的背散射电子像[33]。低铌含量 TiAl 合金叶片(a)发生了显著的侵蚀缺损，而由高铌含量 TiAl 合金制备的叶片(b)则几乎没有出现材料损伤

过了 8 000 件，而 Tetsui[35] 报道则称在 1999—2002 年间的销售量超过 5 000 件。Wu[36] 在 2003 年的报道表明 TiAl 合金涡轮增压器已装备在了超过 20 000 台轿车上。尽管其成本比传统材料还要高一些，且涡轮增压器的性能仍存在提升空间[13]，但是从技术的角度看，将 TiAl 合金引入到这一应用领域是非常令人称道的。Abe 等[34]的阐述称，若能将 TiAl 合金涡轮增压器叶轮应用到(汽油被直接喷入气缸的)新型汽油发动机中，则将会显著增加增压器叶轮的需求量，这会使其成本进一步降低。将涡轮增压器技术应用至其他领域，如船用发动机等，也会使 TiAl 合金的需求量上升。MeQuay[31] 就报道了大尺寸铸造 TiAl 合金涡轮增压器在渡轮柴油发动机中的成功应用。在汽车发动机中，其他可以用 TiAl 合金制备的部件有活塞头部、连杆以及摇臂等[13]。然而，除了德国制造连杆的尚未发表的工作之外，可以相信目前还没有开展任何关于这些部件应用的项目研究。

19.3　展望

在写作本部分内容的时刻，即 2011 年初，TiAl 合金正将走向现实应用，即用于通用公司的商业喷气发动机 GEnx-1B 中。目前已成功完成了资格鉴定和认证程序，TiAl 合金还没有进入商业飞行的唯一原因就是波音梦想飞机的交货时间延迟了。基于这一成就，并假定其在服役中没有遇到重大问题，那么看起来 TiAl 合金在航空发动机中的未来就有保障了，且其应用量只会与日俱增。这当然对所有的公司及其所涉及的机构均是有益的，因为这将转化为对其商业需求的增加，以及对具备适当资质和知识的技术顾问和研究人员需求量的上升。一种航空发动机叶片的成功应用必将进一步鼓励叶片在涡轮发电机中的应用。此时 TiAl 合金可显著提升效率，因而其可对更环保、消耗资源更少的发电做出实质性的贡献。在上述两种应用领域中，TiAl 合金将一直受到关注；但是 TiAl 合金若要真正进入应用，其供应链还要具有成本竞争力，且在此基础上其部件还要具有一致的微观结构和性能以满足其长期应用才行。

尽管规模相对较小，但在汽车内燃机领域 TiAl 合金已经得以应用了，即作为涡轮增压器叶轮材料应用在一级方程式赛车和三菱汽车中。然而，依我们看来，TiAl 合金在这一领域的长期应用是不能保障的。这是因为人们正在研发更绿色的地面交通能源模式，如氢/乙醇燃料电池和电驱动发动机等。当这些可替代的技术大幅进入市场时，TiAl 合金在汽车领域中的应用也就进入倒计时了。

参考文献

[1] Gilchrist, A., and Pollock, T. M. (2001) *Structural Intermetallics 2001* (eds K. J. Hemker, D. M. Dimiduk, H. Clemens, R. Darolia, H. Inui, J. M. Larsen, V. K. Sikka, M. Thomas, and J. D. Whittenberger), TMS, Warrendale, PA, p. 3.

[2] Austin, C. M., and Kelly, T. J. (1993) *Structural Intermetallics* (eds R. Darolia, J. J. Lewandowski, C. T. Liu, P. L. Martin, D. B. Miracle, and M. V. Nathal), TMS, Warrendale, PA, p. 143.

[3] Austin, C. M., and Kelly, T. J. (1995) *Gamma Titanium Aluminides* (eds Y. W. Kim, R. Wagner, and M. Yamaguchi), TMS, Warrendale, PA, p. 21.

[4] Schafrik, R. E. (2001) *Structural Intermetallics 2001* (eds K. J. Hemker, D. M. Dimiduk, H. Clemens, R. Darolia, H. Inui, J. M. Larsen, V. K. Sikka, M. Thomas, and J. D. Whittenberger), TMS, Warrendale, PA, p. 13.

[5] Appel, F., Brossmann, U., Christoph, U., Eggert, S., Janschek, P., Lorenz, U., Müllauer, J., Oehring, M., and Paul, J. D. H. (2000) *Adv. Eng. Mater.*, **2**, 699.

[6] Walker, N. A., and Glover, N. E. (2001) *Structural Intermetallics 2001* (eds K. J. Hemker, D. M. Dimiduk, H. Clemens, R. Darolia, H. Inui, J. M. Larsen, V. K. Sikka, M. Thomas, and J. D. Whittenberger), TMS, Warrendale, PA, p. 19.

[7] Loria, E. A. (2000) *Intermetallics*, **8**, 1339.

[8] Pettersson, B., Axelsson, P., Andersson, M., and Holmquist, M. (1995) *Gamma Titanium Aluminides* (eds Y. W. Kim, R. Wagner, and M. Yamaguchi), TMS, Warrendale, PA, p. 33.

[9] Rugg, D. (1999) *Gamma Titanium Aluminides 1999* (eds Y. W. Kim, D. M. Dimiduk, and M. H. Loretto), TMS, Warrendale, PA, p. 11.

[10] Bartolotta, P. A., and Krause, D. L. (1999) *Gamma Titanium Aluminides 1999* (eds Y. W. Kim, D. M. Dimiduk, and M. H. Loretto), TMS, Warrendale, PA, p. 3.

[11] Das, G., Bartolotta, P. A., Kestler, H., and Clemens, H. (2003) *Gamma Titanium Aluminides 2003* (eds Y. W. Kim, H. Clemens, and A. H. Rosenberger), TMS, Warrendale, PA, p. 33.

[12] Draper, S. L., Krause, D., Lerch, B., Locci, I. E., Doehnert, B., Nigam, R., Das, G., Sickles, P., Tabernig, B., Reger, N., and Rissbacher, K. (2007) *Mater. Sci. Eng.*, **A464**, 330.

[13] Baur, H., Wortberg, D. B., and Clemens, H. (2003) *Gamma Titanium Aluminides 2003* (eds Y. W. Kim, H. Clemens, and A. H. Rosenberger), TMS, Warrendale, PA, p. 23.

[14] Blum, M., Choudhury, A., Scholz, H., Jarczyk, G., Pleier, S., Busse, P., Frommeyer, G., and Knippscheer, S. (1999) *Gamma Titanium Aluminides 1999* (eds Y. W. Kim, D. M. Dimiduk, and M. H. Loretto), TMS, Warrendale, PA, p. 35.

[15] Marino, F., Guerra, M., Rebuffo, A., Rossetto, M., and Vicario, V. (2003) *Gamma Titanium Aluminides 2003* (eds Y. W. Kim, H. Clemens, and A. H. Rosenberger), TMS, Warrendale, PA, p. 531.

[16] Blum, M., Busse, P., Jarczyk, G., Franz, H., Laudenberg, H. J., Segtrop, K., and Seserko, P. (2003) *Gamma Titanium Aluminides 2003* (eds Y. W. Kim, H. Clemens, and A. H. Rosenberger), TMS, Warrendale, PA, p. 9.

[17] Noda, T. (1998) *Intermetallics*, **6**, 709.

[18] Badami, M., and Marino, F. (2006) *Int. J. Fatigue*, **28**, 722.

[19] Hurta, S., Clemens, H., Frommeyer, G., Nicolai, H. P., and Sibum, H. (1996) *Titanium '95: Science and Technology* (eds P. A. Blenkinsop, W. J. Evans, and H. M. Flower), IOM, London, UK, p. 97.

[20] Sommer, A. W., and Keijzers, G. C. (2003) *Gamma Titanium Aluminides 2003* (eds Y. W. Kim, H. Clemens, and A. H. Rosenberger), TMS, Warrendale, PA, p. 3.

[21] Clemens, H., Kestler, H., Eberhardt, N., and Knabl, W. (1999) *Gamma Titanium Aluminides* 1999 (eds Y. W. Kim, D. M. Dimiduk, and M. H. Loretto), TMS, Warrendale, PA, p. 209.

[22] Kimberley, W. (2006) Automotive Design and Production, June 2006.

[23] Eberhardt, N., Lorich, A., Jörg, R., Kestler, H., Knabl, W., Köck, W., Baur, H., Joos, R., and Clemens, H. (1998) *Z. Metallkd.*, **89**, 772. In German.

[24] Dowling, W. E., Donlon, W. T., and Allison, J. E. (1995) *High Temperature Ordered Intermetallic Alloys VI*, *MRS Symposium Proceedings*, vol. 364 (eds J. Horton, I. Baker, S. Hanada, R. D. Noebe, and D. S. Schwartz), MRS, Warrendale, PA, p. 757.

[25] Hartfield-Wünsch, S. E., Sperling, A. A., Morrison, R. S., Dowling, W. E., and Allison, J. E. (1995) *Gamma Titanium Aluminides* (eds Y. W. Kim, R. Wagner, and M. Yamaguchi), TMS, Warrendale, PA, p. 41.

[26] Gebauer, K. (2006) *Intermetallics*, **14**, 355.

[27] Baur, H., and Joos, R. (2000) *Intermetallics and Superalloys*, *Euromat 99*, vol. 10 (eds D. G. Morris, S. Naka, and P. Caron), Wiley-VCH, Weinheim, Germany, p. 384.

[28] Tetsui, T. (1999) *Curr. Opin. Solid State Mater. Sci.*, **4**, 243.

[29] Eylon, D., Keller, M. M., and Jones, P. E. (1998) *Intermetallics*, **6**, 703.

[30] Loria, E. A. (2001) *Intermetallics*, **9**, 997.

[31] McQuay, P. A. (2001) *Structural Intermetallics 2001* (eds K. J. Hemker, D. M. Dimiduk, H. Clemens, R. Darolia, H. Inui, J. M. Larsen, V. K. Sikka, M. Thomas, and J. D. Whittenberger), TMS, Warrendale, PA, p. 83.

[32] Tetsui, T. (1999) *Gamma Titanium Aluminides 1999* (eds Y. W. Kim, D. M. Dimiduk, and M. H. Loretto), TMS, Warrendale, PA, p. 15.

[33] Tetsui, T., and Ono, S. (1999) *Intermetallics*, **7**, 689.

[34] Abe, T., Hashimoto, H., Ishikawa, H., Kawaura, H., Murakami, K., Noda, T., Sumi, S., Tetsui, T., and Yamaguchi, M. (2001) *Structural Intermetallics 2001* (eds K. J. Hemker, D. M. Dimiduk, H. Clemens, R. Darolia, H. Inui, J. M. Larsen, V. K. Sikka, M. Thomas, and J. D. Whittenberger), TMS, Warrendale, PA, p. 35.

[35] Tetsui, T. (2002) *Mater. Sci. Eng.*, **A329-331**, 582.

[36] Wu, X. (2006) *Intermetallics*, **14**, 1114.

附录 1

前沿进展——物相组成（第 2 章）

相图是一切合金设计与加工研究的基础。因此，γ-TiAl 合金领域的进一步发展主要依赖于人们在物相组成方面的知识。目前，工程应用合金中至少含有 4 种合金元素，因此建立并描述这些合金中的复杂物相组成的最有效的方法就是以相图计算(CALPHAD)为基础的热力学模拟[1-5]。这种方法主要基于在二元和三元系统中确定的吉布斯自由能模型，以外推法计算那些更高阶系统中的多相组成[1]。以这种方式，可以在广大的成分范围内构建无法以实验方法研究(但可以用实验的方法验证)的多组元相图。如今，基于商用数据库足以对 TiAl 合金进行 CALPHAD 计算，例如，多达 27 种合金元素的数据库已被研发出来，从而为 ThermoCalc 软件所用[6]。显然，由计算得出的多组元相图主要依赖于二元和三元基础体系的可靠性。因此关于二元和三元相图的工作对于描述多相 γ-TiAl 合金的相组成来说是至关重要的。

在过去的 10 年中，人们试图澄清二元 Ti-Al 系统中的一些悬而未决的问题。其中主要在于二元相图中关于 β 相有序化的争论。Kononikhina 等[7]和 Xu 等[8]采用对有序化转变非常敏感的中子衍射研究了 TiAl 合金。二者的研究均表明，当 Al 含量为 26at.%~33at.%和 39at.%~45at.%时，直至 1 440 ℃也未出现有序化转变。然而，在两篇论文中，作者均未对其中的氧含量加以考虑。而若不加以特殊说明，即使是在高纯 TiAl 合金中其氧含量也通常可高达 500 wt. ppm 以上。根据 Ohnuma 等[9]的研究，可能仅在氧含量低于 400 wt. ppm 时才会出现 B2 有序化转变，然而作者也未能给出在如此低的杂质含量下发生有序化转变的明确实验证据。但是，这一研究表明，合金中的杂质可能会显著影响 Ti-Al 系统中的相界位置，它也可能解释了数据的离散性，以及 CALPHAD 计算和实验研究结果的差异。另一方面，Pyczak 等[10]最近采用密度泛函理论计算也证明了 Ti-Al 二元体系中无序 β 相的稳定性。总之，上述的两组中子衍射研究明确表明，二元 TiAl 合金在常规氧含量情况下不会发生 β 相的 B2 有序化转变。当合金的氧含量较低时，虽然这一结论仍有待实验证实，但是看起来也很可能与上述情形是一致的。

关于 α_2 相是自 α 相直接转变而来，还是由 α+β 包析转变而来的问题，Xu 等采用中子衍射进行了研究[8]，其中后者也意味着 α 相区是中断的。他们证明，包析反应是存在的，而这一问题显然只能以原位的形式研究，因为 TiAl 合金在高温下的状态难以通过淬火而保留。基于研究结果，作者修正了 Al 含量在 25at.%~33at.%范围内的 Ti-Al 相图[8]。总之，由 Ohnuma 等[9]、Schuster 和 Palm[11]以及 Witusiewicz 等[12]建立的 TiAl 相图反映了目前人们对二元系统的了解程度。

在过去 10 年中，人们研究或重新评估了多个 Ti-Al-X 三元系统，其中包括 Ti-Al-O 系统的热力学模型[13]，然而却未将 Z 相 $Ti_5Al_3O_2$ 考虑在内[14]。研究表明，在 900 ℃下，O 不仅在 α_2 相中的固溶度约为 16at.%，同时其在 γ 相中的固溶度也不可忽视(约 3at.%)，且随着温度的上升固溶度也随之升高，这也是可以理解的。另一项较早的研究结果也表明，900 ℃下 O 在 γ 相中的固溶度与上述结果相近，为 1.8at.%[15]，这或许与环境脆性有关。最近的热力学计算也表明，当 γ 相偏离名义成分时，O 在其中的固溶度相当可观，即 Ti 反位原子缺陷(Ti 原子占据 Al 点阵位置)和空位强烈地吸附了氧原子[16,17]。这些结果与原子探针得到的分析结果大相径庭，后者表明 γ 相中 O 的固溶极限仅为 0.03at.%[18]。在对 Al 含量偏离名义成分的二元合金的原子探针研究中也得了与之相似的数据[19]。显然，O 在 γ 相中的固溶度可能取决于各种不同参数之间的复杂关系[17]，这需要进一步的研究来加以澄清。上文中提到的对 Ti-Al-O 系统的研究进一步表明，α_2 和 γ 相与 Al_2O_3 存在两相或三相平衡，而 Ti 的氧化物却不存在这一点。

在 γ-TiAl 合金的析出强化研究方面，碳化物、氮化物、硅化物、硼化物和氧化物均有所涉及，其中氧化物亦包括稀土氧化物。因此，与之相关的三元

(或多元)系统即是人们的研究兴趣所在。一项对 Ti-Al-N 系统的重新评估表明，N 在 α_2 和 γ 相中的固溶度为 0，但是在 1 200 ℃以上的 α 相中却有一定的固溶度[20]。在工程 γ-TiAl 合金所采用的 Al 含量范围内，立方结构的钙钛矿型 Ti_3AlN 相是与 α_2 和 γ 相平衡的唯一一种氮化物。然而，当 Al 含量高于 57at.%时，也可能形成六方结构的 H 相 Ti_2AlN[20]，它属于 MAX 相($M_{n+1}AX_n$)类型。在金属基复合材料中，这些相被认为是具有前景的可用于颗粒强化的物质[21]。与 Ti-Al-N 系统类似，含 C 的三元系统也与 γ-TiAl 合金的析出强化有关，人们近几年也对其进行了重新评估[22]。这一系统表现出了若干与 Ti-Al-N 系统相似的特点。C 在 γ 相中的溶解度是非常低的，为 1 000 ℃下的 0.01at.%；而在相同温度下，其在 α_2 相中的溶解度则高得多，为 2.4at.%。α_2 和 γ 相与 H 型碳化物之间的平衡可维持至 1 300 ℃，而钙钛矿型碳化物则仅与 α_2 相平衡。然而，Wang 等[23]的工作却表明，钙钛矿型碳化物在 Ti-45Al 合金中可与 α_2 和 γ 相在 800 ℃下保持平衡达 5 000 h，因此它应该是一个平衡相，而非是一般认为的亚稳相[23]。另外，这一研究证明单相 γ-TiAl 合金中的 C 的溶解度是很低的，这与早期的报道一致[18]，这表明在时效之前应该首先对初始的粗大碳化物在 α 相区进行固溶处理，这样才能保证之后的析出强化效果。

此外，在过去的 10 年中，人们也重新评价或详细研究了全部由金属元素构成的三元系统。其中就包括了对工程合金具有极为重要意义的 Ti-Al-Nb 三元系。研究内容包括了液相投影图[24]、1 000~1 400 ℃的等温截面图[25-27]以及 Nb 含量为 8at.%的等成分截面图[28]。相比于之前的工作，这些研究结果在相平衡方面没有太多变化，但是在相界面方面却存在显著的差异。β_o 相即为一个例子，Li 等的研究表明，其存在温度不会高于 1 000 ℃[25]。然而最近的研究却表明，在 1 104~1 248 ℃范围内它可在 9 种合金成分中出现[29]。有趣的是，在一项非常深入的研究中，研究人员发现 Ti-Al-Nb 系中的相平衡对 O 含量极其敏感[30]。另外，自 Appel 等[31]在 Ti-42Al-8.5Nb (at.%)合金中发现了一种正交相后，正交 O 相(空间群 Cmcm)即在此合金中被确定下来。这一物相是在 700 ℃以下自 α_2 相中转变而来的[32]。这一物相的出现与之前 Witusiewicz 等[33]的相图结果相悖(即 O 相应出现于 Nb 含量更高的情况下)，并导致产生有趣的调制结构[31,34-38]。Rackel 等研究了 13 种合金中的 O 相析出行为，其中包含了部分含有 Nb 元素的合金。他们认为，当合金的 Nb 含量范围为 5at.%~7.5at.% 时会析出 O 相[39]。总之，含 Nb 的 γ-TiAl 合金中的相组成细节非常丰富，看起来至今仍未澄清。

除了 Nb 之外，Ta 和 Zr 在 γ 相中的溶解度也相当可观，因此成了令人感兴趣的合金化元素。Neumeier 等的原子探针层析成像研究表明，Ta 在 α_2 和 γ 相中的配分是相同的，而 Nb 富集于 γ 相中，Zr 则更甚[40]。这一工作表明，添加这些元素的其中之一(特别是Zr)将降低γ相的c/a比值，从而降低了片层组织中的晶格失配，这可降低初始蠕变应变[40]。近年来对这些相图的评估证明，这些元素[41-45]在1 000 ℃下的固溶度总共可达10at.%以上；然而，在800 ℃下Zr在γ相中的溶解度仅为5at.%[42]。相图结果也表明，相比于α_2相，Zr稳定γ相的作用更强，这可能对于某些合金设计理念来说是有益的。

另外，在过去的10年中，一些对工程合金或合金设计能够或可能起到作用的其他多元系统也得到了研究。这些包括Ti-Al-Cr[46-52]、Ti-Al-Mo[53,54]、Ti-Al-V[51,55]和Ti-Al-Mn[51,56]等。如同引言中所述，这些研究是合金研发和加工的基础。其中的一个例子见最近Panin等[57]关于Gd对多组元TiAl合金影响的研究，这表明实验工作对阐明多组元合金中的相组成仍是非常必要的。

参考文献

[1] Chang, Y. A., Chen, S., Zhang, F., Yan, X., Xie, F., Schmid-Fetzer, R., and Oates, W. A. (2004) *Progr. Mater. Sci.*, **49**, 313.

[2] Kaufmann, L. (1969) *Progr. Mater. Sci.*, **14**, 57.

[3] Kaufmann, L. and Bernstein, H. (1970) *Computer Calculations of Phase Diagrams*, Academic Press, New York, NY.

[4] Saunders, N. and Miodownik, A. P. (1998) *Calphad (Calculation of Phase Diagrams): A Comprehensive Guide*, Pergamon Press, Oxford.

[5] Lukas, H. L., Fries, S. G., and Sundman, B. (2007) *Computational Thermodynamics: The Calphad Method*, Cambridge University Press, Cambridge.

[6] Yang, Y., Chen, H. L., Chen, Q., and Engström, A. (2020) *The 14th World Conference on Titanium*, MATEC Web of Conf., **321**, 12011.

[7] Kononikhina, V., Stark, A., Gan, W., Schreyer, A., and Pyczak, F. (2017) *MRS Advances*, **2**(26), 1399.

[8] Xu, S., Reid, M., Liss, K. D., Xu, Y., Zhang, H., He, J., and Lin, J. (2020) *Intermetallics*, **120**, 106761.

[9] Ohnuma, I., Fujita, Y., Misui, H., Ishikawa, K., Kainuma, R., and Ishida, K. (2000) *Acta Mater.*, **48**, 3113.

[10] Pyczak, F., Kononikhina, V., and Stark, A. (2021) *Materials Science Forum*, **1016**, 1159.

[11] Schuster, J. C. and Palm, M. (2006) *J. Phase Equilib. Diffus.*, **27**, 255.

[12] Witusiewicz, V. T., Bondar, A. S., Hecht, U., Rex, S., and Velikanova, T. Ya. (2008) *J. All. Comp.*, **465**, 64.

[13] Ilatovskaia, M., Savinykh, G., and Fabrichnaya, O. (2017) *J. Phase Equilib. Diffus.*, **38**, 175.

[14] Shemet, V., Karduck, P., Hoven, H., Grushko, B., Fischer, W., and Quadakkers, W. J. (1997) *Intermetallics*, **5**, 271.

[15] Seifert, H. J., Kussmaul, A., and Aldinger, F. (2001) *J. All. Comp.*, **317–318**, 19.

[16] Razumovskiy, V. I., Ecker, W., Wimler, D., Fischer, F. D., Appel, F., Mayer, S., and Clemens, H. (2021) *Comp. Mater. Sci.*, **197**, 110655.

[17] Thenot, C., Besson, R., Sallot, P., Monchoux, J. P., and Connétable, D. (2022) *Comp. Mater. Sci.*, **201**, 110933.

[18] Nérac-Partaix, A., Huguet, A., and Menand, A. (1995) *Gamma Titanium Aluminides* (eds. Y. W. Kim, R. Wagner and M. Yamaguchi), TMS, Warrendale, PA, pp. 197–202.

[19] Menand, A., Huguet, A., and Nérac-Partaix, A. (1996) *Acta Mater.*, **44**, 4729.

[20] Zhang, Y., Franke, P., and Seifert, H. J. (2017) *Calphad*, **59**, 142.

[21] Hu, W., Huang, Z., Wang, Y., Li, Y., Zhai, H., Zhou, Y., and Chen, L. (2021) *J. All. Comp.*, **856**, 157313.

[22] Witusiewicz, V. T., Hallstedt, B., Bondar, A. A., Hecht, U., Slepsov, S. V., and Velikanova, T. Ya. (2015) *J. All. Comp.*, **623**, 480.

[23] Wang, L., Lorenz, U., Münch, M., Stark, A., and Pyczak, F. (2017) *Intermetallics*, **89**, 32.

[24] Xu, S., Liang, Y., Lin, J., Zhang, H., Yang, G., Guo, X., Fashu, S., and He, J. (2021) *J. All. Comp.*, **858**, 157734.

[25] Li, L., Liu, L., Zhang, L., Zeng, L., Zhao, Y., Bai, W., and Jiang, Y. (2018) *J. Phase Equilib. Diffus.*, **39**, 549.

[26] Xu, S., Xu, Y., Liang, Y., Xu, X., Gao, S., Wang, Y., He, J., and Lin, J. (2017) *J. All. Comp.*, **724**, 339.

[27] Xu, S., Ding, X., Xu, Y., Liang, Y., Xu, X., Ye, T., He, J., and Lin J. (2018) *J. All. Comp.*, **730**, 270.

[28] Xu, Y., Liang, Y., Song, L., Hao, G., Tian, B., Xu, R., and

Lin, J. (2021) *Metals*, **11**, 1229.

[29] Distl, B., Hauschildt, K., Pyczak, F., and Stein, F. (2021) *Metals*, **11**, 1991.

[30] Distl, B., Dehm, G., and Stein, F. (2020) *Z. Anorg. Allg. Chem.*, **646**, 1151.

[31] Appel, F., Oehring, M., and Paul, J. D. H. (2006) *Adv. Eng. Mater.*, **8**, 371.

[32] Rackel, M. W., Stark, A., Gabrisch, H., Schell, N., Schreyer, A., and Pyczak, F. (2016) *Acta Mater.*, **121**, 345.

[33] Witusiewicz, V. T., Bondar, A. A., Hecht, U., and Velikanova, T. Ya. (2009) *J. All. Comp.*, **472**, 133.

[34] Song, L., Xu, X. J., You, L., Liang, J. Y., and Lin, J. P. (2015) *J. All. Comp.*, **618**, 305.

[35] Appel, F., Clemens, H., and Fischer, F. D. (2016) *Progr. Mater. Sci.*, **81**, 55.

[36] Gabrisch, H., Lorenz, U., Pyczak, F., Rackel, M. and Stark, A. (2017) *Acta Mater.*, **135**, 304.

[37] Ren, G. D. and Sun, J. (2017) *Acta Mater.*, **144**, 516.

[38] Song, L., Appel, F., Wang, L., Oehring, M., Hu, X., Stark, A., He, J., Lorenz, U., Zhang, T., Lin, J., and Pyczak, F. (2020) *Acta Mater.*, **186**, 575.

[39] Rackel, M. W., Stark, A., Gabrisch, H., and Pyczak, F. (2021) *Intermetallics*, **131**, 107986.

[40] Neumeier, S., Bresler, J., Zenk, C., Haussmann, L., Stark, A., Pyczak, F., and Göken, M. (2021) *Adv. Eng. Mater.*, **23**, 2100156.

[41] Witusiewicz, V. T., Bondar, A. A., Hecht, U., Voblikov, V. M., Fomichov, O. S., Petyukh, V. M., and Rex, S. (2011) *Intermetallics*, **19**, 234.

[42] Yang, F., Xiao, F. H., Liu, S. G., Dong, S. S., Huang, L. H., Chen, Q., Cai, G. M., Liu, H. S., and Jin, Z. P. (2014) *J. All. Comp.*, **585**, 325.

[43] Deng, Z. X., Zhao, D. P., Huang, Y. Y., Chen, L. L., Zou, H., Jiang, Y., and Chang, K. (2019) *J. Min. Metall. Sect. B—Metall.*, **55**, 427.

[44] Kahrobaee, Z. and Palm, M. (2019) *J. Phase Equilib. Diffus.*,

41, 687.

[45] Abreu, D. A., Silva, A. A. A. P., Santos, J . C. P., Barros, D. F., Barros, C. S., Chaia, N., Nunes, C. A., and Coelho, G. C. (2020) *J. All. Comp.*, **849**, 156463.

[46] Cupid, D. M., Kriegel, M. J., Fabrichnaya, O., Ebrahimi, F., and Seifert, H. J. (2011) *Intermetallics*, **19**, 1222.

[47] Kriegel, M. J., Pavlyuchkov, D., Cupid, D. M., Fabrichnaya, O., Heger, D., Rafaja, D., and Seifert, H. J. (2013) *J. All. Comp.*, **550**, 519.

[48] Kriegel, M. J., Pavlyuchkov, D., Chmelik, D., Fabrichnaya, O., Korniyenko, K., Heger, D., Rafaja, D., and Seifert, H. J. (2014) *J. All. Comp.*, **584**, 438.

[49] Witusiewicz, V. T., Bondar, A. A., Hecht, U., and Velikanova, T. Ya. (2015) *J. All. Comp.*, **644**, 938.

[50] Shabaan, A., Wakabayashi, H., Nakashima, H., and Takeyama, M. (2019) *MRS Advances*, **4**(25-26), 1471.

[51] Shaaban, A., Signori, L. J., Nakashima, H., and Takeyama, M. (2021) *J. All. Comp.*, **878**, 160392.

[52] Xu, S., Zhang, H., Yang, G., Liang, Y., Xu, X., He, J., and Lin, J. (2020) *J. All. Comp.*, **826**, 154236.

[53] Schmoelzer, T., Mayer, S., Sailer, C., Haupt, F., Güther, V., Staron, P., Liss, K. D., and Clemens, H. (2011) *Adv. Eng. Mater.*, **13**, 306.

[54] Witusiewicz, V. T., Bondar, A. A., Hecht, U., Stryzhyboroda, O. M., Tsyganenko, N. I., Voblikov, V. M., Petyukh, V. M., and Velikanova, T. Ya. (2018) *J. All. Comp.*, **749**, 1071.

[55] Zhang, H., Lin, J., Liang, Y., Xu, S., Xu, Y., Shang, S. L., and Liu, Z. K. (2019) *Intermetallics*, **115**, 106609.

[56] Huang, X. M., Cai, G. M., Zhang, J., Zheng, F., Liu, H. S., and Jin, Z. P. (2021) *J. All. Comp.*, **861**, 15857.

[57] Panin, P. V. Kochetkov, S., Zavodov, A. V., and Lukina, E. A. (2020) *Intermetallics*, **121**, 106781.

11, 58.

[45] Abreu, D. A., Rose, [illegible], A. R., Boutin, [illegible] T., Rocha, D. [illegible] Barros, [illegible] Carvalho, [illegible] Gerbaud, [illegible] Castro, [illegible] (2020) *J. Biol. Chem.* 349, 12455.

[46] Oded, H. M., Kessel, M. F., Rautenberg, O., Ebrahim, R. and [illegible] Seiler, H. F. (2011) *Intermediates* 19, 125.

[47] Kaleja, M., [illegible] Fedyukhin, [illegible], Cabot, D. [illegible] Gabrielsen, O. [illegible] He, D., Ramos, D. and Seiler, H. J. (2013) *J. Mol. Biol.* 425, 558, 519.

[48] Kaleja, M., [illegible] Fedyukhin, [illegible], Gandiksa, D., [illegible] Kaminskaya, [illegible] Kosnyrev, K., Bauer, D., Tibalaja, [illegible] and Seiler, H. J. (2014) *J. Mol. Biol.* 566, 148.

[49] Kuznetsov, V. V., Neustroev, A. [illegible] Hecht, D. and Pelikanova, [illegible] T. (2015) *J. Mol. Biol.* 581, 918.

[50] Sakamoto, [illegible] Kobayashi, H., Nakashima, H. and Takeyama, M. (2018) *FEBS Journal* 4(28), 1411.

[51] Sakamoto, [illegible] Sato, [illegible] Nakashima, H. and Takeyama, M. (2021) *Mol. Chem.* 278, 19523.

[52] Xu, [illegible] Zhang, H., Xing, [illegible] Deng, [illegible] Xu, [illegible] H. [illegible] and [illegible] (2020) *J. Biol. Chem.* 324, 15426.

[53] [illegible] Moore, [illegible] Saxena, [illegible] Huang, T., Huber, W. [illegible] H. [illegible] K. and Seiler, H. (2017) *Mol. Cell. Biol.* 121, 555.

[54] Wiśniewski, A., [illegible] B. A., Heisler, [illegible] Marczewski, [illegible] M., Hugenholtz, [illegible] Venkov, [illegible] Petrov, [illegible] and [illegible] Kulikova, [illegible] (2011) *J. Biol. Chem.* 749, 1604.

[55] Shao, H., Liu, H., Zhang, [illegible] Xu, [illegible] Zhang, [illegible] and [illegible] (2019) *Biomolecules* 119, 10659.

[56] Huang, Y. M., [illegible] M., Zhang, J., Zhang, L., [illegible] H. [illegible] and [illegible] (2019) *J. Mol. Biol.* 864, 1582.

[57] Pahl, [illegible] Kondoh, [illegible] S., Zhao, [illegible] and [illegible] (2020) *Biomolecules* 121, 10781.

附录 2

前沿进展——热物理常数（第 3 章）

A2.1　B2 结构 TiAl 中的点缺陷

为确定 Ti-Al 系中 B2 结构 TiAl 中点缺陷的形成焓，Wang 等[1]开展了第一性原理计算研究，其中主要为 Al 亚点阵上的 Ti_{Al} 反位原子和 Ti 亚点阵中的空位缺陷。他们的数据优化了对 Ti-Al 二元系的相图计算（CALPHAD）结果。

A2.2　γ-TiAl 合金中氧和硼的固溶度及扩散

Epifano 和 Hug[2]采用第一性原理计算研究了氧和硼在 γ-TiAl 中的固溶度和扩散机制。他们考虑了包含这些元素的多种八面体和四面体间隙。O 和 B 均明显倾向于占据以 Ti 原子为多数的八面体间隙（Ti_4Al_2）。研究也证明了这两种元素在 γ-TiAl 中的溶解度均是相对较低的。O 的扩散系数比 B 的高出约两个数量级，但是二者的值均比 Ti 的自扩散系数要高得多[3]。这一结果与之前关于 O 的计算结果[4]和关于 B 的已知实验结果[5]非常吻合。由于 O 和 B 在 γ-TiAl 中的溶解度很低，这一研究也提供了一些在实验上难以得到的结果。例如，计算表明，O 在 γ-TiAl 的(001)基面上的扩散速度约是在垂直于(001)方向上的扩散速度的 50 倍。相反，与之对应的 B 的扩散速度仅有两倍之差。

A2.3 氢的固溶与扩散

Connétable 采用第一性原理计算研究了氢在 γ-TiAl 中的固溶与扩散机制[6]。根据他们的研究结果，H 原子优先位于富 Ti 的八面体间隙中，这一八面体间隙的中心对应的 Wyckoff 位置为 1c。模拟是在有限超胞的 TiAl 结构中进行的，因此其扩散系数与文献中 TiAl 合金的数据[7-9]相比相对较低，同时也低于 H 在纯 Ti 中的扩散系数[10]。其结果显示，在(001)基面上的扩散速度比垂直于此面上的扩散速度高出了好几个数量级。

A2.4 B19-TiAl 相的弹性性质

采用密度泛函第一性原理计算，Wen 等[11]研究了 B19-TiAl 相的弹性性能。数据表明，这一结构在力学上是稳定的，且具有弹性各向异性。这一结果非常重要，但目前还缺乏实验支撑。在一项类似的研究中，Liu 等[12]研究了压力对其结构和弹性性质的影响。结果表明，正交 B19-TiAl 相在 100 GPa 的条件下仍是力学稳定的，但是其弹性各向异性则随着压力的增加而上升。其塑性变形能力随着压力的增加而上升，在 40 GPa 时会由脆性过渡到塑性。

A2.5 ω-Ti 结构的弹性性质

利用共振超声光谱，结合激光多普勒干涉测量和电磁声共振，研究人员建立了 ω-Ti 的完整弹性常数[13]。其弹性模量和剪切模量均显著高于 β-Ti 和 α-Ti 的，同时具有明显的各向异性。众所周知，在 β-Ti 合金中，ω 相可通过非热或变形的方式形成。在这一方面，力学模拟研究表明，ω 相更高的弹性刚度可使 β 基体的剪切模量上升。

参考文献

[1] Wang, H., Reed, R. C., Gebelin, J. C., and Warnken, N. (2012) *CALPHAD: Computer Coupling of Phase Diagrams and Thermochemistry*,

39, 21.

[2] Epifano, E. and Hug, G. (2020) *Computational Materials Science*, **174**, 109475.

[3] Mishin, Y. and Herzig, Chr. (2000) *Acta Mater.*, **48**, 589.

[4] Kulkova, S. E., Bakulin, A. V., and Kulkov, S. S. (2018) *Latvian Journal of Physics and Technical Sciences*, **55**, 20.

[5] Divinski, S. V., Wilger, T., Friesel, M., and Herzig, Chr. (2007) *Intermetallics*, **16**, 148.

[6] Connétable, D. (2019) *International Journal of Hydrogen Energy*, **44**, 12215.

[7] Sundaram, P., Wessel, E., Ennis, P., Quadakkers, W., and Singheiser, L. (1999) *Scripta Mater.*, **41**, 75.

[8] Hamzah, E., Suardi, K., and Ourdjini, A. (2005) *Mater. Sci. Eng. A*, **397**, 41.

[9] Chen, Y., Zhang, T., and Song, L. (2018) *Int. J. Hydrogen Energy*, **43**, 8161.

[10] Connétable, D., Huez, J., Andrieu, E., and Mijoule, C. (2011) *J. Phys: Condens Matter*, **23**, 405401.

[11] Wen, Y. F., Wang, L., Liu, H. L., and Song, L. (2017) *Crystals*, **7**, 39.

[12] Liu, L. L., Wu, X. Z., Wang, R., Nie, X. F., He, Y. L., and Zou, X. (2017) *Crystals*, **7**, 111.

[13] Tane, M., Okuda, Y., Todaka, Y., Ogi, H., and Nagakubo, A. (2013) *Acta Mater.*, **61**, 7543.

附录 3

前沿进展——相变和显微组织(第 4 章)

A3.1 凝固

过去 10 年对凝固的研究以定向凝固为主，采用这种方法，可以使片层以一种独特的方式排列，即片层平行于样品的长轴方向。Yamaguchi 和 Inui 的先驱性研究表明，通过这种工艺可以获得其他方法难以比肩的集成了高抗蠕变性以及超过 10%的极高室温断裂应变的优异力学性能[1-4]。在工程 TiAl 合金中，凝固初生相可以是 β 相或 α 相。然而，存在一个 Al 的成分范围，在此范围内，初生相取决于所采用的凝固条件[5]，这已被最近的原位研究证实[6]。在 α 凝固中，由于凝固过程中 α 相的择优生长方向为[0001]，因此，为获得所期望的 γ 片层取向，通常需要使用一个籽晶。这使得在随后的冷却中，在发生基于 Blackburn 取向关系 $(0001)_{\alpha_2} // \{111\}_{\gamma}$，$\langle 11\bar{2}0\rangle_{\alpha_2} // \langle 1\bar{1}0]_{\gamma}$[1,7] 的 $\alpha \rightarrow \alpha+\gamma \rightarrow \alpha_2+\gamma$ 相变后，$(\alpha_2+\gamma)$片层垂直于样品的长轴方向。然而，在某些凝固条件下，α 相也可能以

$\langle 11\bar{2}0\rangle$、$\langle 11\bar{2}1\rangle$、$\langle \bar{2}\bar{2}43\rangle$、$\langle 10\bar{1}0\rangle$、$\langle 10\bar{1}1\rangle$等不同的取向生长[8,9]。因此在 α 凝固的合金中，在合理选择凝固条件的前提下，原则上不通过籽晶就可以使(α_2+γ)片层的取向平行于样品的长轴方向(平均热流方向)。在这种情况下，样品中将包含不止一个平行样品轴向的片层晶粒，即形成了所谓的“聚片孪晶”晶体(PST 晶体)。在此晶体中，多个晶粒中的片层均平行于样品轴向，而多组片层之间则存在绕样品轴向的相对旋转[1]。已经证明，在 Ti-50Al-4Nb (at.%)合金中，采用不通过籽晶的 α 相定向凝固的方法且当抽拉速率为 3~7 μm/s时，就可以得到这种组织[10]。

若采用籽晶，就应该对其成分进行选择，使其在定向凝固之前加热阶段的 α+γ→α 相变中不会形成具有新取向的 α 晶粒，即只能通过令籽晶中已存在的 α 片层长大的方式来完成这一相变。这可以通过稳定 α 相同时使籽晶的成分与将要生长的材料一致的方法来实现[1,4]。对于 α 相的籽晶长大来说，应对凝固条件加以选择，使其不出现择优取向下的长大，即要抑制枝晶凝固。这就要求 G/v(G 为温度梯度，v 为生长速度)应高于枝晶至胞状生长的临界值，甚至还要高于组成过冷极限，从而使凝固前沿发生平面生长[3,11]。由于 G 通常是由设备决定的且难以更改，因此 v 值通常就要相对较低。即使凝固初生相为 β 相并以枝晶形式生长，也可以以二次 α 相作为籽晶，前提是其体积分数足够高且 α 相不发生枝晶生长[3]。当采用 Y_2O_3、Al_2O_3 和 ZrO_2 等氧化物陶瓷作为坩埚材料时，成功的籽晶法定向凝固所要求的低凝固速率会导致材料中的氧含量较高，约为 2 000 wt. ppm，甚至更高[12-15]。

对于完全通过 β 相凝固的合金来说，定向凝固后，最终材料中的(α_2+γ)片层一般以与样品轴向呈 0°和 45°的方向排列。这是因为 β 枝晶的$\langle 001\rangle$沿热流方向生长，且 β→α 相变后所形成的 α 相的取向要符合伯格斯取向关系：$\{110\}_\beta /\!/ (0001)_\alpha$，$\langle 111\rangle_\beta /\!/ \langle 11\bar{2}0\rangle_\alpha$[16]。随后，γ 相在 α 晶粒中以 Blackburn 取向关系$(0001)_{\alpha_2} /\!/ \{111\}_\gamma$，$\langle 11\bar{2}0\rangle_{\alpha_2} /\!/ \langle 1\bar{1}0]_\gamma$析出[7]。这种取向的($\alpha_2$+γ)片层具有良好的力学性能[17]。然而，某些凝固条件下出现的$\langle 001\rangle$取向以外的 β 相生长可能会导致(α_2+γ)片层的取向分布发生变化[18]。

如上所述，α 相以伯格斯取向关系自 β 相中析出，这就产生了 12 种取向的变体。Chen 等极具开创性的工作表明，在 β 凝固合金中，可以通过对凝固条件的选择使 β→α 相变中只形成唯一取向的变体，从而以 Bridgman 定向凝固且无籽晶的方式制备出片层平行于样品轴向的 Ti-45Al-8Nb (at.%)合金 PST 晶体[19]。作者将这一机制解释为在 β→α 相变中，具有 45°方向的 α 相变体相对于样品轴向的界面能要高于 0°取向变体的[19]。若抽拉速率被保持在一个临界值以下，那么 α 相的过冷度就不足以使形核功较高的 45°取向的变体形核[19]。以这种工艺所制备的材料的断裂应变为6.3%~7.6%，断裂强度为930~1 035 MPa，同时其最小蠕变速率和蠕变寿命均比多晶组织 GE 合金 Ti-48Al-2Cr-2Nb 的高出了一个数量级以上。

在β凝固合金的定向凝固研究中，研究人员在籽晶法上也取得了成功。Jin 等[20]令人感兴趣的工作表明，在 Ti-46Al-8Nb（at.%）合金中，尽管在凝固过程中β相的体积分数非常高，但通过α相籽晶也可以得到含有一个片层晶粒的 PST 晶体。当凝固速度足够低时，具有正确取向的包晶α相可以在熔体中直接作为籽晶。而后，α相生长进入β相并决定了最终的取向。由于凝固速度低使得过冷度非常小，其他取向的α相无法在β相中形核。以这种方法制备的样品的室温断裂应变为11.9%~18.5%，拉伸强度超过了613 MPa。作者采用的是无坩埚的光学区域熔炼炉，因而避免了 O 或陶瓷颗粒对材料的污染。总之，不论是采用有坩埚的 Bridgman 设备或是无坩埚的设备，定向凝固的发展已使得高铌含量合金 PST 晶体的制备成为可能，这种材料有极具吸引力的力学性能。然而，要实现在可接受成本下的工业级加工仍有一段路要走。

除了定向凝固以外，晶粒细化一直是过去10年中的研究课题，因为在绝大多数情况下它对铸造和变形合金来说都是非常重要的。在β凝固合金中，添加B元素而产生的晶粒细化效果主要来自β/α固态相变过程中α相在硼化物处的非均匀形核，这在文献中已有很多报道[21-23]。Kartavykh 等[24]已直接观察到α/α_2相在硼化物上的形核。然而，在这些合金中关于B对显微组织细化效果的研究也表明，随着B添加量的上升，显微组织的织构逐渐弱化，这是因为硼化物愈发地不由β相中析出，而是形成于早期枝晶间的熔体中，其与初生β相不存在取向关系[22,25]。另外，对包晶凝固合金的定向凝固研究表明，包晶α相形核于晶间的硼化物处[22,26]。这些结果说明，熔体中形成的二次硼化物的确对显微组织的细化和织构的弱化产生了影响，特别是当包晶合金中的B含量高于0.3at.%时。熔体中二次硼化物的形成显然得到了凝固过程中B在熔体中的显著配分效应及其所导致的组成过冷的支持，即取决于凝固条件，Cheng 对此首先进行了报道[27]。虽然枝晶间的硼化物可使显微组织细化，但是由于形成于枝晶间区域的大尺寸的、弯曲的硼化物可作为裂纹形核位置，这些合金的塑性则可能下降[22,28]。在α凝固合金中，最近的工作也表明显微组织可发生细化[29]，但这仅见于可依托一次硼化物形核的 Ti-50Al-2Mn-2Nb-1B（at.%）合金中，而在 Ti-48Al-2Mn-2Nb-1B（at.%）合金中则未见此现象[29]。这些观察结果也支持了一种假设，即这一类合金中的晶粒细化同样来自B在熔体中的配分以及由此导致的组成过冷。总之，铸造合金中由于B的添加而产生的晶粒细化来自不同机制的复杂交互作用，这取决于具体的合金成分和凝固条件。

依托硼化物形核而成功细化 TiAl 合金组织，同时又由于大尺寸硼化物的存在而产生了潜在裂纹萌生位置这一矛盾，激发了 Kennedy 等[30]开展了所谓“同结构自形核”的创新性工作，其目的在于使凝固相在同一相的基础上形核。作者采用 β 钛合金粉末 Ti-10Al-25Nb 作为 β 凝固合金 Ti-46Al 的形核孕育位置[30]。孕育剂的熔点比合金的熔点高 250 K。这种方法使晶粒尺寸减小至原来的三分之一。同时，作者发现所添加的粒子的数量是产生细化效果的决定性因素，而非其尺寸[30]。这种方法为 β 凝固合金组织细化提供了一种简单有效的路径，看来对包晶凝固和 α 凝固合金来说采用适宜成分的孕育剂也是可行的。

研究人员在超声波处理对显微组织细化的作用方面也进行了探索[31,32]，这是一项相对较新的技术，可以应用到像轻质合金这样的材料中[33]。Chen 等[31,32]在凝固过程中采用超声波处理显著细化了片层团的尺寸。分别使 Ti-44Al-6Nb-1Cr-2V 合金的片层团尺寸自 500 μm 细化至 100 μm，Ti-44Al 合金的自 690 μm 细化至 50 μm，Ti-48Al 合金的自 800 μm 细化至 100 μm。除了晶粒细化之外，他们还发现凝固组织由枝晶状转变为等轴状。作者将这一效果归因于空腔诱导形核以及凝固前沿凝固相过冷度的上升。在浇铸过程中，作者发现合金的流动性和补缩性有所改善[32]。

A3.2　固态相变

在过去的 10 年中，β→α 相变一直是一项研究课题，这主要与硼化物在可发生扩散型相变的冷却速率下的细化效应有关。在不含 B 的 Ti-40Al (at.%)合金中，作为原位研究的一部分，Li 等[34]的激光共聚焦显微分析表明，在 2 K/min 的非常低的冷却速率下，魏氏组织 α 板条和等轴 α 晶粒均源于晶界先析出 α 相。在这一冷却速率下，研究人员也观察到迁移中的界面上的感生形核现象。在 108 K/min 的冷却速率下，仅可见来自晶界先析出 α 相的魏氏组织板条。因此，这些结果与之前关于 β→α 相变的研究结果大致相同。在一种含 B 的 β 凝固 TiAl 合金中，Klein 等[35]采用相同的方法观察发现，冷却过程中 α 相优先在界面、三叉晶界和析出相颗粒(主要是硼化物)处形核。在低冷却速率下形成了等轴组织，而冷却速率较高时则形成了板条状组织。这些结果在凝固理论框架下证明了上文所述的目前对硼化物导致晶粒细化的认识。在一项最近的原位同步辐射 X 射线衍射研究中，发现了 α 相在硼化物上形成的现象[36]。相比于魏氏组织 α 相板条在 β 晶界处的竞争形核，上述现象发生在冷却过程中温度较高的阶段[36]。另外，有趣的是，魏氏组织 α 板条的生长速度快于在硼化物处形核的 α 晶粒的[36]。这就解释了为什么相变在较低或中等冷却速率时主要以硼化物处的形核进行，而在较高冷却速率下以在较低温度下形成且长大速度较快的魏氏组织板条为主[36]。

当 TiAl 合金自 β 相区以极高的冷却速率冷却（如水淬或冰水淬火）时，有研究报道了 $D0_{19}$结构的六方马氏体相的形成[37-39]，这与在钛合金中观察到的现象类似。马氏体板条与母相 β 相保持伯格斯取向关系；然而，研究中观察到了变体选择的现象。在所研究的情形中，其相变是不完全的，伴有 β 相的局部扩散型相变，而此时马氏体板条则作为形核点。这可能诱发了局部的 β→α 块状转变。马氏体相变弱化了材料中的织构，所形成的组织或许可作为一种细化晶粒的初始组织[39]。研究指出，由于马氏体相变的转变温度非常高，在变体选择中相变应变所扮演的角色相对于界面能来说就不那么重要了，这与钛合金中的情形不同，而后者相变发生的温度是相对较低的[38]。

在从极高的温度冷却下来的过程中，工程 TiAl 合金要经过或接近一个 α 单相区，随后发生 $\alpha\to\alpha+\gamma\to\alpha_2+\gamma$ 相变。在中等冷却速率下，六方结构的 α 相有序化为与之结构相近的 α_2 相，四方 γ 相片层自 α 或 α_2 相中析出。这一转变路径对材料最终的组织和力学性能至关重要，因此在十多年前就已被深入地研究过了，研究包括了动力学和相场模拟等多个方面。在过去的 10 年中，人们仅对（α_2+γ）片层形成过程中的某些细节进行了研究。Li 等[40]的中子衍射（其对化学有序非常敏感）研究结果表明，在 α 单相区中出现了短程有序结构，其出现在 α→γ 相变过程中的位移型阶段之前。一般认为，形成一个层错并导致产生一个 fcc 层片是这种相变的第一阶段，随后发生有序化转变。有趣的是，Cao 等[41]在 α_2 相中观察到了一种 $L1_2$ 结构的先导立方相（$Pm\bar{3}m$）。$L1_2$ 晶体结构中{111}面的结构和化学有序排列与 $D0_{19}$-α_2 相的基面相同，但是堆垛顺序不同。也就是说，在 α_2 相中形成了 $L1_2$ 相意味着在无序 α 相中出现了无序 fcc 相。而后，在先导 fcc/$L1_2$ 相的基础上，通过化学有序/长程扩散形成了 γ 相。上文中提到的先于 α→γ 相变出现的短程有序结构表明，相变的形核是在整体上发生的，而非 Zghal 等[42]所称的晶界先共析 γ 相作为相变的先导。Zghal 等认为，在某一两个 α 晶界上形成先共析 γ 相，而后由于其与相邻 α 晶粒成非共格界面而向相邻 α 晶粒中快速生长。接下来，这些先共析相使原始 α 晶粒中的 γ 片层长大。上面两种不同的观察结果表明，这一相变的第一步机制目前还没有完全澄清。但是由于合金成分和加工条件的不同，研究结果不一致也是有可能的。

通过对片层组织形成过程的相场模拟，Teng 等[43]的研究表明，真孪晶界面的占比随着共格弹性应变和不同取向 γ 变体之间界面能差异的上升而增加，但随着冷却速率的上升而下降。这一发现对合金设计研究——例如合金元素对 α_2 和 γ 相点阵常数的影响——具有参考意义，因为高数量分数的孪晶界面对合金的抗蠕变性是有益的[44]。作者还发现，长程弹性交互作用可导致具有孪晶取向关系的 γ 相在生长的片层中沿其扩展面形核（感生形核），或使 γ 相在形核时包含孪晶变体，即人为引入的内应力激发了相邻孪晶片层的形核[43]。后来的相场模拟研究[44]证实了这种自催化形核的现象，且进一步表明 γ 片层的板片形貌不仅来自界面能的各向异性，而且也受制于弹性共格应力。有趣的是，这一研究还表明，二元合金中片层厚度随 Al 含量变化的“V 形”分布(其中最低点出现于 41.5at.% Al 处)可能源于所谓的“伪调幅分解”[45,46]。这一名词表示的是若成分超过了 c_0——即 $\alpha(\alpha_2)$ 和 γ 相的自由能相等时的成分——$\alpha(\alpha_2)$ 相将完全转变为 γ 相，即发生具有高密度形核点的连续分解。片层厚度的“V 形”分布可以解释为形核密度与 γ 析出片层的连接之间的交互作用，见文献[44]，这一观点可以为 γ-TiAl 合金的设计提供新的思路。

在共格应力对 TiAl 合金相变的影响方面，值得一提的是，研究人员观察了含 C 的 γ-TiAl 合金时效过程中钙钛矿型析出相的分裂行为[47-49]。这一现象在高温合金领域已为人所知，即 γ′析出相分裂为相邻的两个(或多个)更小的颗粒[50]。这一过程是由立方结构的 γ′析出相与立方结构的 γ 固溶体之间的共格应力驱动的，由此可通过分裂析出相的应变场的直接叠加来降低共格应力[50]。Wang 等[47-49]研究了 TiAl 合金中钙钛矿型析出相的分裂行为，发现随着时效的进行析出相的形貌发生了变化。首先，析出相分裂成平行的针状相，而后这些针状相又分解为更小的亚颗粒。这一研究应该是首次在四方晶体结构基体中观察到析出相分裂的工作。在工程上，这一分裂过程对由碳化物强化的 γ-TiAl 合金的长时蠕变行为具有重要的意义。

第四副族合金元素，如 bcc 结构的 Ti 和 Zr，以及 β 钛合金等可通过位移型(非扩散型)相变自 A2 或 B2 结构转变为三方或六方的不同 ω 相变体[51,52]。这一非热的相变是通过立方结构中每三个{111}面中的两个面的坍缩进行的。坍缩后的面即成为所形成的六方 ω 相(空间群 P6/mmm)的基面，而当坍缩不完全时，将产生一个双层原子面，即形成了 TiAl 合金中的 ω′或 ω″相(空间群 $P\bar{3}m1$)[51-55]。ω′相继承了母相 β 相中的原子占位，而在 ω″中则再度发生了有序化[56]。ω″相再通过另外的原子占位变化即转变为有序六方 ω_o 相 Ti_4Al_3Nb ($B8_2$ 结构，空间群 $P6_3/mmc$)[52-55]；以此为基础，另一种具有六方 $D8_8$ 结构的有序 ω 相也可能析出[53,55]。根据 ω 相关相的形成机制，六方结构的 ω 与立方母相就产生了取向关系，为 $\{111\}_\beta // (0001)_\omega$，$\langle 1\bar{1}0\rangle_\beta // \langle 11\bar{2}0\rangle_\omega$，并包含 4 种取向的变体[55]。在过去的 10 年中，不同种类有序 ω 相结构的形成引起了人们的注意，因为这些相是脆性的，而且在含 Nb 工程 TiAl 合金中可作为平衡相出现[56]。由于这一相变(部分上)是位移型的，它可能对蠕变或热加工过程中所伴随的内应力较为敏感。

作为原位同步辐射 X 射线衍射研究的一部分，Stark 等[54]在自 1 000 ℃快速冷却的 Ti-45Al-10Nb (at.%)合金中观察到 ω″相，而缓慢冷却时，形成的则是 ω_o 相。再次加热时，ω″相转变为 ω_o 相，这表明 ω″相仅是一个过渡相。研究同时表明，这两种 ω 结构均来自母相 β_o(B2 结构)，以扩散控制的方式形成[54]。在一个成分相近且含有 1at.% Mo 元素的合金中，作者没有观察到 ω 相关相。这应该归因于 Mo 对相变动力学或相组成的影响[54]。Schloffer 等[57]和 Klein 等[58]的工作表明，添加 Mo 使 β_o 相稳定化，而 ω_o 相的稳定性降低，然而 ω_o 相在这些合金中是热力学稳定相。另外，这些研究表明 ω_o 相会排出 Mo 元素，因此 ω_o 相的形成在动力学上被抑制了[57,58]。类似的研究表明，合金元素 Nb/Zr 的协同配分以及 W 的配分抑制了 ω_o 相的析出[55,59-61]。在后来的工作中，观察发现 Cr 对 ω 相形成的影响与 Mo 和 W 的相近，而 Mn 抑制了有序 ω 相的形成；V、Zr 和 Ta 降低了有序 ω 相的稳定性[62]，而 Ni 则有提高作用[63]。

ω 相关相的相变包含于许多 TiAl 合金的相变过程中。当 ω_o 相自 β_o 相中形成时，它可以在 $\beta\rightarrow\gamma$ 相变中使 γ 相形核，同时又钉扎了 β_o/γ 界面的迁移，从而迟滞了这一相变[54]。ω_o 相也可自 α_2 相中析出[64]，二者之间的取向关系可由边-边匹配模型计算得出[65]，使相变所导致的应变能最小化。当加热至 950 ℃左右时，ω 相关相将溶解[55,66]，因此这些相仅可稳定存在于 1 000 ℃以下[51,52,63]。Song 等[67]在 ω 相关相的演化方面作出了卓有价值的研究，他们发现，当高 Nb-TiAl 合金在 800 ℃变形至应变为 30%时，ω_o 相在 α_2 相中析出。在材料变形的过程中，ω_o 析出相颗粒在 α_2 相的孪晶界面处形核，二者之间界面的晶体学性质与 ω_o 相的原子排列紧密相关。他们的研究表明，形变诱导的应力以及剪切过程均对 ω_o 相的析出有促进作用[67]。ω_o 相富集 Al 和 Nb，但 Ti 元素贫乏，这表明相变过程包含了长程扩散。之后，他们在对同种材料的长时间退火中还发现了 $\omega_o\rightarrow\alpha_2$ 的逆相变[68]。这一再析出现象被认为是由残余应力激发的，将 α_2 片层转变为 α_2 和 ω_o 相晶粒的混合结构，从而降低了 α_2 片层的力学各向异性[68]。在这一工作中，作者着重指出细小弥散分布的 ω_o 相可能对合金的抗蠕变性是有益的，但是由于 ω_o 相是脆性相，为达成这一效果就需要对组织进行仔细的调整[68]。总之，在工程 TiAl 合金中(如高 Nb-TiAl 合金)，在复杂的中温相变过程中可能形成 ω 相关相，这一相变将显著影响材料的力学性能。

参考文献

[1] Yamaguchi, M., Johnson, D. R., Lee, H. N., and Inui, H. (2000) *Intermetallics*, **8**, 511.

[2] Lee, H. N., Johnson, D. R., Inui, H., Oh, M. H., Wee, D. M., and Yamaguchi, M. (2000) *Acta Mater.*, **54**, 3221.

[3] Muto, S., Yamanaka, T., Lee, H. N., Johnson, D. R., Inui, H., and Yamaguchi, M. (2001) *Adv. Eng. Mater.*, **3**, 391.

[4] Kim, J. H., Kim, S. W., Lee, H. N., Oh, M. H., Inui, H., and Wee, D. M. (2005) *Intermetallics*, **13**, 1038.

[5] Johnson, D. R., Inui, H., Muto, S., Omiya, Y., and Yamanaka, T. (2006) *Acta Mater.*, **54**, 1077.

[6] Oehring, M., Matthiessen, D., Blankenburg, M., Schell, N., and Pyczak, F. (2021) *Adv. Eng. Mater.*, **23**, 2100151.

[7] Blackburn, M. J. (1970) *The Science, Technology and Application of Titanium* (eds. R. I. Jaffee, N. E. Promisel), Pergamon Press, Oxford, p. 633.

[8] Li, X., Fan, J., Su, Y., Liu, D., Guo, J., and Fu, H. (2012) *Intermetallics*, **27**, 38.

[9] Fan, J., Zhang, C., Wu, S., Gao, H., Wang, X., Guo, J., and Fu, H. (2017) *Intermetallics*, **90**, 113.

[10] Liu, G., Wang, Z., Li, X., Su, Y., Guo, J., and Fu, H. (2015) *J. All. Comp.*, **623**, 152.

[11] Clarke, A. J., Tourret, D., Song, Y., Imhoff, S. D., Gibbs, P. J., Gibbs, J. W., Fezzaa, K., and Karma, A. (2017) *Acta Mater.*, **129**, 203.

[12] Lapin, J. and Gabalcová, Z. (2011) *Intermetallics*, **19**, 797.

[13] Lapin, J., Gabalcová, Z., and Pelachová, T. (2011) *Intermetallics*, **19**, 396.

[14] Cui, Y., Tang, X., Gao, M., Ma, L., and Zhang, H. (2013) *High Temp. Mater. Proc.*, **32**, 295.

[15] Zhang, H., Tang, X., Zhou, C., Zhang, H., and Zhang, S. (2013) *J. Europ. Ceram. Soc.*, **33**, 925.

[16] Burgers, W. G. (1934) *Physica*, **1**, 561.

[17] Chen, R., Dong, S., Guo, J., Ding, H., Su, Y., and Fu, H. (2016) *Mater. Des.*, **89**, 492.

[18] Yan, J., Zheng, L., Zhang, H. R., Xiao, Z., and Zhang, H. (2013) *High Temp. Mater. Proc.*, **32**, 69.

[19] Chen, G., Peng, Y., Zheng, G., Qi, Z., Wang, M., Yu, H.,

Dong, C., and Liu, C. T. (2016) *Nature Mater.*, **15**, 876.
[20] Jin, H., Jia, Q., Xian, Q., Liu, C., Xu, D., and Yang, R. (2020) *J. Mater. Sci. Techn.*, **54**, 190.
[21] Oehring, M., Stark, A., Paul, J. D. H., Lippmann, T., and Pyczak, F. (2013) *Intermetallics*, **32**, 12.
[22] Hu, D. (2016) *Rare Met.*, **35**, 1.
[23] Hecht, U. and Witusiewicz, V. T. (2017) *JOM* (J. Metals), **69**, 258.
[24] Kartavykh, A. V., Gorshenkov, M. V., and Podgorny, D. A. (2015) *Mater. Lett.*, **142**, 294.
[25] Yang, C., Jiang, H., Hu, D., Huang, A., and Dixon, M. (2012) *Scripta Mater.*, **67**, 85.
[26] Hu, D., Yang, C., Huang, A., Dixon, M., and Hecht, U. (2012) *Intermetallics*, **22**, 68.
[27] Cheng, T. T. (2000) *Intermetallics*, **8**, 29.
[28] Li, J., Jeffs, S., Wittacker, M., and Martin, N. (2020) *Mater. Des.*, **195**, 109064.
[29] Liu, B., Li, J., and Hu, D. (2018) *Intermetallics*, **101**, 99.
[30] Kennedy, J. R., Daloz, D., Rouat, B., Bouzy, E., and Zollinger, J. (2018) *Intermetallics*, **95**, 89.
[31] Chen, R., Zheng, D., Guo, J., Ma, T., Ding, H., Su, Y., and Fu, H. (2016) *Mater. Sci. Eng. A*, **653**, 23.
[32] Chen, R., Zheng, D., Ma, T., Ding, H. Su, Y., Guo, J., and Fu, H. (2017) *UltrasonicsSonochem.*, **38**, 120.
[33] Eskin, G. I. (2001) *UltrasonicsSonochem.*, **8**, 319.
[34] Li, Z. Luo, L., Su, Y., Luo, L., Wang, B., Wang, L., Yao, M., Guo, J., and Fu, H. (2021) *Mater. Lett.*, **285**, 129092.
[35] Klein, T., Niknafs, S., Dippenaar, R., Clemens, H., and Mayer, S. (2015) *Adv. Eng. Mater.*, **17**, 786.
[36] Liu, J., Wu, T., Wang, M., Wang, L., Zhou, Q., Wang, K., Staron, P., Schell, N., Huber, N., and Kashaev, N. (2021) *Mater. Char.*, **179**, 111371.
[37] Hu, D. and Jiang, H. (2015) *Intermetallics*, **56**, 87.
[38] Mayer, S., Petersmann, M., Fischer, F. D., Clemens, H., Waitz, T., and Antretter, T. (2016) *Acta Mater.*, **115**, 242.
[39] Cheng, L., Zhang, S., Yang, G., Kou, H., and Bouzy, E. (2021)

Mater. Char., **173**, 110970.

[40] Li, X., Battacharyya, D., Jin, H., Reid, M., Dippenaar, R., Yang, R., and Liss, K. D. (2020) *J. All. Comp.*, **815**, 152454.

[41] Cao, S., Xiao, S., Chen, Y., Xu, L., Wang, X., Han, J., and Jia, Y. (2017) *Mater. Des.*, **121**, 61.

[42] Zghal, S., Thomas, M., and Couret, A. (2011) *Intermetallics*, **19**, 1627.

[43] Teng, C. Y., Zhou, N., Wang, Y., Xu, D. S., Du, A., Wen, Y. H., and Yang, R. (2012) *Acta Mater.*, **60**, 6372.

[44] Zhang, T., Wang, D., Zhu, J., Xiao, H., Liu, C. T., and Wang, Y. (2020) *Acta Mater.*, **189**, 25.

[45] Ni, Y. and Khachaturyan, A. G. (2009) *Nature Mater.*, **8**, 410.

[46] Boyne, A., Wang, D., Shi, R. P., Zheng, Y., Behera, A., Nag, S. Tiley, J. S., Fraser, H. L., Banerjee, R., and Wang, Y. (2014) *Acta Mater.*, **64**, 188.

[47] Wang, L., Lorenz, U., Münch, M., Stark, A., and Pyczak, F. (2017) *Intermetallics*, **89**, 32.

[48] Wang, L., Zenk, C., Stark, A., Felfer, P., Gabrisch, H., Göken, M., Lorenz, U., and Pyczak, F. (2017) *Acta Mater.*, **137**, 36.

[49] Wang, L., Oehring, M., Lorenz, U., Stark, A., and Pyczak, F. (2018) *Intermetallics*, **100**, 70.

[50] Miyazaki, T., Imamura, H., and Kozakai, T. (1982) *Mater. Sci. Eng.*, **54**, 9.

[51] Haasen, P. (1996) *Physical metallurgy*, 3rd ed., Cambridge University Press, Cambridge, UK.

[52] Bendersky, L. A., Boettinger, W. J., Burton, B. P., Biancaniello, F. S., and Shoemaker, C. B. (1990) *Acta Metall. Mater.*, **38**, 931.

[53] Huang, Z. W. (2008) *Acta Mater.*, **56**, 1689.

[54] Stark, A., Oehring, M., Pyczak, F., and Schreyer, A. (2011) *Adv. Eng. Mater.*, **13**, 700.

[55] Song, L., Xu, X. J., You, L., Liang, Y. F., and Lin, J. P. (2014) *J. All. Comp.*, **616**, 483.

[56] Witusiewicz, V. T., Bondar, A. A., Hecht, U., and Velikanova, T. Ya., (2009) *J. All. Comp.*, **472**, 133.

[57] Schloffer, M., Rashkova, B., Schöberl, T., Schwaighofer, E., Zhang,

Z., Clemens, H., and Mayer, S. (2014) *Acta Mater.*, **64**, 241.

[58] Klein, T., Schachermayer, M., Holec, D., Rashkova, B., Clemens, H., and Mayer, S. (2017) *Intermetallics*, **85**, 26.

[59] Huang, Z. W. (2013) *Intermetallics*, **42**, 170.

[60] Huang, Z. W. (2008) *Acta Mater.*, **56**, 1689.

[61] Huang, Z. W., Lin, J. P., and Sun, H. L. (2017) *Intermetallics*, **85**, 59.

[62] Song, L., Wang, L., Zhang, T., Lin, J., and Pyczak, F. (2020) *J. All. Comp.*, **821**, 153387.

[63] Song, L., Lin, J., and Li, J. (2017) *Mater. Des.*, **113**, 47.

[64] Song, L., Xu, X., You, L., Liang, Y., Wang, Y., and Lin, J. (2015) *Acta Mater.*, **91**, 330.

[65] Zhang, M. X. and Kelly, P. M. (2005) *Acta Mater.*, **53**, 1073.

[66] Song. L., Xu, X., You, L, Liang, Y., and Lin, J. (2015) *Intermetallics*, **65**, 2.

[67] Song, L., Appel, F., Wang, L., Oehring, M., Hu, X., Stark, A., He, J., Lorenz, U., Zhang, T., Lin, J., and Pyczak, F. (2020) *Acta Mater.*, **186**, 575.

[68] Song, L., Appel, F., Stark, A., Lorenz, U., He, J., He, Z., Lin, J., Zhang, T., and Pyczak, F. (2021) *J. Mater. Sci. Techn.*, **93**, 96.

附录 4

前沿进展——单相合金的变形行为(第 5 章)

虽然人们在合金的研发方面取得了许多进步，但是 γ-TiAl 基合金的拉伸延伸率通常仍低于 1%。这一极低的塑性仍是制约其现实应用的一大瓶颈。因此，为了能更加深入地理解其变形机制，人们作出了大量的努力。在这一方面，高分辨电子显微镜是研究人员所用的主要手段。相关的研究成果见文献[1-3]中的综述，从中也可以得到更多的文献信息。这些微观力学理论具有惊人的预测能力，尤其是因为其中许多的组织参数并不是为人们精确所知的。文献[4]阐述了各种不同的应用于钛铝合金的建模思路。

A4.1 沿伪孪生方向的剪切

多晶钛铝合金的变形能力受限于缺乏足够的独立滑移系。因此，研究人员对 γ-TiAl 和 α_2-Ti_3Al 中其他潜在的滑移系进行了探究。在这一方面，有两组重要的研究可供参考。基于分子动力学模拟，Xu 等[5]提出一种沿伪孪生方向的 γ-TiAl 的孪晶机制，这实际上破坏了 $L1_0$ 结构的堆垛，因而在实际中应该是不会出现的。但

是，Wen 和 Sun[6] 在其第一性原理研究中也证明了沿$\langle 11\bar{2}]$方向的伪孪晶剪切是可以出现的。在这一新提出的机制中，在与孪晶相连的两个连续的{111}基体平面上通过 1/6[$\bar{2}$11]、1/6[$\bar{1}2\bar{1}$]和 1/6[$\bar{1}\bar{1}$2]同步剪切，可以产生一种孪晶变体。这种机制的总和剪切可达传统沿 1/6$\langle 11\bar{2}]$ {111}方向的有序孪晶(假定$|c|/|a|=1$时其为$\sqrt{2}/2$)的 4 倍以上，因此它可以非常有效地屏蔽或钝化应力集中。然而，目前在实验上尚未观察到这一现象。

A4.2　α_2 相的孪晶

单晶 α_2-Ti_3Al 几乎只能通过柱面滑移变形，其基面和锥面滑移非常困难，甚至是不可能出现的。由于 α_2 相容易发生解理断裂，裂纹通常会自 α_2 相处产生。因此，从 von Mises 准则的角度看，对于多晶组织来说是不存在足够的独立滑移系使其自由塑性变形的。这不仅仅是 α_2 单相合金中的问题，也是制约 α_2 相体积分数一般低于 20%的多相合金的力学性能的重要因素。基于这一点，人们对激发 α_2 相中孪晶系统的可能性进行了探究，以期为 **c** 方向的剪切提供额外的分量。然而一般认为，α_2 相中难以产生孪晶，其原因是当形成孪晶时不仅要使各原子对基元发生均匀的剪切，还要使 Ti 和 Al 原子发生大量的扰动互换以在孪晶中建立 $D0_{19}$ 长程有序排列[7]。与这一理论相反的是，在部分研究中确实观察到了 α_2 相的孪晶结构[8-11]。但是各研究所观察到的孪晶元素却大不相同，同时也不能排除这些观察到的孪晶结构是高温相变的副产品的可能性。Kishida 等[12,13]在 Ti-36.5Al 单晶合金 1 000 ℃以上的压缩中观察到形变孪晶，此时压缩轴向与 $D0_{19}$ 单胞的 **c** 方向相近。孪晶的惯习面为{20$\bar{2}$1}，孪晶元素为：K_1=‘{$\bar{2}$12 $\bar{1}$03}’，K_2={20 $\bar{2}\bar{1}$}，$\eta_1=\langle 5\,\bar{1}\bar{4}\bar{6}\rangle$，$\eta_2$=‘$\langle \bar{1}3\bar{2}2\rangle$’。其中，$K_1$ 和 η_2 指数是无理数的近似值。其孪晶面和孪晶方向在本质上与无序六方结构中最常见的{10$\bar{1}$1}$\langle 10\,\bar{1}\bar{2}\rangle$常规孪晶是一致的。

Song 等[14]在一种多相钛铝合金的高温压缩中观察到 α_2 相的形变孪晶现象。其孪晶元素与 Kishida 等[12,13]报道的结果一致。最近，He 等[15]也在聚片孪晶(PST)晶体中报道了 α_2 相的孪晶行为。从中可以看出，使 Ti_3Al 相产生形变孪晶的条件可归纳为：

(1) 非化学计量比(高 Al 含量)成分，其中可能还需要含有 Nb 元素；

(2) 高温变形(>800 ℃)以提供充分的扩散；

(3) 晶粒的取向有利于 **c** 方向的变形；

(4) 存在过饱和的点缺陷；

(5) 存在局部的应力集中。

非常确信的是，原子间互换位置的扰动是完整建立孪晶结构的关键步骤。在这一方面，Song 等[14]提出，Al_{Ti}反位原子缺陷可能有力支持了其中所需的原子迁移过程，这是富 Al 的 Ti_3Al 相中为平衡过高的 Al 含量而形成的缺陷。作者在文中所讨论的扩散机制(第二类反结构桥接机制——ASB-Ⅱ)来自 Mishin 和 Herzig 的理论[16]，其体现为相对于传统空位机制的明显较低的扩散能。这一理论解释了为什么 α_2 相的孪晶只在富 Al 的合金中才可以观察到。Song 等[17]也阐述了一种被称为内孪生的 α_2 相孪晶机制，这在孪晶研究中是较为罕见的。他们发现，以同种$\{20\bar{2}1\}\langle\bar{1}014\rangle$的孪晶类型，组织中发生了三代次孪晶变形，即在第一孪晶晶粒中形成二次孪晶，在二次孪晶晶粒中形成三次孪晶。这一发现是令人意外的，因为 α_2 相本来就难以产生孪晶。然而，可以认为在一次孪晶中 $D0_{19}$结构并未完全得以恢复，因此孪晶中的化学无序度要显著高于基体。这就意味着，在孪晶晶粒中由于化学无序度较高，相对基体而言其内部就更容易再次激发孪晶。在这一内孪晶情形中，可以认为随着孪晶代次的增加其化学无序度也随之上升，从而 Ti_3Al 相中难以产生孪晶的情形也随之缓解了。基于这一讨论，可以认为一旦二次孪晶得以形成，其长大的倾向性比其基体更高。

α_2 相的孪晶似乎也与多种相变有关。例如，α_2 相孪晶界的结构与$(0001)\omega_o$基面相近，因此 α_2 相孪晶的形成有利于 $\alpha_2\rightarrow\omega_o$ 相变。因此，孪晶界面可作为 ω_o 相的形核位置。各相之间的高约束应力也可能导致反向的 $\omega_o\rightarrow\alpha_2$ 相变。这种形变孪晶与反向相变的相互作用使得 α_2 片层完全转变为 α_2 和 ω_o 相的混合组织。这一转变大幅降低了原始 α_2 片层组织的力学各向异性[18]。

从目前的观点看，α_2 相的形变孪晶对合金力学性能的可能影响如下：形变孪晶为 $D0_{19}$单胞提供了 $\boldsymbol{c}$ 方向的剪切，这当然对材料的高温变形能力是有益的。借助大量的新的孪晶界，孪晶变形同时将 α_2 相细化，使得裂纹可以被偏折或受阻。这一机制在室温下应也同样可以提高材料的裂纹扩展抗力，但是这一点还需要进一步的证明。

参考文献

[1] Vitek, V. (2011) *Progress in Materials Science*, **56**, 577.

[2] Hirth, J. P., Pond, R. C., Hoagland, R. G., Liu, X. Y., and Wang, J. (2013) *Progress in Materials Science*, **58**, 749.

[3] Antillon, E., Woodward, C., Rao, S. I., Akdim, B., and Parthasarathy, T. A. (2019) *Acta Mater.*, **166**, 658.

[4] Appel, F., Clemens, H., and Fischer, F. D. (2016) *Progress in Materials Science*, **81**, 55.

[5] Xu, D. S., Wang, H., Yang, R., and Veyssière, P. (2008) *Acta Mater.*, **56**, 1065.

[6] Wen, Y. F. and Sun, J. (2013) *Scripta Mater.*, **68**, 759.

[7] Yoo, M. H. (2002) *Intermetallic Compounds Principle and Practice*, Vol. 3—Progress (eds J. H. Westbrook and R. L. Fleischer), John Wiley & Sons New York, pp. 403-436.

[8] Morris, M. A. and Morris, D. G. (1991) *Philos. Mag. A*, **63**, 1175.

[9] Lipsitt, H. A., Shechtman, D., and Schafrik, R. E. (1980) *Metall. Trans. A*, **11A**, 1369.

[10] Wang, P., Veeraraghavan, D., and Vasudevan, V. K. (1996) *Scripta Mater.*, **34**, 1601.

[11] Lee, J. W., Hanada, S., and Yoo, M. H. (1995) *Scripta Metall. Mater.*, **33**, 509.

[12] Kishida, K., Takahama, Y., and Inui, H. (2005) *Mater. Sci. Eng. A*, **400-401**, 339-344.

[13] Kishida, K., Takahama Y., and Inui, H. (2004) *Acta Mater.*, **52**, 4941.

[14] Song, L., Wang, L., Oehring, M., Hu, X. G., Appel, F., Lorenz, U., Pyczak F., and Zhang. T. B. (2019) *Intermetallics*, **109**, 91.

[15] He, N, Qi, Z. X., Cheng, Y. X., Zhang, J. P., He, L. L., and Chen, G. (2021) *Intermetallics*, **128**, 106995.

[16] Mishin, Y. and Herzig, C. (2000) *Acta Mater.*, **48**, 589.

[17] Song, L, Appel, F, Pyczak, F., and Zhang, T. B. (2022) *Acta Mater.*, **222**, 11739.

[18] Song, L, Appel, F, Stark, A, Lorenz, U, He, J. Y., He, Z. B., Lin, J. P., Zhang, T. B., and Pyczak, F. (2021) *Journal of Materials Science & Technology*, **93**, 96.

附录 5
前沿进展——多相合金的变形行为(第 6 章)

A5.1 PST 晶体的制备

通过电子背散射衍射、原位中子衍射以及高温激光共聚焦显微镜，研究人员对二元聚片孪晶(PST)晶体中片层结构的形成过程有了新的认识[1]。研究表明，在高温 α 相中出现了短程有序，相变由此而产生。Jin 等[2]发明了一种以新的籽晶法制备 PST 晶体的方法。以这种方法，采用常规 Ti-43Al-3Si 籽晶成功制备了 Ti-46Al-8Nb 合金的 PST 晶体。片层组织以其片层平面平行于晶体生长方向排列。柱状的 B2 相晶粒也与片层平行。这种材料的室温拉伸性能优异。其平均屈服强度为 567 MPa，拉伸延伸率达 14.5%。然而，报道中并未指出片层相对于拉伸轴的取向。但是其流变曲线显示出向塑性区域的明显过渡，这表明片层组织的取向应是与拉伸轴向平行的。

A5.2　片层组织合金的变形各向异性

Zambaldi 等[3]采用晶体塑性有限元模拟的方法研究了片层组织的塑性各向异性，其中将 γ 和 α_2 相的主要滑移系均包含在内。模拟的结果很好地重现了在 PST 晶体中观察到的屈服强度随片层取向变化的结果。这一模型也被拓展至多晶片层组织中。可以预见，片层组织合金的初始塑性流变应起始于那些片层取向与变形轴向成 45°夹角的片层团内。然而，这些晶粒中的变形导致的约束应力进一步阻碍了取向不利的晶粒的变形。这一观察结果与内应力的相关研究中所讨论的机制是一致的。采用类似的方法，Cornec 等[4]对片层组织合金的拉伸-压缩不对称性进行了预测。作者将他们的研究拓展至多晶材料中，发现材料的总体应力/应变分布几乎不受单一片层团在形貌上的各向异性的影响。上述两组研究中所采用的模型在对 PST 晶体的实验研究中得到了验证。

A5.3　PST 晶体中的通道流变效应

在考虑到施密特因子的基础上，人们可以理解大部分 PST 晶体的变形行为。但是，当变形轴向与片层界面平行时(A 取向)，会出现一种被称为“通道流变”的特殊现象[5-7]。在这一取向下压缩时，样品只是简单地在轴向上缩短并且在横向上沿受限于{111}界面的通道扩展。然而，不出意外地，在垂直于界面的方向上不存在剪切分量。这一观察结果违反了施密特定律，因为此时在这一方向上的临界分切应力为 0。这一现象为片层合金中滑移和孪晶系统的选择提出了一些疑问，因此研究人员对此进行了两组第一性原理研究[8,9]。研究主要关注于片层界面对位错芯结构的影响，这使位错始终无法穿过片层界面滑移。研究结果证实了 Kishida 等[5]和 Kim 等[6]的早期假设，即在普通位错和孪晶以固定的比率协同运动的情况下将发生通道流变现象。这两种变形机制的剪切分量垂直于片层界面，但是方向却是相反的。通过一种合适的组合，位错和孪晶的剪切分量完全抵消。因此，每一个 γ 片层中的变形都是均匀的，且出现通道效应，从而不存在垂直于片层界面的剪切分量。

A5.4　位错可动性

采用三维原子模拟，Katzarov 和 Paxton[10]阐述了 γ-TiAl 中广泛观察到的 1/2⟨110]普通螺位错被遗留，刃位错被偶极子拖曳的位错钉扎机制。此研究结合了蒙特卡罗模拟以澄清位错迁移的运动学机制。文献中提出了若干种机理，包括在共轭{111}平面上运动的扭折交割[11]、交滑移[12]以及二者共存的情况。部分学者也提出了外部障碍如夹杂物等的钉扎机制[13-15]。

Katzarov 和 Paxton[10]的模拟结果表明，普通螺位错难以发生扭折，因此它们的可动性很强。基于这一点，在共轭{111}平面上可以通过交割而产生割阶的扭折对的数量被认为是非常低的，因此这与观察到的钉扎点的数量不符。于是作者认为，由内禀原因(如交滑移)造成的有效钉扎仅在扭折对的可动性被外部滑移障碍(如夹杂物)同时降低时才是可能的。根据作者的观点，螺位错的可动性取决于外部和内部滑移障碍的共同作用。从其他的观点可知，交滑移可以被夹杂物激发。在这种情况下，问题在于刃位错分量与外部缺陷的弹性交互作用要远高于螺位错分量。在中心对称应力场的情形下(正如一般夹杂物的情形)，实际上螺位错与缺陷之间是没有弹性交互作用的，因为螺位错没有静水应力场。

然而在 TiAl 合金中，螺位错被钉扎了，这就是为什么在变形后的结构中主要观察到的是螺位错。显然，刃位错运动受到的钉扎较少。解释这种广泛存在的现象的唯一理由就是其内禀机制，特别是单或双交滑移。由螺位错的交滑移产生的割阶在螺位错的运动方向上是不可动的。基于运动学上的原因，在刃位错中就不存在这一问题。交滑移可由内应力引发，而内应力在多相合金中尤为显著(见下文关于内应力的评述)。

Hu 等[16]采用 Peierls-Nabarro 模型研究了 1/2〈110]普通位错芯的结构。计算结果证明了之前的研究中所发现的位错芯的小尺度非平面扩展[17,18]。研究同时表明，位错芯的扩展取决于所施加剪切应力的大小。当达到 Peierls 应力值时，位错芯的扩展就变成平面型了。这一点非常重要，因为这就解释了为什么螺位错可以轻易地发生交滑移。Xu 等[19]的分子动力学模拟结果证明了〈011]超位错对剪切方向非常敏感。其中的新发现在于位错的分解取决于位错的特征。位错分解在刃型方向上最大，包含了内禀层错(SISF)、反相畴界(APB)和复杂层错(CSF)。与剪切方向相关的位错滑移的阻力来自〈011]位错芯的非对称扩展，即当剪切方向相反时位错前端的位错芯和层错的类型将发生改变。当需要像疲劳变形这样的反向变形时，这一机制当然是不利的。

A5.5 位错攀移

正如在书中所述，研究中经常可见 1/2〈110]普通位错的非保守运动，即攀移。这些位错攀移出现在 700 ℃以上的变形中，其典型的特征是螺旋状结构，主要通过 Bardeen-Herring 攀移源形成。位错的攀移经常与位错滑移共同出现。在最近的一篇论文中[20]，研究人员在放电等离子烧结 IRIS 合金(Ti-

48Al-2W-0.08B)的 γ 相中观察到[001]位错的攀移。这一位错攀移结构出现在 850 ℃的蠕变变形条件下。细致的透射电子显微镜(TEM)分析表明，攀移是通过割阶对的形核及横向扩展而出现的。这一过程看起来得到了高温和低蠕变应力的支持。这一机制具有重要意义，因为[001]伯格斯矢量并不位于密排面上，这是一种可在高温下降低 γ 相塑性各向异性的新变形机制。

A5.6　孪晶交截

文献[21]研究了位错与形变孪晶的交互作用，其中讨论了多种孪晶交截与入射位错的交互作用机制。Ding 等[22]研究了预先存在的孪晶结构对 Ti-45Al-8.5Nb-0.2W-0.2B-0.02Y 合金高温强度的影响。其中的孪晶来自高温扭转，其显著提高了合金在 850 ℃的拉伸强度。Liu 等[23]通过对富含 Cr 的 TiAl 合金的连续铸造以及在(α+β)两相区的退火在组织中得到了高密度的肖克莱不全位错和堆垛层错。在随后的室温压缩中，这些缺陷可作为孪晶的非均匀形核点，形成了高密度的纳米孪晶结构。材料的流变曲线表现出两段近似直线的区域，其加工硬化显著不同，这一现象并不多见。材料的压缩应变超过了 40%，屈服强度高于 2 500 MPa。但是报道中并未研究材料的拉伸变形。

A5.7　内应力

众所周知，TiAl 合金屈服强度的变化范围非常大，毫无疑问，其塑性流变抗力源于多种不同的机制。本书第 6 章中曾阐述过，在晶体塑性概念中，一种常用的方式是将其屈服应力 σ 分解为内应力和有效应力部分

$$\sigma = \tau_{\mu} + \tau^{*}(\dot{\varepsilon}, T)$$

其中的内应力(或非热应力)τ_{μ} 来自具有长程应力场的位错滑移障碍，这只能以机械的方式来跨越。因此，τ_{μ} 占据了所施加总应力的一部分，且其几乎与变形温度无关。长程(或非热的)位错滑移障碍的主要例子即为晶界或相界。有充分的证据表明，TiAl 合金的屈服强度主要取决于其相组成和显微组织。然而，从霍尔-佩奇(Hall-Petch)模型的角度来其预测晶粒尺寸对应力的贡献值大小是非常困难的，因为描述显微组织和相组成尺寸的参数有若干种，且这些结构参数之间的协同效应在很大程度上是未知的。有效(热)应力部分 τ^{*} 来自具有短程应力场的位错滑移障碍，其可在热激活的协助下被跨越。因此，τ^{*} 取决于应变速率 $\dot{\varepsilon}$ 和温度 T。短程障碍的典型示例为与杂质有关的缺陷或移动的螺位错后方拖曳的单原子割阶。在这一框架下，使滑移开动的净应力 τ^{*} 即为所施加的应力 σ 与 τ_{μ} 之间的差值。

对于 TiAl 合金来说，理解 τ_μ 与 τ^* 之间的相对大小是非常重要的，因为二者在影响材料力学性能的方式上有很大的不同。本书第 6 章中的参考文献[246]所提及的测量二者数值的方法如今已经实现，见文献[24]。在这一研究中，室温拉伸变形过程中所产生的内应力由增量卸载(步进式实验)技术测定。步进式实验以控制应变的拉伸变形进行，其所导致的变形可于样品的松弛阶段显示出来。在加载过程中存在一个特殊应力，此时样品的滞弹性松弛由之前的拉伸方向反转为压缩方向。出现这一反转时的应力值与 τ_μ 有关。在 TiAl 合金中，加载过程中松弛的反转行为尤其明显，然而在文献中却极少被关注。

在上述研究中共包含了 9 种合金，其成分和显微组织的变动范围非常大，相应地，其拉伸屈服应力的值位于 $\sigma = 400 \sim 1\ 100$ MPa 之间。实验数据表明，τ_μ 与 σ 几乎呈线性关系，即 τ_μ 与 σ 成正比

$$\tau_\mu = 0.8\ \sigma$$

这表明，在所研究的材料中，τ_μ 总是占据所施加总应力 σ 的一大部分(80%)。这与电子显微观察的结果一致，即内应力的最重要的来源是失配界面之间产生的约束应力、主要相中缺少独立的滑移系以及不同合金相组成之间的弹-塑性协调变形。以 γ-TiAl 相为主的多相合金的力学性能取决于其内应力源的分布及大小。通过调整相组成和晶粒尺寸来优化这些参数可以作为未来模拟研究的一个方向。

A5.8 包辛格效应

内应力通常会导致一种称为包辛格效应的特殊变形行为。主要表现为反向加载时的屈服强度下降。掌握关于 TiAl 合金中包辛格效应的知识是理解材料在循环应变中的变形行为并细化塑性变形理论的必要条件。反向加载过程中的强度下降在实际应用中也具有重要意义，因为它可能对工件在受载过程中组装时的尺寸稳定性是有害的，尤其是当工件要承受反向的应变变化时。基于它的这一重要性，以及已经被人们意识到的 TiAl 合金中的高内应力，有学者通过特定的力学实验对包辛格效应进行了分析[25]。

通过比较预先压缩变形和未预先压缩样品的单轴拉伸实验结果，研究人员评估了反向应变的影响。这一变形方案的优点在于包辛格循环的正向和反向部分均处于拉伸状态，即不受非轴向变形、弯曲或样品端部受限的影响。测试在室温下进行，采用的是一种多相 TiAl 合金(TNB-V2)，其成分为 Ti-45.6Al-7.7Nb-0.2C (at.%)，其组成相为 γ-TiAl、α_2-Ti_3Al、β/B2 以及一种 B19 结构的正交相(oP4)。合金中片层团的体积分数为 60%。这一研究的意外之处在于，包辛格效应表现为当应变反向时没有明显的弹塑性之间的过渡。然而，在实验的反向部分并不存在持续的软化现象，这与在 fcc 和 bcc 多晶材料中的现

象不同。这一效应随着预压缩变形量的上升而更趋明显。在弹塑性过渡时的应力下，胡克定律不再适用，对应于在正向加载时应力仅为屈服应力的 15%。因此，反向的流变几乎在反向加载开始时就出现了。这对于需要反向承载的结构件的稳定性来说是一个重要问题，然而目前还没有引起人们足够的重视。

反向加载后的软化应来自正向变形中多相组织的非均匀变形。各相组成之间力学性能的不一致性必然导致应力和应变的不均匀配分，这就导致了具有方向性的背应力。在卸载过程中，阻碍正向变形的内应力大部分支持了反向变形。反方向的变形也得到了新开动的位错以及正向加载中所产生的位错源的支持。应变速率敏感系数测定的激活能数据表明，包辛格测试中正反方向加载时的位错的钉扎机制是一致的。上述的实验结果得到了 Serrano 等[26] 的完全证实。另外，他们的结果还表明，反向加载时的软化在 γ 相体积分数非常高的双态组织合金中尤为明显。

A5.9　应变分布

在 TiAl 合金的文献中，有大量关于各种合金系统的显微组织和力学性能之间相关性的研究。然而，由于其相组成和显微组织非常复杂，TiAl 合金的变形是非常不均匀的。因此，不同相之间的弹-塑性协调变形就成了 γ-TiAl 基合金变形和断裂的一个重要特征。为了进一步理解其失效机制，有必要建立变形状态与临界缺陷组态形成之间的定量关系，然而在传统的力学实验完成后的透射电子显微镜(TEM)和扫描电子显微镜(SEM)观察中却难以实现这一目标。在目前的变形和断裂研究中，数字成像相关(DIC)法正发展为一种新的研究趋势。通过将小尺度上的变形与 SEM 成像和电子背散射衍射(EBSD)取向分析相结合，研究人员可在晶粒的尺度上即时观察应变的分布。但是，DIC 表征的要求较高，需要在样品表面上呈现出稳定且对比度明显的应变分布图案，从而显示出局部应变的大小，而这种稳定性甚至还要维持至高温条件下。

Edwards 等[27-30] 将 DIC 技术与传统的变形实验结合为 SEM 中的原位小尺度压缩实验，从而表征了商用 Ti-45Al-2Nb-2Mn (at.%)-0.8TiB_2(vol.%)合金(通常被称为 Ti4522XD 合金)中的应变分布。研究中所用的温度范围为 25~700 ℃。其中所用的先进 EBSD 分析能够确定不同取向的 γ-TiAl 相变体，这对于 γ-TiAl 这样四方度很小的合金来说是非常困难的。研究定量阐明了片层组织中应变积累的不均匀性。在片层取向不同的情况下，屈服可能在非常小的应力下就已经出现了。这一研究特别在以下方面取得了新的成果：纵向孪晶(即孪晶与片层界面平行)的临界分切应力(CRSS)比位错滑移所需的临界分切应力要低得多，然而，纵向孪晶与畴域的交汇阻碍了孪晶的扩展，这使得 γ 片层被再一次细化。纵向孪晶通常由多个相同 γ 变体的堆垛(其间仅存在细 α_2 片层)引发，其显然于 TiB_2 颗粒处形核。以这种方式，在整个片层团中就形成了互相连接的孪晶区域，导致片层团边界处出现峰值应力。研究发现，纵向孪晶导致的剪切累积是使材料过早失效的主要因素。

他们还研究了受阻孪晶前端的剪切耗散现象。这一研究非常重要，因为在 TiAl 合金中孪晶的惯习面和位错的八面体滑移面均与解理面重合。因此，受阻的滑移或孪晶非常容易产生应力集中，从而超过解理面的结合强度。作者认为，受阻于畴域的孪晶剪切可通过少量的位错滑移而耗散。相反，受阻于片层团边界的孪晶通常会导致(Ⅱ型)开裂。研究人员也对处于硬取向(即片层与加载轴向平行)的片层中的应变分布进行了测定。与经常观察到的结果一致，滑移和孪晶产生于不明显的变形带中，其沿{111}平面的迹线跨越片层。研究人员发现，在整个样品宽度的尺度上，变形带中的剪切应变几乎都是相等的。不均匀变形的另一个表现为剪切带的形成。剪切带可能跨越晶界并可达宏观尺度。研究人员测定了剪切带中的应变分布，这对理解剪切带对加工硬化、断裂、动态回复以及再结晶行为的影响具有重要意义。总之，可以认为，借助于 DIC 技术，人们在对 TiAl 合金变形不均匀性的定量分析方面已经取得了重要进展。这具有特别重要的意义，因为合金的力学性能在方方面面均受到这些变形不均匀性的影响。

A5.10 环境脆性

目前已知的是，TiAl 合金被暴露在高温下时将出现脆性。这一效应在 700 ℃左右尤其明显，但在较低温度下也会在一定程度上出现。基于 X 射线分析，Wu 等[31]认为脆性应是由样品表面形成的富氧层所致且这一富氧层同时承受了 250 MPa 的拉伸应力。Paul 等[32]对这一研究进行了拓展，他们采用 X 射线衍射测定了表面以下深达 80 μm 处的应力分布。在未热暴露的样品中，亚表面层中存在残余压应力，这是在样品制备过程中由于晶体缺陷的引入而不可避免地产生的。这一效应在更软的合金中则更加明显，因为显然其样品表面在样品制备过程中经受了更多的变形。在热暴露过程中，退火消除了这些缺陷，这就改变了应力的分布，即压应力在很大程度上降低了，同时在深度约 0.6 μm 处形成了约 200 MPa 的拉伸应力。这一残余拉应力与最外层由氧和氮的渗入而导致的硬化一起，解释了为什么在高温热暴露过程中容易形成表面裂纹从而导致材料脆化。这一理论的优势在于，它解释了为什么材料在高温真空条件暴露下也会发生脆化。然而，其存在的问题是，这一相对较薄的承受拉伸应力的表层是否真正能够导致裂纹形成及扩展。

参考文献

[1] Li, X., Bhattacharyya, D., Jin, H., Reid, M., Dippenaar, R., Yang, R., and Liss, K. D. (2020) *Journal of Alloys and Compounds*, **815**, 152454.

[2] Jin, H., Jia, Q, Xian, Q. G., Liu, R. H., Cui, Y. Y., Xu, D. S., and Yang, R. (2020) *Journal of Materials Science & Technology*, **54**, 190.

[3] Zambaldi, C., Roters, F., and Raabe, D. (2011) *Intermetallics*, **19**, 820.

[4] Cornec, A., Kabir, M. R., and Huber, N. (2015) *Mater. Sci. Eng. A*, **620**, 273.

[5] Kishida, K., Inui, H., and Yamaguchi, M. (1998) *Philos. Mag. A*, **78**, 1.

[6] Kim, M. C., Nomura, M., Vitek, V., and Pope, D. P. (1998) *High-Temperature Ordered Intermetallic Alloys VIII. MRS Proceedings*, vol.552 (eds. E. P. George, M. J. Mills, and M. Yamaguchi), KK3. 1. 1.

[7] Paidar, V. (2002) *Interface Sci.*, **10**, 43.

[8] Katzarov, I. H. and Paxton, A. T. (2010) *Phys. Rev. Lett.*, **104**, 225502.

[9] Ji, Z. W., Lu, S., Hu, Q. M., Kim, D. Y., Yang, R., and Vitos, L. (2018) *Acta Mater.*, **144**, 836.

[10] Katzarov, I. H. and Paxton, T. (2011) *Acta Mater.*, **59**, 1281.

[11] Viguier, B., Hemker, K. J., Bonneville, J., Louchet, F., and Martin, J. L. (1995) *Philos. Mag. A*, **71**, 1295.

[12] Siram, S., Dimiduk, D., Hazzledine, P. M., and Vasudevan, V. K. (1997) *Philos. Mag. A*, **76**, 965.

[13] Kad, B. K. and Fraser, H. L. (1994) *Philos. Mag. Letters*, **70**, 211.

[14] Menand, A., Huguet, A., and Nérac-Partaix, A. (1996) *Acta Mater.*, **44**, 4729.

[15] Messerschmidt, U., Bartsch, M., Häussler, D., Aindow, M., Hattenhauer, R., and Jones, J. P. (1995) *High-Temperature Ordered Intermetallic Alloys VI. Materials Research Society Symposia Proceedings*, vol. 364 (eds. J. A. Horton, I. Baker, S. Hanada, R. D. Noebe, and D. S. Schwartz), MRS, Pittsburgh. PA. p. 47.

[16] Hu, M. S., Huang, M. S., and Li, Z. H. (2021) *Intermetallics*, **129**, 107031.

[17] Simmons, J. P., Mills, M. J., and Rao, S. I. (1995) *High-Temperature Ordered Intermetallic Alloys VI. Materials Research Society Symposia Proceedings*, vol. 364 (eds. J. A. Horton, I. Baker, S. Hanada, R. D. Noebe, and D. S. Schwartz), MRS, Pittsburgh. PA. p. 137.

[18] Woodward, C. and Rao, S. I. (2004) *Philos. Mag.*, **84**, 401.

[19] Xu, D. S., Wang, H., Yang, R., and Sachdev, A. K. (2014) *Chin. Sci. Bull.*, **59**, 1725.

[20] Naanani, S., Monchoux, J. P., Mabru, C., and Couret, A. (2018) *Scripta Mater.*, **149**, 53.

[21] Yang, G., Ma, S. Y., Du, K., Xu, D. S., Chen, S., Qi, Y., and Ye, H. Q. (2019) *Journal of Materials Science & Technology*, **35**, 402.

[22] Ding, J, Zhang, M. H., Liang, Y. F., Ren, Y., Dong, C. L., and Lin, J. P. (2018) *Acta Mater.*, **161**, 1.

[23] Liu, S. Q., Ding, H. S., Zhang, H. L., Chen, R. R., Guo, J. J., and Fu, H. Z. (2018) *Nanoscale*, **10**, 11365.

[24] Hoppe, R. and Appel, F. (2014) *Acta Mater.*, **64**, 169.

[25] Paul, J. D. H., Hoppe, R., and Appel, F. (2016) *Acta Mater.*, **104**, 101.

[26] Serrano, P., Toualbi, L., Kanoute, P., and Couret, A. (2020) *Intermetallics*, **122**, 106816.

[27] Edwards, T., Gioacchino, F. D., Muñoz-Moreno, R., and Clegg, W. J. (2016) *Scripta Mater.*, **118**, 46.

[28] Edwards, T., Gioacchino, F. D., Muñoz-Moreno, R., and Clegg, W. J. (2017) *Acta Mater.*, **140**, 305.

[29] Edwards, T., Gioacchino, F. D., Mohanty, G., Wehrs, J., Michler, J., and Clegg. W. J. (2018) *Acta Mater.*, **148**, 202.

[30] Edwards T., Gioacchino F. D., Goodfellow A. J., Mohanty G., Wehrs J., Michler J., and Clegg, W. J. (2019) *Acta Mater.*, **166**, 85.

[31] Wu, X. H., Huang, A., Hu, D., and Loretto, M. H. (2009) *Intermetallics*, **17**, 540.

[32] Paul, J. D. H., Oehring, M., Appel, F., and Pyczak, F. (2017) *Intermetallics*, **84**, 103.

附录 6
前沿进展——强化机制（第 7 章）

A6.1 晶界强化

Monchoux 等[1]在室温下表征了晶界强化行为。他们的合金由放电等离子烧结制备，晶粒尺寸为 0.7~3.7 μm。这一研究拓展了本书之前所述的结果。研究表明，晶粒尺寸在这一范围内时材料的强化效应仍可用霍尔-佩奇(Hall-Petch)模型来描述。其中，Hall-Petch 系数 $k_y=0.98\ \mathrm{MPa\cdot m^{1/2}}$，与之前在球状组织中测定的数值吻合得很好。对位错塞积结构的观察也在实验上支撑了这一现象。

A6.2 位错偶极子和位错碎片的作用

在多相合金的 γ 相中，位错偶极子和位错碎片是变形结构的主要特征。文献[2]研究了这些缺陷在变形和疲劳中的作用。其中，位错偶极子主要来自普通螺位错上割阶的非保守滑移。割阶形成于螺型部分在$\{\bar{1}\bar{1}1\}$面上的交滑移，其与$\{111\}$滑移面共有一个$\langle 1\bar{1}0]$方向。位错偶极子使位错滑移的阻力上升，其在部分上可通过热激活来跨越。因此，割阶拖曳和位错碎片强化对屈服强度和加工硬化贡献的大小取决于变形温度和应变速率。由于缺陷的体积较小，位错碎片很容易发生静态和动态回复，这在原位加热电子显微分析中已经得到证实。基于 Fischer 等[3]提出的模型，人们对其回复动力学也进行了阐述。

利用分子动力学(MD)模拟，人们研究了普通位错偶极子的原子结构和稳定性[4]。模拟结果与高分辨电镜成像的结果高度吻合。研究表明，空位偶极子优先形成。偶极子障碍的强度比弹性计算所估计的数值高出许多。因此作者认为，在之前 TiAl 合金的塑性模型中，人们严重低估了偶极子的强化效果。在 Wang 等[5]的分子动力学模拟中，作者认为空位偶极子与位错非螺型部分的湮灭是通过分解为一系列更为简单的缺陷结构进行的，如层错偶极子、空位团簇或层错四面体等。这一重构过程持续的时间很短，其具体的机制取决于偶极子的高度、取向以及所处的温度。Caillard 等[6]对金属材料(包括 TiAl 和 Ti_3Al 等)变形中的偶极子机制重新进行了阐述。作者认为，层错偶极子以及 TiAl 和 Ti_3Al 中由超位错分解而形成的位错环是由外部的滑移障碍引发的，这些障碍在材料变形之前就已存在于材料内部了。

A6.3　α_2 相中的反相畴界(APB)强化

Zhang 等[7]在 Ti-43Al-9V-0.2Y 合金的 α_2 相中观察到一种非常细小的畴结构。由于此畴结构的尺寸仅约 15 nm，α_2 相得到了大幅的细化，作者认为这就是合金板材具有良好拉伸性能的原因。在这一方面，应参考 Koizumi 等[8]的早期研究，其表明畴结构可以显著增强 Ti_3Al 相整体的柱面滑移。因此，这一机制为含有 α_2 相合金性能的提升提供了一些可能性。文献[9]确定了不同 Ti_3Al 合金中反相畴的形貌和生长动力学。

A6.4　添加 Nb 的作用

本书已经讨论过，Nb 在$(\alpha_2+\gamma)$合金中的强化机制仍是有争议的。有充分的证据表明，Nb 的添加改变了合金的相变路径，最终使其组织更加细化并提高了合金的强度。然而，Li 等[10]的第一性原理计算表明，在含 Nb 合金中，占据 Al 原子点位的 Nb 原子(Nb_{Al})与占据 Ti 原子点位的 Al 原子(Al_{Ti})发生了短程有序化。这一短程有序结构提高了位错滑移阻力，因而可能是另一种含 Nb

合金的强化机制。

Chen 等[11]研究了 Nb 的添加对聚片孪晶(PST)晶体高温变形行为的影响规律。由于片层团界对力学性能的影响通常是难以评估的，因此内部没有片层团界的 PST 晶体就是非常适宜开展这一研究的材料。他们所研究的合金成分为 Ti-45Al-8Nb，与二元 PST 合金相比，该合金在低温和高温下具有优异的强度性能。作者认为，这一效果来自片层组织的细化以及变形过程中形成的纳米孪晶。

A6.5 含有 β/β_o 相的合金

如附录中关于第 2 章和第 16 章的内容所述，人们已经尝试了许多种调整 TiAl 基合金中 β 相的方法，以提高合金的可锻性。由于其具有多种弹性不稳定性和有序化转变，β 相非常容易发生多种分解反应[12]。因此合金实际上是由包含多种 β-Ti 的同素异形结构的多相组成的，而非只有 γ-TiAl、α_2-Ti_3Al 和 β-Ti 相。这些不同的结构包括正交相、ω 相以及 β_o-Ti 相(β-Ti 的有序结构)。在 TiAl 基合金中也会出现 $B8_2$ 结构的有序 ω_o 相(空间群 $P6_3/mmc$)。ω_o 相应该是非常脆的，没有足够的密排面来作为位错滑移面。因此，合金中的 ω_o 相颗粒如果过于粗大分散，那么合金可能就是完全脆性的。β_o 相的情形也与此类似。β 相的分解反应对合金成分和加工条件非常敏感。因此，文献中报道了大量不同的显微组织和力学性能结果。遗憾的是，其中的力学性能数据通常是以描述的形式报道的，因此在不同合金之间难以进行比较。在多数情形下，人们的印象是材料的高温强度，尤其是抗蠕变性不足。然而，对于工程应用来说最主要的问题应该是材料在室温下极脆，这通常就是存在 β_o 相或 ω_o 相的结果。但是，当 β/β_o 相的体积分数不那么高时，合金的力学性能还是可以接受的。例如，Voisin 等[13]通过放电等离子烧结制备了 Ti-43.9Al-4Nb-0.95Mo-0.1B 合金，其显微组织为近片层组织，片层团尺寸为 20 μm，片层团的周围环绕着微米级的 γ 和 β_o 相。这种材料在 700 ℃下表现出了良好的蠕变性能。然而在室温下，材料的变形行为与典型的片层合金的相同。当温度高于 550 ℃时，材料逐渐出现了塑性流变和强烈的加工硬化，使材料的断裂延伸率最终达 1%。经 TEM 研究表明，变形主要由片层团边界处的 γ 晶粒实现。另外，当发生由位错塞积而导致的应力集中时，β_o 相晶粒中也出现了位错滑移。作者发现 β_o 相晶粒中含有少量的 ω 相，然而其含量显然还未达到使材料呈现脆性的程度。更多关于含 β/β_o 相合金失效机制的信息请见附录中关于第 9 章和第 10 章的内容部分。

A6.6　冲击加载

文献[14]阐述了 Ti-49.5Al 合金 PST 晶体在冲击载荷下的变形行为。样品在“软取向”($\Phi=28°$)下以$\dot{\varepsilon}=3.4\times10^{3}\ s^{-1}$的速率压缩至应变量 $\varepsilon=0.33$。研究人员在样品中观察到加工硬化至约 1.40 GPa 的现象，这大约是其屈服强度的 3.5 倍。变形看起来是由形变孪晶和多种位错滑移系统实现的，它们通常集中在剪切带内部。这一观察结果表明，冲击加载下的强加工硬化效应不仅反映了材料对应变速率的敏感性，而且在部分上也源于其特殊的变形结构。文献[15]在 Ti-44Al-4Nb-1.5Mo-0.007Y 合金中也报道了类似的研究，其 γ 相体积分数为 82.2%，α_2 相为 12.7%，β_o 相为 4.8%。研究人员在 25 ℃、200 ℃和 400 ℃下以 2 000 s^{-1}的应变速率进行了压缩实验。材料的室温屈服强度约为 1.5 GPa。这一应变速率敏感度与 Yang 等的报道相近[14]。随着变形温度的升高，材料的屈服强度下降，这与热激活变形相符，即没有出现反常屈服强度现象。然而，由流变曲线测定的变形温度敏感度$-\Delta\sigma/\Delta T$ 要显著低于常规低变形速率(约 10 s^{-4})实验所测定的数值。这再次表明，在高变形速率下出现了新的变形机制。作者认为丰富的孪晶是这一变形行为的原因。

A6.7　添加碳的固溶强化和析出强化

众所周知，添加碳可以有效强化(α_2+γ)合金。与此同时，人们也一直在尝试对多相合金中的析出行为进行进一步的表征。当考虑到多种相组成如 α_2、γ、β/β_o、O 和 ω_o 相时，情形就变得非常复杂了。可以认为，C 在这些相中的配分和固溶度各不相同。关于这一问题已发表了多篇论文，这里只选取几项具有代表性的研究加以叙述。

Zhou 等[16]的研究表明，在添加碳的 Ti-45Al-3Fe-2Mo-xC 合金中，β/β_o 相的体积分数有所下降。然而，随着碳含量的添加其对片层间距的影响则有所变化。当添加量相对较低时，片层间距下降，而当碳含量升高时片层间距又有所上升。当碳含量为 0.5at.%时，合金具有最佳的高温性能。Klein 等[17]研究了含有 γ、α_2 和 β_o 相的多相合金中的碳元素分布。合金的成分为 Ti-43.7Al-4.1Nb-1.1Mo-0.1B 且其碳含量为 0.75at.%。原子探针实验结果证实了 Menand 等[18]的结论，即 C 优先分布于 α_2 相中。纳米压痕力学测试表明，α_2 和 γ 相发生了显著的加工硬化。由于在这些相中并未观察到碳化物，作者认为这一强化效应来自固溶强化。然而，在 γ 相中测定的 0.3at.%的碳含量却大幅高于 Menand 等[18]所估计的固溶极限。Klein 等[17]也证实了碳含量对 β/β_o 相体积分数的影响。另外，$β_o$ 相中完全没有析出 $ω_o$ 相，后者一般被认为会导致 $β_o$ 相强化。这一点应该能够解释为什么含碳合金中 $β_o$ 相的硬度相比于其他合金的是较低的。Wang 等[19]的工作更加确定地证实了上述发现。他们在 Ti-47Al-2Nb-2Cr 合金中系统添加了 0at.%～0.5at.%含量的碳。结果表明，随着碳含量的上升 $β_o$ 相的体积分数下降，当碳含量达到 0.5at.%时合金中的 $β_o$ 相消失。与此同时，片层间距也在同步下降。作者认为，当碳含量较低时其可以完全固溶到合金组织中。而当碳含量为 0.5at.%时，在组织中观察到碳化物析出。具有最佳室温拉伸性能的合金的含碳量为 0.2at.%。Li 等[20]研究了碳添加量为 0.05at.%～1at.%时对 β 凝固 Ti-43Al-6Nb-1Mo-1Cr 合金的影响。结果表明，合金的高温强度随碳含量的升高而增加，而与此同时拉伸延伸率则显著降低。遗憾的是，他们并未给出合金的室温拉伸性能。作者认为添加碳的强化效果源于 3 种机制，即片层间距的细化、碳的固溶强化以及 Ti_3AlC 相的析出强化。

当以碳进行微合金化时，若要使材料具有最低限度的拉伸塑性伸长量，就应使合金组织中避免出现大尺寸的碳化物析出。对于传统($α_2$+γ)合金来说，碳添加的最高值应为百分之零点几原子百分比。在这一方面，可以参考 Wang 等[21]的工作，他们详细研究了组织中弥散碳化物的演化。其中，较大的 Ti_3AlC 碳化物在 800 ℃以上退火时将分解为较小的颗粒，以降低其弹性失配能。这一点对优化析出相颗粒的弥散度来说具有重要意义。

A6.8 复合材料相关研究

Tan 等[22]研究了 SiC 纤维强化 TiAl 合金复合材料的力学性能。复合材料由真空电弧熔炼 Ti-29.8wt.% Al (Ti-43at.% Al)和 Ti-33.3wt.% Al(Ti-47at.% Al)合金制备。根据铝含量的不同，其分别为全片层和双态组织。他们所采用的 SiC 纤维的长度为 50～500 μm，其最大直径为 2.5 μm，最大添加量为 0.9wt.%。除了含有 SiC 纤维之外，组织中还含有 Ti_5Si_3 和 Ti_2AlC 颗粒，它们是由 SiC 与基体的反应形成的。两组合金中的析出反应程度不同，这主要由其 $α_2$ 相的含量决定。在 Ti-29.8wt.% Al 合金基体中形成了大尺寸的 Ti_5Si_3 颗粒，这对其塑性无益。其中，添加了约 0.5wt.% SiC 的 Ti-33.3wt.% Al 合金的压缩强度最高，为 2.2 GPa。Cui 等[23]采用直径为 8 μm、长度为 2 mm 的碳纤维强化了片层 TiAl 合金基体。碳纤维被预先镀以石墨，使石墨与 TiAl 基体反应形成 TiC，从而增强了碳纤维与基体的结合度。复合材料由粉末冶金、熔融纺丝以及真空熔炼法制备。合金中的相为 Ti_3Al、TiAl、TiC 以及 Ti_2AlC，其中后面两者是通过加工过程中的原位反应产生的。复合材料的硬度和压缩强度比原始基体组织的均有所提高。值得一提的是，其压缩应变也高于基体的，这表明碳纤维强化也提升了材料的断裂韧性。

Liu 等[24]通过以不同含量的 Ti_2AlN 颗粒增强 Ti-48Al-2Cr-2Nb 基体制备了一种原位复合材料。这一组合的优势在于，基体和增强相的热膨胀系数相近。颗粒为杆状，其长度为 1.1 μm，直径为 0.46 μm，其在片层基体中均匀分布。这一研究令人关注是因为其对复合材料的力学性能进行了深入的研究。当 Ti_2AlN 颗粒的添加量为 4vol.%时，复合材料的力学性能最佳。虽然在室温拉伸时复合材料仍发生了弹性断裂，但是其断裂强度却比基体合金的高出了 70%。然而应该指出的是，这一效应部分来自被原位析出反应细化了的片层组织。在 800 ℃下，复合材料的性能提升则更加显著。

Lapin 领导的研究团队[25,26]设计了一些由碳化物颗粒增强的 TiAl 基复合材料。其中，Ti-44.6Al-7.9Nb-3.6C-0.7Mo-0.1B 合金由离心铸造法制备，其主要组成相为 γ 相、少量的残余 α_2 相和粗大的初始 H-Ti_2AlC 颗粒，以及细小的二次 P-Ti_3AlC 和 H-Ti_2AlC 碳化物颗粒。在室温拉伸时，材料发生了脆性断裂。当温度为 850~900 ℃以上时，材料可以发生塑性变形并流变软化，这是典型的动态回复和再结晶现象。值得一提的是，其中的碳化物颗粒有时也可发生塑性变形，这显然是由基体和析出相之间的载荷传递导致的。在相组成优化后的材料中，研究人员发现其蠕变强度也有所提高[27]。

Chen 等[28]用 Ti-(42~48)Al-2.6C 系列合金研究了 Al 含量对 TiAl-Ti_2AlC 复合材料强化的影响。研究表明，颗粒的强化效果在 Al 含量为 46at.%时最为显著，而后随着 Al 含量的增加，其再次出现了下降。室温下，合金的最高压缩强度约为 1.7 GPa。Al 含量较高时强度下降的原因是 Ti_2AlC 的形成消耗了 Al 元素，从而在合金中形成了双态组织。这一研究表明，需要对复合材料中的颗粒分散度及显微组织加以协调。在与之相关的 Fang 等[29]对 Ti-46Al-2.6C：Nb 合金系的研究中，发现添加 Nb 能够优化颗粒的强化效果。

文献[30]对 TiAl-Si 复合材料的研究和发展进行了阐述。材料的基体由 TiAl 或 Ti_3Al，或是硅化物(特别是 Ti_5Si_3 颗粒)增强的 Ti_3Al 构成。在这些复合材料的制备中，人们探究了熔炼和粉末冶金等加工方法。复合材料具有优异的硬度、抗氧化性和耐磨性。然而，不论采用何种方法制备，复合材料在室温下均是完全脆性的。裂纹极易在硅化物中扩展，但在 TiAl 相中受阻。作者认为这种复合材料可以作为一种耐磨的高温涂层使用。

为提高合金的高温强度和抗蠕变性，人们对析出强化机制进行了研究。在阻碍 TiAl 基体中位错滑移方面，不可变形的颗粒极其有效。在高温下，当其他强化机制均不能发挥作用时，这一效果就凸显出来。Pilone 等[31]通过向 Ti-46Al-3.2Cr-2.5Nb 合金中添加 3.5vol.%的 Al_2O_3 颗粒，制备了一种颗粒均匀分布的复合材料。材料由离心铸造制备，含有片层团和 γ 晶粒。其中，Al_2O_3 颗粒的尺寸有显著差异，其在纳米和微米尺度范围内不等。在 25～700 ℃范围内，颗粒强化使材料的杨氏模量提升了约 30%，但高温下的提升效果却极其有限。在室温下，材料是脆性的，而在 850 ℃以上却可以进行弯曲塑性变形。800 ℃下测定的弯曲强度比所参考的材料的约高出 20%。但在更高的温度下，其与未经颗粒强化的材料的差异就非常小了。

Wang 等[32]研发了一种由 TiAl 基体（Ti-45Al-5Nb-0.3W）和富 Nb 的 β_o+ω_o+γ 相组成的复合材料。他们认为 ω_o 相和 γ 相是自 β_o 相中直接析出的。新形成的 γ 相比基体中的 γ 相更容易变形。这是因为其 Nb 含量较高从而降低了其层错能。这一推测与在此相中观察到的高密度位错和孪晶行为相对应。因此，新形成的 γ 相可作为一种塑性相。遗憾的是，所激发的位错滑移和形变孪晶并未使塑性得以改善。在 750 ℃及以下，材料的拉伸应力为 500～600 MPa 且是完全脆性的，其中未见塑性变形的迹象。在更高的温度下发生了动态回复和再结晶。在 900 ℃且应变速率为 10^{-3} s^{-1}时，其拉伸强度为 400 MPa。可以推测，新形成 γ 相所产生的塑性在很大程度上被同时产生的脆性 ω_o 相抵消掉了。这一观察结果表明，在多相合金中进行组织优化是非常困难的。然而，上述的研究方法仍值得继续探究。

Amirian 等[33]研究了制备亚微米级 Al_2O_3 陶瓷颗粒与（α_2-Ti_3Al+γ-TiAl）相复合材料的可行性。其中，Al_2O_3 颗粒的体积分数约为 65%。应该指出的是，这些组成相的热膨胀系数均是相近的。相对于块体氧化铝，这种材料的室温压缩强度非常高，断裂韧性也较好。其他的优点还有优异的高温强度、良好的抗氧化和耐磨性能以及相对较低的制造成本。基于这些优点，这种陶瓷基复合材料的应用前景非常广阔，甚至比目前钛铝合金的应用领域还要广。

总之，可以认为，以各种设计理念，目前可以制备出硬度、压缩强度及耐磨性能良好的复合材料。然而，钛铝合金固有的缺陷，即室温拉伸塑性低这一点仍然无法克服，因为复合材料是在脆性钛铝基体上复合了脆性更高的物质。为此，应注意 Zhang 等[34]的工作，他们能够在 Ti-44Al-8Nb-0.2W-0.2B-1.5Si 熔体的基础上制备出高 Nb-TiAl 合金纤维。由于其冷却速度快，纤维的组织主要由 α（α_2）相和枝晶间的 Ti_5Si_3 相构成。

参考文献

[1] Monchoux, J. P., Luo, J. S., Voisin, T., and Couret, A. (2017) *Mater. Sci. Eng. A*, **679**, 123.

[2] Appel, F., Herrmann, D., Fischer, F. D., Svoboda, J., and Kozeschnik, E. (2013) *International Journal of Plasticity*, **42**, 83.

[3] Fischer, F. D., Svoboda, J., Appel, F., and Kozeschnik, E. (2011) *Acta Mater.*, **59**, 3463.

[4] He, Y., Liu, Z., Zhou, G., Wang, H., Bai, C. G., Rodney, D., Appel, F., Xu D. S., and Yang, R. (2018) *Scripta Mater.*, **143**, 98.

[5] Wang, H., Xu, D. S., Rodney, D., Veyssiére, P., and Yang, R. (2013) *Mater. Sci. Eng.*, **21**, 025002.

[6] Caillard, D., Legros, M., and Couret, A. (2013) *Philos. Mag.*, **93**, 203.

[7] Zhang, Y., Wang, X. P., Kong, F. T., and Chen, Y. Y. (2018) *Materials Letters*, **214**, 182.

[8] Koizumi, Y., Minamino, Y., Tsuji, N., Nakano, T., and Umakoshi, Y. (2003) *Materials Research Society Symposium Proceedings*, vol.753 (eds. E. P. George, Harayuki Inui, M. J. Mills, and G. Eggeler) MRS, Warrendale, PA. pp. 267-272.

[9] Koizumi, Y., Katsumura, H., Minamino, Y., Tsuji, N., Lee, J. G., and Mori, H. (2004) *Science and Technology of Advanced Materials*, **5**, 19.

[10] Li, Y. J., Hu, Q. M., Xu, D. S., and Yang, R. (2011) *Intermetallics*, **19**, 793.

[11] Chen, G., Peng, Y. B., Zheng, G., Qi, Z. X., Wang, M. Z., Yu, H. C., Dong, C. L., and Liu, C. T. (2016) *Nature Materials*, **15**, 876.

[12] Bendersky, L. A. and Boettinger, W. J. (1994) *Acta Metal. Mater.*, **42**, 2337.

[13] Voisin, T., Monchoux, J. P., Hantcherli, M., Mayer, S., Clemens, H., and Couret, A. (2014) *Acta Mater.*, **73**, 107.

[14] Yang, G., Du, K., Xu, D. S., Xie, H., Li, W. Q., Liu, D. M., Qi, Y., and Ye, H. Q. (2018) *Acta Mater.*, **152**, 269.

[15] Guo, W. Q., Jiang, H. T., Tian, S. W., and Zhang, G. H. (2018) *Metals*, **8**, 619.

[16] Zhou, C. X., Liu, B., Qiu, C. Z., and He, Y. H. (2014) *Trans. Nonferrous Met. Soc. China*, **24**, 1730.

[17] Klein, T., Schachermayer, M., Mendez-Martin, F., Schöberl, T, Rashkova, B., Clemens, H., and Mayer, S. (2015) *Acta Mater.*, **94**, 205.

[18] Menand, A., Huguet, A., and Nerac-Partaix, A. (1996) *Acta Mater.*,

44, 4729.

[19] Wang, Q, Ding, H. S., Zhang, H. L., Chen, R. R., Guo, J. J., and Fu H. Z. (2017) *Mater. Sci. Eng. A*, **700**, 198.

[20] Li, M. G., Xiao, S. L., Chen, Y. Y., Xu, L. J., and Tian, J. (2019) *Journal of Alloys and Compounds*, **775**, 441.

[21] Wang, L., Zenk, C., Stark, A., Felfer, P., Gabrisch, H., Göken, M., Lorenz, U., and Pyczak, F. (2017) *Acta Mater.*, **137**, 36.

[22] Tan, Y. M., Chen, R. R., Fang, H. Z., Liu, Y. L., Ding, H. S., Su, Y. Q., Guo, J. J., and Fu, H. Z. (2018) *Intermetallics*, **98**, 69.

[23] Cui, S., Cui, C. X., Xie, J. Q., Liu, S. J., and Shi, J. J. (2018) *Scientific Reports*, **8**, 2364.

[24] Liu, Y. W., Hu, R., Yang, J. R., and Li, J. S. (2017) *Mater. Sci. Eng. A*, **679**, 7.

[25] Lapin, J. and Kamyshnykova, K. (2018) *Intermetallics*, **98**, 34.

[26] Lapin, J., Pelachova, T., and Bajana, O. (2019) *Journal of Alloys and Compounds*, **797**, 754.

[27] Lapin, J., Kamyshnykova, K., and Klimova, A. (2020) *Molecules*, **25**, 3423.

[28] Chen, R. R., Fang, H. Z., Chen, X. Y., Su, Y. Q., Ding, H. S., Guo, J. J., and Fu, H. Z. (2017) *Intermetallics*, **81**, 9.

[29] Fang, H. Z., Chen, R. R., Liu, Y. L., Tan, Y. M., Su, Y. S., Ding, H. S., and Guo, J. J. (2019) *Intermetallics*, **115**, 106630.

[30] Knaislová, A., Novák, P., Cabibbo, M., Jaworska, L., and Vojtech, D. (2021) *Materials*, **14**, 1030.

[31] Pilone, D., Pulci, G., Paglia, L., Mondal, A., Maara, F., Felli, F., and Brotzu, A. (2020) *Metals*, **10**, 1457.

[32] Wang, L., Liang, X. P., Jiang, F. Q., Ouyang, S. H., Liu, B., and Liu, Y. (2022) *Mater. Sci. Eng. A*, **829**, 142155.

[33] Amirian, B., Li, H. Y., and Hogan, J. D. (2019) *Acta Mater.*, **181**, 291.

[34] Zhang, S. Z., Zhang, S. L., Chen, Y. F., Han, J. C., Zhang, C. J., Wang, X. P., and Chen, Y. Y. (2017) *Materials*, **10**, 195.

附录 7
前沿进展——调制组织合金的变形行为(第 8 章)

调制结构是在以 Ti-(40~44)Al-8.5Nb 成分为基础的被称为 γ-Md的合金中首次发现的[1,2]。在这种结构中形成了一种不同于传统(α_2+γ)合金中 α_2 片层的特殊片层组织，其中的 α_2 相或多或少地被正交结构的纳米级畴域取代，此正交相为 B19 结构，空间群为 Pmma。推测认为，B19 相是由 β_o 相的分解形成的，Nguyen-Manh 首次提出了这一构想[3]。

这一调制结构在其母相 α_2 相中产生了大量的新界面。在文献[1，2]中提到，在界面的失配处很容易产生全位错或不全位错，这就提高了调制组织片层的变形能力，使其优于原始的 α_2 相。相比于在原始 α_2 相中解理裂纹在(0001)面上可轻易地扩展，这些畴结构同时也对解理裂纹施加了阻碍作用。这两点即为调制组织合金具有优异强度的原因。在后续的研究中，人们不断报道了 TiAl 合金中存在正交相的证据[4-10]。Schmoelzer 等[4]通过原位同步辐射衍射在 Ti-45Al-3Mo-0.1B 合金中观察到 α_2 相中析出了正交相，作者认为其应为 B19 结构。Song 等[5]在 Ti-45Al-8.5Nb-0.2W-0.2B-0.02Y 合金的调制组织板条中也观察到 B19 相，高分辨电镜观察表明，其自 α_2 相中直接析出。作者认为，初始的 α_2 相将转变为 γ 相以使体系接近热力学平衡态。在这一相变路径中，B19 相被认为是 α_2 相向 γ 相转变过程中的过渡相，因为其成分与 γ 相的更为接近，即

$$\alpha_2\text{-}Ti_3Al \rightarrow B19 \rightarrow \gamma\text{-}TiAl$$

如文献[1，2]中所述，B19 相中可析出 γ 相，这一相变应是在各相之间存在的约束应力的协助下发生的。Rackel 等[6]通过粉末冶金法制备了 Ti-42Al-8.5Nb 合金，并从中发现了一种空间群为 Cmcm 的正交 O 相，其与 TiAl 合金中之前所报道的正交 B19 相之间的区别仅在于其单胞内部的原子占位不同[11-13]。在 B19 相中，Wyckoff 位置 4c1 和 4c2 是等价的，而在 O 相中则并非如此。然而，作者指出这种 O 相的成分与 O 相的理想化学计量比 Ti_2AlNb 并不一致。在他们的后续报道中，作者认为调制结构 O 相的形成是由 α_2 母相沿其 $\langle 11\bar{2}0\rangle_{\alpha_2}$ 方向发生原子位移导致的[7]。基于下文将要讨论的工作，应该指出的是，在这一研究中并未发现 O 相比 α_2 相更加富集 Nb 元素的现象。

Ren 等[8]采用高分辨分析电镜对 Ti-45Al-8.5Nb 合金中的调制结构进行了细致研究。他们重点关注了相变早期的现象，使调制结构板条的来源得以进一步澄清。调制板条中的正交相被确定为 O1 相，即其中的 Ti 和 Nb 原子在 Wyckoff 位置 8g 和 4c2 上的占位是随机的。微区成分分析表明，相对于母相 α_2，在 O1 相板条中发生了 Nb 元素的富集。据此作者认为，这一调制现象来自 α_2 片层中的相分离反应，即形成了富 Nb 区和贫 Nb 区。由于富 Nb 区的成分与 Ti_2AlNb 更为接近，因此这些区域转变为 O1 相。在这一机制中，Nb 元素的扩散是必不可少的，正如 Banerjee 等[14]早前提出的那样。不论如何，这些研究都证明在调制结构中含有 O 相，其在 650 ℃以下是稳定的。在 700 ℃以上时，O 相又将转变回 α_2 相[6-9]。然而，这一转变温度还未达成统一。在一组同步辐射研究中，通过 700 ℃附近的循环实验，研究人员发现组织中存在 $O \leftrightarrow \alpha_2$ 可逆相变，但是在对同一合金的原位透射电子显微镜(TEM)加热实验中则未出现这一现象[7]。透射样品的薄膜效应对 O 相形貌和演化的影响程度如何目前尚不可知。Ren 等[9]认为，Ti-45Al-8.5Nb 合金 α_2 片层中的调制结构可通过 900 ℃短时退火并淬火而完全消除。随后在约 600 ℃退火时将使之重新出现[9]。随着退火时间的延长，新形成的 O 相的形貌自薄片状转变为块体状[9]。在 Musi 等[15]的原位加热同步辐射研究中，他们发现 O 相在 Ti-44Al-3Mo 合金中也可以重新析出，作者认为调制结构稳定存在的温度应在 700 ℃以下。

合金成分对 α_2 相中调制结构的影响规律如下。研究表明，在 Ti-45Al-8.5Nb-0.5B 合金中，添加 2at.%的 Cr 元素可完全抑制调制结构的析出，而添加 Mo 或 Mn 时则不能达成这一效果[16]。对于同一合金体系，作者还发现添加

2at.%的 Cr 和 Mo 还可以抑制 ω_o 相的生成。这一结果具有重要意义，因为 ω_o 相可能对合金的力学性能不利。Rackel 等[17]对 13 种主要以粉末冶金法制备的合金进行了细致的 X 射线分析，发现以下因素有利于 O 相的形成：① 合金 Al 含量低于 46at.%~47at.%且同时添加了如 Nb、Ta、Mo、Cr 和 V 等 β 相稳定元素；② 根据其他合金元素添加量的不同，Nb 的最少添加量应为 5at.%~7.5at.%；③ 少量添加用于调整晶粒尺寸或高温性能的 B 或 C 元素不会对 O 相的形成产生明显影响。在这一方面，也可以参考 Abdoshahi 等[18]对 TiAl-Mo 合金系的第一性原理计算结果，其中表明物相的结构、能量以及弹性性能对合金的实际成分是非常敏感的。

总的来说，可以认为目前人们对调制结构的来源的认识已经大有进步了，但仍存有一些疑问。目前文献中所报道的相图还不能将调制结构与现有的结果相结合，这令人遗憾[19]。因此，人们目前还无法真正理解正交相的来源以及调制结构的演化机制。正交相的确切结构仍有待讨论。单胞中的原子占位可能与合金成分相关，尤其是 Al 含量。然而应该指出，这些被研究的物相(α_2、B19、O1)的结构是非常相近的，特别是当研究尺度在纳米级时，即使利用电子显微分析也很难将它们区分开来。同时，X 射线或同步辐射衍射也不能确定 α_2 板条中是否确实出现了调制结构。另外，温度的影响也不清楚。目前的共识是调制结构可在 650 ℃附近迅速形成，这大部分源于热激活扩散的作用。然而，这与此温度下 TiAl 合金的空位扩散非常缓慢的传统认识又是相悖的。

参考文献

[1] Appel，F.，Oehring，M.，and Paul，J. D. H.（2006）*Adv. Eng. Mater.*，**8**，731.

[2] Appel，F.，Paul，J. D. H.，and Oehring，M.（2008）*Mater. Sci. Eng. A*，**493**，232.

[3] Nguyen-Manh，D. and Pettifor，D. G.（1999）*Gamma Titanium Aluminides 1999*：*TMS*（eds Y. W. Kim，D. M. Dimiduk，and M. H. Loretto），pp. 175-182.

[4] Schmoelzer，T.，Stark，A.，Schwaighofer，E.，Lippmann，T.，Mayer，S.，and Clemens，H.（2012）*Adv. Eng. Mater.*，**14**，445.

[5] Song，L.，Xu，X. J.，You，L.，Liang，Y. F.，and Lin，J. P.（2015）*Journal of Alloys and Compounds*，**618**，305.

[6] Rackel，M.，Stark，A.，Gabrisch，H.，Schell，N.，Schreyer，A.，and Pyczak，F.（2016）*Acta Mater.*，**121**，343.

[7] Gabrisch, H., Lorenz, U., Pyczak, F., Rackel, M., and Stark, A. (2017) *Acta Mater.*, **135**, 304.

[8] Ren, G. D. and Sun, J. (2018) *Acta Mater.*, **144**, 516.

[9] Ren, G. D., Dai, C. R., Mei, W., Sun, J., Lu, S., and Vitos, L. (2019) *Acta Mater.*, **165**, 215.

[10] Bibhanshu, N., Rajanna, R., Bhattacharjee, A., and Suwas, S. (2021) *Metallurgical and Materials Transactions A*, **52**, 5300.

[11] Abe, E., Kumagai, T., and Nakamura, M. (1996) *Intermetallics*, **4**, 327.

[12] Tanimura, M., Inoue, Y., and Koyama, Y. (2001) *Scripta Mater.*, **44**, 365.

[13] Ducher, R., Viguier, B., and Lacaze, J. (2002) *Scripta Mater.*, **47**, 307.

[14] Banerjee, D., Gogia, A. K., Nandi, T. K., and Joshi, V. A. (1988) *Acta Metall. Mater.*, **36**, 871.

[15] Musi, M., Erdely, P., Rashkova, B., Clemens, H., Stark, A., Staron, P., Schell, N., and Mayer, S. (2019) *Materials Characterization*, **147**, 398.

[16] Hu, X. G., Li, J. S., Song, L., Zhang, T. B., and Kou, H. C. (2017) *Advanced Engineering Materials*, **19**, 1700040.

[17] Rackel, M., Stark, A., Gabrisch, H., and Pyczak, F. (2021) *Intermetallics*, **131**, 107086.

[18] Abdoshahi, N., Dehghani, M., Hatzenbichler, L., Spoerk-Erdely, P., Ruban, A. V., Musi, M., Mayer, S., Spitaler, J., and Holec, D. (2021) *Acta Mater.*, **221**, 117427.

[19] Witusiewicz, V. T., Bondar, A. A., Hecht, U., and Velikanova, T. Y. (2009) *J. Alloy. Compd.*, **472**, 133.

附录 8

前沿进展——蠕变(第 9 章)

A8.1 长时蠕变

Lapin 等[1]研究了铸造 Ti-44.4Al-8.1Ta 合金的长时蠕变行为。类似的研究成果在文献中是不多见的。材料的抗蠕变性良好，在 700 ℃、200 MPa 的条件下，其最小蠕变速率为 $1.4\times10^{-10}\ s^{-1}$，蠕变 30 000 h 后的总体应变为 2.5%。对蠕变样品的金相分析表明，其结构发生了明显的退化。片层团界或晶界处由于不连续析出形成了混合型组织，其由 γ 晶粒和名义成分为 Ti_3Al_2Ta 的 τ 相颗粒组成。α_2 片层的退化机制包括逐渐减薄、完全溶解以及平行分解为细化的片层等。α_2 片层也会分解为 τ 相、$L1_2$ 型 Ti_3Al 层状结构以及 γ 相，即

$$Ti_3Al(D0_{19}) \rightarrow Ti_3Al(L1_2) \rightarrow \gamma(L1_0)$$

文献[2]阐述了 TiAl 合金中 $L1_2$ 型 Ti_3Al 相的形成机制。文献[3]研究了片层组织 Ti-47Al-2Cr-2Nb 合金在 800 ℃、100 MPa 压缩蠕变条件下的相变行为。作者揭示了一种有趣的 β_o 和 C14 相在 α_2 相中

交互析出的机制。研究发现，这一析出行为取决于片层相对压缩轴的取向，即是由变形诱发的约束应力导致的。作者认为，根据相邻物相对其施加的约束应力状态，C14 相可通过 Al 和 Cr 原子的短程扩散调整其点阵常数。对体系总能量的计算表明，受载的 C14 相比 β_o 相更加稳定。

A8.2　β/β_o 相的作用

近年来，对 TiAl 合金的研究主要集中在 Al 含量较低且含有大量 bcc 结构 β 相(10vol.%~30vol.%)的合金上。关于对这些合金的相组成及显微组织的叙述，请参考文献[4]以及附录中关于第 2 章和第 4 章的内容部分。由于其具有多种弹性不稳定性和有序化反应，β 相很容易发生若干分解反应[5]。在高温应用研究中包括了许多对这些合金蠕变性能的表征。然而，对这些结果作出统一的评价是非常困难的，因为众所周知，β 相的分解反应对合金的成分非常敏感，且这些反应在蠕变过程中一直持续进行。尽管如此，还是可以归纳出一些对蠕变性能具有重要影响的因素。bcc 结构的 β 相的原子堆积因子为 0.68，空隙因子为 0.32；而 fcc 结构的空隙因子为 0.26。因此在给定的温度下，bcc 结构的扩散和自扩散速度比 fcc 结构的高出了近百倍，这对材料的抗蠕变性来说显然是一个不利因素。合金的蠕变曲线体现出了与($\alpha_2+\gamma$)合金类似的 3 个区域，即初始蠕变阶段、稳态蠕变阶段和加速蠕变阶段。最小蠕变速率倾向于随着 β/β_o 相含量的上升而升高，而稳态蠕变阶段通常是非常有限的，即蠕变速率一般只表现出最小和随后加速上升的阶段，此时孔隙和裂纹开始形成与合并。有证据表明，这一现象与应力诱导相变和结构演化之间的交互作用有关。

众所周知，β 相中富含能够使其稳定的元素，如 Mo、Nb、W 和 Cr 等。因此，在相变过程中不仅发生 Al 和 Ti 的扩散，而且还伴有 β 稳定元素的内扩散。晶界处存在的 β 相对性能尤为不利，因为它将导致扩散协助的科伯(Coble)蠕变。因此，蠕变速率是由不同的热激活过程共同决定的。这就解释了为什么不同的实验研究所测定的应力指数和激活能之间存在巨大的差异，这取决于在给定的实验条件下以哪一种机制为主导。Cheng 等[6]对高温蠕变、恒应变速率以及超塑性变形的动力学机制作出了系统的综述。他们对多种双态和近 γ 合金的位错蠕变提出了一个均一化速率公式。其中，γ 晶粒的尺寸是决定蠕变动力学的主要因素，而合金成分和双态组织中是否存在片层团则影响不大。应该指出，在这一研究中并未包括由细小碳化物析出强化的合金。作者认为，对于 β/β_o 相含量较高的合金来说是难以作出预测的，因为此时变形动力学不仅取决于其含量，而且也取决于 β/β_o 相的化学成分。此外，变形过程中还可能发生 $\beta/\beta_o \rightarrow \alpha_2/\gamma$ 相变，这又影响了变形动力学。

基于这些原因，相比于其他在结构和成分上相近的 TiAl 合金，含有 β 相的合金的蠕变数据仍较为匮乏。因此，为提升合金的蠕变性能，人们进行了大量研究。利用固溶强化和析出强化，人们在 Mo 和 W 微合金化提升蠕变性能方面取得了一些成功。例如，添加总量约为 0.5at.%的 Mo、C 和 Si 可以使合金的抗蠕变性有所提升[7]。

文献[8]报道了组织中的 β_o 相区域内析出了 ω_o 相的现象。ω_o 相颗粒的长大及其形貌与蠕变应力和温度有关。作者认为，ω_o 相颗粒阻碍了 γ 晶粒的长大，这可能使材料的抗蠕变性上升。在 Ti-46Al-8Nb-0.7C 合金中，研究人员发现了钙钛矿型和 H 型碳化物的析出与合金良好的抗蠕变性有关[9]。应该指出，采用定向凝固工艺制备的含有 β 相的合金样品的抗蠕变性相对较好[10]。这可能主要是因为片层组织具有择优取向，而非由于 β 相导致的。遗憾的是，由于组织中始终存在着脆性相，人们在尝试提高含有 β 相的合金的抗蠕变性的同时，往往要牺牲合金的室温塑性。当 β 相是以其有序结构 β_o 相存在时，这一问题就更加严重。因此，虽然许多合金具有良好的蠕变强度，但是其室温塑性的不足仍使其实际上是不可应用的。于是，成分和显微组织的优化成为人们一直要面临的问题。

参考文献

[1] Lapin, J., Pelachová, T., and Dománková, M. (2018) *Intermetallics*, **95**, 24.

[2] Cao, S., Xiao, S., Chen, Y., Xu, L., Wang, X., Han, J., and Jia, Y. (2017) *Mater. Des.*, **121**, 61.

[3] Prasath Babu, R., Vamsi, K. V., and Karthikeyan, S. (2018) *Intermetallics*, **98**, 115.

[4] Kim, Y. W. and Kim, S. L. (2018) *JOM*, **70**, 553.

[5] Bendersky, L. A. and Boettinger, W. J. (1994) *Acta Metall. Mater.*, **42**, 2337.

[6] Cheng, L., Li, J. S., Xue, X. Y., Tang, B., Kou, H. C., and Bouzy, E. (2016) *Mater. Sci. Eng. A*, **678**, 389.

[7] Kastenhuber, M., Rashkova, B., Clemens, H. and Mayer, S. (2015) *Intermetallics*, **63**, 19.

[8] Ye, T., Song, L., Liang, Y. F., Quan, M. H., He, J. P., and Lin, J. P. (2018) *Materials Characterization*, **136**, 41.

[9] Song, L., Hu, X. G., Wang, L., Stark, A., Lazurenko, D., Lorenz,

U., Lin, J. P., Pyczak, F., and Zhang, T. B. (2019) *Journal of Alloys and Compounds*, **807**, 151649.

[10] Wang, Q., Chen, R. R., Yang, Y. H., Wu, S. P., Guo, J. J., Ding, H. S., Su, Y. Q., and Fu, H. Z. (2018) *Mater. Sci. Eng. A*, **711**, 508.

附录 9 前沿进展——断裂行为（第 10 章）

A9.1 微柱变形实验

聚焦离子束(FIB)制样技术的发展使人们可以在微型样品上进行断裂力学实验。这种方法的优势在于它可以使人们在扫描电子显微镜(SEM)上原位观察样品中的裂纹扩展现象。然而，人们通常也对此类实验持一些怀疑的态度，因为实验样品的几何结构一般不太精确，且样品的表面，尤其是缺口位置处会因离子轰击而严重损伤。另外，样品的体积往往太小，以至于难以确定断裂力学中的几何参数。尽管如此，对裂纹扩展的直接观察也可以定性地获得采用其他测试方法时难以得到的信息。下文对其中的部分研究略作叙述。Ding 等[1]对多晶 Ti-45Al-2Mn-2Nb 合金的缺口悬臂梁样品进行了弯曲实验。样品的长轴(15 μm)与片层平面垂直，裂纹平行于片层平面扩展。他们测定 γ 相{111}面的断裂韧性为 3.1 $MPa\cdot m^{1/2}$。沿$\langle 11\bar{2}]\{111\}$方向且平行于缺口的形变孪晶在裂纹萌生之前就已产生了。Bustcher 等[2]也对 Ti-43.3Al-4.02Nb-0.96Mo-0.12B-0.34C-0.31Si 合金进行了类似的研究。样品为全片层组织，裂纹扩展方向与片层平面平行或垂直。实验在室温下进行，其结果证实了早期的结论，即裂纹偏折和 α_2 和 γ 相桥接是其主要韧化机制。研究中测得的 γ/γ 界面的断裂韧性为 3.2 $MPa \cdot m^{1/2}$，而 α_2/γ 界面的断裂韧性值则高出了约 35%。当裂纹扩展方向平行于片层平面时，γ/γ 界面处的 J 积分(应变能释放速率)最高。而当裂纹扩展方向与片层平面垂直时，则发生了裂纹尖端钝化和稳态裂纹生长。Kim 等[3]在透射电子显微镜(TEM)中进行了原位拉伸实验，研究了两种具有不同成分、相组成和显微组织的合金的裂纹扩展行为。他们发现，对于室温塑性来说最为不利的影响因素为沿晶断裂、片层团界和晶界的剥离以及组织中的 β/β_o 相。

A9.2　模拟研究

在各向异性线弹性断裂力学(ALEFM)的框架下，Neogi 等[4]以 Griffith/Rice 准则预测了 TiAl 和 Ti_3Al 的裂纹尖端机制。ALEFM 的计算结果得到了分子静态(MS)模拟的验证。这一研究在很大程度上证明了 Yoo 等[5]的结论，即 α_2 和 γ 相在低指数晶面上容易发生解理断裂。新的结果发现，α_2 相的断裂韧性总体高于 γ 相的。观察还表明，当裂纹在基面上沿$[10\bar{1}0]$方向扩展时将发生钝化。令人意外的是，裂纹是被$(1\bar{2}1\bar{1})$二阶锥面上的刚体剪切钝化的，而非源自位错发射机制。从方法学角度看这一研究也是非常有趣的，因为这证明了当考虑到弹性各向异性时，线弹性断裂力学(LEFM)可以很好地描述 γ-TiAl 和 α_2-Ti_3Al 的裂纹扩展行为。在另一项相关的工作中，Neogi 等[6]研究了不同 γ/γ 界面的沿片层和穿片层裂纹生长行为。作者确定的界面能与 Yoo 等[7]早期采用第一性原理计算确定的数据吻合得很好。沿$\langle 11\bar{2}]$方向的沿片层裂纹扩展通常被位错发射屏蔽，而在相反的扩展方向上则会发生脆性断裂。对于所有种类的界面来说，穿片层裂纹扩展均会被裂纹尖端塑性和裂纹尖端钝化阻碍。旋转界面的裂纹生长抗力最高，真孪晶界的裂纹生长抗力则最低。

A9.3　显微组织的作用

文献[8]阐述了显微组织对高 Nb-TiAl 合金室温断裂韧性的影响。所研究的 3 种合金分别为近片层、全片层和$(\beta_o+\gamma)$组织。所观察到的韧性机制与在传统$(\alpha_2+\gamma)$合金中报道的机制类似。令人注意的是，β_o 相含量为 21vol.%的$(\beta_o+\gamma)$合金的断裂韧性最低，为 8.4 $MPa \cdot m^{1/2}$，这是由 β_o 相的脆性导致的。

作者推测，片层团边界处分布的细小的 β_o 相晶粒可能会以微裂纹的方式使合金韧化。关于这一点，需要提到 Niu 等[9]对锻造近片层 Ti-43Al-4Nb-2Mo-0.5B 合金的研究工作。经锻造细化后的双态组织含有 86vol.%的 γ 相、等轴片层团以及 11.7vol.%的 β_o 相。研究发现，β_o 相的硬度最高，为 8.5 GPa；γ 相的硬度为 5.3 GPa。合金在 800 ℃时具有良好的变形能力，但在室温下是相对较脆的。其脆性即源于高硬度的 β_o 相。Chen 等[10]报道了一种具有良好断裂韧性($23.5\ MPa\cdot m^{1/2}$)的 Ti-45Al-2Nb-1.5V-1Mo-0.3Y 片层合金，作者认为这是因为片层团边界处的 β 和 γ 相的含量较低。然而，目前还难以对这一结论作出评价，因为文中作为对照的合金(Ti-45Al-5Nb-0.3Y)的成分与上述合金的不同，且文中并未详细阐述对照合金的组织结构。

A9.4　环境对断裂行为的影响

附录中关于第 6 章的部分已经提到，TiAl 合金在高温热暴露后其脆性会上升[11,12]。后文即对环境对断裂韧性的影响加以阐述。Löffl 等[13]研究了表面脆性对 Ti-43.5Al-4Nb-1Mo-0.1B 合金断裂行为的影响。在这一研究中，样品在 800 ℃的空气中暴露了 1 h。作者采用原位 X 射线成像技术，观察了步进拉伸加载过程中热暴露和未暴露样品中的裂纹萌生和扩展行为。显然，样品在经历了上述热暴露后变得更脆了。在热暴露和未热暴露的样品中，裂纹在样品刚刚开始塑性流变的时候就已经出现了，在两组样品中，裂纹产生时的应力是相当的。主要的不同点在于，未暴露样品中的裂纹萌生于样品内部，而热暴露后样品中的裂纹起始于样品表面。另外，自表面产生的裂纹可极其迅速地长大至导致样品断裂的临界长度。

Sallot 等[14]研究了 β 相对环境脆性的影响。在 650~700 ℃暴露 500 h 后，β 相含量为 18%的近 γ 合金 Ti-44Al-4Nb-1Mo-0.1B (TNM-B1)出现了显著的脆性，其室温和高温(623 ℃和 723 ℃)拉伸延伸率急剧下降。相反，作为对比，近 γ 组织 Ti-48Al-2Cr-2Nb 合金在经历相同的热暴露处理后其力学性能未受影响。据此，作者认为合金强度的下降应该与 β 相有关。在对含有 β 相的合金热暴露后的 TEM 观察中，研究人员在亚表面区域发现了显著的结构变化，而在不含 β 相的合金中则不存在这一现象。研究发现，γ 相和 β 相分别发生了 $\gamma\rightarrow\alpha_2$ 和 $\beta\rightarrow\alpha_2+\gamma$ 分解。可能有两种促进上述相变的机制：表层过剩的氧含量显然对 α_2 相的形成起到了促进作用，而 β 相的分解也可能得到了氧在 β 相中快速扩散的支持。最后应该指出的是，对于含有 β 相的合金来说，环境脆性也严重损害了其疲劳性能。

A9.5 复合材料的断裂行为

文献[15]阐述了一种原位 TiAl 基复合材料的断裂行为。其中，Ti-44.5Al-8Nb-0.8Mo-0.1B-5.2C 合金的 γ 相是由粗大和细小的 Ti_2AlC 颗粒共同强化的。室温下测得的最大拉伸应力为 330 MPa，且未出现塑性流变现象。利用三点弯曲和夏比冲击试验，研究人员在室温下测定了缺口样品的静态和动态韧性。这两种韧性值约为 12 $MPa \cdot m^{1/2}$，与传统的双态组织合金相近。其韧化机制为粗大颗粒对裂纹的偏折、形成微裂纹以及碳化物颗粒自 TiAl 基体中拔出。采用放电等离子烧结，Ding 等[16]制备了一种由间隔的 TiB/Ti、α_2-Ti_3Al 和 γ-TiAl 层构成的层压复合材料，这种材料具有优异的室温断裂韧性和弯曲强度。例如，当使裂纹扩展方向垂直于层压结构时，由连续的 TiB_2/Ti 和 TiAl 粉末层构成的复合材料的断裂韧性为 51 $MPa \cdot m^{1/2}$。

A9.6 残余应力的作用

为提高材料的断裂韧性，人们研究了局部塑性变形的作用[17]。平行于预期裂纹面的辊轧使 TiAl 合金的室温断裂韧性提高了约 30%。这一效应源于两个因素：① 合金的主要构成相——γ-TiAl 和 α_2-Ti_3Al 中存在的宏观和微观残余应变；② 压痕区应变的逆转与材料运动硬化行为的交互作用。然而，若将辊轧后的材料在 700 ℃退火，韧性提升的效果就会消失，这是由回复造成的。残余应力的热稳定性较低这一点使人们将这种材料应用于高温的希望落空了，但是若对该方法进行工艺上的调整就可提高部件的弹性，使之在搬运和安装时不会损坏。

参考文献

[1] Ding, R. G., Chiu, Y. L., Chu, M. Q., Paddea, S., and Su, G. Q. (2020) *Philos. Mag.*, **100**, 982.

[2] Butscher, M., Alfreider, M., Schmuck, K., Clemens, H., Mayer, S., and Kiener, D. (2021) *Journal of Materials Research*, **36**, 2465.

[3] Kim, S. W., Na, Y. S., Yeom, J. T., Kim, S. E., and Choi, Y. S. (2014) *Mater. Sci. Eng. A*, **589**, 140.

[4] Neogi, A., Alam, M., Hartmaier, A., and Janisch, R. (2020) *Modelling Simul. Mater. Sci. Eng.*, **28**, 065016.

[5] Yoo, M. H., Zou, J., and Fu, C. L. (1995) *Mater. Sci. Eng. A*, **192-193**, 14.

[6] Neogi, A. and Janisch, R. (2021) *Acta Mater.*, **213**, 116924.

[7] Yoo, M. H. and Fu, C. L. (1998) *Metall. Trans. A*, **29**, 49.

[8] Zhu, B., Xue, X. Y., Kou, H. C., Li, X. L., and Li, J. S. (2018) *Intermetallics*, **100**, 142.

[9] Niu, H. Z., Chen, Y. Y., Xiao, S. L., and Xu, L. J. (2012) *Intermetallics*, **31**, 225.

[10] Chen, Y. Y., Niu, H. Z., Kong, F. T., and Xiao, S. L. (2011) *Intermetallics*, **19**, 1405.

[11] Wu, X. H., Huang, A., Hu, D., and Loretto, M. H. (2009) *Intermetallics*, **17**, 540.

[12] Paul, J. D. H., Oehring, M., Appel, F., and Pyczak, F. (2017) *Intermetallics*, **84**, 103.

[13] Löffl, Ch., Saage, H., and Göken, M. (2019) *Int. J. Fatigue*, **124**, 138.

[14] Sallot, P., Monchoux, J. P., Joulié, S., Couret, A., and Thomas, M. (2020) *Intermetallics*, **119**, 106729.

[15] Lapin, J., Štamborská, M., Pelachová, T., and Bajana, O. (2018) *Mater. Sci. Eng. A*, **721**, 1.

[16] Ding, H., Cui, X. P., Gao, N. N., Sun, Y., Zhang, Y. Y., Huang, L. J., and Geng, L. (2021) *Journal of Materials Science & Technology*, **62**, 221.

[17] Appel, F., Paul, J. D. H., Staron, P., Oehring, M., Kolednik, O., Predan, J., and Fischer, F. D. (2018) *Mater. Sci. Eng. A*, **709**, 17.

附录 10
前沿进展——疲劳(第 11 章)

TiAl 合金相对较低的疲劳强度仍是制约其许多应用的瓶颈。因此，在最近的 10 年中，人们一直在研究提高 TiAl 合金疲劳性能的方法。研究的目标主要是为了更加深入地理解材料的高周疲劳(HCF)和低周疲劳(LCF)失效机制。对一些复杂的加载模式，如热机械疲劳(TMF)等也有一些研究。另外，研究人员对新型的合金也进行了表征，其中主要关注的是 β/β_o 相含量相对较高的合金。

A10.1 高周疲劳(HCF)

人们对 HCF 条件下的疲劳裂纹扩展行为进行了大量研究。新的研究结果证明了裂纹扩展速率 da/dN 对应力强度因子范围 ΔK 极为敏感[1]。根据 Paris 公式[2]

$$da/dN = C_P \Delta K^n$$

其与应力的相关性表现为指数 $n>10$。为了保证安全，一般要求实际中的 ΔK 值要低于疲劳阈值 ΔK_{TH} 以避免显著的裂纹扩展。C_P 为常数。Yang 等[3]的研究表明，片层组织 Ti-45Al-2Mn-2Nb-1B 合金的疲劳断裂模式同时受到应力强度和片层取向的影响。当 ΔK 较低时，仅在取向垂直于加载方向的片层团中发生沿片层断裂。然而，当 ΔK 较高时，其他所有片层中均会发生沿片层断裂。在 Ti-48Al-2Nb-2Cr 合金中，Dahar 等[4]发现 Paris 指数 n 随应力比 R 急剧上升，从 $R=0.1$ 时的 $n=9$ 上升至 $R=0.9$ 时的 $n=90$。随着 R 的变化，疲劳阈值 ΔK_{TH} 自 9.2 $MPa \cdot m^{1/2}$ 下降至 2.3 $MPa \cdot m^{1/2}$。这主要与裂纹闭合现象有关。Yu 等[5]研究了 750 ℃下应力比对疲劳性能的影响。在较低的 $R=0.1 \sim 0.3$ 时发生了循环硬化，而当 $R=0.4 \sim 0.7$ 时则出现了循环稳定。当 R 值较低时，裂纹优先在片层界面处形成；当 R 值较高时，其优先在片层团界面处形成。由于循环蠕变损伤，高 R 值更易引发沿晶裂纹，使断裂模式由穿晶过渡到沿晶。

A10.2　形变孪晶的作用

文献[6]研究了 Ti-48Al-2Nb-2Cr-0.82B 合金中形变孪晶对疲劳性能的作用。产生孪晶的样品体积取决于应变幅和晶粒取向，但总体上是非常小的，仅为 0.3%~0.5%。大部分孪晶产生于初始的 3~5 次循环中，此时材料发生了明显的加工硬化。虽然孪晶对变形的贡献相对较小，但是其对同时产生的位错结构有显著影响。与这种复杂的变形组织相对应，疲劳样品中就出现了残余应力。

A10.3　显微组织的影响

文献[1]中所述的显微组织对裂纹生长速率的影响已大部分被证实。对于疲劳性能来说，目前仍一致认为最优的片层团尺寸在 50~100 μm 之间[7,8]。然而，目前还不清楚片层厚度对 HCF 性能的影响，这是因为片层厚度和片层团尺寸一般是互相关联的，很难对其进行单独研究。但是在 Ti-48Al-2Mn-2Nb 合金中，Mine 等[9]通过一种特殊的热处理成功做到了这一点。研究表明，当片层间距较小时，裂纹生长抗力将显著上升。而在某些情况下，在片层较厚的样品中也会测得与之类似的高裂纹生长抗力。其原因是裂纹尖端的片层团取向导致了外韧化。观察表明，片层合金裂纹生长抗力的变化幅度很大，在片层间距较大时尤为明显。在一项类似的研究中发现[10]，当片层团尺寸和片层间距同时较小时，HCF 裂纹的生长抗力最高。Edwards 等[11]采用数字成像相关应变测量表征了 HCF 中的局部塑性变形。实验采用的是 Ti-45Al-2Nb-2Mn+0.8vol.% TiB_2(Ti4522XD)合金的两种片层组织，疲劳温度为 25 ℃和 670 ℃。在两种温度下，变形均在取向利于沿片层滑移的片层团中产生，在片层团边界处几乎不发生变形。片层之间几乎不存在剪切传递。变形的大小在很大程度上由最大应力决定，而循环次数的影响很小。这一研究非常重要，因为这是首次对疲劳中变形结构的定量分析。用此方法对其他合金（如含有 β 相的合金）的研究令人期待。

文献[12]研究了 700 ℃下空气中长时间热暴露对全片层 Ti-45Al-2Nb-2Mn+0.8vol.% TiB_2 合金疲劳性能的影响。热暴露导致 α_2 片层发生了显著的分解，使 α_2 相片层的体积分数和厚度均降低。虽然这一结构演化对拉伸性能没有显著影响，但是使材料的室温疲劳强度上升了 30%。鉴于已知的脆化效应，应注意的是，在实验中，疲劳弯曲试样在高温暴露后，在其受力面上又重新进行了打磨。这一现象在其他以 Ti-(44~45)Al 为基的合金中得到了证实，但是目前还未完全澄清其内在机理。作者认为这可能是样品的尺寸较小导致的。

A10.4 铸造缺陷的影响

制造过程中所产生的缺陷对疲劳性能的影响也得到了进一步研究。Han 等[13]发现，热等静压后残余的显微孔隙对材料 HCF 性能的影响最为严重。关于这一方面，可以参考 Filippini 等[14]对 Ti-48Al-2Cr-2Nb 合金的研究，他们认为电子束熔炼可以避免一些等离子或粉末冶金法制备的材料中的典型缺陷。

A10.5 短裂纹

虽然在 TiAl 合金中，人们已对长裂纹的疲劳阈值和生长行为进行了深入的阐述，但是在实际的设计中，短裂纹仍是一个重要问题。Campbell 等[15]认为，短裂纹可以在应力强度低于长裂纹阈值的情况下扩展。短裂纹可迅速长大为长裂纹，并使材料发生灾难性的脆性断裂。近年来，人们重新探讨了这一问题。Wessel 等[16]通过在组织中引入微观缺口重新研究了短疲劳裂纹的长大行为。根据他们的研究，短疲劳裂纹的扩展由克服首个结构障碍（如片层团边界）所需的临界应力强度 ΔK_{SC} 决定。当超越这一临界值时，裂纹可迅速扩展。因此，部件的设计应基于这一短裂纹的应力阈值 ΔK_{SC}。对于许多 TiAl 合金来说，ΔK_{SC} 约为长裂纹阈值 ΔK_{TH} 的一半[17]。Wang 等[18]的研究表明，室温疲劳自身即可导致短裂纹而不需要预先引入缺陷。他们的合金成分为 Ti-45Al-2Mn-2Nb-1B、近片层组织，平均片层团尺寸为 80 μm。短裂纹的潜在形核位置为处于 I 型取向（或与之相近取向）下的应力集中区域。形核的机制与应力比有关。当应力比较高（R=0.5）时，裂纹的形核会受到剪应力分量的影响。另一种潜在的形核位置为等轴 γ 晶粒团簇处。

A10.6　β/β_o 相的影响

与合金的研发同步，β/β_o 相对 HCF 行为的影响也有诸多报道[19-23]。这些研究均表明，β/β_o 相对材料的室温疲劳性能不利。裂纹在脆性的 β/β_o 相处形核，它同时也提供了有利于裂纹扩展的通道。因此，具有较高体积分数的 β/β_o 相的合金的裂纹扩展抗力通常是较低的。金相分析经常发现裂纹优先沿 β_o 相或片层团边界处的 β 相区域扩展。Dahar 等[21]对 Ti-43.5Al-4Nb-1Mo-0.1B (TNM)合金的研究表明，疲劳阈值 ΔK_{TH} 和 Paris 指数 n 通常强烈依赖于应力比 R。当 R 值较高时，疲劳阈值显著降低，这一现象比传统 TiAl 合金的更加显著。Signori 等[22]研究了 Ti-43Al-4Nb-5V 合金的室温 HCF 行为。通过锻造和热处理，研究人员制备了具有不同体积分数和形貌的 β 相的组织。作者认为，材料的疲劳行为在很大程度上受到了 β 相形貌的影响。较大、连续的 β 相对性能的影响尤其严重，Leitner 等[19]已对此进行过阐述。然而，当 β 相的含量不算太高且分布适当时，材料的疲劳性能可与双态组织合金相近。Sakaguchi 等[24]研究了 Ti-43Al-5V-4Nb 合金的 HCF 性能，其中合金的 β 相含量非常高。研究表明，760 ℃下的裂纹生长抗力显著高于室温的。这一点可由 β 相具有良好的高温变形行为来解释。然而，需要指出的是，最低疲劳阈值出现于 400 ℃，而非在室温。在不含 β 相的 TiAl 合金中也曾发现过类似的现象[25,26]。目前还不能明确解释这一现象的原因。由于在这一低温下不太可能发生相组成和组织的变化，因而与室温相比，位错的滑移阻力应是较高的。有充分的证据表明[27]，在 150~400 ℃范围内位错会受到缺陷气团的钉扎。此时的缺陷为与 Ti 空位关联的 Ti_{Al} 反位原子形成的弹性偶。缺陷气团的形成动力学较快，因此即使是在疲劳条件下位错也会被钉扎。这使得应力集中的塑性耗散比在室温下更加困难。当温度高于 400 ℃时，缺陷气团的钉扎效果就消失了。

A10.7　低周疲劳(LCF)

关于 LCF 条件下的疲劳行为也有一些报道。人们在空气中进行了总应变幅为百分之零点几的完全反向等温试验(R=-1)。研究主要在 Nb 含量相对较高的合金中进行。Kruml 等[28]研究了以 Ti-42Al-7.8Nb 为基的片层合金在 25~800 ℃的疲劳行为。在室温至 750 ℃之间，材料达到饱和应力，即应力幅值几乎与循环次数无关。这与其他研究的结论不同[1,29-31]，后者在室温下观察到了循环硬化现象。疲劳寿命总体上随着应变幅的增加而下降。在 800 ℃下发生了循环软化，这进一步降低了疲劳寿命。这一现象源自片层组织的退化并形成了

较大尺寸的连续 γ 相区域。作者认为，裂纹优先在这些区域内形核。Naanani 等[32]表征了 Ti-48Al-2W-0.05B (IRIS)合金在 750~850 ℃的 LCF 行为。合金是由放电等离子烧结制备的。在所有温度和应变幅($\Delta\varepsilon_t/2=0.3\%\sim0.6\%$)条件下均观察到饱和应力。然而，随着应变幅的增加，材料的疲劳寿命下降。变形主要是由普通位错的滑移和交滑移进行。总体上看，材料的 LCF 性能与真空电弧熔炼并热挤压后的 Ti-45Al-8Nb-0.2C 合金的相似[31]。Chlupová 等[33]在 25~800 ℃的温度范围内研究了以 Ti-46Al-7Nb-(2~5)Mo-(0~0.5)C 为基的 5 种合金。根据合金成分的不同，合金中的 β 相含量最高为 14.6vol.%。在 25 ℃和 750 ℃下观察到了循环软化，其在应变幅较小时尤为明显。观察发现，疲劳裂纹产生于连续的 β 和 γ 相区域内。

文献[34, 35]研究了 Ti-45Al-8.5Nb-0.2W-0.2B-0.02Y 合金在 850 ℃下 LCF 过程中的结构演化。疲劳变形后，作者发现了多种复杂的相变，包括 α_2+γ→β_o、α_2→β_o、α_2 片层→γ、α_2 片层→ω_o、ω_o→β_o 等。另外还发现了 γ 相的动态再结晶以及 ω_o 相内部析出 γ 颗粒的现象。综合起来，这些相变使片层结构明显退化。在 ω_o 相内部产生了拉伸应力，这显然使这一本来就非常脆的物相更加容易诱发开裂。总之，这些结果使人认为，大体积分数的 β/β_o 相(或它们的相关相)严重恶化了材料的 LCF 性能。因此，对于这些合金来说需要对其相组成进行进一步的优化。

A10.8 热机械疲劳

虽然在 TiAl 合金的等温疲劳研究方面发表了大量的论文，但是在热机械疲劳(TMF)方面的研究是非常有限的。TMF 失效是由循环的热和机械加载的共同作用导致的，其中的应力和温度均随时间而变化。在过去的 10 年中，由施加应变和温度之间的相位变化引起的约束效应已在广泛的实验参数范围内得到了进一步表征[36-41]。其中，最高(850 ℃)和最低温度之间的差异为几百摄氏度。与等温 LCF 实验相似，应变幅为百分之零点几，实验在空气中或真空中进行。另外，研究也包括了一些在单向加载时强度较高且抗氧化性良好的新型合金。

在所谓的异相(OP)疲劳实验(180°相位变化)中，最低温度对应着最大施加应变，或相反。在这种条件下，材料的总体疲劳寿命非常低，如样品通常会在几十次 TMF 循环后断裂[38-40]。这一现象很大程度上与此阶段使裂纹形核并长大的平均拉伸应力 σ_m 有关。σ_m 的数值取决于应变幅 $\Delta\varepsilon_t/2$、温度间隔 ΔT 以及最高温度 T_{max}。与之相反，在同相(IP)TMF 中，最高温度对应于最大拉伸应变，从而在循环过程中就产生了一个平均压缩应力，抑制了裂纹的扩展。因此，在 IP-TMF 的疲劳寿命要高于在最高 TMF 温度下进行的等温 LCF 实验。然而，大的温度间隔和应变幅可能会导致非常高的平均压缩应力，这反过来又降低了 IP 疲劳寿命。高 $\Delta\varepsilon_t/2$ 和 ΔT 通常会提高 IP 和 OP-TMF 实验的寿命比[39]。考虑到 TiAl 合金在 700 ℃以上通常会发生氧化，这一情形就变得更加复杂了[39]。氧化所造成的损伤同样在 OP-TMF 中是最高的，因为高温压缩应力下形成的氧化膜在随后加载循环的低温拉伸应力段会更脆，并发生破裂和剥离。文献[39]比较了几种不同 TiAl 合金的 TMF 性能，它们是：Ti-47Al-2Mn-2Nb（XD）、Ti-46Al-4(Cr，Nb，Ta，B)（γ-MET）、Ti-45Al-5Nb-0.2C-0.2B（TNB-V5）和 Ti-45Al-8Nb-0.2C（TNB-V2）。出乎意料的是，这些合金的 TMF 性能非常接近。总体上看，这一研究证明了上文所阐述的趋势。Yamazuki 等[37]研究了一种多相合金，他们制备了两种不同的组织，一种为近片层组织，而另一种为含有片层团、等轴 γ 相和 β 晶粒的混合结构。作者在等温 LCF 和 OP-TMF 条件下研究了材料的裂纹扩展行为。片层组织合金在 LCF 下的裂纹生长抗力明显更高。相比于等温 LCF，OP-TMF 显著增加了裂纹生长速率。这在部分上是由氧的侵入导致的，使 β_o 相转变为脆性的 α 相。

这些新的研究表明，TiAl 合金的疲劳性能确实是相对较差的。特别是异相热机械疲劳，其对合金的破坏尤为严重，严重制约了合金的工程应用。虽然人们开发了含有大量 β/β_o 相的新型 TiAl 合金，但这一问题不但没有解决，反而更加突出了。

参考文献

[1] Hénaff, G. and Gloanec, A. L. (2005) *Intermetallics*, **13**, 543.

[2] Paris, P. and Erdogan, F. (1963) *J. Basic Eng.*, **85**, 528.

[3] Yang, J., Li, H., Hu, D., and Dixon, M. (2014) *Intermetallics*, **45**, 89.

[4] Dahar, M. S., Seifi, S. M., Bewlay, B. P., and Lewandowski, J. J. (2015) *Intermetallics*, **57**, 73.

[5] Long, Y., Song, X. P., Zhang, M., Jiao, Z. H., and Yu, H. C. (2015) *Mater. Des.*, **84**, 378.

[6] Beran, P., Heczko, M., Kruml, T., Panzner, T., and Petegem, S. V. (2016) *J. Mech. Phys. Solids*, **95**, 647.

[7] Filippini, M., Schloffer, M., and Crist, M. E. (2017) *Panel discussion: microstructure-defects-life*, GAT'17 at TMS 2017, San Diego, CA.

[8] Clemens, H. and Mayer, S. (2013) *Adv. Eng. Mater.*, **15**, 191.

[9] Mine, Y., Takashima, K., and Bowen, P. (2012) *Mater. Sci. Eng. A*, **532**, 13.

[10] Zuo, Y. R., Rui, Z. Y., Feng, R. C., Yan, C. F., and Li, H. Y. (2014) *Adv. Mater. Res.*, **941**, 1513.

[11] Edwards, T. E. J., Gioacchino, F. D., and Clegg, W. J. (2021) *Int. J. Fatigue*, **142**, 105905.

[12] Huang, Z. W. and Hu, W. (2014) *Intermetallics*, **54**, 49.

[13] Han, B., Wan, W. J., Zhu, C. L., Zhang, J., and Yi, J. H. (2015) *Mater. Res. Innovations*, **19**, S142.

[14] Filippini, M., Beretta, S., Patriarca, L., Pasquero, G., and Sabbadini, S. (2012) *J. ASTM Int.*, **9**, 104293.

[15] Campbell, J. P., Kruzic, J. J., Lillibridge, S., Venkateswara Rao, K. T., and Ritchie, R. O. (1997) *Scr. Mater.*, **37**, 707.

[16] Wessel, W., Zeismann, F., and Brueckner-Foit, A. (2015) *Fatigue Fract. Eng. Mater. Struct.*, **38**, 1507.

[17] Rugg, D., Dixon, M., and Burrows, J. (2016) *Mater. High Temp.*, **33**, 536.

[18] Wang, S. Y., Xi, Y. Z., Li, H. Y., and Bowen, P. (2019) *Metals*, **9**, 1101.

[19] Leitner, T., Schloffer, M., Mayer, S., Eßlinger, J., Clemens, H., and Pippan, R. (2014) *Intermetallics*, **53**, 1.

[20] Wu, Z. E., Hu, R., Zhang, T. B., Zhou, H., Kou, H. C., and Li, J. S. (2016) *Mater. Sci. Eng. A*, **666**, 297.

[21] Dahar, S. M., Tamirisakandala, S. A., and Lewandowski, J. J. (2018) *Int. J. Fatigue*, **111**, 54.

[22] Signori, L. J., Nakamura, T., Okada, Y., Yamagata, R., Nakashima, H., and Takeyama, M. (2018) *Intermetallics*, **100**, 77.

[23] Tang, B., Zhu, B., Bi, W. Q., Liu, Y., and Li, J. S. (2019) *Metals*, **9**, 1043.

[24] Sakaguchi, M., Niwa, Y., Gong, W. X., Suzuki, K., and Inoue, H. (2021) *Mater. Sci. Eng. A*, **806**, 140802.

[25] McKelvey, A. L., Venkateswara Rao, K. T., and Ritchie, R. O. (1997) *Scr. Mater.*, **37**, 1797.

[26] Hénaff, G., Odemer, G., and Morel, A. T. (2007) *Int. J. Fatigue*, **29**, 1927.

[27] Fröbel, U. and Appel, F. (2002) *Acta Mater.*, **50**, 3693.
[28] Kruml, T. and Obrtlík, K. (2014) *Int. J. Fatigue*, **65**, 28.
[29] Satoh, M., Horibe, S., Nakamura, M., and Uchida, H. (2010) *Int. J. Fatigue*, **32**, 698.
[30] Gloanec, A. L., Milani, T., and Hénaff, G. (2010) *Int. J. Fatigue*, **32**, 1015.
[31] Appel, F., Heckel, T. K., and Christ, H. J. (2010) *Int. J. Fatigue*, **32**, 792.
[32] Naanani, S., Hantcherli, M., Hor, A., Mabru, C., Monchoux, J. P., and Couret, A. (2018) *Study of the low cyclic behaviour of the IRIS alloy at high temperature*, MATEC Web of Conferences, **165**, 06007.
[33] Chlupová, A., Heczko, M., Obrtlík, K., Polák, J., Roupcová, P., Beran, P., and Kruml, T. (2016) *Mater. Des.*, **99**, 284.
[34] Ding, J., Liang, Y. F., Xu, X. J., Yu, H. C., Dong, C. L., and Lin, J. P. (2017) *Int. J. Fatigue*, **99**, 68.
[35] Ding, J., Zhang, M. H., Ye, T., Liang, Y. F., Ren, Y., Dong, C. L., and Lin, J. P. (2018) *Acta Mater.*, **145**, 504.
[36] Heckel, T. K. and Christ, H. J. (2010) *Procedia Eng.*, **2**, 845.
[37] Yamazuki, Y., Sugaya, R., Kobayashi, U., and Ohta, Y. (2020) *Mater. Sci. Eng. A*, **797**, 140248.
[38] Xiang, H. F., Dai, A. L., Wang, J. H., Li, H., and Yang, R. (2010) *Trans. Nonferrous Met. Soc. China*, **20**, 2174.
[39] El-Chaikh, A., Heckel, T. K., and Christ, H. J. (2013) *Int. J. Fatigue*, **53**, 26.
[40] Schallow, P. and Christ, H. J. (2013) *Int. J. Fatigue*, **53**, 15.
[41] Weidner, A., Pyczak, F., and Biermann, H. (2013) *Mater. Sci. Eng. A*, **571**, 49.

附录 11
前沿进展——氧化行为及相关问题(第 12 章)

关于这一领域的工作在许多方面都进行着持续性的研究，包括对氧化动力学及其相关机制的表征[1-3]、涂层的影响[4-7]以及水蒸气的作用等[8]。Paul 等[9]研究了高温热暴露对样品表面残余应力的影响，其结果证实了 Wu 等[10]之前的结论。研究表明，未暴露样品中一般存在的表面压应力分布在高温热暴露后被消除了。然而，这一结果很难解释与之相伴的样品脆性。文献[11，12]对 TiAl 合金的防护方法进行了综述。采用先进成形技术如放电等离子烧结(SPS)[13]、金属注射成形[14]以及增材制造[15]等制备的材料的氧化问题也有所研究。

部件的抗氧化性以及氧化对力学性能的影响是部件成功应用中的重要问题。文献[16-18]对氧化行为及其对力学性能的影响进行了表征。本书作者认为，这些将氧化行为与氧化对力学性能的影响相结合的研究是非常有意义的。在 2011 年的著作中就曾指出，合金的力学性能，尤其是室温塑性会随着高温热暴露而下降，后来的研究再次证实了这一结论[16-18]。虽然人们对高温热暴露对合金室温拉伸塑性的影响进行了反复的研究，但对其中的脆性机理目前仍缺乏深入的理解。理想情况下，研究应该在拉伸实验的样品上进行，这就使样品具有较大的表面积和体积。对几百个小时热暴露的研究并不能解释仅几分钟热暴露后就出现的脆性，亦不能解释样品在良好真空下热暴露时出现的脆性。正如Draper和Isheim指出[19]，抗氧化性自身是不足以减轻材料的脆性问题的。

本书作者认为，高温强度和抗蠕变性才是当前在航空发动机领域限制TiAl合金应用于更高温度(如800 ℃)的因素，而不是抗氧化性。对于更高温度下的应用(如涡轮增压器)来说，通过涂层或卤素处理的方法来保障抗氧化性已足以应对高温环境。然而，对于航空发动机领域的应用来说，只有当所应用合金的高温承载性得以提高时，抗氧化性才会成为应用温度限制的一个因素。

参考文献

[1] Ostrovskaya, O., Badini, C., Baudana, G., Padovano, E., and Biamino, S. (2018) *Intermetallics*, **93**, 244.

[2] Qu, S. J., Tang, S. Q., Feng, A. H., Feng, C., Shen, J., and Chen, D. L. (2018) *Acta Mater.*, **148**, 300.

[3] Mitoraj, M., Godlewska, E., Heintz, O., Geoffrey, N., Fontana, S., and Chevalier, S. (2011) *Intermetallics*, **19**, 39.

[4] Wang, Q., Wu, W. Y., Jiang, M. Y., Cao, F. H., Wu, H. X., Sun, D. B., Yu, H. Y., and Wu, L. K. (2020) *Surf. Coat. Technol.*, **381**, 125126.

[5] Bobzin, K., Brögelmann, T., Kalscheuer, C., and Liang, T. (2018) *Surf. Coat. Technol.*, **350**, 587.

[6] Laska, N., Braun, R., and Knittel, S. (2018) *Surf. Coat. Technol.*, **349**, 347.

[7] Bobzin, K., Brögelmann, T., Kalscheuer, C., and Liang, T. (2017) *Surf. Coat. Technol.*, **332**, 2.

[8] Shaaban, A., Hayashi, S., and Takeyama, M. (2019) *Corros. Sci.*, **158**, 108080.

[9] Paul, J. D. H., Oehring, M., Appel, F., and Pyczak, F. (2017) *Intermetallics*, **84**, 103.

[10] Wu, X. H., Huang, A., Hu, D., and Loretto, M. H. (2009) *Intermetallics*, **17**, 540.

[11] Pflumm, R., Friedle. S., and Schütze, M. (2015) *Intermetallics*, **56**, 1.

[12] Schütze, M. (2017) *JOM*, **69**, 2602.

[13] Bacos, M. P., Ceccacci, S., Monchoux, J. P., Davoine, C., Gheno, T., Rio, C., Morel, A., Merot, J. S., Fossard, F., and Thomas, M. (2020) *Oxid. Met.*, **93**, 587.

[14] Liu, C. C., Lu, X., Yang, F., Xu, W., Wang, Z., and Qu, X. H. (2018) *Metals*, **8**, 163.

[15] Swadzba, R., Marugi, K., and Pyclik, L. (2020) *Corros. Sci.*, **169**, 108617.

[16] Braun, R., Laska, N., Knittel, S., and Schulz, U. (2017) *Mater. Sci. Eng. A*, **699**, 118.

[17] Mengis, L., Oskay, C., Donchev, A., and Galetz, M. C. (2021) *Surf. Coat. Technol.*, **406**, 126646.

[18] Sallot, P., Monchoux, J. P., Joulie, S., Couret, A., and Thomas, M. (2020) *Intermetallics*, **119**, 106729.

[19] Draper, S. L., and Isheim, D. (2012) *Intermetallics*, **22**, 77.

附录 12

前沿进展——合金设计（第 13 章）

随着 GE 合金 Ti-48Al-2Cr-2Nb 和 TNM 合金 Ti-43.5Al-4Nb-1Mo-0.1B 在航空发动机中得以应用，人们认为合金的综合性能是能够满足应用要求的。关于合金的后续研发工作，通用电气没有发表过任何内容。由于目前 TNM 合金的极限应用温度被限定在 750 ℃[1]，为了提高合金的高温承载能力，研究人员在 TNM 合金中加入了 C 和 Si 元素，并称之为 TNM^+合金。在 TNM^+合金中，C 和 Si 的添加导致形成了碳化物和硅化物，使合金的高温强度和抗蠕变性有所提高[1]。然而，需要知道的是，对于那些对安全要求不那么严苛的应用（如涡轮增压器）来说，合金的服役温度可高达 1 000 ℃。Kim 在 2011 年的论文中就指出了这一点，他是 TiAl 合金领域最为坚持的倡导者。最近，他发表了一篇论文，对 γ-TiAl 合金的发展和提高其高温承载能力的途径作了综述[2]。

自 2011 年以来，在合金设计方面，在采用热力学数据库和计算机程序如 ThermoCalc 等来预测合金相图及相组成的领域确实取得了明显进展[3]。报道表明，由 HEXRD（高能 X 射线衍射）测得的相演化结构与热力学预测非常吻合[4]。的确，由于热力学数据库在不断地更新，模拟的方法在合金设计中将越发有效，但它仍不能完全取代真正的实验结果。随着人们对以粉末为基的增材制造加工技术的研究越来越多，以加工路径为基础的合金成分优化方兴未艾，已不仅仅限于铸造和热加工的方向了[5]。

参考文献

[1] Kastenhuber, M., Klein, T., Clemens, H., and Mayer, S. (2018) *Intermetallics*, **97**, 27.

[2] Kim, Y. W. and Kim, S. L. (2018) *JOM*, **70**, 553.

[3] Kuznetsov, A. V., Sokolovskii, V. S., Salishchev, G. A., Bolov, N. A., and Nochovnaya, N. A. (2016) *Met. Sci. Heat Treat.*, **58**, 259.

[4] Schmoelzer, T., Liss, K. D., Zickler, G. A., Watson, I. J., Droessler, L. M., Wallgram, W., Buslaps, T., Studer, A., and Clemens, H. (2010) *Intermetallics*, **18**, 1554.

[5] Wimler, D., Lindemann, J., Reith, M., Kirchner, A., Allen, M., Vargas, W. G., Franke, C., Klöden, B., Weißgärber, T., Güther, V., Schloffer, M., Clemens H., and Mayer, S. (2021) *Intermetallics*, **131**, 107109.

附录 13

前沿进展——铸锭的制备和部件的铸造(第 14 章)

自 2011 年本书出版后，对 TiAl 部件制备方面的大部分研究关注是在增材制造方向，而在铸锭冶金和部件铸造方面人们的关注明显减少了。在铸造方面，其中一项值得注意的工作是，采用超声波熔体处理以细化铸造组织的研究。这并不是一种崭新的工艺，其在轻合金研究领域(尤其是镁基合金)的应用已经被广泛地报道了，文献[1]对此进行了系统的阐述。超声波处理的作用是：① 破碎凝固过程中形成了枝晶，从而使铸造组织更加细化，并减轻了偏析；② 减少铸造孔隙；③ 提升合金的力学性能。当然，像镁合金这样的轻质合金的熔点与 TiAl 合金相差很大，同时 TiAl 合金也非常活泼。因此，对 TiAl 合金熔体进行超声波处理的难度要高得多。

关于对 TiAl 合金熔体的超声波处理，中国哈尔滨工业大学的研究组发表了 4 篇论文[2-5]。在这些论文中，作者均发现合金的组织得到了细化且其压缩强度上升。另外，元素偏析得到了缓解[2-4]，同时材料的铸造质量提升、收缩率下降[2,5]。这一研究具有重要的价值，因为这使得 TiAl 合金在凝固阶段就获得了细晶组织并具有良好的力学性能。然而遗憾的是，在上述论文中并未报道材料的拉伸性能(其为部件的主要受载状态)。铸锭的超声波处理对锻造或热挤压加工的零件或棒材的最终性能的影响也值得进一步研究。

参考文献

[1] Eskin, G. I. and Eskin, D. M. (2017) *Ultrasonic treatment of light alloy metals*, 2nd edition, CRC Press.

[2] Chen, R. R., Zheng, D. S., Ma, T. F., Ding, H. S., Su, Y. Q., Guo, J. J., and Fu, H. Z. (2017) *Ultrason. Sonochem.*, **38**, 120.

[3] Chen, R. R., Zheng, D. S., Ma, T. F., Ding, H. S., Su, Y. Q., Guo, J. J., and Fu, H. Z. (2017) *Sci. Rep.*, **7**, 41463.

[4] Zhou, L. Y., Fang, H. Z., Chen, R. R., Yang, X. K., Xue, X., Zhang, Y., Su, Y. Q., and Guo, J. J. (2022) *J. Alloys Compd.*, **904**, 164048.

[5] Zheng, D. S., Chen, R. R., Ma, T. F., Ding, H. S., Su, Y. Q., Guo, J. J., and Fu, H. Z. (2017) *J. Alloys Compd.*, **710**, 409.

附录 14

前沿进展——粉末冶金（第 15 章）

自 2011 年以来，还没有文献报道与预合金粉制备新方法相关的进展，但是在以粉末为基础的后续加工制备零部件方面却取得了巨大的进步。人们在放电等离子烧结(SPS)和增材制造领域也开展了大量的工作，关于这两项工作的简介在 2011 年的书中已阐述过了。

Couret 研究组与 Thomas 研究组合作，在 TiAl 合金的 SPS 方面取得了显著进展。他们的工作包括对致密化机制的研究和模拟[1-4]、在样品尺寸增加和形状更复杂的基础上控制温度分布[5]以及对 SPS 后合金组织和力学性能的研究[6-8]。在 IRIS 合金(Ti-48Al-2W-0.08B)中确实可以获得细小的近片层组织[9]。研究人员采用 SPS 工艺成功制备了长度达 10 cm 的 TiAl 合金叶片，该叶片同时也具有优异的力学性能[10]。上述研究组最近在 SPS 工艺制备金属材料方面发表了一篇综述，其中包括了大量的实例[11]。

毫无疑问，与 SPS 相比，关于增材制造(也称为 3D 打印)TiAl 合金方面的研究更加密集。Lewandowski 和 Seifi[12]对许多材料的增材制造进行了系统的综述，其中也包括了 TiAl 合金；Dzogbewu 则仅针对 TiAl 合金进行了评述[13]。采用预合金 TiAl 合金粉末进行增材制造的主要加工途径可分为两种，即真空条件下采用电子束(EB)和采用激光的增材制造技术。

Biamino 等[14]采用电子束法研究了 Ti-48Al-2Cr-2Nb 预合金粉的熔化过程。Juechter 等[15]则采用电子束选区熔炼在制备汽车零部件的加工窗口方面开展了大量研究。由于电子束加工在真空下进行，挥发性元素(如铝)的损失就成了一个问题。研究人员模拟了加工参数对元素分布的影响，从而优化出最优扫描方案以降低部件中的元素不均匀性[16]。Terner 等[17]的报道表明，具有高度均匀元素分布、细小显微组织、可忽略的孔隙率且几乎无杂质的零部件是可以制备出来的。的确，通用电气公司也宣称其将采用电子束增材制造的方法制备 TiAl 合金低压涡轮叶片，以装备在波音 777X 飞机的 GE9X 发动机上[18]。通用电气公司将其制备低压涡轮叶片的工艺从铸造改为增材制造是因为叶片的长度增加了，而这使得铸造工艺极其困难，以至于不可能实现。

除了电子束增材制造外，另一种增材制造工艺则是采用激光来熔化预合金粉，这需要在真空或惰性气氛中进行。Caprio 等[19]对以激光为基础的 TiAl 合金制备工艺提供了有益的见解。采用这种方法也可以制备几何形状复杂但没有缺陷的零部件，如涡轮增压器叶轮等[20]。与在电子束方法中所做的相同，对激光熔化工艺的模拟可以给出重要的参考，从而使部件的显微组织和化学均匀性得以优化[21]。

电子束工艺和激光工艺中存在一些重要的共性问题。其中之一即为对沉积表面的反复加热和冷却。在最糟糕的情况下，这将导致巨大的残余应力并引发开裂。基于这一点，工件通常是在预热的基板上逐层构造起来。为减轻这一不利因素，也可以采用第二个欠焦的电子束或激光，用于打印前使床料预热。另一个问题是，随着沉积层厚度的增加，热耗散将降低。这使即时沉积材料的冷却速度下降。由于材料的显微组织和相组成强烈依赖于冷却速度，较厚部件的组织均匀性可能较差。上述的两种工艺均要求对扫描或构造方式加以优化，从而降低零件中的残余应力和元素偏析。杂质元素如氧或氮的掺杂是另一个共性问题，为使材料具有良好的性能就必须使这一影响最小化。在正确的加工条件下，孔隙是几乎可以忽略的，同时也可以采用热等静压(HIP)处理来闭合残余的孔隙或将通常非常细小的显微组织调整为应用所需的状态。虽然增材制造有许多优点，然而，文献中对材料力学性能的报道仍显不足，这就难以对这种材料作出切实的评价。除制备零件之外，采用 3D 打印修复叶片的技术也有所报道[22]。从上述的简要总结中可以明显地看出，在 2011 年本书出版之后，TiAl 合金的增材制造取得了长足的进展，并已发展成熟，使通用电气公司有充足的信心将之用于最新款发动机的制造上。

参考文献

[1] Jabbar, H., Couret, A., Durand, L., and Monchoux, J. P. (2011) *J. Alloys Compd.*, **509**, 9826.

[2] Trzaska, Z., Couret A., and Monchoux, J. P. (2016) *Acta Mater.*, **118**, 100.

[3] Trzaska, Z., Bonnefont, G., Fantozzi, G., and Monchoux, J. P. (2017) *Acta Mater.*, **135**, 1.

[4] Collard, C., Trzaska, Z., Durand, L., Chaix, J. M., and Monchoux, J. P. (2017) *Powder Technol.*, **321**, 458.

[5] Voisin, T., Durand, L., Karnatak, N., Le Gallet, S., Thomas, M., Le Berre, Y., Castagne, J. F., and Couret, A. (2013) *J. Mater. Process. Technol.*, **213**, 269.

[6] Voisin, T., Monchoux, J. P., Hantcherli, M., Mayer, S., Clemens, H., and Couret, A. (2014) *Acta Mater.*, **73**, 107.

[7] Voisin, T., Monchoux, J. P., Thomas, M., Deshayes, C., and Couret, A. (2016) *Metall. Mater. Trans. A*, **47**, 6097.

[8] Couret, A., Monchoux, J. P., and Caillard, D. (2019) *Acta Mater.*, **181**, 331.

[9] Voisin, T., Monchoux, J. P., Perrut, M., and Couret, A. (2016) *Intermetallics*, **71**, 88.

[10] Voisin, T., Monchoux, J. P., Durand, L., Karnatak, N., Thomas, M., and Couret, A. (2015) *Adv. Eng. Mater.*, **17**, 1408.

[11] Monchoux, J. P., Couret, A., Durand, L., Voisin, T., Trzaska, Z., and Thomas, M. (2021) *Metals*, **11**, 322.

[12] Lewandowski, J. J. and Seifi, M. (2016) *Annu. Rev. Mater. Res.*, **46**, 151.

[13] Dzogbewu, T. C. (2020) *Manuf. Rev.*, **7**, 35.

[14] Biamino, S., Penna, A., Ackelid, U., Sabbadini, S., Tassa, O., Fino, P., Pavese, M., Gennaro, P., and Badini, C. (2011) *Intermetallics*, **19**, 776.

[15] Juechter, V., Franke, M. M., Merenda, T., Stich, A., Körner, C., and Singer, R. F. (2018) *Addit. Manuf.*, **22**, 118.

[16] Klassen, A., Forster, V. E., Juechter, V., and Körner, C. (2017) *J.

Mater. Process. Technol., **247**, 280.

[17] Terner, M., Biamino, S., Epicoco, P., Penna, A., Hedin, O., Sabbadini, S., Fino, P., Pavese, M., Ackelid, U., Gennaro, P., Pelissero, F., and Badini, C. (2012) *Steel Res. Int.*, **83**, 943.

[18] http://www.ge.com/additive/press-releases/ge-aviation-invests-widespread-rollout-ge-additive-arcam-ebm-technology-support-ge9x.

[19] Caprio, L., Demir, A. G., Chiari, G., and Previtali, B. (2020) *J. Phys. Photonics*, **2**, 024001.

[20] Vogelpoth, A., Schleifenbaum, J. H., and Rittinghaus, S. (2019) *Turbo Expo: Power for Land, Sea, and Air, American Society of Mechanical Engineers*, vol. 58677, Phoenix, AZ, USA, p. V006T24A011.

[21] Zhang, X., Mao, B., Mushongera, L., Kundin, J., and Liao, Y. L. (2021) *Mater. Des.*, **201**, 109501.

[22] Rittinghaus, S. K., Hecht, U., Werner, V., and Weisheit, A. (2018) *Intermetallics*, **95**, 94.

附录 15

前沿进展——变形加工（第 16 章）

变形加工领域在过去的 10 年中一直保持活跃，这是因为它可以细化 TiAl 合金的显微组织并提高其力学性能和部件的可靠性。在这个 10 年中，随着二维快速传感器的适用，关于变形加工的基础研究受益良多，因为这使得以同步辐射为基础的原位研究成为可能[1]。在现代同步辐射装置上采用这种传感器，如欧洲同步辐射中心(ESRF)和德国光子研究中心(DESY)所做的那样，可以以透射的方式，以 5~10 Hz 的频率研究直径约 5 mm 的样品，并同步进行加热或变形[1,2]。这就能够使单一衍射信号的强度、宽度、散射因子和方位角能够被显示出来，从而利用所得的数据来分析晶粒尺寸、内应力、马赛克扩散角以及晶粒的旋转等。这种实验使得人们可以原位观察变形过程中的晶粒旋转、动态回复和动态再结晶，这对研究材料在热加工过程中的演化很有帮助，TiAl 合金这种在热加工后冷却的过程中也会发生相变的材料就是很好的例子。Liss 和 Yan[1]发表的论文详细阐述了这种方法的运用以及原位高能 X 射线衍射(HEXRD)热加工实验中所得数据的分析方法。另外，在单轴向变形中，甚至可以原位测定热机械处理过程中的织构演化，并计算每一步变形的取向分布函数(ODF)，因此也就得出了织构相对于变形的函数[2]。

Liss 和 Yan[1]研究了 TNM 合金(Ti-43.5Al-4Nb-1Mo-0.1B，at.%)在 1 300 ℃下的压缩行为。在这一温度下，材料由 α 和 β 相构成。在压缩过程中，两相的晶粒尺寸均迅速下降。α 相中出现了衍射斑点宽化和晶粒旋转，并出现了织构，表明此相通过位错运动来变形[1,3]。另外，在衍射曲线中，出现了随方位角和时间而渐显的孤立斑点，这表明发生了动态再结晶[1,3]。所形成的织构可认为是一种倾转的基面丝织构，显然这主要是由变形导致的[3]。这证明了本书早期关于轧制板材中的织构的讨论。与 α 相相反的是，β 相的衍射斑点发生锐化，而新出现的斑点在衍射环上并不存在择优取向[1,3]。这一发现被解释为马赛克扩散角的动态回复和锐化，使晶粒取向均匀分布[3]。总之，已经阐明，α 相在 1 300 ℃高温下的变形机制受形变诱导晶粒旋转、动态回复和再结晶的控制，而对于 β 相来说则主要以动态回复为主。这可能是含有 β 相的 TiAl 合金具有良好热加工性的原因之一。在后来对同一合金的原位研究中，Schmoelzer 等[4]发现在 1 220 ℃时的热压缩变形由动态再结晶主导，而在 1 300 ℃时则主要是动态回复，而对于 β 相来说在两个温度下均出现了动态回复现象。在 β 相的回复中，没有观察到最小应变或是孕育期，这与动态回复的特征吻合[4]。在 1 220 ℃时，组织中存在体积分数约为 50%的 γ 相，绝大部分 γ 相发生了动态再结晶[4]。因此，上述结果广泛地证实了非原位实验的结果。研究表明，在一种成分相近且含少量 C 和 Si 的合金中，晶粒细化的效果在 1 270~1 300 ℃的 α+β 两相区内最佳，显然，碳化物的出现显著地增强了动态再结晶过程[5]。

如上文所述，研究人员对 Ti-42Al-8.5Nb (at.%)合金热压缩过程中的织构也进行了原位研究，并根据变形量和温度的不同阐述了织构的演化机制[2]。观察发现，织构在应变为 15%~20%时出现。在 α 相中，织构为一种倾转的基面丝织构。相比于更低温度下在 α+β+γ 三相区中的变形，当材料在 α+β 两相区变形时其织构稍弱一些[2]，这是因为在更高温度下材料的动态再结晶更为显著。研究发现了 α 相向最终取向的旋转，并且当温度≥1 250 ℃时，具有不同取向的动态再结晶晶胚在形成后随即也旋转至最终的取向[2]。在 γ 和 β 相中，分别观察到弱的〈110]/〈302]和〈001〉/〈111〉丝织构，这在之前的研究中已阐述过了[6,7]。然而，研究发现，当温度由 1 100 ℃升高至 1 150 ℃时，〈110]织构分量明显减弱，这表明再结晶对织构的形成产生了影响[6]。这一原位研究应该是首次揭示了随着应变量的上升，热变形 TiAl 合金中变形、动态回复和再结晶之间的交互作用，同时又阐明了上述行为对各相中织构的影响。

除了上述的原位研究，关于动态再结晶也有一些非原位的观察。这是非常复杂的，因为 TiAl 合金中的动态再结晶/显微组织球化通常发生在多相区，各相的转变动力学有差异，且各相之间还可能相互转化。在一些研究中，人们在已得到充分证实的基于双曲正弦定律的本构方程框架内分析了热变形行为[8-18]。此外，一些研究和观察发现[8-10,12]，再结晶的体积分数符合阿夫拉米(Avrami)方程[19-21]：

$$X(\varepsilon>\varepsilon_c) = 1-\exp\{-k[(\varepsilon-\varepsilon_c)/\dot{\varepsilon}]^q\}$$

式中，ε_c 为动态再结晶临界应变；k 为(与温度相关的)速率常数；q 为 Avrami 指数。研究发现，Avrami 指数的值在 1~2 之间[8-10,12]，这显然较低；比如，钢铁材料的 Avrami 指数值为 3 左右[22]。低 Avrami 指数值源于晶界处的再结晶形核，这就使得材料在大体量范围内难以随机形核。这是可能的，因为本书之前就报道过晶界处出现了弓出的现象。另一种解释可能是片层 TiAl 合金的动态再结晶起始于扭折带中，如文献[12]中所观察的那样。在这种情况下，在整个材料体积范围内随机形核均受到了限制，这就导致 Avrami 指数较低。扫描电镜中的电子背散射衍射(EBSD)对显微组织和晶粒取向分布的分析表明，当 Zener-Hollomon 参数 Z 较高时，动态再结晶确实发生于扭折/剪切带中；而当 Z 参数较低时主要发生的是 α 晶粒的动态再结晶[11]。随后的研究发现，α 相的动态再结晶以连续的方式进行[12]。这与在 γ 相中观察到的非连续的方式不同，γ 相的行为应该与所观察到的 γ 相的孪晶有关[12]。在 β 相中，观察发现绝大部分晶粒只发生动态回复，但是动态再结晶也可以发生[12]。在一项对 Ti-45Al-4Nb-1Mo-0.15B 合金非常细致且详细的研究中，证实了 α 相在 1 280 ℃ 热加工过程中的连续动态再结晶现象[23]。变形激发了 α 相中的柱面滑移，位错塞积于晶界处。随后 α 相的晶界弓出，在弓出的晶界周围形成了对称倾转晶界，而后发生了亚晶与母晶粒的分离。相邻晶粒分离出来的亚晶粒通过晶界滑移融合到一起，通过重复这一再结晶过程逐渐使再结晶扩展至晶粒内部，从而在整个材料中实现再结晶[23]。这种对 α 相再结晶机制的解释与上文所述的原位实验结果相符，但是也提供了之前未知的其他细节。总之，可以得出结论，在过去的 10 年中人们对动态再结晶的认识取得了长足的进步。

在过去的 10 年中，关于热加工工艺的研究也在持续进行着。变形 TiAl 合金部件的一个共性问题为显微组织的不均匀性，这是由变形过程中剪切带内不充分的动态再结晶以及铸锭材料的化学不均匀性导致的。Paul 等[24]开发了一种可对工件施加相当高的应变量的热加工工艺，且重点是以这种方法也能够得到较大尺寸的最终部件。这种工艺为：首先挤压一个大铸锭，将挤压件等温锻造成若干盘件，而后以扩散焊的方式将其合并在一起，最后对连接后的盘件进行二次锻造。盘件之间的焊接是将一组锻盘装入一个钛制包套中，而后经抽真空和热等静压(HIP)完成[24]。累加起来，热变形中材料的真应变约为 5(对数值)。最终得到的材料具有非常均匀且完全再结晶的显微组织；当堆叠的盘件的元素分布均匀时，看不出焊接面的位置[24]。但是，在最终的材料中却可见一些显微组织不均匀性，这来自铸锭材料的宏观成分变化，同时材料中也存在少量的孔洞和夹杂。显然，铸锭材料的质量不足是即使在如此大应变的热加工条件下也无法完全消除缺陷的原因。在这一加工工艺中，可对第一步所得的锻造盘进行无损检测，从而可保障最终产品的高质量。这一工艺对制备大尺寸部件来说极具吸引力[24]。

为了对材料施加大量的应变，Fröbel 和 Stark[25]探索了一种两次挤压工艺，其真应变为 3.9(对数值)。在第一次挤压后，工件被旋转 90°再进行第二次挤压。通过这种二次挤压技术，可得到显微组织非常均匀的材料，其中第二次挤压后的拉伸性能显著高于首次挤压的。作者分析了材料的高温变形行为，发现剪切带是导致组织不均匀性的主要原因，这与之前的报道一致。然而在二次挤压后，材料在整体上仍存在一些织构，这来自材料中组成相的某些滑移系[25]。

将坯料进行多次的 90°旋转而进行的多轴锻造是另一种可实现大应变量的热加工方法[26-28]。研究发现，材料的显微组织可以被显著地均匀化和细化，并可以避免未再结晶的加工死区，同时材料的力学性能也得到了质的提升[26-28]。总之，以不同的方法在热加工过程中施加高应变对材料的性能提升应是非常有益的，只是其加工成本限制了这些方法的应用。

人们通过对 TiAl 合金热加工近 30 年来的不懈研究，终于在 2015 年产生了第一条获批准的工业级加工路线，由 Leitritz Turbinentechnik 公司(位于德国雷姆沙伊德)以等温锻造的方式生产了航空发动机叶片[29]。在这一工艺中，首先采用热挤压，而后进行等温模锻(模具是由 Mo 合金制造)，锻造在 1 100～1 250 ℃下的保护气氛中以极低的应变速率进行[29]。在 TNM 合金(Ti-43.5Al-4Nb-1Mo-0.1B，at.%)的加工中并不包含挤压的工艺，因为其铸锭可以直接用于等温锻造[29]。采用这一技术可锻造出 200 mm 长的低压涡轮叶片，供普拉特·惠特尼公司的齿轮传动涡扇发动机使用，装备于空客 A320neo 机型上[29,30]。对于像 TNM 合金这样的 β 凝固合金来说，虽然存在 β 相，但是经过对铸锭的锻造并通过优化的热处理来调整组织后，合金的力学性能尤其是蠕变强度可与传统包晶合金的媲美[31,32]。Böhler Schmiedetechnik 公司(位于奥地利卡普芬贝格)的工作表明，TNM 合金可以在“近传统”的空气中锻造，且应变速率可以相对较高，模具的温度可比工件温度低 400～800 K[33]。这是通过对工件施加一种可大幅降低热损耗的特殊涂层而做到的。然而，与传统近净成形等温锻造工艺不同，上述的工作是以自由锻的形式完成的[33]。为降低 TiAl 合金的锻造成本，Bambach 等[34]研究了一种批量加工工艺，即采用一组预装配并预热的模具使多个零件可在一次压下后锻造成形。这一工作所采用的 β 凝固合金与文献[31]中的相同。作者对此材料同时进行了锻造模拟[34]。研究表明，这种批量加工可以操作成功，且对于小尺寸零件如压气机叶片来说是非常经济的[34]。

在大约 30 年前，人们发现当 γ-TiAl 合金的显微组织足够细小且均匀时，材料可以表现出超塑性，其拉伸塑性应变可超过 200%[35,36]。在过去的 10 年中，人们也对超塑性进行了研究，发现高 Nb 含量 TiAl 合金以及 β 凝固合金有时会表现出约达 2 900%的惊人的超塑变形能力[37-41]。在 1 000 ℃，应变速率为 $8.3\times10^{-4}\ s^{-1}$时，挤压并锻造后的 Ti-45Al-8Nb-0.2C 合金的应变速率敏感系数(m)可达 0.66，同时拉伸断裂应变可达 1 342%[37]。这一优异的超塑性源于其均匀的初始组织，而这一组织则是由多轴热加工、高 Nb 含量而导致的低晶粒长大速度、一定量的 α_2 相以及不存在极易应变局域化的 β 相等因素共同造成的[37-39]。研究表明，此合金的超塑变形由体扩散主导的晶界滑移控制，因为其激活能位于 Ti 和 Al 的体扩散能之间[37]。在改性的 TNM 合金(Ti-43.7Al-4.2Nb-0.5Mo-0.2B-0.2C)中，同样在 1 000 ℃和应变速率为 $8.3\times10^{-4}\ s^{-1}$的条件下，可得到更高的 2 900%的超塑性延伸率[39,40]。研究发现，若合金的初始组织细小且均匀，这些合金在低应变速率下的锻造性能极其优异。总之，可以认为目前 TiAl 合金的热加工已经进入成熟阶段，人们虽然还没有完全掌握其中的物理机制，但已经熟稔了。

参考文献

[1] Liss, K. D. and Yan, K. (2010) *Mater. Sci. Eng. A*, **528**, 11.

[2] Stark, A., Rackel, M., Tankoua, A. T., Oehring, M., Schell, N., Lottermoser, L., Schreyer, A., and Pyczak, F. (2015) *Metals*, **5**, 2252.

[3] Liss, K. D., Schmoelzer, T., Yan, K., Reid, M., Peel, M., Dippenaar, R., and Clemens, H. (2009) *J. Appl. Phys.* **106**, 113526.

[4] Schmoelzer, T., Liss, K. D., Kirchlechner, C., Mayer, S., Stark, A., Peel, M., and Clemens, H. (2013) *Intermetallics*, **39**, 25.

[5] Schwaighofer, E., Clemens, H., Lindemann, J., Stark, A., and Mayer, S. (2014) *Mater. Sci. Eng. A*, **614**, 297.

[6] Stark, A., Bartels, A., Clemens, H., Kremmer, S., Schimansky, F. P., and Gerling, R. (2009) *Adv. Eng. Mater.*, **11**, 976.

[7] Rosenberg, J. M. and Piehler, H. R. (1971) *Metall. Trans.*, **2**, 257.

[8] Cheng, L., Chang, H., Tang, B., Kou, H., and Li, J. (2013) *J. Alloys Compd.*, **552**, 363.

[9] Li, J., Liu, Y., Wang, Y., Liu, B., and He, Y. (2014) *Mater. Charact.*, **97**, 169.

[10] Lin, X., Huang, H., Yuan, X., Wang, Y., Zheng, B., Zuo, X., and Zhou, G. (2021) *J. Alloys Compd.*, **891**, 162105.

[11] Tian, S., Jiang, H., Guo, W., Zhang, G., and Zeng, S. (2019) *Intermetallics*, **112**, 106521.

[12] Tian, S., He, A., Liu, J., Zhang, Y., Zhang, S., Zhang, Y., Yang, Y., and Jiang, H. (2021) *J. Mater. Res. Technol.*, **14**, 968.

[13] Godor, F., Werner, R., Lindemann, J., Clemens, H., and Mayer, S. (2015) *Mater. Sci. Eng. A*, **648**, 208.

[14] Bambach, M., Embadi, A., Sizova, I., Hecht, U., and Pyczak, F. (2018) *Intermetallics*, **101**, 4.

[15] Chu, Y., Li, J., Zhao, F., Tang, B., and Kou, H. (2018) *Mater. Sci. Eng. A*, **725**, 466.

[16] Li, T., Liu, G., Xu, M., Wang, B., Fu, T., Wang, Z., and Misra, R. D. K. (2018) *Materials*, **11**, 2044.

[17] Stendal, J. A., Bambach, M., Eisentraut, M., Sizova, I., and Weiß, S. (2019) *Metals*, **9**, 220.

[18] Lapin, J., Štamborská, M., Pelachová, T., Čegan, T., and Volodarskaja, A. (2020) *Intermetallics*, **127**, 106962.

[19] Kolmogorov, A. N. (1937) *Izv. Akad. Nauk SSSR—Ser. Matemat*, **1**, 355.

[20] Johnson, W. A. and Mehl, R. F. (1939) *Trans. Am. Inst. Min. Metall. Pet. Eng.*, **135**, 416.

[21] Avrami, M. (1939) *J. Chem. Phys.*, **7**, 1103.

[22] Jonas, J. J., Quelennec, X., Jiang, L., and Martin, E. (2009) *Acta Mater.*, **57**, 2748.

[23] Qiang, F. M., Bouzy, E., Kou, H. C., Zhang, Y. D., Wang, L. L., and Li, J. S. (2021) *Intermetallics*, **129**, 107028.

[24] Paul, J. D. H., Lorenz, U., Oehring, M., and Appel, F. (2013) *Intermetallics*, **32**, 318.

[25] Fröbel, U. and Stark, A. (2015) *Metall. Mater. Trans. A*, **46**, 439.

[26] Tang, B., Cheng, L., Kou, H. C., and Li, J. S. (2015) *Intermetallics*, **58**, 7.

[27] Cui, N., Wu, Q. Q., Bi, K. X., Wang, J., Xu, T. W., and Kong, F. T. (2019) *Materials*, **12**, 1381.

[28] Li, H. Z., Long, Y., Liang, X. P., Che, Y. X., Liu, Z. Q., Liu,

Y., Xu, H., and Wang, L. (2020) *Intermetallics*, **116**, 106647.

[29] Janschek, P. (2015) *Mater. Today: Proc.*, **2S**, S92.

[30] Habel, U., Heutling, F., Kunze, C., Smarsly, W., Das, G., and Clemens, H. (2016) *Proc. of the 13th World Conf. on Titanium* (eds V. Venkatesh, A. L. Pilchak, J. E. Allison, S. Ankem, R. Boyer, J. Christodoulou, H. L. Fraser, M. A. Imam, Y. Kosaka, H. J. Rack, A. Chatterjee, and A. Woodfield), TMS, Warrendale, PA, USA, p. 1223.

[31] Bolz, S., Oehring, M., Lindemann, J., Pyczak, F., Paul, J., Stark, A., Lippmann, T., Schrüfer, S., Roth-Fagaraseanu, D., Schreyer, A., and Weiß, S. (2015) *Intermetallics*, **58**, 71.

[32] Kastenhuber, M., Klein, T., Clemens, H., and Mayer, S. (2018) *Intermetallics*, **97**, 27.

[33] Huber, D., Werner, R., Clemens, H., and Stockinger, M. (2015) *Mater. Charact.*, **109**, 116.

[34] Bambach, M., Sizova, I., Sviridov, A., Stendal, J. A., and Günther, M. (2018) *J. Manuf. Mater. Process.*, **2**, 1.

[35] Imayev, R. M., Kaibyshev, O. A., and Salishchev, G. A. (1992) *Acta Metall. Mater.*, **40**, 581.

[36] Cheng, S. C., Wolfenstine, J., and Sherby, O. D. (1992) *Metall. Trans. A*, **23**, 1509.

[37] Imayev, V. M., Gaisin, R. A., Rudskoy, A. I., Nazarova, T. I., Shaimardanov, R. A., and Imayev, R. M. (2016) *J. Alloys Compd.*, **663**, 217.

[38] Imayev, V. M., Imayev, R. M., Nazarova, T. I., Gaisin, R. A., and Ganeev, A. A. (2018) *Lett. Mater.*, **8**, 554.

[39] Imayev, V. M., Ganeev, A. A., and Imayev, R. M. (2018) *Intermetallics*, **101**, 81.

[40] Imayev, V. M., Ganeev, A. A., Nazarova, T. I., and Imayev, R. M. (2019) *Lett. Mater.*, **9**, 528.

[41] Zhang, Y., Chang, S., Chen, Y. Y., Bai, Y. C., Zhao, C. L., Wang, X. P., Xue, J. M., and Wang, H. (2021) *J. Mater. Sci. Technol.*, **95**, 225.

附录 16

前沿进展——焊接(第 17 章)

与工程应用相关，在焊接领域对 TiAl 合金的研究主要面临的是合金的脆性和高活性问题。特别地，在扩散焊方面有较多的研究，因为采用这种技术可以相对简单地制备无裂纹的焊接接头[1]。另外，一直在传统金属中应用的其他焊接技术也得到了关注。

A16.1 扩散焊

文献[2]对 Ti-47.5Al-Cr-V 合金成功地进行了扩散焊。与文献[1]所述一致，在焊接前的接触面上形成了一个 α_2 相薄层。根据金相分析，作者认为最优的焊接参数为：焊接温度 1 050 ℃，应力>20 MPa，且连接时间≥2 h。焊接接头的剪切强度约为基体材料的80%。1 360 ℃的焊后热处理有效地提高了接头的强度。遗憾的是，文中并未给出垂直于焊接平面方向上的拉伸强度。

A16.2 异种材料之间的焊接

TiAl 合金与其他金属之间的焊接中所存在的基本问题在 Ti 和 Al 的焊接中就已非常明显了。文献[3]报道了 Ti/Al 扩散偶连接过程中的相演化行为。在接触面上，在相对较低的温度下(550~575 ℃)即可形成 $TiAl_3$ 相。研究发现，Al 的扩散速度约为 Ti 的 20 倍，从而在 $Ti/TiAl_3$ 界面处形成了克肯达尔孔隙。基于这样的相变动力学，$TiAl_3$ 相主要形核于 $Ti/TiAl_3$ 界面处。Lin 等[4]在 840 ℃下成功焊接了 Ti-32.9Al-3.2V-1.3Cr-0.4Ni (wt.%)和 TC17 (Ti-5Al-2Sn-2Zr-4Mo-4Cr)(wt.%)合金。作者在焊接面处观察到 α_2 相。对 TC17 合金进行大幅压缩(达 50%)以及在 840 ℃进行焊后热处理是将接触面处的孔隙率降低至可接受程度的关键。文献[5]研究了 Ti-46Al-2Cr-2Nb 合金与 $Al_{0.85}CoCrFeNi$ 高熵合金之间的扩散焊。选择这一单相 fcc 结构高熵合金的原因是，其具有良好的结构稳定性且其辐照肿胀程度低。焊接在 850 ℃进行，最高剪切强度为 66.8 MPa，压缩应力为 30 MPa，焊接时间为 30 min。作者基于已有的相图数据对其焊接机制进行了讨论。焊接界面处的结构非常复杂，为 $TiAl/\alpha_2-Ti_3Al$+固溶强化的 γ-TiAl/FeNi，以及 $AlNiTi/Al(Co, Ni)_2Ti/Cr(Fe, Co)/Al_{0.85}CoCrFeNi$。跨越界面处的相结构改变主要是由 Ti 和 Al 向 $Al_{0.85}CoCrFeNi$ 中的非常缓慢的扩散导致的。

A16.3 瞬间液相扩散焊

人们对 TiAl 合金的瞬时液相扩散焊进行了若干尝试，涉及不同种类的中间层材料，多数情况下加工区范围是非常宽的，且存在多种金属或金属间化合物相。Hauschildt 等[6]采用 Ti-24Ni 和 Ti-29Fe(at.%)作为中间层材料焊接了 Ti-45Al-5Nb-0.2B-0.2C 合金，他们获得的结果表明，加工区的相演化非常复杂。Ren 等[7]对 Ti-48Al-2Cr-2Nb 和以 α_2-Ti_3Al 为基，由 α_2-Ti_3Al、O-Ti_2AlNb 和 β/β_o 相构成的 Ti-23Al-15Nb-1Mo 合金进行了瞬时液相(TLP)扩散焊研究。他们使用了两种中间层材料，分别为 Ti-15Cu-15Ni (wt.%)和 Ti-Zr-Cu-Ni-Co (wt.%)，焊接温度为 950 ℃和 980 ℃，压应力为 2 MPa。采用 Ti-Zr-Cu-Ni-Co 作为中间层材料时，加工区域的宽度约为 100 μm，其包含的物相为：富 Ti 相、Ti_2Al、α_2-Ti_3Al、$(Ti, Zr)_2Al$ 和$(Ti, Zr)_3Al$ 等。此焊接接头的室温剪切强度约为 435 MPa，约为以 Ti-15Cu-15Ni 作为中间层材料焊接时的 5 倍。Yang 等[8]采用一种新型的 Ag-CuO 中间层材料使 Ti-46Al-2Cr-2Nb 合金的焊接接头在 1 020 ℃具有良好的强度，这种中间层材料与 TiAl 合金表现出了良好的润湿性。在加工区发现了多种氧化物相，1 020 ℃下接头的剪切强度为 31 MPa。文献[9]采用 $Cu_{41.83}Ti_{30.21}Zr_{19.76}Ni_{8.19}$(at.%)非晶材料作为中间层，在 910~1 000 ℃焊接了 Ti-48Al-2Nb-2Cr 合金。作者发现，加工区中含有 Ti_2Al、AlCuTi、α-Ti 以及(Ti，Zr)$_2$(Cu，Ni)相，焊接接头的剪切强度良好，为 266 MPa。

A16.4 其他技术

文献[10]阐述了以电子束焊接技术在 Ti-45Al-8.5Nb-0.2W-0.03Y 合金中制备无裂纹焊接接头的方法。然而，其中需要焊前预热和焊后保温。加工区的组织极为细小，由 α_2、β/β_o 和 γ 相构成。在垂直于焊接面方向上的拉伸强度为 480 MPa。文献[11]研究了 Ti-45Al-5Nb-0.2B-0.2C(TNB-V5)合金激光焊接中的相演化。虽然焊接后的拉伸试样在焊接区断裂，但是室温下焊接接头的拉伸强度达到了基体材料流变应力的 90%。Xu 等[12]对近片层 Ti-45Al-8.5Nb-0.2W-0.2B-0.02Y 合金进行了搅拌摩擦焊研究。在没有焊前预热和焊后保温的情况下，他们获得了无缺陷的焊接接头。加工区发生了严重的塑性变形，表现为再结晶的细晶双态组织。焊接接头的拉伸强度与基体材料的非常接近。

最近，Simones 等[13]出版了一部著作，对 TiAl 合金焊接的发展现状进行了阐述，读者可参考这一专著以获取更多的信息。

参考文献

[1] Herrmann, D. and Appel, F. (2009) *Metall. Mater. Trans. A*, **40**, 1881.

[2] Du, Z. H., Zhang, K. F., Lu, Z., and Jiang, S. S. (2018) *Vacuum*, **150**, 96.

[3] Thiyaneshwaran, N., Sivaprasad, K., and Ravisankar, B. (2018) *Sci. Rep.*, **8**, 16797.

[4] Li, H., Yang, C., Sun, L. X., and Li, M. Q. (2017) *Mater. Lett.*, **187**, 4.

[5] Lei, Y., Hu, S. P., Yang, T. L., Song, X. G., Luo, Y., and Wang, G. D. (2020) *J. Mater. Process. Technol.*, **278**, 116455.

[6] Hauschildt, K., Stark, A., Schell, N., Müller, M., and Pyczak, F. (2019) *Intermetallics*, **106**, 48.

[7] Ren, H. S., Xiong, H. P., Chen, B., Pang, S. J., Wu, X., Cheng,

Y. Y., and Chen, B. Q. (2016) *Mater. Sci. Eng. A*, **651**, 45.

[8] Yang, H. R., Si, X. Q., Li, C., and Cao, J. (2021) *Crystals*, **11**, 1496.

[9] Wang, G., Wu, P., Wang, W., Zhu, D. D., Tan, C. W., Su, Y. S., Shi, X. Y., and Cao, W. (2018) *Appl. Sci.*, **8**, 920.

[10] Li, Y. X., Wang, H. Q., Han, K., Li, X. P., and Zhang, B. G. (2017) *J. Mater. Process. Technol.*, **250**, 401.

[11] Liu, J., Staron, P., Riekehr, S., Stark, A., Schell, N., Huber, N., Schreyer, A., Müller, M., and Kashaev, N. (2015) *Intermetallics*, **62**, 27.

[12] Xu, X. J., Lin, J. P., Guo, J., Wang, X., and Yu, X. X. (2019) *Intermetallics*, **112**, 106540.

[13] Simones, S., Viana, F., and Vieira, M. F. (2017) *Joining technology of γ-TiAl alloys*, CRC Press, Boca Raton.

附录 17
前沿进展——表面硬化（第 18 章）

人们已经知道，喷丸处理可以大幅提高 TiAl 合金的疲劳强度[1-3]。目前所知的喷丸的作用效果为：① 在表面产生残余压应力；② 造成表面材料的加工硬化；③ 表面韧化。疲劳性能的提升是因为表面的残余压应力提供了对表面损伤的防护。然而，在中温下，表面硬化效果会因回复而消失，这意味着喷丸对疲劳性能的提升作用也消失了。在过去的 10 年中，人们试图更加深入地理解表面强化的机制，并在此基础上通过一定的表面处理进一步提高 TiAl 合金的疲劳强度。文献[4]对上述喷丸过程中所产生的微观机制进行了高分辨电镜表征。在样品的最外层表面观察到了大量的位错滑移以及形变孪晶，其中包括 TiAl 和 Ti_3Al 相中所有可能的滑移系统。喷丸变形产生了非平衡缺陷结构，包括位错、点缺陷团簇以及原子无序化排列等。在喷丸过程中，氮、氧，可能还有氢元素侵入了样品表层。机械损伤与杂质原子侵入的共同作用使表面形成了一种未知的纳米晶结构[可能是(Ti，Al)N 相]，其最终转变为非晶态。表面强化的易于回复这一点与位错(特别是位错偶极子)结构的重构有关。

Huang 等[5]研究了表面质量以及热暴露对 Ti-44Al-5Nb-1W-1B 合金室温疲劳性能的影响。在提高疲劳强度方面，电解抛光比喷丸的作用更为显著。高温热暴露(700 ℃，10 000 h)降低了电解抛光和喷丸样品的疲劳强度，但是对表面进行电化学腐蚀后的样品则几乎没有影响。Fang 等[6]研究了 Ti-45Al-8.5Nb-(W，B，Y)合金喷丸表面在 1 000 ℃下真空热暴露时的结构演化。在热处理后，在表面的下方出现了一种梯度结构。在最外层的边缘处形成的是完全再结晶的细晶 γ 组织，而表面下方的 γ 相仅发生了部分再结晶。文献[7]研究了激光喷丸对 Ti-45.5Al-2Cr-2Nb-0.15B 合金样品表面性能的影响。与未处理的合金相比，喷丸后样品的显微硬度上升了 30%，其硬化效果所达的深度远高于传统喷丸工艺的。表面的残余应力与传统喷丸工艺相近，但可延伸至更深的位置。值得指出的是，当进行热暴露时，这一工艺所获得的表面应力明显要比传统喷丸的更加稳定，这对于合金的高温应用来说是一个优势。遗憾的是，作者并未阐述激光喷丸对材料疲劳性能的影响。

对上述工作进行直接对比是有局限性的，表现在两个方面。众所周知，表层的变形是由于丸粒的冲击造成的，因此样品中的残余压应力就取决于样品的屈服应力，这一点对激光喷丸来说也是一样。由于研究是在差异很大的合金中进行的，应该认为，样品表面变形的差异也非常大。同时，在进行表面处理之前，样品的表面状态也会有明显不同。目前已经知道，在样品制备的打磨或切削过程中可能已经产生了可观的残余压应力。传统喷丸所造成的样品表面硬化的热稳定性较低是一个显著的缺点，而激光喷丸则有可能改善这一问题。

参考文献

[1] Wu, X., Hu, D., Preuss, M., Withers, P. J., and Loretto, M. H. (2004) *Intermetallics*, **12**, 281.

[2] Lindemann, J., Buque, C., and Appel, F. (2006) *Acta Mater.*, **54**, 1155.

[3] Huang, Z. W. and Sun, C. (2014) *Mater. Sci. Eng. A*, **615**, 29.

[4] Appel, F. (2013) *Philos. Mag.*, **93**, 2.

[5] Huang, Z. W., Lin, J. P., Zhao, Z. X. and Sun, H. L. (2017) *Intermetallics*, **85**, 1.

[6] Fang, L., Lin, J. P., Liang, Y. F., Zhang, L. Q., Yin, J., and Ding, X. F. (2016) *Intermetallics*, **78**, 8.

[7] Qiao, H. C., Zhao, J. B., and Gao, Y. (2015) *Chin. J. Aeronaut.*, **28**, 609.

附录 18

前沿进展——应用、部件的评定和展望(第 19 章)

经过了 30 多年全世界范围内的研究，通用电气公司首次将 TiAl 合金应用于其商用飞机发动机 GEnx 上。他们通过离心近净成形铸造和机加工，成功制备了 Ti-48Al-2Cr-2Nb 合金低压涡轮叶片。在发动机的第 6 和第 7 级上使用这种叶片可使发动机减重 180 kg,同时提升了燃油经济性。在成功应用于 GEnx 发动机之后，TiAl 合金又被应用于通用/赛峰的 LEAP 发动机上，装备在 737-MAX 和 A320 neo 飞机上。据报道，罗尔斯-罗伊斯公司在其“尖端”的“超扇”发动机上也将使用 TiAl 合金[1]。由 MTU 公司通过等温锻造 TNM 合金生产的 LPT 叶片也已经被普惠公司使用在 PW1000G 系列发动机上[2]。

遗憾的是，最近的消息表明[3]，由于维护成本过高，普惠公司将从其发动机中移除 TNM 合金叶片，并继之以镍基合金叶片。这当然是一种退步。除非人们知道移除这些叶片的真正原因(“报道”之外的信息)，否则人们仍难以了解应对什么样的性能或加工方式加以改进以使这种叶片重新得以启用。或许是因为 TNM 合金叶片比应用于 GEnx 发动机中的 GE 合金叶片要承受更大的应力和/或更高的应用温度。如果真是这样，那么蠕变、高温强度及抗氧化性可能就是问题所在，然而这仅仅是推测罢了。基于通用电气公司对 TiAl 合金应用的信心(其宣称将要在 GE9X 发动机中继续使用 TiAl 合金)，应该认为 TNM 合金被普惠公司移除这一事件将不会发展为一种潮流。

至于其他领域，2011 年本书已对 TiAl 合金在汽车工业中的应用进行了阐述。虽然人们为制造涡轮增压器叶轮作出了一些努力，如粉末的增材制造技术等，但是根据电动汽车的发展趋势，尚不确定 TiAl 合金能否在此类应用中保持长久，尽管在赛车领域仍有较小的应用可能性。Zhu 等[4]讨论了 TiAl 合金应用于高温核电领域的可行性。由于关于这一领域的信息非常匮乏，目前还很难对 TiAl 合金应用于这些领域的可能性加以判断。TiAl 合金叶片在发电领域中的应用之前已有过研究，但是目前还不清楚其具体走到了哪一步。此前，人们也研究过 TiAl 合金在超音速运输系统中的应用，但这仍可能是未来要做的工作，因为近年来几乎没有见到关于这一方面的文献发表。

总之，在过去的 10 年中，TiAl 合金已经被成功地应用在航空发动机上，见表 A18.1。通用电气公司对 TiAl 合金的信心在不断增加，他们将采用增材制造的方式制备 LPT 叶片以装备在 GE9X 发动机上。其他的加工技术，如铸造等，显然已经不适用于加工大尺寸叶片了。

表 A18.1　发动机制造商和 LPT 叶片的制造技术汇总

公司名称	发动机型号	合金成分	制造技术	飞机型号	服役时间
通用电气	GEnx	Ti-48Al-2Cr-2Nb	精密铸造	B787 B747-8	2011
普惠	PW1100 G	Ti-43.5Al-4Nb-1Mo-0.1B	等温锻造	A320 neo	2016(a)
通用/赛峰	LEAP	Ti-48Al-2Cr-2Nb	铸件机加工	A320 neo B737 max C919	2016
通用电气	GE9X	Ti-48Al-2Cr-2Nb	3D 打印	B777X	2020(b)

(a) 2020 年已宣称以镍基合金叶片取代 TNM 叶片[3]；

(b) 美国联邦航空局 2020 年的发动机认证。

参考文献

[1]　Bewlay, B. P., Nag, S., Suzuki, A., and Weimer, M. J. (2016)

Mater. High Temp., **33**, 549.

[2] Janschek, P. (2015) *Mater. Today: Proc.*, **2**, S92.

[3] Published in "*Der Spiegel*", Nr. 34 /14. 9. 2020, p. 56.

[4] Zhu, H., Wei, T., Carr, D., Harrison, R., Edwards, L., Hoffelner, W., Seo, D., and Maruyama, K. (2012) *JOM*, **64**, 1418.

索引

郑重声明

材料科学经典著作选译

已经出版

非线性光学晶体手册（第三版，修订版）
V. G. Dmitriev, G. G. Gurzadyan, D. N. Nikogosyan
王继扬　译，吴以成　校

非线性光学晶体：一份完整的总结
David N. Nikogosyan
王继扬　译，吴以成　校

脆性固体断裂力学（第二版）
Brian Lawn
龚江宏　译

凝固原理（第四版，修订版）
W. Kurz, D. J. Fisher
李建国　胡侨丹　译

陶瓷导论（第二版）
W. D. Kingery, H. K. Bowen, D. R. Uhlmann
清华大学新型陶瓷与精细工艺国家重点实验室　译

晶体结构精修：晶体学者的SHELXL软件指南（附光盘）
P. Müller, R. Herbst-Irmer, A. L. Spek, T. R. Schneider,
M. R. Sawaya
陈昊鸿　译，赵景泰　校

金属塑性成形导论
Reiner Kopp, Herbert Wiegels
康永林　洪慧平　译，鹿守理　审校

金属高温氧化导论（第二版）
Neil Birks, Gerald H. Meier, Frederick S. Pettit
辛丽　王文　译，吴维岦　审校

金属和合金中的相变（第三版）
David A.Porter, Kenneth E. Easterling, Mohamed Y. Sherif
陈冷　余永宁　译

电子显微镜中的电子能量损失谱学（第二版）
R. F. Egerton
段晓峰　高尚鹏　张志华　谢琳　王自强　译

纳米结构和纳米材料：合成、性能及应用（第二版）
Guozhong Cao, Ying Wang
董星龙　译